Human Sexuality Today 제9판

오늘날 인간의 성

BRUCE KING PAMELA REGAN 역자 김대영 정경진

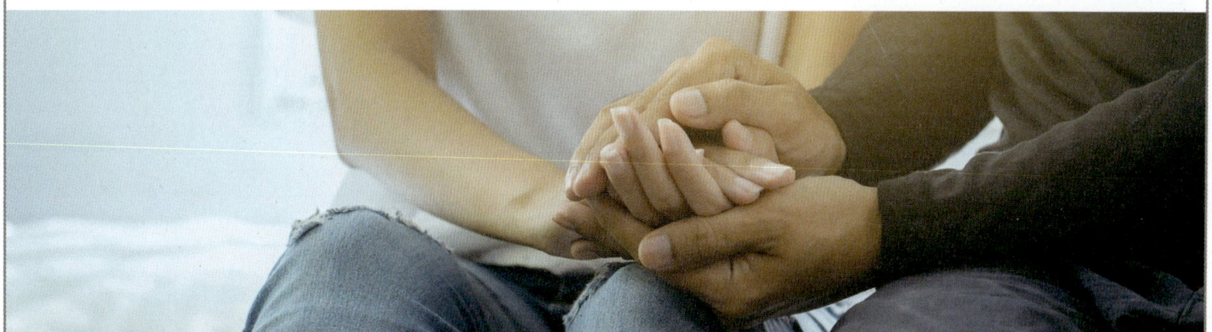

BIOSCIENCE (주)바이오사이언스출판

오늘날 인간의 성 제9판

초판 인쇄: 2023년 1월 25일
초판 발행: 2023년 1월 30일

저　자: Bruce M. King · Pamela C. Regan
역　자: 김대영 · 정경진
발행인: 문정구
발행처: (주)바이오사이언스출판
본　사: 10860 경기도 파주시 탄현면 국화향길 10-56, 1동
서울사무소: 06569 서울특별시 서초구 도구로 115, 1층(방배동)
전　화: (02)581-4057~8
팩　스: (02)581-4059
이메일: inquiry@biosciencepub.com
홈페이지: http://www.biobooks.co.kr
ISBN: 978-89-6824-129-1 93470

등록번호: 제22-3079호

값 28,000원

(주)바이오사이언스출판

차례 개요

차례

6 산아제한/출산조절 142

서 문

초판에서 9판에 이르기까지 이 책의 집필 과정은 나에게 멋진 여정이었다. 1980년대의 기존에 출간된 성 교과서에 만족하지 못한 나는 1985년에 스스로 책을 쓰기 시작했고, 그 결과 카메론 캠프(Cameron Camp)와 공동으로 집필하여 수업에 활용하면서 내용을 수정·보완했다. 프렌티스 홀(Prentice Hall)을 통해 출판한 초판은 1990년 말에 나왔고, 2판부터 7판까지는 단독으로 집필했다. "인간의 성"에 대한 책은 사실적이고 철저할 뿐만 아니라 읽을 수 있고 흥미로워야 한다고 항상 믿어왔다. 이 책의 스타일은 많은 부분에서 의도적으로 대화체로 기술되었고, 과학 연구의 적용 범위를 개인의 필요에 맞추기 위해 항상 수많은 사례 연구(학생들이 가장 많이 기여)를 포함해 왔다.

필자는 이제 70대이다. 그래서 제8판에 파멜라 리건(Pamela Regan)을 공동저자로 추가했다. 파멜라는 1990년대부터 성 학문 분야에서 뛰어난 학자이다. 호르몬의 역할에 대한 그녀의 초기 연구 외에도, 관계, 성적 욕구, 그리고 사랑의 영역에서 상당한 전문 지식을 가지고 있다. 파멜라는 이 책의 목적과 스타일에 대해 필자와 항상 견해를 공유한다. 9판에서 파멜라는 4장과 11장부터 16장까지를 개정했다. 다음 판부터는 파멜라가 전적으로 작업하겠지만 필자는 할 수 있는 모든 곳에서 계속해서 참여하기를 희망한다.

포괄적인 인간 성교육의 필요성은 그 어느 때보다 크다. 다른 많은 나라들과 비교하여, 미국은 성감염과 십대 임신을 하는 비율이 매우 높지만, 학기 초에 30% 이상의 학생들이 그들의 부모와 성에 대해 의미 있는 토론을 한 적이 있다고 말하는 것은 드문 일이다. 결과적으로, 이 주제에 대한 많은 무지와 잘못된 정보가 있다. 불행하게도, 많은 정보가 부정적인 방식으로 제시되었다. 우리의 목표 중 하나가 학생들이 그들의 일상 생활에서 책임 있는 결정을 하기 위해 관련 사실을 이해하는 것이지만, 똑같이 중요한 목표는 학생들에게 성과 그들의 성에 대한 긍정적인 감정을 남기는 그리고, 따뜻하고 위협적이지 않은 방식으로 정보를 제공하는 것이다.

제9판의 신작

이 새 판의 각 장에는 최신 데이터가 포함되어 있습니다. 그리고 연구 결과. 또한, 다음은 다음과 같은 자세한 목록입니다. 추가 및 업데이트:

1장. 왜 인간의 성교육 과정인가?

- 요약 섹션 "오늘날 성에 대한 우리의 태도에 영향을 미치는 것"
- 섹션 "성교육"을 대대적 개정

2장. 우리의 성과 생식기 해부학

- 보다 밀접하게 연관된 챕터 학습 목표

3장. 호르몬과 성

- 검토자 제안에 따라 "남성호르몬 규제" 섹션 이동
- 학습 목표 재구성 및 추가
- 새로운 연구 및 인용 자료 업데이트

4장. 성적 반응의 유사성과 차이점

- 유형 및 측정에 대한 확대된 논의 성적 반응; 남성의 최신 발표 그리고 여성의 성적 반응 주기
- 여성 생식기 절단에 대한 확대된 논의
- 선형 성 반응 주기 개정: 5상 포함

5장. 성병 및 성교 관련 질병

- 새로운 연구 및 인용 자료 업데이트
- 간소화된 HIV/AIDS 섹션
- 전 세계 HIV 감염자와 사망자를 보여주는 새로운 그래프

6장. 산아제한/출산조절

- 출산과 낙태에 관한 요약 섹션
- 최신 통계를 포함한 수치 및 표

7장 임신과 출산

- 전체에 걸쳐 새로운 이미지

8장. 성별의 정체성과 역할

- 여러 개의 새로운 이미지
- 성 정체성 장애 및 성 불일치 문제에 대한 최신 적용 범위
- 성 역할에 대한 최신 정보

9장. 성적 지향

- 동성애와 양성애의 만연에 대한 최신 연구
- 결혼과 육아에 대한 태도에 대한 최신 연구

10장. 생애 성 발달

- 사춘기와 호르몬 치료에 대한 최신 연구
- 청소년의 성행동에 대한 최신 통계

11장. 성인의 성 행동과 태도

- 연구 및 인용문 업데이트
- 자기 정체성 있는 성적 성향에 따른 미국 남성의 성적 행동에 대한 최신 데이터 추가

12장. 사랑과 인간관계

- 연구 및 인용 자료 업데이트
- 사랑의 스타일에 대한 최신 데이터

13장. 성 문제와 치료

- 성적 문제와 치료법에 대한 개정
- 성 장애(DSM 및 ICD) 및 성 과잉 및 성 중독에 대한 새로운 정보

14장. 성애증과 성적 변이

- 성적 변이, 측두증, 측두증 장애 사이의 구별에 대한 새로운 논의
- BDSM 하위문화에 대한 내용 개정
- 성도착증의 기원과 그것이 남성들 사이에서 더 흔하게 관찰되는 이유에 대한 새로운 논의

15장. 성적 피해: 아동에 대한 강간, 강요, 괴롭힘, 그리고 아동학대

- 성폭행/피해자에 대한 최신 연구 반영
- 성폭력 피해 및 가해와 관련된 개인적, 대인적, 사회적 요인에 대한 새로운 섹션

16장. 성매매: 사회적, 법적 문제

- 음란물, 에로티카, 외설물 사이의 구분에 대한 상세한 조사뿐만 아니라 성적으로 노골적인 미디어와 인터넷에 대한 확대된 논의
- 포괄적으로 수정 및 확장
- 포르노 시청과 개인의 행복, 관계 만족도, 성폭력 사이의 연관성을 탐구하는 연구
- 성매매 및 성매매에 관한 섹션의 대폭적인 개정
- 성노동의 기여요인과 개인적, 사회적 결과뿐만 아니라 전 세계 매춘의 법적 지위에 대한 새로운 논의

저자에 대해서...

브루스 킹(Bruce M. King)은 1969년 UCLA에서 심리학으로 학사 학위를 받았고, 1978년 시카고 대학에서 생물 심리학 박사학위를 받았다. 그는 뉴올리언스 대학교에서 29년 동안 가르쳤으며 현재 클렘슨 대학교 심리학과에 재직하고 있다. 그는 60,000명이 넘는 학생들에게 인간의 성을 가르쳤다. 인간의 섹슈얼리티 분야에서 연구를 수행하는 것 외에도 섭식 행동과 비만에 대한 생물학적 근거에 대해 동료 심사 저널에 수많은 논문을 발표했으며 통계 교과서(B. M. King, P. J. Rosopa, & E. W. Minium, 행동 과학의 통계적 추론, 6판, John Wiley & Sons, 2011). King 박사는 심리학 학회, 미국 심리학 학회, 국제 행동 신경 과학 학회의 특별회원이다. 그는 American Journal of Sexuality Education(2012, vol. 7, pp. 181–186)에 게재된 논문에서 30년 이상 인간의 성을 가르친 자신의 생각을 공유했다. 2017년에 King 박사는 미국 고등 교육에서 인간의 섹슈얼리티 및 젠더/여성 연구 과정의 보급에 관한 논문을 저술했다(Health Behavior and Policy Review, vol. 4, pp. 213–223).

파멜라 리건(Pamela Regan)은 로스앤젤레스 캘리포니아 주립대학교 심리학과 교수이다. 그녀는 Williams 대학에서 영어 학사 학위를 받았으며 미네소타 대학에서 통계 지원 프로그램으로 심리학 박사학위를 받았다. 그녀의 연구 관심 분야는 열정적인 사랑, 성적 욕망 및 배우자 선호에 중점을 둔 대인관계 영역이다. 그녀는 100개 이상의 논문투고, 책 및 리뷰논문을 발표했다 (75번 이상의 프레젠테이션 진행). 섹스, 사랑, 인간 짝짓기의 역학, 그리고 그녀는 긴밀한 관계 (Routledge, 2011)와 The Mating Game: A Primer on Love, Sex, and Marriage (Sage, 2017)의 저자이자 Ellen Berscheid와 함께 "대인 관계의 심리학" (Pearson, 2005) 및 "정욕: 인간의 성적 욕망에 대해 아는 것" (Sage, 1999)의 공동저자이다. 2007년에 그녀는 교육적 및 전문적 성취의 우수성을 인정받아 소속 대학에서 우수 교수상을 수상했다.

역자 서문

"건강한 성을 하자." 란 모토로 지난 10여 년을 넘게 성의 과학을 강의해 왔다.

나의 첫 강의시간, 학부시절 그저 가십거리로만 이야기하고 은밀하고 다소 음탕한 주제로만 여겨왔던 "성, SEX"이란 주제로 대학 신입생부터 4학년생까지 강의하기란 쉽지 않았다.

어떤 방법으로, 어떻게 설명해야 할지 막막했다. 내 강의가 순결무구한 학생들을 악의 구렁텅이로 빠트리진 않을까? 모르고 있었던 내용에 눈 뜨게 하진 않을까?

많은 걱정과 고민 끝에 성에 대해 제대로 알고 건강하게 성을 관계하자고 마음먹고 시작한 첫 강의에서 "전 늘 이 수업 때 교도소의 담장을 걷고 있는 심정입니다. 남성 우월주의, 성 차별, 페미니즘, 남성 위주의 학문을 충분히 고려한다고는 하나 듣기에 다소 불편하거나 거북한 내용이 있을 수 있어요. 오늘은 차임벨을 준비해 앞에 앉은 여학생에게 건네 드릴께요. 저의 강의 내용 중 다소 불편함이 있다면 언제든지 벨을 눌러주세요. 강의를 즉시 중단하고 사과 드리겠습니다."라고 했다.

생의 영속성에서 본 우리의 성은 그저 유희의 놀이가 되지 않았으면 하는 역자의 바람과 함께 연인과 부부의 성에만 국한되지 않은 광의의 의미의 성에 대해 토의해 보고자 한다.

일방적인 정보의 전달이 아닌 현 시대를 살아가고 있는 가장 성적 활동이 왕성한 젊은이들이 본인의 성적 활동을 제대로 표현하고 성 파트너를 이해하고 함께 사랑할 수 있는 방법을 찾고 그 생각을 공유하는데 이 책이 조금이나마 도움이 되길 바란다.

과학자인 역자의 번역이 전체 내용을 잘 전달하기에 다소 부족함이 있음을 양해바라며, 아울러 관련 통계와 자료가 미국에 국한되었음을 안타깝게 생각한다.

2022년 겨울

역자 일동

역자 소개

김대영 가천대학교 바이오나노대학 생명과학과 davekim@gachon.ac.kr

정경진 가천대학교 의과대학 비뇨의학과, 가천대 길병원 비뇨의학과 kjchung@gilhospital.com

1장 왜 인간의 성교육 과정인가?

Why a Course in Human Sexuality?

확실히 현재 문명에서 인간 생물학에 있어서 성보다 과학적인 지식과 용기 있는 겸손이 더 필요한 것은 없다. 무지와 세련됨, 부정과 방종, 억압과 자극, 처벌과 착취, 비밀과 과시라는 현재의 혼란 속에서 성이 다뤄지는 한, 그것은 지적 정직함도 인간의 존엄성도 초래하지 않는 이중성과 외설성과 연관될 것이다.

– 앨런 그렉, 골드스타인 인용(2010)

학습목표

이 장의 학습을 마치면 다음을 할 수 있어야 한다.

1.1 성적 행동과 태도에 관한 우리의 관점이 아닌 다른 문화적 관점을 기술한다.

1.2 유대교, 기독교, 빅토리아 시대, 성혁명이 섹슈얼리티에 대한 현대적 태도에 미친 역사적 영향을 설명한다.

1.3 사회화의 과정을 설명하고 하나의 사회화 매개체인 미디어가 어떻게 성 사회화에 만연한 영향을 미치게 되었는지 설명한다.

1.4 지그문트 프로이트(Sigmund Freud), 헨리 해브록 엘리스(Henry Havelock Ellis), 알프레드 킨제이(Alfred Kinsey), 마스터스와 존슨(Masters and Johnson)이 섹슈얼리티 분야에 기여한 바를 설명한다.

1.5 과학적 방법론의 용도와 한계를 설명한다.

1.6 성교육의 역사를 요약한다.

성(sexuality)은 우리 삶의 중요한 부분이다. 성적 동기가 매우 강력하다는 것을 알기 위해 70억 명이 넘는 세계 인구를 살펴보기만 하면 된다. 섹스는 출산을 위해 필요하지만 많은 사람들이 성교를 할 때 단순히 이따금 이상으로 이것을 생각하는지 의심스럽다. 섹스는 신체적, 정서적 즐거움의 원천이 될 수 있으며, 우리의 건강과 웰빙 감각을 향상시킨다. 긴장과 불안을 해소할 수 있다. 그것은 자존감을 높이고 더 남성적이거나 여성스러운 느낌을 줄 수 있다. 또한 부부가 서로에 대한 애정을 표현할 수 있는 수단이기도 하다. 사실 사람들이 섹스를 하는 이유는 수백 가지가 있다(Meston & Buss, 2007).

그렇다면 왜 인간의 섹슈얼리티 과정을 수강하고 있는가? 분명히 당신의 인생에서 누군가가 이 중요한 주제에 대해 당신을 교육하기 위해 시간과 책임을 들였는가? 우리 과정의 설문조사에 따르면 매 학기 학생 중 1/3 미만이 성에 관해 부모와 진지하고 의미 있는 토론을 한 적이 있는 것으로 나타났다. 이것은 미국 전역에서 일반적이다(Cox et al., 2014; Lindberg et al., 2016). 부모가 성에 관해 이야기한 많은 십대들에게 있어서, 인생을 준비하기 위한 하나의 "새와 벌" 이야기인 단 한 번의 토론에 불과했다. 다음은 이전 성교육에 관해 학생들로부터 받은 몇 가지 의견이다. 그들은 학기말 과정 평가에 대해 우리가 받은 많은 의견의 전형이다.

> "아버지는 사람들이 본능적으로 자신의 섹슈얼리티를 다루는 방법을 알고 있다고 느끼기 때문에 이 수업이 낭비라고 생각한다. 제가 천부적 괴짜일지 모르지만, 나에게 이것을 설명하는 본능은 한 번도 없었다."
>
> "지금까지 부모님은 나에게 섹스에 대해 한 번도 말씀하신 적이 없어요. 나는 매우 엄격한 가족 출신이다. 그것들은 내가 이야기하기에는 죄스러운 주제인 것처럼 느끼게 했다."
>
> "어머니가 누나가 읽고 있는 책을 발견하고 집에 있는 모든 사람이 그 책이 얼마나 끔찍하고 더러운 책인지 들을 수 있도록 누나에게 소리를 지르던 것을 기억한다. 음란물이 아니었다. 성교육에 관한 책이었다. 누나는 단지 무언가를 올바르게 배우고 싶었을 뿐이다."
>
> "어렸을 때 섹스라는 단어는 등장하지 않았다. 어머니는 저와 짧은 대화를 나누었고, 그것은 생리가 무엇인지 설명하기 위한 것이었다."
>
> (모든 예제는 작성자의 파일에서 가져옴)

학생들은 또한 인간의 섹슈얼리티 과정의 유용성과 관련하여 다음과 같은 의견을 제공했다. 분명히 배우기에 너무 늦은 때는 없다.

> "수업에 등록하게 되어 기쁘다. 나는 확실히 모든 것을 알고 있다고 생각했는데 아는 것이 거의 없다는 것을 발견했다. 결혼 6년 차에 내 몸에 대해 아는 것이 거의 없고 남편의 몸에 대해서는 훨씬 더 몰랐다."
>
> "저는 13세에서 38세 사이의 4명의 자녀를 둔 46세의 학생이다. 이 과정을 시작하기 전에는 성에 대해 전혀 몰랐다. 이제 나는 내 아이들이 그렇게 하도록 할 것이다."
>
> "이 과정을 선택할 때 어머니께서 말씀하셨고 성에 대한 모든 것을 알고 있었기 때문에 매우 쉬운 수업이 될 것이라는 생각이 들었다. 결국 우리 가족은 18명이다. 내가 틀렸어. 나는 어머니가 20년 동안 가르칠 수 있었던 것보다 한 학기 동안 더 많은 것을 배웠다."
>
> "제가 배운 자료의 양에 매우 놀랐다. 섹스만 하면 되는 줄 알았다. 섹스보다 섹스에 더 많은 것이 있다."
>
> (모든 예제는 작성자의 파일에서 가져옴)

그러면 우리 대부분은 성을 어디서 배웠는가? 오늘날의 십대와 대학생들은 성교육의 대부분을 부모보다는 친구와 미디어로부터 받았다고 말한다(American Academy of Pediatrics, 2010; Sprecher et al., 2008).

> "내 친구들은 그들이 알고 있는 대부분의 것을 친구들과 인터넷을 통해 배웠다."
>
> (저자의 파일에서)

성교육자로서의 미디어? 텔레비전 쇼의 거의 4분의 3이 성에 관한 이야기를 포함하거나 성행위를 보여준다(Eyal et al., 2007; Kunkel et al., 2007). 텔레비전 쇼의 3분의 2 이상이 성적인 콘텐츠를 포함하고 있으며 시간당 평균 5.9개의 장면이 있다. 매년 보통의 십대는 텔레비전에서 성에 관해 15,000건을 본다(Strasburger, 2012). 많은 R 등급 영화에는 성적으로 노골적인 장면이 있다. 십대의 적어도 절반이 인터넷에서 노골적인 성적 웹사이트를 방문한 적이 있다(Braun-Courville & Rojas, 2009). 많은 상점에 에로 잡지가 진열되어 있다. 광고는 제품을 판매하기 위해 섹스(예: 매혹적인 옷을 입은 모델)를 자주 사용한다(Reichert, 2003). 섹스는 어디에나 있고 아이들은 하루 종일 노출되어 있다.

이 모든 상황 속에서도 많은 부모들은 성에 관한 문제에 대해 자녀에게 계속 침묵한다. 그러나 이것 역시 성교육의 원천이다. 무언가를 신비롭게 만드는 것은 청소년기 아이들이 그것에 대해 더 알고 싶어 하도록 만들 뿐이다. 그러나 친구들로부터 받는 정보의 대부분은 잘못된 것이 많다. 결과적으로 대다수의 미국인은 성행위와 성 건강에 대해 놀라울 정도로 무지하다는 것이다(Frost et al., 2012; King, 2012; Moore & Smith, 2012). 예를 들어, 많은 사

성(Sexuality) 인간과 관련된 모든 성적 태도, 감정 및 행동. 이 용어는 성적인 반응이나 성행위에 대한 개인의 능력을 구체적으로 언급하는 것이 아니라 개인의 성격 차원을 나타낸다.

람들은 60세 이상의 사람들은 성관계를 갖지 않으며, 수음은 신체적으로 해롭다거나, 이성애자라면 에이즈에 걸릴 수 없다고 믿는다.

이 모든 것이 합해지면 많은 사람들이 성관계에 참여하는 것의 결과를 완전히 이해하거나 인식하지 못한다는 것이다. 전국적으로 12학년 학생의 58.1%를 포함하여 모든 고등학생의 약 41.2%가 성교를 경험했다.(Kann et al., 2016). 미국인의 4분의 3이 20세까지 성관계를 가졌다 한다(Finer, 2007). 매년 15~19세 소녀들 사이에서 550,000건 이상의 임신이 발생하고 1,970만 명의 미국인(모든 연령대)이 성병에 감염된다(Centers for Disease Control and Prevention [CDC], 2016; Kost & Maddow-Zimet, 2016). 대학생을 포함한 많은 젊은이들은 자신이 성병에 대해 잘 알고 있다고 생각하지만 대부분은 성병의 증상을 모르고 감염이 의심되면 어디로 가야 할지 모른다(예: Lim et al., 2012; Moore & Smith, 2012).

출처: Jimmy Margulies

그래서 다시 한 번, 왜 당신은 인간의 섹슈얼리티 과정을 수강하고 있는가? 아마도 당신은 당신의 삶에서 중요한 역할을 하거나 맡게 될 주제에 대한 사실적 정보를 원하기 때문일 것이다. 부모가 책임을 지지 않을 경우 차선책은 학교이다. 조사에 따르면 미국인의 85% 이상이 공립학교에서 포괄적인 성교육 교육을 지지한다고 일관되게 보여준다(Constantine, 2008, 검토 참조). 여기에는 모든 종교, 연령, 민족, 교육 및 소득 등 그룹의 대다수가 포함된다. 인간의 성교육을 수강하는 목적은 생식과 성병에 대해 배우는 것 이상이다. 사람들은 자신의 섹슈얼리티에 대해 편안함을 느끼고 자신에 대해 기분이 좋기를 원한다. 자신들의 몸에 대해 알고 자신의 감정과 감정을 이해하는 것은 사람들이 성을 성취하는 데 도움이 될 수 있다. 우리 몸의 어떤 부분도 신비에 가려져서는 안 된다. 파트너의 몸을 이해하면 의사 소통에 도움이 되고 불필요한 문제를 예방할 수 있다. 모든 사람이 성적인 존재라는 사실을 인식하면 자녀, 부모, 조부모, 친구에 대해 더 잘 이해할 수 있다. 연구에 따르면 학교의 성교육 과정은 다른 사람에 대한 보다 관용적인 태도를 가져오기도 한다(SIECUS, 1992). 사람들을 비난하지 않고 자신과 다르다는 것을 이해하는 것은 다른 사람들과 잘 지내는 데 중요한 부분이다.

성 지식 퀴즈

여러분 중 많은 사람들이 이미 성적인 경험을 했을 수 있으며, 결과적으로 인간의 섹슈얼리티 과정이 필요하지 않다고 생각할 수 있다. 그러나 섹슈얼리티에는 성교보다 더 많은 것이 있다. 다음 50개 질문 퀴즈에서 귀하가 얼마나 잘하는지 확인하시오. 정답을 모른다는 사실을 인정하는 것을 두려워하지 마시오(추측하지 마시오). 결과를 볼 수 있는 사람은 아무도 없다. 정답은 퀴즈 끝에 있다.

	참	거짓	모름
1. 남성의 발기는 부분적으로 음경으로 돌출된 뼈에서 발생한다.	____	____	____
2. 정자는 정상 체온보다 몇 도 낮은 환경에서만 생성될 수 있다	____	____	____
3. 아동의 성 정체성은 주로 아동의 양육 방식에 따라 결정된다.	____	____	____
4. 질의 안쪽 2/3는 만지면 매우 민감하다.	____	____	____
5. 많은 남성들이 성적으로 흥분할 때 유두 발기를 경험한다.	____	____	____
6. 대부분의 남성과 여성은 다중 오르가즘을 경험할 수 있다.	____	____	____
7. 여성의 유방 크기는 유선의 수와 관련이 있다.	____	____	____
8. 소년은 사춘기 이전에 오르가즘에 도달할 수 있지만 사정하지는 않는다.	____	____	____
9. 성교 중 여성의 오르가즘은 음경에 의한 클리토리스의 직접적인 자극으로 인해 발생한다.	____	____	____

(계속)

	참	거짓	모름
10. 월경 분비물은 탈락된 자궁 조직, 혈액 및 자궁 경부 점액으로 구성된다.	____	____	____
11. 위생상의 이유로 월경 중에는 성관계를 피해야 한다.	____	____	____
12. 배란은 일반적으로 월경 직전에 발생한다.	____	____	____
13. 정관 수술 후 남성은 오르가즘에 도달할 수 있지만 사정하지는 않는다.	____	____	____
14. AIDS는 인간 면역 결핍 바이러스(HIV)에 걸린 사람들을 위한 진단이다.	____	____	____
15. 소녀는 월경이 시작되자마자 임신할 수 있다.	____	____	____
16. 복합 피임약은 주로 수정란의 착상을 방지함으로써 작동한다.	____	____	____
17. 경구 피임약을 복용하면 임신과 출산보다 심각한 건강 문제가 덜 발생한다.	____	____	____
18. 여성은 배란 시기에 평소보다 극적으로 높은 수준의 성욕을 보인다.	____	____	____
19. 미국에서는 매년 1,900만 건 이상의 새로운 성병이 발생한다.	____	____	____
20. AIDS의 주요 원인은 동성애이다.	____	____	____
21. 임질이 치료되지 않으면 때때로 매독으로 변할 수 있다.	____	____	____
22. 대부분의 여성은 임질이나 클라미디아의 초기 단계에서 증상을 나타내지 않는다.	____	____	____
23. 임질, 매독, 헤르페스는 항생제로 성공적으로 치료할 수 있다.	____	____	____
24. 시험관 수정은 시험관에서 태아 발달의 일부가 일어나는 과정을 포함한다.	____	____	____
25. 일반적으로 임신 7~8개월 동안 성교를 하는 것이 안전하다.	____	____	____
26. "준비된 출산"(예: Lamaze)은 약물을 사용하지 않고 아기를 분만하는 것을 의미한다.	____	____	____
27. 대부분의 60세 이상의 건강한 사람들은 계속해서 성행위를 한다.	____	____	____
28. 오르가즘에 대한 남성의 설명은 오르가즘에 대한 여성의 설명과 다르다.	____	____	____
29. 과도한 자위 행위는 심각한 의학적 문제를 일으킬 수 있다.	____	____	____
30. 피임약은 여성에게 성병에 대한 보호를 제공한다.	____	____	____
31. 콘돔은 HIV(AIDS를 유발하는 바이러스)의 전파를 차단하는 데 매우 효과적이다.	____	____	____
32. 성관계의 빈도는 25세에서 35세 사이의 부부가 가장 높다.	____	____	____
33. 성인 남성 동성애자는 남성 호르몬 수치가 정상보다 낮다.	____	____	____
34. 질세척은 효과적인 피임법이다.	____	____	____
35. 최근 증거에 따르면 환경적 요인이 남성의 성적 취향을 결정하는 데 가장 중요하다.	____	____	____
36. 40세 미만의 사람들에게는 심각한 성적 문제가 흔하지 않다.	____	____	____
37. 대부분의 유죄 판결을 받은 강간범들은 통제할 수 없는 성욕 때문에 범죄를 저질렀다.	____	____	____
38. 음란물과 성범죄 사이에 연관성이 있음이 입증되었다.	____	____	____
39. 최근까지 결혼한 부부가 음경-질 성교 이외의 성행위를 하는 것은 많은 주에서 불법이었다.	____	____	____
40. 아동 성추행의 대부분은 아동의 지인이나 친척이 관련된다.	____	____	____
41. 임산부는 태아에게 매독을 옮길 수 있다.	____	____	____
42. 여성의 가임기는 배란 전 5일~배란 후 1일이다.	____	____	____
43. 몽정("꿈꾸는 꿈")은 종종 성적인 문제를 나타낸다.	____	____	____
44. 알코올은 성기능을 향상시키는 중추신경계 흥분제이다.	____	____	____
45. 인간은 인공 수정 기술을 사용하여 동물과 교배할 수 있다.	____	____	____
46. 여성의 성욕은 폐경 이후 급격히 감소한다.	____	____	____
47. 여성용 위생용품을 정기적으로 사용하면 질 감염을 예방할 수 있다.	____	____	____
48. 여성의 오르가즘 능력은 성기 크기와 관련이 있다.	____	____	____
49. 구강 헤르페스는 구강-성기 성교를 통해 다른 사람의 성기로 전염될 수 있다.	____	____	____
50. 만일 테스토스테론이 배아발육 중 존재하지 않으면 자연적으로 여아로 태어나도록 예정화된다.	____	____	____

정답

1. 거짓
2. 참
3. 거짓
4. 거짓
5. 참
6. 거짓
7. 거짓
8. 참
9. 거짓
10. 참
11. 거짓
12. 거짓
13. 거짓
14. 거짓 (초기 단계에만 적용)
15. 참
16. 거짓
17. 참
18. 거짓
19. 참
20. 거짓 (동성애는 에이즈를 유발하지 않는다.)
21. 거짓
22. 참
23. 거짓
24. 거짓
25. 참
26. 거짓
27. 참
28. 거짓
29. 거짓
30. 거짓
31. 참
32. 참
33. 거짓
34. 거짓
35. 거짓
36. 거짓
37. 거짓
38. 거짓
39. 참
40. 참
41. 참
42. 참
43. 거짓
44. 거짓
45. 거짓
46. 거짓
47. 거짓
48. 거짓
49. 참
50. 참

개인적인 생각 Personal Reflections

성에 관한 대부분의 정보를 누구(또는 어디서)로부터 얻는가(예: 부모, 친구, 미디어, 교사, 인터넷)? 부모님이 당신과 섹슈얼리티에 대해 논의한 적이 있나요? 그렇지 않다면 왜 하지 않았다고 생각하나요? 자녀가 성에 대해 누구에게서 배우기를 바라나요?

이 질문은 까다롭거나 어렵도록 의도된 것이 아니다. 이것은 이 책에서 다루는 자료 유형을 대표한다. 어떻게 했어? 우리 학급의 학생 중 1/4 미만이 학기 초에 40개 이상의 질문에 올바르게 답할 수 있다. 절반 미만이 30개 이상을 맞춘다. 당신은 당신이 옳게 생각한 것을 모두 알고 있었나요, 아니면 단지 그들 중 일부에 대해서만 잘 추측했나요? 몇 가지 질문에 대한 답이 확실하지 않다면 이 책을 읽어야 할 충분한 이유가 된다.

문화 간 비교 Cross-Cultural Comparisons

1.1 성적 행동 및 태도와 관련하여 우리 자신의 것과 다른 문화적 관점을 설명한다.

사람들이 다르다는 것은 놀라운 일이 아니다. 어떤 사람들은 짧은 머리를 좋아하고 또 어떤 사람들은 긴 머리를 좋아한다. 어떤 사람들은 차려 입는 것을 좋아한다. 또 어떤 사람들은 옷을 간편하게 입는 것을 좋아한다. 이렇듯 사람들의 성적 태도와 행동도 다르다. 예를 들어, 어떤 사람들은 **선교사 자세(missionary position)**에서만 성교를 한다(즉, 남자가 위에 있고 여자는 등을 대고 누워 있는 것—기독교 선교사들이 사람들에게 다른 자세는 부자연스럽다고 가르쳤기 때문에 그렇게 부름). 또 다른 사람들은 다양한 위치를 선호한다. 어떤 사람들은 가슴이나 털이 많은 가슴을 보면 가장 흥분하기도 하고 다리나 엉덩이를 보고 크게 흥분하기도 한다.

우리는 우리 문화의 다른 사람들이 우리 자신과 다르다는 것을 받아들이는 법을 배우고 그들의 행동이 우리가 생각하는 "정상적인" 반응 범위 내에 있을 때 그들을 비정상으로 간주하지 않는다. 그러나 정상적인 것은 우리가 살고 있는 지역 사회에 의해 정의된다. 다른 나라 사람과 같은 외부인은 종종 많은 사람들에게 매우 이상하게 여겨지기도 한다. 불행히도 미국인들은 **자민족 중심(ethnocentric)**적이라는 평판을 가지고 있다. 즉, 우리 문화의 행동과 관습을 올바르거나 마땅히 그래야 하는 방식으로 보는 것이다("못생긴 미국인"의 이미지로 이어지는 인식). 우리가 다른 나라로 여행을 간다면 아마 이상하게 여겨질 것이라는 사실을 간과해서는 안 된다. 한 나라의 관습과 신념은 옳거나 정상으로, 다른 나라의 관습과 신념은 옳지 않거나 비정상적인 것으로 간주되어서는 안 된다.

이 책의 일부 장에서 다루는 주제는 전 세계 모든 사람들에게 동일한다(예: 해부학, 생리학). 행동과 태도에 대해 읽을 때 주로 미국 사람들의 관점에서 읽는다. 다른 문화권에 있는 사람들의 행동은 특별한 상자에 표시된다. 그러나 계속하기 전에 전 세계의 몇 가지 다른 문화권의 성적 태도와 행동에 대해 간략히 소개하고자 한다. 그들 중 일부는 이상하게 보일 수 있지만 기억하시오. 그들이 우리에게 보이는 것처럼 우리도 그들에게도 이상하게 보인다.

성적 매력 Sexual Attractiveness

문화는 신체의 어느 부분이 에로틱하다고 느끼는지에 따라 다르다. 미국에서는 대부분의 사람들이 겨드랑이에 대해 부정적인 생각을 가지고 있지만, 압하지야(Abkhazia) 남자들은 여성의 겨드랑이를 보고 매우 흥분한다. 배꼽을 보는 것은 사모아에서 매우 흥분되는 것으로 간주되는 반면, 무릎은 뉴기니와 셀레베스 제도에서 에로틱한 것으로 간주된다. 1970년대 초 인류학자 마사 워드(Martha Ward)가 뉴기니를 방문했을 때 그녀는 당시 미국 여성의 관습이었던 미니스커트, 블라우스, 브래지어를 입고 비행기에서 내렸다. 그녀는 꽤 소란을 일으켰다. 그녀는 미국에 있는 동료에게 다음과 같은 편지를 썼다.

> 친애하는 렌,
>
> 미국에서 우리가 입고 있는 미니-드레스와 짧은 치마는 여기에서 상당한 파문을 일으키고 있어 옷차림을 바꿔야 했어. 유방은 정상적인 여성 도구로 간주되어 아기에게 먹이를 줄 때만 유용한 것 같아. 많은 여성의 의복은 큰 수건이나 3야드(약 2.74미터) 길이의 밝은색 천으로 구성되어 있고 집 안이나 마당에서 허리 둘레에 착용해. [공개적으로] 우리가 브래지어를 착용하면 블라우스가 필요하지 않아. 브래지어는 여성에게 적합한 복장으로 간주돼. 미국인이 없을 때, 허리 아래까지만 가릴 수 있으면 충분해....가슴은 실제로 성감대는 아니지만 다리는 성감대야.

선교사 자세(Missionary position) 여자는 등을 대고 누워 있고 남자는 다리 사이에 다리를 대고 눕는 대면 성교 자세. 기독교 선교사들이 사람들에게 다른 자세는 부자연스럽다고 가르쳤기 때문에 그렇게 불렀다.

자민족 중심(Ethnocentric) 자신의 민족이나 문화의 행동과 관습이 다른 사람보다 우월하다는 태도.

> 특히 무릎 안쪽의 섹시한 부분! 더 이상 미니스커트는 없어. 현지 관습을 따르고 준수한다는 것은 치마를 무릎 아래까지 늘렸다는 것을 의미해....
>
> 미국 남성은 허리 위에 아무것도 걸치지 않은 여성을 보고, 폰페이 남자들은 치마가 짧은 미국 여자에 대해 논평을 해. 나는 이제 두 문화의 표준을 만족시키기 위해 옷을 입고 있어....
>
> (발췌 from *Nest in the Wind: Adventures in Anthropology on a Tropical Island*, by Martha C. Ward. Copyright © 1989 by Waveland Press, Inc. Reprinted by permission.)

이것은 뉴기니의 남성들이 유방에 대한 선호도가 없다는 말은 아니다. 그들은 일반적으로 크고 짙은 색소의 유륜이 있는 큰 가슴을 선호하는 반면, 뉴질랜드 남성은 중간 크기의 중간 색소 유륜이 있는 큰 가슴을 선호하지 않는다(Dixson et al., 2011).

뉴기니와 마찬가지로 세계에는 여성의 벗은 가슴이 에로틱한 의미가 없는 곳이 많이 있다(**그림 1-2** 참조). 배고픈 아기에게만 중요하다. 반면에, 미국 남성은 여성의 가슴이 너무 성적으로 자극적이어서 공공장소에서 여성이 모유 수유조차 할 수 없다고 생각한다. 다음은 우리 학생 중 한 명인 차드에서 온 아프리카 여성이 뉴올리언스에 도착한 직후의 경험이다.

> "어느 날 남편이 운전을 하고 있었고 저는 뒷자리에 앉아 아기를 돌보고 있었다. 경찰이 우리를 막고 체포했다."
>
> (저자의 파일에서)

폴리네시아 남성은 미국 남성이 가슴에 관심을 갖는 만큼 여성의 성기 크기, 모양 및 일관성에 매료된다(Marshall, 1971). 일부 아프리카 문화에서는 여성의 음순이 신체에서 가장 에로틱한 부분으로 간주된다(Pérez et al., 2014).

많은 사람들이 체중을 성적 매력의 중요한 결정 요인으로 생각한다. 예를 들어, 우리 문화에는 남성과 여성이 날씬한 상태를 유지해야 한다는 엄청난 압력이 있다(Brown & Slaughter, 2011). 패션 모델이 날씬하고 '섹시'하다고 여겨지는 영화배우들의 허리가 작은 것은 우연이 아니다. 그러나 다른 많은 국가에서는 이러한 사람들이 매력적이지 않은 것으로 간주된다. 예를 들어, 대부분의 미국 남성이 비만으로 간주하는 여성은 다른 문화권에서는 매우 매력적으로 보인다. 사춘기 소녀들은 때때로 더 매력적으로 보이기 위해 오두막에 갇혀 고칼로리 식단을 먹는다(Gregersen, 1982).

성적으로 매력적이라고 여겨지는 것도 시간이 지나면

그림 1-1

루벤스의 *The Three Graces*는 문화적 이상이 시간이 지남에 따라 어떻게 변하는지 보여주는 좋은 예이다. 오늘날 날씬한 것이 존경받는 반면, 루벤스 시대의 날씬한 여성은 매력적이지 않다고 생각되었을 것이다.

출처: The Three Graces, c.1636, Museo del Prado, Madrid, Spain, Erich Lessing/Art Resource, New York

서 바뀔 수 있다. 예를 들어, 통통한 여성은 몇 세기 전에 서구 문화에서 매우 매력적인 것으로 간주되었다. 이것이 믿기지 않는다면 300~400년 전에 그려진 벌거벗은 여성의 유명한 그림을 보라(**그림 1-1** 참조).

공공 장소에서 알몸으로 걷는 것은 대부분의 미국 사람들에게 매우 일탈적인 행동으로 간주되지만, 뉴기니와 호주에는 사람들이 완전히 알몸으로 돌아다니는 문화가 있다. 그러나 그들은 다른 사람들의 성기를 쳐다보는 것에 대한 확고한 규칙을 가지고 있다. 남아프리카 공화국의 줄루족(Zulus)에도 사람들이 알몸이 되는 공개 의식이 있다. 그들은 나약한 몸이 부도덕한 행동의 결과라고 믿으며, 따라서 누군가가 이러한 의식을 위해 옷을 벗는 것을 거부한다면 이는 그 사람이 자신의 부도덕을 숨기려고 한다는 신호로 간주된다(Gregersen, 1982). 인체에 대한 이러한 태도는 여성의 섹슈얼리티가 억압되고 여성이 집에서 나올 때 몸 전체와 얼굴의 대부분을 가려야 하는 이슬람 사회에서 만연한 태도와 현저한 대조를 이룬다.

어떤 문화권에서는 사람들이 입술에 구멍을 내고, 다

른 문화권에서는 입술이나 목을 펴거나 코에 바늘을 꽂았다. 인도네시아, 필리핀, 말레이시아 일부 지역에서는 남성이 음경에 물건(예: 볼베어링, 보석, 반지)을 삽입하는 것이 일반적이다(Hull & Budiharsana, 2001). 예를 들어, 보르네오에서는 남성이 피어싱된 성기 끝에 막대를 꽂는 것이 일반적이다. 페니스 핀(penis pin)이라고 하는 막대는 양쪽 끝에 돌기(예: 보석, 깃털, 돼지털)가 있으며, 남성들은 이것이 성교 중 여성의 쾌감을 향상시킨다고 믿는다(Brown, 1990). 정교한 복부 흉터는 수단의 카우 문화권 여성에게 성적으로 매우 매력적인 것으로 간주된다. 인체에 대한 태도와 성적으로 매력적이라고 여겨지는 것이 문화적으로 학습된 반응이라는 것은 보편적인 기준이 없기 때문에 명백한다.

성적 행동과 태도 Sexual Behaviors and Attitudes

키스는 서양 문화권에서 성적 관계의 매우 에로틱하고 낭만적인 부분이다. 따라서 이 관행이 일본, 인도의 힌두교, 아프리카와 남미의 많은 그룹을 포함한 많은 문화권에서 공유되지 않는다는 사실을 알게 되면 아마 놀랄 것이다(Ford & Beach, 1951; Gregor, 1985). "통가(Thonga)는 유럽인이 키스하는 것을 처음 보았을 때 '그들을 봐요. 서로의 타액과 분비물을 먹어요'라는 감정을 표현하며 웃었다"(Ford & Beach, 1951). 성교 전 전희는 일부 문화권에서는 전혀 들어본 적이 없다.

인류학자들은 세계에서 가장 성적으로 관대한 사람들이 남태평양의 쿡 제도에 사는 망가이안(Mangaian)이라고 믿는다(Marshall, 1971). 망가이안 소년과 소녀는 3~4세가 될 때까지 함께 놀지만 그 이후에는 낮 동안 성별에 따라 연령 그룹으로 나뉜다. 소년이 청소년기에 가까워지면 성기의 초절개(성기의 피부를 위쪽에서 세로로 자르는 것)로 성년의 도래를 알 수 있다. 상처가 아물면서 소년은 소녀를 오르가즘으로 끌어들이는 방법을 포함하여 섹스의 모든 면에서 교육을 받는다. 소녀들은 나이든 여성에게서 비슷한 지시를 받는다. 그런 다음 그 소년은 성교 중에

그림 1-2

문화는 그들이 매력적이라고 생각하는 것과 관련하여 크게 다르다. 뉴기니에서는 많은 남성이 대나무 페니스 칼집만을 착용하는 반면(a), 보르네오에서는 남성에게 페니스 핀이 있다(b). 몸의 흉터는 쿠바(현재의 자이르) 여성들 사이에서 일반적이다(c). 거의 완전한 누드의 이러한 관습과 달리 이슬람 여성은 공공 장소에서 얼굴을 가리고 있어야 한다(d). 사모아에서 남자들은 뚱뚱한 여자를 가장 매력적으로 여긴다(e). 에티오피아의 오노 강을 따라 여성들은 캔을 입술 장식으로 사용하는 반면(f), 태국의 카렌(Karen)에서는 길쭉한 목이 아름다운 것으로 간주된다(g). 탕가니카(h)의 남성들 사이에서 정교한 머리 장식과 귀 피어싱이 매력적이다.

출처: (a) Atlantide Phototravel/Corbis Documentary/Getty Images; (b) Peabody Museum of Archeology and Ethnology; (c) Eric Baccega/age fotostock/ Alamy Stock Photo; (d) Pakistan Images/Alamy Stock Photo; (e) Douglas Peebles Photography/Alamy Stock Photo; (f) Jonathan Blair/Corbis Documentary/Getty Images; (g) Kevin R. Morris/Corbis/VCG/Getty Images; (h) Haywood Magee/Hulton Archive/Getty Images

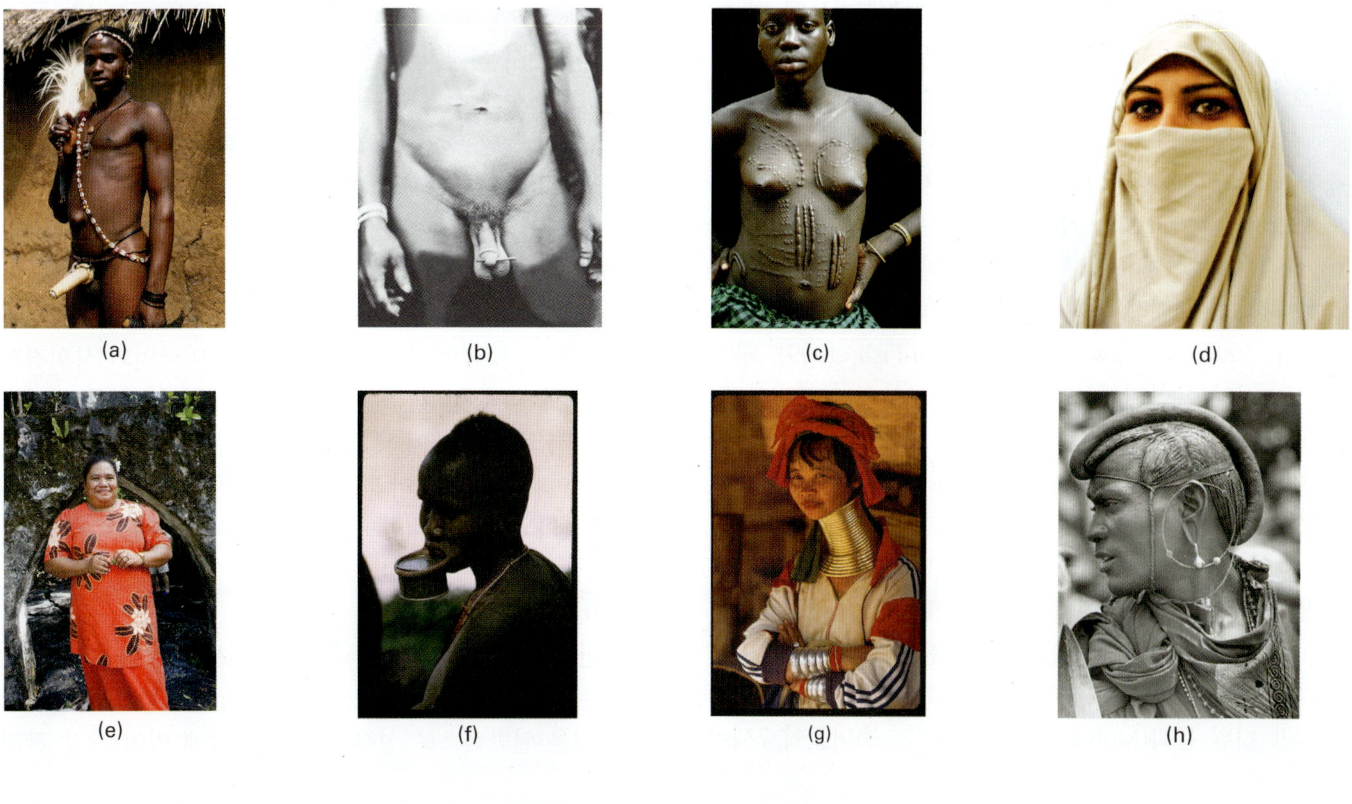

(a) (b) (c) (d) (e) (f) (g) (h)

상피를 제거하고 소년에게 다양한 성행위 기술을 가르치는 경험 많은 여성에게 주어진다. 그 후 소년은 밤에 적극적으로 소녀를 찾아 일주일에 평균 18~20번 섹스를 한다. 망가이안 청소년들은 많은 파트너와 섹스를 하고 모든 유형의 성행위에 참여하도록 권장된다. 성인이 되면 망가이안 남성과 여성은 일부일처제가 된다.

사모아와 폰페이를 포함한 남태평양의 다른 많은 사회에서도 마찬가지로 십대 자녀들이 성적인 관계를 즐기도록 권장한다(Ward, 1989). 일부 문화권에서는 소년들이 십대 소녀들이 사는 오두막에 들어가 소녀들의 부모가 있는 동안 그들과 섹스를 한다. 부모는 그들을 무시하고 아이들이 보이지 않는 것처럼 행동한다. 이 모든 사회에서 남녀 모두의 육체적 쾌락이 강조되고 정서적 애착은 나중에 온다. 그들은 섹스 전에 사랑을 강조하는 우리의 관습을 매우 이상하다고 생각한다.

세계에서 가장 성적으로 억압된 사회는 아일랜드 해안에서 떨어진 섬에 사는 사람들의 그룹에 대한 가상의 이름(인류학자들이 익명성을 유지하기 위해 만든)인 Inis Baeg이다(Messenger, 1971). 성에 대한 언급은 금기시되어 아이들은 월경이나 임신과 같은 매우 두려워하는 일에 대해 결코 말하지 않는다. 누드는 엄격히 금지된다. 기혼 성인이라도 서로가 완전히 벗은 모습을 보지 못하고 함께 목욕을 하지 않고 성교 시 작업복을 입는다. 성적 관계는 어느 쪽이든 긍정적인 것으로 간주되지 않는다. 전희는 듣도 보도 못한 일이며, 항상 선교사 위치에서 행해지는 성교는 남성이 건강에 위험하다고 생각하기 때문에 가능한 한 빨리 완료한다(그리고 망가이안 여성과 달리 Inis Baeg 여성은 오르가즘을 거의 얻지 못한다) .

망가이안과 Inis Baeg의 두 극단 사이에는 광범위한 성적 태도와 행동이 있다. 많은 문화가 우리 문화보다 더 제한적이거나 억압되어 있음을 알게 될 것이다. 예를 들어, 아주 최근까지 중국, 일본, 러시아 및 많은 아프리카 문화에서 성에 대해 공개적으로 논의하는 것은 금기였다(Ecker, 1994; Kitazawa, 1994; Rivkin-Fish, 1999). 구강 성교는 서양 문화권에서 흔하지만 대부분의 아프리카 문화권에서는 그것을 역겹게 생각한다. 많은 이슬람 국가에서 여성의 섹슈얼리티는 어린 시절에 할례를 통해 억압된다(상자 4-A 참조).

반면에 많은 문화는 우리 문화보다 더 관대한다(또는 관용). 예를 들어, 9장에서는 어린 소년과 십대 소년 사이에 동성애 관계가 기대되는 삼비아 문화에 대해 읽을 것이다(상자 9-A). 미성년자와의 섹스는 서구 문화에서 범죄지만 티위 문화(Melville Island)에서는 소녀들이 7세에 성인 남성과 결혼하고 얼마 지나지 않아 성교를 시작한다(Goodall, 1971). 근친상간도 서구 문화에서 금기시되지만 사촌간 또는 삼촌과 조카딸 간의 결혼은 다른 문화권에서 흔히 예상된다(상자 15-C). 유사하게, 일부일처제는 서구 문화의 표준인 반면, 다른 많은 문화권에서는 일부다처제가 시행된다(상자 12-B). 성에 대한 전반적인 접근 방식조차 문화마다 다를 수 있다. 예를 들어, 서양 문화의 섹스는 생식기 자극, 오르가슴, 육체적 만족에 초점을 맞추는 경향이 있는 반면, 동양 탄트라 문화는 섹스 중 영적 결합을 강조한다(상자 13-A).

미국 내 문화적 다양성
Cultural Diversity Within the United States

지금까지 우리는 서구 문화를 동질적인 사람들의 집단으로 구성된 것처럼 언급했다. 북아메리카에는 원래 유럽계 백인 기독교인들이 주로 정착했을지 모르지만 오늘날 인구는 훨씬 더 다양하다. 미국 인구의 상당 부분은 아프리카계 미국인, 라틴계 및 아시아계 미국인으로 구성되어 있다. 그러나 이러한 인종 그룹 내에서도 종종 별개의 하위 그룹이 있다. 예를 들어, 아시아계 미국인 중에는 일본, 중국, 베트남, 태국, 한국, 필리핀, 남태평양 섬 출신의 조상이 있다. 각 하위 문화에는 성적 태도와 행동에 영향을 줄 수 있는 몇 가지 요소가 있다. 여기에는 종교, 교육 수준, 사회경제적 지위가 포함된다. 요컨대, 문화적 하위 집단에 대해서도 일반화하기가 어려운 경우가 있다. 이러한 주의 사항을 염두에 두고 어떤 일반화를 만들 수 있을까?

미국에서 성행위의 문화적 차이를 변화시키는 한 가지 예는 구강-성기 성 관계를 조사할 때 발견된다. 이것은 적어도 60년 동안 백인 중산층(특히 대학 교육을 받은) 미국인들 사이에서 매우 흔한 행동이었다(Kinsey et al., 1948, 1953). 그러나 최근까지 그것은 소수의 아프리카계 미국인들에 의해서만 실행되었다(Laumann et al., 1994). 이 행동에 관여하는 아프리카계 미국인의 적은 비율은 부분적으로 그들의 아프리카 혈통과 많은 흑인 미국인의 사회경제적 지위에 의해 설명될 수 있다. 구강 성교는 인종 배경에 관계없이 교육 수준이 낮고 소득이 낮은 모든 그룹에서 덜 일반적이다. 오늘날 아프리카계 미국인이 중산층으로 더 많이 동화되면서 이러한 문화적 차이가 사라지고 구강 성교에 참여하는 흑인의 비율이 백인에 가깝다(Dodge et al., 2010).

반면에 아프리카계 미국인은 백인보다 일찍 성교를 시작하는 경향이 있다(Cavazos-Rehg et al., 2009). 아시아계 미국인은 일반적으로 성적 태도와 행동에 있어 가장 관대하다(Ahrold & Meston, 2010; Okazaki, 2002). 이것은 부분적으로 아시아 국가의 성에 대한 제한적인 태도를 반영하지만 많은 아시아 국가의 사람들이 가족 및 사회적 순응을 강조하는 결과이기도 하다. 아시아계 미국인은 혼전 성교와 여러 성 파트너 모두에 대해 매우 낮은 비율을 보이는 경향이 있다. 반면에 낙태 비율이 가장 높다(토의된 하위 문화권 중). 이것은 낙태의 도덕성에 의문을 제기하지 않는 비서구적 종교적 신념을 반영한 것일 뿐만 아니라 종종 낙태가 낙태에 가장 적합하다는 태도가 지배적인 인구 과잉 국가에서 이주한 결과이기도 한다. 자녀의 수를 제한하는 것이 일반적이다.

성적인 태도와 행동에 영향을 미칠 수 있는 또 다른 요인은 조상이 미국으로 이민 온 이후의 세대 수이다. 다른 나라 사람들이 미국 문화에 더 동화되면서 그들의 태도와 행동은 주류 미국인들의 태도와 행동을 닮게 된다(예: Ahrold & Meston, 2010; Okazaki, 2002). 앞으로 읽을 장에서 읽을 내용의 대부분은 미국의 거의 모든 하위 문화에 해당된다. 그러나 주요 차이점이 있는 경우 해당 차이점에 대해서도 읽을 수 있다.

개인적인 생각 Personal Reflections

당신의 문화 유산이 성에 대한 당신의 태도에 영향을 미쳤는가? 그렇다면 어떻게?

역사적인 관점 Historical Perspectives

1.2 유대교, 기독교, 빅토리아 시대, 성 혁명이 섹슈얼리티에 대한 현대적 태도에 미친 역사적 영향을 설명한다.

망가이안과 Inis Baeg가 양 극단을 대표한다면 미국 문화는 이 연속체에서 어디에 속할까? 많은 면에서 우리의 행동은 관대한다. 우리는 이른바 성 혁명 시대에 살고 있다. 그러나 성에 대한 우리의 태도는 종종 긍정적이지 않다(예를 들어, 부모와 자녀가 함께 그것에 대해 거의 이야기하지 않는다는 사실에 의해 입증됨). TV, 영화, 잡지, 라디오에서 성에 대한 지속적인 강조는 어린이들에게 한 가지 유형의 메시지를 준다. 섹스는 재미있고, 섹스는 흥미진진하고, 섹스는 훌륭하다. 동시에 이 같은 아이들은 부모, 학교, 교회로부터 또 다른 유형의 메시지를 받는다. 섹스는 당신을 위한 것이 아니다! 많은 미국인들이 성에 대해 혼란스러워하는 것이 이상한 일이겠는가? 섹스는 한편으로는 좋지만 다른 한편으로는 나쁜 것이다. 우리는 망가이안과 Inis Baeg 사이 어딘가에 있다. 우리는 방임적이지만 억압적이다. 우리가 21세기에 어떻게 이 지경에 이르렀는지 알아보려면 우리 문화의 성적인 태도의 역사를 살펴봐야 한다.

유대교 Judaism

성경에 나오는 유대인들의 삶은 가혹했고, 그들은 많은 자녀를 갖는 것을 큰 이점으로 여겼다. 유대인들은 구약의 첫 번째 책의 첫 번째 장에서 그렇게 하도록 지시받았다.

> 하나님이 그들에게 복을 주시며 하나님이 그들에게 이르시되 "생육하고 번성하여 땅에 충만하라, 땅을 정복하라" 하시니라.
>
> (**창세기** 1:28, 표준 개정판)

많은 자녀를 낳는 것은 유대 민족의 생존을 보장하고 의무로 여겼다. 따라서 히브리인들은 성의 주된 목적이 출산(*procreation*)(자식을 갖는 것)임을 인식했다. 독신 생활은 의무를 게을리하는 것으로 여겨 죄로 간주되었다.

아들은 공급자와 수비수로서의 이중 역할 때문에 특히 가치가 있었다. 강력한 가부장제 히브리 사회에서 딸과 아내는 (아버지나 남편의) 재산으로 간주되었으며 물질적 재산이 적법한 자손에게 전달되도록 보장하는 많은 규칙이 있었다. 따라서 히브리인들은 성의 사회적 결과에 대해 매우 관심을 가졌다. 예를 들어, 혼외 성관계는 가혹한 비난과 처벌을 받았다. 간음하다 붙잡힌 유대인 여자는 돌로 쳐 죽였으나, 간음한 남자는 다른 남자의 재산권을 침해한 것으로만 여겨졌다. 강간 역시 재산권 침해로 간주되었다. 동성애와 수간에 대한 형벌은 죽음이었다(레위기 18:22~29).

이러한 가혹한 견해와는 대조적으로, 구약은 결혼 생활 내의 성에 대한 긍정적인 견해를 제시한다. 이에 대한 좋은 예는 솔로몬의 노래(아가서)에서 찾을 수 있다.

> 신을 신고 있는 당신의 발은 얼마나 아름다운가,
> 오 여왕의 처녀여!
> 당신의 둥근 허벅지는 장인의 손이 만든
> 보석과 같다.
> 당신의 배꼽은 혼합 포도주가 결코 부족하지 않은
> 둥근 그릇이다....
> 당신의 두 가슴은 가젤의 쌍둥이 새끼
> 사슴과 같다....
> 당신은 종려나무처럼 위엄이 있고,
> 당신의 가슴은 그 송이와 같다.
> 내가 종려나무에 올라가
> 그 가지를 잡으리라 하고
>
> (**아가** 7:1–8, 표준 개정판)

생식기를 포함한 인간의 몸은 음란한 것으로 간주되지 않았다. 하느님께서 자신의 형상대로 아담과 하와를 창조하셨기 때문이다. 상호 성적 쾌락은 히브리 부부에게 매우 중요했다. 사실, 남편과 아내 사이의 성관계는 하나님의 선물인 기쁨의 원인이었다. 결혼한 부부는 모든 성행위에 참여할 수 있으며 단 한 가지 제한 사항이 있다. 남편은 아내의 질 내에서 사정해야 했다(그렇지 않으면 자녀를 가질 수 없기 때문에 "종자 유출"로 간주됨).

개인적인 생각 Personal Reflections

성경 시대의 히브리인들은 인간이 하나님의 형상대로 창조되었다고 믿었기 때문에 생식기를 포함한 신체의 어느 부분도 부끄러워하지 않았다. 이에 대해 어떻게 생각하나요? 자신의 몸에 대해 어떻게 생각합니까?

그리스와 로마 The Greeks and Romans

고대 그리스와 로마는 유대인과 마찬가지로 결혼과 가족을 강조했다. 출산이 부부 간의 섹스의 주요 목적으로 여겨졌지만, 한 부부는 하나님이 아니라 국가를 위해 자녀를 가졌다. 성서에 나오는 유대인들과 달리 그리스와 로마 남성들은 결혼 외의 상당한 성적 자유가 허용되었다. 그리스에서는 교사-학생 관계에서 남성과 청소년 소년 간의 성적 관계가 용인되었을 뿐만 아니라 소년의 지적, 정서적, 도덕적 발달의 일부로 장려되었다.

그리스인들은 인간의 몸과 육체적인 아름다움을 이상화했지만(그들의 예술에서 분명히 알 수 있듯이), 그리스 시대 후반에는 영적 발달에 대한 강한 강조와 육체적 쾌락의 거부가 있었다. 이러한 변화의 기초는 **이원론(dualism)**, 즉 몸과 영혼이 분리되어 있다는(그리고 적대적) 믿음이었다. 이원론은 지혜에서 미덕이 나오며 이러한 것은 강한 열정을 피함으로써만 달성될 수 있다고 가르치는 **금욕 철학**(*ascetic philosophy*)을 낳았다. 예를 들어, 플라톤은 성적 욕망을 피하고 지적이고 영적인 사랑(따라서 섹스 없는 사랑에 대한 **플라토닉**(*platonic*)이라는 용어)을 추구함으로써 불멸을 얻을 수 있다고 믿었다. 다음에 보게 되겠지만 이원론은 초기 기독교 지도자들에게 큰 영향을 미쳤다.

기독교 Christianity

후기 그리스인들의 신학과 같이 기독교 신학은 육신의 사랑을 영적인 사랑으로 분리하였다. 로마제국의 쇠퇴기는 기독교의 부흥과 맞물려 성적 과잉과 방탕으로 특징지어졌다. 성에 관한 초기 기독교인들의 견해는 부분적으로 질서를 지키려는 시도의 결과였다.

마태복음에는 예수님께서 "여자를 보고 음욕을 품는 자마다 마음에 이미 간음하였느니라"(마태복음 5:27)라고 기록되어 있다. 따라서 그리스도인이 행동적으로 순응하는 것만으로는 충분하지 않는다. 내면의 생각도 순수해야 한다.

초기 기독교 작가들의 가르침은 성적 유혹에 대한 그들 자신의 개인적인 투쟁을 반영한다. 가장 영향력 있는 사람 중 한 사람은 성 바오로(주후 5~67년경)이다.

> 내 안에 곧 내 육신에 선한 것이 거하지 아니하는 줄을 내가 아나이다. 나는 옳은 것을 원하지만 그렇게 할 수는 없다. 내가 원하는 선을 행하지 아니하고 내가 원하지 아니하는 악을 행하는도다.
>
> (**로마서** 7:18–19, 표준 개정판)

성 바오로는 에덴동산에서 쫓겨난 이브를 탓하고 독신생활이 천국으로 가는 길이라고 설교했다. 결혼은 의지가 약한 사람만을 위한 것이었다.

> 미혼자와 과부들에게 내가 말하노니 그들도 나 같이 독신으로 지내는 것이 좋도다. 그러나 자제할 수 없다면 결혼해야 한다. 정욕이 타오르는 것보다 결혼하는 것이 낫기 때문이다... 결혼하면 죄를 짓지 않는다.
>
> (**고린도전서** 7:8–9, 7:28, 표준 개정판)

어떤 사람들은 이 모호한 구절을 바울이 결혼 생활에서 하는 성관계가 죄라고 믿었다는 의미로 해석했다. 이제 학자들은 바울이 결혼 생활이 죄라고 믿지 않았지만 서로 성적으로 원하는 결혼한 부부들이 세속적(신체적) 문제에 너무 연루되는 것을 염려했다고 말한다(Deming, 1995; Poirier & Frankovic, 1996). 바울의 주장은 독신이 결혼보다 영적으로 우월하다는 것이었다. 따라서 바울은 결혼을 육체의 문제를 다루기 위한 타협으로 여겼다.

성 제롬(주후 340~420년경)은 아내를 너무 열렬히 사랑하는 남자는 간통죄를 범했다고 말했다.

> 지혜로운 사람은 정욕이 아니라 판단력으로 아내를 사랑해야 한다. 자기 아내를 너무 사랑하는 자는 간음하는 자이다.
>
> (**헌트**, 1959, p. 115)

교황 요한 바오로 2세는 성 제롬의 믿음을 반영하는 것처럼 보였을 때 가톨릭 교회 내에서 약간의 논쟁을 불러일으켰다.

이원론(Dualism) 몸과 영혼이 분리되어 적대적이라는 믿음.

마음에 간음하는 것은 남자가 자기 아내가 아닌 여자를 어떤 시선으로 바라보기 때문만은 아니다. . .아내를 그렇게 쳐다 본다 해도 간음하는 것이다.

(**설교, 성 베드로 광장**, 1980년 10월 8일)

기독교 신앙에 대한 주요 영향은 **성 아우구스티누스(Saint Augustine)**(A.D. 354~430)였다(그림 1-3). 십대와 젊은 성인으로서 그는 정부와 혼외에서 태어난 아들을 포함하는 난잡한 생활 방식을 이끌었다(Boswell, 1980). 그는 "나에게 순결과 절제를 주되, 그러나 아직 주지 말라"고 기도한 것으로 보고된다(고백록, 제8권, 7장). 성 바오로의 저서를 읽고 기독교로 개종하여 금욕적인 삶을 살았다.

교회의 반성애적 태도를 확고히 한 것은 누구보다도 아우구스티누스였다. 아우구스티누스는 모든 성관계가 죄이며 모든 자녀는 부모의 죄에서 태어난다고 믿었다. 아담과 이브의 몰락의 결과로, 그는 섹스가 수치스럽고 죄책감과 동일시된다고 주장했다. 아우구스티누스는 결혼한 부부가 출산을 위해 성교를 해야 한다는 것을 인정했지만 쾌락을 위한 남편과 아내 사이의 성관계를 비난했다.(Soble, 2009 참조). 그는 출산을 위한 결혼 생활을 불쾌한 필요성으로 여겼다.

결혼하는 사람들. . . 만일 그들에게 아내와 교제하지 않고 자녀를 낳을 수 있는 수단이 주어진다면, 그들은 말할 수 없는 기쁨으로 이토록 큰 축복을 안아주지 않겠는가? 그들이 큰 기쁨으로 그것을 받아들이지 않겠는가?

(**고에르겐 인용**, 1975)

아우구스티누스는 (결혼) 섹스의 쾌락을 부정한다는 점에서 히브리인과 다를 뿐만 아니라 그 과정에서 인체에 대한 완전한 혐오감을 나타냄으로써 히브리인과 달랐다. "우리는 대변과 오줌 사이에서 태어났다." 성교에 대한 어거스틴의 견해는 거의 모든 초기 기독교 지도자들에 의해 공유되었다.

아르노비우스는 그것을 더럽고 굴욕적이며, 메토디우스는 보기 흉하고, 제롬은 불결하고, 터툴리안은 수치스럽고, 암브로스는 더럽다고 했다. 사실, 하나님께서 출산 문제를 다루는 더 나은 방법을 고안했어야 한다는 무언의 합의가 있었다.

(**탄나힐**, 1980, p. 141)

부부가 성 관계를 맺어야 하는 유일한 이유는 출산을 위한 것이라는 가톨릭 교회의 견해는 최근 교황 요한 바오로 2세에 의해 1993년("Veritatis Splendor")과 1995년("Evangelium Vitae")에 의해 확인되었다. 오늘날 모든 기독교인이 같은 교파에 속해 있는 것은 아니지만, 모두 같은 초기 역사를 공유하고 있기 때문에 모두 성 아우구스티누스의 신앙에 영향을 받았다.

"나는 내 몸이 더러운 것이고, 섹스는 죄이며, 조금만 주의를 기울이면 지옥에서 불타버릴 것이라는 말을 듣고 자랐습니다. 모두가 '죄'라는 단어를 내 목구멍에 밀어 넣고 '하나님의 규칙'에 대한 현실이든 상상이든 사소한 위반에 혐오감을 나타냈습니다. 그 결과 청소년기에 자존감이 극도로 낮았고, 대자연과 '신'에 대한 기대 사이의 내적 갈등이 나를 미치게 만들었다"고 말했다.

(저자의 파일에서)

개인적인 생각 Personal Reflections

성에 대한 기독교적 견해는 성 아우구스티누스의 영향을 강하게 받았는데, 성 아우구스티누스는 성에 참여하는 유일한 정당한 이유는 자녀를 갖는 것이라고 믿었다. 쾌락을 위해 섹스를 하는 것에 대해 어떻게 생각하나요? 자위 행위에 대해 어떻게 생각하나요? 성적 행동과 관련하여, 당신의 종교적 성장은 무엇이 옳고 그른지에 대한 당신의 의견에 어떤 영향을 미쳤나요?

그림 1-3

성 아우구스티누스(A.D. 354~430)는 성에 대한 기독교인의 태도에 큰 영향을 미쳤다. 그는 모든 성행위가 정욕에 의한 것이며 따라서 결혼 생활에서의 성행위를 포함하여 악하다고 믿었다.

출처: PAINTING/Alamy Stock Photo

성 아우구스티누스(Saint Augustine) 성에 대한 기독교 신앙에 큰 영향을 끼친 인물.

빅토리아 시대 The Victorian Era

19세기는 세기의 대부분을 영국에서 통치한 빅토리아 여왕(1819~1901)의 이름을 따서 흔히 **빅토리아 시대(Victorian era)**라고 한다. 대중의 오만함과 순수함의 시대였다. 섹스의 모든 즐거운 측면은 거부되었다. 1700년대 후반과 1800년대 초반에 영국 복음주의자들의 보수적인 개혁 이상에 영향을 받아 빅토리아 시대에는 여성(몇 세기 전까지만 해도 성적인 유혹자로 여겨졌던)을 무성애자(즉, 성에 관심이 없는)로 간주하게 되었다. 어린아이처럼 순진하다(Cott, 2002). 남자는 정욕에 책임이 있는 것으로 간주되는 사람들이었다. 빅토리아 시대의 도덕주의자에 따르면, 여성의 자리는 집이었고 아내는 "아내로서의 의무"를 수행하기 위해서만 성관계를 가졌다. 여성용 드레스는 목과 등, 발목을 덮었고 피아노 다리도 덮힐 정도로 자만함이 극에 달했다. 저녁 식탁에서 닭고기의 "가슴살"을 요구하는 것은 부적절한 것으로 간주되었다.

19세기의 의학적 견해는 일반적으로 그 시대의 반성애를 지지했다. 티쏘(Tissot)라는 저명한 스위스 의사는 1741년에 수음이 실명, 소비, 기타 신체 장애 및 광기로 이어질 수 있다고 주장한 책을 출판했다. 일찍이 1727년에 대니얼 디포(Daniel Defoe)는 과도한 섹스가 "마비와 간질, 쓰러짐-병, 관절의 떨림, 창백하고 낙담한 모습, 나른함, 마침내 썩음, 기타 불결하고 역겨운 디스템퍼로 이어진다"(91쪽). 빅토리아 시대의 의사들은 정액 손실이 혈액 손실만큼 남성의 건강에 해롭다고 믿었는데, 이는 그리스 의사 히포크라테스에게서 비롯된 믿음이었다(Haller & Haller, 1977). 섹스에 대한 생각조차 남성의 건강에 해로운 것으로 여겨졌다.

> 생각이 성적인 관계에 집중되도록 허용된다면, 혈액은 뇌와 근육에서 우회될 것이며 고갈로 인해 남자 전체가 고통을 겪을 것이다....
>
> (**실바누스 스톨**, 1897)

이러한 믿음의 결과로 부모는 종종 수음(Hall, 1992)과 야행성 분비물[당시에는 "웻 드림(wet dream)" 또는 정자뇨라고 불림]을 방지하기 위해 엄청난 노력을 기울였다. 밤에 자기 방지 장치를 착용하게 한다(Stephens, 2009 참조). 1856년과 1932년 사이에 미국 정부는 성적 구속 장치에 대해 최소한 33개의 특허를 부여했다(Schwartz, 1973);

만약 섹스가 더럽고 역겹다면, 왜 내가 사랑하는 사람을 위해 아껴둬야 하나요?

출처: Archival material from Playboy magazine. Copyright © 1993 by Playboy. Reprinted with permission. All rights reserved.

영국에서는 더 많은 상을 받았다. 이러한 세 가지 발명품이 그림 1-4에 나와 있다.

성인은 심지어 결혼 생활에서도 성교에 대한 욕망을 억제해야 했다. 그 당시 지배적인 태도의 예는 다음과 같다.

> 이 시점에서 독자 여러분, 한 가지 충격적인 사실을 인정하겠다. 일부 청녀들은 실제로 결혼식 밤의 시련을 호기심과 즐거움으로 기대한다! 그런 태도를 조심하시오! 결혼의 한 가지 기본 규칙은 결코 잊지 말아야 한다. 적게 주고, 거의 주지 않으며, 무엇보다도 마지못해 주는 것이다.
>
> (**루스 스미서**, *Instruction and Advice for the Young Bride*, 1894)

빅토리아 시대에 의료계가 퍼뜨린 잘못된 정보의 양은 정말 끔찍하다. 예를 들어, 영국 의사 그룹은 생리 중인 여성을 만지면 햄(spoiled ham)을 망칠 수 있다는 증거가 있다고 주장했다(*British Medical Journal*, 1878). 1903년에 출판된 Mary Melendy의 *Perfect Womanhood*, "MD, Ph.D."라는 책도 고려해 보라. 그것은 여성을 위한 조언의 책이었고, 자위와 과도한 섹스에 대한 일반적인 경고 외에도 언제 성교를 하는 것이 가장 안전한지(임신을 피하기 위해) 다음과 같은 내용이 포함되어 있었다.

> 일부 예외가 있을 수 있는 자연의 법칙에 따라 월경이 시작될 무렵에 수태가 이루어져야 한다. 그러나 월경이 중단된 후 10일부터 돌아오기 며칠 전에 임신 가능성이 거의 없지만 그 반대도 마찬가지이다....

빅토리아 시대(Victorian era) 영국의 빅토리아 여왕 통치 기간(1819~1901). 섹슈얼리티와 관련하여 당시는 대중의 오만함(성욕의 즐거움은 부정됨)과 잘못된 의학적 믿음이 많았던 시대였다.

그림 1-4

빅토리아 시대에 발명되고 특허를 받은 3가지 섹스 방지 장치: (왼쪽) 야행성 방출을 방지하기 위한 정자낭; (가운데) 여성 순결 벨트; (오른쪽) 남성 정조대.

출처: (left) Courtesy of American Urological Association's Didusch Center for Urologic History, www.urologichistory.museum; (middle and right) Maison Faurie Antiquities

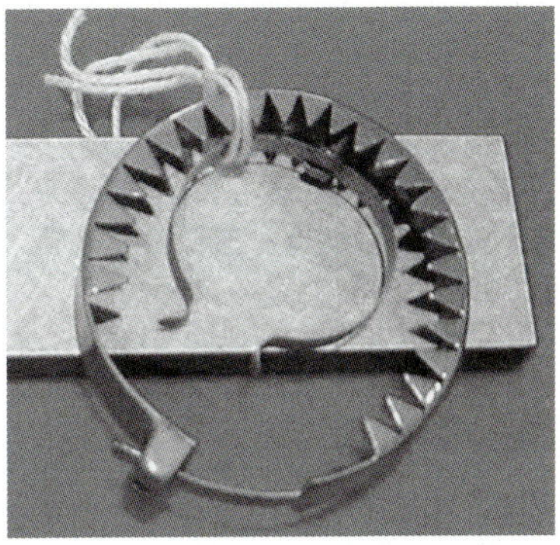

3장에서 배우겠지만 이것은 사실이 아니다.

대부분의 빅토리아 시대 사람들의 사생활은 그 시대의 도덕주의자들이 전달한 이미지만큼 억압되고 교만하지 않았을 수 있다. 1892년 클레리아 모셔(Clelia Mosher) 박사가 수행한 연구에서 45명의 기혼 여성을 대상으로 한 설문조사에 따르면 대부분의 여성이 섹스를 원하고 즐겼다(Jacob, 1981). 이 시대에도 위선이 많았다. 매춘과 음란물이 번성했고 혼외정사가 흔했다(Trudgill, 1976).

빅토리아 여왕이 1901년에 사망했지만, 억압된 섹슈얼리티의 빅토리아 시대는 20세기까지 계속되었다. 예를 들어, 1950년대의 일부 TV 쇼에서는 엘비스 프레슬리를 허리 위까지만 보여준다. 같은 기간 동안 텔레비전 진행자와 배우는 "임신"이라는 단어를 사용하는 것조차 허용되지 않았다("아이와 함께"가 적절한 용어로 간주됨). *I Love Lucy* 쇼의 루시가 처음 텔레비전에서 "임신"이라고 말했을 때 대중의 분노를 일으켰다. 성에 대한 이 정도의 부정성과 억압 속에서 서구 문화는 어떻게 성 혁명에 들어섰는가?

성적 해방 The Sexual Revolution

농장에서 일하든 도시에서 일하든 우리의 증조할아버지는 하루에 12시간에서 16시간, 종종 일주일에 6일을 일했다. 아동 노동이 일상적이어서 많은 아동들도 이 시간에 일하고 있었다. 청교도적인 빅토리아 시대의 이상에 더하여 여가 시간의 부족은 성관계의 기회를 제한했다.

산업 혁명은 이 모든 것을 천천히 바꾸어 놓았다. 기계화와 보다 효율적인 생산 수단은 결국 노동 시간을 단축하여 사람들이 여가 활동에 자유롭게 참여할 수 있게 했다. 자동차의 발명으로 젊은이들은 부모와 이웃의 경계심에서 벗어날 수 있었다. 1930년대의 대공황과 1940년대의 제2차 세계대전으로 인해 대부분의 사람들은 여가 시간을 많이 가질 수 없었다. 1950년대에는 가족이 자동차를 제공할 만큼 부유한 미국 십대의 첫 번째 평시 세대가 있었다. 처음으로 미국인들은 여가 섹스에 참여하는 데 필요한 두 가지 요소, 즉 시간과 이동성을 갖게 되었다.

성장하는 여성 권리 운동은 결국 여성에게 더 많은 평등을 가져다주었고, 그들은 성적인 문제에서 적극적인 역할을 하기 시작했다(빅토리아 시대의 도덕주의자들이 묘사한 수동적이고 무성한 생물이 아니었다). 1943년에 페니실린이 도입되면서 사람들은 치명적인 매독과 기타 성병에 대해 덜 걱정하게 되었다(Francis, 2013). 그들이 이러한 질병에 걸렸다면 이제 치료될 수 있다.

1960년에는 피임약과 IUD가 출시되어 자연스럽게 성교가 가능하고 원치 않는 임신에 대해 걱정할 필요가 없었다. 이것의 주요 영향은 성의 쾌락적인 측면이 생식적인 측면과 완전히 분리될 수 있다는 것이었다. 사람들이 한 사람이 다른 사람과 아무 관련이 없다고 생각하기 시작하는 데는 그리 오랜 시간이 걸리지 않았다.

이러한 몇 가지 요인의 결과로 우리는 이른바 **성 혁명(sexual revolution)**에 들어섰다. 1940년대부터 1980년대까지 미국인들이 처음으로 성교를 하는 평균 연령이 현저히 감소했고 평생 성 파트너의 수가 급격히 증가했다(Liu et al., 2015). 이러한 경향은 1980년대부터 2000년대 초반까지 계속되었다(Twenge et al., 2015). 성년이 된 최신 세대의 미국인들은 혼전 성관계를 자제하라는 압력을 받았지만, 그것에 참여해야 했다.

1980년대에는 HIV(인간 면역 결핍 바이러스)와

성 혁명(Sexual revolution) 1960년경부터 시작된 미국 역사에서 성적 관용이 증가했던 시기.

AIDS(후천성 면역 결핍 증후군)가 전 세계적으로 생명을 위협하는 감염으로 등장했다. 그러나 미국의 새로운 사례의 대다수가 게이 남성과 정맥 주사 약물 사용자에서 진단되었을 때 미국인은 반응이 느렸다. 1990년대 중반까지 점점 더 많은 사람들이 AIDS를 유발하는 바이러스가 이성 간의 성교 중에 퍼질 수 있다는 사실을 알게 되었고 연구자들은 성에 대해 보다 보수적인 태도가 무엇인지에 대한 증거를 보기 시작했다. 1991년과 2015년 사이에 성관계를 가진 십대의 수가 감소했다(Kann et al., 2016). 그 결과 십대 임신, 출산 및 낙태도 감소했다(Finer & Zolna, 2013). 그러나 미국 십대 임신율은 다른 선진국보다 여전히 높았다.

우리는 이러한 최근 경향이 성 혁명의 끝이나 변화를 알리는 신호인지 아직 알지 못한다. 우리 사회는 과거 세대에 비해 행동적으로는 여전히 관대하지만 많은 사람들이 여전히 자신의 섹슈얼리티에 대해 긍정적인 태도를 갖고 있지 않는다. 초기 기독교 교회와 빅토리아 시대의 많은 부정적인 태도가 여전히 우리와 함께 있다. 성 혁명이 한창일 때에도 대부분의 부모는 자녀와 성에 대해 의미 있는 토론을 할 수 없었다. 많은 사람들이 여전히 성에 대해 그토록 많은 질문, 의심, 불안을 갖고 있다는 것은 놀라운 일이 아니다.

개인적인 생각 Personal Reflections

성에 대한 성 아우구스티누스와 빅토리아 시대의 견해가 당신에게 이상하거나 어리석게 보이는가? 지금으로부터 100년 후의 사람들이 현재 우리가 "정상"이라고 생각하는 것을 이상하게 생각할 것이라고 생각하는가?

무엇이 오늘날 성에 대한 우리의 태도에 영향을 미치는가?

What Influences Our Attitudes About Sex Today?

1.3 사회화의 과정을 설명하고 하나의 사회화 매개체인 미디어가 어떻게 성 사회화에 만연한 영향을 미치게 되었는지 설명한다.

사회화(socialization)는 사회가 개인의 행동과 행동(규범)에 대한 기대를 형성하는 방식을 말한다. 행동을 형성하는 사회적 영향을 종종 **사회화 대리인(socializing agents)**이라고 한다. 여기에는 부모, 동료, 학교, 종교 및 미디어가 포함된다. 당신은 수세기 동안 종교가 서구 문화에서 성적 태도의 주요 사회화 매개체였다는 것을 배웠다. 일부 십대의 경우 이것은 여전히 사실이다.

> "미디어는 유형이나 연령에 관계없이 모든 사람이 섹스를 한다는 것을 항상 보여주었다. 나는 언론의 예를 본 적이 없으며 그것은 주로 나의 종교적 신념 때문이다. 나는 섹스가 잘못된 것이라고 생각하지 않는다. 나는 당신이 결혼할 때까지 기다려야 한다고 배웠다."
>
> "가톨릭 가정에서 자랐고 결혼할 때까지 기다리라는 가르침을 받았다. TV나 잡지에서 뭔가를 봤다고 해서 나가서 뭔가 해보고 싶진 않아요."
>
> (모든 예제는 작성자의 파일에서 가져옴)

자신을 종교적이라고 여기는 십대들은 성에 대해 보수적인 태도를 취하는 경향이 있으며, 그 결과 종종 더 나이가 들 때까지 기다렸다가 성교를 시작한다(일반적으로 약혼자 또는 새 배우자와)(Hull et al., 2011; Pedersen, 2014). 부모와 교회 지도자로부터 성에 대해 배우는 것은 성을 시작하는 것을 지연시키는 경향이 있지만 친구와 미디어로부터 배우는 것은 성교에 참여할 가능성을 높인다(Bleakley et al., 2009). 이 장의 시작 부분에서 오늘날 대부분의 십대들의 주요 성 정보 출처는 친구와 미디어이며, 친구들은 아마도 미디어에서 대부분의 정보를 얻었을 것이다(American Academy of Pediatrics, 2010; Sprecher et al., 2008).

사회화 주관자로서의 미디어

The Media as a Socializing Agent

평균적인 미국 어린이가 어떤 형태의 미디어를 보거나 듣거나 읽는 데 하루에 7시간 이상을 쓴다는 사실을 알게 된다면 놀라시겠습니까(Rideout et al., 2010)? 함께 고려할 때, 텔레비전, 영화, 라디오, 음악, 잡지, 타블로이드와 같은 다양한 미디어 분야에서 젊은이들이 받는 성적 관련 메시지는 편재하고 만연하며 일반적으로 다른 모든 출처에서 받은 정보를 압도한다(American Academy of Pediatrics, 2010).

> "나는 텔레비전과 영화에서 모두가 섹스를 하는 것을 보았을 것이다. 그럴 때면 다른 사람과 자는 것에 대한 두려움을 이겨내기 위해 텔레비전을 봤다고 한다."

사회화(Socialization) 사회의 신념을 내면화하는 과정; 사회가 개인의 행동과 행동에 대한 기대를 형성하는 방식.

사회화 대리인(Socializing agents) 행동을 형성하는 사회적 영향(예: 부모, 동료, 미디어).

"나에게 성생활은 언제부터 성생활을 해야 하는지에 대한 문제가 아니다. 항상 성적인 활동을 하는 방법이다. 내 말은 TV를 볼 때 사랑 장면을 보고 같은 것을 해보고 싶게 만든다는 것이다."

"어릴 때부터 TV에서 성적인 언급과 행동을 본 것은 섹스가 매우 재미있고 즐거운 것이라는 단서가 되었다. 그래서 섹스는 내가 크게 기대했던 것이다. 드라마나 영화에서 섹시하다고 여겨지는 여성들을 봤는데 닮고 싶었다"고 말했다.

"나는 섹스와 내 몸에 대해 매우 부정적인 태도를 가지고 있었다. 나는 모든 것을 금기시하고 자랐다. 지금은 텔레비전과 영화, 잡지에 푹 빠져 있어서 성적 태도가 완전히 바뀌었다. 배운 부정적인 태도를 모두 버리고 미디어에서 보는 것들을 많이 시도한다."

(모든 예제는 작성자의 파일에서 가져옴)

잡지 판매를 위해 성을 사용하는 잡지를 찾기 위해 XXX 서점에 갈 필요가 없다. *Penthouse*, *Hustler* 및 기타 남성용 잡지는 약국과 신문 가판대에서 공개적으로 판매된다. 매달 수백만 개가 (두 자릿수) 팔리면서 판매한다. 더 많은 주류 잡지는 때때로 판매를 늘리기 위해 성적 콘텐츠를 늘립니다. 스포츠 일러스트레이티드(*Sports Illustrated*)는 보통 일주일에 200만 장 이상 팔리지만, 수영복 연간 발행량은 500만 장 이상이다.

많은 여성 잡지에서도 성을 강조한다. *Cosmopolitan*의 거의 모든 기사는 섹스에 관한 것이다. 예를 들어, 한 호의 표지는 다중 오르가즘에 대한 기사를 강조했다.("예! 예! 예! 절정을 반복하는 데 도움이 되는 Cosmo의 재방문 가이드. 이것을 읽고 그를 잡고 침대로 향하시오"). YM과 같은 십대 및 십대 미만 소녀를 대상으로 하는 잡지에서도 종종 성적 관련 기사("Look Summer Sexy")가 있다.

개인적인 생각 Personal Reflections

잡지와 잡지 광고의 성적인 내용이 신체적 매력에 대한 당신의 태도에 어떤 영향을 미쳤는가? 남성다움? 여성? 섹스와 성적으로 정상적인 것은 무엇인가?

음악 오늘날의 음악 세계에서는 그룹과 공연자가 성적으로 노골적인 가사가 포함된 노래와 앨범을 발매하는 것이 일반적이다. 사실, 가사의 3분의 1 이상이 성적(종종 비하적인) 언급이 있다(Primack et al., 2008). 이 중 많은 부분이 너무 노골적이기 때문에 라디오에서 재생되지 않지만 소매점, 온라인, 유튜브 및 기타 비디오 공유 사이트를 통해 십대들이 쉽게 구할 수 있다. 대학 캠퍼스의 학부생을 대상으로 한 설문조사에 따르면 학생들은 한 달에 평균 36시간 동안 뮤직 비디오를 시청하는 것으로 나타났습니다 (Ward, 2002). 대부분의 뮤직 비디오에는 성적인 이미지가 포함되어 있다. 십대들이 자신이 좋아하는 록과 팝 스타를 성적인 이미지와 함께 볼 때 그것이 어떤 영향을 미칠 것이라고 생각하는가?

개인적인 생각 Personal Reflections

음악(및 뮤직 비디오)의 성적인 콘텐츠가 성에 대한 당신의 태도에 어떤 영향을 미쳤는가? 록 스타가 되고 싶었던 적이 있는가? 록 스타는 다른 사람들보다 섹시한가? 왜?

영화, 라디오 및 텔레비전 1980년 이래로 십대를 대상으로 한 모든 R 등급 영화에는 누드와 종종 성교가 포함되었다(Strasburger et al., 2009). 영화 산업은 수용 가능한 것으로 간주되는 한계를 계속해서 밀어붙이고 있다. 헐리우드는 1960년대 중반까지 여성의 가슴을 보여주지 않았지만 1990년대에는 여성의 전면 누드를 보여주는 영화가 흔했다. 샤론 스톤은 1992년 〈원초적 본능〉에서 다리를 꼬는 장면이 큰 화제를 모았지만, 그 이후로 남성의 성기가 나오는 영화도 보편화됐다. 오늘날의 주류 영화에서는 무거운 성적인 콘텐츠가 일반적이다. 섹스 장면은 항상 이야기의 필수적인 부분일까, 아니면 흥분시키고 흥분시키기 위해 불필요한 이유로 포함되나? 글쎄요, 원초적 본능을 촬영할 때 참석한 사람들에 따르면 어느 날 폴 버호벤 감독이 세트장에 와서 "이 영화에 가슴과 성기를 더 많이 넣을 수 있습니까?"라고 큰 소리로 물었다고 한다(Zevin, 1992).

삶은 예술을 모방하지 않는다. 그것은 단지 나쁜 텔레비전을 모방한다.

(우디 앨런의 1992년 영화, *Husbands and Wives*에서)

평균적인 미국 어린이는 하루에 몇 시간 동안 텔레비전을 본다. 한 커뮤니케이션 전문가는 텔레비전을 "미국 문화에서 가장 강력한 이야기꾼, 신화와 이념, 사회 질서를 정의하고 합법화하는 관계의 사실과 패턴을 지속적으로 반복하는 사람"이라고 설명했다(JD Brown, 2002, p. 44). 그리고 텔레비전이 성에 관해 제시하는 주된 메시지는 무엇인가?

저녁 황금 시간대에 방송되는 프로그램의 4분의 3 이상이 성적인 내용을 담고 있으며(쇼의 70%는 10대들이 가장 좋아하는 20대 프로그램으로 평가하고 이 중 거의 절반은 성행위를 포함함) 시간당 평균 5.9개의 장면이 있다(Eyal et al. al., 2007; Kaiser Family Foundation, 2005; Kunkel et al., 2007). 주로 성에 대한 이야기지만, 황금 시

그림 1-5

레이디 가가(Lady Gaga)와 마일리 사이러스(Miley Cyrus)와 같은 록 및 팝 스타는 일반적으로 뮤직 비디오와 무대에서 자신을 홍보하기 위해 섹스를 사용한다. 인기 잡지의 발행인도 마찬가지로 표지에 성적 매력을 사용하여 제품을 판매한다.

출처: (left) JGM/PacificCoastNews/Newscom; (right) Frank Micelotta/Invision/AP Images; (bottom right) Roberto Herrett/Loop Images Ltd/Alamy Stock Photo

간대 방송의 약 10%는 성행위가 묘사되거나 강하게 암시되는 장면이 있다. 전체적으로, 전형적인 십대는 텔레비전에서 매년 15,000건의 성에 관해 본다(Strasburger, 2012).

성 관련 콘텐츠가 포함된 TV 프로그램의 약 11%만이 성 건강이나 책임(예: 의도하지 않은 임신, 피임, 성병) 또는 위험에 대해 언급한다(Kunkel et al., 2007). 텔레비전 스튜디오는 책임과 문제보다 즐거움과 열정을 더 쉽게 보여준다. 연구원인 Jane Brown이 말했듯이, "콘텐츠 분석에 따르면 미디어 청중은 섹스는 결과가 없고 계획이 거의 없으며 사랑보다 정욕에 더 가깝다는 것을 알게 될 가능성이 가장 높다"(2002, p. 45).

개인적인 생각 Personal Reflections

당신이 보는 영화와 TV 프로그램 중 얼마나 많은 영화와 TV 프로그램이 성적인 내용(성에 관한 행동과 이야기)을 담고 있나요? 1년에 얼마나 많은 참고문헌을 본 것 같나요? 이것이 자신의 성적 태도와 행동에 어떤 영향을 미쳤다고 생각하나요?

광고 평균 미국 어린이가 매년 약 40,000개의 광고를 본다는 것을 알고 있었나요(Robinson et al., 2001)? 그리고 그것은 텔레비전에만 있다. 이러한 광고 중 상당수는 성적 매력을 사용하여 제품을 판매한다.

섹스는 확실히 판매되거나 적어도 향수, 술과 맥주, 담배, 의류 제조업체는 그렇게 생각한다. 사람들은 성적 매력을 사용하는 광고가 성적 매력을 사용하지 않는 광고보다 더 관심을 끌고 더 호감이 가고 설득력이 있다고 생각한다(Reichert, 2003). 사람들은 성적인 광고를 더 잘 기억한다(Furnham & Mainaud, 2011). 그 결과 1990년 이후 광고에서 노골적인 성적 행위가 급격히 증가했다(Reichert, 2003).

광고에서 섹시하거나 로맨틱한 테마의 목적은 제품 정보가 아니라 **식별(identification)**이다. 섹시하거나 로맨틱한 포즈의 젊은 매력적인 모델을 사용한다는 메시지는 이 제품을 사용하면 당신도 섹시할 수 있고 흥미롭고 낭만적인 상호 작용을 할 수 있다는 것이다. 광고주들은 광고에서 모델을 사용하는 것이 단지 현재의 문화적 태도를 반영한다고 주장한다.

대부분의 아이들은 이제 집에서 인터넷에 접속할 수 있다. 이미 오늘날 가장 일반적으로 사용되는 검색어는 섹스이다. 미국 십대의 절반 이상이 음란물 웹사이트를 방문했다(Braun-Courville & Rojas, 2009; Brown & L'Engle, 2009; Tsitsika et al., 2009). 이 자료는 쉽게 구할 수 있으며 가능한 한 많은 부모가 자녀가 그것을 얻지 못하게 하는 데 어려움을 겪고 있다.

식별(Identification) 두 가지 의미: (1) 광고에서, 제품을 식별하거나 관련시키는 것; (2) 아동이 동성 부모의 성 역할을 채택하는 것(8장 참조).

성적 사회화: 원인과 영향

Sexual Socialization: Cause and Effect?

미디어가 성적 사회화에 중요한 역할을 한다는 생각을 뒷받침하는 구체적인 증거는 무엇인가? 미국 십대의 절반은 미디어에서 적극적으로 성적인 콘텐츠를 찾는다(Bleakley et al., 2011). 많은 연구에 따르면 성적인 내용이 많이 포함된 TV 쇼, 뮤직 비디오 또는 영화를 보는 십대는 다른 어린이보다 일찍 성교를 시작할 가능성이 더 높다(미국 소아과 학회, 2010년 검토 참조). 이는 개인의 다른 특성이 통제되는 경우에도 마찬가지이다(Collins et al., 2004). 3년에 걸쳐 실시된 10대에 대한 전국 조사에 따르면 TV에서 가장 성적인 콘텐츠를 시청한 십대들은 다른 사람들보다 임신하거나 누군가를 임신할 확률이 2배(12%~5%)인 것으로 나타났다(다시 말하지만, 실험자는 다른 알려진 변수를 통제했다)(Chandra et al., 2008).

상관 연구의 문제는 우리가 어느 것이 먼저인지 알 수 없다는 것이다. 아마도 성에 더 큰 관심을 가진 십대들은 성적인 내용이 포함된 TV 프로그램에 끌릴 것이다. 그러나 통제된 실험에서 성적인 내용이 많이 포함된 텔레비전 쇼를 본 십대는 프로그램을 보지 않은 십대보다 캐주얼 섹스에 더 긍정적인 평가를 주었고(Bryant & Rockwell, 1994) 성적 고정 관념도 있었다(Ward & Friedman, 2006). 원인 또는 결과의 문제에 관해서는 아마도 양방향으로 작용할 것이다. 14세에서 16세 사이의 십대에 대한 한 연구

그림 1-6

많은 라디오 및 TV 방송인들은 성에 대한 젊은이들의 관심에 호소한다. 하워드 스턴(왼쪽)은 성의 조잡하고 저속한 측면을 강조하는 반면, 드류 핀스키(오른쪽)는 성적인 책임을 가르친다.

출처: Mitchell Gerber/Corbis/VCG/Getty Images; Damian Dovarganes/AP Images

그림 1-7
많은 광고주가 제품 정보보다 성별(식별이라는 프로세스에서)을 사용하여 제품을 판매한다.
출처: Henry Diltz/Corbis Documentary/Getty Images

(다른 변수에 대해 다시 통제됨)에 따르면 성적으로 활발한 십대는 미디어의 성적인 콘텐츠에 접근할 가능성이 더 높으며 이러한 노출로 인해 성행위가 증가할 가능성이 더 높아졌다(Bleakley et al., 2008).

Greenberg와 Hofschire(2000)는 많은 연구를 검토하면서 텔레비전에서 빈번한 성적인 콘텐츠가 시청자에게 다음과 같은 네 가지 주요 영향을 미친다고 결론지었다. (1) 일반 대중의 특정 성행위의 만연을 과대 평가; (2) 탈억제—성에 대한 보다 자유로운 태도; (3) 성 문제에 대한 관심 증가; (4) 성적인 주제에 대한 학습.

잡지 발행인이나 특정 텔레비전 쇼의 프로듀서가 자신의 제품이 그 자체로 많은 사람들의 태도와 행동에 영향을 미칠 수 있다는 사실을 부인하는 것은 드문 일이 아니다. 그들은 아마도 정확하지만 동시에 요점을 놓치고 있다. Kunkel et al.(1999)은 사회화 과정을 매우 훌륭하게 요약했다.

> 미디어 영향의 대부분의 측면과 마찬가지로 성적인 콘텐츠를 보는 효과. 특정 프로그램[영화 또는 잡지]에 대한 단일 노출로 시청자가 주어진 방식으로 생각하거나 행동하게 함으로써 직접적이고 강력하다고 생각되지 않는다. 오히려 성에 관한 메시지의 효과는 느리고 누적된 과정의 산물로 더 개념화된다. 그러한 영향은 본질적으로 점진적인 경향이 있기 때문에 장기 노출의 영향을 설명하는 데 가장 중요한 것은 [미디어] 환경 전반에 걸친 메시지의 전반적인 패턴이다. (235쪽)

즉, 누적 효과(*cumulative effect*)는 아이들이 미디어에서 보고 듣는 것을 취하여 사회적 규범을 배우는 것이다(Brown et al., 1990). 한 그룹의 커뮤니케이션 전문가는 대중 매체를 "일종의 성적 슈퍼 피어"로 묘사했다(Brown et al., 2005). 미디어에 대한 조기 노출과 아이들이 미디어로부터 받는 엄청난 양의 정보는 단순히 다른 사회화 에이전트의 입력을 압도한다. 최근 두 명의 전문가가 결론을 내렸다. "미국에서 미디어는 ... 사실상의 성교육자라는 강력한 사례가 만들어질 수 있다"(Strasburger & Brown, 2014).

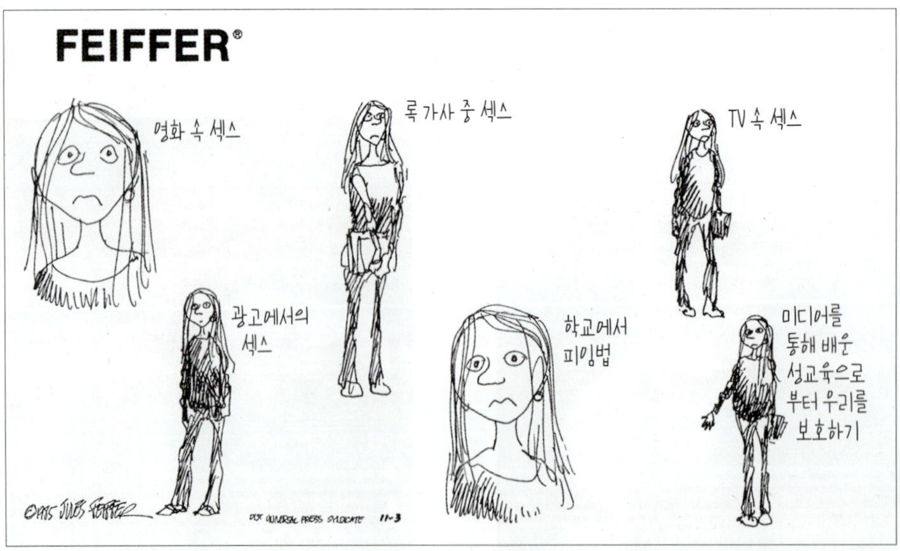

출처: © Jules Feiffer

개인적인 생각 Personal Reflections

이전의 세 가지 개인적인 성찰에서 특정 미디어 분야가 성적 태도와 행동에 미치는 영향에 대해 질문을 받았다. 한 가지의 효과를 거부하거나 최소화했을 수 있다. 이제 그것들을 모두 함께 고려하고 당신이 어린 시절부터 성에 관한 메시지로 폭격을 받았다는 사실을 고려하시오. 당신이 만약 당신이 그 나라에서 자랐다면 성에 대한 당신의 태도가 달라졌을 것이라고 생각하는가? 라디오, 영화 또는 텔레비전이 없는 문화 또는 미디어가 성에 대한 부정적인 묘사를 제공한다면?

과학으로서의 성 Sex as a Science

1.4 지그문트 프로이트(Sigmund Freud), 헨리 해브록 엘리스(Henry Havelock Ellis), 알프레드 킨제이(Alfred Kinsey), 마스터스와 존슨(Masters and Johnson)이 섹슈얼리티 분야에 기여한 바를 설명한다.

지난 몇 세기까지 종교는 지적인 노력에 주된 영향을 미쳤다. 과학의 발전은 더디고 많은 저항을 받았다. 예를 들어, 갈릴레오(Galileo, 1564~1642)는 지구가 태양 주위를 돈다는 코페르니쿠스의 이론에 대한 그의 지지를 공개적으로 철회해야 했다. 그러나 사실과 지식에 대한 사람들의 열망은 억누를 수 없었고, 다음 세기에는 생물학 및 물리학 분야에서 큰 발전을 이루었다. 과학은 대부분의 주제에 대한 권위로서 서서히 종교를 대체했다.

불행하게도, 과학적 조사의 대상으로서의 성행위는 대부분의 다른 것들보다 더 많은 저항을 받았다. 1900년대 중반이 되어서야 성행위 연구에 관심을 가진 연구자들이 과학적 탐구에 필요한 두 가지 도구인 관찰과 측정을 적용할 수 있었다. 성행위를 진지하고 객관적인 연구 분야로 만드는 데 책임이 있는 몇 사람을 간단히 살펴보겠다. 그들의 작업에 대한 자세한 내용은 이후 장에서 논의될 것이다.

지그문트 프로이트(1856~1939)

Sigmund Freud (1856–1939)

지그문트 프로이트(Sigmund Freud)는 아마도 다른 누구보다도 인간의 삶에서 섹슈얼리티의 영향을 입증하는 데 책임이 있다(그림 1–8). 그가 빅토리아 시대의 반성애적 분위기에서 그렇게 했다는 것은 더욱 주목할 만하다. 사실

그림 1-8

지그문트 프로이트는 종종 무차별적인 반성애자로 묘사되는 빅토리아 시대에 살았다. 그는 인간의 행동과 동기에서 섹슈얼리티의 중요성을 보여 준 공로를 인정받았다.

출처: akg-images/The Image Works

프로이트는 성 연구가가 아니었다. 오히려 그는 섹슈얼리티를 행동의 주요 동기로 논의했을 뿐이다. 프로이트가 불렀던 성적 에너지 또는 **리비도**(*libido*)는 연령대에 따라 신체의 특정 부위로 전달되는 것으로 알려져 있다. 프로이트는 무의식적인 성적 동기를 평가하고 치료하기 위한 수단으로 정신분석을 발전시켰다.

오늘날 많은 사람들이 프로이트의 이론에 동의하지 않지만(예를 들어, Gray, 1993 참조), 그는 영유아의 성적 동기와 성에 대한 그의 아이디어에 대해 여전히 중요하다. 그러나 다른 빅토리아 시대 의사들처럼 프로이트는 정액 손실이 혈액 손실만큼 남성의 건강에 해롭다는 믿음을 포함하여 성에 대한 잘못된 믿음을 많이 가지고 있었다.

헨리 해브록 엘리스(1859~1939)

Henry Havelock Ellis (1859–1939)

그가 1800년대의 청년이었을 때 **헨리 해브록 엘리스(Henry Havelock Ellis)**(그림 1–9)는 야간 배출(몽정)을 자주 경험했는데 당시 빅토리아 시대의 의사들은 이것이 임질을 유발한 것과 동일한 것으로 인해 발생한다고 믿었기 때문에 이를 정자뇨라고 불렀다. 엘리스는 최종 결과가 실명, 광기, 그리고 결국 죽음이 될 것이라고 말했다. 그는 자살을 하고 싶었지만 너무 두려웠기 때문에 이 두려운 "질병"으로 인한 자신의 죽음을 기록하기 위해 일기를 썼

지그문트 프로이트(Sigmund Freud) 인간의 행동과 동기에서 섹슈얼리티의 중요성을 강조하는 책임이 있는 빅토리아 시대의 정신과 의사.

헨리 해브록 엘리스(Henry Havelock Ellis)는 1896년에서 1928년 사이에 성의 심리학에 관한 7권의 책을 출판한 영국 연구원이다.

그림 1-9
헨리 해브록 엘리스
출처: Bettmann/Getty Images

다. 몇 개월 동안 시력과 추론이 악화되지 않자 엘리스는 정액 손실이 실제로 사망으로 이어지지 않는다는 결론을 내렸고, 의료계의 오해에 대해 화를 냈다. 그는 여생을 성 연구에 바쳤다.

빅토리아 시대 영국에서 개업하는 의사로서 엘리스는 사례 기록 및 다문화 연구에서 사람들의 성행위에 대한 많은 양의 정보를 수집했다. 그는 결국 1896년과 1910년 사이에 6권의 성의 심리학 연구 시리즈와 1928년에 7권을 출판했다. 그는 여성은 무성애자가 아니며 남성과 여성의 오르가즘은 매우 유사하다고 주장했다. 엘리스는 광범위한 인간의 성적 행동에 대한 강조와 자위 및 동성애와 같은 행동이 정상으로 간주되어야 한다는 믿음 때문에 특히 중요했다. 섹슈얼리티에 대한 그의 관용적인 견해는 빅토리아 시대의 도덕주의자들의 견해와 현저한 대조를 이루었으며 여러 세대에 걸쳐 연구자들에게 큰 영향을 미쳤다.

알프레드 킨제이(1894~1956)
Alfred C. Kinsey (1894–1956)

현대 성 연구의 시대는 엘리스의 마지막 권으로부터 20년 후 알프레드 킨제이의 연구(1948, 1953)가 출판될 때까지 시작되지 않았다. 엘리스의 야행성 배기가스에 대한 어린 시절의 두려움과 유사하게, 킨제이는 소년 시절 자위 행위로 인해 미쳐버릴까 크게 두려워했다. 나중에 그는 친구에게 이렇게 말했다. 1938년에 인디애나 대학교에서 결혼에 관한 강의를 해달라는 요청을 받았을 때 **알프레드 킨제이(Alfred C. Kinsey)**는 성적 행동에 대한 객관적인 데이터가 얼마나 적은지 알고 놀랐다. 그는 학생들

알프레드 킨제이(Alfred C. Kinsey) 대학 교수는 1948년 남성의 성적 행동과 1953년의 여성의 성적 행동에 대한 설문조사를 통해 현대 성 연구 시대의 시작을 알렸다.

그림 1-10
알프레드 킨제이와 동료들. 왼쪽에서 오른쪽으로: 클라이드 마틴, 폴 게브하드, 킨제이, 워델 포메로이.
출처: Topham/The Image Works

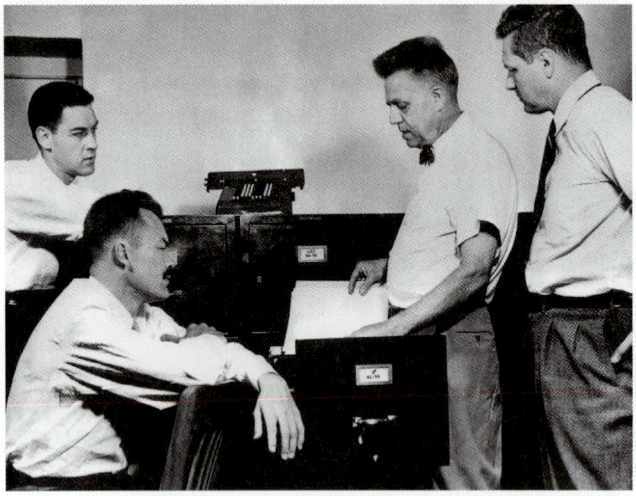

에게 설문지를 제공하여 자신의 데이터를 수집하기 시작했지만 곧 개인 인터뷰를 통해 더 많은 양의 자세한 데이터를 얻을 수 있다는 결론을 내렸다. 그는 워델 포메로이(Wardell Pomeroy), 클라이드 마틴(Clyde Martin) 및 파울 게르하르트(Paul Gebhard)가 합류했으며 그들의 작업은 Rockefeller Foundation의 지원을 받았다(그림 1-10 참조). 최종 샘플에는 총 5,300명의 남성과 5,940명의 여성이 있었다.

킨제이의 연구는 완전히 새로운 연구 분야의 문을 열었지만 이것은 대가를 치르지 않고 나온 것은 아니다. 대부분의 사람들이 자위를 하고, 많은 사람들이 구강 성교를 하고, 여성이 여러 번 오르가즘을 느낄 수 있으며, 많은 남성이 동성 성적 경험을 했다는 그의 발견은 많은 사람들에게 충격을 주었다. 그는 반가족적이고 비도덕적이라는 혐의를 받았다. 컬럼비아 대학교의 한 교수는 "배타적으로 성을 다루는 연구를 하는 것을 금지하는 법이 있어야 한다"고 말했다(*New York Times*, 1948년 4월 1일). 일부 연구자들은 킨제이가 성에 대한 20세기의 태도를 변화시키는 데 주요 영향을 미쳤다고 믿었다(Bullough, 2004). 인디애나 대학교의 성, 젠더 및 재생산 연구를 위한 킨제이 연구소는 계속해서 인간 섹슈얼리티 연구의 주요 센터이다.

마스터스와 존슨 Masters and Johnson

킨제이는 성적 행동에 대한 과학적 연구를 위한 길을 열었지만, 성에 대한 기능적 해부학과 생리학적 연구는 여전히 실험실 동물에 대한 실험으로 제한되었다. 의사인 윌

그림 1-11
윌리엄 마스터스와 버지니아 존슨.

출처: Globe Photos/ZUMA Press, Inc./Alamy Stock Photo

리엄 마스터스(1915~2001)와 버지니아 존슨(1925~2013)(그림 1-11)은 쥐를 이용한 실험이 사람들의 성행위에 대해 많은 것을 말해 줄 수 있다고 믿지 않았다. 따라서 1954년 **마스터스와 존슨(Masters and Johnson)**은 실험실 조건에서 성행위를 하는 인간의 생리적 반응을 직접 관찰하고 기록하기 시작했다. 312명의 남성과 382명의 여성의 성행위에 대한 10,000회 이상의 에피소드를 기반으로 한 그들의 결과는 1966년까지 출판되지 않았다(*Human Sexual Response*). 일부 사람들은 마스터스와 존슨의 관찰 접근 방식에 충격을 받았고 "과학적 엿보는 톰스"라고 불렀지만 의료계의 대부분의 사람들은 발견의 중요성을 높이 평가했다.

의학의 다른 모든 영역과 마찬가지로 해부학과 생리학에 대한 이해는 임상 문제와 이상을 치료하는 방법으로 이어졌다. 마스터스와 존슨은 성 문제를 치료하기 위한 최초의 방법을 개발했으며 1965년에 성 치료 클리닉을 열었다. 그들의 기술은 1970년 책 *Human Sexual Inadequacy*에 설명되어 있다. 마스터스와 존슨의 연구를 기반으로 한 성 장애 치료에 대한 행동적 접근 방식은 수천 명의 사람들이 성 문제를 극복하는 데 도움이 되었다.

에드워드 라우만과 국가 건강 및 사회 생활 설문조사

Edward O. Laumann and the National Health and Social Life Surveys

1989년에 국립 과학 아카데미(National Academy of Science)의 국립 연구 위원회(National Research Council)

마스터스와 존슨(Masters and Johnson) 성 생리학적 반응에 대한 연구를 통해 현대의 성 치료 기술을 개발한 연구자.

그림 1-12
로버트 마이클, 존 게그논, 스튜어트 마이클, 에드워드 라우만. 이들은 미국 인구를 대표하는 첫 번째 성적 조사를 수행했다.

출처: Bruce Powell Photography

의 패널은 AIDS 예방을 돕기 위해 연방 기관에 성행위에 대한 새로운 조사에 자금을 지원하도록 요청했다. 같은 해에 미국 보건복지부는 사회학자 에드워드 라우만이 이끄는 20,000명의 미국인을 대상으로 한 대규모 설문조사에 1,500만 달러를 승인했다. 그러나 노스캐롤라이나주의 미국 상원의원 제시 헬름스(Jesse Helms)는 성행위 조사에 대한 자금 지원을 없애는 수정안을 상원에 발의했고 백악관 예산 관리국은 결국 조사 자금 지원 시도를 차단했다.

새로운 정치적 장애물에도 불구하고 라우만과 그의 동료인 로버트 마이클(Robert Michael), 존 가뇽(John Gagnon), 스튜어트 마이클스(Stuart Michaels)(그림 1-12 참조)는 결국 민간 재단으로부터 170만 달러를 받았고 프로젝트 규모를 축소한 후 1992년에 3,432명의 성인을 인터뷰했다(Laumann et al., 1994). 무작위 표본은 79%의 참여율(이 유형의 설문조사에서는 매우 높음)을 가졌으며 미국에 거주하는 18세에서 59세 사이의 모든 영어 사용 성인을 잘 대표한다. 요컨대, National Health and Social Life Survey는 킨제이 설문조사만큼 심층적이지만 과학적으로 건전한 샘플링 기술을 사용하여 현재까지 가장 포괄적인 국가 대표 설문조사였다. 초기 작업 이후, 라우만과 동료들은 조사 결과를 계속해서 발표했다(예: Laumann et al., 1997, 1999, 2006, 2009).

2010년 전국 성 건강과 행동 설문조사

The 2010 National Survey of Sexual Health and Behavior

2010년, 1994년 이후 처음으로 전국적으로 대표되는 성적 행동 샘플 Laumann et al. 연구가 발표되었다. 이 연구는 인디애나 대학교 보건, 체육 및 레크리에이션 학교의 마이클 리스(Michael Reece)가 이끄는 성 건강 증진 센터에서 수행했다. 14세에서 94세 사이의 5,865명을 대상으로 한 포괄적인 연구였다. 이전 설문조사와 달리 대부분의 데이터는 인터넷을 통해 수집되었다. 참여율은 성인 52.6%, 청소년 38.2%에 불과했다. 가장 중요한 발견 중 하나는 미국인들이 매우 다양한 성행위를 한다는 것이다. 앞으로의 장에서 이 연구에 대한 많은 참조를 볼 수 있다(Reece et al., 2010 a, b, c, e 참조).

개인적인 생각 Personal Reflections

과학 연구의 주제로서 섹스에 대해 어떻게 생각하나요? 연구자들이 사람들에게 그들의 성행위에 대해 물어봐야 한다고 생각합니까? 사람들이 실제로 다양한 성행위를 하는 동안 신체 반응을 측정하는 생리학적 연구는 어떻습니까?

과학적 방법론 Scientific Methodology

1.5 과학적 방법론의 용도와 한계를 설명한다.

설문조사, 상관 연구, 직접 관찰, 사례 연구 및 실험 연구와 같은 과학적 방법론은 인간의 성행위를 연구하는 데 효과적으로 사용할 수 있다. 이 섹션에서는 이러한 각 방법의 사용 및 제한 사항에 대해 설명한다.

설문조사 및 표본 Surveys and Samples

이 책 전반에 걸쳐 성적 행동에 대한 통계(예: 사람 비율, 행동 빈도)를 볼 수 있다. 그러한 것을 알기 위해서는 예를 들어 킨제이와 같은 사람이 사람들에게 성적인 태도와 행동에 대해 물어볼 필요가 있었다. 여기에는 설문조사가 포함된다. **설문조사(survey)**는 사람들의 태도, 의견 또는 행동에 대한 연구이다. 연구원은 일반적으로 대면 인터뷰나 종이와 연필로 된 설문지를 통해 일련의 표준 질문을 한다.

연구원은 결론을 도출하고자 하는 완전한 관찰 세트인 **모집단(population)**을 지정하는 것으로 시작한다. 관심 대상 인구는 상당히 많을 수도 있고(예: 미국에 거주하는 모든 성인) 또는 적을 수도 있다(예: 도시에 거주하는 모든 성인). 관심 인구가 많으면 모든 사람의 응답을 얻지 못할 수 있다. 이 경우 연구자는 모집단에서 **표본(sample)**(부분집합)을 가져와야 한다. 레드북(*Redbook*), 코스모폴리탄(*Cosmopolitan*) 및 기타 잡지에서 실시한 설문조사를 포함하여 성행위에 대한 많은 설문조사가 있었다. 때때로 이러한 설문조사의 결과는 동의하지만 다른 경우에는 동의하지 않으며 때로는 상당히 일치한다. 어느 것이 사실이라고 믿어야 하나? 그 중 정확한 것이 있는가?

설문조사의 정확성이 표본의 크기(즉, 설문조사에 참여한 사람들의 수)에 따라 달라진다는 것이 일부 이해가 될 수도 있다. 표본 크기가 중요하지만 고려하지 않으면 큰 표본을 사용하여 얻은 이점을 무효화할 수 있는 다른 요소가 있다. 가장 중요한 질문 중 하나는 표본이 전체 모집단을 대표하는지 여부이다. 이를 위해서는 표본을 무작위로 채취해야 한다.

무작위 표본이란 무엇인가? 맹목적으로 전화번호부에서 이름을 따거나 거리에서 사람들을 멈추게 하는 것을 의미하는가? 아니오, 이러한 유형의 표본에는 기본 제공 바이어스가 있을 수 있기 때문이다. **무작위 표본(random sample)**은 동일한 크기의 가능한 모든 표본이 선택될 확률이 동일하도록 관찰을 그리는 표본이다(King et al., 2011 참조). 특별한 유형의 무작위 표본은 **계층화된 무작위 표본(stratified random sample)**으로, 대상 모집단을 매우 정확하게 나타내기 때문에 대표 표본(*representative sample*)이라고도 한다. 이것은 갤럽(Gallup)과 해리스(Harris) 여론 조사에서 대통령 선거 결과를 예측하는 데 사용하는 유형이다. 설문조사에 참여하기 전에 이 설문조사는 성별, 인종, 교육, 소득, 지리적 위치 및 기타 여러 요인을 기준으로 전국을 분류한다. 예를 들어, 그들은 인구의 몇 퍼센트가 백인이고, 개신교이며, 대학을 졸업하고 북동부에 살고 있는지 정확히 알고 있다. 그들의 표본 조사에는 이러한 특성을 가진 사람들의 비율이 포함된다. 결과적으로 갤럽 및 해리스 설문조사는 거의 몇 퍼센트 포인트 이상 차이가 나지 않는다. 그러나 두 여론 조사 모두 약 1억 1천만 명의 유권자 중 약 2,500명만을 대상으로 조사했다.

킨제이의 두 연구는 상당히 방대했지만 그의 표본은 미국 인구에서 무작위로 추출되지 않았다. 그것들은 편의 샘플(*convenience samples*)로 알려진 것이었다. 사용 가능한 그룹(예: 강의 수강 학생)으로 구성된 샘플이다. 킨제

설문조사(Survey) 사람들의 태도, 의견 또는 행동에 대한 연구. 응답은 일반적으로 대면 인터뷰나 종이와 연필로 된 설문지를 통해 얻는다.

모집단(Population) 연구자가 결론을 도출하고자 하는 관찰의 전체 집합이다.

표본(Sample) 피험자 모집단의 하위 집합이다.

무작위 표본(Random sample) 동일한 크기의 다른 모든 가능한 표본이 선택될 확률이 동일하도록 관찰을 그리는 표본.

계층화 무작위 표본(Stratified random sample) 모집단에 존재하는 것과 동일한 비율로 부분군이 무작위로 선택된 표본. 따라서 표본은 대상 모집단을 대표한다.

이의 표본은 중서부, 백인, 대학 교육을 받은 사람들을 과도하게 대표했으며 지역 교도소의 수감자들도 포함했다. 잡지에서 실시한 설문조사도 일반적으로 꽤 크며 때로는 100,000명 이상의 응답자가 응답하지만 이들이 국가 전체를 대표하는가? 1982년 플레이보이(*Playboy*) 매거진 설문지 응답자의 3분의 1은 그룹 섹스를 한 적이 있다고 말했다. 이것이 나라 전체에 해당된다고 믿는가?

사람들의 성행위를 조사하는 것은 인구를 대표하는지 확인하는 것보다 더 많은 문제가 있다. 스스로에게 다음과 같은 질문을 해보자.

1. 얼마나 자주 자위하는가?
2. 당신은 일생 동안 몇 명의 성 파트너를 가졌는가?
3. 다른 위치에서 성교를 하는가?
4. 구강 성교를 하는가?
5. 동성애 경험이 있는가?
6. 당신은 외도를 한 적이 있는가?

이러한 질문 중 일부에 답하는 것은 매우 개인적인 질문이기 때문에 불편할 수 있다. 우리가 조사하는 사람들이 진실을 말하고 있다는 것을 어떻게 알 수 있는가? 어떤 사람들은 사생활에 대한 질문에 대답할 때 거짓말을 하여 자신을 좋게 보이려고 할 수 있으므로 일부 질문에는 "거짓말을 한 적이 있는가?"와 같은 "진실 항목"이 포함되어 있다. 모든 사람이 살면서 거짓말을 한 적이 있다고 가정하므로(조금만이라도) 이 항목에 부정적인 반응을 보이는 사람은 진실을 말하지 않는 것으로 간주된다.

오답은 반드시 의도적인 기만의 결과는 아니지만 잘못된 회상으로 인한 것일 수도 있다. 예를 들어, 어린 시절의 모든 사건을 얼마나 잘 기억하는가? 커플을 대상으로 설문조사를 했을 때 두 사람의 답변이 일치하지 않는다면 어떻게 하는가? 면접관은 누가 진실을 말하고 있는지 어떻게 결정할 수 있는가? 아니면 둘 다 사건을 다르게 기억하는 경우인가?

어떤 사람들은 성적 경험을 과장할 수 있다. 예를 들어, 설문조사에서 남성이 보고한 여성의 성적 파트너의 수가 여성이 보고한 남성의 파트너의 수보다 많다는 사실이 종종 발견된다(Wiederman, 1997 참조). 이러한 문제는 인터뷰가 아닌 설문조사를 통해 설문조사를 수행하고 질문에 익명으로 답변할 수 있는 경우 최소화될 수 있다. 즉, 응답자는 아무도(설문조사를 수행하는 사람을 포함하여) 자신이 누구인지 결코 알지 못할 것이라고 확신한다(Durant & Carey, 2000).

사람들이 참여를 거부할 때 우리는 어떻게 하나? 킨제이의 데이터를 업데이트하려는 시도인 모튼 헌트(Morton Hunt, 1974)의 설문조사(1948, 1953)에서 접촉한 사람들의 20%만이 참여에 동의했다. 과학적 관점에서 보면 설문조사에 무작위로 선택된 모든 사람이 설문조사에 참여해야 하지만, 방금 읽은 질문과 같은 질문에 대답하기를 거부하는 사람이 많다는 사실을 알고도 놀랄 일은 아니다. 우리는 사람들에게 그렇게 하도록 강요할 수 없다. 이것은 **자원자 편견(volunteer bias)**의 문제이다.

최근 몇 년 동안 많은 연구자들이 인터넷을 사용하여 사람들에게 성 조사에 참여하도록 요청했다. 성 조사 참여에 동의한 사람들과 그렇지 않은 사람들 사이에 차이가 있는가(McCallum & Peterson, 2012)? 사실, 연구에 따르면 성 연구에 자발적으로 참여하는 사람들과 거부하는 사람들 사이에 몇 가지 차이점이 있다. 자원 봉사자들은 더 많은 성 경험을 했고, 다양성에 더 관심을 갖고, 성에 대해 더 긍정적인 태도를 보였고, 성적인 죄책감이 적었었다(Bogaert, 1996; Strassberg & Lowe, 1995). 이것이 의미하는 바는 설문조사에서 참여를 거부하는 사람들의 수가 많을수록 전체 인구에 대해 일반화하는 데 더 신중해야 한다는 것이다.

조사 연구의 문제 예: "섹스", "섹스를 했다", 그리고 "성관계"는 무엇을 의미할까? An Example of Problems in Survey Studies: What Do "Sex," "Had Sex," and "Sexual Relations" Mean?

1998년 클린턴 대통령은 백악관 인턴인 모니카 르윈스키와 성관계를 가졌다는 의혹에 대해 국영 TV에 출연해 "나는 그 여성과 성관계를 맺은 적이 없다"고 주장했다. 나중에 대통령과 르윈스키가 구강-성기 관계를 맺었다는 사실이 밝혀졌을 때 많은 사람들은 그가 거짓말을 했다고 생각했다. 그러나 그는 정말로 거짓말을 했을까?

킨제이 연구소에서 실시한 연구에서 연구원들은 중서부 주립 대학의 학생들에게 "당신이 가장 친밀한 행동을 한 적이 있다면 누군가와 '섹스를 했다'고 말하겠는가?... 타인이 당신의 성기에 구강(입) 접촉을 했는가?" 아니면 "... 타인의 성기에 구강(입) 접촉을 한 적이 있는가?"(Sanders & Reinisch, 1999). 대학생의 40%만이 "섹스를 했다"고 답했다. 흥미롭게도 응답자의 20%는 음경-항문 성교를 "성 관계"로 간주하지 않았다. 오늘날 많은 대학생

자원자 편견(Volunteer bias) 참여에 동의한 사람들과 참여를 거부하는 사람들 간의 차이로 인해 연구 결과에 나타나는 편향.

들은 여전히 오럴 섹스를 섹스로 간주하지 않지만(Byers et al., 2009; Hans et al., 2010), 관계 밖에서의 파트너의 행동을 고려할 경우 구강 성교를 섹스로 간주할 가능성이 더 높다(Sewell & Strassberg, 2015).

> "...약 1 년 동안 관계를 맺은 후 오럴 섹스를 한 후 우리는 실제로 성관계를 갖는 것에 매우 가까워졌다. 결혼할 때까지 섹스를 하기 싫어서 그만뒀어요. . ."
>
> (저자의 파일에서)

킨제이 연구소의 연구에 따르면 성 연구자는 "섹스" 또는 "섹스를 했다"와 같은 용어를 사용할 때 구체적이어야 한다. 달리 명시되지 않는 한(예: 질 성교, 항문 성교, 구강 생식기 성교), 이 책에서 우리는 국가 건강 및 사회생활 조사(Laumann et al. ., 1994)에서 정의한 방식의 용어를 사용할 것이다:

> ... "섹스" 또는 "성행위"는 생식기 접촉 및 성적 흥분 또는 각성을 포함하는 다른 사람과의 상호 자발적인 활동, 즉 성교 또는 오르가즘이 발생하지 않았더라도 정말로 흥분된 느낌을 의미한다.

개인적인 생각 Personal Reflections

성행위에 관한 설문조사에서 진실을 말하겠는가? 익명으로 대답할 수 있다면? 그 이유는 무엇인가?

상관 관계 Correlation

특정 표준화 시험(예: SAT 또는 ACT)의 성과와 1학년 성적 사이에 관계가 있다는 것을 알고 있을 것이다. **상관 관계(correlation)**는 두 변수 간의 관계 정도를 수학적으로 측정한 것이다. 상관 관계는 양수(한 변수의 증가는 다른 변수의 증가와 연관됨) 또는 음수(한 변수의 증가는 다른 변수의 감소와 연관됨)일 수 있다.

두 변수 간의 관계는 거의 완벽하지 않는다. 우리는 모두 SAT 또는 ACT 시험에서 평범한 점수를 받았지만 대학에서 아주 좋은 성적을 낸 학생을 알고 있다. 반면에 입학시험을 아주 잘 치른 소수의 학생들은 대학에서 성적이 좋지 않다(아마도 동기 부여가 없었기 때문일 수 있음). 그러나 일반적으로 협회는 대학에서 시험 점수를 사용하여 학교 성적을 예측할 수 있을 만큼 충분히 좋다. 두 변수 사이의 상관 관계가 클수록 다른 변수의 순위에서 한 변수의 순위를 더 정확하게 예측할 수 있다.

상관 관계는 인간의 섹슈얼리티 연구에서도 발견된다. 예를 들어, 전국적으로 대표되는 설문조사에서 Laumann과 그의 동료들(1994)은 결혼한 사람이 성관계를 많이 가질수록 자위를 할 가능성이 더 높다는 것을 발견했다(양의 상관 관계). 이것은 흥미로울 수 있지만 상관 방법에는 큰 한계가 있다. 상관 관계가 인과 관계를 증명하지 않는다는 것이다. 섹스와 자위의 관계의 경우 빈번한 성교가 빈번한 자위로 이어지는지 (원인) 빈번한 자위가 빈번한 성교로 이어지는지 말할 수 없다. 또는 성교 빈도와 자위 빈도 모두에 유사하게 영향을 미치는 세 번째 변수가 있을 수 있다. 예를 들어, 라우만의 그룹은 성교와 자위 행위의 빈도가 개인의 전반적인 성욕을 반영한다고 믿었다. 상관 관계로부터 결론을 이끌어낼 때 주의를 기울여야 하지만, 그것들은 종종 보다 체계적인 연구로 가는 길을 제시하는 데 매우 유용한다.

직접 관찰 Direct Observation

설문조사를 수행할 때의 주요 문제 중 하나는 응답의 진실성을 확인하는 것임을 방금 배웠다. 이 문제를 해결하는 한 가지 방법은 사람들의 행동을 **직접 관찰(direct observations)**하는 것이다. 인류학자들은 자연 환경에서 다른 문화권의 사람들의 행동을 연구할 때 이렇게 한다. 이것은 Marshall(1971)이 Mangaians에 대해, Messenger (1971)가 Inis Baeg에 대해 수행한 유형의 연구이다. 물론 사람들은 자신이 관찰되고 있음을 알면 정상적으로 행동하지 않을 수 있으므로[**관찰자 효과**(*observer effect*)] 관찰자는 가능한 한 간섭을 최소화하도록 세심한 주의가 필요한다.

실험실에서 직접 관찰 연구도 수행할 수 있다. 고전적인 예는 세인트루이스에 있는 실험실에서 10,000회 이상의 성적 활동을 관찰한 마스터스와 존슨의 작업이다(Masters & Johnson, 1966). 마스터스와 존슨의 경우 실험실에서 행동을 관찰하는 것의 장점은 면밀히 관찰하고 전기생리학적 기록 장비로 측정할 수도 있다는 것이었다. 그러나 이전 방법과 동일한 제한 사항이 여기에 적용된다. 마스터스와 존슨이 연구한 사람들은 그들이 관찰되고 있다는 사실에 영향을 받았는가(관찰자 효과)? 이러한 조건에서 자발적으로 성관계를 갖는 사람들이 일반 인구와 다른가(자원자 편향)? 마스터스와 존슨은 생리학적 반응에 관심이 있었으며 이는 대부분의 사람들에게 동일할 것이다. 그러나

상관 관계(Correlation) 두 변수 간의 관계 정도를 수학적으로 측정한 것이다.

직접 관찰(Direct observation) 피험자가 활동을 수행할 때 활동을 관찰하고 기록한다.

전체 인구에 대해 일반화할 때는 여전히 신중해야 한다.

사례 연구 Case Studies

임상 심리학자와 정신과 의사는 일반적으로 **사례 연구(case study)**라고 하는 개인에 대한 심층 연구를 수행한다. 그들은 설문지, 다른 사람과의 인터뷰, 심지어 공공 기록에서 정보를 수집할 수 있지만, 그들이 배우는 대부분은 대개 장기간에 걸쳐 수행된 대면 인터뷰에서 나온다. 사례 연구의 목표는 가능한 한 사람의 행동과 동기를 이해하는 것이다. 말에 대한 두려움이 많았던 5세 소년 한스(Little Hans)의 경우와 같은 프로이트의 사례 연구 중 일부는 오늘날에도 여전히 읽혀지고 있다. 프로이트는 결국 한스가 힘센 동물에 대한 두려움이 그의 자위 행위에서 비롯된 것이며 실제로는 그의 아버지가 그의 성기를 잘릴지도 모른다는 두려움에 대한 변장이라고 결론지었다.

사례 연구의 한 가지 잠재적인 문제는 치료사의 관찰과 결론이 자신의 신념과 가치[**관찰자 편향(observer bias)**]에 의해 편향될 수 있다는 것이다. 예를 들어, 빅토리아 시대에 프로이트와 다른 의사들은 수음이 위험하고 결국에는 신경증으로 이어질 것이라고 믿었다(Groenendijk, 1997). 오늘날의 세상에서 자기 탐구는 어린아이들에게 정상적인 것으로 간주된다. 오늘날 치료사가 한스의 자위 행위를 매우 중요하게 여길 것이라고 생각하는가?

실험적 연구 Experimental Research

방금 읽은 연구 방법의 가장 큰 한계는 두 변수 간의 인과 관계를 설명하는 데 사용할 수 없다는 것이다. 그렇게 하려면 **실험적 방법(experimental method)**을 사용해야 한다. 이 접근 방식을 통해 연구자는 다른 모든 변수를 동일하게 유지하면서 **독립변수**(*independent variable*)라고 하는 일부 변수를 체계적으로 조작한다. 측정되는 변수를 **종속변수**(*dependent variable*)라고 한다. 일반적으로 연구자는 두 그룹(때로는 더 많이)을 비교한다. 한 그룹은 실험적 치료를 받고 다른 그룹(대조군이라고 함)은 받지 않는다. 종속변수에서 그룹 간에 차이가 있는 경우 독립변수를 조작하여 발생했다고 결론을 내릴 수 있다.

사례 연구(Case study) An in-depth study of an individual.

관찰자 편향(Observer bias) 관찰자 자신의 신념 체계에 의한 관찰 및 결론의 편견.

실험적 방법(Experimental method) 연구자가 다른 모든 요인을 동일하게 유지하면서 관심 변수(독립변수)를 조작하여 인과 관계를 설정하려고 시도하는 연구.

실험적 연구는 다른 방법에 비해 장점이 있지만 종종 한계가 있다. 종종 연구된 두 그룹은 편의 표본이므로 결과를 일반화하는 데 주의해야 한다. 더욱이 연구자들은 단순히 몇 가지 질문에 답하기 위해 실험적 설계를 사용할 수 없다. 예를 들어, 출생 직후 유아의 호르몬 수치가 미래의 성적 취향에 큰 영향을 미친다고 믿을 수 있지만 가설을 증명하기 위해 어린이의 호르몬을 의도적으로 조작할 수는 없다.

앞으로의 장에서 수백 건의 연구에 대한 참조를 보게 될 것이다. 연구마다 한계가 있지만 다양한 방법을 사용하여 수많은 연구에서 특정 주제를 연구한 경우가 많다. 다양한 연구 결과 사이에 더 많은 동의가 있을수록 일반적인 결론을 내리는 데 있어 더 안전하다고 느낄 수 있다.

성교육 Sexuality Education

1.6 성교육의 역사를 요약한다.

역사가 필립 아리에스(Phillippe Ariès, 1962)에 따르면, "중세 사회에는 유년기 개념이 존재하지 않았다." 어린아이들은 미니어처 성인으로 취급되었으며 걷기를 배운 직후 들판에서 일하기 시작할 것으로 예상되었다. 성인과 다른 어린 시절이라는 별도의 범주에 대한 아이디어는 1700년대 중반까지 발생하지 않았다. 다른 학자들은 아리에스에 동의하지 않지만, 그들은 어린 시절의 개념이 오늘날 서구 문화에서 우리가 보는 방식과 다르다는 데 동의한다. 예를 들어, 1600년대 영국에서는 어린이가 원죄의 보균자로 여겨져 악한 충동을 느끼기 쉬웠으므로 어린 시절은 부모와 사회가 통제해야 하는 삶의 시간이었다. 1700년대에 이러한 관점은 어린이를 취약하고 보호가 필요한 현대적 관점으로 바꾸었다(Hockey & James, 1993). 그러나 그 당시 아이들은 무성애자로 간주되었다. 불과 100년 후 프로이트는 3세에서 5세 사이의 어린아이들도 성적 대상이라고 주장했다. 이제 아이들은 자신의 섹슈얼리티로부터 보호받아야 했다.

아동의 생물학적 미성숙은 반박할 수 없는 사실이지만 "어린 시절은 하나의 개념이며 사회가 생물학적 사실을 해석하는 방식과 그것이 부여하는 의미에 의해 결정된다"(Parsons, 2000). 1600년대, 1700년대, 1800년대의 아이들은 그 시기마다 아동기의 개념이 다르기 때문에 다르게 이해되었다. 우리는 다른 문화가 어린 시절을 어떻게 해석하는지 조사함으로써 이것에 대한 검증을 볼 수 있다. 교차 문화 비교 섹션에서 남태평양의 삼비아 문화(7세부터 시작)가 청소년 소년에게 구강 성교를 할 것으로 기대하는 문화(Herdt, 1993)와 티위 문화(호주 북부 멜빌 섬)에 대해 읽었다. 소녀들은 7세에 결혼하고 성교를 시작한다(Goodall, 1971). 북부 수마트라에 있는 바텍(Batek) 부족의 소년들은 나이든 남자와 자위함으로써 섹스를 하게 된다(Geertz, 1960). 수단의 아잔데족(Azande of Sudan)에서 소년들은 성인 전사에게 아내의 역할을 수행한다(Ford & Beach, 1951). 나이지리아의 하우사 문화에서 소녀들의 어린 시절은 결혼했을 때 10세에 갑자기 끝난다(James et al., 1998). 다른 문화(예: 말레이시아의 Chewoy)에서는 소녀를 출산할 때까지 여성으로 간주하지 않는다. 우리 문화에서는 일반적으로 사람이 18세가 될 때까지 성인으로 인식되지 않는다. 분명히 다른 문화권에서는 어린 시절과 어린 시절에 다른 의미를 부여한다.

우리 대부분은 성교육자들이 사실에 입각한 정보를 가르친다고 가정한다. 그러나 방금 배웠듯이 어린이의 섹슈얼리티에 대해 사실로 여겨지는 것은 문화와 시대에 따라 다르다. 세계에서 가장 성적으로 관대한 문화인 망가이아의 성교육자(부모, 기타)가 아이들에게 성에 대해 무엇을 가르친다고 생각하는가? 이것이 세계에서 가장 성적으로 억압된 문화인 이니스백의 성교육자들이 아이들에게 가르치는 것과 어떻게 다를 것이라고 생각하는가?

미국 성교육의 역사

The History of Sex Education in the United States

미국에서 학교에서의 성교육은 성병의 증가하는 수준을 방지하기 위한 사회 위생 운동의 일환으로 시작되었다(Imber, 1994). 성교육을 위한 최초의 인쇄물은 1900년대 초에 나타났다(Fitz-Gerald & Fitz-Gerald, 1998 참조). "교육"(강의 및 인쇄물)은 실제로 도덕적이고 반성적이며 성적 행동을 억제하기 위해 고안되었다(Kyman, 1998). 왜? 성병에 더해 그 시대의 의료인들은 정액 손실이 남성의 건강에 해롭다고 믿었음을 상기하라(Stephens, 2009). 예를 들어, 수음은 "자기 학대"라고 했으며 의사들은 그것이 광기의 원인이라고 믿었다. 따라서 성교육자들에게 당시의 지배적인 철학은 예방, 즉 억제를 가르쳐 "왜곡된 지식"으로부터 보호하는 것이었다(Penland, 1981). 특히 소녀들은 섬세하고 무성한(순수한) 본성 때문에 보호받아야 했다. 성 생리학 및 위생 교육은 소년들을 위한 것이었다.

1940년까지 미국에서 성교육의 초점은 예방에서 대인관계 및 장기적인 적응으로 바뀌었다. 교과 과정은 이제 생물학적 요소를 포함했지만 기본적인 접근 방식은 여전히 결혼과 가족 생활 내의 성에 초점을 맞춘 도덕주의적이었다(Penland, 1981). 정상적이고 건강한 성은 결혼 생활에서만 표현되어야 했다. 세기 초의 경우와 마찬가지로 기본 메시지는 여전히 "Just Say No"였다(Moran, 2000). 이제 소녀들은 성교육을 받을 수 있었지만, 수업은 거의 항상 성별로 구분되었다(Fine, 1988).

또 다른 세대 후에 성 혁명이 한창 진행 중이었다. 1960년대 중반까지 최초의 과학적 조사 및 연구가 수행되었다(예: Kinsey 및 동료, Masters 및 Johnson). 성교육자들 사이에서 등장한 철학은 열린 토론과 함께 비판단적이고 공정한 방식으로 제시되는 포괄적인 성교육이었다(Kyman, 1998). 이제 소녀들은 소년들과 같은 반에 포함되었다. 성해부, 성건강 외에도 다양한 행동(예: 자위, 구강성기 성교)을 정상으로 제시하여 죄책감이나 수치심 없이 참여할 수 있게 하였다.

이 짧은 역사를 통해 성교육에서 가르치는 내용이 당시의 아동성에 대한 보편적인 개념을 반영한다는 것이 분명해야 한다. 그러나 성교육은 어린이와 청소년을 위한 강력한 사회화 도구이기도 한다. 따라서 오늘날 성교육은 서로 다른 도덕적, 정치적 이념을 가진 집단 간의 전쟁터가 되었다. 성교육자가 가치에 대해 공개적으로 이야기하지 않더라도 성교육은 가치로부터 자유로울 수 없으며(Reiss, 1995), 다양한 인종, 종교, 성 집단이 존재하는 민주주의 사회에서 가치에 대한 갈등은 아마도 불가피할 것이다.

교육과정에 대한 토론 Debates Over the Curriculum

논쟁의 한 편에는 아이들을 자신만의 세계관으로 인도하고 성교육을 가족의 배타적 권리(따라서 다른 관점에서 아이들을 보호하는)로 여기는 사람들이 있다. 이 그룹은 우리 사회의 도덕성이 쇠퇴했으며 일부 성행위만이 정상적이고 도덕적이라는 믿음에 따라 움직인다. 그들은 성적 다양성을 도덕적 타락의 문제로 보는 경향이 있으며, 성교육에 대한 그들의 이념은 커리큘럼을 제한하는 것이다.

반대편에는 포괄적인 성교육이라고 불리는 것을 선호하는 사람들이 있다. 그들은 아이들이 그들에게 가장 좋은 것을 스스로 선택할 수 있도록 다양한 믿음에 노출되어야 한다고 믿는다.

십대 임신과 성병을 예방하는 방법에 관한 주제만큼 커리큘럼을 둘러싼 싸움이 더 뜨겁다. 이 논쟁의 중심에는 성교육의 목적이나 목표에 대한 핵심 쟁점이 있다. 종합 교육을 선호하는 사람들은 학생들이 공중 보건을 위해 피임 방법과 콘돔 사용에 대해 가르쳐야 한다고 주장한다.

출처: Paul Fell Cartoons

반면에 제한적인 커리큘럼을 선호하는 사람들은 학교를 미래 세대의 도덕적, 성적 규범을 형성하는 사회화의 주체로 보고, 성교육을 통해 가족의 가치와 금욕을 고취하기를 원한다.

전국적으로 소수의 미국인만이 금욕 교육을 선호하지만 정치적으로는 강력한 목소리를 내고 있다(Constantine, 2008 참조). 금욕 전용 프로그램은 종종 어린 십대들이 공식적으로 순결을 서약하게 한다. 일부 연구에서는 효과가 있다고 주장하지만(예: Bersamin et al., 2005; Martino et al., 2008), 많은 잘 수행된 연구에서는 금욕 전용 프로그램으로 인한 행동 변화가 단기적일 뿐이며 금욕만 하는 교육 및/또는 처녀성 서약을 하는 사람들은 구강 성교에 참여할 가능성이 더 높고(Brückner & Bearman, 2005), 보호 장치를 사용할 가능성이 적으며(Lindberg & Maddow-Zimet, 2012), 임신(Kohler et al., 2008). 2007년에 의회에서 승인한 전국 연구에 따르면 금욕만 실시하는 프로그램은 십대의 성행위 여부에 영향을 미치지 않는다고 보고했다(Trenholm et al., 2007).

NIH(National Institutes of Health)의 AIDS에 대한 합의 패널(Consensus Panel on AIDS)은 "금욕 플러스" 프로그램(금주, 피임 및 성병 예방을 가르치는 프로그램)이 "금욕만 있는" 프로그램보다 더 효과적이라고 결론지었다. 보건 합의 연구소, 1997). 다른 리뷰에서도 같은 결론에 도달했다(Kirby, 2008; Stranger-Hall & Hall, 2011).

미국의학협회(American Medical Association), 미국소아과학회(American Academy of Pediatrics), 미국산부인과학회(American College of Obstetricians and Gynecologists), 미국간호사협회(American Nurse Association), 미국 공중보건협회(American Public Health Association)는 모두 포괄적인 성교육을 지지했다.

> 십대들에게 "성관계를 시작하려면 나이가 들 때까지 기다리시오. 그러나 기다릴 수 없다면 피임법을 사용하시오"는 이중 메시지이다. 그러나 이것은 미국의 모든 십대들이 이해하고 혜택을 받을 수 있는 이중 메시지이며, 청소년들이 항상 어른들의 말을 듣지 않는다는 것을 인정하기 때문에 정상적인 청소년 심리학과 일치한다.
>
> —**미국** 소아과학회, 2010.

15~17세의 십대 사이에서 1995년과 2002년 사이에 임신 위험 행동이 현저히 감소했으며 감소의 75% 이상이 개선된 피임법 사용으로 인한 것으로 밝혀졌다(Santelli et al., 2007). 그럼에도 불구하고, 1998년과 2009년 사이에 연방 정부는 금욕만을 위한 성교육 프로그램에 13억 달러 이상을 지출했다(Jayson, 2009b). 대부분의 주에서 이것은 다른 유형의 피임법에 대한 교육을 효과적으로 종료했다. 2009년 오바마 행정부는 보다 포괄적인 프로그램을 위해 금욕에 대한 자금 지원을 중단하려고 시도했지만 의회의 자금 지원은 계속되었고 2016년에는 실제로 증가했다(Hall et al., 2016). 2016년 8월 기준으로 고등학교에서 성교육을 의무화한 주는 24개 주에 불과했으며 그 중 13개 주에서만 의학적으로 정확한 성교육을 요구했다. 그 결과 2006년과 2013년 사이에 학교에서 산아제한 교육을 받은 십대의 비율이 감소했다(Lindberg et al., 2016).

많은 북유럽 국가들은 초등학교 때부터 학생들에게 성교육을 도입하고 있으며, 이들 국가는 미국보다 십대 임신 비율이 훨씬 낮다(Sedgh et al., 2015). 이러한 국가에서 십대의 섹슈얼리티는 정치적 또는 종교적 문제가 아니라 건강 문제로 간주된다(Kelly & McGee, 1999).

> 이들 국가의 청소년 성 건강은 권리, 책임 및 존중의 가치를 기반으로 한다. 정부와 일반 사회는 청소년에게 정확한 정보와 비밀 피임 서비스를 제공하는 것이 의무일 뿐만 아니라 청소년에게 그러한 서비스와 정보를 제공하는 것이 그들의 권리의 일부라고 생각한다. 금욕을 요구하는 집단적 노력을 통해 십대들의 행동을 자극하려는 시도는 없다. 따라서 목표는 청소년들이 성관계를 갖는 것을 방지하는 것이 아니라 교육을 통해 책임 있는 결정을 내릴 수 있도록 하는 것이다. 청소년의 독립성과 사생활을 존중함으로써 그 대가로 대다수가 임신과 성병을 피하기 위해 책임감 있게 행동할 것으로 기대한다.
>
> (**로테스**, 2002, pp. 80–81)

종종 토론에서 제외되는 것은 젊은이들 자신의 의견이다. 대부분의 십대들은 학교에서 성 건강 교육을 받기를

원한다. 다음은 우리 과정에서 학생들의 의견이다

> "나는 인간의 섹슈얼리티를 공립학교에서 가르쳐야 한다고 믿는다. 미디어는 이미 상상할 수 있는 모든 종류의 성적인 주제에 젊은이들을 노출시키고 있다."
>
> "공립 고등학교에 성교육이 포함되어야 한다고 생각한다. 나는 실제로 성관계 후 소변을 보거나 성관계 후 목욕을 하면 임신을 막을 수 있다고 생각하는 소녀들을 알고 있었다. 십대들이 매우 중요한 문제에 대한 진실을 아는 것이 중요하다고 생각한다."
>
> "네. 친구들이 자신보다 더 많이 알고 있기 때문에 특히 그 나이의 학생들에게 어리석음을 느끼지 않고 성에 대해 배울 수 있는 능력을 제공하기 때문이다."
>
> "십대들이 섹스를 한다는 사실을 무시하는 것은 그들이 책임감을 갖는 데 결코 도움이 되지 않을 것이다. 성관계에 따른 결과와 책임에 대한 지식을 제공함으로써 그들은 더 나은 결정을 내리는 경향이 있다."
>
> (모든 예제는 작성자의 파일에서 가져옴)

오늘날 젊은이들은 고유한 문화를 가지고 있다. 그들은 전자적으로 상호작용한다. 정식 성교육의 기회가 없는 많은 젊은이들이 인터넷과 소셜 미디어로 눈을 돌리고 있다. 모든 인터넷 사이트가 좋은 정보를 제공하는 것은 아니지만 많은 우수한 온라인 사이트가 있으며(이 장의 끝에 있는 참고자료 참조) 대부분의 십대들은 출처를 잘 평가할 수 있다(Simon & Daneback, 2013). 인터넷 기반 중재를 적절히 사용하면 성 건강 지식과 행동 변화를 촉진하는 데 효과적일 수 있다(Guse et al., 2012; Jones et al., 2014; Simon & Daneback, 2013; Swanton et al., 2015).

단과대학 또는 종합대학의 학생으로서 귀하는 이 과정을 수강할 필요가 없었을 것이다. 등록할 때 선택의 자유를 행사했다. 이 글에서 우리는 정확한 정보를 제공하고 성행위와 가치관의 다양성을 알리기 위해 노력할 것이다. 우리는 한 라이프스타일을 다른 라이프스타일보다 옹호하거나 한 가치 집합을 다른 라이프스타일보다 옹호하지 않는다. 우리의 목표는 이 과정을 마치면 자신의 섹슈얼리티에 대해 더 편안하게 느끼고 동시에 다른 사람들의 믿음에 대한 관용과 존중을 찾는 것이다.

개인적인 생각 Personal Reflections

성교육을 학교에서 가르쳐야 한다고 생각하는가? 그렇지 않다면 그 이유는 무엇인가? 그렇다면 어떤 수준에서 시작해야 하는가? 왜?

스터디 가이드

핵심용어 Key Terms

계층화 무작위 표본(stratified random sample), p. 22
관찰자 편향(observer bias), p. 25
마스터스와 존슨(Masters and Johnson), p. 20
모집단(population), p. 22
무작위 표본(random sample), p. 22
빅토리아 시대(Victorian era), p. 12
사례 연구(case study), p. 25
사회화(socialization), p. 14
사회화 대리인(socializing agent), p. 14
상관 관계(correlation), p. 24
선교사 자세(missionary position), p. 5
설문조사(survey), p. 22
성(sexuality), p. 2
성 아우구스티누스(Saint Augustine), p. 11
성 혁명(sexual revolution), p. 13
섹스, "섹스를 했다"(sex, "had sex"), p. 23
식별(identification), p. 17
실험적 방법(experimental method), p. 25
알프레드 킨제이(Alfred C. Kinsey), p. 20
이원론(dualism), p. 10
자민족 중심(ethnocentric), p. 5
자원자 편견(volunteer bias), p. 23
지그문트 프로이트(Sigmund Freud), p. 19
직접 관찰(direct observation), p. 24
출산(procreation), p. 9
표본(sample), p. 22
헨리 해브록 엘리스(Henry Havelock Ellis), p. 19

상호검토 Interactive Review

뒤의 정답 참조.

어떤 사람들은 성교육이 부모의 책임이어야 한다고 생각하지만, 대학생 중 1/3 미만이 성에 관해 부모와 의미 있는 토론을 한 적이 있다고 보고한다. 대부분의 젊은이들은 성에 관한 정보를 얻기 위해 (1) ______________ 및 (2) ______________를/을 이용하지만 그들이 배우는 것 중 많은 부분이 정확하지 않는다. 가장 좋은 대안은 아이들이 학교에서 사실에 입각한 정보를 받는 것이다. 설문조사에 따르면 미국인의 (3) ______________ % 이상이 학교에서 성교육을 선호한다.

섹스는 (4) ______________의 일부일 뿐이며 인간과 관련된 모든 성적 태도, 감정 및 행동을 포함한다. 성적 행동과 태도(예: 성적으로 매력적이라고 여겨지는 것)는 문화마다 다르며 시간이 지나면서 문화 내에서도 변할 수 있다. 미국의 성적 태도는 허용적이고 억압적이며, 그 결과 미국의 많은 사람들이 성에 대해 양면적인 감정을 가지고 있다. 성의 주요 목적이 출산(자녀를 갖는 것)이라는 생각은 원래 (5) ______________에서 나왔다. 또한 자신의 몸과 남편과 아내 사이의 성적 쾌락에 대해 매우 긍정적인 태도를 보였다. 초기(6) ______________는/은 성의 출산 목적을 확인했지만 쾌락적인 측면은 완전히 부인했다. 성적인 욕망은 결혼 생활 내에서도 이제 죄책감과 관련이 있다. 기독교 내에서 이 견해의 가장 큰 지지자는 (7) ______________ 이다. 서양 문화에서 성에 대한 부정적인 태도는 영국의 (8) ______________ 통치 기간 동안 절정에 이르렀다. 이 기간 동안 의사는 과도한 섹스, 특히 자위 행위가 심각한 의학적 문제를 일으키고 결국에는 정신 이상을 유발할 수 있다는 믿음을 포함하여 성관계에 대한 잘못된 부정적인 믿음을 많이 주었다.

산업 혁명은 성생활을 포함한 미국인의 삶을 천천히 변화시켰다. 과거 세대보다 근무일과 주당 근무 시간이 단축되고 이동성이 향상되면서(예: 자동차) 사람들은 이제 함께 보낼 수 있는 자유 시간이 늘어났다. 제2차 세계대전 중 (9) ______________가/이 사용 가능하고 1960년에 (10) ______________가/이 판매되면서 미국은 성 혁명에 들어갔다.

사회가 행동과 태도를 형성하는 방식을 (11) ______________ (이)라고 한다. (12) ______________, 특히 텔레비전만큼 젊은 사람들의 성적 태도와 행동에 큰 영향을 미치는 다른 사회화 도구는 없을 것이다. 텔레비전, 잡지 또는 온라인에 있는 많은 광고는 제품 정보를 거의 제공하지 않지만 (13) ______________ 성적인 사회화는 단일 노출의 결과로 발생하는 것이 아니라 대신 느린 및 누적 프로세스. 미디어의 성적인 내용은 편재하지만 성이 표현되는 방식은 양만큼 중요할 수 있다.

빅토리아 시대의 반성적 태도 때문에 인간의 섹슈얼리티에 대한 과학적 연구는 더디게 발전했다. (14) 어린이를 포함한 모든 사람의 섹슈얼리티를 강조한 ______________과/와 (15) 성의 심리학에 관한 7권의 책을 출판한 ______________은(는) 빅토리아 시대의 두 연구자로 안티섹슈얼 태도에 맞서려고 시도했다. 그러나 과학 및 의학 커뮤니티가 성을 진지한 토론과 연구의 주제로 받아들인 것은 불과 60년이 채 되지 않았다. 최초의 대규모 조사는 1940년대와 1950년대 초에 (16) ______________에 의해 수행되었다. (17) ______________ 는/은 1966년에 인간의 성행위에 대한 생리학적 조사를 발표했다. 성교육은 사회화 매개체이므로 오늘날 논란의 늪에 빠져 있다.

자기진단 Self-Test

뒤의 정답 참조.

A. 참(T) 혹은 거짓(F)

T F 18. 구약성경은 결혼 생활에서의 성에 대한 긍정적인 견해를 제시한다.

T F 19. 미국의 성행위는 나머지 세계에서 표준으로 간주된다.

T F 20. AIDS 때문에 모든 주에서는 이제 공립학교에서 성병에 대한 교육을 제공하도록 요구하고 있다.

T F 21. 설문조사에 참여하는 사람의 수가 많을수록 항상 더 정확한다.

T F 22. 모든 문화권에서는 여성의 가슴이 매우 에로틱하다고 생각한다.

T F 23. 키스는 전 세계적으로 행해지는 성행위 중 하나이다.

T F 24. 무작위 표본을 얻는 좋은 방법 중 하나는 전화번호부에서 무작위로 이름을 선택하는 것이다.

T F 25. 미국인의 절반은 일생 동안 적어도 한 번은 성병에 감염된다.

T F 26. 미국 십대의 절반 이상이 고등학교를 졸업할 때까지 성관계를 가졌다.

T F 27. "성 혁명"으로 알려진 방임의 시대는 빅토리아 시대에 시작되었다.

T F 28. 킨제이의 설문조사는 무작위 샘플링 기술 사용의 좋은 예이다.

T F 29. 두 변수 사이에 강한 양의 상관관계가 있다는 것은 인과관계의 증거이다.

T F 30. 1990년대를 기점으로 10대 청소년의 성행위 및 10대 임신 비율이 감소하고 있다.

T F 31. 역사가 필립 아리에스에 따르면 어린 시절의 개념은 중세 사회에 존재하지 않았다.

T F 32. 아동의 생물학적 미성숙은 부인할 수 없는 사실이지만 아동기는 사회적 개념이다.

T F 33. 일부 문화권에서는 소녀들이 사춘기 이전에 결혼하고 성교를 시작해야 한다.

T F 34. 성적인 내용이 포함된 텔레비전 쇼를 많이 보는 아이들은 다른 아이들보다 성교를 시작할 가능성이 더 낮다.

T F 35. 통제된 실험에서 성적인 내용이 많은 TV 쇼를 본 십대들은 프로그램을 보지 않은 십대들보다 캐주얼 섹스에 더 부정적인 평가를 받았다.

B. 짝짓기

_____ 36. 어린이와 성인의 섹슈얼리티를 강조한 빅토리아 시대 의사

_____ 37. 그는 출산을 위한 성을 불쾌한 필요로 보았고 죄책감을 성적 욕망과 동일시했다.

_____ 38. 인간의 성행위에 대한 최초의 대규모 생리학적 연구 수행

_____ 39. 성의 목적은 출산을 위한 것이라고 믿었지만, 부부간의 성적 관계에 대해서는 매우 긍정적인 태도를 보였다.

_____ 40. 금욕주의를 믿었다: 지혜와 덕은 육체적 쾌락을 부정하는 데서 나온다

_____ 41. 그는 미국의 성적 태도와 행동에 대한 최초의 대규모 조사를 실시했다.

_____ 42. 섹슈얼리티에 대해 관용적인 태도를 지닌 빅토리아 시대의 성 연구자

_____ 43. 그들은 당시의 잘못된 의학적 신념에 의해 강화된 반성애적 태도를 가졌다.

_____ 44. 그는 한 가구에 거주하는 전국적으로 대표되는 성인 표본에 대한 첫 번째 조사를 이끌었다.

a. 헨리 해브록 엘리스(Henry Havelock Ellis)
b. 에드워디언(Edwardians)
c. 고대 그리스(ancient Greeks)
d. 예수(Jesus)
e. 지그문트 프로이트(Sigmund Freud)
f. 마스터스와 존슨(Masters and Johnson)
g. 성경의 히브리서(biblical Hebrews)
h. 청교도(Puritans)
i. 빅토리아 시대(Victorians)
j. 세인트존(Saint John)
k. 성 토마스 아퀴나스(Saint Thomas Aquinas)
l. 알프레드 킨제이(Alfred Kinsey)
m. 성 아우구스티누스(Saint Augustine)
n. 에드워드 라우만(Edward Laumann)

C. 빈칸 채우기

45. 인류학자들은 세계에서 가장 성적으로 억압된 사회가 ______이다.
46. 성 혁명으로 이어진 네 가지 중요한 영향은 (a) ______, (b) ______, (c) ______ 및 (d) ______이다.
47. 무작위 표본은 ______가/이 선택될 동일한 기회를 갖도록 모집단에서 추출한 표본으로 적절하게 정의된다.
48. 초기 기독교 사상에 대한 주요 영향은 ______과/와 ______를/을 분리한 그리스 이원론의 철학이었다.
49. 빅토리아 시대의 의사들은 야간 배출이 임질을 유발하는 것과 같은 물질에 의해 발생한다고 믿었기 때문에 ______(이)라고 불렀다.
50. National Health and Social Life Survey (Laumann et al., 1994)에서 "성(sex)" 또는 "성 관계를 가졌다(had sex)"는 ______(으)로 정의되었다.
51. ______은/는 "미국 문화에서 가장 강력한 이야기꾼, 신화와 이데올로기, 우리 세계를 정의하고 사회 질서를 정당화하는 관계의 사실과 패턴을 지속적으로 반복하는 사람"(Brown, 2002).

2장
우리의 성과 생식기 해부학

Our Sexual and Reproductive Anatomy

대부분의 사람들은 신체 이미지를 생각할 때 외모, 매력 및 아름다움의 측면을 생각한다. 그러나 신체 이미지는 훨씬 더 많다. 그것은 우리 자신에 대한 정신적 표현이다. 그것은 우리가 스스로를 성찰할 수 있게 해주는 것이다. 신체 이미지는 단순히 감정의 영향을 받는 것이 아니라 우리의 행동, 자존감, 정신병리에 많은 영향을 미친다...
사실, 우리 몸은 우리의 개인 광고판이다.

– 데이비드 가너, Psychology Today

학습목표

이 장의 학습을 마치면 다음을 할 수 있어야 한다.

2.1 여성 외부 생식기 해부학의 각 부분(치구, 대음순, 소음순, 음핵, 질 및 요도구)을 설명하고 그 기능을 설명한다.

2.2 유방암의 조기 발견이 생명을 구할 수 있는 이유를 설명하고 유방 자가 검진을 수행하는 방법을 설명한다.

2.3 여성의 내부 생식기 해부학적 구조(질, 자궁, 나팔관, 난소)를 각각 설명하고 그 기능을 설명한다.

2.4 여성의 건강을 위한 골반 검사와 자궁경부도말검사의 중요성을 설명한다.

2.5 남성의 외부 생식기 해부학적 구조(음경과 음낭)를 각각 설명하고 그 기능을 설명한다.

2.6 음경포경수술의 장점과 단점에 대해 이야기 나눈다.

2.7 남성의 내부 생식기 해부학적 구조(고환, 부고환, 정관, 사정관, 요도, 전립샘, 정낭, 쿠퍼샘)를 각각 설명하고 그 기능을 설명한다.

2.8 고환 자가 검진을 수행하는 방법을 설명한다.

2.9 전립샘 문제의 초기 징후를 식별하고 남성 건강을 위한 정기적인 전립샘 검사의 중요성을 이해한다.

2.10 긍정적인 신체 이미지를 갖는 것이 성 건강에 중요한 이유를 설명한다.

우리가 처음 배우는 많은 단어는 해부학적 용어이다. 부모는 종종 어린 자녀에게 입, 눈, 귀, 코와 같은 신체의 여러 부분을 가리키며 이름을 알리는 데 많은 시간을 할애한다. 불행히도, 많은 부모들은 신체 부위의 이름을 지정할 때 팔, 가슴, "배"에서 다리, 무릎, 발로 건너뛰고 생식기와 항문에 대한 언급을 완전히 생략한다. 다른 부모들은 자녀에게 신체의 다른 모든 부분에 대한 정확한 해부학적 단어를 가르치지만 생식기는 "weeney", "booty", "peanut" 및 "talleywacker"와 같은 "귀여운" 단어로 대체한다(Martin et al., 2011 참조). 이 신비한 신체 부위의 기능에 관해서, 우리 중 많은 사람들은 단순히 배변 훈련 중에 "오줌"과 "똥"을 만드는 법을 배운다.

나이가 들어감에 따라 우리는 성적 해부학과 행동을 설명하는 새로운 단어를 또래로부터 배우지만, 이는 종종 속어이다. 남성은 **생식기(genitalia)**를 언급할 때 여성보다 속어를 더 많이 사용한다(일반적으로 더 많은 수의 용어를 사용한다)(Braun & Kitzinger, 2001; Fischer, 1989). 많은 속어에는 부정적인 의미가 함축되어 있다. 흥미롭게도 남성과 여성 모두 여성의 성기에 성적으로 굴욕적인 용어를 사용하는 사람들에 대해 부정적인 의견을 가질 가능성이 높다(Murnen, 2000).

속어는 또한 성적인 해부학 및 행동에 대한 잘못된 정보를 초래할 수 있다. 수업 첫날에 제공된 설문지 항목에 대해 많은 학생들이 남성의 발기는 음경 기저부에서 뼈가 돌출될 때 발생한다고 믿는다고 응답했다. 이 믿음은 놀라운 일이 아니다. 결국, 발기 상태를 "실패한 사람"이라고 부르는 이유는 무엇일까? "cherry", "nuts", "pussy"와 같은 속어는 오해의 소지가 있다.

일부 사람들이 섹스에 대해 가지고 있는 왜곡된 부정적인 태도에 대한 더 좋은 예는 성교 대신 "섹스"라는 단어를 일반적으로 사용하는 것이다. 그것은 불만("여기서 무슨 일이 일어나고 있는 걸까?"), 문제("나는 직장에서 좆됐어") 또는 공격성("젠장!")을 표현할 때 자주 사용된다. 다른 많은 경우에 우리는 성교를 즐거운 경험으로 생각한다. "Fuck"이라는 단어는 아마도 중세 영어 단어 "fucken"에서 유래했을 것이다. 한때 그 사용은 부적절한 것으로 간주되지 않았지만 1600년대 중반에 이 단어가 부정적인 의미를 갖게 되었다.

"더러운" 단어나 속어 용어를 가르치는 것은 우리의 의도가 아니다. 사실, 인간의 성에 관한 과정을 듣는 사람들은 종종 적절한 용어를 더 자주 사용하게 된다(Fischer, 1989). 그러나 우리 중 많은 사람들이 거의 대부분이 속어로 구성된 성적인 어휘를 가지고 수업에 온다는 사실을 인정해야 한다. 물론 많은 학생들이 가지고 있는 질문은 "거의 항상 라틴어 또는 그리스어인 정확한 해부학 용어를 배우는 것이 무슨 소용이 있을까?"이다. 그러한 지식의 부족은 분명히 대부분의 사람들이 성적 경험을 하는 데 방해가 되지 않는다. 정확한 해부학 용어를 배우면 우리 자신과 파트너의 신체에 대해 덜 억제될 수 있다. 많은 사람들이 자신의 생식기를 너무 부끄러워하여 생식기를 해부학의 긍정적인 부분으로 생각하지 않는다. 이것은 남성보다 여성에게 더 자주 나타난다(Herbenick, 2009; Reinholtz & Muehlenhard, 1995). 다음은 학생들로부터 받은 몇 가지 의견이다.

> "2장에 나오는 삽화는 그림도 좋고 잘 그린다고 생각했는데 보기에 좀 부끄럽더라고요."
>
> "그림 2-3은 나를 불편하게 만들었다. 모든 사람들이 나를 볼 수 있는 것처럼 느껴졌다."
>
> "이 챕터의 그림은 상당히 그래픽적이었다. 나는 그것들이 우리가 특정 페이지를 읽는 내내 그것들을 볼 필요가 없도록 다른 별도의 페이지에 있었으면 좋겠다. 혼자 읽기만 해도 조금 부끄럽다."
>
> "부끄럽고 부끄러움 없이 사진을 보기가 어려웠어요. 악감정 없이 바라볼 수 있어야 한다."
>
> (모든 예제는 작성자의 파일에서 가져옴)

누구도 성기를 포함하여 자신의 신체 일부에 대해 창피하거나 부끄러워해서는 안 된다. 한 번도 해본 적이 없다면 과정의 이 부분에서 자신을 점검하는 것이 좋다.

개인적인 생각 Personal Reflections

성적 속어를 (a) 귀하의 생식기를 지칭하거나 (b) 화가 났을 때 사용합니까? 왜요? 그렇다면, 사용하는 용어를 나열한 다음, 각각의 옆에 올바른 단어를 적으시오. 각 올바른 용어를 큰 소리로 몇 번 말하시오.

이렇게 하는 것이 편하거나 불편한가요? 부끄럽거나 불편하지 않고 일상적인 대화에서 이러한 용어를 사용할 수 있는가? 할 수 없다면 그 이유는 무엇인가? 결국, 당신은 아마 속어 용어를 사용한다.

생식기(Genitalia) 남성 또는 여성의 외부 생식 기관.

그림 2-1
여성 생식기계의 해부학적 위치

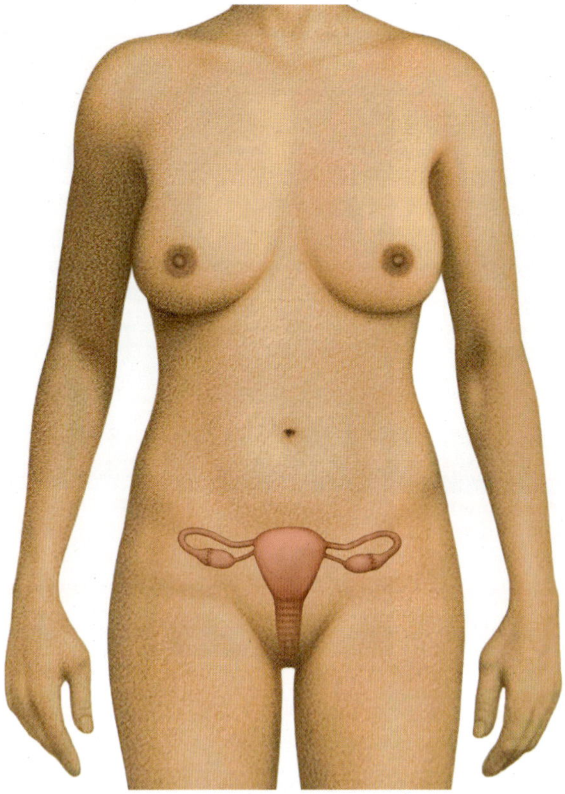

그림 2-2
여성 생식기(외음부), 음순이 분리되어 질 및 요도 입구가 보인다.

출처: HOCK, ROGER R., HUMAN SEXUALITY, 1st Ed., © 2007. Reprinted and Electronically reproduced by permission of Pearson Education, Inc., New York, NY.

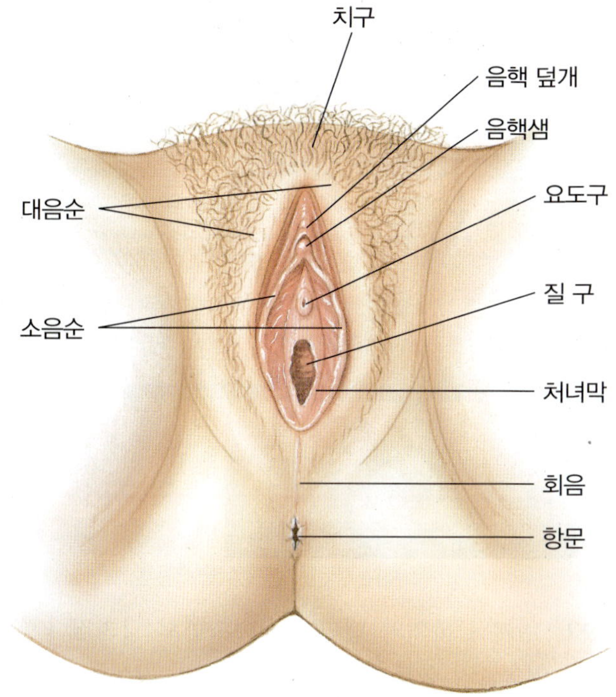

여성 외부 생식기 해부학
External Female Anatomy

2.1 외부 여성 해부학의 각 부분(치구, 대음순, 소음순, 음핵, 질 및 요도 구멍)을 설명하고 그 기능을 설명한다.

그림 2–1에서 여성 생식 기관의 위치를 볼 수 있다. **외음부(vulva**, 라틴어로 "덮음")로 알려진 여성 외부 생식기의 사진은 그림 2–2에 나와 있다. 외음부는 대음순, 대음순, 소음순, 음핵, 질 및 요도 입구로 구성된다. 자신을 검사할 때(손거울을 사용해야 함) 여성은 그림 2-2의 그림과 동일하지 않은 경우 자신을 비정상적이라고 간주해서는 안 된다. 신체의 다른 모든 부분과 마찬가지로 여성의 생식기도 크기, 모양, 색상이 다르며 사람마다 모양이 다르다(그림 2–3 참조). 여성이 자신의 생식기에 대해 갖는 긍정적이거나 부정적인 감정은 성행위 참여 및 즐거움과 직접적인 관련이 있다(Reinholtz & Muehlenhard, 1995).

치구 The Mons Veneris

라틴어로 번역된 **치구(mons veneris)**는 "비너스의 산"을 의미한다. 이 용어는 치골이 모이는 부위를 덮고 있는 지방 조직의 부드러운 층을 말한다. 물론 비너스는 로마의 사랑의 여신이었고, 치구는 사춘기 이후 머리카락으로 뒤덮일 때 매우 에로틱한 것으로 간주된다.

촉각에 대한 우리의 감도는 피부의 특정 영역에 있는 신경 종말의 밀도에 따라 달라진다. 입술과 손가락 끝과 같은 부위는 신경 말단의 밀도가 높아 촉각에 매우 민감하며, 등 부위와 같은 부위는 신경 말단의 밀도가 훨씬 낮고 촉각에 훨씬 덜 민감하다. 치구의 수많은 신경 종말 때문에 많은 여성들이 부드러운 자극을 즐긴다.

지방 조직의 부드러운 층은 성교 중 음모(*pubic hair*) 부위를 완충하지만 음모의 역할이 무엇인지 추측할 수 있을 뿐이다. 일부 연구자들은 대부분 털이 없는 몸과는 달리 이 머리카락 뭉치가 성적으로 매력적이라고 생각한다.

1970년대까지 여성이 음모를 면도하는 것은 드문 일

외음부(Vulva) 성기, 대음순, 소음순, 음핵, 질 입구 및 요도 입구를 포함하는 외부 여성 생식기를 가리키는 용어.

치구(Mons veneris) 여성의 치골을 덮는 지방 조직의 부드러운 층. 사춘기 동안 음모로 덮인다.

그림 2-3

여성 생식기의 외관에 약간의 변화가 있다.

출처: John R. Foster/Science Source; Daniel Sambraus/Science Source; Medicshots/Alamy Stock Photo

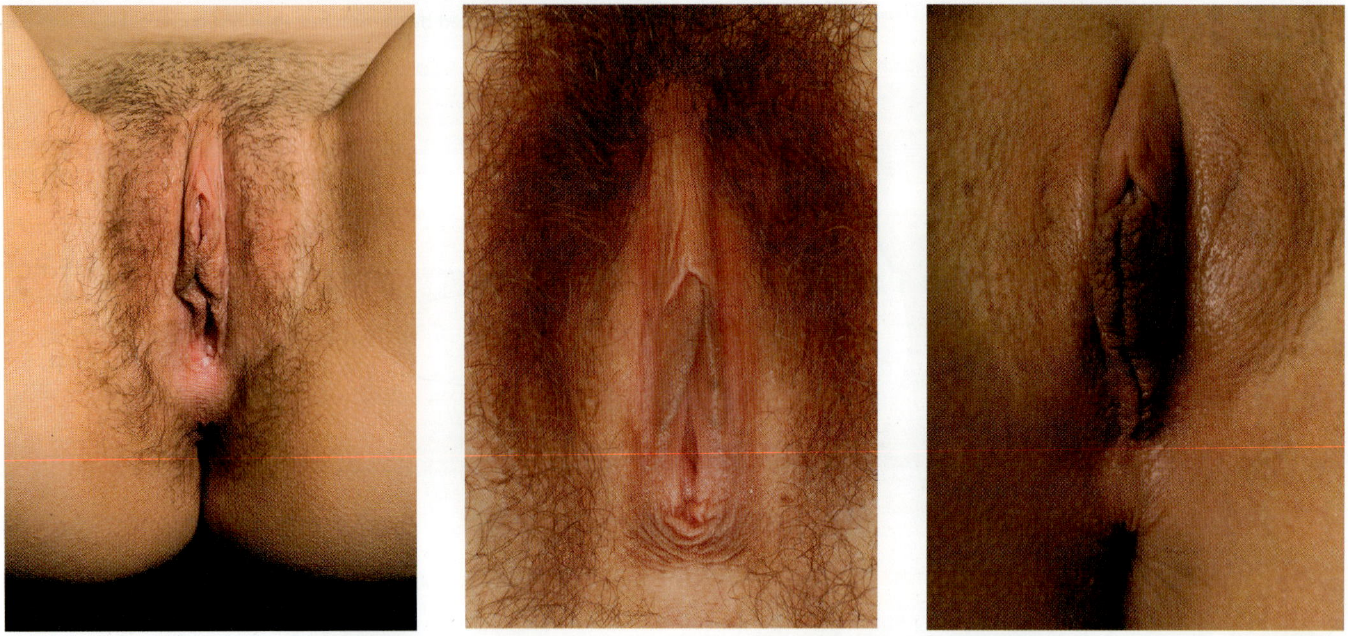

이었다. 비키니 하의와 팬티가 작아지면서 달라졌다. 처음에는 여성들이 음모를 자르거나 비키니 왁싱을 받았지만 오늘날에는 젊은 여성들이 머리카락의 대부분 또는 전체를 면도하거나 왁싱하는 것이 일반적이다(Herbenick et al., 2010b; Smolak & Murnen, 2011). 가장 일반적인 이유는 청결과 성적 매력이다(Butler et al., 2015). 불행히도, 이로 인해 많은 사람들이 면도를 하지 않는 여성에 대해 부정적인 태도를 갖게 되었으며, 현재 많은 여성들이 면도를 해야 한다는 압박감을 느끼고 있다. 다음은 우리 수업에서 학생들의 대표적인 태도이다.

남성:

"나는 여자의 음모를 선호하지 않는다. 때로는 면도한 것이 더 매력적일 수 있지만 둘 다 똑같이 받아들일 수 있다."

"나는 개인적으로 음모를 좋아해. 나에게는 질의 음모가 더 매력적으로 느껴진다. 그러나 음모가 너무 많으면 별로다. 나는 음모를 다듬는 것을 좋아한다."

"나는 여자의 음모를 전혀 좋아하지 않는다. 없는 여자를 보는 것이 훨씬 더 매력적이다. 음모는 때때로 흥미를 떨어뜨린다."

"나는 여성의 음모가 거칠게 느껴진다. 정글에서 노는 건 상상도 할 수 없으니 최소한 손질은 여자가 하는 게 예의라고 생각해."

"여자친구가 면도를 안 해서 다행이다. 나는 그렇게 한 여성과 함께 있었고 이상하게 보였다. 그녀는 그곳이 어린 소녀와 같았다. 여자로 보이는 여자가 더 좋다."

여성:

"나는 외모가 굉장히 단정한 사람이다. 여성은 겨드랑이와 다리를 면도하므로 다른 신체 부위도 면도하지 않겠는가? 매끄럽고 털이 없어 섹시해 보인다."

"나는 음모가 징그럽고 짜증나기 때문에 면도를 한다. 다리털 깎는거랑 왜 다른지 모르겠다. 게다가 월경 중에는 음모가 방해가 된다."

"나는 면도를 전혀 하지 않는다. 나는 있는 그대로의 내 몸을 좋아한다. 여기에는 질 부위도 포함된다. 내 파트너에게도 문제가 된 적이 없다."

"비키니 부위를 면도하지만 완전히 면도하지는 않는다. 남자가 싫어해도 이겨낼 수 있다."

"소녀가 성적으로 활발해지면 파트너가 자신의 신체, 특히 음모에 대해 어떻게 생각할지 매우 불안해한다. 면도는 고통스럽고 시간이 많이 걸리며 성가신 일이다. 대부분의 소녀들은 남성이 면도한 것을 좋아한다고 생각한다. 왜냐하면 미디어에서 대부분의 여성이 그렇게 묘사되기 때문이다. 거의 아무것도 입지 않은 모델; 면도를 하는 것은 분명하지만 대부분의 여성은 모델이 아니며 사진 촬영을 위해 털이 없을 필요도 없다. 음모는 여성의 몸의 일부이며 부끄러워 할 것이 아니라 포용해야 한다."

(모든 예제는 작성자의 파일에서 가져옴)

개인적인 생각 Personal Reflections

지난 3~40년 동안 여성의 음모에 대한 태도의 변화를 주도한 주요 사회화 요인은 무엇이라고 생각하는가? 이러한 태도의 변화는 좋은 것인가? 여성이 신체의 다른 부분에 대해 자의식이나 부끄러움을 느끼게 해야 하나?

음순 The Labia

음순은 성적으로 자극을 받지 않은 상태에서 질과 요도 입구를 덮는(따라서 보호하는) 피부의 두 개의 바깥쪽[**대음순(labia majora)** 또는 작은 입술]과 두 개의 안쪽[**소음순(labia minora)** 또는 작은 입술]의 길쭉한 피부 주름으로 구성된다. 대음순은 항문에서 **회음부(perineum)**라고 하는 질 입구와 항문 사이의 털이 없는 피부까지 확장된다. 대음순의 바깥쪽 표면은 사춘기에 털로 덮인다. 출산 후 음순이 자극되지 않은 상태에서 어느 정도 분리된 상태로 유지되는 것은 드문 일이 아니다.

분홍빛이 도는 털이 없는 소음순은 대음순 사이에 있으며 때로는 그 너머로 돌출되어 있다. 일부 아프리카에서는 음순의 길이가 매우 에로틱한 것으로 간주되며 소녀들은 어린 시절부터 음순을 잡아당기는 법을 배운다(Pérez et al., 2015).

음핵 덮개[clitoral hood, 또는 **포피**(*prepuce*)]를 형성하기 위해 상단에서 만나는 소음순은 접촉에 매우 민감하다. 소음순은 성적 자극을 받는 동안 혈액으로 가득 찬 수많은 혈관을 가지고 있어 부풀어 오르고 밝은 빨간색이나 포도주색으로 변한다.

소음순의 기저부에 위치한 **바르톨린샘(Bartholin's gland)**은 장기간의 자극 동안 덕트를 통해 내부 표면에 알칼리성 액체 몇 방울을 제공한다. 소량의 체액은 성교 중 질 윤활에 크게 기여하지 않지만 외부 질의 정상적인 산성도를 상쇄하는 데 도움이 된다(정자는 산성 환경에서 살 수 없다).

음순과 음핵의 피어싱은 최근 몇 년 동안 점점 인기를 얻고 있다. 그러나 이러한 관행은 상당한 수의 문제와 관련되어 있다(Meltzer, 2005). 불행히도, 오늘날 일부 여성들은 생식기 모양에 대해 부정적인 태도를 가지고 있기 때문에 생식기 성형 수술("디자이너 질"—실제로는 음순 성형술이라고 함)을 받고 있다(Deans et al., 2011).

음핵 The Clitoris

음핵(clitoris, "언덕" 또는 "비탈"을 의미하는 그리스어에서 유래)은 음경과 동일한 배아 조직에서 발생하지만 훨씬 더 큰 음경보다 2배 많은 신경 종말을 갖고 있어 촉각에 극도로 민감하다. 사실, 그것은 성적 감각에 초점을 맞추는 것 외에 알려진 기능이 없는 남성이나 여성의 유일한 구조이다(Masters & Johnson, 1970). 유일하게 보이는 부분은 **귀두**(*glans*)로, 성적으로 흥분하지 않은 여성의 경우 두 개의 음순이 만나는 곳에서 형성되는 피부 덮개 바로 아래에 위치한 작고 반짝이는 단추처럼 보인다.

음핵의 몸체 또는 **축**(*shaft*)은 음핵 덮개 아래에 있다. 길이는 약 1인치이고 지름은 1/4인치이다. 음핵은 **해면체**(*corpora cavernosa*)라고 하는 두 개의 평행한 실린더를 포함하고 있으며, 이 실린더는 뒤쪽으로 부채꼴 모양으로 치골에 부착되는 *crura*(라틴어로 "다리")라고 하는 훨씬 더 큰 구조를 형성한다(O'Connell & DeLancey, 2005). 음핵의 해면질 조직은 성적 흥분 중에 혈액으로 가득 차 있다. 이것은 음핵의 크기를 증가시키는 원인이 되지만 음핵이 치골에 부착되어 있기 때문에 실제로 음핵이 음경처럼 발기가 되지는 않다. 성적인 자극을 가하면 계속해서 음핵은 치골을 뒤로 당겨 음핵 덮개 아래에서 시야에서 사라진다.

전문가들은 여성의 성적 쾌감이 음핵의 크기나 음경에 의한 직접적인 자극을 허용하는 기타 해부학적 특징(음핵 귀두와 질 입구 사이의 짧은 거리 등)과 관련이 없다고 오랫동안 믿어왔다(Money, 1970). 최근의 한 연구에 따르면 그러한 특징이 여성의 성적 쾌락에 적어도 어느 정도 역할을 할 수 있다고 제안하지만(Oakley et al., 2014 참조), 현실은 일반적으로 (이성애) 성교 중에 음경이 음핵과 직접 접촉하지 않는다는 것이다.

빅토리아 시대에 미국과 유럽에서는 소녀들이 자

대음순(Labia majora) 여성의 경우 몬스에서 회음부까지 뻗어 있는 두 개의 길쭉한 피부 주름. 외부 표면은 사춘기 동안 음모로 덮여 있다.

소음순(Labia minora) 여성의 대음순 사이에 있는 두 개의 털이 없고 길쭉한 피부 주름. 그들은 클리토리스 위에서 만나 클리토리스 후드를 형성한다.

회음부(Perineum) 기술적으로 전체 골반저지만 항문과 질 입구(여성의 경우) 또는 음낭(남성의 경우) 사이에 털이 없는 피부를 나타내는 데 더 일반적으로 사용된다.

음핵 덮개(Clitoral hood) 여성의 음핵을 덮고 있는 작은 음순 부분.

바르톨린샘(Bartholin's gland) 여성의 소음순 기저부에 위치한 땀샘으로 성적 흥분 시 내부 표면에 소량의 알칼리성 액체를 공급한다.

음핵(Clitoris) 음경과 동일한 배아 조직에서 발생하는 여성의 작고 길쭉한 발기 구조이다. 성적인 감각을 집중시키는 것 외에는 알려진 기능이 없다.

위 행위를 하고 "과잉 섹스"하는 것을 방지하기 위해 음핵의 수술적 제거가 때때로 수행되었다. **음핵 절제술**(*clitoridectomy*)은 더 이상 미국에서 합법적으로 시행되지 않지만 북아프리카 국가와 중동, 말레이시아, 인도네시아 일부 지역에서는 매우 일반적이다(상자 4-A 참조).

스메그마(smegma)라고 하는 두꺼운 분비물이 음핵 덮개 아래에 축적되어 귀두가 음핵 덮개에 달라붙어 성교 중 불편함을 유발할 수 있다. 그러나 분비물은 일반적으로 목욕을 철저히 하면 씻어낼 수 있다.

질 개구부/질 입구 The Vaginal Opening

질 및 요도 개구부는 음순이 분리된 경우에만 볼 수 있다. 두 음순 사이의 영역은 때때로 **전정 영역(vestibular area**, 라틴어로 "입구 홀")이라고 하고 질 입구는 **입구**(*introitus*, 라틴어로 "입구")라고 한다. 질 입구에는 많은 신경 종말이 있어 자극에 매우 민감하다. 그것은 항문을 둘러싼 괄약근 근육과 유사한 괄약근 근육의 고리인 **구해면체근(bulbocavernosus muscle)**으로 둘러싸여 있다. 성경험이 있는 여성은 성교 중에 이 근육을 자발적으로 수축하거나 이완하는 방법을 배울 수 있다. 반면에 성적으로 경험이 없는 여성의 경우 극도의 긴장으로 인해 이 근육이 무의식적으로 수축되어 삽입이 매우 어려울 수 있다. 질 입구 양쪽의 괄약근 아래에 위치한 **전정 구근(vestibular bulbs)**은 또한 성적 흥분 시 혈액으로 부풀어 오르게 하여 질이 음경을 쥐는 데 도움을 준다.

성적으로 경험이 없는 여성의 경우 **처녀막(hymen**, 그리스 결혼의 신의 이름을 따서 명명됨)이라고 하는 얇은 막이 질 입구를 부분적으로 덮을 수 있다. 이 막은 여성에서만 발견된다. 출생 직전까지 처녀막은 질과 비뇨기계를 분리한다. 출생 후 파열되지만 인간의 경우 질 입구 주위에 막이 접힌 상태로 남아 있다. 모든 정상 신생아에서 발견된다(Berenson, 1993). 처녀막에는 월경의 흐름을 허용하는 하나 이상의 구멍이 있다. 처녀막에 구멍이 없는 드문 경우 첫 월경 시 간단한 외과적 절개를 할 수 있다.

처녀막에는 알려진 생리학적 기능이 없지만 처녀막의 존재는 역사적으로 남성에 의해 처녀성의 증거로 사용되어 왔다(Blank, 2007). 성경의 히브리서 시대에 처음 성관계를 가질 때 피가 나지 않는 신혼부부가 때때로 돌에 맞아 죽임을 당했다.

> 그러나 그 일이 참되면 처녀에게서 처녀의 표가 발견되지 아니하거든 그 처녀를 그 아비 집 문으로 끌어내리니 그 성읍 사람들이 그를 돌로 쳐죽일 것이요 이는 그가 그 아비 집에서 행음함으로 이스라엘 중에 어리석은 일을 행하였음이라. . . .
>
> **(신명기** 22:20-21, 표준 개정판)

오늘날에도 세계의 많은 지역에서 남편이 순결하지 않다고 생각하면 신혼시 아내가 이혼하거나 추방될 수 있다. 많은 무슬림, 중국인, 모로코인은 결혼식 날 밤 새 신부의 순결을 증명하기 위해 피로 물든 시트를 전시한다. 다른 문화권에서 소녀들은 의식적으로 돌로 된 남근이나 뿔로 "탈피"한다. 이러한 극단적인 관습은 서구 문화에서는 찾아볼 수 없지만 많은 미국 남성은 여성 파트너가 첫 성교 중 피를 흘릴 것으로 기대하기 때문에 일부 성경험이 있는 여성은 결혼 전에 외과적으로 처녀막을 재건하는 것을 선택한다(Goodman, 2011).

> "내 여자친구와 처음 성관계를 가졌을 때, 그녀는 피를 흘려야 하고 나는 피부가 처지는 것을 봐야 한다는 것을 동료들의 말을 듣고 이해했다. 이런 일은 일어나지 않았고 몇 년 동안 나는 그녀가 내가 처음이라고 말했을 때 그녀가 나에게 거짓말을 했다고 생각했기 때문에 나는 괴로웠다. 이 과정을 수강하고 나서야 저와 제 친구들이 얼마나 무지했는지 깨달았다."
>
> "운동을 많이 하는 것은 저에게 자연스러운 일이었고 12살이 되었을 때 4개의 운동 트로피와 많은 인증서를 받았다. 어머니는 내가 14살이 되자마자 의사에게 데려갔고 처녀막이 제자리에 있지 않기 때문에 처녀가 아니라고 말했다. 2주 동안 울었다. 사실이 아니었다. 내 삶은 다음 6개월 동안 매우 충격적이었다. 40이 된 지금 나는 여전히 화가 난다."
>
> (모든 예제는 작성자의 파일에서 가져옴)

실제로 첫 성교 시 출혈이나 불편함이 거의 없는 경우가 많다. 처녀막은 탐폰을 삽입하는 동안 때때로 파열되며 일부 여성에서는 처녀막의 구멍이 첫 성교 동안 찢어지지 않고 늘어나기만 한다(따라서 출혈이 없음). 역사를 통틀어 말할 수 없는 수백만의 여성들은 아마도 많은 남성들이 첫 번째 성교에 대한 적절한 반응이라고 잘못 믿는 것을 표시하지 않아 많은 슬픔(심지어 죽음까지)을 겪었을 것이다.

스메그마(Smegma) 음핵이 음핵 덮개에 달라붙거나 음경의 포피가 귀두에 달라붙게 하는 피지선의 치즈 같은 분비물이다.

전정 영역(Vestibular area) 두 개의 소음순 사이의 영역을 나타내는 데 사용되는 용어.

구해면체근(Bulbocavernosus muscle) 여성의 경우 질 입구를, 남성의 경우 음경의 뿌리를 둘러싸는 괄약근의 고리이다.

전정 구근(Vestibular bulbs) 성적인 각성 동안 혈액으로 채워지는 질 입구를 둘러싼 구조로 조직이 부풀어 오르고 질 입구가 좁아진다.

처녀막(Hymen) 성적 경험이 없는 여성의 질 입구를 부분적으로 덮고 있는 얇은 막이다. 그러나 그것의 존재 또는 부재는 실제로 이전의 성경험에 대한 매우 빈약한 지표이다.

요도 개구부 The Urethral Opening

소변은 방광에서 **요도(urethra)**라고 하는 작은 관을 통해 음핵 아래 및 질 입구 위에 있는 요도 입구를 통과한다. 남성의 요도는 소변뿐만 아니라 정자의 통과도 담당하지만 여성의 비뇨기계는 생식 기관과 관련이 없다. 여성은 남성보다 요로 감염에 더 취약하다. 최근의 성교 및 직장 박테리아를 포함하여 많은 요인이 위험을 증가시킨다(5장 참조).

젖가슴 The Breasts

유방(breasts)은 여성의 생식 기관의 일부가 아니지만 서구 사회에서 대부분의 남성은 매우 에로틱한 것으로 간주하므로 여성의 성적 해부학의 일부로 간주해야 한다. 그러나 1장에서 여성의 가슴은 전 세계의 많은 문화권에서 에로틱한 의미가 없다는 것을 상기하시오.

유방은 난소에서 생성되는 **에스트로겐**(*estrogen*) 호르몬 수치가 증가하여 사춘기에 발달한다. 따라서 유방은 음모와 마찬가지로 실제로 2차 성징이다. 흥미롭게도 한쪽 유방(보통 왼쪽)이 다른 쪽보다 약간 큰 경우가 많다.

각 성인 유방은 15~20개의 **유선(mammary glands,** 젖샘)으로 구성된다(그림 2-4 참조). 별도의 도관이 각 샘을 **유두**(*nipple*)에 연결한다. 유두는 평활근 섬유로 구성되어 있으며 많은 신경 섬유를 가지고 있다(유두를 촉각에 민감하게 함). 여성이 성적으로 흥분하면 평활근 섬유가 수축하고 유두가 발기된다. **유륜**(*areola*)이라고 하는 유두 주변의 어두워진 부분은 임신 중에 더 어두워진다. 유륜의 작은 돌기는 모유 수유 중 젖꼭지에 윤활유를 유지하기 위해 기름을 분비하는 땀샘이다.

임신 말기에는 뇌하수체(뇌의 기저부에 있음)에서 나오는 **프로락틴**(*prolactin*)이라는 호르몬에 의해 유선이 우유를 생산하기 시작한다[**수유**(*lactation*)라고 함]. 아기가 유두를 빨면 뇌하수체에서 **옥시토신**(*oxytocin*) 호르몬이 생성되어 우유가 배출된다. 특정 약물, 피임약, 스트레스 또는 거친 천이 유방을 문지르는 결과로 다른 시간에 유방에서 분비물이 나올 수도 있다[**유즙분비증**(*galactorrhea*)으로 알려진 상태]. 남성을 포함하여 일부 사람들은 함몰된 유두 또는 여분의 유두를 가지고 있지만 일반적으로 이것은 건강 문제를 일으키지 않는다.

유방의 크기는 여성마다 다르다(그림 2-5 참조). 유방 크기는 모든 여성에게 거의 동일한 유선의 수에 의해 결정되는 것이 아니라, 땀샘 사이에 채워진 지방(지방) 조직의 양에 의해 결정된다. 이것은 주로 유전에 의해 결정된다. 유방 크기와 촉각 민감도 사이에는 관계가 없다(Masters

---

요도(Urethra) 방광에서 몸의 외부로 이어지는 통로. 남성의 경우 사정 시 정액의 통로 역할을 하기도 한다.

유방(Breasts) 여성의 경우 유아에게 젖을 공급하는 땀샘. 가슴 앞쪽에 위치.

유선(Mammary glands) 유방의 젖을 생산하는 땀샘.

그림 2-4
여성의 유방 해부학이다.

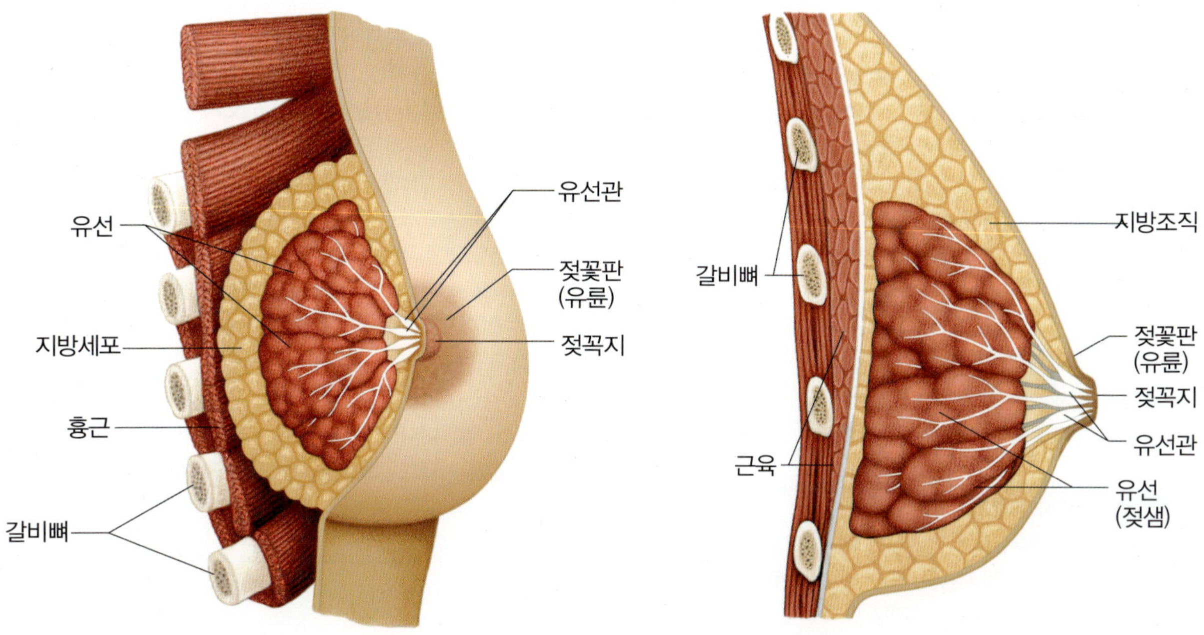

그림 2-5
여성의 가슴 모양에 약간의 변화가 있다.

출처: Chris Rout/Alamy Stock Photo; David J. Green – studio/Alamy Stock Photo; Chris Rout/Alamy Stock Photo

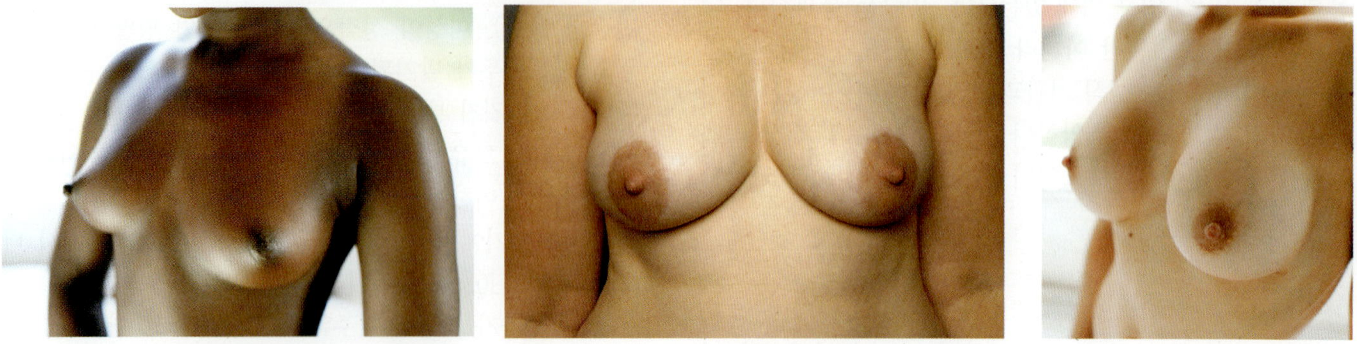

& Johnson, 1966). 큰 유방은 작은 유방보다 신경 종말의 수가 많지 않다. 그럼에도 불구하고 많은 남성들이 가슴 사이즈에 주목하기 때문에 많은 여성들이 자신의 가슴 모양에 만족하고(Ålgars et al., 2011) 더 컸으면 한다.

여성 잡지에 광고된 유방 확대 운동과 로션 및 기계 장치는 효과가 없다(유방 크기는 지방 조직의 양에 따라 결정됨을 기억하시오). 1960년대에 성형외과 의사들은 유방 크기를 늘리기 위해 실리콘으로 채워진 부드러운 파우치를 이식하기 시작했다. 약 260,000명의 미국 여성이 매년 이러한 방식으로 유방을 확대하고 있으며, 그 중 80%는 미용 목적으로 사용된다. 그러나 합병증은 흔하다(실제로 연간 약 35,000명의 여성이 보형물을 제거한다). 조만간 대부분의 임플란트가 누출되기 시작한다. 이는 처음에 암과 자가면역질환의 가능성에 대한 우려를 불러일으켰지만, 의학연구소는 실리콘 보형물이 암이나 결합 조직 질환을 유발한다는 증거가 없다고 결론지었다(S. L. Brown, 2002 참조).

상자 2–A 성과 건강

유방암과 검사

2.2 유방암의 조기 발견이 생명을 구할 수 있는 이유를 설명하고 유방 자가 검진을 수행하는 방법을 설명한다.

피부암 외에 유방암은 여성에서 가장 흔한 유형의 암(그리고 암 사망의 두 번째 주요 원인)이며 연간 약 246,660건의 새로운 침습 사례와 약 40,450건의 사망이 있다(American Cancer Society, 2016). 미국 여성 8명 중 1명은 일생 동안 유방암에 걸릴 것이다. 잘 알려지지 않은 사실은 남성도 유방암에 걸릴 수 있고 사례 수가 증가하고 있다는 것이다(올해 약 2,600명의 남성이 진단되고 약 440명이 사망할 것이다).

여성을 높은 위험에 빠뜨리는 요인 중 일부는 유방암의 가족력(신규 사례의 약 5%가 유전된 유전자 돌연변이 BRCA1에 의해 유발됨), 광범위하고 치밀한 유방 조직, 50세 이상(대부분의 유방 암은 폐경 후), 출산 경험이 없거나 30세 이후에 첫 아이를 낳은 경우, 12세 이전에 월경을 시작하는 경우, 55세 이후에 폐경되는 경우이다(American Cancer Society, 2016).

대부분의 유방암(특히 폐경기 여성의 경우)은 여성 호르몬인 에스트로겐에 의해 유발된다. 대부분의 피임약에는 에스트로겐이 포함되어 있지만 현재의 합의는 오늘날의 저용량 피임약이 위험을 증가시키지 않는다는 것이다(예: Marchbanks et al., 2012; Nelson & Cwiak, 2011). 반면에 폐경기 여성을 위한 장기간의 호르몬 대체 요법이 유방암 위험을 증가시킨다는 증거가 있다(10장 참조).

조기 발견으로 99%의 생존율이 있다(American Cancer Society, 2016). 그러나 모든 유방암 사례의 약 절반은 발견되기 전에 유방 너머로 퍼졌다. 불행히도 현재 여성이 유방암을 조기에 발견하기 위해 무엇을 해야 하는지에 대한 큰 논란이 있다. 미국암학회(American Cancer Society, 2016)는 평균 위험이 있는 여성이 20세부터 매월 유방을 검사하고 45세부터 매년 **유방촬영술**(mammogram, 유방 X선)을, 55세부터 2년마다 검진을 받을 것을 권장한다(Oeffinger et al., 2015). 유방촬영술은 사망을 약 20% 감소시켰다(Myers et al., 2015). 반면, 미국 예방 서비스 특별 위원회는 2015년에 50세 이전의 자가 검사와 일상적인 유방촬영술을 금지할 것을 권고했는데, 이 시술이 너무 많은 오검사와 불필요한 생체검사를 초래했고, 극소수의 생명을 구했다고 주장했다. 그럼 어떻게 해야 할까? 평균적인 위험에 처해 있다면 의사와 상의하고 귀하에게 가장 적합한 것이 무엇인지 결정하시오.

자가 검진을 하고 싶다면 월경이 끝난 직후, 에스트로겐 수치가 낮고 유방이 압통이나 부어오름이 없는 시기가 가장 좋다. 먼저 거울 앞에서 자신을 바라보시오. 손을 옆구리에 대고, 그 다음에는 엉덩이에 손을 대고, 마지막으로 머리 위로 손을 올린 상태에서 실시한다. 부

유방촬영술(Mammogram) 유방 종양을 감지하는 데 사용되는 저방사선 X선이다.

풀어 오름, 평평해짐, 움푹 들어간 곳 또는 발적을 찾으십시오. 증상은 대개 통증이 없다. 각 자세에서 반대쪽 손으로 한쪽 유방을 검사한다. 손가락을 평평하게 한 상태에서 위쪽에서 시작하여 작은 원을 그리며 부드럽게 누르고 전체 유방의 가장 바깥쪽 부분을 시계 방향으로 확인한다(그림 2-6 참조). 각 유방의 아래쪽 만곡부에 단단한 조직의 융기가 있는 것은 정상이다. 원을 완성한 후에는 손가락을 젖꼭지에 1인치 더 가까이 이동하고 유방 주위를 다시 한 번 완전히 확인한다. 유방 주위에 적어도 3~4개의 완전한 원이 필요할 것이다. 겨드랑이 아래도 암이 가장 많이 발생하는 부위 중 하나이기 때문에 꼭 확인하시오. 또한 유두를 짜내고 분비물이 있는지 살펴보시오. 다른 쪽 유방에도 동일한 절차를 반복한다. 수직 스트립으로 자신을 검사하는 유방 검사의 대안적인 방법이 인기를 얻고 있다(Barton et al., 1999).

어떤 방법을 사용하든 의심되는 이상이 있으면 즉시 의사에게 보고하시오.

그림 2-6

유방 자가 검진: 전통적인 방법(왼쪽)과 새로운 대안 방법(오른쪽).

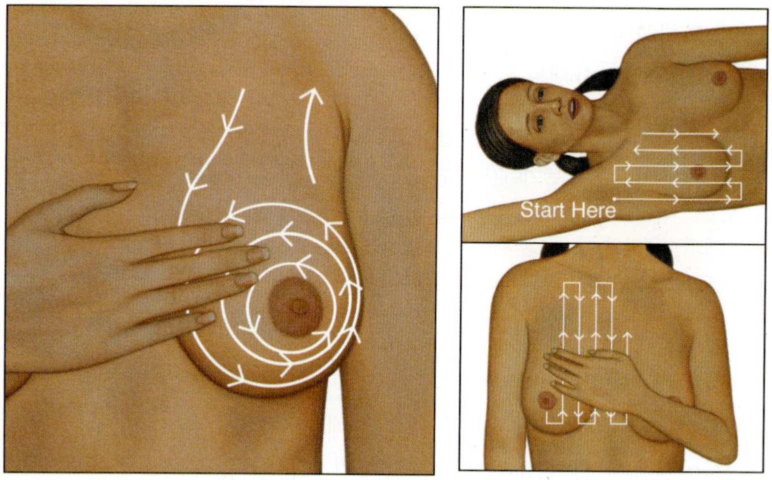

> "저는 다른 많은 여성들에게 자가 검진에 대해 가르쳤지만 불행히도 제가 말한 것을 실천하지 않은 33세의 간호사이다. 당신의 강의를 듣고 난 후 내 가슴을 검사했는데 작은 덩어리를 발견하고 소름이 돋았다."
>
> (저자의 파일에서)

발견된 덩어리 10개 중 8개가 양성(비암성) 낭종(액체로 채워진 주머니) 또는 섬유선종(고형 종양)이다. 그들은 섬유낭포성 질환으로 알려져 있으며 (폐경 후에는 드물기 때문에) 호르몬에 의해 유발되는 것으로 믿어진다. 따라서 유방에서 덩어리가 발견되면 악성이 아닐 가능성이 높으므로 당황하지 마시오.

덩어리가 있고 암으로 진단되면 다음과 같은 여러 수술 절차가 수행될 수 있다. (1) 유방 전체, 밑에 있는 근육 및 림프절을 제거하는 근치적 유방절제술(*mastectomy*); (2) 유방만 제거하는 단순 유방절제술; (3) 덩어리와 주변 조직의 일부만 제거하는 덩어리 절제술(*lumpectomy*). 화학 요법, 방사선 요법 및 호르몬 요법(타목시펜)도 사용된다. 치료는 암이 얼마나 조기에 발견되고 종양의 유형에 따라 달라진다. 유전자 검사는 세 가지 유형의 종양을 식별하는 데 사용된다. 새로운 표적 치료의 결과로 10년 생존율은 1960년대 이후 두 배 이상 증가했다(Grayson, 2012).

치료법이 무엇이든 유방암 여성이 성적 문제를 경험하고 조정이 필요한 경우는 드물지 않다(Meyerowitz et al., 1999; Moyer, 1997). 여성 파트너의 반응이 중요하다. 예를 들어, 유방 절제술을 받은 여성은 자신이 이전보다 덜 사랑받거나 사랑받지 못할 것이라는 것을 안심시킬 필요가 있다. 만약 당신이 발가락, 발, 다리, 손가락, 손 또는 팔을 잃는다면 파트너가 당신을 덜 사랑하기를 기대하겠는가? 물론 그렇지 않다. 그렇다면 그녀가 유방을 잃는다면 왜 달라져야 할까? 이것은 당신에게 명백해 보일 수 있지만, 당신의 파트너는 당신이 말하는 것을 듣고 싶어할 것이다.

> "저는 다섯 명의 딸로 구성된 가정에서 태어났고 유방암 진단을 받은 사람은 아무도 없었다. 내가 내 가슴에 덩어리가 생길 것이라고는 생각해 본 적이 없었다. 나는 왼쪽 유방의 근치적 유방절제술을 받았다. 의사가 남편과 저에게 말했을 때 남편은 그것에 대해 훌륭하다고 했다. 충격을 극복하기 위해 필요한 것은 이해하고 지지하는 남편과 가족뿐이다. 저를 '반쪽' 여자로 느끼게 하지 않았기 때문에 감정적으로 수술을 잘 넘길 수 있었다."
>
> (저자의 파일에서)

개인적인 생각 Personal Reflections

정기적으로 유방에 비정상적인 덩어리가 있는지 검사하는가? 대답이 아니오 라면 그 이유는 무엇인가? 질병통제예방센터(Centers for Disease Control and Prevention)에 따르면 50세 이상 여성의 거의 81.1%가 유방촬영술을 받은 적이 있다(Richardson et al., 2010). 귀하가 이 연령 그룹에 속하며 한 번도 경험한 적이 없다면 그 이유는 무엇인가?

한 연구에 따르면 유방 보형물을 넣은 여성의 거의 15%에서 보형물 주위에 고통스러운 섬유질 피막이 형성되어(구축 구축이라고 함) 유방이 단단하고 조여지며 모양이 부자연스러워 종종 추가 수술이 필요하다(Hvilsom et al., 2009). 또 다른 연구에서는 이러한 합병증의 수가 25%라는 것을 발견했다(S. L. Brown, 2002). 유방 보형물은 또한 유방암 진단을 받은 여성의 생존율을 감소시킬 수 있다(Lavigne et al., 2013).

토크쇼 진행자 Jenny Jones는 보형물이 유방에 손상을 주어 6번의 수술을 받았다. 그녀는 피플 매거진에 "나는 그 어느 때보다 지금 내 몸이 천 배나 더 싫다.... 나는 내가 포기한 몸을 되찾기 위해 내가 가진 모든 것을 팔 것이다." 우리 반 학생들은 비슷한 경험을 했다.

> "엄마가 2년 전쯤 가슴확대 수술을 받으셨는데 문제만 있었다. 그녀는 가슴에 흉터 조직과 덩어리가 너무 많이 자라기 시작했고 지금 그녀가 겪었던 모든 고통과 돈과 어려움을 겪은 후 이번 여름에 제거하려 한다. 나는 엄마가 아버지를 위해 한 일이라는 것을 알지만, 엄마가 한 일에 대해 얼마나 미안한지 나에게 충분히 말할 수 없다."
>
> (저자의 파일에서)

자연적으로 큰 가슴을 가진 많은 여성들은 더 작은 것을 원한다. 한 가지 일반적인 이유는 매우 큰 가슴을 가진 많은 여성들이 심한 요통으로 고통받기 때문이다.

> "지금은 DD컵을 끼고 있는데.. 가슴이 큰 골칫거리가 됐다. 춤을 추거나, 조깅을 하거나, 많이 움직이는 활동을 하는 것이 어렵다. 옷 찾기가 너무 어렵다... 얼마전에 가슴 축소 수술을 받은 친구와 이야기를 나눴다. 정말 이 수술을 받고 싶다. 나 자신에 대해 기분이 좋아질 것이다."
>
> (저자의 파일에서)

개인적인 생각 Personal Reflections (women)

다른 크기 또는 다른 모양의 가슴을 갖고 싶은가? 어떻게 달라지고 싶은가? 왜요? 여성의 가슴 크기가 파트너를 성적으로 기쁘게 하는 데 중요한 요소여야 하나?

여성의 내부 생식기 해부학

Internal Female Anatomy

2.3 여성의 내부 생식기 해부학적 구조(질, 자궁, 나팔관, 난소)를 각각 설명하고 그 기능을 설명한다.

질, 자궁, 나팔관 및 난소는 종종 여성의 생식 기관이라고 한다(그림 2–7 참조). 질은 남성 정자의 보관소 역할을 한다. 난자는 난소에서 생산된다. 여성의 가임 기간 동안 한 달에 한 개 이상의 난자가 성숙하여 난소에서 배출되어 나팔관 중 하나에서 채집된다. 난자와 정자가 결합하여 새로운 생명체가 탄생하는 곳은 나팔관이다. 수정란은 그런 다음 관을 통해 이동하여 자궁 내에 이식된다(7장 참조).

질 The Vagina

우리는 이미 생식기 또는 외부 해부학의 일부로 질 입구에 대해 논의했지만 **질(vagina**, "집"을 의미하는 라틴어)은 실제로 방광 뒤와 직장 앞에 위치한 내부 구조이다. 성교 시 정자의 보관소 역할을 할 뿐만 아니라 산도의 역할도 하므로 직경이 약 4인치까지 확장될 수 있다. 남성이 여성의 성기를 묘사하기 위해 사용하는 경멸적인 속어 중 상당수는 그것이 "채워야 할 구멍"이라는 의미를 내포하고 있다(Braun & Kitzinger, 2001). 그러나 질은 항상 음경 삽입을 수용할 준비가 되어 있는 열린 구멍이 아니다. 자극되지 않은 상태에서는 길이가 약 3~5인치이고 벽이 무너져 있다. 여성이 성적으로 흥분할 때까지는 질 안쪽 2/3의 벽이 음경을 수용할 수 있도록 확장되기 시작한다. 질 입구는 성적 흥분 중에 실제로 좁아진다(4장 참조).

질벽에는 3개의 층이 있다. 내층은 구강 내부와 유사한 부드러운 점막 표면을 가지고 있다. 사춘기 이전에는 질벽이 얇고 상대적으로 탄력이 없다. 사춘기에 여성 호르몬 수치가 높아지면 질벽이 두꺼워지고 탄력이 생기고 혈관이 많이 발달한다(즉, 혈관이 많음). 성적 흥분 중 질 윤활은 질 벽이 혈액으로 가득 차서 생기는 압력으로 인해 점막 내층에서 체액(과도하게 여과된 혈장)이 분비된다. 폐경(여성의 생식 능력이 끝나는 시기)에 난소가 위축되고 그에 따른 호르몬 손실로 인해 질의 벽이 사춘기 이전의 상태와 유사하게 다시 얇아지고 탄력이 없어진다. 또한 폐경 후 질벽으로의 혈액 공급이 감소하여 질 윤활이 감소하므로 많은 나이든 여성이 성교 중에 윤활제가 필요할 수 있다.

질은 자가 정화 기관이다. 외부 환경에서 잠재적으로 해로운 많은 박테리아는 질 내에서 자연적으로 발견되는 다른 박테리아에 의해 파괴된다. 또한 질의 벽은 산성 환경을 유지하는 데 도움이 되는 체액을 지속적으로 분비한다. 건강한 질은 사향 냄새가 난다. 질 냄새는 대부분의 포유류 종에서 수컷에게 성적인 자극제로 작용하며, 실험실 연구에서 대부분의 남성은 사향이 나는 질 냄새가 불쾌하다고 생각하지 않는다(Hassett, 1978). 그러나 성적인 경험을 하기 전에 질 냄새에 대한 더러운 농담과 이야기를 충분히 듣게 되면 사실이 아닐지라도 이것을 믿게 될 것이다. 이 이야기들은 어떻게 시작되었나? 아마도 대부분의 여성이 때때로 불쾌한 냄새를 동반할 수 있는 질 감염에 걸리기 때문일 것이다(질 감염에 대해서는 5장에서 읽게 될 것이다). 이러한 감염은 쉽고 빠르게 치료할 수 있다. 그러나 제품을 판매하기 위해 여성용 위생 스프레이 및 질 세척의 광고주는 질 냄새가 항상 불쾌하며 향료로 가려야 한다고

질(Vagina) 여성의 외음부에서 자궁경부까지 뻗어 있는 칼집 모양의 관으로 성교 시 음경을 수용한다.

그림 2-7

(a) 측면에서 본 내부 여성 생식 계통. (b) 내부 여성 생식 계통의 정면도.

출처: HOCK, ROGER R., HUMAN SEXUALITY, 1st Ed., © 2007. Reprinted and Electronically reproduced by permission of Pearson Education, Inc., New York, NY.

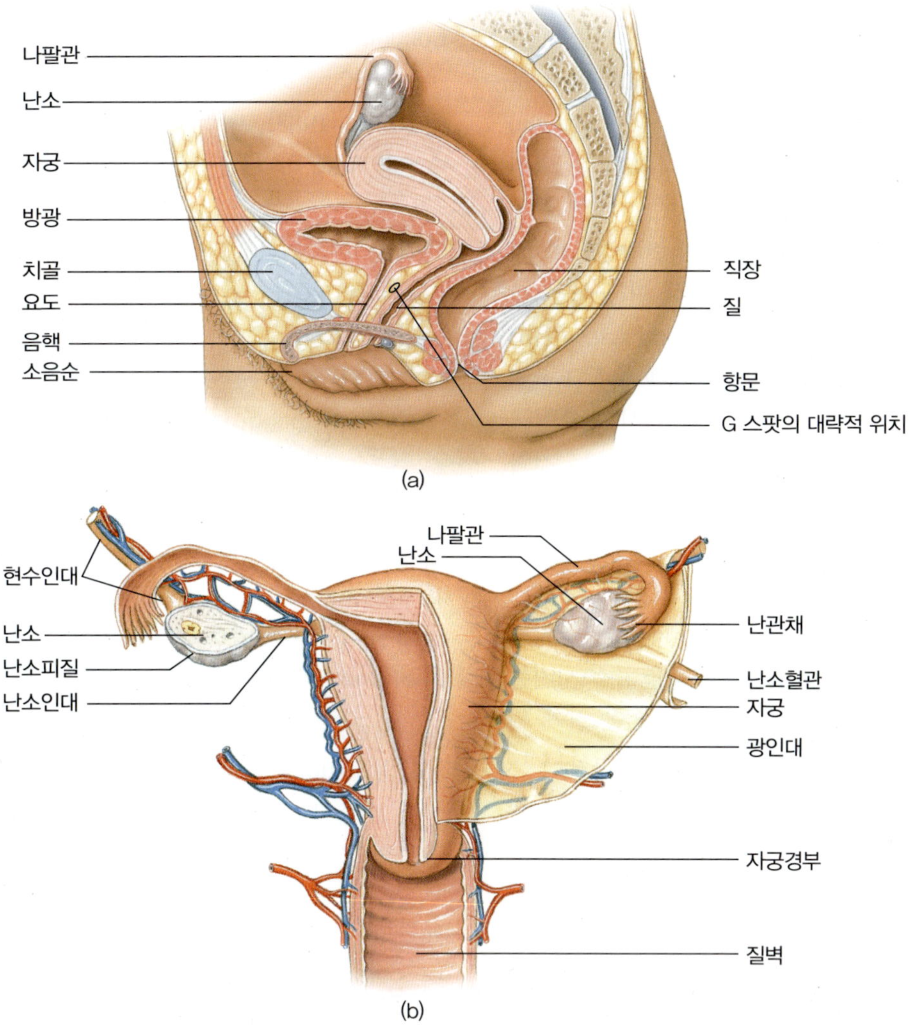

암시한다. 사실 이러한 제품들은 질 감염을 치료하지 않는다. 사실, 그들은 종종 질의 화학적 환경을 더 변화시켜 악화시킨다.

> "1년 전 저는 여성용 위생 데오도란트 스프레이를 사용하기 시작했다. 나는 내 분비물이 비정상적이라는 것을 깨닫기 전에 평균 5개월 동안 이 스프레이를 사용했다. 의사와 상담한 후 나는 효모 감염에 걸렸다는 것을 알게 되었다. 여성용 데오도란트 스프레이만 피했다면 이 모든 것을 피할 수 있었을 것이다."
>
> (저자의 파일에서)

연구에 따르면 규칙적인 질 세척은 세균성 질염과 자궁외 임신의 위험을 증가시키는 것으로 나타났다(Klebanoff et al., 2010; Zhang et al., 1997). 여성은 의사가 지시하지 않는 한 질 세척을 피해야 한다.

개인적인 생각 Personal Reflections

여성 여러분, 질 냄새가 불쾌하지 않을까 하는 불안이나 불안감이 있나요? 여성용 위생용품을 사용하거나 정기적으로 세정하나요? 그렇다면 왜? "예"라고 답했다면 어떻게 여성의 몸에 대한 부정적인 감정을 갖게 되었는가?

남성 여러분, 불쾌한 질 냄새에 대해 농담을 하거나 농담으로 웃어 본 적 있나요?

만약 그렇다면, 여성이 일반적으로 불쾌한 페니스 냄새에 대해 농담을 자주 한다면 기분이 어떻겠나요(그리고 그것이 자신의 섹슈얼리티에 대한 감정에 어떤 영향을 미칠까요?)?

질 입구는 촉각에 매우 민감하지만 질 내부 2/3의 벽은 신경 종말이 거의 없기 때문에 촉각에 상대적으로 둔감하다. 일부 여성은 탐침으로 질 내부 벽을 만지고 있는지조차 알 수 없다는 것이 입증되었다(Kinsey et al., 1953). 이것은 질에 있는 페니스가 성교 중 여성의 주관적인 쾌감에 기여하지 않는다는 것을 의미하는가? 반드시는 아니다. 질벽은 신경 종말이 드물지만 질은 신경이 더 많이 분포되어 있는 큰 근육인 **치골 근육(pubococcygeus muscle)**으로 둘러싸여 있다. 성교 중 질 감각이 거의 없는 여성(일부는 음경조차 느낄 수 없다고 보고함)은 치골미골근이 약하다는 것이 밝혀졌다(Kegel, 1952). 결과적으로 일부 성 치료사는 성교 중 쾌감을 높이기 위해 이 근육을 강화하기 위한 매일의 운동을 옹호해 왔다(Barbach, 1976; Graber, 1982; Perry & Whipple, 1981). **케겔 운동(Kegel exercises)**이라고 하는 이러한 운동은 많은 의사가 요실금이 있는 여성에게 요실금을 회복하기 위해 지시하는 것과 동일하다(Price et al., 2010). 치골미골근은 소변의 흐름을 조절하지만 임신 중에는 늘어나 약해져서 많은 여성들이 요실금을 겪는다.

케겔 운동을 하는 단계는 다음과 같다. (1) 다리를 벌리고 소변을 보는 도중에 멈추어 PC 근육을 수축시키는 느낌을 배우시오. (2) PC 근육이 수축하는 느낌을 알게 된 후 손가락을 질에 삽입하고 근육이 손가락을 쥐어짜는 느낌이 들 때까지 아래로 누르시오. (3) 일단 이것을 할 수 있게 되면 손가락을 넣지 않고 매일 케겔 운동을 시작하시오. 의사와 치료사는 하루에 3번씩 3초씩 10번의 수축을 연습할 것을 제안한다. 케겔 운동의 가장 좋은 점은 언제 어디서나 할 수 있고 당신이 무엇을 하는지 아무도 모른다는 것이다.

질벽은 접촉에 상대적으로 둔감하다는 일반적인 진술에는 예외가 있다. 앞벽의 두 번째 1/5은 질의 나머지 부분보다 신경 공급이 더 많다(Song et al., 2009). 사실, 어떤 여성들은 이 부위에 작고 매우 민감한 부분이 있다(대략 치골의 꼭대기 수준)(그림 2-7a 참조). 이것은 1950년에 그것을 처음 보고한 독일 의사의 이름을 따서 **Grafenberg(G) 스팟**으로 명명되었다(Perry & Whipple, 1981). G 스팟의 자극은 종종 일부 여성이 말하는 오르가즘으로 이어지며 음핵 자극으로 인한 오르가즘과 다르다고 한다(4장 참조). 원래는 모든 여성이 G 스팟을 가지고 있다고 주장했지만 이후 연구에서는 10% 이하의 여성만이 이 민감도 영역을 갖고 있다고 제안했다(Alzate & Londono, 1984).

4,000~5,000명의 여아 중 한 명은 질 없이 태어난다(Harnish, 1988). 이런 일이 발생하면 의사는 일반적으로 수술을 통해 하나를 구성할 수 있다.

자궁 The Uterus

수정란이 스스로 붙어 배아가 된 다음 태아가 되는 곳은 자궁 즉 **자궁(uterus)** 내이다. 작은 거꾸로 된 배와 비슷하게, 아이를 갖지 않은 여성의 자궁은 가장 넓은 부분의 길이가 약 3인치, 너비가 3인치에 불과하지만 엄청나게 확장할 수 있다. 자궁의 좁은 끝 부분인 **자궁경부**(*cervix*)는 질 뒤쪽으로 돌출되어 있으며 질 뒤쪽에 손가락을 삽입하여 쉽게 느낄 수 있다(미끄러운 돌기처럼). 자궁의 넓은 부분을 **기저부**(*fundus*)라고 한다. 인대는 골반강의 자궁을 질에 대해 약 90도 각도로 유지하지만 일부 여성의 경우 약간 앞으로 또는 뒤로 기울어질 수 있다.

자궁은 3개의 층으로 구성되어 있다. 가장 안쪽의 **자궁내막(endometrium)**은 수정란이 착상되는 곳이다. 분만 중에 수축하는 **자궁근층**(*myometrium*)이라고 하는 강한 중간층의 근육; 그리고 **자궁외막**(*perimetrium*)이라고 하는 외부 덮개. 배란 후에는 자궁내막이 두꺼워지고 혈관이 풍부해지지만 수정이 일어나지 않으면 월경 중에 벗겨져 여성의 몸에서 배출된다. 자궁경부 입구 또는 *os*("입"에 대한 라틴어)는 일반적으로 성냥개비의 지름보다 넓지 않지만 출산 시 아기를 분만할 수 있도록 10센티미터(약 4인치)로 확장된다.

불행히도 자궁경부는 여성에게 가장 흔한 유형의 암 중 하나이다. 따라서 모든 성적 경험이 있는 여성이 정기적인 검사와 자궁경부 세포진 검사를 위해 의사에게 가는 것이 매우 중요하다(상자 2-B 참조).

나팔관/난관 The Fallopian Tubes

자궁의 양쪽에서 옆으로 4인치(약 10 cm) 확장된 것은 **나**

치골 근육[Pubococcygeus (PC) muscle] 골반 부위의 주요 근육. 여성의 경우 케겔 운동을 통해 이 근육에 대한 자발적인 조절(요실금을 예방하거나 성교 중 신체 감각을 향상시키기 위해)을 얻을 수 있다.

케겔 운동(Kegel exercises) 방광과 질을 둘러싸고 있는 치골 근육을 강화하도록 고안된 운동이다.

Grafenberg (G) 스팟(spot) 전체 여성의 약 10%에서 발견되는 질 앞벽의 작고 민감한 부위이다.

자궁(Uterus) 수정란이 정상적으로 착상되는 여성의 속이 빈 근육질 기관이다.

자궁내막(Endometrium) 수정란이 착상되는 자궁내막. 그 두께는 월경 주기의 단계에 따라 다르다.

팔관(fallopian tubes) 또는 난관이라고 불리기도 한다. 나팔관과 난소 사이에는 직접적인 물리적 연결이 없지만, 난관 끝에 있는 손가락 모양의 돌출부[난관채(*fimbria*)라고 함]가 난소를 닦는다. 배란 시 난자가 난소에서 복강으로 배출된 후 난관 중 하나에 의해 선택된다. 정자가 난자를 수정하게 하면 일반적으로 난자 내에서 수정이 이루어진다. 수정된 난자는 튜브를 통해 3~4일 동안 계속 이동하여 정상적으로 자궁의 자궁내막에 착상된다.

난소 The Ovaries

난소(ovaries)는 여성의 생식선이며 남성의 생식선인 고환과 같은 배아 조직에서 발달한다. 그들은 자궁 양쪽의 인대로 매달려 있다. 난소에는 두 가지 기능이 있다. 즉, 난자 또는 난자(*ova* 단수는 *ovum*)를 생성하고 여성 호르몬(에스트로겐 및 프로게스테론)을 생성한다. 여자아이는 태어날 때 자신이 가질 모든 미성숙 난자를 가진다. 각 난소에는 약 300,000~400,000개가 있다. 각 난자는 일부 다른 세포로 둘러싸여 있으며 얇은 캡슐 안에 들어 있어 **일차 난포(primary follicle)**라고 하는 것을 형성한다. 사춘기에 하나 이상의 난포가 약 한 달에 한 번씩(월경 주기) 성숙하도록 자극된다. 성숙한 난포는 그라프난포(*Graafian follicle*)라고 한다. 이 과정은 폐경기에 끝나므로 여성의 난소에 있는 수십만 개의 난자 중 약 400개만 평생 동안 성숙한다. 대조적으로, 남성의 고환은 매일 수백만 개의 새로운 정자를 생산한다.

나팔관(Fallopian tubes) 난자가 자궁으로 가는 길에 따라가는 통로.
난소(Ovary) 난자가 생성되는 여성의 생식선.

일차 난포(Primary follicle) 단일 세포층으로 둘러싸인 미성숙 난자.

상자 2-B 성과 건강

여성 생식기계의 종양

2.4 여성의 건강을 위한 골반 검사와 자궁경부 도말검사의 중요성을 설명한다.

자궁경부암

자궁경부는 여성에게 흔한 암 발생 부위이다. 매년 최대 200만 명의 미국 여성이 **자궁경부 이형성증**(*cervical dysplasia*)이라는 자궁경부의 전암 상태로 진단된다. 약 12,990명의 미국 여성이 침습성 자궁경부암(자궁경부 표면 너머로 퍼짐) 진단을 받았다(American Cancer Society, 2016). 이로 인해 연간 약 4,120명이 사망한다.

여성은 거의 모든 연령에서 이 암에 걸릴 수 있다. 고위험 여성에는 어린 나이에 성교를 시작했거나 다수의 성 파트너가 있었던 여성 및 파트너가 다수의 성적 파트너를 가졌던 여성이 포함된다. 자궁경부암은 독신 여성에게서 드물다. **자궁경부암의 원인은 성 자체가 아니라 성행위 중에 전파되는 특정 유형의 인유두종바이러스(HPV) 바이러스이다**(Policar, 2011; 5장 참조). 자궁경부 이형성증을 유발하는 주요 유형의 HPV에 대해 매우 효과적인 백신이 개발되었다(5장 참조). 콘돔을 정기적으로 사용하면 자궁경부암에 걸릴 위험도 줄어든다.

골반 검사와 **자궁경부 도말검사**(검사를 개발한 Dr. George Papanicolaou의 이름을 따서 명명)는 여성 건강 관리의 필수 부분이다. 정기적인 자궁 경부 세포진 검사는 자궁경부암의 70% 이상을 예방한다(Policar, 2011). 자궁경부암은 정기적인 Pap 검사를 받지 않는 여성에게서 가장 흔하게 발견된다(Volerman & Cifu, 2014).

그럼에도 불구하고 많은 여성들이 당혹감 때문에 자궁경부 세포진 검사를 받는 것을 꺼린다. 따라서 첫 번째 단계는 편안하고 환자에게 관심을 보이는 의사를 찾는 것이다(예: 기구를 사용하기 전에 체온으로 기구를 따뜻하게 하는 것). 검사실에서 여성은 다리를 벌리고 발을 등자라고 하는 발판에 등을 대고 눕는다(그림 2-8). 오리 부리 모양의 검경이라는 기구를 질에 삽입하고 부드럽게 열어 질벽과 자궁경부를 검사한다. 면봉이나 얇은 나무 막대기로 자궁경부의 표면을 부드럽게 훑어내어 세포를 채취한 다음 현미경으로 이상 여부를 검사한다. 검사 중에 의사는 질벽과 외음부에 감염 가능성이 있는지도 확인한다. 일부 의사는 이때 직장 검사를 포함할 수 있다. 전체 과정은 일반적으로 몇 분밖에 걸리지 않으며 일부 여성은 불편함을 겪을 수 있지만 일반적으로 고통스럽지 않다.

"인간 섹슈얼리티 수업을 통해 내 몸에 대해 더 많은 것을 알게 만들었고, 더 많이 알게 되었다. 이 수업을 듣기 전에는 산부인과에 가는 것이 너무 두려웠다(20세). 최근에 나는 첫 방문을 했는데 내 두려움이 어리석은 것임을 알게 되었다. 전혀 나쁘지 않았고 내가 괜찮다는 것을 알게 되어 기분이 더 좋았다."

"학기 초에 UNO의 Health Services에 대해 언급하셨고 나는 그들을 확인하기로 결정했다. 자궁경부 세포진 검사 결과가 나왔을 때 나는 양성 반응을 보였다. 나는 2기 이형성증이 있었다. 나는 크라이오테라피를 받았었다. 이 수업이 없었다면 자궁경부 세포진 검사를 받기 위해 얼마나 기다렸는지, 결과가 어땠는지 모른다."

(모든 예제는 작성자의 파일에서 가져옴)

감지된 세포 이상은 심각도에 따라 치료된다. 전암 단계에서 국부적인 비정상 세포는 종종 극한의 추위(냉동 요법) 또는 강한 열(전기 응고)에 의해 파괴된다. 세포의 전암성 이상은 종종 다른 조직을 침범하기 시작하기까지 8년이 걸린다. 자궁경부암이 발견되면 여성은 자궁적

자궁경부 도말검사(Pap smear) 여성의 자궁경부암 검사. 그것을 개발한 Dr. Papanicolaou의 이름을 따서 명명되었다.

출술(자궁 절제술)을 받아야 할 수 있다.

American College of Obstetricians and Gynecologists는 여성에게 연간 검진을 21세부터 시작해야 한다고 조언한다(Volerman & Cifu, 2014). 검사에는 30세부터 시작하는 HPV 검사가 포함되어야 한다. 자궁경부암은 "느린 성장"이기 때문에 21세에서 65세 사이의 건강한 여성은 3년마다 자궁경부암 검사를 받을 것을 권장한다.

많은 여성들이 자궁경부 세포진 검사가 성병도 검사한다고 잘못 생각하지만 그렇지 않다(Hawkins et al., 2011). 여러 명의 성 파트너가 있는 경우(따라서 성병에 걸릴 위험이 높은 경우) 현재 이러한 추가 검사를 고려해야 한다.

자궁내막과 난소의 종양

자궁내막암도 매우 흔하여 미국에서 연간 60,050건의 새로운 사례가 발생하고 10,470건이 사망하는 것으로 추산된다(American Cancer Society, 2016). 일반적으로 첫 번째 증상은 비정상적인 질 출혈이므로 이러한 증상이 나타나면 즉시 의사의 진찰을 받으시오. 그 또는 그녀는 확장 및 소파술(D&C)로 진단을 내릴 것이다. 암이 발견되면 의사는 자궁적출술을 권할 것이다.

난소암은 매년 약 22,280명의 미국 여성에게 발생한다. 매년 자궁경부암이나 자궁내막암보다 더 많은 미국 여성(약 14,240명)이 사망한다(American Cancer Society, 2016). 대부분의 경우는 폐경 후 여성 또는 폐경에 가까워지는 여성(50세에서 59세 사이)에서 발견된다. 임신한 적이 없는 여성에게 더 흔하고 경구 피임약을 사용하는 여성에게는 덜 일반적이다. 그러나 가장 높은 위험인자는 난소암의 가족력이다. 고위험 여성을 위한 혈액 검사가 있다(암성 난소 세포에서 생성되는 단백질인 CA-125 검사). 치료에는 일반적으로 난소 제거와 방사선이 포함된다.

이러한 유형의 부인과 암의 경우 많은 여성에게 성적 웰빙의 회복이 중요하다. 이 과정에서 여성의 관계 맥락은 매우 중요하다(Gilbert et al., 2011).

개인적인 생각 Personal Reflections

25~64세 미국 여성의 약 90%가 지난 3년간 Pap smear(질도말) 검사를 받았다(Nelson et al., 2009). 지난 3년 동안 그런 적이 있나요? 그렇지 않다면, 왜 안 될까요?

그림 2-8
골반 검사.

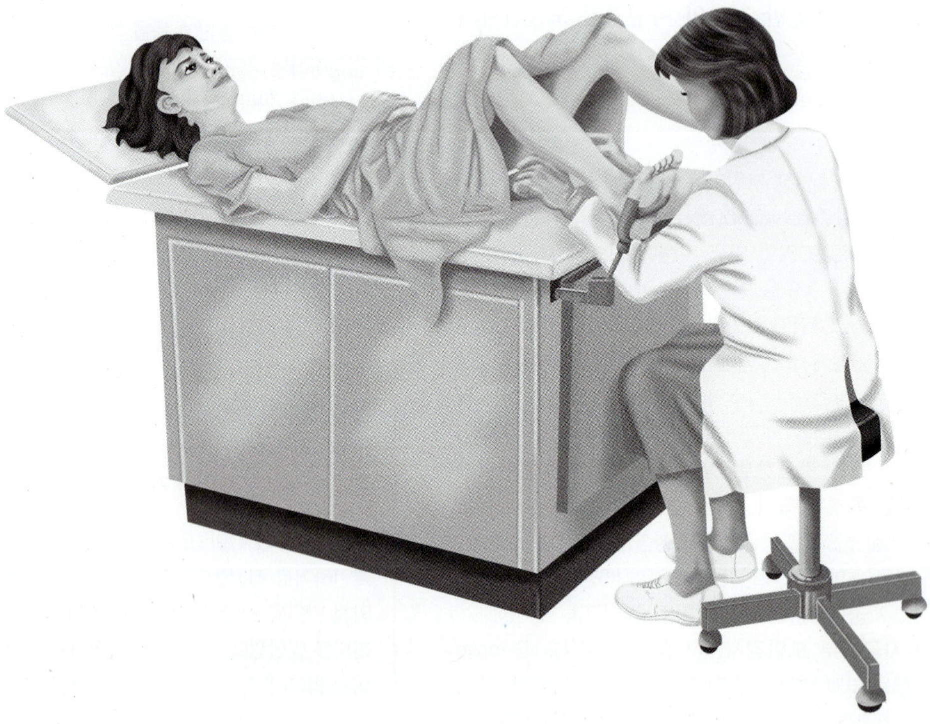

남성 외부 생식기 해부학

External Male Anatomy

2.5 남성의 외부 해부학적 구조(음경과 음낭)를 각각 설명하고 그 기능을 설명한다.

일반적으로 남성은 생식기가 어떻게 생겼는지에 대해 여성보다 더 잘 알고 있다. 남자의 생식기는 여자의 생식기보다 남자에게 더 잘 보일 뿐만 아니라 남자아이는 아주 어린 나이에 소변을 볼 때 페니스를 잡는 법을 배우므로 여자아이보다 자신을 만지고 검사하는 것이 흔하다. 모양은 다르지만 많은 남성 구조는 여성 구조와 동일한 배아 조직(예: 음경 및 음핵)에서 발생한다. 남성의 생식 기관과 생식기는 그림 2-9와 그림 2-10에 나와 있다. 남근은 신체의 다른 부분과 마찬가지로 모양이 다르며, 남성은 그림 2-10과 동일하지 않은 경우 자신을 비정상으로 간주해서는 안 된다. 여성과 마찬가지로 오늘날 많은 젊은 남성이 음모와 면도에 대해 부정적인 태도를 보이고 있다(Butler et al., 2015; Smolak & Murnen, 2011).

> "제 여자친구는 면도하고 제가 면도하는 것을 좋아한다. 아래쪽이 훨씬 깨끗해진 느낌이에요."
>
> "한 번 해보고 그 느낌이 좋아서 면도해요. 여자들이 좋아하는 것 같아요."
>
> (저자의 파일에서)

개인적인 생각 Personal Reflections

그림 2-3과 2-10을 처음 보았을 때 어떤 느낌이었나요? 불편함이나 불안을 느꼈다면 그 이유는? 이 장의 일부로 자신의 생식기를 검사할 것을 제안했다. 죄책감이나 불안함 없이 이 일을 할 수 있었나요? 그렇지 않다면, 왜 당신은 당신의 신체의 이 부분을 보는 것에 대해 부정적인 감정을 가지고 있다고 생각하나요?

그림 2-9

남성 생식 시스템의 해부학적 위치이다.

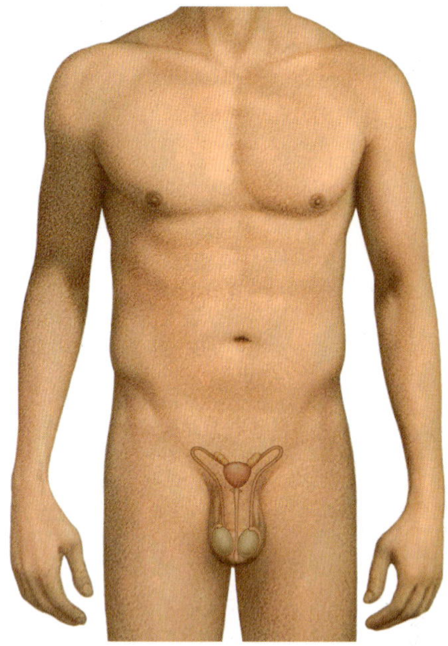

그림 2-10

할례를 받은(왼쪽) 음경 및 할례를 받지 않은(오른쪽) 음경이다.

출처: John Henderson/Alamy Stock Photo

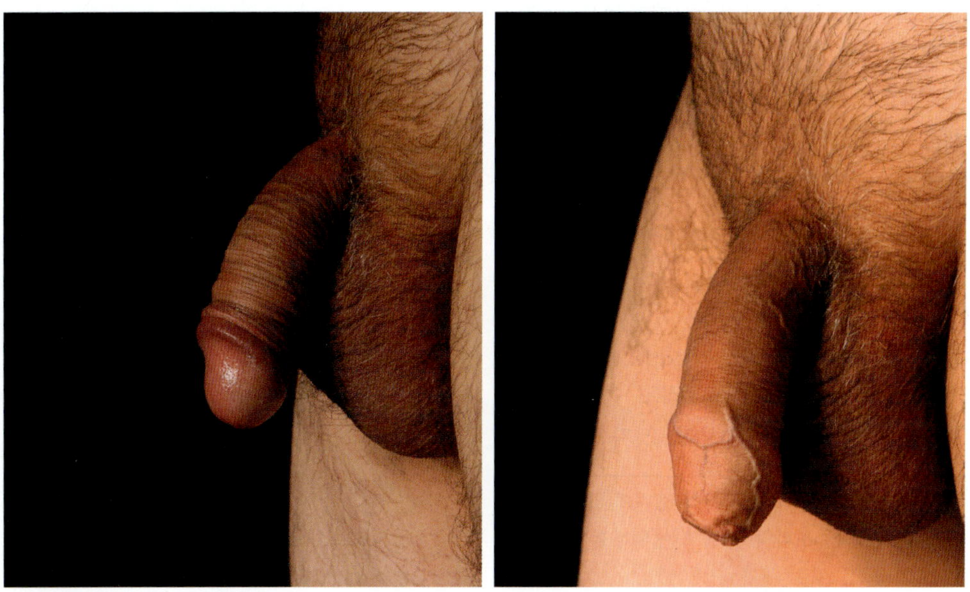

음경: 외부 성상 The Penis: Outer Appearance

음경(**penis**, 라틴어로 "꼬리")은 생식 기능과 비뇨기 기능을 모두 가지고 있다. 그것은 여성의 질에 정자를 침착시키고 방광에서 소변을 제거하는 역할을 한다. 남자가 흥분하지 않으면 페니스가 부드럽고 다리 사이에 매달려 있다. 성적 자극을 받으면 딱딱해지고 발기되어 질 침투가 가능하다. 자극되지 않은(완화한) 상태에서 음경의 평균 크기는 길이가 3.75인치이고 직경이 1.2인치이다. 세웠을 때 길이는 약 4.5~5.75인치이고 지름은 1.5인치이다(4장 참조). 일부 페니스는 왼쪽 또는 오른쪽으로 구부러져 있고 다른 페니스는 위 또는 아래로 구부러져 있다. 미세 음경(micropenis)이라고 하는 드문 상태에서 음경은 길이가 1인치 이상으로 자라지 않는다(Callens et al., 2013 참조). 4장에서는 성기 크기가 여성의 성적 만족과 관련이 있는지 여부를 고려할 것이다.

음경의 피부는 발기 시 팽창할 수 있도록 매우 느슨하다. 태어날 때 **포피**(*foreskin*)는 귀두, 즉 음경의 부드럽고 둥근 끝 부분을 접히지만 많은 남성이 **포경(circumcision)** 수술로 알려진 외과적 절차에서 포피가 잘린다(그림 2-10 참조). 할례를 받지 않은 아들이 있다면, 좋은 위생에는 포피 아래를 청소하는 것이 포함된다는 것을 반드시 가르쳐 주시오(상자 2-C 참조). 그러나 신생아를 목욕시킬 때 포피가 처음 몇 달 동안은 포피에 부분적으로 붙어 있는 경우가 많기 때문에 포피를 무리하게 잡아 당기지 마시오. 일부 소년의 경우 3세에도 여전히 유착되어 있다(Williams et al., 1993).

음경: 내부 구조 The Penis: Internal Structure

음경은 몸 또는 간부, 귀두 및 뿌리의 세 부분으로 구성된다. 처음 두 부분만 볼 수 있다(그림 2-12 참조). 횡단면에서 음경의 자루는 해면질 조직의 3개의 평행 실린더, 상단에 2개의 **음경 해면체**(*corpora cavernosa*)(또는 "음경") 및 하단에 **요도 해면체**(*corpus spongiosum*)(또는 "요도")로 구성된 것으로 볼 수 있다. 각각은 자체 섬유질 덮개에 들어있다. 해면체는 음경의 전체 길이를 확장하지 않는다. 대신 해면체 몸체가 앞쪽으로 크게 팽창하여 둥글고 매끄러운 **귀두**(*glans*)를 형성한다. 축과 귀두의 경계에 있는 돌출된 테두리를 **코로나**(*corona*)라고 한다(그리고 음경의 어떤 부분을 만지는 데 가장 민감하다). 소변과 정자의 통로 역할을 하는 **요도**(*urethra*)는 요도 해면체를 통과하므로 요도 입구(또는 비도)는 일반적으로 귀두 끝에 위치한다. 간혹 귀두의 한쪽에 위치하는 경우가 있는데, 이는 일반적으로 큰 문제가 되지 않지만 남성이 자신의 생식기에 대해 부정적인 인식을 갖게 할 수 있다. 아직 결정되지 않은 이유로 이 상태[**요도 하열**(*hypospadias*)이라고 함]는 1970년 이후 발생 빈도가 거의 두 배로 증가했지만 수술로 교정할 수 있다(Paulozzi et al., 1997).

음경의 **뿌리**(*root*)는 해면체의 확장된 끝으로 구성되며, 이 끝은 부채꼴 모양을 형성하고 치골에 (음핵과 구조가 유사함) 해면체의 확장된 끝[**구근**(*bulb*)이라고 함]에 부착된다. 뿌리는 배뇨와 사정을 돕는 두 개의 근육[**구해면체근**(*bulbocavernosus*)과 좌골해면체]으로 둘러싸여 있다.

많은 종에서 발기는 부분적으로 음경으로 돌출된 baculum 또는 oosik이라고 하는 뼈로 인해 발생한다(그림 2-11 참조). 이것은 고릴라, 침팬지, 곰, 고양이, 개, 설치류, 바다코끼리, 물개에 해당된다. 이 뼈는 코끼리, 고래, 돌고래 및 인간에는 없다. 인간의 경우 남성이 성적으로 흥분하면 음경으로 가는 동맥이 확장되고 해면체와 해면체의 많은 구멍이 피로 채워진다. 음경을 배출하는 정맥의 판막이 동시에 닫힌다. 부비동(강)의 확장과 음경 기저부의 근육 수축은 정맥을 누르고 배액을 부분적으로 차단함으로써 이 과정을 더욱 도울 수 있다. 간단히 말해서, 발기는 음경의 해면질 조직이 혈액으로 채워지는 결과이다. **팽대감소**(*detumescence*) 또는 발기 상실은 잘 이해되지 않지만 아마도 동맥이 수축하기 시작하여 정맥에서 압력을 제거하고 배수를 허용하기 때문에 발생한다.

일부 남성은 **페이로니병**(*Peyronie's Disease*)이라고 하는 심각한 음경 곡률이 있다. 이것은 때때로 발달 이상으로 인한 것이지만, 해면 조직의 3개의 평행한 실린더를 유지하는 섬유초(탄성 조직)의 손상으로 인한 경우가 많다. 섬유초가 어느 부위에서나 손상되면 탄성 조직이 발기 중에 팽창하지 않는 흉터 조직으로 대체되어 음경의 만곡을 유발한다. 곡률이 너무 심하면 성교 시 통증을 유발할 수

그림 2-11
바다코끼리의 음경뼈(바쿨룸 또는 우식). 남자는 이 뼈를 가지고 있지 않고 대신 피가 가득 찬 음경에 의해 발기한다.

출처: Vladimir Melnik/Shutterstock

음경(Penis) 성교를 위한 남성의 기관이자 정자와 소변의 통로.
포경(Circumcision) 남성의 경우 포피의 전체 또는 일부를 제거한다. 여성의 경우 음핵 덮개 제거.

그림 2-12

내부 남성의 생식 계통: (위쪽) 측면; (아래쪽) 음경의 정면과 단면.

출처: HOCK, ROGER R., HUMAN SEXUALITY, 1st Ed., © 2007. Reprinted and Electronically reproduced by permission of Pearson Education, Inc., New York, NY.

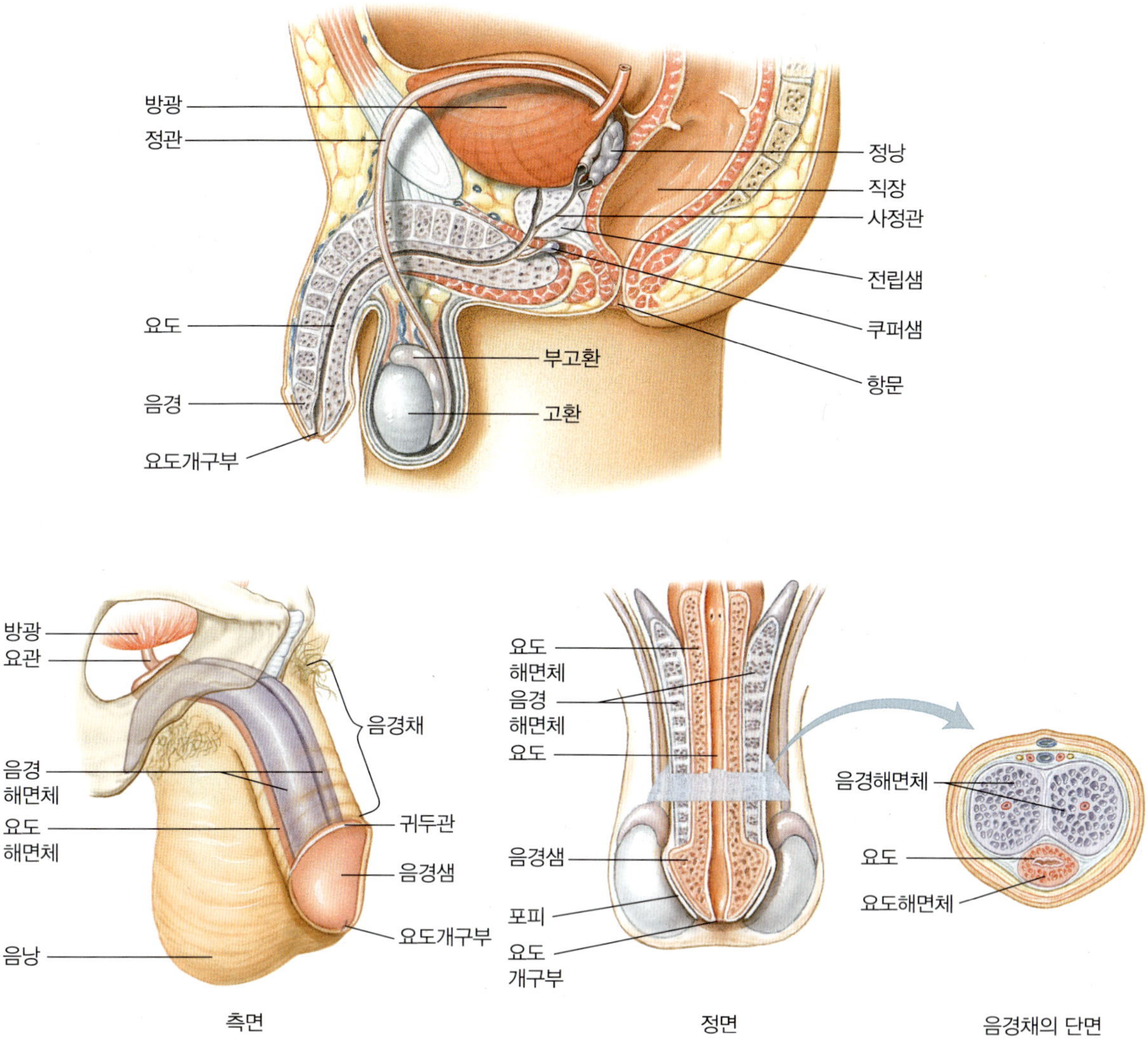

있다. 페이로니병은 교정될 수 있다(Chung et al., 2016). 성교의 일부 위치에서 남성은 음경에 너무 많은 압력이나 무게를 가할 수 있으며, 이는 "골절"(해면체를 둘러싸고 있는 섬유초의 파열)을 초래하여 수술이 필요할 수 있다 (Kramer, 2011).

음낭 The Scrotum

음경 아래에 있는 주머니를 **음낭(scrotum)**이라고 한다. 체강 외부에 고환을 고정한다. 정자는 고환에서 생성되지만 정상 체온인 37°C보다 몇 도 낮은 환경에서만 생성될 수 있다. 음낭의 온도는 일반적으로 약 33.9°C이다. 음낭의 피부는 털로 거의 덮여 있지 않으며 온도 조절을 돕는 많은 땀샘이 있다. 음낭에는 또한 추울 때 수축하는 작은 근육 섬유가 있어 고환을 체강에 더 가깝게 당겨 따뜻함을 유지한다. 더우면 근육 섬유가 이완되고 고환이 체강에서 더 멀리 매달려 있다.

세계의 열대 지역에서 남성이 음낭의 상피증(기생충에 의해 유발됨)으로 고통받는 것은 드문 일이 아니다. 이 병은 음낭이 농구공만큼 커질 수 있는 상태이다.

음낭(Scrotum) 고환이 들어 있는 음경 아래 주머니.

상자 2-C 이문화적 관점/성과 건강

남성 포경수술

2.6 음경포경수술의 장점과 단점에 대해 이야기 나눈다.

포경수술은 기원전 4000년 이후부터 남자아이들에게 행해졌다. 이 시기에 만들어진 이집트 미라가 그 증거를 제공하고, 그리스 역사가이자 지리학자인 헤로도토스와 스트라보가 나중에 여행 중에 그것을 관찰하는 것에 대해 썼다(Glick, 2005). 고대 이집트인과 에티오피아인은 깨끗함을 위해 할례를 행했고(Herodotus), 그 관습은 아브라함 시대에 히브리인들에 의해 차용되었다(후에 이 관습은 사용하지 않게 되었지만 모세에 의해 되살아났다). 오늘날 유대인 소년들은 아브라함이 하나님과 맺은 언약을 상징하기 위해 생후 8일 만에 할례를 받는다(창세기 17:9~14). 이슬람 소년들은 종교 의식의 일환으로 종종 13세에 할례를 받는다.

오늘날 많은 문화권에서 수술은 사춘기 의식으로 행해지며, 때때로 그것은 포피를 잘라내는 것 이상을 수반한다. Mangaians와 다른 남태평양 섬 주민들은 음경의 상단(상단 절개)을 따라 복부까지 길이 방향으로 자른다(Marshall, 1971). 중부 호주의 원시 부족은 남성이 음경의 기저부에서 소변을 볼 수 있도록 음경 아래쪽의 전체 길이를 따라 요도 깊이까지 슬릿을 만들어 여성처럼 앉도록 요구한다(Gregersen, 1982). 또 다른 문화권에서는 끝에 보석, 깃털 또는 강모가 부착된 막대를 삽입한다(D. Brown, 1990; 이 텍스트의 그림 1-2 참조). 많은 인류학자들은 이러한 관습이 집단에 대한 충성의 상징적 서약으로 행해진다고 믿는다.

미국과 영국에서는 19세기에 포경수술이 대중화되었다. 빅토리아 시대 의사들은 포경수술을 받은 성기가 덜 민감하고 수술이 자위행위와 성욕 과잉을 예방할 수 있다고 믿었기 때문이다. 할례는 제1차 세계대전과 제2차 세계대전 사이에 인기가 절정에 이르렀지만 대부분의 영어권 국가에서는 인기를 잃었다. 영국, 캐나다, 뉴질랜드, 호주와 같은 국가에서는 소년의 4분의 1 미만이 일상적으로 포경수술을 받는다. 오늘날 미국에서 태어난 소년의 약 58%가 병원에서 포경수술을 받지만(Zhang et al., 2011), 미국 소년의 약 80.5%가 포경수술을 외부에서 받는다(Introcaso et al., 2013).

오늘날 미국 의사들이 가장 흔히 하는 포경수술의 이유는 적절한 위생을 보장하기 위함이다. 포피 아래에 위치한 땀샘은 유성 물질을 분비하고 죽은 세포와 혼합되어 스메그마(smegma)라는 치즈 같은 물질을 형성한다. 적절한 위생이 없으면 스메그마는 박테리아의 온상이 될 수 있다. 포경수술을 받지 않은 영아의 요로감염률은 포경수술을 받은 영아보다 최소 4배 이상 높다. 많은 연구에서도 포경수술을 받은 남성이 감염된 파트너와 보호되지 않은 질 성교를 하는 경우 HIV(AIDS를 유발하는 바이러스), 인유두종 바이러스 감염 및 기타 일부 성병에 걸릴 확률이 훨씬 낮다는 사실이 밝혀졌다(Albero et al., 2012; Gray, 2012 참조). 연구에 따르면 포경수술은 음경 민감도를 감소시키거나 성적인 문제를 일으키지 않는다(Morris & Krieger, 2013).

미국소아과학회(American Academy of Pediatrics)는 1999년에 신생아의 일상적인 포경수술에 반대했지만 2012년에 "신생아 남아에게 포경수술의 건강상의 이점이 위험을 능가한다"는 결론을 내리면서 입장을 바꾸었다(Task Force on Circumcision, 2012). 아카데미는 또한 의사에게 포경수술을 할 때 국소 크림 마취제를 사용하도록 조언했다.

개인적인 생각 Personal Reflections

아들을 낳으면 포경수술을 받을 생각이 있는가? 그 이유는 무엇?

Note: 당신은 상자 4-A에서 음핵 할례에 대해 읽을 것이다

남성 내부 생식기 해부학

Internal Male Anatomy

2.7 남성의 내부 해부학적 구조(고환, 부고환, 정관, 사정관, 요도, 전립샘, 정낭, 쿠퍼샘)를 각각 설명하고 그 기능을 설명한다.

남성의 내부 생식 기관은 고환, 정자를 체외로 내보내는 관계, 정자가 섞이는 체액을 생성하는 전립샘과 정낭, 그리고 쿠퍼샘으로 구성된다(그림 2-12 참조).

고환 The Testicles

고환(testicles, 남성 생식선 또는 고환)은 난소(여성 생식선)와 동일한 배아 조직에서 발생한다. 난소와 마찬가지로 고환도 **정자**(*sperm*)를 생산하는 기능과 남성 호르몬을 생산하는 기능이 있다. 수백만 개의 새로운 정자가 수백 개의 **정세관**(*seminiferous tubule*)에서 매일 생성되기 시작한다(전체 과정에 약 70일이 소요됨). 각 세뇨관의 길이는 1~3피트이며, 함께 놓으면 끝에서 끝까지 길이가 1/4마일 이상이다. 정세관 사이에는 남성 호르몬을 생산하는 **라이디히의 간질 세포**(*interstitial cells of Leydig*)라고 하는 세포가 있다. 남성(또는 남성화) 호르몬을 **안드로겐**(*androgens*)이라고 한다. 가장 중요한 것은 **테스토스테론**(*testosterone*)이다(이 호르몬에 대한 많은 언급은 이후 장에서 찾을 수 있다). 고환에서 생성되는 또 다른 호르몬(세르톨리 세포에 의해)은 3장에서 논의된 **인히빈**(*inhibin*)이라고 한다.

고환(Testicles) 정자와 남성 호르몬을 생산하는 남성 생식선.

고환은 태아 발달의 대부분을 위해 복강에 있지만 출생 약 2개월 전에 사타구니 운하를 통해 음낭으로 내려간다. 남성 출생의 약 2~5%에서 하강에 실패하는데, 이는 잠복고환증(cryptorchidism)으로 알려져 있다(Kollin et al., 2006). 이것은 일반적으로 자체적으로 교정되지만(3개월까지 하강에 실패한 경우는 1~2%에 불과함), 불임이 발생하고 고환의 탈장 및 암 위험이 증가할 수 있다.

각 고환은 **정관**(*spermatic cord*)에 의해 음낭에 매달려 있다. 정자는 관 모양의 구조로 혈관, 신경, 정관, 환경의 온도와 성별의 변화에 따라 고환을 올리거나 내리는 데 도움이 되는 근육이다(성적 각성 동안 고환이 몸에 더 가까이 당겨짐). 각 고환은 단단한 섬유질 덮개로 둘러싸여 있다.

오른손잡이 남성의 경우 왼쪽 고환이 오른쪽 고환보다 아래에 매달려 있는 것이 정상이며 왼손잡이 남성의 경우 그 반대의 경우도 마찬가지이다(이유는 불명). 그러나 두 고환은 거의 같은 크기여야 한다. 고환은 압력에 매우 민감하며, 남성은 성관계 중 고환을 만지는 것을 좋아하는지 여부에 따라 다르다.

남성은 고환과 관련된 건강 문제를 알고 있어야 한다. 예를 들어, 볼거리의 원인이 되는 바이러스는 고환을 고통스럽게 부풀게 하고 섬유질초에 대한 압력이 정세관을 부수어 사춘기 이후에 유행성이하선염이 발생하면 불임을 초래할 수 있다. 고환은 또한 일종의 암이 발생하는 부위이기도 하다(상자 2-D 참조).

그런데 *testes*라는 단어는 **증인**(*witness* "증언하다")을 뜻하는 라틴어에서 파생되었다. 오늘날 사람들은 거래를 성사시키거나 약속을 인봉할 때 악수하지만, 성경 시대에는 한 남자가 자신이 맹세한 남자의 고환을 들고 있었다. 그가 맹세를 어기면 상대방의 아이들이 복수할 권리가 있다는 생각이었다.

정관 The Duct System

정자는 정세관에서 생성된 후 4부분으로 구성된 관 시스템

상자 2-D 성과 건강

고환암과 자가검진

2.8 고환 자가 검진을 수행하는 방법을 설명한다.

고환암은 매우 흔하지 않다. 미국에서 매년 약 8,720명의 새로운 환자가 발생하며, 380명이 사망한다(American Cancer Society, 2016). 환자의 절반은 20세에서 34세 사이의 남성에게서 발생한다. 백인들은 다른 민족들보다 4~5배 더 발병할 가능성이 높다. 이런 종류의 암은 자전거 선수 랜스 암스트롱, 코미디언 톰 그린, 그리고 올림픽 금메달을 딴 스케이트 선수 스콧 해밀턴이 진단을 받았을 때 많은 관심을 받았다. 10세 이전에 고환이 음낭으로 내려가지 않은 사람, 사춘기 초기에 있는 사람, 그리고 선천성 탈장이 있는 사람이 가장 높은 남성이다. 고환암은 자위, 잦은 성관계, 성감염과는 관련이 없다.

고환암의 가장 흔한 증상은 작은 혹이다. 또는 약간 커진 고환. 고환암의 초기 단계에서는 종양이 무통하므로 모든 남성(특히 고위험군)이 정기적으로 자신을 검사하는 것이 중요하다. 따뜻한 목욕이나 샤워 후에 자신을 검사하시오. 이로 인해 고환이 내려가고 음낭의 피부가 이완된다. 양 엄지손가락을 위쪽에 놓고 검지를 아래쪽에 놓고 한 번에 하나씩 고환을 검사한다(그림 2-13 참조). 엄지손가락과 손가락 사이로 고환을 부드럽게 굴린다. 그렇게 할 때, 여러분은 또한 각각의 고환의 윗부분과 뒤에 있는 스폰지 같은 밧줄처럼 느껴지는 부고환을 느낄 것이다.

모든 비정상적인 혹이 암은 아니지만 혹이 암이라면 치료는 대개 영향을 받은 고환의 외과적 제거와 화학 요법을 포함한다. 암이 다른 고환으로 전이되는 경우는 거의 없다. 적절한 관리만 하면 남성의 95%가 치유될 수 있다(Hanna & Einhorn, 2014). 성적 기능은 보통 정상이다 (Jonker-Pool et al., 2001). 영향을 받지 않은 고환은 아이를 낳기에 충분한 정자를 생산할 수 있다. 인공 임플란트를 음낭에 삽입하여 남성의 성기를 정상적으로 보이게 할 수 있다.

그림 2-13
고환 자가검진

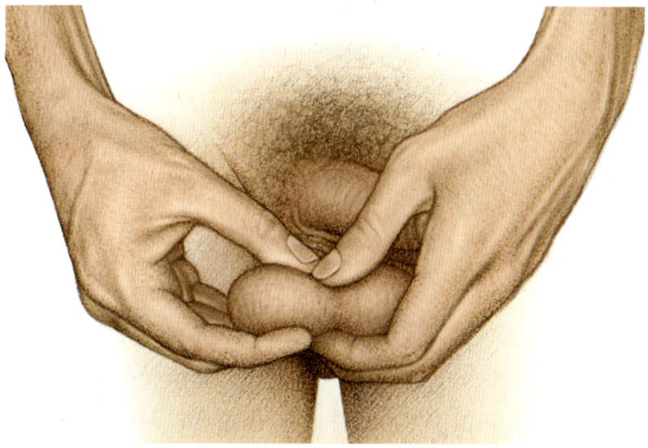

개인적인 생각 Personal Reflections

당신은 정기적으로 고환에 비정상적인 혹이 있는지 검사하나요? 그렇지 않다면, 왜 안 될까요? 자가 진단은 3분 정도밖에 걸리지 않는다.

을 통과한 후 사정하는 동안 음경에서 배출된다. 정세관은 수렴하여 각 고환의 상단과 뒷면에서 느낄 수 있는 **부고환(epididymis)**, 감긴 관(감지 않은 경우 약 20피트 길이)을 형성한다. 정자는 최대 6주가 걸리는 부고환을 통과할 때 성숙한다(더 많은 수정이 가능해지고 더 큰 운동성을 얻음)(Orgebin-Crist, 1998). 여기에서 정자는 한 쌍의 14~16인치 **정관(vas deferens)**으로 들어간다. 정관은 음낭에서 시작하여 정자를 통해 이동하고 서혜부를 통해 복강으로 들어간다. 거기에서 방광을 따라 전립샘을 향해 올라간다. 많은 정자는 사정 전에 팽대부(*ampulla*)라고 하는 확장된 정관 끝에 저장된다.

오르가즘 동안 리드미컬한 근육 수축은 정자를 **사정관(ejaculatory ducts)**, 즉 전립샘을 관통하는 짧은(약 1인치 길이) 짝을 이루는 관으로 밀어넣고 전립샘 및 정낭의 체액과 혼합되어 정액(*semen*)을 형성한다. 두 개의 사정관은 음경의 해면체를 통과하는 **요도(urethra)**로 들어간다. 괄약근은 방광에서 나오는 요도 부분을 둘러싸고 있다. 이들은 발기 중에 비자발적으로 수축하여 소변이 정액과 섞이지 않는다.

전립샘과 정낭 The Prostate Gland and Seminal Vesicles

평균적인 사정에는 약 2억 ~ 3억 개의 정자가 포함되어 있지만 전체 정자의 양은 매우 적다. 체적의 대부분은 **정낭(seminal vesicles**, 액의 약 70%를 차지)과 전립샘(약 30%)의 정액이다. 다른 물질 중에서 정낭(해부학자들이 사정 전에 정자가 저장되는 곳이라고 생각했기 때문에 이름이 잘못 지정됨)은 과당, 프로스타글란딘 및 염기를 분비한다. 과당(당)은 정자를 활성화시켜 정자를 움직이게 하는 반면, 프로스타글란딘은 자궁을 수축시켜 정자 구조를 통한 운동을 돕는다. 염기는 질의 정상적인 산성도를 중화시켜 정자가 자궁의 더 유리한 알칼리성 환경으로 가는 도중에 파괴되지 않도록 한다. **전립샘(prostate gland)**은 이러한 모든 물질과 사정 후 정액을 일시적으로 응고시키는 또 다른 물질(피브리노게나아제)을 분비하여 질에서 유출되는 것을 방지하는 데 도움이 된다. 전립샘은 또한 항생제를 분비하여 남성과 여성의 생식 기관을 감염으로부터 보호할 수 있다. 전립샘은 남성에서 두 번째로 흔한 유형의 암이 발생하는 부위이며 남성이 중년에 도달하면 매년 검사해야 한다(상자 2-E 참조).

쿠퍼샘 The Cowper's Glands

쿠퍼샘(Cowper's glands) 또는 요도구샘은 전립샘 아래에 위치한 두 개의 완두콩 크기의 구조이다. 그들은 오르가즘 전에 음경 끝에 나타날 수 있는 알칼리성 액체(기저) 몇 방울을 분비한다. 액체는 요도의 정상적인 산도를 중화하므로 사정하는 동안 음경을 통과할 때 정자가 파괴되지 않는다.

우리의 성 신체 Our Sexual Bodies

2.10 긍정적인 신체 이미지를 갖는 것이 성 건강에 중요한 이유를 설명한다.

대부분의 미국인이 자신의 몸에 만족하지 않는다는 사실을 알게 된다면 놀라시겠습니까(Garner, 1997)? 왜요? 신체 문제는 남성보다 여성에게 더 일반적이다(Sanchez & Kiefer, 2007). 최근 연구에 따르면 대부분의 젊은 여성이 신체의 여러 부분과 여러 출처에서 부정적인 의견을 받았다고 한다(Allen et al., 2016).

미국에서 문화적 표준은 가장 존경받는 체격으로 극단적인 고정 관념을 계속 강조한다. 수년에 걸쳐 *Playboy* 잡지의 중앙 접는 부분은 더 얇아지고 바비 인형과 비슷해졌다(Schick et al., 2010). 반면 *Playgirl* 잡지의 남성용 중앙 접는 부분은 더 무거워지고 근육질로 바뀌었다(Leit et al., 2001). 우리는 어린 시절부터 이러한 극단적인 체격을 원하도록 배운다. 소녀들은 거의 육체적으로 불가능하고, 풍만하고, 허리가 가느다란 바비 인형이 여성의 이상이라는 말을 듣는 반면, GI Joe 액션 피규어는 인간이 불가능할 정도로 점점 더 근육질로 변했다. 따라서 성인 남성이 여성 파트너에서 허리 대 엉덩이 비율(예: Furnham et al.,

---

부고환(Epididymis) 고환 뒤쪽에 있는 가늘고 긴 끈 모양의 구조. 정자를 남성의 몸 밖으로 내보내는 관 시스템의 첫 번째 부분이다.

정관(Vas deferens) 정자를 남성의 몸 밖으로 내보내는 덕트 시스템의 두 번째 부분이다.

사정관(Ejaculatory ducts) 전립샘을 통과하는 1인치 길이의 쌍을 이루는 튜브이다. 정자를 남성의 몸 밖으로 내보내는 덕트 시스템의 세 번째 부분이다.

요도(Urethra) 방광에서 몸의 외부로 이어지는 통로. 남성의 경우 사정 시 정액의 통로 역할을 하기도 한다.

정낭(Seminal vesicles) 정액에 많은 물질을 제공하는 남성의 두 가지 구조.

전립샘(Prostate gland) 방광의 목과 요도의 기원을 둘러싸고 많은 물질을 정액에 공급하는 남성의 샘이다.

쿠퍼샘(Cowper's glands) 남성의 전립샘 아래에 위치한 두 개의 완두콩 모양 구조로 오르가즘을 느끼기 전에 몇 방울의 알칼리성 액체를 분비한다.

상자 2-E 성과 건강

전립샘 문제와 검사

2.9 전립샘 문제의 초기 징후를 식별하고 남성 건강을 위한 정기적인 전립샘 검사의 중요성을 이해한다.

전립샘암은 미국 남성에게 가장 흔한 비피부암으로 매년 약 180,890명이 새로 발병하고 26,120명이 사망한다(American Cancer Society, 2016). 새로 진단된 사례의 약 2/3가 65세 이상 남성이다. 가장 높은 위험 요소는 전립샘암의 가족력, 높은 테스토스테론 수치 및 식이 지방이다. 이 비율은 백인 남성보다 아프리카계 미국인 남성에서 상당히 높다.

좋은 소식은 전립샘암이 일반적으로 매우 느리게 자라는 유형의 암이라는 것이다. 많은 남성이 초기 단계에서 증상을 보이지 않는다. 나중에 증상에는 배뇨 곤란 또는 빈번한 배뇨 필요성(특히 밤에), 혈뇨, 허리 또는 골반 부위의 지속적인 통증이 포함될 수 있다. 암이 림프절로 전이되면 완치될 확률은 30%에 불과하다.

전립샘암은 전통적으로 근치적 전립샘 절제술(전립샘, 정낭 및 기타 조직의 외과적 제거), 복강경 수술 및/또는 방사선으로 치료되었다. 그러나 이러한 치료의 부작용에는 종종 발기 부전과 요실금(방광을 조절할 수 없음)이 포함되며 많은 남성이 질병보다 치료가 더 나쁘다고 생각한다(Sanda et al., 2008). 국부적인 초기 단계의 전립샘암은 종종 진행 속도가 느리기 때문에 많은 의사들은 암이 주변 조직으로 퍼질 위험이 있을 때까지 정기적인 모니터링 외에는 아무것도 하지 않는 "조심스럽게 기다리는 것"이 최선의 치료법이라고 조언해 왔다(Wilt et al., 2012). 조기 전립샘암 진단을 받은 65세 이상 남성은 일반적으로 암이 퍼지기 전에 다른 원인으로 사망한다.

전립샘암을 진단하는 전통적인 방법은 직장 검사로 의사가 전립샘의 이상을 느끼는 것이다. 또한 전립샘 세포에서 생성되는 물질인 전립샘특이항원(PSA)을 검출하기 위한 혈액검사도 있다. PSA 수치는 일반적으로 전립샘암이 있는 남성에서 더 높다. 그러나 미국 예방 서비스 태스크포스(Preventive Services Task Force)는 PSA 검사로 모든 남성을 대상으로 하는 일상적인 검진은 불필요한 불안과 수술, 즉 "유익보다 해로움이 더 크다"(Eggener et al., 2015)로 이어지는 경우가 많기 때문에 권장하지 않는다. 각 환자는 위험 요소에 따라 개별적으로 고려해야 한다(Sohn, 2015). 미국암학회(2016)는 여전히 남성이 50세 전후부터 정기적으로 검진을 받을 것을 권장한다.

암은 남성이 전립샘에 가질 수 있는 유일한 문제가 아니다. 염증성 감염(예: 전립샘염)은 때때로 치료되지 않은 성병으로 인해 발생할 수 있다. 또한 남성은 나이가 들어감에 따라 정상적인 전립샘 조직이 과도하게 성장하여 전립샘이 비대해지는 것이 일반적이다. 양성 전립샘 비대증(종종 BPH라고 함)이라고 하는 이 상태는 60세 이상 남성의 약 50%에 영향을 미친다(Davidson & Chutka, 2008). 과성장은 요도를 조여 배뇨 횟수를 증가시키거나 배뇨 곤란을 일으킨다. 전통적인 치료법은 요도를 통해 삽입된 기구로 전립샘 조직을 제거하는 경요도 전립샘 절제술이었다. 그러나 이 수술을 받은 남성의 약 10%에서 15%가 발기부전을 포함한 합병증을 겪는다(일부 발기부전의 경우는 심리적 원인일 수 있음). 전립샘을 수축시키는 약물이 있지만 가장 유망한 새로운 치료법은 과도한 조직을 죽이기 위해 마이크로파나 전파를 사용하는 장치이다. 많은 의사들은 요도가 완전히 막히거나 다른 성가신 증상(예: 배뇨 곤란)이 없는 한 주의 깊게 기다리는 것이 최선의 방법이라고 믿는다.

개인적인 생각 Personal Reflections

50세 이상(아프리카계 미국인인 경우 45세)인 경우 전립샘 검사를 받기 위해 의사에게 가본 적이 있는가? 그렇지 않다면 그 이유는?

2006; Singh, 1993)과 더 긴 다리 대 신체 비율(Frederick et al., 2007; Hatoum & Belle, 2004 참조)뿐만 아니라 스스로를 위해 6팩 복근과 근육이 많은 몸을 원하는 것은 놀라운 일이 아니다. 결과적으로 많은 남성과 여성이 이러한 고정 관념을 달성하지 못하기 때문에 자신의 신체에 만족하지 못하고 낮은 자존감을 갖는 것도 놀라운 일이 아니다(Blond, 2008; Hatoum & Belle, 2004).

긍정적인 신체 이미지는 더 나은 성기능과 강하게 연관되어 있는 반면, 신체 수치는 더 큰 성적 문제와 관련이 있다(Lemer et al., 2013; Sanchez & Kiefer, 2007; Wiederman, 2012; Woertman & van den Brink, 2012). 많은 미국인들이 자신의 몸에 집착하게 되었고 이미지를 너무 의식하게 되어 성형 수술, 유방 또는 음경 확대, 모발 이식, 심지어 엉덩이와 다리의 패딩에 수천 달러를 지불한다. 그러나 섹스는 매우 아름다운 사람만을 위한 것일까? 당연히 아니다. 외모 때문에 처음에는 다른 사람들에게 성적 매력을 느낄 수 있지만, 건강하고 건강한 성생활에는 우리의 모든 감각과 전인적인 사람을 아우르는 관능이 필요하다. 사람의 목소리, 느낌, 미각, 냄새 및 성격은 모두 관능적일 수 있으며 그 사람의 섹슈얼리티에 기여할 수 있다. 예를 들어, 만지고 시간을 보내는 것의 중요성을 인식하는 과체중인 사람은 신체적으로 완벽한 "10"일 수 있는 사람보다 훨씬 더 나은 성 파트너일 수 있다.

우리의 몸이 모두 완벽하더라도 우리 모두가 똑같이 보인다면 세상이 얼마나 지루할 것인지 생각해보시오. 우리는 성적으로 흥분되는 것에 대해 서로 다른 생각과 기준을 가지고 있다. 어떤 남성은 대머리가 되는 데 몰두하지만 많은 여성은 대머리 남성이 섹시하다고 생각하여 많은 젊은 남성이 머리를 밀고 있다. 우리는 모두 독특하며, 그 독특함을 인식하고 자신을 사랑할 수 있다면 다른 사람들을 진정으로 돌볼 수 있는 능력도 갖게 된다. 우리의 파트너는 우리만큼 많은 고유한 신체적 특징을 가지고 있다(또는 나이가 들어감에 따라 가질 것이다). 따라서 당신이 누구인지, 당신이 어떻게 보이는지, 그리고 그 반대의 경우에도 당신을 감사하게 여기는 파트너를 찾고, 당신 자신에 대해 좋게 느끼는 법을 배우시오. 우리가 진정으로 즐기고 돌보는 사람과의 섹스의 흥분에서 가느다란 정중선, 대머리, 작은 성기나 작은 가슴은 중요하지 않다. 우리 모두는 감각적 존재가 될 수 있는 능력이 있으며, 우리 모두는 성적인 신체를 가지고 있다.

개인적인 생각 Personal Reflections

다른 사람들의 어떤 신체 부위가 가장 성적으로 자극적이라고 생각하는가? 왜? 이것이 학습된 반응이라고 생각하는가, 아니면 생물학적으로 결정된 것인가? 후자의 경우, 다른 문화권에 있는 사람들이 당신이 자극하는 신체 부위에 의해 자극을 받지 않을 수 있다는 사실을 어떻게 설명할까(1장 참조)?

스터디 가이드

핵심용어 Key Terms

G 스팟[Grafenberg (G) spot], p. 42
고환(testicles), p. 48
구해면체근(bulbocavernosus muscle), p. 36
기저부(fundus), p. 42
나팔관(fallopian tubes), p. 43
난관채(fimbria), p. 43
난소(ovary), p. 43
난자[ova (ovum)], p. 43
대음순(labia majora), p. 35
라이디히의 간질 세포(interstitial cells of Leydig), p. 48
바르톨린샘(Bartholin's glands), p. 35
부고환(epididymis), p. 50
사정관(ejaculatory ducts), p. 50
생식기(genitalia), p. 32
소음순(labia minora), p. 35
스메그마(smegma), p. 36
안드로겐(androgens), p. 48
옥시토신(oxytocin), p. 37
외음부(vulva), p. 33
요도(urethra), p. 37, 50
요도 해면체(corpus spongiosum), p. 46
유두(nipple), p. 37
유륜(areola), p. 37
유방(breasts), p. 37
유방촬영술(mammogram), p. 38
유선(mammary glands), p. 37
음경(penis), p. 46
음경 해면체(copora cavernosa), p. 46
음낭(scrotum), p. 47
음핵(clitoris), p. 35
음핵 덮개(clitoral hood), p. 35
일차 난포(primary follicle), p. 43
자궁(uterus), p. 42
자궁경부(cervix), p. 42
자궁경부 도말검사(Pap smear), p. 43
자궁내막(endometrium), p. 42
전립샘(prostate gland), p. 50
전정 구근(vestibular bulbs), p. 36
전정 영역(vestibular area), p. 36
정관(spermatic cord), p. 49
정관(vas deferens), p. 50
정낭(seminal vesicles), p. 50
정액(semen), p. 50
정자(sperm), p. 48
질(vagina), p. 40
처녀막(hymen), p. 36
치골근육(pubococcygeus (PC) muscle), p. 42
치구(mons veneris), p. 33
케겔 운동(Kegel exercises), p. 42
코로나(corona), p. 46
쿠퍼샘(Cowper's glands), p. 50
포경(circumcision), p. 46
포피(foreskin), p. 46
프로락틴(prolactin), p. 37
회음부(perineum), p. 35

상호검토 Interactive Review

뒤의 정답 참조.

그들의 생식기나 가슴을 언급할 때, 많은 사람들은 정확한 해부학적 이름보다 은어 용어를 사용하는 것이 더 편하다고 느낀다. 성적인 속어의 사용은 종종 성에 대한 양면적인 감정을 반영하고 잘못된 정보로 이어질 수 있다.

여성의 생식기를 총칭하여 (1) _______________(이)라고 한다. 여기에는 (2) _______________, (3) _______________, (4) _______________, (5) _______________, (6) _______________, (7) _______________가/이 포함된다. (8) _______________과/와 (9) _______________는/은 사춘기 털로 덮이게 된다. (10) _______________는/은 즐거운 감각을 집중시키는 것 외에는 알려진 기능이 없다. 그것은 남자의 (11) _______________과/와 구조가 가장 유사하다. (12) _______________가/이 위에서 만나 음핵 덮개를 형성한다. 소음순 사이의 영역을 (13) _______________(이)라고 한다. 성적으로 미숙한 여성은 질 입구를 부분적으로 덮는 (14) _______________(이)라고 불리는 얇은 막을 가지고 있다. 여성의 가슴은 생식 해부학의 일부가 아니지만, 남성들이 그것을 에로틱하다고 여기는 문화에서, 그것은 그녀의 성적 해부학의 일부이다.

여성(15) _______ 명 중 1명은 평생 언젠가는 유방암에 걸릴 것이다. 여성의 내부 생식 계통에는 (16) _______________ (17) _______________, (18) _______________, (19) _______________가/이 포함된다. (20) _______________는/은 정자, 산도, 월경액 출구 경로로 보관소이다. 그것은 자가 청소 기관이고, 냄새는 일반적으로 불쾌하지 않다. (21) _______________의 안쪽 3분의 2의 벽은 상대적으로 촉각에 둔감하지만, 전체 여성의 약 10%는 (22) _______________(이)라고 불리는 전방 벽에 높은 감도의 영역을 가지고 있다. 성숙한 난자가 (n) (23) _______________에서 방출될 때, (n) (24) _______________에 의해 받아들여지고, 그 후 (25) _______________(으)로 옮겨진다. 정자에 의해 수정되면, 난자는 보통 자궁의 (26) _______________에 착상한다. 여성은 (27) _______________를/을 검사하기 위해 정기적인 골반 검사와 자궁경부 검진을 받아야 한다.

남성의 외부 생식기 해부학은 음경과 (28) _______________를/을 포함하는 (29) _______________(으)로 구성된다. 음경의 발기는 두 개의 (30) _______________과/와 (31) _______________가/이 피로 충혈될 때 일어난다. (32) _______________(이)라고 불리는 음경의 둥근 끝은 (34) _______________(이)라고 불리는 수술로 이 여분의 피부를 제거하지 않는 한 (33) _______________(으)로 덮여 있다.

미국 소아과학회는 신생아의 일반적 포경수술을 권장한다. 남성의 내부 생식 계통에는 정자를 생산하는 (35) _______________과/와 남성 호르몬 (36) _______________과/와 정자를 몸 밖으로 운반하는 (37) _______________ (38) _______________, (39) _______________, (40) _______________(으)로 구성된 네 부분의 도관계통(고환에서 시작)이 있다. 사정하는 동안 정자는 (41) _______________와/과 (42) _______________의 액체와 혼합되어 (43) _______________가/이 된다. 사람이 오르가즘에 도달하기 전에 소량의 액체가 (44) _______________에 의해 방출된다. (45) _______________ 암은 20세에서 34세 사이의 남성에서 가장 흔한 암 유형이다. 미국의 모든 남성들 사이에서 가장 흔한 암은 (46) _______________ 암이다.

자기진단 Self-Test

뒤의 정답 참조.

A. 참(T) 혹은 거짓(F)

T F 47. 성인 남성의 고환은 보통 매일 수백만 개의 새로운 정자를 생산한다.

T F 48. 한 고환이 다른 고환보다 음낭에 낮게 매달려 있는 것이 정상이다.

T F 49. 정자는 정상 체온보다 몇 도 낮은 환경에서만 생산될 수 있다.

T F 50. 대부분의 의사들은 골반 검사를 할 때 정기적으로 성감염 여부를 확인한다.

T F 51. 대부분의 여성들은 G 스팟을 가지고 있다.

T F 52. 미국 암 협회는 여성들이 45세부터 유방촬영술을 받아야 한다고 조언한다.

T F 53. 난소는 여성의 생식 기간 동안 매달 수백 개의 새로운 알을 낳는다.

T F 54. 미국 소아과 학회는 현재 건강상의 이유로 남자 아이들의 일상적인 할례를 선호한다.

T F 55. 여성 위생 스프레이와 질세척의 사용은 정상적인

여성 위생에서 권장되는 부분이다.

T F 56. 난소와 나팔관 사이에는 직접적인 물리적 경로가 없다.

T F 57. 대음순은 털이 없고, 맨위쪽에서 만나 음핵을 형성한다.

T F 58. 성교 중 깊고 즐거운 질감각은 민감한 질벽 때문이다.

T F 59. 남성의 발기는 부분적으로 음경으로 돌출된 뼈에 기인한다.

T F 60. 여성이 성교 중에 질에서 피가 나지 않는다면, 그것은 그녀가 이전에 성교를 한 적이 있다는 좋은 지표이다.

T F 61. 여성의 성적 반응은 가슴 크기와 관련이 있다.

B. 짝짓기

_____ 62. 젖꽃판/유륜

_____ 63. 치구

_____ 64. 회음부

_____ 65. 질구

_____ 66. 음경해면체

_____ 67. 요도해면체 근육

_____ 68. 코로나

_____ 69. 난관채

_____ 70. 귀두

_____ 71. 바르톨린샘

_____ 72. 스메그마

_____ 73. 치골미근

_____ 74. 전정

_____ 75. 정관

a. 질구멍을 가리키는 용어

b. 유두 주위의 어두운 부분

c. 질 입구와 항문 사이에 털이 없는 피부

d. 포피와 음핵 덮개의 분비선에서 분비되는 오글거리는 물질

e. 치골 위에 지방 조직의 부드러운 층

f. 음경에 있는 두 개의 해면 같은 원통

g. 질과 방광을 둘러싸고 있는 큰 근육

h. 음경의 귀두와 축이 만나는 융기된 능선

i. 나팔관의 손가락 같은 작은 끝.

j. 음경과 음핵의 매끄럽고 둥근 끝

k. 소음순의 기저부에 위치한 두 개의 분비선

l. 질 입구와 음경의 뿌리를 둘러싸고 있는 괄약근의 고리

m. 성적인 각성 동안 피로 물들게 되는 질 개구부의 양쪽에 위치한 구조물들

n. 음낭의 고환을 매달아 놓는 튜브와 같은 구조

C. 빈칸 채우기

76. 미국 암 협회는 50세 이상의 남성들에게 ______ 암을 검사하기 위해 매년 검사를 받을 것을 권고한다.
77. 여성의 경우, 치구에서 회음부까지 이어지는 두 개의 바깥쪽으로 길게 뻗은 피부를 ______(이)라고 한다.
78. 월경 중에 여성의 몸에서 떨어져 나와 자궁의 가장 안쪽 층을 배출되는 ______(이)라고 한다.
79. 남성의 경우, 발기는 음경의 해면조직이 ______과/와 맞물리면서 발생한다.
80. 남자가 성적으로 흥분할 때, ______에 의해 생성된 투명한 액체의 몇 방울이 음경 끝에 나타날 수 있다.
81. 여성의 가슴 크기는 ______에 의해 결정된다.
82. 대부분의 여성들이 비정상적인 혹이 없는지 가슴을 검사할 수 있는 가장 좋은 시기는 ______이다.
83. 정자가 정관을 통해 이동한 후, 쌍을 이루는 __________(으)로 들어간다.
84. 사정할 때 대부분의 체액은 ______에서 나온다.
85. 남성이 고환에서 비정상적인 덩어리를 검사하기에 가장 좋은 시간은 ______이다.
86. 소량의 알칼리성 액체를 소음순 기저부의 도관에 분비하는 두 개의 분비선을 ______(이)라고 한다.
87. 정자는 고환의 ______에서 생성된다.
88. 음경과 ______ 모두 해면체(corpora cavernosa)를 가지고 있다.
89. 질과 방광을 둘러싼 근육은 ______근육이라고 불린다.
90. G 스팟이 있는 여성의 경우 ______질벽에 위치한다.
91. 모유의 생성을 일으키는 뇌하수체 호르몬은 ______이다.

3장
호르몬과 성 Hormones and Sexuality

생리 주기는 종종 생물 의학 문헌에서 여성의 신체와 건강의 1차원적, 생물학적, 병리학적 측면으로 개념화된다.... 사회과학 학자들은 생물학적 사건이... 더 넓은 사회문화적 맥락에서 경험되고 지각된다는 것을 인정한다...
여아 및 여성의 성 정체성, 성, 신체 이미지, 생식 생활 및 사회적 지위와 관련이 있다.

– 잉그리드 존스턴-로블도 & 마가렛 L. 스텁스, 2013

학습목표

이 장의 학습을 마치면 다음을 할 수 있어야 한다.

3.1 생식과 관련된 내분비계의 호르몬을 식별하고 설명한다.

3.2 월경 주기의 4단계를 설명하고 주기 길이의 가변성에 대해 논의한다.

3.3 월경 주기, 페로몬, 성욕의 관계에 대해 토론한다.

3.4 남성의 호르몬 조절에 대해 설명한다.

3.5 월경에 대한 역사적, 현대적 태도를 요약한다.

3.6 무월경, 월경전 증후군(PMS), 월경 장애, 자궁내막증, 독성 쇼크 증후군(TSS)과 같은 생리 문제를 정의하고 설명한다.

3.7 월경 억제의 장단점에 대해 토론한다.

3.8 호르몬과 성욕의 관계를 설명한다.

3.9 아나볼릭 스테로이드의 위험한 효과를 확인한다.

호르몬이란 무엇인가? 호르몬이 무엇을 하는지 아는가? 대부분의 사람들이 호르몬에 대해 들어보았지만 그 기능에 대해 확신하는 사람은 거의 없다. 다음은 우리 과정에 등록한 학생들의 일반적인 응답이다. 많은 사람들이 호르몬이 하는 일을 몰랐다.

> "이 과정에 등록하기 전에는 호르몬이 무엇인지 몰랐다. 내가 아는 것은 그것들이 우리 몸의 일부이고 어떤 이유에서인지 거기에 있다는 것뿐이었다." (여성)
>
> "나는 호르몬이 당신을 성장시키고 땀을 흘리게 만든다는 것을 알고 있었다. 그러나 나는 그들이 월경과 관련이 있다는 것을 몰랐다. 거기에 있는 것 외에 다른 목적이 있는 줄도 몰랐다." (여성)
>
> "나는 호르몬이 개인의 태도와 관련이 있다는 점을 제외하고는 DNA처럼 우리 몸의 빌딩 블록이라고 생각했다." (남성)

많은 사람들은 호르몬이 기분을 조절한다고 생각했다.

> "호르몬이 기분을 조절한다고 생각했어. 기쁠 때, 슬플 때, 화낼 때, 화나거나 심지어 '기분이 좋을 때' 모든 것이 호르몬이었다. 비정상적인 행동은 모두 호르몬 때문"이었다. (여성)
>
> "나는 호르몬이 정말로 여성에게만 있고 여성이 생리 중일 때만 사용된다고 믿었다. 여성에게 생리통이 있을 때, 나는 항상 사람들이 '그녀는 생리 중이다. 그녀의 호르몬이 작용하고 있어!'"(여자)

다른 사람들은 호르몬이 성행위와만 관련이 있다고 생각했다.

> "저는 호르몬이 남자를 흥분시키고 여자를 따라다닌다고 생각했어요. 소녀들은 우리가 그들에게 감동을 주기 위해 무엇이든 할 때마다 항상 '호르몬이 흐르고 있어야 한다'고 말했다. 그래서 남자들만 가지고 있는 줄 알았어요." (남성)
>
> "저는 항상 호르몬이 사람을 흥분시킨다고 생각했어요. 사람들은 섹스에 관심이 생기면 "호르몬이 미친 듯이 뛰었다"는 말을 자주 들었다." (여성)
>
> "나는 항상 호르몬이 사람이 얼마나 여성적이거나 남성적일 수 있는지를 결정한다고 생각했다. 나는 그것이 사람들을 동성애자나 이성애자 또는 그 중간으로 만드는 것이라고 생각했다." (남성)
>
> (모든 예제는 작성자의 파일에서 가져옴)

이제 호르몬이 인간의 성생활에서 실제로 어떤 역할을 하는지 살펴보겠다.

내분비계 The Endocrine System

3.1 생식과 관련된 내분비계의 호르몬을 식별하고 설명한다.

호르몬은 남성과 여성 모두에게 중요한 역할을 한다. 성장(성장 호르몬), 대사(갑상선 호르몬), 수분 보유(항이뇨 호르몬), 스트레스 반응(코르티솔) 및 기타 여러 기능에 중요하다. 그들은 또한 생식 기관의 발달과 유지에 중요하며 우리의 성행위에 영향을 미친다.

호르몬(hormones)은 관이 없는 땀샘에 의해 혈류로 방출되는 화학 물질이다. 그들은 혈액을 통해 신체의 다른 부분으로 운반되어 효과를 발휘한다. 한 샘에서 분비되는 호르몬은 종종 다른 샘에서 자체 호르몬을 방출하게 한다. 이 관이 없는 땀샘의 네트워크를 **내분비계(endocrine system)**라고 한다.

신체의 모든 땀샘이 내분비샘은 아니다. 예를 들어, 침샘과 땀샘은 내분비샘이 아니다. 그들은 덕트를 통해 표면으로 제품(타액과 땀)을 분비한다. 반면에 고환과 난소는 내분비선 시스템의 일부이다. 고환(*testicles*)은 종종 "남성 호르몬"이라고 불리는 **테스토스테론(testosterone)**을 생성하고 방출한다. 난소(*ovaries*)는 "여성 호르몬" **에스트로겐(estrogen)**과 **프로게스테론(progesterone)**을 생산한다. 그러나 테스토스테론은 난소에서도 소량 생성되고 에스트로겐은 고환에서도 소량 생성된다. 부신(*adrenal glands*, 신장 근처에 위치)도 소량의 이러한 호르몬을 생성한다. 따라서 세 가지 호르몬 모두 남성과 여성 모두에서 발견된다.

고환과 난소에서 호르몬이 분비되는 원인은 무엇일까? 즉각적인 대답은 뇌의 기저부에 위치한 **뇌하수체**(*pituitary gland*)라는 것이다(그림 3-1 참조). 뇌하수체는 8가지 다른 호르몬을 혈류로 방출한다. 이들 중 2개는 난소와 고환에 영향을 미치므로 **생식샘 자극 호르몬**(*gonadotropins*, "생식샘 탐색")이라고 한다. 여성의 경우

호르몬(Hormones) 관이 없는 땀샘에서 혈류로 분비되는 화학 물질. 그들은 혈액을 통해 신체의 다른 부분으로 운반되어 다른 땀샘이나 표적 기관에 영향을 미친다.

내분비계(Endocrine system) 호르몬이라고 하는 화학 물질을 혈류로 직접 분비하는 관이 없는 땀샘의 네트워크로, 혈류에서 호르몬이 효과를 발휘하기 위해 신체의 다른 부분으로 운반된다.

테스토스테론(Testosterone) 고환에서 생성되는 호르몬(난소와 부신에서 극소량).

에스트로겐(Estrogen) 난소에서 생성되는 호르몬(그리고 고환과 부신에서 극소량).

프로게스테론(Progesterone) 배란 후 난소에서 다량 생성되는 호르몬. 수정란에 영양을 공급하기 위해 자궁내막을 준비한다.

그림 3-1

여성의 뇌–뇌하수체–생식샘 되먹임 기전.

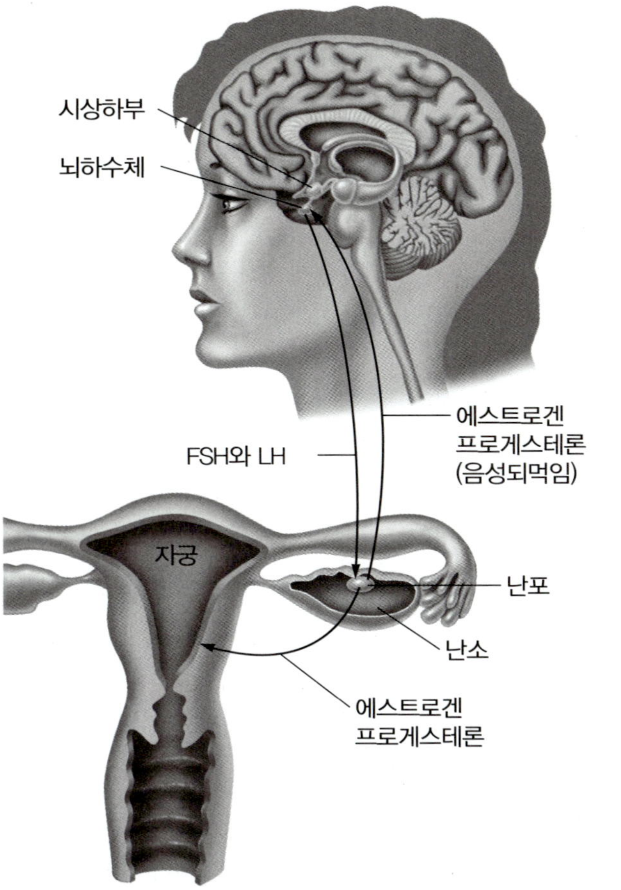

난포 자극 호르몬(follicle-stimulating hormone, FSH)은 난소 중 하나에서 난포(*follicle*, 미성숙 난자)의 성숙을 자극한다. 이것은 최초의 알려진 기능이었고, 따라서 어떻게 그 이름을 얻었다. 그러나 FSH는 남성의 뇌하수체에서도 분비되어 고환의 정자 생산을 자극한다.

두 번째 뇌하수체 생식샘 자극 호르몬은 **황체 형성 호르몬(luteinizing hormone, LH)**이라고 한다. 여성의 경우 LH는 배란(*ovulation*, 난자의 방출)을 유발한다. 남성의 경우 고환을 자극하여 남성 호르몬을 생성한다.

이후 장에서 읽을 두 가지 다른 뇌하수체 호르몬이 있다. **프로락틴(prolactin)**과 **옥시토신(oxytocin)**은 모유 생산과 모유 수유 중 분비에 중요하다(7장). 옥시토신은 또한 분만과 오르가슴 모두에서 자궁 수축과 관련이 있다(Mah & Binik, 2001). 일부 연구자들은 옥시토신을 "사랑 호르몬"이라고 불렀다. 왜냐하면 낭만적인 끌림, 만지고, 껴안는 동안 혈액 수치가 증가하기 때문이다(12장 참조).

뇌하수체는 많은 호르몬(FSH 및 LH 등)이 다른 샘(난소 및 고환 등)의 활동에 영향을 미치기 때문에 한때 신체의 "마스터샘"이라고 불렸다. 그러나 이제 우리는 뇌가 뇌하수체 호르몬의 방출을 제어한다는 것을 알고 있으므로 아마도 마스터 샘이라고 불러야 하는 것은 뇌일 것이다. 예를 들어, 뇌하수체에서 생식샘 자극 호르몬의 방출은 **생식샘 자극 호르몬 방출 호르몬(gonadotropin-releasing hormone, GnRH)**이라고 하는 또 다른 호르몬의 제어 하에 있으며, 이 호르몬은 뇌 기저부의 작은 영역인 시상하부(*hypothalamus*)에서 생성된다(그림 3-1 참조).

GnRH, 생식샘 자극 호르몬 및 생식샘 호르몬(테스토스테론, 에스트로겐 및 프로게스테론)은 음성 되먹임 고리에 의해 조절된다. 음성 되먹임 고리를 더 잘 이해하려면 온도 조절 장치가 어떻게 작동하는지 생각해 보시오. 방이 추우면 온도 조절기가 보일러를 작동시킨다. 실내 온도의 증가는 결국 온도 조절 장치가 보일러를 끄도록 한다. 이제 그림 3-1을 보시오. 여성의 경우 시상하부에서 GnRH의 혈중 농도가 증가하면 뇌하수체에서 FSH 방출이 증가하여 결과적으로 난소에서 에스트로겐의 혈중 농도가 증가한다. 증가된 에스트로겐 수치는 GnRH의 생산을 감소시키는 작용을 한다. GnRH, LH 및 프로게스테론 간에 유사한 되먹임 고리가 있다.

이것들은 단지 기본 사항일 뿐이다. 물론 완전한 이야기는 더 복잡하다. 예를 들어, **인히빈(inhibin)**이라고 하는 또 다른 난소 호르몬은 FSH 생성을 조절하는 데 도움이 되며 뇌로부터의 입력은 GnRH의 방출에 영향을 미친다. 호르몬 조절의 되먹임 고리 모델은 여성의 뇌하수체 및 생식선 호르몬이 약 한 달에 한 번씩 주기적으로 변한다는 사실로 인해 훨씬 더 복잡해진다. 이것을 **월경 주기(menstrual cycle)**라고 하며, 이제 더 자세히 설명하겠습니

난포 자극 호르몬(Follicle-stimulating hormone, FSH) 여성의 난소에서 난포의 발달과 남성의 고환에서 정자의 생산을 자극하는 뇌하수체에서 분비되는 생식샘 자극 호르몬.

황체 형성 호르몬(Luteinizing hormone, LH) 여성의 배란을 유발하고 남성의 남성 호르몬 생성을 자극하는 뇌하수체에서 분비되는 생식샘 자극 호르몬.

프로락틴(Prolactin) 뇌하수체에서 분비되는 호르몬으로 유방의 젖 생산을 자극한다.

옥시토신(Oxytocin) 젖 분비, 노동 및 오르가즘 수축, 에로틱한 끌림 및 접촉과 관련된 뇌하수체 호르몬.

생식샘 자극 호르몬 방출 호르몬(Gonadotropin-releasing hormone, GnRH) 뇌하수체에서 FSH 및 LH 호르몬을 방출하도록 하는 뇌의 시상하부에서 방출되는 호르몬이다.

인히빈(Inhibin) 고환과 난소에서 생성되는 호르몬으로 뇌하수체에서 난포 자극 호르몬의 방출을 억제한다.

월경 주기(Menstrual cycle) 배란 및 월경으로 이어지는 여성의 호르몬 이벤트의 월간 주기이다.

다. 우리는 나중에 남성 호르몬의 조절을 고려할 것이다.

현재 월경 주기에 대해 잘 모른다고 혼자라고 생각하지 마시오. 설문조사에 따르면 대부분의 십대 소녀들은 그것에 대해 최소한의 지식만 가지고 있다(White, 2013). 대부분의 남자들이 그것에 대해 얼마나 알고 있다고 생각하는가?

월경 주기 The Menstrual Cycle

3.2 월경 주기의 4단계를 설명하고 주기 길이의 가변성에 대해 논의한다.

난자(난자)는 조직의 얇은 캡슐 내에서 다른 세포로 둘러싸여 있어 **난포(follicle)**라고 불리는 것을 형성한다. 태어날 때 각 난소에는 약 300,000~400,000개의 미성숙(원시) 난포가 있으며 난소는 여성의 일생 동안 새로운 난포를 생성하지 않는다(White et al., 2015 참조). 대신, 출생 후 매달 약 1,000개의 난포가 성숙하기 시작한다. 난포의 전체 성장 단계는 여러 단계[원시난포, 1차 난포, 2차 난포, 동난포, 그라프 난포(성숙난포)]를 거쳐 진행되며 최소 220일이 걸린다(McGee & Hsueh, 2000). 생후 몇 년 동안 모낭은 배엽 단계를 넘어서는 발육을 끝내지 못하며, 사춘기가 되면 각 난소에는 약 20만 개의 원시 모낭만이 남는다.소녀가 사춘기에 이르면 뇌하수체에서 분비되는 난포자극 호르몬에 의해 하나 이상의 난포가 성장의 마지막 단계에 들어가게 되며, 이 단계는 한 달도 채 걸리지 않는다. 월경 주기라고 하는 이 성장 단계 동안 자궁의 자궁내막은 수정란의 착상을 준비하기 위해 두꺼워지고 혈관이 많이 형성된다(많은 혈관이 공급됨). 난자가 정자에 의해 수정되지 않으면 자궁내막 조직이 체외로 배출되고 출혈(**월경, menstruation**)이 동반되고 새로운 난포가 성숙의 마지막 단계를 시작한다. 이 과정은 난소가 난포가 성숙할 수 없을 정도로 쪼그라드는 **폐경**(*menopause*, 보통 50세 전후)에 끝나며, 따라서 평균적인 여성은 일생 동안 약 400번의 월경 주기를 갖는다.

성인의 평균 월경 주기는 약 28일이다. 우리는 28일 주기로 발생하는 호르몬 사건을 4단계로 구성하여 설명할 것이다(Shulman, 2011). **날짜를 세는 데 있어 월경의 시작을 1일로 하는 것이 관례이다.** 이는 월경이 모든 여성이 인식할 수 있는 주기의 유일한 사건이기 때문이다. **그러나 실제로 월경은 주기의 4단계 중 마지막 단계이므로** 월경 후 약 5일째 되는 날부터 시작한다(그림 3-2 참조). 날짜 계산에 사용되는 시스템에 혼동되지 않도록 하시오. 곧 알게 되겠지만, 일관된 28일 주기는 그리 일반적이지 않으므로 괄호 안의 날짜 수는 주기가 더 짧을수록 다를 것이다.

배란전기 Preovulatory Phase (Days 5 to 13)

이 단계는 여포(*follicular*) 또는 증식 단계(*proliferative phase*)라고도 한다. 뇌하수체는 이름에서 알 수 있듯이 난포 자극 호르몬(FSH)을 비교적 높은 수준으로 분비하며, 이는 난소에서 난포의 발달을 자극한다. 성장하는 난포는 차례로 일시적인 내분비선이 되어 점점 더 높은 수준의 에스트로겐을 분비한다. 에스트로겐은 혈류를 통해 뇌와 뇌하수체로 다시 운반되어 FSH의 추가 방출을 억제한다(그림 3-1 참조). 에스트로겐은 또한 뇌하수체에서 황체 형성 호르몬(LH)의 방출을 자극하고 자궁내막의 증식(성장)을 촉진한다. 이 단계가 끝나갈 무렵 에스트로겐 수치가 최고조에 도달하여 뇌하수체에서 LH가 방출된다(LH 급증이라고 함).

배란기 Ovulation (Day 14)

LH 급증(FSH의 급격한 증가와 함께)은 12시간에서 24시간 이내에 배란이 시작되었음을 나타낸다. 이때까지 성숙한 난포[지금은 그라프 난포(*Graafian follicle*)라고 함]가 난소 표면으로 이동했다(그림 3-3 참조). **배란(ovulation)** 시 난포가 파열되고 성숙한 난자는 복강으로 배출되어 곧 나팔관에 의해 흡수된다. 배란 중에는 난자만 배출된다. 난포에서 그것을 둘러싸고 있던 세포는 난소에 남아 있으며 이제 새로운 이름인 **황체(corpus luteum)**를 갖게 되었다. 또한 호르몬 변화는 자궁경부 점액의 양과 일관성(하얗고 끈적끈적한 점액에서 달걀 흰자처럼 투명하고 미끄럽게 변하는 점) 있는 변화를 유도하여 정자에게 보다 호의적인 환경을 제공한다.

일부 여성은 배란 중 약 하루 동안 하복부 경련을 경험한다. 이것은 때때로 *Mittelschmerz*(독일어로 "중간 통증")라고 한다. 나이든 여성보다 젊은 여성에게 더 흔하다.

여성이 임신하려면 난자와 정자가 모두 있어야 한다. 난자는 약 24시간 동안만 익은 상태로 유지되지만 정자는

난포(Follicle) 난자와 주변 난포 세포를 포함하는 난소의 주머니.
월경(Menstruation) 난자가 수정되지 않을 때 발생하는 자궁내막 조직, 혈액 및 기타 분비물이 매달 배출되는 것이다.

배란(Ovulation) 난소 중 하나에서 난자가 배출되는 것.
황체(Corpus luteum) 난포가 배란 동안 난자를 배출한 후 난소에 남아 있는 난포 세포. 그들은 배란 후 단계에서 프로게스테론을 대량으로 분비하기 시작한다.

그림 3-2
28일의 월경 주기 동안 호르몬, 난소 및 자궁 변화.

출처: Johnson, Michael, *Human Biology: Concepts and Current Issues*, 4th, © 2008. p. 379. Reprinted and electronically reproduced by permission of Pearson Education, Inc., Upper Saddle River, New Jersey.

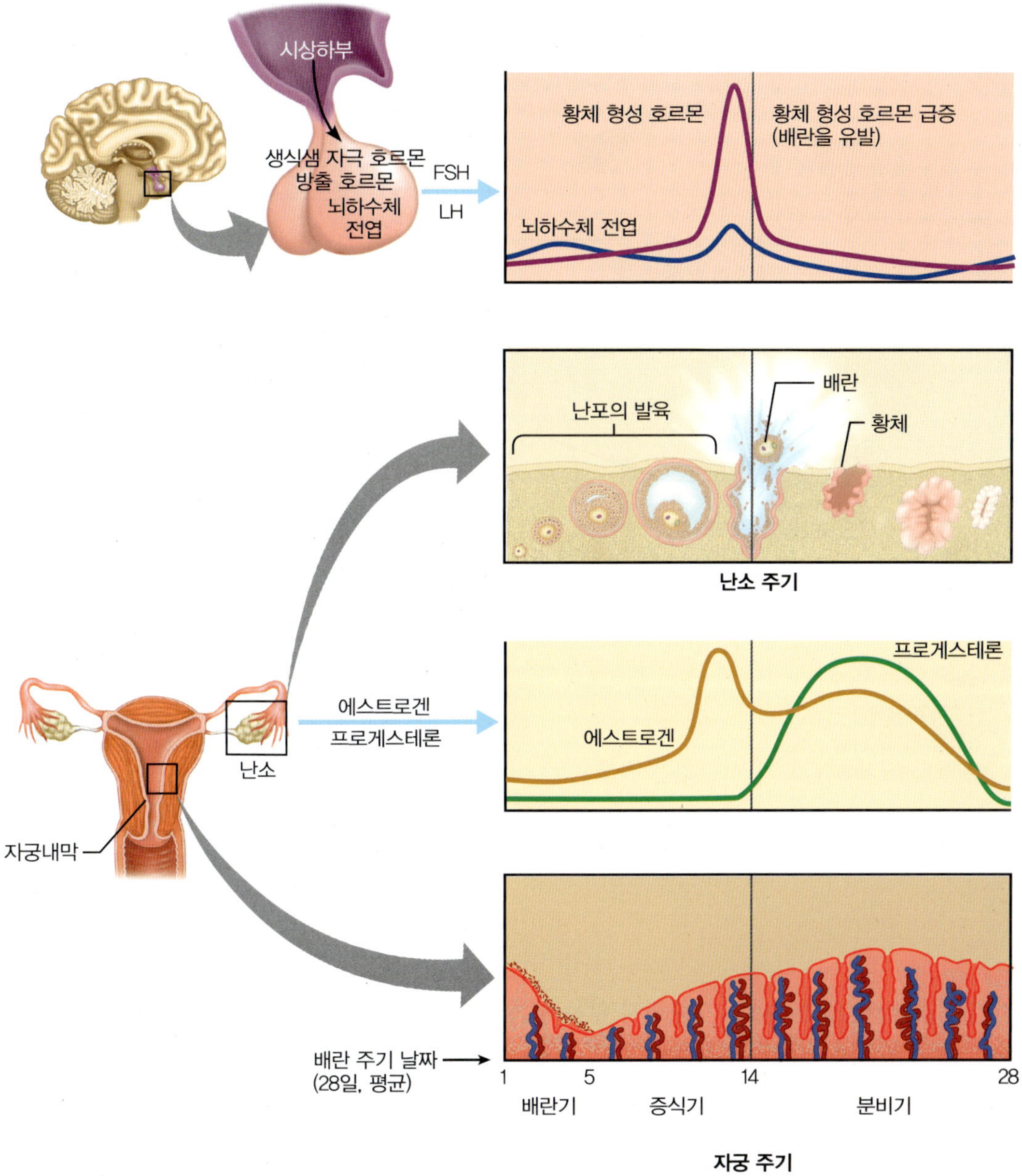

최대 5일 동안 나팔관에서 살 수 있다(Wilcox et al, 1995). 따라서 여성의 가임기는 배란 전 5일에서 배란 후 1일이다. 이에 대한 자세한 내용은 6장에서 읽을 것이다.

배란후기 Postovulatory Phase (Days 15 to 28)

배란 후 단계는 **황체**(*luteal*) 또는 **분비 단계**(*secretory phase*)라고도 한다. 이미 에스트로겐을 분비하고 있는 황체 세포도 배란 후에 다량의 프로게스테론을 분비하기 시작한다. 프로게스테론은 뇌하수체에서 LH의 추가 방출을 억제하고 난자가 수정되는 경우 두꺼워진 자궁내막을 추가로 준비한다. 자궁 내막은 작은 혈관을 형성하고 그 땀샘은 영양 물질을 분비한다. 난자가 정자에 의해 수정되면 난관을 통해 계속 이동하여 자궁내막에 착상된다. 발달 중인 태반은 **인간 융모막 생식샘 자극 호르몬**(*human chorionic gonadotropin, HCG*)을 생성하여 황체가 계속해서 에스트로겐과 프로게스테론을 분비하여 자궁내막을 유지하도록 한다(따라서 HCG는 뇌하수체 호르몬과 동일한 역할을 한다).

그러나 여성의 생식 기간 동안 얼마나 자주 그녀의 난

그림 3-3

월경 주기 동안 난소에서 일어나는 변화.

출처: Johnson, Michael, *Human Biology: Concepts and Current Issues*, 4th, © 2008, p. 381. Reprinted and electronically reproduced by permission of Pearson Education, Inc., Upper Saddle River, New Jersey.

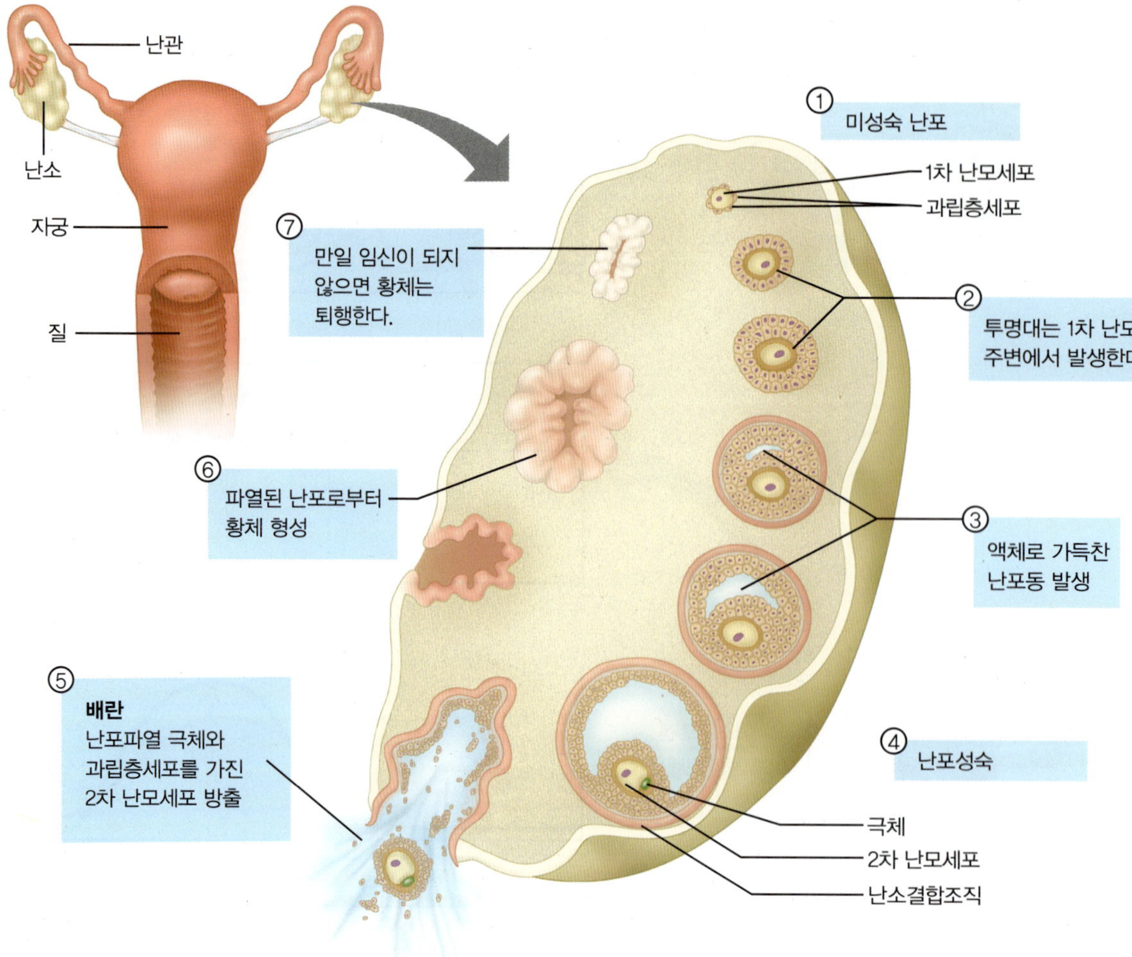

자가 수정되어 임신을 하게 될까? 너무 자주하지 않는다. 대부분의 경우 수정이 일어나지 않으며 착상이 없으면 황체는 퇴화된다. 이런 일이 발생하면 에스트로겐과 프로게스테론이 급격히 감소한다.

월경 Menstruation (Days 1 to 4)

에스트로겐과 프로게스테론 수치가 감소함에 따라 자궁내막의 발달과 유지를 담당하는 호르몬이 손실된다. 자궁내막은 3~6일에 걸쳐 탈락한다. 월경은 벗겨진 자궁내막 조직, 자궁경부 점액 및 혈액의 배출이다(전체 월경 기간 동안 약 4~6 큰 스푼). FSH의 방출을 억제하는 에스트로겐의 손실은 또한 뇌하수체에서 FSH를 다시 분비하는 결과를 가져오고 새로운 주기가 시작된다.

개인적인 생각 Personal Reflections

월경을 건강한 모든 여성이 경험하는 정상적인 신체 과정(사춘기에서 폐경 사이)으로 생각하는가? 당신의 대답이 "예"이지만 다음 두 가지 개인적인 생각 중 하나에 "아니오"라고 대답했다면, 당신의 감정을 더 주의 깊게 살펴보시오.

월경 주기의 길이 Length of the Menstrual Cycle

이전 섹션에서 여성의 평균 월경 주기는 28일이라는 것을 배웠다. 사실, 이것은 여성이 성인이 되기 전까지는 사실이 아니며, 종종 30대가 될 때까지는 그렇지 않다(Shulman, 2011 참조). 청소년기에 대부분의 여성의 주기는 평균 28일 이상이다. 성인 여성의 경우에도 대부분의 주기는 정확히 28일 동안 지속되지 않는다. 여성마다 그리고 한 여성의 주기에 따라 상당한 변동이 있다. 한 연구에 따르면 여성의 절반이 주기가 7일 이상 차이가 나는 것으로 나타났다(Shulman, 2011). 또 다른 연구에 따르면 대부분의 여성 주기는 8일 이상 차이가 난다고 한다(Harlow & Ephross, 1995). 주기 길이의 변동성은 여성의 첫 월경 후 2~5년과 폐경 이전에 가장 크다. 배란 후(황체) 단계보다 배란 전(난포) 단계에 더 많은 변동이 있다. 스트레스, 영양, 질병, 약물, 그리고 다음에 보게 되겠지만 다른 여성의 주기를 포함한 많은 것들이 월경 주기의 길이에 영향을 미칠 수 있다.

월경 주기, 페로몬 및 성욕의 상관관계 Relationships Between the Menstrual Cycle, Pheromones, and Sexual Desire

3.3 월경 주기, 페로몬, 성욕의 관계에 대해 토론한다.

칼럼니스트 "Dear Abby"에게 보낸 편지에서, 한 남성은 여성의 섹슈얼리티는 암컷 고양이와 강아지의 섹슈얼리티와 같다고 주장했다. 여성과 고양이와 개 사이에는 몇 가지 분명한 차이점이 있다. 예를 들어, 여성은 네 발로 걷거나 짖거나 야옹거리지 않는다. 그렇다면 왜 일부 사람들은 여성의 성적 욕망이 인간이 아닌 종에서와 다르게 결정될 수 있다고 믿는 것이 그렇게 어려운가? 몇몇 다른 영장류 종(대부분 유인원)의 암컷과 여성만이 월경 주기를 가지고 있다. 고양이와 개를 포함한 다른 포유류 종의 암컷은 **발정 주기(estrous cycles)**를 가지고 있다. 암컷 고양이와 개를 키우는 사람들은 주기적으로 질 분비물이 나오는 것을 보았을 수 있지만 이 동물들은 월경 기간이 없다. 배란 중에 약간의 분비물(반점이라고 함)이 발생하며 이 시기에만 암컷이 수컷을 성적으로 수용한다["발정기(in heat)" 또는 발정기(estrus)].

월경 주기의 여러 단계에 따라 여성의 성적 관심이 변화하는지 여부를 조사한 많은 연구가 있다. 초기 연구의 결과는 모순되었다(리뷰는 Regan, 1996 참조). 한 가지 문제는 결과가 측정되는 성적 활동의 측면(예: 관심, 환상, 꿈, 생리적 각성, 자위 또는 성교)에 의해 영향을 받는다는 것이다. 이후 연구에 따르면 배란일을 포함하여 배란일까지 여성의 성적 활동과 환상이 증가하는 것으로 나타났다(Bullivant et al., 2004; Dawson et al., 2012; Hedricks, 1995; Wilcox et al., 2004). 알., 2004). 여성들은 배란이 가까워지면 더 매력적이고 바람직한 느낌이 든다고 보고할 뿐만 아니라(Röder et al., 2009), 후각 및 시각적 인식도 생리 주기 중 증가된 성적 동기를 나타낼 수 있는 방향으로 변한다. 그들은 "남성" 특징에 더 주의를 기울인다(Macrae et al., 2002; Tarin & Gomez-Piquer, 2002; Röder et al., 2009 참조). 예를 들어, 연구원들은 여성이 배란 시기에 고정관념적인 거친 남성적 특징을 가진 남성을 선호한다는 것을 발견했다(Gangestad et al., 2007; Penton-Voak et al., 1999).

이러한 모든 증가는 완만했으며, 기억해야 할 중요한 것은 대부분의 다른 포유류 종의 암컷과 달리 여성은 주기 중 언제든지 성적으로 흥분할 수 있다는 것이다. 대부분의 다른 종에서 생식력과 성행위는 (호르몬과 페로몬에 의해) 생리학적으로 연결되어 있지만, 여성의 경우 비생리적 영향(관계 내에서의 사회적 맥락과 행복과 같은)은 성행위와 가임기를 연결하는 데 훨씬 더 중요하다. 이것의 중요성은 4장과 13장에서 여성의 성적 욕망에 대해 읽을 때 더 분명해질 것이다.

동물의 성행위도 후각에 큰 영향을 받는다. 암컷 고양이나 개를 키운 적이 있다면 이것에 대해 알 것이다. 애완 동물이 "발정기"에 있을 때 동네 전역의 수컷 동물이 마당에 나타나기 시작한다. 그들은 페로몬이라고 불리는 자연적인 몸의 향기에 매료되었다. 과학 문헌에서 **페로몬(pheromones)**은 "동물이 개인 외부로 분비한 물질을 다른 개인이 받아들이는 물질"로 정의된다... 같은 종의 일부 행동 또는 발달 반응을 이끌어낸다"(Karlson & Luscher, 1959). 페로몬의 배설은 인간이 아닌 많은 종에 대해 잘 확립되어 있으며(Rodriguez, 2004), 수용체 부위는 후각(후각) 시스템의 일부인 비강 기관이라고 불리는 구조인 것으로 밝혀졌다. 인간의 경우 페로몬은 무취이다. 많은 사람들이 성적 매력을 높이기 위해 향수와 코롱을 사용하지만, 인간의 섹슈얼리티가 무취의 천연 분비물에 의해 영향을 받는다는 증거가 있는가?

대답은 "예"일 수 있다. 135명의 대학 남학생을 대상으로 한 연구에서 Martha McClintock(1971)은 룸메이트가 1년 동안 함께 생활하면서 비슷한 월경 주기를 갖게 되었음을 발견했다. 연초에는 그들의 주기가 평균 8.5일 차이가 났지만 연말까지 그들의 주기는 평균 4.9일 차이에 불과했다. 후속 연구에 따르면 함께 살았던 어머니와 딸

발정 주기(Estrous cycle) 인간이 아닌 대부분의 포유류. 암컷은 배란 중에만 수컷을 성적으로 수용한다("발정기" 또는 발정기).

페로몬(Pheromones) 같은 종의 구성원에게 정보를 전달하고 특정 반응을 일으키는 동물이 외부에서 분비하는 화학 물질.

도 월경 동시성을 나타냈다(Weller & Weller, 1993, 1997). McClintock은 일부 불확실한 자연 체취가 여성의 주기를 동기화한다고 제안했다(리뷰는 Mclintock, 1999 참조). 정기적으로 다른 여성의 겨드랑이에서 모은 땀을 다른 사람의 코 아래에 묻힌 여성은 월경 주기가 땀 기증자와 일치하기 시작했다(Preti et al., 1986). 주의 사항: 많은 연구에서 월경 동시성을 찾지 못했기 때문에 이 현상이 원래 믿었던 것만큼 크지 않을 수 있다(리뷰는 Schank, 2001 참조).

연구에 따르면 남성 페로몬이 여성의 월경 주기에 영향을 미칠 수 있다. 예를 들어, 여러 연구에서 남성과 정기적으로 성적인 경험을 한 여성이 더 규칙적인 월경 주기를 갖는다는 사실이 밝혀졌다(예: Cutler et al., 1985). 남성에게서 채취한 겨드랑이 분비물을 정기적으로 코 밑에 묻힌 비정상적인 생리 주기를 가진 여성은 이후 정상적인 주기를 보이기 시작했다(Cutler et al., 1986).

많은 연구에 따르면 남성은 배란 중에 여성이 더 매력적이라고 생각하고 여성에게 더 주의를 기울인다(Haselton et al., 2007; Puts et al., 2013; 리뷰는 Haselton & Gildersleeve, 2011 참조). 남자들이 어떻게 알겠는가? 남성은 배란 시기에 여성의 자연스러운 몸 냄새가 더 매력적이라고 생각한다(Gildersleeve et al., 2012). 한 연구에 따르면 여성이 입던 티셔츠의 냄새를 맡았을 때 배란 중에 입었던 티셔츠의 냄새가 남성의 테스토스테론 수치를 증가시키는 것으로 나타났다. 이 반응은 월경 주기의 다른 시기에 입었던 티셔츠에서는 관찰되지 않았다(Miller & Maner, 2010).

남성 호르몬의 조절

Regulation of Male Hormones

3.4 남성의 호르몬 조절에 대해 설명한다.

남성의 경우 시상하부, 뇌하수체 및 고환은 여성의 되먹임 고리와 매우 유사한 되먹임 고리(그림 3-4 참조)에서 작동한다. 먼저 정자 생산을 살펴보자. 시상하부에서 생식샘자극호르몬 방출호르몬(GnRH)이 분비되면 뇌하수체에서 난포자극호르몬(FSH)이 방출된다. FSH의 혈중 농도 증가는 고환의 정세관에서 정자 생산을 자극한다. FSH 생성은 고환의 세르톨리 세포에 의해 남성에서 생성되는 인히빈의 혈중 농도 증가에 의해 억제된다.

테스토스테론 생산은 시상하부의 GnRH가 뇌하수체에서 황체 형성 호르몬(LH)의 방출을 자극할 때 증가한다. 더 높은 혈중 테스토스테론(고환의 라이디히 세포에서

그림 3-4

남성의 뇌-뇌하수체-생식샘 되먹임 기전.

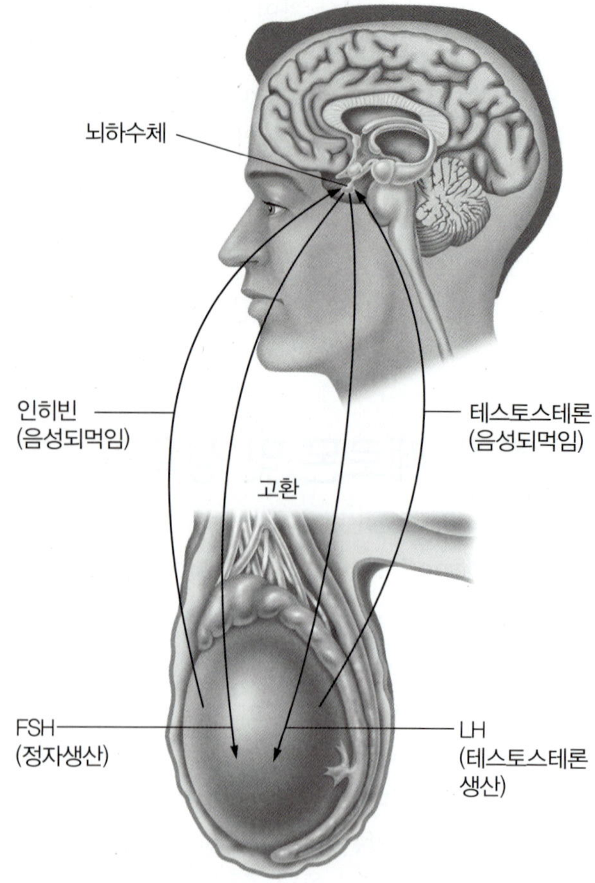

생성됨)은 GnRH 생성을 억제한다.

여성의 뇌하수체 및 생식선 호르몬이 가임 기간 동안 약 월 단위로 어떻게 변동하는지(주기를 거침) 읽었다. 그러나 남성의 FSH, LH 및 테스토스테론 수치는 비교적 안정적이다. 테스토스테론 생산의 주간 리듬(밤보다 낮에 더 높음)이 있지만 테스토스테론 수준은 월간 주기에서 극적으로 변하지 않는다.

가임 연령의 여성은 매달 호르몬 수치가 변동하는 반면 남성은 그렇지 않다는 사실을 설명하는 것은 무엇일까? 여성의 뇌하수체는 남성의 뇌하수체와 다른가? 동물을 대상으로 한 연구에 따르면 수컷 뇌하수체를 암컷에게 이식하면 이 뇌하수체도 주기적으로 FSH와 LH를 분비하기 시작한다. 따라서 차이는 뇌하수체가 아니라 뇌의 시상하부에 있다. 실제로 여성의 시상하부는 남성의 시상하부와 구조와 연결이 다르며, 여성은 FSH와 LH(결과적으로 생식선 호르몬) 주기를 나타내고 남성은 그렇지 않은 이유이다. 우리는 이 책의 뒷부분에서 이것에 대해 더 말할 것이다.

월경에 대한 태도

Attitudes About Menstruation

3.5 월경에 대한 역사적, 현대적 태도를 요약한다.

그녀의 책 "난폭한 행위와 일상적인 반항"(*Outrageous Acts and Everyday Rebellions*)(1983)에서 페미니스트 Gloria Steinem은 남성이 생리를 한다면 이 주제에 대한 우리의 태도가 어떠할 것인지 물었다.

> 분명히, 월경은 부럽고, 자랑할 만한, 남성적인 사건이 될 것이다. 남자들은 얼마나 오래, 얼마나 많이에 대해 떠벌릴 것이다. 어린 소년들은 그것을 부러운 남자다움의 시작이라고 말할 것이다. 선물, 종교 의식, 가족 만찬, 그리고 남자들의 파티는 연방정부로부터 위생 용품 자금을 지원받는 날을 기념할 것이다. 물론 일부 남성들은 여전히 Paul Newman Tampons, Muhammad Ali의 Rope-a-Dope Pads, John Wayne Maxi-Pads와 같은 상업 브랜드의 명성을 위해 비용을 지불할 것이다.
>
> (**스타이넘, G.** (1983). Outrageous acts and everyday rebellions. New York: Holt, Rinehart & Winston.)

월경은 더럽거나 추잡한 것이 전혀 없으며 약간의 지식만 있으면 신비롭지도 않고 오히려 기본적이고 중요한 생물학적 기능이다. 분비물은 탈락된 자궁내막 조직, 점액 및 소량의 혈액에 지나지 않다. 피임의 관점에서 볼 때 월경은 보호되지 않은 성교를 하는 주기 중 가장 안전한 단계이다(여성이 주기가 매우 짧은 경우 임신이 불가능한 것은 아니다). 그럼에도 불구하고 많은 사람들은 월경에 대해 부정적인 태도를 가지고 있다.

역사적 태도 Historical Attitudes

성서의 히브리인들은 생리 중인 여성(히브리어로 Niddah)을 "부정한" 또는 "불순한" 것으로 간주했으며 그녀가 성교 중에 부정한 상태를 남성에게 전가할 수 있다고 믿었다.

> 성서의 히브리인들은 생리 중인 여성(히브리어로 Niddah)을 "부정한" 또는 "불순한" 것으로 간주했으며 그녀가 성교 중에 부정한 상태를 남성에게 전가할 수 있다고 믿었다.
>
> (**레위기 15:19~21**, 24, 개정판)

여성이 처음 월경혈을 발견한 날부터 7일 동안은 성교를 엄격히 금지했다. 8일째에 혈흔이 발견되지 않으면 그녀는 미크바(mikvah, 예식 목욕)에 몸을 담그고 다시 "순결한" 것으로 간주되었다. 월경의 금기는 나중에 모든 신체 접촉으로 확대되었으며 Niddah는 집을 나와 부정한 집이라고 하는 특별한 집에 머물도록 요구받았다. 정통 유대인들은 여전히 레위기에 있는 구절의 문자적 해석을 고수

상자 3-A 다문화적 관점

월경 금기 대 월경 축하

금기란 "집단의 안녕과 생존을 위협하는 것으로 여겨지는 금지되고 배제된 사람, 행동, 말, 생각 및 사물"로 정의되며 따라서 그 집단의 이익에 익숙해진다(Voight, 1984). 많은 문화권에서 월경은 월경 중인 여성이 아프거나 불순하거나 불결한 것으로 묘사된다는 점에서 금기시된다.

우리 문화에서는 월경에 대한 부정적인 태도의 오랜 역사를 가지고 있다. 성경은 여자가 "더러운" 상태에 있는 동안 아무도 만지지 말라고 지시했으며 오늘날에도 세계의 주요 종교 대부분은 월경을 금한다(Guterman et al., 2008). 빅토리아 시대의 의사들은 생리 중인 여성이 햄을 상하지 않도록 부엌이나 식료품 저장실에서 멀리 떨어져 있어야 한다고 조언했다(British Medical Journal, 1878).

오늘날 **월경 금기**(menstrual taboos)는 중앙 아프리카, 알래스카, 남태평양과 같이 지리적으로 다양한 지역을 포함하여 전 세계의 많은 문화권에서 지속되고 있다. 예를 들어, 인도 남부의 Havik Brahmins는 여성이 월경 중에 남편을 만지면 남편의 수명이 단축될 것이라고 믿는다(Ullrich, 1992). 이것은 생리혈이 건강을 위협한다는 삼비아(멜라네시아) 남성의 믿음과 유사하다(Herdt, 1993).

월경 금기(Menstrual taboos) 월경하는 여성에 대한 잘못된 부정적인 태도.

그림 3-5

생리 중인 여성이 7일 동안 격리된 뉴기니의 생리 오두막.

출처: Martha Ward

"나는 차드의 사라카바 부족 출신이다. 여성이 월경 중일 때 부엌에 가서 요리를 해서는 안 된다. 남자들이 술을 마시면 사고를 일으키고 심지어 사망에 이를 수도 있다고 믿기 때문에 그녀에게는 특별한 술이 있다."

(저자의 파일에서)

콩고의 Lele는 생리 중인 여성이 숲에 들어가면 남성 사냥을 망칠 것이라고 믿는 반면(Douglas, 1966), 남아프리카의 통가는 전투에서 생리 중인 여성과의 성관계가 남성을 약하게 만들 것이라고 믿는다 (Ford & Beach, 1965).

월경 중인 여성이 남성과 접촉하지 않도록 하기 위해 많은 문화권에서는 그녀가 일주일 동안 작은 공간에서 지내도록 요구한다. 그림 3-5는 뉴기니의 그러한 오두막 그룹을 보여준다(Ward, 1989). 이 관행은 알래스카의 콜리쉬 인디언들 사이에서 극단적으로 진행되어 어린 소녀들을 첫 월경 후 1년 동안 작은 오두막에 가둔다(Delaney et al., 1988). 디아크족(동남아)의 여성들은 흰 옷을 입고 흰 음식만 먹으면서 흰 오두막에서 1년을 살아야 한다. 다른 문화에서는 특별한 공간을 사용하지 않지만 여성이 월경하는 동안 집 밖에서 잠을 자도록 요구한다 (Ullrich, 1992).

이러한 문화권에서 어린 소녀들에게 첫 생리가 시작될 즈음에 열리는 입회식에서 생리 금기를 소개하는 것은 일반적인 관행이다(Schlegel & Barry, 1980). 이 의식은 성인이 되기 위한 통과 의례로서 소녀들이 성행위나 결혼을 할 준비가 되었음을 의미한다. 인류학자들은 사회적 조직(분업 포함)이 성을 기반으로 하는 이러한 문화에서 여성의 낮은 지위와 열등감을 강조하기 위해 금기가 있다고 믿는다 (Forbes et al., 2003 참조). 공식적인 월경 금기는 소규모 식량 채집 또는 원예 사회에서 가장 자주 관찰되지만(Schlegel & Barry, 1980), 연구자들은 자신의 나라에서도 월경에 낙인을 찍는 것은 남성에 비해 여성의 지위가 낮은 결과를 가져온다고 믿는다(Johnston-Robledo & Chrisler , 2013).

더 큰 사회에서는 일반적으로 공식적인 청소년 입회식이 없으며 사람들이 월경에 대해 부정적인 태도를 갖지 않는 문화도 있다. 사실 일부에서는 이를 긍정적으로 본다(Chrisler & Zittel, 1998). 예를 들어, 일본에서는 부모가 딸의 첫 월경을 긍정적으로 축하한다(Delaney et al., 1988.).

"나는 자라면서 부모님으로부터 성에 대해 많이 듣지 못했다. 그 결과 월경을 시작하는 것이 불편했다. 반면 일본에서 온 가장 친한 친구의 엄마는 생리에 대해 일찍부터 솔직하게 이야기했다. 월경이 시작되자 마음이 편안해져서 어머니께 말씀드리게 되었고, 모국의 관습에 따라 여성이 된 것을 축하하기 위한 축하 만찬을 계획했다."

(저자의 파일에서)

청소년기에 꽃피는 여성으로서 자신에 대해 더 잘 느꼈던 소녀는 누구라고 생각하는가?

많은 아메리카 원주민 문화에서는 소녀의 첫 월경이 있을 때 축하 행사를 열었다(일부는 여전히 하고 있다)(Owen, 1993). 예를 들어, Mescalero Apaches는 어린 시절에서 여성으로 넘어가는 모든 소녀들을 위한 연례 축하 행사를 가졌다. 월경 기간 동안 일부 아메리카 원주민 문화의 여성들은 "달의 오두막"에서 함께 분리되었다. 이것은 어떤 잡일도 없이 유대감의 시간인 긍정적인 경험으로 간주되었다(Angier, 1999). 그러나 월경(또는 첫 월경)을 긍정적으로 보는 문화는 분명히 소수이다. 대부분의 경우, 그것은 매우 부정적으로 보이는 사건으로 남아 있다.

한다. (상자 3-A 참조)

월경에 대한 태도는 로마제국 시대에 더욱 부정적이었습니다. 예를 들어, 월경혈의 가능한 영향을 설명하는 로마 역사가 Pliny(AD 77)의 다음 구절을 고려하시오 (Delaney et al., 1988).

> 그것과 접촉하면 새 포도주는 신맛이 나고, 접촉한 곡식은 마르고, 접붙이는 죽고, 동산의 씨는 마르고, 나무의 열매는 떨어지게 된다. . . 강철의 가장자리와 상아의 빛은 무뎌지고, 벌집은 죽고, 청동과 철도 녹이 슬고, 끔찍한 냄새가 공기를 가득 채우고 그것을 맛보기 위해 개를 미치게 하고 그들의 물기를 치료할 수 없는 독으로 감염시킨다.

다음 섹션에서 보겠지만, 미국의 많은 사람들은 오늘날에도 여전히 월경에 대해 매우 부정적인 태도를 가지고 있다.

개인적인 생각 Personal Reflections

생리가 처음 당신에게 어떻게 설명되었나요? 긍정적인 것(예: "여성이 되는 것"), 단순한 삶의 사실 또는 부정적인 것 이러한 초기 경험이 월경에 대한 현재의 태도에 어떤 영향을 미쳤다고 생각하는가? 오늘 가족의 월경에 대해 이야기할 수 있나요? 그렇지 않다면 그 이유는 무엇일까요?

현대적 태도 Contemporary Attitudes

우리나라에는 더 이상 공식적인 월경 금기가 없지만 월경에 대해 부정적인 태도를 가진 사람들이 여전히 많이 있다(리뷰는 Johnston-Robledo & Chrisler, 2013 참조). 남성과 여성 모두 월경 중 여성에 대해 부정적인 감정을 갖는 경향이 있다(예: 호감이 덜 가고, 덜 깨끗하고, 더 짜증이 난다)(Forbes et al., 2003; Roberts et al., 2002). 당연히 1997년 신체 이미지 조사에서 *Psychology Today* 잡지는 여성의 4분의 3이 월경이 자신에 대해 부정적인 감정을 갖게 한다고 말했다는 것을 발견했다(Garner, 1997).

많은 사람들은 월경에 대한 미신, 즉 여성이 월경 중에 목욕, 수영, 운동을 피해야 한다는 잘못된 믿음을 믿는다(White, 2013). 다음은 우리 수업의 학생들이 제공한 몇 가지 추가 사항이다.

> "제가 10살쯤 되었을 때, 여성이 월경을 하면 아기가 있는 친구를 만나면 안 된다고 들었다. 아기가 긴장할 것이기 때문이다."
>
> "어머니는 제가 외출할 때 아기 발에 검은 실을 묶으라고 말씀하셨어요. 그녀는 생리 중인 여성이 아기에게 복통을 일으킬 것이라고 주장했다."
>
> "빨간 육수를 끓이는 동안 응고될까봐 요리를 하지 않거나 난로를 이리저리 돌지 않는 기간이 있을 때."
>
> "어머니가 하신 말씀은 '생리 중에는 절대 머리를 감지 말라. 경련을 일으킬 것이다.' 거의 일주일 동안 머리를 감을 수 없다는 것은 순전히 고문이었다."
>
> (모든 예제는 작성자의 파일에서 가져옴)

대다수의 미국 남성과 여성은 월경 중에 거의 성관계를 시작하지 않는다(Barnhart et al., 1995; Hensel et al., 2004; 리뷰는 Hedricks, 1995 참조). 여성의 경우 이는 종종 자신의 불편함뿐만 아니라 파트너의 불편함 때문이기도 하다(Fahs, 2011). 월경 중 섹스는 교육을 더 많이 받은 젊은 여성, 헌신적인 관계에 있는 사람들(Allen & Goldberg, 2009), 특히 자신의 섹슈얼리티에 편안한 여성(Rempel & Baumgartner, 2003)에서 더 일반적이다. 사람들이 월경 중에 성교를 시도하도록 설득될 수 있을 때, 그들은 종종 다음과 같은 반응에 놀라곤 한다.

이봐, 게리. 그건 그냥 탐폰이야.
가게에서 산다고 널 죽이진 않아.

> "여자친구는 가끔 생리를 하는 동안 섹스를 하고 싶어했다. 그러나 나는 항상 꺼려했다. 이 강좌를 들은 후 나는 한 번 해 보기로 결심했다. 놀랍게도 나는 그것을 전혀 개의치 않았다. 사실 그녀는 평소보다 더 즐거워했다."
>
> "여자친구와 월경 중 처음으로 성관계를 가졌을 때 나는 그녀에게 내가 보지 않고 나중에 콘돔을 빼야 한다고 말했다. 그 생각이 나를 역겹게 했다. 그러나 시작하면서 우리는 그녀가 임신에 대해 걱정할 필요가 없었기 때문에 훨씬 더 즐겼다는 것을 알게 되었고, 나중에 그녀를 이완시켰고, 추가된 체액으로 인해 그녀는 훨씬 더 윤이 났죠. 이제 우리는 월경 중 섹스를 고대한다."
>
> "나는 생리를 하는 동안 남자친구와 사랑을 나누는 것을 즐긴다. 지저분할 수도 있지만 그것은 나에게 즐거움을 주고 가장 중요한 것은 다음날 생리를 가볍게 만들어준다. 이런 식으로 사랑을 시도하지 않은 사람은 미친 사람이다. 지저분하다는 핑계만 있다면 샤워기라는 소리를 들어본 적도 없는 걸까?"
>
> (모든 예제는 작성자의 파일에서 가져옴)

생리용품 광고는 비밀과 회피와 같은 부정성을 강조한다(Kissling, 2006). 대부분의 미국 남성은 월경에 대해 부정적인 태도를 가지고 있어서 파트너를 위해 탐폰이나 생리대를 사는 것이 너무 창피해 한다.

> "한 수업 시간에 몇 명의 남자가 여자친구를 위해 탐폰을 사줄 것인지 물었다. 여자친구에게 콘돔을 사달라고 하지 않을 것이기 때문에 공정한 질문이 아니라고 생각한다."
>
> (저자의 파일에서)

사람이 콘돔을 사는 것은 섹스를 목적으로 하는 것이다. 탐폰, 생리대 및 다음과 같은 제품 대신(그림 3–6 참조)에는 성관계에 사용되지 않는다. 사실, 월경은 여성의 성경험 여부와 아무 관련이 없다. 성적 경험이 없는 여성도 월경한다. 그러나 많은 여성들도 생리용품 구매에 대해 당혹스러워한다.

> "이 수업을 듣기 전에는 미국의 태도가 나에게 어떤 영향을 미쳤는지 몰랐다. 생리대를 사러 가게에 가면 값을 지불할 준비가 될 때까지 숨기려고 했다. 나는 남자가 내가 그들에게 비용을 지불하는 것을 보고 싶지 않다. 생리 중이라고 생각하거나 말할 것 같았다."
>
> (저자의 파일에서)

탐폰이나 생리대를 사는 것이 불편하다면 그 이유를 자문해 보시오. 아무도 가게에서 화장지를 사는 것에 대해 불편함을 느끼지 않는다. 그 이유는 물론 모든 사람에게 배변이 있다는 것을 알고 있기 때문이다. 남성과 여성 모두에게 정상적인 생리학적 현상이다. 월경은 여성에게 정상적인 생리학적 현상이다.

그림 3-6

생리용품. 위: 6가지 유형 탐폰의 예 – 적용도구가 있는 3개(왼쪽) 및 적용도구가 없는 3개(오른쪽). 맨 아래: 생리대 두 가지 유형의 예 – 얇은 속옷 라이너와 두껍고 큰 것(왼쪽) 및 새 제품(대신), 자궁경부 아래에 넣고 여성의 몸에 맞고 생리를 모으는 부드러운 일회용 플라스틱 컵 최대 12시간 동안 흐른다(오른쪽).
대신 성교 중에 남아 있다(피임은 아님). 일부 회사는 이제 재사용 가능한 면 생리대를 만든다(예: GladRags).

출처: Bruce King

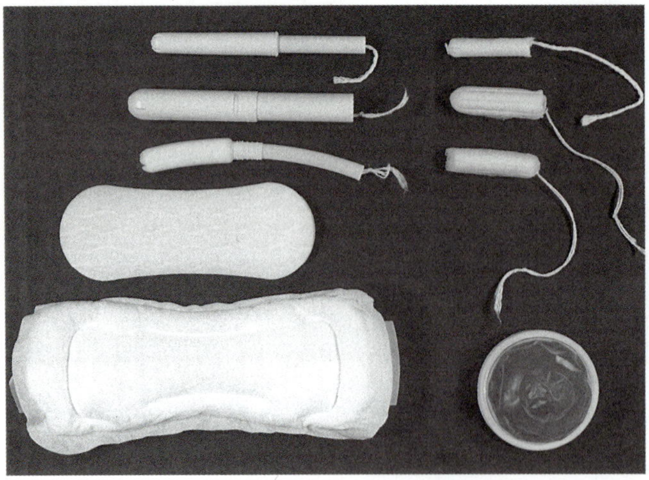

개인적인 생각 Personal Reflections

월경에 대한 당신의 태도는 어떤가요? 당신은 그것을 정상적인 생리적 사건으로 여기는가, 아니면 당신이나 당신의 성 파트너가 부끄럽거나 창피하다고 느끼는 것인가? 다음 두 가지 질문 중 하나에 답하여 태도를 테스트하시오.
(1) 여성 여러분, 남자친구나 남편에게 가게에서 탐폰이나 생리대를 사달라고 부탁하는 것이 편안합니까?
(2) 남성 여러분, 여자친구나 아내가 부탁하면 가게에서 탐폰이나 생리대를 사는 것이 편할 것 같습니까? 그렇지 않다면 그 이유는 무엇인가?

월경 문제 Menstrual Problems

3.6 무월경, 월경전 증후군(PMS), 월경 장애, 자궁내막증, 독성 쇼크 증후군(TSS)과 같은 생리 문제를 정의하고 설명한다.

많은 여성들이 월경 주기와 어떤 식으로든 관련된 문제를 경험한다. 다음 섹션에서는 이러한 문제와 그와 관련된 조건을 다룬다.

무월경 Amenorrhea

무월경(amenorrhea)은 이전에 월경 주기가 규칙적인 여성(또는 어린 소녀의 경우 15세까지 월경이 없었음)에서 3개월 이상 월경이 없는 것을 말한다(Nelson & Baldwin, 2011). 희소월경(*oligomenorrhea*)은 월경 주기가 짧거나 일정하지 않은 월경 기간 동안 월경이 없는 상태이다. 무월경은 물론 여성이 임신했을 때 정상이며 모유 수유 중이나 여성이 피임약 사용을 중단한 후 처음 몇 개월 동안은 드문 일이 아니다. 또한 **초경(menarche)** 후 처음 몇 년(여아의 첫 월경 기간) 동안 월경 주기가 불규칙해지는 것이 일반적이다. 이러한 이유를 제외하고 여성은 10대 후반부터 폐경에 가까워질 때까지 약 한 달에 한 번씩 생리를 해야 하며, 이때 생리 주기는 다시 불규칙해진다. 그러나 가임기 여성의 약 3%가 무월경을 가지고 있으며 희소월경은 훨씬 더 흔하다(Nelson & Baldwin, 2011; Schachter & Shoham, 1994).

7장에서 배우게 될 것처럼 배란(및 월경) 실패는 뇌하수체 또는 난소 문제 때문일 수 있다(Crosignani et al., 1999). 그러나 여성의 건강도 호르몬 수치에 영향을 줄 수 있다. 체지방 수치와 초경 연령 사이에는 관계가 있다. 체지방 수치가 높은 소녀는 일반적으로 체지방 수치가 낮은 소녀보다 더 어린 나이에 월경을 시작한다(Currie et al., 2012). 무월경은 여성 운동선수들 사이에서 흔하다(Odden & Fick, 1998). 섭식장애 신경성 식욕부진증이 있는 여성은 종종 상당히 저체중이어서 월경을 거의 하지 않는다(Pinheiro et al., 2007). 그러나 규칙적으로 월경을 하지 않는 성인 여성은 이것이 식이 요법이나 비정상적인 체지방 수치 때문이라고 가정해서는 안 된다.

건강이 좋지 않으면 무월경이 발생할 수 있지만 무월경은 여성의 건강에도 영향을 줄 수 있다. 예를 들어, 일반적으로 무월경과 관련된 낮은 수준의 에스트로겐은 종종 골다공증 및 심혈관 질환과 같은 장기적인 문제를 초래한다(Schachter & Shoham, 1994). 따라서 정기적으로 월경을 하지 않는 폐경 전 여성은 의사와 상의해야 한다.

월경전 증후군 Premenstrual Syndrome (PMS)

최근 몇 년 동안 **월경전 증후군(premenstrual syndrome,**

무월경(Amenorrhea) 3개월 이상 월경이 없는 경우.
초경(Menarche) 소녀의 첫 월경 기간을 의미한다.
월경전 증후군(Premenstrual syndrome, PMS) 월경 시작 전 지난 3~14일 동안 많은 여성이 경험하는 신체적 및/또는 감정적 변화의 그룹이다.

PMS)은 다른 월경 문제보다 더 많은 관심을 받았다. PMS는 생리 기간이 시작되기 전 마지막 3~14일 동안(즉, 주기의 배란 후 또는 황체기 동안) 많은 여성이 경험하는 일련의 신체적 및/또는 정서적 변화를 나타낸다. 신체 증상으로는 팽만감, 유방 압통, 복부 부종, 손과 발 부기, 체중 증가, 변비, 두통 등이 있다. 정서적 변화에는 우울증, 불안, 긴장, 과민성 및 집중 불능이 포함될 수 있다. 가임기 여성의 약 30~40%가 PMS를 앓고 있다(Ryu & Kim, 2015). 이러한 여성들 대부분에게 그것은 오래 지속되는 문제이다(Ju et al., 2014).

많은 기사에서 부부 갈등, 결근, 사고, 자살 시도 및 범죄 행위가 월경 주기의 다른 시기보다 월경 시작 전 마지막 며칠 동안 더 흔하다고 주장한다(예: Dalton, 1960, 1980; Hylan et al., 1999). 이것은 월경 전 여성에 대해 일반적으로 묘사되는 고정 관념으로 이어졌다... 급격한 기분 변화와 울음소리가 잦은 경향이 있다... 통제 불능이며 언제든지 폭력적으로 변할 가능성이 있다"(Chrisler et al., 2006 참조). 사실, 대다수 여성의 경우 PMS의 증상은 경미하다(Chrisler et al., 2006).

또한 일부 연구자들은 PMS라는 용어가 널리 남용되고 오용되었다고 말한다(Chrisler & Caplan, 2003; Hardie, 1997). 그들은 자신을 PMS가 있는 것으로 인식하는 대부분의 여성이 월경 전 기분 변화의 반복적인 패턴을 갖고 있지 않으며 높은 스트레스, 건강 악화 및 업무 문제를 PMS에 기인한다고 주장한다. 이러한 문제에 대한 설문조사를 완료하라는 요청을 받았을 때 남성은 자신을 PMS가 있다고 인식하는 대부분의 여성만큼 높은 점수를 받는다(Hardie, 1997). 그렇다면 유사한 증상을 보이는 다른 상태와 PMS를 구별하는 것은 무엇일까? 진정한 PMS로 분류되기 위해서는 월경 전 주기적으로 증상이 주기적으로 나타나야 하고 월경 시작 후 며칠 이내에 끝나야 한다(Ryu et al., 2015).

일부 여성의 경우 월경 전 기분 변화가 심하다. 사실, 미국 정신의학 협회(American Psychiatric Association, 2013)는 PMS의 더 심각한 증상 중 일부를 **월경전 불쾌 장애(premenstrual dysphoric disorder)** 또는 **PMDD**(정신 장애 진단 및 통계 편람, 5판)로 분류하기로 결정했다. PMDD로 진단되기 위해서는 여성의 증상이 사회적 관계, 직장 또는 교육을 현저하게 방해해야 하고 다음 증상 중 적어도 하나를 포함해야 한다: 현저한 우울한 기분, 현저한 불안이나 긴장, 지속적이고 현저한 과민성 또는 분노, 또는 "현저한 정서적 불안정성"(갑작스러운 슬픔과 같은 기분의 극단적인 변화). 가임기 여성의 3~8%가 PMDD를 갖는 것으로 추정된다(Ryu et al., 2015).

> "저는 PMS를 앓고 있는 29세 여성이다. 생리 기간이 정확히 2주 전에 시작된다. 나는 아무 이유 없이 매우 짜증이 나기 시작하기 때문에 PMS가 언제 시작되는지 알 수 있다. 평소에 처리할 수 있는 작은 일들이 지금은 불가능해 보인다. 아이가 있는 것을 후회하기 시작하고 남편과 이혼하고 싶다. 벽이 나를 에워싸고 있는 것 같고 갑자기 도망치고 싶은 충동이 든다. 지금은 제 자신이 도무지 이해가 되지 않고 자살을 생각하는 경우가 많다. 나는 PMS를 겪고 있다는 것을 알고 있지만 감정과 행동, 생각을 통제할 수 없다. 나는 이 시간에 나 자신이 싫다. 내 몸에서 한 방울의 피가 나오자마자(월경) 내 모든 스트레스와 불안이 그 피로 풀리는 느낌이다. 갑자기 내 자신이 된 것 같은 기분이 든다."
>
> (저자의 파일에서)

PMS 또는 PMDD가 있는 여성은 일반적으로 호르몬 수치가 정상이고 에스트로겐/프로게스테론 비율이 정상이다. 현재 의견 일치는 난소 호르몬이 세로토닌이라는 뇌 화학 물질과 함께 작용하여 증상을 유발한다는 것이다(Rapkin & Winer, 2008). 여러 연구에 따르면 항우울제인 Prozac(플루옥세틴)이 PMDD가 있는 많은 여성의 긴장과 과민성을 상당히 감소시키는 것으로 나타났다. Prozac은 세로토닌이 뇌 세포로 재흡수되는 것을 차단한다. Sertraline과 같은 선택적 세로토닌 재흡수 억제 약물은 PMDD 증상을 줄이는 데 매우 효과적인 것으로 입증되었다.

경미한 PMS 증상이 있는 여성(즉, 대다수의 여성)이 할 수 있는 일이 있는가? 일부 증상은 피임약과 식이 요법을 함께 사용하면 종종 완화될 수 있다. 예를 들어, 이뇨제("물약")는 팽만감과 부기를 유발하는 과도한 체액을 제거하기 위해 처방될 수 있다. 염분 섭취를 줄이는 것도 이것을 달성할 수 있다. 카페인(커피, 차, 많은 청량 음료 및 초콜릿에서 발견됨)은 자극 효과가 신경질, 과민성 및 불안과 같은 문제를 악화시킬 수 있으므로 피해야 한다.

PMS의 호르몬 기반이 의심되지만 사회적, 문화적 요인도 역할을 할 수 있다(Chrisler & Caplan, 2003 참조). PMS는 많은 비서구 문화권에서도 알려져 있지 않다. 여러 연구자들은 월경에 대해 매우 부정적인 태도를 가진 여성에게 PMS가 가장 크게 나타난다고 언급했다. 많은 사람들이 여전히 월경을 금기시하는 상황에서 일부 여성이 생리가 시작되기 며칠 전에 우울해지는 것이 이상한 일이겠는가?

월경전 불쾌 장애(Premenstrual dysphoric disorder, PMDD) 사회적 관계, 직장 또는 교육을 현저하게 방해하는 심각한 형태의 PMS이다.

개인적인 생각 Personal Reflections

귀하 또는 귀하의 파트너가 월경전 증후군을 앓고 있는가? 대답이 "예"인 경우 귀하 또는 귀하의 파트너가 월경에 대해 가지고 있는 부정적인 점이 원인이 될 수 있는가? 당신은 PMS에 대해 무엇을 하나요?

월경통 Dysmenorrhea

많은 여성들이 **월경통(dysmenorrhea)**이라고 하는 월경 중에 고통스러운 복부 경련을 경험한다. 증상에는 요통, 두통, 팽만감, 메스꺼움 등이 포함될 수 있다. 가임기 여성의 약 60~70%가 월경통을 경험했지만 소수의 비율만이 지속적으로 월경통을 경험했다(Ju et al., 2014; Nelson & Baldwin, 2011). 17~24세의 젊은 성인 여성에서 가장 흔하다.

월경통에는 원발성과 속발성의 두 가지 유형이 있다. 원발성 월경곤란증(*primary dysmenorrhea*)에서 증상은 골반 이상과 관련이 없다. 이차성 월경통(*secondary dysmenorrhea*)에는 골반 이상이 있다. 속발성 월경통은 종종 자궁내막증(다음 섹션 참조), 골반 염증성 질환(5장 참조) 또는 난소 낭종으로 인해 발생한다.

원발성 월경곤란은 한때 믿어졌던 것처럼 심리적 상태가 아니다. 이는 자궁수축을 일으키는 물질인 프로스타글란딘(*prostaglandins*)의 과잉 생산으로 인한 것이다. 증상은 많은 여성들이 때때로 직장이나 학교를 결석하게 할 정도로 심각할 수 있다.

> "월경은 한 달 중 5일을 망쳤다. 나는 메스꺼울 정도로 심한 경련으로 침대에서 겨우 일어날 수 있었다. 아무 도움도 안 되고, 심지어 처방전 없이 살 수 있는 약도 없었다. 저는 거의 1년 동안 피임약을 먹고 있다. 그것은 지금까지 일어난 일 중 가장 좋은 일이다. 나는 어떤 고통도 경험하지 않았다."
>
> "경련으로 인해 며칠 동안 배가 아파 죽을 것 같았다. 최근에야 애드빌 같은 약에 대해 알게 됐다."
>
> "섹스는 실제로 한동안 경련의 심각성을 완화시키는 것 같다."
>
> (모든 예제는 작성자의 파일에서 가져옴)

이 세 가지 개인적인 경험은 모두 원발성 월경곤란증을 완화하는 일반적인(그리고 일반적으로 성공적인) 방법을 반영한다. 이부프로펜(상품명 Motrin, Advil 등)과 같은 약물은 프로스타글란딘 생성을 억제한다. 많은 의사들이 월경통으로 고통받는 여성에게 피임약을 처방한다. 마지막으로 Masters and Johnson(1966)은 오르가즘이 적어도 일시적으로 증상을 완화한다고 보고했다.

월경과다 Heavy Bleeding (Menorrhagia)

여성의 약 9~14%는 매 주기마다 심한 월경 출혈을 경험한다(Nelson & Baldwin, 2011). 이것을 **월경과다(menorrhagia)**라고 하며, 여성의 약 5%에서는 의학적 도움을 받을 정도로 심각하다. 폐경에 가까워지는 여성에게 가장 흔하지만 모든 연령에서 발생할 수 있다. 이것은 개인의 삶을 심각하게 방해할 뿐만 아니라 의학적으로 빈혈을 유발할 수 있다. 치료에는 피임약, 트라넥삼산, 프로게스틴이 포함된 자궁 내 장치가 포함되며, 더 많은 자녀를 원하지 않는 여성의 경우 자궁내막 절제 또는 자궁적출술이 포함된다. 이 중 가장 효과적인 것은 레보노르게스트랄 방출 IUD이다(Gupta et al., 2013; 6장 참조).

자궁내막증 Endometriosis

자궁의 자궁내막은 매 월경 주기 동안 성장하고 두꺼워졌다가 월경 중에 벗겨져 배출된다. **자궁내막증(endometriosis)**은 자궁내막 조직이 자궁 밖에서도 자라는 상태를 말한다. 가임기 여성의 5~10%에서 발생한다(Bulun, 2009). 자궁내막증은 나팔관, 난소, 자궁의 외부 표면, 질, 골반강 및 기타 부위를 포함할 수 있다. 자궁의 자궁내막 조직과 마찬가지로 자궁외 조직은 월경 주기 동안 성장한 다음 부서져 출혈이 발생하지만, 자궁내막과 같이 혈액이 정상적으로 배출되지 않는다. 비정상적인 출혈은 염증으로 둘러싸여 있고 흉터 조직이 형성되어 많은 경우 유착(장기를 함께 묶는 비정상적인 성장)을 유발한다.

자궁내막증이 어떻게 발생하는지 완전히 이해되지는 않았지만, 자궁내막증이 있는 사람들은 특히 월경 시에 심한 경련과 복통을 겪고 종종 과도한 월경 출혈이 있다. 일부 여성은 성교 중에 깊은 골반 통증을 경험하기도 한다.

> "고등학교 때부터 생리통이 심했다. 고통은 해가 갈수록 점점 더 심해졌다. 피를 받기 위해 탐폰과 생리대 두 개를 착용해야 했다. 그것은 끔찍했다. 통증이 너무 심해서 걸을 수 없었기 때문에 여러 날 학교에 결석했던 것을 기억한다. 그러다 자궁내막증이 있다는 걸 알게 됐다."
>
> (저자의 파일에서)

고통스러운 증상이 있는 여성의 경우 에스트로겐 수치

월경통(Dysmenorrhea) 고통스러운 월경.

월경과다(Menorrhagia) 심한 질 출혈.

자궁내막증(Endometriosis) 자궁 외부의 자궁내막 조직의 성장.

를 낮추는 호르몬 요법으로 종종 완화할 수 있다(Bulun, 2009). 피임약이 도움이 되는 경우가 많다. 그러나 많은 경우 호르몬과 수술(비정상적 복부 조직 제거)의 조합이 필요하다(Brosens & Benagiano, 2011).

독성 쇼크 증후군 Toxic Shock Syndrome (TSS)

> "저는 동네 병원에서 일하고 있다. 어느 날 저녁 한 환자가 독감과 유사한 증상으로 내원했다. 그 여성은 시간이 지날수록 점점 더 아팠고 그녀의 색은 실제로 보랏빛을 띠고 있었다. 의사는 그녀를 머리부터 발끝까지 살펴보았고 그녀의 질 뒤쪽에서 오래된 탐폰을 발견했다고 말했다. 그는 그녀를 TSS로 진단했다. 환자의 증상이 악화되어 헬리콥터로 긴급 이송을 진행했다. 그녀가 떠난 후 점원은 전화를 받고 헬리콥터라고 말했다. 우리 환자가 죽었어요."
>
> (저자의 파일에서)

독성 쇼크 증후군(toxic shock syndrome, TSS)은 박테리아(황색 포도상구균)가 생성하는 독소에 의해 발생한다. 흔히 독감으로 오인되는 증상으로는 갑작스런 고열, 구토, 설사, 실신 또는 현기증, 저혈압, 심한 일광화상과 유사한 붉은 발진 등이 있다(Hanrahan, 1994). 그것은 때때로 죽음으로 이어진다. 어린이와 남성이 TSS에 걸릴 수 있지만 모든 TSS 사례의 85% 이상이 월경과 관련이 있다(Bryner, 1989).

질병통제센터(Centers for Disease Control)가 질병에 대한 첫 번째 보고서를 발표한 1980년에 300건 이상의 TSS 사례가 있었다. 대부분의 경우는 여분의 흡수성 탐폰을 사용한 여성에게서 발생했다(Vostral, 2011). 고흡수성 탐폰이 시장에서 퇴출된 후 TSS 사례의 수는 급격히 감소했지만 여전히 매년 전국적으로 200건에 가까운 사례가 보고되고 있다.

Staphylococcus 박테리아가 증식하려면 산소가 필요하고 탐폰의 공기 주머니에는 산소가 들어 있다. 포도상구균 박테리아가 질 내에 있고 환자가 항체에 대한 항체가 없는 경우(대부분의 사람들은 성인이 될 때까지 항체를 보유함) 독성 쇼크가 발병하기에 적합한 조건이다. 탐폰은 독성 쇼크를 일으키지 않지만 탐폰을 사용하는 여성은 하루에 3~4회 교체하고 밤에는 잠자리에 들기 전에 생리대로 바꿔야 한다. 이전에 설명한 증상 중 하나라도 월경 중에 발생하면 즉시 의사의 진찰을 받으시오.

독성 쇼크 증후군(Toxic shock syndrome, TSS) 고열, 구토, 설사 및 현기증의 증상이 있는 증후군. 황색포도상구균에 의해 생성되는 독소에 의해 유발된다.

월경 억제: 치료법인가, 아니면 부정적인 것인가? Menstrual Suppression: A Cure or More Negativity?

3.7 월경 억제의 장단점에 대해 토론한다.

2003년 미국 식품의약국(FDA)은 생리 기간 동안 생리를 억제하기 위해 84일 동안 복용할 수 있는 피임약인 *Seasonale*®을 승인했다. 그 뒤를 이어 비슷한 피임약인 *Seasonique*가 출시되었으며 2007년 FDA는 여성이 1년 이상 생리를 억제할 수 있는 피임약인 *Lybrel*®을 승인했다. 피임 제품으로 인한 월경 억제는 새로운 것이 아니다. 프로게스틴 전용 제품(임플란트 및 주사)과 IUD도 월경을 억제할 수 있다(6장 참조). 새로운 점은 이러한 새로운 피임 제품이 월경을 억제하기 위한 의도로 설계되었다는 것이다. 월경 억제는 자궁내막증 및 월경통과 같은 월경 장애의 치료제로 선전되었다. 실제로 이러한 문제를 해결하는 데 도움이 된다. 여성 운동선수와 군인에게도 생리 억제를 권고했다. 보다 최근에는 라이프스타일 선택으로 광고되었다(Hicks & Rome, 2010 참조).

최근 조사에서 월경을 억제하기로 선택한 여성들은 편의와 미적 그리고 자신의 몸을 관리하기 위해 그렇게 한다고 말했다(Repta & Clarke, 2013). 우리 강좌의 여성들은 월경 억제제를 복용하는 다양한 이유를 제시한다.

> ". . . 왜냐하면 나는 항상 엄청난 경련과 팽만감이 있는 길고 무거운 생리를 해왔기 때문이다."
>
> ". . . 왜냐하면 나는 자궁내막증이 있고 약을 먹으면 고통스러운 경련을 피할 수 있기 때문이다."
>
> ". . . 탐폰이나 엉망진창은 내가 처리하지 않아도 돼 그게 더 쉬운데 왜 안 되는 거죠?"
>
> "월경을 다루는 것은 번거로운 일이다. 특히 내가 대학 일이 많을 때는 더욱 그렇다. 전체 프로세스를 완전히 건너뛰는 것이 더 쉽다."
>
> "저는 여성들이 생리 중이고 싶지 않을 때 – 격식을 차릴 때, 봄방학, 시험기간 – 를 셀 수 있다: 생리를 전후해 활동 일정을 짜는 것에 대해 걱정해야 하는 것은 원치 않는다. "
>
> (모든 예제는 작성자의 파일에서 가져옴)

개인적인 생각 Personal Reflections

월경을 부끄럽거나 귀찮게 생각하는 여성은 월경 억제를 더 긍정적으로 본다(Johnston-Robledo et al., 2003). 많은 전문가들은 월경 억제 제품에 대한 광고가 월경에 대한 우리 문화의 부정성에 기여한다고 믿는다(Johnston-Robledo & 스텁스, 2013). "월경은 귀찮고 더럽고 쇠약하고 수치스러운 일이라는 많은 부정적인 태도와 금기를 영속시킨다"(Ingrid Johnston-Robledo, Stein 인용, 2007). 어떻게 생각하나요?

호르몬과 성욕 Hormones and Sexual Desire

3.8 호르몬과 성욕의 관계를 설명한다.

성욕의 정도가 호르몬 수치와 관련이 있는가? 성욕이 강한 사람은 호르몬 수치가 높고 성욕이 낮은 사람은 호르몬 수치가 낮나? 일부 호르몬은 다른 호르몬보다 성욕에 더 많은 영향을 주는가?

성과 호르몬에 대한 연구는 두 가지 유형의 연구에 크게 의존한다: 호르몬 투여의 효과를 조사하는 것과 호르몬 손실의 영향을 조사하는 것(보통 난소 또는 고환의 외과적 제거 후). 월경 대 발정 주기에 대해 읽은 내용에서 이미 배웠듯이 인간의 성적 행동과 인간이 아닌 포유류 종의 성적 행동 사이의 차이는 너무 커서 다음에서 일반화할 수 있을 정도로 인간 연구에 대한 논의를 제한할 것이다. 실험 동물에 대한 연구는 매우 의심스럽다.

인간의 경우 테스토스테론이 성적 욕망에 역할을 한다는 상당한 증거가 있다(리뷰는 Regan, 1999 참조). 소년의 사춘기 이후에는 매일 6~8 mg의 테스토스테론이 생성되며(이 중 95%는 고환에서, 5%는 부신에서), 아주 어린 사춘기 소년의 경우(12~14세) 성행위 테스토스테론 수치가 증가함에 따라 증가한다(Halpern et al., 1998). 남성이 나이가 들어감에 따라 테스토스테론 생산이 점진적으로 감소하지만 성생활을 하는 남성은 종종 높은 테스토스테론 수치를 보인다. 그러나 우리는 어느 것이 먼저인지 모른다(오래된 닭과 달걀 질문).

생식샘 기능 저하증 남성(테스토스테론 수치가 비정상적으로 낮은 남성)은 섹스에 거의 관심을 보이지 않는다. 호르몬 대체 요법은 일반적으로 성욕을 회복시킨다(Corona et al., 2014; Shah & Montoya, 2007). 일부 연구에서는 테스토스테론을 투여하면 호르몬 수치가 정상인 남성에서도 성욕과 활동이 향상된다는 사실이 밝혀졌다(Alexander et al., 1997; R. A. Anderson et al., 1992; Bagatell et al., 1994).

세계의 일부 지역에서는 한때 하렘 수행원으로 사용되었던 남성이 보호해야 할 여성에게 관심을 갖지 않기 위해 고환을 제거[거세 또는 **고환 절제술**(*orchiectomy*)]해야 했다. 많은 경우에, 특히 남성이 거세 당시에 아직 성적 경험이 없는 경우에 효과가 있었다. 그러나 닭이 암탉을 지키는 것처럼 일부 내시(일명)가 인생의 시간을 보냈다는 이야기도 있었다. 그러나 거세된 남성에 대한 현대 연구에 따르면 높은 비율의 경우 성욕과 행동이 급격히 또는 완전히 억제된다. 대부분의 남성에서 감소는 빠르지만 거세된 남성은 몇 년 동안 계속해서 성에 관심을 보일 수 있다(Bancroft, 1984).

여성의 성욕에 중요한 호르몬은 무엇인가? 프로게스테론이나 옥시토신의 역할을 뒷받침하는 증거는 없다(Worsley et al., 2016). 사실, 프로게스테론은 성적 욕망을 부정적으로 예측한다(Roney & Simmons, 2013).

폐경 또는 난소의 외과적 제거는 대부분의 여성에서 성욕을 감소시키지 않는다. 감소를 보이는 폐경 후 및 기타 여성에서 국제 성의학 학회(International Society for Sexual Medicine Consensus)는 에스트로겐 대체 요법만으로는 일반적으로 효과가 없다는 데 동의한다(Santoro et al., 2016; 그러나 반대 의견에 대해서는 Cappelletti & Wallen, 2016 참조).

테스테스테론은 어떤가? 소량의 테스토스테론(0.5 mg)은 일반적으로 여성의 난소와 부신에서 매일 생성된다. 여러 연구에 따르면 여성의 테스토스테론 수치는 성적 행동과 욕망의 척도와 직접적인 관련이 있다(Alexander & Sherwin, 1993; Guay, 2001; Sherwin, 1988; Wåhlin-Jacobsen et al., 2015). 테스토스테론의 결핍은 여성의 성욕과 반응성의 현저한 감소를 가져오며, 일부 연구에서는 테스토스테론 대체 요법으로 성욕이 회복된다는 것을 발견했다(Davis et al., 2008; Shah & Montoya, 2007). 결론적으로, 에스트로겐과 프로게스테론보다 여성의 성욕에 대한 테스토스테론의 영향이 더 강력할 수 있다(Bancroft & Graham, 2011; Davis et al., 2008).

FDA는 아직 여성의 성욕 장애에 대한 테스토스테론 요법을 승인하지 않았다. 왜 안 되나? 여성의 성적 욕망은 테스토스테론과의 단순한 관계보다 더 복잡하고 사회적, 심리적 요인도 포함하기 때문이다(Santoro et al., 2016; van Anders, 2012). 4장과 13장에서 배우게 되겠지만, 특히 여성의 성적 욕망은 관계 및 친밀감의 욕구와 높은 상관관계가 있다.

상자 3-B 성과 건강

아나볼릭 스테로이드

3.9 아나볼릭 스테로이드의 위험한 효과를 확인한다.

최고를 추구하는 운동선수는 항상 경쟁자보다 우위를 찾고 있다. 메가비타민, 진통제, 각성제 등 모든 것이 이기고자 하는 욕망에 사용되었다. 오늘날 가장 일반적으로 사용되는 물질은 **아나볼릭 스테로이드(anabolic steroids)**이다(더 정확한 이름은 아나볼릭 안드로겐 스테로이드이다). 이 스테로이드 호르몬은 테스토스테론의 파생물로, 남성화(안드로겐) 효과가 있으며 근육 세포의 단백질 흡수를 향상시켜 성장을 촉진한다(아나볼릭 효과)(Wood & Stanton, 2012 참조).

최근 몇 년 동안 운동선수의 스테로이드 오용과 관련된 수많은 스캔들이 발생했다. 2007년 한 해에만 Floyd Landis는 2006년 투르 드 프랑스 타이틀을 박탈당했고 Marion Jones는 5개의 올림픽 메달을 획득할 때 스테로이드를 사용했다고 시인했으며 World Wrestling Entertainment 레슬링 선수인 Chris Benoit는 과량의 스테로이드를 사용하다가 가족과 자신을 죽였다.

의사가 적절한 용량으로 투여한 경우, 아나볼릭 스테로이드는 종종 질병이나 수술에서 회복하는 사람들에게 치료적 가치가 있다. 그러나 체중을 늘리고 근육량과 근력을 키우기 위해 많은 운동선수가 정상 용량의 여러 배(종종 100배)를 복용하기 시작했다. 불행히도 스테로이드 사용은 프로 운동선수에게만 국한되지 않는다. 오늘날 12학년 남학생의 약 4.8%가 불법 스테로이드를 사용했다(Kann et al., 2016). 많은 사람들이 더 나은 신체 이미지를 얻기 위해 그렇게 한다(Jampel et al., 2016).

아나볼릭 스테로이드의 오용은 심각한 해로운 영향을 미칠 수 있다(Bonetti et al., 2007). 여기에는 고혈압 및 기타 심각한 심혈관 질환, 간 및 전립선 종양, 남성의 고환 크기 감소 및 생식 기능 장애, 유방 조직의 덩어리가 포함된다. 스테로이드는 또한 아직 완전한 키에 도달하지 않은 소년의 성장을 방해할 수 있다. 아나볼릭 스테로이드를 복용해도 남성의 성기가 커지지 않으며 스테로이드는 여드름을 유발할 수 있다.

남성만이 아나볼릭 스테로이드를 복용하는 것은 아니다. 여고생의 약 2.7%가 비처방 스테로이드를 한 번 이상 사용한 적이 있다(Kann et al., 2016). 스테로이드를 복용하는 여성은 불임의 위험이 있고, 태아가 남성화되고 유방암에 걸릴 확률이 정상보다 훨씬 높다. 아나볼릭 스테로이드는 또한 여성에게 현저한 남성화 효과(예: 수염 성장, 남성형 대머리, 목소리 굵어짐 유발)가 있으며, 이는 약물 사용을 중단해도 되돌릴 수 없다.

아나볼릭 스테로이드는 종종 에너지와 자존감을 높이지만 적어도

아나볼릭 스테로이드(Anabolic steroids) 부신 스테로이드의 성장(단백 동화) 효과와 안드로겐 스테로이드의 남성화 효과를 결합한 합성 스테로이드 호르몬.

그림 3-7

2013년 시즌 동안 메이저 리그 베이스볼은 경기력 향상 약물 사용으로 14명의 선수에 대한 주요 징계를 발표했다. 여기에는 2014 시즌 출장정지 징계를 받은 알렉스 로드리게스(왼쪽)와 65경기 출장정지 징계를 받은 전 내셔널리그 MVP 라이언 브라운(오른쪽)도 포함됐다.

출처: David Maxwell/epa european pressphoto agency b.v./Alamy Stock Photo; John Green/Cal Sport Media/Alamy Stock Photo

일시적으로 불안, 과민성, 우울증, 판단력 장애, 편집증 망상 등의 다른 행동 변화가 있을 수 있다. 스테로이드 사용은 종종 공격성과 폭력적 행동을 증가시킨다(Beaver et al., 2008; Cunningham et al., 2013; Lumia & McGinnis, 2010).

많은 고등학교 운동선수와 일부 대학 운동선수는 부작용에 대해 잘 알지 못한 채 아나볼릭 스테로이드를 복용하지만 더 잘 알고 있는 많은 세계적 수준의 운동선수는 계속 복용한다. 왜? 대부분의 사용자에게는 자기 실현이 가장 중요하며 유해한 영향을 부인한다(Monaghan, 2002).

다음은 우리 강좌를 수강하는 학생들과 관련된 몇 가지 개인적인 경험이다.

"친구들과 나는 고등학교 때 운동을 했다. 남들보다 더 크고 강해지는 것이 나의 목표였다. 아나볼릭 스테로이드를 복용하기로 결정했다. 어떻게 해야할지 모르겠는데 경험이 부족한 다른 친구가 엉덩이에 주사하도록 도와줬다. 약 2주 후에 나는 고환이 작아지는 것을 발견했다. 또 일주일 만에 나는 심한 복통을 느끼기 시작했다."

"나는 19살이고 작년 여름부터 스테로이드를 사용하기 시작했다. 나는 500파운드의 벤치프레스를 하고 싶었다. 40파운드 정도 쪘다. 이 스테로이드는 나를 짜증나게 하고 초조하게 만드는 경향이 있었다. 가끔 등에 여드름이 심하고 고환이 줄어들었다."

(모든 예제는 작성자의 파일에서 가져옴)

스터디 가이드

핵심용어 Key Terms

고환(testicles), p. 56
고환 절제술(orchiectomy), p. 70
난소(ovaries), p. 56
난포 자극 호르몬(follicle-stimulating hormone, FSH), p. 57
난포(follicle), p. 58
내분비계(endocrine system), p. 56
뇌하수체(pituitary gland), p. 56
독성 쇼크 증후군(toxic shock syndrome, TSS), p. 67
무월경(amenorrhea), p. 66
발정 주기(estrous cycle), p. 61
배란(ovulation), p. 58
배란통(Mittelschmerz), p. 58
부신/콩팥위샘(adrenal glands), p. 56
생식샘자극호르몬 방출호르몬(gonadotropin-releasing hormone, GnRH), p. 57
생식샘 자극 호르몬(gonadotropins), p. 56
아나볼릭 스테로이드(anabolic steroids), p. 71
에스트로겐(estrogen), p. 56
옥시토신(oxytocin), p. 57
월경 금기(menstrual taboos), p. 63
월경 주기(menstrual cycle), p. 57
월경(menstruation), p. 58
월경과다(menorrhagia), p. 68
월경전 불쾌 장애(premenstrual dysphoric disorder, PMDD), p. 67
월경전 증후군(premenstrual syndrome, PMS), p. 66
월경통(dysmenorrhea), p. 68
인히빈(inhibin), p. 57
자궁내막증(endometriosis), p. 68
초경(menarche), p. 66
테스토스테론(testosterone), p. 56
페로몬(pheromones), p. 61
폐경(menopause), p. 58
프로게스테론(progesterone), p. 56
프로락틴(prolactin), p. 57
프로스타그란딘(prostaglandins), p. 63
호르몬(hormones), p. 56
황체(corpus luteum), p. 58
황체 형성 호르몬(luteinizing hormone, LH), p. 57

상호검토 Interactive Review

뒤의 정답 참조.

호르몬은 도관이 없는 (1) ______________샘에 의해 혈류로 방출되는 화학 물질이다. 난소와 고환은 이 시스템의 일부이다. 고환은 "남성 호르몬"(2) ______________를/을 생성하고 난소는 "여성 호르몬"(3) ______________ 및 (4) ______________를/을 생성한다. (5) ______________ 호르몬은 난소와 고환이 호르몬을 생산하도록 한다.

성인 여성의 경우 난자는 평균 (6) ______________일에 성숙한다. 월경 주기를 시작하는 뇌하수체 호르몬을 (7) ______________(이)라고 한다. 이 호르몬은 난소에서 (n) (8) ______________ 발달을 자극한다. 월경 주기의 배란 전 단계((9) ______________ 단계라고도 함) 동안 난포의 에스트로겐은 (10) ______________의 성장을 촉진하고 (11) ______________의 방출을 억제하며 (12) ______________

의 방출을 자극한다. (13) ______________ 급증은 (14) ______________의 시작을 알린다. 이때 난자는 (15) ______________(으)로 배출되고 (16) ______________(으)로 나오게 됩니다. (17) ______________ 단계라고도 하는 주기의 배란 후 단계에서 (18) ______________는/은 다량의 프로게스테론을 분비한다. 난자가 정자에 의해 수정되면 일반적으로 (19) ______________에 착상된다. 난자가 수정되지 않으면 황체가 퇴화되고 (20) ______________가/이 벗겨져 (21) ______________(이)라고 하는 정상적인 생리적 과정에서 배출된다. 월경 주기의 평균 길이는 28일이지만 여성의 적어도 절반은 길이가 (22) ______________ 주기가 다르다. 대부분의 인간이 아닌 포유류 종에서 호르몬 사건의 주기는 (23) ______________ 주기라고 한다. 인간 여성과 달리 이러한 유형의 주기를 가진 종의 암컷은 (24) ______________ 동안에만 수컷을 성적으로 수용한다.

남성의 경우 FSH는 (25) ______________를/을 자극하는 반면 (26) ______________는/은 고환의 Leydig 세포에서 (27) ______________ 생성을 자극한다.

일부 문화권에는 월경하는 여성과의 접촉을 금지하는 월경 (28) ______________가/이 있다. 우리 문화에서도 많은 여성과 파트너가 월경 중에 성교를 피하지만 이는 일반적으로 부정확한 정보 및/또는 부정적인 문화적 학습반응을 암시합니다. 월경 분비물은 단순히 (29) ______________, (30) ______________ 및 (31) ______________(으)로 구성된다.

일부 여성은 월경과 관련된 문제를 경험합니다. 월경이 없는 것을 (32) ______________(이)라고 한다. (33) 월경 시작 전 ______________일 동안 일어나는 정서적 및/또는 신체적 변화를 (34) ______________(이)라고 한다. 이 상태를 다른 감정 상태와 구별하는 것은 (35) ______________(으)로 끝난다는 것이다. (36) ______________의 주요 원인인 고통스러운 월경은 (37) ______________의 과잉 생산이다. 자궁내막증은 (38) ______________ 상태를 말한다. 탐폰을 사용하지만 자주 바꾸지 않는 여성은 (39) ______________(이)라는 심각한 세균 감염에 걸릴 위험이 있다.

남성의 경우 성욕은 순환하는 (40) ______________ 수준과 관련이 있는 것으로 보인다. 폐경 후 또는 외과적 난소 제거 후 여성에 대한 연구에 따르면 여성의 성욕은 (41) ______________ 또는 (42) ______________에 의해 크게 영향을 받지 않는다. 다른 연구에 따르면 (43) ______________ 호르몬이 여성의 성욕에 영향을 미친다고 한다.

테스토스테론의 유도체인 아나볼릭 스테로이드의 오용은 (44) ______________(세 가지 효과)과/와 같은 심각한 유해 효과를 일으킬 수 있다.

자기진단 Self-Test

뒤의 정답 참조.

A. 참(T) 혹은 거짓(F)

T F 45. 호르몬은 여성의 성욕에는 중요하지만 남성에게는 중요하지 않다.

T F 46. 테스토스테론은 남성에게서만 발견되고 에스트로겐은 여성에게서만 발견된다.

T F 47. 모든 암컷 포유류는 월경 주기가 있다.

T F 48. 대부분의 여성의 월경 주기는 28일이다.

T F 49. 남성이 생리 중인 여성과 성교를 하는 것은 의학적으로 안전하다.

T F 50. 탐폰을 사용하는 여성은 탐폰이 오래 지속된다고 광고하더라도 하루에 3~4번 교체해야 한다.

T F 51. 여성은 배란 시기에 성욕이 극적으로 증가한다.

T F 52. 여성의 난소는 평생동안 새로운 난자를 생산한다.

T F 53. 월경 주기의 배란 후 단계가 끝날 무렵에 LH 급증이 있다.

T F 54. 여성의 월경 주기가 무취의 체액 분비물에 의해 바뀔 수 있다는 증거가 있다.

T F 55. 유독성 쇼크 증후군은 여성만 걸릴 수 있다.

T F 56. 대부분의 연구에 따르면 에스트로겐은 여성의 성욕을 담당하는 주요 호르몬이다.

B. 짝짓기

_____ 57. 내분비계
_____ 58. 테스토스테론
_____ 59. 황체 형성 호르몬
_____ 60. 에스트로겐
_____ 61. FSH
_____ 62. 난포기
_____ 63. 황체
_____ 64. 무월경
_____ 65. 황체기
_____ 66. 월경통
_____ 67. 배란통
_____ 68. 인히빈
_____ 69. 배란
_____ 70. 프로스타글란딘
_____ 71. 월경전 증후군
_____ 72. 자궁내막증

a. 자궁 수축을 일으키는 물질
b. 배란 후 남겨진 난자를 둘러싸고 있는 세포
c. 월경 이전의 정서적 및/또는 신체적 변화
d. 고환, 난소 및 부신에서 생성되는 "남성" 호르몬
e. 배란 중 약 하루 동안 경험하는 경련
f. 황체가 다량의 프로게스테론을 분비하기 시작하는 배란 후 단계
g. 자궁 밖에서 자라는 자궁내막 조직
h. 도관이 없는 샘의 연결망
i. 성숙한 난자가 복강으로 파열
j. 난소, 고환, 부신에서 생성되는 "여성" 호르몬
k. 뇌하수체에서 FSH를 분비하고 난포에서 에스트로겐을 분비하는 배란 전 단계
l. 정자의 생성과 난자의 성숙을 촉진하는 뇌하수체 호르몬
m. 무월경
n. 여성의 배란과 남성의 테스토스테론 생성을 유발하는 뇌하수체 호르몬
o. 월경 중 고통스러운 경련
p. 난소와 고환에서 생성되는 FSH 생성을 억제하는 물질

C. 빈칸 채우기

73. 난포 자극 호르몬과 황체 형성 호르몬을 분비하는 뇌의 기저부에 위치한 샘은 ____________ 샘이다.
74. 같은 종에 속하는 다른 종들의 행동에 영향을 미칠 수 있는 자연적인 체취를 ____________(이)라고 한다.
75. 각각의 미성숙 난자는 얇은 조직 피막 내에서 다른 세포로 둘러싸여 있어 소위 ________________를/을 형성한다.
76. 배란 중에는 난포의 난자를 둘러싸고 있는 세포가 난소에 남아 있게 되며 이를 ______________(이)라고 한다.
77. 임신을 피하고 싶다면, 무방비 상태의 성교를 하는 것이 가장 안전한 월경 주기는 ______________이다.
78. 난자가 정자에 의해 수정되고 착상이 일어난다면, 황체는 ______________(이)라는 발달 중인 태반의 호르몬에 의해 유지된다.
79. 뇌하수체에서 FSH와 LH의 방출을 일으키는 시상하부 호르몬을 ____________(이)라고 한다.
80. 여성 호르몬 되먹임 기작에서 LH 생성은 주로 ______________에 의해 억제된다.
81. 남성 호르몬 되먹임 기작에서 LH 생성은 주로 ______________에 의해 억제된다.
82. 남성 호르몬 되먹임 기작에서 FSH 생성은 ______________에 의해 억제된다.
83. 젖 분비, 분만 및 오르가즘 수축, 낭만적 끌림과 관련된 뇌하수체 호르몬을 ______________(이)라고 한다.
84. 여성의 월경 주기에서 가임기는 ______________ 전 ______________일째와 배란 후 ______________일째이다.
85. 번호를 매기기 위해 월경 주기의 첫째 날은 ________________이다.

4장
성적 반응의 유사성과 차이점
Similarities and Differences in Our Sexual Responses

생물학자, 행동주의자, 신학자, 교육자가 수백만 명의 행복을 해치는 인간의 성적 반응에 대한 무지한 상태가 계속 존재한다고 선량한 양심을 가지고 주장할 수 있는가? . . 우리의 존재 자체에 필요한 것 외에 다른 생리학적 반응보다 더 많은 방식으로 더 많은 사람들에게 영향을 미치는 우리 삶의 한 측면이 객관적이고 과학적 분석의 도움 없이 계속되도록 허용될 수 있는가?

– 윌리엄 마스터스와 버지니아 존슨의 "인간의 성적 반응" 에서 발췌
1966, Boston: Little, Brown

학습목표

이 장의 학습을 마치면 다음을 할 수 있어야 한다.

4.1 남성과 여성이 경험하는 성적 반응의 네 가지 광범위한 범주를 나열하고 각 반응이 일반적으로 어떻게 측정되는지 설명한다.

4.2 성적 반응의 모델이 다른 세 가지 차원에 대해 토론하고 원래 마스터스와 존슨 모델, 카플란 모델 및 원형 바슨 모델을 비교 대조한다. 성 반응의 선형 모델이 남성과 여성의 경험을 정확하게 설명하는지 토론한다.

4.3 남성 성 반응의 현대 선형 모델의 다섯 단계를 발생 순서대로 설명한다. 음경 발기 과정(및 남성의 성적 흥분 동안 발생하는 기타 생리적, 생식기 변화)을 설명한다.

4.4 여성의 성적 반응에 대한 두 가지 동시대(선형 및 원형) 모델을 설명한다. 질 윤활의 과정(및 여성의 성적 흥분 동안 발생하는 기타 생리적 및 생식기 변화)을 설명하고 많은 여성의 주관적 각성이 생리적 각성과 제대로 상관관계가 없는 이유를 논의한다.

4.5 오르가즘에 대한 몇 가지 진행 중인 질문과 논쟁을 설명하고 토론한다.

4.6 여성 할례/절제 행위를 설명하고 토론한다.

4.7 성적인 쾌락에서 음경 크기의 역할에 대해 토론한다.

4.8 평판이 좋은 최음제의 유효성에 대해 토론하시오.

4.9 장애가 있는 사람들도 다른 모든 사람들과 마찬가지로 성적인 인간이라는 사실을 설명하고 인식한다.

성적 흥분과 성적 활동 중에 우리의 몸과 마음에 많은 사건이 발생한다. 이러한 사건 중 일부는 외부적이며 우리(및 다른 사람)가 쉽게 관찰할 수 있다. 일부는 내부에 숨겨져 있으며 쉽게 드러나지 않는다. 일부 사건은 심리적이고 다른 사건은 생리적 또는 행동적이다. 주어진 사건은 다른 사건에 영향을 미치거나 영향을 줄 수 있다. 예를 들어, 성적인 생각이나 감정은 생식기 또는 생리학적 반응을 유발할 수 있고, 신체적 반응은 그에 상응하는 생각이나 감정(또는 다른 신체적 반응)을 일으킬 수 있다. 인간의 성적 반응은 분명히 복잡하고 다차원적이다. 이 장에서는 남성과 여성이 경험하고 표현하는 다양한 성 반응과 제안된 다양한 인간 성 반응 모델을 고려할 것이다. 또한 특정한 성적 반응과 성적 경험에 영향을 미칠 수 있는 요인에 대한 현재의 논란을 검토할 것이다.

성적 반응: 형태

Sexual Responses: Types and Measurement

4.1 남성과 여성이 경험하는 성적 반응의 네 가지 광범위한 범주를 나열하고 각 반응이 일반적으로 어떻게 측정되는지 설명한다.

남성과 여성은 성적 욕망이나 관심, 성적 흥분이나 흥분, 성적 활동, 성적 감정이나 인지를 포함한 다양한 성적 반응을 경험하고 표현할 수 있다(**표 4-1** 참조). 이러한 각각의 반응은 개별적이고 별개의 것으로 간주되지만(이 장 전체에서 논의할 것임) 종종 동시에 발생한다.

성적 욕망 Sexual Desire

성적 욕망[**sexual desire**, 일반적으로 성적 관심(*sexual interest*), 성적 매력(*sexual attraction*), 열정(*passion*), 성욕(*libido*) 또는 정욕(*lust*)이라고도 함]은 인간 섹슈얼리티의 동기 요소이다(Regan, 2016). 사람들은 일반적으로 성적 욕망을 (1) 성적 대상(예: 파트너) 또는 성적 활동(예: 성교 또는 자위 행위)에 대한 관심; (2) 성적 대상을 찾거나 성행위를 하려는 충동; 또는 (3) 성적 접촉에 대한 소망, 필요, 충동 또는 갈망으로 경험한다(Kaplan, 1979; Levine, 1984, 2003; Regan & Berscheid, 1999). 다음은 우리 학급의 학생들이 성적 욕망을 보는 방식이다.

> "파트너 또는 파트너와 섹스를 하고 싶은 충동. 그것은 정신적인 것이다. 누군가와 성적으로 무언가를 하고 싶거나 바라는 것이다. 내 친구들과 나는 그것을 흥분이라고 부른다." (남성)
>
> "이성친구에게 성욕을 당한다. 이성과 성적인 접촉을 하는 것은 갈망/욕망이다." (여성)
>
> (모든 예제는 작성자의 파일에서 가져옴)

일부 과학자들은 성적 욕망에는 두 가지 유형이 있다고 믿는다(Basson, 2002b 참조). **자발적인 성욕**(*spontaneous sexual desire*)은 선천적이거나 내부적으로 생성된 원인에서 발생하는 욕망을 말하며, **반응적인 성욕**(*responsive sexual desire*)은 외부 사건, 신호 또는 상황에 의해 생성되는 욕망이다.

> "성욕이 왕성할 때가 있다. 이 충동이 어디서 오는지 모르겠다. 그냥 거기에 있다. 섹스에 대해 생각하고 섹스를 하고 싶은 자신을 발견한다. 집에 있으면 보통 욕구를 충족시키기 위해 자위를 할 것이다." (여성, 자발적인 성적 욕망의 예)
>
> "TV에서 섹스신을 보면, 특히 섹시하다고 생각되는 여배우와 함께라면 열광한다. 나는 그녀와 함께 그런 일들을 하고 있다고 상상하고, 섹스를 하고 싶은 욕망과 강한 욕구를 느낀다." (남자, 반응적인 성적 욕망의 예)
>
> (모든 예제는 작성자의 파일에서 가져옴)

성적 욕망은 직접 관찰할 수 있는 명백한 신체적 또는 행동적 사건이 아니라 주관적인 경험이기 때문에 과학자들은 이를 측정하기 위해 자가 보고 방법에 의존한다. 예를 들면 사람들에게 자신의 욕망의 수준이나 정도("성적 욕망을 얼마나 경험하는가?"), 성적 충동의 빈도("성적 욕망을 얼마나 자주 경험하는가?"), 또는 성욕의 강도나 정도를 평가하도록 요청하는 것이다. 현재 파트너에 대한 성적 관심("성적으로 ___________을(를) 얼마나 원하나?", "___________에게 얼마나 성적 매력을 느끼는가?"). 또한 성적 욕망에 대한 두 가지 다중 항목 자가 보고 측정이 존재한다(Spector et al.의 [1996] *Sexual Desire Inventory-2*

표 4-1 성적 반응 및 측정 방법

성적 반응	대상	측정방법
성욕	성의 동기 요소; 성적 충동, 소원, 갈망 또는 관심	자기 보고
성적 흥분	성의 생식기 성분; 성적 흥분	
• 생리적–생식기 흥분	생리적 및 생식기 흥분(혈관충혈, 근육긴장, 심폐변화 포함)	관찰
• 주관적인 성적 흥분	생리적, 생식기적 흥분에 대한 주관적 인식	자기 보고
성행위	노골적인 성적 행동	자기 보고
성적 감정과 인지	성과 성적 반응에 대한 감정과 생각	자기 보고

성적 욕망(Sexual desire) 인간의 섹슈얼리티의 동기 요소; 일반적으로 성적 접촉에 대한 욕구, 갈망 또는 소망으로 경험된다. 내부 또는 외부 이벤트 또는 신호에 의해 트리거될 수 있다.

그림 4-1
초기 모델인 음경 변형률계(왼쪽, Geer 측정기)와 질 광혈량계(오른쪽, Barlow 측정기)는 성기의 혈관 충혈을 측정하기 위해 마스터스와 존슨이 사용했다.

출처: Behavioral Technology, Inc.

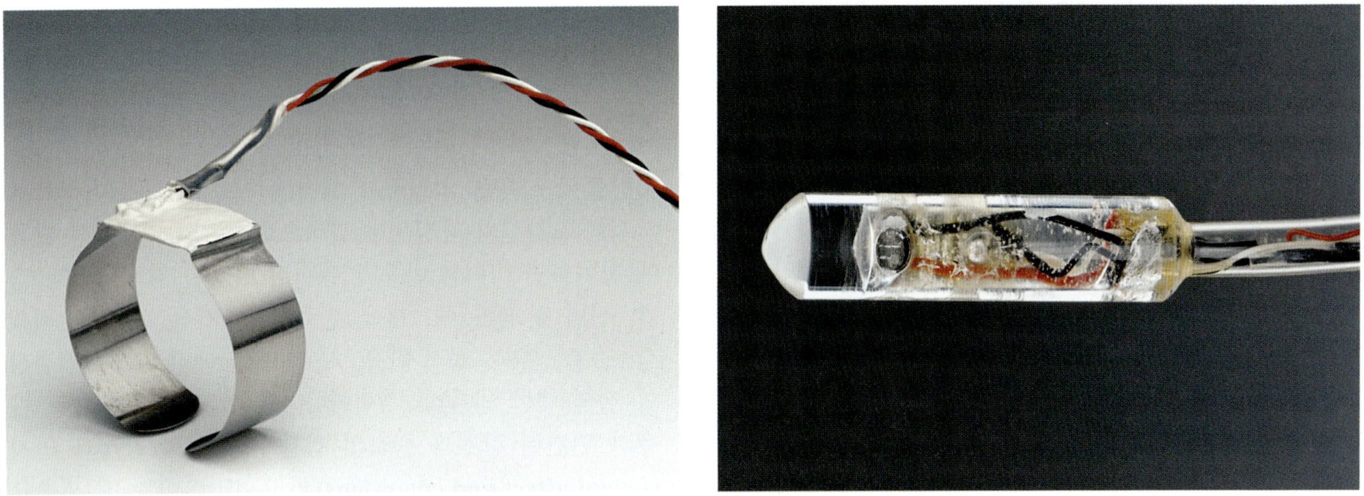

및 Goldhammer and McCabe의 [2011b] *Female Sexual Desire Questionnaire*).

성적 흥분 Sexual Arousal

성적 흥분[sexual arousal, 성적 흥분(*sexual excitement*)이라고도 함]은 인간 섹슈얼리티의 생식기 구성 요소이다(Masters et al., 1994). 성적 흥분은 육체적인 요소와 심리적인 또는 주관적인 요소를 모두 가지고 있다. **생리적-생식기 각성**(*physiological-genital arousal*)이라고 하는 물리적 요소는 일반적으로 성기와 신경계를 포함하는 복잡한 반사 시스템의 활성화 상태로 개념화된다(Masters & Johnson, 1966; Masters et al., 1994). 다음 섹션에서 논의할 것처럼 생리적-생식기 각성에는 세 가지 기본 과정이 포함된다.

(1) **혈관 울혈**(*vasocongestion*)은 신체의 장기와 조직이 혈액으로 충혈되는 것을 말한다. (2) **근긴장증**(*myotonia*) 또는 근육 긴장; 및 (3) **심폐 변화**(*cardiopulmonary changes*), 또는 심박수, 혈압 및 호흡의 상승 및 감소. 마스터스와 존슨은 이러한 생리적 및 생식기 반응을 처음으로 탐구하고 확인한 과학자이다. 당신은 1장에서 그들의 일을 소개받았다. 그들은 실제로 어떻게 관찰하고 녹음했을까?

마스터스와 존슨은 지역 사회에서 312명의 남성과 382명의 여성(18~89세) 표본을 모집했다. "실험실"은 침대와 생리적 반응(심박수, 혈압, 근육 긴장, 호흡, 뇌 활동 등)을 측정하는 기록 장비가 있는 단순한 방이었다. 또한 마스터스와 존슨은 생식기의 혈액량을 기록하기 위해 특수 장비를 제작했다. 이러한 장치 중 두 개가 **그림 4-1**에 나와 있습니다. **음경 스트레인 게이지**(*penile strain gauge*)는 수은이 채워진 얇은 고무 튜브로 음경의 기저부에 꼭 맞고 작은 전류를 전달하여 음경 둘레의 약간의 변화도 기록할 수 있다. **질 광혈량계**(*vaginal photoplethysmograph*)는 탐폰처럼 질에 맞고 질벽의 혈액량을 기록하는 빛과 광전지가 있다(빛 반사의 변화를 측정하여).

그의 장비는 참가자들에게 (또는 안에) 장착되었으며, 참가자는 자위에서 음경-질 성교, 구강 성교에 이르기까지 다양한 성행위에 참여하도록 요청받았다. (참가자들은 편안함을 느끼기 위해 다른 사람 없이 먼저 성행위를 하는 것이 허용되었다. 그러나 초기 에피소드 이후에는 항상 적어도 한 명의 조사자가 참석했다). 마스터스와 존슨은 이 장치를 사용하여 오르가즘으로 이어지는 10,000건 이상의 성적 에피소드를 기록했으며, 생식기 및 생리학적 반응의 다양성 정도를 결정하기 위해 많은 참가자를 반복적으로 관찰했다. 이 작업은 성적 흥분의 신체적 세부 사항을 문서화하는 데 중요한 역할을 했다.

그럼에도 불구하고, 다른 생리학적 연구와 마찬가지로 마스터스와 존슨의 연구는 약간의 비판을 받았다. 주된 비판은 다소 부자연스러운 실험실 환경에 관한 것이었다. 참가자가 관찰자의 존재 또는 녹음 장비에 의해 과도하게 영향을 받았는가? 또한 참가자 자신이 얼마나 "정상" 또는 "보통"이었는가? 그들은 다른 사람들과 같았는가, 아니면

성적 흥분(Sexual arousal) 성적 흥분이라고도 한다. 인간의 섹슈얼리티의 생식기 구성요소; 물리적 요소와 심리적 요소를 모두 포함한다.

어떻게든 독특했는가? 그것에 대해 생각해보시오. 이런 연구에 자발적으로 참여하겠는가? 여러분 중 일부는 그 질문에 열성적으로 "예"라고 대답할 수도 있고, 다른 일부는 "아니오!"라고 단호하게 대답할 수도 있다. 당신(또는 누군가)의 성향이 무엇이든, 일반적으로 의학 연구에서는 정상적인 생리학적 과정(예: 소화)에 대한 연구는 무작위 또는 대표 표본을 필요로 하지 않는다고 가정한다. 왜냐하면 이러한 과정은 사람마다 거의 동일하기 때문이다. 따라서 마스터스와 존슨 연구의 자원자는 아마도 비정상적이었고 설정이 부자연스러웠을지라도 기록되고 식별된 과정이 우리 모두에게 적용된다는 결론을 안전하게 내릴 수 있다. 이 장의 다음 섹션에서 이러한 특정한 생리적-생식기 사건에 대해 논의할 것이다.

성적 욕망의 심리적 요소를 **주관적인 성적 각성**(*subjective sexual arousal*)이라고 하며, 이는 각성 중 신체의 생식기 및 생리학적 변화에 대한 지각과 자각이다(Green & Mosher, 1985). 각성의 물리적 요소와 달리 주관적인 성적 각성은 자기 보고를 통해서만 평가할 수 있다(자신의 신체 반응에 대해 의식적으로 보고해야 하기 때문에). 예를 들어, 연구자는 남성과 여성에게 생식기 또는 생리학적 감각(예: 음경 발기, 질 윤활, 유방 또는 유두 감각, 심박수 증가, 발한)에 대한 인식에 대해 보고하도록 요청할 수 있다. 성적 흥분의 전반적인 수준, 양 또는 강도를 평가한다. 또는 성적 흥분과 관련된 항목(예: 각성, 흥분, 켜짐)에 반응한다. 13장에서 논의할 것처럼, 성적인 문제를 확인하고 치료하는 데 관심이 있는 연구자들은 사람들에게 성적 흥분에 대한 이러한 유형의 주관적인 정보(예: 질 윤활, 음경 발기 또는 오르가즘)를 제공하도록 요청하는 경우가 많다.

성행위 sexual activity

성행위(sexual activity)는 자위, 키스, 항문성교, 구강성기 성교, 음경-질 성교와 같은 노골적인 성행위로 구성된 성 반응의 또 다른 범주이다. 이 교과서의 많은 부분이 이러한 성행위 및 기타 성행위에 대해 자세히 논의하는 데 전념하기 때문에(예: 11장 참조), 연구자들은 일반적으로 다양한 성행위의 발생과 빈도를 평가하기 위해 자가 보고 방법에 의존한다는 점에 주목한다. 특정 성 행동을 측정하는 대규모 자가 보고 연구의 예가 1장에 나와 있다(이 책 전체에서 논의됨). 여기에는 1940년대와 1950년대 초반에 알프레드 킨제이와 그의 동료들이 수행한 설문조사와 라우만과 그의 동료들이 수행한 보다 최근의 작업(Laumann et al., 1994)과 현재 진행 중인 전국 성 건강 및 행동 조사(NSSHB)가 포함된다.

성적 효과와 인지 Sexual Affect and Cognitions

사람들이 성욕을 경험하고 생리학적으로나 생식기적으로 각성되고(자신의 각성을 주관적으로 자각하고) 성적 활동에 참여하면 이러한 반응과 관련된 다양한 감정, 느낌, 평가, 신념 및 태도(예: 쾌락, 만족감, 호기심, 수치심, 죄책감, 슬픔, 불안, 성적 반응, 사건 또는 에피소드의 적절성과 질에 대한 믿음)도 경험한다. 섹슈얼리티와 섹슈얼 반응과 관련된 감정과 생각의 집합체를 '**성적 감정과 인지(sexual affect and cognitions)**'라고 하며, 이는 매우 중요한 섹슈얼 반응 유형을 나타낸다. 실제로, 13장과 14장에서 논의하듯이 개인의 섹슈얼리티(욕망, 각성, 선호 또는 활동)가 "문제적"으로 분류되는지 여부는 거의 전적으로 그 사람(때로는 그의 파트너)이 자신의 성에 대해 어떻게 느끼고 생각하는가에 기초한다. 예를 들어, 매우 낮은(또는 매우 높은) 수준의 성적 욕망을 경험하는 사람은 해당 욕구 수준에 대한 자신의 정서적 및 인지적 반응에 따라 "하이포"(또는 "과다") 섹슈얼리티로 간주되거나 그렇지 않을 수 있다. 사람들의 섹슈얼리티 관련 감정과 신념은 자기보고로 측정된다. 예를 들어, 연구자는 참가자들에게 마지막 성교 에피소드를 고려하고 즐거움, 즐거움 및 만족과 관련하여 평가하도록 요청할 수 있다.

남성과 여성은 순전히 육체적인 것에서 순수한 심리적인 것에 이르기까지 다양한 성적 반응을 분명히 경험한다. 연구자들은 이러한 반응이 관련되어 있는지 여부와 방법에 관심을 가져왔으며 수년에 걸쳐 인간의 성적 반응에 대한 다양한 모델을 제안했다. 다음 섹션에서는 이러한 모델을 제시하고 논의한다.

성행위(Sexual activity) 자위나 성교와 같은 노골적인 성행위; 일반적으로 자체 보고서를 통해 평가된다.

성적 감정과 인지(Sexual affect and cognitions) 성적 반응과 관련된 감정과 신념(예: 만족감, 쾌감, 수치심, 죄책감); 일반적으로 자체 보고서를 통해 평가된다.

개인적인 생각 Personal Reflections

성적 흥분 중에 일반적으로 발생하는 생리적 반응을 아는 것이 중요하다고 생각하는가? 의사와 치료사가 이 정보를 가지고 있는 것이 중요한가? 마스터스와 존슨의 연구와 같이 성에 관련된 개인을 관찰하고 기록해야 하는 연구에 대해 어떻게 생각하는가?

만약 여러분의 의견이 부정적이면, 성적 흥분 상태에서 우리가 정상적인 생리적 반응에 대해 어떻게 배울 수 있을까?

성적 반응 모델 Models of Sexual Response

4.2 성적 반응의 모델이 다른 세 가지 차원에 대해 토론하고 원래 마스터스와 존슨 모델, 카플란 모델 및 원형 바슨 모델을 비교 대조한다. 성 반응의 선형 모델이 남성과 여성의 경험을 정확하게 설명하는지 토론한다.

지난 반세기 동안 인간의 성적 반응에 대한 다양한 모델이 제안되었다. 이러한 모델은 세 가지 기본 방식에서 다르다. 첫 번째 문제는 모델에 포함된 성적 반응(예: 성욕, 생리학적-생식기 성적 각성, 주관적인 성적 각성, 성적 감정 및 인지)이다. 두 번째는 모델이 선형(즉, 성적인 반응을 순차적인 패턴으로 발생하는 것으로 묘사) 또는 비선형(즉, 성적인 응답을 비순차적 또는 원형 패턴으로 발생하는 것으로 간주)인지에 관한 것이다. 세 번째는 모델에 포함된 단계 또는 단계의 수와 관련된다.

예를 들어, 성적 흥분과 관련된 생리학적 및 생식기 과정에 대한 관찰을 바탕으로 마스터스와 존슨(1966)은 **성적 반응 주기(sexual response cycle)**라고 하는 선형 또는 순차적 모델을 제안했다. 이 모델은 남성과 여성의 신체에서 일어나는 신체적 변화를 (1) 흥분, (2) 안정기, (3) 오르가즘, (4) 해소의 4단계로 특성화한다(**그림 4-2** 참조). 이것이 순차적 모델이지만 마스터스와 존슨은 다양한 단계 사이에 단단하고 빠른 경계가 없으며 남성과 여성 모두 신체가 이전 단계와 관련된 과정을 여전히 경험하는 동안 후기 단계에 들어갈 수 있다는 점에 주목했다. 성적 자극에 대한 신체적 반응(주관적 또는 심리적 반응과 반대)에 초점을 맞추기 때문에 마스터스와 존슨 모델은 성적 반응의 일반적인 모델이라기보다는 생리학적-생식기 성적 각성의 모델로 가장 잘 이해된다.

10년 후, 임상의이자 저명한 성 치료사인 헬렌 싱어 카플란(Helen Singer 카플란, 1979)은 최초의 마스터스와 존슨 성적 반응 주기를 확장했다. 사람들이 갑자기 얼굴이 붉어지고 흥분하며 섹스할 준비가 된 것은 아니라는 점에 주목하면서 그녀는 초기 성욕 단계를 포함하는 것이 중요하다고 주장했다. 카플란의 순차 모델에 따르면 성 반응 주기는 생리학적으로 관련이 있지만 별개의 세 단계로 구성된다. 흥미롭게도 카플란의 작업을 기반으로 마스터스와 존슨은 원래의 4단계 모델을 성적 욕망을 포함하도록 변경하여 "성적 욕망이 후속 성적 각성을 위한 발판 역할을 하는 것은 확실히 사실이다. 이 때문에 정신과 의사인 카플란이 제안한 바와 같이 성욕을 인간의 성 반응 주기의 첫 번째 단계로 보는 것이 유용하다"(1994, p. 46).

일부 과학자들은 마스터스와 존슨과 카플란이 제안한 것과 같은 선형 모델이 여성의 성적 반응보다 남성의 반응을 더 잘 포착한다고 믿는다(예: Basson, 2000, 2001a, b; 2002a, b, c; Basson et al., 2003; Tiefer, 2001). 이 학자들은 많은 여성들이 그러한 모델에 포함된 단계를 통해 점진적이고 순차적으로 움직이지 않는다고 주장한다.

더욱이, 그들은 생리적 및 생식기 반응에 대한 이러한 모델의 강조가 중요한 역할을 하는 것으로 보이는 비물리

그림 4-2 성적 반응의 세 가지 모델.

성적 반응의 4단계가 있는 선형 모델(마스터스와 존슨):

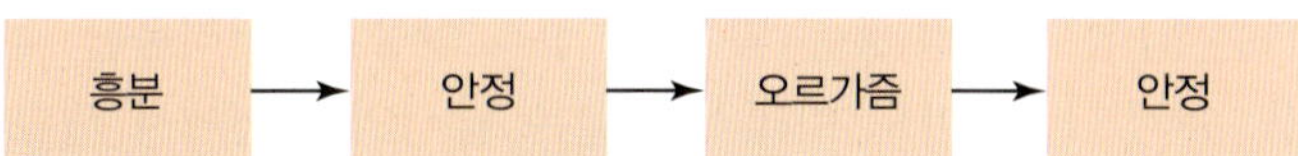

3단계의 성적 반응이 있는 선형 모델(카플란):

여러 단계의 성적 반응이 있는 원형의 비선형 모델(바슨):

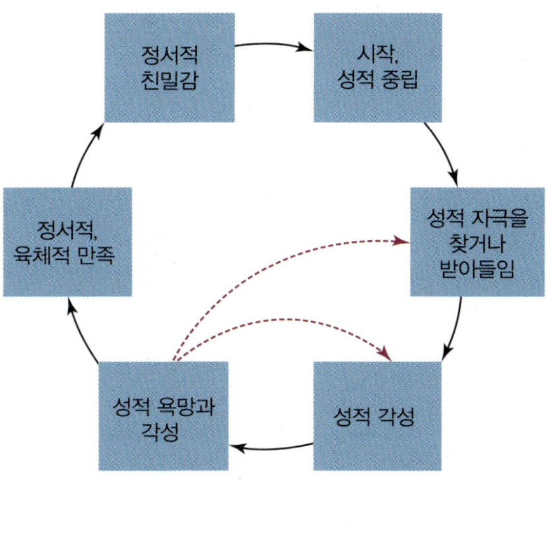

성적 반응 주기(Sexual response cycle) 성적 각성 동안 발생하는 생리적 및 생식기 반응을 설명하는 성적 반응의 순차적 모델. 이후 초기 성적 욕망 단계를 포함하도록 수정되었다.

적 요인(정동 및 인지뿐만 아니라 성이 발생하는 더 큰 관계적 맥락 포함)을 위한 자리를 제공하지 않는다는 점에 주목한다. 여성의 성적 반응에서. 결과적으로 그들 중 일부는 정서적 친밀감, 성적 만족 및 기타 심리적 및 대인관계 과정에 더 큰 우선순위를 부여하는 비선형 또는 원형 모델을 제안했다(예: Basson, 2001a,b,c; Whipple & Brash-McGreer, 1997 참조). 우리는 여성의 성 반응 주기를 고려할 때 이러한 모델에 대해 더 자세히 논의할 것이다.

그렇다면 어떤 모델이 맞을까? 일부 남성과 여성의 성적 반응 주기가 다르다는 견해를 뒷받침하는 최근 증거가 있다. 예를 들어, 한 연구에서 연구자들은 성적으로 활발하고 파트너가 된 남성과 여성의 대규모 표본에게 다양한 성 반응 주기 모델 중 자신의 성적 경험을 가장 정확하게 반영하는 모델을 표시하도록 요청했다(Giraldi et al., 2015). 대부분의 남성(87%)은 선형 모델(즉, 마스터스와 존슨의 모델 또는 카플란의 모델)을 지지했다. 대부분의 여성(62%)은 또한 자신의 성적 반응이 선형 모델에 의해 가장 정확하게 포착되었다고 말했다. 그러나 상당한 수의 여성(26%)이 성 반응의 비선형 순환 모델을 지지했다(즉, Basson, 2001a). 남성의 5%만이 원형 모델을 지지했다. 그리고 소규모 참가자 그룹(남성 7%, 여성 12%)은 기존 모델 중 어느 것도 자신의 성적 반응 패턴을 반영하지 않는다고 느꼈다. 흥미롭게도 성기능 장애(13장 참조)가 있는 남성과 여성은 성 반응의 비선형 순환 모델을 지지할 가능성이 더 높았다. 이 연구는 선형 모델이 (대부분) 남성의 섹슈얼리티를 실제로 정확하게 반영하지만 여성의 섹슈얼리티는 더 다양하다는 것을 시사한다(약 2/3의 여성이 정기적으로 선형 응답 패턴을 경험하고 약 1/4이 원형 또는 비선형 패턴을 보고함). 연구자들은 "성적 반응의 단일 모델은 [남성과 여성 모두의] 성적 반응을 설명할 수 없다"고 결론지었다(Giraldi et al., 2015, p. 116).

이 장에서는 성적 반응의 차이점과 유사점을 강조하기 위해 남성과 여성의 성적 반응 주기를 별도로 논의하기로 결정했다. 먼저 남성의 성적 반응에 대한 설명부터 시작하여 여성의 반응과 비교 대조해 보겠다.

남성의 성적 반응: 5상 선형 모형

Men's Sexual Response: The Five-Phase Linear Model

4.3 남성 성 반응의 현대 선형 모델의 다섯 단계를 발생 순서대로 설명한다. 음경 발기 과정(및 남성의 성적 흥분 동안 발생하는 기타 생리적, 생식기 변화)을 설명한다.

마스터스와 존슨(1966)과 카플란(1979)은 그림 4-3에 나와 있는 것처럼 남성(및 여성)의 성적 반응에 대한 최초의 모델을 제안했다. 오늘날 과학자들은 이 두 가지 모델을 결합하여 일반적으로 남성의 성 반응 주기를 욕망, 흥분, 안정기, 오르가즘 및 해결의 비교적 선형적인 5단계로 구성되는 것으로 본다(그림 4-4 참조). 비록 성적 감정과 인지가 일반적으로 이 5단계 모델에 포함되지 않지만, 성적 자극이나 활동 전, 중, 후에 남성의 반응은 의심할 여지 없이 감정, 평가, 감정, 생각 및 신념에 의해 영향을 받는다는 것을 기억하는 것이 중요하다. 실제로, 13장에서 논의하듯이, 발기를 얻거나 유지할 수 있을지 걱정하거나 걱정하는 남성은 성적 흥분(및 기타 성적 반응)에 어려움을 겪을 수 있다. 아마도 미래의 모델은 남성의 경험에서 섹슈얼리티의 중요한 측면이 수행하는 역할을 보다 신중하게 묘사할 것이다.

그림 4-3

남성 인간의 성적 반응 주기에 대한 두 가지 초기 선형 모델. 주황색과 파란색 선 패턴의 상승 및 하락은 생리적 및 생식기 각성 수준의 변화에 해당한다.

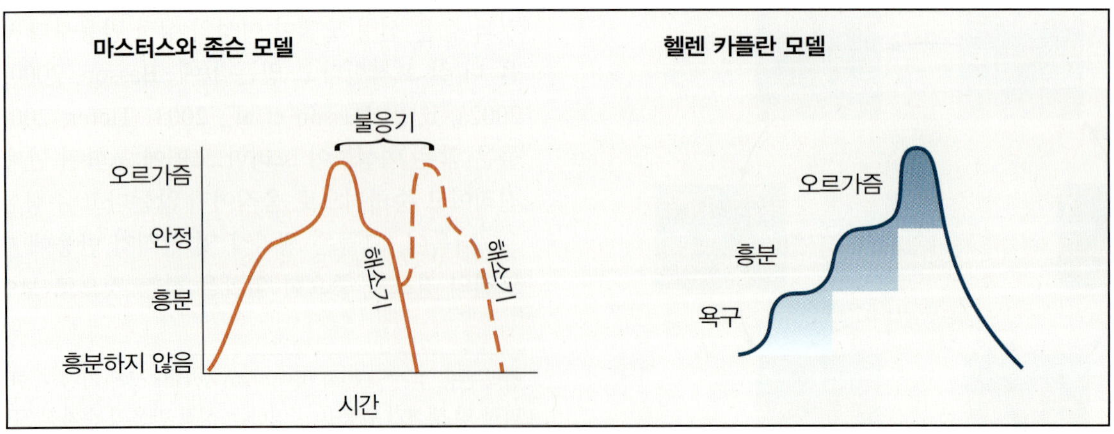

그림 4-4

남성(및 여성)의 성적 반응 주기의 현대적 모델로서, 5개의 상으로 구성된 주기가 있다.

성욕 Sexual Desire

성욕은 의식적으로 거의 통제할 수 없는 내부 메커니즘(자발적 성욕)의 결과로 자동으로 발생할 수 있거나 외부 자극(반응적 성욕)에 의해 생성될 수 있음을 기억하시오. 남성(및 여성)이 두 가지 형태의 성적 욕망을 모두 경험하지만, 자발적으로 생성된 성적 관심은 남성이 가장 일반적으로 경험한다고 보고하는 욕망의 유형이다(Štulhofer et al., 2013 참조). 그리고 그들은 그것을 아주 자주 경험한다. 한 조사에 따르면 대학생 남성은 자발적으로 성적 욕망을 일주일에 평균 37번 느낀다고 말했다(Regan & Atkins, 2006).

무엇이 그의 성적 관심을 불러일으키는지, 즉 그가 내적 또는 외적 자극을 받든 간에 일단 남자가 욕망을 경험하면 성적 반응 주기의 다음 단계(성적 각성 또는 흥분)로 비교적 빠르고 원활하게 진행할 가능성이 높다. 우리가 보게 되겠지만, 흥분과 나머지 각성 단계 동안 발생하는 생리적, 생식기 반응은 남성마다 또는 다른 성적 자극이나 활동의 결과로 다르지 않다. 흥분의 원인이 다른 사람(이성 또는 동성)이든 자신(판타지 및/또는 자위 행위)이든 상관없이 신체 반응은 동일하다.

흥분기(각성기) Excitement (Arousal)

생리학적-성기의 성적 각성은 세 가지 기본적인 물리적 과정을 포함한다는 것을 기억하시오. 이것은 **혈관 울혈(vasocongestion)** 또는 혈액으로 신체 조직을 채우는 것이다. **근긴장증(myotonia)**, 또는 신체 및 생식기 부위의 근육 긴장; 및 심박수, 혈압 및 호흡의 **심폐 변화**(*cardiopulmonary changes*).

물론 남성에서 각성의 첫 번째 물리적 징후는 해면체의 해면체 조직과 해면체 총합이 혈액으로 가득 차서 **음경이 발기**(*erection of the penis*)되는 것이다(그림 4-6 참조). 이 혈관 울혈 반응은 자극이 시작된 후 3~8초 이내에 시작되지만 대개 즉시 발기가 되지는 않는다. 그러나 많은 남성들은 자극을 받은 즉시 "강철" 발기가 되지 않으면 걱정한다. **흥분 단계(excitement phase)**는 각성의 초기 단계이며, 남성이 처음에는 정신적 또는 외부 자극에 쉽게 주의가 산만해져 발기의 견고함에서 변동이 생기는 것이 드문 일이 아니다. 이것은 지극히 정상이다.

그림 4-5

발기와 관련된 신경 메커니즘.

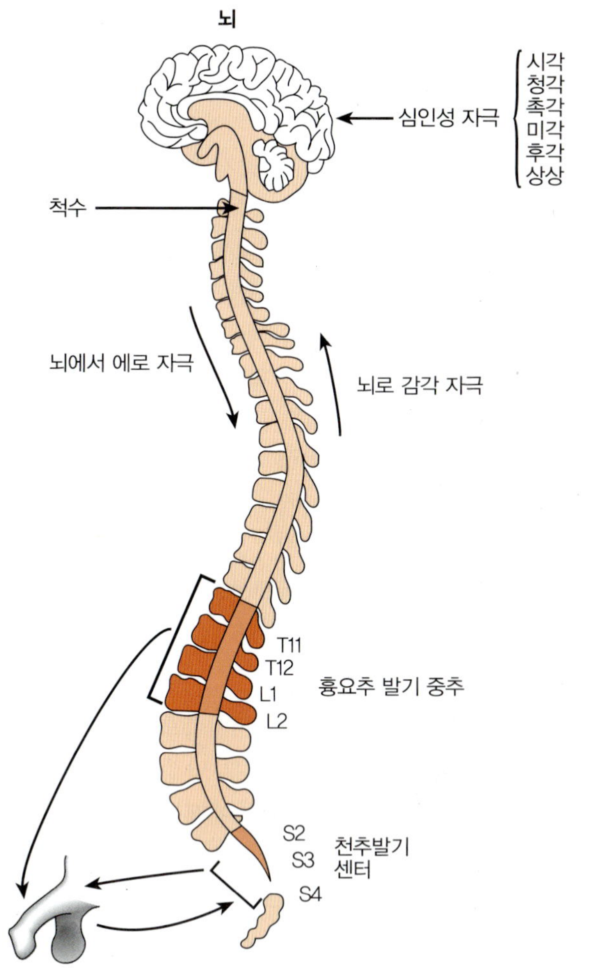

음경의 혈관 울혈은 음경으로 혈액을 운반하는 동맥의 확장을 유발하는 신경 자극으로 인해 발생한다. 이것을 더 잘 이해하려면 그림 4-5를 보시오. 발기를 담당하는 척

혈관 울혈(Vasocongestion) 조직이 혈액으로 채워지는 것.

근긴장증(Myotonia) 근육 긴장; 몸 전체와 생식기 부위에서 경험한다.

흥분 단계(남성)[Excitement phase (men)] 마스터스와 존슨이 제안한 성적 반응 주기의 두 번째 단계. 첫 번째 징후는 발기로 이어지는 음경의 혈관 울혈이다. 다른 변화로는 근육 긴장과 심박수의 증가가 있다.

수에는 두 개의 센터가 있다. 둘 중 더 중요한 것은 척수의 가장 낮은(천골) 부분에 있다. 음경의 자극으로 인한 신경 자극은 이 중추로 이동한 다음 반사 작용으로 신경 자극을 음경으로 다시 보낸다. 천골 발기 중심 위의 척수가 절단된 많은 남성은 음경의 자극을 느낄 수는 없지만 여전히 이러한 반사 방식으로 발기할 수 있다. 이것은 사지마비 환자와 하반신 마비 환자에게 해당된다(C. J. Alexander et al., 1993). 척수가 손상되지 않은 남성의 경우 뇌의 신경 자극(시각, 소리, 환상 등으로 생성됨)이 발기 중추로 전달되어 혈관 울혈이 발생한다. 척수(흉요추)의 더 높은 위치에 있는 두 번째 발기 센터도 뇌에서 발생하는 충동을 수신하므로 심리적으로 유발된 발기에 기여한다. 음경의 혈관 울혈은 기계적으로 쉬운 과정처럼 들리지만 신체적 또는 정서적 스트레스 및/또는 피로를 포함하여 여러 가지 요인이 이를 방해할 수 있다(13장 참조).

성기의 혈관 울혈은 흥분 단계에서 남성에게 일어나는 유일한 반응이 아니다. 심박수, 혈압 및 근육 긴장도 증가한다. 특히, 음낭이 두꺼워지고(근육층이 수축) 정자가 짧아져 고환이 몸쪽으로 올라간다. 흥분 단계 후반에 고환도 혈액으로 가득 차서 비대해지기 시작한다(**그림 4-6** 참조). 또한 남성의 남성다움이나 여성다움과는 무관한 반응으로 일부 남성에서는 유두발기가 발생하기도 한다.

안정기 plateau

안정기(plateau)는 잠재적으로 오르가즘의 단계를 설정하는 높은 성적 각성의 기간이다. 일부 남성의 경우 이 단계가 매우 짧을 수 있다. 다른 사람들에게는 오래 지속될 수 있다. 이 단계에서 음경의 직경은 특히 코로나 근처에서 더욱 증가한다. 또한 고환은 혈액으로 완전히 채워지고(크기가 50%에서 100% 증가) 고환의 뒷면이 회음부에 닿을 때까지 계속 올라가고 회전하여 오르가즘이 가깝다는 표시이다(그림 4-6 참조). 쿠퍼샘은 음경 끝에 나타날 수 있는 몇 방울의 투명한 액체를 분비한다. 남성의 약 25%는 신체의 다양한 부위에서 성긴장홍조[*sex-tension flush*, 성홍조(*sex flush*)라고도 함]을 경험한다. 이것은 홍역과 같은 발진과 유사하며 피부가 혈관 울혈 반응을 일으키기 때문이다.

오르가즘 orgasm

오르가즘의 본질 지속적이고 효과적인 자극을 통해 남성은 몇 초 동안 지속되는 강렬한 육체적 감각을 경험하며 이를 집합적으로 **오르가즘(orgasm**, 클라이맥스 또는 "도착")이라고 한다. 마스터스와 존슨은 오르가즘을 리드미

안정기(Plateau) 마스터스와 존슨이 제안한 선형 성 반응 주기의 세 번째 단계. 생리학적으로나 생식기적으로나 오르가즘의 단계를 설정하는 높은 각성 상태를 나타낸다.

그림 4-6

남성의 생리적 생식기 성 반응: 흥분, 정체기, 오르가즘과 사정.

출처: HOCK, ROGER R., HUMAN SEXUALITY, 1st Ed., © 2007. Reprinted and Electronically reproduced by permission of Pearson Education, Inc., New York, NY.

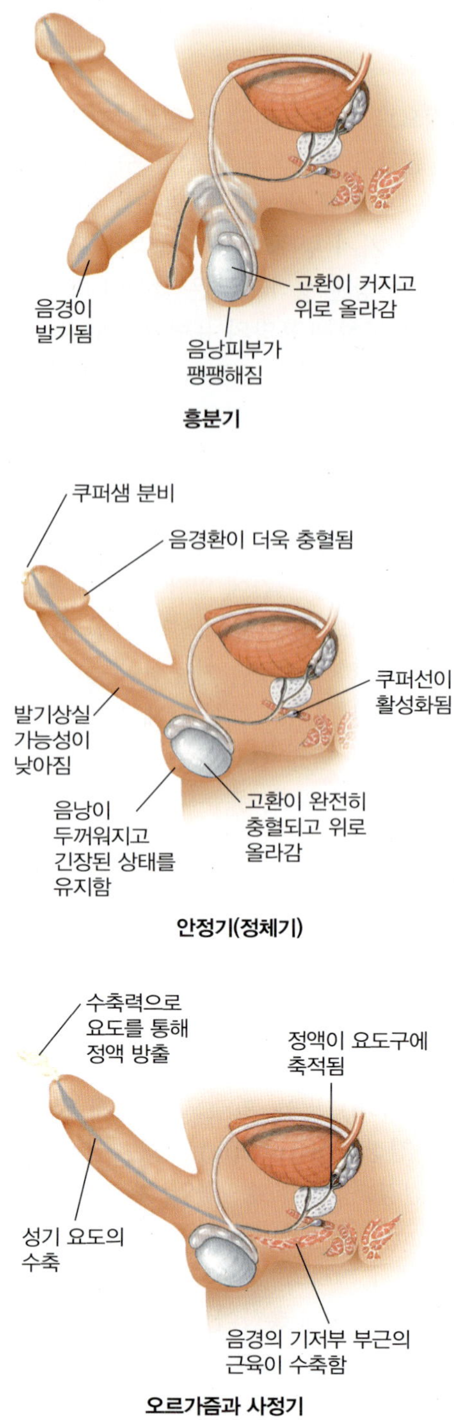

컬한 근육 수축을 통해 사람들이 고원 단계에서 경험하는 축적된 성적 긴장을 갑자기 방출하는 것으로 정의한다. 특히, 전기생리학적 기록 장비를 사용하여 처음에는 0.8초마다 발생했지만 강도와 규칙성이 감소하는 신체의 특정 부분에서 리드미컬한 근육 수축을 식별할 수 있었다. 다른 사람들은 첫 번째 수축의 간격이 0.6초에 불과하다고 보고했지만(Bohlen et al., 1980), 그 타이밍에 관계없이 오르가즘은 분명히 특정 조직에서 발생하는 생리적 반응과 관련이 있다.

그러나 이 정의가 오르가즘의 진정한 본질을 설명할까? 화성인이 지구에 착륙하여 오르가즘이 무엇인지 묻는다면 어떻게 설명하겠는가? 다음은 오르가즘을 경험한 적이 없는 사람을 위해 오르가즘에 대해 설명하도록 요청했을 때 우리 반의 남학생들이 한 응답이다.

> "... 폭탄 같지만 기분은 좋습니다. 최대치에 도달하면 터질 것 같은 느낌이 듭니다. 그러면 마치 하늘에 떠 있는 것 같은 기분이 들 것입니다."
>
> "... 롤러코스터처럼. 처음에는 흥분을 느끼고 온몸이 저릿저릿합니다. 내 마음이 내 가슴에 떨어지는 것 같아요. 그러면 배와 다리 근육이 팽팽해지고 모든 긴장이 순식간에 풀립니다."
>
> "번개처럼 척추 뒤쪽을 강타합니다. 몸이 굳어지고 발가락이 구부러지고 우스꽝스러운 얼굴이 됩니다."
>
> "...당신이 도로 여행에서 10~15잔의 맥주를 마셨고 운전하는 사람이 당신을 안심시키기 위해 차를 세우지 않는 것처럼. 그 느낌은 마치 그들이 마침내 차를 세웠을 때와 처음 몇 초 동안의 안도감입니다."
>
> "단순한 육체적 감각이나 경험 그 이상입니다. 몸이 뻣뻣하고 뻣뻣하고 긴장되고 긴장됩니다. 하지만 나 역시 긴박감과 필요가 있기 때문에 정신적이기도 하고, 그럴 때면 엄청난 해방감과 기쁨을 느낀다. 그것은 완전한 심신 경험입니다."
>
> (모든 예제는 작성자의 파일에서 가져옴)

학생들의 다양한 반응은 아래와 같은 질문을 야기한다. 오르가즘은 몇 개의 생식기 조직에서 리드미컬한 근육 수축에 불과한 것인가, 아니면 완전히 다른 어떤 것, 지각적이고 주관적인 것인가? 다시 말해, 마스터스와 존슨은 오르가즘이 실제로 무엇인지 또는 단순히 어떻게 생겼는지 기록했을까? 이후의 연구에서는 오르가즘에 대한 개인의 인식과 근육 수축 사이의 관계를 찾을 수 없었다. 수축은 종종 오르가즘에 대한 사람의 인식이 시작되기 전에 시작되고 오르가즘이 끝났다고 보고하기 전에 끝난다. 더욱이, 강한 수축은 때때로 "가벼운" 오르가즘에서 볼 수 있는 반면 약한 수축은 때때로 강렬하게 즐거운 것으로 인식되는 오르가즘과 관련된다(Bohlen et al., 1980, 1982; Levin & Wagner, 1985). 요컨대, 연구자들은 수축을 측정할 수 있지만 쾌락은 측정할 수 없다. 오르가즘에 대한 인식은 그것을 경험하는 개인에 의해서만 평가될 수 있다. 주관적으로 사람들은 쾌감이 처음에는 생식기에 집중되다가 전신으로 퍼진다고 보고한다. 이로 인해 일부 전문가들은 오르가슴의 본질이 성기가 아니라 뇌에 있다고 결론지었다(Mah & Binik, 2005 참조).

일부 하반신 마비 환자와 사지 마비 환자, 즉 척수가 절단된 사람들이 오르가즘을 느낀다고 보고한다는 사실은 오르가즘 경험에 주관적이고 심리적인 요소가 있다는 생각을 뒷받침한다(CJ Alexander et al., 1993; Komisaruk & Whipple , 2011).

요약하면, 과학자들은 오르가즘이 생리적 및 생식기 반응과 연관되고 그에 대한 반응으로 느껴지지만 주로 지각적 또는 주관적 경험(즉, 뇌에서 생성됨)으로 이해한다.

남성 오르가즘의 두 단계 남성의 경우 오르가즘과 관련된 신체적 반응은 두 단계로 발생한다. **배출**(*emission*)이라고 하는 첫 번째 단계에서 정관, 전립선, 정낭의 리드미컬한 근육 수축이 정자와 전립선 및 정액을 사정관으로 밀어 넣어 **정액**(*semen*)을 형성한다. 괄약근(근육 섬유의 원형 밴드)이 수축하여 전립선을 통과하는 요도 부분을 닫고 정액으로 인해 요도가 정상 크기(요도 구라고 함)의 2~3배가 된다. 이러한 초기 수축은 남성에게 사정이 불가피하다는 느낌(유명한 "I'm going")을 준다. 즉, 오르가즘이 막 일어나려고 하고 미룰 수 없는 느낌이다.

방출(*expulsion*)이라고 하는 두 번째 단계에서 이러한 수축은 요도의 수축과 음경 기저부의 근육에 의해 결합되어 음경에서 정액을 강제로 배출한다(**사정, ejaculation**). 이 단계에서는 방광에서 나오는 요도 부분을 둘러싸고 있는 괄약근이 팽팽하게 수축되어 소변이 정액과 섞이지 않게 된다. 몇몇 남성은 음경 요도를 통해 정액이 통과하도록 하는 괄약근이 닫히고(열리는 대신) 방광에서 요도의 일부를 둘러싸고 있는 괄약근이 열리는(닫는 대신) **역행 사정**(*retrograde ejaculation*)으로 알려진 의학적 문제가 있

오르가즘(Orgasm) 생식기와 생리학적 긴장이 풀릴 때 성적 각성을 하는 동안 경험하는 짧지만 강렬한 감각(대부분 생식기에 집중되지만 실제로는 전신 반응). 오르가즘 동안 남성과 여성 모두의 특정 조직에서 리드미컬한 근육 수축이 발생한다. 이것은 일반적으로 안도감, 해방 및/또는 쾌락의 주관적인 느낌을 동반한다. 마스터스와 존슨이 제안한 성 반응 주기의 네 번째 단계.

사정(Ejaculation) 몸에서 정액의 방출.

다. 따라서 정액을 몸밖이 아닌 방광으로 밀어넣는다.

사정은 남성의 오르가즘과 거의 동시에 발생하지만 실제로는 두 가지 다른 이벤트이다. 오르가즘은 방출 및 배출과 관련된 주관적이고 즐거운 감각을 말하며, 사정은 신체에서 정액이 물리적으로 방출되는 것을 의미한다. 음경을 통한 정액의 통과는 오르가즘의 감각이나 오르가즘의 강도와 아무 관련이 없다. 생각해 보시오: 요도를 통한 체액의 통과가 즐거운 감각의 원인이라면 하루 중 다른 시간에 남성은 매우 강렬한 오르가즘을 느낄 것인가(그러나 그렇지는 않음)? 사실 오르가즘과 사정이 항상 함께 일어나는 것은 아니다. 예를 들어, 사춘기 이전에 소년은 오르가즘을 느낄 수 있지만 사정하지는 않는다(전립선과 정낭은 사춘기까지 확대되지 않음). 오르가즘이 없는 사정은 질병이 있거나 특정 약물을 복용하는 성인 남성에서도 보고되었다.

해소기 Resolution

해소기(resolution)는 각성되지 않은 상태로의 복귀로 정의된다. 남성의 경우 이것은 발기 상실, 고환 크기 감소, 고환이 체강에서 멀어지는 움직임, 이를 경험하는 남성의 성홍조 소실을 포함한다. 발기 상실(탈구)은 음경으로의 정상적인 혈류의 복귀로 인한 것이다. 과도한 혈액의 일부는 오르가즘 수축에 의해 펌핑되고 동맥이 수축하기 시작하고 정맥이 열리면서 정상적인 혈류로 돌아온다. 고환은 고원기 동안 피로 부풀어올랐고, 오르가슴이 지연되거나 달성되지 않으면 남성은 이제 고환 통증(때때로 "파란 공(blue ball)", 몹시 흥분하고 있으면서 사정하지 못할 때의 하복부 통증으로 알려짐)을 경험할 수 있다. 불편함은 일시적일 뿐이며 위험하지 않다. 실제로 고환과 음낭은 파란색으로 변하지 않는다.

연구에 따르면 일부 남성은 한 번의 성관계에서 두 번 이상 오르가즘에 도달할 수 있지만 즉시는 아니다(Wibowo & Wassersug, 2016 참조). 오르가즘 후에도 정서적 및/또는 신체적 자극이 계속되면 남성의 생리적 반응이 흥분 전 단계 수준으로 완전히 떨어지지 않을 수 있지만 일정 기간 동안 안정기 수준 아래로 떨어질 것이다. 부분 발기 또는 전체 발기가 가능할 수 있지만 남성은 반응이 다시 안정기 수준에 도달할 때까지 또 다른 오르가즘을 느낄 수 없다. [자신의 반응이 안정기(plateau)라고 하는 고조된 각성 상태에 도달할 때까지 오르가즘을 가질 수 없음을 기억하시오.] 오르가즘 이후 생리학적으로 남성이 다른 오르가즘에 도달하는 것이 불가능한 기간을 **불응기(refractory period)**라고 한다(그림 4-3 참조). 고정된 시간이 아니다. 불응 기간은 개인마다 다르다. 남성이 나이가 들어감에 따라 그리고 각각의 연속적인 오르가즘(남자는 두 번 이상의 오르가즘을 경험해야 함) 이후에 더 오래 자라는 경향이 있다. 가장 중요한 요소 중 하나는 남자가 받는 자극의 양이다. 예를 들어, 남자가 새로운 파트너와 성관계를 가질 경우 불응 기간이 매우 짧을 수 있다. 이것은 캘빈 쿨리지 전 미국 대통령의 이름을 따서 명명된 "쿨리지 효과"로 알려져 있다. 잘 알려진 우화에 따르면 쿨리지 대통령과 부인은 정부 농장을 따로 둘러보고 있었다고 한다. Coolidge 여사는 닭장에 도착하자, 농부에게 암탉들의 지속적이고 격렬한 성행위가 정말 한 마리의 수탉의 소행인지 물었다. 농부가 그것이 사실임을 인정한 후, Coolidge 부인은 "당신은 Mr. Coolidge에게 그것을 지적할 수 있습니다."라고 대답했다. 그녀의 진술은 대통령에게 전달되었고, 대통령은 농부에게 수탉이 매번 같은 암탉과 성교를 했는지 물었다. 농부가 "아니에요, 대통령님. 매번 다른 암탉이요."라고 대답하자 Mr. Coolidge는 "당신은 Coolidge 부인에게 그것을 지적해 줄 수 있습니다."라고 대답했다.

여성의 성적 반응 주기

Women's Sexual Response Cycle

4.4 여성의 성적 반응에 대한 두 가지 동시대(선형 및 원형) 모델을 설명한다. 질 윤활의 과정(및 여성의 성적 흥분 동안 발생하는 기타 생리적 및 생식기 변화)을 설명하고 많은 여성의 주관적 각성이 생리적 각성과 제대로 상관관계가 없는 이유를 논의한다.

여성의 성적 반응에 대한 두 가지 기본 모델(선형 및 원형)은 이 장의 앞부분에서 언급되었으며 그림 4-7에 설명되어 있다. 우리가 논의한 바와 같이, 남성에서 관찰되는 것보다 여성의 성적 반응에 더 큰 변화가 있는 것으로 보인다. 특히, 대부분의 여성(60% 이상)은 원래 마스터스와 존슨 및 카플란이 설명하고 그림 4-4에서 제시한 5단계 모델로 결합된 선형 방식으로 욕망, 흥분, 안정기, 오르가즘 및 해결을 경험하지만, 상당한 비율은 그렇지 않다(Giraldi et al., 2015 참조). 이러한 여성(약 25%)의 경우 원형 모델이

해소기(Resolution) 마스터스와 존슨이 제안한 성적 반응 주기의 다섯 번째이자 마지막 단계이다. 몸이 깨어나지 않은 상태로 돌아가는 것을 말한다.

불응기(Refractory period) 남성의 경우 오르가즘 후 생리적 반응이 안정기 수준 아래로 떨어지므로 다른 오르가즘을 경험할 수 없는 기간이다(반응이 다시 안정기에 도달할 때까지).

그림 4-7
여성 성 반응 주기의 두 가지 모델이다. 여성에 대한 마스터스와 존슨의 선형 모델은 순차적이고 생리적인 반응(대부분 생식기)에 중점을 둔다는 점에서 남성 모델과 유사하다. 바슨의 원형 모델은 정서적 친밀감과 자극에 대한 인지적 해석에 더 중점을 두고 있으며 반응이 직선적이고 선형적인 경로를 따르지 않을 수 있다는 것을 보여준다.

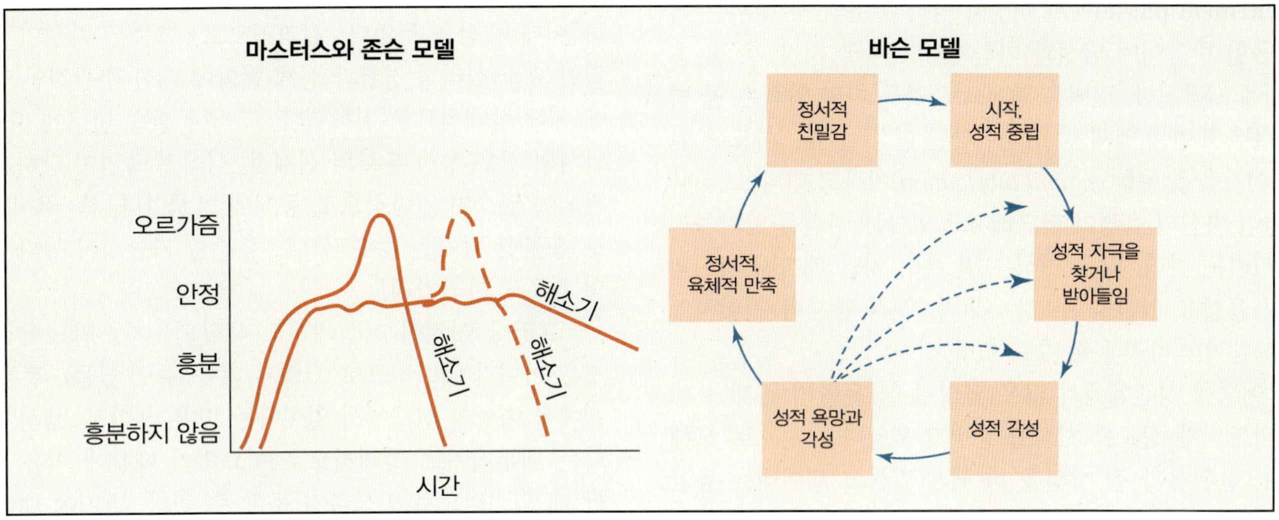

성적 반응의 현실을 더 정확하게 표현하는 것으로 보인다.

여러 원형 또는 비선형 모델이 생성되었다. 그러나 가장 잘 알려지고 연구된 것은 **로즈마리 바슨(Rosemary Basson)**이 제안한 것이다(2000, 2001ac, 2002a). 이 모델은 여성의 성적 반응에서 성적 감정과 인지(정서적 친밀감 요구의 역할 및 성적 자극에 대한 인지적 해석 포함) 및 관계적 맥락(파트너의 행동 포함)의 중요성을 강조한다. 특히, 일부 여성의 경우 욕망이 항상 선행하는 것은 아니지만 실제로 성적 흥분(흥분)을 따르거나 함께 발생할 수 있음을 인정한다. 구체적으로, 바슨은 대부분의 남성(욕망이 일반적으로 자발적으로 발생한 다음 각성, 오르가즘에 이르는 활동으로 진행됨)과 달리 많은 여성이 성적 흥분이 형성되기 시작하거나 활동이 시작된 후에만 욕망을 경험한다고 했다. 이러한 반응적인 욕구는 차례로 긍정적인 만족감과 쾌감을 생성하고 되먹임 고리에서 기존의 각성과 성적 수용성을 높일 수 있다. 파트너의 역할, 관계 맥락, 성 관련 정동 및 인지에 대한 강조 때문에 이 모델은 다양한 성기능 장애를 가진 여성(및 남성)의 경험을 설명하는 데 특히 유용할 수 있다(13장 참조). 실제로 연구에 따르면 성적인 어려움을 겪는 여성(및 남성)은 선형 모델보다 원형 모델이 성적 반응 주기를 더 정확하게 설명한다고 말할 가능성이 더 높다(Giraldi et al., 2015).

성욕 Sexual Desire

남성과 여성의 성욕에는 몇 가지 중요한 차이점이 있다. 첫째, 여성은 남성보다 성적 욕구를 보다 광범위한 대인관계의 욕구(특정 성적 욕구와 반대)로 개념화하고 경험할 가능성이 더 크다. 예를 들어, 리건과 버쉐이드(1996)가 대학생들에게 "성적 욕망이란 무엇인가?"라는 질문을 했을 때, 그들의 결과는 남성보다 여성이 성욕을 단순한 성에 대한 필요나 욕구, 감정적 친밀감 또는 로맨스로 보는 것이 아니라 더 많은 것으로 나타났다.

둘째, 과학적 추측에 따라(Basson, 2002b; Baumeister, 2000; Regan, 2015 참조) 연구에 따르면 성적 욕망의 초기 유발 요인은 남성과 여성에 따라 다르다. 특히, 남성의 욕망은 종종 내부적으로 자발적으로 발생하는 것으로 보이지만 여성의 욕망은 종종 외부의 맥락적 단서에 반응하여 발달한다(Goldhammer & McCabe, 2011a; Regan & Berscheid, 1995 참조). 물론, 이러한 차이는 제쳐두고, 남성과 여성 모두 자발적이고 반응적인 욕구를 경험할 수 있다는 점에 주목하는 것이 중요하다. 실제로 한 조사(Regan & Atkins, 2006)에 따르면 대학생 여성은 매주 약 9회의 자발적인 성욕 에피소드를 경험한다고 보고했다.

다른 유발 요인이나 원인 외에도 일부 여성은 성적 욕망을 다른 반응(예: 성적 흥분)과 구별되는 별도의 사건으로 주관적으로 경험하지 않는다는 증거도 있다(Beck et al., 1991 참조). 즉, 성적 관심이나 충동 또는 동기의 측면뿐만 아니라 신체적 및 주관적 각성 또는 흥분 측면을 포함하는 하나의 과정을 주관적으로 경험한다(Basson, 2002c; Meana, 2010; Tiefer, 2001 참조).

흥분기 Excitement (Arousal)

남성과 마찬가지로 여성의 성적 각성은 혈관 울혈, 근긴장증 및 심폐 기능의 변화를 특징으로 한다. 특히, **흥분 단계(excitement phase)**에서 여성의 성적 흥분의 첫 징후는 혈관 울혈 반응이며 남성과 마찬가지로 자극 시작 후 몇 초 이내에 시작된다. 질벽은 혈액으로 가득 차고 압력은 곧 벽이 내부 표면에 액체 방울(과여과된 혈장)을 분비하도록 한다. 이것을 질 윤활(*vaginal lubrication*)이라고 한다. 그러나 남성이 자신의 음경이 단단해지고 있다는 사실을 알아차리기 어려운 반면, 많은 여성은 몇 분이 지날 때까지 자신의 질이 윤활유 역할을 한다는 것(즉, 성적 흥분을 경험하고 있음)을 인식하지 못할 수도 있다.

이성애 성관계에서 많은 남성이 질 윤활의 존재를 여성 파트너가 성교를 시작할 준비가 되었다는 신호로 오해한다. 윤활유가 질 삽입을 더 쉽게 만들고 밀어내는 동안 자극을 방지하지만, 이것은 여성이 경험하는 첫 번째 생리학적 반응일 뿐이며 여성이 감정적으로 또는 육체적으로 성교를 시작할 준비가 되었음을 의미하지는 않는다(우리가 되돌아갈 지점).

질 윤활 외에도 일반적으로 질 입구를 덮고 보호하는 대음순이 평평해지고 떨어져 나가기 시작한다. 자극되지 않은 상태에서 무너진 질의 벽이 팽창하기 시작하고 자궁경부와 자궁이 위로 당겨져 질이 음경이나 다른 물체를 수용할 준비가 된다(그림 4-9 참조). 두 개의 해면체로 구성된 음핵은 혈액으로 가득 차서 음핵의 직경(여성의 약 10%에서 음핵의 길이)이 증가하고 귀두의 직경이 약간 증가한다. 결과적으로 음핵은 **흥분 단계(excitement phase)(여성)** 동안 다른 어느 때보다 더 두드러진다(그림 4-8 참조).

유두는 또한 흥분 단계에서 발기된다. 이는 혈관 울혈이 아니라 작은 근육 섬유의 수축 결과이다. 그러나 유방 조직의 혈관 울혈은 흥분 단계 후반에 유방 크기가 약간 증가하는 원인이 된다.

우리가 논의한 바와 같이, 마스터스와 존슨은 각성 중에 우리 몸에서 발생하는 생리학적 및 생식기 변화를 설명하는 데 중점을 두었다. 결과적으로, 그들은 각성의 주관적인 요소(심리적 경험과 신체 변화에 대한 주관적인 인식)에 대해 상대적으로 침묵했다. 그러나 후속 연구에 따르면 남성의 경우 성적 흥분의 신체적, 심리적 측면이 강하게 연관되어 있으며 일반적으로 동시에 발생한다. 즉, 육체적으로 흥분한 남자는 주관적으로 흥분할 가능성이 높다(반대의 경우도 마찬가지).

그러나 이것이 여성에게도 해당되는가? 반드시 그런 것은 아니다(일반적으로 그렇지 않을 수도 있음). 흥분 단계에서 여성의 신체에서 일어나는 많은 생리적, 생식기 변화는 내부적이고 상대적으로 미묘하기 때문에 처음 발달할 때 의식적으로 인식하지 못할 수 있다. 발기에 대해 미묘한 것은 없지만 질 윤활을 즉시 인식하는 여성이 몇 명이나 될까? 남성과 달리 **많은 여성의 경우 주관적 각성은 생리학적 및 생식기 각성**(예: 혈관 울혈) **측정과 매우 낮은 상관관계가 있다**(Chivers et al., 2010). 사실, 많은 경우에 여성의 자율 신경계는 생식기 혈관 울혈과 함께 "성적" 자극에 반응하지만 여성은 이 반응을 성적 흥분으로 해석하지 않으며 일부는 심지어 그것을 불쾌하게 여길 수도 있다(Basson et al., 2003 참조). 이것이 여성의 파트너가 성교를 시작하기 전에 완전히 성적으로 자극을 받는지 확인하는 것이 매우 중요한 이유이다.

흥분 단계(여성) [Excitement phase (women)] 마스터스와 존슨의 인간 성 반응 모델의 두 번째 단계이다. 모든 성적 반응 모델에서 생리적-생식기 흥분은 혈관 울혈, 근긴장증 및 심폐 활동의 증가를 포함한다.

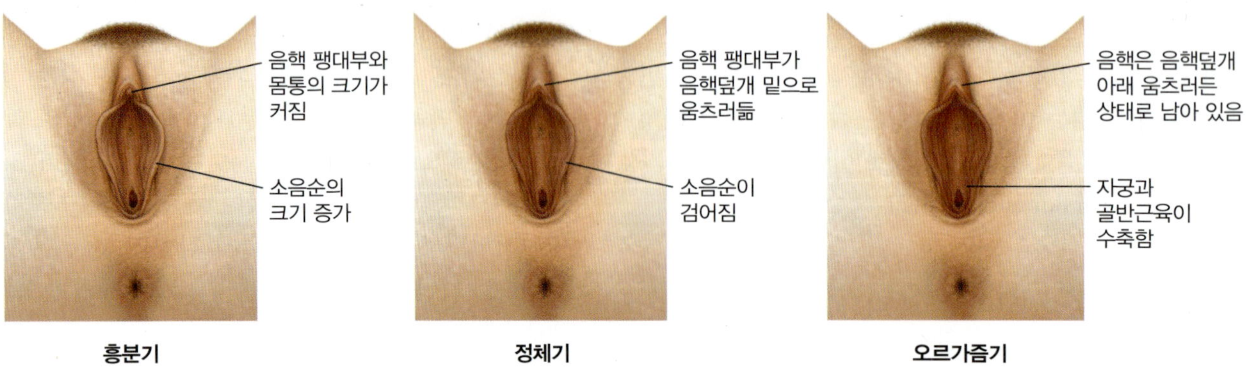

그림 4-8
성적 각성기 동안 음핵과 음순의 변화.

개인적인 생각 Personal Reflections

성적 반응 주기의 흥분, 정체기 및 오르가즘 단계를 거치면서 성적 접촉에 대한 욕구와 지속적인 각성에 영향을 미치는 요인을 알고 있는가? 어떤 자극이 당신에게 가장 큰 기쁨을 줄지 아는가? 파트너를 가장 기쁘게 하는 것이 무엇인지 아는가? 가정인가 사실인가? 서로를 기쁘게 하는 최선의 방법에 대해 파트너와 이야기를 나눈 적이 있는가? 그렇지 않다면 그 이유는 무엇인가?

정체기/안정기 Plateau

성적 자극이 계속된다고 가정하면 여성의 신체는 고원 단계를 나타내는 높은 생리적 및 생식기 각성의 상태에 도달한다(그림 4–9 참조). 질의 내부 2/3가 팽창된 풍선처럼 계속 팽창하고 자궁이 계속해서 올라가는 동안(질벽에 "텐팅 효과" 생성), 질의 외부 1/3의 조직에서는 상당히 다른 일이 발생한다. 이 조직은 혈액과 부기로 크게 부풀어 오르게 되는데, 마스터스와 존슨은 이를 **오르가즘 체계**(*orgasmic platform*)라고 불렀다. 조직이 부어오르면 질 입구가 30~50% 좁아진다. 따라서 이 단계에서 질의 바깥쪽 1/3의 조직이 음경을 움켜쥐게 된다(마스터스와 존슨에 따르면 음경 크기의 중요성을 부정함).

혈류의 변화로 인해 안정기 초기(또는 흥분기 후기) 피부 부위에 홍역과 유사한 발진이 나타날 수도 있다. **성긴장홍조**[*sex-tension flush* 또는 **성홍조**(*sex flush*)]라고 불리는 이 현상은 모든 여성의 50~75%에서 발생하며 일반적으로 유방, 상복부 및 엉덩이에 나타난다. 그러나 신체 어느 부위에나 나타날 수 있다. .

세 가지 추가 반응이 고원 단계 동안 여성에게 발생한다. 이 반응은 파트너가 때때로 여성이 더 이상 흥분하지 않는다는 의미로 잘못 해석하지만 실제로는 매우 고양된 단계에 있다. 첫째, 음핵은 치골을 뒤로 당겨 음핵 덮개 아래에서 사라진다(그림 4–8 참조). 둘째, 유방, 특히 유륜은 피와 부기로 가득 차서 아기에게 모유 수유를 하지 않은 여성의 경우 20%에서 25%까지 크기가 증가하고 모유 수유를 한 여성의 경우 그 크기가 더 작다. 이것은 흥분 단계에서 쉽게 명백했던 유두 발기를 흐리게 한다. 셋째, 안정기(plateau phase)가 연장되면 질벽으로부터의 체액 분비가 느려질 수 있다(바르톨린샘은 이 단계에서 몇 방울의 체액을 분비하지만 윤활에 기여하기에는 충분하지 않음). 여성의 파트너는 초기 흥분 단계에서 매우 두드러진 반응

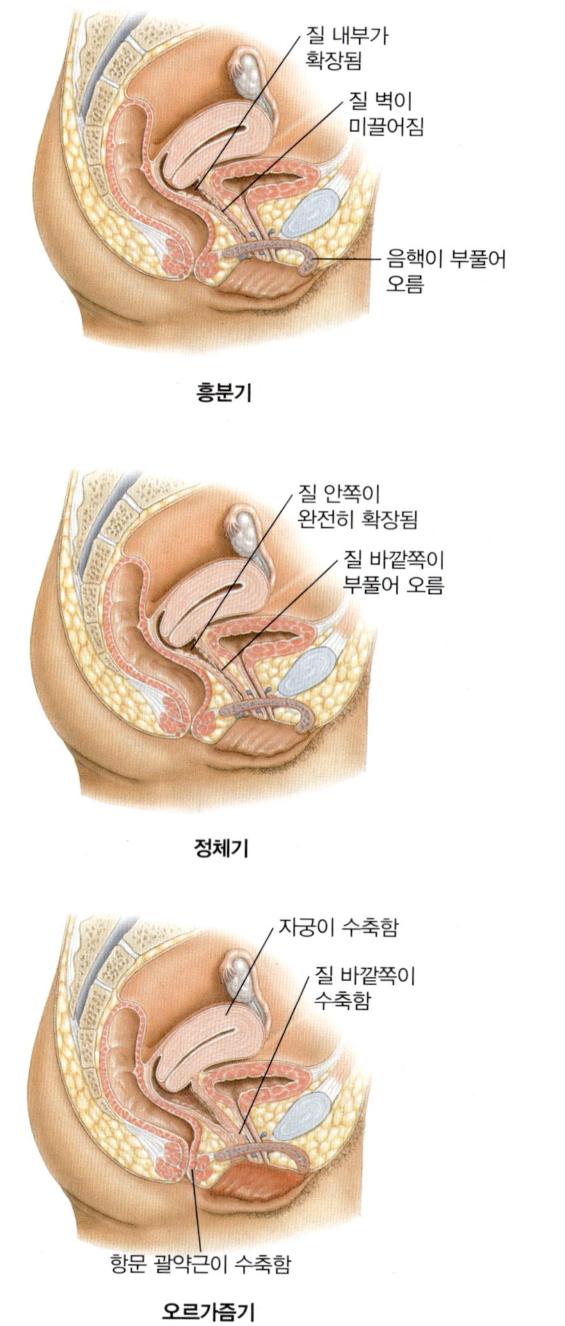

그림 4–9
여성의 생리적 및 생식기 성적 반응: 흥분기, 정체기, 오르가즘기.

출처: HOCK, ROGER R., HUMAN SEXUALITY, 1st Ed., © 2007. Reprinted and Electronically reproduced by permission of Pearson Education, Inc., New York, NY.

중 일부가 사라지는 것에 대해 걱정할 수 있지만 다시 한번 말하지만 이것은 여성이 크게 흥분할 때 정상적인 생리적 반응이다. 예를 들어, 음핵의 귀두는 이 단계에서 촉각에 극도로 민감하며 간접적인 자극은 일반적으로 각성을 유지하기에 충분하다. 사실, 일부 여성들은 이 단계에서

음핵의 직접적인 자극이 간접적인 자극보다 너무 강렬하고 덜 즐겁다고 생각한다.

음순은 또한 고원 단계에서 혈액으로 크게 충혈되어 두께가 2배 또는 3배 증가하고 선명한 색상 변화(분홍색에서 와인 색상으로)가 나타난다. 소음순이 두꺼워지면 대음순을 더 밀어내고 질 입구를 노출시키는 데 도움이 된다. 마스터스와 존슨은 음순의 색 변화가 여성이 오르가즘에 매우 가깝다는 것을 의미한다고 주장했다.

오르가즘 Orgasm

오늘날 우리가 보기에는 믿을 수 없는 일이지만 불과 수십 년 전까지만 해도 많은 사람들(많은 의사와 치료사를 포함하여)이 여성에게 오르가즘이 있다는 것을 믿지 않았다. 이러한 잘못된 믿음은 부분적으로 빅토리아 시대의 태도에 기인한다. 그 당시 여성들은 상대적으로 성적이지 않은 것으로 간주되었다. 그들은 섹스를 즐길 것으로 기대되지 않았으며 "아내로서의 의무를 완수하기 위해"(그리고 확실히 성적 쾌락에 대한 어떤 욕구도 충족시키지 않기 위해) 섹스에 참여하는 것으로 믿어졌다.

마스터스와 존슨이 여성의 전기 생리학적 반응을 기록할 때까지 이 가정이 도전을 받았고 궁극적으로 거부되었다(적어도 서구 사회에서는). 남성과 마찬가지로 여성도 초기에는 0.8초 간격으로 특정 조직에서 리드미컬한 근육 수축을 보였다. 이 조직에는 질의 바깥쪽 1/3(오르가즘 플랫폼), 자궁 및 항문 괄약근이 포함된다. 거의 동일한 녹음 외에도 남성과 여성도 오르가즘을 유사하게 묘사한다. 여학생이 제공한 다음 응답을 남성에 대한 섹션의 앞부분에서 제공한 응답과 비교하시오.

> "건물과 건물의 모든 긴장이 폭발과 함께 풀리는 느낌입니다. 세상에서 가장 즐거운 일입니다."
>
> "처음에는 롤러코스터를 타는 것처럼 느껴지고 곧 추진될 것 같은 힘입니다. 그러면 롤러코스터를 타는 것이 트랙의 모든 요철을 치는 것처럼 느껴지는 수축이 옵니다."
>
> "전신이 온몸을 휘감는 것 같은 느낌. 그것은 일종의 잔물결을 통해 당신의 발가락과 손가락을 말리도록 만듭니다."
>
> ". . . 소변을 너무 심하게 봐야 할 때, 마침내 마음이 풀렸을 때 몸이 떨리는 것처럼요. 이것을 100배 더 크게 비교하면 오르가즘처럼 느껴집니다."
>
> (모든 예제는 작성자의 파일에서 가져옴)

의사와 심리학자들이 방금 인용한 것과 같은 오르가슴에 대한 설명을 들었을 때 남성이 쓴 것과 여성이 쓴 것을 구별할 수 없었다(Vance & Wagner, 1976; Wiest, 1977). 오르가즘에 대한 주관적 경험을 설명하는 형용사에 대한 남성과 여성의 평가도 거의 동일하다(Mah & Binik, 2002).

사실, 남성과 여성의 유일한 진정한 차이점은 오르가즘에 수반되는 신체적 반응에 관한 것이다. 여성의 근육 수축은 단일 단계에서 발생하는 반면, 남성의 근육 수축은 배출(emission)과 방출(expulsion)의 2단계 순서로 발생한다(여성은 남성이 하는 사정과 연관된 임박하고 격한, 그리고 피할 수 없는 "배출"과 같은 느낌을 보고한 예는 많지 않았다).

해소기 Resolution

남성과 마찬가지로 여성의 생리적 및 생식기 반응은 일반적으로 오르가즘 이후 안정기 아래로 떨어지고 해소(*resolution*)라고 하는 각성되지 않은 상태로 돌아간다(그림 4-7에서 마스터스와 존슨 모델의 첫 번째 실선 참조). 각성의 모든 에피소드가 오르가즘으로 이어지리라고 보장되는 것은 아니며, 보통 그것을 경험하는 여성도 마찬가지이다(그림 4-7의 물결선 참조, 성적 흥분의 정점 단계에 도달했지만 오르가즘을 느끼지 않고 초기의 각성되지 않은 상태로 돌아온 여성의 반응을 보여준다.) 성경험이 있는 여성의 10% 정도는 오르가즘을 느껴본 적이 없다.

그러나 일부 여성은 진정한 **다중 오르가즘(multiple orgasms)**을 경험할 수 있다. 2, 3, 4 또는 그 이상의 완전한 오르가즘을 고원 수준 아래로 떨어지지 않고 빠르게 연속해서 경험할 수 있다(그림 4-7의 점선 참조). 물론 첫 번째 오르가즘을 느낄 수 있어야 하며 지속적인 성욕/각성과 효과적인 자극이 있어야만 추가 오르가즘이 가능하다. 오르가즘을 경험하는 여성 중 약 14%에서 16%가 정기적으로 다중 오르가즘을 경험하고(Kinsey et al., 1953), 아마도 40% 정도가 적어도 가끔 다중 오르가즘을 경험한다(Darling et al., 1991). 따라서 성 반응 주기는 남성보다 여성에서 더 다양하며, 여성마다 경우에 따라 다르다(Basson, 2000; Tiefer, 1991).

많은 여성들이 파트너에 의해 주의가 산만하지 않고 성적 환상이 최대일 때 자위를 하는 동안 다중 오르가즘을 가장 쉽게 경험한다고 보고한다.

다중 오르가즘(Multiple orgasms) 생리적 및 생식기 각성의 고원 수준 아래로 떨어지지 않고 두 번 이상 연속 오르가즘을 갖는 것.

> "때때로 [나는] 두세 번의 오르가즘을 바로 느낀다. 여러 번 오르가즘을 연속으로 여덟 번이나 가질 수 있는데, 이것은 자위할 때만 가능하다."
>
> "나는 파트너와 오르가즘을 거의 경험하지 못했다. 그러나 나는 일반적으로 자위할 때 하나(보통 하나 이상)를 가지고 있으며, 이것은 내가 바이브레이터를 사용하든 사용하지 않든 사실이다."
>
> (모든 예제는 작성자의 파일에서 가져옴)

일부 여성과 남성은 다중 오르가즘을 섹스의 중요한 목표(아마도 가장 중요한 목표)로 보고 목표가 달성되지 않을 때 성적 실패처럼 느낀다. 다중 오르가즘은 우리 대부분에게 드문 일이며 생리학적으로 말해서 경험하기 "쉬운" 일이 아니라는 것을 기억하는 것이 중요하다. 많은 사람들이 단일 오르가즘에 완전히 만족한다(그리고 정기적으로 오르가즘을 경험하지 않는 사람들을 포함하여 대부분의 남성과 여성은 성생활에 만족한다고 보고한다; Regan, 2017 참조). 성적으로 건강한 사람이 되는 것에 대한 강조와 함께(11장 참조), 우리는 여성이나 남성이 오르가즘(또는 성적 반응 주기의 다른 부분)과 관련하여 자신이나 파트너에게 압력을 가해서는 안 된다고 강력히 믿는다. 이러한 "더 크고, 더 좋고, 더 긴" 성적인 올림픽 사고방식은 훌륭하고 건강하며 성적으로 만족스러운 경험을 하는 데 방해가 될 뿐 아니라 성 문제의 발달에 기여할 수도 있다(13장 참조).

단일 오르가즘이나 다중 오르가즘 후 어느 시점에서 여성의 반응은 고원 수준 아래로 떨어지기 시작하고 정상으로 돌아간다. 유방과 질의 바깥쪽 1/3의 조직에서 혈액이 빠져나가 성홍조가 사라지고 자궁이 아래로 내려와 질의 너비와 길이가 짧아진다. 음핵은 몇 초 안에 정상 위치로 돌아오지만 귀두는 몇 분 동안 접촉에 극도로 민감할 수 있다.

개인적인 생각 Personal Reflections

오르가즘에 도달하는 능력이나 오르가즘 빈도로 성적 경험을 판단하는가? 파트너의 오르가즘으로? 왜? 많은 여성들이 성교 중에 오르가즘을 경험하지 않는다. 당신은 그들이 그것에 대해 어떻게 생각한다고 생각하는가? 당신이라면 어떤 기분이 들 것 같은가? 섹스를 즐기기 위해서는 오르가즘이 필요하다고 생각하는가?

오르가즘에 대한 계속되는 질문과 논쟁 Continuing Questions and Controversies About Orgasms

4.5 오르가즘에 대한 몇 가지 진행 중인 질문과 논쟁을 설명하고 토론한다.

남성과 여성이 경험하는 모든 성적 반응 중에서 오르가즘에 대한 주제보다 더 많은 질문을 제기하거나 더 많은 논쟁을 촉발하거나 더 많은 논란을 일으킨 사람은 없다. 이 장의 다음 섹션에서는 이러한 흥미로운 질문 중 일부를 제시하고 과학자들이 제공한(또는 경우에 따라 제공하지 못한) 답변에 대해 논의한다. 우리는 여성의 오르가즘과 관련된 질문을 먼저 고려한 다음 남성의 오르가즘으로 전환한다.

모든 여성이 성교시 오르가즘을 경험하는가? Are All Women Capable of Orgasm During (Heterosexual) Sexual Intercourse?

> "나는 섹스를 했지만 실제로 오르가즘을 느낀 적은 없었다. 있었다면 나는 그것을 몰랐다. 섹스는 기분이 좋은데 오르가즘이 느껴진다고 사람들이 말하는 방식 때문에 섹스를 한 적이 없는 것 같다."
>
> "안타깝게도 파트너와 성교 중 오르가즘을 느끼는 방법을 아직 배우지 못했지만 구강 성교 중에 오르가즘에 도달하는 데는 문제가 없다."
>
> "내 인생에 8명의 섹스 파트너가 있었고 그 중 5명은 장기적인 관계였다. 이 남성들 중 단 한 명과만 실제 성교 중에 오르가즘을 경험했다. 자위할 때도 있고, 상호 자위할 때도 있지만, 성교할 때도 있는 건 흔치 않은 일이다. 나는 그것에 대해 걱정하지 않는다. 남자와 여자의 몸은 항상 흔들리지 않잖아요?"
>
> (모든 예제는 작성자의 파일에서 가져옴)

전국적으로 대표되는 미국 연구에서 Laumann과 동료들(1994)은 기혼 여성의 75%와 독신 여성의 62%가 보통 섹스 중 오르가즘을 느낀다는 것을 발견했다. 보다 최근에, 전국적으로 대표되는 대규모 호주 연구(Richters et al., 2006)는 여성의 69%가 마지막 성행위 동안 오르가즘을 경험했다고 밝혔다(남성의 95%). 그러나 50%만이 섹스가 성교와 관련된 경우에만 그렇게 했다(음핵이나 구강 생식기 섹스를 수동으로 자극하지 않음). 미국 여성의 약 5~10%는 성교 또는 기타 성행위 중에 오르가즘을 경험한 적이 없다(Spector & Carey, 1990). 종합하면, 이 연구는 상당한 소수의 여성이 질 성교 중 오르가즘을 정기적으로 느끼지 않거나 전혀 느끼지 않는다는 것을 보여준다.

이러한 특정 성행위의 결과로 오르가즘에 도달하는 여

성의 능력에는 많은 요인이 작용한다(Basson, 2000; Mah & Binik, 2005; Raboch & Raboch, 1992). 이러한 요인 중 일부는 나이를 포함하여 생물학적 또는 발달적 요소이다. 젊은 여성(십대)과 나이든 여성(50세 이상)은 20대, 30대, 40대 여성보다 오르가슴을 경험할 가능성이 적다(Richters et al., 2006). 일부 요인은 질 성교 중 여성이 자극되는 방식과 관련이 있다. 예를 들어, 자신의 임상 실습에서 수년간의 경험에서 성 치료사 헬렌 싱어 카플란(1974)은 "성적으로 반응하고 종종 오르가슴을 배가하지만 동시에 음핵 자극을 받지 않는 한 [질] 성교 중에 오르가슴을 느낄 수 없는 수백만 명의 여성이 있다."고 했다. 물론 오르가슴은 주관적인 반응이라는 점을 기억하는 것이 중요하다. 오르가슴은 단순한 물리역학에 의해서만 만들어지는 것이 아니다. 성교(또는 기타 활동) 중에 오르가슴을 느낄 수 있는 많은 여성이 파트너에 대한 감정 및 전반적인 관계 상태를 비롯한 심리적 또는 대인적 요인의 결과로 실제로 오르가슴을 느낄 수 없을 수도 있다(Basson, 2000). 이 문제는 13장에서 다시 다루겠다.

이성애 남성은 여성 파트너가 성교 중 오르가슴을 경험하는지 여부에 점점 더 집중하게 되었다. 실제로, 이 교과서의 두 번째 저자가 "남자가 여자에게 오르가슴을 줄 수 있는 방법"이라는 문구를 사용하여 수행한 최근 Google 검색은 3300만 개 이상의 결과를 생성했다. 여성의 오르가슴에 대한 남성의 압도적인 관심을 감안할 때 많은 여성(약 2/3)이 질 성교 중에 가짜 오르가슴에 의존한다는 사실을 알고 놀라지 않을 것이다(Muehlenhard & Shippee, 2010). 그들은 왜 거짓말을 할까? 일반적인 이유는 파트너를 보호하고(자신의 감정을 상하게 하지 않음), 파트너의 성적 자부심을 강화하고(자신의 성적인 기량이나 기술에 대해 좋게 느끼게 함), 자신의 성적 자부심을 강화하기 위함이며(부적절하거나 비정상적인 감정을 억제), 그리고 전략적으로 성적 만남을 종료한다(Fahs, 2014; Muehlenhard & Shippee, 2010; Opperman et al., 2014).

> "저에게는 가장 놀라운 남편이 있다. 그는 나를 사랑하고 성적으로 만족하기를 원하며 우리는 서로 꽤 솔직하게 성에 대해 이야기할 수 있다. 그러나 나는 때때로 내가 오르가슴을 가졌는지 여부에 대해 거짓말을 한다는 것을 인정해야 한다. 어떤 이유에서든 섹스를 끝내기에 충분하지 않을 때가 있다. 항상 오기 전에 끝냈냐고 물어보는데 정말 기분 나쁘게 하고 싶지 않아서 거짓말을 하겠다"
>
> "당연히 속였다. 누가 안 해봤어? 때로는 섹스가 좋지만 나에게 일어나지 않을 것이라는 것을 깨닫고 어느 시점에서 끝나야 하기 때문에 그것을 속인다."
>
> "예, 나는 전에 오르가즘을 가짜로 만든 적이 있다. 나는 파트너가 기분이 좋지 않거나 내가 왜 오지 않았는지에 대한 일종의 변명이나 설명을 하지 않아도 섹스를 끝낼 수 있는 방법을 제공하기 위해서이다."
>
> "내가 섹스를 하는 이유는 오르가즘 때문만은 아니다. 그러나 그것이 중요한 유일한 것이 되었다. 모든 여성은 섹스를 할 때마다 하나를 원하고 실제로 하나(큰 것)를 가질 것으로 기대한다. 나는 그것을 '포르노 멘탈리티'라고 부른다. 오르가즘을 느끼려면 시간이 좀 걸리고, 오르가즘이 있어도 상관없지만 척해야 할 것 같은 느낌이 든다. 그래서 한다."
>
> "아직 성관계를 통해 오르가즘을 느끼지 못했다. 나는 남자친구와 거의 1년 동안 섹스를 했기 때문에 지금쯤 하나쯤은 갖고 있어야 한다고 생각한다. 그가 나에게 뭔가 문제가 있다고 생각하지 않기를 바란다. 그래서 우리가 할 때 문제가 있는 척한다. 나에게 뭔가 문제가 있는 건 아닐까."
>
> (모든 예제는 작성자의 파일에서 가져옴)

확실히 어떤 여성도 질 성교로 인해 오르가즘을 느끼도록 압력을 받거나 이러한 유형의 활동에서 오르가즘을 느끼지 못한다면(또는 전혀) 성적 능력이 떨어진다고 느끼지 않아야 한다. 어떤 여성도 파트너의 자아를 보호하기 위해 자신의 오르가즘 상황에 대해 거짓말을 해야 한다고 느껴서는 안 되며, 여성이 이러한 방식으로 오르가즘을 느끼지 못한다고 해서 파트너가 기분이 나빠서는 안 된다. 13장에서 논의하듯이, 성적 반응(또는 반응 부족)은 그 사람이 그것을 그렇게 볼 때에만 문제가 된다. 성관계 중(특히 질 성교 중) 오르가즘을 느끼는 것이 여성과 그녀의 파트너에게 중요하다면, 두 사람은 이에 대해 공개적이고 정직하게 의사 소통해야 하며 일어날 가능성이 많은 방법을 찾기 위해 함께 노력해야 한다(13장의 끝에 있는 부록은 성적인 의사소통에 관한 몇 가지 유용한 조언을 제공한다).

여성 오르가즘의 목적은 무엇인가?

What Is the Purpose of the Female Orgasm?

남성의 경우 오르가즘의 주관적인 경험은 일반적으로 육체적인 사정과 관련이 있다. 사정은 물론 생식에 매우 중요하다. 사정은 정자가 여성의 난자에 도달하여 수정시킬 수 있는 기회를 제공한다. 결과적으로 많은 진화 과학자들은 남성의 오르가즘이 **기능적 중요성**(*functional significance*)을 지닌 것으로 보고 있다. 이것은 그것이 인류가 발달한 조상 환경에 적응했을 것이라는 것을 의미한다. 그것은 생존이나 번식 성공의 측면에서 초기 인간 조상에게 약간의 이점을 제공했을 것이다(Cosmides & Tooby, 1997; Regan, 2002 참조). 그러나 여성 오르가즘의 기능적 중요성은 같은 진화 학자들 사이에서 많은 논쟁의 주제였다. 남성의 오르가즘과 달리 여성의 오르가즘은 생식에 중요한 생리적 과정(예: 난자 방출)을 동반하지 않는다. 그렇다면 여성 오르가즘의 기능적 가치는 무엇인가? 왜 이 성적 반응이 우리 종의 진화적 유산의 일부가 될까?

진화 과학자들은 이 질문에 답하기 위해 여러 번 시도했다(리뷰는 Wheatley & Puts, 2015 및 Zuk, 2006 참조). 일부에서는 여성의 오르가즘이 실제로 기능적 가치가 있다고 주장한다. 이 연구자들은 여성의 오르가즘이 다른 인간의 특성(남성 오르가즘 포함)이 하는 것처럼 자연 선택을 통해 진화한 적응 반응이라고 가정한다. 이 과학자들은 오르가즘이 적응적 목적에 기여했을 수 있는 방식에 대한 여러 가지 구체적인 가설을 제안했다. 예를 들어, 오르가즘은 아마도 우리의 여성 조상이 성교 후에 누워 있을 가능성을 증가시켰을 것이다(생식관에 정자를 보유하여 수정 가능성을 높임). 아마도 조상 여성들은 특히 바람직한 배우자, 즉 여성의 생존 가능성에 긍정적으로 기여하고 그녀가 "고품격" 자손을 낳는 데 도움을 줄 수 있는 신체적, 심리적 특성(지능, 충성도, 건강, 힘과 같은)을 가진 남성들과 함께 오르가즘을 성취할 가능성이 더 높았다. 비슷하게, 규칙적인 오르가즘을 가지는 것은 아마도 그녀가 오르가즘을 성취하는 것을 도와준 파트너와 지속적이고 헌신적인 페어 유대 관계를 형성하려는 여성의 욕구를 증가시켰다.

다른 진화 과학자들은 이러한 "적응주의자" 아이디어에 동의하지 않고 대안적 관점을 선호한다. "부산물 가설"(Levin, 2011; Lloyd, 2005; Symons, 1979)에 따르면 여성 오르가즘에 대해 본질적으로 적응할 수 있는 것은 없다. 오히려, 음핵의 조직이 음경의 조직과 동일한 배아 근원에서 유래하기 때문에 여성이 오르가즘을 느끼는 것이다. 이 학자들은 자연 선택이 남성의 오르가즘(우리가 논의한 바와 같이 사정과의 연관성으로 인해 생식적 가치가 있음)의 발달을 선호했으며 따라서 여성의 오르가즘을 "행복한 우연"의 무엇인가로 간주한다고 주장한다. 이 관점 역시 비판을 받아왔다(Zuk, 2006 참조).

우리는 조상의 환경으로 시간을 되돌릴 수 없고 우리 종의 진화적 발달을 관찰할 수 없기 때문에 오르가즘이 실제로 여성이 적응 문제(예: 생존하고 번식하는 데 도움이 될 "좋은" 배우자를 선택하는 것과 같은)를 해결하는 데 도움이 되었는지 알 수 없다. 남성 오르가즘 진화의 "부산물"에 불과하다. 우리는 또한 주관적인 경험인 오르가즘을 갖는 것이 조상의 생존이나 번식 성공을 실제로 증가시켰는지 결코 진정으로 알지 못할 것이다. 오르가즘이 아닌 사정은 생식에 필요한 남성의 반응이다. 따라서 이러한 설명이 올바른지 여부를 결코 결정할 수 없다. 아마도 그들 중 누구도 아니다. 질문을 남긴다. 개인으로서 우리는 오르가즘의 발생에 대한 진화적 이유가 정말로 필요할까? 오르가즘은 남성과 여성 모두에게 기분이 좋다. 그것만으로도 그들의 존재 이유는 충분하지 않을까.

여성 오르가즘의 형태는 몇 가지인가?

How Many Types of Female Orgasm Are There?

지그문트 프로이트는 빅토리아 시대의 동료들과 달리 여성에게 오르가즘이 있다고 믿었을 뿐만 아니라 여성의 오르가즘에는 두 가지 유형이 있다고 말하면서 또 다른 논란을 일으켰다. 불행하게도, 그는 **음핵 오르가즘**(*clitoral orgasms*)은 유아기이며 정신성적 미성숙의 표시(그 이유는 성관계가 아닌 행위로 인해 발생했기 때문)인 반면, **질 오르가즘**(*vaginal orgasms*)은 "진정하고" "성숙"한 정상적인 정신-성적 발달의 표시라고 주장했다(결과 음경에 의한 자극). 그는 "음핵의 제거는 여성다움의 발달을 위한 필수 전제조건"이라고 썼다.

질의 안쪽 2/3에는 신경 종말이 거의 없다. 질 오르가즘의 진위를 의심했던 킨제이와 동료들(1953)은 5명의 산부인과 의사에게 탐침으로 879명의 여성의 질벽을 만지게 했다. 대부분의 여성들은 자신의 질이 자극되는 때를 알 수 없었지만 음핵을 만졌을 때는 매우 잘 알고 있었다.

마스터스와 존슨(1966)은 나중에 모든 여성의 오르가즘이 생리학적으로 동일하다고 보고했다. 자극의 근원이 음핵이든 질이든 상관없이 동일한 신체 구조에서 동일한 리드미컬한 근육 수축이 기록되었다. 유방 자극만으로 오르가즘에 도달한 여성에서도 동일한 수축이 기록되었다. 마스터스와 존슨은 오르가즘은 자극의 근원에 관계없이 오르가즘이며 모두 본질적으로 음핵이라고 결론지었다.

다른 한편으로, 몇몇 초기 연구에서는 일부 여성이 자위 중 음핵 자극으로 인한 오르가즘과 성교 중 오르가즘을 주관적으로 구별한다는 사실을 발견했다("완전하지만 강하지는 않은", "더 내적인" 및 "더 깊은" [예: Bentler & Peeler, 1979; Butler, 1976]). 일화적으로 일부 여성은 음핵 자극으로 인해 오르가즘을 느낀 적이 없다고 말한다. 오르가즘은 항상 질 자극으로 인해 발생한다.

"나는 10대 후반부터 성생활을 해온 30대 여성이다. 나는 항상 성적으로 매우 반응적이어서 성교 중에 여러 번의 강렬한 오르가즘을 경험했다. 중요한 점은 성교 중에는 오르가즘을 느끼지만 구강 성교 또는 직접적인 음핵 자극 중에는 결코 오르가즘을 느끼지 않는다는 것이다. 내 오르가즘은 엄밀히 말하면 음핵이 아니다. 나는 구강 성교 중에 오르가즘에 도달하지 않았기 때문에 나에게 문제가 있다고 말한 남자와 관계를 가질 때까지 항상 이것에 대해 기분이 좋았다. 그는 나를 너무 기분이 나쁘게 만들어서 말 그대로 자존감과 자신감을 모두 잃었다. 나는 내가 비정상적이라고 진심으로 믿었다."

(저자의 파일에서)

질 안쪽 2/3의 벽이 신경 말단에서 매우 희박하다면, 질 오르가즘의 해부학적 근거는 무엇일까? 질을 둘러싸고 있는 근육인 치골구(PC) 근육은 질벽보다 더 풍부한 신경종말 공급을 갖고 있으며 성교 중 질 감각을 보고하는 여성은 강한 PC 근육을 갖는 경향이 있음을 2장에서 상기하시오(Kinsey et al., 1953). 1982년 Ladas, Whipple, Perry는 질 오르가즘의 또 다른 가능한 근거인 *The G Spot*을 저서에서 제안했다. **Grafenberg(G) 스팟**은 1940년대 독일 산부인과 의사인 Ernst Grafenberg에 의해 처음 기술되었다(Grafenberg, 1950 참조). 치골 뒤쪽과 자궁경부 앞쪽(방광 바로 아래)의 중간 정도인 질의 앞쪽 벽에 있는 한 푼의 크기 정도의 매우 민감한 부위로 설명되었다(Song et al., 2009, 그림 2-7 참조). 자극을 받으면 부풀어 오르고 여성의 첫 번째 반응(몇 초 지속)은 배뇨 충동일 수 있다. G 스팟의 성감대에 대한 미디어 기사는 풍부하고 설문조사에 따르면 많은 여성들이 G 스팟이 존재한다고 믿는다(비록 종종 자신의 몸에서 G 스팟을 찾을 수는 없지만). 그러나 그 존재를 뒷받침하는 현재 해부학적 증거는 거의 없다(Kilchevsky et al., 2012 참조). G 스팟이 존재한다면 연구에 따르면 여성의 10% 미만이 G 스팟을 가지고 있다고 한다(Alzate & Londono, 1984). 따라서 G 스팟은 질 오르가즘의 기초가 될 수도 있고 그렇지 않을 수도 있다.

대부분의 연구자들은 이제 일부 여성이 질 오르가즘 또는 음핵과 질 오르가즘의 조합을 경험할 수 있다는 데 동의한다(Jannini et al., 2012).

"나는 음핵 오르가즘, 질 오르가즘 및 혼합 유형을 가졌다고 생각한다. 모두 다른 느낌이다. 나에게 최고의 유형은 오르가즘은 온몸으로 느끼고 오르가즘이 끝나면 마치 달리기를 멈춘 것처럼 몸이 떨리기 때문에 혼합형이다."

(저자의 파일에서)

오르가즘에 대한 여성의 경험은 오르가즘의 지속 시간과 관련하여 다를 수 있다. 예를 들어, Basson(2000)은 일부 여성의 경우 오르가즘이 성적 긴장의 짧고 강렬한 방출이 아니라(남성에서 발생하고 그림 4-7의 마스터스와 존슨 모델 곡선의 정점에서 볼 수 있듯이) 1분 이상 지속될 수 있다.

이 모든 것이 의미론의 문제, 즉 자극과 반응을 혼동하는 사람들의 문제일까? 남성의 발기에 가장 효과적인 자극은 음경 귀두를 만지는 것(가벼운 압력은 음부 신경을 자극함)이지만 오르가즘 수축은 음경 기저부와 회음부(깊은 압력은 골반 신경을 자극함)에서 온다. 그러나 남성이 얼마나 많은 유형의 오르가즘을 경험하는지 또는 남성이 귀두 오르가즘 또는 회음 오르가즘을 경험하는지에 대해 논쟁하는 사람은 없다. 대신, 남성은 다양한 강도 범위로 전신 오르가즘을 느끼는 것으로 간주된다.

그래서 여성들은 다른 유형의 오르가즘을 경험하는가, 아니면 음핵과 질 성분을 모두 포함하는 하나의 기본 유형의 오르가즘의 다른 범위를 경험하는가? 확실하게 결론을 내릴 수 있는 세 가지가 있다. 첫째, 여성과 남성 모두에게 "생리학적으로 오르가즘은 강도의 정도가 있지만 생리학적으로 오르가즘"이라는 것을 알고 있다(William Masters, Gallagher, 1986에서 인용). 둘째, 여성과 남성의 경우 성적 활동의 특성(예: 자위 대 성교, 파트너의 행동)과 성적 감정 및 인지(예: 기대 및 즐거움 대 불안 및 죄책감)는 주관적 경험에 영향을 미칠 수 있다. 셋째, 오르가즘의 한 유형은 유치하거나, 미성숙 또는 덜 중요하다고 간주되어서는 안 되며, 다른 유형은 성숙하고 진정성 있거나 더 중요한 것으로 간주되어서는 안 된다. 요컨대, 여성(그리고 그녀의 파트너)은 어떤 유형의 자극이 오르가즘을 유발하는지 또는 그녀가 가지고 있는 정확한 유형의 오르가즘에 대해 걱정해서는 안 된다. 바바라 시먼(1972)은 "해방된 오르가즘은 여성이 좋아하는 모든 오르가즘"이라고 썼다.

여성은 오르가즘 동안 사정할 수 있나?

Do Women Ejaculate During Orgasm?

성인 남성은 오르가즘 중에 사정하지만 여성도 사정하는가? 오르가즘 동안 일부 여성의 체액 방출은 이미 300년 전 네덜란드 발생학자 Regnier de Graff에 의해 기록되었으며, 그는 체액이 요도 입구를 둘러싼 작은 땀샘에서 나오는 것이라고 설명했다. 이것은 1950년 Ernst Grafenberg(그의 이름을 따서 G 스팟이 명명됨)의 현대 과학 문헌에서 확인되었다. 일부 여성의 체액 방출은 물방울로 묘사되었고 다른 여성의 체액 방출은 물줄기로 묘사되었다.

G 스팟[Grafenberg (G) spot] 질 앞벽의 작고 민감한 부위로, 존재하는 경우 전체 여성의 10% 미만에서 발견된다.

"나는 항상 체액으로 질 오르가즘을 달성했다. 액체는 투명하고 흰색이다. 냄새는 없고 불쾌하지 않다. 모든 여성이 이런 오르가즘을 갖고 있다고 생각했다."

"처음 액체를 흘렸을 때 나는 내 남자친구에게 소변을 본 줄 알았다. 모든 것이 끝났다는 뜻이다. 남자친구가 계속 저를 이상하게 쳐다보는데 제가 설명을 못했다. 첫 번째 이후로 나는 성관계를 갖기 전에 화장실에 갔는지 계속 확인했다. 방광에 그렇게 많은 수분이 있을 수 없다는 것을 알게 된 후에 일어난 일이다. 조금 걱정이 됐는데 남자친구가 내가 '풀어주는' 모습을 보고 무척 흥분했다."

"때로는 성교 중, 특히 성교 후에 너무 젖어서 침대에 오줌을 싼 것처럼 보인다. 액체는 오줌 냄새가 나지 않는다. 이런 일이 항상 일어나는 것이 아니라 가끔 일어난다. 남자친구는 그럴 때 정말 좋아한다. 그는 그것을 내 열정의 활력이라고 부른다."

(모든 예제는 작성자의 파일에서 가져옴)

1980년대 이전에는 오르가즘 중에 체액을 배출한 여성이 거의 항상 의사로부터 그 체액이 소변이고 요실금(방광 조절 문제, 이 경우에는 성 활동 중 근육 운동이나 스트레스로 인해 발생함)을 겪었다는 말을 들었다. 그러나 1981년에 여성의 사정에 관한 여러 기사가 *Journal of Sex Research*에 게재되었다. 이 기사들은 체액이 방광(또는 질)에서 방출되는 것이 아니라 요도에 위치한 **스키네샘(Skene's glands)**에서 방출된다는 것을 확인했다(Belzer, 1981; Perry & Whipple, 1981). 이 분비샘은 남성의 전립선과 동일한 배아 조직에서 발생하는 것으로 생각되며(Dietrich et al., 2011), 색(맑거나 유백색)과 소변 냄새가 다르다고 하는 체액에는 전립선 분비물에서 발견되는 효소인 acid phosphatase가 포함되어 있는 것으로 밝혀졌다(Zaviacic & Ablin, 2000; Zaviacic et al., 1988). 얼마나 많은 여성이 오르가즘 동안 체액을 방출(즉, 사정)하는가? 초기 연구에 따르면 여성의 10%에서 40%가 이따금 사정하는 것으로 나타났다(예: Perry & Whipple, 1981). 이후의 연구에서는 일반적으로 이 추정치를 확인했다(리뷰는 Pastor, 2013 참조). 그러나 일부 여성이 오르가즘 중에 사정한다는 것은 더 이상 의심할 수 없지만 유체의 정확한 특성에 대해서는 여전히 몇 가지 의문이 남아 있다. 의심할 여지 없이 일부 여성은 스트레스로 인한 요실금으로 고통받고 오르가슴 동안 소변을 본다(Serati et al., 2011). 또 다른 여성들은 성교 중에 질 윤활을 너무 많이 해서 나중에 마치 "사정"을 한 것처럼 느껴지거나 보일 수 있다. 그리고 일부 여성은 실제로 Skene 샘에서 생성되는 오르가즘 동안 액체의 진정한 사정을 경험할 수 있다.

스키네샘(Skene's glands) 일부 여성의 요도에 위치한 땀샘은 남성의 전립선과 동일한 배아 조직에서 발생하는 것으로 생각되며 오르가슴 동안 일부 여성이 방출하는 체액의 원천일 수 있다.

남성은 다중 오르가즘을 느낄 수 있나?

Can Men Have Multiple Orgasms?

그들의 실험실 관찰에 기초하여, 마스터스와 존슨(1966)은 여성만이 진정한 다중 오르가즘을 가질 수 있다고 결론지었다. 그들이 남성의 사정과 함께 오르가즘을 기록할 때마다 항상 불응기가 뒤따랐다(따라서 남성의 각성 수준이 고원 수준으로 다시 올라갈 때만 다른 오르가즘을 가질 수 있다는 결론). 그러나 마스터스와 존슨이 결론을 내린 후 발표된 1건의 사례 연구와 2건의 설문조사 결과에 따르면 실제로 일부 남성은 단일 성적인 에피소드 동안 불응 기간이 필요하지 않은 두 번째(또는 세 번째 또는 네 번째 등) 오르가즘을 달성할 수 있다고 제안했다. 사례 연구(Whipple et al., 1998)는 15세 이후로 여러 번 사정 오르가즘을 경험했다고 보고한 35세 남성에 대한 것이다. 이 남성은 실험실에서 관찰되었고 생리학적 측정 결과 불응기에 들어가지 않고 36분 동안 사정과 함께 6번의 오르가슴을 경험한 것으로 확인되었다.

첫 번째 조사 연구(Robbins & Jensen, 1978)는 완전한 "젖은 오르가즘"(즉, 사정과 함께 있는 오르가즘)을 갖기 전에 사정을 참음으로써 여러 번의 마른 "미니 오르가즘"을 경험할 수 있다고 말한 13명의 남성의 결과를 보고했다. 설문조사 참가자에 따르면 젖은 오르가즘에는 항상 불응기를 동반한다고 한다. 두 번째 조사 연구(Dunn & Trost, 1989)에서 21명의 남성이 다양한 종류의 다중 오르가즘을 경험했다고 보고했다. 어떤 사람들은 사정하기 전에 한 번 이상의 마른 오르가즘을 경험한 반면, 어떤 사람들은 사정과 함께 한 번 이상의 마른 오르가즘을 경험했다. 일화에 따르면, 우리 반의 몇몇 남학생들도 때때로 여러 번의 오르가즘을 보고했다.

"당신이 우리에게 대답한 50개의 질문에서, 그 중 하나는 대부분의 남성이 다중 오르가즘을 가질 수 없다고 말했다. 나는 이런 능력을 가진 남자다. . ."

"내 남자친구는 몇 시간 동안 발기 상태를 유지하고 사정 후에도 멈추지 않고 계속 성교를 할 수 있고 여러 번 사정할 수 있다."

"가끔 사정할 것 같은 기분이 들 때도 있고, 성관계를 연장하기 위해 의식적으로 다른 생각을 하며 사정을 하지 않으려고 한다. 동시에 나는 이 일을 하면서 작은 오르가즘으로밖에 설명할 수 없는 것을 경험한다. 기분은 좋지만 일반 오르가즘만큼 '크다'거나 '폭발적'이지는 않다. 그러면 사정과 함께 규칙적인 오르가즘을 느끼고 그 후에 다시 섹스를 하려면 기다려야 한다."

(모든 예제는 작성자의 파일에서 가져옴)

상자 4-A 다문화적 관점

여성 할례 또는 절제

4.6 여성 할례/절제 행위를 설명하고 토론한다.

"여성 성기 할례" 또는 "여성 성기 절제"라는 용어는 비의학적 이유로 여성 성기를 부분적으로 제거하거나 완전히 제거하여 고의적으로 손상시키는 모든 절차를 의미한다(세계보건기구[WHO], 2008, 2016a). 소녀와 여성의 성기를 절제하는 것은 고대부터 많은 문화권에서 일반적인 관행이었다. 이에 대한 최초의 기록은 고대 이집트에서 기원전 450년 그리스 역사가 헤로도토스에 의해 보고되었다(Joseph, 1996).

미국에서는 18세 미만의 소녀와 젊은 여성에게 할례를 수행하는 것이 불법이며 소녀를 외국으로 보내 수술을 받는 것도 불법이다(일반적으로 "휴가 절제"로 알려진 관행). 이 법은 법무부의 이민 항소 위원회가 1996년에 Fauziya Kassindja라는 젊은 여성에게 망명을 허가한 후 통과되었다. Fauziya Kassindja는 생식기 절제를 피하기 위해 고향 토고를 탈출했다. 더욱이, 미국의 모든 주에는 소녀의 할례를 기소하는 데 사용할 수 있는 일반 아동 보호법이 있으며, 개별 주 중 약 절반이 성기 절제 관행에 특정한 법률을 제정했다(대부분은 여성의 연령에 관계없이 적용됨).

그럼에도 불구하고 여성 할례는 미국에서 여전히 비밀리에 행해지고 있으며, 최근 유병률 수치에 따르면 500,000명 이상의 소녀 또는 여성이 절제되었거나 절제될 위험이 있는 것으로 나타났다(Goldberg et al., 2016). 많은 과학자들과 보건 전문가들은 전통적으로 여성 할례를 시행하는 국가(예: 에티오피아, 이집트, 소말리아)로부터의 이민 증가의 결과라고 생각하는 현상인 이 비율이 증가하는 것으로 보인다(Akinsulure-Smith & Sicalides, 2016 참조).

실제로 여성 성기 절제는 이러한 관행을 근절하기 위한 다양한 국제 및 지역 인권 및 사회 정의 단체의 지속적인 노력에도 불구하고 세계 많은 곳에서 일상적으로 행해지고 있다. 최근 유니세프가 30개국을 대상으로 실시한 설문조사에 따르면 최소 2억 명의 소녀와 여성이 할례를 받은 것으로 나타났다(UNICEF, 2016). 이러한 관행은 아프리카(예: 지부티, 이집트, 기니, 말리, 시에라리온, 소말리아, 수단), 중동(예: 이라크, 예멘) 및 아시아 일부(예: 인도네시아)의 국가에서 가장 일반적이다. 많은 아프리카 국가에서 소녀와 여성의 90% 이상이 성기가 절제되었다(WHO, 2008).

네 가지 유형의 생식기 절제가 확인되었다(**표 4-2** 참조). 유형 I, **음핵 절제술 또는 할례**(*clitoridectomy or circumcision*)는 음핵 후드(유형 Ia)의 제거(절제) 또는 음핵 후드와 음핵(유형 Ib)의 제거를 말한다.

그림 4-10

Fauziya Kassindja는 고국인 토고에서 강제 결혼과 성기 절제에 저항해 피신했을 때 나이가 19세였다. 그녀는 사건이 법원을 통과하는 동안 미국 교도소에서 1년 동안 구금되었다. 마침내 1996년에 Kassindja는 망명 허가를 받았다. 그녀의 사건은 법적 선례를 남겼다. 처음으로 미국 정부는 할례/성기 절제를 박해의 한 형태이자 망명의 근거로 공식 인정했다. 그녀는 1996년 이민 판사 앞에서 자신을 대변한 학생 변호사(Layli Miller-Muro)와 함께 사진을 찍었다.

출처: JOYCE NALTCHAYAN/AFP/Getty Images

절개술이라고 불리는 유형 II에는 3가지 유사한 형태의 절제가 포함된다. 즉, 소음순 제거(유형 IIa), 소음순 및 음핵 제거(유형 IIb), 또는 소음순 및 음핵 및 대음순 제거(유형 IIc)이다. 이 두 가지 형태의 절제(유형 I 및 II)은 전 세계 모든 사례의 약 80%를 차지한다(WHO, 2008). **삽입술**(*infibulation*)(유형 III)이라고 하는 가장 극단적인 형태의 생식기 절제는 음순(소음부, 대음부 또는 둘 다)을 잘라내고, 소변과 월경이 통과할 수 있는 작은 구멍만 남겨둔 채 외음부의 생측면을 꿰매는 것이 생식기 절제의 가장 극단적인 형태이다. Akinsulure-Smith와 Sicalides(2016)가 지적한 바와 같이, 유형 III 절제와 관련된 초기 절차에서 살아남은 소녀와 여성은 반복되는 제세동 주기를 겪을 수 있다[결혼 시 절제된 음순을

표 4-2 여성 할례의 유형

범주	분류	정의
유형 1	포경수술(Ia) 또는 음핵절제술	음핵 덮개 제거(Ia) 또는 음핵 덮개와 음핵 제거(Ib)
유형 2	절제	소음순(IIa), 음핵과 소음순(IIb) 또는 음핵, 소음순과 대음순(IIc) 제거
유형 3	음부봉쇄술	(1) 음순(소음부, 대음부 또는 둘 다) 및 종종 음핵을 제거하고 (2) 외음부의 측면에 남아 있는 조직을 함께 봉합하여 질 입구를 좁힌다.
유형 4	-	비의료적 이유로 여성의 성기에 행해지는 기타 모든 유해한 절차(긁기, 절개, 소작 등)

출처: World Health Organization (2016), *Classification of female genital mutilation.*

열어 성교 및 후속 출산 및 재봉합술(출산 후 음순을 함께 재봉합)]. 생식기 절제의 마지막 범주인 유형 IV에는 비의학적 이유(예: 긁기, 소작, 피어싱 또는 음핵 및/또는 음순 절개)로 여성 생식기를 손상시키는 기타 모든 절차가 포함된다.

여성 성기 절제는 일반적으로 나이가 많고 존경받는 마을 여성이 칼, 면도기 또는 기타 날카로운 물건(가위, 유리 조각, 돌, 심지어 손톱까지)을 사용하여 마취 없이 수행하므로 소녀를 묶거나 누르고 있어야 한다. 보통 유년기에 행해지지만, 결혼 직전에 행해지는 경우도 있다.

> 내가 오두막 안에 들어가자, 여자들은 나의 찬양을 부르기 시작했고 나는 공포에 사로잡혀 귀가 먹먹해졌다. "거기 누워요."라고 갑자기 바닥에 널브러진 매트를 가리키며 내게 말했다. 눕자마자 가느다랗고 연약한 다리가 무거운 손으로 꽉 움켜쥐고 넓게 벌려지는 것이 느껴졌다. 나는 고개를 들었다. 양쪽에 있는 두 명의 여성이 나를 바닥에 고정시켰다. 팔도 움직이지 않았다. 갑자기 나는 내 생식기에 이상한 물질이 퍼지는 것을 느꼈다. 그 순간에 나는 천 마일 떨어진 곳에서 무엇이든 주었을 것이다. 그때 총 쏘는 듯한 아픔이 나를 다시 돌아오게 했다. 먼저 나는 작은 음순을 절제한 다음 음핵을 절제했다. 수술은 영원히 계속될 것 같았다. . . . 나는 끝없는 고통에 시달렸다... 축축하게 젖었다. 피가 났다. 피가 콸콸 흘러내렸다. 그런 다음 그들은 출혈을 멈추게 하는 버터와 약초의 혼합물을 발랐다. 이렇게 극심한 고통을 느껴 본 적이 없었다!
>
> (**조셉**, 1996, pp. 3~4)

성기 훼손을 하는 데에는 건강상의 이점이 전혀 없다. 그러나 통증, 출혈, 감염, 쇼크, 심지어 사망까지 포함하여 여러 해로운 결과가 있다. 주입 과정에서 살아남은 소녀와 여성은 만성 질 및 골반 감염으로 고통받고, 유산의 위험이 높아지며, 힘들고 고통스러운 분만을 경험하고, 출산 후 출혈 및 사망할 가능성이 더 높다(Adam et al., 2010 ; WHO, 2008, 2016a). 생식기가 절제된 여성에게서 태어난 아기도 유아기에 사망할 가능성이 더 높다(WHO, 2008).

생식기 훼손의 부정적인 결과를 한결같이 감안할 때, 왜 그렇게 많은 국가에서 소녀와 여성이 성기 훼손에 노출되어 있는가? 그리고 그것이 가장 일반적으로 발생하는 국가에서 남성과 여성 모두가 관행을 지지하는 이유는 무엇인가? 몇 가지 이유는 여성의 섹슈얼리티와 성 역할에 대한 뿌리 깊은 사회문화적 신념과 관련이 있다(Abdalla, 1982 참조). 예를 들어, 이러한 문화권에서 성기 절제는 여성의 성적 관심을 줄이는 효과적인 방법으로 간주된다(Akinsulure-Smith & Sicalides, 2016). 성기가 절제되거나 잘려진 여성들에게 성교는 종종 고통스럽고 결과적으로 성행위를 즐기지 않는 경우가 많다(Utz-Billing & Kentenich, 2009). 이러한 문화권에서 여성의 주요 역할은 아내와 어머니의 역할이며, 성기 절제는 여성이 그 역할을 수행하는 능력을 저해할 수 있는 개인적인 성적 욕망으로부터 자유로워지는 것으로 믿는 것이다.

마찬가지로 성기 훼손이 흔히 행해지는 나라들은 가부장적 성향이 강해 아버지로부터 적자까지의 재산 상속 보장에 대한 우려가 크다. 여성의 성적 욕망을 줄임으로써(그리고 봉입의 경우 성관계를 원하더라도 성관계를 가질 수 있는 능력을 제거함), 할례는 결혼 전 순결을 보장하고 결혼 후 정절을 보장하는 방법으로 간주된다. 이것은 이러한 사회의 사람들이 그들이 낳은 자손이 실제로 자신의 것임을 의심의 여지 없이 알도록 도와준다.

그림 4-11

여성 할례는 전 세계 많은 국가에서 일상적으로 행해지고 있다.

출처: Louise Gubb/Corbis Historical/Getty Images

문화적 정체성은 또한 여성 할례의 발생에 역할을 할 수 있다. 일부 생식기 절제 지지자들은 그 관습이 소녀를 여성으로 만들고 부족, 사회 또는 그룹의 구성원으로서의 정체성을 확인하는 중요한 문화적 의례 역할을 한다고 주장한다. 이것은 관습에 복종하기를 거부하는 소녀들과 그 가족들이 종종 지역 사회 구성원들에게 괴롭힘, 표적, 배척을 받는 이유를 설명할 수 있다(Gruenbaum, 2006 참조).

이러한 문화적 신념이 특히 젊은 세대 사이에서 변하고 있다는 증거가 있다. 점점 더 많은 수의 젊은 여성들이 시술을 거부하고 있으며, 점점 더 많은 수의 젊은 남성들이 생식기가 절제된 여성과 결혼하고 싶지 않다고 말한다(리뷰는 WHO, 2008 참조).

세계보건기구(WHO), 모든 유엔 산하 기관, 모든 아프리카 정부 및 기타 다양한 국제, 지역 및 지방 기관이 함께 힘을 모아 여성 할례 행위를 종식시켰다. 어떤 사람들에게는 이것이 위선적으로 보일 수 있다. 결국 남성의 포경수술은 합법이며 미국을 비롯한 많은 국가에서 널리 시행되고 있다(상자 2-C 참조). 왜 여성의 할례를 다르게 보거나 취급해야 하는가? 세계보건기구(WHO)와 다른 기관에 따르면, 그 대답은 부분적으로 남성과 여성에게 포경수술의 다른 신체적 결과와 관련이 있다. 특히 남성의 포경수술은 여성의 포경보다 위생적인 조건에서 전문 의료진이 시행할 가능성이 높다. 또한 일반적으로 생식기 조직에 덜 심각한 손상을 수반하며 정상적인 신체 기능을 방해하고 유해한 즉각적 및 장기적 건강 결과를 초래할 가능성이 적다(WHO, 2008). 여성 할례와 달리 남성 할례는 요로 감염 위험 감소 및 HIV 감염을 포함하여 일부 건강상의 이점을 제공하는 것으로 보인다(상자 2-C 참조).

그러나 다른 세계 문화권들이 외부인의 간섭 없이 자유롭게 그들의 관습을 실천할 수 있는 권리는 어떠한가? 문화적 전통은 존중받아야 하는 것 아닌가? 이것은 유효한 질문이다. 다른 문화의 전통, 관습 및 규범을 존중하는 것은 의심할 여지 없이 중요하다. 그러나 "전통"이 특정 관행, 특히 개인에게 해를 끼치는 관행을 계속해야 하는 충분한 이유인가? 많은 국가의 역사에는 노예제와 아동 노동과 같은 문화적 관습이 산재해 있으며, 한때 널리 받아들였으나 나중에는 사회 정의와 시민권에 대한 사람들의 이해가 변화하면서 폐지되었다. 실제로 유네스코(유엔 교육 과학 문화 기구)가 2001년에 채택한 **세계 문화 다양성**

선언문(*Universal Declaration on Cultural Diversity*)에는 "아무도 인권을 침해하기 위해 문화 다양성을 주장할 수 없다"고 명시되어 있다. 이 세계 선언에 기초하여, 문화적 전통은 여성 할례의 지속적인 관행에 대한 충분한 이유를 제공하지 않는 것으로 보인다.

> 여성 할례는 남녀 간의 성 불평등과 권력 불균형에 뿌리를 두고 있으며 여성의 완전하고 평등한 인권 향유를 저해하기 때문에 성에 근거한 차별로 인식되어 왔다. 이것은 신체적, 심리적 결과를 초래하는 소녀와 여성에 대한 폭력의 한 형태이다. 여성 할례는 소녀와 여성이 자신의 신체에 지속적인 영향을 미치고 자신의 삶에 대한 자율성과 통제력을 침해하는 개입에 대해 독립적인 결정을 내리지 못하게 한다. . . 국제법은 자신의 종교나 신념을 표현할 자유가 타인의 기본권과 자유를 보호하는 데 필요한 제한을 받는다고 규정하고 있다. 따라서 여성 할례를 정당화하기 위해 사회적, 문화적 주장을 제기할 수 없다.
>
> (**세계보건기구,** 2008, p. 10)

개인적인 생각 Personal Reflections

여성 할례 행위에 대한 글을 읽고 어떤 반응을 보였는가? 미국의 남성 포경수술에 대해 어떻게 생각하는가? 우리는 이 분야에서 여성의 성기를 포경하거나 절제하는 것을 허용하지 않는다. 그렇게 하는 것은 그들의 신체와 성에 대한 통제를 거부할 것이기 때문이다. 그러나 우리는 다른 방식으로 여성(및 남성)의 섹슈얼리티를 부정하는가? 어떻게?

남성의 오르가즘 잠재력(다중 또는 기타)에 대한 질문에 대한 최근 연구는 거의 없다. 이것은 남성이 여성에 비해 일반적으로 오르가즘을 느끼기 때문일 수 있다. 즉, 모든 유형의 성행위(예: 자위, 구강 성교, 성교)는 대부분의 남성에게 적어도 한 번 이상의 오르가즘을 초래하는 경향이 있다(여성과 달리 논의한 대로). 따라서 남성의 오르가즘 문제는 과학자, 임상의 및 기타 건강 전문가에게 덜 시급한 관심사일 수 있다. 그럼에도 불구하고 남성의 다중 오르가즘과 관련하여 다음과 같이 결론을 내리는 것이 안전할 것이다. (1) 대부분의 남성은 신체적으로 오르가즘을 동반한 추가 사정을 할 수 있기 전에 불응 기간이 필요하며, (2) 확실히 가능하지만, 다중 오르가즘의 경험은 남성에게서 흔히 발생하는 것으로 보이지 않는다(Wibowo & Wassersug, 2016 참조).

음경크기: 중요한가?

Penis Size: Does It Matter?

4.7 성적인 쾌락에서 음경 크기의 역할에 대해 토론한다.

1984년 *Cosmopolitan* 매거진에 기고한 기사에서 기자 Michael Barson은 "남자에게 자신이 충분히 크지 않다는 느낌보다 더 불안한 감정은 자신과 같은 의견을 가진 여성과 침대에 누워 있는 자신을 발견하는 공포"라고 말했다. 큰 페니스가 현대 서구 사회에서 많은 긍정적인 관심을 받았기 때문에 많은 남성이 생식기 "장비"의 크기에 대해 궁금해하는 것은 놀라운 일이 아니다.

역사적 인식 Historical Perceptions

역사적으로 항상 그런 것은 아니었다. 심지어는 보통이었다. 예를 들어 고대 그리스의 세계에서 큰 성기는 야만성과 사회적 열등감을 의미한 반면, 작고 섬세한 페니스는 고귀함과 심신의 조화와 균형의 표시였다(McNiven, 1995 참조). 결과적으로 그리스 예술은 일반적으로 육체 노동자, 노예 및 기타 소외된 남성 구성원을 너무 큰 남근으로 묘사하는 반면 신, 영웅, 운동 선수 및 귀족은 더 겸손한 기관으로 표시된다(그림 4–12 참조). 이 관습은 수세기에 걸쳐 계속되었다. 서구 문명 르네상스 시대의 조각가와 화가들은 남성 운동선수, 신, 성서 인물을 큰 것보다는 작은 것으로 묘사하면서 고대 그리스의 미학을 유지했다. 미켈란젤로의 다비드상(1501~1504)은 이러한 방식으로 만들어진 르네상스 조각의 한 예이다.

현대적 태도 Contemporary Attitudes

그러나 현대 서구 사회는 적어도 페니스 크기와 페니스 크기가 의미하는 것과 관련하여 고대 뿌리에서 분리된 것으로 보인다. 현대 문학 고전(예: *Lady Chatterley*의 연인), 현대 펄프 소설 및 로맨스 소설, 에로틱 및 포르노 매체들은 관대한 크기를 남성다움 및 성적 기량과 동일시하는 과장된 용어로 페니스를 일상적으로 나타낸다. 섹스 치료사 Bernie Zilbergeld(1978)가 언급한 바와 같이, "환상 나라의 남근은 세 가지 크기로 나온다—크고, 거대하며, 너무 커서 현관문을 통과할 수 없을 정도이다." 이 모든 것은 남성의 성기 크기가 남성다움과 성적 매력의 정도, 침대에서 파트너를 기쁘게 하는 능력과 직접적인 관련이 있다는 인

그림 4-12

역사학자들은 고대 그리스의 예술가들이 신, 귀족, 운동선수들에게 표현된 작은 음경은 정신과 육체의 고귀함을 의미한다고 믿는다. 반대로, 더 큰 음경은 야만성과 사회적 열등감을 전달했고, 따라서 육체노동자, 노예, 그리고 다른 소외된 사회 구성원에 대한 묘사에 포함되었다. 이 양식은 후에 14세기에서 17세기에 걸쳐 르네상스 시대에 예술가들에 의해 모방되었다.

Artemisian 동상(아테네 국립 고고학 박물관), 제우스가 벼락(분실)을 던지는 것을 묘사한 기원전 5세기 조각.

출처: Erin Babnik/Alamy Stock Photo

고대 고린도(기원전 6세기)의 채색된 점토판으로 광산에서 일하는 노예를 묘사하고 있다. 과장된 성기를 주목하시오.

출처: Johannes Laurentius/Art Resource, NY

미켈란젤로의 다비드(David), 성서의 영웅을 묘사한 유명한 르네상스 동상(1501~1504년 제작, 피렌체의 Galleria dell'Accademia에 보관됨).

출처: Kris Legg/Alamy Stock Photo

상을 남기는 경향이 있다. 따라서 많은 남성이 자신의 페니스 크기에 대해 걱정하고(Johnston et al., 2014; Veale et al., 2016) 종종 자신의 페니스가 더 커졌으면 하는 바람은 완전히 일리가 있다(Lever et al., 2006).

> "내가 더 컸으면 좋겠어. 제 성기가 너무 작은 것 같아요."
>
> "때로는 내 성기가 생각만큼 크지 않아 걱정이 된다."
>
> "체육관에서 잠깐 힐끔힐끔 쳐다보는 것 외에는 다른 사람의 성기를 본 적이 없다. 그곳에서 본 나는 내가 꽤 작다고 생각했다. 내가 실제로 정상 범위에 있다는 것을 책에서 배울 수 있어서 기뻤다."
>
> "저는 성기 크기에 대한 열등감을 가지고 있다. 내 페니스가 정상보다 크지만(약 7인치). . . 얼마나 많은 여성들이 내 페니스가 크다고 말해도 여전히 콤플렉스이다"
>
> "다른 남자들이 자신의 페니스를 측정한다는 것을 알고 있지만 크기가 정상보다 작을 것 같아서 두렵다. 확실히 아는 것보다는 모르는 게 나을 것 같고, 부족하다는 걸 알고 살아가야 할 것 같아요.".
>
> (모든 예제는 작성자의 파일에서 가져옴)

대부분의 이성애자 남성에게 자신을 다른 남성과 비교할 수 있는 유일한 기회는 라커룸에 있는데, 여기서 그들은 "평균"과 자신의 페니스가 다른 사람의 페니스와 어떻게 측정되는지에 대한 잘못된 인상을 받을 수 있다. 이는 이완된 상태에서 음경의 크기에 많은 차이가 있기 때문이다. 예를 들어, 남성의 페니스가 위쪽을 가로질러 측정된 반면 이완된 남성의 경우 다양한 크기(길이 1.4~4.7인치)를 보여주며, 대부분의 남성은 길이가 2.6~4.3인치, 지름이 1.0~1.2인치이다(Masters & Johnson, 1966; Mondaini et al., 2002 참조). 흥미롭게도, 이완될 때 더 작은 페니스는 발기 시 더 큰 페니스보다 비례적으로 더 큰 크기 증가를 나타낸다(Jamison & Gebhard, 1988). 예를 들어, 마스터스와 존슨(1966)은 연구에서 남성이 가장 크고 작은(느슨한) 음경을 가지고 있음을 확인했다. 완전히 발기되면 각 남성의 페니스가 다시 측정되었다. 모든 페니스는 각성 과정에서 크기가 증가했지만 작은 페니스는 더 큰 페니스보다 비례적으로 더 많이 증가했다. 완전 발기는 "느슨한 크기 표준에 비해 길이가 작은 장기를 본질적으로 두 배로 늘렸지만" 더 큰 장기의 경우에는 동일하지 않았다(p. 192). 그러나 대부분의 이성애 남성(및 파트너가 없는 동성애 남성)은 다른 발기된 성기를 개인적으로 볼 기회가 많지 않기 때문에 다른 사람의 성기와 비교할 때 자신의 (느슨한) 페니스가 작다고 잘못 가정할 수 있다. 실제로 한 연구에 따르면 자신의 성기 크기에 대해 걱정하는 남성의 거의 2/3(63%)가 다른 소년의 성기를 처음 본 어린 시절이나 청소년기에 불안이 시작되었다고 보고했다(Mondaini et al., 2002).

완전 발기시 크기 비교

Comparisons of Size When Fully Erect

이것은 완전히 발기했을 때 모든 페니스가 같은 크기라는 말은 아니다. 남성의 자가 측정에 의존한 초기 연구에 따르면 발기된 음경의 평균 크기(상단을 따라 측정)는 길이가 약 6.2인치이고 직경이 약 1.5인치라고 보고했다(Bogaert & Hershberger, 1999; Jamison & Gebhard, 1988; Richters et al., 1995; AMA Smith et al., 1998). 그러나 자체 측정 기술은 신뢰할 수 없음이 입증되었다(Harding & Golombok, 2002). 객관적인 측정(교육받은 의료진이 음경 크기를 측정)을 사용한 연구에 따르면, 발기된 음경의 길이는 3.4인치에서 6.4인치 사이이며, 평균 길이는 약 5인치이며 대부분의 남성의 음경은 4.2~5.7인치 사이이다(Da Ros et al., 1994; Habous et al., 2015; Sparling, 1997; Wessell et al., 1996). 따라서 크기의 변화는 이완된 음경과 발기된 음경 모두에서 정상이다.

잦은 성교나 자위 행위는 음경이 커지는 원인이 되지 않는다. 또한 일부 대중적인 이야기와 달리 페니스 크기는 남성의 키, 체중 또는 체격, 손의 크기, 신발의 크기 등과 관련이 없다. 또한 아프리카계 미국인 남성의 성기가 더 크다거나 아시아계 남성이 다른 남성보다 성기가 작다는 속설에 대한 근거도 없다. 사실, 소셜 미디어에서 이 주제가 널리 논의되고 일반 대중들에게 받아들여지는 것처럼 보이지만, 다른 인종 그룹의 남성들 사이에서 음경 크기의 상당한 차이를 발견한 연구는 없다(토론은 Tizon, 2014 및 Johnson, 2015 참조).

향상기법 Enhancement Techniques

많은 남성과 여성이 믿는 것에도 불구하고(Johnston et al., 2014 참조), 텔레비전과 인터넷에 자주 광고되는 식단이나 운동 변화, 또는 음경 확대 약의 과정이 실제로 효과가 있다는 증거는 없다(Nugteren et al., 2010b). 오늘날 일부 남성(평균 크기의 남성 포함)은 음경을 더 크게 만들기 위해 수천 달러를 지불하고 있다(신체 내부에서 음경의 일부를 고정하는 인대를 절단하고 신체의 다른 부분에서 음경에 지방을 주입함으로써). 그러나 국제 성 의학 학회(International Society for Sexual Medicine)는 이 절차의 안전성에 대해 경고했으며(Ghanem et al., 2013) 많은 남성이 결과에 만족하지 않는다(Nugteren et al., 2010a 참조). 남성이 이러한 고통스럽고 값비싼 절차를 밟는 것을 고려하기 전에 성교 중 파트너를 기쁘게 하는 데 남성의 성기 크기가 정말로 중요한지 살펴보자. 이 연구의 대부분은 이성애 참가자를 사용하므로 이성애자가 아닌 집단으로 일반화되지 않을 수 있음을 명심하시오.

이 질문에 답하기 위해(적어도 이성애 남성의 경우) 먼저 여성 해부학에 대한 몇 가지 기본적인 사실을 재검토해 보겠다. 각성되지 않은 상태에서 질의 길이는 약 2.8~3.2인치이며 벽은 무너져 있다(Masters & Johnson, 1966). 여성이 성적으로 흥분하면 질 안쪽 2/3의 벽이 확장되고 그 깊이는 평균 4~5인치이다. 우연이 아닐 수도 있지만 평균 발기 음경의 길이와 거의 같은 길이이다(자연은 훌륭하지 않는가?). 따라서 질을 물리적으로 자극할 수 있는 능력이 있기 때문에 평균보다 큰 음경을 갖는 것이 실질적인 이점이 되지 않는다. 왜냐하면 음경이 들어갈 자리가 없기 때문이다. 그리고 질 안쪽 2/3의 벽은 어쨌든 신경 종말에서 상대적으로 희박하다는 것을 잊지 마시오. 가장 중요한 것은, 대부분의 여성이 느끼는 신체적 감각의 초점은 질이 아니라 일반적으로 성교 중에 음경과 직접적인 물리적 접촉을 하지 않는 음핵이라는 점이다. 음경을 밀면 음핵 후드가 음핵 귀두를 앞뒤로 문지르게 하여 음핵을 간접적으로만 자극한다. 따라서 여성의 신체 기능과 관련하여 음경의 크기는 그다지 중요해 보이지 않는다.

여성은 진정 신경쓸까? Do Women Really Care?

그러나 여성의 마음은 어떨까? 여자들은 남자의 성기 크기에 정말로 관심이 있을까? 최근 한 조사(Prause et al., 2015)에서 여성들은 다음 질문에 "다른 여성들에 비해 음경 크기에 대해 얼마나 신경을 쓰고 있다고 생각하는가?"라고 응답하도록 요청받았다. 대다수(85%)는 다른 여성과 같거나 작은 음경 크기를 신경 쓴다고 답했고, 15%는 다른 여성보다 '조금 더 신경 쓴다'고 답했으며, 다른 여성보다 '훨씬 더 신경 쓴다'고 답한 사람은 없었다. 또 다른 연구에서는 수백 명의 여성들에게 성교 중 가장 중요한 것이 무엇인지 질문했다. 음경 크기는 언급되지 않았다(Zilbergeld, 1978). 그리고 또 다른 연구에서 남성을 성적으로 바람직하게 만드는 특성을 나열하라는 요청을 받았을 때 이성애 여성은 여러 신체적 특성(예: 매력적인 얼굴, 넓은 어깨, 근육질 체격)을 언급했지만 그 중 어느 것도 남성의 음경 크기와 관련이 없었다(Regan & Berscheid, 1995). 사실, 우리 학급에서 실시하는 비공식 설문조사에서 여성이 큰 페니스에 대해 확고한 선호를 표명한 경우는 단 한 번뿐이다. 대다수의 여성(당시 수천 명에 달함)에게 음경 크기는 중요하지 않았다. 다음은 몇 가지 일반적인 응답이다.

> "성기 크기는 물론 중요하지 않다!"
>
> "그리고 페니스 크기에 대해서는 신경 쓰지 않는다!"
>
> "또한 페니스 크기는 특히 여성에게 아무 의미가 없다."
>
> "무엇을 가지고 있느냐가 아니라 어떻게 사용하느냐가 중요하다."
>
> "남자의 성기 크기를 신경 쓰는 사람은 남자뿐이다. 진지하게, 그것을 극복하시오. 그것을 가지고 무엇을 하느냐가 중요하다."
>
> "중요한 것은 배의 크기가 아니라 바다의 움직임이다."
>
> "나는 이 문제가 너무 지겹다. 내가 아는 모든 남자는 그것에 대해 걱정하고 있으며 내가 아는 여자는 신경 쓰지 않는다. 당신은 당신의 성기 이상이다! 나는 페니스로 외출하지 않고 PERSON과 외출한다. 그리고 나는 페니스와 섹스를 하는 것이 아니라 PERSON과 섹스를 한다."
>
> (모든 예제는 작성자의 파일에서 가져옴)

대부분의 여성은 일반적으로 남성의 성기 크기에 그다지 신경을 쓰지 않는다고 보고할 뿐만 아니라 더 큰 성기를 더 작은 것보다 압도적으로 선호하지 않는 것 같다(많은 남성이 그렇게 생각하는 것 같지만; Johnston et al., 2014). 사실, Fisher et al.(1983)은 큰 페니스의 묘사가 더 작은 페니스의 묘사보다 여성에게 더 많은 성적 흥분을 일으키지 않는다는 것을 발견했다.

왜 대부분의 여성들에게 음경 크기가 상대적으로 중요하지 않은가? 여성의 성적 반응 주기에 대한 섹션을 다시 읽어보자. 많은 여성들에게 욕망과 흥분은 파트너가 가지고 있는 특정한 신체적 특성보다 파트너가 자신을 자극하기 위해 무엇을 하고 관계와 친밀감을 얼마나 잘 충족시키는지에 더 관련이 있다.

최음제: 성적 반응에 영향이 있는가?

Aphrodisiacs: Do They Affect Sexual Response?

4.8 평판이 좋은 최음제의 유효성에 대해 토론한다.

> "많은 내 오랜 친구들은 섹스를 하기 전에 생굴을 먹으면 몇 시간 동안 버틸 수 있다고 믿는다."
>
> "친구 중 한 명이 굴을 주문했을 때 그것이 얼마나 좋은 보약이었다고 말했었는데… 그는 해산물 식당에 가서 굴을 먹을 때마다 침대에서 10배는 더 잘 먹는다고 설명했다."

> "초콜릿은 여성의 천연 보양제라고 들었다."
>
> "코스모폴리탄에서 바나나를 먹으면 바나나에 들어 있는 칼륨 때문에 극도로 강렬한 오르가즘을 느낄 수 있다는 기사를 읽었다."
>
> (모든 예제는 작성자의 파일에서 가져옴)

사람들은 수세기 동안 **최음제(aphrodisiacs)**—(성욕을 향상시키거나 성행위를 연장하는 물질(그리스의 사랑의 여신 아프로디테의 이름을 따서 명명됨)—를 사용해 왔다. 한 번쯤은 500가지 이상의 자연 발생 물질이 최음제로 믿어져 왔다. 여기에는 많은 허브(예: 로즈마리), 향신료(예: 계피, 사프란), 식물 뿌리(예: 인삼), 나무 껍질 추출물(예: 요힘빈), 동물 제품(예: 황소 고환, 분말 코뿔소 뿔, 코끼리 정자, 거북이 알) 및 다양한 과일 및 야채(예: 아보카도, 바나나, 셀러리 줄기, 아스파라거스 창, 무화과, 복숭아, 토마토, 무)가 포함된다(Castleman, 1997; Connell, 1965; Rätsch & Müller-Ebeling, 2013 참조). 어떤 사람들은 굴이 최음제라고 주장한다. 이러한 식품 중 많은 것은 식물과 식품이 겉모습으로 그 유용성을 알린다고 일반적으로 생각되었던 중세 시대에 최음제로 명성을 얻었다. 따라서 당근, 바나나, 아스파라거스 창, 동물의 뿔과 같은 남근 모양의 품목이나 여성의 생식기를 닮은 부드럽고 촉촉한 음식(굴, 복숭아, 무화과, 살구 등)이 인기를 얻었다. 그러나 사실은 이러한 물질 중 어느 것도 성 반응에 생리학적 영향을 미치지 않는다는 것이다(Shamloul, 2010). 사람들이 경험하는 성기능의 일시적인 변화나 개선은 순전히 심리적 효과이며(뭔가 효과가 있을 것이라는 믿음이 흥분될 수 있음) 그 효과는 곧 사라진다.

스페인에서 발견되는 딱정벌레 가루로 만든 스페인 파리는 아마도 가장 유명한 최음제일 것이다. 경구 복용 시 활성 물질(칸타라이드)은 요로 및 생식기의 염증 및 자극을 유발하며, 일부는 이를 욕정으로 해석할 수 있다. 스페인 파리는 또한 성욕이 없을 때에도 고통스럽고 지속적인 발기(지속발기)를 유발할 수 있으며 소화기 및 요로 궤양, 설사 및 심한 통증을 유발할 수 있다.

알코올 Alcohol

알코올은 일반적으로 성욕과 반응성을 향상시키는 것으로 믿어진다. 초기 효과 중 하나는 피부의 혈관 확장으로 따뜻함과 웰빙 느낌을 준다. 한두 잔은 뇌의 특정 영역을 억누르므로 평소에는 하지 않을 수도 있는 성관계나 기타 행동에 대한 억제력이 줄어든다. 그러나 한 잔 이상의 술은 성관계에 필요한 신경계 반응을 손상시킬 수 있다. 셰익스피어가 맥베스에서 술에 대해 말했듯이, "그것은 욕망을 불러일으키지만, 연기를 빼앗는다." 실제로 알코올은 남성과 여성 모두의 성기능을 억제하는 **성욕억제제(anaphrodisiac)**이다(McKay, 2005).

약물사용 Drug Use

일부 불법 약물은 성적 자극제로도 유명하다. 코카인은 지그문트 프로이트에 의해 서구 세계에서 대중화되었다. 그는 코카인의 특성을 일반 각성제이자 최음제라고 썼다. 그것은 실제로 중추신경계 자극제이므로 사용자에게 일시적인 에너지 폭발과 자신감을 줄 수 있지만 약물의 효과는 높은 기대치와 사용되는 사회적 상황으로 인해 종종 동등하게 나타난다(즉, 알코올과 마찬가지로 마약은 성관계를 가졌다는 사실을 정당화하기 위해 나중에 사용할 수 있는 핑계를 제공한다). 그러나 코카인의 사용은 종종 남성과 여성 모두에게 발기부전과 오르가즘 도달의 어려움을 초래할 수 있다(Cocores et al., 1986; Henderson et al., 1995).

암페타민("속도" 또는 "갑피")도 각성제이며 낮은 복용량에서는 성욕을 증가시키고 사용자에게 폭발적인 에너지를 제공할 수 있다(때로는 마라톤 성적 만남에 사용됨). 그러나 연구자들은 일반적으로 암페타민의 1회 과다 복용하거나 만성 사용이 성기능을 손상시킨다는 결론을 내린다(Buffum et al., 1981; Regan & Berscheid, 1999 참조). 만성적인 사용은 또한 심각한 편집증 및 기타 유해한 결과를 초래할 수 있다.

마리화나는 남성과 여성 모두에서 욕망을 감소시키고 각성을 낮추며 오르가즘을 억제한다(Shamloul, 2010). 또한 마리화나를 만성적으로 사용하는 남성은 발기 문제, 테스토스테론 수치 감소, 정자 생산 감소를 경험할 수 있다(Shamloul & Bella, 2011).

젊은이들 사이에서 엑스터시(3,4-methylenedioxy-methamphetamine 또는 MDMA)가 최음제로 인기를 얻었다. 이 약물은 뇌 화학물질인 세로토닌의 방출을 유발하며 환각제 및 각성제와 관련이 있다. 사용자에게 행복감과 고양된 관능적 경험을 제공한다(Kennedy et al., 2010). 최근에는 비아그라와 함께 복용하는 것이 일부 남성들에게 인기를 얻었다. 이 조합은 종종 "섹스타시(sextasy)"라고 불린다(Breslau, 2002). 그러나 이 조합은 종종 심한 두통과 장기간의 고통스러운 발기를 유발한다. 연구에 따르면 엑

최음제(Aphrodisiacs) 성적 욕망이나 성능을 향상시키는 물질.

성욕억제제(Anaphrodisiacs) 성기능을 억제하는 물질.

스터시를 한 번만 복용해도 동물의 뇌에 영구적인 손상을 줄 수 있으며 사람에게는 적당한 복용이 기억 상실로 이어진다(Walters et al., 2002).

천연물 Natural Products

성기능을 개선하고 성기능을 향상시키려는 남성과 여성에게 점점 더 많은 수의 "기능식품"이 제공된다. 이러한 합법적인 비처방 보충제에는 일반적으로 중추신경계 신경 전달 물질(뇌 세포가 서로 "대화"할 수 있게 하는 화학 물질)에 영향을 미치는 약리학적 제제뿐만 아니라 비타민과 미네랄이 혼합되어 있다. 아프리카 나무의 수액에서 추출한 이러한 물질 중 하나는 요힘빈 염산염이다. 요힘빈이 심리적으로 발기부전을 일으키는 남성의 발기 기능에 긍정적인 영향을 미칠 수 있다는 일부 증거가 있다(Ernst & Pittler, 1998; Portst et al., 2013). 그러나 요힘빈은 발기 문제가 없는 남성에게 거의 또는 전혀 영향을 미치지 않는 것으로 보인다. 홍삼도 발기부전에 도움이 된다고 보고되었지만 이 발견을 입증하는 연구는 방법론적으로 너무 불건전하여 확실한 결론을 내릴 수 없다(Shamloul, 2010).

다른 천연 제품이 최음제로 작용하거나 성적 반응의 모든 측면에 영향을 미친다는 증거는 없다. 여기에는 암브레인, 부포 두꺼비, 뿔의 염소 잡초, 무이라 프라마, 쏘팔메토, 초콜릿, 마카 및 아유르베다 허브가 포함된다(Cui et al., 2015; Shamloul, 2010). 그럼에도 불구하고 "허브" 또는 "천연" 최음제 판매는 큰 산업이 되었고 멈출 기미가 보이지 않는다.

페로몬 Pheromones

당신은 또한 다른 사람들의 성적 관심을 증가시킨다고 하는 페로몬이나 향수 및 페로몬이 첨가된 코롱(예: *Pherómone*, *PherX*, *Magnetism*, *Pherazone*, *Max Attraction*)에 대한 광고를 본 적이 있을 것이다. 합성 페로몬을 판매하는 한 회사의 연구원은 애프터셰이브 로션에 합성된 무취 페로몬 물질을 첨가한 남성이 정기적으로 애프터셰이브를 사용한 대조군 남성에 비해 낭만적인 파트너와의 성관계 및 "옆에서 자는" 수준이 증가한 것으로 나타났다(Cutler et al., 1998). 여성에 대해서도 유사한 결과가 보고되었다(McCoy & Pitino, 2002). 흥미롭긴 하지만 이러한 결과는 복제되지 않았으며 과학자들은 페로몬 물질과 성적 매력 사이의 신뢰할 수 있는 연결에 대한 설득력 있는 증거를 제공하지 못했다(Regan & Berscheid, 1999; Regan, 2017 참조). 이것은 우리 모두를 놀라게 해서는 안 된다. 성적 끌림은 특정 음식이나 약물을 섭취하거나 특정 화학 물질을 뿌리는 것보다 훨씬 더 많은 것에 의해 촉발되는 복잡한 현상이다. 이 제품은 성적인 경험을 보장할 수 있는 마법의 비약이 아니다.

> "내가 18살이었을 때, 여성들을 유혹하고 나와 섹스를 하고 싶게 만드는 이 페로몬 스프레이에 대해 읽었다. 내가 우편으로 받은 팜플렛에는 이 물건의 성공에 대한 몇 가지 실화가 실려 있었다. 나는 그것이 환상적인 돌파구라고 생각했고 즉시 65달러를 지불했다. 그 대가로 나는 매우 작은(2액량 온스) 이 스프레이 병을 받았는데, 이 스프레이는 내가 마을에 도착하기 전에 신나게 뿌렸다. 나 취했어? 지옥 아니. 좋은 대화도 제대로 못했다."
>
> "고등학교 때 좋아하던 사람이 있었는데 그 친구는 저를 좋아하지 않았어요. 그래서 나는 남자들이 나에게 끌리게 만들 재료가 들어 있어야 하는 이 매우 비싼 향수를 돈을 모아서 샀다. 나는 그 당시에 그것이 효과가 있을 것이라고 정말로 믿었다는 것을 인정하기가 부끄럽다. 글쎄, 그렇지 않았다. 나는 병이 다 떨어질 때까지 매일 그것을 사용했고 그는 나를 쳐다보지도 않았다. 물론, 이제 나는 향수 한 방울이 누군가가 당신을 진정으로 원하게 만들 수 있다고 생각하는 것보다 더 잘 안다. 결코 그렇게 간단하거나 쉽지 않다."
>
> (모든 예제는 작성자의 파일에서 가져옴)

검증된 최음제를 뒷받침하는 과학적 증거가 부족함에도 불구하고 일부 사람들은 아마도 성기능을 향상시키는 문제가 없는 약물이나 물질을 계속 찾을 것이다. 그들의 노력은 대신 시간을 내어 파트너와 의사 소통하고 친밀한 관계를 맺는 방법을 배운다면 더 나은 보상을 받을 것이다. 이 작업을 수행하는 방법은 이후 장에서 논의할 것이다.

성욕과 장애를 가진 사람
Sexuality and People with Disabilities

4.9 장애가 있는 사람들도 다른 모든 사람들과 마찬가지로 성적인 인간이라는 사실을 설명하고 인식한다.

성적 쾌락은 젊고 아름다운 사람들만을 위한 것인가? 우리 사회에서 흔히 '매력이 없다'고 낙인찍는 노인, 마르고 비만한 사람, 신체적으로 어색한 사람들, 그 밖의 사람들에 대한 농담의 수를 보면 많은 사람들이 그렇게 생각하는 것 같다. 시각 장애인, 청각 장애인 또는 척수 손상을 입은 사람이나 다른 신체적 허약함이나 장애가 있는 사람은 어떠한가? 정신 장애인은 어떤가? 이 그룹의 사람들은 성적 욕망과 감정을 가지고 있는가? 그렇다면 그러한 욕망을 표현하도록 허용해야 하는가? 많은 사람들은 장애인의 성에 관해서 훨씬 더 극단적인 부정적인 태도를 가지고 있다.

이 장에서는 성적 흥분 동안 발생하는 생리적 및 생

그림 4-13
우리는 모두 성적 존재이다.

출처: Rob Brimson/The Image Bank/Getty Images; Mikael Vaisanen/Getty Images

식기 사건에 꽤 초점을 맞췄다. 마스터스와 존슨의 모델은 성을 육체적 행위로 강조한다. 하지만 섹슈얼리티는 단지 육체적인 것일까? 1장의 시작 부분에 있는 **섹슈얼리티(sexuality)**의 정의를 다시 보시오. 여기에 또 다른 정의가 있다. 완전한 척수 손상을 입은 여성 그룹이 정의한 것이다.

> "그것은 나의 엄청난 핵심이다. 다른 모든 것은 거기서 나온다. 내 몸, 내 육체에 대해 어떻게 생각하고 느끼는지. 내가 어떻게 나 자신을 여자라고 정의할지. 성적이든 아니든 모든 관계에서 내가 어떤 모습인지. 그것이 나의 전부야. 내 모든 걸 요약할 수 있을 정도로 강한 다른 요소는 없을지도 몰라. 그래서 그것은 육체적이고, 영적이고, 감정적이고, 모든 것이다."
>
> *(from Richards et al., 1997)*

성과 장애에 대한 태도
Attitudes About Sex and Disability

이 장의 앞부분에서 한 종류의 신체 장애가 성기능에 미치는 영향, 즉 척수 손상이 발기 및/또는 오르가즘 달성 능력에 미치는 영향에 대해 배웠다(CJ Alexander et al., 1993; Whipple & Komisaruk, 2011). 우리는 일부 척수 손상 남성이 발기할 수 있지만 많은 남성이 발기하지 못하는 방법과 정상적인 성기능 부족에 대한 심리적 고통을 자주 경험하지 않는 남성에 대해 논의했다(Barbonetti et al., 2012). 그러나 신체적 장애로 인해 성관계를 맺거나 성관계를 맺는 것이 어려운 만큼 다른 사람들의 태도는 훨씬 더 큰 장벽이 될 수 있다(Sakellariou, 2006). 예를 들어, 우리는 척수 손상을 입은 학생으로부터 다음과 같은 메모를 받았다.

> "최근에 남자친구의 어머니가 남자친구가 손자를 원한다고 설명해주기를 원하셨어요. 그녀는 내가 휠체어를 타고 있기 때문에 아이를 낳을 수 없다고 생각했나 봐요. 그녀의 무지는 나를 놀라게 했다. 하반신 마비 환자든 사지 마비 환자든 휠체어를 탄 사람들은 성적 능력이 뛰어나지 않다. 성은 기본적으로 사람의 전반적인 행동에 미치는 영향 측면에서 심리적이다. 따라서 사람이 목 아래로 또는 엉덩이 아래에서 마비되었다는 사실이 성욕이나 다산을 할인하지 않는다."
>
> (모든 예제는 작성자의 파일에서 가져옴)

많은 사람들이 신체적 또는 정신적 장애가 있는 성인을 마치 무성애자나 어린아이와 같이 취급하고 이러한 개인이 성에 관심을 가져야 한다는 것을 우스꽝스럽거나 보기 흉하다고 생각한다(리뷰는 Milligan & Neufeldt, 2001 참조). 장애가 있는 아동이나 십대의 부모는 때때로 성적인 정보를 공개하지 않음으로써 그들을 "보호"하려고 하고, 장애 성인의 친구와 지인은 종종 그들 앞에서 그 주제에 대해 논의하지 않음으로써 보호하려고 한다. 그 결과, 장애인은 종종 성적 존중감이 낮고 자신을 성적으로 표현하는 방법을 심각하게 제한한다(McCabe et al., 2003).

> "나는 관계를 형성하고 싶은 마음은 잘 알고 있다. 하지만 데이트를 위해 당신에게 접근하는 사람은 아무도 없다. 당신

섹슈얼리티(Sexuality) 인간과 관련된 모든 성적 태도, 감정 및 행동. 이 용어는 특별히 성적인 반응이나 성행위에 대한 개인의 능력을 지칭하는 것이 아니라 개인의 성격 차원을 지칭한다.

이 절대 결혼하지 않을 것이라는 기대감으로 성장했다. 어떤 대가를 치르더라도 번식에 대한 정보는 거의 없다."

(from Nosek et al., 1997)

의사와 기타 의료 전문가조차도 장애를 치료하거나 장애 남성과 여성을 돌볼 때 성을 무시하는 경향이 있다(Kedde et al., 2012; Schaafsma et al., 2014). 장애인의 성적 욕구를 부정하거나 무시함으로써 장애인을 보호하려는 전문가, 가족, 친구들의 의도는 좋으나 종종 잘못된 가정은 그들이 "더 중요한 걱정거리가 있다"는 것이다.

"여동생이 다운증후군을 앓고 있다. 동생은 나에게 섹스, 소년, 그리고 자기 몸에 대해 질문하기 때문에 성적 감정을 가지고 있다는 것을 안다. 하지만 엄마는 이것을 믿지도, 논의조차 하기를 거부했고, 내가 누나 학교 간호사에게 어떻게 대처해야 하는지 물으려 했을 때 엄마는 나를 막았다. 엄마가 말한 것은 '동생이 수업을 마치도록 하는 데 집중하자. 그게 동생에게 지금 중요한 일이야.'라는 것뿐이었다. 글쎄, 중요한 것은 내 여동생(그리고 내가)이 그녀와 같은 사람들을 위해 고안된 정보를 얻는 것이라고 생각한다. 그래서 동생이 안전할 수 있고 이용당하지 않을 수 있다."

"17살 된 시각 장애인 사촌이 있다. 그는 멋진 남자이고, 또한 잘 생겼고, 여성에게 인기가 많다. 나는 그것이 집안 내력이라고 항상 말한다! 나는 그에게 비밀리에 비밀을 누설했다. 왜냐하면 다른 사람들은 아무도 그렇게 하지 않을 것이고 그는 데이트를 시작하고 평범한 남자-여자 일을 시작하고 싶어하기 때문이다. 이모, 삼촌과 대화를 시도했지만 삼촌은 "시간을 줘. 급하게 서두를 필요 없어. 다른 일이 있어."라고 말만 한다. 그러나 그는 남자이고 남자에게 필요한 것이 있다. 나와 주변의 모든 사람들에게 그렇게 분명한데 왜 그들이 이것을 보지 못하는지 이해할 수 없다."

(모든 예제는 작성자의 파일에서 가져옴)

평생 장애를 가진 사람과 최근에 장애가 있는 사람은 단지 신체적으로 능력을 갖추는 방법보다 더 많은 것을 배우기를(또는 다시 배우기를) 원한다. 그들은 또한 성적인 방법과 사랑하고 사랑받는 방법을 알고 싶어한다. 다음은 자동차 사고로 인한 심각한 척수 손상으로 수술과 재활을 3년 동안 받은 한 여성의 남편이 보낸 편지의 일부이다.

"7월에 '수잔'은 한 번 더 해보고 싶을 정도로 몸이 좋아졌다. 그날 섹스는 아주 좋았다. . . 우리는 천천히 그리고 쉽게 했다… 사고 이전에 부족했던 것을, 많은 포옹과 스킨십으로 보상했다. 놀랍게도 침대에서 서로를 안고 있는 것만으로도 매우 만족스러웠고 실제로 감정적으로 더 가까워진 것 같았다."

(모든 예제는 작성자의 파일에서 가져옴)

손상과 장애의 처리

Dealing with Injuries and Impairments

척수 손상이 있는 사람들은 일반적으로 부상 후 처음에는 성생활을 "차단"하고 "차단"한 후 관계 단절(파트너와의 성관계 회피)을 보인다(Richards et al., 1997). 파트너의 성적 욕망은 이것을 극복하는 데 도움이 될 수 있다. 적절한 지원을 받으면 척수 손상을 입은 사람들은 결국 성적 탐색(성적 쾌락을 주고받는 단계)과 성적 재확인(자신의 섹슈얼리티에 편안해짐) 단계를 거친다. 척수 손상을 입은 사람들은 종종 다른 사람들과 동일한 성적 요구와 욕구를 가지고 있다(Moin et al., 2009). 그들은 성교의 감소를 보일 수 있지만 종종 파트너에게 만족스럽고 상호 즐거운 다른 성행위로 이를 보상한다(Ostrander, 2009). 사실 성관계 외에도 성관계를 즐기는 방법은 많다.

외상성 뇌 손상이나 심각한 정신 장애가 있는 사람들은 어떨까? 그들은 만지기, 키스하기, 자위 행위를 포함한 성적 행동을 보이지만 적절한 시간과 장소를 구별하지 못하는 경우가 많다. 이러한 "부적절한"(사회 기준에 따라) 행동은 특수 교육 교사와 의료 직원을 포함한 많은 사람들이 뇌 손상이나 발달 지연 또는 장애가 있는 남성과 여성의 성행위에 대해 부정적인 견해를 갖게 한다(예: Schaafsma et al., 2014; Scotti et al., 1996; Wolfe, 1997). 그러나 정신 장애자의 섹슈얼리티 거부는 현실적인 해결책이 아니다. "특정 장애에 관계없이 정신지체자는 정상적인 젊은 성인과 비슷한 속도로 신체적으로 발달하고 정신지체가 없는 사람과 동일한 많은 성적 자극과 상황에 반응하는 성적 감정을 가진 개인이다"(Scotti et al., 1996). 보다 현실적인 접근 방식은 정신 장애가 있는 사람과 서비스 제공자 모두에게 적절한 성교육을 제공하는 것이다.

청각 또는 시각 장애, 만성 질환 또는 기타 신체 장애(예: 뇌성 마비)가 있는 사람들도 가족, 교육자 및 의료 제공자가 무시해서는 안 되는 성적 욕구와 욕구를 가지고 있다(Kedde et al., 2012; Linton et al., 2016). 사실, 신체 장애가 있는 여성과 남성은 종종 장애가 없는 여성과 마찬가지로 성에 관심이 있다(Kelly & Kapperman, 2012; Nosek et al., 1997 참조). 우리의 외모나 신체적, 정신적 능력에 관계없이 우리는 모두 성적인 존재임을 기억하라. 모든 사람은 정확한 성 및 생식 정보에 접근할 수 있고 성적으로 건강한 생활 방식을 만들고 달성할 자격이 있다.

개인적인 생각 Personal Reflections

당신이 사고를 당하여 신체 장애가 된다면, 당신은 여전히 파트너와 포옹하고 안고 키스하고 애정을 나누고 (가능하다면 섹스를 하고) 싶어할 것이라고 생각하는가? 장애를 가진 사람이 이러한 행동을 하는 것을 보았을 때 현재 어떻게 반응하나?

스터디 가이드

핵심용어 Key Terms

G 스팟[Grafenberg (G) spot], p. 92
근긴장증(myotonia), p. 81
다중 오르가즘(multiple orgasms), p. 88
로즈마리 바슨(Rosemary Basson), p. 85
마스터스와 존슨(Masters and Johnson), p. 77
불응기(refractory period), p. 84
사정(ejaculation), p. 83
성긴장홍조(sex-tension flush), p. 82
성/섹슈얼리티(sexuality), p. 102
성욕억제제(anaphrodisiacs), p. 100
성적 흥분(sexual arousal), p. 77
성적 감정과 인지(sexual affect and cognitions), p. 78
성적 반응 주기(sexual response cycle), p. 79
성적 욕망(sexual desire), p. 76
성행위(sexual activity), p. 78
스키네샘(Skene's glands), p. 93
안정기(plateau), p. 82
여성 할례(female genital mutilation), p. 94
역행 사정(retrograde ejaculation), p. 84
오르가즘(orgasm), p. 83
오르가즘 체계(orgasmic platform), p. 87
정액(semen), p. 83
질 윤활(vaginal lubrication), p. 86
최음제(aphrodisiacs), p. 100
해소기(resolution), p. 84
헬렌 싱어 카플란(Helen Singer Kaplan), p. 79
혈관 울혈(vasocongestion), p. 81
흥분 단계(남성)[excitement phase (men)], p. 81
흥분 단계(여성)[excitement phase (women)], p. 86

상호검토 Interactive Review

뒤의 정답 참조.

(1) ____________________는/은 성/섹슈얼리티의 동기적 요소이며, 흔히 성적 관심 또는 정욕이라고 한다. (2) ________________는/은 생식기 구성요소인 반면, (3) ______________는/은 성교나 자위와 같은 노골적인 행동을 지칭하기 위해 사용하는 용어이다. 사람들이 섹슈얼리티에 대해 갖고 있고 성적 반응과 집합적으로 관련된 모든 생각과 감정은 (4) ______________(으)로 알려져 있다.

(5) ____________________는/은 성행위에 참여하는 수백 명의 사람들로부터 생리적 반응을 관찰하고 기록했다. 그들은 성관계 중에 발생하는 생리학적-생식기 반응을 (6) ______________, (7) ________________, (8) ______________ 및 (9) ______________의 4단계로 나누었다. 이 선형 패턴의 응답은 종종 (10) ______________(이)라고 한다. 나중에 성 치료사(11) ______________는/은 새로운 첫 번째 단계인 (12) ______________를/을 추가했으며 Masters and Johnson 및 후속 연구자들도 채택했다. 다른 연구자, 특히 (13) ______________는/은 특히 여성의 성적인 반응이 비선형 또는 (14) ______________ 모델에 의해 더 잘 포착될 수 있다고 제안했다.

성적 욕망을 경험한 후 남성과 여성 모두 흥분 단계에서 첫 번째 생리적-생식기 반응은 (15) ______________이며, 결과적으로 남성의 경우 (16) ____________, 여성의 경우 (17) ______________이다. 남성과 달리 여성의 경우 생리적 생식기 각성이 항상 (18) ____________과/와 잘 관련되는 것은 아니라는 점을 인식하는 것이 중요하다. 여성의 (19) ______________ 단계 동안 질 바깥쪽 1/3의 조직이 피로 부어올라 질 입구가 좁아진다. 이 응답을 (20) ______________(이)라고 한다. 또한 이 단계에서 음핵은 (21) ______________. 안정기 초기에 (22) 모든 여성의 ______________%와 모든 남성의 약 25%가 (23) ______________(이)라는 피부 발진을 경험한다.

오르가즘을 느낄 때, 남성과 여성 모두 특정 조직에 처음 0.8초마다 발생하는 (24) ______________를/을 가지고 있다. 그러나 최근 연구에 따르면 오르가즘의 진정한 본질은 성기가 아니라 (25) ______________에 있다. 오르가즘에 대한 남성과 여성의 설명은 (26) ________________이다. 남성의 오르가즘과 관련된 신체적 반응은 (27) ______________ 및 (28) ______________의 두 단계로 발생한다. 음경에서 정액을 배출하는 것을 (29) ______________(이)라고 한다. 남성은 오르가즘을 경험한 후 생리학적 반응이 일반적으로 안정기 아래로 떨어지며 이 기간 동안 다른 사정/오르가즘을 경험할 수 없다. 이 기간을 (30) ______________

(이)라고 한다. 대부분의 남성과 달리 일부 여성은 (31) _______________를/을 가질 수 있다. 이는 정체기 수준 아래로 떨어지지 않고 두 번 이상의 오르가즘을 빠르게 연속적으로 느끼는 것으로 정의된다. 각성되지 않은 상태로 돌아가는 것을 (32) _______________(이)라고 한다.

대부분의 추정에 따르면 기혼 여성의 약 (33)_______________%와 독신 여성의 약 (34) _______________ %가 성교 중 오르가즘을 정기적으로 경험한다. 헬렌 싱어 카플란(Helen Singer 카플란)과 다른 연구자들은 여성이 동시에 (35) _______________ 자극을 받으면 질 성교 중에 오르가즘에 도달할 가능성이 가장 높다고 믿는다.

프로이트는 여성의 오르가즘에는 두 가지 유형이 있다고 믿었다. 하나는 (36) _______________ 자극에 의해 유발되고 다른 하나는 (37) _______________ 감각에 의해 유발된다. 마스터스와 존슨은 원래 모든 여성 오르가즘이 동일하며 본질적으로 (38) _______________에 집중되어 있다고 주장했다. 그러나 일부 여성들은 다양한 유형의 오르가즘을 경험했다고 보고했으며 1980년대에 수행된 연구에 따르면 이 여성들 중 많은 수가 질벽의 (39) _______________에 (40) _______________(이)라는 민감한 부위가 있는 것으로 나타났다. 이 영역의 자극은 때때로 오르가즘 동안 (41) _______________를/을 초래했다. 일부 여성에서는 체액이 소변으로 확인되었지만 다른 여성에서는 남성 (42) _______________에서 분비되는 효소와 동일한 효소가 포함되어 있었다. 대부분의 여성들은 성교 중 쾌락을 위해 파트너의 성기 크기가 (43) _______________ 말한다. 많은 사람들이 (44) _______________(이)라는 물질을 복용하여 성적 욕망이나 수행 능력을 향상시키려고 시도했지만 그러한 물질이 실제 효과가 있다는 증거는 거의 없다.

장애가 있는 사람들은 의사 소통이나 성행위에 참여하는 데 특별한 문제가 있을 수 있지만 섹슈얼리티는 마스터스와 존슨이 설명한 신체적 반응 그 이상이다. 여기에는 감정적, 영적 감정과 우리가 다른 사람들과 어떻게 관계하는지가 포함된다. 우리는 모두 성적 인간이다.

자기진단 Self-Test

뒤의 정답 참조.

A. 참(T) 혹은 거짓(F)

T F 45. 성적 욕망은 일반적으로 자가 보고 방법을 사용하여 측정된다.

T F 46. 성적 각성은 순전히 생리학적 반응이다.

T F 47. 대부분의 남성과 여성의 성적 반응은 순차적인 선형 모델에 의해 정확하게 포착된다.

T F 48. 남성의 각성의 첫 번째 생리학적 징후는 몇 초 이내에 발생하지만 여성의 경우 시작되는 데 몇 분이 걸린다.

T F 49. 일부 여성들은 성적 욕망과 성적 흥분(흥분)을 별개의 사건으로 경험하지 않는다.

T F 50. 질 윤활은 실제로 초여과된 혈장이다.

T F 51. 질 윤활의 존재는 여성이 성교를 시작할 준비가 되었음을 의미한다.

T F 52. 남성과 여성 모두 흥분 단계에서 유두 발기를 경험할 수 있다.

T F 53. 음핵이 뒤로 당겨져 음핵 덮개 아래로 사라지면 여성이 이전보다 성적으로 덜 흥분된다는 것을 의미한다.

T F 54. 정체기/안정기가 연장되면 질벽으로부터의 체액 분비가 줄어들 수 있다.

T F 55. 일반적으로 여성이 쓴 오르가즘에 대한 묘사는 남성이 쓴 것과 쉽게 구별할 수 있다.

T F 56. 오르가즘과 사정은 남성에게 동시에 발생하며 실제로 같은 사건이다.

T F 57. 마스터스와 존슨이 기록한 오르가즘 중 리드미컬한 근육 수축은 개인의 주관적 쾌감 감각과 밀접한 관련이 없다.

T F 58. 남성의 완전한 오르가즘은 사정과 함께 거의 항상 불응기가 뒤따른다.

T F 59. 심각한 척수 손상을 입은 일부 사람들은 오르가즘을 경험할 수 있다.

T F 60. 질 안쪽 2/3의 벽은 접촉에 매우 민감하므로 성교 시 음경 길이를 중요한 요소로 만든다.

T F 61. 발기 상태보다 각성되지 않은 상태에서 음경 길이에 더 많은 변화가 있다.

T F 62. 남자의 성기 크기는 키, 몸무게, 인종과 관련이 있다.

T F 63. 알코올은 중추신경계를 흥분시키고 성기능을 향상시킨다.

T F 64. 마리화나를 사용하면 일반적으로 성기능이 향상

된다.

T F 65. 코카인을 정기적으로 사용하면 종종 발기 문제와 오르가슴에 도달하는 데 어려움을 겪는다.

T F 66. 과학자들은 페로몬 물질과 성적 끌림 사이에 신뢰할 수 있는 연관성이 있다는 증거를 발견했다.

T F 67. 미국에서 18세 미만의 소녀나 여성에게 포경수술을 하는 것은 불법이다.

T F 68. 포경수술은 남성과 여성 모두에게 건강상의 이점이 있는 것으로 알려져 있다.

B. 짝짓기

______ 69. 성욕
______ 70. 흥분기
______ 71. 안정기
______ 72. 오르가즘기
______ 73. 해소기
______ 74. 혈관 울혈 반응

a. 쿠퍼샘은 몇 방울의 맑은 액체를 분비한다.
b. 음경이 발기 시작
c. 소음순이 혈액으로 충혈된다.
d. 성적 목표를 달성하기를 원하거나 원한다는 인식
e. 질 바깥쪽, 자궁, 항문 괄약근에서 리드미컬한 근육 수축이 일어난다.
f. 음핵은 치골에 대해 뒤로 당긴다.
g. 질 윤활 시작
h. 유방, 질의 바깥쪽 1/3, 음순 및 음핵에서 혈액이 배출된다.
i. 성 긴장 홍조가 나타나다.
j. 젖꼭지가 발기
k. 이 시기에 가장 두드러지는 음핵
l. 음낭이 두꺼워지고 고환을 몸쪽으로 당기는 데 도움이 된다.
m. 음경과 고환에서 혈액이 배출된다.
n. 질 안쪽 2/3의 벽이 부풀어 오르기 시작한다.
o. 각성(흥분)되지 않은 상태로 돌아간다.
p. 정관, 전립샘, 요도 및 항문 괄약근의 리드미컬한 근육 수축
q. 질의 바깥쪽 3분의 1이 혈액으로 충혈된다.
r. 젖꼭지가 덜 발기 된 것처럼 보인다.
s. 대음순이 평평해지고 펴진다.
t. 고환의 크기가 50%에서 100% 증가한다.
u. 남성의 경우, 요도에서 방출되는 액체

C. 빈칸 채우기

75. 성적 흥분과 관련된 세 가지 기본적인 생리적 과정은 ______________이다.
76. 성적 흥분 중에 조직이 혈액으로 채워지는 것을 ______________(이)라고 한다.
77. 어떤 여성들은 오르가즘 중에 ______________에서 나오는 체액을 방출한다.
78. 대부분의 여성과 많은 남성은 성적으로 매우 흥분될 때 ______________(이)라는 피부 발진을 경험한다.
79. 질 바깥쪽 1/3의 울혈과 부기종은 마스터스와 존슨에 의해 ______________(으)로 명명되었다.
80. 사정 후 대부분의 남성은 ______________(이)라는 기간을 가지며 이 기간 동안 다른 사정과 오르가즘을 경험할 수 없다.

5장
성병 및 성교 관련 질병

Sexually Transmitted Infections and Sexually Related Diseases

사람이 섹스를 할 때 그 파트너와만 섹스를 하는 것이 아니다.
그들은 파트너가 지난 10년 동안 함께 했던 모든 사람들과 함께 섹스하고 있다.

– 오티스 보엔, 전 미국 보건복지부 장관

학습목표

이 장의 학습을 마치면 다음을 할 수 있어야 한다.

5.1 성병의 원인, 전염 경로, 감염자에 대해 설명한다.

5.2 임질의 증상, 합병증 및 치료에 대해 설명한다.

5.3 클라미디아의 증상, 합병증 및 치료에 대해 설명한다.

5.4 임질과 클라미디아를 치료하지 않고 방치하면 발생할 수 있는 합병증을 설명한다.

5.5 매독의 증상, 합병증 및 치료에 대해 설명한다.

5.6 기타 흔하지 않은 세균성 성병에 대해 설명한다.

5.7 헤르페스의 증상(인식 및 인식되지 않음), 합병증 및 치료에 대해 설명한다

5.8 간염의 증상, 합병증 및 치료에 대해 설명한다.

5.9 인유두종바이러스 감염의 증상, 합병증 및 치료에 대해 설명한다.

5.10 전염성 연체동물 및 지카 바이러스와 같은 다른 바이러스 감염에 대해 설명한다.

5.11 HIV 감염과 AIDS의 원인, 영향, 치료에 대해 논의한다.

5.12 성 감염을 통해 발생하는 다양한 기생충 감염을 식별한다.

5.13 여성에게 영향을 미치는 질 및 방광 감염에 대해 설명한다.

5.14 더 안전한 성행위와 긍정적인 성에 대해 토론한다.

표 5-1 미국 내 성병들

성병의 형태	연간 예상 신규 사례	예상 신규 및 기존 사례
인간 유두종 바이러스 감염(HPV)	14,100,000	79,100,000
클라미디아	2,860,000	1,570,000
트리코모나스	1,090,000	3,710,000
임질	820,000	270,000
생식기 헤르페스	776,000	24,000,000~50,000,000
매독	64,000	117,000
인간면역결핍바이러스(HIV)	44,000	1,200,000
B형 간염	19,000	422,000
합계:	19,773,000	110,389,000~136,289,000

출처: CDC Fact Sheet, 2013, 2016.

성병(STI)은 전염병 수준이다. 전 세계적으로 HIV가 아닌 성병의 연간 사례 수는 1995년에서 2008년 사이에 50% 증가했다(Ortayli et al., 2014). 올해 약 1,970만 명의 미국인이 성병에 걸릴 것이다(Centers for Disease Control and Prevention [CDC], 2016; Satterwhite et al., 2013; **표 5-1** 참조). 이미 존재하는 감염을 포함하여 미국에는 약 1억 1000만에서 1억 3600만 건의 성병이 있다.

10대 소녀 4명 중 1명은 성병에 걸리지만(CDC, 2016), 젊은 사람들만이 성병에 걸리는 것은 아니다. 성병이 가장 많이 증가하는 그룹 중 하나는 65세 이상 노인이다(Emanuel, 2014). 일부 연구자들은 미국인 2명 중 1명이 일생 동안 적어도 한 번은 성병에 걸릴 것이라고 계산하고(Satterwhite et al., 2013), 그 가능성은 그보다 훨씬 더 클 수 있다(Chesson et al., 2014). 따라서 이러한 감염의 원인, 증상, 전염 방식 및 치료법에 대해 스스로 교육하는 것이 모든 사람에게 이롭다. 치료하지 않고 방치할 경우, 이러한 감염 중 일부는 불임, 실명, 심지어 사망까지 초래할 수 있으며, 관계 파괴는 말할 것도 없다.

그것들은 무엇이고, 누가 얻으며, 어디에서 왔을까?

What Are They, Who Gets Them, and Where Did They Come From?

5.1 성병의 원인, 전염 경로, 감염자에 대해 설명한다.

어떤 사람들은 난잡한 사람들만이 성병에 걸린다고 믿는다. 충직하고 충실한 수십만 명의 남녀가 파트너로부터 이러한 감염을 얻었기 때문에 이러한 믿음은 잘못된 것이다. 비슷한 수의 무고한 신생아들이 감염된 산모에게서 감염되었다.

> "남자친구가 임질을 옮겼다. 나 자신은 내가 일부일처제 관계를 따른다고 생각했다. 그러나 그에게는 일부일처제가 아니었던 것이다."
>
> "지난 2년 동안 한 명의 꾸준한 남자친구가 있었다. 나는 한 번도 잠을 잔 적이 없고 그가 나에게 충실하다고 생각했다. 나는 이것을 증명하기 위해 내 목숨을 걸었을 것이다. 지난 2년 동안 나는 세 번 클라미디아, PID, 트리코모나스에 감염되었다."
>
> "내가 처음 섹스를 한 것은 16살 때였다. 내 유일한 두려움은 임신하는 것이었다. 남자친구는 자신이 불임이라 임신을 못한다고 했다. 우리는 섹스를 했다. 약 한 달 후 나는 임질이 있다는 것을 알게 되었다. 내가 성병의 희생자가 될 수 있다는 것을 전혀 몰랐다."
>
> "나는 남편에게서 성병에 걸린 48세 여성이다. 그 결과 자궁적출술을 받아야 했다."
>
> (모든 예제는 작성자의 파일에서 가져옴)

이 사람들은 난잡하지 않았지만 여전히 성병에 감염되었다. 성병의 원인은 무엇인가? 성행위 자체가 아니다. 그 행동은 감염이 전염되기 위해 반드시 존재해야 하는 박테리아, 바이러스 또는 기생충의 전염 방식이다. **성병(STI)은 대부분 감염을 일으키는 박테리아, 바이러스 또는 기생충이 있는 사람과의 성적 접촉**(질 및 항문 성교 및 구강 생식기 접촉 포함)**을 통해 퍼진다.**

박테리아(bacteria)는 매우 작은 단세포 유기체이다. 그들은 핵막이 없지만 모든 유전 물질(RNA와 DNA)과 스스로 재생산할 수 있는 대사 체계를 가지고 있다. **바이러스(viruses)**는 핵산 코어를 둘러싼 단백질 껍질일 뿐이며 스스로를 재생산할 수 없다. 그들은 새로운 바이러스 입자를 제조하기 위한 물질을 제공하는 숙주 세포를 침범한다. 성병의 원인이 되는 박테리아와 바이러스는 짧은 시간 동안만 몸 밖에서 산다. 변기에서 이러한 감염을 잡을 수 있다는 일반적인 믿음은 크게 과장되어 있다.

어떤 사람들은 성병이 가난하고 교육을 받지 못한 소수 집단에서만 또는 주로 발생한다고 믿는다(또는 적어도 믿고 싶다). 그러나 성병은 차별적이지 않다. 이러한 감염을 일으키는 박테리아나 바이러스는 피부색을 신경 쓰지 않는다. 당신이 복지 대상이든 백만장자이든 매일 목욕

박테리아(Bacteria) 핵막이 없지만 스스로 재생산할 수 있는 모든 유전 물질(RNA 및 DNA)을 갖고 있는 작은 단세포 유기체.

바이러스(Virus) 핵산 코어 주위의 단백질 껍질. 바이러스는 RNA와 DNA 중 하나를 가지고 있지만 둘 다 가지고 있지 않기 때문에 스스로 번식할 수 없다. 그들은 새로운 바이러스 입자를 제조하기 위한 물질을 제공하는 숙주 세포를 침범한다.

을 하든 일주일에 한 번만 목욕을 하든 또는 귀하가 초등학교 중퇴자인지 대학 교육을 받은 사람이든 상관없다. 사실, 이러한 감염 중 적어도 두 가지(클라미디아 및 인유두종바이러스 감염)는 오늘날 대학생들 사이에서 유행하고 있다. 핵심은 여기와 이전 사례의 역사에서 섹스를 하는 사람은 누구나 성병에 걸릴 위험이 있다는 것이다.

이러한 감염 중 일부는 한때 성병(로마의 사랑의 여신 비너스의 이름을 따서)이라고 불렸지만, 이 용어는 일반적으로 거의 전적으로 성적 접촉에 의해 전파되는 감염(임질, 매독 및 기타 잘 알려지지 않은 세 가지 질병)을 나타낸다. 여러분 대부분은 이러한 감염과 성병(*STD*)이라고 하는 다른 감염에 대해 들어본 적이 있다. 그러나 오늘날 의료 전문가들은 **성병(sexually transmitted infections, STIs)**이라는 용어를 선호하여 이것이 전염병임을 강조한다(심장병과 같은 다른 질병은 그렇지 않음). 이 용어는 성 접촉에 의해 전염될 수 있지만 항상 그런 것은 아닌 원래의 성병과 기타 감염성 질병을 의미한다.

몸에서 자연적으로 발견되는 효모 또는 곰팡이 유기체의 과증식으로 인해 발생하는 성기의 다른 질병이 있으며, 이들 역시 때때로 성교 중에 전염될 수 있다. 우리는 이것을 **성 관련 질병(sexually related diseases)**이라고 부른다. 몇 가지 다른 성병 감염은 실제로 감염이 아니라 성 접촉 중에 사람에서 사람으로 전염되는 기생충(사면발이 및 옴)의 감염이다.

개인적인 생각 Personal Reflections

당신이 성병에 걸렸다는 사실을 알게 된다면(혹은 당신이 감염되었다면 기분이 어떻겠는가?) 어떤 기분이 드는가? 독감에 걸렸을 때와 다르게 느끼겠는가? 왜? 파트너에게 감염 가능성을 어떻게 말할 것인가?

어떤 사람들은 인간이 동물과 성관계를 통해 처음으로 성병에 감염되었다고 믿는다. 사실, 나중에 당신은 AIDS를 일으키는 바이러스가 인간이 아닌 영장류에서 유래했다는 것을 알게 될 것이다. 그러나 그것은 아마도 성이 아닌 혈액과의 접촉을 통해 인간에게 처음 전염되었을 것이다. 반면에 임질이 있는 것으로 알려진 다른 동물 종은 없다(Dixson, 2015).

STI가 어디서 어떻게 시작되었는지는 아직 알려지지 않았지만 이러한 성병 중 일부는 적어도 수천 년 동안 존재해 왔으며, 많은 유명한 그리스인, 로마인, 이집트인(클레오파트라 포함)이 증상이 있는 것으로 기술되었다. 사실, 로마 시대에 티베리우스 황제는 공개 키스를 금지했는데, 그 이유는 현재 우리가 헤르페스로 알고 있는 것과 동일한 질병이 유행했기 때문이다. 매독의 유행은 1500년대 초반에 유럽을 휩쓸기도 했으며 콜럼버스와 그의 선원들이 이를 신대륙에서 가져왔는지 아니면 그 반대로 가져왔는지에 대해서는 여전히 뜨거운 논쟁거리이다(Maatouk & Moutran, 2014). 사실 콜럼버스는 진행성 매독으로 사망했다.

STI가 어디서 어떻게 발생했는지는 중요하지 않다; 그들은 여기에 있고 우리는 그것들을 처리해야 한다. 십대에 대한 설문조사에 따르면 대부분은 성병에 대해 거의 알지 못하지만 스스로는 잘 알고 있다고 생각한다(Lim et al., 2012; Moore & Smith, 2012). 예를 들어, 많은 사람들은 자신이 성병에 걸릴 수 있지만 증상을 보이지 않고 여전히 전염성이 있다는 사실을 인식하지 못한다. 그 결과, 그들은 마땅히 빨리 치료를 받으려고 하지 않는다. 우리는 성병에 감염되는 것을 방지하는 데 도움이 되는 몇 가지 예방 조치에 대해 논의하고 감염이 필요한 경우에 해야 할 일을 간략하게 설명한다. 먼저, 가장 널리 알려진 일부 감염의 증상과 치료법을 살펴보겠다. 박테리아로 인한 성병부터 시작하겠다. 얼마나 흔한가? 전 세계적으로 올해 임질, 클라미디아, 매독에 약 5억 건의 새로운 사례가 발생할 것이다(Ndowa et al., 2012).

임질 Gonorrhea

5.2 임질의 증상, 합병증 및 치료에 대해 설명한다.

임질(그리스어로 *gonos*, "seed", *rhoia*, "flow", "clap" 또는 "drip"이라고도 함)은 아마도 가장 오래된 STI일 것이다. 그 증상은 기원전 1500년경으로 거슬러 올라가는 구약의 레위기에 설명되어 있으며 그리스 의사들도 자세히 설명했다. 전 세계적으로 올해 약 1억 6백만 건의 새로운 사례가 발생할 것이다(Ndowa et al., 2012). 질병통제예방센터(Centers for Disease Control and Prevention)(2016)는 미국에서 820,000건의 새로운 사례가 발생할 것으로 추정하고, 15~24세 사이의 젊은이들 사이에서 570,000건이 발생할 것으로 추정한다. 그러나 이 중 약 절반이 진단되지 않

성병(STIs)(Sexually transmitted infections, STIs) 성 접촉에 의해 전염될 수 있지만 반드시 그런 것은 아니다.

성 관련 질병(Sexually related diseases) 생식기 질환.

임질(Gonorrhea) 점막에 사는 *Neisseria gonorrhoeae* 박테리아(종종 "임균"이라고도 함)에 의해 발생하는 성병.

고 보고되지 않는다. 감염률은 라틴계나 백인보다 아프리카계 미국인에서 상당히 높다(예: Bradley & Satterwhite, 2012; CDC, 2016).

증상과 합병증 Symptoms and Complications

임질은 1879년에 그것을 발견한 알버트 나이서(Albert Neisser)의 이름을 따서 명명된 박테리아(*Neisseria gonorrhoeae*, 종종 "임균"이라고도 함)에 의해 발생한다. 요도, 질, 직장, 입 및 목구멍, 눈의 따뜻하고 습한 점막에서 서식한다. 사람의 점막이 다른 사람의 감염된 막과 접촉하여 임질에 걸린다. 신체에서 이러한 막의 위치 때문에 이것은 일반적으로 친밀한 접촉 중에만 발생한다. 물론 여기에는 질 성교가 포함되지만 임균은 항문과 직장(항문 성교 중) 및 목구멍(구강 성교 중, 특히 구강 성교 중)도 감염시킬 수 있다. 박테리아는 몸 밖에서 짧은 시간 동안 생존하는 것으로 밝혀졌지만 비성적 접촉을 통해 박테리아를 얻을 가능성은 극히 희박하다.

> "자고 일어났을 때 성기에서 두꺼운 고름이 나오고 오줌을 싸려고 할 때 따끔거렸다. 나는 지난 주말에 파티에서 만난 여자와 섹스를 했다. 임질에 대해 들어본 적은 있지만 나에게 일어날 것이라고는 생각하지 못했다."
>
> (저자의 파일에서)

성교 중 감염되는 남성의 경우 임균 박테리아가 요도에 침입하여 염증을 일으킨다(**임균 요도염**, *gonococcal urethritis*). 이것은 일반적으로 감염 후 2~10일에 시작하여 요도에서 농후한 고름 같은 흰색 또는 노란색 분비물("방울")을 초래한다(그림 5-1 참조). 일반적으로 요도 입구에 자극이나 작열감이 있으며 배뇨가 자주 일어나고 통증이 있다. 증상이 고통스럽고 명백하기 때문에 대부분의 남성은 즉시 치료를 받는다. 그러나 **남성의 약 10~35%는 무증상인 반면**, 다른 남성에서는 초기 증상이 사라진다(Ndowa et al., 2012). 이 무증상 남성은 여전히 감염되어 새로운 파트너에게 임균을 전달할 수 있다. 치료하지 않고 방치하면 임질이 남성의 생식 기관에 퍼질 수 있고 전립선과 부고환의 염증(사례의 10~30%)을 일으켜 불임을 초래할 수 있다. 이때까지 그는 보통 심한 통증과 열을 경험한다.

여성의 경우 임균이 초기에 자궁경부를 침범하지만 남성과 달리 **대부분의 여성은 초기에 증상을 보이지 않는다**. 감염된 남성 파트너가 알려주지 않는 한 감염 사실을 인지하지 못하는 경우가 많기 때문에 자신도 모르는 사이에 새로운 파트너에게 임질을 전달할 수 있다. 증상을 보이는 여성의

그림 5-1

임질의 요도 고름과 같은 분비물.

출처: Centers for Disease Control & Prevention

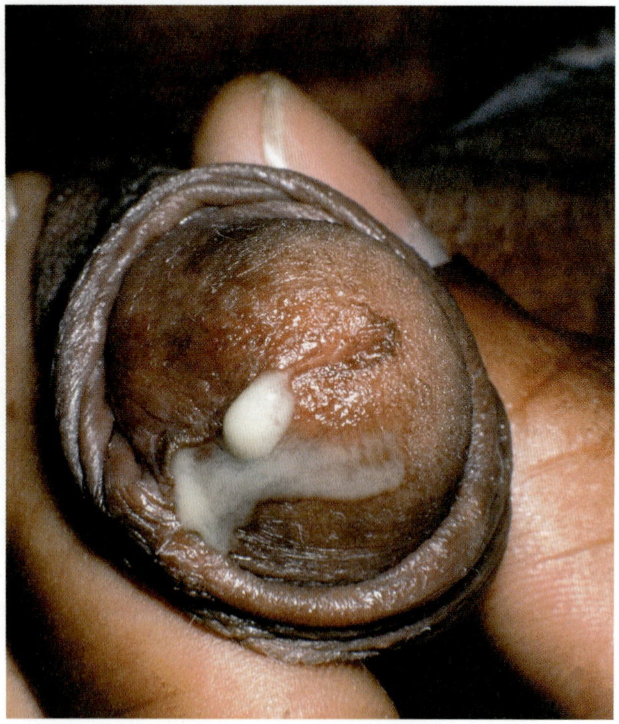

20~40%에서는 비정상적인 질 분비물과 외음부 및 요도의 자극이 있어 배뇨 중 작열감을 유발할 수 있다. 많은 여성이 무증상이기 때문에 종종 치료를 받지 않고 임균이 자궁을 통해 나팔관으로 퍼진다. 치료를 받지 않은 여성의 최대 40%에서 난관이 부어오르고 염증을 일으키며 **골반 염증성 질환(pelvic inflammatory disease, PID)**으로 알려진 상태가 되며 심한 복통과 발열 증상이 나타난다(Brunham et al., 2015). 이 단계에서 입원이 필요할 수 있다. PID는 여성의 불임 및 난관 임신의 일반적인 원인인 정자와 난자의 통과를 차단하는 나팔관 흉터를 유발할 수 있다(7장 참조).

임산부가 임질에 감염되면 임균이 혈류로 정상적으로 운반되지 않기 때문에(관절 및 혈액 감염이 가능하지만) 태아는 일반적으로 감염되지 않는다. 그러나 아기의 눈은 분만 시 감염된 자궁경부와 질을 통과할 때 감염될 수 있다[**임균성 안과 신생아**(*gonococcal opthalmia neonatorum*)라고 하는 상태, 그림 5-2 참조]. 이것은 빠르게 실명으

골반 염증성 질환(PID)(Pelvic inflammatory disease, PID) 여성의 생식 기관, 특히 나팔관의 세균성 염증으로 인해 불임을 초래할 수 있다. 가장 흔한(유일한 것은 아니지만) 원인은 치료되지 않은 임질 및/또는 클라미디아이다.

그림 5-2
임질로 인한 눈 감염.
출처: Centers for Disease Control & Prevention

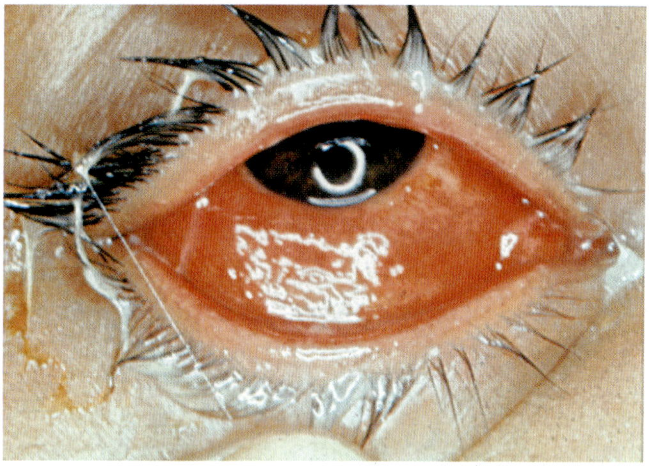

로 이어질 수 있다. 전 세계적으로 매년 4,000명의 아기가 임질로 인해 실명한다(Ndowa et al., 2012). 대부분의 주에서는 감염 가능성을 예방하기 위해 출생 시 모든 아기의 눈에 항생제 또는 질산은 방울을 주입하도록 요구한다. 성인은 또한 오염된 손으로 임균을 눈으로 옮길 수 있다(Guerrero et al., 2010 참조).

진단과 치료 Diagnosis and Treatment

임질 증상이 있는 대부분의 사람들은 즉시 치료를 받을 것이다. 그러나 많은 사람들, 특히 여성에게 초기 증상이 없음을 기억하시오. 그러므로 임질이 있는 사람과 성관계를 가졌다고 의심되면 가능한 한 빨리 의사의 진찰을 받아라. 의사는 아마도 배양 검사나 분자 검사(핵산 증폭 검사라고 함)를 통해 임질을 검사할 것이다(CDC, 2016 참조).

이제 나쁜 소식이 있다. 모든 약물에 대해 높은 내성을 갖게 된 임균 균주가 있다(Kirkcaldy et al., 2015). 처음에는 유황계 약물에 내성이 생겼고, 그 다음에는 페니실린, 그 다음에는 테트라사이클린, 그리고 지금은 세팔로스포린이라고 하는 가장 최근에 사용되는 약물에 내성이 생겼다. CDC는 현재 병용 요법(ceftriaxone과 경구 투여 아지트로마이신 또는 독시사이클린 주사)을 권장하고 있다(CDC, 2016). 이 치료 조합은 세팔로스포린 내성 사례를 1% 미만으로 유지했지만(Kirkcaldy et al., 2015), 임질이 곧 불치병이 될 수 있다는 CDC의 실질적인 우려가 있다. 임질 진단을 받은 많은 사람들이 동시에 클라미디아에 감염된 것으로 밝혀졌기 때문에 CDC는 의사들에게 두 가지 감염을 모두 치료할 것을 권고하고 있다(CDC, 2016).

임질 진단을 받은 적이 있다면 최근의 모든 파트너에게 임질이 있을 수 있다는 사실을 알려 그들도 치료를 받을 수 있도록 하시오. 임질은 감염 후 면역이 되는 수두와 다르다. 임균에 감염된 사람과 성관계를 가지면 임질에 다시 걸릴 수 있다.

클라미디아와 비임균성 요도염
Chlamydia and Nongonococcal Urethritis

5.3 클라미디아의 증상, 합병증 및 치료에 대해 설명한다.

임균에 의해 유발되지 않은 요도 염증을 **비임균성(또는 비특이성) 요도염[nongonococcal (or nonspecific) urethritis, NGU]**이라고 한다. 이 용어는 종종 염증이 있는 요도가 있는 남성에게만 사용되지만, 이를 유발하는 유기체는 여성에게도 감염을 일으킨다(자궁경부염, *cervicitis*). 여러 유기체(*Ureaplasma urealyticum* 및 *Trichomonas vaginalis* 포함)가 감염을 일으킬 수 있지만 오늘날 가장 흔한 원인은 *Chlamydia trachomatis*이다. 이 성병에 의한 감염을 **클라미디아(chlamydia)**라고 한다.

클라미디아는 임질보다 훨씬 더 흔하며, 올해 미국에서 약 286만 건의 새로운 사례가 발생했으며(CDC, 2016) 사례의 거의 2/3가 14세에서 39세 사이의 사람들에게서 발생했다(Torrone et al., 2014). 여기에는 대학 보건소에서 검사를 받은 여성의 6.6%가 포함된다(Habel et al., 2016). 많은 학생들이 클라미디아에 대해 들어본 적이 없기 때문에 그렇게 나쁜 것만은 아니라고 생각한다. 실제로 초기 증상은 일반적으로 임질보다 경미하지만 치료하지 않으면 임질보다 생식 기관에 손상을 일으킬 가능성이 더 크다.

증상과 합병증 Symptoms and Complications

임균과 마찬가지로 클라미디아 트라코마티스도 점막에만 서식한다. 클라미디아는 한 사람의 감염된 막이 다른 사람의 막과 접촉할 때 퍼진다.

클라미디아에 걸린 사람이 초기 증상을 보이면 감염 후 1~3주 이내에 증상이 나타나기 시작한다. 초기 증상은 요도의 자극과 작열감(일반적으로 고통스럽지는 않음) 및 분비물(보통 고름과 비슷하기보다는 가늘고 맑음)과 같이

비임균성(비특이성) 요도염(NGU)[Nongonococcal (nonspecific) urethritis, NGU] 임균(임균) 박테리아에 의한 것이 아닌 요도의 염증이다.

클라미디아(Chlamydia) 점막에 서식하는 클라미디아 트라코마티스 박테리아에 의해 유발되는 성병.

경미하지만 임질의 증상과 유사하고 종종 오인된다. 그러나 여성의 약 90%와 남성의 대부분은 초기 단계에서 증상이 전혀 없다(Marrazzo & Cates, 2011).

> "나는 LSU(루이지아니 주립 대학교)에 다닐 때 정기 산부인과 검사를 받으러 갔다. 간호사는 STI(성병)에 대한 몇 가지 다른 검사를 고려해 볼 것을 제안했는데, 그 중 일부는 증상이 거의 없거나 전혀 없었기 때문이다. 처음에 나는 많은 사람들과 잠을 잔 적이 없고, 만약 내가 어떤 증상이 있으면 분명히 알 수 있을 것이라고 생각하면서 거절했다. 하지만 나는 마음을 바꿔서 테스트를 받았다. 내가 결과를 요청했을 때, 내가 클라미디아에 양성 반응이 있다는 것을 알고 충격을 받았다."
>
> "한 남자와 한 달 정도 사귀다가 헤어졌다. 우리는 연애 기간 내내 성적으로 활발했으며 콘돔 없이 단 한 번 무방비 성관계를 가졌다. 헤어지자마자 나는 정기 검사를 했고, 우연히 성병 검사를 받기로 했다. 나는 심지어 룸메이트들과 '미안해 하는 것보다 안전한 게 낫다'고 농담을 하기도 했다. 이틀 후, 나는 레드펀(Redfern)으로부터 클라미디아 양성 반응이 나왔다는 전화를 받았다"
>
> (저자의 파일에서)

미국 질병통제예방센터(Centers for Disease Control and Prevention)는 **25세 이하의 성생활을 하는 모든 여성이 매년 정기적으로 클라미디아 검진을 받을 것을 권장한다.** 왜? 클라미디아 증례의 약 절반이 1년 이내에 저절로 낫지만(Geisler, 2010), 클라미디아를 치료하지 않고 그대로 두면 남성의 경우 생식계를 통해 전파되어 남성의 경우 전립선과 부고환의 감염과 불임의 원인이 될 수 있다. 증상이 있는 여성의 경우 최대 18%가 골반 염증성 질환을 일으키며, 이로 인해 나팔관에 흉터가 남고 불임이나 난관 임신의 위험이 증가한다(이 현상이 발생하는 증상이 없는 여성의 비율은 알려져 있지 않음)(Brunham et al., 2015). 이 단계에서 감염은 매우 고통스럽고 입원이 필요할 수 있다. 연구에 따르면 **클라미디아에 대한 단일 공격은 임질보다 여성의 불임을 유발할 가능성이 약 3배 더 높다.** 출산 당시 클라미디아가 있는 여성에게서 태어난 아기는 눈 감염(**클라미디아 결막염**, *chlamydia conjunctivitis*) 및/또는 코 인후 감염에 걸릴 수 있다(CDC, 2016).

저개발 국가에서 클라미디아 박테리아는 종종 **트라코마**(*trachoma*)라는 안구 감염을 유발하며, 이는 파리에 의해 다른 사람의 눈으로 퍼진다. 그것은 그 지역에서 실명의 주요 원인이다. 열대 국가에서 클라미디아의 특정 아형은 **성병림프육아종(lymphogranuloma venereum, LGV)**이라고 하는 심각한 성병 감염의 원인이 되기도 한다(미국에서는 드물다). LGV를 치료하지 않고 방치하면 사타구니 림프절이 부풀어 오르고 음경, 음순 또는 음핵이 부풀어 오른다(때로는 엄청나게 커져서 외부 생식기의 상피증을 일으킴)(Brown et al., 1999). 미국에서는 최근 남성과 성관계를 가진 남성들 사이에서 발병이 있었다(de Voux et al., 2016).

성병림프육아종(Lymphogranuloma venereum, LGV) 클라미디아에 의해 유발되는 열대 국가에서 흔히 발생하는 성병이다. 치료하지 않고 방치하면 사타구니 림프절, 음경, 음순 또는 음핵이 부어 오른다.

진단과 치료 Diagnosis and Treatment

임질과 마찬가지로 요도의 클라미디아 감염에 대한 배양 검사는 비침습적 소변 검사(핵산 증폭 검사)로 대체되었다. 다른 점막의 경우 면봉을 채취하여 배양 검사를 실시한다. 클라미디아가 확인되면 일반적으로 독시사이클린이나 아지트로마이신으로 치료하지만(Marrazzo & Cates, 2011), 최근 연구에 따르면 아지트로마이신이 더 이상 효과가 없는 경우도 있음이 밝혀졌다(Kissinger et al., 2016). 많은 사람들이 초기에는 증상이 없으므로 성관계를 가진 사람이 클라미디아에 걸렸다고 생각되면 즉시 치료를 받아야 한다.

골반염: 치료하지 않은 클라미디아 혹은 임질의 결과

Pelvic Inflammatory Disease (PID) in Women: A Likely Consequence of Untreated Chlamydia or Gonorrhea

5.4 임질과 클라미디아를 치료하지 않고 방치하면 발생할 수 있는 합병증을 설명한다.

임질과 클라미디아에 대한 논의에서 우리는 감염이 치료되지 않을 경우 가능한 결과로 여성의 골반 염증성 질환을 언급했다. PID는 생식기 하부(질과 자궁경부)에서 나팔관, 때로는 난소, 골반강과 같은 주변 구조로 이동하는 감염을 총칭한다. 다양한 유기체의 감염으로 인해 발생하지만 사례의 45%는 클라미디아(*Chlamydia trachomatis*)에 의해 발생하고 아마도 절반 이상의 사례는 임질(*Neisseria gonorrhoeae*)에 의해 발생한다(Price et al., 2012).

올해 최대 750,000건의 새로운 사례가 발생하여 약 180,000건의 입원이 필요할 수 있다(Brunham et al., 2015). 증상에는 하복부의 압통이나 통증(때로는 똑바로 서기가 불가능한 정도), 고열 및 오한이 포함될 수 있다. 그러나 3배 많은 여성이 다른 증상이 없거나 간헐적인 복부 경련을 동반한 지속적인 저등급 감염을 경험한다. 이러한 "조용한" 감염(즉, 여성이 진단을 위해 의사에게 가지 않음)에서 장기간의 염증은 골반 유착 및 농양을 초래할 수 있다. 난자가 나팔관을 통과하는 경로의 내경은 사람의 머리카락보다 작다. 따라서 소량의 흉터 조직으로도 자궁외(난관) 임신 또는 영구 불임이 발생할 수 있다.

매독 Syphilis

5.5 매독의 증상, 합병증 및 치료에 대해 설명한다.

치료되지 않은 임질이나 클라미디아로 인한 결과는 심각할 수 있지만, 치료되지 않은 **매독(syphilis)**은 훨씬 더 악화되어 20세기에 전 세계적으로 1억 명 이상의 사망에 책임이 있다(Chiappa & Forish, 1976). 매독은 나선형의 박테리아인 트레포네마 팔리둠에 의해 발생한다.

전 세계적으로, 매년 약 1,200만 건의 매독 환자가 발생한다. 대부분의 경우는 동남아시아와 아프리카에서 발생한다. 미국 질병통제예방센터(2016)는 2014년에 63,450명의 새로운 사례가 보고되었다고 말한다. 이는 2000년 이후 두 배 이상이다(Patton et al., 2014). 약 83%가 남성과 성관계를 가진 남성이다. 주로 대도시 지역에서 발견되며 백인보다 아프리카계 미국인들 사이에서 5배 더 흔하다(CDC, 2016).

증상과 합병증 Symptoms and Complications

거의 모든 매독 사례는 성적 접촉에 의해 전염된다. 여기에는 구강 성교가 포함된다. 그러나 임질과 클라미디아를 유발하는 박테리아와 달리 점막의 접촉이 필요하며 매독을 유발하는 스피로헤타는 피부의 약간의 베인 상처나 긁힌 자국을 통해 직접 혈류로 들어갈 수 있다. 이것은 다른 사람의 염증을 만지는 것만으로도 잠재적으로 매독에 걸릴 수 있음을 의미한다.

매독의 증상은 일반적으로 4단계(종종 겹치는 단계)로 발생한다(Clement et al., 2014). **1차 단계**는 보통 2~4주 후에 나선상 세균이 몸 안으로 들어온 부위(보통 음경, 자궁경부, 입술, 혀 또는 항문)에서 경성하감(성병에 의해 성기 주위에 생기는 통증이 없는 궤양)이라고 불리는 매우 보기 흉한 궤양과 같은 (분화구가 있는 가장자리가 솟아오른) 종기가 나타나는 것으로 시작된다(그림 5-3 참조). 경성하감은 박테리아로 가득 차 있고 전염성이 강하고 끔찍

그림 5-3

음경(위)과 음순(아래)의 1기 매독.

출처: SPL/Science Source; Centers for Disease Control & Prevention

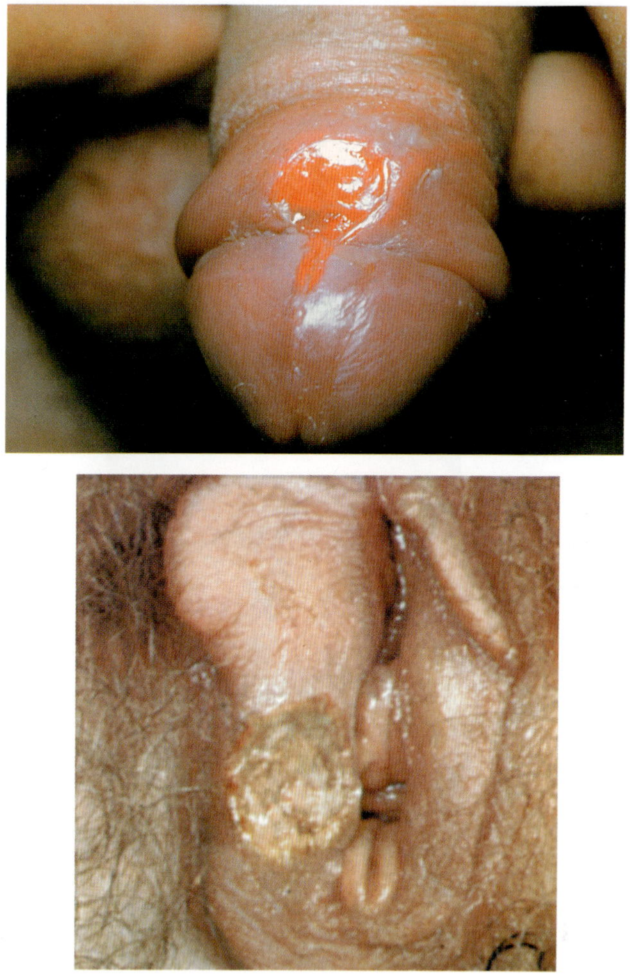

해 보이지만, 보통 통증이 없기 때문에 어떤 사람들은 치료를 받지 않는다. 무통성 경성하감은 일반적으로 여성의 자궁경부에 나타나기 때문에, 그들은 보통 골반 검사를 받지 않는 한 초기 단계에서 감염되었다는 것을 알지 못한다. 치료를 받지 않더라도 일반적으로 10~14일 내에 사라진다. 그러나 나선상 세균은 계속해서 사람의 혈류를 타고 운반되기 때문에 경성하감이 사라진 후에도 감염되고 전염성을 유지한다.

매독 **2기**의 증상은 보통 경성하감(chancre: 성병에 의해 성기 주위에 생기는 통증이 없는 궤양)이 사라진 후 2~8주 이내에 나타나지만 때로는 몇 개월 동안 증상이 나타나지 않는 경우도 있다. 주요 증상은 손바닥과 발바닥을 포함하여 몸 전체에 나타나는 **가렵고 통증 없는 발진**(*itchless, painless rash*)이다(그림 5-4 참조). 생식기 주변의 습한 부위에 발진이 균으로 가득 찬 전염성이 높은 체

매독(Syphilis) Treponema pallidum bacterium(spirochete)에 의해 발생하는 성병으로, 상처나 긁힌 자국을 통해 혈류로 직접 전달될 수도 있다.

그림 5-4
손바닥과 몸에 2기의 매독 발진.

출처: Centers for Disease Control & Prevention

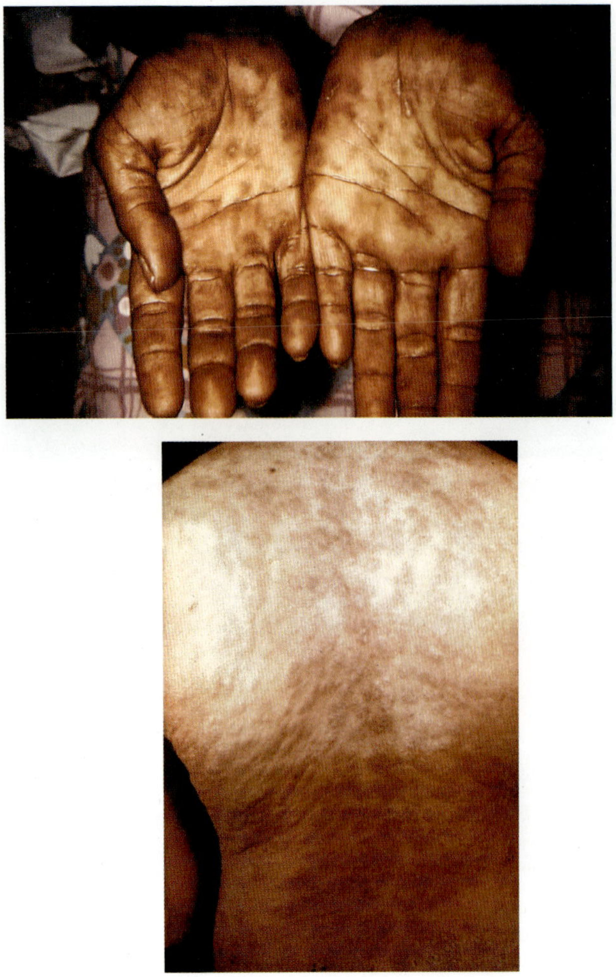

액을 부수고 새어나오는 과상과(*condylomata lata*)라 불리는 큰 궤양으로 나타난다. 다른 증상에는 인후통, 지속적인 미열, 메스꺼움, 식욕 부진, 통증 및 때로는 탈모가 포함될 수 있다. 이러한 증상은 많은 감염된 사람들이 치료를 받을 만큼 성가시지만 많은 사람들이 증상을 홍역, 알레르기 반응 또는 기타 질병으로 오인한다. 매독은 때때로 "위대한 모방자"라고 불린다. 치료를 받지 않으면 초기 단계의 경성하감와 같은 이러한 증상도 사라지고(몇 주에서 1년 이내에) 다시 나타나지 않는다.

감염된 사람은 이제 무증상 **잠복기**(*latent stage*)에 들어가고 약 1년 후에는 스피로헤타가 점막 표면에서 더 이상 발견되지 않기 때문에 일반적으로 전염성이 없다. 이 단계는 눈에 띄는 징후 없이 수년 동안 지속될 수 있지만 박테리아가 신체의 내부 장기, 특히 심장과 혈관, 뇌와 척수를 공격하는 동안 계속된다.

그림 5-5
매독 말기, 코에 생긴 고무종.

출처: Centers for Disease Control & Prevention

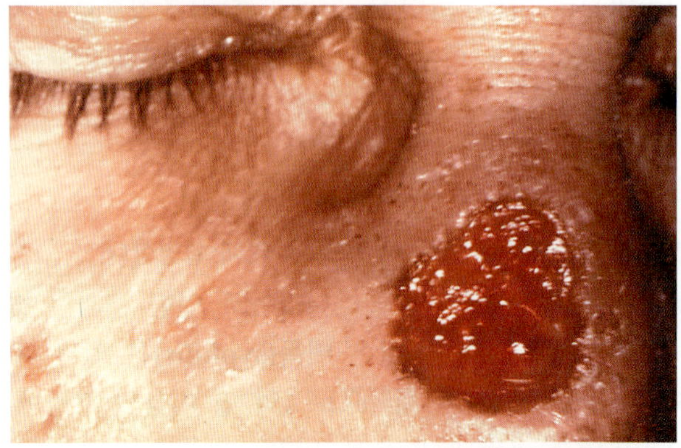

치료받지 않은 매독 환자의 약 85%는 질병으로 더 이상 문제를 겪지 않지만 15%는 축적된 장기 손상의 결과로 심각한 합병증이 발생한다. 그들은 현재 **후기**(또는 3차) 단계에 있다(U.S. Preventive Services Task Force, 2016). 잇몸(*gummas*)이라고 하는 큰 궤양은 종종 피부와 뼈에 나타난다(그림 5-5 참조). 심장과 혈관이 손상되면 사망에 이르는 경우가 많으며, 이때까지 중추신경계에 누적된 손상은 치매를 유발하는 경우가 많다. 사실 매독은 어느 단계에서나 중추신경계를 감염시킬 수 있습니다. 증상에는 인지 장애와 감각 및 운동 결손이 포함될 수 있다.

특히 가슴 아픈 것은 **태어나지 않은 아기가 감염된 어머니에게서 매독에 걸릴 수 있다는 사실이다**. 이것은 스피로헤타가 임산부의 혈액에서 태반 혈액계로 이동하기 때문에 발생한다. 진단 및 치료를 받지 않으면 태아는 유산되거나 사산되거나 **선천성 매독**(*congenital syphilis*)이라고 하는 감염이 다소 진행된 상태로 태어날 것이다. 미국의 사례 수는 성인 매독 사례의 증가를 반영하여 458건으로 증가했다(Bowen et al., 2015). 선천성 매독의 합병증에는 뼈와 치아의 변형, 실명, 난청 및 조기 사망을 초래할 수 있는 기타 기형이 포함될 수 있다. 매독에 대한 혈액 검사는 임신 검사 중에 정기적으로 실시되며, 발견되면 감염을 치료할 수 있다.

진단과 치료 Diagnosis and Treatment

낭창이나 궤양에서 채취한 스피로헤타는 현미경으로 식별할 수 있지만 혈액 검사도 거의 항상 이루어진다. 매독으로 인한 고통이나 죽음에서 가장 슬픈 것은 스피로헤타가 항생제로 쉽게 박멸된다는 것이다. 페니실린 G는 감염의 단계에 따라 치료의 양과 기간이 매우 효과적이다(Clement et al., 2014). 항생제는 어느 단계에서나 박테리아를 박멸할 수 있지만, 감염을 말기까지 치료하지 않고 방치하면 이미 발생한 장기 손상을 되돌릴 수 없다. 따라서 사람들이 가능한 한 빨리 치료를 받는 것이 중요하다.

기타 세균성 성병 Other Bacterial STIs

5.6 기타 흔하지 않은 세균성 성병에 대해 설명한다.

덜 흔한 세균성 성병에는 마이코플라즈마증, 연성하감, 사타구니 육아종, 세균성 이질/시겔라증이 있다. 이러한 감염은 미국에서 덜 일반적이다. 세계의 일부 지역에서는 전염병이다.

마이코플라즈마 제니탈리움

Mycoplasma Genitalium

Mycoplasma genitalium은 1980년대에 처음 발견된 세균이다. 우리는 아직 그것에 대해 많이 알지 못하지만 임질이나 클라미디아가 없는 요도염 및/또는 자궁경부염이 있는 비임균성 요도염 남성의 15~20%에서 흔히 발견된다(CDC, 2016). 성병이라는 증거가 늘어나고 있다. 전국적으로 대표되는 젊은 성인 표본에서, *Mycoplasma genitalium*은 임질보다 더 만연했고 성교를 하지 않은 사람들보다 22배 더 흔했다(Manhart et al., 2011 참조). 감염은 이미 일부 항생제에 내성을 갖게 되었다.

덜 흔한 세균성 STI Less Common Bacterial STIs

열대 기후에서는 흔하지만 미국에서는 드물게 발생하는 다른 유형의 세균성 성병이 있다. 우리는 이미 성성 림프 육아종에 대해 언급했다(클라미디아 섹션 참조). 두 가지 추가 예는 연성하감과 사타구니 육아종이다. **연성하감(chancroid)**은 *Hemophilus ducreyi*에 의해 발생하며 생식기 또는 기타 부위에 작은 융기가 특징이며 파열되어 부드러운 분화구 같은 궤양이 된다(그림 5-6 참조). 감염 후 첫 궤양이 나타날 때까지의 잠복기는 3~14일이다. 매독과 달리 연성하감은 통증이 있다. 사타구니 부위의 림프절은 종종 염증을 일으키고 부어오른다. 매년 전 세계적으로 연성하감증의 수백만 건의 사례가 있지만 미국에서는 드물다(CDC, 2016). 연성하감은 여러 다른 항생제로 치료할 수 있다(Marrazzo & Cates, 2011).

연성하감(Chancroid) 헤모필루스 듀크레이(*Hemophilus ducreyi*) 박테리아에 의해 유발되는 성병으로, 분화구와 같은 궤양으로 파열되는 작고 고통스러운 돌기가 특징이다.

그림 5-6

음경에 인접한 두 개의 연성 병변.

출처: Centers for Disease Control & Prevention

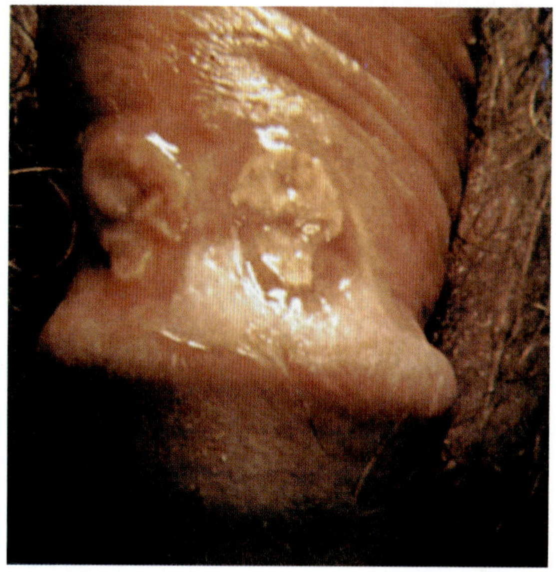

사타구니 육아종(granuloma inguinale)은 미국에서도 드물며 연간 50건 미만이지만 세계의 열대 지역에서는 훨씬 더 흔하다. 주요 증상은 천천히 진행되는 궤양성 병변으로, 만지면 출혈이 발생하며 조직을 영구적으로 파괴하고 치료하지 않으면 사망에 이를 수 있다. 일반적으로 독시사이클린으로 치료한다(CDC, 2016).

세균성 이질/시겔라증(shigellosis)은 또 다른 흔하지 않은 성병이다. 이것은 *Shigella* 박테리아에 감염된 대변에 노출되어 수축된다(항문을 구강 자극하는 것과 같은 행동의 결과). 증상으로는 급성 설사, 발열 및 통증이 있다. 미국에서 사례의 30%가 남성 동성애자에게서 발생한다. 이 질병은 테트라사이클린이나 암피실린으로 치료한다.

개인적인 생각 Personal Reflections

가장 친한 친구가 성병에 걸렸다고 말하면 기분이 어떨 것 같은가? 십대 아들이 성병에 걸렸다고 하던가? 십대 딸이 성병에 걸렸다고 하던가? 파트너가 이전 관계에서 성병을 앓았다고 말했는가?

사타구니 육아종(Granuloma inguinale) 조직의 궤양을 특징으로 하는 드문(미국에서) 성병이다.

세균성 이질/시겔라증(Shigellosis) *Shigella* 박테리아가 포함된 대변에 노출되어 성행위 중에 감염될 수 있다.

헤르페스 Herpes

5.7 헤르페스의 증상(인식 및 인식되지 않음), 합병증 및 치료에 대해 설명한다.

헤르페스("근질근질한"를 의미하는 그리스어에서 유래)는 **직접적인 피부 대 피부 접촉**(한 사람의 감염된 부위에서 다른 사람의 접촉 부위로)에 의해 퍼진다. 1960년대 중반에 두 가지 다른 유형(1과 2)의 바이러스가 확인되었다. 두 유형 모두 수두, 대상 포진 및 전염성 단핵구증을 유발하는 바이러스와 관련이 있지만 동일하지는 않다. 그들은 고통스러운 수포(종종 파열되어 궤양을 형성함)를 유발한다. 1960년대 중반에는 부위 특이성이 95%였다. 입 주위에 열이 나는 물집이 있거나 구순포진이 있는 사람의 95%는 **단순 포진 바이러스 1형**(*herpes simplex virus type 1*)을 가지고 있었고 성기 주변에 물집이 있는 사람의 95%는 **단순 포진 바이러스 2형**(*simplex virus type 2*)을 가지고 있다. 따라서 HSV 1형은 키스를 통해서만 감염되고 HSV 2형은 성교로만 감염되는 것으로 잘못 믿어졌다.

오늘날, 특히 젊은이들에게 더 이상 강력한 부위 특이성이 없다. 성적으로 활발한 성인들 사이에서 1형 바이러스에 의한 생식기 포진이 증가하고 있다(CDC, 2016; Xu et al., 2006). **1형과 2형 바이러스는 모두 입에서 생식기로, 또는 그 반대로 옮길 수 있다.** 그럼에도 불구하고 많은 사람들은 구강 포진은 키스를 통해서만 걸리고 생식기 포진은 성교를 통해서만 걸린다는 잘못된 믿음을 고수하고 있다. 아마도 앤 랜더스에게 보내는 이 편지가 더 설득력이 있을 것이다.

> 친애하는 앤 랜더스:
>
> 나는 2년 사귄 남자친구의 입술에 생긴 순진한 발열성 물집 때문에 생식기 헤르페스가 생겼다. 나는 한 여성이 단순한 감기통증을 가진 누군가와 구강 성교를 하다가 성병에 걸릴 수 있다는 사실을 믿을 수 없었다. 나의 의사는 그것을 배양했고 확실히 그것은 I형 단순 헤르페스(구강구형강)였다. 하지만 지금은 생식기 헤르페스가 있다.
>
> 나는 그의 입술에 있는 바이러스에 노출된 후 고열이 났다. 그 바이러스는 내 성기에 두 개의 열성 수포를 일으켰다. 이것은 2개월마다 다시 나타나며 상당히 고통스럽다.
>
> 내 남자친구는 내가 감염되었다는 것을 알았을 때 나를 차버렸다. 그는 여전히 "순수"하고 성병에 걸리지 않는 반면, 나는 혼자이고 두렵다. 정의는 없다! 앤 랜더스(Ann Landers)는 즉시 대중에게 알리시오. 사람이 입 근처에 있는 단순해 보이는 궤양과 접촉하면 어떻게 되는지 설명하시오.
>
> 덤과 앵그리 서명해주세요
>
> 친애하는 앵그리: 이 정보를 내 칼럼에 두 번 이상 인쇄했다. 몇몇 독자들은 내가 지식이 없고, 어리석고, 그저 평범한 사람이라고 말하기 위해 편지를 썼다. 당신의 증언에 감사한다.
>
> (*Dear Ann Landers* and Reply Sign Me Dumb and Angry. By permission of Esther P. Lederer Trust and Creators Syndicate, Inc.)

우리는 물집이 유형 1 또는 유형 2 바이러스에 의해 발생했는지 여부에 대해 걱정하지 않고 입에 헤르페스 수포 또는 궤양을 **구강 헤르페스(oral herpes)**라고 하고 생식기의 수포 또는 궤양을 **생식기 헤르페스(genital herpes)**라고 한다(그림 5-7 참조). 생식기 포진은 거의 항상 친밀한 성적 접촉(생식기 대 생식기, 구강 대 생식기, 생식기 대 항문)에 의해 수축된다. 구강 헤르페스의 대부분은 친밀한 성적 접촉에 의해 전염되지 않으며 많은 경우가 어린 시절에 감염된다(Xu et al., 2006). 이 바이러스는 빠르고 가벼

구강 헤르페스(Oral herpes) 입 안이나 주변에 헤르페스 감염. 단순 포진 바이러스 유형 1 또는 2에 의해 발생할 수 있다.
생식기 헤르페스(Genital herpes) 생식기 부위의 헤르페스 감염. 단순 포진 바이러스 유형 1 또는 2에 의해 발생할 수 있다.

그림 5-7
포진은 입(왼쪽)과 음경(가운데)에 물집이 잡힌다. 사진(오른쪽)은 음경의 궤양성 헤르페스 병변을 보여준다.

출처: Centers for Disease Control & Prevention; CDC/Dr. N. J. Flumara.; Dr. Gavin Hart; Dr. M. A. Ansary/Science Source

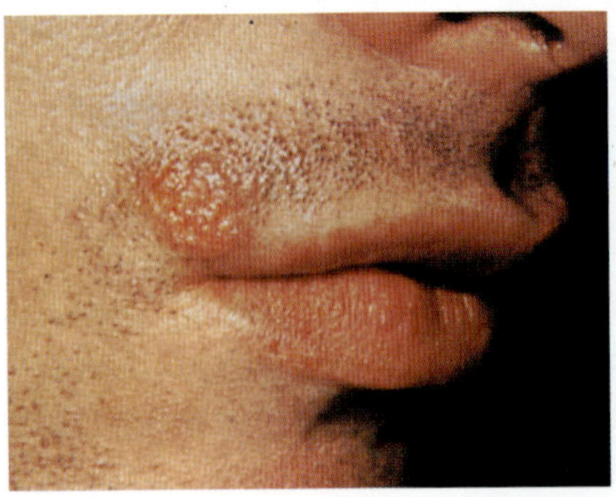
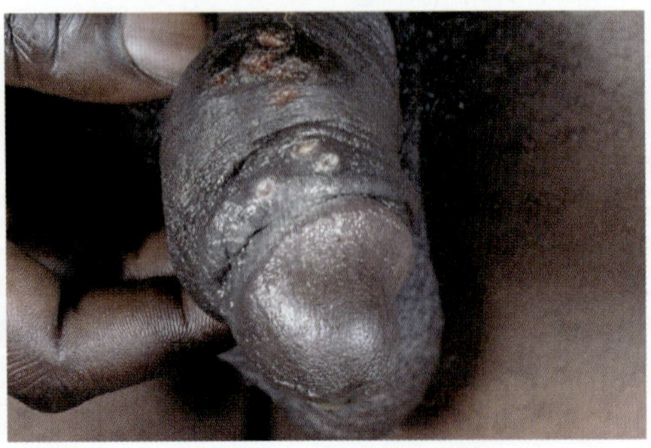
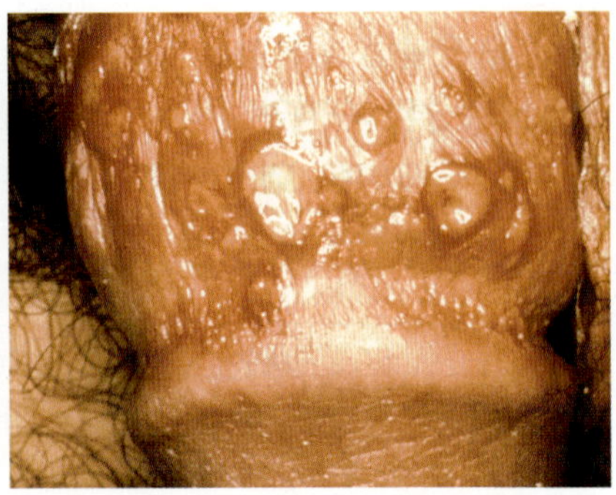

운 키스로도 쉽게 퍼질 수 있으므로 **구강 포진을 앓고 있는 사람이 최근에 성행위를 했다고 가정해서는 안 된다.** 그건 그렇고, 모든 구강 궤양이 헤르페스 바이러스에 의해 유발되는 것은 아니다. 예를 들어 구내염은 헤르페스 바이러스로 인해 발생하지 않는다. 그러나 "열 수포"와 대부분의 구순포진은 헤르페스이다.

발병률 Prevalence

1형 바이러스는 2형보다 훨씬 더 흔하다. 미 질병통제예방센터는 바이러스에 대한 항체 테스트를 통해 14세에서 49세 사이의 미국인 중 16.2%가 HSV-2에 감염된 것으로 추정한다(CDC, 2016). 50% 이상이 HSV-1에 감염된다(Xu et al., 2006). 올해 약 776,000명의 새로운 HSV-2 감염이 있을 것이며 기존 감염으로 인해 약 2,400만에서 5,000만 명의 미국인이 이 바이러스에 감염될 것이다.

증상–1차적 손상 Symptoms—Primary Attack

증상은 3단계로 나타난다. 1단계인 **전구 단계**(*prodromal stage*)에서는 바이러스와 접촉한 피부 표면에서 따끔거림, 작열감, 가려움증 또는 마취와 같은 감각을 느낀다. 때로는 증상이 더 광범위하다. 예를 들어 생식기 포진의 경우 감염된 사람은 엉덩이와 허벅지를 따라 흐르는 통증을 느낄 수 있다. 이러한 초기 징후는 바이러스 **복제 및 배출**(*replication and shedding*)의 시작을 나타낸다(즉, 바이러스가 소스에서 이동하여 다른 세포에 자유롭게 통합됨). 따라서 개인은 감염된 지역과 관련된 모든 친밀한 접촉을 즉시 중단해야 한다.

몇 시간 안에 피부 표면은 **소포**(*vesicles*)라고 하는 액체로 채워진 **물집**(*blisters*)이 생긴다(그림 5–7 참조). 이것들은 극도로 고통스러울 수 있다. 잠시 후, 소포가 파열되어 농포와 유사하고 궤양성 궤양이 생긴다. 헤르페스 병변은 일반적으로 물집과 유사하지만 많은 사람들은 외관상 더 궤양이 있는 궤양을 가지고 있다(그림 5–7 참조). 이러한 증상은 2~3주 동안 지속될 수 있는 두 번째 또는 **소포 단계**(*vesicle stage*)를 나타낸다. 그러나 첫 번째 또는 일차적인 헤르페스 공격에는 통증이 있는 수포 이상이 포함된다. 그 사람은 종종 독감과 유사한 증상을 보이며 근육통과 통증, 두통, 발열, 림프선 종창을 겪는다. 생식기 포진이 있는 사람들에게는 배뇨가 상당히 고통스러울 수 있으며(가끔 도뇨가 필요함) 걷거나 앉아 있는 것조차 때때로 극도로 고통스러울 수 있다.

궤양은 비늘을 형성하고 딱지를 형성하기 시작하며, 병변은 결국 흉터를 남기지 않고 치유된다. 이것은 세 번째 또는 **딱지가 붙는 단계**(*crusting-over stage*)이다. 바이러스는 딱지가 붙는 단계에서 여전히 배출되고 있다. 따라서 모든 염증이 완전히 치유될 때까지 감염된 부위와의 친밀한 접촉을 피해야 한다. 1차 공격의 평균 지속 시간은 약 16일이다. 사람이 아직 바이러스에 대한 항체를 형성하지 않았기 때문에 1차 공격은 심각하다.

재발 Recurrent Attacks

1차 헤르페스 공격 동안 바이러스의 일부는 감각 신경을 감염된 부위에서 신경절(신경 세포 중추)로 이동한다. 바이러스는 신경절에 도달하면 휴면(비활성) 상태가 된다. 재발성 공격은 바이러스가 재활성화되고 감각 신경을 따라 초기 궤양과 같은 부위 또는 그 근처로 이동하여 발생한다. 생식기 부위에서 HSV-2를 가진 사람들은 일반적으로 HSV-1을 가진 사람들에 비해 더 많은 재발성 공격을 겪는다. 재발성 발작은 종종 일차 발작보다 덜 심각하다(개인이 이제 항체를 생성하기 때문에).

반복되는 공격의 원인은 무엇인가? 신체적 또는 감정적 성격의 면역 체계에 대한 스트레스가 주요 원인인 것 같다. 재발성 발작은 질병, 피로, 월경, 과도한 햇빛 및/또는 불안을 유발할 수 있다.

무증상과 무인지 감염 Asymptomatic and Unrecognized Infections

헤르페스 바이러스는 궤양(수포 또는 궤양)이 있을 때 쉽게 퍼진다. 염증은 바이러스 배출의 명백한 징후이며 감염된 사람은 이 시점에서 다른 사람에게 바이러스가 퍼지는 것을 방지하기 위한 조치를 취해야 한다. 그러나 많은 사람들에게서 증상이 경미하지만 여전히 다른 사람들은 무증상 바이러스를 흘려보낸다. 실제로 생식기 부위의 헤르페스에 감염된 사람의 90%가 자신이 감염되었다는 사실을 모르고 있다(American Sexual Health Association, 2016). 전문가들은 이제 생식기 포진의 대부분의 전염은 인식할 수 있는 증상이 없는 기간 동안 발생한다고 믿고 있다.

> "2년 동안 사귄 남자가 저에게 '간지러움증'이 있다고 말하며 성기 밑이 아픈 것을 보여주었다. 나는 가려움증이 어떻게 생겼는지 몰랐고 헤르페스는 훨씬 덜했기 때문에 그를 믿었다. 그의 염증이 사라졌다. 한 달쯤 뒤에 또 다른 종기가 생겨 병원을 찾았다. . . [누가] 그에게 헤르페스가 있다고 말했다. 이틀 후 나는 음순에 염증이 생겼다. 의사는 그 상처를 헤르페스로 진단했다."
>
> (저자의 파일에서)

그림 5-8

눈꺼풀(왼쪽)과 눈 자체(오른쪽)에서 헤르페스 감염.

출처: Centers for Disease Control & Prevention

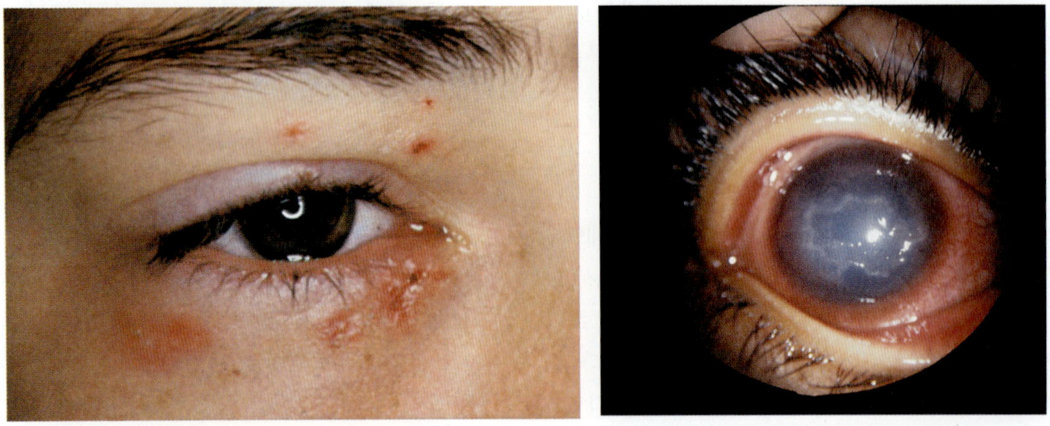

심각한 합병증 Serious Complications

우리는 일반적으로 헤르페스 수포가 입과 생식기 또는 항문 부위에만 발생한다고 생각하지만 **수포는 신체 어느 부위에나 나타날 수 있다.** 바이러스는 눈으로 퍼질 수 있으며(신체의 다른 곳에서 나타나는 물집을 만진 다음 눈을 문지르거나 타액을 사용하여 콘택트 렌즈를 삽입함으로써) 헤르페스 각막염 또는 안구 헤르페스를 유발할 수 있다. 이것은 **오늘날 미국에서 감염으로 인한 실명의 주요 원인이다**(그림 5–8 참조). 안구의 병변은 치유되면서 흉터를 남긴다. 결국 실명을 유발하는 것은 흉터이다. 따라서 헤르페스가 있는 경우 상처를 만지면 손을 씻어야 한다.

때때로 휴면 중인 구강 또는 안면 포진이 얼굴이 아닌 뇌로 이동하여 드물지만 종종 치명적인 상태인 헤르페스 뇌염을 유발한다. 헤르페스의 1차 공격에는 때때로 뇌와 척수를 덮고 있는 막의 염증(헤르페스 수막염, *herpes meningitis*)이 포함되지만 일반적으로 완전한 회복이 뒤따른다.

신생아 헤르페스(*neonatal herpes*)는 치명적이다. 아기에게 가장 큰 위험은 분만 시간에 1차 발작이 있는 여성에게 있다(확률 30~50%)(CDC, 2016). 출생 시 헤르페스에 걸리는 많은 아기(매년 수백 건 이상)는 영구적이고 심각한 심장 또는 신경학적 문제를 겪거나 사망한다(Ambroggio et al., 2009; Donoval et al., 2006). 이 질병은 신생아에게 감염에 맞서 싸울 방어 수단이 없기 때문에 매우 치명적이다. 이러한 이유 때문에 대부분의 의사들은 생식기 포진이 있는 여성에게 제왕절개로 아기를 분만하는 것을 선호한다. 활성 구강 헤르페스는 분만 시 위험 요소가 아니지만 활성 구강 헤르페스가 있는 부모(또는 다른 사람)는 아기에게 키스하거나 애무하는 것을 피해야 한다.

진단과 치료 Diagnosis and Treatment

첫째, 나쁜 소식이다: 헤르페스는 치료법이 없다. 당신이 할 수 있는 어떤 것도 헤르페스 바이러스를 몸에서 없앨 수 없다. 바이러스는 활동성 발병 사이의 신경절 세포에서 휴면 상태에 있으며, 또 다른 공격의 가능성은 항상 존재한다. 그럼에도 불구하고 헤르페스 환자는 가정 치료법을 찾으려는 노력을 계속하고 있다. 이들(식이 요법 포함) 중 어느 것도 과학적 테스트에서 효과적인 것으로 입증되지 않았으며 이러한 가정 요법 중 일부(예: 에테르)는 경우에 따라 상황을 더욱 악화시키는 것으로 입증되었다.

이제 희소식이다: 헤르페스에 대해 알려진 치료법은 없지만 공격 중 증상을 완화하고 치유 과정을 가속화하는 세 가지 항바이러스제인 **아시클로비르**(*acyclovir*, 조비락스라는 이름으로 판매됨), **발라시클로비르**(*valacyclovir*, 발트렉스), **팜시클로비르**(*famciclovir*, 팜비르)가 있다. 크림 약물의 국소 적용은 약간만 도움이 된다. 생식기 포진의 공격이 자주 있는 사람들은 반복되는 공격을 억제하기 위해 매일 알약 형태로 약물을 복용하는 것이 좋다. 이 약물은 바이러스 발산과 헤르페스 발병을 70%에서 80%까지 감소시킨다(CDC, 2016). 그러나 약물은 치료법이 아니며 재발성 발작은 중단되면 다시 나타난다. 헤르페스 백신을 찾기 위한 상당한 연구가 있었지만 어느 것도 매우 효과적인 것으로 입증되지 않았다(Belshe et al., 2012 참조).

헤르페스의 개인적 측면 The Personal Side of Herpes

신체적 증상 외에도 생식기 포진으로 고통받는 개인은 거의 항상 감염에 적응하는 데 심리적 어려움이 있다. 그들은 종종 충격, 정서적 무감각, 고립과 외로움, 때로는 심각한 우울증과 같은 여러 단계를 거친다. 다른 사람들의 반응은 그들을 "사교적인 나병환자"처럼 느끼게 만들 수 있다. 요컨대, 그들은 종종 낙인을 느낀다(Merin, 2011).

생식기 포진이 있는 경우 대인 관계를 어떻게 처리해야 할까? 감염에 대한 정확한 정보를 알기 위한 상담이 중요하다(CDC, 2016). 비록 치료법은 없지만, 반점을 가지고 있지 않다는 사실을 인정하시오. **콘돔을 사용하면 파트너를 감염시킬 가능성이 줄어든다**(증상 없이 바이러스 배출이 있는 경우). 빈번하거나 오래 지속되는 발작이 있는 경우 항바이러스제 중 하나를 복용하는 것에 대해 의사와 상담하시오. 미국 성 건강 협회에 문의하시오. 그들은 헤르페스 연구, 치료 및 치료에 대한 최신 정보를 제공할 것이다.

개인적인 생각 Personal Reflections

많은 아기들이 임신 중에 어머니가 감염되어 성병에 감염되어 태어난다. 성병에 걸렸다는 것은 부도덕, 무책임의 표시인가, 아니면 둘 다인가? 설명하시오(이 시점에서 처음 두 개의 개인적인 성찰에 대한 답변을 재고하고 싶을 수도 있다).

간염 Hepatitis

5.8 간염의 증상, 합병증 및 치료에 대해 설명한다.

간염은 여러 가지 원인이 있을 수 있는 간의 염증이다. 바이러스로 인한 3가지 유형에 대해 알아보겠다. 증상은 경증(식욕부진, 설사)에서 중증(발열, 구토, 통증, 피로, 피부와 눈의 황달 또는 황변, 어두운 소변)까지 다양하다. 그림 5-9를 참조하시오.

A형 간염 Hepatitis A

A형 간염(hepatitis A, 전염성 간염)은 오염된 대변과의 직간접적인 구강 접촉에 의해 전파되는 작은 바이러스(HAV)에 의해 발생한다(CDC, 2016; Marrazzo & Cates, 2011

그림 5-9

간염의 전형적인 증상은 황달(노란색 눈과 피부)이다.

출처: Garry Watson/Science Source

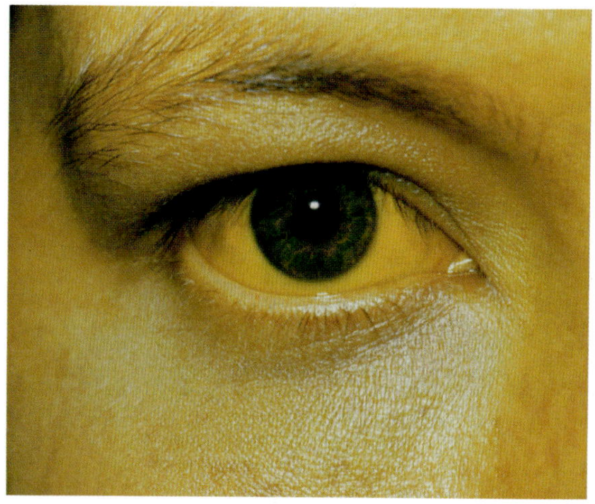

참조). 감염은 성적으로 퍼질 수 있으며(성 관계 중에 감염된 사람과의 구강-항문 접촉에 의해) 다른 그룹보다 남성 동성애자에게서 훨씬 더 높은 발병률을 보인다. 그러나 감염된 사람이 만진 음식이나 오염된 물에서 채취한 조개류를 먹는 것과 같은 비성적 수단을 통해 가장 자주 감염된다. 증상은 일반적으로 감염 후 15~50일 후에 나타나기 시작한다. 다른 유형의 간염과 달리 감염은 만성 간 질환을 일으키지 않는다. 매우 효과적인 A형 간염 백신은 미국에서 사례 수를 크게 줄였다.

A, B, C형 간염(Hepatitis A, B, and C) 이 간염들은 바이러스에 의한 간 감염이다. A형은 오염된 대변과의 직접 또는 간접 접촉에 의해 전파된다. B형은 감염된 혈액이나 체액에 의해 전염되며, 약 50%의 사례가 성관계 중에 걸린다. C형은 주로 오염된 혈액에 의해 전파되지만 경우에 따라 성교 중에 전파될 수 있다.

B형 간염 Hepatitis B

B형 간염(hepatitis B, 혈청 간염)은 더 큰 다른 바이러스(HBV)에 의해 발생하며 감염된 혈액이나 타액, 정액 및 질 분비물과 같은 체액에 의해 전염된다. 증상은 노출 후 6주에서 6개월 사이에 시작된다(CDC, 2016). 암과 간경변을 포함한 여러 간 질환을 일으킬 수 있다. 전 세계적으로 20억 명이 이 바이러스에 감염되었으며 약 3억 7,800만 명이 만성 보균자로서 매년 100만 명이 사망한다(Ioannou, 2011). 미국인의 약 4.6%가 일생에 한 번은 B형 간염에 감염된 적이 있다. 만성적으로 감염된 미국인은 여전히 400,000명이 넘는다. 예방 접종을 받지 않은 또 다른 180만 명의 외국 태생 이민자들이 만성 B형 간염에 걸렸을 수 있다(Kowdley et al., 2012). 새로운 사례의 50% 이상이 이성 성교 중에 전파되며(Marrazzo & Cates, 2011), B형 간염에 감염된 모든 임산부의 2/3 이상이 아기에게 감염을 전달한다. 다양한 항바이러스제가 감염을 치료하는 데 사용된다. HIV와의 동시 감염은 드문 일이 아니므로 치료가

더 어렵다(Kourtis et al., 2012).

C형 간염 Hepatitis C

경고: 이제 더 많은 미국인이 매년 HIV/AIDS보다 C형 간염 합병증으로 사망(15,000명 이상)한다(Ly et al., 2012). 전 세계적으로 1억 8,500만 건의 만성 사례가 있으며 270만 명의 미국인이 만성 감염을 앓고 있다(Denniston et al., 2014).

C형 간염(hepatitis C)은 가장 흔히 오염된 혈액과의 접촉(혈액 접촉)을 통해 전파되기 때문에 불법 약물을 주사하고 바늘을 공유하는 사람들에게서 자주 발견된다. 주사제 사용자의 약 50%에서 90%가 C형 간염을 앓고 있다(Aceijas & Rhodes, 2007). 이 바이러스는 성관계 중 거의 전파되지 않는 것으로 믿어지고(Marrazzo & Cates, 2011), 남성과 성관계를 갖는 HIV에 감염된 남성에게서 성병이 되었다는 증거가 있다(van de Laar et al., 2010). C형 간염을 예방할 수 있는 백신은 없다. 그러나 현재 C형 간염 감염을 신속하게 치료할 수 있는 직접 작용 항바이러스제가 있다(sofosbuvir + ledipasvir; Kowdley et al., 2014).

개인적인 생각 Personal Reflections

질병통제예방센터는 모든 어린이에게 A형 및 B형 간염 백신을 접종하고 1945년에서 1965년 사이에 태어난 모든 미국인은 C형 간염 검사를 받을 것을 권장한다. 이러한 노력 덕분에 급성(신규) 사례의 수가 급격히 감소했다(Kievens et al., 2014). 자녀에게 예방 접종을 하겠는가?

생식기 인유두종바이러스 감염

Genital Human Papillomavirus Infection

5.9 인유두종바이러스 감염의 증상, 합병증 및치료에 대해 설명한다.

생식기 인유두종바이러스(HPV) 감염에 대해 들어본 적이 있는가? 많은 대학생들이 감염되지 않았지만 이것은 미국에서 가장 흔한 성병이다(CDC, 2016; 표 5-1 참조). 7,900만 명의 미국인이 인유두종바이러스에 감염되고 매년 1,400만 건의 새로운 사례가 발생하는 것으로 추정된다(CDC, 2016). 이것은 매우 일반적이어서 이성 파트너가 한 명 이상 있는 사람들의 평생 인유두종바이러스 감염 확률은 여성의 경우 84.6%, 남성의 경우 91.3%이다(Chesson et al., 2014). 대부분의 감염(약 90%)은 2년 이내에 저절로 사라진다(Crow, 2012). 그러나 지속되는 경우에는 매우 심각한 결과가 발생한다.

인유두종바이러스(human papillomaviruses, HPV)는 상피세포(신체의 내부 및 외부 표면을 덮음)를 감염시킨다. 100가지 이상의 다양한 유형이 확인되었으며 그 중 약 40가지가 성관계를 통해 전염될 수 있다(CDC, 2016). 육안으로 보이는 증상이 있는 경우 인유두종바이러스 감염을 임상 감염(*clinical infections*)이라고 하고, 눈에 보이는 증상이 없는 경우 무증상 감염(*subclinical infections*)이라고

인유두종바이러스(HPV) (Human papillomaviruses, HPV) 상피세포에서 비정상적인 성장을 일으키는 바이러스. 종류는 100가지가 넘는다. 일부(유형 6 및 11)는 생식기 사마귀를 유발하는 반면 다른 일부(유형 16, 18, 31, 33 및 45)는 자궁경부암을 유발할 수 있다.

그림 5-10

인유두종바이러스로 인한 음경의 초기(왼쪽) 및 후기(오른쪽) 생식기 사마귀.

출처: Dr. P. Marazzi/Science Source; Centers for Disease Control & Prevention

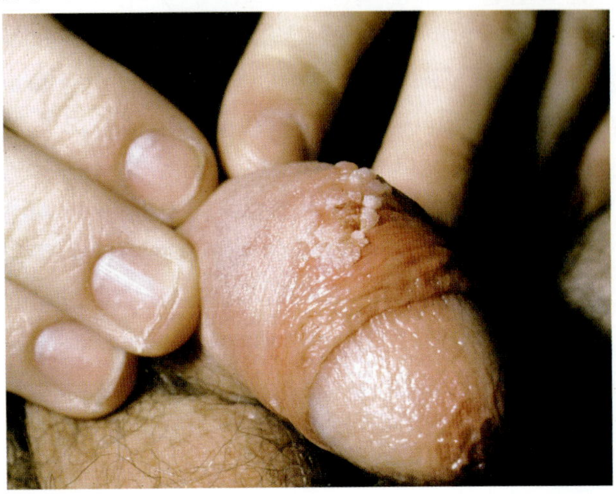

한다. 무증상 인유두종바이러스 감염은 임상 감염보다 최소 10배 더 흔하다.

생식기 사마귀 Genital Warts

우리는 임상 인유두종바이러스 사례를 세 가지 광범위한 범주로 나눌 수 있다: (1) 붉은 반점으로 나타나는 드문 피부 상태(사마귀 표피이형성증), (2) 비성기 사마귀(일반, 발바닥 및 사마귀 포함) 편평 사마귀), (3) 생식기 및 항문 부위에 사마귀를 일으키는 것(입, 인두 및 후두에도 문제를 일으킬 수 있음). 항문 생식기 사마귀를 유발할 수 있는 인유두종바이러스는 약 25가지이지만(그림 5-10), 생식기 사마귀의 90%는 인유두종바이러스 6형과 11형에 의해 발생한다(CDC, 2016).

생식기(성병) 사마귀[genital (venereal) warts]가 발생하는 사람들의 경우 첫 번째 증상은 일반적으로 감염된 사람과 접촉한 후 3주에서 8개월 사이에 나타난다. 사마귀는 가려움증, 자극 또는 출혈을 유발할 수 있다. 남성의 경우 사마귀는 일반적으로 음경, 음낭 및/또는 항문에 나타나지만 요도 내에서도 자랄 수 있다. 여성의 경우 사마귀가 자궁경부와 질벽, 외음부, 항문에 나타날 수 있어 질 분만 시 아기에게 바이러스가 전염될 수 있다. 생식기 사마귀는 삶의 질을 크게 떨어뜨릴 수 있다(Drolet, 2011).

> "나는 자주 동침하는 기혼 여성으로부터 성병 생식기 사마귀에 걸렸다. 그런 다음 그것을 내 여자 친구에게 전파했다. 나는 그녀가 산부인과 의사의 6개월마다 하는 검사 중에 진단을 받기 전까지 내가 고통을 겪고 있다는 것을 몰랐다. 남성인 나에게 제거 절차는 그녀의 치료와 달리 다소 간단했다. 그녀의 첫 번째 치료는 자궁경부를 극저온으로 동결시키는 것이었다. 그 시도가 실패한 후 그들은 레이저 수술에 의존했다. 그녀는 아직 완치되지 않았다."
>
> "내가 17살 때 자궁경부암 검진을 받으러 병원에 갔다. 의사는 내 자궁경부에 사마귀를 발견했다. 그는 사마귀를 제거하기 위해 레이저 수술을 했다. 1년 반 후에 또 발병하여 수술을 받았고 수술 후 7주 만에 다시 재발했다. 마지막 두 번의 수술로 자궁경부는 감염되지 않았으나 질 모두에는 감염이 진행된 상태였다. 나는 2차 발병이 시작된 이후로 성관계를 자제했다.
>
> (모든 예제는 작성자의 파일에서 가져옴)

항문 생식기 사마귀가 있는 개인의 경우 다양한 치료법을 사용할 수 있지만 모든 환자에게 이상적인 치료법은 없다(Marrazzo & Cates, 2011). 사마귀가 작고 스스로 치료하고 싶다면 포도필룩스, 이미퀴모드, 시네카테킨 연고 용액을 바르면 건조해진다. 의사는 액체 질소 또는 간단한 수술로 더 큰 사마귀를 제거할 수 있다. 내부 사마귀는 종종 레이저 수술로 제거된다. 그러나 이러한 방법 중 어느 것도 바이러스를 직접 공격하지 않으므로 사마귀의 재발이 일반적이다(이전 사례 기록 참조).

생식기(성) 사마귀[Genital (venereal) warts] 인유두종바이러스(주로 유형 6 및 11)에 의해 발생하는 생식기 및 항문 부위의 사마귀. 사마귀는 콜리플라워와 같은 성장이다.

그림 5-11

이 장에서 다루는 모든 성병은 항문 성교 중에 전염될 수 있다. 이 사람은 항문 부위와 음순에 생식기 사마귀(인간 유두종 바이러스에 의해 유발됨)가 많이 있다.

출처: Biophoto Associates/Science Source

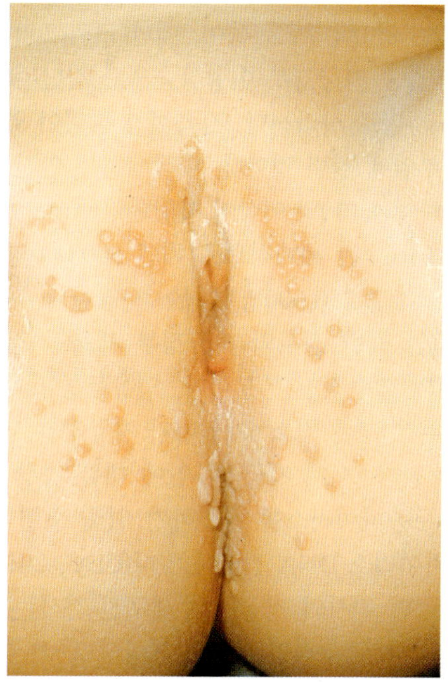

암 Cancer

인유두종바이러스 감염 여성은 자궁경부암 및/또는 외음부암 발병 위험이 크게 증가한다. 사실, 자궁경부암에 걸린 거의 모든 여성이 인유두종바이러스에 감염된 것으로 밝혀졌다. 인유두종바이러스 감염과 암 발견 사이의 잠복기는 5~25년이다. 약 15종의 인유두종바이러스가 자궁경부암에서 발견되며 가장 일반적으로 인유두종바이러스 16 및 18(사례의 70%), 31, 33 및 45이다. 그러나 이러한 인유두종바이러스가 자궁경부암만을 유발하는 것은 아니다. 인유두종바이러스는 또한 질, 음경, 항문 및 직장, 구강 및 인후암의 주요 원인이다(Viens et al., 2016). 실제로 구강 인유두종바이러스 감염은 흡연과 알코올과 같이 현재 구강암/인후암의 주요 원인으로 두각을 나타냈다(Scudellari, 2013). 현재 미국 남성의 약 10.1%와 미국 여성의 3.6%가 구강 인유두종바이러스 감염을 앓고 있다(Gillison et al.,

2012).

자궁경부암, 구강암, 항문암 및 음경암을 유발하는 인유두종바이러스 유형은 대부분의 생식기 사마귀를 유발하는 두 가지 유형(유형 6 및 11)과 다르다. 이것이 의미하는 바는 **자궁경부암 발병 위험이 있는 대부분의 사람들은 눈에 띄는 증상이 없다는 것이다.** 예를 들어, 매년 거의 200만 명의 미국 여성이 경증 자궁경부 이형성증으로 진단된다. 대부분의 감염은 저절로 사라진다. 지속적인 감염이 있는 여성만이 자궁경부암에 걸릴 것이다. 미국에서는 연간 약 12,990명이 발생하여 4,100명 이상이 사망한다(American Cancer Society, 2016). 전 세계적으로 매년 500,000명의 새로운 사례가 발생하고 250,000명 이상이 사망한다.

정기적인 골반 검사와 자궁경부 세포진 검사는 여성 건강 관리의 필수적인 부분이다. 인유두종바이러스 양성 판정을 받은 여성은 최소 6개월마다 자궁경부 세포진 검사를 받아야 한다. 이제 자궁경부암에 대한 가장 위험한 유형의 인유두종바이러스를 식별하기 위해 수행할 수 있는 인유두종바이러스 DNA 검사가 있다(CDC, 2016). 그러나 정기적인 골반 검사와 자궁경부 세포진 검사는 여전히 여성 건강 관리의 필수적인 부분이다(상자 2-B 참조). 자궁경부의 인유두종바이러스 감염의 경우, 냉동 요법(냉동)이 선호되는 요법이다.

예방적 수단으로써의 백신
Vaccination as a Preventative Measure

인유두종바이러스에 감염된 수백만 명의 미국인은 증상이 없기 때문에 다른 사람들을 감염시킬 수 있다는 사실을 모른다. 감염을 제거하는 가장 좋은 방법은 사람들이 바이러스에 노출되기 전에 예방 접종을 하는 것이다. 이제 매우 효과적인 백신을 사용할 수 있다. Gardasil은 인유두종바이러스 유형 16 및 18(자궁경부암의 70%를 차지)과 6 및 11(생식기 사마귀의 90%를 차지)으로부터 보호한다. 최신 백신인 Gardasil 9는 이 4가지 유형과 5가지 다른 유형에 대해 보호하여 자궁경부암에 대해 90% 효과가 있다(Petrosky et al., 2015). 백신은 여성과 남성 모두에게 효과가 있으며 항문암과 구강암도 예방한다. 완전한 보호 백신 접종을 위해서는 세 번의 주사가 필요하다. 백신은 또한 이미 자궁경부 인유두종바이러스로 인한 질병에 걸린 여성의 재발성 문제 위험을 줄인다(Joura et al., 2012). CDC 자문 패널은 **모든 소녀와 소년이 11세 또는 12세(그리고 빠르면 9세)에 정기적으로 예방 접종을 받고 26세까지의 다른 모든 사람들도 예방 접종을 받을 것을 권장했다.**

예방 접종이 인유두종바이러스의 확산을 줄이는 데 도움이 되었는가? 호주는 2007년에 국가적 예방 접종 프로그램을 시작했으며 2011년까지 십대 소녀들에게서 생식기 사마귀가 거의 사라졌다(Korostil et al., 2013). 미국에서는 2013년 기준으로 13~17세 소녀의 절반이 조금 넘고 소년의 약 1/3만이 세 가지 주사 중 적어도 한 번은 주사를 맞았다(Rubin, 2015 참조). 이런 낮은 예방 접종률에도 불구하고 생식기 사마귀의 새로운 진단 수는 극적으로 감소했다(Calo & Brewer, 2015).

이 확실한 기록으로 왜 더 많은 부모들이 십대 자녀에게 예방 접종을 하지 않는 이유는 무엇인가? 일반적으로 백신 접종에 대한 근거 없는 우려 외에도 인유두종바이러스는 성적으로 전염되기 때문에 일부 부모는 백신 접종이 성행위로 이어질 것이라고 우려한다(Rubin, 2015). 평생 동안 인유두종바이러스에 감염될 확률을 다시 살펴보시오. 현명한 선택을 하시오.

개인적인 생각 Personal Reflections

술에 취한 상태에서 새로운 파트너와 섹스를 한 적이 있는가? 당신의 대답이 "예"라면, 알코올 사용으로 인해 보호되지 않은 성관계를 갖게 되었는가? 만약 그렇다면, 이를 방지하기 위해 앞으로 어떻게 하겠는가?

기타 바이러스 감염: 물사마귀와 지카 바이러스 감염
Other Viral Infections: Molluscum Contagiosum and Zika

5.10 전염성 연체동물 및 지카 바이러스와 같은 다른 바이러스 감염에 대해 설명한다.

물사마귀 Molluscum Contagiosum

물사마귀(molluscum contagiosum)는 수두 바이러스에 의해 유발되는 무통성 성장이다. 바이러스는 직접적인 피부 접촉에 의해 쉽게 전파되지만 대부분의 사례는 성관계 중에 전파되지 않는다(Marrazzo & Cates, 2011). 감염된 개인은 신체의 다른 부위로 쉽게 퍼뜨릴 수 있다. 바이러스는 2주에서 6개월 동안 잠복기를 지나면 보통 직경 1~5 mm의 돔 모양으로 자라며 옥수수 알갱이로 채워진 작은 여드름처럼 보인다. 물사마귀는 성장의 모양으로 쉽게 진단되며 일반적으로 성장을 제거하여 치료한다. 그러나 대

물사마귀(Molluscum contagiosum) 옥수수 알갱이로 가득 찬 작은 여드름처럼 보이는 증상이 있는 성병 바이러스.

개 6~9개월 이내에 저절로 사라진다.

지카 바이러스 Zika Virus

이제 걱정해야 할 또 다른 성병 바이러스 감염이 있다. 바로 지카 바이러스이다. 이 바이러스는 모기에 의해 쉽게 전파되지만 일단 감염되면 남성이 성관계 중에 전파할 수 있다(Oster et al., 2016). 이것이 의미하는 바는 일부일처제 관계에서도 모기에 감염된 사람이 파트너에게 전염될 수 있다는 것이다. 임산부의 지카 바이러스 감염은 소두증(작은 머리와 뇌)을 유발할 수 있다. 현재 미국에서 여러 건의 성병이 확인되었다. 불행히도 현재로서는 이 감염과 미국 내 확산 가능성에 대해 아는 것이 거의 없다.

HIV 감염과 에이즈
HIV Infection and AIDS

5.11 **HIV 감염과 AIDS의 원인, 영향, 치료에 대해 논의한다.**

1980년대 초, 캘리포니아의 의사들은 5명의 남성이 보통 면역 체계가 저하된 사람들에게서만 볼 수 있는 희귀 호흡기 감염인 *Pneumocystis carnii* 폐렴 진단을 받았을 때 어리둥절했다. 마이애미의 여러 젊은이들이 피부에 보라색 반점으로 나타나는 드문 모세혈관계 암인 **카포시 육종**(*Kaposi's sarcoma*) 진단을 동시에 받았다(그림 5-12 참조). 또한 면역 체계가 저하되어 있다는 신호이다. 면역 체계가 저하된 사례가 점점 더 많이 나타나기 시작했지만 1982년이 되어서야 새로운 감염에 **후천성 면역 결핍 증후군(acquired immunodeficiency syndrome)** 또는 **AIDS**라는 이름이 주어졌다. 1984년이 되어서야 에이즈의 원인이 **인간 면역 결핍 바이러스(human immunodeficiency virus, HIV)**라는 바이러스로 밝혀졌다.

후천성 면역결핍 증후군(AIDS)(Acquired immunodeficiency syndrome, AIDS) 면역 체계를 파괴하는 바이러스(HIV)에 의해 발생하는 종종 치명적인 감염이다. 친밀한 성행위(체액 교환)나 오염된 혈액을 통해 전염된다.

그림 5-12

AIDS 환자의 카포시 육종 병변.

출처: © Chuck Nacke/Alamy

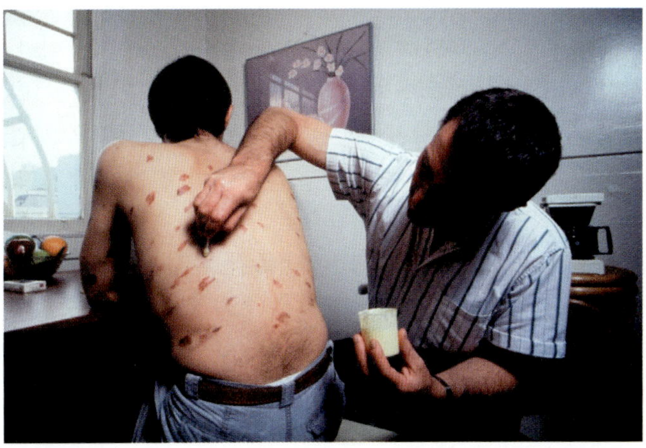

기술적으로 HIV는 레트로바이러스의 아과인 렌티바이러스이다. 레트로바이러스는 세포의 정상적인 번식 패턴을 역전시킨다. HIV에는 두 가지 주요 유형이 있다: 전 세계적으로 가장 흔한 유형인 HIV-1 및 주로 서아프리카에서 발견되는 HIV-2. HIV는 상당한 유전적 다양성을 보인다(Killian & Levy, 2011). HIV-1에는 4개의 주요 유전 그룹(M, NO, P)이 있으며 그룹 M의 9개 하위 유형이 있다. HIV-2에는 2개의 주요 그룹(A 및 B)이 있다. 미국에서는 대부분의 사례가 HIV-1이다. 그러나 같은 지역에 사는 다른 사람들에게서 다른 아형이 발견될 수 있으며 HIV "중복 감염"(여러 아형에 감염된 개인)이 점점 더 흔해지고 있다(Redd et al., 2012).

HIV와 신체의 면역 체계
HIV and the Body's Immune System

면역 체계(immune system)는 박테리아, 바이러스, 곰팡이 및 암세포로부터 방어하는 신체의 일부이다. 백혈구 또는 **림프구**(*lymphocytes*)가 이 시스템의 주요 방어선이다. 여러 유형이 있다. CD4+ 림프구(**헬퍼 T 세포** 및 **T4 림프구**라고도 함)라고 하는 한 유형은 질병 유발 인자를 인식한 다음 다른 유형의 백혈구(**B 세포**)에 신호를 보내 항체를 생성하는 역할을 한다. 항체는 인식된 물질에 결합하여 또 다른 유형의 백혈구인 **킬러 T 세포**(T는 세포가 발달하는 흉선을 나타냄)에 의해 식별될 수 있다. 그런 다음 CD4+ 세포는 킬러 T 세포에 신호를 보내 확인된 질병 유발 인자를 파괴한다. CD4+ 세포 외에도 B 세포와 킬러 T 세포의 활성을 억제하는 **억제 T 세포**도 있다. 사람은 일반적으로 억제 T 세포보다 2배 많은 CD4+(보조) 세포를 가지고 있다.

바이러스는 자신을 복제하기 위해 정상적인 신체 세포(숙주 세포라고 함)에 침입하여 생존해야 함을 기억하시오. 인간 면역 결핍 바이러스는 CD4+ 세포를 감염시키고 스스로를 재생산하여 약 112일 내에 세포를 사멸시키고 더 많은 바이러스를 방출한다. 복제된 바이러스는 다른

인간 면역 결핍 바이러스(HIV)(Human immunodeficiency virus, HIV) CD4+ 세포를 죽이고 결국 AIDS를 유발하는 바이러스.

면역 체계(Immune system) 박테리아, 바이러스 및 암 세포에 대한 반응으로 항체 생성과 관련된 신체 메커니즘.

CD4+ 세포를 침범한다. 따라서 HIV는 일반적으로 HIV와 싸우는 세포를 파괴한다. 몸은 죽은 세포를 대체하려고 하지만 CD4+ 세포의 수는 HIV 감염 초기에 감소하기 시작한다. 피해자는 결국 억제 T 세포보다 더 적은 도우미(CD4+) T 세포를 갖게 되어 신체가 바이러스, 박테리아 및 기타 감염 유발 인자에 대해 무방비 상태가 된다.

CD4+ 백혈구는 HIV에 의해 침범된 유일한 신체 세포가 아니다. 이 바이러스는 뇌, 위장관, 신장, 폐, 뇌척수액, 기타 혈액 및 형질 세포의 세포에서도 발견되었다. 그러나 우리가 AIDS라고 부르는 상태로 이어지는 것은 CD4+ 세포의 파괴이다.

HIV 감염의 진행 Progression of HIV Infection

인체에 침입한 후 HIV는 처음에는 확인되지 않은 상태로 번식하여 혈류에서 엄청난 수준에 도달한다. 초기 감염 시 HIV의 양은 부분적으로 기증자에게 있었던 HIV의 양에 달려 있다. 새로 감염된 사람의 50~75%는 감염 후 13~15일에 시작하여 독감과 유사한 증상(예: 발열, 두통, 설사, 피로, 피부 발진)을 경험한다. 이것을 **1차 HIV 감염(primary HIV infection)**이라고 하며 몇 주 동안 지속될 수 있다(D'Souza et al., 2010). 그런 다음 신체의 면역 체계는 바이러스를 수십억 단위로 죽이는 거대한 반격을 시작하여 매우 낮은 수준으로 감소시킨다. 그러나 시간이 지남에 따라 바이러스는 CD4+ 세포를 천천히 죽이면서 우위를 되찾는다.

정상인의 건강한 사람은 혈액 1 ㎣당 1,000~1,200개의 CD4+ 세포를 가지고 있다. CD4+ 세포 수는 시간이 지남에 따라 감소하지만 HIV에 걸린 사람들은 **무증상 HIV 감염(asymptomatic HIV infection)**이라고 하는 만성 감염의 첫 번째 단계에서 눈에 띄는 증상을 보이지 않는다. 이 단계는 종종 수년간 지속된다.

감염된 사람은 일반적으로 CD4+ 세포 수가 혈액 1 ㎣당 500개 미만으로 떨어지면 면역 체계가 약화되는 증상을 보이기 시작한다. 증상에는 피로, 지속적인 두통, 식욕부진, 반복되는 설사, 체중 감소, 미열(종종 "야간 발한"이 동반됨), 림프절 부종, "감기", "독감" 및 효모 감염이 지속적으로 반복 감염된다. 이 시점에서 감염을 **증상성 HIV 감염(symptomatic HIV infection)**이라고 한다.

HIV 감염은 생명을 위협할 수 있을 때까지 AIDS라고 부르지 않는다. CD4+ 세포 수가 혈액 1 ㎣당 200개에 가까워짐에 따라 감염된 사람의 면역 체계는 너무 약해져, 기회성 감염(*opportunistic infections*)—림프종, 카포시 육종(그림 5-12 참조), *Pneumocystis carinii* 폐렴, 재발성 세균성 폐렴, 폐결핵, 크립토코커스 수막염 및 침윤성 자궁경부암(CDC, 2016)—같은 질병이다. 이들은 종종 HIV 관련 치매라고 하는 심각한 정신 능력 저하를 동반한다. 1993년 미국 질병통제예방센터는 기회주의적 질병의 희생자인지 여부에 관계없이 AIDS의 정의를 200개 미만의 CD4+ 세포 수를 포함하도록 확장했다. AIDS 환자는 기회 감염의 결과로 사망한다(HIV의 직접적인 결과가 아님).

한 개인이 HIV에 감염되면 AIDS가 본격적으로 발병하는 데 얼마나 걸리는가? 약물을 사용하지 않으면 HIV 감염자의 약 40~45%가 2년 이내에 증상 단계에 도달한다(Morgan et al., 2002). 약 5%는 HIV-1에 감염된 후 첫 3년 이내에 AIDS, 약 20%는 5년, 그리고 50%는 11년 이내에 발병한다(CDC, 2016).

아주 흥미로운 예외가 있다. 소수의 HIV에 감염된 개인을 장기 비진행자(*long-term nonprogressors*)라고 한다. 감염에도 불구하고 높은 CD4+ 수치를 유지하고 8년 후에도 증상이 나타나지 않는다(Hunt, 2009; Migueles & Connors, 2010). 엘리트 컨트롤러(*elite controllers*)라고 하는 일부는 증상 없이 10년 이상 지속된다(Grabar et al., 2009). HIV에 여러 번 노출되었지만 감염되지 않은 일부 고위험 개인(예: 성노동자, 주사제 사용자)이 특히 중요하다. 이것은 그들이 일종의 면역학적 또는 유전적 보호를 갖고 있으며 이에 대한 연구가 백신 설계에 유용할 수 있음을 시사한다(Shearer & Clerici, 2010).

HIV에 감염된 일부 사람들이 단 몇 년 만에 AIDS로 진행되는 반면 다른 사람들은 수년이 걸린다는 사실을 설명하는 것은 무엇인가? HIV의 유형이 한 요인일 수 있다. 예를 들어, HIV-2에 감염된 사람은 HIV-1에 감염된 사람보다 AIDS 발병에 훨씬 더 오랜 시간이 걸린다(많은 사람들이 장기간에 걸쳐 진행되지 않음). 이미 면역 체계가 약화된 사람들(예: 나이나 질병으로 인해)은 AIDS로 더 빨리 진행된다. 급성 1차 HIV 감염(독감 유사 증상 또는 초기 노출 시 악화)을 경험한 개인은 초기 감염 시 무증상인 사람들보다 AIDS에 더 일찍 발병할 가능성이 더 높다.

여러 연구에 따르면 AIDS 진행에 대한 가장 좋은 단일 예측 인자는 개인의 CD4+ 세포 수가 아니라 혈액

1차 HIV 감염(Primary HIV infection) HIV 감염의 처음 몇 주 동안 HIV는 혈액에서 엄청난 수준에 도달하고 감염된 개인의 50~75%는 독감과 유사한 증상을 경험한다.

무증상 HIV 감염(Asymptomatic HIV infection) 감염된 개인이 눈에 보이는 증상을 보이지 않는 HIV 감염 단계.

증상성 HIV 감염(Symptomatic HIV infection) 결국 에이즈로 이어지는 HIV 감염의 초기 증상.

내 바이러스의 양을 나타내는 혈장 HIV RNA 수준이다(Mellors et al., 1996; O'Brien et al., al., 1996). 이것을 바이러스 부하(*viral load*)라고 한다. 바이러스 부하가 높을수록 AIDS가 더 빨리 발병한다.

HIV 감염자는 AIDS 진단을 받은 후 얼마나 오래 살 수 있는가? 약 없이 생존 기간은 약 1년이다. 그러나 새로운 약물 요법으로 인해 많은 HIV 및 AIDS 환자가 더 길고 생산적인 삶을 살 수 있게 되었다(치료 섹션 참조).

인간 면역 결핍 바이러스는 어디서 그리고 언제 생겨났을까? Where and When Did Human Immunodeficiency Virus Originate?

HIV-1과 HIV-2가 인류에게 새로운 것이라는 데는 의문의 여지가 없지만, 그것들은 어디에서 왔는가? "음모" 이론이 인기가 있다. 한때 소련은 미국의 생물학 실험이 실패한 원인을 HIV/AIDS의 탓으로 돌렸다. 다른 사람들은 바이러스가 다양한 백신을 가진 사람들에게 주입되었다고 주장했다. 많은 아프리카계 미국인들은 AIDS가 인간이 만든 것이라고 계속 믿고 있다(Heller, 2015).

HIV의 기원에 대한 과학적 연구는 음모론을 지지하지 않는다. 인간이 아닌 **유인원(영장류) 면역 결핍 바이러스**[*simian* (primate) *immunodeficiency viruses*, SIV]의 다양한 유전적 풀이 있다. 바이러스는 붉은털 원숭이, 검댕망가베이, 아프리카 녹색 원숭이, 침팬지에서 발견된다. SIV는 일반적으로 이러한 비인간 숙주에서 질병을 일으키지 않는다. 검댕망가베이의 SIV는 HIV-2의 기원으로 명확하게 확인되었다(Chen et al., 1997; Gao et al., 1992). 즉, 인간은 종간 전파를 통해 HIV-2에 감염되었다. 즉, 바이러스는 "인간 숙주에 거주하고 적응하는 원숭이 면역 결핍 바이러스"이다(Myers et al., 1992).

HIV-1은 어떠한가? 연구에 따르면 이 바이러스가 침팬지로부터 인간에게 전염되었다는 것이 확실히 입증되었다(Gao et al., 1999; Keele et al., 2006). 대부분의 증거는 이것이 1920년대와 1930년대에 식민지 프랑스의 적도 아프리카에서 처음 발생했음을 나타낸다(Faria et al., 2014).

저장된 혈액 샘플의 테스트에 따르면 HIV-1은 1959년까지 확실히 퍼지기 시작했고(Zhu et al., 1998), 1970년대에는 중앙아프리카에서 높은 비율의 카포시 육종이 보고되었다. 나머지는 역사이다(리뷰는 Ndung'U & Weiss, 2012 참조).

HIV는 어떻게 퍼질까? How Is HIV Spread?

HIV에 감염된 사람과의 우연한 접촉으로 AIDS에 걸릴 수 있는가? 대답은 아니오! 일상적인 접촉으로 HIV에 감염될 수 있다면 AIDS 환자와 함께 사는 가족 구성원이 큰 위험에 처할 것이라고 예상할 수 있다. 그러나 AIDS 환자의 가족 중 한 명도 가정 내 시설과 물품을 함께 사용하여 감염되는 경우는 없으며, AIDS에 감염된 형제자매와 함께 놀거나 동거하는 것으로 인해 감염되는 어린이는 한 명도 없다. HIV는 눈물과 타액과 같은 체액에서 때때로 발견되지만 위협이 될 정도로 높은 농도는 아니다.

AIDS의 마지막 단계에서 환자는 음식을 참지 못하고 종종 통제할 수 없는 설사를 하며 일반적으로 땀을 많이 흘린다. 그러나 실수로 오염된 바늘에 찔린 소수의 사람들과 다량의 오염된 혈액(작은 상처를 통해 몸에 들어갔을 수 있음)에 피부가 노출된 소수의 사람들을 제외하고는 가장 심각한 에이즈 환자들을 매일 돌봐온 의사, 간호사, 또는 다른 의료진들 중 어느 누구도 HIV 감염에 걸린 적이 없다.

말라리아와 기타 질병은 모기에 의해 전파되지만 HIV는 이러한 방식으로 전파되지 않는 것이 확실하다(Castro et al., 1988). 만약 그렇다면 우리는 훨씬 더 많은 수의 AIDS에 걸린 어린이와 노인들을 보게 될 것이다.

그렇다면 HIV는 어떻게 전염되는가? 세 가지 주요 방법이 있다: (1) 감염된 사람과의 성적 접촉, (2) 감염된 혈액에 노출(주로 정맥 주사 약물 사용자 사이에서 바늘 공유), (3) 엄마에서 아기로의 전염. 따라서 HIV는 거의 독점적으로 친밀한 성적 접촉과 오염된 혈액에 의해 전염된다. 이러한 전염 수단을 각각 살펴보겠다.

감염되지 않은 파트너와 (어떤 유형이든) 성관계를 가짐으로써 HIV에 감염될 수 없다. 성관계 중 HIV에 걸리려면 성 파트너가 HIV에 감염되어야 한다. 성관계 중 HIV 전파 위험은 감염된 사람의 바이러스 양과 직접적인 관련이 있다(Attia et al., 2009; Quinn et al., 2000). HIV의 농도는 감염 초기(1차 단계)에 가장 높다가 급격히 감소한 다음 감염이 AIDS 단계로 진행됨에 따라 다시 증가한다는 것을 기억하시오.

주요 요인은 HIV가 감염되지 않은 사람의 점막으로 전염되는지 아니면 혈액으로 직접 전달되는지 여부이다. 출혈이 발생하는 모든 성행위는 위험을 크게 증가시킨다. 이 때문에 항문 성교는 감염된 사람에게서 다른 사람에게 HIV를 퍼뜨리는 가장 쉬운 방법 중 하나이다. 많은 남성 동성애자들이 항문 성교를 하지만 이성애 커플들 사이에서도 흔히 발생한다(11장 참조).

연구에 따르면 질 성교 중 HIV는 감염된 남자에게서 여자 파트너에게 그 반대의 경우보다 적어도 두 배 이상 쉽게 전염된다(Vernazza et al., 1999 참조). 매독, 연성하감, 헤르페스와 같은 다른 성병 감염으로 인한 생식기의 궤양도 HIV 감염 위험을 크게 높인다(Vernazza et al., 1999 참조).

대부분의 전문가들은 HIV가 구강-성기 성교 중에 전염될 수 있지만 그 위험은 항문 또는 질 성교보다 훨씬 낮다고 믿는다(Baggaley et al., 2008; Hasselrot et al., 2010). 이것은 타액에서 발견되는 억제 물질 때문이다.

앞서 언급했듯이 HIV가 전염되는 두 번째 주요 방법은 오염된 혈액에 노출되는 것이다. 바늘 공유 마약 사용자는 특히 위험이 높다. 그러나 수혈을 통해 HIV에 감염될 가능성은 어떤가? 한때 이것은 주요 관심사였다. 오늘날 모든 혈액이 검사되기 때문에 150만 단위 중 1 단위만이 HIV에 감염될 가능성이 있다(CDC, 2010a). 미국에서는 헌혈로 HIV에 감염되지 않는다!

HIV가 전염되는 세 번째 주요 방법은 감염된 산모에게서 아기에게로 전염되는 것이다. 항레트로바이러스 약물요법이 없으면 전파율은 약 20%에서 25%이다(Lindegren et al., 1999). 감염은 임신 후기, 분만 중 또는 모유 수유 중에 발생할 수 있다(Chasela et al., 2010; European Collaborative Study, 1992). 혈액 내 바이러스 수치가 높은 여성에서 위험이 가장 크다(Landesman et al., 1996; Mofenson et al., 1999). 모유 수유를 통한 HIV-1 전파 빈도는 약 35%이다(Liang et al., 2009). 이는 UN이 HIV 감염 여성에게 아기에게 모유 수유를 하지 말 것을 권고할 정도로 높은 수치이다.

누가 HIV/에이즈에 걸렸을까?

Who Has HIV/AIDS?

HIV 감염은 심각한 전염병이다. 현재, 전 세계적으로, 약 3,700만 명의 사람들이 현재 HIV에 걸려 살고 있으며, 그들 중 1,700만 명만이 항레트로바이러스 치료를 받고 있다. 매년 2백만 건 이상의 신규 사례가 있다(Cohen, 2016; UNAIDS, 2016). 매년 약 110만 명이 에이즈로 사망하며, 전염병이 시작된 이후 약 3500만 명이 에이즈로 사망했다(UNAIDS, 2016).

현재 HIV에 감염된 사람의 90%가 개발도상국에 살고 있다(UNAIDS, 2016). 전 세계 사례의 2/3 이상이 HIV가 발원한 사하라 사막 이남의 아프리카에 있다(상자 5-A 참조). HIV는 아프리카에서 시작되었을 수 있지만 오늘날 가장 큰 증가 중 일부는 동유럽/중앙 아시아 및 동남아시아 일부에서 발생한다(Cohen, 2016; UNAIDS, 2016).

전 세계적으로 HIV 감염의 가장 큰 비율은 이성애 전파에 의해 획득되었다. 예를 들어, 사하라 사막 이남의 아프리카에서는 HIV에 감염된 수백만 명의 사람들 중 절반 이상이 여성이다. 그러나 남성과 성관계를 가진 남성 중 HIV에 감염된 비율은 특히 젊은 남성에서 높으며(Beyrer et al., 2013), 많은 사람들이 자신이 감염된 사실을 인지하지 못한다(Ferrer et al., 2015).

미국은 어떠한가? 질병통제예방센터는 2016년에 120만 명이 넘는 미국인이 HIV/AIDS에 감염되었다고 보고했다(CDC, 2016). 이 중 약 13%가 진단되지 않았다. 2014년 CDC에 보고된 44,073명의 새로운 HIV 사례 중 81%가 남성이고 19%가 여성이었다(CDC, 2016). 새로운 사례의 약 40%가 13~29세의 젊은이에게서 진단되었다. 젊은이의 44%가 자신의 감염을 인식하지 못하기 때문에 이는 놀라운 일이 아니다. 새로운 HIV 사례의 불균형적인 숫자는 아프리카계 미국인(44%)과 라틴계(약 23%), 특히 저소득 그룹에서 발생했다.

새로운 감염의 거의 1/4은 이성애 접촉의 결과였다. 이것은 감염된 여성의 87%에게 해당되었다. 그러나 전반적으로 게이와 양성애자 남성이 신규 진단의 67%를 차지했다. 한 가지 기여 요인은 남성과 성관계를 가진 남성의 보호되지 않은 항문 성교가 2005년 이후 거의 20% 증가했다는 것이다(Paz-Bailey et al., 2013). 남성과 성관계를 가진 남성의 26.4%가 여성과도 성관계를 가졌다(Singh et al., 2014). 새로운 사례의 약 6%는 정맥 주사 약물 사용(바늘 공유)에 기인한다.

좋은 소식이 있다: 검사의 증가, 조기 치료, 노출 전 약물 및 바늘 교체 프로그램으로 인해 새로운 HIV 진단과 AIDS로 인한 사망이 모두 현저하게 감소했다(그림 5-13 참조).

에이즈의 인간측면 The Human Side of AIDS

해가 갈수록 점점 더 많은 사람들이 AIDS를 직접 경험하기 위해 신문을 읽을 필요는 없다. 미국인의 약 28%가 HIV 양성이거나 AIDS로 사망한 사람을 알고 있다(Firth et al., 2016). 게이 또는 양성애자 남성의 약 56%가 그렇게 한다. AIDS는 질병 그 이상이다. 그것은 환자뿐만 아니라 환자의 가족과 사랑하는 사람들에게도 개인적인 비극이다. 우리 수업의 일부 학생들에게 경험을 공유해 달라고 요청했다. 다음과 같다.

그림 5-13

1990~2015년 전 세계 HIV 신규 사례와 사망자 수.

출처: UNAIDS.org

상자 5-A 이문화적 관점/성과 건강

아프리카의 에이즈

2000년에 *Newsweek* 잡지는 사하라 사막 이남의 아프리카를 여행하는 것은 "지옥의 문을 들여다보고 다가오는 홀로코스트를 엿보는 것"이라고 말했다(Bartholet et al., 2000). 사하라 사막 이남 아프리카는 전 세계 HIV 사례의 2/3 이상을 차지한다(UNAIDS, 2016). 여기에는 전 세계적으로 감염된 여성의 80%가 포함된다. 남아프리카 공화국에서는 660만 명이 감염되었다(미국 전체의 5배 이상). 나이지리아에서는 300만 명이 감염되었다(Murray et al., 2014). AIDS는 동부, 중부 및 남부 아프리카에서 주요 사망 원인이다(Ortblad et al., 2013). 미국에서는 1900년대에 기대 수명이 30년 연장되었다. 아프리카의 많은 지역에서 1990년 59세에서 2008년 34세에서 37세로 떨어졌다(UNAIDS, 2016). 아프리카에서 HIV로 인한 황폐화는 인구의 4분의 1을 잃은 중세 유럽의 흑사병으로 인한 파괴와 맞먹는다.

아이들은 어떤가? 파리의 제왕을 읽은 적이 있는가? HIV에 감염된 어린이의 약 90%가 사하라 사막 이남의 아프리카에 살고 있다. 더욱이 2010년 말에 부모의 AIDS 관련 사망으로 인해 사하라 사막 이남의 아프리카에 1,840만 명의 AIDS 고아가 있었고 남아프리카에서만 140만 명이 넘었다. 확인할 수 없는 수의 사람들이 거리를 돌아다니며 영양실조에 걸리고 종종 그들 자신을 감염시킨다.

HIV 전염병은 다른 전염병의 유행에도 영향을 미쳤다. HIV를 가진 사람들은 결핵과 말라리아에 대한 감수성이 증가하며, 이는 이러한 질병의 전염률을 증가시킨다(Murray et al., 2014). 전염병의 영향으로 경제가 붕괴되고 있다. 너무나 많은 농장 노동자들이 에이즈로 죽었기 때문에 기근이 만연해 있다.

최악의 상황이지만 최근 몇 년 동안 낙관적인 전망이 나왔다. AIDS 구호를 위한 미국 대통령의 비상 계획은 2002년에 시작되었다(Goosby et al., 2012). 이는 HIV 서비스 확대를 위한 국제적 협력으로 이어졌다. 남성에게 포경수술, 항레트로바이러스 약물 보급 확대, 노출 전 예방을 통해 많은 아프리카 국가에서 새로운 HIV 감염 사례가 절반 이상(2001년 이후)으로 감소했다(Cohen, 2011; UNAIDS, 2016). 그럼에도 불구하고 여전히 많은 문제가 있다. 여러 연구에 따르면 항레트로바이러스 치료를 시작한 많은 감염된 개인이 추적 관찰을 위해 돌아오지 않고 절반 이상이 정기적으로 약물을 복용하지 않는 것으로 나타났다(Marrazzo et al., 2015; Ellman, 2016). 이것은 HIV의 약물 내성 변종과 더 많은 감염을 유발할 가능성이 매우 크다. 동성애 혐오가 만연하고 새로운 동성애 금지법으로 인해 많은 사람들이 접근하기가 어렵다(Nordling, 2014).

어제 아침에 눈을 뜬 이후로 3,000명 이상의 아프리카 남성, 여성, 어린이들이 AIDS로 사망했다. HIV는 미국에 나타나기 수년 전에 아프리카를 통해 퍼졌다. 필요한 예방 조치를 취하지 않으면 아프리카에 닥친 것과 같은 운명이 이곳에서도 일어날 수 있는가? 질병통제예방센터의 워드 케이츠 박사(Dr. Ward Cates)는 "미래를 내다볼 수 있는 능력이 가장 낮은 사람이라면 누구나 이 질병의 가능성이 인류가 전에 본 것보다 훨씬 더 심각하다는 것을 이미 알 수 있다."라고 말했다.

"낮은 T 세포 검사에 대한 나의 반응은 충격적이었다. 그것은 내부에서 폭발하는 폭탄이나 심장을 관통하는 칼과 같았다. 내 시간은 얼마남지 않았고 매일 소중히 여길 선물이다. 내가 HIV 양성임을 알게 된 것은 삶의 질을 향상시키기 위해 내가 바꾼 것이 기대 수명에 거의 영향을 미치지 않는다는 사실을 알게 된 것만큼 충격적이지 않았다."

"아버지는 에이즈에 걸렸다. 문제에 직면하기 전까지는 문제의 심각성을 실제로 알지 못한다. 아버지의 죽음을 지켜보는 것은 매우 고통스럽고 스트레스였다."

"나는 여전히 대부분의 학생들이 AIDS가 그들에게 일어날 수 있다고 생각하지 않는다고 믿는다. 나는 AIDS가 직접 일어나는 것을 보았다. 저는 제가 상상할 수 있는 가장 고통스러운 방법 중 하나로 배웠다. 2년 전 제 형이 에이즈로 사망했다. 나는 겨우 19세, 그는 24세였다. AIDS는 모든 사람의 삶에 영향을 미친다는 말을 들었고, 어렸을 때 나는 그것을 믿지 않았다. 지금은 아니다."

(모든 예제는 작성자의 파일에서 가져옴)

많은 사람들이 AIDS 진단을 받은 후 수년 동안 생산적인 삶을 살아왔다. 따라서 HIV에 감염된 개인이 희망을 포기하지 않고 가능한 한 많은 긍정적인 지원을 받는 것이 중요하다.

HIV 검사 Testing for HIV

10만 개의 건강한 백혈구 중 HIV에 감염된 백혈구 하나를 검출할 수 있는 검사가 있다. 그러나 테스트 비용은 매우 비싸다. HIV에 대한 표준 검사는 바이러스를 직접 검사하지 않고 대신 감염된 사람의 면역 체계에서 생성되는 바이러스에 대한 항체를 감지한다(CDC, 2016 참조). 혈액은 먼저 EIA(효소 면역 분석) 검사로 확인한다. 그러나 검사 결과 "위양성"(즉, 감염되지 않은 혈액 검사에서 양성)이 나올 수 있다. 양성 징후가 있으면 웨스턴 블롯, IFA(면역 형광 분석) 또는 바이러스 검사로 혈액을 다시 검사한다. 음성 검사 결과는 사람이 HIV에 감염되지 않았을 가능성이 있다는 것을 의미한다. 감염된 사람의 몸이 바이러스에 대한 항체를 생산하기 시작하는 데 종종 몇 개월이 걸린다는 것을 기억하시오. 최근에 감염된 사람은 양성 반응을 나타내지 않는다.

최근까지 HIV 검사는 침습적이었다(채혈해야 함). 타액에서 또는 손가락 막대기(혈액 한 방울)로 HIV에 대한 항체의 존재를 측정하는 새로운 검사가 현재 이용 가능하다. 여기에는 가정, 자체 관리 테스트(따라서 기밀 유지)가 포함된다(Pai et al., 2013). 그러나 타액을 사용한 검사는 혈액 검사만큼 정확하지 않다는 점에 유의해야 한다.

HIV에 감염된 미국인 120만 명 중 약 13%가 자신이 감염된 사실을 모르고 있다는 사실을 기억하시오. 여기에는 감염된 젊은이의 44%가 포함된다(CDC, 2016). 성인의 53%만이 HIV 검사를 받았다(Firth et al., 2016). 2006년 미국 질병통제예방센터는 HIV 검사가 15세에서 65세 사이의 모든 미국인을 위한 의료의 일상적인 일부가 되어야 한다고 권고했다(McNulty et al., 2016 참조).

HIV/AIDS 치료: 희망과 한계
Treatment for HIV/AIDS: Hope and Limitations

HIV 치료에 사용된 최초의 항바이러스 약물은 1987년에 승인된 지도부딘(AZT)이었다. 오늘날 HIV 감염의 진행을 막는 데 사용되는 수많은 항레트로바이러스 약물이 있다. 성인 HIV 감염자 중 바이러스는 단독으로 사용되는 모든

그림 5-14
2014년에 처음으로 AIDS 진단을 받은 미국 남녀의 HIV 감염요인.

출처: CDC, 2016.

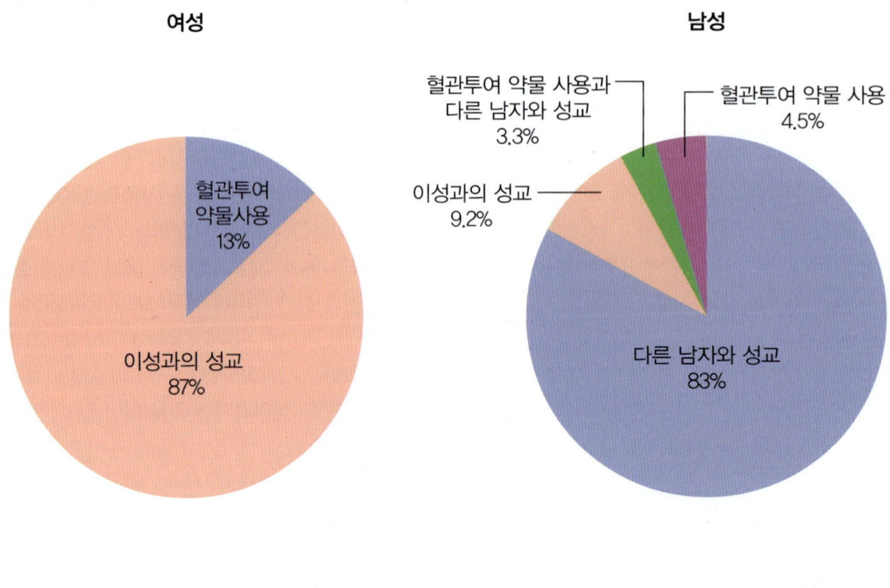

항바이러스제에 빠르게 내성을 갖게 된다. 따라서 1990년대에 의료 전문가들은 여러 약물(각각 다른 방식으로 HIV를 공격하는 세 가지 이상)을 사용하기 시작했다. 이것은 일반적으로 **고활성 항레트로바이러스 요법(highly active antiretroviral therapy, HAART)**이라고 한다. 많은 환자에서 이 접근법은 초기에 혈액 HIV 수준을 감지할 수 없는 수준으로 낮추고 CD4+ 세포 수를 증가시키며 면역 반응을 부분적으로 회복시킨다. 최근까지 HAART는 HIV 감염의 후기 증상 또는 AIDS 단계가 될 때까지 사용되지 않았지만 연구에 따르면 HAART는 감염 초기에 시작될 때 가장 잘 작동하는 것으로 나타났다(Günthard et al., 2016; Mayer & Krakower, 2016). 이는 기대 수명을 30년 이상 연장한다. HAART는 또한 감염된 사람에서 감염되지 않은 파트너에게 전염될 가능성을 거의 100%까지 줄인다(Rodger et al., 2016).

HAART의 결과는 극적이어서 새로운 AIDS 진단의 수를 상당히 줄였다. 그러나 항레트로바이러스 약물 요법은 치료법이 아니다. HAART는 일반적으로 HIV를 극도로 낮은(종종 감지할 수 없는) 수준으로 낮추지만 HIV는 약물이 영향을 미치지 않는 곳에 여전히 존재할 수 있다. 환자가 약물 치료를 중단하기로 결정하면 일반적으로 짧은 시간 내에 HIV 수치가 급격히 증가한다(Cohen, 2016).

많은 환자들이 부작용을 견딜 수 없다. 예를 들어, 장기간 사용하면 종종 체지방과 인슐린 저항성이 엄청나게 축적되거나 반대로 체지방이 극도로 감소한다(Alam et al., 2012). HAART의 진정한 아킬레스건은 복약 일정 준수였다. HAART를 시작한 많은 HIV 양성 환자는 약물을 계속 복용하지 않는다(Malta et al., 2010). 사람들이 HAART를 준수하지 않으면 HIV가 약물에 내성을 갖게 될 수도 있다(Pham, 2009 참조).

HIV 감염 예방 Prevention of HIV Infection

건강 전문가들은 항레트로바이러스 약물의 사용만으로는 HIV 대유행을 종식시킬 수 없다는 데 동의한다. 개발 도상국(예: 사하라 사막 이남 아프리카)에서 젊은 남성의 포경수술은 이성애 남성의 HIV 전염을 크게 줄였다(Gray et al., 2012; Mehta et al., 2013). 주사기 교환 프로그램은 주사제 사용자 사이에서 HIV의 확산을 감소시켰다. 이는 미국에서 2005년 이후 63% 감소한 것이다(CDC, 2016).

HIV의 확산을 퇴치하는 데 도움이 되는 가장 유망한 발전은 HIV 음성 개인에게 **사전 노출 예방**(*preexposure prophylaxis*), 즉 HIV가 전파되는 것을 방지하는 약물로 처방되는 항레트로바이러스 약물이다. 고위험군에 속한 사람들을 위한 것이다. 약물을 올바르게 사용하면 전염이 약 75% 감소한다(Cohen, 2015 참조). 그러나 다시 한 번 큰 문제는 얼마나 많은 HIV 음성 고위험 개인이 약물 요법을 고수할 것인가가 될 것이다.

HAART HIV 감염에 대한 고활성 항레트로바이러스 요법.

HIV 백신의 첫 번째 시험은 1987년에 시작되었지만 불행히도 몇 가지 큰 문제가 있다. 첫째, HIV의 모든 다른 유전적 아형에 대해 효과적인 백신을 개발하는 것이 어려울 것이다. 둘째, 바이러스가 계속 돌연변이를 일으키기 때문에 오늘날 개발된 백신은 시간이 지나면서 효과가 없어질 수 있다. 한 가지 유망한 접근 방식은 면역 체계를 자극하여 광범위하게 중화 항체를 만드는 것이다(Mascola, 2016). 그럼에도 불구하고 우리는 효과적인 백신을 몇 년 더 기다려야 한다.

한편, HIV에 감염될 가능성을 최소화하는 가장 좋은 방법은 자신의 행동이다. 즉, 여러 성 파트너(자신과 파트너 모두)를 갖지 않거나 항상 콘돔을 사용하고 정맥 주사 약물(자신과 파트너 모두)을 사용하지 않는 것을 의미한다. "안전한 성생활 실천" 섹션을 참조하시오.

에이즈에 대한 대중의 반응

Public Reactions to AIDS

HIV 양성인 사람은 치명적인 감염에 걸렸다는 사실보다 더 많은 것을 다루어야 한다. 그들은 또한 HIV/AIDS 감염이라는 낙인을 다루어야 한다(Piot et al., 2009).

우리 사회는 HIV 전염병에 어떻게 대처해야 하는가? 우선, 바이러스는 모든 유형의 우연한 접촉에 의해 전파되지 않으며 따라서 감염된 개인과의 비성적 접촉을 피할 수 있는 의학적 근거가 없음을 대중에게 교육하는 것이 중요하다. 현재 대부분의 주에는 직장과 주택에서의 차별로부터 HIV 감염자를 보호하는 법률이 있다. HIV 감염자에 대한 사생활 보호와 평등한 대우를 보장하는 것은 검사, 치료 및 봉사 프로그램의 성공에 필수적이다. 감염자가 낙인과 비합리적인 편견으로부터 법적으로 보호받지 못한다면 공중 보건 공무원은 감염된 개인의 신뢰와 협력을 얻지 못할 것이다. 로널드 레이건 전 대통령이 말했듯이 "두려운 것은 질병에 걸린 사람이 아니라 질병이다."

개인적인 생각 Personal Reflections

성병으로부터 자신을 보호하기 위해 무엇을 하는가? 성병에 대해 더 많이 알게 되었으니, 자신을 더 잘 보호하기 위해 성생활 방식에 어떤 변화를 줄 계획인가?

기생충 감염 Parasitic Infestations

5.12 성 감염을 통해 발생하는 다양한 기생충 감염을 식별한다.

바이러스 및 박테리아 감염은 성관계 중에 한 사람에게서 다른 사람으로 전염될 수 있는 유일한 것이 아니다. 감염된 사람에게서 기생충을 옮기는 것도 가능하다. 콘돔은 이러한 유형의 감염을 예방하는 데 거의 도움이 되지 않는다.

전 세계적으로 약 2%의 사람들이 **사면발이(pubic lice)**에 감염된다(Dholakia et al., 2014). 사면발이(Phthirus pubis, 게 느슨함 또는 "게")는 길이 1~2 mm, 회백색(또는 피를 먹고 난 후 짙은 붉은색), 6개의 다리를 가진 기생충은 음모에 붙어 인간의 피를 먹고 산다(그림 5-15 참조). 머릿니와 같지 않다. 사면발이 감염은 기술적으로 치골 페디큘로시스(*pediculosis pubis*)라고 한다. 이가 매우 느리게 이동하므로 거의 항상 피부 접촉을 통해 전염된다. 감염된 파트너와 성관계를 하는 동안 감염될 확률은 약 95%이다(Brown et al., 1999). 이가 심한 가려움증을 유발한다.

> "나는 고등학생이었고 1년 동안 교제했던 남자와 동침했다. 약 2주 동안 나는 음부 부위에 가려움증이 있었다. 시간이 지날수록 짜증이 났다. 마침내 나는 음모를 조사하고 게처럼 보이는 작은 것들을 발견했다. 충격과 역겨움을 느꼈다"
>
> "나는 내 음부에서 가려움증을 발견했다. 그것은 광범위하게 짜증이 났기 때문에 나는 그 아래에서 무슨 일이 일어나고 있는지 살펴보았다. 나는 그 지역을 기어다니는 작은 납작한 곤충을 발견했을 때 거의 비명을 지르기 시작했다."
>
> (모든 예제는 작성자의 파일에서 가져옴)

이는 일반적으로 인체에서 떨어진 곳에서 24시간 이상 살지 않지만 떨어진 알은 최대 10일 후에 생존하여 부화할 수 있다(Meinking & Taplin, 1996). 그러므로 감염된 사람의 시트, 수건 또는 의복을 통해 전파될 수 있다. 일반적인 목욕으로는 이를 씻어낼 수 없지만 감염된 부위와 기타 털이 많은 신체 부위에 1% 퍼메트린 크림 린스를 바르면 이를 제거할 수 있다. 7~10일 후에 치료를 반복한다. 퍼메트린에 대한 내성이 증가하고 있으므로 말라티온이라는 약물의 사용이 필요할 수 있다. 재감염을 방지하려면 매우 뜨거운 물을 사용하여 감염될 수 있는 모든 의복, 시트 및 수건을 청소해야 한다.

참고: 최근 음모를 면도하는 관행(2장 참조)은 감염의 수를 크게 줄였다(Dholakia et al., 2014).

그림 5-15

사면발이(*Phthirus pubis*, crab lice). 아래: 옴진드기[*Sarcoptes scabiei*, 임신한 암컷 진드기(gravid female mite)].

출처: Eye of Science/Photo Researchers, Inc.; Eye of Science/Science Source

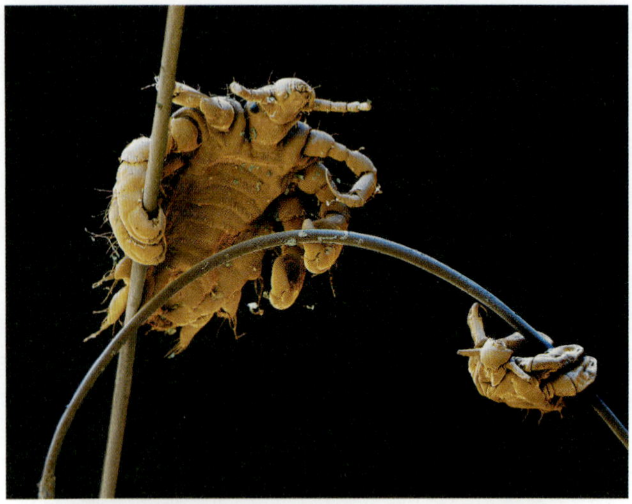

옴(scabies)은 0.3~0.4 mm 길이의 진주빛 백색 기생 가려움 진드기의 전염성 침입이다(*Sarcoptes scabiei*, 그림 5-15 참조). 다리가 8개 달린 응애는 알을 낳기 위해 피부 아래로 파고들어 알이 부화할 때 처음에는 매우 가렵고 붉고 여드름 같은 돌기가 생긴다. 진드기가 즉시 파괴되지 않으면 피부에 큰 비늘 조각이 생긴다. 2차 세균 감염이 흔하다.

> "고등학교 1학년과 12학년 사이에 옴에 걸렸다. 너무 가렵기 때문에 자고 있는 동안이나 깨어 있는 동안에도 피부가 벗겨질 정도였다. 정말 끔찍했어요."
>
> (저자의 파일에서)

사면발이(Pubic lice) 음모에 달라붙어 피를 먹고 사는 기생충 *Phthirus pubis*의 침입이다. "사면발니"라고도 한다.

옴/개선충(Scabies) 알을 낳기 위해 피부 아래로 파고드는 기생 진드기(*Sarcoptes scabiei*)의 전염성 침입이다.

옴진드기는 감염된 사람들과 가까운 접촉에 의해 감염되기 때문에 (진드기는 몸 밖에서 24시간에서 36시간 생존한다) 혼잡한 환경에서 생활하고 잠을 자는 사람들에게 가장 흔하다. 성적 접촉은 필요하지 않지만, 성인에게서 성적 전염이 흔하다(Brown et al., 1999). 진드기는 "황제든 노예든 백부든 유모든 사람, 나이, 성별, 인종에 대한 존경심이 없는 것으로 악명이 높다"(프리드먼, 1947년). 옴은 보통 5% 크림의 페르메트린을 사용하여 치료하지만, 아이버멕틴을 1회 경구 투여하는 것도 매우 효과적이다. 만약 여러분이 옴이 생긴다면, 여러분은 또한 재감염을 피하기 위해 모든 시트, 수건, 그리고 옷을 세탁하는 것을 잊지 마시오.

요충(pinworms, *Enterobius vermicularis*)은 대장에 서식하며 일반적으로 알과의 비 성적 접촉을 통해 감염된다. 암컷 요충은 밤에 직장을 나와 항문 주위에 알을 낳는데, 이는 심한 가려움증을 유발한다(Weber, 1993 참조). 요충은 어린이들에게 흔하며, 놀면서 손에서 입으로 옮긴다. 요충은 감염된 사람의 항문과 손이나 구강 접촉을 통해 성인에게 성적으로 전염될 수도 있다. 이 전달 방식은 동성애 남성들 사이에서 가장 흔하게 발생한다. 그러한 성행위는 또한 장내 **아메바증(amebiasis)** 또는 아메바성 이질을 유발하는 단세포 유기체(*Entamoeba histolytica*)의 전염을 초래할 수 있다(Petri & Singh, 1999).

질과 방광 감염

Vaginal and Bladder Infections

5.13 여성에게 영향을 미치는 질 및 방광 감염에 대해 설명한다.

여성이 일생에 한 번 이상 질 감염을 경험하지 않는 경우는 드물다(CDC, 2010d). 증상은 일반적으로 배뇨 중 불편함이나 통증, 가려움증, 불쾌한 냄새가 나는 질 분비물을 포함한다. 다음은 몇 가지 일반적인 원인이다.

트리코모니아증(트리코모나스 질염)

Trichomoniasis (Trichomonas Vaginalis Infection)

질염의 한 가지 유형인 트리코모나스증만이 일반적으로 성적 접촉에 의해 감염된다. 이것은 미국에서 가장 흔한 비바이러스성 성병으로, 올해 약 110만 건의 새로운 "Trich=트리코모나스증" 사례와 370만 건의 총 사례가 있다(CDC, 2016). 트리코모나스증은 여성, 특히 흑인 여성에서 가장 흔하지만 남성에게도 종종 트리코모나스 감염이 확인된다(Marrazzo & Cates, 2011 참조).

트리코모나스증은 질과 요도에 서식하는 *Trichomonas vaginalis*라는 단세포 원생동물에 의해 발생한다. 여성의 증상은 일반적으로 노출 후 4일에서 1개월 사이에 나타나며 심한 질 가려움증과 함께 악취가 나는 다량의 거품 같은 희끄무레한 분비물을 보인다(그림 5-16 참조). 그러나 감염된 여성의 70~85%는 증상이 없다(Meites et al., 2013). 트리코모나스증에 감염된 대부분의 남성도 증상을 나타내지 않으므로(Marrazzo & Cates, 2011) 무증상 보균자처럼 행동하여 새로운 여성 파트너에게 전파한다. 이는 임질, 클라미디아 및 매독의 초기 단계에서 흔히 볼 수 있는 것과 정반대이다.

> "남자친구와 성관계를 맺은 지 약 2주가 지난 후부터 성교 시 심한 통증을 느끼기 시작했다. 곧 나는 분비물, 가려움, 그리고 극도로 지독한 냄새를 알아차렸다. 몇 주간의 수치심 끝에 나는 마침내 비뇨기 문제가 있는 룸메이트와 함께 의무실에 갔다. 우리 둘 다 트리코모나스증에 걸렸다는 사실을 알고 얼마나 놀랐는지 상상해 보라. 우리는 어떻게 그런 병에 걸릴 수 있을까? 그녀가 섹스를 한 유일한 사람은 그녀의 남자 친구이고 내가 섹스를 한 유일한 사람은 내 남자 친구였다! 결국 남자친구가 어느 날 밤 데이트를 하고 6시간도 안 된 여자와 무방비 상태로 성관계를 가졌다는 사실을 알게 됐다."
>
> (저자의 파일에서)

트리코모나스증은 임산부에게 조기 진통을 유발할 수 있고 감염된 파트너로부터 HIV 전파를 촉진하며 골반 염증성 질환의 위험을 크게 증가시킨다(CDC, 2016).

이제 좋은 소식이 있다: 트리코모나스증은 매우 치료 가능하다(Schwebke et al., 2013). "Trich"의 진단은 모든 분비물을 검사하여 이루어지지만 항원 또는 핵산 증폭 검사에 의해 보다 확실하게 이루어진다(Meites et al., 2013). 트리코모나스증이 의심되면 감염된 여성과 파트너 모두를 치료해야 한다. 그렇지 않으면 성교가 재개될 때 그녀를 재감염시킬 것이다. Trich는 metronidazole(상품명은 Flagyl)이라는 약물로 쉽게 근절된다.

요충(Pinworms) 대장에 서식하는 작은 벌레(*Enterobius vermicularis*)는 일반적으로 벌레의 알과의 비성적 접촉을 통해 전염되지만 감염된 사람의 항문과 손이나 구강 접촉을 통해 성적으로 전염될 수 있다.

아메바증(Amebiasis) 단세포 생물인 아메바의 침입에 의해 발생하는 이질.

트리코모나스증(Trichomoniasis) 일반적으로 성교 중에 전염되는 단세포 원생동물에 의해 유발되는 질염의 일종.

그림 5-16

(a) 트리코모니아증에서 희끗희끗한 녹색의 분비물은 대개 풍부하고 거품을 낸다. (b) 백색의 엉겨 붙어 굳어진 모양을 보이는 모닐리아-(칸디다) 외음질염 monilial vulvovaginitis- (효모) 감염 환자의 질 분비물.

출처: BSIP SA/Alamy Stock Photo. / Aubert/Science Source

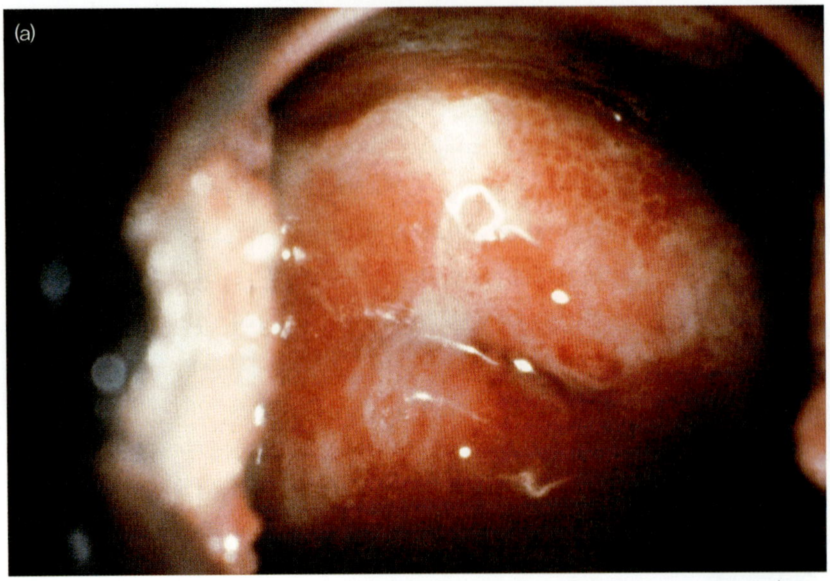

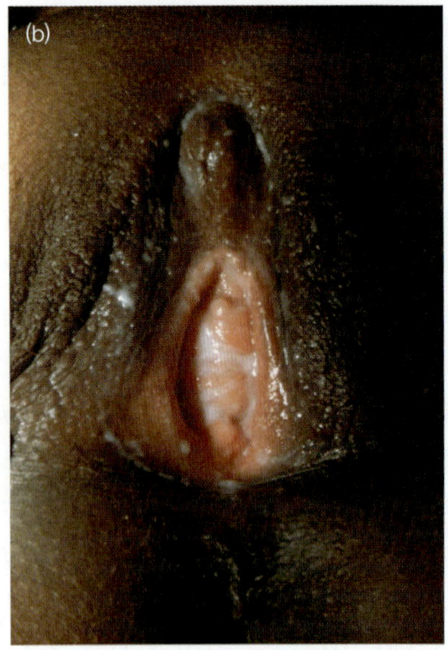

상자 5-B 성욕과 건강

질 건강 관리

여성의 경우 질 감염은 아마도 감기 다음으로 빈도가 높을 것이다. 다음은 질염에 걸릴 가능성을 최소화하는 데 도움이 되는 몇 가지 위생 요령이다.

- 탈취제 비누와 거품 목욕을 피하고 정기적으로 목욕을 하고 수건과 수건을 함께 사용하지 마시오.
- 외음부를 완전히 건조시키고 면 팬티를 입어라(합성 섬유는 열과 수분을 유지하며 박테리아가 번식하는 조건).

> "일 년에 여러 번 질염에 걸렸다. 의사를 방문하거나 전화할 때마다 마침내 내 의사를 알게 되었다. 6월의 가장 더운 날의 약간의 도움으로 소유할 수 있다. 나는 항상 실크나 폴리에스터 혼방 속옷과 나일론 양말을 입었다. 이러한 물질이 흡수를 허용하나? 당연히 아니지. 나는 달려가 가터벨트가 달린 면팬츠와 양말을 샀다. 5년이 지났지만 아직 효모 감염은 한 건도 없다."
>
> (저자의 파일에서)

- 침대에 합성 속옷을 착용하지 마시오.
- 여성 위생 용품을 피하시오.
- 배변 후에 항문을 앞에서 뒤로 닦는 것이 직장 박테리아를 질로 퍼뜨릴 수 있기 때문이다.
- 성교 중 적절한 질 윤활을 위한 시간을 두고 윤활제를 사용하는 경우 K-Y 젤리와 같은 수용성 윤활제를 사용하시오(석유 기반 윤활제는 박테리아가 서식할 뿐만 아니라 콘돔도 분해한다).
- 당신과 당신의 파트너가 섹스 중 어떤 종류의 항문 자극에 가담했다면, 질 부위를 다시 만지기 전에 반드시 손이나 음경을 씻어야 한다.
- 파트너가 자신이 아닌 다른 사람과 성관계를 가졌다면 성교 중에 콘돔을 사용하도록 하시오.
- 효모 감염이 자주 발생하면 의사에게 약산성 용액으로 세척하는 방법에 대해 문의하시오.
- 스트레스를 최소화하고, 잘 먹고, 충분한 수면을 취하시오.
- 앞서 언급한 증상이 보이면 즉시 의사의 진찰을 받으시오. 질 감염은 매우 흔하며 부끄러워할 일이 아님을 기억하시오. 그들은 매우 쉽게 치료할 수 있다.

모닐리아증/칸디다증 Moniliasis (or Candidiasis)

모닐리아증(moniliasis)은 일반적으로 질에서 발견되는 미생물의 과증식으로 인해 발생한다(사례의 80%에서 칸디

모닐리아증(Moniliasis) 칸디다증(*candidiasis*)이라고도 한다. 일반적으로 질에서 발견되는 미생물(*Candida albicans*)의 과증식으로 인해 발생하는 질염의 한 유형이다. 모닐리아증은 진균 또는 효모 감염이며 일반적으로 성병이라기보다는 성적으로 관련된 감염이다.

다 알비칸스, 20%에서 다른 칸디다 종). 여성에게 매우 흔한 곰팡이 또는 효모 감염이다. 모든 여성의 4분의 3은 일생에 한 번 이상 경험하고 40~45%는 적어도 두 번 경험한다(CDC, 2016). 여성의 약 10%에서 20%는 **재발성 칸디다증**(*recurrent candidiasis*, 1년에 4회 이상 발병)을 가지고 있다.

증상에는 심한 가려움증을 동반한 두껍고 흰색의 응고된 분비물이 있다(그림 5-16 참조). 불행히도, 많은 여성들이 정상적인 효모 감염이 얼마나 흔한지 깨닫지 못하고 감염되었을 때 외롭거나 더럽다고 느낀다.

> "처음 질염에 걸렸을 때 겁이 났어요. 나는 그것이 무엇인지 몰랐습니다. 내가 아는 것은 가려움증이 참을 수 없고 분비물이 정상적이지 않다는 것뿐이었습니다."
>
> "처음 이 병을 앓은 것은 16살 때였다. 저는 쉽게 가려움을 느끼기 시작했다. 나는 샤워를하고 그것이 사라질 것이라고 생각했다. 계속될 뿐만 아니라 더 심해졌다. 기분이 많이 더럽다."
>
> (모든 예제는 작성자의 파일에서 가져옴)

효모 감염은 때때로 성적으로 전염되지만 대부분의 경우 이러한 방식으로 감염되지 않는다. 따라서 단일성 감염은 실제로 트리코모나스증과 같은 성병으로 간주되지 않고 성 관련 질병이다. 미생물은 또한 입(아구창이라고 함), 항문, 피부 및 내부 장기를 침범할 수 있다. 아구창은 종종 고혈당, 약화된 면역 체계 또는 스테로이드 사용으로 인해 발생한다.

질의 정상적인 화학적 환경을 변화시키는 것은 무엇이든 과성장을 초래할 수 있다. 여기에는 호르몬 변화, 당뇨병, 항생제의 과도한 사용(질내 효모를 억제하는 "친근한" 박테리아를 죽임), 심지어 지나치게 열성적인 위생(예: 향이 나는 여성용 위생 제품 사용)이 포함된다. 예를 들어, 많은 여성이 임신 중 또는 경구 피임약 복용을 처음 시작할 때 처음으로 모니알균 감염을 경험한다.

> "한번은 치아가 감염되었을 때 치과 의사가 항생제를 처방해 주었다. 3일 만에 나는 효모 감염에 걸렸다. 아무도 내가 항생제로 인해 효모 감염에 걸릴 수 있다고 말한 적이 없다. 제가 몇몇 친구들에게 말했을 때, 그들은 전에 적어도 두 사람에게 이런 일이 일어난 적이 있다고 말했다."
>
> "첫 아이를 임신했을 때 첫 효모 감염이 있었다. 생식기 부위에 이 끔찍한 가려움증이 있다는 사실이 너무 창피해서 아무에게도 말할 수 없었다. 마침내 정기 산전 검진을 받을 시간이 되었고 의사가 나를 진찰하고 내가 굵힌 것을 알았을 때 내가 왜 그에게 전화하지 않았는지 알고 싶어했다. 생식기 부위가 가렵다고 하기엔 너무 창피했다."
>
> (모든 예제는 작성자의 파일에서 가져옴)

면역 결핍증(예: HIV 감염 및 AIDS)이 있는 여성은 특히 효모 감염에 취약하다.

효모 감염은 종종 항진균 크림이나 좌약으로 치료된다. 약국에서 구입할 수 있는 일반의약품(예: 미코나졸 질좌약, 클로트리마졸 크림, 부토코나졸 크림)과 경구 복용하는 약(Fluconazole)이 있다(Marrazzo & Cates, 2011). 그러나 증상이 며칠 내에 사라지지 않으면 다른 유형의 질염 중 하나가 있을 수 있으므로 즉시 의사의 진찰을 받으시오.

세균성 질염 Bacterial Vaginosis

15세에서 44세 사이의 여성에서 **세균성 질염(bacterial vaginosis)**은 가장 흔한 질 감염이며 연간 약 2,100만 건의 새로운 사례가 발생한다. 이것은 다른 정상적인 과산화수소 생성 질 박테리아를 대체하는 여러 질 박테리아(특히 *Gardnerella vaginalis*)에 의해 발생한다(CDC, 2016; Marrazzo & Cates, 2011). 아프리카계 미국인 여성과 여성과 성관계를 가진 여성에게 가장 흔하다(Gorgos & Marrazzo, 2011). 세균성 질염은 현재 성병으로 간주되지 않지만 "성적으로 연관되어" 있다(Marrazzo & Cates, 2011). 콘돔을 사용하면 유병률이 감소한다. 질 세척은 세균성 질염에 걸릴 가능성을 증가시키며, 이는 감염이 비성적 수단으로도 감염될 수 있음을 시사한다.

환자의 주요 불만은 질 냄새(때때로 비린내로 묘사됨)이지만 비정상적인 분비물(회색을 띠고 덩어리지지 않음)도 있다. 우리는 이제 이러한 유형의 감염이 심각한 상부 생식기 감염으로 이어질 수 있다는 것을 알고 있다(Marrazzo & Cates, 2011). 선택되는 항생제는 metronidazole 또는 clindamycin이지만 재발률이 매우 높다.

방광염 Cystitis

방광염(cystitis)은 방광의 세균 감염을 말하며 흔히 요로감염이라고 한다. 여성의 20% 정도가 일생에 한 번쯤 이런 경험을 하게 된다. 여성의 요도는 남성의 요도보다 상당히 짧기 때문에(따라서 박테리아는 이동 거리가 더 짧음) 방광염은 남성보다 여성에게 훨씬 더 흔하다. 성적으로 활발한 젊은 여성에게 특히 흔하며 최근의 성교와 밀접한 관련

세균성 질염(Bacterial vaginosis) 여러 질내 세균(특히 *Gardnerella vaginalis*)의 상호작용으로 인해 발생하는 질염의 일종.

방광염(Cystitis) 방광의 세균 감염(종종 대장균 박테리아에 의해 유발됨).

이 있다. 그러나 많은 경우가 성행위와 관련이 없다(Mayo Clinic Staff, 2013). 예를 들어, 대장균(*Escherichia coli*) 박테리아는 배변 후 항문에서 앞으로 닦음으로써 종종 직장에서 요도 입구로 전염된다. 여성은 항상 앞에서 뒤로 몸을 닦아야 한다.

증상에는 잦은 배뇨 절박, 고통스러운 배뇨, 혈뇨 및 하복부 통증이 포함될 수 있다. 방광염은 일반적으로 항생제로 치료된다(Mayo Clinic Staff, 2013). 특히 처음으로 성생활을 하게 되는 여성의 격렬한 성교는 요도에 내부 마찰을 일으켜 성병이 아닌 박테리아가 올라오도록 하여 요로 감염[따라서 **신혼 여행 방광염**(*honeymoon cystitis*)이라는 용어]을 유발할 수 있다.

일부 여성은 방광의 만성 염증(및 통증), 즉 **간질성 방광염**(*interstitial cystitis*)으로 고통받는다. 연구자들은 원인이 무엇인지 확실하지 않지만 다른 유형의 방광염을 유발하는 박테리아에 의한 것은 아니다. 여러 원인이 있을 수 있으므로 치료는 개인에 따라 다르다(Hsieh et al., 2012).

더 안전한 성교 연습 Practicing Safer Sex

5.14 더 안전한 성행위와 긍정적인 성에 대해 토론한다.

더하면 인유두종바이러스 감염 1,410만 건, 클라미디아 286만 건, 트리코모나스증 109만 건, 임질 820,000건, 생식기 포진 776,000건 등이다(표 5-1 참조). 올해 새로운 성병 감염 사례가 1900만 건 이상(매일 54,000건 이상)이 될 것이며 대부분의 사례는 귀하의 연령대(10대 후반에서 40세) 내에서 발생한다. 물론 성생활을 하는 일부 사람들은 1년에 같은 성병에 두 번 이상 감염되거나 한 번에 두 가지 이상의 다른 성병에 걸릴 수도 있다. 예, 하나가 있다고 해서 다른 사람을 얻는 것을 막을 수는 없으므로 대박을 터뜨리고 한 번에 둘 이상을 가질 수 있다.

성병을 예방하기 위해 무엇을 하고 있는가? 많은 대학생들이 거의 또는 전혀 하지 않는 것 같다. 실제로 많은 사람들이 계속해서 고위험 행동을 하고 있다. 성 파트너의 수와 이미 성병에 걸렸거나 받은 적이 있는 것과 강한 연관성이 있다(Joffe et al., 1992). 그러나 설문조사에 따르면 많은 젊은이들이 평생 여러 명의 성 파트너를 가졌다(Kann et al., 2016).

왜 그렇게 많은 사람들이 계속해서 고위험 성행위를 하는가(상자 5-C 참조)? 여러 성 파트너를 가진 많은 젊은 남성과 여성은 "나에게는 일어나지 않을 것"이라고 믿는다(Kusseling et al., 1996). 그러므로 평생 미국인 2명 중 1명에게 이런 일이 발생할 것임을 상기하시오(CDC, 2016; Satterwhite et al., 2013). 그러므로 진지하게 생각하고 당신에게 일어날 가능성을 최소화할 수 있는 방법을 생각해 보자.

성병에 걸릴 가능성을 완전히 피하는 유일한 방법은 성관계를 갖지 않는 것이지만, 우리 중 티베트 승려의 삶을 살고 싶어하는 사람은 거의 없다. 다른 사람과 안전한 섹스는 없다. 섹스를 하는 사람은 누구에게나 위험이 있다. 그러나 우리는 성병에 걸릴 가능성을 최소화하는 행동인 "더 **안전한 성생활(safer sex)**"을 할 수 있다.

더 안전한 섹스 솔루션 중 하나는 **성행위를 상호 충실하고 장기적인 일부일처 관계로 제한하는 것이다.** 당신과 당신의 파트너 모두 관계 시작 시 성병이 없고 둘 다 다른 파트너가 없다면 성병에 대해 걱정할 필요가 없다. 그러나 이 접근 방식에는 문제가 있다. 첫째, 우리 중 많은 사람들이 성적 행동을 일부일처제 관계로 제한하지만 대부분의 일부일처제 관계는 영원히 지속되지 않는다. 우리 중 많은 사람들은 일반적으로 **일련의 일부일처제**(*serial monogamy*)라고 불리는 생활 방식을 가지고 있다. 우리는 헤어지고 결국 또 다른 일부일처 관계에 들어간다. 당신은 일생의 일정 기간 동안 한 사람과만 섹스를 했을지 모르지만, 당신은 일생 동안 얼마나 많은 일부일처제 관계를 가졌는가? 그 파트너 중 한 명이 성병에 걸렸다면 그 파트너가 당신에게 성병을 전염시켰을 수 있다. 새로운 성 파트너가 있을 때 우리는 그들의 성적 이력을 거의 확신할 수 없다. 많은 사람들이 파트너의 현재 고위험 행동(다른 성 파트너, 과거 주사 약물 사용)을 인식하지 못한다(Witte et al., 2010). 게다가 많은 사람들이 과거의 성경험에 대해 새로운 파트너에게 거짓말을 했다(Cochran & Mays, 1990).

> "내 친구가 __?__에서 온 남자와 데이트를 하고 있었다. 그들은 성관계를 가졌고 대부분의 시간을 콘돔을 사용했다. 그는 최근에야 과거에 AIDS 바이러스에 양성 반응을 보였다고 언급했다. 내 친구는 엄청난 정신적 고통을 겪고 있다."
>
> (저자의 파일에서)

두 번째 문제는 우리 중 파트너가 일부일처제를 유지할 것이라고 100% 확신할 수 있는 사람이 거의 없다는 것이다. 많은 커플이 일부일처제 관계에 있는지조차 동의하지 못한다(Warren et al., 2012). 장의 시작 부분에 있는 개인 사례 기록을 다시 읽으시오.

안전한 성행위(Safer sex) 성병에 걸릴 위험이 낮은 성행위. 여기에는 지속적인 콘돔 사용 및/또는 장기적인 일부일처제 관계에 들어갈 때까지 성관계를 자제하는 것이 포함된다.

상자 5-C 성욕과 건강

안전한 섹스를 실천하는 데 걸림돌

18세에서 24세 사이의 남성을 대상으로 한 전국 조사에서 46.9%만이 가장 최근의 캐주얼 섹스 파트너와 성교 중에 콘돔을 사용한 것으로 나타났다(Reece et al., 2010c). 1980년대에는 사람들에게 AIDS와 HIV 전염에 대한 교육을 통해 더 안전한 성행위를 할 수 있기를 희망했다. 오늘날 대부분의 젊은이들은 사실 HIV와 AIDS에 대해 잘 알고 있다. 그러나 연구자들은 AIDS에 대한 사람들의 지식과 성행위 사이에는 전혀 관계가 없다는 것을 발견했다(Lou & Chen, 2009). 이로 인해 많은 연구자들은 지식 자체가 "안전한 성 지침을 준수하는 데 충분하지 않다"고 결론지었다(Helwig-Larsen & Collins, 1997; Sheeran et al., 1999; Tate et al., 2002).

많은 사람들이 안전한 성관계를 가지지 못하게 하는 것이 지식의 부족이 아니라면 무엇인가? 사실 많은 이유가 있다. 우리는 가장 중요한 몇 가지를 고려할 것이다.

남성이 콘돔을 사용하지 않는 가장 흔한 이유 중 하나는 섹스를 할 기분이 들 때 콘돔을 사용할 수 없기 때문이다(Carter et al., 1999). 많은 남성들이 콘돔 구매에 대해 창피해 한다(Murphy & Boggess, 1998). 또한 젊은 사람들은 성관계 전에 알코올이나 약물을 사용하는 경우 콘돔을 사용할 가능성이 적다(Cooper, 2002; Walsh et al., 2014). 부부 중 한 사람 또는 다른 사람이 콘돔이 자신의 성적 쾌감을 감소시킨다고 생각하는 경우에도 커플은 콘돔을 사용할 가능성이 적다(Fennell, 2014; Higgins et al., 2015).

사람들은 과거에 콘돔을 사용한 적이 있는 경우, 특히 콘돔 사용에 동의한 파트너와 함께 있는 경우 콘돔을 사용할 가능성이 더 높다. 여기서 가장 큰 문제는 합의에 도달하기 위해서는 부부가 콘돔 사용에 대해 이야기해야 하며, 대학 교육을 받은 사람들을 포함하여 대부분의 사람들이 콘돔에 대한 대화를 시작하고 참여하는 방법을 모른다는 것이다(Sheeran et al., 1999). "콘돔 사용을 협상하는 능력은 기술이다"(Noar et al., 2002). 더 안전한 섹스를 한다는 것은 당신은 파트너와 콘돔 사용에 대해 이야기할 수 있어야 하고, 그들의 성적 이력에 대해 이야기할 수 있어야 하며, 파트너가 콘돔을 사용하지 않을 경우 성행위를 멈출 수 있어야 한다. 이것은 어느 정도의 확신을 필요로 한다. 이러한 행동 기술을 가진 젊은 사람들은 더 안전한 섹스를 할 가능성이 훨씬 더 높다(Noar et al., 2006; Widman et al., 2006; Wingood & DiClemente, 1998; Zamboni et al., 2000). 여성의 경우 콘돔 사용을 직접 요청하거나 파트너가 동의할 때까지 성관계를 자제하는 등 적극적인 전략이 가장 효과적이다(French & Holland, 2013).

일부 여성이 자신의 최선의 이익을 위해 행동하지 못하게 하는 한 가지 요인은 남성과 여성 사이에 인지된 힘 차이이다. 많은 여성들이 피임에 대한 결정을 내릴 권리조차 없다고 생각한다(Rickert et al., 2002). 일부 남성은 콘돔 사용을 거부하기 위해 강압적인 전술을 사용한다(Davis et al., 2014). 남성과 여성 간의 관계에 대한 여성의 지배적인 경험이 남성이 여성에게 권력을 행사하고 항상 자신의 방식대로 행동하는 것이라면, 그녀는 남성이 원하지 않으면 콘돔을 사용하라고 주장할 가능성이 없다(Browne & Minichiello, 1996; Seal , 1996).

힘 차이가 거의 또는 전혀 없을 때에도 안전한 성에 대한 남녀 간의 의사 소통은 종종 문화적 이중 잣대와 성적 "대본"에 의해 방해를 받는다(Ehrhardt, 1992; Metts & Fitzpatrick, 1992). 미국 문화에서 남성은 여성보다 성적 자유가 더 많다. 따라서 여성이 섹스에 대한 욕망을 공개적으로 표현하거나 콘돔을 소지하는 경우 파트너와 다른 사람들에 의해 부정적으로 보일 수 있으며(Hillier et al., 1998) 파트너의 섹스를 거부하는 경우에만 존경받는 것으로 간주될 수 있다. 파트너가 이 표준을 지지한다고 믿는 여성은 콘돔을 제공하거나 파트너가 콘돔을 사용하도록 제안하지 않을 것이다. 반면에 여성은 남성이 콘돔을 사용하려는 빈도를 과소평가하는 경우가 많다(Edwards & Barber, 2010).

또 다른 문제는 관계 형성이 목표인 "존경받는" "안전한" 파트너와 데이트를 시작할 때 성적 스크립트가 종종 콘돔 사용에 반대한다는 것이다(Afifi, 1999; Fortenberry et al., 2002; Hynie et al. ., 1998). 콘돔과 관련된 부정적인 관계적 중요성이 있다. 콘돔이 피임에 사용되지 않는 경우 "안전하지 않은" 파트너와의 성병 예방을 위한 유일한 용도이다. "나를 알아가는 것"의 초점이 상대의 관계 파트너로서의 적합성에 있을 때 콘돔의 주제는 음란하게 보일 수 있고 (자신 또는 다른 사람에 의한) 감염 가능성을 암시하고 거부 가능성을 높일 수 있다(Choi et al., 1994 참조). 사실, 어떤 사람들은 의도적으로 콘돔을 "일차적인 관계를 찾고 유지하고, 신뢰를 구축하고, 친밀감을 높이기 위한 전략"으로 사

그림 5-17

몬트리올에서 열린 제5회 국제 에이즈 회의에 전시된 거대한 콘돔.

출처: Black Star

용하지 않는다(Corbett et al., 2009).

콘돔은 초기 성적인 에피소드 중에 사용하더라도 두 사람이 자신이 관계를 시작하는 것으로 인식하면 버려질 가능성이 높다(He et al., 2016). 하지만 이전의 성적 경험에 대한 이전, 노골적이고 솔직한 토론이 없다면, 확신할 수 없다. 아니면, "콘돔을 사용하는지 아닌지 알잖아요. 당신은 당신이 올바른 파트너를 고르고 있는지 모릅니다"(이성애자 에이즈, 1988).

두 번째 해결책은 **항상 콘돔을 사용하는 것이다**. 한 파트너가 HIV에 감염된 124쌍의 이성애 커플에 대한 연구에서 콘돔을 지속적으로 사용하는 커플의 경우 총 15,000번의 성교 중에 감염되지 않은 파트너 중 누구도 감염되지 않았다(De Vincenzi et al., 1994). "캐주얼" 섹스에 참여하려면 콘돔을 사용하는 것이 가장 좋다. 파트너가 콘돔 착용을 거부하는 여성의 경우 HIV(또는 기타 STI) 감염 위험을 줄이는 몇 가지 피임 기술이 있다(6장의 상자 6-A 참조).

콘돔(STI 예방)에도 문제가 있다. 귀하와 귀하의 파트너 또는 파트너가 지속적으로 적절하게 사용하더라도 때때로 찢어진다(6장 참조). 미세한 구멍도 바이러스가 통과할 수 있을 만큼 크다. 즉, 일부일처제를 실천하는 경우와 마찬가지로 콘돔은 성병에 감염되지 않을 것이라고 보장할 수 없다.

어떤 방법이 더 나은가? 위험 감소의 양을 테스트하기 위해 확률 모델링을 사용한 연구에서 저자는 "일관되고 신중한 콘돔 사용이 성 파트너의 수를 줄이는 것보다 HIV 감염을 줄이는 훨씬 더 효과적인 방법"이라고 결론지었다(Reiss & Leik, 1989). 콘돔이나 일부일처제(장기적 관계에서)와 같은 행동 전략을 사용하면 성병에 걸릴 확률이 크게 줄어든다.

개인적인 생각 Personal Reflections

당신과 당신의 새로운 파트너(들)는 더 안전한 섹스에 대해 논의하는가? 그 이유는 무엇? 상자 5-C를 반드시 읽으시오.

성병이 있을 수 있다고 생각되면 무엇을 해야 하고 어디로 가야 하는가?

What to Do and Where to Go If You Think You May Have an STI

사람들이 성병에 걸렸을 수 있다고 생각하거나 위험에 처해 있다고 생각하는 경우 어떻게 해야 하는지 명확하다고 생각할 것이다. 의사에게 가시오! 그러나 많은 사람들이 자신이 위험에 처해 있다는 거부감이나 기밀 유지에 대한 걱정 때문에 이를 주저한다. 15세에서 25세 사이의 성경험이 있는 사람들 중에서 지난 1년 동안 여성의 16.6%, 남성의 6.1%만이 검사를 받았다(Cuffe et al., 2016). 이제 치료되지 않은 성병의 결과를 알았으므로 여기에는 귀하가 포함되지 않기를 바란다. 자신이 성병에 걸렸다고 생각하는 경우(또는 자신이 성병에 걸릴 위험이 높은 경우):

1. 즉시 의사의 진찰을 받으시오. 많은 1차 진료 의사는 성병을 진단하고 치료할 지식과 경험이 부족하다(Wiesenfeld et al., 2005). 따라서 가능하면 **전염병 치료를 전문으로 하는** 의사에게 진찰을 받으시오.
2. 성병 진단을 받은 경우 완치될 때까지 성관계를 삼가시오(또는 완치되지 않을 경우 콘돔을 사용하십시오).
3. 성병에 걸렸다면 파트너에게 알리고 그들도 치료를 받고 다른 사람이나 자신을 다시 감염시키지 않도록 하시오.

누군가가 즉시 의사에게 가지 않을 수 있는 두 가지 다른 이유가 있다. 일부(예: 가난한 대학생)는 의사의 진료비와 검사실 검사 비용을 감당할 수 없을 수도 있고, 일부는 돈이 있어도 어디로 가야 할지 모를 수도 있다(의사가 없거나 가정의를 피하고 싶을 수도 있다). 다행스럽게도 미국 공중보건국은 성병 진단 및 치료를 위한 진료소를 무료로 제공한다. 정부는 성병 근절에 전념하고 있다. 따라서 치료를 받지 않을 이유가 없다. 거주 지역의 공중 보건 서비스 클리닉에 문의하시오.

에이즈 시대의 양성애

Positive Sexuality in the Era of AIDS

AIDS, 인유두종바이러스 감염, 헤르페스—이러한 감염 및 기타 성병에 대한 관심으로 인해 많은 사람들이 섹스를 두려워하게 되었다. 이 장에서 우리의 의도는 성적 행동의 몇 가지 가능한 결과에 대해 교육하는 것이지, 성관계를 갖는 것을 피하고 싶어할 정도로 겁을 주는 것이 아니다.

위험을 수반하는 인간의 활동이 많이 있다. 스키를 예로 들어보자. 아무도 스키를 타고 눈과 얼음으로 덮인 산을 내려가는 것이 위험한 활동이라고 말할 필요가 없다. 나무, 바위 및 기타 스키어를 피하지 않으면 심각한 부상을 입을 수 있지만 이것이 많은 사람들이 이 겨울 스포츠

"네 온라인 프로필에 도박에 빠져 있다고 하길래 콘돔을 안 껴도 될 줄 알았어!"

에서 얻는 엄청난 즐거움을 손상시키지는 않는다. 스키를 타는 사람들은 그 즐거움을 찾는 방법에 한계가 있음을 배운다. 스키는 통제 불능의 결과를 가져온다.

자동차 운전도 마찬가지이다. 많은 사람들이 스포츠카를 소유하고 있으며 많은 사람들이 소유하고 싶어한다. 그들은 빠르게 가속하고 빠르게 운전함으로써 특정 스릴을 얻는다. 그러나 다시 한계가 있다. 너무 빠른 속도로 코너를 돌면 치명적일 수 있다. 고속에서 우리는 예상치 못한 사건(예: 우리 앞에서 다른 차가 절단)에 1초 미만에 반응할 수 있어야 한다. 음주로 인해 판단력과 운동 협응력이 저하된 상태에서 운전하는 것은 확실히 종종 치명적인 고위험 행동이다. 어리석게도 그 위험을 감수하기 때문에 매년 수천 명의 사람들이 부상을 입거나 사망한다는 사실이 우리 나머지 사람들이 종종 자동차를 운전하면서 얻는 즐거움을 손상시키지 않는다.

AIDS는 최초의 성병이 아니라 가장 최근의 감염이다. 매독은 항생제가 발견되기 전에는 매우 두려운 존재였다(Francis, 2013). 수백만 명이 AIDS보다 매독으로 사망했지만, 이것이 사람들이 성을 즐기는 것을 막지는 못했다. 왜? **섹스 자체는 이러한 감염을 일으키지 않기 때문이다.** 자동차를 운전하는 것처럼 어리석고 위험한 행동을 피한다면 여전히 성관계의 즐거움을 누릴 수 있다. 안전벨트를 매는 데 몇 초가 걸린다고 해서 자동차를 즐기는 데 방해가 되지는 않는다. 마찬가지로, 귀하 또는 귀하의 파트너가 콘돔을 착용하는 데 몇 초가 걸린다고 해서 섹스의 즐거움이 손상되지는 않는다. 음주 운전과 마찬가지로 술에 취한 상태에서 성적인 결정을 내리는 것 또한 어리석은 일이다.

AIDS는 무작위로 발생하지 않으며 바이러스에 노출된 사람들에게만 영향을 미친다. 노출 위험을 줄이기 위해 몇 가지만 조정하면 섹스는 언제나처럼 즐겁고 흥미진진할 수 있다.

스터디 가이드

핵심용어 Key Terms

1차 HIV 감염(primary HIV infection), p. 124
A형 간염(hepatitis A), p. 119
B형 간염(hepatitis B), p. 119
C형 간염(hepatitis C), p. 119
HAART(HIV 감염에 대한 고도의 활성 항레트로바이러스 요법, Highly active antiretroviral therapy for HIV infection.), p. 128
골반 염증성 질환(PID)(pelvic inflammatory disease, PID), p. 111
구강 헤르페스(oral herpes), p. 116
매독(syphilis), p. 113
면역 체계(immune system), p. 123
모닐리아증(moniliasis), p. 132
무증상 HIV 감염(asymptomatic HIV infection), p. 124
물사마귀(molluscum contagiosum), p. 122
바이러스(virus), p. 108
박테리아(bacteria), p. 108
방광염(cystitis), p. 133
비임균성(비특이적) 요도염(NGU) [nongonococcal (nonspecific) urethritis, NGU)], p. 111
사면발이(pubic lice), p. 130
사타구니 육아종(granuloma inguinale), p. 115
성 관련 질병(sexually related diseases), p. 109
성병(STI) (sexually transmitted infections, STIs), p. 109
성병림프육아종(LGV) (lymphogranuloma venereum, LGV), p. 112
세균성 이질/시겔라증(shigellosis), p. 115
세균성 질염(bacterial vaginosis), p. 133
생식기 헤르페스(genital herpes), p. 116
생식기(성) 사마귀[genital (venereal) warts], p. 121
아메바증(amebiasis), p. 131
안전한 성행위(safer sex), p. 134
연성하감/무른궤양(chancroid), p. 115
옴(scabies), p. 130
요충(pinworms), p. 131
인간 면역 결핍 바이러스(HIV)(human immunodeficiency virus, HIV), p. 123
인유두종바이러스(HPV) (human papillomavirus, HPV), p. 120
임질(gonorrhea), p. 109
증상성 HIV 감염(symptomatic HIV infection), p. 124
지카 바이러스(Zika virus), p. 122
클라미디아(chlamydia), p. 111
트리코모나스증(trichomoniasis), p. 131
후천성 면역결핍 증후군(AIDS)(acquired immunodeficiency syndrome, AIDS), p. 123

상호검토 Interactive Review

뒤의 정답 참조.

매년 미국에서 약 1970만 건의 새로운 성병이 발생한다. 미국인 1명 중 (1) ______________명은 일생에 적어도 한 번은 성병에 걸릴 것이다. 성행위는 성병을 일으키지 않는다.

행위는 단지 (2) ______________, (3) ______________ 및/또는 (4) ______________에 의한 전파 방식이며, 이는 감염이 전파되기 위해 반드시 존재해야 한다. 이러한 원인 물질은 차별적이지 않다. 감염된 파트너와 성관계를 갖는 사람은 누구나 성병에 감염될 수 있다.

박테리아에 의해 유발되는 가장 흔한 성병(미국내) 3종류 (5) ______________, (6) ______________ 및 (7) ______________이다. (8) ______________ 및 (9) ______________의 초기 단계에서는 대부분의 여성과 많은 남성이 증상을 보이지 않는다. 치료하지 않으면 이 두 성병을 유발하는 박테리아가 상부 생식관을 침범하여 남성의 경우 전립선염과 부고환염, (10) 여성의 경우 ______________를/을 유발할 수 있다. (11) ______________은/는 여러 단계를 거치며 치료하지 않고 방치하면 장기 손상과 사망을 초래할 수 있다. 이러한 유형의 성병은 일반적으로 (12) ______________(으)로 치료할 수 있다.

바이러스로 인한 성병은 일반적으로 바이러스가 정상적인 체세포 내부에 살기 때문에 치료가 불가능하다. 헤르페스는 성서 시대부터 존재해 왔으며 직접적인 (13) ______________ 대 ______________ 접촉에 의해 전염된다. 생식기 포진은 거의 항상 생식기 대 생식기 또는 구강 대 생식기 접촉에 의해 전염된다. 구강 포진은 일반적으로 보다 일상적인 접촉에 의해 퍼진다. 1차 공격 후, 많은 헤르페스 환자는 바이러스가 복제되고 배출될 때 (14) ______________ 공격을 경험한다.

바이러스는 적극적인 공격 중에 가장 쉽게 전염되지만 다른 시간에도 전염될 수 있다. 간염은 오염된 (16) _______________(A형 간염) 또는 감염된(17) _______________(B형 간염)과의 접촉으로 인해 발생할 수 있는 (15) _______________의 염증이다. 모든 B형 간염 사례의 절반 이상이 성적으로 전염된다. 매년 AIDS보다 C형 간염 합병증으로 더 많은 미국인이 사망한다.

생식기 및 항문 부위의 사마귀는 몇 가지 유형의 (18) _______________ 바이러스에 의해 발생한다.
다른 유형의 바이러스는 자궁경부암, 구강/인후암 및 음경암과 관련이 있다. 의사는 사마귀나 비정상적인 자궁 경부 세포를 제거하려고 시도할 수 있지만 바이러스를 직접 공격할 수는 없습니다. 따라서 많은 경우에 이 상태가 다시 나타난다.

AIDS는 (19)_______________에 의해 발생한다. HIV는 신체의 (21) _______________ 시스템의 중요한 부분인 백혈구인 (20) _______________(헬퍼 T라고도 함) 세포를 침범하여 파괴한다. HIV에 감염된 대부분의 사람들은 몇 년 동안 무증상 상태를 유지한다. 면역 체계가 너무 약해져서 개인의 생명이 위협받을 때까지는 HIV 감염을 AIDS라고 부르지 않는다. AIDS에 걸린 사람들은 결국 다양한 (22) _______________ 감염으로 사망한다. 약을 복용하지 않으면 HIV에 감염된 모든 사람의 약 절반이 (23) _______________년 이내에 AIDS에 걸린다. HIV는 유인원(인간이 아닌 영장류) 면역결핍 바이러스로부터 아프리카에서 시작되었다. (24) _______________에 의해 전염되고 감염된 (25) _______________에 노출된다. (26) _______________에 의해 전파되지 않는다. HIV 감염은 현재 전 세계적으로 최소 3,700만 명이 감염되어 있는 진정한 팬데믹이다. 전 세계적으로 대부분의 사례는 (27) _______________ 사이의 성행위에 의해 전파된다.

현재 치료법은 없지만 감염의 진행을 늦추는 항레트로바이러스제가 몇 가지 있다. 사면발이와 옴은 실제로 감염이 아니지만 (28) _______________. 사면발이는 음모에 붙어 피를 먹는다. 옴은 알을 낳기 위해 피부 아래에 숨어있는 진드기에 의해 발생한다.

질 감염에는 세 가지 일반적인 유형이 있다. (29) _______________는/은 성교 중에 전염되는 단세포 원생동물에 의해 발생한다. (30) _______________ 질염은 여성에게 매우 흔한 진균 또는 효모 감염이다. 질의 화학적 환경을 변화시키는 모든 것이 효모 감염을 유발할 수 있다. (31) _______________은/는 정상적인 과산화수소 생성 박테리아를 대체하는 여러 질내 박테리아에 의해 발생한다.

질 감염은 매우 흔하며 부끄러워할 필요가 없다. 성병은 무작위로 발생하지 않으며 박테리아나 바이러스에 노출된 사람들에게만 영향을 미친다. 안전한 성관계를 통해 성병에 감염될 가능성을 크게 줄일 수 있다. 이것은 두 가지 선택 중 하나를 선택하는 것을 의미한다. (1) 콘돔을 적절하고 일관되게 사용하거나 (2) 장기간 일부일처제 관계에 있다고 합리적으로 확신할 때까지 성관계를 삼가하시오.

자기진단 Self-Test

뒤의 정답 참조.

A. 참(T) 혹은 거짓(F)

T F 32. 과거에 성병에 걸린 적이 있는 사람은 그러한 유형의 성병에 다시 걸리지 않는다.
T F 33. 구순포진과 열성 수포는 헤르페스의 증상이다.
T F 34. 동성애는 AIDS의 원인 중 하나이다.
T F 35. 치료하지 않고 방치하면 임질이 매독으로 변할 수 있다.
T F 36. 효모 감염(단일질 질염)은 일반적으로 여성용 위생 용품을 사용하여 예방할 수 있다.
T F 37. 입에 구순포진이 있는 사람은 구강 성교 중에 파트너에게 생식기 포진을 일으킬 수 있다.
T F 38. 임질, 클라미디아, 매독은 이전에 감염된 개인이 사용했던 변기를 사용하는 사람들에 의해 종종 감염된다.
T F 39. 클라미디아는 임질보다 더 흔하다.
T F 40. 감염된 사람을 껴안거나 만지거나 가까이 있으면 HIV에 감염될 수 있다.
T F 41. 대다수의 여성은 임질이나 클라미디아의 초기 단계에서 어떠한 증상도 나타내지 않는다.
T F 42. 헤르페스는 때때로 항생제로 치료될 수 있다.
T F 43. 사람은 한 번에 한 가지 유형의 성병에만 감염될 수 있다.
T F 44. AIDS를 일으키는 바이러스인 HIV는 때때로 모기에 의해 퍼진다.
T F 45. 골반염증성 질환은 성관계 중 감염되지 않은 감

염으로 인해 발생할 수 있다.

T F 46. 콘돔은 일반적으로 인간 면역결핍 바이러스에 효과가 없다.

T F 47. 사면발이의 알은 수건이나 시트 위에서 며칠 동안 생존할 수 있다.

T F 48. 증상이 없는 사람도 임질, 클라미디아, 매독을 걱정할 필요가 없다.

T F 49. 여성만이 트리코모나스증과 모닐리아 감염에 걸릴 수 있다.

T F 50. 헤르페스는 acyclovir라는 약물로 치료할 수 있다.

T F 51. 자궁경부암을 유발하는 인유두종바이러스는 생식기 사마귀를 유발하는 바이러스와 동일하다.

T F 52. 지카 바이러스는 성교 중에 퍼질 수 있다.

T F 53. 재발성 헤르페스 발작은 일반적으로 첫 번째(일차) 발작보다 더 고통스럽고 오래 지속된다.

T F 54. 헤르페스는 미국에서 실명의 주요 전염성 원인이다.

T F 55. A형 간염은 대부분 비성적 수단으로 전염된다.

T F 56. 전 세계적으로 대부분의 HIV 감염(AIDS를 유발하는 바이러스 감염) 사례는 이성애자 간의 성관계로 인해 발생한다.

T F 57. 일반적으로 올해 에이즈에 걸린 사람들은 5~15년 전에 HIV에 감염된 사람들이다.

T F 58. 질 감염의 가능성을 최소화하기 위해 여성은 합성 섬유로 만든 팬티를 착용해야 한다.

T F 59. HIV에 걸린 사람들은 노출된 후 처음 60일 동안 전염성이 매우 높다.

T F 60. HIV/AIDS는 약물 요법이 HIV를 검출할 수 없는 수준으로 감소시킬 때 완치된 것으로 간주될 수 있다.

B. 짝짓기

증상

_____ 61. 고통스럽고 분화구 같은 염증

_____ 62. 전신에 가렵고 통증이 없는 발진

_____ 63. 고름 같은 분비물 및/또는 배뇨 중 작열감

_____ 64. 회백색의 다리가 6개인 기생충에 의한 심한 가려움증

_____ 65. 두껍고, 하얗고, 응고된 질 분비물 및 심한 가려움증

_____ 66. 식욕 부진, 피로, 감기와 독감의 느린 회복, 지속적인 효모 감염, 피부에 보라색 반점, 폐렴

_____ 67. 콜리플라워 같은 성장

_____ 68. 심한 복통 및 발열

_____ 69. 진주 진드기로 인한 피부 스케일링

_____ 70. 크고 궤양 같은 통증이 없는 궤양

_____ 71. 액체로 채워진 물집

_____ 72. 악취가 나는 다량의 거품이 있는 희끄무레한 질 분비물

_____ 73. 옥수수 알갱이로 가득 찬 작은 여드름처럼 보이는 사마귀 같은 성장

_____ 74. 가늘고 맑은 분비물과 요도의 자극

_____ 75. 피부와 눈의 황달 또는 노란색 기미

_____ 76. 피부와 뼈의 큰 궤양(gummas); 심장 및 신경계 손상

_____ 77. 방광의 염증 감염(또는 감염)

감염증

a. 연성 하감
b. 클라미디아
c. 임질
d. 간염
e. 수포진
f. HIV 감염(AIDS)
g. 연체 동물
h. 모닐리아증(효모 감염)
i. 골반 염증질환성
j. 초기 단계 매독
k. 방광염
l. 2기 매독
m. 개선충, 옴
n. 트리코모나스 증
o. 인유두종바이러스 감염
p. 말기 매독
q. 사면발이

C. 빈칸 채우기

78. 트리코모나스증, 사면발이, 옴은 모두 ____________에 의해 발생한다.
79. 여성의 경우 임질이나 클라미디아를 치료하지 않으면 ____________에 이를 수 있다.
80. ____________를/을 경험한 여성은 자궁경부암에 걸릴 위험이 높다.
81. 면역 체계를 손상시키는 성병을 ____________(이)라고 한다.
82. 트리코모나스증, 모닐리아증, 세균성 질염은 모두 ____________이다.
83. 성적으로 전염될 수 있는 바이러스성 간 감염은 ____________이다.
84. PID의 두 가지 심각한 결과는 ____________ 및 ____________ 이다.
85. 감염된 임산부로부터 태아에게 전염될 수 있는 3가지 성병은 ____________, ____________ 및 ____________ 이다.
86. ____________는/은 반복되는 헤르페스 발작을 일으키는 가장 흔한 것이다.
87. 임질과 클라미디아를 유발하는 박테리아는 ____________ 에 살고 있다.
88. 임균이 원인이 아닌 요도 염증을 ____________(이)라고 한다.
89. 항생제는 일반적으로 ____________ 감염을 유발한다.
90. ____________는/은 대장에 살고 있으며 성관계 중에 전염될 수 있지만 일반적으로 비성적인 수단을 통해 어린이에게 전염된다.
91. 임질 진단을 받은 많은 사람들이 ____________를/을 가지고 있는 것으로 밝혀졌다.
92. HIV는 ____________(이)라는 면역계 세포를 공격한다.
93. HIV에 걸린 사람들은 (언제) ____________ 에 가장 전염성이 있다.
94. ____________에 대한 가장 일반적인 AIDS 검사.
95. 임질, 클라미디아, 매독, 헤르페스, HPV 감염, HIV 감염, 트리코모나스증 – 이 감염 중 여성이 일반적으로 초기 단계에서 눈에 띄는 증상을 보이지 않는 감염은 무엇인가? ____________
96. 이전 질문에 나열된 감염 중 남성이 일반적으로 초기 단계에서 증상을 나타내지 않는 감염은 무엇인가? ____________
97. 성병을 피하는 가장 좋은 방법은 ____________, ____________ 이다.
98. 미국에서 가장 흔한 성병은 ____________ 이다

6장
산아제한/출산조절 Birth Control

미국은 십대들에게 피임법을 제공한다는 위험한 미신을 여전히 지지하는 유일한 서방 국가이다. . .젊은 나이에 성적으로 활발하게 만든다. 다른 국가에서는 피임 제품을 널리 광고하고 십대 임신 비율이 훨씬 낮다.

– 미국 소아과학회, 2010, p. 578

학습목표

이 장의 학습을 마치면 다음을 할 수 있어야 한다.

6.1 미국의 십대 임신 문제에 대해 논의하고 효과적인 피임 기술에 대한 전 세계의 필요성을 이해한다.

6.2 다양한 피임 인식 방법이 어떻게 작용하는지 설명한다.

6.3 다양한 피임 방법과 그 효과를 비교하고 대조한다.

6.4 피임약의 다양한 단기 호르몬 방법(피임약, 패치, 질 링)과 그것들이 어떻게 작용하는지, 그리고 그들의 잠재적인 부작용에 대해 설명한다.

6.5 응급피임이 어떻게 작동하는지 설명한다.

6.6 지속성 가역적 피임법(IUD 및 체내 이식)의 장점에 대해 논의한다.

6.7 다양한 불임 절차를 식별하고 그 장단점을 설명한다.

6.8 성병 예방에도 도움이 되는 피임법에 대해 논의한다.

6.9 사용된 방법과 낙태에 대한 찬성과 반론을 서술한다.

6.10 어떤 피임법이 당신에게 적합한지 결정한다.

세계인구 World Population

1700년 남태평양의 작은 섬에 난파된 두 쌍의 부부를 상상해 보라. 그 섬에는 적은 양의 담수와 약간의 동물이 있지만 포식자는 없으며 식용 식물과 농사에 적합한 작은 땅이 있다. 이 네 사람에게 섬은 유토피아이다. 각 부부는 가임력이 있고 4명의 자녀를 낳고(아마도 피임 없이 과소평가됨), 자녀는 차례로 10대 후반에 짝을 이루어 4쌍을 형성하고 각 부부에는 4명의 자녀가 더 있다. 따라서 각 세대에는 이전 세대보다 두 배 많은 사람들이 있게 된다. 우발적인 죽음이 없고 사람들이 65세까지 살았다면 1800년까지 적어도 224명의 사람들이 섬에 살고 있을 것이다. 그 사람들에게 섬은 더 이상 유토피아가 아니다. 동물은 모두 죽임을 당했고 식용 가능한 식물은 익은 지 며칠 만에 소비되었으며 이 정도의 인구를 부양할 농경지가 거의 없다. 설상가상으로 물 공급도 배급을 받아야 하고 인구는 계속해서 증가하고 있다. 곧 기아와 탈수로 인한 대규모 사망이 있을 것이다.

야생 동물 전문가들은 포식자가 없는 지역의 사슴 개체군에게 이런 일이 발생하는 것을 보는 것에 익숙하지만 이 시나리오가 인간에게는 너무 터무니 없는 것 아닌가? 세상은 정말 하나의 섬일 뿐이다. 우리는 물을 포함한 제한된 양의 천연 자원을 가지고 있다. 이 자원이 고갈되면 가상의 섬 주민들과 같은 상황에 처하게 된다. 세계 인구는 놀라운 속도로 증가해 왔으며(그림 6-1 참조) 현재는 서기 1년보다 25배 이상 증가했다. 1804년 약 10억 명에서 1987년 50억 명, 1999년 말 60억 명, 2011년 70억 명에 이르렀다. 유엔은 2100년 세계 인구가 112억 명에 이를 것으로 추산한다. 많은 전문가들이 예측한다. 이 세계 인구 폭발이 실질적으로 둔화되지 않는 한, 최종 결과는 광범위한 기아, 빈곤 및 정치적 불안정이 될 것이다. 이미 오늘날 태어난 아이들의 절반이 빈곤 수준에 있다. 다음은 *The Population Explosion*(1990)의 저자인 폴과 앤 에를리히(Anne Ehrlich)의 경고이다.

> 우리는 스스로를 속여서는 안 된다. 인구 폭발은 머지 않아 끝날 것이다. 남은 문제는 그것이 인간적인 산아제한 방식으로 중단될 것인지, 아니면 자연적으로 잉여를 없애버릴 것인지 여부다.

세계의 일부 지역에서는 대량 기아가 더 이상 가상이 아니라 이미 현실이다. 그것은 에티오피아, 소말리아, 그리고 아프리카의 다른 많은 지역과 아시아에서 일어나고 있다. 인도에서는 영아 살해(어린이, 특히 신생아 소녀 살해)가 드문 일이 아니다(Cohen, 2000). 엄청난 인구 과잉과 대량 기아의 위협 때문에 1980년에 중국 정부는 부부에게 한 명 이상의 자녀를 낳지 말라고 명령했다. 이 정책의 결과 중국의 출산율은 1970년 여성 1인당 약 6명의 자녀에서 약 1.8명의 자녀로 급격히 감소했다. 한 자녀 정책은 2013년에 부분적으로 종료되었다(Hesketh et al., 2015).

그림 6-1

세계 인구 증가. 20세기 초부터 세계 인구가 얼마나 빠르게 증가했는지 주목하시오.

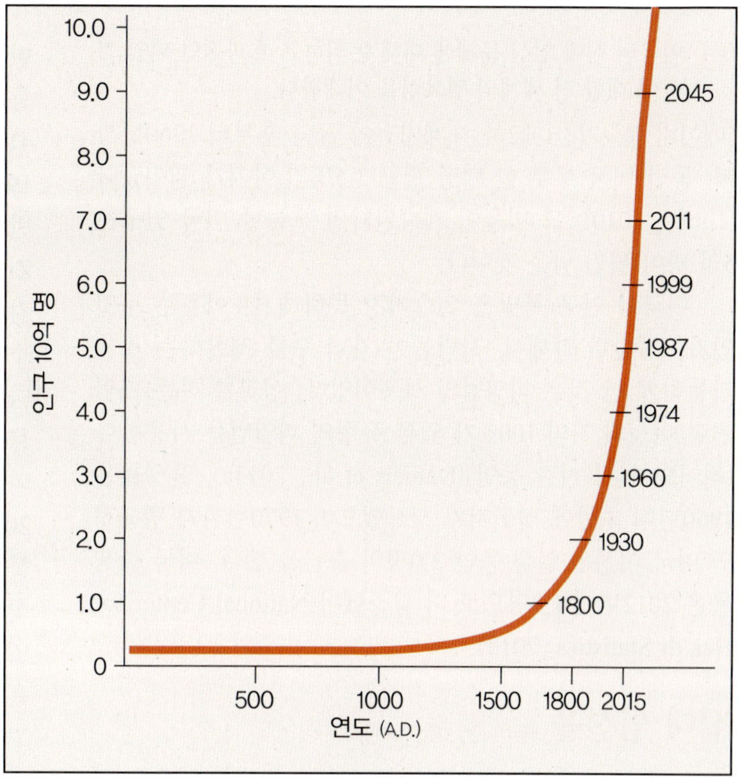

전 세계적으로 매년 약 2억 건의 임신이 발생하며 그 중 41%는 의도하지 않은 임신이다. 이러한 의도하지 않은 임신의 대부분은 개발도상국에서 여성이 현대식 피임법을 이용할 수 없기 때문에 발생한다(Darroch, 2013; Singh et al., 2010). 한편, 오늘날 전 세계적으로(매년) "가족 계획 프로그램은 계획되지 않은 출산 6천만 명과 낙태 1억 5백만 건을 포함하여 약 1억 8천7백만 건의 의도하지 않은 임신을 예방하고 약 270만 명의 유아 사망과 215,000명의 임신 관련 사망을 예방한다"(Amy & Tripathi, 2009, p. 563). 개발도상국에서 접근 가능한 피임법은 매년 5,400만 건의 의도하지 않은 임신을 방지할 수 있다(Darroch, 2013).

미국 출산율과 출산조절법
U.S. Births and Use of Birth Control

6.1 미국의 십대 임신 문제에 대해 논의하고 효과적인 피임 기술에 대한 전 세계의 필요성을 이해한다.

"베이비 붐" 기간(제2차 세계대전이 끝난 후부터 1960년까지) 동안 미국 부부 한 명당 평균 3.5명의 아기가 태어났다(Gibbs, 2010). 그 비율이 계속된다면 오늘날 미국 인구는 5억 명이 훨씬 넘을 것이다.

미국이 인구 폭발을 일으키지 못하게 한 이유는 무엇인가? 간단히 말해서, 사람들이 자녀 수를 제한하는 것을 가능하게 한 것은 피임법의 사용이었다. 성교를 하는 가임 연령 여성의 거의 100%가 일부 유형의 피임법을 사용한다(적어도 일정 기간 동안)(Daniels et al., 2013a). 출생률은 1960년대 초반에 떨어지기 시작했으며 1970년까지 평균적인 미국 여성은 일생 동안 2.0명의 출산을 했다. 미국 출생률은 2012년에 1.9명으로 더 감소했다(National Center for Health Statistics, 2013)

십대 임신율 Teenage Pregnancy Rate

미국 기혼 여성의 75% 이상이 피임을 하며, 그 결과 미국 여성이 첫 아이를 낳는 평균 연령은 23세이다(National Center for Health Statistics, 2013). 불행히도, 피임법의 일관된 사용은 분명 십대들 사이에서 흔하지 않다. 미국은 십대 임신율이 세계에서 가장 높은 선진국이다(Sedgh et al., 2015; **표 6-1** 참조).

표 6-1 선진국의 십대(15~19세) 임신 및 출산율(여성 1,000명당)

	임신율	출산율
United States	57	34
New Zealand	51	26
Russian Federation	49	26
England and Wales	47	21
Sweden	29	6
Canada	28	13
Spain	26	10
France	25	7
Finland	23	8
Norway	23	7
Israel	23	13
Denmark	21	5
Czech Republic	20	11
Netherland	14	5
Japan	13	4
Germany	9	5

출처: Data from G. Sedgh et al., (2015). Adolescent Pregnancy, Birth, and Abortion Rates across Countries: Levels and Recent Trends. *Journal of Adolescent Health*, 56, 223–230.

미국의 높은 십대 임신율은 1990년대 초반 이후 상당한 개선에도 불구하고 발생한다. 성교를 한 적이 있는 고등학생(모든 학년)의 비율은 1991년 54.1%에서 2015년 41.2%로 감소했다(Kann et al., 2016). 미국 십대 임신율도 1991년 이후 감소하기 시작했고 2013년에는 1991년의 절반(550,000명의 십대 임신)에 불과했다(Kost & Maddow-Zimet, 2016). 그 결과 십대 분만율이 2006년 이후 41% 감소했으며(Romero et al., 2016), 십대 낙태도 급격히 감소했다(Kost & Maddow-Zimet, 2016). 인종적 차이가 있다: 아프리카계 미국인 및 히스패닉계 십대의 임신 및 출생률은 백인 십대의 약 두 배이다. 이는 사회적, 경제적 지위와 관련이 있다(Harden et al., 2009; Kearney & Levine, 2012). 십대 임신은 소득이 낮거나 교육 수준이 낮은 사람들에게 훨씬 더 많이 발생한다. 따라서 아기를 가질 가능성이 가장 높은 십대 소녀들은 일반적으로 그들을 돌볼 준비가 가장 덜 된 소녀들, 즉 이미 빈곤 속에 살고 있고 교육적인 열망이 낮은 십대 소녀들이다. 십대 미혼모가 된다고 해서 직업 기술도 없고 교육도 거의 받지 못한 여성이 빈곤에 갇히게 되는 것은 아니지만 대부분은 조기 출산으로 인해 장기간의 어려움을 겪을 것이다.

미국의 모든 임신 중 약 45%가 의도하지 않은 임신으로 2008년의 51%에서 감소했다(Finer & Zolne, 2016). 의도하지 않은 임신을 한 여성의 3분의 1 이상이 의도하지 않은 임신을 다시 하고(Wildsmith et al., 2010), 십대에서 태어난 아기의 18% 이상이 이미 적어도 한 명의 자녀를 둔 소녀에게서 발생한다(Jayson, 2013).

지난 10년 동안 십대 임신이 감소한 원인은 무엇인가? 연구에 따르면 감소의 86%는 피임 사용 증가로 인한 것이고 14%만 금욕 증가로 인한 것으로 나타났다(Santelli et al., 2007). 성적으로 활발한 십대 중 여학생의 약 52%와 남학생의 61.5%가 마지막 성교 시 콘돔을 사용했다고 보고했으며, 18.2%는 피임약을 사용했다고 보고했다(Kann et al., 2016).

일부 사람들은 왜 **피임(contraception)**을 하지 않고 성관계를 갖는가? 가장 흔한 이유 중 일부는 임신할 수 없다는 생각과 방법적 어려움 및 부작용이다(Mosher et al., 2015). 십대들이 임신을 하지 않고 이미 피임을 하지 않은 성관계를 가졌다면, 그들은 다시 성관계를 가질 가능성이 높다. 결국, 그들은 임신할 수 없다고 느끼기 시작한다. 그

피임(Contraception) 임신 예방.

런 일은 그들에게 일어나지 않을 것이다.

> "나는 16살 때부터 섹스를 해왔다. 나는 다른 파트너들과 보호받지 못한 섹스를 해왔다. 나는 항상 내가 임신을 할 수 없다고 믿었다. 그것은 오직 나쁜 소녀들과 임신을 원했던 사람들에게만 일어났다. 몇 번의 늦은 월경과 걱정이 있었지만 피임을 시도하고 싶지는 않았다. 나는 임신 2개월이라는 것을 알았다. 나는 완전히 충격을 받았다."
>
> (저자의 파일에서)

십대와 젊은 성인 사이에서도 피임에 대한 무지가 일반적이다(Frost et al., 2012).

> "구급 대원으로서 나는 셀 수 없을 정도로 많은 아기의 분만을 도왔다. 한번은 '직장 출혈'을 가진 사람을 처치했다. 놀랍게도, 한 어린 소녀가 '직장에서 뭔가 나오고 있고 온몸에서 피가 나고 있다'고 말했다. 15세 소녀는 무서워서 죽을 지경이라고 했고, 여전히 속옷 차림으로 피를 흘리며, 다리 사이에는 큰 덩어리가 있었다. 소녀의 가족 중 그 누구도 이 15세 소녀가 임신했다고 할 만한 징후를 느끼지 못했다고 했다. 15살짜리한테는 무엇이 교육적인가? 이것이 정말로 우리가 우리 아이들에게 원하는 것인가, 아니면 인간의 성(Human Sexuality)과 같은 더 많은 수업의 기회를 제공하기를 원하는 것인가? 나는 후자에게 투표한다."
>
> (저자의 파일에서)

출산 조절에 대한 지배적 태도
Prevailing Attitudes Toward Birth Control

아마도 이 모든 것의 가장 불행한 부분은 매우 효과적인 산아제한 수단을 사용할 수 있는 시대에 십대와 젊은 성인의 높은 출생률이 계속 발생한다는 것이다. 항상 그런 것은 아니다. 빅토리아 시대에 성에 대한 지배적인 태도는 출산만을 위한 것이므로 피임을 반대하는 태도였다. 많은 주에서 피임 기구를 판매하거나 배포하는 것은 불법이었다(역사에 대해서는 Prescott, 2016 참조). 그 결과 여성들은 일반적으로 여러 명의 자녀를 낳고 다른 아이를 먹일 수 없을까 걱정하는 많은 가난한 여성들이 조잡하고 종종 스스로 시도한 낙태 과정에서 사망했다. 마거릿 생어(Margaret Sanger)(그림 6-2 참조)가 간호 경력을 포기하고 미국 산아제한연맹(나중에 가족계획연맹으로 변경됨)을 설립한 것은 1912년 이 가난한 연립 여성 중 한 명이 스스로 유발한 낙태 시도로 사망하는 것을 지켜본 결과였다. 개혁가들의 작업과 전반적인 여성의 역할에 대한 태도의 변화는 점차 영향을 미쳤다. 기혼 부부에게 피임 기구를 판매하는 것을 금지하는 마지막 주법은 1965년에 마침내 폐지되었으며(그리스월드 대 코네티컷 사건의 경우 미국 대법원 판결에 의해) 미혼자에게 피임 기구 판매를 금지하는 법률 1972년에 폐지되었다(*Eisenstadt v. Baird*). 그때까지 대중의 81%가 피임 정보의 가용성을 승인했다.

그림 6-2

산아제한 운동의 창시자인 마거릿 생어(Margaret Sanger)는 산아제한에 대해 말하는 것이 금지되어 있었기 때문에 1929년에 그녀는 자발적으로 입에 테이프를 붙이고 칠판에 그 주제에 대해 썼다.

출처: Bettmann/CORBIS

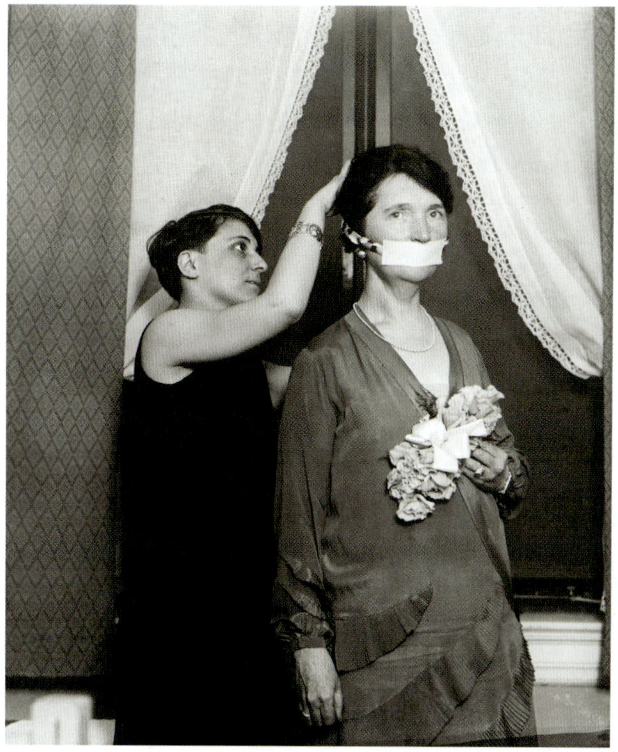

최근 수십 년 동안 가족 계획 프로그램은 많은 청년들에게 도움이 되었다. 예를 들어, 캘리포니아의 공공-민간 가족 계획 파트너십은 십대 임신을 크게 줄이고 주에서 수십억 달러를 절약했다(Darney, 2011). 무료 장기 가역 피임법(IUD 및 보형물)을 여성에게 제공함으로써 세인트루이스는 유사한 결과를 얻었다(Peipert et al., 2012).

개인적인 생각 Personal Reflections

현재 부모의 책임을 질 준비가 되어 있는가? 그 이유는 무엇인가? 당신이나 당신의 파트너가 임신했다면 당신의 삶은 어떻게 바뀌었을까(당신의 관계, 재정, 직업 목표 등을 고려하라)?

출산조절 방법 평가 Evaluating Birth Control Methods

모든 가임부부가 무방비 성관계(피임약, 콘돔, 페서리 등 없이)를 하고 매달[Fertility Awareness Methods(FAM)/Natural Birth Control(자연피임 없이)] 어느 때라도 성관계를 자제하지 않는다면, 약 85%가 1년 이내에 임신을 하게 된다(Trussell, 2011). 다양한 피임법의 효과를 판단하려면 특정 피임법을 사용하는 부부가 1년 동안 몇 쌍의 임신을 하게 될지 알아야 한다. 여기에 실제로 중요한 두 가지 수치가 있다: 완전 사용 임신율과 일반 사용 임신율이다.

특정 피임법의 경우 **완전 사용 임신율(perfectuse pregnancy rate)**은 해당 기술을 사용하는 모든 부부가 지속적으로 적절하게 사용하면 임신할 수 있는 부부의 비율이다. 모든 사람들이 방법을 일관되게 또는 적절하게 사용하는 것은 아니기 때문에 **일반 사용 임신율(typical-use pregnancy rate)**은 일반적으로 완전 사용률보다 높다. 예를 들어, 피임약은 매일 복용하도록 설계되었지만 모든 여성이 복용하는 것을 기억하는 것은 아니며 이로 인해 일부 임신이 발생한다. 배우게 될 모든 피임 기술이 전혀 사용하지 않는 것보다 낫지만 일부는 다른 것보다 더 효과적이다. 이상적으로, 임신을 연기하거나 예방하려는 부부는 피임 기술이 100% 효과적이기를 원한다(1년 내에 임신 0회). 일부 피임법은 이에 접근하지만 다른 피임법은 그렇지 않다.

완전 사용 임신율[Perfect-use (=efficacy 효능) pregnancy rate] 특정 산아제한 기술의 경우, 해당 기술을 적절하고 지속적으로 사용하는 부부가 사용한 첫해 동안 임신하는 비율이다.

일반 사용 임신율[Typical-use (=effectiveness, 유효성) pregnancy rate] 특정 산아제한 기술의 경우, 적절거나 또는 일관된 사용 여부에 관계없이 이 기술을 사용하는 모든 부부가 사용한 첫해 동안 임신하는 비율이다.

임신율은 거의 항상 이 기법을 사용하는 100쌍당 사용 첫해에 발생하는 임신 횟수로 표시된다(표 6-2 참조). 비록 우리가 그 전통을 따를 것이지만, 대부분의 사람들은 훨씬 더 오랜 기간 동안 피임법을 사용하기를 원한다. 사실, 평생에 두 아이만 낳고 싶은 여성의 경우 약 30년 이상 동안 어떤 종류의 피임법을 사용해야 한다.

부부가 선택한 피임법의 사용 첫해에 임신율이 5%인

표 6-2 연속 사용 첫해 동안 여성 100명당 임신 횟수

방법	완벽한 사용	일반적 사용	연중 지속 사용 비율
남성 불임	0.1	0.15	100
여성 불임	0.5	0.5	100
Nexplanon 피임칩 시술	0.05	0.05	84
Depo-Provera (3개월 주사) - 호르몬피임약	0.2	6	56
피임약 병용투여	0.3	9	67
Progestin 단독 피임약	0.3	9	67
OrthoEvra 패치	0.3	9	67
NuvaRing 질 링	0.3	9	67
IUD 자궁내 피임장치 (Paragard-비호르몬 구리 방식)	0.6	0.8	85
IUD 자궁내 피임장치 (Mirena-호르몬 방식)	0.2	0.2	85
남성콘돔(살정제 없이)	2	18	43
수유성 무월경법(6개월)	2	—	
여성 콘돔	5	21	41
Diaphragm(페서리, 살정제 없이)	6	12	57
경부캡(출산 경험 없는 여성용)	9.5	16	
피임 스펀지(출산 경험 없는 여성용)	9	12	
살정제 단독사용	18	28	42
금욕	4	22	46
가임기 인식			
달력법	9	24	
표준일	5	12	47
Billing법(자궁경부 점액법)	3	24	
증상체온법	0.4	13-20	
응급피임법			
Plan B(사후피임약)		50	
Ella(사후피임약)		35	
구리 IUD 자궁내 피임장치		0.1	
방법 없음	85	85	

출처: From Trussell, J. "Contraceptive Efficacy." In Hatcher, R. A., J. Trussell, A. L. Nelson, W. Cates, D. Kowal, and M. S. Policar. *Contraceptive Technology*, 20th Revised Edition. Copyright © 2011 Ardent Media. Reprinted with permission.

경우 훨씬 더 오랜 기간 동안 이 기술을 계속 사용하면 계획되지 않은 임신의 가능성이 얼마나 될까? 10년 임신율은 23%(이 기간이 끝날 때까지 위험도가 0으로 감소할 것이라고 가정)와 40%(위험이 일정하게 유지된다고 가정) 사이이다(Ross, 1989). 첫해 임신율이 10%인 피임법의 경우 10년 임신율은 40%에서 66% 사이이다. 우리가 고려할 피임법 중 일부는 첫해 임신율이 20%이다. 10년 동안 이러한 기술을 사용하는 동안 계획되지 않은 임신을 할 확률은 67%에서 90% 사이이다. 따라서 피임법이 계획되지 않은 임신의 수를 줄이는 반면, 대부분은 장기간에 걸쳐 100% 효과를 발휘하지 못한다.

피임법을 평가할 때 우리는 그 효과 이상을 살펴보아야 한다. 일부 기술은 다른 것보다 인구의 특정 하위 그룹에 더 적합하다. 피임약은 매우 효과적이지만 예를 들어 심혈관 문제가 있는 여성에게는 권장되지 않는다. 어떤 사람들은 단지 임신을 연기하기를 원하기 때문에 가역적 기법(즉, 언제든지 중단할 수 있는 기법)이 필요한 반면, 어떤 사람들은 더 이상의 임신을 완전히 방지하고 장기간 작용하는 기법이 필요하다. 자발성 및 미학과 같은 요소가 때때로 역할을 하며 일부 사람들은 성병에 대한 동시 보호를 찾을 수 있다. 많은 경우에 종교적 신념을 고려해야 한다. 각 기술에 대해 가능한 한 많은 정보를 장단점으로 제공하여 피임법을 사용하기로 결정할 때 어떤 방법이 가장 적합한지 결정할 수 있다

개인적인 생각 Personal Reflections

성관계를 하고 있다면 피임은 어떻게 하는가?

피임의 미신과 상대적으로 비효율적인 피임 방법 Contraceptive Myths and Relatively Ineffective Methods

다음 섹션에서는 여러 피임 미신와 상대적으로 비효율적인 피임 방법에 대해 설명한다.

피임 미신 Contraceptive Myths

> "고등학생 때 남자가 Mountain Dew나 Surge의 차가운 음료를 마시면 정자 수가 적어서 섹스를 해도 여자가 임신하지 못한다고 들었다."
>
> "얼마 전 청량 음료 Surge가 남성을 불임으로 만들었다고 들었다. 그래서 그가 섹스 전에 한 잔을 마셨다면 정자 수가 거의 0이 될 것이다."
>
> (모든 예제는 작성자의 파일에서 가져옴)

십대들은 종종 친구와 잠재적인 파트너로부터 피임에 대한 잘못된 정보를 많이 받는다. 일부 정보는 너무 정확하지 않아 미신으로 간주될 수 있다. 예를 들어, 남성이 성관계를 하기 전에 마운틴 듀를 마시면 정자 수가 감소하거나 여성이 나중에 코카콜라나 얼음물로 질 세척을 하면 임신이 되지 않는다는 말을 들어본 적이 있을 것이다. "첫 성관계는 임신할 수 없다" 또는 "키스를 하지 않으면 임신할 수 없다"는 말을 들어본 사람이 얼마나 되는가? 글쎄 이 이야기들은 사실이 아니다. 여자는 월경 주기가 시작되자마자 생식을 할 수 있다(미국에서 첫 번째 월경 기간은 평균 연령 12 1/2). 이것은 그녀가 배란, 즉 난자를 생산하고 있다는 증거이다. 여러분 중 일부는 여성이 위에 있거나 서서 성관계를 하면 (중력 때문에) 임신할 수 없다는 말을 들었을지 모르지만 이 말 또한 사실이 아니다. 또한 여성이 임신하기 위해 성관계 중 오르가즘을 느껴야 한다는 것도 사실이 아니다. 의심할 여지 없이 당신이 들은 다른 이야기가 있지만, 그것들이 장의 나머지 부분에 포함되지 않는 한 (즉, 사실에 근거가 있는 경우), 가능성은 그것들이 사실이 아닐 것이다.

상대적으로 비효율적인 피임 방법 Relatively Ineffective Methods

젊은 사람들이 임신을 방지하기 위해 시도하는 가장 선호되는 방법 중 하나는 **질외사정(withdrawal, coitus interruptus)**이다. 남성은 오르가즘에 도달하기 직전에 음경을 빼내고 파트너의 질 밖으로 사정한다. 성적으로 활발한 여성의 절반 이상이 다양한 이유로 적어도 한 번은 질외사정을 사용했다(Daniels et al., 2013a)(Arteaga & Gomez, 2016). 남자가 여자의 질에 사정하지 않으면 거기에 정자가 없어야 하기 때문에 논리적으로 들린다. 쿠퍼샘은 남성이 오르가즘에 도달하기 전에 몇 방울의 체액을 분비한다. 체액에는 정자가 있어도 정자가 거의 포함되어 있지 않으며(Kowal, 2011), 실제로 완전 사용 임신율은 첫해에 4%이다. 진짜 문제는 많은 남성이 사정하기 전에 항상 철회하지 않는다는 것이다. 따라서 연구에 따르면 금단의 방법을 사용하는 여성 100명 중 약 22명이 사용 첫해 내에 임신을 한다.

질외사정/성교중단법[Withdrawal (coitus interruptus)] 임신을 피하기 위해 사정하기 전에 파트너의 질에서 남성의 성기를 빼내는 것.

> "내 전 남자친구는 질외사정/성교중단법을 하면 여자가 임신하지 않을 거라고 생각했다. 그는 현재 여자친구가 임신했다는 사실을 알고 충격을 받았다. 그는 사정하지 않았기 때문에 아버지가 될 수 없다고 주장했다."
>
> (저자의 파일에서)

질외사정/성교중단은 아무것도 하지 않는 것보다 낫지만 대부분의 피임법에 비해 상대적으로 비효율적이다.

일부 여성들은 **질 세척(douching)**이 효과적인 피임 방법이라고 믿는다.

> "섹스 직후에 목욕을 하거나 화장실을 사용하면 정자가 제거되고 임신이 되지 않는다는 말을 들었다."
>
> (저자의 파일에서)

다시 말하지만 논리적으로 들린다. 질의 내용물을 씻어내면 정자가 없어야 한다. 문제는 여성이 성교 후 아무리 빨리 질을 씻어도 일부 정자가 이미 자궁경부에 들어갈 수 있다는 것이다. 사실, 질 세척으로 인한 압력은 실제로 정자를 자궁경부 구멍으로 밀어넣을 수 있다. 질 세척을 유일한 피임 수단으로 사용하는 부부 100쌍 중 40쌍 이상이 1년 안에 임신하게 된다.

금욕주의 성교육

Abstinence-Only Sex Education

원치 않는 임신을 피하는 가장 효과적인 방법은 성교를 삼가는 것이다. 금욕은 개인적인 선택일 때 잘 작동한다. 이 결정을 내리는 사람은 임신이나 임신에 대해 100% 걱정할 필요가 없다.

금욕만을 피임으로 가르치는 성교육 프로그램은 어떨까? 1998년부터 2016년까지 미국 정부는 금욕 전용 프로그램을 가르치기 위해 주에 16억 달러 이상을 제공했다. 그 결과, 피임에 관한 정규 교육을 받는 십대의 비율이 크게 감소했다(Lindberg et al., 2016). 금욕만 하는 접근법은 계획되지 않은 임신이 큰 문제이고 도덕적 수준의 저하가 문제의 원인이라고 믿는 사람들에게 인기가 있다. 그러나 이러한 프로그램은 얼마나 효과적일까? 연구에 따르면 모든 행동 변화는 일반적으로 단기적이다(Brückner & Bearman, 2005). 의회에서 승인한 연구에 따르면 금욕만 하는 프로그램은 장기적인 효과가 없는 것으로 나타났다(Trenholm et al., 2007; 1장 참조). 사실, 금욕 코스만 수강하는 십대들은 성관계를 가질 때 콘돔을 사용할 가능성이 적고 임신할 가능성이 더 높다(Kohler et al., 2008; Lindberg & Maddow-Zimet, 2012; Stranger-Hall & Hall, 2011). 요컨대, 공공 정책으로서의 금욕만으로는 성공하지 못했다.

반면에 금욕과 피임을 가르치는 "금욕 플러스" 프로그램은 종종 십대 임신율을 줄이는 데 매우 효과적인 것으로 입증되었다(예: National Institutes of Health, 1997; 1장 참조). 다른 나라와의 비교는 여기에서 도움이 될 수 있다. 예를 들어, 덴마크는 학교에서 포괄적인 성교육을 실시한다. 덴마크 십대들은 미국 십대와 같은 나이에(절반이 17세) 성생활을 하게 되지만 대다수가 피임법을 사용하며 덴마크의 십대 출생률은 세계에서 가장 낮은 수준에 속한다(표 6-1 참조).

수유성 무월경법

Lactational Amenorrhea Method

모유 수유는 "자연의 피임법"이라고 불려왔다. 이것에는 약간의 진실이 있다. 실제로 출산 후 일시적인 피임법으로 모유수유를 하는 것이 **수유성 무월경법(lactational amenorrhea method)**으로 알려지게 되었다. 아기가 엄마의 유두를 빠는 반응은 뇌하수체에서 FSH와 LH의 방출을 억제하여 정상적인 월경 주기와 배란을 방지한다. 현대의 피임법이 도입되기 전에는 모유 수유가 임신 간격의 길이를 결정하는 주요 요인이었으며 여전히 많은 국가에서 시행되고 있다. 산모가 완전히 모유 수유 중이고(젖병 없음) 월경 중이 아닌 경우 첫 6개월 동안의 임신 가능성은 2% 미만이다(Amy & Tripathi, 2009; Kennedy & Trussell, 2011). 여성이 6개월 이상 모유 수유를 계속하면 배란 위험이 빠르게 증가한다. 따라서 수유기 무월경법은 사실상 피임법이 아니라 임신을 잠시 미루는 방법이다.

임신 인지: 배란기 중 성교 금지

Fertility Awareness: Abstaining from Sex During Ovulation

6.2 다양한 피임 인식 방법이 어떻게 작용하는지 설명한다.

가임기인지법(fertility awareness method, 리듬 방법 또는 자연적 가족 계획이라고도 함)은 종교적 믿음 때문에 많은 사람들이 받아들일 수 있는 유일한 방법일 수 있다. 예

수유성 무월경법/모유 수유[Lactational amenorrhea method (breast-feeding)] 피임과 관련하여 아기가 엄마의 젖꼭지를 빨면 난포 자극 호르몬의 방출을 억제하여 배란을 방지한다.

가임기인지법(Fertility awareness methods) 여성의 배란 동안 부부가 성교를 삼가도록 하여 임신을 방지하려는 피임 방법.

를 들어, 이것들은 가톨릭 교회와 일부 복음주의 개신교 교단에서 반대하지 않는 유일한 피임 방법이다. **불임 인식은 배란이 언제 발생하는지 예측하는 것을 기반으로 한다.** 이 방법에는 여러 가지 변형이 있으며 그 중 4가지를 소개한다.

여성은 배란 후 첫 24시간 이내에 정자가 존재할 때만 임신을 할 수 있다. 그 후 난자는 지나치게 성숙하고(퇴행하고) 정자가 수정하지 못한다. 불임 인식 방법에는 여성의 월경 주기에서 "안전한 날"을 식별하고 "안전하지 않은 날" 동안 성관계를 금하는 것이 포함된다. 어느 날이 "안전"한가?

정자는 나팔관에서 며칠 동안 살 수 있다. 대부분은 3일 이상 살지 않지만 일부는 5일까지 살 수 있다. Wilcox, Weinberg, and Baird(1995)는 (배란일과 관련하여) 다음과 같은 수태 확률을 계산했다.

날	가능성
−5	0.10
−4	0.16
−3	0.14
−2	0.27
−1	0.31
0 (배란일)	0.33

완벽한 주기가 28일인 여성의 경우 배란은 주기 중이다. 문제는 매달 같은 길이의 주기를 갖는 여성이 거의 없다는 것이다. 여성의 주기는 시간이 지남에 따라 며칠씩 차이가 나는 것은 정상이다. 여성의 적어도 절반은 길이가 7일 이상 변하는 주기를 가지고 있다(Harlow & Ephross, 1995; Shulman, 2011). 여성의 약 1.5%는 생리 주기가 21일 미만이거나 35일 이상이다. 모든 출산율 인식 방법은 이러한 변동성을 고려해야 한다. 많은 젊은 여성들은 1년에 10회 이하의 월경을 한다. **규칙적인 월경 주기가 없는 여성이 다음 기술을 사용하는 것은 거의 불가능하다.**

달력법과 표준요일법

Calendar Method and Standard Days Method

여성이 이 방법을 사용하기 위해 가장 먼저 해야 할 일은 최소 6주기 동안 월경 주기의 길이를 추적하는 것이다(많을수록 좋다). 10번의 주기를 추적한 여성이 평균 주기 길이가 28일이지만 그녀의 주기는 24일이고 다른 주기는 32일이라는 가상의 예를 들어 보겠다. **달력법(calendar method)**은 공식을 사용하여 안전하지 않은 기간을 계산한다. 가장 짧은 주기의 길이에서 18을 빼고(24 − 18 = 6) 가장 긴 주기의 길이에서 11을 뺀다(32 − 11 = 21). 따라서 안전하지 않은 기간은 6일부터 21일까지이다(1일이 월경의 시작이라고 말하는 3장에서 설명된 번호 체계에 따라). 이것은 여성과 파트너가 성교를 삼가야 하는 2주 이상의 기간이다. 여성의 생리 기간이 24일보다 짧거나 32일보다 길었다면 금욕 기간은 훨씬 더 길어졌을 것이다.

달력법은 신뢰할 수 없는 것으로 입증되었으며 대부분의 연구에서 연간 약 13%에서 24%의 일반적인 사용 실패율을 보고했다(Jennings & Burke, 2011). 그러나 일반적으로 월경 주기가 26~32일인 여성의 완전 사용 임신율은 훨씬 더 낮다. 주기가 거의 항상 이러한 한계 내에 있다면 8~19일 동안 보호되지 않은 성교를 피하면 임신율이 5%로 감소한다(일반적인 임신율은 12%임)(Jennings & Burke, 2011; Trussell, 2011). 이것을 **표준요일법(Standard Days Method)**이라고 한다. 32개의 색상으로 구분된 구슬로 구성된 *Cyclebeads*는 표준요일법을 사용하는 여성이 가임일을 추적하는 데 도움이 된다(그림 6-3 참조). 여성들은 하루에 하나의 구슬 위에 검은 고무 링을 움직인다. 어두운 구슬은 낮은 임신 위험을 나타내고 12개의 흰색 구슬은 높은 위험을 나타낸다. 그러나 이 방법이

그림 6-3

사이클 비드(cyclebeads, 월경 주기 구슬)는 일반적으로 26일에서 32일의 생리 주기를 가진 여성들이 사용한다. 흰 구슬은 위험도가 높은 날을 나타낸다.

출처: Photo Courtesy of Cycle Technologies, Inc.

달력법(Calendar method) 수학 공식을 사용하여 여성의 가임 기간을 결정하려고 시도하는 출산 의식 피임 방법.

표준요일법(Standard Days Method) 일반적으로 월경 주기가 26~32일인 여성을 위한 피임법.

실패하는 데 필요한 것은 이전에 관찰된 것보다 짧거나 긴 한 주기 뿐이다.

배란 시간을 더 잘 식별하기 위해 생물학적 마커를 사용하는 가임력 인식 방법에는 두 가지 변형이 있다.

빌링스법(경부 점액 또는 배란법)
Billings Method (Cervical Mucus or Ovulation Method)

오늘날 가장 널리 사용되는 불임 인식 방법은 **빌링스법(Billings method)**으로, 여성의 **자궁경부 점액(cervical mucus)**의 농도 변화를 관찰하여 배란 시기를 정확히 찾아내려고 한다. 그것은 그것을 개발한 두 명의 호주 의사의 이름을 따서 명명되었다(Billings et al., 1974). 점액은 여성의 월경 주기 동안 자궁경부에서 배출되며 배란 1~2일 전에 흰색(또는 흐림) 및 끈적거림에서 투명하고 미끄럽고 신축성 있는(난백자처럼) 모양이 바뀐다. 일반적으로 여성은 손가락 검사, 즉 질에 손가락을 넣은 다음 점액을 검사하여 이러한 변화를 알아차린다. 부부는 월경이 끝날 때부터 점액의 농도가 변한 후 4일까지 성교를 삼가도록 지시한다.

이론적으로 빌링스법의 임신율은 3%에 불과하지만 일반 사용 임신율은 훨씬 높다. 대부분의 연구에서는 이 방법을 사용하는 부부 100쌍당 연간 약 22~24명의 임신을 발견했다(Jennings & Burke, 2011; Trussell, 2011).

증상 발열법 Symptothermal Method

이 방법은 빌링스 자궁경부 점액법과 **기초(휴식) 체온**[*basal (resting) body temperature*, BBT] 측정을 결합한다. 여성의 BBT는 배란시기에 최소 1.8도씩 상승하고 최소 10일 동안 유지된다(Jennings & Burke, 2011). BBT는 매일 같은 시간에, 가급적이면 아침에 가장 먼저 복용해야 한다. BBT가 상승하고 3일 동안 높은 상태를 유지하면 여성은 배란이 발생했으며 다시 불임이라고 결론을 내릴 수 있다. 따라서 빌링스법(자궁경부 분비물)은 배란이 시작되는 시점을 알려주는 데 사용되며 BBT 방법은 가임 기간이 끝나는 시점을 알려주는 데 사용된다. 완벽하게 사용할 경우 임신율은 0.4%이지만 일반적인 사용은 13~20%이다(Jennings & Burke, 2011; Trussell, 2011).

빌링스법(Billings method) 자궁경부 점액의 농도와 양의 변화를 사용하여 배란이 발생한 시기를 알려주는 출산 조절의 가임기 인지법

자궁경부 점액(Cervical mucus) 자궁경부 내부에 위치한 점막의 끈적한 분비물.

증상 발열법(Symptothermal method) 기초 체온 측정과 빌링스법의 조합.

결론 Conclusions

완전 사용률은 훨씬 낮지만 다양한 출산율 인식 방법에 대한 일반 사용 임신율이 높은 이유는 무엇인가? 아마도 이 기술은 가임기(모든 가임 의식 방법의 평균 금욕 기간은 주기당 12~17일) 동안 금욕을 하기 위해 많은 훈련과 높은 수준의 동기를 필요로 하기 때문일 것이다. 실제로 대부분의 임신은 규칙에서 의식적으로 이탈한 결과이다. 그러나 자궁경부 점액의 변화를 기반으로 한 모든 방법의 또 다른 문제는 폐경기에 접어든 젊은 여성과 여성의 1/3 정도가 전형적인 점액 패턴을 갖고 있지 않다는 것이다. 당연히 가임 연령의 미국 여성 중 약 18%만이 2006년에서 2010년 사이에 피임법을 위해 불임 의식을 사용했으며 현재는 1% 미만이 사용하고 있다(Daniels et al., 2013a, 2015).

차단법: 난자에 접촉하는 정자 방지
Barrier Methods: Preventing Sperm from Meeting the Egg

6.3 다양한 피임 방법과 그 효과를 비교하고 대조한다.

장벽(차단) 방법[barrier (blockade) methods]은 배란이 발생한 경우 정자가 난자에 도달할 수 없도록 음경과 질/경부 사이를 차단하여 임신을 방지하도록 고안되었다. 따라서 이러한 방법은 성관계를 금할 것을 요구하지 않지만, 중지하고 무언가를 넣거나 넣도록 요구함으로써 성관계의 자발성을 방해할 수 있다.

남성 콘돔 Male Condoms

콘돔(condoms, "고무신", "금고" 또는 예방)은 라텍스 고무, 양 내장, 폴리우레탄 또는 합성 엘라스토머로 만든 얇은 덮개로 음경에 딱 맞아 정자를 가둔다. 미국에서 판매되는 콘돔의 80% 이상이 고무로 만들어져 있다. 고무 콘돔은 남성의 막과 파트너의 막 사이의 장벽 역할을 하기 때문에 **HIV 및 HPV를 포함한 많은 성병의 확산을 예방하는 데 매우 효과적이다**(National Institutes of Health Consensus Report, 질병 통제 및 예방 사실 자료—Cates, 2003; Warner & Steiner, 2011 참조). (양 창자로 만든 콘돔은 바

장벽(차단) 방법[Barrier (blockade) method] 정자의 통과를 차단하는 피임 방법의 총칭.

콘돔(Condom) 남성의 경우 라텍스 고무, 양창자 또는 폴리우레탄으로 만든 얇은 덮개로 음경에 딱 맞다. 여성의 경우 두 개의 유연한 링으로 고정된 질 내 주머니. 콘돔은 피임 및 성병 예방에 효과적이다.

그림 6-4
콘돔 사용법.

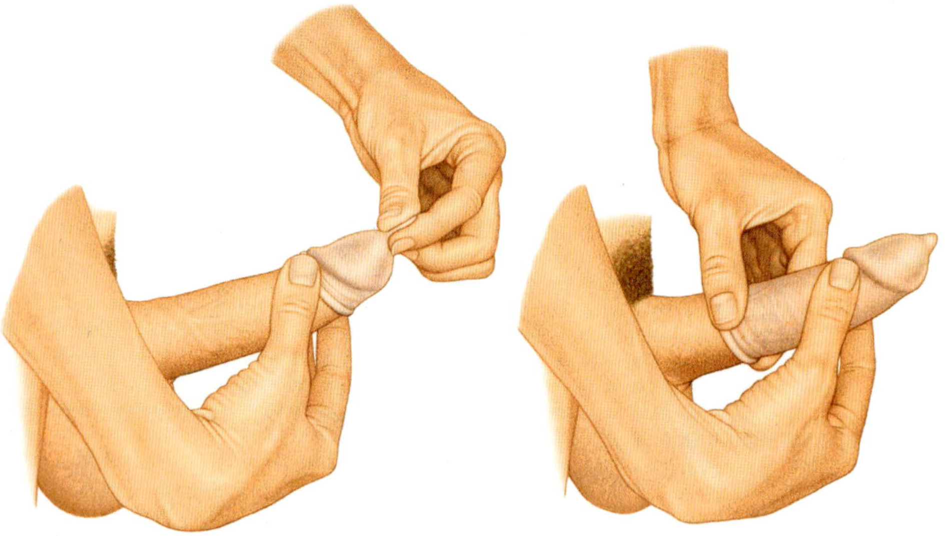

이러스의 확산을 막지 못한다.) 사실 콘돔은 원래 1500년대에 이러한 목적으로 발명되었다. 1761년에 프랑스 작가는 콘돔을 "사랑에 대항하는 갑옷, 감염에 대항하는 거미줄"이라고 묘사했다.

오늘날의 콘돔은 말리거나 건조되거나 윤활 처리되어 다양한 크기, 모양 및 색상으로 제공된다. 그들은 주요 건강 위험을 나타내지 않으며 처방전 없이 사용할 수 있다. 기억해야 할 몇 가지 간단한 규칙이 있다.

1. 성교를 시작하기 전에 콘돔을 착용하시오. 이것은 성병으로부터 자신을 보호하는 데 중요하다. 음경에 펴시오. 양말처럼 잡아당기려고 하지 마시오(그림 6-4 참조). 콘돔에 유두 끝이 없으면 음경 끝에 약간의 여유 공간을 남겨 사정을 잡는다.
2. 끝나면 콘돔 바닥을 잡고 빼시오. 그렇지 않으면 여성의 질에 내용물을 남길 수 있다.
3. 콘돔은 한 번만 사용하시오. 성관계를 하는 동안 한 번 이상 성교를 했다면 매번 새 콘돔을 사용하시오. 콘돔을 재사용하려고 하면 결국 찢어진다.
4. 유효기간을 확인하시오. 고무 콘돔을 따뜻한 장소(지갑 등)나 빛에 노출되는 곳에 장기간 보관하지 마시오. 이것은 결국 그들을 악화시킬 것이다. 서늘하고 어둡고 건조한 곳에 보관하시오. 또한 고무 콘돔을 미네랄 오일, 베이비 오일, 식물성 오일, 핸드 로션, 바셀린 또는 기타 바셀린 젤리와 함께 사용하면 손상될 수 있으므로 사용하지 마시오.

"최근 성적인 경험을 하는 동안 내 파트너와 나는 콘돔과 함께 윤활을 위해 멋진 '목욕탕 및 바디 매장' 중 하나에서 오일을 사용했다. 성관계 도중 콘돔이 터졌다."

(저자의 파일에서)

윤활제가 필요한 경우 K-Y Jelly와 같은 수성 윤활제를 사용한다. "수성"과 "수용성"을 혼동하지 마시오. (폴리우레탄 콘돔은 유성 윤활제와 함께 사용할 수 있다.) 일부 콘돔은 살정제와 함께 판매되지만 살정제의 양이 너무 적어서 다른 윤활 처리된 콘돔에 비해 더 효과적이지 않다(Warner & Steiner, 2011).

이 아주 간단한 지침을 따르면 완전 사용 임신율은 약 2%에 불과하다. 그러나 일반적인 사용률은 연간 100쌍당 약 18건의 임신이다(Warner & Steiner, 2011). 꼭 맞는 콘돔을 사용하시오. 그렇지 않으면 파손이나 미끄러짐이 발생할 수 있다(Crosby et al., 2010). 여러 연구에 따르면 인간이 사용하는 동안 파손율은 질 성교 중에 약 2%이지만 항문 성교 중에는 더 높을 수 있다. 콘돔의 미끄러짐은 또 다른 2%의 사례에서 발생한다(Warner & Steiner, 2011). 그러나 가장 큰 문제는 일관성 없는 사용이다.

콘돔 사용은 최근 몇 년 동안 극적으로 증가했다. 사실, 가임 연령의 더 많은 미국 여성이 피임약(82%)을 사용한 것보다 콘돔(93%)에 의존한 적이 있다(Daniels et al., 2013a). 그러나 현재 피임을 사용하는 15~44세 여성의 약 15%만이 콘돔에 의존한다(Daniels et al., 2015). 연구에 따르면 많은 미혼 남성이 콘돔을 사용하지 않는 것으로 나타났다(Fortenberry et al., 2010; Reece et al., 2010c). 콘돔이 임신과 성병 예방에 그렇게 효과적이라면 왜 성생활을 하는 모든 남성이 지속적으로 콘돔을 사용하지 않는가? 다음은 우리 반의 여성이 남성이 콘돔을 사용하지 않기 위해 일반적으로 사용하는 몇 가지 문구이다(Oncale & King, 2001).

> "네 안에 들어가지 않겠다고 약속할게."
>
> "내가 미치기 전에 뽑을게."
>
> "같은 느낌이 아니야."
>
> "그것을 끼고 아무것도 느낄 수 없다."
>
> "나는 질병이 없어."
>
> "당신이 다른 사람과 섹스를 하고 있지 않다면 내가 왜 그것을 사용해야 하나? 당신이 나를 믿으면, 당신은 나를 사용하지 않을 것이다."

콘돔을 사용해 보기 전에 대부분의 남성은 콘돔이 감수성과 성적 쾌감을 감소시킨다는 말을 많이 들었다. 많은 남성들이 콘돔(및 기타 안전한 섹스 제품)에 대한 부정적인 태도 때문에 실제로 각성(성적 흥분)을 잃는다(Warner & Steiner, 2011). 그들의 선입견은 아마도 문제를 과장했을 것이다. 콘돔은 남성의 감도를 감소시키지만 약간만 감소시킨다. 사실, 전국적으로 대표되는 설문조사에 따르면 콘돔을 사용하는 남성은 사용하지 않는 남성과 마찬가지로 자신의 성적 경험을 긍정적으로 평가한다(Herbenick et al., 2013). 컨슈머 리포트(*Consumer Reports*, 1989)는 많은 남성들이 성을 더 오래 지속시키기 때문에 감소된 민감도를 긍정적인 것으로 여긴다는 사실을 발견했다.

어떤 사람들은 고무 알레르기가 있다고 불평한다. 남성과 여성의 약 1~3%가 알레르기가 있지만 일부 콘돔은 천연 동물조직이나 폴리우레탄으로 만들어진다. 또 어떤 사람들은 성관계를 중간에 멈추고 콘돔을 끼는 것이 성가신 일이라고 자발성 상실에 대해 불평한다. 콘돔을 끼는 데 얼마나 걸릴까? 답은 단 몇 초이다. 콘돔을 착용하지 않는 이러한 이유는 많은 경우 단순한 핑계이다. 많은 남성들이 콘돔을 사용하지 않는 진짜 이유는 가게에 가서 콘돔을 사는 것이 너무 창피하기 때문이다(Bell, 2009).

> "고등학교 때는 나는 사실 콘돔 사기가 부끄러웠다. 나는 화장실에 설치된 자판기에서만 콘돔을 샀다. 아마도 쉽게 구할 수 있다면 더 많은 십대들이 콘돔을 살 것이다."
>
> (저자의 파일에서)

우리 반의 몇몇 여학생들은 파트너에게 콘돔을 사용하지 말라고 이야기했지만 대다수는 파트너에게 콘돔을 사용하도록 이야기해야 한다고 말했다. 다음은 여성이 남성 파트너가 콘돔을 사용하도록 하는 데 성공적으로 사용했다고 말하는 몇 가지 내용이다(Oncale & King, 2001).

> "콘돔 없이 섹스도 하지마."
>
> "콘돔을 사용하지 않기로 결정했다면 나와 섹스하지 않기로 결정한 것이다."
>
> "사용하지 않으면 아무것도 얻을 수 없다."
>
> "내가 너를 믿지 않는다는 것이 아니다. 나는 네가 누구와 함께 있었는지 믿지 않는다."
>
> "방망이를 든 선수가 글러브를 착용할 때까지 야구장에서는 어떤 행동도 할 수 없다."

콘돔은 임신을 예방하기 위한 목적이 아닌 다른 목적으로 사용된다는 것을 기억하시오. 당신이 성적으로 활발하고 시간이 지남에 따라 여러 파트너가 있거나 파트너가 여러 파트너를 가졌거나 정맥 주사 약물 사용자인 경우, 당신은 성병에 걸릴 위험이 높은 범주에 속하므로 콘돔을 사용해야 한다(추가 정보는 상자 6-A 참조).

개인적인 생각 Personal Reflections

피임에 대한 책임은 누구에게 있는가? 너의 책임인가? 아니면 너의 파트너인가? 왜? 그것이 네 파트너의 책임이라고 답했다면, 너는 성행위의 결과에 대한 책임을 공유한다고 생각하는가?

여성용 콘돔 The Female Condom

여성용 콘돔(female condom)이라고 하는 것은 실제로 질 내 주머니이다. 이 주머니는 두 개의 유연한 고리로 질 내부에 고정되어 있는 7인치(약 18 cm) 길이의 주머니이다(그림 6–5 참조). 여성은 페서리를 하듯이 폐쇄형 링을 자궁경부에 손가락으로 밀어 넣어 삽입한다. 이것은 질 외부에 맞는 외부 링에 의해 제자리에 고정되어 음순을 부분적으로 덮는다(그림 6–6 참조). 2009년에 원래의 폴리우레탄 콘돔(FC1)은 합성 니트릴 고무 라텍스 여성용 콘돔으로 대체되었다. FC2는 FC1보다 더 부드럽고 유연하며 저렴하다. 여성용 콘돔은 주요 건강 문제를 일으키지 않으며 질 벽에 악영향을 미치지 않는다. 또한 성병을 일으키는 박테리아와 바이러스로부터 보호한다(Cates & Harwood, 2011). 따라서 파트너가 남성 콘돔 착용을 거부하는 경우,

---

여성용 콘돔(Female condom) 질 내 주머니; 두 개의 유연한 고리로 질에 고정되는 7인치 길이의 가방이다.

그림 6-5

남성 콘돔(왼쪽과 가운데)은 롤 형태로 판매되며 크기가 다르다. 여성 콘돔(오른쪽)은 두 개의 유연한 고리에 의해 제자리에 고정되는 질 내 주머니이다.

출처: Bruce King

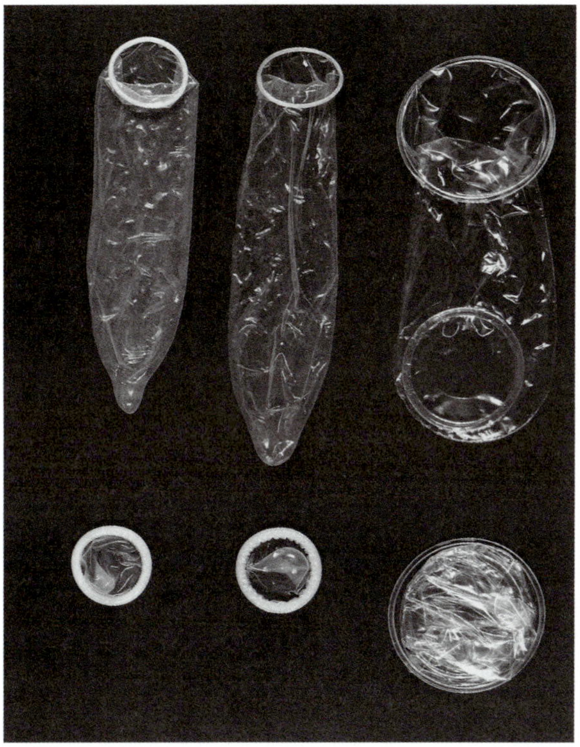

여성 콘돔은 자신의 건강을 보호할 수 있는 기회를 제공한다. 많은 사람들이 여성용 콘돔의 출현으로 인해 기피하지만, 사용해 본 사람들 중 많은 사람들은 남성용 콘돔과의 섹스보다 보호받지 못한 성교에 가깝다고 말한다.

> "나는 남성용 콘돔을 좋아한 적이 없다. 윤활유를 추가로 사용해도 마찰이 매우 거슬렸다. 그러던 어느 날 친구가 여성용 콘돔을 사용해 보라고 제안했다. 나는 그 이후로 다른 것을 사용하지 않았다. 내 남자친구도 우리가 아무것도 사용하지 않는 것 같다고 한다."
>
> (저자의 파일에서)

여성이 여성용 콘돔에 대해 갖는 주된 불만은 성교 중 소음이지만 윤활제를 추가로 사용하면 이를 없앨 수 있다.

연구에 따르면 일반적인 사용 중 임신율은 약 21%이다(Cates & Harwood, 2011; Trussell, 2011). 실패 중 일부는 미끄러짐으로 인해 발생하며 종종 여성이 여성용 콘돔을 올바르게 삽입하는 방법을 배우지 못한 결과이다. 여성용 콘돔을 올바르게 사용하는 사람의 첫해 임신율은 약 5%이다.

그림 6-6

페서리(살정제 포함), 살정제(거품형 및 좌약식), 여성용 콘돔.

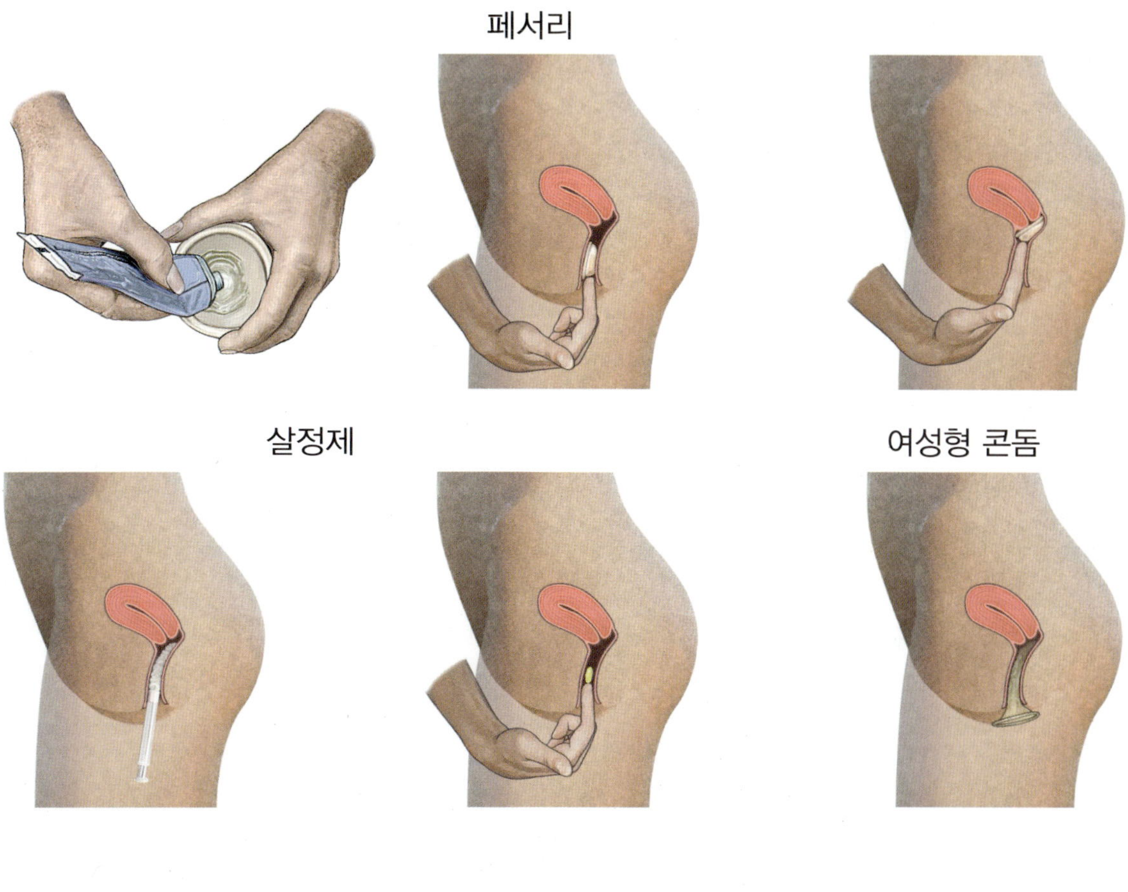

다이어프램 페서리 The Diaphragm

다이어프램(diaphragm)은 자궁경부에 맞는 유연한 테두리가 있는 큰 돔 모양의 고무 컵이다. 정자가 자궁으로 들어가는 것을 막는 작용을 한다. 고대 그리스인들은 빈 석류 반쪽을 사용하여 정자가 자궁으로 들어가는 것을 막았고, 성서 시대에는 여성이 때때로 정자의 통과를 막기 위해 낙타나 악어 똥을 질 뒤쪽에 삽입했다. 오늘날의 여성에게 다행스럽게도 고무 컵은 1882년 독일에서 발명되었다. 1930년대까지 피임법을 시행한 모든 부부의 3분의 1이 페서리를 사용했었다. 1960년 피임약이 등장하면서 페서리의 사용은 거의 전무하게 되었다.

여성은 의사나 의료 종사자에 의해 페서리를 장착해야 한다(자궁경부와 치골 사이의 거리가 측정됨). 그런 다음 그녀에게 맞는 다이어프램 처방을 받게 된다. 신체에 중대한 변화가 있는 경우(예: 임신 또는 4.5 kg 이상의 체중 변화) 재장착해야 할 수 있다. 첫 번째 다이어프램을 받는 여성도 적절하고 빠르게 삽입하는 방법에 대한 지침과 코칭이 필요하다(그림 6-6 참조).

페서리를 올바르게 삽입하는 방법을 배운 후에는 기억해야 할 몇 가지 간단한 규칙만 있다.

1. 대부분의 의사들은 여전히 페서리를 살정제 젤리와 함께 사용하는 것이 임신율을 약간 향상시키기 때문에 권장한다(Cates & Harwood, 2011). 페서리 안쪽 부분(자궁경부와 접하는 부분)과 테두리에 살정제 젤리를 바르고 삽입한다. (그림 6–7 참조)
2. 성교를 시작하기 최소 3시간 전에 페서리를 삽입하시오. 그렇지 않으면 살정제가 소산되어 추가적인 보호 기능이 거의 추가되지 않는다. 최대 효과를 위해서는 성교 직전에 다이어프램을 삽입해야 하지만 이것이 자발성을 방해할 수 있다.
3. 성교 후 6~8시간 동안 페서리를 그대로 두어 살아 있는 정자가 없는지 확인한다. 성관계 중에 두 번 이상 성교를 했다면 매번 질에 살정제를 더 많이 넣는다. 이를 위해 페서리를 제거하지 말고(페서리가 제거되는 동안 정자가 자궁경부에 들어갈 수 있음), 대신 플런저 또는 다른 적용 수단을 사용하시오. 다이어프램을 12시간 이상 방치하지 마시오.

살정제와 함께 사용할 때 페서리의 완전 사용 임신율

다이어프램(Diaphragm) 유연한 테두리가 있는 돔 모양의 고무 컵으로 자궁경부에 꼭 맞고 정자가 자궁으로 들어가는 것을 막는 장벽 역할을 하여 피임 장치 역할을 한다.

그림 6–7

다이어프램(페서리).

출처: Dorling Kindersley/Getty Images

은 일반적으로 연간 약 6%이다(Trussell, 2011). 일반적인 사용 임신율은 연간 약 12%이다. 특히 젊은 여성들 사이에서 이러한 임신의 약 절반은 일관성이 없거나 부적절한 사용으로 인해 발생한다.

오늘날 미국 여성은 페서리를 사용하는 사람이 거의 없다(Daniels et al., 2013a, 2015). 페서리에 대한 가장 일반적인 불만은 미적 정서이다. 어떤 사람들은 삽입이 성가신 일이고 자발성을 방해하며 살정제가 지저분하고 구강-성기 성 관계와 같은 성행위를 방해할 수 있다고 불평한다. 그러나 이러한 불만은 성적 경험이 있고 일부일처제 관계에 있는 여성에게서는 자주 들리지 않는다.

> "몇 년 동안 나는 다이어프램을 사용했다. 파트너들은 항상 나를 느낄 수 없으며 즐거움을 앗아가지 않는다고 말했다."
>
> (저자의 파일에서)

고려해야 할 가장 중요한 것은 다이어프램이 일관되고 적절하게 사용될 때 저렴하고 안전하며 비교적 효과적인 피임 수단을 제공한다는 것이다.

경부 캡과 펨캡 The Cervical Cap and FemCap

페서리와 마찬가지로 여기에서 논의되는 두 가지 피임 장치는 정자가 질에서 자궁으로 들어가는 것을 방지하도록 설계된 차단 장치이다. 라텍스 고무로 만들어진 **경부 캡(cervical cap)**은 다이어프램보다 작고 컴팩트하며 큰 고

경부 캡(Cervical cap) 흡입에 의해 자궁경부에 맞춰져 정자가 자궁으로 들어가는 것을 차단하는 피임 장치.

그림 6-8
자궁경부캡(왼쪽)과 펨캡(FemCap).
출처: Cervical Barrier Advancement Society and Ibis Reproductive Health

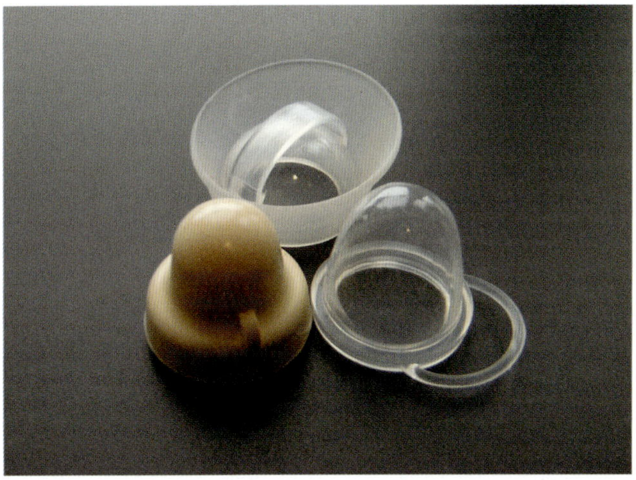

무 골무와 비슷하다(그림 6-8 참조). 이것은 소량의 살정제와 함께 사용되며(추가적인 효과를 위해) 흡입에 의해 자궁경부에 맞는다. 페서리와 마찬가지로 여성은 의사나 의료 종사자가 착용해야 한다. 캡의 삽입 및 제거는 다이어프램보다 어렵지만 일단 제자리에 있으면 다이어프램보다 더 편안하고 24시간 동안 그대로 둘 수 있다. 여성은 성교 후 모자가 빠지지 않았는지 매번 확인해야 한다.

자궁경부 캡은 유럽 일부 지역에서 인기가 있지만 미국에서는 찾기 어려울 수 있다. 그러나 더 쉽게 구할 수 있는 **펨캡(FemCap)**이라는 캡 버전이 있다. 실리콘(라텍스 고무보다 더 편안한)으로 만들어졌으며 자궁경부에 맞는 오목한 면이 있다. 살정제는 내부 및 외부 표면 모두에 적용할 수 있다. 한 번 삽입하면 48시간 동안 그대로 둘 수 있다(Cates & Harwood, 2011). *FemCap*은 세 가지 크기로 제공되며 여성은 자신에게 가장 잘 맞는 크기를 찾아야 한다.

이 두 가지 자궁경부 장벽 장치는 모두 처방이 필요하다. 한 가지 주요 이점은 성교하기 6~8시간 전에 질에 삽입할 수 있다는 것이다. *FemCap*은 1년 후에 새 것으로 교체해야 한다. 다이어프램은 몇 년 동안 좋다. 아이를 낳지 않은 여성의 첫해 일반 사용 실패율은 약 16%이지만 올바르게 사용할 경우 약 9.5%에 불과하다. 출산한 여성의 임신율이 더 높다(Cates & Harwood, 2011).

펨캡(FemCap) 자궁경부 캡의 버전. 장벽(또는 봉쇄) 피임법.

피임 스펀지 The Contraceptive Sponge

폴리우레탄 투데이 **피임 스펀지(contraceptive sponge)**는 직경 5.1 cm, 두께 2.5 cm이며 살정제(노녹시놀-9)를 함유하고 있다. 그것은 자궁경부 개구부를 차단하고 정자를 죽이는 방식으로 작동한다(그림 6-9 참조). Today 스펀지 외에도 온라인에서 구할 수 있는 Protectaid라는 캐나다 스펀지가 있다.

스펀지는 다이어프램에 비해 몇 가지 장점이 있다. 첫째, 골반 검사가 필요하지 않다. 처방전 없이 원 사이즈로 판매된다. 둘째, 사용자는 삽입이 매우 쉽다고 한다. 여성은 단순히 수돗물로 적신 다음 질 깊숙이 삽입한다. 한쪽 면에는 자궁경부에 맞는 오목한 보조개가 있어 제거될 가능성을 줄인다. 마지막으로, 24시간 동안 그대로 둘 수 있으며, 이 기간 동안 여성은 살정제를 추가하지 않고도 원하는 만큼 성교를 할 수 있다. 스펀지의 한쪽 면에는 제거할 수 있는 작은 고리가 있으며 여성이 작업을 마치면 버린다.

스펀지의 효과에 대한 연구에 따르면 아이를 낳지 않은 여성의 일반적인 사용 임신율은 약 12%이지만 완벽하게 사용할 경우 9%에 불과하다. 그러나 출산한 여성의 임신율은 훨씬 더 높다(각각 24% 및 20%)(Trussell, 2011).

피임 스펀지(Contraceptive sponge) 질에 삽입한 후 24시간 동안 유효할 만큼 충분한 살정제를 함유한 폴리우레탄 스펀지로 만든 피임 기구.

그림 6-9
피임 스펀지.
출처: Nucleus Medical Art, Inc./Alamy

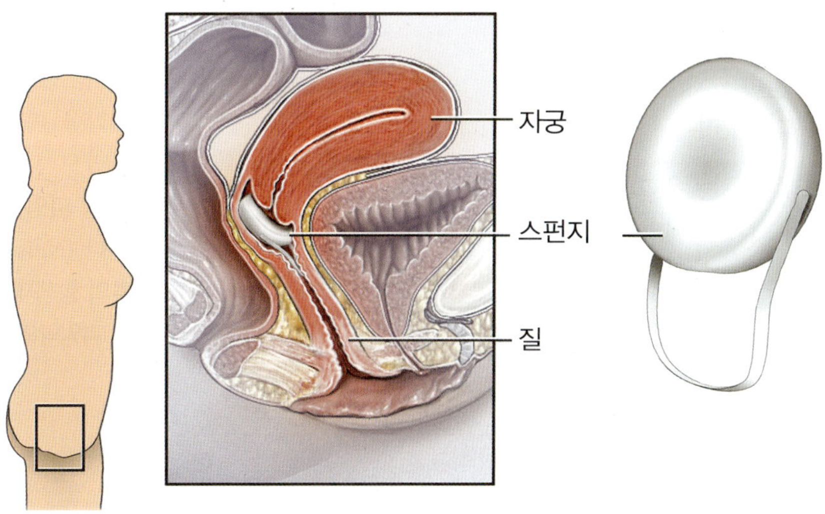

살정제 Spermicides: Substances That Kill Sperm

살정제(spermicides)에는 정자를 죽이는 화학물질(노녹시놀-9)이 포함되어 있다. 그들은 다양한 형태로 판매된다. 살정제 거품, 젤리, 크림 및 필름[VCF 또는 질 피임 필름(*vaginal contraceptive film*)]은 자궁경부 위에 위치하는 정사각형 필름임)은 질 내의 정자를 죽이는 화학물질을 자궁경부에 고정하는 데 도움이 되며 동시에 장벽 역할을 한다. 좌약과 정제도 있다. 구체적인 지침은 살정제 유형마다 다르지만 모두 성교가 시작되기 직전에 질 뒤쪽에 넣어야 한다. 시간이 지나면서 효과가 떨어지므로 여성이 성교를 하기 직전에 새로운 살정제를 삽입해야 한다.

설문조사에 따르면 일반적인 사용 비율은 연간 100쌍당 약 28건의 임신이다(Cates & Harwood, 2011; Trussell, 2011). 실제로 단독으로 사용했을 때 완전사용 임신율은 18%에 불과하다. 한 리뷰에서는 살정제가 "혼자 사용하면 신뢰할 수 없다"고 결론지었다(Amy & Tripathi, 2009). 따라서 살정제는 일반적으로 차단 피임법과 함께 사용되는 방법으로 간주된다.

초기 연구에 따르면 살정제는 피임 효과 외에도 HIV를 포함한 성병에 걸릴 위험을 줄였다. 그러나 이후 연구에서는 살정제가 임질, 클라미디아 또는 HIV로부터 여성을 보호하지 못하며 빈번한 사용은 (질 내막을 자극함으로써) HIV 성병의 위험을 증가시킬 수도 있음을 발견했다 (Cates & Harwood, 2011).

대부분의 여대생은 살정제를 가장 선호하지 않는 피임 유형 중 하나로 평가한다. 가장 흔한 불만은 콘돔과 다이어프램과 마찬가지로 성교 직전에 살정제를 삽입하는 것이 성관계의 자발성을 방해하고 기분을 나쁘게 한다는 것이다. 다른 사람들은 살정제가 지저분하거나 구강 성교를 방해한다고 불평한다. 그러나 장벽 기술에 대한 백업으로서 살정제는 많은 여성들에게 단점보다 더 큰 장점이 있다.

차단법과 자발 Barrier Methods and Spontaneity

우리 모두는 우리의 성관계가 중단 없이 열정적이고 자발적인 관계가 되기를 바란다. 콘돔을 끼거나 격막, 피임 스펀지 또는 살정제를 삽입하는 것은 많은 성경험이 있는 사람들에게 그리 오랜 시간이 걸리지 않는다. 일부 개인은 전희의 일부로 차단 방법(예: 콘돔 착용)의 사용을 통합하기도 한다. 그러나 일부 커플은 때때로 관계를 중단하고 기분을 망치고 싶지 않기 때문에 기회를 잡고 보호받지 못한 성교를 한다. 이것은 차단법의 가장 일반적인 실패 원인 중 하나이다. 다음에 다룰 피임 기술은 섹스를 하고 싶을 때 아무것도 하지 않도록 함으로써 이 문제를 해결한다(물론 파트너의 기분을 좋게 하는 것은 제외).

피임약, 패치, 링 그리고 주사

The Pill, Patch, Ring, and Shot

6.4 피임약의 다양한 단기 호르몬 방법(피임약, 패치, 질 링)과 그것들이 어떻게 작용하는지, 그리고 그들의 잠재적인 부작용에 대해 설명한다.

다음 섹션에서는 피임약, 패치, 질 링과 같은 다양한 단기 호르몬 피임법에 대해 설명한다. 작동 방식과 잠재적인 부작용에 대해 배우게 된다.

먹는 피임약 Oral Contraception (the Birth Control Pill)

피임약은 가장 인기 있는 두 가지 가역적 피임법 중 하나이다. 전 세계적으로 1억 명 이상의 여성이 사용하고 있으며(United Nations Population Division, 2001), 1,000만 명이 넘는 미국 여성이 사용하고 있다. 사실, 현재 피임법을 사용하고 있는 미국 가임기 여성의 25.9%가 피임약을 사용하고 있으며(Daniels et al., 2015), 82%가 일정 기간 동안 피임약을 사용했다(Daniels et al., 2015).

완전 사용 임신율은 0에 가깝다(사용 첫해에는 1,000명 중 3명). 여성이 한 가지 간단한 규칙만 지키면 실제로 임신에 대해 걱정할 필요가 없다. 규칙은 무엇일까? 매일 같은 시간에 피임약을 복용하시오. 그러나 일반적인 사용 임신율은 피임약을 사용하는 부부 100명당 연간 9번의 임신이다(Nelson & Cwiak, 2011; Trussell, 2011). 발생하는 임신의 대부분은 방법이 아닌 사용자의 실패로 인해 발생한다. 연구에 따르면 피임약 사용자의 20~50%가 매일 피임약을 복용하지 않는다(Smith & Oakley, 2005 참조). 하루라도 피임약을 복용하는 것을 잊었다면 일주일 동안은 백업 피임법을 사용해야 한다(그러나 약은 계속 복용해야 한다)(Nelson & Cwiak, 2011). 여성과 담당 의사는 여러 종류의 항생제, 바르비투르산염, 진통제 및 진정제를 동시에 사용하면 피임약의 효과가 떨어진다는 사실도 알고 있어야 한다.

살정제(Spermicides) 정자를 죽이는 화학물질. 대부분의 제품에서 화학물질은 노녹시놀-9이다.

> "고등학교 1학년 때 사촌이 임신을 두려워해서 찾아왔었다. 그녀는 약을 먹고 있었고 올바르게 복용하고 있었다. 무엇이 잘못되었는지 알아낼 수 없었다. . . . 그녀는 임신하기 약 한 달 전에 심한 감기로 병원에 갔다. 감기에 처방된 약이 피임 효과를 떨어뜨리는 것으로 나타났다."
>
> (저자의 파일에서)

피임약은 한 가지가 아니라 여러 종류가 있다. 실제로 미국에서 판매되는 브랜드는 거의 100개에 달한다. 가장 널리 사용되고 가장 효과적인 것은 합성 에스트로겐과 합성 프로게스테론(프로게스틴)을 함유하는 복합제이다. 대부분은 각 캡슐에 고정된 양의 두 호르몬을 함유하고 있지만 월경 주기의 자연적인 호르몬 단계를 모방하기 위해 매주 프로게스틴 수치를 조정하는 **복합 피임약(combination pills**, 복합 피임약이라고 함)도 있다. 종류에 관계없이 대부분의 브랜드의 피임약은 21일 동안 복용한 다음 월경 출혈을 허용하기 위해 7일 동안 중단한다(그리고 더 짧고 가벼운 기간은 24일, 4일 쉬는 피임약을 제공하는 브랜드도 있다). 대부분의 제약사는 여성이 매일 피임약을 복용하는 습관에서 벗어나지 않도록 호르몬이 포함된 21개의 피임약과 호르몬이 포함되지 않은 7개의 추가 피임약(위약)을 포장해 판매한다. 새로운 "주기 연장" 피임약은 월경 주기를 줄이기 위해 고안되었다. *Seasonale*은 연속 84일 동안 복용한 다음 7개의 위약을 복용하므로 여성은 1년에 4번의 생리 기간만 갖게 된다. 또 다른 피임약(*Lybrel*)은 1년 내내 월간 생리를 억제한다. 이러한 연장 주기 피임약은 다른 복합 피임약만큼 안전하다(Teichmann et al., 2009).

복합 피임약은 주로 (a) 자궁경부 점액을 농축시켜 정자의 이동을 방지하고 (b) 배란을 방지하는 작용을 한다. 피임약의 호르몬은 뇌하수체가 FSH와 LH를 방출하는 것을 방지한다(그림 6-10 참조). 난자가 없으면 임신이 불가능하다. 여성이 피임약 사용을 중단하기로 결정하면 그 후 첫 해의 임신율은 미사용 여성과 마찬가지로 높다(Mansour et al., 2011).

프로게스틴만 함유한 **프로게스틴 전용 피임약(progestin-only pill**, 미니 피임약이라고도 함)도 있다. 그것은 주로 자궁경부 점액을 두껍게 유지하여 정자의 통과를 방해함으로써 작동한다. 배란도 종종 억제된다(Raymond, 2011b). 이 피임약은 모유 수유 중인 여성(에스트로겐이 젖 생산을 억제함) 또는 에스트로겐 함유 피임약의 부작용을 견딜 수 없는 여성(가산 연령 여성의 0.4%만 사용)을 위한 것이다. 복합 피임약보다 약간 덜 효과적이지만 안전하지는 않더라도 마찬가지로 안전하다. 그러나 일부 여성의 경우 이러한 피임약이 월경 불규칙성을 유발할 수 있다.

그림 6-10
구강 피임약의 작용기전

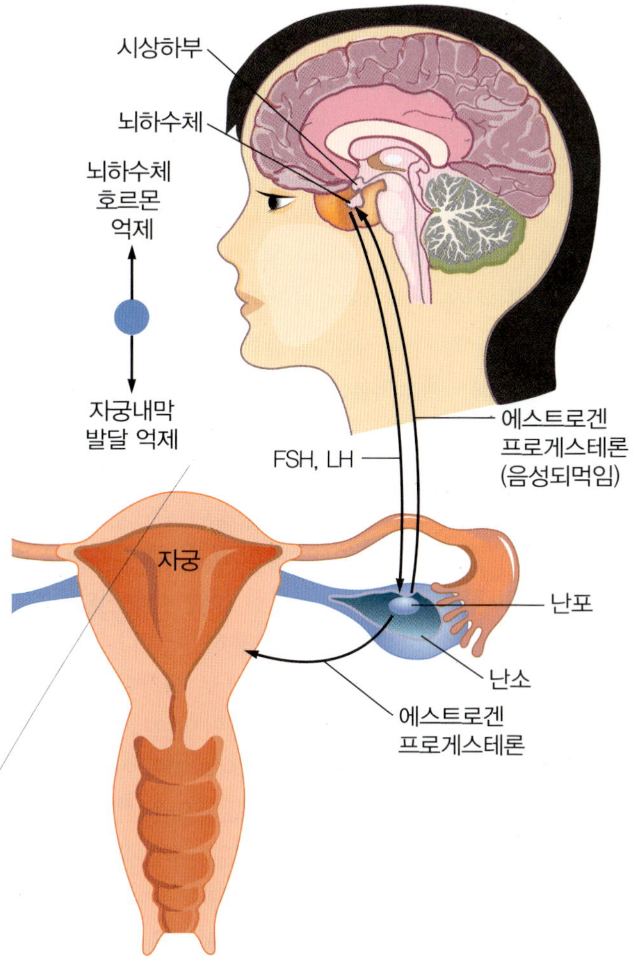

심각한 건강 위험이 발견된 1970년대와 1980년대 초반에 복합 피임약 사용이 감소했다. 그러나 이러한 연구는 1세대 고용량 피임약으로 수행되었다. 오늘날의 "3세대 및 4세대" 피임약에는 1세대 피임약에 있던 에스트로겐과 프로게스틴의 극히 일부만 포함되어 있다(사실 오늘날의 피임약 전체 21일 패키지에는 단일 1세대 피임약보다 적은 양의 프로게스틴이 포함되어 있다.) (Nelson & Cwiak, 2011). 복합 피임약은 또한 몇 가지 중요한 건강상의 이점이 있다. 설문조사에 따르면 많은 여성들이 피임약의 위험성에 대해 잘못 알고 있고 건강상의 이점에 대해서는 전혀 알지 못한다. 위험과 이점을 자세히 살펴보겠다.

부정적인 부작용과 건강 위험: 사실과 미신 초기 연구에 따르면 일부 여성은 복합 피임약을 복용하기 시작한 후 성

복합 피임약(Combination pill) 합성 에스트로겐과 합성 프로게스테론을 모두 포함하는 경구 피임약.
프로게스틴 전용 피임약(Progestin-only pil) 프로게스틴만 함유한 경구 피임약.

욕이 감소했으며 이는 많은 여성 잡지에서 언급되었다. 그러나 많은 연구를 검토한 결과 이것이 사실이라는 증거를 찾지 못했다(Burrows et al., 2012; Mark et al., 2016 참조). 일부 여성은 성욕 감소를 나타내지만 일부 여성은 증가하며 대다수는 영향을 받지 않는다.

일부 여성은 체중이 증가할 수 있다는 말을 들었기 때문에 피임약을 사용하지 않지만, 여러 임상 시험에서 이 역시 복합 피임약의 경우에는 해당되지 않음이 입증되었다(Nelson & Cwiak, 2011).

피임약을 처음 복용하기 시작한 여성이 임신 초기의 증상과 유사한 몇 가지 증상을 경험하는 것은 드문 일이 아니다. 여기에는 메스꺼움, 경련, 유방 압통 및 팽만감이 포함될 수 있다. 이러한 증상이 몇 개월 이내에 감소하지 않는 경우 한 가지 좋은 대안은 "주기 연장" 피임약이다. 오늘날의 피임약에 포함된 호르몬 용량이 감소한 결과 돌발성 출혈(즉, 호르몬 사용 21일 동안의 출혈)이 때때로 발생하지만 일반적으로 사용 첫 4개월 동안 사라진다. 이러한 문제에도 불구하고 피임약을 사용하는 대다수의 여성은 피임법으로 피임약을 매우 호의적으로 생각한다.

(매우) 소수의 여성만이 복합 피임약의 결과로 고혈압을 경험한다. 그들은 프로게스틴 전용 피임약으로 전환할 수 있다. 새로운 저용량 복합제는 당뇨병을 일으키지 않는다. 두통의 발병률은 피임약을 복용하는 여성이 다른 여성보다 높지 않다. 그러나 조짐이 있는 편두통이 있는 여성에게는 피임약을 권장하지 않는다. 피임약은 또한 선천적 기형 위험을 증가시키지 않는다(임신 사실을 모르고 피임약을 복용하는 여성에서)(Nelson & Cwiak, 2011 참조).

1세대 고용량 경구 피임약은 심각한 심혈관 문제(혈전, 심장마비, 뇌졸중)와 관련이 있었다. 오늘날의 저용량 피임약은 어떨까? 35세 미만의 피임약 사용자는 흡연을 하지 않으며 고혈압이나 당뇨병이 없는 경우 뇌졸중이나 심장마비의 위험이 거의 없다(Nelson & Cwiak, 2011). 최신 피임약은 혈전의 위험을 약간 증가시키지만 전반적으로 이것은 드문 현상이다. 흡연하는 30세 이상의 경구 피임약 사용자는 여전히 심장마비와 뇌졸중의 위험이 허용할 수 없을 정도로 높으므로 복합 피임약을 사용해서는 안 된다.

질병통제예방센터의 연구를 포함하여 많은 연구에 따르면 오늘날 저용량 피임약을 사용하는 사람들은 비사용자보다 유방암에 걸릴 위험이 더 크지 않다(예: Marchbanks et al., 2012; Nelson & Cwiak, 2011 ; Vessey & Yeates, 2013 참조).

건강상의 이점 피임약이 성병을 예방할 수 없다는 점을 강조해야 한다. 그러나 피임약을 복용하는 여성은 사용하지 않는 여성에 비해 몇 가지 주요 건강 문제의 위험이 적다. 주요 이점으로는 자궁내막암 및 난소암 위험 감소, 양성 유방 종양 수 감소, 난소낭종, 자궁내막증 및 골반 염증성 질환 발생률 감소가 있다(Collaborative Group , 2015; Nelson & Cwiak, 2011).

피임약은 또한 월경 관련 문제를 줄이는 것으로 알려져 있다. 여기에는 월경 전 증후군, 월경통, 출혈이 포함된다(빈혈 가능성은 2/3에 불과함). 사실, 일부 의사들은 월경 문제를 줄이기 위해 일차적으로 여성에게 피임법으로 피임약을 처방한다.

> "나는 지금 피임약을 먹고 있다. 생리통이 많이 줄어들었고 생리 기간과 무거움도 최소화되었다."
>
> (저자의 파일에서)

담배를 피우지 않고 비만하지 않고 고혈압이나 심혈관 문제가 없는 나이든 여성을 위해 오늘날의 저용량 피임약도 폐경 전에 흔히 나타나는 월경 주기 장애를 조절하기 위해 처방되고 있다(Nelson & Cwiak, 2011).

피임약의 안전성에 대한 결론 피임약 사용과 관련된 건강상의 위험을 고려할 때 적절한 관점에서 상황을 파악하고 아무도 피임약을 사용하지 않을 경우 일어날 위험과 비교해야 한다. 비흡연 여성의 경우 건강 위험(사망 포함)은 임신 및 출산으로 인한 위험보다 훨씬 적다(Nelson & Cwiak, 2011). 미국 산부인과 학회(American College of Obstetricians and Gynecologists)는 피임약이 매우 안전하다고 믿고(많은 의료 혜택을 제공함) 2012년에 처방전 없이 상점에서 피임약을 판매할 것을 권장했다.

패치와 링 The Patch and the Ring

매우 효과적인 호르몬 피임법을 원하지만 매일 피임약을 복용해야 하는 것에 대해 걱정하고 싶지 않은 여성을 위해 이제 대안이 있다. **OrthoEvra**는 반창고처럼 피부(복부, 엉덩이, 상체 또는 상완)에 적용하는 20 cm^2 패치이다(그림 6-11 참조). 운동과 목욕 중에도 1주일 동안 제자리에 머물며 에스트로겐과 프로게스틴(복합 피임약과 동일한 호르몬)을 혈류로 천천히 방출한다. 세 번의 패치(3주) 후 패치가 없는 주(월경)가 이어진다. 연구에 따르면 피임약을

OrthoEvra 피부에 바르는 피임 패치(복합 피임약과 동일한 호르몬 함유)로 1주일 동안 유효하다.

복용하는 것보다 패치를 정기적으로 교체하는 것을 기억하는 여성이 더 많다. 부작용은 저용량 경구 피임약과 동일하다(일부 여성은 패치 부위에서 피부 반응을 경험하기도 함). 패치는 또한 여성을 피임약보다 더 높은 수준의 에스트로겐에 노출시키므로 패치의 경우 뇌졸중의 가능성이 더 높다(그러나 두 경우 모두 드물고 임신으로 인한 뇌졸중보다 덜 일반적임)(Nanda, 2011). 위험이 낮은지 먼저 의사와 상담하시오.

NuvaRing은 질에 삽입하여 3주 동안 착용하는 투명하고 유연한 링이다(그림 6-11 참조). 또한 에스트로겐과 프로게스틴을 천천히 방출하고 3주 후에 링이 없는 주(월경) 동안 제거하고 다른 하나를 삽입한다. *Progering*은 모유 수유 중인 여성을 위한 3개월짜리 프로게스테론 전용 링이다. 두 고리는 성교 중에 짧은 시간 동안 제거될 수도 있다. 고리는 실제로 피임약보다 더 적은 호르몬을 방출하므로 매우 안전한 것으로 간주된다(Brache et al., 2013; Nanda, 2011). 부작용은 피임약과 유사하지만(일부 여성은 질 자극 및 분비물을 경험할 수 있음) 패치와 마찬가지로 순응도가 피임약보다 높다.

완전 사용 임신율은 패치와 링 모두 약 0.3%이다. 일반적인 사용은 약 9%이다(Nanda, 2011; Trussell, 2011). 어느 쪽도 성병으로부터 보호하지 못한다.

그림 6-11

경구 피임약의 두 가지 대안은 누바링(왼쪽)과 피임 패치 오르토에브라(오른쪽).

출처: vario images GmbH & Co.KG/Alamy Stock Photo; Gusto/ Science Source M06_

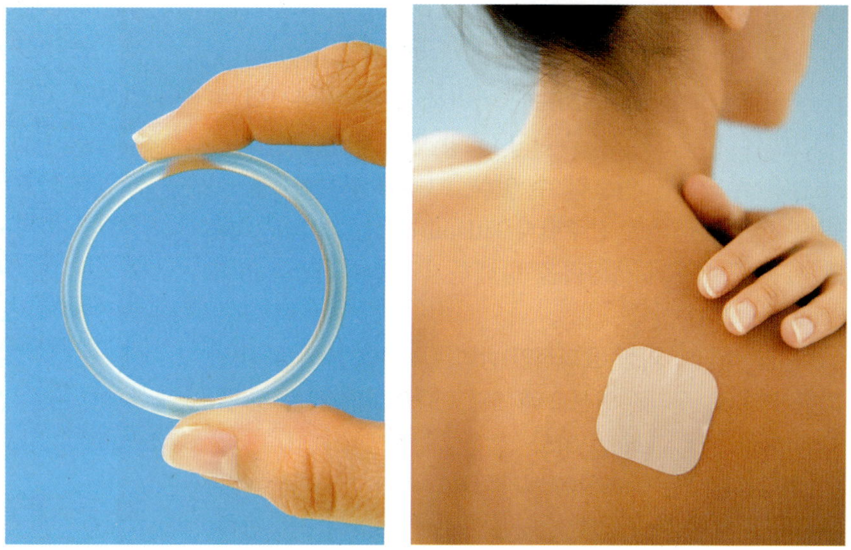

주사 피임제 Injectable Contraception ("the Shot")

경구 피임약을 정기적으로 복용하는 것을 기억하지 못하는 20~50%의 여성 중 하나라면 "주사"를 고려해 볼 수 있다. **Depo-Provera**(또는 *Depo-subQ provera 104*라고 하는 새로운 형태)는 프로게스틴(메드록시프로게스테론 아세테이트 또는 DMPA, 프로게스테론의 합성 형태)을 포함하는 주사 가능한 약물이다. 기억해야 할 것은 3개월마다 의사에게 다시 가서 주사를 맞으라는 것이다. (자가 투여 DMPA 주사가 곧 제공될 수 있다.) 배란을 방지하고 자궁경부 점액을 농축하며 자궁내막 축적을 방지함으로써 효과가 있다. 여성이 주사를 중단한 후 생식 능력이 회복되는 데 9~10개월이 걸리는 경우가 많다. 완전 사용 임신율은 0.2%에 불과하지만 일반적인 사용률은 6%이다(일부 여성은 제 시간에 주사를 맞은 것을 기억하지 못하기 때문임)(Bartz & Goldberg, 2011). 주사는 성병을 예방하지 못한다.

Depo-Provera는 에스트로겐을 복용해서는 안 되는 여성에게 안전한 대안이다(예: 뇌졸중의 병력 때문에)(Kaunitz et al., 2014). 그러나 여성의 거의 50%가 1년 이내에 이 방법을 중단하는 몇 가지 부작용이 있다(Daniels et al., 2013a). 여기에는 불규칙한 월경 출혈과 체중 증가가 포함된다. 대부분의 여성은 처음에는 장기간 출혈을 경험하지만 결국에는 출혈이 거의 또는 전혀 발생하지 않는다(일부 여성은 이를 긍정적인 효과로 간주함)(CDC, 2013c).

NuvaRing 질에 삽입하는 복합 피임약과 동일한 호르몬을 함유한 유연한 링으로 3주 동안 유효하다.

Depo-Provera 주사 시 3개월 동안 배란을 억제하는 화학물질인 메드록시프로게스테론 아세테이트의 시장 이름.

응급 피임법 Emergency Contraception

6.5 응급 피임이 어떻게 작동하는지 설명한다.

여성이 보호받지 못한 성교(예: 계획하지 않은 성교, 콘돔 찢어짐, 피임약 복용 잊지, 강간 등)를 하는 경우 어떤 선택을 할 수 있는가? 그녀가 며칠 이내에 행동하면 **응급 피임법(emergency contraception)**이 있다.

플랜 *B One-Step*(또는 일반 버전, Next Choice)은 처

응급 피임법(Emergency contraception) 성교 후 처음 며칠 동안 사용하면 임신을 방지하는 방법이다.

방전 없이 약국에서 구입할 수 있는 프로게스틴 전용(레보노르게스트렐) 응급 피임 제품이다. 1알은 3일 이내에 복용하면 50%의 효과가 있다. *Ella*로 판매되는 다른 유형의 응급 피임약인 ulipristal acetate는 보호되지 않은 성교 후 최대 5일 동안 약 65%의 효과가 있다(Glasier, 2013; Trussell & Schwarz, 2011). 이러한 제품은 여성의 최대 29%에서 메스꺼움, 두통 및 유방 압통과 같은 심각하지 않은 부작용을 일으킬 수 있다. 그러나 전문가들은 이를 안전한 제품으로 간주한다(Jatlaou et al., 2016). 그들의 사용은 미래의 생식력을 방해하지 않는다(Trussell & Schwarz, 2011).

응급 피임의 가장 효과적인 방법은 1,000분의 1 미만의 실패율로 구리 IUD(성교 후 5일 이내)를 이식하는 것이다(Raymond & Cleland, 2015).

응급 피임약은 낙태가 아니다! 낙태약(RU 486)과는 다르다. 응급 피임은 배란과 수정을 방지함으로써 작동한다. 수정란 착상이 이미 이루어진 경우 응급 피임법은 효과가 없으며 배아에 해를 끼치지 않는다(Gemzell-Danielsson et al., 2013; Trussell & Schwarz, 2011).

이제 응급 피임법을 쉽게 사용할 수 있게 되면서 매년 수많은 의도하지 않은 임신을 예방하고 낙태 횟수를 크게 줄일 수 있다. 15~19세 십대의 약 14%와 20~24세 여성의 23%가 응급 피임법을 사용했다(Daniels et al., 2013b).

장기 지속 가역적 피임제

Long-Acting Reversible Contraception

6.6 지속성 가역적 피임법(IUD 및 체내 이식)의 장점에 대해 논의한다.

이전의 모든 피임법은 단기간에 조치를 취해야 했다. 불임 인식 방법은 신체 변화를 매일 모니터링해야 한다. 차단 방식을 사용하려면 성교가 시작되기 직전에 장치를 켜거나 끼워야 한다. 피임약, 패치, 링 및 주사는 여성이 정기적으로 기술을 복용/교체하는 것을 기억해야 한다. 따라서 많은 사람들이 무언가를 하기 위해 규칙적으로 기억할 필요가 없지만 동시에 임신을 원할 경우 되돌릴 수 있는(제거할 수 있는) 매우 효과적이고 오래 지속되는 피임법을 찾고 있다. 이 섹션에서는 두 가지 선택 사항을 제시한다.

자궁 내 장치법 The IUD

세계에서 가장 일반적으로 사용되는 가역적 피임법이 무엇인지 짐작할 수 있는가? 아니오, 피임약이 아니다. 그것은 피임약보다 전 세계적으로 더 많은 여성들이 사용하는 **자궁 내 장치(IUD)**이다(Wu & Pickle, 2014). 아시아 일부 지역에서는 피임약 사용자의 40% 이상이 IUD를 사용한다

자궁 내 장치(IUD)(Intrauterine device, IUD) 일반적으로 구리 또는 프로게스테론 코팅이 된 플라스틱으로 만들어진 피임 장치로, 수정과 착상을 방지하기 위해 자궁에 삽입된다.

그림 6-12
자궁 내 장치, 삽입된 형태(오른쪽).

출처: (left) Saturn Stills/Science Source; (right) Hock, *Human Sexuality*, © 2007 PrenticeHall, Inc. Reproduced by permission of Pearson Education, Inc.

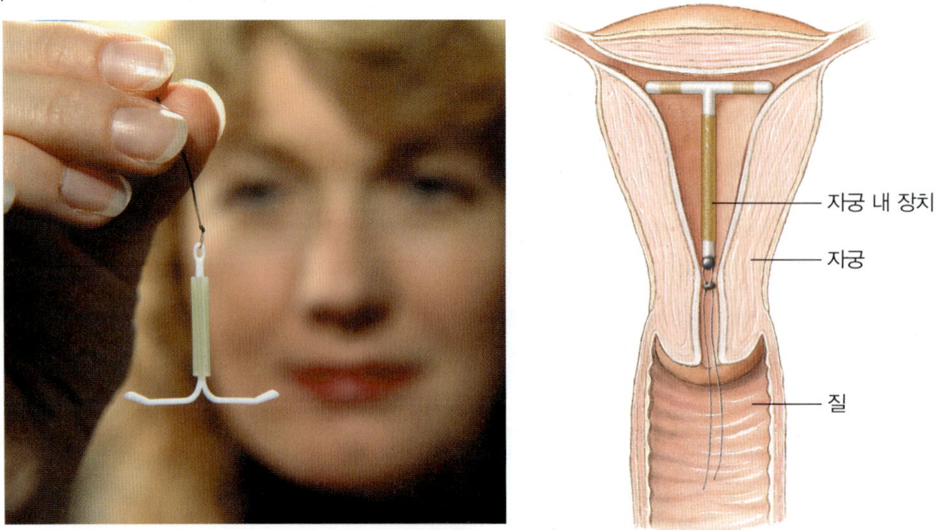

(a) (b)

(Buhling et al., 2014). 현재 피임을 하고 있는 미국의 가임기 여성 중 IUD를 사용하는 비율은 약 10.3%로 1995년의 0.8%에서 증가했다(Daniels et al., 2015).

IUD는 의사가 자궁에 삽입하는 다양한 모양의 작은 폴리에틸렌 장치이다(그림 6-12 참조). 이것은 실제로 매우 오래된 아이디어이다. 낙타 조련사가 임신을 방지하기 위해 암컷 낙타의 자궁에 돌을 삽입하는 데 사용되었다(이 아이디어를 어떻게 생각해 냈는지 묻지 마시오). IUD는 주로 자궁을 통한 정자 이동에 대한 영향으로 수정을 방지함으로써 작동한다(Amy & Tripathi, 2009; Dean & Schwarz, 2011). 당신이 들은 것과는 달리, 낙태를 유발하여 작동하지 않는다.

오늘날 미국에서 판매되는 IUD에는 두 가지 유형이 있다. 구리 코팅된 IUD(예: Copper-TCu380A)와 레보놀게스트렐(프로게스테론, Mirena)을 방출하는 IUD이다. Copper-TCu 380A(Paragard, 그림 6-12 참조)는 12년 동안 유효하다(Wu & Pickle, 2014). 레보놀게스트렐 방출 IUD는 5~7년 동안 유효하다. 정자의 통과를 방해하는 것은 구리와 프로게스테론이다. IUD는 일반적으로 사용하는 임신율이 연간 1% 미만으로 매우 효과적이며 피임약, 패치 또는 링보다 훨씬 낫다(Dean & Schwarz, 2011). 다른 피임약의 장기간 사용에 비해 상대적으로 저렴하다.

IUD가 삽입되면 여성의 자궁은 때때로 이물질을 배출하려고 시도한다(첫해 사용자의 2~10%)(Dean & Schwarz, 2011). 일부 여성들은 IUD가 배출되었다는 사실을 인지하지 못하기 때문에 제조사에서는 여성이 IUD가 제자리에 있는지 확인할 수 있도록 자궁경부에서 질로 돌출된 IUD에 폴리에틸렌 끈을 추가했다. 구리 IUD는 질 출혈(약물로 치료할 수 있음)을 증가시키는 반면 Mirena IUD는 출혈을 크게 감소시킨다(일반적으로 월경이 많은 여성에게 실질적인 이점). 반면에 프로게스틴 IUD는 체중 증가를 유발할 수 있지만 구리 IUD는 그렇지 않다(Vickery et al., 2013).

미국에서 IUD의 명성은 오래전에 시장에서 퇴출된 매우 나쁜 IUD인 Dalkon Shield의 사건으로 여전히 고통받고 있다(전체 역사는 Danvers et al., 2014 참조). 오늘날의 IUD는 골반 염증성 질환, 자궁외 임신, 유방암 또는 자궁내막암의 위험 증가와 관련이 없다. 여성은 IUD가 제거되자마자 다시 가임기가 된다(Dean & Schwarz, 2011; Mansour, 2012). 그럼에도 불구하고 최근까지 의사들은 십대와 젊은 성인에게 IUD를 처방하는 데 신중했다(Dalkon Shield 이야기 때문에). 그러나 오늘날의 IUD는 매우 안전한 것으로 간주되어 미국 산부인과 의사협회와 세계보건기구 모두 이제 십대의 IUD 사용을 지지한다(Turok, 2013 참조). 두 전문가의 말:

> 현대의 구리 자궁 내 장치(IUD)는 사용 가능한 가장 안전하고 효과적이며 가장 저렴한 피임법 중 하나이다. 이것은 여성 불임 수술, 주사제 및 임신 예방을 위한 임플란트에 필적하는 놀랍도록 효과적이고 가역적인 피임법이다. IUD는 편리하다. 한 번 삽입되면 최대 10년 동안 유지 관리가 거의 필요 없다(IUD 문자열을 찾기 위한 월간 자가 점검 제외)
>
> (**리베라**앤베스트, 2002, p. 385)

IUD를 사용하는 여성 중 대다수가 이에 대해 호의적인 의견을 갖고 있다. 예를 들어, 지속률(85%)은 피임약보다 높다(Dean & Schwarz, 2011).

> "둘째 아이를 낳은 후, 주치의는 한동안 더 이상 아이를 낳지 말라고 강력히 권고했다. 나는 겨우 24살이었고 의사는 IUD를 제안했다. 병원에서 매우 쉽게 처치할 수 있었고 의사는 즉시 성관계를 갖는 것도 안전하다고 조언했다. 그것은 훌륭한 피임법이었다."
>
> (저자의 파일에서)

호르몬 이식물 Hormone Implants

넥스플라논(Nexplanon, 이전 임플란논)은 프로게스틴을 함유하고 3년 동안 활성 상태를 유지하는 단일 막대이다(그림 6-13). 그것은 자궁경부 점액을 농축하고 배란을 방지함으로써 작동한다. 일반적으로 여성의 상완 안쪽 피부 아래에 삽입되며 언제든지 제거할 수 있다. 임신율은 여성

넥스플라논(Nexplanon) 3년 동안 유효한 단일 프로게스틴 방출 막대가 있는 호르몬 임플란트.

그림 6-13

넥스플라논.

출처: By Ian Miles–Flashpoint Pictures/Alamy

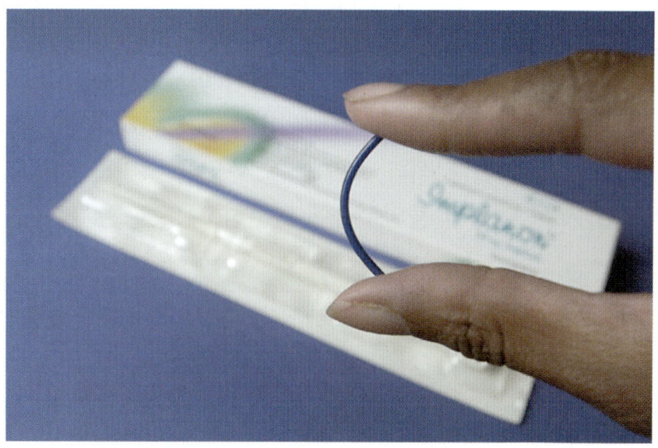

1,000명 중 1명 이하이다(Raymond, 2011a). 모든 프로게스틴 단독 요법과 마찬가지로 주요 부작용은 불규칙한 질 출혈이며 출혈이 거의 또는 전혀 발생하지 않는다. 이러한 변화는 데포-프로베라를 사용하는 여성에서 관찰된 것만큼 크지 않으며(Hubacher et al., 2009), 많은 십대들은 피임약보다 임플란트를 선호한다(Lewis et al., 2010). 피임법을 사용하는 미국 여성의 1.3%만이 임플란트에 의존하지만(Daniels et al., 2015), 임플란트를 사용하는 여성 중 2년 지속률은 DMPA(데포 메드록시프로게스테론 아세테이트, Depo-Provera)나 경구 피임제(O'Neil- Callahan et al., 2013)보다 높다.

5년 동안 유효한 2개의 프로게스틴 방출 막대가 있는 자델(*Jadelle*)이라는 임플란트도 있다. FDA는 1996년 자델을 승인했지만 아직 미국에서 판매되지는 않는다. 여러 유럽 국가에서 사용되고 있다.

장기-단기 피임약

Long-Term Versus Short-Acting Contraception

한 대규모 연구에 참여한 연구진은 최근 "효능과 높은 지속률을 감안할 때 IUD와 임플란트는 1차 피임법이어야 하며, [구강 피임약], 패치, 링, DMPA와 같은 단기 치료법은 2차 피임법이어야 한다"고 결론을 내렸다."(O-Neil-Callahan et al., 2013, p. 1083).

자발적 불임 Voluntary Sterilization

6.7 다양한 불임 절차를 식별하고 그 장단점을 설명한다.

전 세계적으로 가장 일반적으로 사용되는 피임법은 불임 시술이다. 2억 2000만 커플이 의존하고 있다. 더 많은 미국 커플들이 다른 어떤 피임법보다 피임법을 위해 **불임(sterilization)** 수술에 의존한다는 사실을 알게 된다면 놀라겠는가? 부부가 이 방법에 의존하기 위해서는 둘 다 불임수술을 할 필요가 없기 때문에 이 수치는 남성과 여성의 불임수술을 더한 것이다. 피임약을 사용하는 미국 여성의 약 25.1%는 여성의 불임수술에 의존하고 또 다른 8.2%는 파트너의 불임수술에 의존한다(Daniels et al., 2015).

그림 6-14

정관 절제술은 정관절제 또는 정자의 흐름을 차단하기 위한 플라스틱 클램프(Vasclip)를 사용하여 아래와 같이 처치할 수 있다.

출처: HOCK, ROGER R., HUMAN SEXUALITY, 1st Ed., © 2007. Reprinted and Electronically reproduced by permission of Pearson Education, Inc., New York, NY.

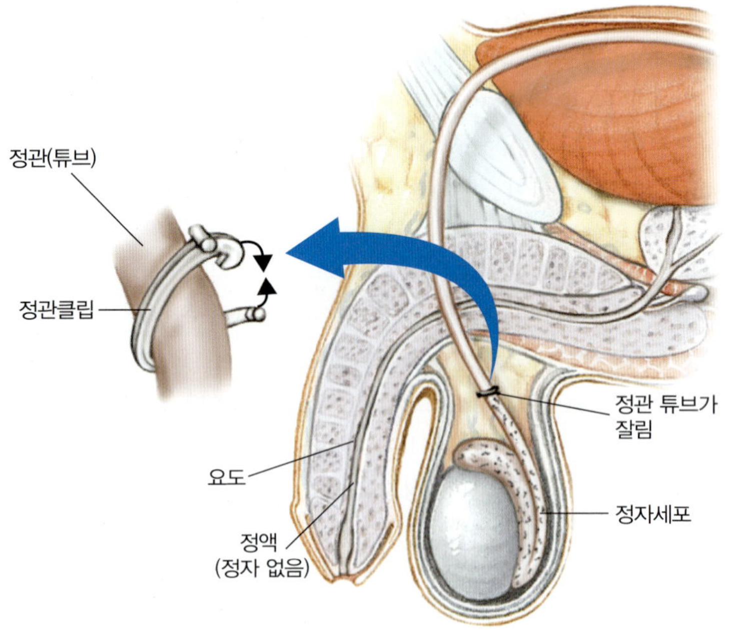

정관 절제술 Vasectomy

남성의 경우 불임수술을 **정관 절제술**이라고 한다. 서양 문화에서는 전통적으로 음낭에 작은 절개를 한두 개 만들어(국소 마취 하에) 수행했다. 대안으로 중국에서 "메스 없는" 정관 절제술이 도입되었다. 이 기술을 사용하면 음낭의 피부가 날카로운 도구로 간단히 뚫린다. 현재 미국에서 수행되는 모든 정관 절제술의 약 절반이 이 기술로 수행된다(Shih et al., 2011). 초기 침투 기술에 관계없이 정관은 묶이거나 절단되거나 소작된다. 또 다른 기술은 Vasclip이라고 하며, 쌀알보다 크지 않은 플라스틱 클램프로 정자의 흐름을 차단하기 위해 정관에 고정된다(그림 6-14 참조). 전통적인 정관수술보다 통증이 적고 합병증이 적다. 전체 절차는 10~20분이면 된다.

정관 절제술은 고환의 호르몬이나 정자 생성을 방해하지 않는다. 새로운 정자는 단순히 정관이 묶이고 잘린 지점을 넘지 못하고 결국 식세포라고 하는 다른 세포에 의해 파괴된다. 그러나 수술 당시 이미 이 시점을 지난 정자는 남성이 "안전"하기 전에 제거되어야 한다. 다른 피임법은 3개월 동안 남성이 20번의 사정을 할 때까지 사용해야 한다

불임(Sterilization) 개인을 불임으로 만드는 수술 기술에 대한 일반적인 용어이다.

정관 절제술(Vasectomy) 정관을 묶고 절단하여 정자가 생식 기관을 통과하는 것을 방지하는 남성 불임술.

(Shih et al., 2011). 어떤 남성들은 더 이상 사정할 수 없을 것이라고 생각하기 때문에(사정과 오르가즘을 혼동하기 때문에) 정관 수술을 꺼린다. 남성의 사정은 절차의 영향을 받지 않는 전립선과 정낭에서 나온다. 정관 수술을 한 남성은 오르가즘 중에도 사정을 하지만 그의 사정에는 정자가 포함되지 않으며 절차는 성욕이나 기능에 영향을 미치지 않는다(Guo et al., 2015).

난관 결찰 Tubal Ligation

여성에서 난관 결찰이라는 용어는 종종 다양한 기술에 사용되지만 더 설명적인 용어는 **난관 불임술(tubal sterilization)**이다. 경복부(복부에 절개를 가함)와 경경부(Roncari & Hou, 2011 참조)의 두 가지 기본 기술이 있다. 그림 6-15를 참조하십시오. 두 절차 모두 일반적으로 전신 마취로 이루어지지만 대부분의 여성은 같은 날 집에 간다. 남성의 기술과 달리 여성은 성관계를 원하는 즉시 안전하게 성관계를 가질 수 있다.

경복부 시술의 경우 두 가지 방법으로 멸균을 수행할 수 있다. 미니 개복술(*minilaparotomy*)에서는 복부에 1인치 절개를 하고 나팔관을 구멍까지 당겨서 자르거나 묶거나 클립으로 막는다. 복강경(*laparoscopy*)은 TV 영상을 전송하는 긴 관 모양의 기구인 복강경을 배꼽의 작은 절개부를 통해 삽입하는 절차이다. 튜브의 위치가 파악되면 복강경(또는 기타 작은 절개)을 통해 수술 기구를 삽입하고 튜브를 절단하거나 소작한다.

경경부 시술은 절개가 없고 전신 마취가 필요하지 않는다. 두 장치 중 하나를 나팔관에 삽입한다. Essure 장치는 튜브의 안감을 자극하여 튜브를 막는 흉터 조직을 만든다. Adana 장치는 난관 병변을 유발하는 무선 주파수를 방출한다.

난관 불임술(Tubal sterilization) 난자가 나팔관을 통해 통과하는 것을 방지하는 다양한 여성 불임술 기술의 총칭.

그림 6-15
난관 불임술로 나팔관이 잘리거나 막혀 정자와 난자가 만날 수 없다.

출처: HOCK, ROGER R., HUMAN SEXUALITY, 1st Ed., © 2007. Reprinted and Electronically reproduced by permission of Pearson Education, Inc., New York, NY.

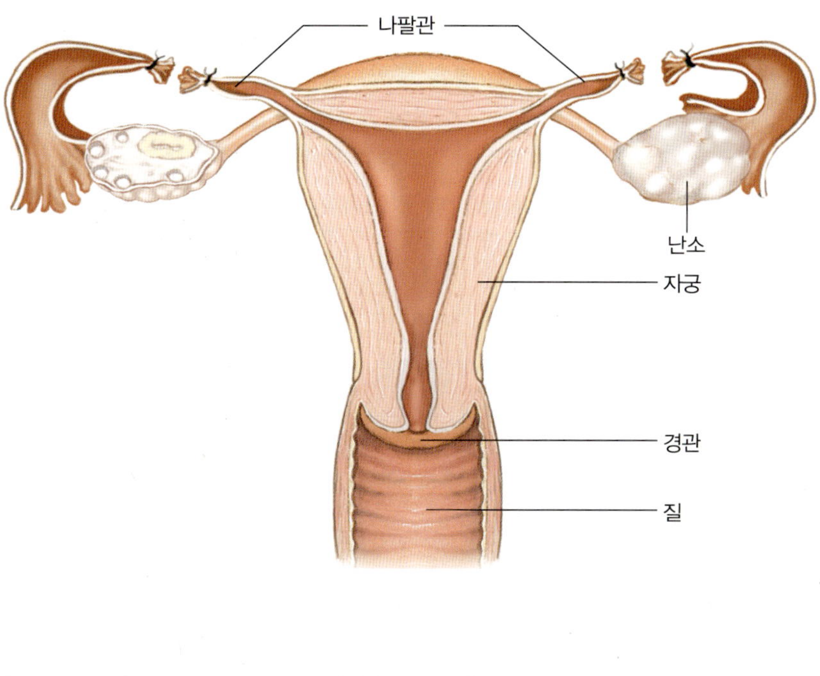

합병증 Complications

정관 절제술로 인한 수술 합병증은 드물고(3% 미만) 일반적으로 경미하다. 일부 정자가 혈류로 누출되어 결과적으로 정관 수술을 받은 남성의 절반 이상이 자신의 정자에 대한 항체를 생성한다. 그러나 여러 대규모 연구에서 이것이 건강 문제를 일으키지 않는다는 결론을 내렸다(Roncari & Hou, 2011). 몇몇 연구는 정관 절제술이 남성의 전립선암 위험을 증가시킬 수 있다는 우려를 제기했다. 그러나 국립 보건원(National Institutes of Health)의 과학 패널이 이러한 결과를 논의하기 위해 만난 후 정관 절제술이 전립선암 위험을 증가시킨다는 증거가 없다는 결론을 내렸다(Cox et al., 2002 참조).

난관 불임술 후 합병증은 정관 수술 후보다 더 자주 발생하지만 여전히 드물다(Roncari & Hou, 2011). 이후 월경 이상은 거의 발생하지 않는다(Peterson et al., 2000). 한편, 아직 알려지지 않은 이유로 난관 불임술을 받은 여성은 다른 여성보다 결국 자궁적출술을 받을 가능성이 더 높다(Roncari & Hou, 2011). 여성의 불임수술은 확실한 건강상의 이점이 있다. 여성의 난소암 발병 위험이 상당히 감소한다(Roncari & Hou, 2011).

불임은 되돌릴 수 있나? Can Sterilizations Be Reversed?

불임 시술은 남성 불임 시술의 경우 0.15%, 여성 불임 시술의 경우 0.5%로 매우 효과적이다(Trussell, 2011). 오늘날에도 영구적인 것으로 간주되어야 한다. 불임수술을 받기로 결정한 사람은 절차를 역전시키길 원하는 사람이 거의 없다. 약 6%의 남성이 결국 그 결정을 후회하고 30세 이상의 여성은 6%

박스 6-A 성별과 건강

성감염 예방에 도움을 주는 피임법

6.8 성병 예방에도 도움이 되는 피임법에 대해 논의한다.

일부일처제 관계에 있지 않은 성적으로 활발한 개인은 임신 외에 성병에 대해 걱정해야 한다. 불행히도, 피임법 개발은 거의 전적으로 임신 예방에 집중되어 왔으며 성병은 무시했다. 성병 예방에 있어 현재 사용 가능한 피임 장치의 효과에 대해 무엇을 알고 있는가?

임신 예방에 가장 효과적인 피임법(예: 불임, 이식, Depo-Provera, IUD 및 피임약)은 성병에 대한 보호를 제공하지 않는다(Marrazzo & Cates, 2011). 가임기인지법도 마찬가지이다.

대부분의 살정제의 활성 성분인 노녹시놀-9는 임질 및 클라미디아로부터 보호하지 않으며, 빈번한 사용은 실제로 개인이 질 또는 직장벽을 자극하고 HIV의 전염을 더 쉽게 만들어 감염된 파트너로부터 HIV에 감염될 위험을 증가시킬 수 있다(Cates & Harwood, 2011).

장벽 피임법은 어떨까? 고무 콘돔을 사용하면 체액 교환으로 인해 전염되는 성병에 걸릴 위험이 줄어든다. "피부"(양 장으로 만든 콘돔)에는 HIV 및 기타 바이러스가 통과하기에 충분한 구멍이 있다. 콘돔은 또한 매독을 어느 정도 예방할 수 있다(Koss et al., 2009). 콘돔은 질 성교 중 약 2%, 항문 성교 중에 더 자주 끊어진다(Warner & Steiner, 2011).

물론 콘돔이 항상 올바르고 일관되게 사용된다면 성병 예방에 훨씬 더 효과적일 것이다. 지속적으로 콘돔을 사용하는 124쌍의 혈청 불일치 커플(단 한 명만이 HIV 양성임)에 대한 한 연구에서, 총 15,000번의 성교 중에 HIV 음성 파트너 중 누구도 감염되지 않았다(De Vincenzi et al., 1994). National Institutes of Health Consensus Report와 Centers for Disease Control and Prevention Fact Sheet 모두 동일한 결론에 도달했다. 즉, 콘돔은 HIV 및 기타 성병으로부터 보호하는 데 효과적이다(Cates, 2003 참조).

여성과 장벽 방법은 어떨까? 언뜻 보기에는 파트너가 항상 콘돔을 착용하도록 하는 것이 분명한 선택일 수 있지만 "대부분의 문화에서 전통적인 성 역할은 여성이 성에 대해 이야기하거나 성행위를 시작하거나 또는 친밀한 이성애적 만남을 통제하도록 권장하지 않기 때문에 비현실적일 수 있다"(Rosenberg & Gollub, 1992; 상자 5-C 참조). 성병에 걸릴 위험이 높은 여성에게는 여성용 콘돔이 좋은 대안으로 보인다(Cates & Harwood, 2011). 그러나 고위험에 처한 대부분의 여성은 기꺼이 그것을 시도하지만 소수만이 지속적으로 사용할 만큼 충분히 좋아한다. 다이어프램은 성병에 대한 보호 기능을 제공하지 않는다(Marrazzo & Cates, 2011). 따라서 고위험 성행위(예: 여러 파트너)에 참여하고 임신을 예방하기 위해 콘돔 이외의 다른 기술에 의존하는 여성은 이중 방법 피임법(일차 방법과 콘돔)을 사용해야 한다. 불행히도 이중 방법 피임법을 고수하는 여성은 거의 없다(Tyler et al., 2014).

미래에 대한 진정한 희망은 성교 전에 질이나 직장에 바를 수 있는 **살균제(microbicide)**, 박테리아 및 바이러스 죽이는 크림 또는 젤의 개발에 있다. 많은 유형이 현재 테스트 중이며 최소한 하나(항레트로바이러스 약물 테노포비르 사용)가 임상 시험에서 매우 유망한 것으로 입증되었다(Time, 2010). 이것이 가능해지면 여성은 실제로 자신을 보호하기 위한 조치를 취할 수 있을 것이다. 그러나 몇 년 동안 시장에 출시할 것이라고 기대하지 마시오(Schwartz & Gabelnick, 2011).

살균제(Microbicide) 성병을 일으키는 박테리아와 바이러스를 죽이거나 차단하거나 비활성화하기 위해 성관계 전에 질이나 직장에 바르는 크림이나 젤.

가 그 결정을 후회한다. 30세 미만 여성의 약 20%가 그 결정을 후회한다(Amy & Tripathi, 2009; Shih et al., 2011). 재건을 원하는 사람들에게 성공은 보장되지 않는다. 문제는 수정관이나 나팔관을 함께 봉합하려면 매우 숙련된 미세 수술 기술이 필요하다는 것이다(예를 들어, 나팔관을 통과하는 통로의 내경은 사람의 머리카락보다 크지 않음). 정관 절제술 후 임신율은 40%에서 60% 사이이다(Shih et al., 2011). 성공 여부는 정관 수술 후 경과에 따라 달라진다. 이것은 자신의 정자에 대한 남성의 항체 수치가 증가했기 때문일 수 있다. 나팔관의 성공적인 재건은 매우 어렵다. 작은 흉터가 난자의 통과를 방해할 수 있고 수정이 일어나더라도 난관 임신을 초래할 수 있기 때문이다. 성공률은 43%에서 88% 사이이며, 주로 원래의 불임 유형에 따라 다르다. 따라서 남성과 여성 모두에게 성공적인 재건이 있었지만 성공률은 여전히 100% 미만이다. 따라서 더 이상 자녀를 원하지 않는다고 확신하는 사람들만 이러한 절차를 선택해야 한다.

부부가 더 이상 자녀(또는 자녀가 전혀)를 원하지 않는다고 결정하는 경우 불임수술에 동의해야 하는 사람은 누구일까? 아마도 이것이 도움이 될 것이다. 최근 검토에서는 정관 절제술이 "더 효과적이고 비용이 효율적이며 합병증 발생률이 더 낮다"라고 결론지었다(Shih et al., 2011, p. 310).

개인적인 생각 Personal Reflections

모든 요소(성생활 방식 포함)를 고려할 때 어떤 피임법이 가장 적합한가? 현재 사용하고 있지 않다면 어떻게 얻을 수 있을까?

미래 기술들 Future Technology

먼저 좋은 소식: 설문조사에 따르면 남성의 최소 25%가 호르몬 피임법을 사용할 의향이 있다(Glasier, 2010). 이제 나쁜 소식이 있다: 96% 효과가 있는 것으로 밝혀진 남성용 피임약에 대한 연구는 일부 남성이 여성이 호르몬 피임법에서 흔히 경험하는 부작용을 경험했기 때문에 중단되었다(Behre et al., 2016). 수년 동안 미국 시장에 남성용 피임약은 없을 것이다. 원치 않는 부작용 없이 정자 생성을 억제하는 피임약을 찾는 것은 어려운 일임이 입증되었다(Kanakis & Goulis, 2015). 또한 정부와 민간 자금 모두 최소 수준이다. 폴리머 젤을 정관에 주입한 후 폴리머를 사용하여 향후 10년 동안 정자를 파괴하는 기술인 RISUG(가역적 정자 유도 억제)로 임상 시험이 계속된다(Lohiya et al., 2014).

가장 최근의 연구는 정세관에서 정자를 생산하는 데 필요한 고환의 분자에 초점을 맞추고 있다. 예를 들어, 일부 연구자들은 레티노산이라는 분자를 표적으로 삼고 있다(Nya-Ngatchou & Amory, 2013). 이것의 장점은 생식선 호르몬을 방해하지 않고 정자 생산을 멈출 수 있다는 것이다.

여성 통제 장벽 피임법
Female-Controlled Barrier Methods

페서리와 여성용 콘돔보다 사용하기 쉽고 편안한 여성 통제 장벽 피임법에 대한 상당한 연구와 개발이 있었다(Schwartz & Gabelnick, 2011). 실리콘 SILCS 질내 장벽은 다이어프램과 유사하지만 의사의 피팅이 필요하지 않으며(모든 사람에게 맞는 사이즈) 삽입 및 제거가 더 쉽다. 호르몬 피임과 함께 사용하기 위한 새롭고 안전한 에스트로겐 및 프로게스테론(Sitruk-Ware et al., 2013)과 같이 다양한 새로운 여성 콘돔도 개발 중이다(Beksinska et al., 2011).

백신 Vaccination

한 가지 유망한 미래의 피임 수단은 백신(*vaccination*) 접종이다(Naz, 2011a). 독감과 같은 방법으로 임신을 예방할 수 있다. 연구자들은 신체가 정자나 난자의 단백질에 대한 항체를 생산하도록 하는 백신을 개발하려고 노력하고 있다. 이 분야의 한 저명한 연구원은 "피임 백신이 허용되기 위해서는 부작용 없이 고도로 조직 특이적이어야 하고 임신에 대해 거의 완전한 보호를 제공해야 한다"라고 말했다(Naz, 2011b).

피임 백신 연구자들은 정자 또는 난자 생산, 기능 또는 결과를 표적으로 하는 백신의 세 가지 접근 방식을 모색하고 있다. 예를 들어, 인도의 과학자들은 임신을 유지하는 데 필요한 호르몬인 HCG(인간 융모성 성선 자극 호르몬)에 대한 항체 생성을 자극하는 백신을 이미 임상적으로 테스트하고 있다. 이 백신을 사용하면 수정란이 착상되지 않고 월경 중에 배출된다.

연구원들은 낙관적이지만 남성용 피임약과 마찬가지로 인간이 사용할 수 있는 어떤 것에도 수년이 남지 않았다.

법적 고려 Legal Concerns

새로운 피임법에 대한 가장 큰 걸림돌은 기술이나 연구 부족이 아니라 보험-제품 책임 문제이다(Danvers et al., 2014 참조). 미국 소비자들은 피임법이 때때로 임신을 예방하지 못한다는 사실을 받아들이고 있지만 부작용에 대해서는 덜 관대하다. 개인 대 대기업이 관련된 법적 소송의 경우 배심원단은 기업이 감당할 수 있다는 믿음으로 개인에게 거액의 합의금을 내리는 경우가 많다. 예를 들어, 배심원단은 살정제와 선천적 결함을 연관시킨다고 주장한 연구의 저자가 자신의 결과를 부인했음에도 불구하고 자녀의 선천적 결함이 살정제 때문이라고 주장한 부부에게 500만 달러를 배상했다. 이와 같은 경우가 몇 번 더 있으면 살정제, 피임 스펀지 및 모든 호르몬 피임법의 종말을 볼 수 있다. 지난 몇 년 동안 우리는 Norplant®와 Lunelle®(세계의 다른 많은 지역에서 사용되는 두 가지 유형의 임플란트)이

시장에서 퇴출되는 것을 보았다.

임신 중단: 유산
Terminating Pregnancies: Abortion

6.9 사용된 방법과 낙태에 대한 찬성과 반론을 서술한다.

100% 효과적인 가역적 피임법은 없다(임플란트와 IUD가 가까워지긴 하지만). 따라서 가장 신뢰할 수 있는 형태의 피임법을 사용하는 부부에게도 때때로 원치 않는 임신이 발생한다. 원치 않는 임신이 발생하는 경우 여성(또는 부부)은 실제로 세 가지 옵션만 선택할 수 있다. 임신을 계속하고 아기를 유지하거나, 임신을 계속하고 아기를 입양(*adoption*)하거나, 임신을 종료(**낙태, abortion**)하는 것.. 이 세 가지 선택 중 낙태만이 피임 방법으로 간주될 수 있다.

매년 전 세계적으로 4천만 건 이상의 낙태가 시행되고 있으며 그 중 약 60%만이 안전한 조건에서 훈련된 제공자에 의해 시행된다(Sedgh et al., 2013). 전 세계적으로 개발도상국에서 연간 700만 명의 여성이 안전하지 않은 낙태로 인한 합병증으로 치료가 필요하다(Singh & Maddow-Zimet, 2015). 안전하지 않은 낙태는 산모 사망의 15%를 차지한다(Kassebaum et al., 2014). 미국에서는 매년 약 110만 건의 임신이 낙태로 종료되어 1990년의 160만 건에서 감소했다(Jones & Jerman, 2014). 임신한 십대들 사이에서 낙태율이 높지만 임신한 40세 이상의 여성 중 약 1/3도 낙태를 선택한다(Nelson & Stewart, 2008).

낙태를 한 모든 여성의 거의 90%가 임신 12주 이내에 낙태를 하고 8주 이내에 62%가 낙태를 한다(Paul & Stein, 2011). 오늘날 낙태 반대자들이 가장 널리 사용하는 주장 중 하나는 "낙태는 여성에게 해를 준다"는 것이다. 잘 수행된 과학적 연구는 이를 뒷받침하지 않는다(Jordan & Wells, 2009 참조). 합법 낙태로 인한 사망은 낙태 100,000건당 1건 미만으로 매우 드물며 실제로 성형 수술로 인한 사망보다 훨씬 적다(Raymond et al., 2014). 현대의 임신 초기 낙태는 여성의 불임, 유산, 자궁외 임신, 저체중 출산 또는 유방암의 후속 위험을 증가시키지 않는다(Paul & Stein, 2011 참조).

낙태 합법화의 가능한 결과에는 어떤 것이 있을까? 낙태 폐지? 미국에서 낙태가 불법이라면 연간 440,000명의 출생이 증가할 것이다(Levine et al., 1999). 루마니아에서 합법화된 낙태의 폐지는 유럽에서 가장 높은 산모 사망률과 수만 명의 어린이를 시설에 방치하는 결과를 낳았다(Stephenson et al., 1992).

임신을 중단하는 데 사용되는 몇 가지 방법이 있다(Paul & Stein, 2011 참조).

1. **조기 낙태를 위한 의료(비수술) 낙태:** RU 486 또는 미페프리스톤은 여성의 마지막 월경 기간 후 최대 8주까지 화학적으로 낙태를 유도하는 데 사용할 수 있는 피임약이다. Mifeprex라는 이름으로 배포된다. 착상 후 첫 7주 이내에 경구 프로스타글란딘(자궁 수축을 일으켜 배아를 배출시키는 미소프로스톨)과 함께 복용하면 약 92%의 효과가 있다. RU 486은 자궁 내막을 유지하는 데 필요한 호르몬인 프로게스테론의 신체 사용을 차단하여 자궁 내막을 떨어뜨린다. 여성은 6시간에서 3일 후에 병원에서 첫 번째 약을 복용하고 집에서 두 번째 약을 복용한다. 주요 부작용은 메스꺼움, 경련 및 장기간의 자궁 출혈이지만 주요 합병증은 드물다(White et al., 2015). 의료 낙태는 많은 국가(예: 호주)에서 집에서 완전히 수행할 수 있지만 미국에서는 낙태 정책이 이를 허용하지 않을 수 있다(Grossman & Goldstone, 2015).
2. **팽창 및 소파술(D&C):** 15주 이하의 원치 않는 임신에 대한 표준 절차가 된 후 D&C 절차는 이제 낙태 목적으로 점점 더 적게 사용된다. 전신 마취하에 여성의 자궁경부가 확장된 후 큐렛이라는 금속 기구로 자궁 내막을 긁는다. 전신 마취와 관련된 위험 외에도 이 절차는 D&E 절차(다음)보다 더 많은 출혈과 불편함을 초래한다.
3. **팽창 및 배출(D&E):** 전신 마취가 필요하지 않은 이 절차에서는 자궁경부를 통해 튜브를 삽입하고 태아 물질을 흡입하여 제거한다. 현재 미국에서 합법적인 낙태의 약 88%가 이 방법으로 시행되고 있다. 오늘날에는 휴대용 진공 주사기를 사용하여 수태 후 8일 이내에 시술이 가능하며, 소요 시간은 단 5분이다. D&E는 임신 첫 4주에서 6주 사이에 마취 없이 수행할 수 있지만 7주에서 12주 사이에 종료된 임신의 경우 국소 마취와 자궁경부 확장이 필요하다. 후기 단계의 낙태는 흡입 외에 자궁벽을 부드럽게 긁어야 할 수도 있다.
4. **유도진통:** 이 방법은 16주 이상 진행된 임신 중절에만 사용된다(전체 낙태의 5% 미만을 차지함). 고장성 식

낙태(Abortion) 임신이 얼마나 진행되었는지에 따라 알약 복용(RU 486), 자궁 내막 긁기(확장 및 소파술), 흡인으로 자궁 내막 제거(확장 및 배출) 또는 분만 유도(고장성 식염수 또는 프로스타글란딘 주사).

염수 또는 프로스타글란딘(평활근 수축을 일으키는 호르몬) 용액을 양막에 주입하고 12~36시간 이내에 진통을 유도한다. 태아는 죽은 채로 태어난다.

일부 연구에서는 낙태 후 정신 건강 문제가 증가한다는 사실을 발견했다고 주장하지만(Coleman, 2011 참조) 이러한 연구에는 심각한 방법론적 결함이 있다(Steinberg et al., 2012 참조). 대규모의 잘 수행된 연구에 따르면 임신 초기 낙태를 한 여성은 원치 않는 아기를 낳는 여성보다 이후에 감정적 또는 심리적 문제를 경험하지 않는 것으로 나타났다(예: Charles et al., 2008; Major et al. ., 2009; Munk-Olsen et al., 2011). 실제로 여성의 95%는 나중에 그것이 올바른 결정이었다고 말한다(Rocca et al., 2015).

미국 내 현재 상황과 낙태의 전망

The Present Status and Future of Abortion in the United States

낙태는 전국적으로 사람들을 양극화시킨 주제이다. 낙태를 반대하는 사람들("생명권")은 인간의 생명을 보호하는 것에 대한 우려를 표명한다. 반면에 "선택을 찬성하는 사람들"은 자신의 삶에 중대한 영향을 미칠 것에 대해 개인이 결정할 권리를 유지하기를 원한다. 2016년 Gallup에서 실시한 전국 설문조사에서 49%의 사람들이 자신을 선택 찬성, 44%가 삶을 지지한다고 밝혔다. 43%는 낙태가 도덕적으로 용인될 수 있다고 믿었고, 47%는 도덕적으로 그르다고, 9%는 상황에 따라 다르다고 말했다. 50%는 그것이 어떤 상황에서는 합법이어야 한다고 생각했고 다른 29%는 모든 상황에서 합법이라고 답했으며 19%만이 불법이어야 한다고 말했다.

낙태에 관한 법률은 40년 넘게 전환기 상태에 있었다. 1973년 이전에는 각 주가 원하는 대로 낙태를 허용하거나 금지할 수 있었지만, 그해 7 대 2의 대법원 판결(*Roe v. Wade*)은 주에서 여성과 의사 사이의 결정에 간섭하는 것을 금지했다. 임신 첫 3개월. 이 판결은 또한 주에서 임신 중기의 낙태를 금지하는 것을 금지했지만 여성의 건강을 보호하기 위해 고안된 더 많은 규정(예: 입원)을 허용했다. 1977년 대법원이 낙태 비용을 지불하는 데 연방 메디케이드 자금을 사용하는 것을 금지한 하이드 수정안을 지지했을 때 낙태 반대 세력이 승리했다. 공적 자금 없이는 소득이 제한된 여성들이 합법적인 낙태를 하는 것이 어려워졌다. 낙태 제공자 수도 1990년부터 2013년까지 크게 감소했다(Jones & Jerman, 2014). *Roe v. Wade* 사건에서 여성에게 선택권을 부여한 판결은 여전히 법이지만 후속 법원 판결은 낙태를 규제하는 데 있어 주정부에 더 많은 권한을 부여했다.

낙태에 관한 종교적 신념도 자주 바뀌었다. 예를 들어, 가톨릭 교회 내에서 토마스 아퀴나스(Thomas Aquinas)조차도 인간의 생명은 임신이 아니라 임신 2분기에 시작된다고 믿었다. 낙태를 살인이라고 선언한 최초의 교황은 1588년 식스투스 5세(Sixtus V)였지만 불과 3년 후 교황 그레고리우스 14세에 의해 뒤집혔다. 이후 300년 동안 낙태는 "합리적 영혼에 의한 생기"(남성 배아의 경우 수태 후 40일, 태아의 경우 최초 80일까지 허용되었다. 여성 태아; Connery, 1977; Grisez, 1970). 그러나 1869년에 교황 비오 9세는 낙태는 살인이라고 다시 선언했으며 이는 그 이후로 모든 교황의 믿음으로 남아 있다.

이 주제에 대한 다양한 의견으로 인해 낙태에 대한 종교적, 법적 신념은 앞으로 수십 년 동안 계속 변할 것이다. 그 동안 양측 모두 가족 계획 서비스의 증가를 지원함으로써 이익을 얻을 것이다. 많은 연구에 따르면 "효과적인 피임법의 사용을 늘리면 유도된 낙태가 감소한다"는 것을 보여주었다(Shears, 2002a; Marston & Cleland, 2003 참조).

피임법의 선택

Choosing a Contraceptive Method

6.10 어떤 피임법이 당신에게 적합한지 결정한다.

남성과 여성이 자신과 파트너가 편안하게 사용할 수 있는 피임 방법을 선택하는 것이 중요하다. 여성은 횡격막을 좋아할 수 있지만, 그녀의 파트너가 그녀가 섹스를 하다가 멈추는 것을 원망하면 좋지 않을 것이다. 남자는 그의 여자 파트너가 피임약을 복용하는 것을 선호할 수 있지만, 그녀가 가능한 부작용을 겪는 것을 분개한다면 커플의 관계에 좋지 않을 것이다. 부부는 문제에 대해 이야기하고 정기적으로 의사 소통을 해야 이러한 문제를 해결할 수 있다.

특정 피임 방법을 선택한다고 해서 어떤 이유로든 그 방법이 마음에 들지 않는 경우 계속 사용해야 하는 것은 아니다. 2006~2010년 동안 여성은 평균 3가지 방법을 사용했으며 거의 30%는 5가지 이상을 사용했다(Daniels et al., 2013a). 그림 6-16을 참조하시오. 불행히도, 이들 여성 중 많은 수가 첫 번째 선택의 사용을 중단한 후 최소 한 달 동안 피임법을 전혀 사용하지 않는다. 현재 아이를 낳고 싶지 않고 현재 사용하고 있는 피임법이 마음에 들지 않는다면 현재 사용 중인 피임법 사용을 중단하기 전에 대체 방법을 결정하시오.

이전에 이 방법을 사용한 시간: ____________________

다음 질문에 "예" 또는 "아니오"라고 답하시오.	예	아니오
1. 이전에 이 방법을 사용하는 데 문제가 있었던 적이 있나?	______	______
2. 이 방법을 사용하는 동안 임신을 한 적이 있나?	______	______
3. 이 방법을 사용하는 것이 두려운가?	______	______
4. 정말 이 방법을 사용하지 않는 게 나을까?	______	______
5. 이 방법을 사용하는 것을 기억하는 데 어려움이 있을까?	______	______
6. 이 방법을 올바르게 사용하는 데 문제가 있나?	______	______
7. 이 방법에 대해 아직 해결되지 않은 질문이 있나?	______	______
8. 이 방법은 월경을 더 길게 하나, 아니면 더 아프게 하나?	______	______
9. 이 방법은 내가 감당할 수 있는 것보다 비용이 많이 드나?	______	______
10. 이 방법이 나에게 심각한 합병증을 일으킬 수 있을까?	______	______
11. 내가 이 방법을 반대하는 이유는 어떤 종교나 도덕적인 믿음 때문인가?	______	______
12. 파트너가 이 방법을 반대하나?	______	______
13. 파트너 몰래 이 방법을 사용하고 있나?	______	______
14. 이 방법을 사용하면 파트너가 당황스러워 할까?	______	______
15. 이 방법을 사용하면 당황스러울까?	______	______
16. 이 방법 때문에 성교를 덜 즐길 수 있을까?	______	______
17. 만약 이 방법이 연애를 방해한다면, 나는 그것을 사용하는 것을 피할 수 있을까?	______	______
18. 간호사나 의사가 나에게 이 방법을 사용하지 말라고 말한 적이 있는가?	______	______
19. 이 방법을 잘못 사용하게 하는 내 특유의 성격이 있는가?	______	______
20. 이 방법을 사용하면 HIV(AIDS 바이러스) 또는 기타 성병에 노출될 위험이 있나?	______	______
"예"라고 답한 횟수:	______	______

(Adapted from HATCHER, R. A., et al. (2004). Contraceptive technology (18th ed.). New York: Ardent Media. Copyright © 2004 Ardent Media.Reprinted with permission of Ardent Media, Inc.)

그림 6-16

현재 피임을 사용하고 있는 15세부터 44세까지의 여성의 피임 방법 유형별 분포: 미국, 2011~2013.

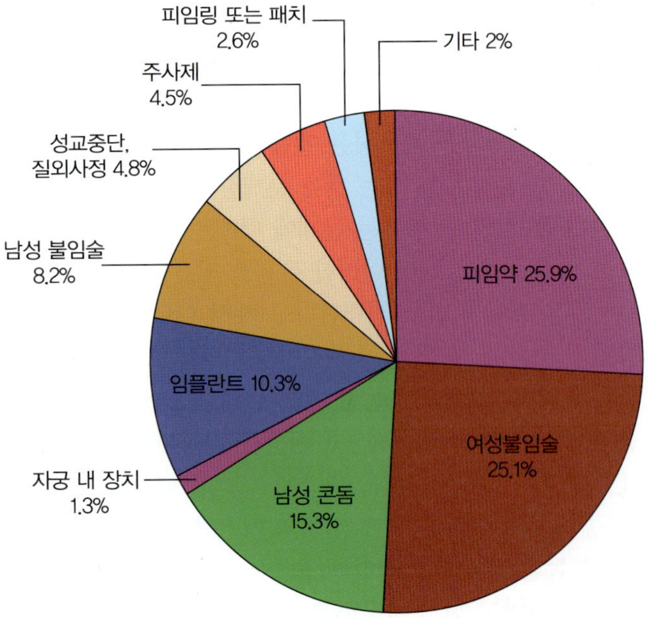

출처: CDC/HCHS, National Survey of Family Growth, 2011–2013, and Daniels et al. (2015). Current Contraceptive Use and Variation by Selected Characteristics among Women Aged 15–44: United States, 2011–2013. *National Health Statistics Report*, 86.

어떤 유형의 피임법을 사용할지 결정할 때 다음 질문에 답하시오. 그들은 당신이 고려하고 있는 방법이 당신에게 좋은 선택인지 나쁜 선택인지 결정하는 데 도움을 주기 위해 개발되었다.

대부분의 사람들은 몇 가지 "예"라고 대답할 것이다. "예"라고 대답하면 잠재적인 문제가 발생할 수 있음을 의미한다. 4개 이상의 "예" 응답이 있는 경우 의사, 상담사, 파트너 또는 친구와 상의할 수 있다. 그것에 대해 이야기하면 이 방법을 사용할지 또는 사용하는 방법을 결정하는 데 도움이 될 수 있으므로 실제로 효과적이다. 일반적으로 "예"라고 답한 사람이 많을수록 이 방법을 일관되고 올바르게 사용할 가능성이 낮아진다.

이 장에서는 다양한 피임법만을 소개했다. 추가 정보가 필요한 경우 지역 계획된 부모 조직 또는 주립 가족 계획 클리닉에 문의하시기 바란다. 그곳에서 일하는 사람들이 기꺼이 도와줄 것이다.

> 섹스는 섹스의 결과에 대해 평생 책임을 질 준비가 되어 있고 기꺼이 하는 사람들을 위한 것이다.
>
> (SUE FINN, L. Smith 인용, 1993)

스터디 가이드

핵심용어 Key Terms

Depo-Provera, p. 159
NuvaRing, p. 159
OrthoEvra, p. 158
가임기인지법(fertility awareness methods), p. 148
경부 캡(cervical cap), p. 154
낙태(abortion), p. 166
난관 불임술(tubal sterilization), p. 163
넥스플라논(Nexplanon), p. 161
다이어프램/페서리(diaphragm), p. 154
달력법(calendar method), p. 149
복합 피임약(combination pill), p. 157
불임(sterilization), p. 162
빌링스법(Billings method), p. 150
살균제(microbicide), p. 164
살정제(spermicides), p. 156
수유성 무월경법/모유 수유[lactational amenorrhea method (breast-feeding)], p. 148
여성용 콘돔(female condom), p. 152
완전 사용 임신율(perfect-use pregnancy rate), p. 146
응급 피임법(emergency contraception), p. 159
일반 사용 임신율(typical-use pregnancy rate), p. 146
자궁경부 점액(cervical mucus), p. 150
자궁 내 장치(IUD)(intrauterine device, IUD), p. 160
장벽(차단) 방법[barrier (blockade) method], p. 150
정관 절제술(vasectomy), p. 162
증상 발열법(symptothermal method), p. 150
질 세척(douching), p. 148
질외사정/성교중단법[withdrawal (coitus interruptus)], p. 147
콘돔(condom), p. 150
팽창 및 배출(D&E)(dilation and evacuation, D&E), p. 166
팽창 및 소파술(D&C)(dilation and curettage, D&C), p. 166
펨캡(FemCap), p. 154
표준요일법(Standard Days Method), p. 149
프로게스틴 전용 피임약(progestin-only pill), p. 157
피임(contraception), p. 144
피임 스펀지(contraceptive sponge), p. 155

상호검토 Interactive Review

뒤의 정답 참조.

전 세계적으로 효과적인 피임 기술이 필요하다. 세계 인구는 금세기 중반까지 (1) ______________ 십억 명 이상으로 증가할 것으로 예상되지만 이미 세계 곳곳에서 식량 부족과 대규모 기아를 겪고 있다.

미국의 십대 임신율은 대부분의 다른 선진국보다 훨씬 높다. 미국에서 약 (2) ______________ %의 임신이 의도하지 않은 임신이다. 불행히도, 아기를 가질 가능성이 가장 높은 십대들은 그들을 돌볼 준비가 되어 있지 않은 사람들이다.

이 장에서 논의된 모든 피임 방법은 아무것도 사용하지 않는 것보다 낫지만 일부는 다른 방법보다 더 효과적이다. 의도하지 않은 임신을 피하는 가장 좋은 방법은 (3) ______________이다. 상대적으로 비효율적인 방법에는 성교중단/질외사정과 질 세척이 포함된다. 가임기 인지법은 (4) ______________, (5) ______________, (6) ______________ 방법이라 한다. 그들은 (7) ______________가/이 언제 발생하는지 계산하고 그 기간 동안 성교를 삼가는 것에 의존한다. 이러한 방법의 일반적인 임신율은 대부분의 다른 방법보다 높다. (8) ______________ 방법은 뇌하수체 호르몬을 억제하는 모유 수유에 의해 작동한다. (9) ______________는/은 정자를 죽이는 작용을 하며 일반적으로 장벽 피임법과 함께 사용된다. (10) ______________, (11) ______________, (12) ______________ 또는 (13) ______________. 차단법은 정자가 (14) ______________에 들어가는 것을 차단한다. 차단법은 종종 자발성을 방해하지만 일부일처제 관계에 있지 않은 사람들의 경우 콘돔(다른 방법으로는 제공되지 않음)의 주요 이점은 (15) ______________이다.

복합 피임약에는 합성 (16) ______________ 및 (17) ______________가/이 포함되어 있으며 배란을 방지한다. 오늘날 사용되는 피임약은 에스트로겐의 낮은 복용량을 포함하고 과거에 사용된 고용량 피임약보다 안전하다. 그럼에도 불구하고 의학적 이유로 피임약을 복용해서는 안 되는 특정 그룹의 여성이 있다. (18) ______________ 및 (19) ______________에는 복합 피임약과 동일한 호르몬이 포함되어 있지만 여성이 매일 피임을 기억할 필요는 없다. (20) ______________(3개월간 지속되는 주사)에는 프로게스틴만 포함된다. 이러한 호르몬 피임법의 이론적 실패율은 1% 미만이다. 보호되지 않은 성교를 한 여성의 경우, 응급 피임약은 성교 후 (21) ______________일 이내에 복용하면 종종 효과적이며, 더 효과적인 경우 IUD를 5일 이내에 이식할 수 있다.

많은 사람들이 오래 지속되는 가역적인 피임법을 원한다. 두 가지 안전하고 신뢰할 수 있는 선택은 (22) ______________ 및 (23) ______________이다.

남성과 여성의 불임 기술을 함께 고려하면 더 많은 미국인이 다른 어떤 방법보다 산아제한을 위해 불임 수술에 의존한다. 정관 절제술에서 (24) ______________는/은 묶이고 잘린다. 그 후 남성은 오르가즘 중에 여전히 사정하지만 그의 사정액에는 정자가 없다. (25) ______________의 경우 여성의 나팔관이 절단되거나 소작되거나 클립으로 막힌다. 실패율은 0에 가깝다.

계획되지 않았거나 원치 않는 임신을 한 여성의 경우 한 가지 옵션은 낙태이다. 화학물질, 자궁 내막을 긁거나 흡입하는 방법, 유도 분만 등 다양한 기술을 사용하여 임신을 중단할 수 있다.

성교를 하기 전에 효과적인 피임법을 선택하는 것이 중요하다. 귀하에게 가장 적합한 방법을 결정하는 데 도움이 되도록 고안된 설문지가 장의 끝에 제공된다.

자기진단 Self-Test

뒤의 정답 참조.

A. 참(T) 혹은 거짓(F)

T F 26. 피임 스펀지는 24시간 동안 유효하다.

T F 27. 스웨덴과 덴마크는 미국보다 십대 출생률이 상당히 낮다.

T F 28. 세계 인구는 피임법 사용의 증가로 인해 2020년까지 안정될 것으로 예상된다.

T F 29. 미국의 출산율은 현재 여성 1인당 약 1.9명이다.

T F 30. 피임법의 완전사용 임신율이 20%라면, 피임법을 사용하기 시작한 부부 100쌍 중 약 20쌍이 3년 후에 임신을 하게 된다.

T F 31. 여성이 임신하기 위해서는 오르가즘이 있어야 한다.

T F 32. 피임약보다 불임수술에 의존하는 부부가 더 많다.

T F 33. 소녀는 월경이 시작되자마자 임신할 수 있다.

T F 34. 여성에게 비교적 효과적인 피임법은 성교 직후 질 안의 내용물을 씻어내는 것이다.

T F 35. 피임약은 성병에 걸릴 위험을 줄인다.

T F 36. 정관 절제술은 사정을 방지함으로써 피임을 하는 역할을 한다.

T F 37. 남성용 콘돔은 잘 씻고 말리면 여러 번 안전하게 사용할 수 있다.

T F 38. 대부분의 여성은 피임약을 복용하기 시작하면 체중이 증가한다.

T F 39. 피임 스펀지가 페서리보다 더 효과적이다.

T F 40. 항생제를 복용하면 피임약의 효과가 떨어진다.

T F 41. 합법 낙태는 여성이 나중에 불임, 유산, 유방암 또는 저체중 출생의 위험을 증가시키지 않는다.

T F 42. 오늘날의 IUD는 효과적이고 안전한 제품으로 간주된다.

T F 43. 자궁경부 캡과 페서리의 주요 차이점은 자궁경부 캡을 살정제와 함께 사용할 필요가 없다는 것이다.

T F 44. 응급 피임법은 낙태를 유발한다.

T F 45. 아기에게 모유 수유를 하면 여성의 뇌하수체에서 난포 자극 호르몬의 분비가 억제된다.

T F 46. 패치와 질 링은 복합 피임약만큼 효과적이다.

T F 47. 임신과 출산은 피임약을 사용하는 것보다 더 많은 산모 사망을 초래한다.

T F 48. 미래에는 임신을 예방하기 위해 예방 접종을 받는 것이 가능할 것이다(독감의 경우처럼).

T F 49. 고무 콘돔은 "피부–lamb skin" 콘돔보다 성병 예방에 더 효과적이다.

T F 50. 여성용 콘돔은 사실 질 내 주머니이다.

T F 51. 40세 이상이고 담배를 피우지 않는 대부분의 여성은 복합 피임약을 계속 복용할 수 있다.

T F 52. 페서리는 임질과 클라미디아로부터 여성을 보호한다.

B. 짝짓기

피임법

_____ 53. 모유 수유
_____ 54. 달력법
_____ 55. 증상 발열법
_____ 56. 점액법(빌링스법)
_____ 57. 살정제
_____ 58. 남성용 콘돔
_____ 59. 여성용 콘돔
_____ 60. 다이어프램/페서리
_____ 61. 자궁경부 캡
_____ 62. 피임 스펀지
_____ 63. 응급 피임법(플랜 B)
_____ 64. 패치(OrthoEvra)
_____ 65. 자궁 내 장치(IUD)
_____ 66. 복합 피임약
_____ 67. 데포-프로베라
_____ 68. 정관 절제술
_____ 69. 난관 불임술
_____ 70. 질 링(NuvaRing)
_____ 71. 넥스플라논

a. 난자의 수정을 방해한다
b. 활성 성분은 정자를 죽인다
c. 농후한 자궁경부 점액
d. 성교를 자제해야 할 때를 결정하기 위해 자궁경부 점액의 변화를 관찰하는 것을 포함한다.
e. 질에 침착된 정자가 자궁으로 들어가는 것을 방지
f. 나팔관을 묶거나 자르거나 소작하거나 클립으로 막는 행위
g. 24시간 동안 유효할 만큼 충분한 살정제 함유
h. 정자가 질로 들어가는 것을 차단
i. 성교를 자제해야 할 때를 결정하기 위해 간단한 수학 공식을 사용한다.
j. 배란 방지
k. 휴식 온도의 변화를 사용하여 성교를 자제할 시기를 결정한다.
l. 정관을 묶거나 잘라내는 것을 포함한다.
m. 착상 방지
n. FSH의 방출을 방지

C. 빈칸 채우기

72. 성교중단/질외사정은 _____________ 때문에 매우 효과적인 피임 방법이 아니다.
73. 정관 수술 후 남자는 불임이 될 때까지 _____________.
74. 여성의 가장 짧은 생리주기가 25일이고 가장 긴 생리주기가 31일이라면 달력법에 따라 _____________일부터 _____________일까지 성교를 삼가야 한다.
75. 배란시기에 대한 여성의 기초 체온은 _____________한다.
76. 여성의 자궁경부 점액은 배란 시 _____________.
77. 고무 콘돔은 _____________ 윤활제와 함께 사용해서는 안 된다.
78. 세 가지 비처방형 피임법은 _____________________, _____________ 및 _____________이다.
79. 보호되지 않은 성교의 경우 처음 며칠 동안 ___________(으)로 임신을 피할 수 있다.
80. 정자는 나팔관에서 _____________ 동안 살 수 있다.
81. 원치 않는 임신을 피하는 가장 좋은 방법은 ___________이다.

7장
임신과 출산 Pregnancy and Childbirth

종의 성별은 생식적으로 불완전한 개체의 분류이다. 성 구성원이 자신의 종의 물리적 토대에 기여하기 위해, 자신의 일부를 다음 세대로 재생산하려면 불완전성을 수정해야 한다. 이 치료법은 상보적 완전 유기체로부터 불완전한 부분들의 결합에서 발견된다. 난자와 정자 세포는 결합한다.

– 고든 버만트 & 줄리안 데이비슨, 1974

학습목표

이 장의 학습을 마치면 다음을 할 수 있어야 한다.

7.1 수정 과정을 설명하고, 접합자에서 착상까지의 발달 과정을 추적하고, 착상 시 가끔 발생하는 몇 가지 문제에 대해 논의한다.

7.2 산모와 배아/태아 모두에게 임신의 각 삼분기에 일어나는 현상을 설명한다.

7.3 임신 중 성교에 관한 권장 사항에 대해 논의한다.

7.4 배아와 태아에 대한 흡연, 알코올, 약물 사용 및 환경적 위험의 영향을 요약한다.

7.5 라마즈(Lamaze), 브래들리(Bradley), 르부아예(Leboyer), 가정 분만, 조산사를 포함한 전통적 및 대안적 출산 방법에 대해 논의한다.

7.6 분만의 세 단계와 각 단계에서 발생되는 사건을 설명한다.

7.7 둔부 분만, 제왕절개 및 조산 중에 발생할 수 있는 문제를 식별하고 설명한다.

7.8 출산 후, 모유 수유, 산후 우울증, 성관계 시작 시기, 임신간격의 이점에 대해 논의한다.

7.9 불임에 대처하는 다양한 방법을 비교하고 대조한다.

임신과 출산은 평생 잊지 못할 강렬한 경험이다. 인간의 가장 강력한 감정(희망, 두려움, 사랑, 외로움, 우울, 기쁨)이 종종 최대 수준에서 느껴진다. 여성이 처음으로 자신의 몸속에서 태아가 움직이는 것을 느낄 때, 첫 번째 진통 수축, 출생 후 부모가 아이를 처음 보는 것, 이것들은 종종 삶을 경험할 가치가 있게 만드는 일이다. 아기를 낳는다는 것은 막중한 책임을 떠맡는 것을 의미한다. 왜냐하면 신생아는 전적으로 부모에게 의존하기 때문이다. 가족 내에서 새로운 삶과 새로운 책임이 추가되면서 관계가 바뀐다. 이를 위해서는 생활에 많은 조정이 필요하다. 앞으로 알게 되겠지만, 아기가 태어나기 전에, 때로는 아기를 낳기도 전에 이러한 조정을 시작하는 것이 중요하다.

수정과 착상 Conception and Implantation

7.1 수정 과정을 설명하고, 접합자에서 착상까지의 발달 과정을 추적하고, 착상 시 가끔 발생하는 몇 가지 문제에 대해 논의한다.

2장과 3장에서 배웠듯이 난소는 **난자(ova)**를 저장한다. 각 난자는 작은 주머니로 둘러싸여 있어 **1차 난포(primary follicle)**라고 하는 것을 형성한다. 뇌하수체에서 난포 자극 호르몬(FSH)의 방출로 인해 이러한 1차 난포 중 하나(또는 그 이상)가 성숙하여 그라피 난포가 된다. 28일 월경 주기의 중간쯤에 **성숙 난포(Graafian follicle)**가 열리면서 **난자(ovum)**가 복강으로 방출되어 나팔관 중 하나에 의해 선택된다. 난자는 나팔관을 통해 자궁으로 이동한다. 자궁에 도달하는 데 3~7일이 걸리지만 난자는 난소를 떠난 후 처음 24시간 동안만 수정될 수 있다(Moore et al., 2013). 이 기간 동안 정자가 난자에 침투하지 않으면 난자가 지나치게 "성숙"되어 결국 자궁에서 분해되고 월경 중에 여성의 몸을 떠난다.

정자는 정세관의 외벽에서 발달을 시작하고 성숙함에 따라 세뇨관의 중앙으로 이동한다. 발달 중인 정자는 정원세포, 정모세포, 정자, 성숙한 정자(머리와 편모라고 하는 "꼬리"가 있음)의 여러 단계를 거칩니다. 전체 과정은 약 70일이 소요된다.

오르가즘 시 성교 중 남성은 평균 2억에서 4억 개의 **정자(sperm)**를 질에 사정한다. 그런 다음 정자는 자궁경부와 자궁을 통해 나팔관으로 이동하려고 시도한다. 이것은 쉬운 여정이 아니다. 어떤 정자는 중력에 의해 정지되고, 어떤 정자는 여성의 생식 기관의 산성도에 의해, 어떤 정자는 덩어리져서, 어떤 정자는 단순히 잘못된 방향으로 멈춘다(보통 하나의 난자가 방출되기 때문에, 오직 하나의 나팔관만이 정자가 따라가는 올바른 경로가 될 것이다). 수천 개의 정자만이 나팔관에 도달할 수 있을 정도로 오래 살며, 50개 미만이 나팔관 내의 난자에 도달할 것이다(Moore et al., 2013). (그림 7-1 및 7-2 참조) 대부분의 정자는 여성의 생식관 내에서 3일 동안만 살지만 일부는 5일까지 살 수도 있다(Wilcox et al., 1995). 따라서 성교는 28

1차 난포(Primary follicle) 단일 세포층으로 둘러싸인 미성숙 난자.
성숙 난포(Graafian follicle) 성숙한 여포.
난자(Ovum; ova, pl.) 알; 여성의 생식 세포.
정자(Sperm) 남성의 생식 세포.

그림 7-1
많은 정자들이 난자의 막에 침투하려고 시도한다. 오직 하나만이 성공할 것이다.

출처: Eye of Science/Science Source

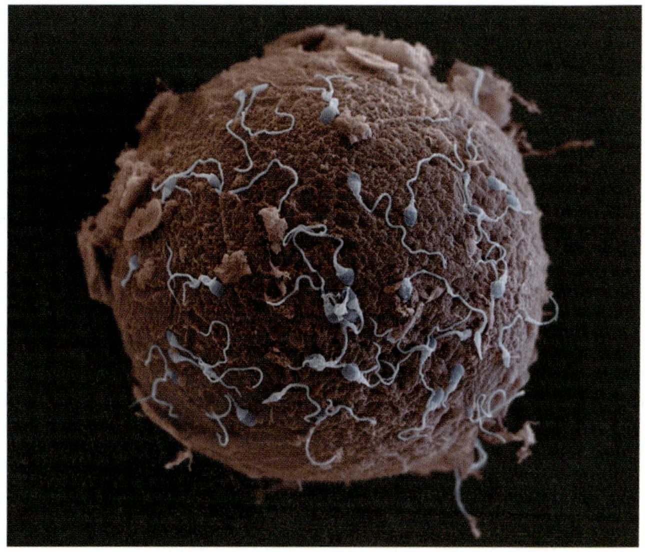

그림 7-2
난자 표면에 있는 정자를 클로즈업한 사진.

출처: Stocktrek Images/Science Source

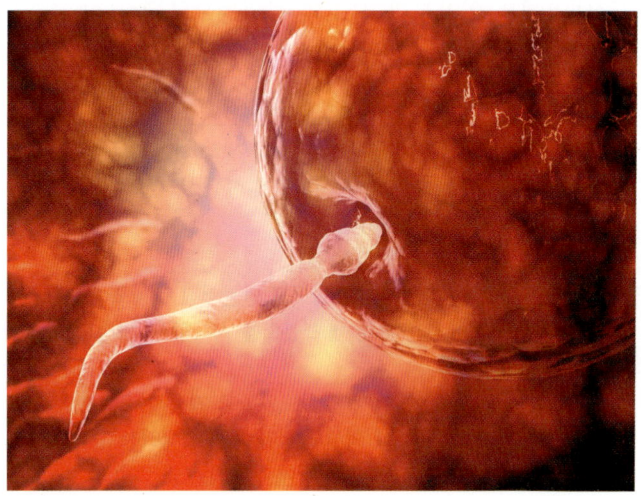

그림 7-3
배란, 수정, 착상.

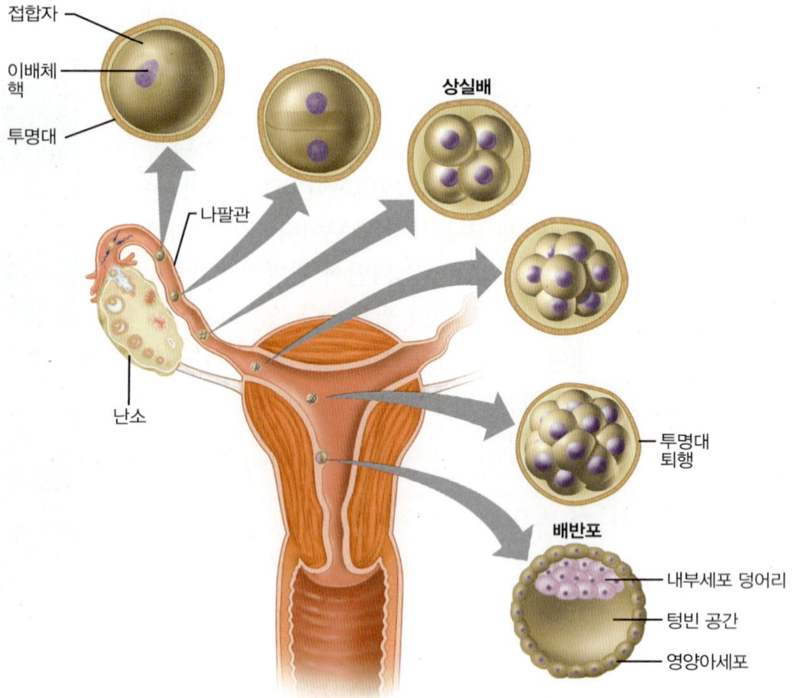

출처: Hock, *Human Sexuality*, © 2007 Prentice Hall, Inc. Reproduced by permission of Pearson Education, Inc.

일의 월경 주기 중 6일(배란 전 5일 및 배란일)에만 수태될 수 있다. 이 6일 중 어느 하나의 임신 가능성을 알고 싶다면 6장의 가임 방법 섹션으로 돌아가시오.

여성의 생식관에 있는 동안 정자는 정자막이 충분히 얇아지고 효소(히알루로니다제라고 함)를 방출하여 난자의 외층을 부드럽게 할 수 있을 만큼의 **수정능 획득(capacitation)**이라는 과정을 거친다. 난자는 작은 돌기를 내어 하나의 정자를 표면인 **투명대**(*zona pellucida*)로 끌어당긴다. 이 정자가 효소를 분비하고 난자의 표면을 관통하여 **수정(conception)**이 일어난다. 그러면 난자 내에서 거의 즉각적인 화학 반응이 일어나 다른 정자가 난자에 침투하는 것을 방지한다. 24~30시간 내에 정자의 핵과 난자가 융합하여 **접합자(zygote)**라고 하는 단세포 유기체를 형성한다. 이 단일 세포에는 새로운 인간 개체를 위한 완벽한 유전자 서열 코드 또는 청사진이 들어 있다.

이후 접합자는 두 개의 개별 세포로 분할된 다음 4개, 8개 등으로 분할된다(그림 7–3 참조). 세포 분열이 일어나면서 각 개별 세포는 작아진다. 이 세포 집합을 **상실배(morula)**라고 한다. 세포 분열이 빠르게 진행되는 동안 상실배는 천천히 자궁을 향해 계속 이동한다. 수정체는 약 100개의 세포가 있을 때 체액으로 채워진 중심으로 발달하고 **배반포(blastocyst)**라고 한다. 배반포가 자궁에 도달한 후 며칠 동안 그곳에 떠 있을 수 있다. 이 시점에서는 여전히 핀의 머리보다 작다.

배란 후 약 8~11일에 배반포는 **융모**(*villi*)라고 하는 털 같은 뿌리를 통해 자궁내막에 부착된다(Wilcox et al., 1999). 이것을 **착상(implantation)**이라고 한다. 이때까지 자궁내막에는 영양분과 산소의 공급원으로 작용할 수 있는 많은 양의 혈액이 공급된다. 배반포는 이제 배아라고 불린다. 약 8주가 지나면 태아라고 한다(임신에 대한 다음 섹션 참조).

개인적인 생각 Personal Reflections

좋은 부모가 될 수 있는 자질은 무엇인가? 좋은 부모가 되지 못하는 자질이 있는가? 좋은 부모가 되기 위해 어떤 일을 할 수 있는가? 귀하의 파트너는 귀하의 자녀의 어머니 또는 아버지에게 얼마나 적합한가?

배아의 바깥쪽 세포층은 **영양막(trophoblast)**(그리스어 *trophe*, "영양을 주다")이라고 한다. 영양막은 빠르게 성장하기 시작하여 각각 특별한 기능을 가진 4개의 보호층 또는 막을 형성한다. 하나는 배아가 스스로 생산할 수 있을 때까지 배아를 위한 혈구를 생산하고 또 다른 세포층은 **탯줄(umbilical cord)**을 형성하며, 이는 발달 중인 배아와 모체 사이의 주요 연결 고리이다. 세 번째 막은 **양막(amnion)**이라고 한다. 그것은 배아를 둘러싸고 있는 물로

수정능 획득(Capacitation) 정자가 여성의 생식 기관을 통과하는 동안 거치는 과정으로 난자의 막을 부드럽게 하는 데 필요한 효소가 방출될 수 있을 정도로 막이 얇아진다.
수정(Conception) 난자와 정자의 결합.
접합자(Zygote) 정자와 난자의 융합으로 만들어진 단세포 유기체.
상실배(Morula) 접합체가 빠른 세포 분열을 시작할 때 형성되는 세포의 집합체.
배반포(Blastocyst) 수정 후 자궁에 도달하고 지속적이고 빠른 세포 분열을 통한 상실배의 변형에 의해 생성된 유체로 채워진 구체.
착상(Implantation) 배반포가 자궁벽에 부착되는 과정이다.

영양막(Trophoblast) 배아의 바깥쪽 4개 세포층.
탯줄(Umbilical cord) 태아나 태아를 산모의 태반에 연결하는 탯줄.
양막(Amnion) 태아를 둘러싸고 있는 물로 채워진 두꺼운 피부 주머니.

채워진 두꺼운 피부 주머니이다. 발달 중인 배아를 액체로 둘러싸고 있는 양막은 부딪치는 것, 산모의 갑작스러운 움직임, 온도 변화로부터 태아를 보호한다. **융모막(chorion)**이라고 하는 네 번째 막은 태반의 내막으로 발달한다. **태반(placenta)**은 배아의 시스템과 산모의 시스템 사이를 연결하거나 연결하는 역할을 하는 기관이다. 배아는 탯줄로 태반에 연결된다. 이를 통해 배아는 어머니로부터 영양을 공급받는다. 또한 감염에 대한 보호를 위한 항체를 받는다. 배아 시스템의 폐기물은 탯줄에서 태반으로 이동하고 거기에서 어머니의 배설 시스템에 의해 흡수된다.

임신의 98% 이상이 한 명의 아기를 낳는다. 쌍둥이(또는 기타 다태아)의 원인은 무엇인가? 두 개의 다른 난자가 두 개의 다른 정자에 의해 수정되면 결과는 이형(*dizygotic*)(이란성 또는 비동일성) 쌍둥이다. 일란성(*monozygotic*) 쌍둥이는 수정된 난자가 자궁에 착상되기 전에 세분화될 때 발생한다. 미국 여성의 쌍둥이 출산 유병률은 1980년 이후 두 배 이상 증가했지만 대부분은 불임 치료법의 사용이 증가했기 때문이다(National Center for Health Statistics, 2012, 이후 섹션 참조). 다태아 출산의 가능성은 산모의 나이에 따라 높아진다.

착상 이상 Problems with Implantation

임신의 약 3/4이 착상에 실패하거나 처음 6주 이내에 자발적으로 유산되는 것으로 추정된다(Wilcox et al., 1999). 확인된 임신 7건 중 1건은 유산으로 끝난다(Fjerstad & Edelman, 2011). 착상 실패는 완전히 건강하고 정상적이지 않은 배반포의 이후 발생을 "제거"하는 수단이 될 수 있다.

착상과 관련된 한 가지 유형의 문제는 **자궁외 임신(ectopic pregnancy)**이다(그리스어 *ektopos*에서 "적절한"을 의미함). 이 경우 임신은 성공하지만 착상은 자궁 밖에서 이루어진다. 이러한 경우의 약 96%에서 착상이 나팔관에 발생한다. 드물게 난소, 자궁경부 또는 복부에 착상이 발생할 수 있다. 나팔관에 착상이 일어날 때[종종 **난관 임신**(*tubal pregnancy*)이라고 함], 단순히 배아가 자랄 공간이 충분하지 않다. 자궁과 달리 나팔관은 많이 팽창할 수 없다. 배아는 일반적으로 스스로 유산하지만 8주 후에도 계속 자라면 난관이 파열될 수 있다. 이것은 임신의 심각한 합병증이며 치명적일 수 있다. 조기 발견으로 사망률이 감소하고 있지만 자궁외 임신은 여전히 모든 임신 관련 사망의 약 6%를 차지한다.

자궁외 임신은 전체 임신의 약 1.5~2.0%를 차지한다(Barnhart, 2009). 이는 나이든 여성에게 더 흔하다(Hoover et al., 2010). 자궁외 임신은 수정체가 자궁으로 전달되는 것을 막거나 느리게 하는 조건으로 인해 발생한다. 가장 흔한 원인은 골반 염증성 질환(종종 치료되지 않은 클라미디아 또는 임질으로 인해 발생)으로 인한 나팔관의 상처 때문이다(Barnhart, 2009). 다른 요인으로는 해부학적 기형, 임신 연령의 증가, 흡연, 질 세척 등이 있다. 여성이 자궁외 임신을 한 경우, 나팔관 상처와 같은 원래 문제점의 많은 요인이 이후 임신에도 여전히 존재하기 때문에 앞으로 더 많은 자궁외 임신을 하게 될 위험이 증가한다.

> "내 임신이 난관 임신이라는 것을 비로소 알게 되었다. 1년 후 나는 다시 임신했고, 다시 난관 임신이었다. 산부인과 전문의는 나팔관을 막고 있는 흉터 조직을 제거하기 위해 수술이 필요하다고 말했다."
>
> (저자의 파일에서)

과거에는 난관 임신 진단을 받은 여성이 항상 외과적으로 영향을 받은 난관의 일부를 제거하여 미래의 임신 가능성을 크게 줄였다. 오늘날 자궁외 임신은 약물(메토트렉세이트) 투여나 복강경 수술로 치료된다(Hoover et al., 2010).

임신 Pregnancy

7.2 산모와 배아/태아 모두에게 임신의 각 삼분기에 일어나는 일을 설명한다.

임신 기간은 평균 260~270일이다. 의사가 아기의 "분만 예정 시간"으로 설정한 날짜인 "예정일"은 실제 출생일이 되는 경우는 드물다. 이는 정확한 수태일을 완전히 정확하게 측정하기 어렵고 같은 부모라도 출생에 따라 편차가 크기 때문이다. 임신은 약 9개월 동안 지속되기 때문에 이 기간을 설명 목적으로 **삼분기(trimesters)**라고 하는 3개월 기간으로 나눈다.

임신 1분기–산모 The First Trimester—The Mother

생리 기간이 늦어지면 여성은 종종 자신이 실제로 임신했는지에 대한 빠르고 정확한 정보를 원한다. 이 정보를 얻

융모막(Chorion) 영양막의 네 번째 막. 그것은 태반의 안감으로 발전한다.

태반(Placenta) 태아의 시스템과 어머니의 시스템 사이의 연결 또는 인터페이스 역할을 하는 기관.

자궁외 임신(Ectopic pregnancy) 자궁의 자궁내막 외부에 수정란을 착상시키는 것.

삼분기(Trimesters) 임신 3개월 기간(1~3개월, 4~6개월 및 7~9개월)이므로 설명 목적으로 레이블이 지정된다.

기 위해 "임신 검사"를 받는다. 이 검사는 태반에서 분비되는 호르몬(**인간 융모막 성선 자극 호르몬 또는 HCG**)이 여성의 소변에 존재하는지 확인하는 방식이다 (Fjerstad & Edelman, 2011 참조). HCG는 황체가 위축되는 것을 방지하여 프로게스테론(자궁내막을 유지하는 호르몬) 수치를 높게 유지한다. 임신 테스트는 생리를 놓친 후 2주 또는 그 이후에 가장 정확하다(95~98%). 혈액 내 HCG를 측정하는 검사는 여성이 이보다 더 빨리 임신했는지 여부를 감지할 수 있다.

임신 초기의 가장 흔한 증상은 메스꺼움이다. 이것은 **"입덧(moning sickness)"**(의학적으로는 임신의 메스꺼움 및 구토라고 함)이라고 하지만 하루 중 언제든지 발생한다. 임산부의 50~90%는 메스꺼움과 구토를 경험하며 약 1/3은 의사의 진찰이 필요할 정도로 심각한 증상을 보인다(Jarvis & Nelson-Piercy, 2011). 여성의 1% 미만이 임신오조/임신과다구토(*hyperemesis gravidarum*)라고 하는 심각한 형태를 경험한다(확실히 의료 치료가 필요함).

입덧은 일반적으로 수태 후 6~8주에 시작되어 9주에 최고조에 이르고 일반적으로(항상 그런 것은 아니지만) 20주에 저절로 사라진다. 이것은 HCG의 양에 비례한다. 그 원인에 대해 여러 가지 추측이 있지만 결정적으로 입증된 것은 없다. 일부 여성들은 건조하고 부드러운 음식(예: 크래커)을 먹고 소다수를 마시고 입덧에 대처하기 위해 다양한 가정 요법을 시도하지만 효과적인 치료 방법은 알려져 있지 않다. 많은 남성이 파트너와 동일한 임신 증상을 경험하기도 한다. 미국에서는 이를 "공감의 고통"이라고 부르지만 의학용어로는 **쿠바드 증후군(couvade syndrome**, 프랑스어로 출산 과정을 뜻함)이라고 한다.

임신 첫 3개월 동안 여성이 보일 수 있는 다른 증상으로는 확대된 유방 압통, 유방의 두드러진 정맥, 검어진 유륜, 유두 확대, 배뇨 빈도 증가, 불규칙한 배변 등이 있다. 또한 많은 여성들이 피곤하고 무기력하다고 느낀다.

임신 1분기–배아/태아
The First Trimester—The Embryo/ Fetus

임신 첫 삼분기에는 상당한 양의 발달이 일어난다(그림 7–4 참조). 배반포가 이식될 때 직경은 1/3인치 미만이다. 착상 후에는 **배아(embryo)**라고 한다. 이제 세포 분화가 시작되고 발달이 질서 정연하게 이루어진다. 배아의 성장은 머리에서 아래쪽으로, 중심(척추)에서 바깥쪽으로 발생한다. 앞서 언급했듯이, 배반포의 외부 층은 영양을 공급하고 보호하도록 설계된 구조를 형성한다. 배아에서는 세 개의 내부 세포층이 신체의 특정 부분을 형성한다. **외배엽**(*ectoderm*)은 신경계, 피부 및 치아를 형성한다. **중배엽**(*mesoderm*)은 근육, 골격 및 혈관을 형성한다. **내배엽**(*endoderm*)은 내부 장기(폐, 간, 소화 시스템 등)를 형성한다.

임신 3주가 되면 신경관이라는 중추 구조가 우세한 특징이 된다. 신경관은 중추신경계가 된다. 4주가 끝나면 탯줄, 심장 및 소화 시스템이 형성되기 시작한다. 6주가 되면 배아에는 척추의 끝 부분이 되는 "꼬리"가 있다. 그것은 또한 아가미처럼 보이지만 실제로는 아직 완전히 발달하지 않은 목과 얼굴의 일부인 구조를 가지고 있다. 8주에 배아의 길이는 약 2.86 cm이다. 모든 장기가 발달하기 시작했다. 심장이 뛰고 위가 소화액을 생성하기 시작했다. 배아는 작지만 독특한 인간으로 발전해 가고 있다. 8주 후 출생까지 발달하는 유기체를 **태아(fetus)**라고 한다. (그림 7–5 참조)

임신 2분기–산모 The Second Trimester—The Mother

임신 4~5개월에 엄마가 태아의 움직임을 느낄 수 있다. 이 움직임의 첫 번째 경험을 **태동(quickening)**이라고 한다. 여성은 일반적으로 이 시기에 자신이 임신했음을 알고 있지만, 이는 일반적으로 추상적이거나 "지적인" 것이다. 여성이 자신의 몸속에서 새로운 생명이 움직이고 있음을 느끼기 시작하면 태아는 인간으로 간주되기 시작하고 태아에 대한 정서적 애착이 일반적으로 형성되기 시작한다.

> "임신 5개월 때 처음으로 아기의 움직임을 느꼈다. 배가 고플 때 배가 덜거덕거리는 느낌이었다. '설레는 것'이라고 할 수 있는데, 굉장히 신난다. 불행히도 처음에는 그렇게 자주 발생하지 않으므로 파트너가 경험을 공유하려면 '참아야' 한다."
>
> (저자의 파일에서)

여성은 일반적으로 임신 2분기에 입덧을 극복하기 시작한다. 그들은 또한 자신의 수치가 변하는 것을 알아차리고 더 이상 파트너에게 매력적이지 않은 것에 대해 걱정

인간 융모막 성선 자극 호르몬(HCG)(Human chorionic gonadotropin, HCG) 융모막에서 분비되는 호르몬으로 임신 중 난소를 자극한다.
"입덧"("Morning sickness") 메스꺼움과 관련된 임신 초기의 증상.
쿠바드 증후군(Couvade syndrome) 남성 파트너의 임신 증상 경험; 때때로 "공감의 고통"이라고 불린다.

배아(Embryo) 배반포가 이식된 후의 배반포를 지칭하는 용어이다.
태아(Fetus) 임신 8주 이후의 배아를 지칭하는 용어.
태동(Quickening) 임신한 여성이 태아의 움직임을 처음 경험하는 시기는 보통 5개월이다.

그림 7-4

태아 발달 단계. 심장과 신경계는 4주 후부터 기능하기 시작한다.

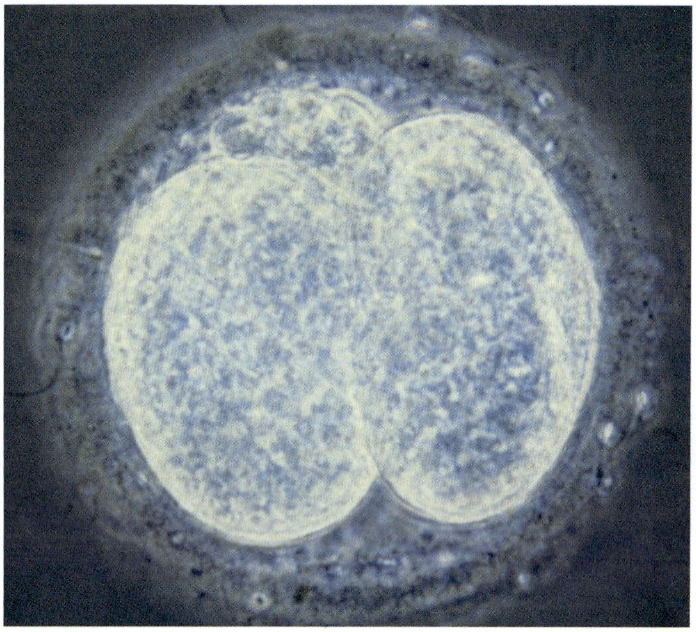

(a) 수정 1일째(2-세포기)

출처: Andy Walker, Midland Fertility Services/ Science Source

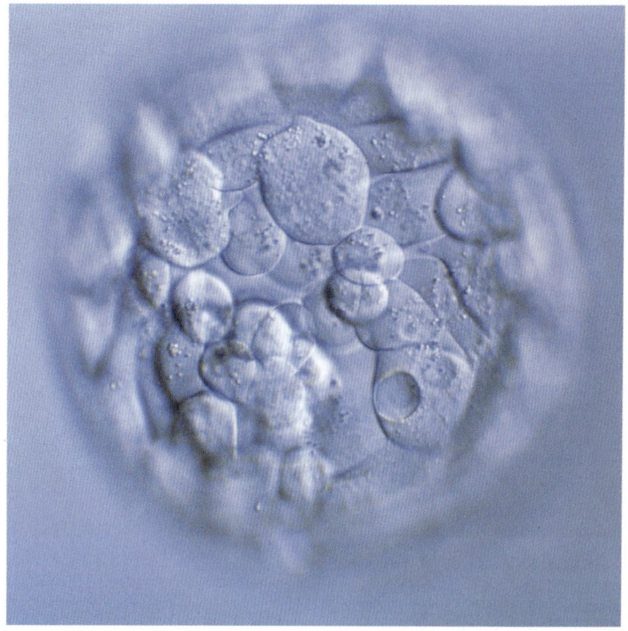

(b) 수정 3.5일째

출처: Pascal Goetgheluck/Science Source

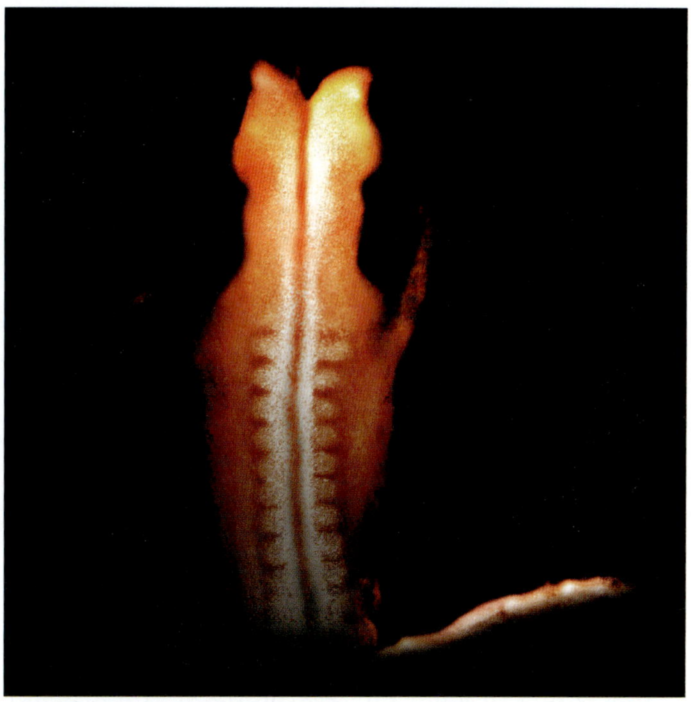

(c) 수정 후 22일째(원시 척수가 나타남)

출처: Anatomical Travelogue/Science Source

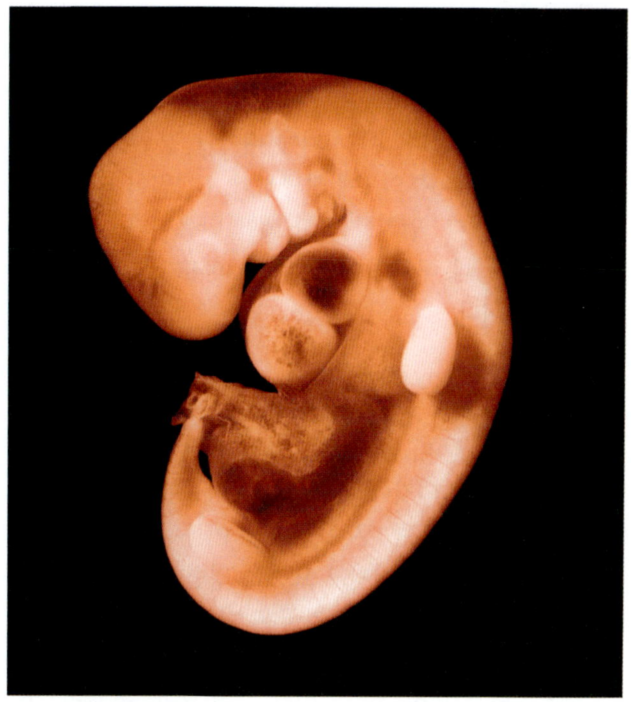

(d) 수정 후 4주째

출처: Science Source

할 수 있다. 복부가 팽창함에 따라 임산부에게 빨간 선 또는 "튼살"이 생길 수 있다. 유방이 부풀기 시작하고 우유가 흐르기 시작하기 전에 생성되는 걸쭉하고 끈적끈적한 액체인 초유(*colostrum*)가 새기 시작할 수 있다. 수분 저류는 발목, 발, 손에 부종(부기)을 유발할 수 있다. 여성은 정맥류 및/또는 치질이 발병하기 시작할 수 있다. 입덧이 사라지면 종종 식욕이 증가한다.

그림 7-5

태아 발달 단계. 8주 때 찍은 사진에서 태아와 탯줄이 연결되어 있는지 확인한다.

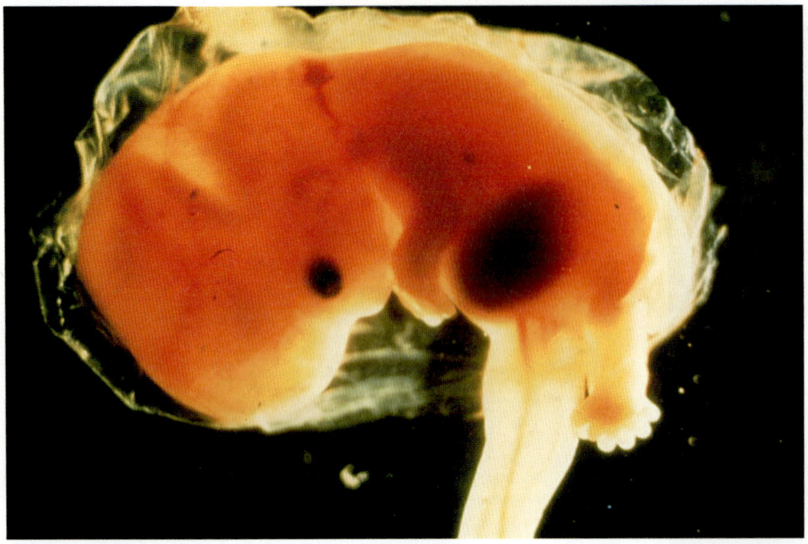

(a) 8주령 배아

출처: Petit Format/Science Source

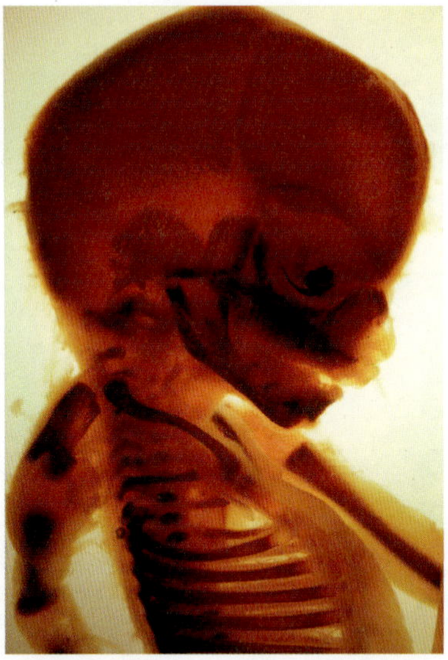

(b) 12주령 태아

출처: Scott Camazine/Science Source

임신 2분기–태아 The Second Trimester—The Fetus

이때 태아는 입으로 빨기 시작한다. (그림 7-6은 16주 된 태아를 보여준다.) 5개월째에 태아는 심장 박동을 감지할 수 있다. 소리에 반응하고 일정한 수면 시간과 각성 시간을 보이기 시작한다. 이 시기에 태어날 경우 태아가 생존할 확률은 10,000분의 1에 불과하다. 6개월이 되면 태아는 눈을 뜰 수 있다. 엄지를 빨고 빛에 반응한다. 두 번째 삼분기가 끝날 때 태아의 길이는 약 30.48 cm 이고 무게는 약 0.45 kg이다.

임신 3분기–산모 The Third Trimester—The Mother

임산부에게는 걷기, 앉기, 일어나기가 더 어려워진다. 임산부는 종종 앉고 의자에서 일어나는 새로운 방법을 배워야 한다. 임산부는 종종 무게 중심을 이동시키는 새로운 무게의 짐을 앞으로 짊어지고 요통을 경험한다. 빠르게 성장하는 태아와 함께 커지는 자궁은 방광과 위에 압력을 가한다. 결과적으로 배뇨가 더 자주 발생한다. 여성은 밤에 4~5회 소변을 봐야 할 수 있다. 소화불량, 속쓰림, 가스, 변비도 흔한 증상이다. 다리 경련이 발생할 수 있으며 때로는 칼슘을 추가 섭취하여 치료할 수 있다. 여성의 배꼽이 나올 수 있으며 그녀는 종종 낮은 에너지 수준을 경험한다.

임신 3분기–태아 The Third Trimester—The Fetus

그림 7-6

태아는 16주 정도면 사람임을 알 수 있다.

출처: Nestle/Petit Format/Science Source

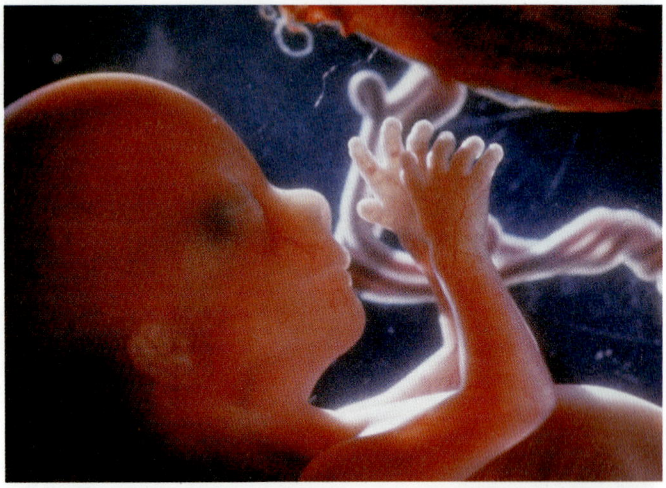

임신 7개월 말까지 태아의 길이는 약 38.1 cm이고 무게는 약 0.68 kg이다. 지방 조직이 피부 아래에서 발달하기 시작한다. 이러한 조직이 부족하기 때문에 미숙아가 너무 말라 보인다. 8개월이 되면 태아의 체중이 급격히 증가하기 시작한다. 8개월 말에 무게는 약 1.81 kg이고 길이는 40.64~43.18 cm가 된다. 이 시점부터 태아는 일주일에 약 0.23 kg 증가한다. 9개월이 되면 태아는 길이가 약 50.8 cm로 자라고 평균 무게는 3.18~3.40 kg이다. 그러나 이러한 측정값에는 상당한 편차가 있다. (그림 7-7은 3, 5, 7, 9개월 태아의 발달을 보여준다.)

태아는 가벼운 털(**배냇솜털, lanugo**)과 밀랍 같은 푸르스름한 물질(**태지, vernix caseosa**)로 덮여 있다. 이것들은 신생아를 매우 흥미롭게 만들지만 보호 장치 역할을 한다. 오늘날 태지는 출생 직후 바로 씻어내지 않고 피부에 흡수되는 경우가 많다.

그림 7-7(a)

임신 3개월 째. 태아는 이제 길이가 약 7.62 cm이고 무게가 약 28.3 g이다. 표시된 위치에서 계속 발전할 수도 있고, 자주 회전할 수 있다. 자궁은 태아가 성장함에 따라 확대되기 시작하며, 이제 배꼽까지 약 절반 정도까지 확장되는 것을 느낄 수 있다.

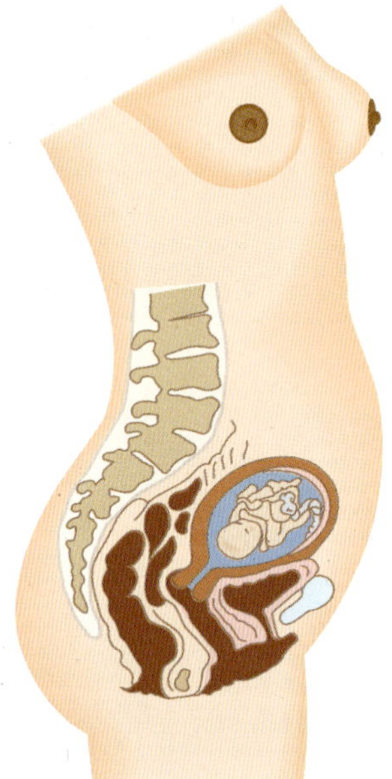

그림 7-7(a)

임신 5개월째. 태아의 길이는 약 25.4~30.5 cm이고 몸무게는 0.45 kg이다. 여전히 선홍색이다. 태아의 커진 크기는 이제 자궁의 반구형 지붕을 탯줄의 높이로 가져온다. 내부 장기는 놀라운 속도로 성숙하고 있지만, 폐는 자궁 밖의 상황에 대처하기에는 충분히 발달되어 있지 않다.

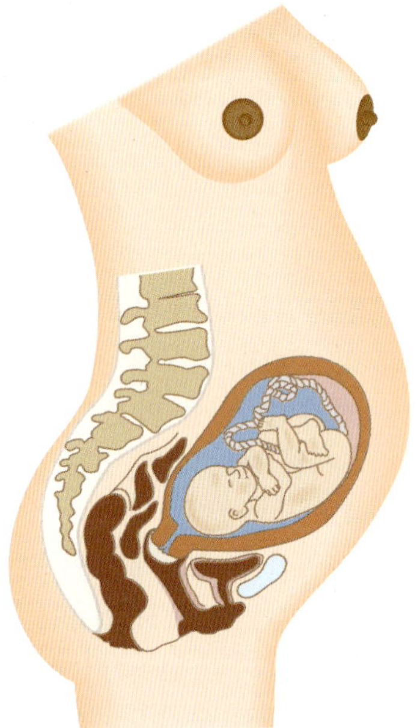

그림 7-7(c)

임신 7개월째. 태아의 몸무게는 지난 달보다 대략 두 배로 증가했고, 그것은 약 7.62 cm더 길다. 하지만 여전히 꽤 붉게 보이고 결국 지방으로 지워질 주름으로 덮여 있다. 숙련된 의사와 간호사의 보살핌을 받는다면, 7개월이 된 미숙아는 신생아실에서 생존할 수 있다.

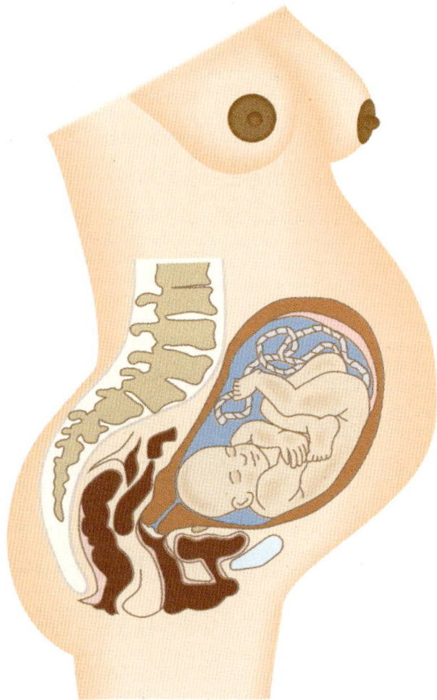

그림 7-7(d)

임신 9개월째. 출생 시 또는 만삭일 때, 아기는 평균적으로 여자아이의 경우 약 3.29 kg, 남자아이의 경우 약 3.42 kg이다. 태아의 길이는 대략 50.8 cm이다. 피부는 크림색 코팅으로 덮여 있다. 고운 솜털이 많이 사라졌다. 손가락 끝에 손톱이 자라나온다.

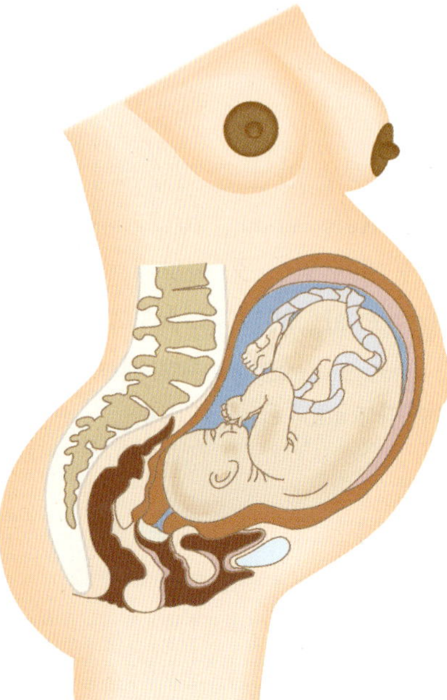

배냇솜털(Lanugo) 갓 태어난 아기를 덮는 가벼운 머리카락.

태지(Vernix caseosa) 신생아를 덮고 있는 푸르스름한 왁스 같은 물질.

임신 중의 성교
Sexual Intercourse During Pregnancy

7.3 임신 중 성교에 관한 권장 사항에 대해 논의한다.

임신 중 두 가지 패턴의 성행위가 관찰되었다. 대다수 여성의 경우 임신 기간 동안 성행위가 꾸준히 감소한다(Call et al., 1995; Regan et al., 2003). 그러나 대규모 연구에 따르면 부부의 90%가 임신 5개월에도 여전히 성교를 하고 있는 것으로 나타났다(Hyde et al., 1996).

> "더 이상 임신이 불가능하다는 사실이 임신 중 성관계를 매우 흥미롭게 만든다. 내 감각이 훨씬 더 고양된 것 같았고 남편과 나는 그것이 매우 즐겁다는 것을 알게 되었다."
>
> (저자의 파일에서)

일부 여성의 경우 임신 1기부터 2기까지 성 활동이 증가한다(Regan et al., 2003). 임신에 대한 걱정에서 벗어나 처음으로 자신의 섹슈얼리티를 마음껏 표현하는 여성도 있다. 그 후 임신 3개월 동안 성에 대한 관심이 감소한다(von Sydow, 1999).

여성(및 남성)은 임신 중 성교에 대한 관심이 감소하는 몇 가지 이유를 제시한다. 한 가지 이유는 육체적인 불편함이다. 임신이 진행됨에 따라 전통적인 남자 상위의 자세는 여성에게 점점 더 불편할 수 있다. 위에 있는 여성의 자세가 가장 편안할 것이다(Lee et al., 2010).

성에 대한 관심 감소의 두 번째 이유는 여성이 더 이상 매력적이지 않다고 느낄 수 있기 때문이다(Radoš et al., 2014).

> "처음 5개월 동안 성관계를 한 적이 없다. 달라진 몸에 역겹고 부끄럽고 속상했다"
>
> (저자의 파일에서)

많은 여성의 경우 임신 중 성관계의 주요 동기는 관계 문제이다(Sagiv-Reiss et al., 2012). 관계에 대한 잘못된 의사 소통과 불행은 임신 중 성관계 빈도의 주요 예측 인자이다(Galązka et al., 2014; Radoš et al., 2014).

또 다른 이유는 임신이나 태아에 해를 끼칠 가능성에 대한 두려움이다(Radoš et al., 2014).

그림 7-8

임신은 여성이 여전히 자신의 몸매를 자랑스러워할 수 있는 시기이다.

SOURCE: Julie Dermansky/Science Source

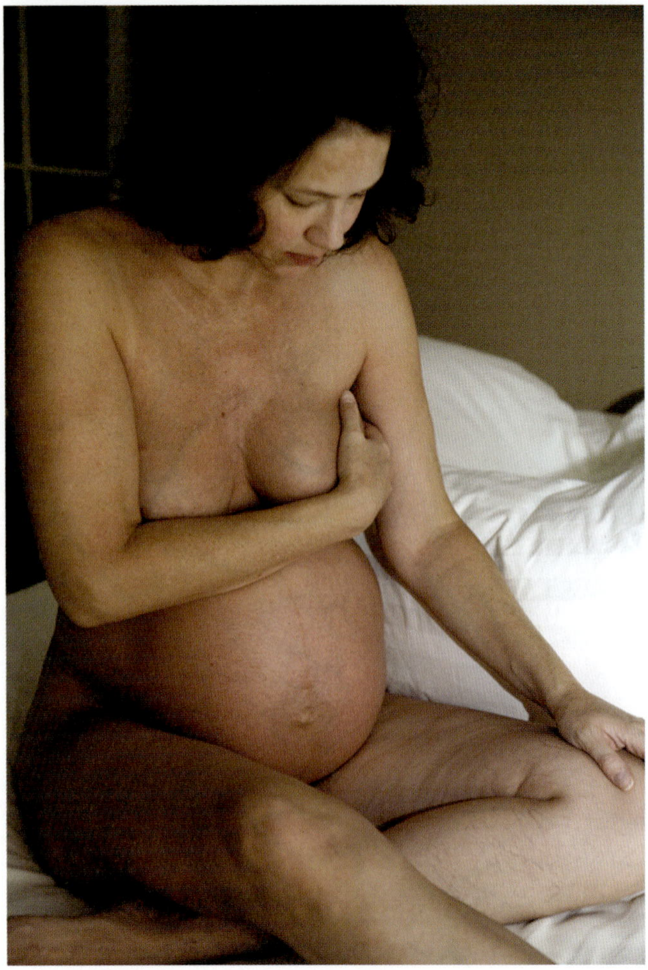

> "임신 중반쯤에 남편은 섹스에 대한 관심이 줄어들었지만 내 관심은 높아졌다. 나는 이미 뚱뚱하고 추한 느낌이 들었고, 이것은 상황을 더욱 악화시켰다. 내가 뚱뚱하고 못생겼다는 생각뿐 아니라 남편도 뚱뚱하다고 생각해서 밤새도록 울었다. 그제서야 나는 그의 문제가 그가 나나 아기를 다치게 할까봐 두려웠다는 것을 깨달았다. 그렇지 않을 거라고 설득하려고 했지만, 우리가 섹스를 하는 동안 그 생각을 멈출 수가 없었다."
>
> (저자의 파일에서)

이것은 중요한 질문으로 이어진다. 임신 기간 중 성관계를 갖는 것이 안전한가? 59건의 연구를 검토한 결과, 다른 위험 요인이 없다면 임신 중 성교가 태아에게 해를 끼치지 않는다는 사실이 밝혀졌다(von Sydow, 1999). 의견의 일치는 높이 평가되는 *Williams Obstetrics*에 요약되어 있다. "건강한 임산부의 경우 성교가 일반적으로 임신 마지막 4주 전에 해를 끼치지 않는다는 것이 일반적으로 받아들여지고 있다"(Cunningham et al., 2010). 지난 4주간은? 여기에 약간의 논쟁이 있으며 의사와 상의해야 한다.

어쨌든 성행위는 성교에만 국한되지 않으며 임신 후반기에는 대체 형태의 성적 자극이 선호될 수 있다. 포옹, 만지기 및 기타 애정 표현은 매력을 전달하는 중요한 방법이다.

임신의 합병증 Complications of Pregnancy

7.4 배아와 태아에 대한 흡연, 알코올, 약물 사용 및 환경적 위험의 가능한 영향을 요약한다.

모든 출생의 약 97%는 건강하고 정상적인 영아를 낳는다. 그러나 임신 합병증이 발생할 수 있다. 이들 중 상당수는 예비 부모가 알고 있으면 예방할 수 있다.

배아나 태아에 해를 끼칠 수 있는 물질을 **기형 유발 물질**(**teratogens**, "괴물"을 의미하는 그리스어 테라에서 유래)이라고 한다. 최근까지 태반은 모든 유해 물질을 차단하는 완벽한 필터로 여겨졌다. 이제 우리는 태반 장벽을 넘을 수 있는 수백 가지의 기형 유발 물질을 알고 있다. 기형 유발 물질로 인한 피해를 결정하는 세 가지 요소는 기형 유발 물질의 양, 기형 유발 물질에 노출된 기간(시간), 배아 또는 태아의 나이이다. 발달 중인 신체의 각 부분에는 가장 손상되기 쉬운 **임계 기간**(**critical period**)이라고 하는 시간이 있다. 가장 많이 형성되는 시기이다. 중요한 시기에 신체 부위는 발달 방법에 대한 "신호" 또는 "메시지"에 민감하다. 이 민감도는 발달 중인 배아 또는 태아가 기형 유발 물질에 쉽게 영향을 받을 수 있음을 의미하다. 기형 유발 물질은 항상 피해야 하지만 대부분의 신체 부위는 발달 첫 8주 동안 최대한 손상되기 쉽다(그림 7-9 참조).

임신 첫 8주 동안 많은 여성이 자신이 임신했는지 확신할 수 없음을 기억하시오. 이로부터 배워야 할 중요한

기형 유발 물질(Teratogens) 배아 또는 태아에 해를 끼칠 수 있는 물질.

임계기/결정적 시기(Critical period) 기형 유발 물질과 관련하여, 신체의 특정 부분이 가장 손상되기 쉬운 배아 또는 태아 발달 기간.

그림 7-9

태아 발달의 중요한 시기. 황갈색 영역은 매우 민감한 기간을 나타냅니다. 파란색 영역은 덜 민감한 기간을 나타낸다.

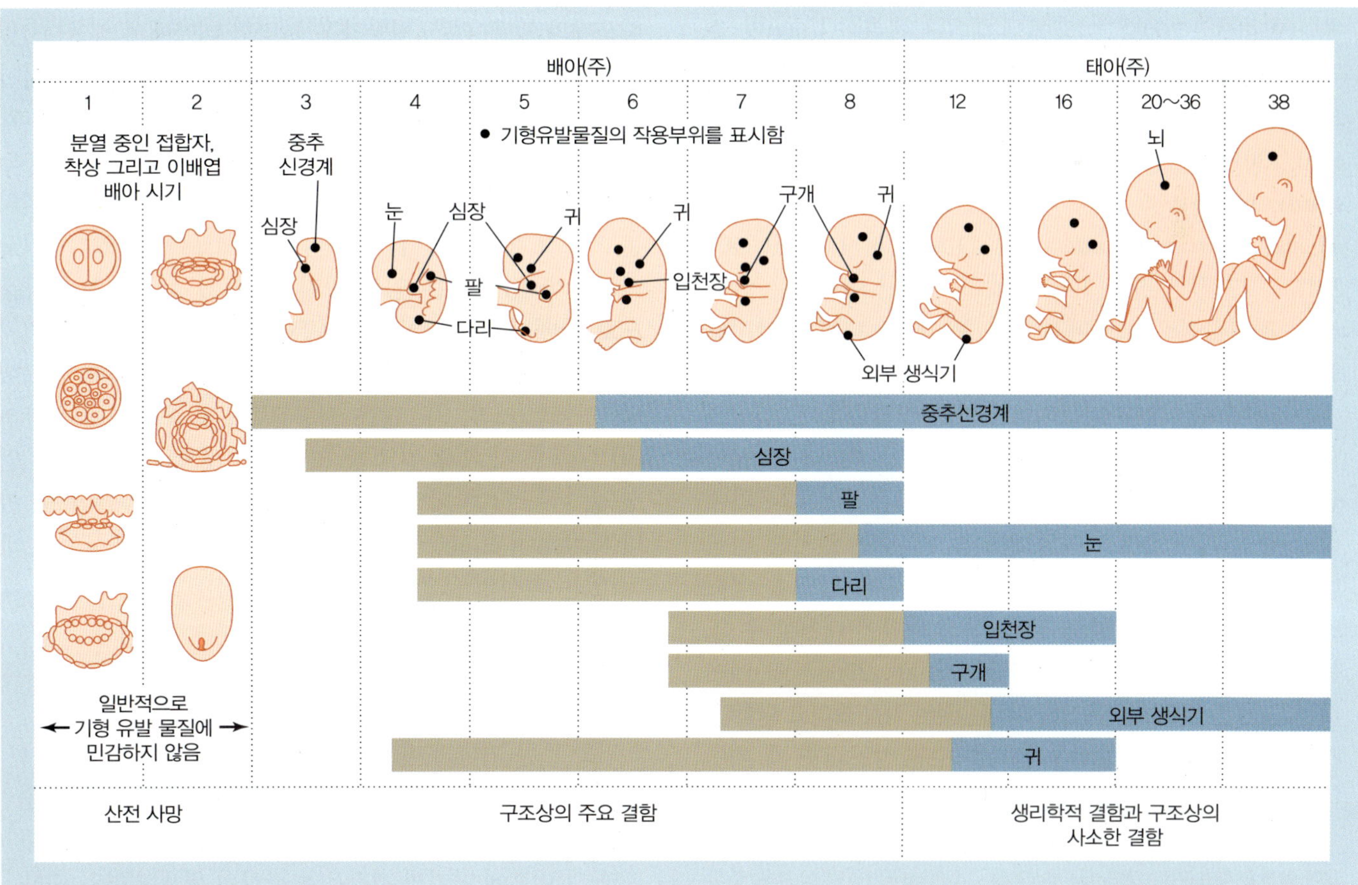

교훈이 있다. 여성이 건강한 아기를 가질 가능성을 높이기 위해 자신의 행동을 바꾸고 싶다면(예: 술 끊기), 임신 사실을 알게 된 후보다 임신을 시도할 때 하는 것이 좋다. 여성의 파트너는 동시에 자신의 습관을 변경하여 더 건강한 습관을 장려할 수 있다.

흡연 Smoking

모든 임산부의 약 13%가 흡연한다(Martin et al., 2009). 임신 중 흡연은 저체중아 출산, 유산, 자궁외 임신, 조산 및 영아 사망률의 상당한 증가와 관련이 있기 때문에 우려 사항이다. 임신 중에 담배를 피우는 어머니는 아기가 영아 돌연사 증후군("요람 사망")으로 사망할 위험이 최소한 두 배 이상 증가한다(U.S. Office of the Surgeon General, 2004). 흡연과 함께 마리화나를 사용하면 나쁜 결과가 더욱 증가한다(Chabarria et al., 2016).

알코올 Alcohol

미국 가임기 여성의 약 7.3%가 알코올에 노출된 임신의 위험이 있다(Green et al., 2016). 임신 중 음주는 심각한 결과를 초래할 수 있으며 폭음(5잔 이상)은 특히 태아에 해롭다(Walling, 2005). 미국에서 태어난 어린이 1,000명 중 약 6~9명은 임신 중 어머니의 알코올 사용으로 인한 손상으로 인해 신체적 기형 및/또는 정신적 장애가 있다(Fox et al., 2015). 이 상태는 **태아 알코올 증후군(fetal alcohol syndrome, FAS)** 또는 태아 알코올 스펙트럼 장애(*fetal alcohol spectrum disorders*, FASD)로 알려져 있다(CDC, 2016). 극단적인 경우, FAS를 갖고 태어난 아이들은 안면 기형, 비정상적으로 떨어져 있는 눈, 작은 머리를 가지고 있다.

미국에서는 모든 임신의 45%가 계획되지 않은 임신이며(6장 참조) 여성은 수태 후 4~6주가 될 때까지 자신이 임신했다는 사실을 알지 못한다. 알코올은 임신 3주차에 발달 중인 태아에게 최대의 영향을 미칠 수 있지만 임신 내내 부정적인 영향을 미칠 수 있다. 적당한 알코올 섭취 조차도 정서적 문제, 학습 장애, 학교 생활에 대처할 수 없는 아동을 초래할 수 있다(Wilford et al., 2006). 이 데이터는 임신 중 알코올을 완전히 피하는 것이 가장 좋다고 말한다. 갓 태어난 아기에게 알코올 음료를 주지 않는다면 왜 태어나기도 전에 주겠는가?

태아 알코올 증후군(FAS)(Fetal alcohol syndrome, FAS) 알코올 중독 어머니에게서 태어난 영아에게 흔히 나타나는 신체적 및 신경계 이상을 포함하는 상태이다.

술을 마시는 많은 여성들도 담배를 피운다. 임신 중 복합 효과는 조산과 저체중아 출산의 가능성을 크게 높인다(Odendaal et al., 2009).

진통제 Narcotics (Including Pain Killers)

최근 미국에서 마약 사용이 급증하고 있다. 여기에는 Oxycontin 및 Vicodin과 같은 처방 진통제에 중독된 어머니가 포함된다. 이 비율은 2000년 이후 3배가 되었고 (Patrick et al., 2012), 중독된 아기를 치료하기 위해 납세자가 지출하는 비용은 연간 15억 달러이다(Stempniak, 2016). 중독된 영아는 출생 후 금단증상을 일으켜 발열, 떨림, 경련, 호흡곤란 등의 증상을 보인다.

임신 중 코카인 노출의 가장 널리 보고된 영향은 성장 감소와 조산(둘 다 저체중 출산), 머리 둘레와 뇌 무게 감소이다(Aghomohammadi & Zafari, 2016). "크랙 베이비"는 과민성 및 방향 감각 상실을 포함한 다양한 감각 운동 및 행동 결함을 가지고 있다. 나중에 학습 문제와 행동 장애의 실제 가능성도 있다(리뷰는 Singer et al., 2002 참조).

기타 약물 Other Drugs

항생제와 같은 많은 처방약은 분명히 태아에게 해롭다. 일부 여성의 경우 임신이 우울증 증상을 증가시킬 수 있지만 항우울제 또한 해롭다(Clay, 2016). 또한 항히스타민제(알레르기 치료제 및 기침 치료제)와 같은 일반적으로 사용되는 약물과 특정 비타민의 다량 복용이 유해한 영향을 미치는 것으로 입증되었다. 아스피린도 해로울 수 있다. 미국 식품의약국(FDA)은 임신 마지막 3개월 동안 일반의약품으로 판매되는 아스피린 제품은 태아 순환에 영향을 미치고 분만 중 합병증을 유발할 수 있어 복용에 대해 경고했다. 카페인(커피, 차, 많은 청량 음료 및 초콜릿에서 발견됨)은 출생 시 체중 감소를 초래하는 것으로 밝혀졌다. 임신 중 너무 많은 비타민 A도 선천적 기형을 유발할 수 있다(Rothman et al., 1995). 점점 더 많은 수의 의사들이 하고 있는 최선의 조언은 가능한 한 임신 중에는 약물을 복용하지 말라는 것이다.

개인적인 생각 Personal Reflections

귀하 또는 귀하의 파트너가 담배를 피우거나 술을 마시거나 약물을 복용하는가? 당신과 당신의 파트너는 균형 잡힌 식단을 먹고 충분한 수면을 취하는가? 임신 중과 그 이후에 아기의 건강을 보장하기 위해 귀하와 귀하의 파트너는 건강에 대해 어떤 결정을 내릴 수 있는가?

자간전증 Preeclampsia

임산부는 **임신중독증**(*toxemia of pregnancy*)이라는 질병에 걸릴 수 있다. 초기에 이 질환을 **자간전증(preeclampsia)**이라고 하며 임산부의 약 3~5%가 경험한다. 그 증상에는 소변의 단백질(의사가 감지할 수 있음), 고혈압, 체중 증가, 과도한 수분 저류로 인한 관절 부종 등이 있다. 어떤 경우에는 질병이 경련과 혼수 상태를 특징으로 하는 자간증으로 진행된다. 전 세계적으로 자간전증과 자간증은 매년 60,000명 이상의 사망을 초래한다.

> "첫 임신 중에 내가 임신중독증에 걸렸다는 사실을 알게 되었다. 나는 즉시 저염식을 했고 남은 임신 기간 동안 침대에 누워 있어야 했다. 아기가 태어났을 때 무게는 약 2.083kg에 불과했고 이후 체중은 1.842 kg으로 떨어졌다. 아기는 호흡기 문제와 심한 황달이 있었다. 의사는 약 4주 동안 아기를 인큐베이터에서 간호했다. 아주 예쁜 아기였지만, 기어 다니고, 걷고, 말하기 시작하는 데 오랜 시간이 걸렸다. 나는 두 번째 또는 세 번째 임신에서는 임신중독증에 걸리지 않았다."
>
> (저자의 파일에서)

자간전증은 임신 20주 이후에 발생한다. 태반에서 시작하여 빠르게 산모의 자궁내막으로 널리 퍼진다(Sibai, 2012). 특히 첫 번째 출산인 경우 젊은 여성에서 발생할 가능성이 가장 높다. 첫 임신에 임신중독증이 발생한 여성은 이후 임신에서 임신중독이 발병할 위험이 증가한다. 또한 임신 전에 장벽 피임약(예: 콘돔, 격막)을 사용한 여성은 자간전증의 위험이 훨씬 더 높다. 이러한 결과는 이 질병이 정액에 노출된 결과로 변화된 면역 반응으로 인한 것임을 시사한다(Pipkin, 2001 참조). 대중적인 믿음과 달리 비타민을 많이 섭취해도 자간전증을 예방할 수 없다(Roberts et al., 2010). 자간전증을 치료하는 유일한 방법은 아기를 조기에 분만하는 것이다(Sibai, 2012). 그러나 이것은 당연히 아기의 건강에 위험을 초래한다.

Rh 상반/부적합 Rh Incompatibility

대부분의 사람들의 혈액에는 **Rh 인자(Rh factor)**라는 단백질이 있다. 이 혈액 단백질이 처음 발견된 히말라야 원숭이에서 이름을 따왔다. 사람이 단백질을 가지고 있다면 그는 "Rh 양성"이다. 그렇지 않은 경우 그 사람은 "Rh 음성"이다. 각 사람은 자신에게 단백질이 있는지 여부를 결정하는 두 개의 유전자(각 부모로부터 하나의 유전자를 받는다)를 가지고 있다. Rh 양성 유전자가 우성이다. 즉, 사람이 Rh 양성 유전자와 음성 유전자 하나를 가지고 있으면 혈액이 이 단백질을 갖게 된다. 사람은 두 유전자가 모두 Rh 음성인 경우에만 Rh 음성 혈액을 가질 수 있다.

미국의 모든 임신 중 약 8%에서 산모는 Rh 음성이고 태아는 Rh 양성이다. 이 경우 Rh 호환성 문제가 있는 것이다. 첫 번째 출생의 경우 이러한 상황은 일반적으로 위험하지 않다. 그러나 분만과 분만 중에 임신 중에 태반에 별도로 보관되어 있던 태아와 산모의 혈액이 함께 섞일 수 있다. 이런 일이 발생하면 엄마의 혈액은 아기의 혈액에 있는 Rh 인자를 위험한 이물질처럼 취급하여 미래에 "침입자"를 공격하고 파괴할 항체를 형성한다. 산모가 또 다른 Rh 양성 태아를 낳으면 이 항체가 태반 장벽을 넘어 태아의 혈액 공급을 공격하여 유산, 태아의 뇌 결함 가능성 또는 사망까지 유발할 수 있다.

다행히도 이러한 항체가 형성되는 것을 방지하기 위해 산모에게 투여할 수 있는 주사가 있다. 이에 사용되는 약물을 "*Rhogam*"이라고 한다. 이것은 이미 이러한 항체를 가지고 있는 Rh 음성 혈액으로 구성된다. Rhogam은 이미 항체를 가지고 있기 때문에 어머니의 시스템은 자체 항체를 많이 생산하지 않는다. Rhogam의 항체는 결국 죽고 어머니는 Rh 양성인 다른 태아를 낳을 수 있게 된다.

임신 중 문제진단 Detection of Problems in Pregnancy

태아가 자궁 안에 있는 동안 문제를 감지하는 몇 가지 기술이 있다. 하나는 **융모막 융모 샘플링(chorionic villus sampling)**이다(Brambati & Tulvi, 2005 참조). 앞서 배운 것처럼 융모막은 배아를 둘러싸고 있으며 임신 초기에 발달한다. 융모막 샘플링에서는 질과 자궁경부를 통해 작은 관을 삽입한다. 초음파에 의해 유도된 튜브는 부드러운 진공 흡입에 의해 융모막에서 일부 머리카락 같은 세포(융모)를 제거한다. 이 세포는 태아의 염색체 문제나 이상을 감지하거나 특정 질병의 증거를 찾기 위해 검사할 수 있다. 융모막 샘플링의 주요 장점 중 하나는 임신 초기(임신 10주에서 12주)에 문제를 감지하는 데 사용할 수 있지만 임신 12주 후에 융모막 융모가 모두 사라진다는 것이다.

유사한 정보를 제공하는 또 다른 기술은 **양수천자**

자간전증(Preeclampsia) 고혈압, 체중 증가, 관절 부종 및 소변의 단백질을 특징으로 하는 임신 질환. 교정하지 않으면 경련과 혼수상태에 이를 수 있다.

Rh 인자(Rh factor) 대부분의 개인의 혈액에 있는 단백질. 산모가 가지고 있지 않고 태아가 가지고 있다면 Rh 인자에 대한 항체가 생길 수 있다. 이것을 Rh 비호환성이라고 한다.

융모막 융모 샘플링(Chorionic villus sampling) 임신 10주에서 12주 사이에 태아의 문제를 감지하는 데 사용되는 기술이다. 융모막의 털 모양 돌기(융모)를 수집하여 검사한다.

양수천자(Amniocentesis) 임신 14주에서 18주 사이에 양수 수집을 포함하는 태아 문제를 감지하는 기술.

(amniocentesis)이다(Brambati & Tulvi, 2005). 양수천자에서는 속이 빈 바늘을 산모의 복부와 자궁, 양수막을 통해 태아를 둘러싸고 있는 양수에 삽입한다. 그런 다음 양수 중 일부를 추출하고, 떨어져 나와 액체에 떠 있던 태아 세포에 이상이 있는지 검사한다. 이 절차는 임신 14주에서 18주 사이에만 사용할 수 있다. 융모막 융모 샘플링과 양수천자의 경우 유산의 가능성은 200분의 1에 불과하다(Evans & Wapner, 2005).

융모막 샘플링 및 양수천자는 "침습적" 기술이라고 하며, 이는 자궁 및/또는 태아를 침범하거나 내부로 들어가는 것을 의미한다. 이러한 절차를 사용할 때 잠재적인 문제를 감지하는 것과 새로운 문제를 만드는 것 사이에서 균형을 찾아야 한다. 초음파는 자궁과 태아에서만 음파를 반사하기 때문에 "비침습적" 기술로 간주된다(Fjerstad & Edelman, 2011). 초음파는 골격계의 기형과 같은 문제를 진단하는 데 사용할 수 있다. 양수천자처럼 유전적 결함을 감지할 수 없다.

알파태아단백(alpha-fetoprotein, AFP) 검사(screening)는 임신 16주에서 18주 사이에 임산부의 혈액을 검사하는 것이다. 이 검사는 척추갈림증을 포함한 신경발달의 이상을 감지하는 데 사용된다.

태아 수술 Fetal Surgery

문제가 있는 임신을 치료하는 또 다른 방법은 **태아 수술(fetal surgery)**로 태아가 산모의 자궁에 있는 동안 수술을 시행하는 것이다. 이 분야의 기술 발전은 빨랐다. 1989년에 의사들은 태아에 대한 최초의 성공적인 대수술을 시행하여 치료하지 않으면 출생 직후 사망에 이를 수 있었던 횡격막 탈장을 치료했다(Harrison et al., 1990). 의사는 23주 된 태아의 척추갈림증도 교정했다(Adzick et al., 1998).

유산(자발 유산) Miscarriages (Spontaneous Abortions)

이 장의 앞부분에서 모든 개념의 약 4분의 3이 6주 이상 생존하지 못한다는 것을 배웠다. 나머지 분기 중 약 15%가 임기를 넘기지 못한다(Fjerstad & Edelman, 2011). **유산(miscarriage)**의 가능한 원인은 유전적, 해부학적, 호르몬적 원인을 포함하여 많이 있다. 감염; 모성 자가면역 반응; 및 담배 흡연 또는 코카인 사용(예: Speroff & Fritz, 2005). 일반적으로 의사는 여성이 유산 중 세 가지를 낳을 때까지 유산의 원인을 진단하려고 시도하지 않는다. **재발성 유산**(*recurrent miscarriages*)은 여성의 0.5~1.0%에서 발생하며 다양한 원인이 있을 수 있다(Bansal, 2010 참조).

많은 부부에게 유산은 정서적으로 큰 실망을 줄 수 있다.

> "결혼 14년 차이다. 나는 일곱 번을 임신했고 매번 약 4개월 반에 유산했다. 의사는 4개월 만에 내 자궁이 너무 약해서 아기를 낳을 수 없다고 진단했고, 무엇을, 어떻게 노력해도 내 아이를 가질 수 없다고 한다. 나는 때때로 매우 우울해 울기도 했다. 최근에는 다른 사람의 아기들과 함께 있는 것이 너무 불편하다."
>
> "어떤 사람들은 유산으로 아기를 잃으면 여성만이 속상하다고 생각할지 모른다. . . 그러나 이것은 상상할 수 없는 방식으로 나에게 상처를 주었다. 우선 그곳에 없는 것이 내 탓인 것 같은 기분이 들었다. 우리 중 일부가 아직 아기로 성장하고 성숙할 기회가 없었기 때문에 가장 마음이 아팠다. 이제 우리의 관계가 정상으로 돌아오고 있다."
>
> (모든 예제는 작성자의 파일에서 가져옴)

이 시점에서 우리는 수억 명의 아기가 심각한 문제 없이 태어남을 강조하고 싶다. 태아는 해로움에 대해 엄청나게 저항력이 있다. 잘 먹고, 독성 물질을 피하고, 조기에 의사로부터 정기적인 치료를 받고, 연구와 훈련(곧 설명할 것임)을 통해 자녀의 출산을 준비하는 것이 중요하다.

임신 중 영양공급과 운동 Nutrition and Exercise During Pregnancy

임신 중이라면 이제 2인분을 먹는다. 평소보다 양질(*good-quality*)의 음식을 더 많이 섭취해야 한다(Boston Women's Health Book Collective, 2011 참조). 미국 공중보건국(U.S. Public Health Service)은 임산부도 종합 비타민제를 복용하여 **엽산 섭취를 보충할 것을 권장한다.** 특정 조건이 있는 경우 의사가 추가 권장 사항을 제시할 수 있다(예: 독성 혈증을 완화하기 위해 소금 섭취량 조절).

일부 여성은 임신 중 체중 증가에 대해 부정적인 감정을 가지고 있다. 이것은 정상적일 뿐만 아니라 필요한 것임을 기억하시오. 임신 중에는 절대 저칼로리 다이어트를 하지 마시오. 2009년 Institute of Medicine은 임신 중 체중 증가에 대해 다음과 같은 권장 사항을 제시했다: 비만 여성을 위해. 권장 체중 증가보다 적으면 독소혈증, 빈혈, 저체중 출생 및 영아 사망의 위험이 증가한다(Davis et al., 2014).

초음파(Ultrasound) 태아의 내부 장기를 검사하는 비침습적 기술. 레이더 또는 소나 스캔(sonar scan)과 같은 음파를 사용하여 그림을 만든다.

알파태아단백(AFP) 검사[Alpha-fetoprotein(AFP) screening] 신경 이상을 감지하는 데 사용되는 혈액 검사.

태아 수술(Fetal surgery) 태아가 아직 자궁에 있을 때 하는 수술이다.

유산(Miscarriage) 자연 유산.

임신 중 격렬한 운동이 조산과 분만을 유발할 수 있다는 우려가 있었다. 대규모 연구에서는 이를 뒷받침하는 증거가 없을 뿐만 아니라 상태가 좋은 규칙적인 운동을 하는 사람들이 적시에 출산을 한다는 사실도 발견했다(조산 가능성 감소)(Hatch et al., 1998).

결론: 임신 중 좋은 식단과 운동은 엄마와 아기 모두에게 더 나은 결과를 가져온다(Thangaratinam et al., 2012). "출산 문제" 섹션을 반드시 읽으시오.

출산 준비 Preparing for Childbirth

7.5 라마즈(Lamaze), 브래들리(Bradley), 르부아예(Leboyer), 가정 분만, 조산사를 포함한 전통적 및 대안적 출산 방법에 대해 논의한다.

미국에서는 임산부의 74%가 임신 1분기에 초기 **산전 검사(prenatal examination)**를 받는다(U.S. Department of Health and Human Services, 2013). 그러나 이는 임산부의 26%가 산전 검진을 미루거나 전혀 가지 않는다는 것을 의미한다. 산전 검사는 임신 중 건강 관리의 필수적인 부분이다. 그러나 출산에는 산모와 아기의 안전을 보장하는 것보다 더 많은 것이 있다. 여성의 심리적 안녕과 정서적 적응은 어떠한가? 선진국의 현대 모성 간호는 많은 기술 발전의 도움을 받고 있지만 울라 발덴스트롬(Ulla Waldenström, 1996)이 질문한 것처럼 "안전이 출생의 의미를 빼야 합니까?" 이 섹션에서는 안전과 관련이 있지만 출산을 의미 있는 경험으로 만들기 위해 노력하는 전통적인 의료 모델의 출산에 대한 몇 가지 대안에 대해 배울 것이다.

전신마취, 여성이 몇 시간을 기다려야 하는 분만대기실, 분만실 등을 마련해 보건의료인들이 보다 쉽게 진료를 받을 수 있도록 했다. 여성들은 대개 고통스러울 것이라는 기대만 하고 앞으로 닥칠 일에 대해 거의 교육을 받지 못했다. 이 여성들 중 일부에게 분만과 출산은 긍정적인 경험이 아니었다(Waldenström et al., 2004).

> "20살에 첫 아이를 낳을 준비를 했다. '유도 분만'은 의사에게 편리한 분만 방식이었으며 70년대에 널리 시행되었다. 마지막으로 병원을 방문했을 때 의사는 '양수가 터졌다'며 나에게 코텍스 패드(생리대) 5개를 건네며 길 건너편 병원으로 가서 입원하라고 했다. 의사는 그날 저녁 늦게 나를 체크하겠다고 말했다. 분만실 간호사는 수축을 시작하기 위해 주사를 시작했다. 오래된 병원의 분만실 창문에 막대가 있었던 이유를 이제 알았다. 특히 자연분만에 대한 준비가 되지 않은 상태에서 그 극심한 고통은 이루 말할 수 없다. 뛰어내리는 것이 축복이었을 것이다."

> "출산 경험은 매우 충격적이었다. 내가 견뎌야 했던 고통…. 간호사가 나에게 사용하는 조제 용액이 너무 차가웠기 때문에 나는 간호사를 주먹으로 때리려고 손을 뻗었던 것을 기억한다. 그 다음에 알게 된 것은, 마취용 마스크가 내 얼굴을 가렸고, 나는 기절했다."
>
> (모든 예제는 작성자의 파일에서 가져옴)

아버지는 일반적으로 아기가 태어났을 때 잊혀진 사람이었다. 그들은 진통이나 출산의 어떤 부분에서도 아내와 함께 있는 것이 거의 허용되지 않았다.

> "간호사가 아내에게 검사를 하는 동안 나는 캔디바를 사러 방을 나갔다. 그녀의 방으로 돌아왔을 때 나는 아내가 끌려가는 것을 보았다. 간호사는 아내가 출산 중이라고 설명했다. 나는 아내와 여러 날 밤을 지새웠기 때문에 아내의 침대에 누워 쉬었다. 오후 6시가 조금 넘자 침대 옆 전화벨이 울렸고 간호사는 내가 한 여자아기의 아빠라고 말했다.
>
> (저자의 파일에서)

1932년 영국의 그랜틀리 딕-리드(Grantly Dick-Read)라는 의사가 자연분만을 옹호하는 책을 저술했다(Dick-Read, 1972). 그는 "현대" 기술에서 벗어나는 운동의 창시자가 되었다. Dick-Read는 임산부를 "환자"로 간주하는 현대의 출산 기술이 **공포-긴장-통증 주기(fear-tension-pain cycle)**를 초래한다고 결론지었다. 그는 여성들이 다음에 무슨 일이 일어날지 모르는 이상한 환경에 처해 있고 낯선 사람들에게 둘러싸여 있으며 이것이 두려움을 불러일으킨다고 추론했다. 그는 두려움이 긴장된 근육과 같은 긴장과 관련된 생리학적 변화를 일으킬 수 있다고 믿었다. 이러한 것들은 산모가 분만과 분만 중에 느끼는 고통을 상당히 증가시키는 것으로 믿어졌다. 그 대신 그는 미지의 것에 대한 두려움을 덜어주기 위해 예비 엄마들에게 임신, 분만, 출산, 출산 절차에 대해 교육하는 것을 옹호했다. 그는 또한 긴장의 생리학적 효과를 완화하기 위한 이완 기술 훈련을 옹호했다. 마약은 필요하다고 생각되면 허용되지만 가능하면 피해야 한다. 오늘날 사람들은 이러한 기술을 자연 분만보다 **준비된 출산(prepared childbirth)**이라고 더 적절하게 언급한다.

라마즈법 The Lamaze Method

프랑스 의사인 페르낭 라마즈(Fernand Lamaze)는 1951년에 소련에서 출산 기술을 연구하기 위해 여행했다. 소련

산전 검사(Prenatal examination) 임신 중 의사의 건강 검진.

공포-긴장-통증 주기(Fear-tension-pain cycle) 준비된 출산 옹호자들에 따르면, 여성이 분만과 출산에 대해 제대로 교육받지 못한 경우 분만 중에 경험하는 사건의 주기이다.

준비된 출산(Prepared childbirth) 여성이 긍정적인 경험을 할 수 있도록 분만과 출산을 준비하는 과정 또는 기술.

전역에서 라마즈는 여성들이 마취제를 사용하지 않고 출산을 하거나 큰 고통을 겪는 것을 보았다. 소련은 이반 파블로프(Ivan Pavlov)의 조건화 기술을 진통과 배달의 영역으로 확장했다. 여성들은 분만과 출산의 감각에 대해 유쾌하고 새로운 연관성을 배우도록 조건지워져 있었다. 그들은 또한 진통을 쉽게 하는 데 도움이 되는 이완 및 호흡 기술을 배웠다. 라마즈는 프랑스로 돌아와 소비에트 기술을 약간 수정하고 이 새로운 출산 접근법을 자신의 진료에 사용하기 시작했다(Lamaze, 1970). 미국 여성인 마저리 카멜(Marjorie Karmel)은 라마즈의 지도하에 이 접근 방식을 사용했으며 1959년 베스트셀러인 *Thank You, Dr. Lamaze*라는 책에서 자신의 경험에 대해 썼다. 그 이후로 라마즈법은 미국에서 가장 인기 있는 준비 출산 형태가 되었다. 라마즈 교육을 받은 두 사람의 다음 출산 경험을 이 섹션의 시작 부분에 제시된 두 사례 기록과 비교하시오. 어떤 사람이 출산을 긍정적인 경험으로 기억한다고 생각하는가?

> "나는 출산에 있어 세 가지 다른 방법을 모두 겪었다. 첫 번째 방법은 완전히 약에 취한 것이다. 나는 다음날 아침까지 아기를 보지 못했다. 그 다음 두 번째 출산은 분만실을 이용한 자연분만으로 아무런 구속이 없었다. 당신에게는 출산의 자유와 존엄성이 주어진다. 나는 내 마지막 아기를 위해 출산용 의자를 사용했다. 그것은 좀 더 자연스러운 분만 방식이었고 나는 밀어붙이는 것이 덜 힘들다는 것을 알았다. 라마즈 훈련으로 배운 휴식과 호흡 기술은 정말 저를 집중시키고 준비하게 했다. 네가 원하는 게 뭔지 알잖아. 이게 네가 출산을 선택한 방법이야. 내 남편이 계속 옆에서 나를 격려해 줬어. 사랑이 어떤 결과를 낳았는지 보는 것은 너무나 기쁜 일이었다. 내 남편의 얼굴에 나타난 미소. 우리는 분만 직후 아기를 안고 있을 수 있다. 여기에 유대감이 시작된다."
>
> "우리 아이들은 라마즈를 사용했다. 가장 기억에 남는 것은 마지막까지 아내가 얼마나 통제력이 있었는지이다. 그녀는 몇 주 전에 자신의 초점을 그렸고 호흡과 역기를 하면서 모든 수축에 집중했다. 출생에 대한 절대적으로 가장 좋은 점은 우리 둘 다 아이들이 태어난 순간을 볼 수 있다는 것이다. 아내가 출산을 할 때 그 경험의 일부로 그곳에 있는 것이 중요했다. 그녀와 그렇게 연결되어 있고 살아 있다고 느꼈던 다른 순간을 기억할 수 없다."
>
> (모든 예제는 작성자의 파일에서 가져옴)

라마즈 접근법은 통증의 구체적인 원인을 파악하고 각 원인에 대한 대처 방법을 제공한다. 출산 시 통증을 느끼는 원인은 무엇인가? 기본적으로 이것들은 (1) 불안과 두려움; (2) 근육 긴장; (3) 근육의 스트레칭; (4) 근육에 도달하는 산소량이 너무 적음; 및 (5) 신경에 대한 압력으로 나뉜다. 다음은 라마즈 훈련이 이러한 각 원인을 다루는 몇 가지 방법이다(Lothian & DeVries, 2005 참조).

1. 불안과 두려움. 고통은 주관적인 경험이다. 미식축구 선수는 팔이나 다리를 부러졌는데도 그것을 깨닫지 못하고 게임이 끝날 때까지 계속 플레이할 수 있다(통증이 갑자기 참을 수 없을 때). 반면에 어떤 사람들은 바늘에 닿기도 전에 혈액 검사를 받으면 움찔하고 비명을 지른다. 이 예는 고통 경험에 영향을 미치는 두 가지를 보여준다. 첫 번째는 경험과 관련된 불안과 두려움이고, 두 번째는 고통의 원인에 대한 관심이다.

   라마즈 훈련에서 두려움과 불안은 교육을 통해 먼저 처리된다. 미지의 것은 언제나 두렵고, 분만 중인 여성이 무엇을 기대해야 할지 모르는 경우, 그녀의 불안은 그녀의 고통 경험을 증가시킬 것이다. 이것은 임산부에게 임신과 출산에 대해 가르치는 것으로 상쇄된다. 출산과 관련된 진통 및 의료 절차에 대해 배우고 산부인과 병동 및 분만 시설을 견학한다. 이런 식으로 임산부는 무엇을 기대해야 하는지 알고 분만과 출산이 일어날 환경에 더 익숙하다.

   주관적인 고통 경험을 줄이는 또 다른 방법은 주의를 집중하거나 집중하는 법을 배우는 것이다. 출산을 하는 동안 예비 엄마는 자신의 몸 밖에 있는 물건, 예를 들어, 마음에 드는 장식품이나 가구를 골라 그 물건 또는 "초점"에 모든 주의를 집중하는 법을 배운다. 초점에 집중함으로써 그녀는 고통에 집중하지 않으므로 고통에 대한 지각이나 주관적 경험이 감소한다. 훈련, 진통 및 출산을 통해 임산부는 "코치"를 동반한다. 코치는 종종 아기의 아버지이지만 친구가 될 수도 있다. 코치는 지원, 격려 및 교육을 제공하여 어머니가 훈련을 활용하도록 돕는다. 엄마가 될 엄마를 최대한 편안하게 유지하면서 동시에 집중력과 기운을 북돋아주는 것은 코치의 책임이다.
2. 근육 긴장. 사람들이 불안하거나 두려울 때 근육이 조여진다. 이것은 자연스러운 반응이며 "싸우거나 도피하는" 상황에서 빠른 움직임을 허용하기 때문에 적응할 수 있다. 그러나 장기간에 걸쳐 근육을 긴장 상태로 유지하면 근육이 아프고 비효율적으로 사용될 수 있다. 진통이 바로 그런 상황이다. 라마즈 훈련의 첫 번째 운동 중 하나는 근육이 긴장할 때와 이완하는 방법을 배우는 것이다.
3. 근육 스트레칭. 근육의 집합과 마찬가지로 분만에 사용되는 근육도 과로하면 지치고 아프기 시작한다. 특히 상태가 좋지 않은 경우에는 더욱 그렇다. 라마즈 훈련에서 여성은 아기가 도착하기로 결정했을 때 이

러한 근육이 단련되고 강해질 수 있도록 운동을 배운다.

4. **근육으로 가는 산소가 너무 적다.** 근육은 격렬한 운동 중에 너무 많은 에너지를 사용하여 종종 충분한 산소를 얻지 못하여 통증을 느끼기 시작한다. 진통에서도 마찬가지다. 이를 돕기 위해 임산부와 코치는 다양한 호흡 기술을 배운다. 이러한 다양한 유형의 호흡은 일반적으로 수축 중에 사용되며 여성의 주의는 초점에 고정된다.
5. **신경에 대한 압박.** 산도를 통해 이동하는 태아로 인한 신경 압박은 역류 또는 마사지를 통해 처리된다. 한 가지 유형의 *effleurage*는 임산부가 수축하는 동안 피부에 큰 타원형을 따라 손가락 끝으로 복부를 가볍게 만지게 하는 것이다. 이 가벼운 마사지는 일반적으로 즐거운 감각이며 수축의 불편함과 즐거운 감각을 지속적으로 짝지어줌으로써 주관적인 고통 경험을 줄인다.

오늘날, 부부가 전통적인 병원-전신 마취 접근법 대신 사용할 수 있는 몇 가지 다른 분만 기술이 있다. 다음은 그 중 몇 가지이다.

브래들리법 The Bradley Method

미국에서 두 번째로 인기 있는 준비 출산 유형은 1940년대 로버트 브래들리(Robert Bradley)의 연구를 기반으로 한다. 그 역시 Dick-Read에서 영감을 받았고 출산 중 고통이 문화적으로 학습된 두려움에서 비롯된다고 믿었다. 그는 "자연의 본능적 행동과 계획에 대한 간섭적인 간섭"에 대해 주장했다(Bradley, 1981). 그는 약 없는 출산을 강조했고 라마즈보다 남편의 역할이 더 컸다.

르부아예 분만법 The Leboyer Method

또 다른 프랑스 의사인 프레더릭 르부아예(Frederick Leboyer)는 1975년에 *Birth without Violence*라는 영향력 있는 책을 저술했다. 그는 전통적인 출산 기술이 아기에게 충격적이라고 생각했고 대신 "순한 출산"을 옹호했다. **르부아예 분만법**(*Leboyer method*)에서는 아기를 분만하고 즉시 산모의 배에 얹는다. 방은 어머니의 몸 안의 조명을 시뮬레이션하기 위해 희미하게 조명된다. 탯줄은 맥박이 멈출 때까지 몇 분 동안 절단되지 않는다. 그런 다음 아기를 따뜻한 목욕에 넣는다(양수를 시뮬레이션하기 위해). 아이디어는 아기가 엄마의 몸 안의 삶에서 바깥 세상의 삶으로 가능한 한 원활하게 전환될 수 있도록 하는 것이다.

가정분산, 분만실, 분만센터, 조산사, 출산 조언자 Home Birth, Birthing Rooms and Centers, Modern Midwifery, and Doulas

1870년에는 1% 미만의 여성이 병원에서 출산했다(Tew, 1990). 2000년까지 약 1%의 여성만이 병원 밖에서 출산했다. 오늘날 유럽과 미국에서는 가정에서 출산하는 것으로 돌아가는 움직임이 커지고 있다. 현재 미국의 가정 분만 건수는 연간 약 35,000건이며 그 중 75%가 계획되어 있다(Committee Opinion, 2016). 이러한 움직임은 부분적으로 경제적 고려에 의해 주도되었다. 가정 출산은 훨씬 저렴하다. 개인적인 생각도 있다. 많은 부부는 친숙한 환경에서 아기를 낳는 것이 병원에서 분만하는 것보다 더 자연스럽다고 생각한다. 집에서 출산한 여성들은 거의 항상 그것이 매우 긍정적인 경험이었다고 말한다(O'Brien et al., 2011). 합병증 위험이 낮은 건강한 임산부의 경우 많은 사람들이 가정 분만이 병원 분만의 안전한 대안이라고 생각하지만(de Jonge et al., 2013), 다른 사람들은 합병증과 사망 위험이 매우 낮음에도 불구하고 병원 분만을 위한 것보다 두 배 더 크다고 생각한다(Snowden et al., 2015).

이러한 움직임에 맞서기 위해 많은 병원에는 병실이 아니라 침실처럼 보이도록 설계된 "분만실"이 있다. 진통과 출산은 한 침대에서 이루어지며, 출산 후 아기가 엄마와 함께 방에서 잘 수 있도록 아기 침대가 있는 경우가 많다. 일부 지역에서 밀접하게 관련된 옵션은 조산사 또는 의사와 같은 숙련된 개인의 도움을 받아 집과 같은 분위기에서 출산을 제공하는 기관인 **분만 센터**(*birthing centers*)이다. 그들은 전통적인 병원 치료만큼 여성에게 안전한 것으로 판명되었지만(Waldenström & Nilsson, 1997), 이것은 부분적으로는 분만 센터가 예측 가능한 합병증이 없는 여성에게만 가능한 옵션이기 때문일 수 있다.

집에서 분만할지, 분만 센터에서 분만할지, 아니면 병원에서 분만할지에 상관없이 의사보다 **조산사(nurse-midwives)**를 이용하는 추세도 증가하고 있다. 많은 유럽 국가에서 모든 아기의 3분의 2 이상이 조산사를 통해 분만된다. 조산사 간호사는 일반적으로 정상적인 분만 및 경미한 응급 상황에 적합한 자격을 갖춘 산과 기술 교육을 받은 등록 간호사이다. (다른 유형의 조산사는 이러한 유형의 정규 교육을 받지 않을 수 있다는 점에 유의해야 한다.) 의사보다 비용이 저렴하고 임신, 분만 및 출산 후반기에 개인 간병을 제공한다. 연구에 따르면 아기(및 산모)에 대

조산사(Nurse-midwife) 산부인과 기술 훈련을 받은 공인 간호사로, 종종 임산부의 집에서 아기를 분만한다.

한 결과는 의사가 참석할 때와 마찬가지로 조산사를 돌볼 때와 마찬가지로 좋다(Walsh & Downe, 2004).

새롭고 점점 더 인기 있는 대안(특히 가난한 사람들 사이에서)은 **출산 조언자(doula**, 그리스어: 여종)를 사용하는 것이다. 이것은 분만과 출산 중에 여성 동반자("어머니 형상") 역할을 하는 여성이다. 조산사 교육이 부족하지만 감정적, 신체적 결과는 일반적으로 동반자 없이 진통과 출산을 겪는 여성보다 낫다(Hodnett et al., 2013; Odent, 2012 참조).

마취 또는 자연 분만

Anesthetics or "Natural" Childbirth?

창세기에서 하나님은 출산을 고통스럽게 하심으로써 하와의 범죄(금단의 열매를 먹음)에 대해 여성들을 벌하신다.

> 내가 네게 잉태하는 고통을 크게 크게 하리라. 고통 속에서 당신은 아이들을 낳을 것이다. (창세기 3:16, 개정 표준역)

1800년대에 진통제가 처음으로 출산에 사용되었을 때 영국 성직자들은 그것이 신의 뜻에 어긋난다며 반대했다. 결정적으로 진통제에 찬성한 사람은 빅토리아 여왕이었다.

이 책을 읽고 있는 많은 사람들이 마약에 취한 상태로 세상에 왔다. 산모의 진통 중에 통증 완화를 위해 마취제를 사용했기 때문이다. 전신 마취하에서 여성은 수축 중에 밀 수 없다. 결과적으로 집게와 같은 집게로 아기를 세상으로 끌어 당겨야 한다. 마취제는 태반 장벽을 통과하여 태아에게 들어간다. 이것이 일부 유아가 울고 호흡을 시작하기 위해 때려야 하는 한 가지 이유이다. 마취제를 사용하지 않고 태어난 아기는 일반적으로 의식에 부딪힐 필요 없이 눈을 뜨고 숨을 쉴 준비가 된 상태로 세상에 온다.

오늘날 마취제를 사용하는 대부분의 출산에는 전신 마취제가 포함되지 않는다. 산모는 허리 아래에서 감각을 약화시키는 척추 마취제인 경막외(*epidural*) 투여를 받을 수 있다. 따라서 마취 상태에서 여전히 의식이 있을 수 있다. 그러나 경막외는 몇 가지 합병증과 관련이 있다. 진통은 더 오래 지속되는 경향이 있고 발열 가능성이 5배 더 크며 저혈압 위험이 훨씬 더 높다(Leighton & Halpern, 2002).

최근 몇 년 동안 준비된 출산 과정을 선택하는 여성의 수가 급격히 감소했다(Childbirth Connection, 2016). 출산하는 미국 여성의 60% 이상이 경막외 마취 또는 척추 마취를 받는다(Osterman & Martin, 2011). 진통 통증 완화를 위해 절반 미만이 아편유사제를 투여받는다. 사실, 필요하지 않은 일부 여성들은 제왕절개를 선택하고 있다(이후 섹션 참조).

그렇다면 어떤 방법을 선택해야 할까? 출산을 최소한의 의학적 도움으로 극복할 수 있는지 알아보기 위한 경쟁으로 생각하지 마시오. 이러한 태도는 마취제나 제왕절개술의 사용을 "실패"처럼 보이게 만들 수 있다. 그런 일이 있어서는 안 된다. 어떤 기술을 사용하든 간에 건강한 엄마와 아기를 낳는 출산은 좋은 것이다. 그것이 항상 출산의 목표이며 잊지 말아야 한다.

출산 조언자(Doula) 분만과 출산 시 여성 동반자 역할을 하는 여성.

개인적인 생각 Personal Reflections

분만, 진통, 출산을 생각할 때 떠오르는 단어를 모두 목록으로 만드시오. 부정적인 고정 관념에 대한 목록을 검토하시오. 대안이 있는가?

분만 Childbirth

7.6 분만의 세 단계와 각 단계에서 발생되는 사건을 설명한다.

출생 전에 태아는 일반적으로 머리가 아래쪽을 향하도록 자세를 돌린다. 이것은 출생 몇 주 또는 몇 시간 전에 발생할 수 있으며 사람들이 "아기가 떨어졌다"고 말할 때 의미한다. 태아의 머리(가장 큰 부분)가 자궁에서 내려오면 산모의 복부와 횡격막에 가해지는 압력이 크게 감소하기 때문에 **"하강감(lightening)"**이라고도 한다. 더 쉽게 숨을 쉴 수 있게 되면 어머니는 자신이 지고 있는 짐(태아)이 더 가벼워지는("가벼운") 느낌을 받게 된다. (그림 7–10 참조)

여성이 출산을 시작하기 얼마 전에("분만을 시작함") 그녀는 에너지가 폭발하는 것을 경험할 수 있다. 여성은 몇 달 만에 기분이 나아질 수 있으며 이 에너지를 "소진"하기 위한 수단으로 청소를 시작하거나 다른 유형의 일을 할 수 있다. 나중에 확실히 필요할 때를 위해 이 에너지의 일부를 저장하는 것이 좋다.

진성/가성 진통 True Versus False Labor

임신 후반기에 자궁은 수축(근육의 긴장과 이완)을 겪을 것이다. 이는 비자발적이며 대부분의 임신 기간 동안 눈에 띄지 않게 된다. **브랙스톤-힉스 수축(Braxton-Hicks**

하강감(Lightening) 분만 전 태아를 머리가 아래로 향하도록 회전시켜 산모의 복부에 가해지는 압력을 감소시킨다.

브랙스톤-힉스 수축(Braxton-Hicks contractions) 임신 마지막 삼 분기 동안 경험한 자궁 수축은 종종 분만의 시작으로 잘못 해석된다. 거짓 진통이라고도 한다.

그림 7-10
분만의 단계.

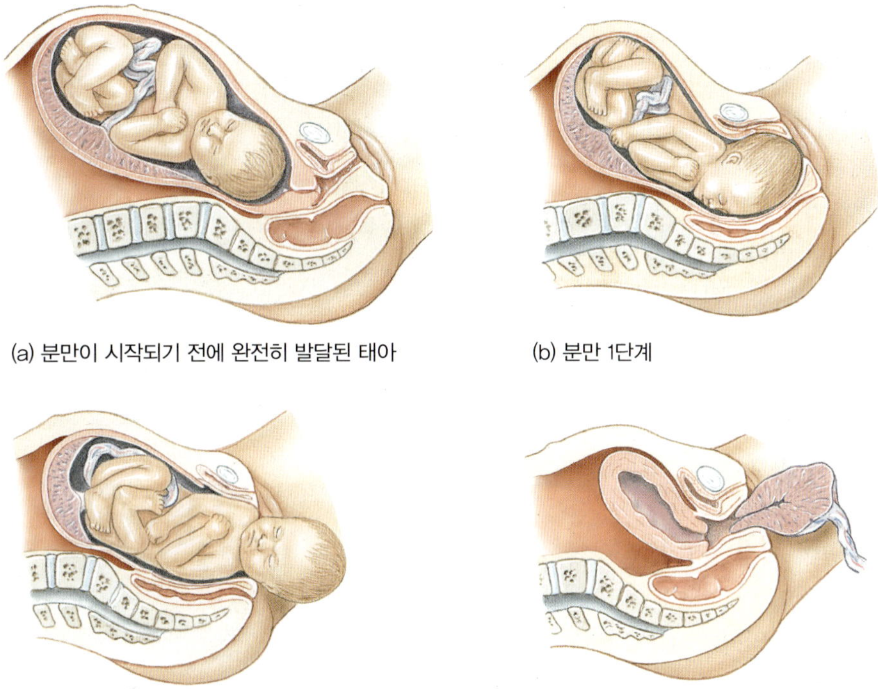

(a) 분만이 시작되기 전에 완전히 발달된 태아　(b) 분만 1단계

(c) 분만 2단계　(d) 분만 3단계

출처: HOCK, ROGER R., HUMAN SEXUALITY, 1st Ed., © 2007. Reprinted and Electronically reproduced bypermission of Pearson Education, Inc., New York, NY.

contractions)이라고 하는 이러한 수축은 자궁을 위한 일종의 자연적인 "운동 프로그램"이다. 때때로 이러한 수축이 너무 강해져서 진통으로 인식되고 오인된다. 예비 부모는 때때로 걱정을 하고 병원에 가다가 **거짓 분만(false labor)**을 했으며 여성이 "진짜" 분만을 할 때 돌아와야 한다는 말을 듣는다. 다음은 거짓 진통과 진정한 진통을 구별하는 데 도움이 되는 몇 가지 지침이다.

진통의 한 가지 중요한 징후는 수축 사이의 시간이다. 자궁은 기본적으로 가방 모양의 근육이다. 그 임무는 태아를 세상에 밀어내는 것이다. 장기간의 고된 진통에 종사하는 대부분의 근육과 마찬가지로 반복적으로 수축하거나 조여야 한다. 수축이 규칙적으로 10분 간격으로 일어난다면 이것은 진통이 시작되었다는 좋은 신호이다. 거짓 진통 수축은 일반적으로 덜 규칙적이다. 각 수축의 지속 시간도 측정해야 한다. 수축이 규칙적으로 30초 동안 지속된다면 이것은 진통이 시작되었다는 좋은 신호이다. 거짓 진통 수축은 일반적으로 실제 진통을 표시하는 수축보다 짧다.

분만 시작의 두 가지 중요한 징후는 자궁경부를 포함한다. 첫 번째 징후는 **팽창(dilation)**이다. 임신 마지막 달에 자궁경부는 직경이 약 1 cm로 확장된다. 여성이 진통을 시작하면 자궁 수축으로 인해 자궁경부가 더 확장된다. 아기가 태어날 수 있기 전에 결국 직경이 10센티미터(약 4인치)로 팽창해야 한다. 분만의 첫 번째 단계에서 자궁경부는 약 2~3센티미터로 확장된다. 두 번째 징후는 **소실(effacement)**이다. 자궁경부는 아기가 산도(질)로 들어가는 것을 막지 않도록 "얇아지거나" "제거"될 때까지 늘려야 한다. 진통의 좋은 징후는 자궁경부가 70% 이상 제거되었다는 것이다. 태어날 때 100% 지워진다.

분만 단계 Stages of Labor

정확한 기전은 아직 알려지지 않았지만(Norwitz et al., 1999) 분만이 시작되는 시기를 결정하는 것은 태아라는 증거가 많이 있다. 일단 시작되면 진통은 세 단계로 나뉜다. 진통의 초기 단계는 **분만의 시작 단계(start-up stage)**이며

거짓 분만(False labor) 분만의 시작과 유사한 자궁의 일시적인 수축.

팽창(Dilation) 넓어지거나 커지는 것.

소실(Effacement) 분만 중 자궁경부가 얇아지는 것.

분만의 시작 단계(Start-up stage of labor) 자궁 수축으로 시작하여 태아를 자궁경부 쪽으로 밀어내는 분만 단계이다.

여성의 몸에서 태아를 자궁에서 외부로 내보내는 준비를 하는 단계이다. 이 단계는 일반적으로 6~13시간 지속된다. 이때 자궁수축이 태아를 자궁경부 쪽으로 내리기 시작한다. 자궁경부가 팽창하고 사라지기 시작한다. 수축은 처음에는 멀리 떨어져 있고(10~20분에 한 번) 오래 지속되지 않지만(15~20초) 점차 가까워지기 시작하고(1~2분) 더 오래 지속된다(45~60초 이상).

임신 중에는 자궁경부가 두꺼운 점액층으로 막혀 있다. 이것은 양수 주머니(물 주머니)와 태아가 질을 통해 외부 환경과 직접 접촉하는 것을 방지한다. 진통 중에 이 점액 플러그가 나온다. 점액과 혈액의 배출("피의 쇼"로 알려짐)은 진통의 신호이다. 그러나 일부 여성의 경우 점액이 한 번에 조금씩 나오기 때문에 이 징후가 명확하게 보이지 않는다. 어떤 여성의 경우 플러그가 말 그대로 샴페인 병의 코르크 마개처럼 튀어나온다.

임신의 약 10%는 분만이 시작되기 전에 양막이 파열된다. 일부 여성의 경우 파열이 작은 눈물이며 체액이 새어 나온다. 어떤 여성에서는 물이 분출된다. 이것은 여성의 **"양수가 터졌을 때"** 일어나는 일이다. 분만은 일반적으로 양막이 파열된 후 하루 이내에 시작된다. 그렇지 않은 경우 대부분의 의사는 약물로 진통을 유발할 것이다. 의사는 때때로 진통 속도를 높이기 위해 고의로 양막을 깨뜨린다. 깨지지 않은 양막에 둘러싸인 태아로 출산하는 것도 가능하다. 이 나라의 의사들은 이런 일이 일어나지 않도록 하고 먼저 주머니를 깨뜨릴 것이다. 그러나 아시아 일부 지역에서는 이렇게 태어난 아이들이 행운을 가진다고 믿는다.

분만 1기의 마지막 부분을 **과도기(transition phase)**라고 하는데, 분만의 초기 단계가 끝나고 다음(출생) 단계가 시작되는 시기이기 때문에 과도기라고 한다. 이 단계는 자궁경부가 거의 완전히 확장되었을 때(8~10 cm) 발생한다. 수축이 심하고 여성은 이 과정이 끝이 없다고 생각하기 시작할 수 있다. 다행히 전환은 일반적으로 40분 이내로 지속된다.

분만의 두 번째 단계(second stage of labor)는 자궁경부가 완전히 확장되고 태아가 산도를 통해 움직이기 시작할 때 시작된다. 출생과 함께 끝난다(그림 7–11 참조). 이 분만 단계의 수축은 밀거나 "억누르고 싶은" 강렬한 욕망을 동반한다. 수축으로 인해 질이 확장되고 임산부는 이제 작업의 끝을 볼 수 있기 때문에 종종 "두 번째 바람"을 얻는다. 이 단계는 첫째 아이인지 나중 아이인지에 따라 평균 30분에서 80분 정도 지속된다.

과도기(Transition phase) 진통 시작 단계의 마지막 부분으로, 이 기간 동안 아기가 산도에 들어갈 수 있도록 자궁경부가 10cm까지 확장된다.

분만의 두 번째 단계(Second stage of labor) 자궁경부가 완전히 확장되고 태아가 산도를 통해 움직이기 시작할 때 시작되는 분만 단계이다. 탄생으로 끝난다.

그림 7-11

분만

SOURCE: Petit Format/Science Source

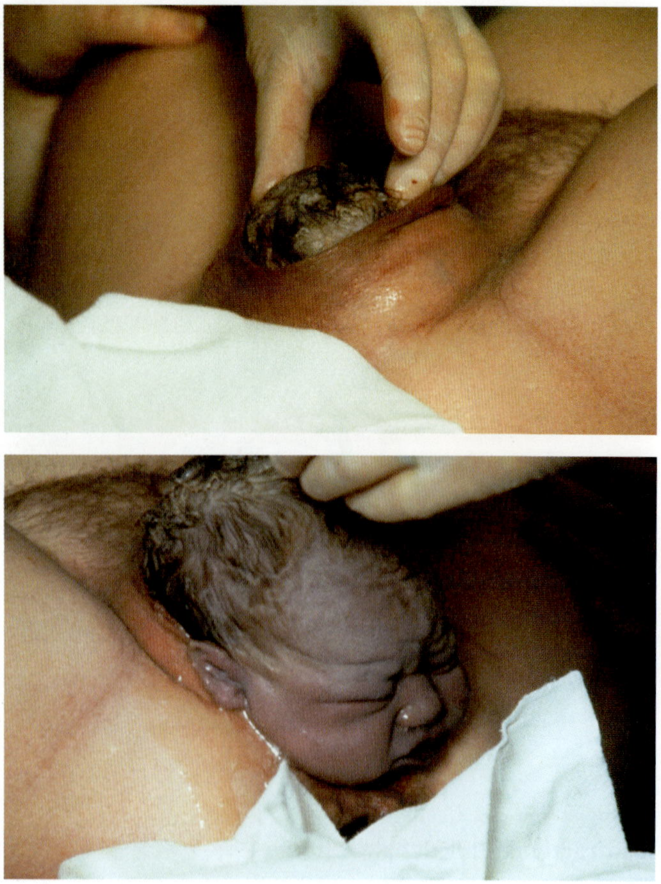

태아의 첫 징후는 일반적으로 질 입구에서 머리가 보이는 것이다. 이상적으로는 정수리 부분이 앞장서기 때문에 이를 **머리출현(crowning)**이라고 한다. 아기를 낳는 사람은 아기를 세상에 내놓기 위해 수축하는 동안 언제 얼마나 세게 밀어야 하는지 임산부에게 알려줄 것이다. 머리가 먼저 전달되고 의사가 아기의 턱 아래에 손을 뻗어 머리를 꺼내기 전에 탯줄이 아기의 목에 감겨 있지 않은지 확인한다. 머리가 분만되면 아기가 더 쉽게 숨을 쉴 수 있도록 작은 고무 전구로 입과 코에 흡입을 적용한다. 그러면 머리가 돌아가고 어깨와 몸의 나머지 부분이 다소 빨리 나온다. 입과 코를 다시 흡입한다.

탯줄은 아기의 몸에서 약 3.8 cm 절단된다. 이 그루

머리출현(Crowning) 출산 중 질 입구에서 태아의 머리 모양.

터기는 배꼽을 남기고 며칠 안에 떨어질 것이다. (배꼽은 'inny(함몰)' 또는 'outty(돌출)' 중 하나인데 배꼽의 종류는 탯줄이 잘린 방식이 아니라 유전에 따라 좌우되는 것 같다.)

분만의 세 번째 단계(third stage of labor)에서는 태반이 자궁에서 떨어져 나와 산모의 몸을 떠난다. 이것을 **후산(afterbirth)**이라고 한다. 이 단계는 일반적으로 10~12분 동안 지속된다. 의사는 산후가 정상인지 확인하기 위해 산후 검사를 한다. 그런 다음 폐기한다. 태반의 작은 조각이라도 자궁에 남아 있으면 감염과 출혈이 발생할 수 있다. 이런 일이 발생하면 의사는 D&C(확장 및 소파술)라는 절차를 사용한다. 이 절차에서는 자궁경부를 확장하여 자궁에 접근할 수 있도록 한 다음 깨끗이 긁어낸다.

회음절개술 Episiotomy

회음절개술은 질 바닥에서 항문 쪽으로(회음부를 통해) 절개하여 질 입구를 확대하는 것이다. 회음절개술은 아기가 고통스러워하거나 심하게 찢어질 위험이 있는 경우 유용한 절차이다(Practice Bulletin, 2016). 1980년 이후 외음절개술의 수가 상당히 감소했지만 많은 당국은 여전히 대부분의 외음절개가 불필요하고 의사의 이익을 위해서만 일상적으로 수행된다고 믿고 있다(Graham & Davies, 2005 참조). 현재 지침은 Practice Bulletin, 2016(참고 문헌)을 참조하시오.

분만시 문제점 Problems with Childbirth

7.7 둔부 분만, 제왕절개 및 조산 중에 발생할 수 있는 문제를 식별하고 설명한다.

임신과 출산이 항상 계획대로 되는 것은 아니다. 전 세계적으로 매년 거의 350,000명의 여성이 출산으로 인해 사망한다(Hogan et al., 2010). 여기에는 임신 합병증으로 인한 출산 후 1년 이내의 사망이 포함된다. 주요 사망 원인은 혈전, 고혈압, 출혈 및 감염이다. 미국은 영아 사망률(100,000명당 582명)에서 세계에서 26위에 불과하며 대부분의 다른 선진국에 뒤처져 있다(Jacob, 2016). 조산과 관련된 합병증은 이러한 사망의 절반을 차지한다. 아프리카계 미국인 어머니에게서 태어난 아기의 사망률은 특히 높다.

사산과 영아 사망 Stillbirths and Newborn Deaths

사산(stillbirth)은 임신 후반기에 태아가 (자궁 내에서) 사망하는 것을 말한다. 전 세계적으로 연간 264만 명의 사산 중 대다수가 저소득 국가에서 발생한다(Cousens et al., 2011). 미국에서는 임신 160건 중 약 1건이 사산으로 끝난다. 주요 원인은 순서대로 산모의 과체중과 비만(따라서 산모에게 당뇨병이 있거나 걸리기 쉽다), 산모의 연령, 산모의 흡연이다(Flenady et al., 2011). 흑인 여성의 비율은 백인 여성의 두 배이다.

세계보건기구(WHO)에 따르면 매년 약 330만 명의 아기가 생후 1개월이 되기 전에 사망한다. 미국은 41위(신생아 사망 233명 중 1명)로 일본(909명 중 1명)과 프랑스(455명 중 1명)(USA *Today*, 2011)와 같은 국가에 뒤처져 있다. 주요 원인 중 일부는 조산, 산모 비만, 산모의 흡연 및 산모 고혈압 등이다.

골반위 분만 Breech Births

아기는 일반적으로 머리가 먼저 태어난다고 회상한다. 이것은 모든 출생의 약 96%에서 발생하며 이상적으로는 뒤통수, 즉 왕관이 이를 주도한다. 때로는 태아가 산도의 발이나 엉덩이를 먼저 통과하려고 한다. 이를 **골반위 분만(breech birth)**이라고 하며 전체 출생의 2~4%에서 발생한다. 때때로 분만 중에 여성은 태아가 머리를 먼저 쓰는 자세로 바뀌도록 하기 위해 옆으로 눕는 것과 같이 다른 자세로 눕도록 요청받을 것이다. 의사는 때때로 산모의 복부를 잡고 수동으로 태아의 위치를 변경하여 태아를 돌릴 수 있다.

오늘날 일부 의사는 산모 출산을 예방할 수 없는 경우에도 질식("정상") 분만을 시도할 수 있다. 이것은 상황과 의사에 따라 다르다. 의사가 질식 분만의 위험이 너무 크다고 생각하면 제왕절개를 시행할 수 있다.

전치태반 Placenta Previa

배반포는 일반적으로 자궁 상부에 착상한다. 그러나 임산부 200명 중 약 1명꼴로 자궁하부에서 착상이 이루어진다. 태반이 자라면서 자궁경부 개구부를 막는 경우가 많으며 이를 **전치태반(placenta previa)**이라고 한다. 이것은 태아에 영향을 미치지 않지만 질 분만을 방해할 수 있다.

분만의 세 번째 단계(Third stage of labor) 출산 후 태반이 자궁에서 분리되어 배출된다.
후산(Afterbirth) 아기가 태어난 후 자궁에서 태반이 배출된다.

골반위 분만(Breech birth) 아기가 발이나 엉덩이가 먼저 나오는 분만.
전치태반(Placenta previa) 태반이 자궁경부를 막고 있는 상태.

제왕절개와 유도분만
Cesarean Sections and Induced Labor

제왕절개(cesarean section, *caesarean*라고도 함) 또는 **제왕절개(C-section)**는 아기를 분만하기 위해 복벽과 자궁벽을 절개하는 것이다. 이름은 종종 Julius Caesar가 태어난 방식에 기인하지만 실제로는 어머니가 사망한 경우 태아를 살릴 수 있도록 허용한 로마 법(BC 715년)인 *lex cesarea*에서 파생되었다.

제왕절개를 시행하는 데에는 여러 가지 정당한 이유가 있다. 여기에는 산모 출산 또는 전치태반, 아기의 머리가 산모의 골반에 비해 너무 큰 경우, 산모의 질병이나 스트레스, 태아의 스트레스가 포함된다. 그러나 자연분만에 비해 제왕절개술은 아기와 산모 모두에게 분만 후 합병증 발생률이 더 높다. 최근 연구에 따르면 제왕절개 분만은 모든 분만의 19%를 넘지 않아야 최적이지만(Molina et al., 2015 참조), 현재 제왕절개 수술은 모든 분만의 거의 1/3을 차지한다(Martin et al., 2015). 많은 의료 전문가를 포함하여 많은 개인이 의사가 이 절차를 사용할지 결정하는 방식의 변화를 요구하기 시작했다(Resnik, 2006).

예전에는 여성이 제왕절개 수술을 받으면 이후의 모든 임신은 제왕절개 분만으로 끝나야 했다(절단은 수평 복부 근육과 자궁의 수축 부분을 통해 수직으로 이루어졌기 때문이다). 그러나 오늘날에는 복부를 통해 수평으로 절개한 다음 자궁의 수축되지 않는 부분을 통해 절개한다. 대부분의 경우 제왕절개를 한 여성이 질식으로 분만하는 것이 일반적으로 안전하다(Crawford & Kaufman, 2006). 흥미롭게도 오늘날 전 세계 여성의 약 15.6%(그리고 훨씬 더 많은 수의 미국 여성)가 분만시기를 선택할 수 있기 때문에 질식 분만보다 제왕절개를 선호한다고 말한다(예: Mazzoni et al., 2011). 제왕절개는 매우 흔하기 때문에 임산부는 진통을 시작하기 전에 제왕절개 사용에 대한 자신의 태도에 대해 의사와 상의하는 것이 좋다.

미국 출생의 약 22%가 유도분만에 따른다(Caughey et al., 2009). 이것은 때때로 산모나 태아의 합병증 때문에 필요하지만 오늘날에는 비의학적 이유로 여성이 선택하는 경우가 많다("선택적" 분만 유도).

조산아 Preterm Infants

전통적으로 "만기" 임신은 마지막 월경 기간이 시작된 후 37주에서 42주 사이에 출산하는 것으로 간주되었다. 그러나 39주에서 41주 사이에 가장 적은 수의 나쁜 결과가 발생하므로 많은 의료 단체에서는 이 기간 전 2주를 "조기"로, 이후 2주를 "만기"로 간주한다(Spong, 2013). 임신 37주 미만의 산모에게서 태어난 아기를 **조산아(preterm infants)**라고 한다. 조산은 미국 전체 출생의 약 12%를 차지하며, 이는 1981년의 9.4%에서 증가한 수치이다(*Born Too Soon*, 2012). 영양실조 및 자간전증과 같은 상태는 조산의 위험을 높인다. 다른 위험 요인에는 이전의 조산, 연령(여성이 나이가 들면서 위험이 증가함)(Khoshnood et al., 2005) 및 비만(Cnattingius et al., 2013)이 포함된다.

신생아학(신생아 관리)의 발전으로 생존 한계가 수정 후 약 22주에서 23주로 줄어들었다. 이 시기에 태어난 태아가 직면하는 가장 큰 문제 중 하나는 호흡 곤란이 크다는 것이다. 23주 이전(약 5개월 반) 이전에는 태아가 **계면활성제**(*surfactant*)라는 액체를 생성할 수 없다. 계면활성제는 폐가 대기에서 혈액으로 산소를 전달하도록 한다. 4개월이 지나면 태아는 약간의 계면활성제를 생성할 수 있지만 약 8~9개월이 될 때까지는 필요한 수준의 액체를 유지할 수 없다. 적절한 수준의 계면활성제를 유지할 수 없는 신생아는 **호흡곤란 증후군(respiratory distress syndrome)**이 발생하고 사망한다.

> "정확히 임신 8개월에 양막이 파열되어 분만이 유도되었다. 내가 신생아실에 있는 내 아기를 보았을 때, 아기는 산소 공급을 받고 있었고, 발에 링거를 꽂고 있었으며, 많은 종류의 전선이 연결되어 있었고, 호흡곤란이 많았다. 난 아직 준비가 안됐어. 하지만 조산에 대해 더 많이 알았더라면 더 잘 이해할 수 있었을 것 같다."
>
> (저자의 파일에서)

대부분의 조산은 34~36주에 발생하지만 1.6% 이상이 33주 또는 그 이전에 발생한다(March of Dimes, 2010). 1980년 이전에는 체중이 2파운드(0.9 kg) 미만으로 태어난 아기의 생존 가능성이 거의 없었다. 오늘날, 체중이 0.9 kg 미만으로 태어난 유아는 중환자실(ICN)에 배치되며, 이곳에서는 새로운 기술과 장비로 인해 이러한 극도로 미숙한 유아가 생존할 수 있다(Stoll et al., 2015 참조). 호흡 곤란으로 인한 사망은 최근 몇 년 동안 13.5% 감소했다(Jacob, 2016). 그럼에도 불구하고, 미숙아는 수년 동안 치료가 필요할 수 있는 장애를 가질 위험이 높다. 체중이 3파운드(1.36 kg) 이하로 태어난 아기는 정신 운동 능력이 낮고 IQ 점수가 낮고 학교 성적이 좋지 않을 가능성이 다른 아기보

제왕절개(C-section)(Cesarean section, C-section) 산모의 복부를 통해 태아를 외과적으로 제거한다.

조산아(Preterm infant) 임신 37주 이전에 태어난 영아.

호흡곤란 증후군(Respiratory distress syndrome) 미숙아에게 흔한 질병. 불충분 한 수준의 계면 활성제로 인해 발생한다.

다 훨씬 높다(Shenkin et al., 2004; Swamy et al., 2008).

산후 After Childbirth

7.8 출산 후, 모유 수유, 산후 우울증, 성관계 시작 시기, 임신 간격의 이점에 대해 논의한다.

1980년에 자연분만을 위해 병실에 머문 평균 기간은 3.2일이었다. 1990년대 초반에는 대부분의 보험사가 1일 이상 지급을 거부하던 1.7일로 줄어들었다. 이러한 "분만 유도"에 대한 저항으로 많은 주에서 1995~1996년에 보험 회사가 최소 2일의 비용을 지불하도록 요구하는 법률을 통과시켰다. 그 결과, 질을 통해 분만하는 여성의 평균 입원일은 이제 2.1일이다(Weiss et al., 2004).

모유 수유 Breast-Feeding the Baby

모유 생산(수유)은 여성이 출산한 지 약 3일 후에 시작된다. 2장에서 뇌하수체에서 생성되는 두 가지 호르몬이 모유 생산을 담당한다는 사실을 상기하시오. **프로락틴(prolactin)**은 유방을 자극하여 젖을 생산하게 하고, **옥시토신(oxytocin)**은 유방에서 모유를 배출하게 한다. 아기가 젖을 빨 때 모유 흐름 반사가 생성된다. 사실, 시간이 지나면서 아기가 우는 소리만 들어도 산모의 가슴에서 젖이 나오기 시작할 수 있다. 처음에 유방은 단백질이 풍부하고 유아의 질병 예방에 도움이 되는 **초유(colostrum)**를 내보낸다. 약 3일 후에 모유가 흐르기 시작한다. 하루 평균 모유 생산량은 2½~3컵이지만 개인에 따라 편차가 크다.

미국 산모의 약 79%가 처음 몇 주 동안 아기에게 모유 수유를 하지만 6개월이 지난 후에도 모유 수유를 하는 사람은 절반 정도에 불과다(CDC, 2014). 미국소아과학회(American Academy of Pediatrics)는 첫 1년 동안 아기에게 전적으로 모유 수유를 할 것을 권장한다. 왜? 모유에는 위장 질환(예: 설사), 호흡기 감염, 수막염, 피부 질환 및 기타 문제로부터 유아를 보호하는 많은 감염과 싸우는 단백질이 포함되어 있다(예: Raisler et al., 1999). 모유 수유는 엄마에게도 이점이 있다. 산모가 수유를 시작하면 자궁 수축을 돕고 내출혈을 멈추는 호르몬이 분비된다. 모유 수유는 또한 산모의 유방암 발병 가능성을 감소시킨다(Collaborative Group, 2002). 그러나 최근 연구에 따르면 장기간 모유 수유에 대한 명백한 이점이 없다(Jenkins & Foster, 2014). 그러나 약물과 오염물질은 모유를 통해 아기에게 전염될 수 있음을 명심하시오. 따라서 어떤 약물(피임약 포함)을 복용하기 전에 수유부가 의사나 약사와 상담하는 것이 중요하다.

그림 7-12

모유는 감염과 싸우는 단백질을 많이 함유하고 있어 아기가 우유보다 소화하기 쉽다.

출처: Gladskikh Tatiana/Shutterstock

프로락틴(Prolactin) 뇌하수체에서 분비되는 호르몬으로 유방의 젖 생산을 자극한다.

옥시토신(Oxytocin) 뇌하수체에서 분비되는 호르몬으로 유방에서 젖이 나온다.

초유(Colostrum) 모유가 나오기 시작하기 전에 엄마의 유방에서 생성되는 걸쭉하고 끈적끈적한 액체.

산후 우울증 Postpartum Depression

출산 후 첫 3개월을 **산후 기간**(*postpartum period*)이라고 한다. 대부분의 여성들은 아기를 갖기를 고대하지만 이 기간 동안 많은 여성들이 부정적인 감정을 경험한다. 어떤 경우에는 그들의 고통이 극심할 수 있다.

> "아들을 낳은 후 나는 몇 주에서 몇 주를 혼자 부엌 바닥에 아들을 무릎에 앉히고 걷잡을 수 없이 울었다."
>
> "여자아이를 낳고 나서 너무 우울했어. 누군가 아기를 만지면 나는 소리쳤다. 아기가 태어난 지 3일 되었을 때 시어머니와 남편과 싸웠다. 사실 그들은 나를 도우려 했지만 나는 너무 우울해서 그들과 항상 싸웠다. 상황은 더 나빠졌고 이혼해야겠다고 생각했다."
>
> "두 달 동안 우울했던 기억이 나요. 나는 너무 무력감을 느꼈다. 때때로 나는 너무 기분이 좋지 않고 너무 지쳐서 아기를 원망했다. 이런 감정을 가진 제 자신이 싫었어."
>
> (모든 예제는 작성자의 파일에서 가져옴)

여성이 출산 후 경험할 수 있는 부정적인 감정은 다양하며, 그 정도에 따라 세 가지 유형의 우울증을 구별하는 것이 관례이다(Miller, 2002). 여성의 약 절반이 출산 후 첫 1~2주 동안 **산후 우울감(postpartum blues)**을 경험한다. 증상에는 우울한 기분, 혼란, 불안 및 울음이 포

산후 우울감(Postpartum blues) 출산 후 대다수의 여성이 경험하는 경미하고 일시적인 정서적 낙담.

"매일 밤 새벽 2시에 일어나 고양이에게 먹이를 주기로 해요. 그걸 즐긴다면 아기를 갖는 것에 대해 이야기해보기로 해요."

Glasbergen Cartoons

함될 수 있지만 상태는 경미하고 오래 지속되지 않는다. 그러나 약 10%에서 15%의 여성이 더 깊은 우울증과 불안, 죄책감, 피로, 종종 강박증을 특징으로 하는 **산후 우울증(postpartum depression)**을 경험한다(Brummelte & Galea, 2016). 피해를 입은 엄마는 일상적인 일을 마주할 수 없고, 육아에 지쳐 있으며, 엄마로서의 자신의 부족함에 대해 부끄럽고 죄책감을 느낄 수 있다. 1,000명 중 1명의 여성이 **산후 정신병(postpartum psychosis)**을 경험하며, 이는 종종 조울증과 유사한 정서적(기분) 증상과 환각을 특징으로 한다. 여기서 우리는 산후 우울증에 초점을 맞출 것이다.

생물학적 요인, 특히 호르몬 변화는 산후 우울증에 기여할 수 있다(Brummelte & Galea, 2016). 태반은 임신 중에 높은 수준의 에스트로겐과 프로게스테론을 분비하며 출생 후 이러한 호르몬 수치가 갑자기 떨어진다. 그러나 사회적, 심리적 요인이 확실히 중요한 역할을 한다. 스트레스 요인으로는 낮은 사회경제적 지위, 실업 및 재정 문제, 사회적 지원 부족 등이 있다. 예를 들어, 결혼 생활의 불행과 배우자와 가족의 지원 부족은 우울증에 기여할 수 있다(Knudson-Martin & Silverstein, 2009; Miller, 2002).

많은 연구에 따르면 산후 우울증이 몇 주 동안 지속되면 유아의 감정, 행동 및 인지 발달에 영향을 미칠 수 있다 (Brummelte & Galea, 2016). 이러한 부정적인 결과를 초래하는 것은 아마도 어머니가 자녀와 상호작용하는 방식(우울증으로 인한)일 것이다. 산후 우울증이 있는 여성은 일반적으로 다른 우울증 환자와 같은 방식으로 치료된다(Miller, 2002).

산후 우울증(Postpartum depression) 출산 후 처음 몇 달 동안 여성의 약 10%가 경험하는 깊은 우울증.

산후 정신병(Postpartum psychosis) 출산 후 약 1,000명 중 1명의 여성이 경험하는 정신병 상태이다.

출산후 성교 Sexual Intercourse After Childbirth

> "첫 아기가 3주 반쯤 되었을 때 다시 사랑을 시도했다. 외음절개술의 고통은 이것을 불가능하게 만들었고 우리 둘 다 매우 좌절했고 우리의 성생활이 정상으로 돌아올 수 있을지 궁금해했다. 약 6주 만에 마침내 성공했지만 여전히 편안하지 않았다."
>
> (저자의 파일에서)

분만은 종종 여성을 한동안 피곤하고 아프게 하며, 외음절개술로 인한 바늘땀은 여성을 불편하게 만들 수 있다. 질 출혈은 대부분의 여성에서 2주에서 6주 동안 지속되며 에스트로겐의 소실은 한동안 질 건조와 자극을 유발한다(von Sydow, 1999). 대부분의 의사들은 출산 후 4~6주가 지나야 성교를 재개할 것을 권고한다. 이러한 우려에도 불구하고 부부는 출산 후 평균 7주 후에 성교를 재개한다(Hyde et al., 1996).

산후 우울증은 종종 출산 후 성 관계의 감소를 초래한다(Ahlborg et al., 2005; Chivers et al., 2011). 여성은 또한 자신의 신체에 대한 만족도 감소(예: 튼살, 임신으로 인한 추가 체중, "연약한" 위 근육) 때문에 자신의 섹슈얼리티에 대해 걱정할 수 있다. 튼살은 곧 옅어지며 체중과 복부 근육 문제는 운동을 통해 도움이 될 수 있다. 일부 여성은 또한 출생 후 질이 너무 커졌다고 걱정하지만, 특히 여성이 계속 케겔 운동을 하는 경우 질 근육이 일반적으로 다시 단단해지고 팽팽해진다(2장 참조).

성관계를 재개하기에 가장 좋은 시기는 여러 요인에 따라 다르다. 그러나 모든 경우에 남자와 여자는 성적 파트너이자 부모로서 서로 관계를 맺는 법을 배워야 한다. 밤에 수유해야 하는 유아의 수면 패턴의 차이, 부모에게 자녀가 시간과 에너지를 요구하는 것, 사생활을 보장할 수 있는 시간을 찾는 데 어려움이 있는 모든 것은 부부로 하여금 성행위를 조정하도록 만든다. 새로운 부모가 되는 스트레스(모든 새로운 책임과 함께)는 종종 부부의 성 관계에 부정적인 영향을 미친다(Botros et al., 2006). 여성의 경우 관계 만족도와 피로가 출산 후 여성의 성욕을 예측할 수 있는 좋은 지표이다(Ahlborg et al., 2005; Schlagintweit et al., 2016).

개인적인 생각 Personal Reflections

임신이 파트너와의 성적 관계에 영향을 미치는가? 어떻게? 왜? 부모가 되는 것이 당신의 성 관계에 영향을 미칠까? 어떻게? 왜? 당신과 당신의 파트너는 부모로서 당신의 성적 관계가 계속 성취될 수 있도록 어떤 조치를 취할 수 있는가?

임신 간격 Spacing Pregnancies

건강한 만삭아를 낳기 위해서는 임신 사이의 시간이 얼마나 되는가? 대규모 연구에 따르면 여성은 출산 후 20개월 간격인 출산 후 최소 11개월을 기다려야 다시 임신할 수 있다(Grisaru-Granovsky et al., 2009). 이보다 더 빨리 임신을 하면 조산(및 키가 작은) 아기의 가능성이 크게 높아진다. 또 다른 연구에서는 18~23개월, 27~32개월 간격을 권장했다(Zhu et al., 1999). 실제로 미국에서 평균 임신 기간은 34개월이지만 35%는 18개월 이내이고 이 중 절반 이상이 의도하지 않은 임신이다(Gemmill & Lindberg, 2013).

불임과 생식력 이상

Infertility and Impaired Fecundity

7.9 불임에 대처하는 다양한 방법을 비교하고 대조한다.

불임(infertility)은 부부가 임신할 수 없는 상태로 정의된다. 부부가 일정 기간 내에 임신할 수 있는 능력을 **다산(fecundity)**이라고 한다. 대부분의 연구에서 번식력은 1년에 걸쳐 측정된다. 이 두 용어는 의미가 다르다. 사람은 다산할 수 있지만 다산할 수는 없다. 불임의 원인은 매우 많고 다양하다. 왜냐하면 수태가 일어나기 위해서는 남녀 모두의 많은 기관이 적절하게 기능해야 하기 때문이다. 불임과 관련된 문제의 약 40%는 남성에 기인하며 나머지 40%는 여성에 기인한다. 사례의 약 20%는 두 파트너의 문제로 인해 발생한다(Moore et al., 2013). 사람들은 20대 초반에서 30대 후반으로 나이가 들어감에 따라 대부분은 여전히 가임력이 있지만 생식 능력이 떨어진다.

15세에서 44세 사이의 기혼 여성 중 약 6%가 불임이고 12%는 생식 능력이 손상되었다. 이 연령대의 남성 중 약 9.4%가 불임이다(Chandra et al., 2013). 이것의 대부분은 많은 사람들이 출산을 연기하기 때문이다(연령 증가로 인한 번식력 문제)(Oliwenstein, 2005).

대부분의 사람들은 불임 부부를 일차성 불임(*primary infertility*)이라고 하는 한 번도 잉태할 수 없는 부부로 생각한다. 그러나 이차 불임(*secondary infertility*)이라고 하는 한 명의 아이를 낳은 후 임신할 수 없는 경우도 거의 비슷하다(Mosher & Pratt, 1991).

남성 불임증 Infertility in Men

여성의 생식능력은 나이가 들수록 감소하는 것으로 오랫동안 알려져 왔다(Maheshwari et al., 2008). 이것은 남성에게도 해당된다(Ford et al., 2000). 임신하는 데 1년 이상이 걸릴 확률은 25세 미만 남성의 경우 8%에 불과하지만 35세 이상 남성의 경우 거의 두 배인 15%이다. 이는 정자의 수와 질이 감소하기 때문이다[미국 생식의학협회(American Society for Reproductive Medicine), 2008].

기억하시겠지만, 사정 중에 방출되는 수백만 개의 정자 세포 중 극소수만이 난자 여행에서 살아남는다. 남성의 생식 기관이 충분한 정자를 생산할 수 없거나 남성이 생산하는 정자가 너무 느리거나 너무 약하면 수정이 일어날 가능성이 상당히 줄어든다. 적은 수의 정자는 내분비 문제(낮은 수준의 뇌하수체 또는 생식선 호르몬), 약물(알코올 및 많은 항생제 포함), 마리화나, 방사선 및 감염을 비롯한 다양한 요인으로 인해 발생한다. 예를 들어, 남자가 사춘기 이후 볼거리에 걸리면 고환으로 퍼지는 경우가 많으며 심한 부기를 일으켜 정자가 생산되는 정세관을 파괴한다. 일부 성병을 포함한 다른 감염은 남성의 도관 계통의

불임(Infertility) 부부가 임신할 수 없는 것.

다산(Fecundity) 특정 기간 내에 임신할 수 있는 부부의 능력.

폐색을 초래할 수 있다(일부 성병이 여성의 나팔관 폐색으로 이어질 수 있는 것처럼). 정자의 **정맥류**(*varicocele*)도 정자 수를 낮출 수 있다. 정자는 정상 체온보다 몇 도 낮은 온도에서만 생산될 수 있기 때문에 정자 수는 온도 변화에 민감하다. 많은 가능한 원인에 대한 검토는 Kamischke와 Nieschlag(1999)를 참조하시오.

1990년대에 전 세계적으로 수행된 61개의 연구를 검토한 결과 사정당 평균 정자 수가 지난 50년 동안 절반 이상 감소했다고 결론지었다(Carlsen et al., 1992). 무엇이 그러한 극적인 변화를 일으킬 수 있는가? 이 논문의 저자 중 한 명인 Neils Skakkeback은 "환경이나 생활 방식에 뭔가 있어야 할 것이다. 한 세대 내에서 발생하는 변화는 유전적 배경의 변화로 인한 것일 수는 없다."(1992년 9월 AP 릴리스에서 Epstein이 인용) 같은 기간 동안 고환암 발병률이 3배나 증가했다는 사실에서 더 많은 증거를 찾을 수 있다. 산업 화학 오염 물질이 그러한 영향을 미칠 수 있는가? 높은 수준의 오염 물질에 노출된 엄마에게서 태어난(그리고 모유를 먹인) 소년은 고환 기형과 매우 작은 음경을 가질 수 있으며, 이는 야생의 많은 종에서도 마찬가지이다(Begley & Glick, 1994 참조). 의심되는 많은 오염 물질은 구조상 여성 성 호르몬 에스트로겐과 유사하다(Joensen et al., 2009 참조). 결론을 내리기 전에 주의할 점이 있다. 이 작업의 대부분은 절차에 결함이 있다는 비판을 받았다. 덴마크 남성에 대한 최근의 잘 수행된 연구에서는 지난 15년 동안 정액의 질에 변화가 없음을 발견했다(Bonde et al., 2011).

불임은 단지 육체적인 문제가 아니다. 그것은 또한 감정적으로 남성에게 영향을 미친다.

> "몇 달 전부터 우리는 아이를 갖기 시작했지만 실패했다. 내가 어렸을 때 나는 . . . 수술을 받았고 의사는 이것 때문에 나는 아이를 가질 수 없을 것이라고 말했다. 아내와 나는 아이를 원했고 이런 상황이 우리 결혼 생활에 정말 부담이 됐다."
>
> "불임 상태는 논의하기 쉬운 일이 아니다. 꿈과 목표가 줄어들고 있는 것 외에도 평생 관계를 시작할 수 있는 적합한 여자를 찾는 것이 매우 어렵다. 미래의 아내와 나는 결코 우리 아이를 가질 수 없을 것이다. 나는 항상 제 아들에게 스포츠를 가르치거나 딸을 춤 레슨에 데려가고 싶었다. . . . 언젠가는 적절한 여성을 찾고 입양할 수 있기를 바란다."
>
> (모든 예제는 작성자의 파일에서 가져옴)

남성 불임의 한의학적 치료법은 무엇인가? 정자의 정맥류로 인한 불임(사례의 8~23%)은 종종 수술로 교정될 수 있다(Mishail et al., 2009). 원인이 호르몬인 경우 뇌하수체 호르몬(또는 뇌하수체 호르몬 분비를 유발하는 뇌 호르몬) 또는 생식선 호르몬(안드로겐)을 사용한 치료가 종종 성공적이다. 남성의 폐쇄된 정관 시스템은 여성의 폐쇄된 관보다 수술을 통해 교정하기가 훨씬 쉽다.

남성의 정자 수가 적은 것으로 밝혀지면 **인공 수정(artificial insemination)**이라는 절차가 종종 사용된다. 이 절차에서는 자위를 통해 정자를 채취하여 배란 직후 여성 파트너의 자궁에 삽입한다. 일반적으로 여러 사정을 수집하여 냉동 보관한다(냉동 정액은 신선한 정액만큼 효과적이다). 예를 들어, 남성의 평균 사정에 5천만 개의 정자가 포함되어 있는 것으로 밝혀지면 6~8회의 사정(총 3억~4억 개의 정자)을 채취하여 동결할 수 있다. 충분한 정자가 수집되면 단일 삽입을 위해 함께 모인다. 성공률은 시도당 10~15%(6회 시도 후 60~70%)이다. 정자는 10년 이상 안전하게 보존할 수 있으며, 일부 남성은 정관 수술을 받거나, 화학 요법을 받거나, 위험한 일을 하거나, 전쟁에 나가기 전에 정자 은행에 보관한다.

남성의 정자 수가 너무 낮아 여러 번 사정하는 것이 도움이 되지 않는 경우 부부는 일반적으로 익명의 다른 남성의 정자를 사용하도록 선택할 수 있다. 이러한 경우 인공수정을 종종 **기증자 수정**(*donor insemination*)이라고 한다. 미국에서는 매년 약 70,000명의 아기가 이러한 방식으로 잉태된다.

가장 새롭고 가장 성공적인 기술은 **세포질 내 정자 주입(intracytoplasmic sperm injection, ICSI)**이라고 하는 단일 정자를 난자에 직접 주입한 다음 시험관 수정을 통해 난자를 자궁에 넣는 것이다(다음 섹션 참조). 모든 보조 생식 절차의 거의 2/3에 ICSI가 포함된다(그림 7–13 참조) (Centers for Disease Control and Prevention, 2007).

여성 불임증 Infertility in Women

그녀가 불임이라는 사실을 알게 된 것은 여성과 그녀의 파트너에게 정서적으로 스트레스를 줄 수 있다(Van der Merwe & Greeff, 2015):

> "남편과 나는 아이를 가지려는 시도를 실패했다. 의사는 저에게 임신약을 줬고 약 4개월 후에 임신을 하고 유산했다. 우리는 같은 치료를 다시 시도했지만 성공하지 못했고 결국 실패했다. 이 모든 일에 약 5년이 걸렸다."

인공 수정(Artificial insemination) 남성의 낮은 정자 수로 인한 불임 치료 방법. 정자는 여러 번 사정하는 동안 채취한 다음 배란 시 파트너의 질에 삽입한다.

세포질 내 정자 주입(ICSI)(Intracytoplasmic sperm injection, ICSI) 정자 수가 적은 남성을 치료하는 데 사용되는 절차. 하나의 정자를 난자에 직접 주입하는 것.

그림 7-13

난자세포질 내 정자 주입: 정자를 난자에 주입한다.

SOURCE: Mauro Fermariello/Science Source

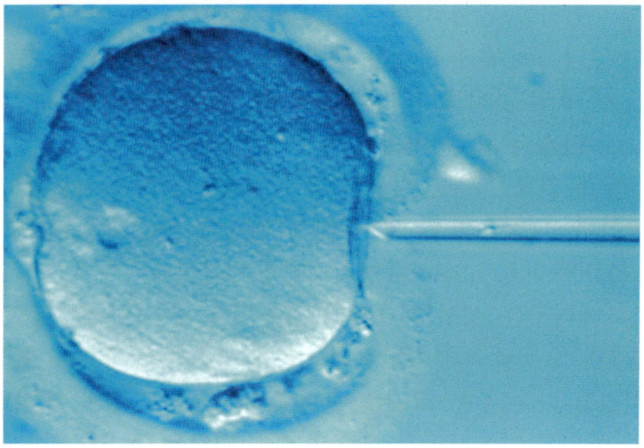

> "끔찍하게 고립된 경험이 있다. 사람들은 무엇 때문에 화가 났는지 이해하지 못한다. 결국 당신은 그들이 볼 수 있는 것을 잃지 않았어. 우리 친구들은 모두 아이를 가졌다. 친구들과 함께 모였을 때 주요 주제는 모유 수유와 임신 및 출산에 대한 세부 사항이었다. 그 당시에 우리는 우연히 많은 고통을 받았기 때문에 그들을 위해 행복할 수 없다는 것이 가슴 아팠다."
>
> (저자의 파일에서)

가임 연령 여성의 경우 수정 문제는 일반적으로 두 가지 원인, 즉 나팔관 또는 자궁의 구조적 문제와 난자(난자) 배출 실패에서 비롯된다. 나팔관의 폐색은 모든 경우의 약 25%에서 35%를 차지한다(Honoré et al., 1999; Rebar, 2004). 폐색은 해부학적 기형, 성장(예: 폴립), 자궁내막증(토론이 이어짐), 감염 및 흉터 조직으로 인한 것일 수 있다. 성병, 특히 클라미디아와 임질(골반 염증성 질환을 유발)으로 인한 흉터 조직은 막힌 난관으로 인한 불임 사례의 최소 절반을 차지한다. 이러한 감염의 유행성 수준을 감안할 때 이것은 가까운 장래에 자궁외 임신과 불임의 주요 원인이 될 것이다(5장 참조).

난자가 나팔관을 통과하는 통로의 직경은 사람 머리카락의 약 절반에 불과하다. 때때로 외과의사는 이 작은 구조를 다시 열 수 있지만 미세 수술의 성공률은 약 50%에 불과하다(Honoré et al., 1999).

불임 여성의 약 25~40%가 어느 정도 자궁내막증을 가지고 있다(리뷰는 Lessey, 2000 참조). 자궁내막증은 나팔관 및/또는 난소 주변의 자궁내막 조직의 성장으로 인해 불임을 유발할 수 있다. 오늘날 많은 여성들이 임신을 미루고 있으며, 자궁내막증은 20대 중반 이상의 여성, 특히 출산을 미룬 여성에게 가장 흔하기 때문에 "직업 여성의 질병"으로 알려져 있다. 자궁내막 조직의 성장을 조절하기 위한 호르몬 치료나 이를 제거하는 수술이 일반적으로 사용되었다(de Ziegler et al., 2010).

여성 불임의 주요 원인 중 하나(약 20%)는 배란 실패이다(Urman & Yakin, 2006). 이것은 여성의 나이가 들수록 더 흔해진다(Cabry et al., 2014). 일부 불임 여성에게는 프로락틴이라는 호르몬이 너무 많은 반면, 다른 여성에게는 성선영양 호르몬(난소를 자극하는 호르몬)이 너무 적거나 너무 많다. 배란 실패의 가장 흔한 원인은 아마도 난자가 난소 내에서 부분적으로만 발달하고 남성 호르몬이 과도하게 존재하는 다낭성 난소 증후군일 것이다. 비만은 종종 배란 문제를 일으키며 좋은 식단(예: 천천히 소화되는 탄수화물, 트랜스 지방 없음)은 때때로 배란과 임신 가능성을 향상시킬 수 있다(Brewer & Balen, 2010).

여성이 월경 주기가 규칙적이지 않아 임신에 문제가 있어 난자가 배출되지 않는 경우 의사는 **불임 약물(fertility drugs)**을 시도할 것이다(Crosignani et al., 1999 참조). 두 가지 주요 유형이 있다. 한 유형은 뇌하수체를 자극하여 주기를 시작하는 데 필요한 호르몬인 FSH와 LH를 분비한다(3장 참조). Clomiphene은 이러한 유형의 약물의 한 예이다. 두 번째 유형은 난소를 직접 자극한다(HMG 또는 인간 갱년기 성선 자극 호르몬이 한 예임). 불임 약물의 성공률은 문제가 전적으로 호르몬에 의한 경우 약 50%에서 70%이다.

불임 약물은 다태아 출산의 가능성을 1% 또는 2%에서 10%에서 20%로 높인다(Luke et al., 1994). 가임력 향상 기술의 사용 증가로 인해 미국의 쌍둥이 출산은 1980년 이후 두 배가 되었다(National Center for Health Statistics, 2012 참조). 불임 약물이 난소암의 위험을 증가시킬 수 있다는 우려가 있었지만 대규모 연구에서 이에 대한 증거가 발견되지 않았다(Jensen et al., 2009).

보조생식기술 Assisted Reproductive Technology

불임 극복을 위한 기술은 1970년대 영국에서 **체외 수정(in vitro fertilization, IVF)**이 개발되면서 새로운 시대로 접어들었다. 여기에서 난자와 정자가 결합된 배양 접시에 수

불임 약물(Fertility drugs) 호르몬 결핍으로 인해 불임 여성의 임신 가능성을 높이는 약물. 약물은 뇌하수체를 자극하여 FSH와 LH를 분비하거나 난소를 직접 자극한다.

체외 수정(IVF)(In vitro fertilization, IVF) 여성의 난소에서 성숙한 난자를 외과적으로 제거하고 수정이 일어날 때까지 정자가 있는 배지에 넣은 다음 여성의 자궁에 넣는 과정이다. 이것은 일반적으로 막힌 나팔관으로 인해 임신할 수 없는 여성에서 수행된다.

정이 일어난 후 하나 이상의 수정란(보통 약 4세포 단계)이 여성의 자궁에 배치된다. 미국에서는 매년 50,000명 가까운 여성이 IVF의 결과로 아기를 낳는다(Hammond et al., 2009). 체외 수정으로 잉태된 아이들을 언론 등에서는 흔히 "시험관 아기"라고 부르지만, 보시다시피 시험관도 사용하지 않는 시술이다.

IVF/ICSI(여러 IVF 주기) 치료의 전체 과정에서 35세 미만 여성의 성공률은 65%에서 83%이다(Malizia et al., 2009). 수정란 두 개(하나가 아닌)를 여성의 자궁으로 이식하면 성공률이 향상될 수 있지만, 이렇게 하면 다태아 출산의 가능성이 높아진다.

배우자 나팔관 이식 또는 GIFT(난자와 정자를 피펫에 넣고 나팔관에 직접 삽입)와 접합자 나팔관 이식 또는 ZIFT(수정된 난자를 나팔관에 직접 삽입)의 두 가지 유형이 있다. GIFT와 ZIFT는 큰 수술을 필요로 하고 성공률이 훨씬 좋지 않기 때문에 대부분의 의사는 더 간단하고 덜 침습적인 IVF 절차 또는 심지어 **시험관 내 성숙**(*in vitro maturation*, 난모세포의)이라는 새로운 변형을 선호한다(Cabry et al., 2014; Seyhan et al. ., 2012). 여기서 난자를 얻기 위해 난소를 과도하게 자극하는 대신, 난자를 조기에 채취하여 시험관 내에서 성숙하도록 한다.

이 분야의 발전을 가로막는 가장 큰 걸림돌은 사회적, 정치적, 법적이다. 많은 사람들이 불임 치료를 위해 이러한 절차를 반대한다. 예를 들어, 로마 가톨릭 교회는 인공 수정과 시험관 수정을 모두 거부하며, 출산은 "육체적으로 구현된 사랑의 행위"여야 한다고 선언한다. 미국 정부는 IVF에 대한 연구 자금 지원을 거부했다. 전 국립보건원(National Institutes of Health)의 과장이었던 Joseph Schulman은 다음과 같이 말했다. "나는 10년 반 동안 수천 쌍의 부부들에게 실제로 엄청난 가치가 있는 것으로 입증된 조사 영역 전체를 밀쳐 두고 있는 상태를 수용한 다른 예는 생각할 수 없다"(Baker, 1990에서 인용).

개인적인 생각 Personal Reflections

당신과 당신의 파트너가 5년 동안 임신을 시도했다고 상상해 보시오. 기분이 어때? 다음에는 무엇을 하겠는가? 어떤 옵션을 고려하겠는가? 어떤 옵션을 절대 고려하지 않겠는가? 그 이유는 무엇?

대리모 Surrogate Mothers

가장 논쟁의 여지가 있는 불임 솔루션 중 하나는 **대리모(surrogate motherhood)**이며, 때때로 여성이 임신 중에 태아를 잉태하거나 낳을 수 없을 때 사용된다(Ali & Kelley, 2008 참조). 이런 경우 부부는 시험관 수정을 통해 접합자를 만들고 다른 여성의 자궁에 수정란을 이식할 수 있다. 두 번째 방법은 대리모가 일반적으로 인공 수정을 통해 남성 파트너의 정자를 임신시키는 것이다. 대리모가 아이를 낳고, 아이는 불임 부부가 키운다. 부부는 일반적으로 필요한 법률 비용과 함께 대리모의 의료 비용을 지불한다. 그들은 또한 이 "서비스" 제공에 대한 수수료(보통 $20,000 ~ $25,000)를 대리모에게 지불한다.

대리모는 성서 시대부터 사용되어 왔다(창세기 16장 참조). 오늘날 일부 주는 대리모를 허용하는 법률을 통과시켰고 다른 주는 그것을 불법화하려고 시도했다. 대리모가 아기를 양육하려고 시도한 경우 법원은 예정된 부모에게 유리하게 판결했다.

고령분만과 보조생식기술

Delayed Childbearing and Assisted Reproductive Technology

지난 수십 년 동안 여성이 첫 아이를 낳는 평균 연령이 높아졌다. 그러나 여성이 나이가 들어감에 따라 생식력이 감소한다는 것을 방금 배웠다(Chandra et al., 2013). 30세 이후에는 건강한 아기를 가질 확률이 매년 3% 이상 감소한다. 문제는 자궁에 있는 것이 아니라 여성이 나이를 먹으면서 난자의 수와 품질이 감소하는 데 있다(그림 7-14 참조). 폐경기가 되면 난소가 완전히 작동을 멈추고 여성은 더 이상 생식을 할 수 없게 된다. 적어도 최근까지는 그렇게 생각되었다.

점점 더 많은 여성들이 직업에 뛰어들고 임신을 연기하기로 결정함에 따라, 출산할 준비가 되었다고 결정했을 때 종종 불임 문제에 직면하게 된다. 그러나 오늘날에는 체외 수정 및 관련 절차로 인해 일부 폐경기 여성도 임신하여 자녀를 낳을 수 있다. 자궁이 건강하기 때문에 젊은 여성이 난자를 기증할 수 있으며(따라서 일반적으로 고품질), 수정 및 착상을 위해 체외 수정을 시도한다(Forman et al., 2011).

보다 최근에는 50세 이상의 폐경 후 여성이 난자 기증과 시험관 수정을 통해 아이를 낳는 것을 선택했다. 1994년 62세의 이탈리아 여성이 기증된 난자를 받아 출산했

대리모(Surrogate mother) 다른 부부를 위해 만삭 태아를 임신한 여성으로, 아기가 태어난 후 다른 부부에게 아기를 주기로 동의한다. 아기는 일반적으로 남성의 정자와 파트너의 난자 또는 대리모의 난자의 결합으로 발생한다.

그림 7-14

나이가 들어감에 따라 난자의 수가 감소한다. 출산 확률은 30세 이후 매년 3%씩 감소한다.

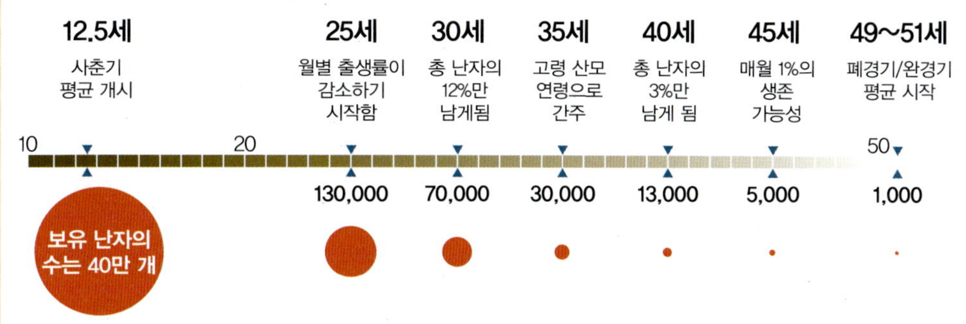

Data from *USA Today*, April 23, 2012, p.20

다. 2008년에는 56세의 오하이오 여성이 세 쌍둥이를 낳았다. 현재까지 "기록"은 70세다. *New England Journal of Medicine*의 편집장인 Marcia Angell의 말에 따르면 "가임기의 제한은 이제 누구나 짐작할 수 있다."

많은 의사를 포함하여 많은 사람들이 보조 지연 출산의 윤리 및 건강 관련 문제에 대해 토론하고 있다(Smajdor, 2011). 임신 중 나이가 많을수록 저체중아 출산 위험이 커진다. 여성 자신에게도 위험이 있다. 당뇨병, 고혈압, 제왕절개를 해야 할 가능성이 높아진다. 이러한 문제는 신중한 심사를 통해 최소화할 수 있지만 윤리적 고려사항은 어떠한가? 보조 생식 기술을 반대하는 사람들에게 지지자들은 두 가지 주장을 제시한다. 첫째, 많은 사람들이 자녀를 둔 연로한 남성을 존경하는 이중 잣대가 있다. 왜 여성에게는 같은 기회가 없어야 하는가? 둘째, 사랑, 경험, 책임감과 같은 자질은 누가 좋은 엄마가 될 것인지를 결정하는 데 나이보다 더 중요하다. 영국의사협회 협의회 의장이 말했듯이 "몸이 좋지 않고 건강하지 못한 19세" 어머니보다 건강하고 건강한 59세의 어머니를 두는 것이 낫다." 좋은 엄마의 자질은 무엇이라고 생각하는가?

다산 Superfertility

어떤 여성에게는 아이를 갖는 것이 매우 쉽다. 기네스북 세계 기록에 따르면, 현존하는 가장 다산한 여성은 칠레의 Leontina Albina로 59명의 자녀(항상 세 쌍둥이 또는 쌍둥이)를 낳았다. 그녀는 고아원에 보내진 세 쌍둥이 중 한 명이었지만 두 형제는 입양되지 않았다. 그녀는 아이를 낳는다면 절대 버리지 않겠다고 스스로에게 약속했다. Leontina는 12세에 결혼하여 50대까지 계속 자녀를 낳았다.

주의 사항: 연구에 따르면 6번 이상의 임신을 한 여성은 관상 동맥 심장 질환과 심혈관 질환에 걸릴 위험이 더 높다(Ness et al., 1993). 대가족을 계획하는 경우 이 점을 고려하시오.

스터디 가이드

핵심용어 Key Terms

1차 난포(primary follicle), p. 173
(임신) 삼분기(trimesters), p. 175
Rh 인자(Rh factor), p. 183
거짓 분만(false labor), p. 189
골반위 분만/역아 출산(breech birth), p. 191
공포–긴장–통증 주기(fear–tension–pain cycle), p. 185
과도기(transition phase), p. 190
기형 유발 물질(teratogens), p. 181
난자[ovum (ova, pl.)], p. 173
다산(fecundity), p. 195
대리모(surrogate mother), p. 198
머리출현(crowning), p. 190
배냇솜털(lanugo), p. 179
배반포(blastocyst), p. 174
배아(embryo), p. 176
분만의 두 번째 단계(second stage of labor), p. 190
분만의 세 번째 단계(third stage of labor), p. 190
분만의 시작 단계(start-up stage of labor), p. 189
불임(infertility), p. 195
불임 약물(fertility drugs), p. 197
브랙스톤-힉스 수축(Braxton-Hicks contractions), p. 188
산전 검사(prenatal examination), p. 185
산후 정신병(postpartum psychosis), p. 194
산후 우울감(postpartum blues), p. 193
산후 우울증(postpartum depression), p. 194
상실배(morula), p. 174
성숙 난포(Graafian follicle), p. 173
세포질 내 정자 주입(ICSI) (intracytoplasmic sperm injection, ICSI), p. 196
소실(effacement), p. 189
수정(conception), p. 174
수정능 획득(capacitation), p. 174
알파태아단백(AFP) 검사(alpha-fetoprotein(AFP) screening), p. 184
양막(amnion), p. 174
양수천자(amniocentesis), p. 183
영양막(trophoblast), p. 174
옥시토신(oxytocin), p. 193
유산(miscarriage), p. 184
융모막 융모 샘플링(chorionic villus sampling), p. 183
융모막(chorion), p. 175
인간 융모막 성선 자극 호르몬(HCG) (human chorionic gonadotropin, HCG), p. 176
인공 수정(artificial insemination), p. 196
임계기(critical period), p. 181
입덧(morning sickness), p. 176
자간전증(preeclampsia), p. 183
자궁외 임신(ectopic pregnancy), p. 175
접합자(zygote), p. 174
전치태반(placenta previa), p. 191
정자(sperm), p. 173
제왕절개(cesarean section, C-section), p. 192
조산사(nurse-midwife), p. 187
조산아(preterm infant), p. 192
준비된 출산(prepared childbirth), p. 185
착상(implantation), p. 174
체외 수정(in vitro fertilization, IVF), p. 197
초유(colostrum), p. 193
초음파(ultrasound), p. 184
출산 조언자(doula), p. 188
쿠바드 증후군(couvade syndrome), p. 176
태동(quickening), p. 176
태반(placenta), p. 175
태아(fetus), p. 176
태아 수술(fetal surgery), p. 184
태아 알코올 증후군(fetal alcohol syndrome, FAS), p. 182
태지(vernix caseosa), p. 179
탯줄(umbilical cord), p. 174
팽창(dilation), p. 189
프로락틴(prolactin), p. 193
하강감(lightening), p. 188
호흡곤란 증후군(respiratory distress syndrome), p. 192
후산(afterbirth), p. 191
회음절개술 episiotomy, p. 191

상호검토 Interactive Review

뒤의 정답 참조.

성관계를 통해 전체 월경 주기의 대략 6일 동안, (1)________ 전 (2)_______일부터 배란 후 (3)________일까지 수정할 수 있다. 수정은 보통 (4) ______________ 내에서 이루어지며, 착상은 보통 자궁의 (5) ______________에서 이루어진다. 다른 곳에 수정란을 이식하는 것을 (6) ______________임신이라고 하며, 가장 흔한 원인은 (7) ______________(으)로 인한 나팔관의 상처이다. 여성의 소변이나 혈액에서 발달 중인 태반으로부터 분비되는 호르몬인 (8) ______________가/이 포함되어 있으면 임신 검사에서 양성 반응이 나타난다.

임신은 (9) ______________(이)라고 불리는 3단계, 3개월 간격으로 나뉜다. 착상 후 첫 번째 (11) ______________개월은 (10) ______________, 마지막 (13) ______________개월은 (12) ______________(이)라고 부른다. 임산부는 태아가 움직이는 것을 처음 느낄 수 있는데, 이 경험은 임신 (15) ______________ 개월 동안 (14) ______________(이)라고 한다. 임신 중 성교는 일반적으로 태아에게 해가 되지 않는다고 생각되지만, 일부 의료 전문가들은 임신 9개월 동안에는 성교를 하지 말 것을 권고한다.

임신 합병증의 원인은 여러 가지가 있을 수 있다. 태반 장벽을 넘어 태아에게 해를 끼칠 수 있는 물질을 (16) ______________(이)라고 한다. 예를 들면 바이러스, 흡연, 알코올, 코카인, 그리고 다른 약물들이 있다. 태아의 이상은 초음파나 태아 융모막 융모 샘플링, (17) ______________과/와 같은 다양한 외과적인 기술을 통해 종종 발견될 수 있다. 오늘날, 태아가 아직 자궁에 있는 동안 수술을 하는 것이 때때로 가능하다.

준비된 출산 과정(예: 라마즈)은 교육과 준비를 통해 (18) ______________의 주기를 깨려고 시도한다. 또 다른 선택은 가정(또는 가정과 같은 환경에서)에서 출산하는 것인데, 보통 의사보다는 (19) ______________간호사의 도움을 받는다. 실제 출산 경험은 진통이라고 알려져 있다. 출산 전에 많은 여성들이 거짓 진통을 경험한다. 진정한 진통은 (20) ______________의 시기와 길이, 그리고 (21) ______________의 자궁경부에 의해 거짓 진통과 구별된다. 진통은 세 단계로 진행된다. 초기 단계 또는 (22)______________는/은 보통 6시간에서 13시간 동안 지속되지만, 각 단계의 진통은 여성마다 그리고 심지어 같은 여성의 출생에서 출생까지 매우 다양하다. (23) ______________는/은 이 단계 직전 또는 도중에 끊어진다. 진통의 첫 번째 단계의 마지막 부분을 (24) ______________(이)라고 한다. 이것은 출산 과정의 시작을 나타낸다. 분만 2단계에서 자궁경부는 (25) ______________이고 태아는 산도를 통해 움직이기 시작한다. 아기는 보통 (26) ______________가 먼저 나오고, 출산 후에는 (27) ______________가/이 잘린다. 진통의 세 번째 단계에서 (28) ______________는/은 자궁에서 분리되어 어머니의 몸을 떠난다. 출산 중에 합병증이 생기면 아기는 (29) ______________를/을 통해 엄마의 복부를 통해 수술로 출산할 수 있다.

오늘날, 대부분의 경우, 이전에 제왕절개를 한 적이 있는 여성들은 후속 분만 중에 질적으로 분만을 하는 것이 안전하다고 여겨진다. 점점 더 많은 수의 미국 여성들이 아기들에게 모유를 먹이고 있다. 어머니의 우유는 많은 감염 퇴치 (30) ______________를 포함하고 있으며, 소의 우유보다 소화가 더 쉽다. 출산 후, 많은 여성들은 부정적인 감정을 경험한다. (31) ______________(이)라고 불린다. 호르몬 변화, 수면 부족, 그리고 새로운 요구들이 모두 이것에 기여할 수 있다. 대부분의 의사들은 여성이 출산 후 (32) ______________주 동안은 성관계를 재개하지 말 것을 권고한다.

불임 또는 태아 장애(33) ______________는/은 미국의 많은 부부에게 영향을 미친다. 이 사례들 중 약 (34) ______________%는 남자와의 문제, (35) ______________%는 여자와의 문제, (36) ______________%는 두 배우자와의 문제 때문이다. 남성의 경우, 불임은 보통 정관이 막히거나 (37) ______________에 의해 발생한다. 후자의 경우, (38) ______________(이)라는 절차가 자주 사용된다. 여성의 경우, 불임은 일반적으로 차단 (39) ______________ 또는 (40) ______________의 실패로 인해 발생한다. 오늘날, 불임 부부들은 난자를 여성의 몸 밖에서 수정한 후 자궁에 넣는 다양한 보조 생식 기술의 도움을 받을 수 있다((41) ______________(이)라고 함).

자기진단 Self-Test

뒤의 정답 참조.

A. 참(T) 혹은 거짓(F)

T F 42. 이식할 때, 단세포 유기체는 태아라고 불린다.

T F 43. 모든 개념의 약 75%는 처음 6주 이내에 이식되지 못하거나 자발적으로 중단된다.

T F 44. "입덧"은 임신 마지막 임신 기간 동안 가장 흔하다.

T F 45. 임신 중인 엄마는 임신 2개월이 될 때까지 태아의 내부가 움직이는 것을 느낄 수 없다.

T F 46. 임신 7~8개월 동안의 성교는 종종 산모나 태아에게 해롭다.

T F 47. 마약은 태아에게 악영향을 줄 수 있지만, 흡연은 어머니에게 해롭기는 하지만 거의 효과가 없다.

T F 48. 만약 여성이 Rh 양성이고 태아가 Rh 음성이라면,

그 상태를 Rh 부적합이라고 한다.

T F 49. 여성이 임신했을 때 하루에 맥주 한 잔 또는 와인 한 잔은 받아들일 수 있다고 여겨진다.

T F 50. 나팔관 상처의 가장 흔한 원인 중 하나는 치료되지 않은 임질과 클라미디아이다.

T F 51. "준비된 출산"은 마취제를 사용하지 않고 아기를 갖는 것을 의미한다.

T F 52. 산모의 세 번째 단계에서 아기가 태어난다.

T F 53. 만약 여성이 자궁외 임신을 한다면, 그녀의 미래 임신도 자궁외 임신이 될 위험이 증가한다.

T F 54. 시험관 아기라는 표현은 임신과 배아 발달(즉, 첫 2개월)이 엄마의 몸 밖에서 일어나는 과정을 의미한다.

T F 55. 인공수정은 인공적으로 만들어진 정자에 의해 난자가 수정되는 것이다.

T F 56. 입덧은 호르몬으로 효과적으로 치료할 수 있다.

T F 57. 진정한 출산은 브랙스턴-힉스 수축의 시작에 의해 특징지어진다.

B. 짝짓기

(논의 혹은 해결책으로 문제를 일치시킨다)

논의 혹은 해결책

_____ 58. 인공수정

_____ 59. 제왕절개

_____ 60. 융모막 융모채취법(또는 양수 천자)

_____ 61. 불임약

_____ 62. 태아 수술

_____ 63. 체외수정

_____ 64. 복강경 수술

_____ 65. 대리모

_____ 66. 세포질 내 정자 주입

문제

a. 수잔은 자궁외 임신 중이다.

b. 세리와 존은 생리 주기가 일정하지 않기 때문에 임신을 할 수 없다.

c. 캐롤과 데이비드는 정자 수가 적기 때문에 임신을 할 수 없다.

d. 필리스는 아직 완전히 확장되지 않았고 그녀의 아기는 괴로워하고 있다.

e. 다이앤은 임신에 태아를 낳을 수 없지만, 그녀와 프랭크는 생물학적으로 그들의 아기를 갖기를 원한다.

f. 쉘리와 마크는 임신을 할 수 없다. 셸리에서 채취한 난자는 마크의 정자와 수정되어 셸리의 자궁에 들어간다.

g. 린다와 월터의 태아는 생명을 위협하는 요로감염증이 있다.

h. 조엔과 톰은 태어나지 않은 아기가 이상하지 않을까 걱정한다.

C. 빈칸 채우기

67. 접합체, ____________, ____________, 배아, 태아.

68. 발육 중인 아기와 산모의 주요 연결고리는 ____________이다.

69. 체중이 과도하게 증가하고 고혈압과 관절이 부어 있는 임산부는 ____________.

70. 태어나기 전에, 태아의 머리는 자궁에서 아래로 내려간다. 이를 ____________(이)라고 한다.

71. 진통이 시작되었는지 여부를 판단하는 세 가지 지침은____________, ____________, 그리고 ____________.

72. ____________ 3개월은 성장하는 태아가 일반적으로 유해 물질에 가장 민감할 때이다.

73. 자궁외 임신의 대부분은 ____________임신이다.

74. 2009년, 의학연구소는 정상 체중의 여성이 임신 중에 ____________파운드를 늘려야 한다고 권고했다.

75. 수정란이 자궁에 도달했을 때, 그것은 ____________(이)라고 불리는 유체로 채워진 구체이다.

76. 보통 산도로 처음 들어오는 아기의 부위는 ____________이다.

77. 난자는 배란 후에 약 ____________까지만 유지된다.

78. 태아는 ____________(이)라고 불리는 두꺼운 피부 주머니에서 보호된다.

79. ____________과/와 ____________는/은 많은 전문가들이 너무 일상적으로 행해지고 있다고 느끼는 분만과 출산 중에 의사들이 사용하는 두 가지 절차이다.

80. 아기가 생존할 수 있으려면 최소한 ____________주 동안 자궁에서 자라야 한다.

81. 미국 소아과 학회는 아기들에게 처음 ____________동안 모유를 먹일 것을 권장한다.

82. 건강한 아기의 가능성을 최대한 보장하기 위해, 여성은 출산 후 ____________개월을 기다렸다가 다시 임신해야 한다.

8장
성별의 정체성과 역할

Gender Identity and Gender Roles

성별은 한 문화 내에서 남성과 여성의 사회적 범주에 부여된 의미로 구성된다. 사람들이 이러한 문화적 의미를 정신에 통합하면 성별이 정체성의 일부가 된다.

– 웬디 우드와 알리스 이글리(2015), 성 역할, 73, p. 461.

학습목표

이 장의 학습을 마치면 다음을 할 수 있어야 한다.

8.1 자신의 성별과 성별, 그리고 성 정체성과 성 역할을 구별한다.

8.2 성적 해부학과 성 정체성에 대한 다양한 생물학적 영향을 설명한다.

8.3 성 발달의 다양한 유형의 유전 및 호르몬 장애를 설명한다.

8.4 아동기와 청소년 및 성인의 성별 불일치에 대해 논의한다.

8.5 성 정체성 발달에 대한 프로이트식, 사회학습, 인지발달 이론을 설명한다.

8.6 젠더 역할 차이와 안드로지니 개념에 대한 진화론적, 사회문화적 이론에 대한 증거를 설명하고 제시한다.

8.7 미국에서 성 역할이 어떻게 발전해 왔는지 설명한다.

우리가 남성 또는 여성의 해부학을 가지고 태어났는지 여부를 결정하는 것은 무엇인가? "남성적" 또는 "여성적"이라는 것은 무엇을 의미하는가? 아버지가 아들이 인형을 가지고 노는 것을 본다면 아버지는 어떻게 해야 할까? "여자답게 행동한다" 또는 "남자답게 행동한다"에 대한 우리의 생각은 어디에서 왔을까? 이것이 우리가 이 장에서 다룰 질문 유형이다. 그러나 시작하기 전에 젠더, 성 정체성 및 성 역할의 정의를 살펴보자.

성의 정의와 정체성 그리고 역할

Definitions of Gender, Gender Identity, and Gender Roles

8.1 자신의 성별과 성별, 그리고 성 정체성과 성 역할을 구별한다.

사람들은 섹스라는 단어를 들으면 생물학적 특징(생식기, 생식 기관, 염색체 등)이나 행위(연애, 섹스)를 떠올리게 된다. 하지만 젠더란 무엇인가? **성별(gender**, 라틴어 속과 "종류" 또는 "정렬"을 의미하는 고대 프랑스어 젠드레에서 유래), Joan Scott(1986)에 따르면,

> 인식된 성별 차이에 기반한 사회적 관계의 구성 요소이다(p. 1067).

미국 심리학 협회(American Psychological Association, 2009)는 성은 생물학적이고 젠더는 "남성과 여성을 사회 집단으로 지칭할 때 사용하는 용어"라고 말한다. 샌드라 하딩(Sandra Harding, 1986)은 다음과 같이 덧붙였다.

> 거의 모든 문화에서 성별 차이는 인간이 자신을 인격체로 식별하고 사회적 관계를 조직하며 의미 있는 자연적, 사회적 사건과 과정을 상징하는 중추적인 방식이다(p.18).

간단히 말해서, 젠더는 여성성과 남성성의 사회적 구성이며(Kessler & McKenna, 1978) 남성성과 여성성의 사회적/문화적 측면을 생물학적 측면과 구별하는 데 사용된다(King, 2010 참조).

성 정체성(gender identity)은 남자(또는 소년) 또는 여자(또는 소녀)로서의 자아감이며, **성 역할(gender role)**은 자신이 실제로 남자 또는 여자라는 것을 자신과 다른 사람들에게 전달하는 느끼고 생각하는 모든 것을 포함한다. 즉, 성 역할은 자신의 성 정체성을 표현하는 방식이다. 성 정체성과 성 역할은 서로 다른 두 가지가 아니라 같은 것의 두 가지 다른 측면이다. 성 정체성은 성 역할의 내적 경험이고, 성 역할은 성 정체성의 외적 표현이다.

이 장에서는 성 정체성과 성 역할을 형성하는 힘에 대해 배우게 된다. 이러한 힘은 유전과 학습을 모두 포함하는 생물학적이고 사회적이다. 대부분의 이론가들은 궁극적으로 성 정체성과 성 역할을 결정하는 것은 그러한 힘들의 상호작용이라는 데 동의한다. 먼저 이 과정의 생물학적 측면에 중점을 두고 성 정체성이 어떻게 형성되는지에 대한 논의로 이 장을 시작할 것이다.

성별(Gender) 여성다움과 남성다움의 사회적 구성.

성 정체성(Gender identity) 남성(또는 소년) 또는 여성(또는 소녀)에 대한 주관적인 감각. 이 감각은 일반적으로 3세에 습득됨.

성 역할(Gender role) 남성과 여성의 예상되는 행동과 태도에 관한 문화적으로 특정한 규범의 집합.

성 정체성에 있어 생물학적 영향

Biological Influences on Gender Identity

8.2 성적 해부학과 성 정체성에 대한 다양한 생물학적 영향을 설명한다.

태어날 때 우리는 어떻게 소년이나 소녀로 끝나는가? 유전학도 확실히 중요한 역할을 하지만 호르몬도 똑같이 중요하다.

염색체의 역할 The Role of Chromosomes

인간의 세포에는 일반적으로 23쌍의 **염색체(chromosomes)**가 있으며, 이는 사람의 유전되는 특성을 결정하는 막대 모양의 구조이다. 난자와 정자는 정상적인 유전 물질의 절반만 가지고 있다(23쌍 각각에서 하나의 염색체). 따라서 난자와 정자가 결합할 때(수태라고 함), 생성된 단일 세포는 다시 정상적인 23쌍을 갖게 된다. 이 쌍 중 하나는 태어날 때 아기가 유전적으로 소년인지 소녀인지를 결정한다. 여아는 일반적으로 X 염색체 2개(XX)를 가지고 있는 반면, 남아는 보통 X 염색체 1개와 Y 염색체 1개(XY)를 가지고 있다. 따라서 아이의 유전적 성을 결정하는 것은 아버지의 정자이며, 이것은 수정의 순간에 결정된다. 그러나 때때로 XX 조합을 가진 개인은 남성 해부학을 갖고 XY 조합을 가진 다른 개인은 여성 해부학을 가지고 있다. 이것이 어떻게 가능할까? 연구원들은 SRY(Y 염색체의 성 결정 영역)라고 불리는 유전자인 Y 염색체의 아주 작은 조각이 남성성을 결정한다(Wilhelm et al., 2007). 이 조각은 XY 여아의 Y에는 없고 XX 남아의 X에는 있다. 또한 X 염색체에 있는

염색체(Chromosomes) 막대 모양의 구조로 사람의 유전적 특성을 결정하는 유전 물질이 들어 있다.

그림 8-1

남성과 여성의 내부 생식 계통의 태아 분화.

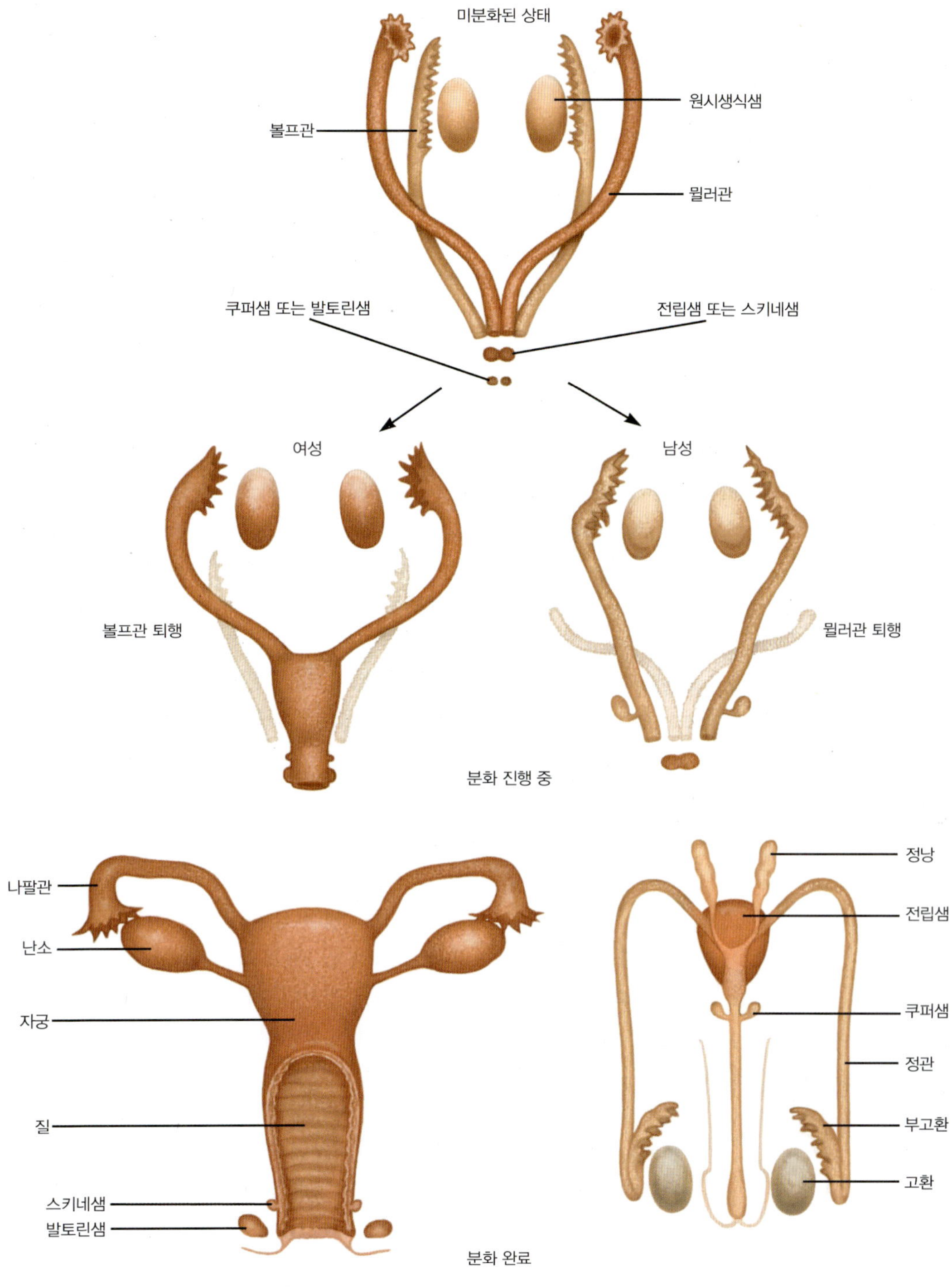

하나 이상의 유전자가 여성성을 결정하는 데 도움이 될 수 있다는 것이 발견되었다(Vilain, 2001).

호르몬의 역할 The Role of Hormones

두 연구원이 말했듯이 "자연의 법칙은 남성화하려면 무언가가 추가되어야 한다는 것이다"(Money & Ehrhardt, 1972). 그것은 테스토스테론으로, XY 조합이 남성 해부학적 구조의 아기를 낳기 위해서는 배아 발달의 중요한 단계(즉, 수태 후 첫 2개월 동안)에서 생산되어야 한다.

배아는 발달의 처음 몇 주 동안 해부학적으로 남성 또는 여성으로 구별될 수 없다. 5주와 6주에 한 쌍의 원시 생식선이 발달하여 난소나 고환으로 발전할 가능성이 있다.

이 단계에서 배아에는 두 개의 덕트 시스템이 있다. (1) 발달이 허용되면 남성 구조가 될 **볼프관 시스템(Wolffian duct system)**, (2) **뮐러관 시스템(Mullerian duct system)** 발달이 허용된다면 여성 구조가 될 것이다(그림 8–1 참조). 이 발달 단계에서 원시 생식선이 제거되면 아기는 유전적으로 XY일지라도 해부학적으로 항상 여자아이로 태어날 것이다. 왜?

일반적으로 Y 염색체의 SRY 유전자는 임신 7주 동안 원시 생식선이 고환으로의 분화를 유발한다(Hiort & Holterhus, 2000). 새로 발달된 고환은 테스토스테론을 분비하기 시작하여 볼프관 시스템이 남성의 내부 생식계로 발달하도록 촉진한다. 남성화 호르몬은 또한 몇 주 후에 외부 생식기의 발달을 담당한다. 이 남성 배아의 뮐러관 시스템은 어떻게 되나? SRY 유전자는 고환을 활성화하여 **뮐러관 억제 물질(Mullerian duct-inhibiting substance)**이라고 하는 추가 물질을 분비하여 고환을 수축시킨다.

XX 조합(유전적으로 여성)을 가진 배아는 어떻게 되는가? Y 염색체가 없는 경우(따라서 원시 생식선을 고환으로 전환시키는 화학 물질이 없는 경우) 원시 생식선은 결국 난소로 발달할 것이다. 테스토스테론 수치가 높으면 볼프관이 수축하고 뮐러관이 여성 생식계로 발달한다.

요약하면, 태아 발달의 중요한 단계(7주차)에 높은 수준의 테스토스테론이 없다면 자연은 모든 사람을 여성 발달로 프로그래밍한 것으로 보인다. 대부분의 출생에서 아기의 유전적 성별과 해부학적 성별이 일치한다. 그러나 때때로 다른 발달 패턴을 볼 수 있다.

뇌의 성 차이 Sexual Differentiation of the Brain

남성의 두뇌는 여성의 두뇌와 다르며, 그렇다면 이것이 행동의 차이를 설명할 수 있는가? 1970년대에 시상하부라고 불리는 뇌 영역(3장 참조)이 수컷 쥐와 암컷 쥐에서 다르다는 것이 발견되었다(리뷰는 Kelly et al., 1999 참조). 그 차이는 테스토스테론 수치의 차이의 결과이다. 인간에 대한 연구에 따르면 남성과 여성의 시상하부(및 뇌의 다른 영역)도 다르다. 이제 우리는 이것이 임신 후반기의 테스토스테론 수치의 결과라는 것을 안다(Garcia-Falgueras & Swaab, 2010). 임신 중 테스토스테론이 생식 기관에 미치는 역할과 다른 시기라는 것을 알고 있는가?

이제 중요한 질문이다: 염색체와 배아 및 태아 호르몬의 목적은 남성과 여성의 해부학적 특성을 결정하는 데 국한되는가, 아니면 개인의 성 정체성과 성 역할에도 기여하는가? 이 질문을 조사하는 한 가지 방법은 염색체 또는 배아/태아 호르몬 수치가 일반적인 패턴과 다른 개인을 보는 것이다.

볼프관 시스템(Wolffian duct system) 배아에서 발견되는 원시적 덕트 시스템. 발달이 허용되면 남성의 생식 기관이 된다.

뮐러관 시스템(Mullerian duct system) 배아에서 발견되는 원시적인 덕트 시스템은 발달이 허용되면 여성의 생식 기관이 된다.

뮐러관 억제 물질(Mullerian duct-inhibiting substance) 배아 발달 동안 고환에서 분비되어 Mullerian duct를 수축시키고 사라지게 하는 화학물질.

성 발달 장애 Disorders of Sex Development

8.3 성 발달의 다양한 유형의 유전 및 호르몬 장애를 설명한다.

태아 발달의 일부 장애로 인해 일부 개인은 일반적으로 소년 또는 소녀와 관련이 없는 해부학적 특징을 가지고 태어난다. 항상 그런 것은 아니지만 종종 여기에는 모호한 생식기가 포함되며 염색체 또는 호르몬 장애로 인해 발생할 수 있다. 오늘날 부모와 의료 전문가가 선호하는 용어는 **성 발달 장애(disorders of sex development)**이다(Davies et al., 2011; Marino, 2010 참조). 간성(*intersexual*), 자웅동체(남녀한몸, 반음양자, *hermaphrodite*), 가성 반음양체(거짓남녀중간몸, *pseudohermaphrodite*)와 같은 더 오래된 용어는 논쟁의 여지가 있고 경멸적이다.

염색체 이상 Chromosome Disorders

성염색체와 관련된 70개 이상의 알려진 장애가 있으며 약 426명 중 1명은 비정상적인 성염색체 조합을 갖고 태어난다(Nielson & Wohlert, 1991). 예를 들어, 살아 있는 남성 660명 중 1명은 클라인펠터 증후군(*Klinefelter's syndrome*)으로 알려진 상태인 하나 이상의 추가 X 염색체(XXY 또는 XXXY)가 있다(Aksglaede et al., 2011). 이러한 생물학적 남성은 Y 염색체로 인해 남성적 특성과 XX 염색체 조합으로 인해 여성적 특성을 모두 가지고 있다. 그들은 키가 크고 팔이 길고 근육 발달이 좋지 않으며 가슴과 엉덩이가 커졌으며 고환이 축소된 작은 페니스 및 낮은 성욕을 가진 경향이 있다. 어떤 사람들은 소년으로 살기를 선택하고 다른 사람들은 소녀로 살기를 선택한다. 가장 유명한 사례 중 하나는 소년으로 자랐지만 나중에 여자로 살기로 선택한 유명한 모델이자 "제임스 본드걸"이 된 캐롤라

성 발달 장애(Disorders of sex development) 남성과 여성의 해부학적 특징이 결합되어 있거나 염색체 성별이 해부학적 성별과 일치하지 않는 개인.

그림 8-2

스텔라 월시(Stella Walsh)는 1932년 여자 100 m 계주에서 올림픽 금메달을 땄다. 그녀가 죽은 후 그녀는 XX 세포와 XY 세포를 모두 가지고 있음이 밝혀졌다.

출처: Bettmann/Getty Images

그림 8-3

이 사람은 유전적으로 여성(XX 염색체)이고 하나의 난소와 하나의 고환을 가지고 있으며 항상 남자로 살았다.

출처: Dr. M. A. Ansary/Science Source

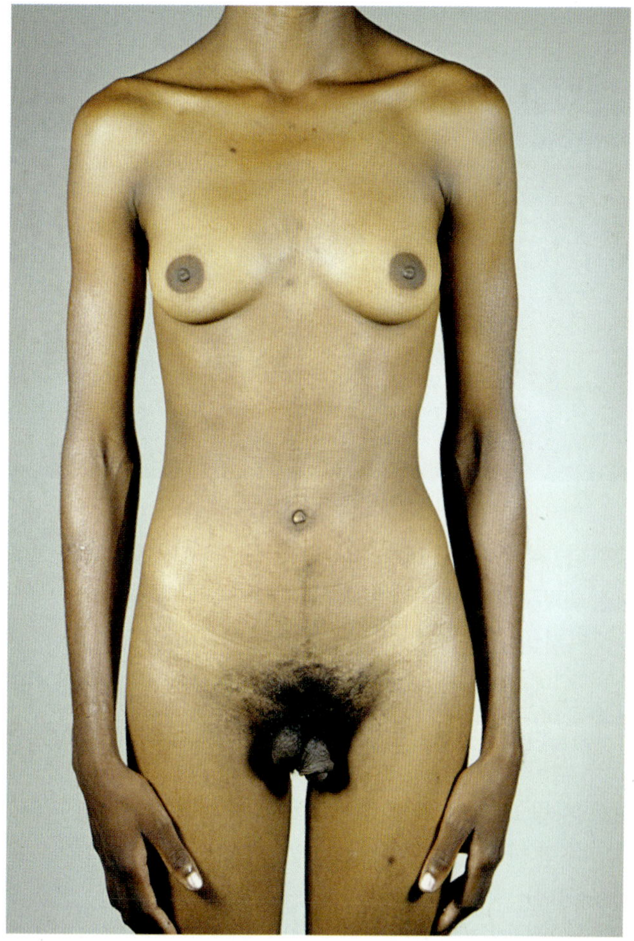

인 코시이다(Cossey, 1991).

터너 증후군(*Turner's syndrome*)은 X 염색체(XO)가 하나만 있는 상태이다. 2,000~3,000명 중 1명꼴로 발생한다. 터너 증후군이 있는 여성은 염색체가 없기 때문에 난소가 제대로 발달하지 못한다. 난소 호르몬이 없으면 사춘기에도 월경을 하지 않거나 유방이 발달하지 않는다. 그들은 종종 신체적 삶의 질이 저하되었다고 보고하지만 일반적으로 성 정체성에 문제가 없다(Kagan-Krieger, 1998; Ros et al., 2013).

가장 흥미로운 성염색체 패턴 중 하나는 1932년 올림픽 여자 100미터 계주와 1954년 전국 5종 경기에서 금메달을 딴 국제적으로 유명한 운동선수인 Stella Walsh와 관련이 있다(그림 8-2 참조). 1980년 그녀가 사망한 후 그녀의 몸에 있는 세포 중 일부는 XX이고 나머지는 XY인 것으로 밝혀졌다. 그녀는 여성으로 자랐고 살았지만 남성의 성기가 기능하지 않았다.

우리 중 대다수는 성염색체의 올바른 조합을 가지고 태어난다. 그러나 이미 배웠듯이 XY 염색체 조합을 가지고 있다고 해서 아기가 해부학적으로 태어날 때 남자아이가 될 것이라는 보장은 없다. 호르몬은 또한 성을 결정하는 데 매우 중요하다.

호르몬 이상 Hormonal Disorders

일부 어린이는 배아 단계에서 원시 생식선이 제대로 분화하지 못하기 때문에 남성과 여성의 생식 기관을 모두 가지고 태어난다(Blyth & Duckett, 1991 참조). 그들은 일반적으로 유전적인 여성이며, 자궁이 거의 항상 존재하지만 한쪽에는 난소와 나팔관이 있고 다른 쪽에는 고환과 정관 및/또는 부고환이 있는 경우가 많다(그림 8-3 참조). 외부 생식기는 일반적으로 외관이 모호하지만 남근이 종종 확대되기 때문에 이들 중 거의 3분의 2가 소년으로 자라며 사춘기에 유방이 발달하고 월경이 시작될 때 합병증이 발

그림 8-4

사춘기 소녀의 선천성 부신 증식증(CAH).

출처: Matthew Tabaccos/Barcroft Media/ Getty Images

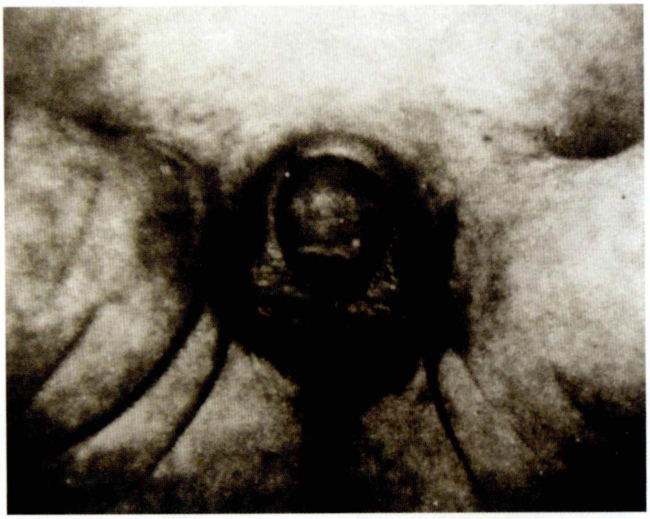

그림 8-5

유전적으로 남성인 사람의 안드로겐 무감각 증후군(XY 염색체).

출처: U.S. National Library of Medicine

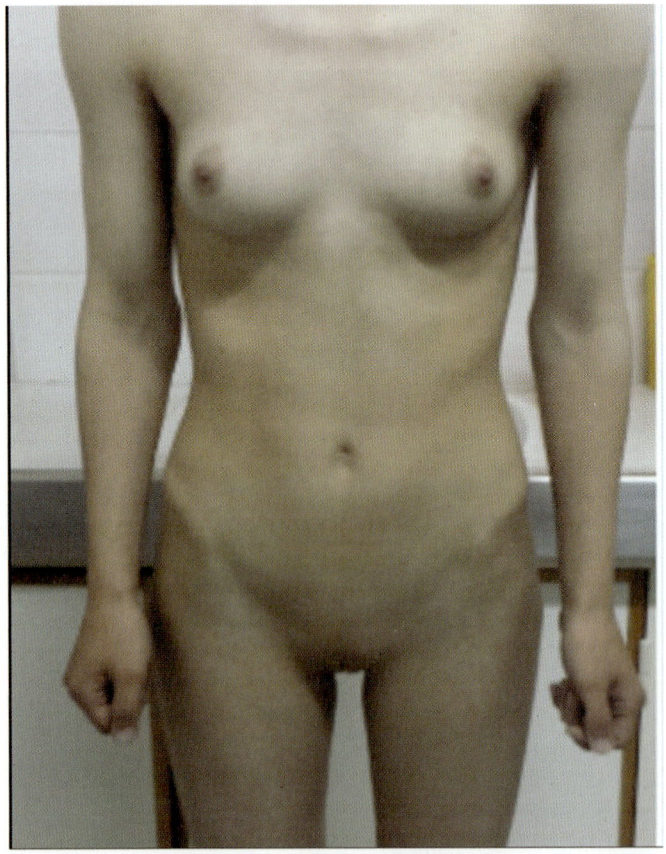

생한다. 이것은 65,000명의 출생 중 약 1명에게서만 발생하는 드문 상태이다.

이것의 변형으로 남아프리카 공화국의 운동 선수인 캐스터 세메냐(Caster Semenya)는 2009년 세계 선수권 대회에서 여자 800미터 경주에서 우승했지만 나중에 자궁과 난소가 없고 내부 고환이 있는 것으로 밝혀졌다. 그녀는 소녀로 자랐고 여성의 성 정체성을 가지고 있었다.

더 흔한 것은 XX 또는 XY 염색체 패턴을 가진 사람이 적절한 생식선 세트(각각 난소 또는 고환)를 갖고 태어 났지만 모호하거나 다른 성의 외부 생식기를 가진 장애이다. 여성의 경우 가장 흔한 원인은 **부신생식기 증후군**(*adrenogenital syndrome, AGS*)이라고도 하는 **선천성 부신 과형성(congenital adrenal hyperplasia, CAH)**이며, 여기서 부신은 태아 발달 동안 남성화 호르몬을 너무 많이 분비한다(Berenbaum et al., 2011 참조). 내부 장기는 정상이지만 생식기는 남성화되어(즉, 음핵과 음순이 확대됨) 의사들조차 이러한 개체를 출생 시 소년으로 오인하는 경우가 있다(그림 8-4 참조). 이 상태는 약 20,000명 중 1명꼴로 발생한다.

여아로 자라난 CAH 아기의 대다수는 남성의 전형적인 성 역할이 증가했지만(Pasterski et al., 2007) 여성의 성 정체성을 보여준다. 양성애 또는 동성애 관심의 가능성이 증가하지만 대부분은 이성애 지향을 가지고 있다(Dessens et al., 2005; Hines, 2004b).

남성에서 가장 흔한 호르몬 장애는 **안드로겐 무감각 증후군(androgen insensitivity syndrome**, 때때로 고환 여성화 증후군이라고도 함)으로 알려져 있으며, 이 증후군에서 고환은 정상적인 양의 테스토스테론을 분비하지만 신체 조직은 이에 반응하지 않는다(Kaplan & Owett, 1993). 결과적으로 음핵, 짧은 질, 음순이 발달하지만 고환이 여전히 뮐러관 억제 물질을 분비하기 때문에 내부 여성 구조는 발달하지 못한다(그림 8-5 참조). 이것은 약 20,000명 중 1명꼴로 발생한다. 이 사람들은 일반적으로 소녀로 자라며 테스토스테론에 둔감하기 때문에 에스트로겐으로 인

선천성 부신 과형성(CAH)(Congenital adrenal hyperplasia, CAH) 태아 발달 동안 부신이 너무 많은 테스토스테론을 분비하여 남성화를 일으키는 여아의 상태이다. 여기에는 음핵과 음순의 확대가 포함되어 출생 시 생식기가 소년의 성기로 오인되는 경우가 있다. 부신생식기 증후군이라고도 한다.

안드로겐 무감각 증후군(Androgen insensitivity syndrome) 남성 배아 발달 동안 고환이 정상량의 테스토스테론을 분비하지만 조직이 이에 반응하지 않는 상태. 결과적으로 음핵, 음순 및 짧은 질이 발달하지만 고환이 여전히 뮐러완 억제 물질을 분비하기 때문에 내부 여성 구조는 발달하지 않는다.

해 사춘기에 유방과 엉덩이가 발달한다. 그들은 외모가 매우 여성스러울 수 있다. 안드로겐에 둔감한 개인은 일반적으로 여성의 성 정체성과 성 역할을 가지고 있지만 나중에 할당된 성별을 변경하기로 선택하는 빈도에 대해서는 약간의 불일치가 있다(Hines et al., 2003; Mazur, 2005; Meyer-Bahlburg, 2005).

1974년에 도미니카 공화국에서 일종의 안드로겐 불감증 증후군을 앓고 있는 38명의 어린이가 발견되었다. 그들은 XY 염색체 조합을 가지고 있었고 태어날 때 그들의 고환은 테스토스테론과 뮐러관 억제 물질을 생산하여 내부 구조가 남성이었다. 그러나 유전된 효소 결핍으로 인해 테스토스테론은 외부 생식기의 적절한 형성에 필요한 디하이드로테스토스테론으로 전환되지 않는다[따라서 이 상태를 **DHT 결핍 증후군(androgen insensitivity syndrome)**이라고 함]. 그 결과 음핵처럼 보이는 아주 작은 성기, 음순처럼 보이는 불완전한 음낭, 내려가지 않은 고환, 짧고 닫힌 질 내강을 갖게 되었다.

이 아이들 중 18명은 여아로 자랐지만 사춘기에 고환에서 많은 양의 테스토스테론이 분비되기 시작하면서 목소리가 깊어지고 근육이 발달하고 고환이 내려가면서 "음핵"이 음경이 되었다. 요도 구멍은 음경 끝이 아니라 회음부에 위치했지만 정자를 사정할 수 있었다.

당신이 소녀로 자랐지만 갑자기 사춘기에 성기가 자라기 시작했다면 어떤 기분이 들 것 같은가? 이 외딴 마을의 문화는 가부장적 "마초" 편향이 강하다. 여자아이들은 집에 머물며 집안일을 해야 하는 반면, 남자아이들은 성인이 되어 성적 자유를 포함한 상당한 자유가 주어진다. 이 아이들의 부모는 일반적으로 뜻밖의 아들이 있다는 사실을 알고 기뻤다. 마을 사람들은 그들을 게베도케스("12시의 남근")라고 불렀다. 이러한 상황에서 이 18명의 어린이 중 16명이 소년이 되기로 결정한 후 소녀에게 강한 성적 관심을 갖게 된 것은 놀라운 일이 아니다(Imperato-McGinley et al., 1979; Davis, 2015 참조).

성별은 몇 개나 있나? How Many Sexes Are There?

다음 시나리오와 질문을 고려하라.

> 청소년기에 예상대로 월경을 시작하지 않는 사람은 그 이유를 알아보기 위해 의사를 찾는다. 의사는 외양[음경을 포함하지 않음]과 자아 감각이 모두 여성인 이 사람이 자궁이나 난소가 없고 대신 남성(XY) 염색체를 가지고 있음을 발견한다. 이 사람은 여자인가 남자인가?
>
> (**매케인**, T. L. (1996). 혼성 사람들 인정. Journal of Sex & Marital Therapy, 22, 265–274.)

대답하기 망설였나요? 대부분의 사람들이 그렇다. 왜? 아마도 소년이나 소녀가 된다는 것은 한 가지 특성을 갖는 것보다 더 복잡하기 때문일 것이다. 더 중요한 것은 "위의 질문에 대답하는 데 주저하는 것은 모든 사람이 여성 또는 남성이라는 개념에 사람들이 얼마나 헌신하고 있는지를 보여준다. 사람들이 이 개념에 그렇게 집착하지 않는다면, 그들은 위에서 설명한 사람이 어떤 면에서는 여성이고 다른 면에서는 남성이라고 간단히 대답할 것이다"(McKain, 1996).

이 장의 첫 번째 부분에서 중요한 교훈은 성과 젠더 사이에는 직접적인 관계가 없다는 것이다. 당신은 모호한 생식기를 가진 사람들을 소개받았다. 일부 다른 문화권에서는 3개의 성을 인정하고(Herdt, 1990), 적어도 한 학자는 우리가 최소한 5개의 다른 성을 인식해야 하며 인간의 성은 이분법이 아니라 연속체라고 주장했다(Fausto-Sterling, 2000). 정상 또는 전형적으로 정의하는 방법에 따라 모든 출생의 0.1%에서 0.5%가 염색체, 생식선, 생식기 또는 관의 장애가 있다(Ahmed et al., 2014).

유아기의 성별 재할당 시도
Attempts to Reassign Sex in Infancy

성 정체성은 대부분 생물학에 의해 결정되는가, 아니면 육아 관행을 통해 사회의 가치(사회화)를 가르치는 것에 의해 결정되는가? 이 질문에 대해 많은 토론이 있었지만 최근 연구에 따르면 생물학이 이전에 믿었던 것보다 훨씬 더 강력한 역할을 한다고 한다. 예를 들어 다음 사례 기록을 고려하라.

일란성 쌍둥이 형제는 생후 8개월에 포경수술을 받았지만 수술 실수로 한 쌍의 성기를 잃었다. 상당한 고민 끝에 의사의 추천으로 소년의 부모는 아이를 소녀로 키우기로 결정했다. 그 당시 사람들은 태어날 때 성적 심리에 중립적이며 정상적인 심리 성적 발달은 성기의 모양에 달려 있다고 믿었기 때문에 그렇게 하도록 권장받았다.

아이가 1살 반이 되었을 때, 그의 이름은 브루스에서 브렌다로 바뀌었고 여성으로 만들기 위해 생식기를 재건하는 외과적 절차가 이루어졌다(후에 그는 여성 호르몬을 받았다). 아이는 여아 옷을 입고 여아 장난감을 가지고 놀고 여아 활동을 하도록 격려받았다.

DHT 결핍 증후군(DHT deficiency syndrome) 테스토스테론이 디하이드로테스토스테론으로 전환되지 않아 남아의 외부 생식기가 제대로 발달하지 못하는 안드로겐 불감증 증후군의 일종. 발달은 테스토스테론의 증가와 함께 사춘기에 발생한다.

그림 8-6
생후 8개월에 음경이 잘려나간 데이비드 라이머(David Reimer)로 성전환 연구에 실패했다.

출처: REUTERS/Alamy Stock Photo

이 사람의 어린 시절에 발표된 보고서는 성전환이 성공적이었다고 결론지었다. 머니(1975)에 따르면 브렌다는 여성의 성 정체성과 성 역할을 쉽게 달성했다. 쌍둥이 형제는 전통적인 남성적 특성을 발전시켰다. 주로 이 자주 인용되는 사례의 "성공"의 결과로, 모호한 성기를 갖고 태어난 수천 명의 어린이들이 성전환 수술을 받았다(Colapinto, 2000).

지금까지 성기가 모호한 아동에 대한 치료의 기본 가정은(원인이 무엇이든) 성은 이분법적이며 개인은 소년 또는 소녀라는 것이었다. 또한 표준 관행은 성기의 모양에 따라 사람의 성을 정의하는 것이었다. 성기가 모호한 아기의 경우 의사가 하는 일은 수술로 외모를 남성이나 여성으로 바꾸는 것뿐이라고 믿어졌다. 그러면 그 아이는 소년이나 소녀로 성공적으로 자랄 수 있고 수술로 변경된 해부학에 해당하는 성 정체성을 갖게 될 것이다.

브렌다의 경우 이후 인터뷰에서 많은 문제가 드러났다. "그녀"의 발달을 추적한 정신과 의사는 "그녀"가 여성이 되려는 시도에서 큰 어려움을 겪고 있음을 발견했다. 브렌다는 여아의 옷과 장난감을 거부하고 남아의 옷과 장난감을 선호했다. 그녀는 아버지를 모방하고 말괄량이로 간주되었다. 그녀는 서 있는 동안 자주 소변을 본다(또는 시도). 브렌다는 사춘기에 접어들면서 우울증과 자살 충동을 느꼈고, 결국 부모님은 그녀에게 "그녀"가 소년이라는 사실을 이야기하게 되었다. 브렌다는 기뻤고 "처음으로 모든 것이 이해가 되었고 내가 누구인지 이해하게 되었다."라고 말했다. 브렌다는 데이비드(골리앗과 싸운 성경 인물의 이름을 따서)로 이름을 변경하고 유방 절제술을 선택하고 남성 호르몬 주사를 맞고 성기를 부분적으로 복원하는 수술을 받았다. 그 후, 그는 결혼하여 아내의 아이들을 입양했다. 자신을 소녀로 키우려는 모든 시도를 거부한 이유를 물었을 때 그는 소녀가 되는 것이 "옳지 않다고 느꼈다"고 말했다(그림 8-6 참조)(Colapinto, 2000; Diamond, 1997). 불행히도 David는 우울증을 앓다가 나중에 자살했다.

여기 또 다른 예가 있다(Dittman, 1998). 고환은 발달하지만 음경은 발달하지 않는 음경 무형성(penile agenesis)이라는 극히 드문 질환을 가진 아기가 태어났다. 그는 3세에 거세되었고 그 후 소녀로 자랐고 14세에 유방 발달을 위한 호르몬 치료를 시작했다. 10대 후반에 그는 이러한 성전환 시도를 거부하고 성기 재건 수술을 받았다. 그는 자신을 완전히 남자로 여겼고 나중에 결혼했다.

이는 개별적인 사례가 아니다(Rosenberg, 2007). 모호하거나 손상된 생식기 때문에 유아기에 성전환을 받은 많은 사람들이 사회화 과정을 거부했다(M. Diamond, 2004). 소아 내분비학자인 브루스 윌슨(Bruce Wilson)은 의학계에서 널리 퍼지고 있는 견해에 대해 이렇게 말했다. 우리 중 많은 사람들에게 현재의 관행이 문제를 일으키고 있고 우리가 득보다 실이 더 많으며 어떤 종류의 정확도로도 결과를 예측할 수 없다는 것이 분명해졌다"(Palmer, 1999에서 인용).

이러한 사례에서 결론을 내릴 수 있는 것은 무엇일까? M. 다이아몬드(M. Diamond, 2004)에 따르면, 그들은 자연이 성 정체성에 대한 소인을 설정하고 "자신의 성 정체성은 양육 성별에 의해 고정되지 않는다"는 것을 보여준다. 다시 말해서, 우리는 항상 단순히 성기의 모습을 근거로 사람의 성을 정의할 수는 없다(또는 그 또는 그녀의 젠더 정체성에 대해 가정). 분명히 생물학(유전학과 호르몬)이 중요한 역할을 한다. 예를 들어, 수술로 성기가 변형된 소아 또는 DHT 결핍 증후군 소아의 경우 생식기가 제대로 발달하지 않았지만 태아 호르몬이 염색체 패턴에 적합한 방식으로 뇌를 변경했을 가능성이 매우 높다(Berenbaum & Beltz , 2011, Garcia-Falgueras & Swaab, 2010).

오늘날 받아들여지는 의학적 표준은 출생 시 해부학적 형태에 근거하여 수술에 대한 결정을 내려서는 안 되며 의사와 부모는 아이가 의사결정에 참여할 수 있을 만큼의 나이가 될 때까지 기다려야 한다는 것이다(Ahmed et al., 2014; Meyer-Bahlburg). , 2011). 왜? M. Diamond(1998)는 "한 사람의 성적 정체성은 생식기의 겉모습과 상관없이 유전적 내분비체계의 기능으로서 태생적으로 조직된다"고 말했다. 사실, 점점 성 발달 장애를 가진 많은 사람들이 성전환 수술을 받지 않기로 선택하고 있다. 아마도 Carla

Golden(2000년)이 가장 잘 요약해 표현했다. "음경을 가진 여성과 질을 가진 남성이 있다는 것을 아는 것이 분명 자연스러운 태도일 것이다."(p.33)

성별 불일치 Gender Incongruence

8.4 아동기와 청소년 및 성인의 성별 불일치에 대해 논의한다. 정상적인 성기를 가진 아이들이 생물학적 성에 만족하지 못하는 경우가 있는가? 대답은 예이다. 일부 어린이의 경우 이러한 감정이 성인이 되어서도 지속된다.

아동의 성 정체성 이상

Gender Identity Disorder in Children

일부 어린이는 "성별 변형"이다. 그들은 종종 이성의 전형적인 행동에 관여한다. 한 연구에 따르면 7세 남아의 약 3%와 여아의 약 5%가 성별을 초월한 행동을 보이는 것으로 나타났다(van Beijsterveldt et al., 2006). 3세부터 성 비정형 행동은 아동이 청소년기를 시작하는 13세에 성 비정형 행동을 예측할 가능성이 높다(Golombok et al., 2012). 이 어린이들 중 일부는 성 정체성이 생물학적 성별과 일치하지 않는다. 그들은 내부 및 외부 모두에서 정상적인 해부학적 구조를 가지고 있지만 실제로는 이성의 일원이라고 느낀다. 많은 사람들이 자신의 해부학적 구조에 대해 극도의 고통을 느끼며, 이를 **성별 불일치(gender dysphoria**, "이성에 대한 강한 욕구 또는 자신이 다른 젠더임을 주장"으로 알려져 있으며 "임상적으로 심각한 고통"이 수반된다. [정신과 협회, DSM-V, 2013]). 예를 들어, 남학생은 자신의 성기와 체모에 혐오감을 느끼는 반면, 여학생은 앉은 자세에서 가슴이 커지거나 월경을 하거나 소변을 보는 것을 원하지 않을 수 있다. 젠더 정체성과 해부학 사이의 고통스러운 불일치의 느낌은 종종 아주 어린 나이에 시작된다.

> "아무것도 기억하지 못하기 때문에 스스로를 소녀라고 생각할 수 없었고, 이것이 진짜 이유였다. 내가 5~6살이 되었을 때 나는 누가 뭐라고 해도 내가 소년이 아니라면 소녀도 아니라고 스스로에게 말하기 시작했다. 이것은 제 평생 동안 변하지 않은 신념이었다."
>
> (**"미스 디,"** from Henry Havelock, Ellis, 1918. Ellis, H. (1918). 성 심리학 연구, Vol. II. 성 발명. 필라델피아: 데이비스.)

어린이의 성별 불일치의 원인에 대해 서로 다른 생각이 있으므로 이를 치료하는 방법에 대한 상당한 논쟁이 종종 뜨겁다(Singal, 2016 참조). 트랜스젠더 활동가들은 이 아이들의 성 정체성이 인정되기를 바란다. 그러나 연구자들은 성별이 일치하지 않는 대다수의 아동이 사춘기 이후에 성별 불일치나 교차 성별 행동을 나타내지 않는다는 점을 지적한다(Steensma & Cohen-Kettenis, 2011; Wallien & Cohen-Kettenis, 2008 참조).

지속적인 성 불쾌감이 사춘기에 가까워지는 아동의 경우 현재 허용되는 치료법은 아동이 허용되는 성별로 전환할 수 있는 시간을 벌기 위해 사춘기 억제 호르몬(이차 성징이 발달하지 않도록)을 제공하는 것이다(de Vries & Cohen-Kettenis, 2012; Drescher & Byne, 2012; Steensma & Cohen-Kettenis, 2011; Vrovenraets et al., 2015). 성전환 수술은 나중에야 가능하다(Milrod, 2013).

불행히도 치료법에 대한 논쟁은 성별 불일치의 원인에 대해 우리가 실제로 알고 있는 것보다 앞서고 있다. 생물학적 요인과 심리사회적 요인 모두에 대한 증거가 있지만 이들이 상호작용하는 방식에 대해서는 실제로 알려진 바가 거의 없다(Steensma et al., 2013).

성인의 성별 불일치 Gender Incongruence in Adults

위에서 언급한 바와 같이 일부 어린이의 경우 성별 불일치가 성인이 되어서도 지속된다. 다른 사람들은 사춘기까지 또는 그 이후(종종 "늦은 발병"이라고 함)까지 성별 불일치를 일으키지 않는다(Johansson et al., 2010 참조). 이러한 개인 중 다수는 **트랜스젠더(transgender)**로 묘사되는 것을 선호한다. 즉, 사회의 기대와 반대되는 신체에서 젠더 정체성과 젠더 역할을 하는 사람이다(예: Walch et al., 2012). 미국에는 약 700,000명의 트랜스젠더가 살고 있다(Gates, 2011).

> "내 친구 Kelly는 자신이 남성이라고 생각하지만 실제로는 여성이다. Kelly는 모두가 그를 "he"라고 불렀다. 그는 여자라는 것을 안다. 하지만 나는 그를 "그"라고 부르고 항상 그래왔다. 그는 많은 고통을 받기 때문에 누구에게도 진실을 말하지 않으려고 노력한다. 그는 성전환을 원하지만 돈이 없다. 그는 인생을 남자로 산다. 자동차 정비사도 있고 여자친구도 있지만 게이는 아닌 것 같다. 처음에는 정말 이상했는데 이제는 눈치도 못 챈다."
>
> (저자의 파일에서)

남성에서 여성으로의(Male to female) 트랜스젠더 성인은 여성과 밀접하게 동일시하고 여성에서 남성으로의

성별 불일치(Gender dysphoria) "임상적으로 심각한 고통"을 동반하는 "이성에 대한 강한 욕구 또는 자신이 다른 젠더임을 주장하는 것"(DSM-V, 2013).

트랜스젠더(Transgender) 성 정체성과 성 역할이 사회가 자신의 해부학적 구조를 기반으로 기대하는 것과 반대되는 개인

(Female to male) 트랜스젠더 성인은 남성과 밀접하게 동일시한다(Herman-Jeglinska et al., 2002; Lippa, 2001). 남성에서 여성 트랜스젠더는 여성에서 남성 트랜스젠더보다 2배 더 흔하다(Olsson & Möller, 2003). 생물학적 성별과 관련하여 트랜스젠더 성인은 동성애자 성적 지향(특히 여성 대 남성에서 흔함) 또는 비동성애 성적 지향을 가질 수 있다(Bockting et al., 2009; Johansson et al., 2010). 많은 트랜스젠더 성인들은 서로 다른 젠더 정체성과 성적 지향을 포괄하는 용어인 "젠더퀴어"로 스스로를 식별한다(Kuper et al., 2012). 연구에 따르면 대부분의 트랜스젠더 성인은 다른 정신병의 징후를 보이지 않으며 원하는 성별에서 "정상"이다(Cohen-Kettenis & Gooren, 1999).

거의 모든 트랜스젠더 성인은 여장을 하지만 트랜스젠더가 되는 것은 복장 도착과 동일하지 않다(Zucker et al., 2012). 14장에서 배우게 될 복장 도착자는 성적 흥분을 얻기 위해 이성의 옷을 입는다. 그러나 복장 도착자는 자신의 생물학적 성을 바꾸고 싶지 않으며 성별 불일치를 경험하지 않는다. 대조적으로, 트랜스젠더는 성적 흥분을 위한 것이 아니라 자신의 성 정체성과 외모에 심리적으로 더 편안함을 느끼기 위한 수단으로 크로스 드레스를 입는다.

성별 불일치의 원인은 확인되지 않았다. 뇌 MRI 및 부검 연구에 따르면 성인 트랜스젠더의 뇌는 이성애 남성 및 여성의 뇌와 다르다(Cantor, 2011; Guillamon et al., 2016). 따라서 (증명되지는 않았지만) 임신 후반기의 호르몬이 이후의 행동과 성 정체성에 영향을 미쳤을 가능성이 있다(이전 섹션 참조, Collaer & Hines, 1995 참조).

성별 불일치가 있는 많은 성인은 해부학적 성을 바꾸고 싶어한다. 이 그룹을 일반적으로 **성전환자(transsexual)**라고 한다. 트랜스섹슈얼이 자신의 상태를 "교정"하기로 선택하면 성 정체성이 아니라 신체(성별)가 바뀐다.

의료 분야는 성 "재지정" 수술을 제공한다. 절차에는 항상 광범위한 호르몬 치료도 포함된다(Spack, 2013). 남성에서 여성으로의 전환은 한 번의 수술로 가능하다(Raigosa et al., 2015). 음경과 고환을 먼저 제거한다. 다음으로 골반 조직을 사용하여 질을 만든다. 음경 피부의 감각 신경이 새로운 질 내부로 이동한다. 유방 확대 및 여성화 안면 수술은 종종 절차의 일부이다.

여성 대 남성 수술에서는 자궁, 난소 및 유방을 제거한다. 일부 개인은 더 이상 변경 사항이 없는 반면 다른 일부는 인공 페니스를 만들기로 결정한다. 새로운 음경은 피부와 근육(사타구니, 팔뚝 또는 기타 부위)을 사용하거나 음핵 확대를 통해 만들어진다. 발기 장애 치료에 사용되는 것과 같이 발기를 만드는 인공 수단이 가능하지만 정상적인 발기가 불가능하다. 외과적 치료에는 일반적으로 유방 성형술도 포함된다.

대부분의 연구에 따르면 트랜스섹슈얼의 대다수는 성적으로나 전반적인 삶의 질 면에서 절차를 통해 만족스러운 결과를 얻는다. 오늘날 이것이 더 많이 받아들여지면서 약 5% 이하만이 후회한다(Dhejne et al., 2014; Johansson et al., 2010; Wierckx et al., 2011). 대다수는 성전환, 사회적 관계 및 전반적인 웰빙에 만족한다고 보고한다(Ruppin & Pfäfflin, 2015).

대부분의 이성애자들은 트랜스젠더 개인을 이해하는 데 어려움을 겪는다. 예를 들어, 많은 사람들은 남성에서 여성으로의 트랜스젠더가 처음부터 매우 "남성적"인 사람이 아니었음에 틀림없다고 믿는다. 다음 세 가지 경우를 고려하라. 성적 재배치의 가장 유명한 사례 중 하나는 Richard Raskind라는 안과 의사의 사례였다(Richards & Ames, 1983). Raskind는 대학과 의과 대학에 다녔고 높은 순위의 테니스 선수가 되었고 결혼했다. 그는 자신의 남성성과 생식기를 싫어했다. "어린 시절 . . . 나는 내가 여자가 될 수 있도록 매일 밤 기도했다. 나는 그때 내가 르네를 내 이름으로 원한다는 것을 알았다. '다시 태어난다'는 뜻이다"(*People* Magazine, 1976). 그는 결국 성전환 수술을 받기로 결정하고 Renee Richards가 되었다(그림 8-7). 판사는 르네가 여자 프로 서킷에 출전할 수 있다고 판결했다. 크리스 벡은 전투에서 브론즈 스타와 퍼플 하트를 획득한 미 해군 특수부대원이었다. 2013년에 그는 트랜스 여성인 Kristin Beck으로 커밍아웃하여 "내가 항상 알고 있었고 항상 그렇게 되기를 바랐던 진짜 사람"이 될 수 있었다(Beck & Speckhard, 2013). 가장 최근에는 1976년 올림픽 금메달 10종 경기에서 금메달을 딴 브루스 제너(Bruce Jenner)가 자신이 여성임을 세상에 알리고 케이틀린 제너(Caitlyn Jenner)로 개명했다.

트랜스젠더 개인은 "이분법적 성 역할 규범이 있는 이성애 규범적 문화에서 낙인의 대상이 된다"(Walch et al., 2012; Glick, 2013 참조). 그들에 대한 부정적인 태도는 일반적으로 동성애자에 대한 것보다 더 크다(Norton & Herek, 2013). 운동 경기에서 부정적인 태도의 명백한 예가 있다(Cooky & Dworkin, 2013; Robson, 2010). 최근 몇 년 동안, 남성에서 여성으로의 트랜스섹슈얼은 여성 골프 투어에 참가하기 위해 여성 프로 골프 협회를 (성공적으

성전환자(Transsexual) 성별을 수술로 변경하고자 하는 성별 불일치가 있는 성인 트랜스젠더.

그림 8-7

(왼쪽 위) 테니스 선수 르네 리처즈(Renee Richards)가 성전환 수술 후 모습을 드러냈다. (오른쪽 위) Chaz Bono; (왼쪽 아래) 남자 10종 경기 올림픽 금메달리스트, 케이틀린 제너(Caitlyn Jenner); (오른쪽 아래) 전 Navy SEAL(미 해군 특수부대) 크리스틴 벡(Kristin Beck).

출처: Focus On Sport/Getty Images Sports/Getty Images; PHIL MCCARTEN/REUTERS/Alamy Stock Photo; Billy Bennight/The Photo Access/Alamy Stock Photo; JIM URQUHART/REUTERS/Alamy Stock Photo;

로) 고소해야 했고, 주자인 캐스터 세메냐는 여성 800 m에서 우승한 후 "성별 테스트"를 받아야 했다. 2009년 세계 선수권 대회에서. 트랜스젠더의 법적 권리(고용 보호 및 시민권 포함)는 미국에서 여전히 불확실하다(Green, 2010). 2016년 노스캐롤라이나주는 출생 시 성적인 해부학을 기반으로 공중 화장실을 사용하도록 요구하는 법률을 통과시켰다.

성 정체성 발달의 심리학적 이론
Psychological Theories of Gender Identity Development

8.5 성 정체성 발달에 대한 프로이트식, 사회학습, 인지발달 이론을 설명한다.

이전 섹션에서 생물학이 성 정체성을 확립하는 데 중요한 역할을 한다는 것을 배웠다. 환경이 영향을 미치지 않는다는 것은 아니다. 둘은 상호작용한다. "자연은 이러한 성적 발달에 대한 소인을 설정하고 그러한 한계 내에서 환경이 작동한다"(Diamond, 1997). 부모는 분명히 자녀 환경의 중요한 부분이다. 발달에 대한 세 가지 주요 심리학 이론은 부모가 성 정체성 발달에 영향을 미치는 중요한 역할 모델이라고 주장한다(광범위한 리뷰는 Gallahan, 2000 참조).

프로이트 이론 Freudian Theory

지그문트 프로이트(Sigmund Freud)는 심리적 발달이 주로 성적 발달에 영향을 받는다고 믿었다. 그는 성적 에너지를 **리비도**(*libido*)라고 부르며 리비도(성적 쾌락을 담당하는 신체 부위)의 위치가 시간이 지남에 따라 변한다고 생각했다. 성욕이 집중되는 신체 부위를 "성감대"라고 한다. 프로이트에 따르면 주요 성감대는 개인이 도달한 **심리 성적 발달 단계**(*stage of psychosexual development*)에 따라 다르다. 생후 1년 동안의 입은 일차적인 성감대이므로 프로이트는 이것을 **구강기**(*oral stage*)라고 불렀다. 쾌락은 빠는 것과 입으로 물건을 탐색하는 것에서 파생된다. 두 번째 단계는 **항문기**(*anal stage*)라고 하며 1.5세에서 약 3세까지 지속된다. 프로이트에 따르면 이 단계에서 쾌락의 주요 원천은 대변을 참거나 배출하는 데서 온다.

남근 단계(*phallic stage*)라고 하는 세 번째 단계는 약 3세에서 5세까지 지속된다. 프로이트는 이 시기에 성 정체성이 학습된다고 믿었다. 프로이트에 따르면 이 단계에서 소년들은 자위를 통해 쾌락을 얻기 시작하고, 그렇게 함으로써 어머니를 성적으로 욕망하기 시작하고 아버지를

상자 8-A 다문화적 관점

아메리카 인디언 투 스피릿과 사모아 파아파핀

서구 문화의 영향으로 그들이 사라지기 전에 최근까지 베르다슈(berdache)로 알려진 많은 북미 인디언 부족들 사이에 특별한 성별 지위를 가진 개인이 존재했다. 칼렌더와 코켐스(1987)에 따르면, 수염은 "해부학적으로 정상적이지만 성별 지위의 변화를 초래하기 위해 다른 성의 복장, 직업 및 행동을 가정하는 사람, 일반적으로 남성"이다. 베르다슈에 대한 설명은 1500년대로 거슬러 올라가며(Katz, 1976), 캘리포니아에서 미시시피 계곡과 오대호 상류까지 최소 113개 그룹에 존재했다(Callender & Kochems, 1987에서 편집한 목록).

초기 연구는 서구의 가치와 인식에 크게 영향을 받았으며 주로 많은 베르다슈의 동성애 또는 양성애에 중점을 두었다. 사실, 베르다슈라는 단어는 인디언 용어가 아니라 "남성 동성애자"를 의미하는 중세 프랑스어 용어이다(많은 아메리카 원주민은 이 용어가 민족 중심적이고 공격적이라고 생각했다). 칼렌더와 코켐스에 따르면 동성애가 개인에게 베르다슈의 지위를 부여하는 것은 아니지만 많은 베르다케가 동성애자가 되었다고 한다. 인도 용어의 번역은 성에 대한 암시 없이 "halfman-halfwoman" 또는 "man-woman"을 제공한다. 아메리카 원주민과 인류학자들은 현재 학자들이 이 개인을 언급할 때 모국어 내에서 **투 스피릿*** 또는 용어를 사용하도록 촉구하고 있다(Jacobs & Thomas, 1994 참조).

두 영혼은 경외심과 존경을 받았지만 추장이나 종교 지도자는 아니었다(그들은 무당이 아니었다). 개인은 어린 시절에 이성의 일에 강한 관심을 보임으로써 그리고/또는 (더 일반적으로) 청소년기에 성별 상태의 변화를 확인하는 초자연적 시각을 가짐으로써 두 영혼이 되었다. 거의 모든 집단에서 두 영혼의 남자가 여자처럼 옷을 입고 머리를 고정하고 여자의 직업을 떠맡았는데, 그가 존경받는 이유 중 하나였다. 어떤 경우에는 남자처럼 옷을 입고 역할을 맡았다. 그는 일반적으로 장례를 담당했지만 성별을 왔다 갔다 할 수 있었기 때문에 특히 남성과 여성의 중개자로 평가되었다. 이러한 탁월한 성별 혼합 능력 덕분에 그를 크게 존경하게 되었다. 그러나 언급했듯이 서구적 가치가 개입했다. 예를 들어, Winnebago 인디언을 연구한 루리(Lurie, 1953)는 다음과 같이 보고했다. 예를 들어, "대부분의 제보자는 두 영혼(two-spirit)*이 한때 매우 명예롭고 존경받는 사람이었다고 느꼈지만 백인들이 그것을 우스꽝스럽고 사악한 것으로 생각했기 때문에 Winnebago 원주민은 그 관습을 부끄러워하게 되었다."

아메리카 원주민의 두 영혼과 유사하게 사모아에는 사모아 사회에서 여성(예: 연예인, 교사, 관리인) 그리고 이성애자들에게 잘 받아들여지는 사람들(Vasey & VanderLaan, 2010)로 알려진 여장 남성 그룹이 있다. 그들은 이성애자 남성과 성관계를 가지지만 동성애자로 간주되지 않는다(사모아의 동성애는 강한 금기이다). 사실 사모아 남자와 파아파핀의 섹스는 이성애적 상호작용으로 간주되며 많은 사모아 청년들의 첫 성경험은 파아파핀과의 성경험이다. 간단히 말해서, "사람의 성은 실제 해부학보다 사회에서 자신의 역할에 더 많이 기초한다"(Fraser, 2002). American Samoa Community College(및 fa'afafine)의 학생 학장인 베나 셀레에 따르면 "사회적으로 여성의 역할을 하고 섹스를 하는 한, 당신은 여성만큼 훌륭하다"(Fraser, 2002, p. 74).

***투 스피릿(Two-spirit)**은 북미 원주민들이 자신들의 문화에서 전통적인 제3의 성(性)의 의식과 사회적 역할을 수행하는 원주민들을 일컫는 용어이다.

그림 8-8

19세기 Zuni 부족의 두 영혼인 We'wha(왼쪽)와 Samoan Fa'afafine(오른쪽).

출처: NAA INV 02440800 (National Anthropological Archives, Smithsonian Institution); Olivier CHOUCHANA/Gamma-Rapho/Getty Images

이러한 욕망에 대해 벌을 줄 수 있는 강력한 라이벌로 보게 된다. 그들의 성기를 멀리. 이러한 두려움을 "거세 불안"이라고 하며, 이유식과 배변 훈련을 통해 이전의 즐거움의 원천이 이미 제거되었다는 사실에 근거한다. 남성의 성 정체성 형성은 **남성 오이디푸스 콤플렉스**(*male Oedipus complex*, 이 이름은 그리스 희곡 오이디푸스 렉스에서 한 남자가 테베의 왕을 죽이고 나서 자신의 어머니로 밝혀진 그의 여왕과 결혼하는 주인공의 이름을 따서 지어졌다.). 소년들은 아버지를 닮으려고 노력하고 아버지의 성 정체성을 받아들인다. 이 과정은 무의식적으로 발생하며 **식별(identification)**이라고 한다. 이런 식으로 소년들은 미래를 위해 아버지처럼 자신의 성적 욕망을 충족시킬 수 있도록 노력한다.

프로이트는 성 정체성이 소녀들에게서 어떻게 학습되는지에 대해 더 복잡한 설명을 했다. 프로이트에 따르면 **여성 오이디푸스 콤플렉스**(*female Oedipus complex*)에서 소녀는 자신에게 남근이 없다는 것을 알게 되면 부러워하고 화를 내며 이를 "음경 부러움"이라고 불렀다. 소녀는 이것에 대해 어머니를 원망하고 어머니를 대신하기 위해 아버지를 소유하려고 한다. 그런 일이 일어날 수 없다는 것을 깨닫고 나면, 그녀는 자신도 미래에 자신의 성적 욕망을 충족시킬 수 있도록 보장하는 수단으로 자신의 어머니를 무의식적으로 동일시한다.

대부분의 심리학자들은 프로이트의 이론이 발달에 대한 정확한 설명이라고 믿지 않는다. 많은 사람들은 그의 아이디어가 노골적으로 성차별적이며 도덕성과 성 역할에 대한 빅토리아 시대의 아이디어에 기초한 사고의 결과라고 생각한다(예: Lerman, 1986). 그럼에도 불구하고, 프로이트는 어린이가 성적일 가능성을 논의하고 이를 성 정체성 발달과 관련시킨 최초의 현대 사상가 중 한 사람이다.

사회학습 이론 Social Learning Theory

사회학습 이론은 새로운 연상의 획득을 강조한다. 성 역할 획득과 관련될 수 있는 중요한 유형의 학습은 **조작적 조건형성**(*operant conditioning*)—특정 행동이 그 행동의 결과들과 연합되어 이루어지는 학습—의 학습이며, 이는 개인의 행동이 행동의 결과에 의해 수정된다는 원칙에 기초한다. 예를 들어, 소년은 "남자답게 행동한다"고 부모로부터 칭찬을 받고 넘어져도 울지 않을 수 있다. 아버지가 차를 고치는 것을 돕기 위해 숙제를 그만둔다. 이 세 가지 예 각각에서 소년은 "남성적인 태도"로 행동하도록 강화되고 있다. 그는 성 역할을 배우고 있으며 좋은 것은 "남성적인 행

식별(Identification) 두 가지 의미: (1) 아동이 동성 부모의 성 역할을 채택하고, (2) 광고에서 제품을 식별하거나 관련시킨다.

그림 8-9
아이들은 종종 동성 부모를 관찰하고 모방함으로써 성 역할과 성 정체성을 배운다.

출처: f-stop/SuperStock

동"과 연관시키고 부정적인 것(심지어 처벌까지)을 "여성적인 행동"과 연관시킬 것이다. 소녀의 경우 "여성스러운 행동"의 표시에 따라 격려와 칭찬이 따를 수 있지만 "소년 같은 행동"은 부모에게 무시되거나 승인되지 않는 결과를 초래할 수 있다. 따라서 강화된 행동은 계속되고 강화되지 않은 행동은 결국 중지된다.

사회학습 이론가들에 따르면, 아이들은 종종 같은 성의 사람들을 모방함으로써 성 고정관념적인 행동을 배운다(그림 8-9). 예를 들어, 아이들은 부모를 모방하는 것을 좋아하고 단순히 부모를 보고 "아빠"와 "엄마"가 하는 일을 배운다. 사회학습 이론가에 따르면 성 정체성은 성 역할을 학습하는 과정에서 획득된다.

인지발달 이론 Cognitive-Developmental Theory

인지 이론은 유아를 "정보 추구자"로 본다. 기어 다니는 유아가 물건을 입에 넣는 이유를 설명하기 위해 "심리 성적 발달의 구강 단계"에 대해 이야기하기보다 인지 이론은 유아가 이러한 방식으로 사물을 "알고" 세상에 대한 정보를 얻을 수 있기 때문에 이것이 이루어진다고 주장한다. 언어가 없는 기는 아기에게 세상은 입에 넣을 수 있는 것과 넣을 수 없는 것으로 나뉠 수 있다. 맛이 좋은 것, 맛이 나쁜 것, 맛이 없는 것에 대해서도 알 수 있다. 성별은 아이들이 스스로 분류할 수 있는 또 다른 범주이다.

이 이론(Kohlberg, 1966)은 "남성"의 개념이 먼저 다른 사람을 관찰함으로써 배운다고 말한다. 예를 들어, 소년의 아버지는 남자이고 소년은 어머니보다 아버지를 더 닮기 때문에 자신과 아버지를 남성으로 생각하기 시작한다. 소년들은 소년과 남성이 무엇을 해야 하고 어떻게 행동해야 하는지에 대한 정보를 찾고자 하는 동기를 갖게 되며, 남성의 행동에 대한 정보를 아버지로부터 쉽게 모방할 수 있다. 어머니는 소녀들에게 적절한 "여성 행동"이 무엇인지에 대한 정보의 주요 출처가 된다.

이 어린 나이에 아이들의 젠더 개념은 헤어스타일과 드레스와 같은 신체적 신호를 기반으로 "구체적"이다. 인지 이론가들은 대부분의 어린이들이 3세가 되면 자신이 "소년" 또는 "소녀"라는 사실을 알게 되었지만 아직 **성 불변성(gender constancy)**에 대해 이해하지 못한다고 말한다. 성 불변성은 자신의 성이 일정하고 변하지 않을 것이라는 지식이다. 예를 들어, 4세 소년은 소녀들이 머리가 길기 때문에 머리를 길게 기르면 소녀로 변할 것이라고 생각할 수 있다. 4세 소녀는 청바지와 축구 헬멧을 착용하면 자신이 남자라고 생각할지 모르지만 벗으면 다시 여자로 변한다. 그들은 아직 성 불변성에 대해 이해하지 못하기 때문에 어린 소년들은 자라서 엄마가 될 것이라고 말하고 소녀들은 그들이 아빠가 될 것이라고 말할 수 있다. 이것은 일반적으로 6세 또는 7세에 발생하는 성 불변성을 획득할 때까지 믿을 수 있는 자연스러운 일이다. 인지 발달론자들에 따르면, 아동이 성 불변성 개념을 습득하면 자신에 대한 정보를 적극적으로 찾는다. "성 정체성은 아이들이 자신이 한 성별 그룹에 속해 있다는 것을 깨닫고 발전하며, 그 결과 그룹의 다른 구성원과 닮고자 하는 동기가 증가한다"(Martin & Ruble, 2004, p. 67).

성 역할 이론 Gender Role Theories

8.6 젠더 역할 차이와 안드로지니 개념에 대한 진화론적, 사회문화적 이론에 대한 증거를 설명하고 제시한다.

인간 행동의 성별 차이에 대해 두 가지 상반된 이론이 있다. **진화론적(또는 사회생물학적) 이론[evolutionary (or sociobiological) theory]**(Buss, 1999; Geary, 1998)에 따르면, 남성과 여성의 행동 차이는 수천 세대에 걸쳐 각기 다른 생식 압력에 직면했기 때문이며, 따라서 이러한 차이는 오늘날의 현대 사회에서 안정적이다. 진화 심리학자들은 심리적 성의 차이는 선천적이며 성적 선택 압력의 결과라고 주장한다. 우드와 이글리(2002)가 설명한 이론은 다

성 불변성(Gender constancy) 자신의 성은 일정하고 변하지 않을 것이라는 지식. 이 지식은 일반적으로 6세 또는 7세에 습득된다.

진화론적(사회생물학적) 이론[Evolutionary (sociobiological) theory] 인간 행동의 성별 차이와 관련하여 행동 차이는 수천 세대에 걸쳐 남성과 여성이 직면한 다양한 생식 압력 때문이라고 말한다.

음과 같이 주장한다.

> 여성은 자손에게 더 많은 투자를 하는 성(예: 임신과 수유를 통해)으로서 남성보다 잠재적 짝에 대해 더 선택하게 되었다. 결과적으로 조상 남성은 여성에게 성적 접근을 위해 다른 남성과 경쟁했으며 남성의 진화된 성향은 공격성, 경쟁 및 위험 감수를 선호하게 되었다. 조상 여성은 자신과 자녀를 부양할 수 있는 자원을 제공할 수 있는 배우자를 선택하는 경향을 발전시켰다. 인간의 성적 선택은 또한 다른 여성과의 경쟁에서 비롯되었다. 다산과 충실을 위해 결혼 파트너와 남성의 장기 배우자 선택. 더욱이 암컷의 내부 수정으로 인해 조상 수컷은 자손의 친자 관계에 대해 확신할 수 없었다. 친자 관계의 확실성을 높이고 생물학적 후손에게 자원을 투자하여 건강상의 이점을 얻기 위해 조상 남성은 여성의 섹슈얼리티를 통제하는 성향을 개발했다. . .

진화 심리학은 생물학적(유전적) 결정론이 아니다(Confer et al., 2010 참조). 유전자가 환경의 영향 없이 행동이나 심리를 결정한다는 입장을 취하지 않는다. 그것은 환경 요인, 특히 "심리적 적응을 일으키는 선택 압력"(p. 120)을 인식한다.

진화 모델과 극명하게 대조되는 **사회문화 이론(sociocultural theory**, 사회 구성주의 또는 미시 구조 이론이라고도 함)은 남성과 여성의 심리적 차이가 사회적 구성이라고 말한다. 이론은 "인간에서 남성과 여성은 성 이형적 행동 소인과 관련하여 중립적으로 태어난다는 가정으로 시작한다"(Udry, 2000, p. 445). 사람들이 어떻게 행동할지 예측하는 것은 남성과 여성의 행동(사회 구조)에 대한 사회의 기대라는 개념에 기반한다. 이 이론의 기초는 이미 1903년에 심리학자 헬렌 브래드퍼드 톰슨(Helen Bradford Thompson)에 의해 언급되었다.

> 성의 심리적 차이는 주로 평균 능력의 차이나 정신 활동 유형의 차이가 아니라 유아기 초기부터 성인기까지 발달하는 개인에게 미치는 사회적 영향의 차이에 기인하는 것으로 보인다(p. 102).

따라서 사회문화 이론은 남성성과 여성성이 타고난 성격적 특성 때문에 표현된다고 믿는 것이 아니라 사회가 남성과 여성에 대해 동일한 기대를 한다면 남성과 여성도 동일하게 행동할 것이라고 가정한다. 따라서 성별 역할 차이는 남성과 여성이 환경 내에서 그리고 서로 상호작용하는 방식에 의해 구성된다.

사회문화 이론(Sociocultural theory) 남성과 여성의 심리적 차이는 사회적 구성 요소라고 주장한다.

우리가 성 역할에 대한 이 두 가지 이론에 대한 증거를 조사하기 전에, 행동에서 성별 차이의 범위를 살펴보자. 1970년대 이전에는 남성성과 여성성은 일차원 연속체의 반대쪽 끝으로 간주되었다(Hathaway & McKinley, 1943; Strong, 1936; Terman & Miles, 1936). 이 양극성 모델에서는 남성성이 높았던 사람은 여성성이 낮아야 했고, 그 반대도 마찬가지였다(Spence & Helmreich, 1978 참조).

남성다움과 여성다움에 대한 이러한 개념화는 1973년 앤 콘스탄티노플(Anne Constantinople)에 의해 혁명을 일으켰다. 앤 콘스탄티노플은 남성다움과 여성다움이 독립적인 구성물이라고 제안했다. 샌드라 벰(Sandra Bem, 1974)에 따르면, "역사적으로나 타문화적으로 남성성과 여성성은 긍정적인 특성과 행동의 두 가지 보완적 영역, 즉 '일을 완수하는 것'(남성 또는 도구적 지향) 및 '타인의 복지에 대한 정서적 관심'(여성적 지향 또는 표현적 지향)."

벰(1974)은 개인의 성 역할 내에서 남성성과 여성성의 정도를 측정하기 위해 벰 성 역할 목록을 개발했다. 개인은 한 차원에서 높은 점수를 받고 다른 차원에서 낮은 점수를 받은 경우 남성 또는 여성으로 특징지을 수 있다. 일부 개인의 경우 이것은 극단적이다. **성 역할 고정관념(gender-role stereotypes)**은 특정 성의 모든 구성원이 뚜렷한 행동, 심리적, 정서적 특성을 가지고 있다는 지나치게 단순화되고 경직된 믿음이다. 어떤 사람이 한 성별과 관련된 상대적으로 많은 수의 특성을 나타내고 다른 유형의 특성을 평가하지 않거나 평가하지 않는다고 주장하는 경우 고정관념으로 간주된다.

벰 성 역할 목록의 두 가지 차원에서 모두 높은 점수를 받은 사람은 양성으로 분류된다. **안드로지니(androgyny)**라는 용어는 그리스어로 "남성"을 뜻하는 *andro*와 "여성"을 뜻하는 *gyn*의 합성어이다. 양성애자는 전통적으로 남성적인 특성과 전통적으로 여성적인 특성을 모두 자신의 성 역할에 통합할 수 있다. 그 또는 그녀는 특정 상황에 가장 적합한 것에 따라 독단적이고 동정심이 많으며 논리적이면서도 감정적일 수 있다.

벰은 일부 사람들은 두 가지 측면에서 모두 낮은 점수를 받았다고 주장했다. 그러한 개인은 미분화로 분류된다. 이러한 여성성과 남성성의 조합은 **표 8-1**에 요약되어 있

성 역할 고정관념(Gender-role stereotypes) 남성과 여성의 성 역할에 대한 지나치게 단순화된 선입견.

안드로지니(Androgyny) 개인이 주어진 상황에서 특성이나 행동이 적절한지 여부에 따라 남성과 여성의 다양한 성격 특성을 표시하는 능력. 그것은 종종 개인에게 더 큰 적응력을 부여하는 긍정적인 특성으로 간주된다.

표 8-1 Bem의 성 역할 분류

	높은 여성스러움	낮은 여성스러움
높은 남성스러움	양성 같은/중성 같은	남자 같은
낮은 남성스러움	여자 같은	미분화된

다.

양성인 개인은 상황이 요구하는 대로 도구적 또는 표현적 방향을 보여주기 때문에 이 연구자들이 사회적으로 바람직하고 건강하다고 간주한다(Spence et al., 1974). 그들은 성별과 관련된 모든 현상에 대해 행동적으로 유연한 것으로 묘사된다.

> 따라서 그들은 남성적인 행동, 여성적인 행동, 또는 상황에 맞는 두 가지 모두를 기꺼이 보여줄 수 있다. 반면에 성별 유형의 성격을 가진 개인은 더 낮은 수준의 이성 유형 행동을 피하거나 나타내는 경향이 있다.
>
> (헬름라이히 외., 1979).

이후의 연구에 따르면 벰 성 역할 목록(Sex-Role Inventory)의 항목은 실제로 두 가지 다른 성격 특성을 측정했지만 두 특성은 더 이상 남성다움과 여성다움과 아무 관련이 없었다. 따라서 이 연구의 저자들은 따라서 **도구적(instrumental)**이고 **표현적(expressive)**인 용어를 제안했다(Ballard-Reisch & Elton, 1992). 한 가지 가능성은 지난 50년 동안 사람들의 성 역할에 대한 인식이 변했다는 것이다. 다음 섹션에서 이에 대해 살펴보겠다.

개인적인 생각 Personal Reflections

당신의 생각에는 어떤 특성(신체적 특성 외에)이 남자를 남성답게 만드는가? 여성을 여성스럽게 만드는 특성은 무엇인가? 왜? 남성과 여성 모두에게 공통된 특성이 있는가? 그 이유는 무엇? 남자가 온화하고, 배려하고, 애정이 넘치고, 감정적이며, 자녀를 잘 돌보아도 여전히 남성적일 수 있는가? 그 이유는 무엇? 여성이 자신의 경력에 있어 독단적이고 독립적이며 야심차면서도 여전히 여성적일 수 있는가? 그 이유는 무엇? 당신은 자신이 고정관념이나 양성애자라고 생각하는가? 왜?

아동기 때 성 역할 발달
Gender-Role Development During Childhood

진화 심리학자들은 많은 포유류 종의 새끼들이 놀이에서 성별 차이를 보인다고 지적한다. 한 연구원은 젊은 수컷 버빗 원숭이가 "여성적인" 인간 장난감(예: 바비 인형)보다 "남성적인" 인간 장난감(예: 트럭)을 선호한다는 것을 발견했다(Hines, 2004a). 인간에 대한 시선 추적 연구에 따르면 3~12개월 소년은 장난감 트럭을 선호하는 반면, 소녀는 인형을 선호하는 것으로 나타났다(Alexander et al., 2009; Jadva et al., 2010).

선천성 부신 과형성증(태어날 때 높은 수준의 안드로겐에 노출됨)이 있는 여아는 남성 특유의 놀이 행동을 보인다는 점을 기억하라. 아주 어린 비인간 암컷 포유동물에게 테스토스테론을 투여하면 남성 특유의 놀이도 증가하고(Hines, 2004b), 소년과 소녀의 남성 특유의 놀이는 태아 테스토스테론 수치와 관련이 있는 것으로 밝혀졌다(Auyeung et al., 2009).

사회문화 이론은 어떤가? 사회의 기대가 개인의 태도와 행동의 일부가 되는가? 사회의 신념을 내면화하는 과정을 **사회화(socialization)**라고 한다. 앞에서 설명한 인지 이론은 어린아이들이 복잡한 개념을 이해하는 데 어려움을 겪는다는 것을 보여준다. 그들의 조기 학습은 종종 "좋은 것과 나쁜 것" 또는 "큰 것과 작은 것"과 같은 이중 범주로 구성된다. 따라서 성 역할에 대한 어린아이들의 생각이 행동이나 특성을 "남성적" 또는 "여성적"으로 나누는 구체적이고 단순한 생각을 반영한다는 것은 놀라운 일이 아니다.

샌드라 벰(1981)은 아이들이 젠더에 따라 인지적으로 세상을 구성한다고 제안했다. 그녀는 이것을 **성 스키마(gender schema)**, 즉 아이들이 환경과의 상호작용에서 만들어내는 성 역할에 대한 아이디어의 집합이라고 부른다. 환경에 있는 물체는 종종 남성 또는 여성으로 취급된다. 예를 들어, 왜 우리는 종종 개를 남성으로, 고양이를 여성으로 여기는가? 프랑스어 또는 스페인어와 같은 언어는 모든 명사를 남성 또는 여성으로 분류한다. 성별 스키마는 참여하거나 배울 활동에 대한 결정에 영향을 줄 수 있다.

최근까지 어린이는 2세 또는 3세부터 성별에 따라 세상을 구성한다고 믿었다(Hort et al., 1991). 보다 최근의

도구적(Instrumental) 성격 특성; "일을 끝내는 것"에 대한 인지적 초점.

표현적(Expressive) 성격 특성; "타인의 복지에 대한 정서적 관심"에 대한 인지적 초점.

사회화(Socialization) 사회의 신념을 내면화하는 과정; 사회가 개인의 행동과 행동에 대한 기대를 형성하는 방식.

성 스키마(Gender schemas) 아동이 환경과의 상호작용에서 생성하는 젠더 역할에 대한 아이디어.

연구에 따르면 어린이는 18~24개월이 되면 이 능력을 얻게 된다(Martin & Ruble, 2010 참조). 영유아는 남성과 여성의 얼굴과 목소리를 구별할 수 있고, 어린 아이들은 성별 그룹을 구별할 수 있다. 사실, 젠더는 아동이 사용하는 최초의 사회적 범주일 수 있다(Kohlberg & Ullian, 1974).

여성의 성 역할에 대한 고정관념은 다른 사람을 양육하고 돌보는 사람이다. 수동적이고 의존적이며 협력적이다. 사회적 승인을 구한다. 그리고 자신의 감정을 표현하는 데 능숙하다. 남성의 성 역할 고정관념은 독립성, 지배력, 경쟁, 공격성, 성공, 성취, 정서적 억압을 강조한다. 대부분의 사람들은 남성과 여성이 이런 면에서 다르다고 믿는다(Doyle & Paludi, 1991).

하버드의 심리학자 제롬 케이건(Jerome Kagan)은 "만약 내가 2살 된 100명의 아이들을 보여주었고 당신이 이발로 성별을 구별할 수 없다면 그들이 남자인지 여자인지 구별할 수 없을 것"이라고 말했다(Shapiro, 1990에서 인용). 이것이 사실이라면 성 역할 표현은 언제 시작되며 누구가 책임을 져야 하는가?

"전통적인"(고정관념적인) 성 역할을 맡은 부모는 자녀에 대해 다르게 행동한다(Ex & Janssens, 1998). 이러한 가정에서 어머니는 양육자 역할을 하고 아버지는 유아의 놀이 친구 역할을 한다. 그러나 아버지는 어머니보다 자녀, 특히 아들이 고정된 성 역할에 순응하도록 동기를 부여할 가능성이 훨씬 더 높다(Kane, 2006; Leve & Faggot, 1997). 한 연구에서 미취학 아동에게 고정관념의 성 역할 장난감이 제공되었다. 한 가지 조건에서 아이들은 자신의 성별에 대한 고정관념의 장난감과 일치하는 장난감을 받았다. 그러나 다른 조건에서 소년들은 소녀들이 하는 방식으로 인형이나 주방 세트를 가지고 놀도록 요청받았고 소녀들은 소년들이 하는 방식으로 군대 전쟁 장난감이나 카우보이 복장을 가지고 놀도록 요청받았다. 이것은 부모가 방 밖에 있는 동안에 이루어졌다. 실험자들은 부모가 방에 들어가 아이들이 가지고 노는 장난감의 종류를 보았을 때 어떤 반응을 보일지 연구하는 데 관심이 있었다. 엄마들은 장난감이 성 역할 고정관념에 맞는지 여부와 상관없이 비슷하게 반응했지만, 아빠들은 아이들이 성 역할에 맞지 않는 장난감을 가지고 노는 것을 발견했을 때 훨씬 더 부정적인 반응을 보였다. 이것은 특히 소년들이 "소녀들의" 장난감을 가지고 놀 때 그러했다. 아버지는 종종 아들의 놀이를 방해하고 그러한 상황에서 부정적인 감정의 다른 징후를 보였다(Langlois & Downs, 1980)(그림 8-10 참조).

그림 8-10

당신은 인형을 가지고 노는 것이 소년들이 어른이 되었을 때 유용할 행동을 가르칠 수 있다고 생각하는가?

출처: MNStudio/Shutterstock

"나의 대자 Mikey는 남자가 집안의 가장이고 여자가 집안의 '아래'라는 생각을 갖고 자랄 것이다. 삼촌은 Mikey에게 축구를 하고 집에서 뛰어놀라고 권하지만 그의 여동생이 집에서 춤을 출 때는 용납하지 않는다. Mikey는 '소년' 게임만 할 수 있다. 그는 요리하는 것이 허용되지 않는다. 그게 여자가 하는 일이기 때문이다."

"내가 기억하는 한 아버지는 우리에게 '남성적인' 일만 허용하셨다. 스포츠, 자동차, 야외 활동 등. 그는 우리가 여자들과 노는 것을 절대 허락하지 않았다. 한 번은 두 명의 이웃 소녀와 노는 것이 뚜렷하게 기억난다. 아버지는 나를 찾으러 왔고 인형을 가지고 노는 아들을 발견했다. 그 후 꽤 오랜 시간 동안 나는 그의 '망나니 아들'로 알려졌다. 10살 이상은 안 됐을 것이다. 나는 결코 '망나니' 아들이 된 적은 없지만, 꽤 오랫동안 지닌 낮은 자존감을 안고 그날 떠났다."

(모든 예제는 작성자의 파일에서 가져옴)

개인적인 생각 Personal Reflections

어린 아들이 바비 인형을 가지고 노는 것을 본다면 어떻게 반응하겠는가? 왜? 어린 딸이 장난감 군인과 축구공을 가지고 노는 것을 본다면 어떻게 반응하겠는가? 왜?

다른 성인들도 소년 소녀들을 다른 방식으로 대한다. 다른 연구에서는 개인에게 유아를 보여주고 유아의 외모와 행동을 관찰하도록 요청했다. 의견의 유형은 유아가 소년인지 소녀인지에 따라 매우 달랐다(Condry & Condry, 1977). 성 역할 발달의 사회화 과정은 아동의 환경 곳곳에서 볼 수 있다. 어린이 장난감 카탈로그는 종종 분홍색 페이지를 사용하여 여아용 장난감을 표시하고 대담한 색상을 사용하여 남아용 장난감을 표시한다(Auster &

Mansbach, 2012). 남아가 사용할 수 있는 장난감은 일반적으로 행동 지향적이며(종종 폭력적이고 경쟁적임), 여아에게는 신체적 매력, 양육 및 가사 기술을 강조하는 장난감이 제공된다(Blakemore & Centers, 2005).

사회화 과정은 어린 나이에 시작된다. 빠르면 14개월이 되면 유아는 다른 장난감보다 성별 고정관념이 있는 장난감을 더 자주 가지고 놀게 된다(O'Brien & Huston, 1985). 한 연구에서 1.5세의 소년들은 소녀들이 싸우지 않고 집을 청소하는 것을 좋아한다고 믿는 것으로 나타났다. 같은 또래의 소녀들은 소년들은 울지 않고 싸우는 것을 좋아한다고 믿었다. 2세와 3세 소년 소녀들은 소년들이 아빠를 돕고, 때리는 것을 좋아하고, 규칙을 어기는 것을 좋아한다고 믿었다. 그들은 소녀들이 엄마를 돕는 것을 좋아하고 때리지 않는다고 생각했다(Kuhn et al., 1978). 따라서 아이들은 젠더 정체성이나 젠더 불변성을 확실히 이해하기도 전에 성에 고정관념적인 행동을 보이며 3세가 되면 성 역할 고정관념이 발달하기 시작한다(Martin & Ruble, 2010 참조).

거의 모든 문화권에서 대다수의 사람들은 여성의 호전적인 행동과 남성의 성취와 자립을 강조한다. 24개의 문화적으로 다양한 국가에 대한 연구에서 윌리엄스와 베스트(1990)는 모든 국가의 5세 어린이들이 남자는 강하고 공격적이며 여자는 약하고 마음이 약하다고 믿었다는 것을 발견했다. 그들이 8살이 되었을 때 그들의 믿음은 더욱 고정관념에 사로잡혔다. 결론: 성별 고정관념에 대한 믿음은 모든 국가에서 연령이 증가함에 따라 증가할 뿐만 아니라 거의 모든 국가에서 동일한 고정관념이 발견될 수 있다(정도는 다르지만)(리뷰는 Gibbons, 2000 참조).

성 역할은 일반적으로 가정에서 먼저 배우지만, 아이들이 취학 연령이 되면 또래와 교사는 사회화 및 성 역할 개발 과정의 강력한 강화자가 된다(Fagot, 1995). 교사가 교실에서 아이들에게 할당하는 활동과 집안일은 종종 고정관념적인 성 역할에 의해 결정된다. 아이들은 "다르게" 행동하는 개인을 빠르게 식별한다. 대부분의 또래가 채택한 성 역할과 유사한 행동을 나타내지 않는 소년이나 소녀는 놀림이나 조롱의 대상이 될 수 있다. 흥미롭게도, 여아의 "말괄량이" 행동은 일반적으로 남아의 "여자 같은" 행동보다 동료, 교사, 부모에게 훨씬 더 용인되는데, 아마도 그들이 여성 활동을 싫어하거나 후회하지 않고 남성 활동을 더 포함하기 때문일 것이다(Martin & 디넬라, 2012). "씨씨"라는 레이블보다 "말괄량이"라는 레이블을 휴대하는 것이 훨씬 쉽다. 아이들은 일반적으로 같은 성의 놀이 친구를 선호하지만(Powlishta et al., 1993), 선택해야 한다면 소년들은 여성적 놀이 스타일을 가진 소년들보다 남성적 놀이 스타일을 가진 소녀들을 더 선호한다(Alexander & Hines, 1994). 남학생과 여학생이 중학교 연령에 가까워지면 여학생이 주도하는 활동에는 덜 참여하고 남학생이 주도하는 활동에는 더 많이 참여하는 경향이 있다(Sandberg & Meyer-Bahlburg, 1994). 단일 성별 학교는 최근 몇 년 동안 점점 인기를 얻고 있지만 "성차별이 성 고정관념을 증가시키고 제도적 성차별을 정당화한다는 증거가 있다"(Halpern et al., 2011).

특히 교과서와 역사책에서는 남성의 중심적이고 지배적인 역할과 여성의 조력 역할을 강조해 왔지만 최근 몇 년 사이에 약간의 변화가 있었다. 책에서 남성 대명사(*he*, *him*, *his*)와 여성 대명사(*she*, *her*, *hers*)의 비율은 1960년대 4.5/1에서 2008년 2/1로 감소했다(Twenge et al., 2012). 한편, 최근 영유아 그림책 연구에 따르면 20세기 동안 아버지와 어머니에 대한 고정관념에 변화가 없었다(DeWitt et al., 2013).

개인적인 생각 Personal Reflections

십대 아들이 기계 공장이나 가정 대신 가정 경제를 배우고 싶어한다면 어떻게 반응하겠는가?

자동차 정비사? 왜? 십대 딸이 가정 경제 대신 기계 공장이나 자동차 정비공을 택하고 싶어한다면 어떻게 반응하겠는가? 왜?

다음은 어린 시절의 성 역할 발달에 대해 우리가 알고 있는 내용을 요약한 것이다. 2세 이전에는 남아와 여아 사이에 눈에 띄는 차이가 거의 없을 수 있지만 대부분의 어린이가 4세 이전에 성 고정관념을 받아들였다는 점에는 의문의 여지가 없다. 3~4세가 되면 어린이는 의류, 장난감에 대한 성 고정관념을 알게 된다. 게임, 일을 하고 4~5세가 되면 대부분 고정된 직업적 목표를 갖게 된다. 예일의 정신과 의사 카일 프루엣(Kyle Pruett)에 따르면, "여성적이어야 한다는 규칙이 있고 남성적이어야 한다는 규칙이 있다. 소들이 집에 올 때까지 그것이 사회적 영향이 좋은지 나쁜지에 대해 논쟁할 수 있지만 아이들을 보면 그 차이를 알고 싶어한다. 그것은 그들이 누구인지를 확고히 한다"(Shapiro, 1990에서 인용).

그러나 프루엣 자신의 연구는 어린이가 반드시 강한 고정관념을 개발할 필요는 없음을 보여준다(리뷰는 Shapiro, 1990 참조). 그는 어머니가 전일제로 일하고 아버지가 자녀 양육을 대부분 책임지는 16 가정에서 자녀의 발달을 따랐다. 아이들은 소년 또는 소녀라는 강한 성 정체성을 갖고 있었지만, 친구들보다 성 역할에 대해 더 느긋한 견해를 갖고 있었다. 프루엣은 다음과 같이 말했다. "아이들이 양육 기술을 정말 즐기는 것을 보았다. 그들은 아기를 어떻게 해야 하는지 알고 있었고 그것을 소녀의 일로 보지 않고 인간의 일로 보았다. 나는 소녀들이 외부 세계와 그들의 어머니가 직장에서 하는 일에 대해 매우 적극적인 이미지를 가지고 있는 것을 보았다"(Shapiro, 1990에서 인용). 편부모 가정이나 동성 부모가 있는 가정에서 자란 아이들은 태도와 행동에 있어서 고정관념이 덜한 경향이 있다(Goldberg et al., 2012; Russell & Ellis, 1991).

참고: 일부 사람들은 계속해서 소녀들이 소년들보다 더 "감정적"이라고 믿지만, 이 주제에 대한 많은 연구를 검토한 결과 소년과 소녀의 차이는 유아기부터 중학교까지 아주 작거나 적다(Chaplin & Aldao, 2013).

미디어의 역할 Role of the Media

> 모든 텔레비전은 교육적이다. 유일한 질문은 "무엇을 가르치는가"이다.
>
> **(연방 통신 책임자 니콜라스 존슨)**

미디어가 성 역할 고정관념에 기여하는가? 텔레비전의 고정관념에 대한 노출은 어린 시절부터 시작된다. 수십 년 동안 텔레비전 만화는 소년 캐릭터를 활동적이고 시끄럽고 공격적인 캐릭터로, 소녀 캐릭터를 외모에 대해 걱정하고 국내적이며 소년에게 끌리며 종종 구조가 필요한 것으로 묘사했다. 더욱이 어린아이들은 이러한 차이점을 인식하고 캐릭터를 고정관념으로 인식한다(Thompson & Zerbinos, 1997).

이와 같은 고정관념은 십대와 성인 관객을 대상으로 하는 황금 시간대 텔레비전 쇼에서 흔히 볼 수 있다. 텔레비전에서 여성 역할은 일반적으로 여성을 평가하는 주요 요소로 일보다 로맨스를 강조하고 지성보다 아름다움을 강조한다.

텔레비전 광고는 흔히 정형화된 캐릭터를 사용한다(Aronovsky & Furnham, 2008; Paek et al., 2011). 남성은 권위 있는 중심 인물로 표시될 가능성이 훨씬 더 높은 반면(건강 또는 미용에 초점을 맞춘 광고 제외), 여성은 일반적으로 의존적이고 지원적인 역할을 맡는다. 십대 소녀들을 대상으로 하는 잡지들은 지난 50년 동안 성적 특징을 점점 더 많이 사용했고(Graff et al., 2013), 젊은이들은 뮤직 비디오에서 여전히 극단적인 고정관념(여성을 성 대상 및 종속)에 노출되어 있다(Wallis, 2011).

개인적인 생각 Personal Reflections

여러 TV 프로그램을 시청하라. 남성과 여성에게 주어진 성 역할에 주목하라. 변해야 한다고 생각하는 것이 있다면 무엇인가?

발달적 성 차이의 원인은?
What Causes Developmental Gender Differences?

이제 성 역할 발달에 관한 이론으로 돌아가 보자. 남아와 여아가 다르고 이러한 발달적 성별 차이가 어린 시절 초기에 나타난다는 점에는 거의 의문의 여지가 없다. 이러한 차이의 원인은 무엇인가?

사회생물학자들과 진화심리학자들은 행동의 차이가 진화적 가치가 있다고 믿는다는 것을 상기하라. Geary(1999)는 어린 시절의 성별 차이도 진화론적 관점에서 적응적 가치를 가진다고 제안했다. 예를 들어, 그는 소년들 사이의 거칠고 구불구불한(그리고 경쟁적인) 놀이가 성인이 된 여성을 위한 남성-남성 경쟁을 준비하게 한다고 말한다. 반면에 소녀들은 놀이 양육에 참여하고 성인이 되는 데 도움이 되는 특성인 사회적 기술을 개발한다. 다시 말해서 Geary에 따르면 아동기의 기능은 성인으로서의 생식과 생존에 도움이 되는 능력을 개발하는 것이다.

반면에 사회문화 이론가들은 아동기에 시작되는 심리적 성차를 초래하는 것은 사회구조라고 주장한다. 이글리와 우드(1999)는 두 설명을 결합한 "생물사회적" 이론을 제안했다. 그들은 소년과 소녀의 행동 차이가 사회적 요인(사회 구조, 문화적 신념 등)의 영향을 받는 신체적 차이의 결과라고 결론지었다(Wood & Eagly, 2002 참조). 남성과 여성 사이에 기본적인 신체적 차이가 있음을 부인할 수 없다. 여기에는 뼈 구조와 근육량뿐만 아니라 호르몬 차이도 포함된다. 예를 들어, 남성은 여성보다 훨씬 더 높은 테스토스테론 수치를 가지고 있는데, 이는 공격성 및 지배성과 관련이 있고(Mazur & Booth, 1998), 그리고 여러분이 방금 배운 것처럼 전형적인 성별 놀이에도 관련이 있다(Auyeung et al., 2009).

미국 성인에 있어 성 역할의 역사적 관점 Adult Gender Roles in the United States: Historic Overview

8.7 미국에서 성 역할이 어떻게 발전해 왔는지 설명한다.

캔시언(Cancian, 1989)과 킴멜(Kimmel, 1989)은 미국에서

성인의 성 역할이 진화한 방식을 조사했다. 캔시언(1989)은 미국이 산업화되고 있던 1800년대에 사랑이 여성화되었다고 주장했다. 초기 미국 사회는 사랑, 양육 또는 의존의 표현에 대해 다른 성 역할이 없었다. 캔시언(1989)에 따르면 이는 가정이 가족의 교육, 경제, 사회 활동의 중심이었기 때문에 남성과 여성이 가족 생활의 모든 측면을 공유하기 때문이다.

산업화가 진행되면서 남성들은 집에서 떨어져 생계를 꾸리기 시작했고 남성과 여성의 경제 활동은 분리되기 시작했다. 남성은 경쟁과 위험으로 가득 찬 가혹한 외부 세계에서 경쟁하기 위해 집을 떠나 생계를 꾸리는 사람으로 여겨졌다. 여자들은 계속 집에 머물렀고, 집은 하루 일과를 마친 남편의 안식처로 여겨지기 시작했다. 여성이 가정을 유지했기 때문에 양육, 사랑, 헌신의 자질은 여성적 성격과 연관되었다. 아내가 집에서 하는 일은 집 밖에서 하는 일만큼 중요하거나 의미 있는 것으로 간주되지 않았다. 아마도 이것은 여성들이 가사 노동에 대한 금전적 보상을 받지 못하였기 때문일 것이다. 집 밖에서 일을 추구하면서 독립, 성공, 성취, 경쟁, 자제력이 남성적 특성으로 평가받게 되었다. 또한 1800년대는 미국 국경의 개방을 보았고 이것은 독립, 자립, 여성의 영향 없이 할 수 있는 능력을 요구하는 남성의 직업으로 여겨졌다는 점에 유의해야 한다.

킴멜(1989)은 1800년대 말에 전통적인 남성과 여성의 성 역할에 대한 많은 도전이 있었다고 지적했다. 킴멜은 1800년대 후반의 사회적 변화로 인해 독신이고 경제적으로 독립적이며 교육 수준이 높았으며 여성이 되기 위해서는 남성에게 의존해야 한다고 믿지 않는 "New Woman"이 등장했다고 주장했다. New Woman은 전통적인 성 역할에 도전하고 미국 사회 내에서 더 평등한 권력 분배를 만들기 위해 시도한 성장하는 여성 운동의 일부였다. 킴멜은 남성성과 여성성에 대한 과거의 정의가 남녀 간의 권력 관계를 생성하는 데 도움이 되었으며, 이러한 권력 관계에 도전을 받으면 성별 역할도 의문을 제기하고 변화하기 시작했다고 언급했다. 여성은 1800년대 후반까지 재산권이 없었다. 영국이 처음 그것을 고려할 때 *London Times*는 결혼을 파괴할 것이라고 썼다. 결혼을 "한 쪽은 권위, 다른 쪽은 종속"으로 정의했다(Mundy, 2012).

오늘날 우리 사회에도 비슷한 힘이 작용하고 있다. 여성은 직업 기회에 대한 더 많은 통제권, 남성이 비슷한 노동에 대해 받는 것과 동일한 급여, 개인 업무 수행에 있어 더 많은 자유, 일반적으로 더 많은 남녀 평등을 추구한다.

오늘날 성인의 성 역할 Adult Gender Roles Today

먼저 남자와 여자는 다르다는 명백한 사실에 주목하자. 연구에 따르면 이것은 해부학뿐만 아니라 다른 면에서도 마찬가지이다. 53개국에 걸친 대규모 연구(참가자 200,000명 이상)에 따르면 남성과 여성은 성 평등과 경제 발전에 관계없이 일부 성격 특성(예: 친화성, 정신적 회전)에서 일관되게 차이가 나는 것으로 나타났다(Lippa, 2010; Lippa et al., 2010). 저자는 이것이 일부 성격 특성에 대해 생물학이 문화적 차이보다 더 중요하다는 증거라고 결론지었다. 그러나 남성과 여성의 다른 많은 차이점은 생물학의 결과가 아니다. 57개국에 걸친 또 다른 대규모 연구(참가자 82,905명)에서는 성평등이 성차별과 직접적인 관련이 있는 것으로 나타났다. 선진국일수록 성차별이 적고 성평등 수준이 높다(Brandt, 2011). 오늘날 미국의 성 역할에 대해 사실인 것은 무엇인가?

방금 배웠듯이 미국 성인의 성 역할은 2세기 이상 동안 전환되었다. 지난 수십 년 동안 여성은 더 많은 수의 노동력에 입사했을 뿐만 아니라 이전에 남성이 지배했던 직업에도 진출했다. 1960년에는 6세 미만의 자녀를 둔 여성의 20% 미만이 집 밖에서 고용되었다. 오늘날의 전형적인 미국 가정에서는 두 성인이 모두 고용되어 있다. 2011년에 여성은 미국 노동력의 47%를 구성했으며 여기에는 대학 교육을 받은 사람들의 59%가 노동력에 합류했다(Spar, 2012). 대학에 진학하는 남성보다 여성(57%)이 더 많으며, 법학 신규 학위의 47%와 의학 신규 학위의 48%가 여성이다. 아내의 3분의 1 이상이 남편보다 더 많이 번다. 그 결과, 특히 젊은 세대에서 남성과 여성, 직업/경력에 대한 태도가 훨씬 더 평등해졌다. 상단에는 여전히 큰 차이점이 있다. 여성은 관리자, 부서장, CEO 및 정치 지도자의 작은 퍼센트만을 차지한다(Mundy, 2012; Spar, 2012 참조). 그러나 엄마가 된다는 것이 직업이 없다는 것은 더 이상 사실이 아니며 과거만큼 여성에게 영향을 미치지도 않는다.

최근까지 여성이 집 밖에서 일하더라도 일반적으로 남성 파트너보다 집안 청소, 식사 및 육아에 훨씬 더 많은 책임을 떠맡았다(Wall, 2007). 오늘날 여성은 대부분의 집안일을 계속하지만(Lachance-Grzela & Bouchard, 2010), 성별 격차는 점점 줄어들고 있다. 여성의 가사 시간은 1965년에서 2010년 사이에 감소한 반면 남성의 가사 시간은 증가했다(그러나 비율은 여전히 1.6/1임)(Bianchi et al., 2012). 이와 같은 경향은 성평등을 지지하는 대부분의 국가에서 발견된다(Treas & Tai, 2016). 자녀가 있는 부부 중 남성의 자녀 양육 시간도 증가했다(비율이 1965년 4/1에

그림 8-11

미국 여성의 성 역할은 최근 수십 년 동안 극적인 변화를 겪었다. 왼쪽 그림은 1957년 잡지에서 가져온 것으로 "좋은 아내를 위한 안내서"에 나오는 조언에는 "저녁을 준비해라. . . 제 시간에 돌아올 것", "준비하고 화장 좀 해라", "그를 만나서 반가워", "그의 말을 들어라", "저녁을 그의 것으로 만들어라" 등의 반응을 보였다. 오늘날 대다수의 여성은 군인이나 건설 노동자와 같은 비전통적인 역할을 하며 가족의 수입에 기여한다.

출처: (left) Image Courtesy of The Advertising Archives; (middle) Stringer/Getty Images News/Getty Images; (right) Blend Images/Shutterstock

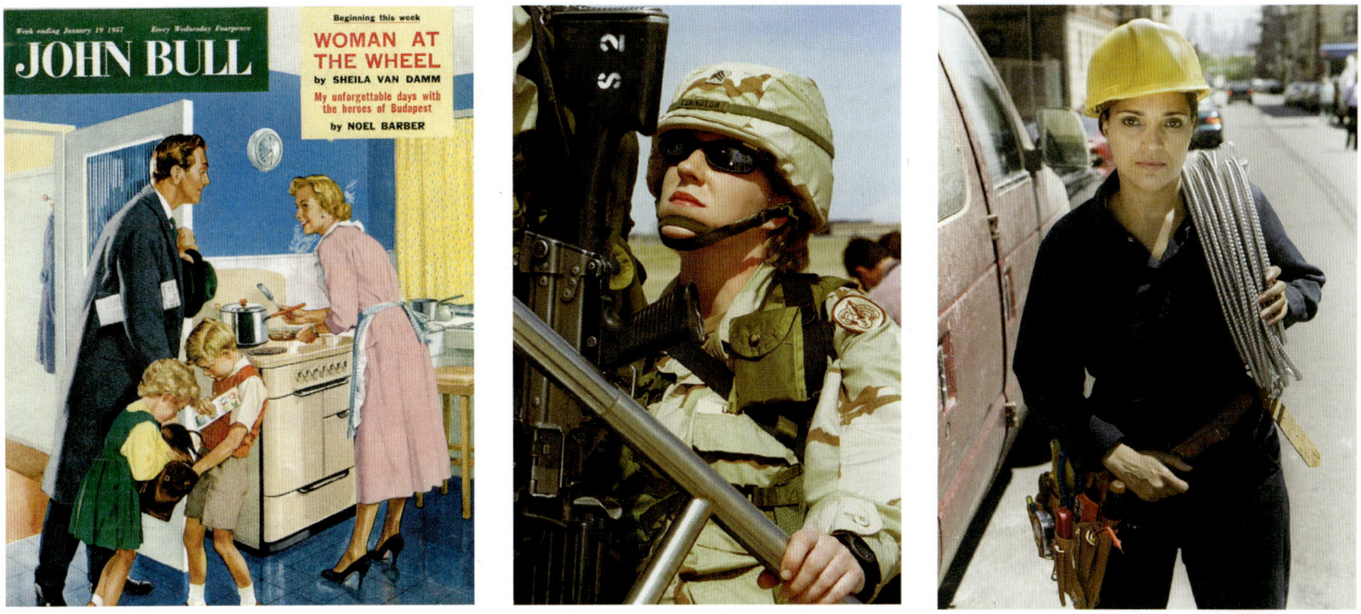

서 2010년 1.9/1로 감소)(Jones & Mosher, 2013; Mundy, 2012 참조) . 젊은 부부는 일과 가사를 동등하게 분담하는 경향이 있다(Bianchi et al., 2012). 남편이 가사일에 참여할 때 여성은 남편과 함께 하는 것이 더 행복하다(Baxter & Western, 1998).

이것은 남성과 여성의 성 역할이 어떻게 더 평등해졌는지를 보여주는 두 가지 예일 뿐이다. 다양한 특성(예: 성격, 인지, 사회적)을 살펴보면 두 개의 대규모 연구에서 21세기 미국 문화에서 성별 차이가 매우 적다는 것을 발견했다(Hyde, 2005; Zell et al., 2015).

개인적인 생각 Personal Reflections

남성:

귀하의 아내는 경력을 쌓기 위해 대학원 과정을 재개하기로 결정했다. 이것은 그녀가 전보다 더 많이 집을 떠나야 하고 당신이 집과 아이들을 돌보는 데 더 많은 책임을 져야 한다는 것을 요구할 것이다. 당신의 반응은?

여성:

남편은 집에서 아이들과 더 많은 시간을 보내기 위해 직업 기회(높은 직급과 급여로 이어짐)를 포기하기로 결정했다. 당신의 반응은?

오늘날 여성은 적절한 여성 행동이 무엇인지에 대해 부모, 친구, 상사, 동료 및 기타 사람들의 상충되는 기대와 싸워야 한다. 이거 좋은데? 진화론은 그렇지 않다고 주장할 것이다. 정신 건강은 개인의 "자연적인" 역할(예: 여성의 생식 및 육아)에서 멀어질수록 악화될 가능성이 높다. 그러나 증거는 정반대이다. 검토에서 바넷과 하이드(Barnett and Hyde, 2001)는 여성(및 남성)의 여러 역할이 정신적, 육체적, 관계 건강에 유익하다고 결론지었다. 어떻게? 증거로서 그들은 다음과 같은 몇 가지 요인을 제공했다. (a) 완충 효과—"한 역할의 스트레스 또는 실패의 부정적인 영향은 다른 역할의 성공과 만족에 의해 완충될 수 있다"; (b) 추가 소득; (c) 사회적 지원을 위한 증가된 기회; (d) "성공을 경험하고 자신감을 키울 수 있는 여러 기회" (e) "더 넓은 기준틀 . . . 그들의 기복에 대한 관점을 얻기 위해"; (f) 자기복잡성 증가(기분과 자기 평가의 극단적인 변화를 초래함); (g) 남성과 여성의 경험 유사성(커뮤니케이션 및 관계의 질 향상으로 이어짐).

개인적인 생각 Personal Reflections

결혼을 생각해 본 적이 있는가? 그렇다면 남편이나 아내에게 원하는 특성은 무엇인가? 부모가 된 후 파트너에게 바라는 것과 같은 특성이 있는가? 귀하의 답변은 이전 질문에 대한 귀하의 답변과 일치하는가?

그림 8-12

남편은 과거보다 오늘날 가사 일에 더 많은 시간을 할애하지만 여전히 아내보다 적게 한다(아내가 직업이 있는 경우에도).

출처: B2M Productions/Photographer's Choice RF/Getty Images

진화론적 성 역할의 사례: 여성의 성

An Example of Evolving Gender Roles: The Sexuality of Women

서구 문화에서 성을 죄로 본 것은 초기 기독교인들이었다. 성에 대한 초기 기독교 신앙에 큰 영향을 미친 성 어거스틴은 욕정이 아담과 이브의 원죄이며 결과적으로 성은 죄라고 믿었다(Saint Augustine, City of God, 4). 그는 은총에서 타락한 하와를 비난했으며, 그 후 2세기 동안 유혹자로 여겨지게 된 것은 여자들이었다.

> ... 그녀는 그 과일을 따서 먹었다. 그리고 그녀는 남편에게도 조금 주었고, 남편도 먹었다. 그 때에 두 사람의 눈이 떠졌다. 그들은 그들이 벌거벗은 것을 알았다.
>
> (**창세기** 3:6-7, 표준 개정판)

따라서 초기 기독교에서는 여성을 남성을 유혹하는 존재로 여겼다. 어거스틴은 하와가 아담을 유혹하지 않았다면 욕망이 없었을 것이라고 믿었다.

> 모든 유혹적인 정열에서 벗어난 남편은 아무런 방해도 받지 않고 깨끗한 몸 상태를 유지하면서 아내의 품에 안겨 있을 수 있었다.
>
> (**성 아우구스틴**, 신의 도시)

여성의 섹슈얼리티에 대한 지배적인 견해는 십자군 전쟁과 로마 카톨릭 교회에서 마리아의 지위가 높아지면서 바뀌기 시작했다. 동정녀 마리아는 연민과 순수함으로 인식되었고, 따라서 여성에 대한 이분법적 관점이 발전했다: 처녀는 무성하고 순수하고 성적 욕망을 악한 유혹자로 표현한 성적 경험이 있는 여성이다.

중세 시대의 일반적인 견해는 여전히 남성은 이성에 의해 지배되고 성적 충동을 더 많이 통제하는 반면, 여성은 동물적 식욕에 의해 지배된다는 것이었다(Murray, 1995, 1998). 남성이 자신의 신체와 성적 충동에 대해 불안을 가질 때 여성은 (종종 수동적으로) 정욕을 유발하는 것으로 비난을 받았다. 여성에 대한 부정적인 태도는 1500년대와 1600년대에 최고조에 달했으며 수만 명의 여성이 마녀로 처형(일반적으로 화형)되어 그들을 "정화"했다.

1600년대에 절정에 달한 궁중 사랑의 부상과 함께 여성(적어도 상류층 여성)은 비성적인 방식으로 존경받고 낭만적이 되었다(Tannahill, 1980). 빅토리아 시대에 우리는 여성을 보는 방식이 완전히 바뀌는 것을 보았다(1장 참조). 빅토리아 시대의 도덕주의자 대다수는 유혹자보다는 여성을 무성애자로 여겼고, 이제 자신의 욕망을 제어할 수 없는 성적 공격자로 간주되는 남성도 남성이었다.

> 일반적으로 정상적인 어린 소녀는 과도한 성적인 성향, 사랑스러운 생각이나 감정을 가지고 있지 않는다. . . . 여자 . . . 오직 한 가지 목적, 즉 동물적 열정의 충족만을 바라보는 젊은이들의 진보에 길을 내어주는 것을 알고 있어야 한다.
>
> (**헨리 스탠튼**, 1922)

당시 여성의 성 역할은 고정관념이 강했고, 남성에게 복종하고 아내와 어머니의 역할을 다해야 한다고 기대했다. 저명한 심리학자 그랜빌 스탠리 홀(G. Stanley Hall)은 이런 견해를 가지고 있었다(Hall, 1904).

여성의 성적 이분법은 빅토리아 시대에 완전히 버려지지 않았다. 현대 의학의 부상으로 정신과 의사들은 단순히 창녀의 개념을 음란증으로 대체했다(Studd & Schwenkhagen, 2009 참조). 성적 행동을 결혼으로 제한하지 않은 여성은 이제 의학적 진단을 받을 수 있다.

> 색전증(nymphomania)은 여성의 과도한 성병 충동으로 정의될 수 있다. 그것은 가장 교양 있고, 가장 겸손하고, 가장 종교적인 사람들에게서 발견되며, 덜 주의 깊게 교육받은 사람

그림 8-13

서양 문화에서 여성의 성은 시대에 따라 다르게 여겨져 왔다. 초기 기독교에서는 여성을 유혹자로 여겼지만 빅토리아 시대에는 결혼 가능한 여성을 무성애자로 간주했다. 오늘날 서양문화에서 여성들은 평등주의적 역할을 해 왔다.

출처: (left) Erich Lessing/Art Resource, NY; (middle) Photofrenetic/Alamy Stock Photo; (right) Stuart Jenner/Shutterstock

들과 거의 같은 정도로 많은 님포매니아가 자위행위를 하고 이러한 경우의 대부분은 매춘부가 된다.

(**맥스 후너**, M.D., 1916)

1900년대는 페미니스트 운동의 발전, 여성의 더 큰 자율성, 그리고 마침내 성 혁명(1960년경, 1장 참조)의 시작과 함께 성적 자유와 평등을 목격했다. 성 어거스틴에서 현재까지의 기간 동안 여성에 대한 지배적인 견해는 유혹자에서 무성애자로, 성적 평등자로 바뀌었다.

성의 성별 차이 Gender Differences in Sexuality

1963년에서 1990년 사이에 발표된 177개의 연구를 검토한 결과 Oliver와 Hyde(1993)는 남성이 여성보다 성적 관심 수준이 더 높다고 결론지었다. 연구에 따르면 남성은 여성보다 성교를 하고, 성교를 더 자주 하고, 섹스 파트너가 더 많으며, 자위를 훨씬 더 자주 하고, 성적으로 더 관대하다고 보고했다. 이후의 연구에 따르면 남성은 일주일에 평균 37번 성욕을 경험하는 반면, 여성은 9번 경험한다(Regan & Atkins, 2006). 연구에 따르면 남성은 여성보다 거의 알지 못하거나 전혀 모르는 사람과 캐주얼한 섹스를 할 가능성이 훨씬 더 높다(Clark & Hatfield, 1989; Oliver & Hyde, 1993; Schmitt et al., 2003).

지난 20년 동안 상황이 바뀌었는가? 연구자들은 성적 관심과 활동의 이러한 성별 차이 중 일부가 이전에 믿었던 것만큼 큰지 의문을 갖기 시작했다(예: Conley et al., 2011). 예를 들어, 남성이 여성보다 더 많은 성 파트너를 가졌다는 자주 보고되는 발견을 고려하라(예: Wiederman, 1997). 숫자 집합에 대한 평균을 보면 사실이지만 평균은 모든 숫자를 더한 다음(그런 다음 총 관찰 수로 나눔) 계산되며 매우 높은 숫자의 보고를 보고하는 소수의 남성만 있으면 된다. 파트너는 평균 값을 크게 높일 수 있다. 성적 파트너의 중앙값(50번째 백분위수, 극한 점수에 영향을 받지 않음)을 보면 남녀의 차이가 사라진다. 남성이 여성보다 캐주얼한 섹스를 더 좋아한다는 자주 보고되는 발견은 여성이 캐주얼한 섹스에 참여하는 것에 대한 사회적 낙인으로 대부분 설명될 수 있다(Conley et al., 2011). 더 많은 수의 파트너가 대부분의 남자 또래 친구들에게 긍정적으로 여겨지고 대부분의 여자 친구들은 부정적으로 본다(Sakaluk & Milhausen, 2012).

1993년 올리버와 하이드 검토의 후속 조치에서 피터슨과 하이드(2011)는 1993년 이후에 수행된 수백 건의 연구를 살펴보았다. 성적 관용. 그러나 그 차이는 20년 전에 보고된 것보다 훨씬 작았다. 구강 성교와 항문 성교의 유병률에는 성별 차이가 거의 없었다. (음란물 사용에 대한 성별 차이는 여전히 컸다.) 많은 성별 차이도 나이가 들면서 감소했다(Petersen & Hyde, 2010 참조). 이성애 관계 내에서 고정관념적인 성 역할(남성 지배 및 여성 복종)에 대한 집착은 여성의 더 많은 성적 문제와 관련이 있었다(Sanchez et al., 2012).

변경 이유는 무엇인가? 53개국(및 200,000명)의 성욕, 사회성("제한된 성적 태도 및 행동") 및 키(신체적 특성)에 대한 연구에서 리파(2009)는 세 가지 변수 모두에서 대한 성별 차이를 발견했다. 성적 욕망의 경우, 결과의 변동성은 남성보다 여성이 훨씬 더 컸다. 그럼에도 불구하고 성적 욕망과 키의 차이는 국가별로 다소 일관성이 있었고, 이는 차이에 대한 생물학적 설명을 뒷받침한다. 한편, 사회문화적 설명을 뒷받침하는 국가 간 사회성애의 차이는 양성평등과 경제발전에 따라 다양하게 나타났다. 37개국에 걸친 또 다른 연구에서도 유사한 결과가 보고되었다. 한 문화 내에서 성 평등이 더 많을수록 혼전 성관계, 캐주얼 섹스, 더 어린 나이의 첫 성관계에 대한 관용/승인이 더 커진다(Baumeister & Mendoza, 2011).

요약하면, 섹슈얼리티와 관련된 행동과 태도의 차이는 진화론을 뒷받침하지만, 그 차이는 생각보다 크지 않다. 국가와 민족 그룹에 걸쳐, 일부 차이의 크기는 사회문화 이론을 뒷받침하는 성 평등의 정도에 따라 다르다.

스터디 가이드

핵심용어 Key Terms

DHT 결핍 증후군(DHT deficiency syndrome), p. 209
도구적(instrumental), p. 218
뮐러관 시스템(Mullerian duct system), p. 206
뮐러관 억제 물질(Mullerian duct-inhibiting substance), p. 206
볼프관 시스템(Wolffian duct system), p. 206
사회문화(미세구조적) 이론 [sociocultural(microstructural) theory], p. 217
사회화(socialization), p. 218
선천성 부신 과형성(CAH)(congenital adrenal hyperplasia, CAH), p. 208
성 발달 장애(disorders of sex development), p. 206
성 불변성(gender constancy), p. 216
성별(gender), p. 204
성 스키마(gender schemas), p. 218
성 역할(gender role), p. 204
성 역할 고정관념(gender-role stereotypes), p. 217
성전환자(transsexual), p. 212
성 정체성(gender identity), p. 204
성별 불일치(gender dysphoria), p. 211
식별(identification), p. 215
안드로겐 무감각 증후군(androgen insensitivity syndrome), p. 208
안드로지니(androgyny), p. 217
염색체(chromosomes), p. 204
진화론적(사회생물학적) 이론 [evolutionary (sociobiological) theory], p. 216
클라인펠터 증후군(Klinefelter's syndrome), p. 206
터너 증후군(Turner's syndrome), p. 207
트랜스젠더(transgender), p. 211
표현적(expressive), p. 218

상호검토 Interactive Review

뒤의 정답 참조.

(1) _______________는/은 남자 또는 여자라는 주관적인 감각이다. (2) _______________는/은 남성과 여성의 행동과 태도에 대한 규범(적절한 것으로 간주되는 것)이다. 그것들은 문화마다 다르며 같은 문화 내에서도 시간이 지남에 따라 변할 수 있다.

사람의 유전적 성은 수태 시 성에 대한 X 염색체를 갖는 난자와 X 또는 Y 염색체를 가질 수 있는 정자의 조합에 의해 결정된다. (3) _______________ 조합은 일반적으로 여아를 낳는 반면 (4) _______________ 조합은 일반적으로 남아를 낳는다. 염색체 조합에는 70개 이상의 알려진 불규칙성이 있다. 여기에는 하나 이상의 추가 X 염색체를 가진 남성, (5) _______________ 증후군, 그리고 X 염색체가 하나만 있는 여성, (6) _______________ 증후군이 포함된다.

호르몬은 배아가 해부학적으로 소년 또는 소녀로 발달할지 여부를 결정한다. 태아 발달의 이 중요한 단계에서 높은 수준의 (7) _______________가/이 없는 한, 자연은 신체가 (8)

_______________(으)로 발달하도록 프로그램했다. 출생 전 호르몬 장애로 인해 유전적 성별과 해부학적 성 별이 일치하지 않거나 아기의 외부 생식기가 생김새가 모호할 수 있다. 소녀들에게 가장 흔한 상태는 (9) _______________이다. 어떤 사람들은 자신이 (10) _______________(이)라는 잘못된 성의 몸 안에 갇혀 있다고 느낀다. 성 정체성이 생물학적 성별과 일치하지 않는 사람을 (11) _______________(이)라고 한다. 그들은 종종 성전환 수술을 받기로 선택한다.

성 발달 장애가 있거나 성 불일치가 있는 개인을 대상으로 한 연구에 따르면 성 정체성은 대부분 생물학에 의해 결정된다. 환경이 역할을 하지 않는다는 말은 아니다. (12) _______________이론은 동성의 부모와의 무의식적 동일시를 강조하는 반면, (13) _______________ 이론은 강화와 모방의 역할을 강조한다. 인지발달 이론에 따르면 어린이는 (15) _______________세가 될 때까지 (14) _______________의 개념을 습득하지 못한다. (16) _______________ 이론에 따르면 남성과 여성의 심리적 성은 선천적이며 수천 세대에 걸쳐 각기 다른 생식 압력에 직면한 결과이다. (17) _______________ 이론은 평생 동안 성 역할이 발달하는 방식에 영향을 미치는 환경이나 사회적 맥락의 역할을 강조한다. 두 경우 모두, 성 역할의 발달은 아동이 성 정체성이나 성 불변성을 발달시키기 전에 시작된다.

남성성과 여성성은 한때 1차원 연속체의 반대쪽 끝으로 간주되었지만 오늘날에는 일반적으로 (18) _______________ 구성으로 간주된다. 이것은 (19) _______________의 이론으로 이어졌다. 이 이론은 사람이 남성성과 여성성을 모두 가질 수 있으며 이것이 다른 상황에서 개인에게 부여하는 유연성 때문에 모든 성 역할 중에서 가장 건전하다고 말한다.

부모, 교사, 미디어 및 동료는 모두 사회화 및 성 역할 개발 과정에 강력한 영향을 미친다. 성별은 아마도 아이들이 배우는 첫 번째 사회적 범주일 것이다. 아이들이 젠더에 따라 인지적으로 세상을 구성할 때, 그들은 젠더(20) _______________를 생성한다. 개인은 성인이 됨에 따라 일반적으로 더 복잡한 성 역할 세트를 획득하며 남녀 모두에 대해 성 역할의 통합이 있다. 고정관념적인 성 역할에 대한 지속적인 믿음은 파트너와의 개인적 관계 및 성적 관계에 부정적인 영향을 미칠 수 있다.

우리 문화의 전통적인 성 역할은 사회적 힘에 대응하여 시간이 지남에 따라 진화했다. 이러한 힘은 변화하고 있으며(예: 노동력에서 여성의 비중 증가), 결과적으로 성 역할은 전환 상태에 있다. 최근 연구에 따르면 성적 태도와 행동에서 남성과 여성의 일부 차이는 진화론(예: (21) _______________)으로 더 잘 설명되는 반면 다른 일부는 사회문화 이론(예: (22) _______________)으로 더 잘 설명된다.

자기진단 Self-Test

뒤의 정답 참조.

A. 참(T) 혹은 거짓(F)

T F 23. 트랜스젠더와 트랜스섹슈얼은 같은 의미이다.

T F 24. 임신 후반기의 호르몬 수치는 뇌 해부학을 "남성" 또는 "여성"으로 변경한다.

T F 25. 3세가 되면 아이들은 자신이 소년인지 소녀인지 알지만 이것이 바뀔 수 없다는 것을 이해하지 못한다.

T F 26. 배아 발달 동안 테스토스테론이 없으면 우리는 모두 해부학적으로 소녀로 태어날 것이다.

T F 27. 아버지는 어머니보다 자녀를 성 고정관념에 더 가깝게 대하는 경향이 있다.

T F 28. 트랜스섹슈얼은 동성애자의 한 유형을 가리키는 용어이다.

T F 29. 사회학습 이론에 따르면 모방은 어린이가 성 정체성과 성 역할을 배우는 과정이다.

T F 30. 산업화의 부상은 독립적이고 감정이 없는 남성의 성 역할을 만드는 데 도움이 되었다.

T F 31. 성 역할은 성 정체성을 표현하는 방식이다.

T F 32. 남성의 성 발달에 있어 가장 흔한 호르몬 장애는 안드로겐 무감각 증후군이다.

T F 33. 남자와 여자의 시상하부는 다르다.

T F 34. 성전환자는 성적 흥분을 위해 여장을 하는 사람이다.

T F 35. 아이들은 젠더 불변성을 키울 때까지 젠더 고정관념적인 행동을 보이지 않는다.

T F 36. 여아의 경우 남성의 성행위는 태아의 테스토스테론 수치와 관련이 있다.

T F 37. 남아의 행동과 2세 이전의 여아의 행동 사이에는 눈에 띄는 차이가 거의 없다.

B. 짝짓기

(일부 질문에는 하나 이상의 답변이 있다.)

_____ 38. 톰은 자신이 여성이라고 생각하지만 해부학적으로 남성이며 성전환 수술을 원하지 않는다.

_____ 39. 밥은 도구 지향성이 낮고("일을 완수하기") 다른 사람의 복지에 대한 정서적 관심이 많다.

_____ 40. 프랭크는 남성을 성 파트너로 선호한다.

_____ 41. 수잔은 번식할 수 없습니다. 그녀는 키가 작고 불임이며 X 염색체가 하나 있다.

_____ 42. 조는 도구적이거나 표현적이지 않으며, 독단적이거나 감정적이지 않다.

_____ 43. 데이비드의 몸은 태아 발달 동안 테스토스테론에 반응하지 않았다. 그는 여성 생식기와 하강되지 않은 고환을 가지고 있다.

_____ 44. 샘은 음핵처럼 보이는 아주 작은 페니스, 불완전한 음낭, 짧고 닫힌 질 내강을 가지고 태어났다. 사춘기에 그의 목소리는 깊어지고 고환은 내려가며 그의 "음핵"은 음경이 되었다.

_____ 45. 웨인은 도구적이며 표현력이 뛰어나고 독단적이며 감정적이다.

_____ 46. 필립은 자신이 남성의 몸에 갇힌 여성이라고 믿고 성전환 수술을 받고 싶어한다.

_____ 47. 캐롤은 태아 발달 중 남성화 호르몬이 너무 많아 음핵과 음순이 커졌다.

_____ 48. 마이크는 남자는 자기 주장이 강하고 공격적이며 성공 지향적이며 감정이 없어야 하며 가사 및 육아 책임에서 거의 역할을 수행하지 않아야 한다고 믿는다.

_____ 49. 해럴드는 키가 크고 팔이 길다. 그는 작은 성기, 수축된 고환, 낮은 성욕 및 여분의 X 염색체를 가지고 있다.

_____ 50. 바바라는 유전적으로 여성이지만 배아 단계에서 원시 생식선의 분화 실패로 인해 남성과 여성의 생식 기관이 모두 있다.

a. 선천성 부신 과형성
b. 안드로겐 무감각 증후군
c. 양성애자
d. DHT가 결핍된 사람
e. 벰 성 역할 목록의 "여성스러운"
f. 성별 불일치
g. 동성애자
h. 성 발달의 장애
i. 클라인펠터 증후군
j. 고정관념에 사로 잡힌 개인
k. 트랜스젠더
l. 트랜스섹슈얼
m. 터너 증후군
n. 미분화된 개인

C. 빈칸 채우기

51. 자신의 성은 변하지 않는다는 아동의 지식을 인지발달 이론에서 ____________(이)라고 한다.
52. 캔시언에 따르면, 남성과 여성의 성 역할은 ____________까지 달라지기 시작하지 않았다.
53. ____________ 이론에 따르면, 개인의 성 역할은 남성과 여성의 행동에 대한 사회의 기대에서 비롯된다.
54. 프로이트에 따르면 아이들은 ____________의 과정을 통해 동성 부모의 성 정체성을 획득한다.
55. 사회의 신념을 내면화하는 과정을 ____________(이)라고 한다.
56. 특정 성의 모든 구성원이 뚜렷한 행동 및 감정적 특성을 가지고 있다는 지나치게 단순화되고 경직된 믿음을 ____________(이)라고 한다.
57. 벰의 성 역할 목록에서 두 차원 모두에서 낮은 점수를 받은 사람을 ____________(이)라고 한다.
58. 프로이트에 따르면 아동은 심리성적 발달의 ____________ 단계에서 성 정체성을 획득한다.
59. 개인이 벰 성 역할 목록의 여성성 차원과 남성성 차원 모두에서 높은 점수를 받으면 ____________(이)라고 한다.
60. 머니와 에르하르트(1972)는 "자연의 법칙은 남성화하려면 무엇인가가 추가되어야 한다는 것입니다."라고 말했습니다. 그것은 ____________이다.
61. ____________ 성적 흥분과 만족을 위해 여장을 하는 반면, ____________ 자신이 이성의 구성원이라고 진정으로 믿기 때문에 여장을 한다.
62. 성정체성 발달에 대한 사회적 학습 설명에서 아이들이 엄마 아빠를 보고 따라하는 것을 ____________(이)라고 한다.
63. 성별은 ____________를/을 나타낸다.
64. 벰에 따르면 남성은 도구적이며 여성은 ____________이다.
65. 케이건에 따르면, 남학생과 여학생의 행동은 ____________세에 다르지 않다.
66. 일부 언어에서는 모든 명사를 남성 또는 여성으로 분류한다. 이것은 ____________의 예이다.
67. 출생 직전과 직후에 ____________의 존재는 뇌를 남성의 해부학적 구조로 바꾼다.
68. 초기 북미 인디언 부족 중 ____________는/은 여장을 하고 여성의 행동을 취하는 매우 존경받는 남자였다.

9장
성적 지향 Sexual Orientation

사람들이 왜 게이인지 아닌지는 별로 중요하지 않다. 그것은 중요한 질문이 아니다. 정말 중요한 것은 그들을 어떻게 대하느냐 하는 것이다. 나는 내 섹슈얼리티가 어디에서 오는지 생각하는 데 그렇게 많은 시간을 보내지 않았다. 나는 내가 살아야 할 이 세상에 어떻게 적응해야 하는지 생각하는 데 더 많은 시간을 보냈다.

– 데이비드 비, 앤지어가 인용, 1991년

학습목표

이 장의 학습을 마치면 다음을 할 수 있어야 한다.

9.1 성적 지향, 이성애자, 동성애자, 양성애자라는 용어를 정의한다.

9.2 미국에서 동성애와 양성애의 만연에 대해 우리가 알고 있는 것을 요약한다.

9.3 성적 지향, 성 정체성, 성 역할의 차이점을 설명한다.

9.4 성적 지향의 기원에 대해 토론한다.

9.5 서양 문화에서 동성애에 대한 태도의 역사와 오늘날 만연한 성적 편견을 추적한다.

9.6 동성애에 대한 우리의 태도를 다른 문화권의 태도와 비교한다.

9.7 개인이 "커밍아웃"하는 것이 무엇을 포함하는지 설명한다.

9.8 동성애 생활 방식과 동성애자가 부모가 될 수 있는 능력에 대해 논의한다.

9.9 치료사가 성적 지향을 바꾸려고 시도해야 하는지 여부에 대해 논의한다.

당신은 남자에게 성적으로 끌리는가? 여성에게? 남녀 모두에게? 이것은 **성적 지향(sexual orientation)**에 대한 질문이다 이성, 동성 또는 양쪽 모두에게 성적 끌림을 느끼는 것이다.

정의 Definitions

9.1 성적 지향, 이성애자, 동성애자, 양성애자라는 용어를 정의한다.

이성에게 끌리는 것을 **이성애(heterosexuality)**라고 하고, 동성에게 끌리는 것을 **동성애(homosexuality)**라고 한다. **양성애(bisexuality)**는 남녀를 불문하고 성적 매력을 느끼는 것을 말한다.

한때 사람들은 이성애자 또는 동성애자 중 하나라고 믿었다. 킨제이와 그의 동료들(1948)은 성적 취향을 측정하기 위해 7점 척도를 고안했다. 0은 전적으로 이성애자이고 6은 전적으로 동성애자이다(**표 9-1** 참조). Kinsey의 그룹은 2, 3 또는 4 등급을 양성애자로 간주했다. 보다 최근의 연구에서는 이성애자, 대부분 이성애자, 양성애자, 대부분 게이/레즈비언 및 게이/레즈비언의 5가지 범주에 대한 지원을 찾았다(Vrangalova & Savin-Williams , 2012). 중요한 점은 오늘날 성적 지향이 연속체로 간주된다는 것이다(American Psychological Association, 2012).

동성애와 양성애의 발생률 Prevalence of Homosexuality and Bisexuality

9.2 미국에서 동성애와 양성애의 만연에 대해 우리가 알고 있는 것을 요약한다.

1장에서 논의된 킨제이와 그의 동료들의 대규모 연구조사(Kinsey et al., 1948, 1953)는 미국에서 만연한 동성애에 대한 정보의 첫 번째 출처였다. 그들은 백인 남성 표본의 10%가 일생에서 최소 3년 동안 전적으로 동성애자였으며 여성의 1~3%는 주로 또는 전적으로 동성애자임을 발견했다.

킨제이의 설문조사는 미국 모집단을 대표하지 않는 편의 표본(1장 참조)을 사용했다. 보다 최근의 국가 대표 설문조사는 무엇을 나타내는가? 2013년에 실시된 2개의 전국 대표 설문조사에서 성인 남성의 1.8~1.9%, 여성의 1.3~1.5%가 동성애자로 확인되었으며, 남성의 0.4~2.0%와 여성의 0.9~5.5%가 양성애자로 확인되었다(Copen et al., 2016; Ward et al., 2014). 2010년 전국 성 건강 및 행동 조사에서 성인 남성의 4.2%와 성인 여성의 0.9%가 자신을 동성애자라고 밝혔고 남성의 2.6%와 여성의 3.6%가 스스로 양성애자라고 밝혔다(Herbenick et al., 2010c,d, Reece et al., 2010d). 흑인과 히스패닉의 비율은 비슷했다(Dodge et al., 2010). 평생 약 5.4%의 이성애자가 다른 남성과 구강 성교를 가졌으며, 2.8%는 수용적 항문 성교를 했다(Dodge et al., 2016). 성인 여성의 경우, 4% 미만이 지난 1년 동안 다른 여성과 구강 성교를 주거나 받은 적이 있다(Herbenick et al., 2010d).

윌리엄스 연구소(2011)와 갤럽(2012)의 초기 전국 조사에 따르면 동성애자, 레즈비언 또는 양성애자로 식별하는 개인의 유병률은 일반 인구의 3.4~3.7%이지만 젊은 성인의 경우 더 높으며, 특히 여성(8.3%), 모든 인종 그룹(흑인 4.6%, 아시아인 4.0%, 히스패닉 4.0%, 백인 3.2%)을 포함한다.

따라서 미국 남성과 여성의 약 2.5%에서 7%가 동성애자 또는 양성애자라고 자칭한다. 이 중 여성이 남성보다 양성애자로 인식하는 경우가 더 많다.

성적 지향(Sexual orientation) 명확한 대안이 있는 경우 특정 성의 성적 파트너에 대한 뚜렷한 선호.
이성애자(Heterosexual) 주로 이성에게 성적 지향을 가진 개인.
동성애자(Homosexual) 주로 동성에 대한 성적 지향을 가진 개인.
양성애자(Bisexual) 남성과 여성 모두에게 성적 지향이 있는 개인.

성적 지향의 정의: 또 다른 견해 Defining Sexual Orientation: Another Look

9.3 성적 지향, 성 정체성 및 성 역할의 차이점을 설명한다.

우리는 사람들을 이성애자, 동성애자, 양성애자로 규정할

표 9-1 킨제이와 그의 동료들의 성적 지향 평가 척도(1948)

0	1	2	3	4	5	6
오로지 이성애자	주로 이성애자; 우연한 동성애자	주로 이성애자; 우연보다 빈번한 동성애자	이성애자와 동성애자 대등	주로 동성애자; 우연보다 빈번한 이성애자	주로 동성애자; 우연한 이성애자	오로지 동성애자

출처: From Sexual Behavior in the Human Male (p. 147), by Kinsey et al., 1948, Philadelphia: Saunders. Copyright The Kinsey Institute. Courtesy of The Kinsey Institute for Research in Sex, Gender, and Reproduction.

그림 9-1
수백만 명의 미국 남녀가 동성애자이거나 양성애자이다.
출처: Robert Dodge/Alamy Stock Photo

때 자기 정체성 이상을 살펴보아야 한다. 다른 사람에 대한 행동과 성적 매력도 중요한 구성 요소이며 항상 일관성이 있는 것은 아니다(Copen et al., 2016; Dodge et al., 2016; Fasula et al., 2016). 약 17.4%의 여성과 6.2%에서 10.0%의 남성이 일생 동안 어떤 유형의 동성 간 성적 접촉을 보고한다(Copen et al., 2016; Herbenick et al., 2010c). 성적 매력에 대해서도 유사한 결과가 발견되었다(Copen et al., 2016).

그렇다면 성적 지향을 어떻게 정의해야 할까? 우리는 엘리스와 에임스(1987)의 정의를 수정하여 사용할 것이다. **분명한 대안이 있는 경우 청소년기 이후에 일관되게 만들어지는 뚜렷한 선호도이다.** 선호도는 욕망 및/또는 행동에 반영될 수 있으며 Ellis와 Ames가 언급한 바와 같이 "성적 행동의 고립된 사례는 개인의 성적 취향을 반영할 수도 있고 반영하지 않을 수도 있다." 이 장에서 우리는 **동성 성적 행동**(*same-sex sexual behavior*)과 **동성 성적 취향**(*same-sex sexual orientation*)을 구별하려고 시도할 것이다. 오직 후자만이 동성애라고 부를 것이다.

이성애적 자아 정체성으로 가는 길이 한 번 믿었던 것처럼 항상 순탄하지는 않을 수 있다(Morgan, 2012). 일부는 수동적 탐색 후에 정체성에 도달하고 다른 일부는 능동적 탐색 후에 정체성에 도달한다. 소수의 이성애자들은 탐구되지 않은 헌신이나 정체성 확산을 가지고 있다.

동성애와 양성애의 발달 경로는 남성보다 여성이 훨씬 더 다양하다(Diamond, 2007; Diamond & Savin-Williams, 2000; Garnets & Peplau, 2001; Gartrell et al., 2012; McCabe et al., 2011; 러스트, 2000). 대다수의 동성애 및 양성애 남성은 동성 경험을 하기 전에 어린 나이에 자신의 성적 성향을 인식하게 되었다(Bell et al., 1981; Calzo et al., 2011). 그러나 레즈비언과 양성애자 여성이 나중에야 자신의 성향을 인지하는 것은 매우 흔한 일이다(Savin-Williams & Diamond, 2000). 레즈비언의 최소 25%는 레즈비언으로 확인되기 전에 장기간 이성애 관계를 가졌다(Kitzinger & Wilkinson, 1995; Larson, 2006).

여성은 또한 이성애와 동성애 관계를 오갈 가능성이 더 높다(Diamond, 2003, 2005). 동성 파트너가 있었던 사람 중에서 여성은 양성애자로, 남성은 동성애자로 동일시할 가능성이 더 높다(Rust, 2003; Petersen & Hyde, 2011 참조).

시간이 지남에 따라 성적 지향 자기 정체성이 얼마나 안정적인가? 여러 연구에 따르면 양성애자로서의 성적 자기 정체성은 시간이 지남에 따라 변할 수 있다(Diamond, 2005; Kinnish et al., 2005; Savin-Williams & Ream, 2007). 그러나 이성애자 자기 정체성은 100% 동성애자 정체성과 마찬가지로 안정적인 경향이 있다(Mock & Eibach, 2012; Savin-Williams et al., 2012). 변화하는 양성애자 중 남성은 동성애 또는 이성애로 이동할 수 있는 반면, 양성애 여성은 이성애로 전환할 가능성이 훨씬 더 높다(Savin-Williams et al., 2012).

양성애는 다른 사람에 대한 성적 매력의 측면에서 뚜렷한 정체성인가? 최근 연구에 따르면 이성애자 및 동성애자와 달리 동성, 이성 및 혼합(여성 2명 및 남성 1명)의 에로틱한 자극을 보여주었을 때 양성애자는 모든 자극에 대해 각성을 나타냈다(Cerny & Janssen, 2011; Lippa, 2013; Rosenthal et al., 2012). 양성애자 남성들은 남성 및 여성 파트너와 같은 정도의 흥분, 성기능 및 쾌감을 보고한다(Dodge et al., 2013). 일반적으로 사용되는 양성애의 정의는 맥도널드(1981, 1982)에 의해 제안되었다.

> 양성애자가 된다는 것은 사람이 남녀 모두와 성행위를 즐기고 참여할 수 있거나 그렇게 하려는 욕구를 인식한다는 것을 의미한다. 또한 선호의 강도와 방향이 일부 양성애자에게는 일정할 수 있지만 다른 사람에게는 수명 및 특정 파트너와 관련하여 상당히 다를 수 있다.

결론적으로, 오늘날 대부분의 연구자들은 양성애가 이성애 및 동성애와 구별되는 성적 지향의 합법적인 분류이지만 양성애자는 이성애자 또는 동성애자보다 지향성이 훨씬 더 유동적이라는 데 동의한다.

개인적인 생각 Personal Reflections

직장에서 누군가가 동성애자라고 말하면 어떻게 반응하겠는가? 가장 친한 친구가 동성애자라고 말하면 어떨까? 당신의 형제 또는 자매? 십대 아들 또는 딸? 왜?

무성애 Asexuality

최근에 연구자들은 또 다른 성적 지향이 있을 수 있음을 인정하기 시작했다. 즉, 평생 동안 남성이나 여성에게 성적 끌림이 없는 것으로 정의되는 **무성애(asexuality)**이다(Bogaert, 2004). 여기에는 젊었을 때 다른 사람에게 성적으로 끌렸던 노인이나 테스토스테론의 감소로 인해 더 이상 다른 사람에게 끌리지 않는 사람은 포함되지 않는다. 이 방향은 킨제이의 범위에도 맞지 않는다. (일부는 무성애가 뚜렷한 성적 지향이 아니라 지향의 결여라고 주장한다.)

여러 연구에 따르면 인구의 1%가 무성애자인 것으로 추정된다(Bogaert, 2015). 그러나 연구에 따르면 무성애자는 매우 다양한 그룹으로 구성되어 있다(Carrigan, 2011; Chasin, 2011). 흥미롭게도, 무성애자는 성적인 자극에 대한 성적 흥분(성기 및 주관적)을 경험하고(Brotto & Yule, 2011) 다른 사람들만큼 자주 자위한다(Prause & Graham, 2007). 그들은 다른 사람들에 대한 성적 욕망이 부족하다(Bogaert, 2015 참조).

성적 지향과 성 정체성 및 성 역할 Sexual Orientation, Gender Identity, and Gender Roles

많은 학생들이 개인의 성적 지향과 성 정체성 및 성 역할 사이의 관계에 대해 불확실(또는 오해)한다는 것은 우리의 경험이었다. 대다수의 동성애자와 양성애자의 **젠더 정체성**(*gender identity*)은 이성애자에게서 발견되는 것과 마찬가지로 해부학적 성별과 마찬가지로 강력하고 일관성이 있다. 동성애와 양성애는 성별위화감의 결과가 아니다.

진정한 오해는 **성적 지향**(*sexual orientation*)과 **성 역할**(*gender roles*)에 관한 것이다. 많은 이성애자들은 간접적인 단서(예: 남성다움-여성다움, 얼굴 특징, 걷는 스타일, 의복, 몸짓)만으로 자신이 동성애자인지 여부를 알 수 있는 능력이 있다고 믿는다(2010; Valentova et al., 2011). 연구에 따르면 이는 주로 고정관념을 사용하여 방향을 추측한 결과이다(Cox et al., 2016). 또한 사람들은 간호사나 비서로 일하는 남성이 동성애자라고 가정할 가능성이 훨씬 더 높고(Deaux & Lewis, 1983; Dunkle & Francis, 1990), 그들이 동성애자로 간주한 남성에게 여성의 특성을 빠르게 부여한다(Madon, 1997).

아마도 이러한 믿음의 주된 이유는 많은 사람들에게 남성다움과 여성다움이 이성애에 대한 기본적인 가정이기 때문일 것이다. 남성은 남성적이며 여성에게 끌린다. 여성은 여성스럽고 남성에게 끌린다. 이것을 믿는다면 남성이 덜 "남성적"일수록 동성애자로 인식될 가능성이 높아진다. 남자가 동성애자인 경우 "여성적"으로 인식될 가능성이 더 크다. 많은 남성 동성애자가 이성애 남성보다 더 여성스럽고 많은 레즈비언이 이성애 여성보다 더 남성적이지

그림 9-2

소크라테스. 이 그리스 철학자이자 교사는 인간이 저지른 모든 악은 무지에서 나온다고 믿었다. 그는 진실과 선함을 추구하는 데 일생을 바쳤다.

출처: CHARLES PHELPS CUSHING/ClassicStock/Alamy Stock Photo

무성애자(Asexual) 평생 동안 남성이나 여성에게 성적 끌림이 없는 개인.

만(Lippa, 2008), 사람이 성별 고정관념에 순응하는지 여부가 항상 성적 지향을 예측하는 것은 아니다.

어린 시절의 성(역할) 비순응은 종종 나중에 동성애 지향과 연관된다. 예를 들어, 여러 연구에 따르면 지속적으로 여아 인형을 가지고 놀고 다른 고정관념적인 여성적 특성을 보이는 남아의 경우 성인이 되어 동성애자가 될 가능성이 훨씬 더 높다는 사실이 밝혀졌다(Bailey & Zucker, 1995; Ellis et al., 2005; Phillips & Over, 1995; Strong et al., 2000).

그러나 어린 시절의 성 비순응이 항상 성인의 성적 성향을 예측하는 것은 아니다. 그린(1987)은 15년 동안 극도로 여성스러운 소년의 작은 표본을 연구했다. 대부분의 소년들은 청소년기에 동성애에 대한 환상과 행동에 참여했지만 일부는 나중에 분명한 이성애 지향을 발전시켰다.

마지막 두 단락이 남성에 초점을 맞춘 것을 눈치챘나? 그 이유는 어린 시절의 성 비순응과 이후의 동성애 사이의 관계는 여아보다 남아가 더 크기 때문이다(Garnets & Peplau, 2000 참조). 많은 여성들이 어렸을 때 말괄량이가 되었다고 보고하지만 성인 여성의 약 1.5%에서 4.5%만이 동성애자 또는 양성애자이다. 따라서 "어린 시절의 성 비순응은 대부분의 여성의 성적 지향 발달에 대한 적절한 설명을 제공하지 않는다"(Garnets & Peplau, 2000).

요약하면, 동성애 또는 양성애 지향이 전형적인 성 역할과 연관되어야 한다는 강력한 증거는 없다. 많은 동성애자와 양성애자는 걷거나, 말하거나, 옷을 입거나, 다른 사람과 다르게 행동하지 않는다(Kirk & Madsen, 1989).

"나는 남쪽에서 태어나고 자랐다. 초기 몇 년 동안 나는 동성애자인 사람에게 노출된 적이 없었고, 적어도 내가 아는 한 그렇지 않았다. 거론되는 주제가 아니었다. 대학에 와서야 공개적으로 동성애자인 사람과 접촉하게 되었다. 이 생활 방식은 나에게 완전히 새로운 것이었으며 놀랍게도 나는 괜찮았다.

거의 평생 동안 나는 '전형적인 미국인(All-american)' 유형의 소녀로 여겨졌다. 나는 사랑하는 가족이 있었고 대부분의 아이들처럼 술을 마시거나 파티를 하지 않았다. 나는 고등학교를 우등으로 졸업했다. 스포츠에 관해서는, 나는 항상 지역 팀을 만들고 세 가지 스포츠 모두에서 MVP 상을 번번이 수상했다. 3학년 때 나는 미스 친선상을 받았고 무엇보다도 무도회 여왕으로 뽑혔다. 나는 항상 친한 친구들에게 둘러싸여 있고 다른 사람들과 함께 있는 것을 즐기는 사람이었다.

지난 2년 동안 나는 내가 다른 여성에게 끌리는 소녀라는 사실을 이해하게 되었다. 내가 이룬 모든 성취와 훌륭한 사람으로 여겨져도 이 모든 것이 끝날 것이라고 생각하니 끔찍하다. 요즘에는 성적 지향이 다르다는 사실이 모든 것을 압도하는 것 같다. 사람들이 어떻게 이런 생활 방식이 선택이라고 말할 수 있는지 궁금하다. 왜 누군가가 자신이 필요로 하는 것보다 더 힘든 삶을 살기로 선택하겠는가?"

(저자의 파일에서)

성적 지향의 기원
The Origins of Sexual Orientation

9.4 성적 지향의 기원에 대해 토론한다.

왜 어떤 사람들은 이성애자이고, 어떤 사람들은 동성애자이며, 어떤 사람들은 양성애자인가? 성적 취향은 생물학적으로 결정되는가? 개인을 형성하는 환경(가족 배경, 또래 등)의 결과인가? 본성 대 양육 문제가 그렇게 강력하게 논의된 인간 특성 연구의 주제는 거의 없을 것이다. 증거를 조사해보자.

심리분석적 설명: 부모의 역할은?
Psychoanalytic Explanations: Do Parents Play a Role?

지그문트 프로이트(Sigmund Freud, 1905)는 남성 동성애는 소년이 어머니를 배척하고 아버지에게 사랑을 맡기고 나중에는 남자들에게로 돌아섰을 때 발생한다고 믿었다. 여성 동성애는 소녀가 어머니를 사랑하고 아버지를 동일시하고 이 단계에서 고착화되면서 발달했다. 치료를 받고 있던 소수의 사람들을 대상으로 한두 개의 초기 연구에서는 프로이트를 지지하여 동성애자의 부모가 이성애자의 부모와 사회적 및 양육 기술이 다르다고 주장했다(Bieber et al., 1962; Wolff, 1971). 더 잘 조정된 사람들에 대한 훨씬 더 큰 연구는 그들의 발견을 뒷받침하는 데 실패했다(Bell et al., 1981). 좋은 양육 기술은 이성 부모와 마찬가지로 동성 부모에게서 자주 발견된다(Biblarz & Stacey, 2010). 성적 취향이 특정 부모와 동일시하는 아동에서 비롯된다는 증거도 없다(Bell et al., 1981). 요약하면, 정신분석학적 설명은 성적 지향의 기원을 설명하는 데 그다지 유용하지 않은 것으로 입증되었다(Downey & Friedman, 1998).

환경적 효과 The Effects of Environment

성적 지향이 학습된 행동(선택)이었다면, 동성애자는 초기 사회 경험에서 동성 개인과 좋은 또는 보람 있는 경험을 하고 이성과의 나쁜 경험을 했을 것으로 예상된다. 이 설명을 뒷받침하는 증거는 무엇인가? 어떤 사람들은 동성애자들이 이성과 "성공"할 만큼 매력적이지 않은(또는 남성적이거나 여성적인) 사람들이라고 가정한다. 그러나 데이터는 이를 지원하지 않는다. 대부분의 레즈비언은 남성과 즐거운 성관계를 가졌다(Bell et al., 1981; Diamant et al., 1999). 그들은 단순히 여성과의 성적 관계를 선호한다. 상자 9-A에서 소년이 남성과 성관계를 갖는 것이 관례인 일부 문화에 대해 배우게 된다. 그러나 이러한 문화에서 동성애자인 성인 남성의 비율은 동성애에 대해 매우 부정적인 태도를 가진 문화보다 크지 않다. 이 장의 뒷부분에서 당신은 공개적으로 동성애자 부모에게서 자란 아이들이 이성애자 부모에게서 자란 아이들과 마찬가지로 이성애 지향을 갖고 자랄 가능성이 같다는 것을 배우게 될 것이다.

생물학적 설명 Biological Explanations

유전적 요인 1952년 칼만은 일란성 쌍둥이의 동성애 성향이 거의 100% 일치한다는 것을 발견했다(여기서 일치성은 일치를 의미한다. 즉, 쌍둥이 중 한 명이 동성애자라면 다른 쌍둥이도 동성애자였다.) 이란성(동일하지 않은) 쌍둥이의 일치도는 약 10%에 불과했다. 비슷한 결과가 독일 연구원(Schlegel, 1962)에 의해 발견되었으며, 이 발견과 함께 동성애는 사회적 영향에 의해 결정된다는 지배적인 견해에 도전했다.

1990년대에 여러 그룹이 이러한 연구를 복제하고 성적 취향에 대한 가능한 유전적 근거를 확인했다. 베일리와 필라드(1991)는 167쌍의 형제를 연구한 결과 동성애 남성의 일란성 쌍둥이 형제 중 52%가 동성애자임을 발견했는데, 이는 22%의 비일란성 쌍둥이, 11%의 입양 형제와 비교된다. 143쌍의 자매를 대상으로 한 또 다른 연구에서, 그들은 동성애 여성의 일란성 쌍둥이 중 48%가 동성애자임을 발견했는데, 이는 16%의 비일란성 쌍둥이, 6%의 입양 자매와 비교된다(Bailey et al., 1993). 후속 연구에서도 유사한 결과가 나타났다(Bailey et al., 2000; Kendler et al., 2000; Whitam et al., 1993).

이러한 연구는 성적 지향에 대한 생물학적 기여에 대해 거의 의심하지 않는다. 하지만 얼마? 일란성 쌍둥이가 모두 동성애자는 아니라는 것을 기억하시오. 한 리뷰에서는 성적 취향의 50~60%가 유전적 요인에 기인한다고 결론지었다(Rahman & Wilson, 2003). 상위 추정치가 맞다고 해도 여전히 사회적, 환경적 요인의 영향을 받을 여지가 많다.

뇌 해부학 수컷 쥐와 암컷 쥐의 뇌가 해부학적으로 다르다는 것은 꽤 오래전부터 알려져 왔다(Gorski et al., 1978). 이성애자와 동성애자의 두뇌에는 차이가 있는가? 한 연구에서 19명의 동성애 남성과 16명의 이성애 남성의 뇌를 부검했다. 성적 행동에 영향을 미치는 것으로 알려진 시상하부(뇌의 기저부) 부분이 이성애자에서 두 배 이상 더 크다는 것이 발견되었다(LeVay, 1991). 어떤 사람들은 시상하부의 또 다른 부분인 시교차상핵이 이성애 남성보다 동성애 남성의 2배 많은 세포를 갖고 있으며(Swaab & Hofman, 1990) 뇌의 두 반쪽을 연결하는 주요 섬유 다발(전방 com - missure)은 동성애 남성이 이성애 남성보다 34% 더 컸다(Allen & Gorski, 1992). 최근 연구에서는 대뇌 이형성에서 추가적인 차이점을 발견했다(리뷰는 LeVay, 2011; Savic et al., 2010 참조). 국립보건원(National Institutes of Health)의 딘 하이머(Dean Heimer)는 "가장 단순한 해석은 [뇌 구조]의 성장을 조절하는 유전자가 있다는 것이다. 둘 다 성적 지향의 생물학적 요소가 있다는 같은 생각을 가리킨다."(Maugh가 Los Angeles Times에서 1991년에 인용).

그림 9-3
레오나르도 다빈치. 이 이탈리아 르네상스 화가, 해부학자, 천문학자, 공학자는 역사상 가장 다재다능한 천재들 중 한 명이었다.
출처: North Wind Picture Archives/Alamy Stock Photo

출생 순서(및 태아기 환경) 많은 연구에 따르면 평균적으로 동성애 남성이 이성애 남성보다 형이 더 많다(리뷰는 Jannini et al., 2010 참조). 형(누나 제외)이 추가될 때마다 동생이 동성애자가 될 확률이 약 33% 증가한다(Blanchard, 2001; Cantor et al., 2002). (그렇다고 해서 당신이 남성이고 두 명의 형이 있다고 해서 동성애자가 될

것이라는 의미는 아니다. 처음부터 가능성은 매우 낮다.) 동성애 여성에서는 출생 순서 효과가 관찰되지 않는다(Bogaert, 2000). 출생 순서 효과는 많은 성격 특성에서 관찰되지만 자녀가 입양된 가정에서는 관찰되지 않는다(Beer & Horn, 1999). 이것은 남성의 출생 순서 영향이 생물학적 영향의 결과임을 시사한다. 보다 구체적으로, 이전 남성 태아에 의해 촉발된 (Y 염색체 화학 물질에 대한) 모체의 면역 체계 반응이다(Jannini et al., 2010). 그들은 이것이 뇌의 성적 분화에 영향을 미친다고 말한다(Blanchard, 2001 참조). 동성애 남성의 몇 퍼센트가 이 출생 순서 효과의 결과로 성적 지향성을 갖게 되었는가? 그것은 약 7분의 1(Cantor et al., 2002)이며 극도로 여성적인 동성애 남성에게만 해당되는 것으로 계산되었다(Bogaert, 2005). 이 연구의 중요한 의미는 일부 남성의 성적 취향에 영향을 미치는 태아기 요인을 지적한다는 것이다.

호르몬(및 태아기 환경) 이성애 남성과 동성애 남성 사이의 뇌 해부학의 차이를 설명할 수 있는 것은 무엇인가? 답은 호르몬일 가능성이 높다(리뷰는 LeVay, 2011 참조). 동성 간의 성적 행동은 거의 모든 종에서 관찰된다(Bailey & Zuk, 2009). 인간이 아닌 종을 대상으로 한 여러 연구에 따르면 태아기(출생 전) 호르몬 치료는 성인과 같은 동성 성행위를 유발할 수 있음을 보여준다(리뷰는 Kelly et al., 1999 참조).

인간의 경우 성인 이성애 남성과 동성애 남성의 순환 남성 성 호르몬(테스토스테론) 수준은 다르지 않다(Gladue, 1988 참조). 또한 성인 동성애자에게 성 호르몬(예: 남성 동성애자에게 테스토스테론)을 주어도 성적 취향은 바뀌지 않는다. 그렇다면 호르몬은 언제 어떻게 효과를 발휘할까? 8장에서 출생 전에 높은 수준의 남성화 호르몬에 노출된 여성(선천성 부신 과형성)은 다른 사람보다 어린 시절 장난감과 활동을 선호하고 성인이 되어 동성애 또는 양성애 성향을 발달시킬 가능성이 훨씬 더 높다는 점을 상기하시오(Hines, 2004a , b; Pasterski et al., 2007).

다음은 태아기 및 초기 발달 동안 테스토스테론에 대해 알고 있는 내용이다. 수치는 수정 후 7주에 고환이 발달할 때 극적으로 증가하고(8장 참조), 10~22주 사이에 최고에 도달한 다음, 여아에서 발견되는 것과 동일한 수준으로 감소한다(McFadden, 2008). 남아의 경우 테스토스테론 수치는 출생 후 약 20주 동안 급격히 증가하다가 사춘기까지 여아 수준으로 다시 감소한다. 따라서 테스토스테론으로 인한 초기 해부학적 차이는 이 두 가지 초기 테스토스테론 급증 중 하나(태아기 한 번과 출생 직후 한 번)에서 발생해야 한다(McFadden, 2008).

명백한 이유 때문에 태아기 또는 출생 직후 인간의 호르몬을 조작하는 것은 비윤리적이다. 그러나 우리는 이 기간 동안의 테스토스테론이 다른 해부학적 구조의 발달에 영향을 미친다는 것을 알고 있으며 연구자들은 성인 이성애자와 동성애자를 비교할 때 이를 척도로 사용한다. 예를 들어, 남성 동성애자는 이성애자와 다른 손가락 길이 비율을 갖는 경향이 있다. 또한 사춘기가 더 빨리 시작되는 경향이 있다(리뷰는 Jannini et al., 2010 참조).

결론 Conclusions

성적 지향에 대한 생물학적 기여에 대한 증거가 늘어나고 있지만(Jannini et al., 2010; LeVay, 2011), 이것이 성적 지향이 생물학적으로 결정된다는 의미는 아니다. 일란성 쌍둥이에 대한 연구는 생물학적 요인을 강력하게 지적하지만, 쌍둥이의 약 절반이 불일치한다는 사실(동일한 유전자를 가졌음에도 불구하고)은 환경도 역할을 한다는 것을 보여준다. 점점 더 많은 십대와 젊은 성인 여성들이 이성 및 동성 간 행동을 드나드는 것은 여성들에게 환경 요인의 역할을 입증한다(Gartrell et al., 2012; Baumeister, 2000 참조). ; 다이아몬드, 2003).

오늘날 대부분의 연구자들은 생물학적, 사회적 영향이 모두 성적 지향의 발달에 기여한다는 데 동의한다. 문제는 더 이상 본성 대 양육이 아니라 각각이 방향에 어느 정도 영향을 미치는가이다. 몇몇 연구자 그룹은 이 질문에 답하기 위해 최근에 대규모 일란성 쌍둥이 그룹(종종 수천 명)을 재조사했다. 결과: 유전적 영향과 환경이 모두 기여한다. 스웨덴의 쌍둥이에 대한 인구 연구에서 유전은 남성의 경우 .34-.39, 여성의 경우 .18-.19의 차이를, 남성의 경우 .00, 여성의 경우 .16-.17의 환경적 영향을 공유한 반면, 남성의 경우 .61-.66, 여성의 경우 .64-.66의 환경 요인을 공유하지 않았다(Långström et al., 2010). 핀란드 쌍둥이에 대한 인구 연구에 따르면 어린 시절의 성 역할 비순응성과 성인기의 동성애 성향이 함께 발생했을 때 유전적 기여가 가장 강력했으며 비공유 환경 영향에 대한 역할은 미미했다(Alanko et al., 2010). 어린 시절의 성 역할 부적합에 대한 유전적 영향과 환경적 영향 모두에 대한 약간에서 강한 기여는 영국(Knafo et al., 2005), 네덜란드(van Beijsterveld et al., 2006) 및 호주의 쌍둥이에게서 유사하게 발견되었다(Bailey et al., 2000). 다릴 벰(Daryl Bem, 1996)과 사이먼 르베이(Simon LeVay, 2011)는 유전자가 성적 지향 그 자체를 암호화하는 것이 아니라 개인을 특정한 방향으로 이끄는 특성과 행동의 "패키지"라는 흥미로운 가설을 제시했다.

생물학이 성적 지향에서 어느 정도 역할을 하는지에 관계없이 이 주제에 대한 연구는 여전히 논란의 여지가 있다. "게이가 되는 것이 선택이라고 믿는 종교적 보수주의자들은 과학자들이 그것을 합법화하려고 한다고 주장한다. 게이 활동가들은 이 연구가 게이를 '치료'하려는 잘못된 시도로 이어질 것이라고 걱정한다"(Reardon, 2016).

동성애자가 되는 것 Being Homosexual

9.5 서양 문화에서 동성애에 대한 태도의 역사와 오늘날 만연한 성적 편견을 추적한다.

동성애는 "동일한"을 의미하는 그리스어 호모에서 파생된 단어이다(이것을 "남자"를 의미하는 라틴어 호모와 혼동하지 마시오). 이 용어는 1869년 독일에서 출판된 소책자에서 헝가리 의사에 의해 처음 사용되었으며(Gregersen, 1982) 20년 후 헨리 해브록 엘리스(Henry Havelock Ellis)에 의해 영어로 대중화되었다. 그런데 접두사 *hetero*는 그리스어에서 파생되었으며 "다르다"를 의미한다. 동성애 행동은 전 세계 거의 모든 문화권에서 보고되었다(상자 9-A 참조).

수년에 걸쳐 동성애를 묘사하는 데 사용된 경멸적인 용어가 많이 있었다(예: "faggot", "fairy", "dyke"). 대부분의 동성애자들은 남성 동성애자(일부 지역에서는 이 용어가 두 성별의 동성애자를 지칭하기도 하지만)에 대해 **게이(gay)**라는 용어를 선호하고 여성 동성애자에 대해서는 **레즈비언**[약 기원전 600년, 시인 삽포(Sappho)가 젊은 여성 제자들의 무리를 이끌었던 그리스 섬 레스보스(Lesbos)의 이름에서 유래]을 선호한다. 이성애자들은 종종 **"스트레이트(straights)"**라고 불린다. "퀴어"라는 단어는 한때 경멸적인 것으로 여겨졌지만 지난 10년 동안 동성애 커뮤니티에서 게이, 레즈비언, 양성애자, 트랜스젠더를 지칭하는 포괄적인 용어로 점점 더 많이 사용되고 있다. 이 용어는 "성 정체성의 개념을 부정하려는 시도"("이성애 모델에서 벗어나는 행동에 참여하려는 개인을 억압하기 위해 사회가 만든 것")를 사용한다(Avila-Saavedra, 2009). 수많은 LGBT 및 LGBTQ 조직이 이제 레즈비언, 게이, 양성애자, 트랜스젠더 및 퀴어 개인이 너무 자주 적대적인 환경에 적응하도록 돕는다.

게이(Gay) 일반적으로 남성 동성애자를 지칭하는 데 사용되는 용어이지만 일부 지역에서는 남녀 모두의 동성애자를 지칭하는 데 사용된다.

레즈비언(Lesbian) 여성 동성애자.

스트레이트(Straight) 동성애자가 이성애자를 지칭하는 용어.

동성애에 대한 역사적 태도
Historical Attitudes About Homosexuality

동성애에 대한 서구의 태도는 역사를 통틀어 상당히 다양했다. 고대 그리스에서는 성인 남성과 소년 사이의 동성 성행위[**남색(pederasty)**이라고 함]가 이성애의 대안으로 널리 받아들여졌다(Scanlon, 2005). 칸타렐라(1992)는 고대 그리스에서 남색이 "실제로 절대적으로 정상적인 관계가 되었고, 사회적으로 받아들여지고, 완전한 자유를 누리며, 시인들이 축하했다"고 썼다. 플라톤은 그의 심포지엄에서 동성애 관계를 칭찬했다. 그리스 학자(예: 소크라테스, 플라톤)와 그들의 학생들 사이의 동성애 관계는 어린 소년 교육의 자연스러운 부분으로 간주되었다. 동성 간의 결혼은 로마제국 시대에 상류층 사이에서 합법화되었지만, 가장 흔한 동성 행위 유형은 남색이었다(Rind, 1998 참조).

기원전 7세기 이전에 많은 히브리인 그룹이 동성 간의 성행위를—종종 종교 의식의 일부로—행했다. 많은 히브리 그룹을 통합하기 위해 고안된 개혁 운동의 일환으로 남성 동성애는 그 후 (오래된 의식의 일부였던 다른 행위와 함께) 비난을 받았고 사형에 처해질 수 있었다.

> 만일 남자가 여자와 동침함 같이 남자와 동침하면 둘 다 가증한 일을 행함이니라 그들은 죽임을 당할 것이며 그들의 피가 그들 위에 있다.
>
> (레위기 20:13, 표준 개정판)

여성 동성애는 "종자 유출"이나 남성 재산권 침해와 관련이 없기 때문에 유대인들에 의해 덜 가혹하게 다루어졌다(Locke, 2004).

로마의 전통에 따라 유럽의 기독교인들은 처음에 동성 간의 성적 행동, 특히 남색에 대해 관대했다(Boswell, 1980; Rind, 1998). 성 토마스 아퀴나스(Saint Thomas Aquinas, 1225~1274)가 성의 유일한 목적은 출산이라고 강조한 성 아우구스티누스 시대가 되어서야 동성애가 부자연스럽거나 "자연법칙에 어긋나는 것"으로 여겨졌다." 그러나 보스웰(1980)은 중세 시대에는 동성 간의 성행위가 죄로 여겨졌으나 당시에는 죄를 지은 사람들을 다른 사람과 다른 유형의 사람으로 보지 않았다고 지적했다. 이것은 동성애 행위가 범죄이자 죄가 된 1600년대와 1700년대에도 마찬가지였다.

남색(Pederasty) 성인 남성과 소년 사이의 동성 성적 행위.

상자 9-A 다문화적 관점

다른 문화에서의 동성애

9.6 동성애에 대한 우리의 태도를 다른 문화권의 태도와 비교한다.

지난 30년 동안 동성애를 이해하고 수용하는 미국인의 비율은 꾸준히 증가했다. 우리는 이제 동성 결혼을 보장하고 직장 내 차별로부터 보호하는 법을 가지고 있다. 대부분의 유럽 국가에서도 마찬가지다. 나머지 세상은 어떠한가?

수많은 문화에 대한 두 개의 오래된 연구에서는 약 1/3만이 동성애를 승인하지 않는 것으로 나타났다(Ford & Beach, 1965; Gregersen, 1982). 24개 선진국에 대한 보다 최근의 조사에서, 그들 중 18개 국가는 성인 동성애 관계에 관해 국민의 50% 이상이 "항상 잘못된" 것이라고 답했다(Widmer et al., 1998). 동성애는 특히 중동, 중국, 러시아, 아프리카와 남미의 많은 지역에서 만연하다(Jäckle & Wenzelburger, 2015). 러시아는 2014년 러시아에서 열리는 동계올림픽에 동성애 선수와 관광객의 참가를 금지했다. 우간다, 남아프리카 공화국 및 기타 아프리카 국가에서는 최근 동성애를 범죄로 규정하는 법률이 통과되었다(Nature Editor, 2015). 이러한 법률로 인해 HIV의 확산을 방지하기가 어려워졌다.

태도에 영향을 미치는 한 가지 요인은 종교적 소속이다. 동성애에 대한 부정적인 태도는 이슬람에서 가장 만연해 있으며, 가톨릭/개신교 자유 교회/정통 기독교 및 유럽 개신교가 그 뒤를 잇고 있으며, 힌두교 문화권과 불교 문화권/도교 문화권/유교 문화권에서 가장 적은 부정적인 태도를 보인다(Jäckle & Wenzelburger, 2015). 많은 이슬람 국가에서 사람들이 동성애자로 밝혀지면 일상적으로 살해된다.

고대 그리스에서는 남성과 청소년 소년 간의 성적 관계(남색이라고 함)가 매우 이상화되었음을 상기하시오(플라톤의 심포지엄). 소년은 지식인의 정액을 삼켜 지식을 습득할 수 있다고 믿었다. 전 세계적으로 많은 문화권에서 유행은 일반적이다. 여기에는 지중해, 중동, 아프리카, 아시아 및 남아메리카 주변의 최소 50개 멜라네시아(남태평양 섬의 일부) 사회와 사회가 포함된다(Dykes, 2000; Gebhard, 1985; Herdt, 1993; Rind, 1998). 아마도 가장 많이 연구된 그룹인 Sambians(Baldwin & Baldwin, 1989; Herdt, 1993)에서 남자아이들은 약 7세에 어머니와 헤어지고 다른 남자아이들과만 산다. 그들은 (아직 성인은 아니지만) 나이든 소년들에게 정기적으로 구강 성교를 한다. 정액을 삼키는 것은 삼비안 사람들이 남성다움을 보장한다고 믿는 관행이다(강하고 용감하며 훌륭한 전사와 사냥꾼이 됨). 소년들은 이것을 6~8년 동안 계속하다가 역할을 바꾸어 어린 소년들에게 정액을 기증한다. 16세에 삼비아인 소년은 결혼하고 다음 1년 또는 2년 동안 그의 새 신부와 어린 소년들에 의해 구강 성교를 받는다. 그러나 그의 아내가 출산을 하면 동성 행동이 멈추고 새로운 삼비안 성인은 그 이후로 전적으로 이성애자(행동뿐만 아니라 욕망에서도)가 된다.

남색의 또 다른 예에서, 수단의 Azande의 남성 전사는 여성이 부족하기 때문에 소년을 "아내"로 취한다(S. Murray, 1992). 소년들은 여성의 모든 일상적인 작업을 수행하고 성교에서 수동적인 파트너이다(허벅지 사이에서 수행됨). 소년들은 나이가 들면 자유롭게 여성과 결혼할 수 있지만 여성이 없을 경우 소년과 결혼할 수 있다. 아프리카의 시완 문화에서 모든 소년들은 성인 남성과 항문 성교를 할 때 수동적인 파트너가 되어야 한다. 기혼 남성은 아들을 서로에게 빌려주고 소년들과의 동성 관계에 대해 공개적으로 이야기한다(Ford & Beach, 1951).

여성은 어떠한가? 여성의 동성 관행은 남성만큼 광범위하게 연구되지 않았지만 한 연구에서는 95개 토착 문화에서 그러한 행동의 예를 발견했다(Blackwood, 2000). 행동 유형은 청소년 성 놀이에서 친밀한 우정, 에로틱한 의식 관행에 이르기까지 다양했다.

이러한 문화 간 연구에서 몇 가지 중요한 점을 배울 수 있다. 첫째, 우리는 동성 간의 성행위와 동성애 성향을 구별해야 한다. 예를 들어, 모든 삼비아인 남성은 일생의 지정된 시간 동안 동성 행위에 참여하지만 Herdt(1987)는 5% 미만이 성인이 되어 동성애 성향을 갖는 것으로 추정한다. 멕시코, 브라질, 터키, 그리스, 모로코 및 기타 북아프리카 국가에서는 남성이 항문 성교를 하는 것이 드문 일이 아니지만 수동적 파트너만 동성애자로 간주된다(Carrier, 1980). 따라서 동성애로 간주되는 것은 부분적으로는 문화적으로 정의된다.

광범위하게 연구된 문화 전반에 걸쳐 동성애자의 비율은 거의 동일하다. 해당 문화가 동성애에 대해 부정적이거나 긍정적인 태도를 갖고 있는지 여부에 관계없이 1%에서 7%이다(Diamond, 1993; Whitam, 1983). 동성애에 대한 태도는 문화마다 다르다. 그것은 학습된 반응이며 학습된 내용은 사람이 자란 시간과 장소에 따라 다르다.

1800년대 후반과 현대 의학(특히 정신과)의 등장이 되어서야 동성애 행위를 하는 사람들이 정신 질환을 앓고 있는 사람들의 특정 부류로 간주되기 시작했다. 프로이트(1924)는 그의 학문적 가르침에서 동성애자를 "변태"라고 불렀다. 결과적으로, 20세기만큼 동성애에 대한 편협함이 서구 문화에 나타난 시기는 없었다. 1953년에 아이젠하워 대통령은 "성적 변태"에 연루된 사람을 정부에서 고용하는 것을 금지하는 행정 명령 10450에 서명했다. 수천 명의 게이와 레즈비언이 일자리를 잃었다. 1966년에 높이 평가받는 타임지의 편집자들은 동성애에 관한 2페이지짜리 사설을 썼는데, 그 기사는 다음과 같은 말로 결론을 내렸다.

> 동성애는 현실을 대신하는 애처롭고 소박한 이류선택인 동시에 삶으로부터의 한심한 도피이다. 따라서 공정성, 동정심, 이해 그리고 가능하면 치료를 받아야 한다. 그러나 그것은 격려도, 미화도, 합리화도, 소수민족 순교자로서의 가짜 지위도, 단순한 취향의 차이에 대한 궤변도, 그리고 무엇보다도 그것이 해로운 질병이 아니라는 가식을 가질 필요가 없다.
>
> (Time Essay, 1966, p. 41)

그림 9-4
성적 지향의 생물학적 원인에 대한 상당한 증거가 있지만, 최근의 연구는 "여성의 에로틱한 경험의 큰 다양성과 여성의 성적과 성적 지향성을 평생 동안 형성하는 많은 사회 문화적 요인들"을 인정하고 있다(Garnets & Peplau, 2000, p. 181).

출처: Creatas Images/Thinkstock/Getty Images

동성애자들은 정신병자로 여겨졌기 때문에 의료계에서는 전두엽 절제술, 강제 거세 또는 자궁적출술, 감전 치료, 호르몬 주사, 끝없는 시간의 정신 요법을 적용했다(Katz, 1976). 그러나 1950년대 후반까지 동성애자들은 의료나 교도소 밖에서 연구된 적이 없었다. 그 후 1957년에 Evelyn Hooker는 비임상 이성애자와 동성애 남성을 최고의 심리학적 검사로 구별할 수 없다는 것을 보여주는 논문을 발표했다(즉, 동성애 남성도 이성애 남성만큼 잘 조정되었다). 프로이트조차도 이것이 사실임을 인정했다.

> 항상 그런 것은 아니지만, 지적으로나 윤리적으로나 정신적 성장과 발달에 있어 흠잡을 데 없이 높은 표준에 도달한 남성과 여성이 이 한 가지 운명적인 특성으로 고통받는 경우가 많다.
>
> (**프로이트**, 1924년, p. 313)

많은 사람들은 동성애자 권리 운동이 1969년 게이 바인 Stonewall Inn에서 뉴욕 경찰의 급습에 항의하는 일련의 게이와 레즈비언 폭동으로 시작되었다고 믿는다(그림 9-5 참조). 폭동은 동성애 활동가 조직의 결성으로 이어졌다. 마침내 1973년에 미국 정신의학 협회(American Psychiatric Association)는 동성애를 정신 질환으로 분류하는 것을 중단하기로 결정했다(이 결정으로 이어지는 일부 사건에 대한 리뷰는 Herek, 2010 참조). 그 결정은 만장일치로 박수를 받지는 않았다. 미국 정신의학 협회 회원의 37%가 변경에 반대했다. 동성애는 1992년까지 세계 보건 기구의 국제 질병 분류에서 정신 장애로 남아 있었다.

미국 정신의학 협회 결정은 광범위한 영향을 미쳤다. 동성애가 더 이상 질병으로 간주되지 않는다면 치료할 필요가 없다. 그러나 태도는 종종 천천히 바뀐다. 대법원이

그림 9-5
1969년 경찰은 뉴욕 그리니치 빌리지에 있는 스톤월 여관을 급습했다. 많은 사람들은 뒤이은 시위가 미국에서 동성애자 해방 운동의 시작을 의미한다고 믿는다.

출처: M. Stan Reaves/Alamy Stock Photo

2003년에 그들에게 불리한 판결을 내리기 전까지 많은 주에는 동성애의 성적 표현을 금지하는 법이 있었다(11장의 남색법 섹션 참조). 미군은 항상 동성애자를 금지하고 제대해왔으며, 2011년이 되어서야 오바마 대통령은 "묻지 말고 말하지 말라"(클린턴 대통령이 제정한 타협안) 정책을 폐지하고 동성애자들이 자신들의 나라에 공개적으로 봉사할 수 있도록 허용했다.

오늘날의 성적 편견 Sexual Prejudice Today

성적 편견은 종종 제도화된다. 많은 기독교 교회는 동성애에 대해 거부하거나 처벌하는 태도를 계속 가지고 있다. 그들은 동성애자를 기독교 모독자로 본다(Trevino et al., 2012). 극단적인 예에서 웨스트버러 침례교회(캔자스 주 토피카에 기반)는 군대 장례식에서 동성애 반대 시위를 벌인다(그림 9-6 참조).

많은 사람들은 자신이 다르다고 생각하는 다른 사람들에 대해 편견을 가지고 있다. 사람들은 피부색, 성별, 종교에 따라 차별하지만 게이, 레즈비언, 트랜스젠더에 대한 적대감은 다른 어떤 유형의 편견보다 미국인들 사이에서 더 많이 받아들여져 왔다. 동성애와 동성애에 대한 우리 반 학생들의 견해는 크게 엇갈린다.

"고등학교 3학년 때 새 남자친구를 사귄 적이 있다. 그를 알면 알수록 그가 게이라는 의심이 들기 시작했다. 이것은 나를 두렵게 했다. 두려움이 커지면서 나는 우정을 끊었다."

"동성애는 역겹다는 생각이 든다. 생각만 해도 소름이 돋는다."

"내 친한 친구 중 동성애자가 몇 명 있다. 처음에는 그들이 나에게 말했을 때 충격을 받았다는 것을 인정하지만, 그렇다고 해서 내가 그들의 친구가 되는 것을 막지는 못했다. 남자친구가 동성애 혐오증이 확실한데 부정적인 말을 할 때마다 짜증이 난다."

"솔직히 동성애자라도 좋은 사람들이면 상관없어. 동성애를 법적으로 받아들여야 한다고 생각한다."

"나는 동성애가 도덕적으로 잘못된 것이라고 믿는다. 다른 사람의 감정을 판단하지 않으려고 노력하지만, 그런 감정을 연기하는 것은 동의하지 않는다."

"고등학교 때 꽃집에서 일했다. 나는 3학년이 될 때까지 주인의 아들이 게이라는 것을 몰랐다. 그는 완전히 평범하게 행동했다. 어느 날 오후 나는 그가 남자친구와 함께 어딘가로 운전하는 것을 보았다. 그날 이후로 나는 겁이 나서 그와 대화하는 것조차 좋아하지 않았다. 나에게 해를 끼친 적이 한 번도 없는데 내가 왜 그를 그렇게 두려워하는지 모르겠다."

(모든 예제는 작성자의 파일에서 가져옴)

동성애자는 종종 언어 폭력, 괴롭힘, 따돌림, 심지어 증오 범죄의 희생자가 된다(예: Bontempo & D'Augelli, 2002). FBI는 증오 범죄를 "인종, 종교, 민족/국적, 성적 지향 또는 장애에 근거한 사람, 재산 또는 조직에 대해 미리 형성된 부정적인 편견에 의해 동기가 부여된 범죄"로 정의한다(U.S. Department of Justice, 1996). 게이 남성의 50% 이상이 언어적 학대나 위협을 당했다(Katz-Wise & Hyde, 2012). 2009년 오바마 대통령은 증오 범죄 예방법(Hate Crimes Prevention Act)에 서명했다. 이 법안은 성적 지향, 성별 또는 성 정체성을 이유로 누군가를 공격하는 것을 연방 범죄로 규정했다.

그림 9-6

기독교 교회 신도들의 동성애 반대 시위.

출처: George Sweeney/Alamy Stock Photo

그러한 가혹한 세상에서 동성애자 및 양성애자 남성과 여성이 이성애자보다 우울증, 기분 및/또는 스트레스 장애 및 자살의 유병률이 더 높다는 사실이 이상한가(예: Haas et al., 2010; Koh & Ross , 2006; Operario et al., 2015)? 이러한 정신 건강 문제의 대부분은 소수자 스트레스, 즉 "적대적이고 스트레스가 많은 사회적 환경을 조성하는 낙인, 편견 및 차별"에 기인할 수 있다(Eliason et al., 2012; Hatzenbuehler, 2009 참조).

동성애자에 대한 부정적인 태도를 설명하기 위해 가장 널리 사용되는 용어는 **동성애 혐오증(homophobia)**이다. 그러나 동성애 혐오증은 일반적으로 부정적인 태도가 개인의 정신병을 반영하는 비합리적인 두려움의 결과라는 것을 의미한다. 심리학자 그레고리 헤렉(Gregory Herek, 2000a, b)는 더 나은 용어가 **성적 편견(sexual prejudice)**

동성애 혐오증(Homophobia) 동성애와 동성애에 대한 비이성적인 두려움.

성적 편견(Sexual prejudice) 동성애, 동성애 공동체, 동성애 행동에 대한 사회적으로 강화된 부정적인 태도.

이라고 제안했다. 성적 편견은 사회적으로 강화되며 개인, 커뮤니티 및 동성애 행동에 대한 부정적인 태도를 포함한다. 성적 편견은 여성보다 남성에게 더 크며, 편견을 가진 남성은 일반적으로 동성애자보다 게이 남성에 대해 훨씬 더 부정적인 태도를 가지고 있다(Herek, 2000b, 2002; Kite & Whitley, 1996). 종교와 성별 외에 동성애에 대한 태도에 영향을 미치는 다른 요소는 연령(오늘날 젊은이들은 일반적으로 편견이 덜함), 교육(교육 수준이 낮은 사람들이 더 편견을 갖는 경향이 있음), 사회경제적 수준(저소득 계층이 더 편견을 갖는 경향이 있음) 등이다. (Jäckle & Wenzelburger, 2015).

헤렉은 반동성애 편견이 "긍정적인 젠더 관련 정체성을 유지"하는 방법인 동성에 대한 매력을 억제하려는 시도(Herek, 1988 참조)라고 믿는다(Falomir-Pichastor & Mugny, 2009). 동성애 혐오성 별명(예: "fag", "that's so gay")은 남성다움과 이성애 정체성에 대한 이성애 남성의 자기 인식을 강화하기 위해 자주 사용된다(Carnaghi et al., 2011). 헤렉은 "10대와 20대 초반은 정체성을 강화하는 시기이며 남성다움과 남성다움, 어떻게 남자가 되는가에 대한 문제로 고심하고 있다. 게이 남성이나 레즈비언을 공격함으로써 이 남성들은 상징적으로 남성다움을 확인하려 하고 있다"(Associated Press, 1993년 7월). 흥미롭게도 매우 여성스러운 남성에 대한 편견은 게이 남성에게도 드문 일이 아니다(Sánchez & Vilain, 2012).

여러분 중 일부는 남성의 동성애 혐오에 대한 설명을 거부하고 대신 도덕 문제로 귀인할 수 있다. 남성의 성적 편견의 근거가 도덕성뿐이라면 게이와 레즈비언에 대한 이성애적 태도의 차이는 없을 것이다. 그러나 성적으로 노골적인 남성 지향적인 잡지와 포르노 영화는 여성 대 여성의 성행위를 보여준다. 왜? 이 자료의 발행인과 제작자는 많

은 이성애 남성이 여성 대 여성의 성행위를 에로틱한 것으로 보고 그것에 의해 자극을 받는지 확실하지 않은 경우 포함하지 않을 것이다(Strager, 2003).

최근 몇 년 동안 게이와 레즈비언에 대한 태도가 현저히 줄어들었다(Keleher & Smith, 2012; Page, 2012 참조). 게이와 레즈비언의 약 91%는 그들의 커뮤니티가 과거보다 더 관대하다고 말한다. 많은 연구에서 성적 편견이 동성애자와의 더 많은 상호작용을 줄이는 것으로 나타났다(Smith et al., 2009 참조).

개인적인 생각 Personal Reflections

성적 편견은 이성애자 간의 관계에도 영향을 미친다. 이는 많은 동성 가족 구성원(가장 일반적으로 아버지와 아들)과 친구들이 서로 애정을 갖는 것을 방지한다. 당신은 동성 부모를 안을 수 있는가? 동성의 좋은 친구? 그렇지 않다면 어떤 두려움이 그렇게 하는 것을 방해하는지 조사하시오. 성적 편견은 그것을 표시하는 사람을 포함하여 모든 사람에게 피해를 준다.

성 정체성의 발달("커밍아웃" 절차) Sexual Identity Development (the "Coming Out" Process)

9.7 개인이 "커밍아웃"하는 것이 무엇을 포함하는지 설명한다.

우리 사회의 많은 사람들이 동성애에 대해 부정적인 태도를 가지고 있기 때문에 동성애를 인정하고 공개적으로 선언하는 것이 종종 매우 어려운 일이 아니다. 자신의 동성애나 양성애를 인정하고 드러내는 과정을 **성적 정체성 발달(sexual identity development)**, 더 일반적으로 **커밍아웃(Coming out)**이라고 한다. 오늘날 이 과정은 과거보다 어린 나이에 시작된다(Calzo et al., 2011). 이 과정을 설명하기 위해 여러 모델이 제공되었다. 우리는 Boston Women's Health Book Collective(2011)에서 설명한 단계를 따를 것이다.

동성 지향 인식 Recognizing a Same-Sex Orientation

첫 번째 단계는 자신이 동성애 또는 양성애 성향을 가지고 있음을 인정하는 것이다. 많은 게이와 레즈비언은 아주 어린 나

성적 정체성 발달(Sexual identity development) 자신의 동성애 또는 양성애를 다른 사람에게 공개하는 용어.

커밍아웃(Coming out) 자신의 동성애 성향을 다른 사람에게 폭로하는 것.

이에 자신이 "다르다"는 것을 알고 있었다. 10장에서 성적인 끌림(성 관계를 갖고자 하는 욕구와 혼동하지 말 것)은 거의 모든 사람의 10세 전후에 시작된다는 것을 배우게 될 것이다(Herdt & McClintock, 2000; Pattatucci & Hamer, 1995). 동성에 대한 매력은 어린 나이에 성행위가 시작되기 전에 자주 발생한다(Calzo et al., 2011).

> "놀라운 6살에 내 섹슈얼리티를 발견했다. 물론 그 어린 나이에 내가 레즈비언인 줄은 몰랐지만, 선생님과 여고생들에게 '짝사랑'했던 기억은 있다."
>
> "당신이 강의한 가장 중요한 것은 출생 전의 성적 성향이라고 생각한다. 나 역시 10살쯤 되어서야 어린 시절과 다르게 느껴졌다."
>
> (모든 예제는 작성자의 파일에서 가져옴)

다른 사람들(특히 여성)은 청소년기나 그 이후까지 자신의 성적 취향을 인식하지 못한다는 사실을 기억하시오(Diamond, 2003; Diamond & Savin-Williams, 2000; Garnets & Peplau, 2001; Kitzinger & Wilkinson, 1995). 너무 많은 사람들이 그것에 대해 부정적인 견해를 가지고 있기 때문에 자신이 게이나 레즈비언이라는 것을 인식하는 것은 종종 외롭고 고통스러운 경험이다.

> "젊은 동성애자로서 당신은 다른 모든 젊은이들이 느끼는 모든 것을 느낀다. 당신은 그 시대에 흔히 볼 수 있는 모든 일반적인 의심, 불확실성, 질문 및 좌절을 느낀다. 그리고 당신은 또한 자신, 가치, 사랑, 삶, 목적에 대해 가장 소중하고 깊은 감정과 생각을 갖기 시작한다. 그러나 당신이 젊고 게이일 때 당신은 또한 소수의 사람들이 직면해야 하는 고통과 고립의 세계에 직면한다.
>
> "우리 모두는 그 어린 시절에 우리의 삶이 얼마나 취약하고 섬세했는지 알고 있다. 그리고 아직 젊고 게이인 것이 어떻게 느껴질지 생각해 볼 준비가 되거나 기꺼이 생각하는 사람은 거의 없는 것 같다. 보살핌과 확신이 매우 중요한 시기에, 이 젊은 동성애자는 그의 교회에서 그가 악하다는 말을 듣는다. 사회는 그들이 부적응자라고 말한다. 매체는 괴물이라 표현한다. 그리고 세상은 그들이 소수자라고 한다. 그래서 여러분이 젊고 동성애자일 때, 여러분은 너무나 많은 증오, 너무나 많은 거절, 너무나 원치 않는, 너무나 환영받지 못하는, 너무나 가치 없는, 너무나 받아들여지지 않고 너무나 오해받는다는 것을 느낄 수 있다.
>
> "다른 사람들은 사람의 마음 깊숙이 파고드는 고통과 박해를 오랫동안 알고 있었다. 피부색, 종교, 유산 또는 성별 때문에 미움과 모욕감을 느끼는 사람들이 항상 있었다. 그러나 이 사람들이 알고 있는 만큼의 고통과 괴로움은 그들이 혼자가 아니라는 것도 알고 있었다. 그들은 항상 그들과 똑같은 사람을 볼 수 있는 다른 사람이 있었다. 동일시할 사람. 그리고 무엇보다 중요한 것은 그들은 누군가와 대화하고, 고통을 함께 나눌 누군가가 있었다는 것이다.
>
> "네가 젊고 게이일 때, 당신은 똑같은 끔찍한 고통을 느낀다. 그러나 주위를 둘러봐도 말할 사람이 없다. 고통을 함께 나눌 사람이 없다. 너와 같은 감정을 가지고 있거나 너의 상처를 이해하는 사람은 아무도 없다. 너는 너무 고립되고 너무 외롭다. 그리고 때때로 그 취약성과 고통과 고립이 너무 끔찍할 수 있다."
>
> (스티브 L., 개인 커뮤니케이션, 뉴올리언스)

다른 동성애 알기 Getting to Know Other Homosexuals

다음 단계에서 개인은 다른 동성애자를 알게 되어 고립감을 끝낸다. 개인이 다른 사람에게서 인정을 받으면 커밍아웃이 더 쉽고, 가장 수용할 가능성이 높은 사람은 다른 동성애자이다. 대부분의 게이와 레즈비언은 다른 사람들과 같은 반동성애 환경에서 자랐고, 다른 동성애자들과 접촉함으로써 이러한 부정적인 고정관념을 동성애에 대한 그리고 자신에 대한 보다 긍정적인 태도로 바꿀 수 있다.

> "나는 자라면서 게이들이 살았던 삶에 대한 모든 농담과 이야기를 들었다. 나는 언론이 대중의 소비를 위해 부추길 수 있는 부정적인 이미지를 모두 보았다. 나는 평생을 함께할 수 있는 사람을 찾고 싶었다.
>
> "그리고 나는 그 삶을 찾고 그것을 찾으려고 노력했다. 동성애자들이 만날 수 있도록 허용한 유일한 장소는 도시의 작은 선술집이었다. 그래서 나는 내가 받아들여지고 숨을 쉴 수 있는 곳으로 향했다. 그런데 내가 '선택한' 생활 방식 때문에 사회가 나를 비난한다는 말을 들었다.
>
> "시간이 지나면서 나는 사회가 동성애자에게 강요하는 좁은 세상보다 더 많은 삶을 살아야 한다는 것을 배우게 되었다. 나는 내가 이해하고 배우고 성장하도록 도운 행복하고 건강한 많은 게이들을 만났다."
>
> (스티브 L., 개인 커뮤니케이션, 뉴올리언스)

다른 게이 및 레즈비언과 접촉이 이루어지면 섹슈얼리티를 표현하는 새로운 방법이 개발되어야 한다. 그러나 많은 동성애자들은 오랫동안 자신의 성적 취향을 타인에게 숨긴다.

> "하지만 네가 상처를 받은 만큼, 너는 그 고통을 스스로에게 간직하고 있다. 너는 가장 사랑하고 가장 필요로 하는 사람들에게 발견되는 것을 두려워한다. 세상이 너에게 가르쳐

준 모든 것이, 너를 게이로 알게 되면 그들의 사랑과 우정을 잃을까 두렵기 때문이다. 세상은 너에게 고통을 주고 두려움 때문에 네가 동성애에 대해 이야기하는 것을 불가능하게 만든다.

"그러므로 세상은 당신의 감정과 당신과 같은 다른 사람들에 대해 배우는 것에서 당신을 고립시킬 뿐만 아니라 당신 자신의 일부를 가족과 친구들로부터 고립시키기 시작한다. 반쪽짜리 진실을 말하고 질문을 회피하는 방법을 찾기 시작한다. 자신의 내면을 숨기고 감정을 억제하는 방법을 배운다. 당신은 다른 사람들이 너무 가까이 가지 않도록 하는 방법을 배운다. 살아남는 법을 배운다.

"그러다 숨는 것도 지겨워진다. 당신은 당신의 삶을 채우는 고통과 아름다움을 공유할 수 없다는 것에 지쳐간다. 당신은 당신이 가장 아끼는 사람들과 원하는 만큼 가까이 있지 못하는 것에 점점 지쳐간다.

"그러나 여전히 두려움은 매우 강하다. 더 자주 떨어져 있으면 질문을 피하는 것이 더 쉽다는 것을 알게 된다. 그리고 숨고 침묵하기 위해 많은 힘을 찾을 필요가 없다. 그래서 당신은 당신이 가장 사랑하는 사람들과 점점 더 멀어지고 내면의 고통과 고립이 쌓이는 것을 느낀다."

(스티브 L., 개인 커뮤니케이션, 뉴올리언스)

타인에게 말하기 Telling Others

세 번째 단계인 매우 어려운 단계에서 **개인은 가족과 친구들에게 자신의 성적 취향을 알린다**. 일반적으로 친구에게 말하는 것이 먼저이다(Rossi, 2010).

"나는 25세 여성이다. 'Darla'와는 초등학교 7학년 때부터 친한 사이였다. 'Darla'와 나는 항상 여자 이야기(남자, 데이트, 섹스)에 대해 이야기하곤 했다. 우리가 논의할 수 없는 것은 없다고 느꼈다.

"고등학교 졸업 2년 후, 'Darla'와 나는 또 다른 친구와 함께 피자를 먹고 옛 추억을 회상하기 위해 모였다. 그러자 'Darla'는 우리에게 매우 중요한 이야기가 있다고 말했다. 그녀는 자신이 게이라고 말했다. 그녀는 어렸을 때부터 그런 감정이 있었고 최근에야 행동으로 옮겼다고 말했다. 나는 그녀의 이야기를 지지한다고 했지만, 다른 친구는 'Darla'에게 '역겹다', '끔찍하다'고 말했다. 의심의 여지 없이 그날은 'Darla' 인생에서 가장 힘든 날이었을 것이다."

(저자의 파일에서)

개인이 마침내 자신의 동성애 또는 양성애를 가족에게 공개할 때 종종 위기가 발생한다. 부모는 자녀가 이성애자가 될 것이라는 기대를 가지고 자녀를 키웠다. 부모(특히 아버지)의 언어적(신체적) 학대는 드문 일이 아니다(D'Augelli et al., 1998).

그림 9-7

월트 휘트먼(Walt Whitman). 많은 학자들은 그의 *Leaves of Grass*를 미국인이 쓴 가장 위대한 시집이라고 생각한다.

출처: Bettmann/Getty Images

"나의 부모님은 내가 18살 때 나의 성적 취향을 알게 되었다. 그 이후로, 나는 그들과의 수많은 불쾌한 갈등을 견뎌왔다. 어머니는 내가 창녀가 되는 것이 더 낫다고 말씀하셨고, 아버지는 제가 '사기꾼'이 되는 한 절대 사람이 되지 않을 거라고 말씀하셨다. 부모님은 고등학교를 졸업하자마자 나를 내쫓았고 집에 들어가는 것을 금지했다. 부모님은 그들이 생각하는 대로 착하고 품위 있고 도덕적인 생활을 따르는 곧고 바른 생활을 하겠다는 조건으로 다시 날 받아들였다. 나는 동의하고 몇 달 동안 복종했지만, 내 자신이 극도로 불행하다는 것을 알았다. 아버지와의 싸움 끝에 결국 이사를 가게 됐다."

(저자의 파일에서)

많은 게이, 레즈비언, 양성애자 젊은이들이 노숙자가 되어 거리로 나온다(Prendergast et al., 2002). 커밍아웃 과정에서 부모를 지지하는 게이 및 레즈비언 개인은 부모가 지원하지 않는 사람들보다 정신 건강이 더 좋고 행동 위험 행동이 적다(Rothman et al., 2012). 동성애자이고 아직 가족에게 자신의 성향을 밝히지 않은 경우 PFLAG(Parents, Families and Friends of Lesbians and Gays)에 연락하여 최선의 방법에 대한 도움을 받으시오.

마지막 단계는 **동성애 또는 양성애에 대한 완전한 개방이**

다. 여기에는 직장에서 사람들에게 알리는 것이 포함된다. 그것은 과정을 완료하여 동성애 또는 양성애를 완전한 생활 방식으로 만든다. 성적 지향에 관계없이 모든 성인에게 중요한 과제는 자신의 섹슈얼리티(즉, 자신에 대한)에 대한 수용을 개발하고, 이를 표현할 수 있는 수용 가능한 방법을 찾고, 섹슈얼리티를 전체 생활 방식과 생활 방식에 통합하는 방법을 배우는 것이다.

개인적인 생각 Personal Reflections

게이, 레즈비언, 양성애자: 가족과 친구들에게 자신의 성적 취향을 말한 적이 있는가? 그 이유는 무엇?

생활 방식과 관계 Lifestyles and Relations

9.8 동성애 생활 방식과 동성애자가 부모가 될 수 있는 능력에 대해 토론한다.

동성애자들이 공공장소에서 함께 모이는 것을 거의 용인하지 않는 시골 지역과 작은 마을에 사는 많은 게이와 레즈비언에게 동료와 성적 파트너를 찾는 것이 어려울 수 있다. 대도시 지역에는 일반적으로 훨씬 더 많은 수의 동성애자들과 그들의 생활 방식을 훨씬 더 많이 수용한다. 사실, 파트너가 있는 게이 남성의 60%가 20개 도시 중 한 곳에 살고 있다(샌프란시스코, 워싱턴 DC, 로스앤젤레스, 애틀랜타, 뉴욕이 가장 인기 있음)(Black et al., 2000). 레즈비언 커플은 대도시에 집중할 가능성이 적다.

많은 이성애자들은 동성애자들이 불행하고 외롭다고 믿는다. 그러나 연구에 따르면 동거하는 이성애자와 동거하는 동성애자 사이에 관계의 질과 만족도(종종 관계 문제가 적음)에서 차이가 없음을 발견했다(Balsam et al., 2008; Gottman et al., 2004; Peplau & Fingerhut, 2007; Roisman et al., 2008). 사실, 게이와 레즈비언 커플은 이성애 커플보다 "가장 친한 친구"가 되는 것이 더 나을 수 있다(Peplau, 1988). 많은 이성애자들이 믿는 것과는 달리, 대부분의 동성 커플은 "남편"과 "아내" 역할을 생성하지 않고 대신 재정 및 가사 책임을 동등하게 떠맡는다(Peplau & Fingerhut, 2007).

이성애자이든 레즈비언이든 여성은 헌신과 낭만적인 사랑을 중요시하는 경향이 있다(Leigh, 1989). 레즈비언 커플은 일반적으로 목표 지향적인 남성이 성적 관계를 지배하는 이성애 커플보다 서로 만지고 애무하는 데 훨씬 더 많은 시간을 소비한다(Hite, 1976; Masters & Johnson, 1979). 생식기의 수동 자극과 구강 성교는 레즈비언이 오르가즘에 도달하는 데 선호되는 방법이다(Bell & Weinberg, 1978; Masters & Johnson, 1979). 많은 레즈비언들이 성기를 문지르는 트라이바디즘(tribadism)을 한다. 다른 사람의 성기나 다른 신체 부위에 진동기의 사용은 레즈비언 사이에서 일반적이지만(Schick et al., 2011), 딜도(성기 모양의 물건)를 사용하는 사람은 거의 없다.

대부분의 이성애자 남성과 게이 남성의 성생활 방식에는 차이가 있다. 게이 남성과 양성애자 남성은 일부일처제를 중요하게 여길 가능성이 훨씬 적으며(Peplau & Fingerhut, 2007 참조) 따라서 평생 섹스 파트너가 더 많다. 전국적으로 대표되는 호주인 표본은 게이 남성의 평균 성적 파트너 수가 32명이라는 것을 발견했다(Grulich et al., 2003). 이성애자 남성과 비교했을 때, 남성과 성관계를 가진 남성은 더 이른 나이에 성관계를 시작했고, 작년에 새로운 파트너 관계를 형성했으며, 동시에 파트너 관계를 맺었을 가능성이 훨씬 더 높다(Glick et al., 2012).

게이와 양성애자 남성의 최근(지난 30일) 성적 행동에 대한 연구에 따르면 62.0%가 구강 성교, 49.0%가 파트너 자위, 33.5%가 항문 성교를 했다(Dodge et al., 2016). 항문 성교를 하는 사람들 중 일부는 수용 역할

그림 9-8

2004년 Hillary and Julie Goodridge의 보스톤 결혼 사진. 그들의 소송은 메사추세츠 주에서 동성결혼이 합법화되는 결과를 낳았다.

출처: JIM BOURG/REUTERS/Alamy Stock Photo

["하의(bottoms)"로 스스로 분류됨]을 매우 선호하고 다른 일부는 삽입 역할["상단(Tops)"]을 선호하지만 많은 사람들이 "다재다능한-둘다 가능"이라고 스스로 분류한다(Moskowitz & Hart, 2011 ; Wei & Raymond, 2011). 전반적으로 이성애자와 동성애자는 성적 만족도가 매우 유사하다(Holmberg & Blair, 2009).

게이 결혼 Gay Marriage

2013년에는 단 13개 주에서만 동성 결혼을 인정했으며 다른 많은 주에서 동성 결혼을 금지하려고 시도했다. 2015년 6월, 미국 대법원은 동성 결혼을 금지하려는 주정부의 시도를 기각하여 전국적으로 동성 결혼을 합법화했다. 캐나다, 네덜란드, 벨기에, 스페인을 포함한 많은 다른 서방 국가들은 이미 동성 결혼을 합법화했다. 합법적인 동성 결혼은 게이와 레즈비언의 심리적 웰빙에 도움이 된다(Wight et al., 2013).

동성 결혼에 대한 태도는 여전히 다양하다. 미국인의 지지율은 불과 20년 전의 27%에서 61%로 증가했다(Gallup, 2016b). 지원은 젊은이들 사이에서 가장 높다(75% 이상). 여전히 동성 결혼에 반대하는 사람들 중 반대는 거의 항상 도덕적/종교적 근거를 기반으로 하며, 전형적인 응답은 "하나님이 그렇게 되도록 의도하셨다고 믿지 않기 때문이다"(Powell et al., 2015)이다.

게이 부모되기 Gay Parenting

공개적으로 게이 또는 레즈비언 커플이 아이를 키울 수 있는가? 2000년 미국 인구 조사에 따르면 250,000명의 어린이가 동성 부모가 있는 가정에 살고 있는 것으로 나타났다(Doyle, 2005). 계속하기 전에 레즈비언 커플인 케리와 발의 다음 실화를 읽으시오.

> "Val과 나는 6년 동안 함께 했다. 우리에게는 두 자녀가 있다. 딸(5) Nicole과 아들(2) Nicholas가 있다. 우리는 둘 다 가족을 원했지만 우리의 생활 방식이 아이들에게 미칠 영향이 조금 두려웠다. 마침내 우리는 성적 취향에도 불구하고 여전히 사랑스럽고 돌보는 부모가 되기로 결정했다.
>
> "다음은 그것(법적인 부모)을 어떻게 처리할 것인가의 문제였다. 우리는 결국 아이들의 아버지로 우리의 친구를 선택했다. 내가 임신했을 때 "Val"이 나를 돌봐주었다. 우리는 모든 변화를 함께 경험했다. 태어나지 않은 아기의 심장 박동 소리를 듣고, 움직임을 느끼고, 잠을 잘 수 없을 때 너무 불편할 때 곁에 있어주었다. Val은 노동일과 배달을 하며 나와 함께 했다.
>
> "우리 둘 다 아이들과 많은 사랑과 많은 시간을 보내는 것이 핵심이라고 믿는다. 우리는 너무 바쁘지만 그들의 말을 들으려고 노력한다. 우리 둘 다 Nicole의 학교(특히 Val, 그녀는 Nicole의 반의 학부모), 친구 및 활동에 참여한다. 또한 우리는 공원이나 동물원에 가기, 자전거 타기, 캠핑 등과 같은 가족 활동에 많은 시간을 보낸다. 우리는 우리가 하는 거의 모든 일에 아이들을 항상 포함시킨다.
>
> "Val과 나는 아이들에 관한 한, 우리의 생활 방식이나 그들의 과거에 대한 어떤 정보도 거짓말하거나 숨기지 않을 것이라고 믿는다. 그들의 일상적인 교육과 함께, 우리는 또한 그들이 이해할 수 있는 우리의 생활 방식에 대한 정보를 포함할 것이다. 우리는 생활 방식에 대해 모든 사람에게 정직하다. 우리의 친구, 가족, 고용주와 동료는 모두 우리가 동성애자라는 것을 알고 있다. 일단 사람들이 우리를 알게 되면 우리가 다른 사람과 다르지 않다는 것을 깨닫게 된다."
>
> (저자의 파일에서)

게이와 레즈비언이 부모라는 주제는 많은 이성애자들에게 매우 부정적으로 보인다. 동성애를 이해하고 관대하다고 공언하는 일부 사람들조차도 게이와 레즈비언 커플이 자녀를 양육하는 것을 반대한다.

> "동성애자에 대한 나의 감정은 이성애자에 대한 감정과 같다. 나는 아무런 문제가 없어. 나는 그들이 아이를 갖는 것에 대해 의구심이 있다."
>
> "동성애는 그 사람의 몫이라고 생각해. 사회는 그들이 스스로 할 수 있도록 해야 해. 아이를 낳아야 하는지 모르겠다."
>
> (모든 예제는 작성자의 파일에서 가져옴)

이러한 부정적인 점은 법원의 양육권 소송에도 반영되었다. 널리 알려진 사례(*Bottoms v. Bottoms*)에서 버지니아 판사는 레즈비언 관계가 "부도덕하고" 불법적이라는 이유로 2살 난 아들의 양육권을 거부했다. 원한다면 게이 또는 레즈비언 커플이 나쁜 부모이고 그들의 자녀가 심각한 문제를 겪는 경우를 찾을 수 있다. 그러나 이성애 커플도 마찬가지이다. 그러나 전반적으로 과학 문헌은 무엇을 보여주는가? 현재 공개적으로 동성애자 부모에게서 자란 아이들이 이성애자 부모에게서 자란 아이들과 다르지 않다는 것을 보여주는 많은 연구가 있다(예: 리뷰는 Bos & van Balen, 2008 및 Patterson, 2009 참조). 그들의 성 정체성, 성 역할, 개인적 발달, 심리적 적응은 다른 아이들과 동일하며, 다른 아이들과 마찬가지로 자주 이성애 성향을 갖고 자란다. 자녀의 웰빙을 위해 가장 중요한 것은 부모의 성적 취향이 아니라 부모의 긍정성과 웰빙이다(Golombok et al., 2014).

결론: "연구에 따르면 레즈비언, 게이, 양성애자 부모는 이성애 부모만큼 유능하다"(American Psychological Association, 2012, p. 18).

동성애의 미디어 묘사

Media Portrayal of Homosexuals

1950년대 할리우드에서 최고의 남성 흥행 스타는 록 허드슨으로, 그는 보통 로맨틱한 배역에 캐스팅되었지만, 그의 사생활에서는 오로지 동성애자였다. 그러나 그 당시에 동성애자였다는 사실을 인정하는 것은 그의 경력에 대한 죽음의 입맞춤이었으므로 허드슨의 스튜디오는 그의 오리엔테이션을 비밀로 유지할 수 있도록 결혼을 (서류상으로만) 주선했다. 많은 낭만적인 역할을 한 또 다른 1950 년대 배우 몽고메리 클리프트(Montgomery Clift)도 동성애자였다. 제임스 딘을 비롯한 그 당시의 다른 주연 배우들도 남성과 섹스를 한 것으로 알려졌지만, 그들은 항상 (스크린 안팎에서) 이성애자로 묘사되었다(Leland, 1995).

할리우드 영화가 사람을 동성애자로 묘사할 때, 그 또는 그녀는 거의 항상 고정관념으로 묘사되거나 표현되거나 특징 지어졌다(예: 1996년 *The Birdcage*). 그러나 할리우드와 예술계는 서서히 이 주제를 좀 더 솔직하게 다루기 시작했다. 예를 들어, 1993년 영화 필라델피아는 톰 행크스를 에이즈 희생자로 출연했다. 히스 레저와 제이크 질렌할이 주연을 맡은 2005년 영화 브로크백 마운틴에서 더 큰 성적이고 낭만적인 내용이 묘사되었다. 2000년 힐러리 스웽크는 *Boys Don't Cry*에서 트랜스젠더 역할로 아카데미상을 수상했다. 2014년 영화 이미테이션 게임은 2차 세계대전에서 최초의 컴퓨터를 만들고 독일의 수수께끼 암호를 해독했지만 나중에 영국에서 동성애가 범죄라는 이유로 혹독한 대우를 받은 영국의 수학자 앨런 튜링의 이야기를 들려준다.

그림 9-9

(왼쪽 위) 엘렌 드제너러스(Ellen DeGeneres)는 동성애자를 주제로 한 첫 TV 쇼에 출연; (오른쪽 위) 앤더슨 쿠퍼(Anderson Cooper)는 유명한 방송인; (왼쪽 아래) 톰 데일리(Tom Daley)는 세계 선수권 대회 다이빙 선수이자 올림픽 메달리스트; (오른쪽 아래) 리처드 그르넬(Richard Grenell)은 미국 대통령 후보의 첫 공개 동성애자 대변인.

출처: Jeff Vespa/Getty Images Entertainment/Getty Images; Hyperstar/Alamy Stock Photo; Jules annan/Alamy Stock Photo; ZUMA Press, Inc./Alamy Stock Photo

텔레비전은 동성애를 진지한 역할로 묘사하는 데 더디지만 그마저도 변하고 있다. 여배우 엘런 드제너러스(Ellen DeGeneres)의 캐릭터가 엘런의 1997년 4월 30일 에피소드에서 동성애를 선언했을 때 TV 쇼는 레즈비언을 중심으로 제작된(그리고 주연을 맡은) 최초의 프로그램이 되었다. 윌 & 그레이스(1998~2006) 쇼는 동성애 캐릭터를 인간화하는 데 도움이 되었으며 오늘날에는 공개적으로 동성애자를 (극단적인 고정 관념 없이) 사실적으로 묘사하는 많은 TV 쇼가 있다. 이러한 쇼에는 모던 패밀리와 그레이 아나토미 등이 있다. 젊은 게이와 레즈비언은 이러한 긍정적인 역할 모델이 커밍아웃 과정에서 도움이 되었다고 말한다(Gomillion & Giuliano, 2011).

동성애는 바뀔 수 있는가?

Can (Should) Sexual Orientation Be Changed?

9.9 치료사가 성적 지향을 바꾸려고 시도해야 하는지 여부에 대해 토론한다.

그리 멀지 않은 과거에 동성애는 정신병리학의 한 형태로 정신과 전문의가 보았고 동성애자는 "치료"될 수(또는 그래야만) 있다는 것을 기억하라. 동성애자에 대한 성적 편견이 오늘날보다 훨씬 더 컸던 시대에도 동성애자들에게 성적 취향을 바꾸기 위해 "마법의 이성애 알약"을 택하겠느냐는 질문에는 동성애자의 14%, 레즈비언의 5%에 불과했다(Bell & Weinberg, 1978). 이러한 결과는 대다수의 동성애자들이 자신의 성적 취향에 편안함을 느끼고 변화를 원하지 않는다는 것을 나타낸다.

성적 지향이 그들을 고통스럽게 하는 개인들에 대해, 치료는 그들의 지향을 바꾸거나 그들의 지향에 더 편안

그림 9-10
동성애는 단순한 성적 매력이 아니다. 종종 평생 동안의 교제, 애정, 사랑을 포함한다.

출처: Marcio Jose Sanchez/Pool/REUTERS/Alamy Stock Photo

하게 하는 방향으로 향해야 하는가? 오늘날 동성애자의 성향을 바꾸려는 대부분의 시도는 회복 요법(Beckstead, 2012 참조)이라는 종교 근본주의 그룹에 의해 수행된다. 일부 연구에서는 이러한 노력이 심리적 고통을 일으키지 않으면서 동성애자를 이성애 지향으로 성공적으로 전환시켰다고 보고했다(Jones & Yarhouse, 2011; Karten & Wade, 2010). 하지만 성행위, 종교, 정치가 섞이면 열띤 토론이 예상되는데, 여기가 그렇다. 어떤 사람들은 방향 전환을 원하는 게이와 레즈비언이 "자발적으로"(Murphy, 1992) 그렇게 하는 것이 아니라 가족과 사회적 압력, 차별, 편견 때문에 그렇게 한다고 주장했다(Allen & Oleson, 1999). 다른 사람들은 성적 지향을 바꾸려는 시도가 많은 내담자에게 심리적 피해를 입힌다고 주장한다(Shidlo & Schroeder, 2002).

장기적으로 의미 있는 성적 취향 변화를 보고한 연구(Spitzer, 2003)의 저자가 나중에 결론을 철회하고 동성애자 커뮤니티에 사과하면서(Spitzer, 2012) 논란이 가속화되었다. 거의 동시에, 성적 지향 변화 노력에 관여하는 주요 부처 중 하나의 사장은 99.9%의 시간 동안 성공하지 못했다고 말한 것으로 인용되었다(Throckmorton, 2012 참조). 미국 심리학회(American Psychological Association, 2012)는 "수십 년에 걸친 문헌을 검토한 결과 성적 지향을 바꾸려는 노력이 효과가 없었다는 사실이 일관되게 밝혀졌다"고 결론지었다(p. 14).

1994년에 미국 의학 협회(American Medical Association)는 마침내 정신과 의사가 불행한 동성애자를 이성애자로 바꾸도록 권장하는 오랜 정책을 뒤집었다. 새로운 정책은 동성애자들의 감정적 문제의 대부분이 "받아들일 수 없는 환경에서 소외감에 더 많이 기인한다"며 "심리치료를 통해 게이 남성과 레즈비언이 자신의 성적 지향에 편안함을 느끼고 그에 대한 사회적 반응을 이해할 수 있다고 명시하고 있다"(AMA, 1994). 다음은 미국 심리학회(2010)의 현재 입장이다.

> 성적 지향은 선택인가? 아니; 인간은 동성애자나 이성애자 중 하나를 선택할 수 없다. 치료가 성적 지향을 바꿀 수 있는가? 아니; 대부분의 동성애자들은 성공적이고 행복한 삶을 살고 있지만 일부 동성애자나 양성애자들은 치료를 통해 성적 취향을 바꾸려고 할 수 있으며, 종종 가족이나 종교 단체가 그렇게 하도록 강요하기도 한다. 현실은 동성애가 질병이 아니라는 것입니다. 치료가 필요하지 않는다. 게이, 레즈비언, 양성애자들은 커밍아웃 과정이나 편견을 다루는 전략에 대해 심리적 도움을 구할 수 있지만 대부분은 이성애자들을 정신 건강 전문가에게 데려가는 것과 같은 이유와 삶의 문제로 치료를 받는다.

"당신을 끊임없이 다른 사람으로 만들려고 노력하는 세상에서 당신 자신이 되는 것이 가장 큰 성취이다."

(랠프 왈도 에머슨)

스터디 가이드

핵심용어 Key Terms

LGBT[LGBT는 성소수자 중 레즈비언(Lesbian), 게이(Gay), 양성애자(Bisexual), 트랜스젠더(Transgender)를 합하여 부르는 단어], p. 237
LGBTQ[LGBT에서 무성애자(Asexual), 간성(Intersex), 아직 자신의 성 정체성, 성적 지향에 의문을 품은 사람(Questioner)을 더한 것], p. 237
게이(gay), p. 237
남색(pederasty), p. 237
동성애 혐오증(homophobia), p. 240
동성애자(homosexual), p. 231
레즈비언(lesbian), p. 237
무성애자(asexual), p. 233
성적 정체성 발달(sexual identity development), p. 241
성적 지향(sexual orientation), p. 231
성적 편견(sexual prejudice), p. 240
스트레이트(straight), p. 237
양성애자(bisexual), p. 231
이성애자(heterosexual), p. 231
커밍아웃(coming out), p. 241

상호검토 Interactive Review

뒤의 정답 참조.

이 장에서 성적 지향은 명확한 대안이 있는 상태에서 청소년기 이후 지속적으로 (1) ______________하는 것으로 정의된다. 성적 행동의 개별 사례는 개인의 성적 취향을 반영할 수도 있고 반영하지 않을 수도 있다. 최근 설문조사에 따르면 (2) 성인 인구의 ______________ %가 동성애 또는 양성애자로 스스로를 식별하지만 더 많은 퍼센트는 일생 동안 동성 성적 경험이 있다. 진정한 양성애자는 Kinsey의 7점 평가 척도에서 (3) ______________의 평가를 받는다.

(4) 대다수의 동성애자와 양성애자의 ______________는/은 이성애자만큼 강하고 해부학적 성에 일치한다. 성별에 대한 일치 또는 비순응(5) ______________가/이 항상 자신의 성적 취향을 예측하는 것은 아니다. 많은 동성애자와 양성애자는 걷거나, 말하거나, 옷을 입거나, 다른 사람과 다르게 행동하지 않는다.

성적 지향의 기원에 대한 몇 가지 주요 설명이 있다. 정신분석학적 설명에 따르면 이성애는 "정상적인" 결과이며 동성애는 (6) ______________ 콤플렉스를 해결하는 문제에서 비롯된다. 그러나 이후 연구에서는 일반적으로 이러한 주장을 지지하지 않는다. 동성애자뿐만 아니라 이성애자에게도 모든 종류의 부모가 있다. 좋은 부모와 나쁜 사람, 돌보는 부모와 냉담한 부모가 있다. (7) ______________는/은 동성애와 이성애를 학습된 행동으로 간주한다. 한 성별의 개인에 대한 좋은 또는 보람 있는 경험 및/또는 다른 성별의 개인과의 나쁜 경험(특히 청소년기)은 특정 지향으로 이어질 것이다. 그러나 사회 문화적 연구는 환경만으로는 성적 지향을 설명할 수 없음을 보여준다. 멜라네시아의 (8) ______________ 사회에서 모든 소년들은 수년 동안 동성 간의 성적 행동에 참여하지만 대다수는 자라면서 이성애 지향성을 갖게 된다.

최근 연구에 따르면 생물학은 성적 지향의 기원에 중요한 역할을 한다. 쌍둥이에 대한 연구는 (9) ______________ 요인을 나타내는 반면 해부학적 연구에서는 이성애자와 동성애자의 (10) ______________에서 차이를 발견했다. 많은 연구자들은 우리가 태어나기 전이나 직후에 (11) ______________의 차이가 우리를 특정 성적 지향에 취약하게 만든다고 믿는다. 거의 모든 사람들이 생물학적, 사회적/문화적 영향의 (12) ______________가/이 성적 지향을 낳는 데 동의한다.

동성애에 대한 태도는 서양 문화에서 상당히 다양했다. (13) ______________과/와 (14) ______________는/은 초기 기독교인들처럼 동성애를 받아들였다. 동성애가 부자연스럽거나 "자연법칙에 어긋나는" 것으로 여겨지게 된 것은 (15) ______________가/이 되어서야 비로소 범죄로 간주된 것은 1600년대와 1700년대가 되어서였다. 1800년대에 의료(정신의학) 모델은 동성애를 질병으로 간주했으며 동성애자는 "치료"가 필요한 병리학적 상태를 가진 것으로 간주되었다. 1973년 미국 정신의학회(American Psychiatric Association)는 동성애를 공식 정신 질환에서 없앴다. 그럼에도 불구하고 미국의 많은 사람들은 동성애에 대해 여전히 가혹하고 부정적인 태도를 갖고 있다.

(16) ______________의 과정, 또는 자신을 동성애자로 확인하는 과정에는 종종 고통스러운 여러 단계가 포함된다. 첫 번째 단계는 (17) ______________이다. 마지막 단계에서 개인은 친구, 가족 및 동료의 인정과 이해를 얻으려고 시도한다. 이것은 (18) ______________(으)로 가득 찬 사회에서, 개인, 커뮤니티 및 동성애 행동에 대한 사회적으로 강화된 부정적인 태도이다. 오늘날 대부분의 대도시 지역에는 개인이 공개적으로 교제할 수 있는 동성애 커뮤니티가 잘 확립되어 있다.

미국 대법원은 이제 모든 주에서 동성 결혼을 합법화했다. 많은 미국인들이 공개적으로 동성애자가 자녀를 양육한다는 생각에 반대하지만, 연구에 따르면 동성애 부모에게서 양육된 자녀는 정서적으로나 정신적으로 건강하고 정상적인 성 정체성과 성 역할을 갖도록 자라고 거의 항상 이성애 지향을 가지고 있다. 미국 심리학회(American Psychological Association)와 미국 의학 협회(American Medical Association)의 공식 입장은 치료사가 자신의 성적 취향을 (19) ______________한다는 것이다.

자기진단 Self-Test

뒤의 정답 참조.

A. 참(T) 혹은 거짓(F)

T F 20. 일부 문화권에서는 청소년기에 동성 간의 성행위가 정상적인 것으로 간주된다.

T F 21. 동성애자는 거의 항상 이성애자와 다르게 행동하거나 옷을 입는다.

T F 22. 양성애자들은 자신의 진정한 동성애를 인정하는 것을 두려워하는 사람들이다.

T F 23. 대부분의 동성애자들은 자신의 성적 취향에 불만을 갖고 있으며 이성애자가 되기를 원한다.

T F 24. 동성애 지향은 성 정체성 문제를 나타낸다.

T F 25. 남성 동성애자는 많은 양의 테스토스테론을 투여하여 이성애자로 만들 수 있다.

T F 26. 동성 간의 성적 경험이 있는 사람들은 정의상 동성애자이다.

T F 27. 동성 성관계를 가진 여성은 동성애자보다 양성애자일 가능성이 더 높다.

T F 28. 연구자들은 이란성 쌍둥이 사이보다 일란성 쌍둥이 사이의 동성애 일치율이 더 높다는 것을 발견했다.

T F 29. 양성애자는 남녀 모두와 성관계를 가진 사람이다.

T F 30. 최근 연구는 미국 남성의 10%가 동성애자라는 킨제이의 연구 결과를 뒷받침한다.

T F 31. 이성애자 성 정체성으로 가는 경로는 평탄하고 균일하다.

T F 32. 많은 동성애자와 양성애자가 성별 위화감을 가지고 있다.

T F 33. 대부분의 레즈비언은 남성과 즐거운 섹스를 해본 적이 없다.

T F 34. 극도로 여성스러운 소년은 항상 동성애 성향을 갖게 된다.

T F 35. 일란성 쌍둥이 중 한 명이 동성애자인 경우 다른 쌍둥이도 항상 동성애자이다.

T F 36. 연구에 따르면 남성 이성애자와 동성애자는 시상하부(뇌의) 영역이 다르다.

T F 37. 공개적으로 동성애자 부모 밑에서 자란 아이들은 이성애자 부모 밑에서 자란 아이들보다 동성애 성향이 발달할 가능성이 더 크다.

B. 짝짓기

_____ 38. 헨리는 몇 번의 동성 성적 경험이 있지만 10년 전 15세가 된 이후로 여성과만 성관계를 가졌다.

_____ 39. 조이스는 결혼하여 남편과 성관계를 즐겼지만 지금은 여성과의 성관계를 선호한다.

_____ 40. 프랭크는 남성과 여성 모두와 섹스를 했다.

_____ 41. 미첼은 자신이 여성이고 남성과만 섹스를 한다고 생각한다.

_____ 42. 칼은 때때로 여성과의 섹스를 즐기지만 남성과의 성관계를 선호한다.

_____ 43. 톰은 12세이며, 그의 몇몇 성적인 경험은 또래 소년들과 한 것이다.

_____ 44. 앨리스는 대부분 남성과 섹스를 즐기지만 종종 여성과도 섹스를 즐긴다.

_____ 45. 다이앤은 남자들과 섹스를 했지만 때때로 동성애에 대한 환상을 가지고 있다.

_____ 46. 마태는 때때로 목욕탕에 가서 다른 남자들이 그에게 구강 성교를 하게 한다.

_____ 47. 마리아의 성 정체성은 해부학적 성별과 일치하지 않는다.

_____ 48. 스티브는 19세이며 그의 유일한 성적인 경험은 여성이였지만 그의 모든 성적 환상은 남성에 관한 것이다.

a. 아마도 이성애자
b. 아마도 동성애자
c. 아마도 양성애자
d. 아마도 트랜스젠더
e. 추측하기에 정보가 충분하지 않다

C. 빈칸 채우기

49. 이 책에서 성적 지향은 명확한 대안이 있는 경우 ____________ 이후에 일관되게 만들어진 뚜렷한 선호로 정의된다.

50. 연구자들은 호르몬이 인생의 어느 시기에 성적 지향에 영향을 미칠 수 있다고 생각하는가? ____________

51. 이 장에 따르면 생물학적 요인은 아마도 특정 성적 취향의 개인에게 ____________.

52. 커밍아웃 프로세스의 4단계는 (a) ________________, (b) ________________, (c) ________________ 및 (d) ____________이다.

53. 인류에 중대한 공헌을 한 현존하고 있지 않은 동성애자 4명의 이름을 말하라.

10장
생애 성 발달 Life-Span Sexual Development

"내가 이긴 첫 번째 토론은 11살 때, 음경을 여자에게 넣어 아기를 낳을 수 있다는 흥미로운 생각은 사실이 아니라고 설득했을 때였다. 물총으로서의 사용은 인정되었지만, 색다른 사용은 묘한 매력을 가지고 있었다. 만약 그것이 사실이라면, 우리 부모님들이 틀림없이 이것을 했을 것이라는 것인데, 우리는 상상할 수 없는 일이라는 것을 깨달았다. 결국, 우리 부모님은 "노인"이었다.

— 존 M. 켈렛, 인간의 성에 대한 심리학적 고찰에서, pp. 355–379.
L. T. 슈만 및 F. 머스카렐라, Eds., 2000, John Wiley & Sons.

학습목표

이 장의 학습을 마치면 다음을 할 수 있어야 합니다.

10.1 영아의 신체 탐색과 신체적 편안함에 대한 필요성을 설명한다.

10.2 어린아이들의 성기 탐색과 성행위에 대해 토론한다.

10.3 사춘기에 소년과 소녀의 신체에서 일어나는 변화를 요약하고 원인이 되는 호르몬을 확인한다.

10.4 청소년들 사이의 성행위에 대해 토론한다.

10.5 성인의 성행위가 젊은 연령층과 노년층의 성행위와 어떻게 다른지 설명한다.

10.6 결혼, 동거, 혼외 성관계를 포함한 성인의 성생활 방식에 대해 논의한다.

10.7 중년 개인의 성행위와 노화에 따른 신체적 변화에 대해 설명한다.

10.8 노인의 섹슈얼리티에 직접적인 영향을 미칠 수 있는 노화의 현실을 설명하고 건강한 노인 부부 사이의 성 관계의 만연에 대해 논의한다.

10.9 성에 관해 자녀와 대화를 시작한다.

사람들은 성적 존재이다. 우리의 성을 부정하는 것은 우리의 인간성을 부정하는 것이다. 그러므로 우리의 섹슈얼리티가 태어날 때부터 시작되어 죽을 때까지 지속된다는 사실은 놀라운 일이 아니다.

영아기 Early Infancy (Ages 0-1)

10.1 영아의 신체 탐색과 신체적 편안함에 대한 필요성을 설명한다.

임산부 초음파 검사를 통해 남성 태아가 태어나기 몇 달 전에 발기를 한다는 것을 발견했다(Calderone, 1983b). 남자 아기는 출생 후 탯줄을 자르기 전 발기되는 경우가 많다. 유사하게, 여자 아기는 출생 후 처음 24시간 동안 질윤활을 관찰할 수 있다(Langfeldt, 1981).

정서적 발달의 중요한 부분은 유아가 보호자와 함께하는 포옹과 그 횟수와 관련이 있다. 많은 의사와 심리학자들은 부모가 출생 직후 아기를 안고 어린 시절 내내 계속해서 많은 횟수의 포옹과 포옹을 할 것을 강력히 권장한다. 고립된 상태에서 사육되고 가까운 신체적 편안함의 기회를 박탈당한 원숭이는 나중에 관계를 형성하는 데 어려움을 겪는다(Harlow, 1959). 아이들도 마찬가지인 것 같다. 몇 년 전, 한 의사는 고아원에 있는 유아 3명 중 1명이 충분한 영양을 공급받고 적절한 의료 서비스를 제공받았음에도 불구하고 생후 1년 동안 사망했다고 보고했다. 이 아기들이 받지 못한 것은 껴안는 것이었다. 그들은 분명히 정서적 방치로 사망했다(Spitz, 1945, 1946).

영아는 자신의 움직임을 충분히 통제할 수 있게 되는 순간, 몸의 모든 부분을 만지기 시작한다. 이 탐색의 일환으로 영아도 생식기를 만진다. 이런 일이 발생하면 유아 소년과 소녀는 계속해서 스스로를 자극할 수 있다. 이것은 생식기의 신경 말단이 태어날 때 이미 발달되어 있고 자극을 받으면 쾌감을 전달하기 때문에 발생한다. 그러나 유아는 성인의 성행위를 이해하지 못한다는 것을 기억하는 것이 중요하다. 그들의 행동은 성적 욕망을 표현하는 것이 아니라 즐거운 육체적 감각을 찾는 것을 목표로 한다.

아동의 초기 생식기 자가 자극은 무작위적일 수 있지만 일단 쾌락 요소를 발견하면 그러한 자극은 빠르게 목적이 된다(Lidster & Horsburgh, 1994). 아이의 성기에서 손을 떼면 아이가 얼굴을 찡그리거나 소리를 지르게 할 수 있으며(자극을 나타냄), 아이는 재빨리 자기 자극을 재개하려고 할 수 있다.

그림 10-1
어린아이들이 자신의 신체를 탐색하는 것은 정상이다.
출처: Laurence Mouton/PhotoAlto/Getty Images

유아기 Early Childhood (Ages 2-6)

10.2 어린아이들의 성기 탐색과 성행위에 대해 토론한다.

2세 이전의 신체 탐색은 주로 자기 탐색에 국한된다(그림 10-1). 그러나 2세 이후에는 함께 노는 아이들이 늘어나고, 자연적인 호기심은 이제 자신의 신체뿐만 아니라 다른 사람의 신체까지 확장된다. 연구에 따르면 성적 행동은 2세 이후 어린이에게서 극적으로 증가하고 3세에서 5세 사이의 정점에 도달한 다음 사춘기까지는 감소한다(Elkovitch et al., 2009; Friedrich et al., 1991). 성기에 대한 관심은 다른 사람들 앞에서 옷을 벗는 것, 다른 사람들에게 자신의 몸과 성기를 보여주는 것, 다른 아이들의 성기를 만지려는 것, 그리고 자위하는 것을 포함하는 성적 탐구 게임, 그리고 이 연령대의 소년 소녀들에게 매우 흔하다(Elkovitch et al., 2009; Larsson & Svedin, 2002a; Ryan, 2000; Sandnabba et al., 2003 참조). 어린아이들에게서 자주 관찰되는 행동 몇 가지를 살펴보자.

방금 언급한 바와 같이 2세가 되면 아이들은 자신의 몸에 매우 관심을 갖는다. 남학생은 서서 소변을 보고 여학생은 앉아서 소변을 보는 모습은 아이들에게 흥미로울 것이며, 형제자매와 부모가 목욕하고 소변을 보는 모습을 지켜보게 될 것이다.

> "내가 아주 어린 소녀였을 때, 부모님은 어린 두 아들이 있는 친구를 방문하기 위해 나를 데리고 갔다. 한 소년은 내 또래였고, 다른 한 소년은 두 살 연상이었다. 나는 그들과 함께 화장실에 가서 그들이 소변을 보는 것을 보았다. 어머니는 매우 화가 나셨다. 이것은 나를 완전히 놀라게 하고 충격을 주었고 혼란스럽게 만들었다."
>
> (저자의 파일에서)

어린아이들은 소년과 소녀 사이의 신체적 차이에 관심을 갖고 "의사놀이"와 "소꿉놀이"와 같이 성적 탐색이 가능한 게임을 할 것이다(Sandnabba et al., 2003). 대부분의 경우 이러한 게임은 생식기를 보고 만지는 것으로 제한되며 이 연령대에 매우 정상적인 행동이다(Elkovitch et al., 2009). (2011년에 위스콘신 지방 검사는 5세 소녀와 "의사" 역할을 했다는 이유로 6세 소년을 중죄로 기소했다.) 구강 성기 접촉 및 질이나 항문에 이물 삽입과 같은 공격적인 성적 행동은 드물며 성적 학대의 징후일 수 있다(Elkovitch et al., 2009; Friedrich et al., 1991; Ryan, 2000). 성적 탐색 게임은 아동의 발달에 해를 끼치지 않는다. 해로울 수 있는 것은 부모들이 자녀가 성 놀이를 하는 것을 "발견했을 때" 너무 강력하게 반응하는 것이다.

> "나는 아직 내가 이웃과 '의사놀이'를 하다가 엄마에게 들켰던 날을 기억한다. 나는 5살이었다. 엄마는 나에게 너무 화가 나서 나를 화장실에 가뒀다. 화장실에 얼마나 오래 있었는지 나는 기억이 나지 않는다. 내가 무엇을 잘못했는지 이해하지 못했다. 결국 화장실 바닥에서 울다가 잠들었다".
>
> "내가 4살 때 사촌(5살)과 여동생(3살)과 파자마 파티를 했다. 우리가 모두 누워 있을 때 우리는 질문을 하고 호기심을 갖기 시작했다. 그러다가 '의사놀이'를 하기 시작했다. 그런데 부모님이 우리를 붙잡아 오랫동안 때리고 벌을 주었다. 나는 이 일을 매우 생생하게 기억하며 지금은 섹스나 섹슈얼리티에 대해 그다지 긍정적인 감정이 없다."
>
> (모든 예제는 작성자의 파일에서 가져옴)

성적 탐색 게임은 종종 동성 친구와 함께 한다(Larsson & Svedin, 2002b). 이 나이에도 아이들은 대개 같은 성의 놀이 친구와 더 많이 놀기 때문에 이것은 아마도 성별 간의 성적 접촉보다 더 일반적일 것이다. 이 나이에 동성 접촉을 한다고 해서 아이가 성인이 되어 동성애자가 되는 것은 아니다. 성인 동성애자는 어린 시절에 동성 놀이에 가담했을 수도 있고 하지 않았을 수도 있다. 이성애 성인도 마찬가지이다.

프로이트는 성 심리 발달의 **남근 단계**(*phallic stage*, 대략 3~7세) 동안 성기가 아이들의 쾌락의 초점이라고 말했음을 상기하라(8장 참조). 어린 소년들이 어린 소녀들보다 더 자주 성기를 만지는 데 참여하지만 거의 모든 어린아이들이 생식기를 만지고 탐색하는 것은 사실이다(Friedrich et al., 1991; Sandnabba et al., 2003). 여기에서도 부모가 반응하는 방식이 매우 중요하다.

> "내 여동생에게는 5살짜리 어린 아들이 있다. 그녀는 아이에게 무슨 문제가 있을까 봐 걱정했다. 아이는 끊임없이 자기의 성기를 가지고 놀곤 했다. 여동생은 어느 날 아들을 꾸짖으며 어린 소년들이 그렇게 스스로 가지고 놀면 떨어질 것이라고 말했다... 이것이 아이에게 평생 상처를 줄까 두렵다."
>
> "나는 처음에 내 섹슈얼리티에 대한 건강하지 못한 태도가 어떻게 시작되었는지 분명히 기억한다. 어렸을 때 나는 자위를 하곤 했다. 내가 가장 좋아하는 시간은 낮잠 시간이었기 때문에 엄마는 나를 잡을 때면 화가 치밀어 오르곤 했다. 그녀는 소리를 지르고 비명을 지르며 내 손을 때리며 불쾌하다고 말했다. 내 행동에 대한 엄마의 경멸은 너무나 명백해서 나는 내 섹슈얼리티에 대해 부정적인 태도를 가질 수밖에 없었다. 나만 이런 짓을 하고 죄책감이 드는 건 아닌지 오랫동안 걱정했다고 말했다."
>
> (모든 예제는 작성자의 파일에서 가져옴)

대부분의 부모는 어린아이가 자신의 성기를 탐색하고 만지는 것을 발견하면 부정적으로 반응한다(Gagnon, 1985). 그러나 부모가 되었을 때 과민 반응하지 않도록 해라. 아이들이 호기심을 탐구하고 만족시킬 수 있도록 함으로써 아이는 물론 어른이 되어서도 자신의 몸에 편안함을 느낄 수 있다. 처벌이나 부정적인 메시지는 나쁜 신체 이미지와 나중에 성적인 문제로 이어질 수 있다. 특정 상황에서 자신의 성기를 만지는 것은 적절하지 않다고("나쁜" 것과는 대조적으로) 자녀에게 가르치는 것은 괜찮다; 예를 들어 한 아동 전문가에 따르면, "부모의 태도는 처벌하거나 금지하기보다는 사생활을 위해 사교하는 것이어야 한다"(Calderone, 1983a). 자녀가 집에서 자신을 만진다면, 가장 좋은 방법은 무시하는 것이다. 당신을 귀찮게 하기 때문에 행동을 중단해야 한다고 느낀다면 꾸짖지 마시오. 자녀가 다른 활동에 참여하도록 하여 자녀의 주의를 딴 데로 돌리기만 하면 된다.

지금쯤이면 정상적인 행동에 대한 부모의 반응이 아동의 후기 성 발달과 신체에 대한 태도에 매우 중요한 영향을 미친다는 것을 이해해야 한다. 한 연구원 그룹에 따르면, "아동의 가족은 생애 초기부터 아동의 성적 특성에

그림 10-2
아이들은 기회가 있을 때마다 인체에 대한 자연스러운 호기심을 충족시키려고 한다.

출처: Anne Heaton-Ward/Moment Open/Getty Images

상호 영향을 미친다. 가족은 부모의 성적 적응, 아동의 성 발달, 아동의 성적 발달이 부모의 성적 발달에 미치는 영향의 기능인 '심리적 평형'을 확립한다"(Friedrich et al., 1991). 부모가 자녀의 섹슈얼리티에 반응하는 방식은 종종 자녀가 자신의 섹슈얼리티에 대해 느끼는 방식을 나타낸다.

개인적인 생각 Personal Reflections

어린아이들이 자기의 성기를 검사하고 만지는 것을 생각하면 마음이 불편한가? 그렇다면 왜? 5살짜리 아이가 바지를 내리고 "의사" 역할을 하는 것을 본다면 어떤 기분이 들까? 왜? 5살짜리 딸아이가 바지를 내리고 "의사" 역할을 하는 것을 본다면 반응이 달라지겠는가? 왜?

초기 학령기

The Initial School-Age Years (Ages 7-11)

프로이트는 인생의 이 시간이 아이들이 성에 관심을 갖지 않는 "잠복기"의 기간이라고 믿었다. 연구에 따르면 미국 어린이들은 이 시기에 실제로 노골적인 성행위를 덜 하고(Elkovitch et al., 2009; Friedrich et al., 1991), 대부분의 부모와 교사는 이 나이의 성적 관심이 비정상적이거나 문제라고 생각한다(Ryan, 2000). 유치원이나 초등학교 1학년에 입학할 즈음에 아이들은 일반적으로 다른 사람들 앞에서 옷을 벗는 것에 대해 겸손함과 억제력을 갖게 되며 처음으로 욕실에서 사생활 보호를 요구하기 시작할 수 있다(Sandnabba et al., 2003). .

일부 연구자들은 미국 어린이들의 성 놀이의 양이 이 단계에서 줄어들지 않고 단순히 부모들에게 더 많이 숨겨져 있다고 믿는다. 성인의 기억에 대한 여러 연구에서 대다수의 성인이 사춘기 이전에 다른 어린이와의 성적 상호작용을 회상한 것으로 나타났다(참조 Larsson & Svedin, 2002b; Ryan, 2000). 여기에는 타인에게 자신을 노출하는 것, 타인을 바라보는 것, 만지는 것, 다양한 성 게임이 포함된다. 대다수는 흥분한 것을 기억할 수도 있다. 모든 종류의 삽입과 관련된 활동은 이 나이에 여전히 흔하지 않으며 성적 학대의 지표가 될 수 있다(Elkovitch et al., 2009).

아이들은 9세가 되면 성별로 분리되는 경향이 있다. 따라서 다시 말하지만, 그들의 성행위의 대부분은 동성 아이들과 함께 한다. 거의 모든 부모가 자녀가 성 탐색 게임에 참여하는 것을 보면 부정적으로 반응하기 때문에 성행위가 덜 노골적이라는 것은 놀라운 일이 아니다. 대부분의 성인은 어린 시절 경험 중 "죄책감", "호기심" 또는 "혼란"을 느꼈던 것을 기억한다(Ryan, 2000). 소녀들은 종종 소년들보다 더 가혹한 대우를 받는다. 이것은 이중 잣대를 설정한다. 일반적으로 남아는 여아보다 자신의 섹슈얼리티를 탐색할 수 있는 더 많은 자유가 허용된다.

학령기 초기에는 명백한 성적 놀이가 줄어들 수 있지만 성에 대한 호기심은 줄어들지 않으며 아이들은 부모에게 "아기는 어디에서 오나요?"와 같은 질문을 할 것이다. 다시 말하지만, 부모의 반응은 미래에 자녀의 반응(그리고 부모에게 성에 관해 질문하려는 의지)에 영향을 미친다. 불행히도 많은 부모들은 회피적이거나 심지어 부정적이다(Ryan, 2000).

> "어머니는 아기의 기원에 대한 나의 질문에 남자와 여자가 키스를 하는 것을 사랑이라고 하며 아기가 나오는 곳이라고 말함으로써 성에 대한 나의 태도를 손상시켰다. 지금도 어머니는 섹스나 섹슈얼리티에 대해 이야기하는 것을 거부한다."
>
> (저자의 파일에서)

요약하면, 우리 문화의 기대와 달리 성은 어린 시절 내내 꾸준히 발달한다는 증거가 풍부하다. 한 연구원은 우리가 "어린이는 성적인 존재이며 성 지식과 놀이에 대한 탐구가 완전히 기능하는 인간으로서 그들의 발달에 필수적인 부분이라는 것을 보여주는 많은 진화적, 발달적, 타문화적 증거와 상충되는 문화"에 살고 있다고 결론지었다(Frayser, 1994, p. 210).

사춘기 Puberty (Ages 7-15)

10.3 사춘기에 소년과 소녀의 신체에서 일어나는 변화를 요약하고 원인이 되는 호르몬을 확인한다.

사춘기(puberty; 라틴어 *puber*에서 유래, "성숙한 나이, 성인"을 의미)는 생식 능력이 생겨 처음으로 성적 매력을 나타내는 시기이다. 그것은 하룻밤 사이에 일어나는 것이 아니라 몇 년 동안 지속되는 과정이다.

사춘기는 적어도 두 부분으로 이루어진 성숙 과정이다(Grumbach, 2002). 첫 번째 부분에서 부신은 어린이가 6세에서 8세 사이일 때 성숙하기 시작한다[성증발생(*adrenarche*)이라고 함]. 부신은 안드로겐 호르몬 DHEA(디하이드로에피안드로스테론)를 분비한 다음 테스토스테론과 에스트로겐으로 전환된다. 이 단계에서 남아와 마찬가지로 여아도 안드로겐("남성" 호르몬)의 증가를 경험한다.

두 번째 단계에서는 고환과 난소가 성숙하며[성선호르몬분비(*gonadarche*)라고 함], 일반적으로 부신에서 분비된 후 몇 년이 걸린다. 이 단계에서 뇌하수체는 고용량의 FSH를 분비하기 시작하여 남아의 정세관에서 정자 생산을 자극하고 여아의 경우 난자의 성숙을 자극한다(3장 참조). 이 시기 이전에는 소년은 사정을 하지 않고 (오르가즘을 느낄 수 있음에도 불구하고) 소녀는 월경 주기가 없다(비록 그들도 오르가즘을 느낄 수 있음)(Janssen, 2007). 여아의 경우 성숙한 난소는 에스트로겐과 프로게스테론을 생산하는 반면, 남아의 뇌하수체에서 증가된 황체형성 호르몬 수치는 고환에서 테스토스테론 생산을 자극한다. 증가된 호르몬 수치는 **이차 성징(secondary sex characteristics)**(예: 유방 발달, 수염)이라고 하는 여아와 남아의 다양한 신체 변화로 이어진다. 신체적 외모의 변화는 아이들이 자신과 다른 사람에 대해 생각하는 방식에 심리적 변화를 가져온다. 이러한 변화를 좀 더 자세히 살펴보고 청소년의 행동에 어떤 영향을 미치는지 논의해 보겠다.

소녀의 변화 Changes in Girls

일반적으로 여아에서 사춘기가 시작된다는 첫 번째 징후는 유방 봉오리의 발달이다[평균 연령 약 10세(Biro et al., 2010]. 그 후 곧 급격한 성장이 시작된다(약 12세). 많은 6, 7학년 남학생들이 어느 날 갑자기 교실에 있는 여학생들 중 많은 수가 자신보다 키가 크다는 사실을 깨닫게 된다. (사실은 첫 학교에서 춤을 출 때까지 알아차리지 못할 수도 있다.) 그 이유는 성장이 급격히 빨라지기 때문이다. 일반적으로 여아는 16세에 성장을 멈추고 남아는 약 18세까지 계속 성장하기 때문에 대부분의 남아는 결국 여아를 따라잡고 지나간다. 그러나 처음 몇 년은 어색할 수 있다.

사춘기 동안 여아의 유방 발달(에스트로겐 수치 증가의 결과)은 여아와 남아 모두에게 큰 관심을 불러일으키는 것으로 보인다. 모든 여아가 같은 속도로 발달하는 것은 아니므로 불안이 일찍 발생할 수 있다. 11세 마가렛이 Judy Blume의 소설 "*Are You There God? It's Me, Margaret*"에서처럼 스스로 발육속도를 높이기로 결정한 사람들도 있다.

> 나는 살금살금 방으로 돌아와 문을 닫았다. 나는 옷장에 들어가 한쪽 구석에 섰다. 나는 브래지어 양쪽에 솜뭉치 세 개를 쑤셔 넣었다. 글쎄, 만약 그것이 속임수라면! 아마 다른 여자들도 그랬을 것이다. 훨씬 더 잘생겼을 텐데, 안 그래? 그래서 왜 안돼!
>
> 나는 옷장에서 나와 다시 의자에서 일어났다. 이번에는 옆으로 돌렸을 때 내가 성장한 것처럼 보였다. 나는 그것을 좋아해!
>
> (**블룸**, J. (1970). Are you there, God? It's me, Margaret. Englewood Cliffs, NJ: Bradbury Press.)
>
> (*부연설명: 이 소설은 사춘기를 겪고, 첫 브래지어를 사고, 첫 생리를 하고, 낭만과 성적 매력을 모두 경험하는 등 초기 사춘기 소녀들이 직면한 전형적인 문제에 직면하면서 하나의 종교를 찾는 마가렛의 도전을 탐구한다. 소설은 성적인 주제와 종교적인 주제에 대한 솔직한 토론으로 출판된 이래 자주 주목받아 왔다.)

유방이 거의 또는 상당히 발달하지 않은 사춘기 소녀는 다른 소녀보다 자존감이 낮을 가능성이 더 크다(Yuan, 2012). 에스트로겐 수치의 증가는 또한 엉덩이와 엉덩이에 지방 축적을 증가시킨다.

음모는 일반적으로 유방 발달이 시작된 직후 나타나기 시작하고 몇 년 후에 겨드랑이 털의 출현으로 이어진다(Biro & Dorn, 2005; Biro et al., 2010; Susman et al., 2010). 신체의 새로운 부분에서 모발이 자라는 것은 "남성" 호르몬(주로 부신에서) 수치의 증가로 인해 발생한다. 이러한 호르몬은 또한 땀샘과 피지선을 발달시키므로 체취와 여드름이 종종 새로운 걱정거리가 된다.

첫 번째 생리 기간[**초경(menarche)**이라고 함]은 평균

사춘기(Puberty) 개인이 처음으로 성적 매력을 나타내고 생식 능력이 생기는 시기.

이차 성징(Secondary sex characteristics) 사춘기에 일어나는 신체 변화로 남녀를 구분한다.

초경(Menarche) 소녀의 첫 월경 기간을 나타내는 용어.

12세에서 13세 사이에 발생한다(Brooks-Gunn & Paikoff, 1997; Herman-Giddens et al., 1997). 여아의 80%는 11세에서 13.7세 사이에 월경을 시작한다(Chumlea et al., 2003). 그러나 상당한 변동이 있으며 초경 후 처음 몇 년 동안 주기가 매우 불규칙한 것이 정상이다. 에스트로겐 수치가 증가하면 질벽이 더 두꺼워지고 탄력이 높아지며 성적 흥분 시 윤활 작용이 발생한다.

초경의 평균 연령은 지난 몇 세기 동안 낮아지고 있다(Lehmann et al., 2010). 1934년 뉴욕시 소녀들에 대한 연구에 따르면 평균 연령은 13.5세인 반면, 1800년대 초반 서유럽의 평균 연령은 최소 14.5세였다(Bullough, 1981). 최근 연구에 따르면 소녀의 첫 번째 사춘기 단계(유방 발달)는 지난 수십 년 동안 계속해서 더 일찍 발생했다(Biro et al., 2010). 지난 몇 세기 동안 낮아진 이유는 더 나은 영양으로 인해 최소한으로 필요한 체지방량(뇌에 FSH 방출을 시작하도록 지시하는 추정 신호)이 더 일찍 획득된 것으로 여겨진다(Currie et al. al., 2012; Lehmann et al., 2010). 과체중 소녀는 일반적으로 그렇지 않은 소녀보다 일찍 사춘기를 시작한다(Rosenfield et al., 2009). 미국에서 지난 50년 동안 조기 초경은 사회경제적 지위가 낮은 여아에서 가장 흔하게 나타났으며, 이는 아마도(예: 고지방) 식단이 좋지 않기 때문일 것이다(Krieger et al., 2015).

첫 월경 주기에 대한 젊은 여성의 반응은 주로 그녀가 들은 내용에 영향을 받는다. 초경은 매우 긍정적인 것("여자가 되는 것"의 표시), "자연의 단순한 사실" 또는 "저주" 및 역겨운 것으로 볼 수 있다. 어머니는 일반적으로 그것에 대한 자신의 태도와 믿음을 전한다(Uskul, 2004).

> "어머니는 월경이 '불쾌한' 경험이라고 말했다. 그러다 보니 생리 중이라는 사실을 숨기기 위해 늘 최선을 다했다. 내가 생리를 하고 있다는 사실을 다른 여성들에게 알리고 싶지도 않았다. 화장실에 다른 사람이 있다면 화장실에 있는 기계에서 위생 제품을 구입하는 것을 거부할 것이다."
>
> "그러다가 중요한 순간이 왔을 때 어머니는 나를 자연스럽고 신나는 일이 일어난 것처럼 대하는 대신 당황스러워했다. 언니가 생리대 착용법을 알려달라고 했을 때 나는 매우 마음이 아팠다. 우리는 이러한 것들에 대해 다시는 이야기하지 않았다."
>
> "내가 아주 어렸을 때 어머니는 내가 13세 전후에 생리를 할 것이라고 말했다. 드디어 15세 생일 한 달 전, 나는 생리를 시작했다. '드디어' 왔다는 게 너무 신기했던 기억이 난다. 나는 화장실에 가서 엄마에게 전화를 걸어 말했다. 글쎄요, 그녀는 너무 흥분해서 제 할머니와 친구들에게 전화를 걸기 시작했다. 아버지도 집에 오셨을 때 신이 났다. 그들은 내가 마침내 '여자가 되었다'는 것을 자랑스러워했다."
>
> (모든 예제는 작성자의 파일에서 가져옴)

다음 중 어떤 소녀가 자신의 몸매에 대해 좋은 자부심을 갖고 청소년기를 시작했다고 생각하는가? 다행히도 오늘날 더 많은 소녀들이 초경을 과거 세대보다 긍정적인 경험으로 보고 있다(예: Lee, 2009).

소년의 변화 Changes in Boys

앞서 언급했듯이 소년의 사춘기 발달은 소녀의 발달보다 약 2년 뒤처진다. 남아에서 눈에 띄는 첫 번째 변화는 일반적으로 테스토스테론 수치 증가의 결과인 고환과 음낭의 성장이다(Biro & Dorn, 2005; Susman et al., 2010 참조). 테스토스테론은 음경, 전립선 및 정낭의 성장을 자극한다. 생식기의 성장은 평균적으로 약 11~12세에 시작되어 평균적으로 약 15세에 완료된다. 일반적으로 남아는 음경이 자라기 시작한 지 약 1년 후에 사정할 수 있게 된다.

우리는 잠을 잘 때 약 90분마다 렘(rapid eye movement, REM) 수면이라는 단계에 들어간다. REM은 "급속한 안구 운동"(이 단계에서 눈이 눈꺼풀 아래에서 움직인다)을 나타낸다. 음경 발기 및 질 윤활을 포함하여 많은 생리학적 현상이 일반적으로 이 수면 단계에서 발생한다. REM 기간 동안 발기된 음경의 결과로, 많은 소년들이 사정과 함께 처음으로 경험하는 것은 야행성 방출 또는 **"몽정(nocturnal emission)"**이다(약 40%의 소녀들도 야행성 오르가즘을 경험한다). 일부 소년은 야행성 방출이 자주 발생하는 반면, 어떤 소년은 경험이 적다. 야행성 물질에 대비하여 아들을 준비시키는 아버지의 수는 어머니가 여아의 월경을 준비시키는 것보다 적으며, 결과적으로 많은 남아가 이러한 경험을 부끄러워하거나 두려워한다.

> "13살 때 처음으로 '몽정'을 했어. 나중에 병이 없다는 것을 알고 충격을 받았다. 솔직히 갖고 있다고 생각했다."
>
> "나는 15살이었고 어느 날 아침에 일어나서 이불이 젖어 있는 것을 발견했다. 처음에는 침대에서 소변이 아닌 줄 알았다. 나는 부끄럽고 아무도 무슨 일이 일어났는지 알기를 원하지 않았다. 빨리 시트를 바꿨다."
>
> (저자의 파일에서)

1장에서 헨리 해브록 엘리스와 알프레드 킨제이는 소년 시절에 그들의 야간 배출이 정신 이상과 조기 사망으로 이어질 것이라고 생각했다. 야간 배출은 자발적인 통제가 아니므로 부끄러워할 이유가 없다. 정상이다! 따라서 야간 배출이 발생하기 전에 소년들에게 야간 배출에 대해 교육

몽정(Nocturnal emission) 십대 소년과 남성의 수면 중에 발생하는 사정. "Wet dream."

하는 것이 중요하다.

많은 소년들은 또한 현재 자위하는 동안 발생하는 음경에서 이상한 체액이 방출되는 것에 처음 겁을 먹을 수 있다. 성 치료사 버니 질버겔드(Bernie Zilbergeld, 1978)가 인용한 사례는 아마도 드문 일이 아닐 것이다.

> "나는 계속 쓰다듬어 주었고, 내 성기는 단단해졌고, 감각은 점점 더 좋아졌다. 그런 다음 나는 전에 느껴보지 못한 감정에 압도되었고, 신이시여, 내 거시기 끝에서 하얀 물질이 뿜어져 나온다. 내가 누출을 일으켰는지 또는 무엇인지 확실하지 않았다. 두려웠지만 붉지 않아서 피가 아니라는 생각에 진정이 되었다. 계속 쓰다듬어보니 아팠다. 상처가 흰색 물건과 관련이 있는지(내가 정말로 부상을 입었나?) 아니면 사건이 끝나고 내 페니스가 휴식을 필요로 하는지 알 수 없었다. 하지만 나는 잠시 멈추기로 했다. 물론 다음날 돌아와서 다시 했다."

많은 소년들은 또한 **여성형 유방(gynecomastia)**이라고 하는 사춘기 동안 일시적으로 확대된 유방을 발달시킨다. 이는 에스트로겐 수치 증가로 인한 지방 수치 증가의 결과이다(Barros & Sampaio, 2012). 여성형 유방은 보통 십대 중반에 사라지지만, 소년들에게 왜 이런 일이 일어나는지, 그것이 정상적이고 일시적인 상태라는 것을 말하지 않으면 혼란스럽거나 당혹스럽거나 부끄러움을 느낄 수 있다.

> "제가 13살쯤 되었을 때 제 가슴에 어떤 일이 일어나기 시작했다. 가슴이 커지기 시작하는 것 같았다. 나는 어머니에게 가서 보여 주었고 그녀는 나를 의사에게 데려갔다. 중학교 때 레슬링 선수였는데 어떻게 1~2년 동안 공공장소에서 셔츠를 벗지 않을 수 있을까 하는 생각뿐이었다."
>
> (저자의 파일에서)

음모는 테스토스테론 수치가 증가한 결과이며 생식기가 발달하기 시작한 후 자라기 시작하지만(Susman et al., 2010), 겨드랑이와 얼굴 털은 일반적으로 2년 동안 나타나지 않는다. 그러나 체모의 양도 유전에 의해 결정된다. 여아의 경우와 마찬가지로 이러한 사춘기 징후는 더 이른 나이(평균 10.14세)에 시작되며, 불과 수십 년 전보다 1년 빠른 것이다(Herman-Giddens et al., 2012). 테스토스테론은 또한 피지선과 땀샘의 발달과 함께 문제(여드름, 체취)를 유발한다.

수염의 모양은 어린 소녀들에게 유방의 발달만큼 소년들에게도 종종 중요하다. 왜냐하면 그것은 그들이 남성이 되고 있다는 몇 안 되는 외적 신호 중 하나이기 때문이다. 다른 사람들에게 명백한 또 다른 변화는 목소리가 깊어지는 것이다. 테스토스테론이 후두(음성 상자)의 성장을 자극한 결과이다. 이것은 오늘날 평균 12세에서 13세 사이에 발생하지만 지난 수세기에는 더 늦은 나이에 발생했을 수도 있다. 한때 유럽에서는 위대한 교회 성가대에서 노래를 불렀던 소년들이 소프라노 목소리를 보존하기 위해 사춘기 전에 (부모의 승인 하에) 거세되는 일이 드문 일이 아니었다. (참고로 사춘기 이후 거세하면 후두가 이미 변했기 때문에 남성의 목소리가 크게 들리지 않는다.)

여성형 유방(Gynecomastia) 남성 유방의 과도한 발달.

성조숙증과 지연 사춘기

Precocious and Delayed Puberty

사춘기 동안 발생하는 변화는 일반적으로 10세 또는 11세에 시작되지만 훨씬 더 일찍 발생하는 것으로 알려져 있다. 여아는 8세, 남아는 9세 이전에 이차 성징이 나타나는 것을 **성조숙증(precocious puberty)**이라고 한다(Cesario & Hughes, 2007). 이것은 부신 또는 뇌하수체 호르몬의 조기 활성화로 인한 것이며 남아보다 여아에서 10배 더 흔하다. 출산한 것으로 알려진 가장 어린 소녀는 겨우 5살이었다. 1939년에 제왕절개로 아기를 분만한 페루 인도 소녀이다(그림 10–3). 이것은 물론 그녀가 배란 중이었고 4세 또는 5세에 월경 기간을 가졌다는 것을 의미한다.

유방이 발달하는 아주 어린아이들의 발병이 전 세계적으로 발생했다. 이것은 생후 6개월의 소년 소녀들에게 일어났다. 수천 명의 어린이를 대상으로 한 연구에 따르면 연구 대상인 흑인 소녀의 거의 절반과 백인 소녀의 15%가 8세에 유방, 음모 또는 둘 다 발달하기 시작했다(Herman-Giddens et al., 1997). 더 최근의 연구에 따르면, 7세까지 소녀의 15%가 유방이 발달하는 것으로 나타났다(Biro et al., 2010). 첫 월경이 12세가 된 후에도 여전히 발생했다. 이차 성징의 조기 발달은 육류와 우유에 들어 있는 호르몬, 또는 여성호르몬인 에스트로겐과 유사한 화학적 오염 물질인 환경 에스트로겐에 의한 것으로 추측된다(Cesario & Hughes, 2007).

일부 어린이의 경우 이차 성징의 출현과 신체적 성장이 대부분의 어린이와 같은 나이에 시작되지 않는다. 이것을 **지연된 사춘기(delayed puberty)**라고 한다(Kaplowitz,

성조숙종(Precocious puberty) 사춘기가 여아의 경우 8세, 남아의 경우 9세 이전에 시작되는 상태이다.

지연된 사춘기(Delayed puberty) 대부분의 아동에서 이차 성징 및 신체적 성장의 출현이 시작된 후 한참이 지나야 시작되는 상태이다.

그림 10-3

조숙한 사춘기의 예. Lina Medina는 5살 반에 출산했다.

출처: The Diagnosis and Treatment of Endocrine Disorders in Childhood and Adolescence, Lawson Wilkins, Fig 6 on page 253/Charles C. Thomas Publishers

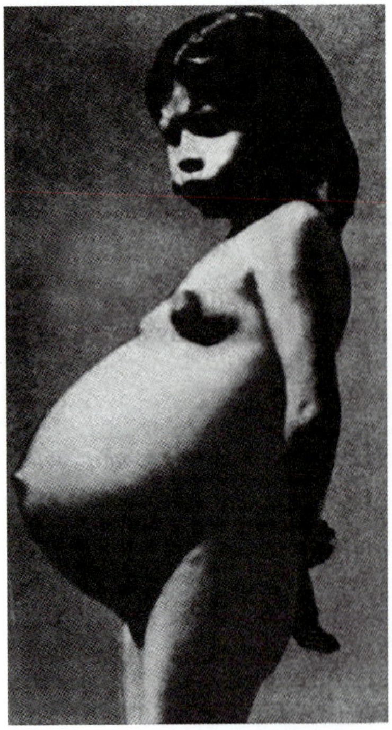

2010). 대부분의 임상 의뢰는 성장에 실패한 소년들이다(Maggi & Buvat, 2013). 일반적인 치료는 성선 자극 호르몬 방출 호르몬 또는 테스토스테론을 투여하는 것이다.

조기 및 장기간의 사춘기가 특히 여아에서 종종 나쁜 행동(특히 성적) 및 심리사회적 결과로 이어진다는 증거가 늘어나고 있다. 남아의 늦은 발병 사춘기에 대해서도 유사한 결과가 발견되었다(Baams et al., 2015; Graber, 2013).

개인적인 생각 Personal Reflections

사춘기 동안 몸이 변하면서 경험한 감정을 회상해 보시오. 이러한 사건을 (부모 또는 성교육 수업을 통해) 더 잘 이해했다면 더 긍정적인 경험이 되었을까?

성적 행동 Sexual Behavior

뇌에서도 큰 변화가 일어나고 있다. 이러한 변화는 많은 포유류 종에서 발생하며 청소년이 위험을 감수하는 행동을 할 가능성을 높이는 뇌 영역에서 발생한다(Spear, 2000). 이것은 청소년들이 새로운 영역을 탐색하고 독립을 향해 나아가는 결과를 가져옴으로써 진화적 가치를 가질 수 있다. 성적 행동은 확실히 이것의 일부이다.

여러 연구에 따르면 어린이의 첫 번째 성적 끌림은 10세인 초등학교 4~5학년 때 발생한다(Herdt & McClintock, 2000; Pattatucci & Hamer, 1995). 이 연령대의 어린이는 아직 성에 대해 이해하지 못하지만 소년이나 소녀에게 매력을 느낀다. 이것은 성선이 생기기 훨씬 전에 발생하며 이성애 및 동성애 끌림 모두에 해당된다. 이는 부신의 성숙으로 인한 안드로겐 수치 상승과 일치한다(Herdt & McClintock, 2000). 이것은 프로이트의 6세에서 11세 사이의 잠복기 개념이 잘못되었다는 추가 증거이다.

발달 과정에서 성적 매력은 성적 환상과 성적 행동의 순서로 따른다. 11세에 소년과 소녀의 약 25%가 손을 잡고 약 16%가 키스를 했다. 12세에 그 수치는 각각 41%와 33%이다(Waylen et al., 2010). 성인의 약 25%는 11~12세에 "성에 대해 많이 생각한 것"을 기억한다(Larsson & Svedin, 2002). 11~12세 소년의 거의 절반이 자위를 한다(그러나 소녀는 거의 없음)(Arnal & Llario, 2006). 13세가 되면 어린 십대들이 일반적으로 하는 성적 탐색 게임[예: "병 돌리기(spin the bottle)" 및 "우체국 놀이(post office)"]이 유아기 게임보다 에로틱한 콘텐츠를 더 많이 갖게 된다. 그러나 10~12세 어린이 중 약 1%만이 실제로 성교에 참여했다(Finer & Philbin, 2013).

청소년기 Adolescence (Ages 13-17)

10.4 청소년들 사이의 성행위에 대해 토론한다.

청소년기(adolescence)(라틴어 *adolescens*에서 유래)는 사춘기와 성인기 사이의 삶의 시간을 나타낸다. 이 용어는 1904년 심리학자 G. Stanley Hall에 의해 영문학 문헌에서 처음 사용되었다. 많은 비산업 문화에서 개인은 사춘기에 도달하면 성인으로 간주된다. 우리 문화에서 청소년기는 성인이 되기 전의 과도기이자 그보다 훨씬 더 긴 과도기이다.

대부분의 청소년 소년 소녀들에게 있어 그들의 삶에서 가장 중요한 문제는 자기 정체성이다(Erikson, 1968). 빠르게 변화하는 신체 때문에 자아 정체성을 찾는 것은 먼저 신체 이미지와 신체적 특징에 중점을 둔다. "청소년 발달 경험의 중요한 측면은 성적 정체성의 형성과 성적 존재로서의 자아감이다"(Graber & Brooks-Gunn, 2002).

청소년의 자존감은 일반적으로 신체적 매력에 대한 주관적인 견해에 근거한다. 이것은 십대의 성적 존중에도 해당된다(Wiederman & Hurst, 1998). 자신의 성취에서 파

청소년기(Adolescence) 사춘기와 성인기 사이의 삶의 시간.

그림 10-4

초기 청소년기는 성에 대한 호기심이 많은 시기이다. 대부분의 소년들과 많은 소녀들이 15세에 자위를 시작한다.

출처: John Powell Photographer/Alamy Stock Photo

생된 광범위한 자존감은 나중에 발전한다. 따라서 청소년 세계에서는 일반적으로 자신의 신체 이미지와 전반적인 삶의 질 사이에 강한 관계가 있다(McCabe & Cummins, 1998). 이것은 남성이 신체적으로 매력적인 파트너를 매우 선호하기 때문에 특히 소녀에게 해당될 수 있다(Regan & Berscheid, 1997). 불행히도 많은 소년들은 소녀들을 사람이 아니라 성적 대상으로 여기게 된다. 미국 심리학회 대책위원회(2007)는 미국에서 여아의 성화가 만연하고 이것이 종종 그들의 인지 기능과 정신 건강에 부정적인 영향을 미친다고 결론지었다.

자위행위 Masturbation

많은 청소년들에게 오르가즘에 대한 첫 경험은 자위행위 중에 발생한다. 2010년 전국 성 건강 및 행동 조사(NSSHB)에 따르면 15세 청소년의 경우 소년의 72.7%와 소녀의 43.3%가 자위행위를 한 적이 있다고 한다(Fortenberry et al., 2010). 또 다른 연구에서는 성인 남성과 여성의 3/4이 18세 이전에 자위를 했던 것을 기억하고 있으며, 그들 대부분은 청소년기 내내 산발적이거나 지속적이라는 사실을 발견했다(Ryan, 2000). 많은 십대들이 자위를 하지만 거의 절반은 그것이 "유해하다", "죄가 있다" 또는 "잘못된다"고 느끼고 그것에 대해 죄책감을 느낀다(Laumann et al., 1994; Ryan, 2000).

자위에 대해 긍정적인 정보를 전달하려는 프로그램은 거의 없다. 한 연구원은 부모가 최소한 자녀의 자위행위에 죄책감을 부여하는 것을 중단해야 한다고 조언했다. 다른 것이 아니라면, 그것은 확실히 이용 가능한 "가장 안전한" 성적 배출구이다(Gagnon, 1977).

성 욕구의 형태

Pattern(s) of Sexual Initiation

오늘날 많은 성 연구자들은 **애무(petting)**를 허리 아래의 비성행위적 성적 접촉으로 정의한다. 다른 모든 신체 접촉을 **네킹(necking)**이라고 한다. 초기 청소년기의 성행위는 일반적으로 네킹이지만 청소년기 중반까지 애무로 진행되었다(Graber & Brooks-Gunn, 2002).

성교육이 부족하기 때문에 많은 십대 소녀와 소년들은 소녀들이 처음 질 윤활을 경험할 때 혼란스러워한다.

> "처음 윤활을 느끼기 시작했을 때 나는 처음에 혼란스러웠다. 제가 이렇게 미끄럽고 더러운 느낌을 받을 줄은 몰랐고 거의 겁이 났어."
>
> "처음 윤활유로 인해 축축함을 느꼈을 때 나는 내가 나 자신에게 오줌을 쌌다고 생각했다."
>
> "처음 질에 윤활유를 바르면 생리가 일찍 시작된다고 생각했다. 그것이 투명한 액체라는 것을 알았을 때 나는 일종의 혼란스럽고 역겨웠다. 늘 부끄럽고 성행위를 할 때 긴장을 풀기가 어려웠다."
>
> "파트너가 젖어 있는 것을 처음 경험했을 때 이곳에서 무슨 일이 일어나고 있는 걸까? 이것은 오줌인가 아니면 다른 무엇인가? 그때는 정액인 줄 알았는데 알고 보니 그게 뭔지도 몰랐다."(남성)
>
> (모든 예제는 작성자의 파일에서 가져옴)

짝을 이루는 성행위를 시작하는 단일 패턴은 없다(Halpern & Haydon, 2012; Haydon et al., 2012). 십대의 약 절반이 먼저 질 성교를 한 다음 1년 이상 후에 구강 성교를 하는 반면, 거의 1/3은 같은 해에 질 성교와 구강 성교를 시작하며 실제로 약 1/4은 성교전 구강 성교를 한다(질병통제예방센터, 2012d). 남자아이와 여자아이 사이에 차이가 거의 없거나 전혀 없다(Petersen & Hyde, 2011). 즉, 커닐링구스는 구강 성교만큼 흔하다(Bay-Cheng & Fava, 2011). 많은 십대들은 구강 성교가 더 수용 가능하

애무(Petting) 허리 아래의 비성교적 성적 접촉.
네킹(Necking) 허리 위의 에로틱한 신체 접촉(키스, 가슴 만지기).

그림 10-5
성행위를 한 고등학생의 비율(from Eaton et al., 2010, 2012; Gavin et al., 2009; Kann et al., 2014, 2016).

출처: Based on Gavin et al., 2009. Eaton, D. K., et al. 2012.

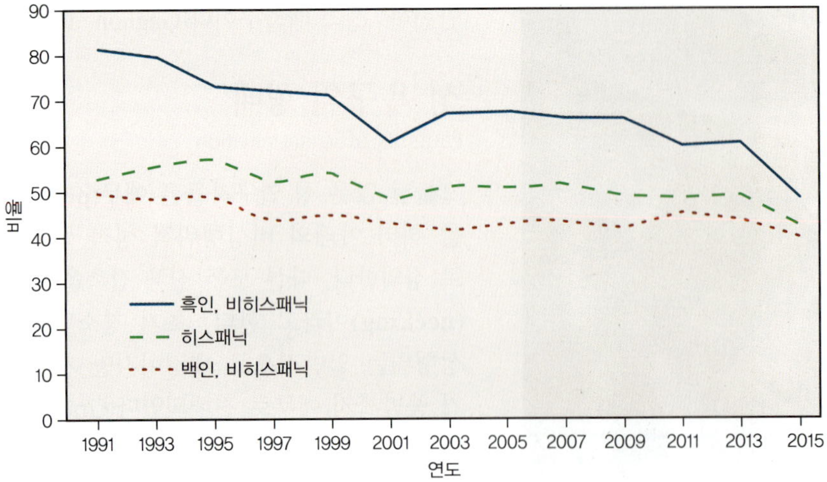

고 덜 위험하다고 생각한다.

십대들이 처음으로 성교를 하는 평균 연령은 낮아져 현재는 약 16.1~16.2세이다(Liu et al., 2015). 소년과 소녀 사이에는 약간의 차이만 있다(Petersen & Hyde, 2011). 미국 고등학생의 약 41.2%가 13세 이전에 성교를 했으며 3.9%는 13세 이전에 성관계를 가졌다(Kann et al., 2016). 전반적으로 히스패닉이나 백인 학생보다 흑인 학생의 비율이 더 높다. 고등학생의 58% 이상이 성교를 했고(Kann et al., 2016), 19세가 되면 미국인의 75% 이상이 혼전 성관계를 가진다(Liu et al., 2015). 17세의 최소 5~6%가 항문성교에 참여했다(Fortenberry et al., 2010). 한 연구에서는 10%를 보고했다(Halpern & Haydon, 2012). 고등학생의 11.5% 이상이 4명 이상의 성적 파트너를 갖고 있으며, 여기에는 12학년 학생의 22.4%가 포함된다(Kann et al., 2016).

앞의 통계는 미국 십대들이 실제로 얼마나 성생활을 하는지에 대한 잘못된 인상을 줄 수 있다. 설문조사에 따르면 성적으로 활동적인 십대의 수는 1990년대에 감소했으며 2015년까지 계속 감소했다(Kann et al., 2016). 2010년 NSSHB 연구에 따르면 어느 시점에서든 17세의 약 27%만이 파트너 관계를 맺고 있는 것으로 나타났다(Fortenberry et al., 2010). 18세의 약 20%는 아직 질 성교나 구강 성교를 해본 적이 없다(Halpern & Haydon, 2012). 반면에 일찍부터 성교를 시작한 개인은 다른 사람들보다 평생 여러 번 성 파트너를 가졌을 가능성이 더 높다(Haderxhanaj et al., 2014; Heywood et al., 2015).

대부분의 십대들은 성관계에 대해 양면적인 태도를 보인다(Pinquart, 2010). 그들은 종종 상충되는 여러 요소의 긍정적인 것과 부정적인 것을 저울질해야 한다(예: 관계, 성적인 스크립트, 성 역할에 대한 믿음). 그들은 섹스를 하는 여러 가지 이유를 제시한다. 성적 쾌락 외에도 친밀감에 대한 욕구와 사회적 지위의 상승이 여기에 포함된다(Ott et al., 2006). 많은 십대 소녀들에게 있어 섹스를 하기 전에 지속되어야 하는 사랑과 헌신적인 관계는 중요하다. 많은 소녀들이 처녀성을 상실한 것을 파트너에게 주는 선물로 생각한다(Frieze, 2005). 이러한 것들은 대부분의 십대 소년들에게 중요하지 않으며, 많은 사람들이 그들의 처녀성을 낙인으로 여기고 그것에 대해 부정적인 감정을 가지고 있다(Sprecher & Treger, 2015).

십대들은 성관계의 첫 경험에 대해 어떻게 생각하는가? 와이즈(1983)는 여성이 첫 성교 동안 다양한 감정을 경험한다는 것을 발견했다. 약 3분의 1은 매우 부정적인 감정적 반응(예: 죄책감, 불안, 수치심, 두려움, 후회)을 갖고 다른 3분의 1은 매우 긍정적인 감정적 경험을 한다. 마지막 3분의 1에 대한 그들의 경험이 긍정도 부정도 아닌 "그것밖에 없는가?"라는 반응이다(예: 실망, 지루함). 남성은 일반적으로 첫 성교 동안 여성보다 쾌감이 더 크고 죄책감이 적다(Higgins et al., 2010). 여성의 경우 헌신적인 관계에 있으면 첫 번째 성교가 긍정적인 경험이 될 가능성이 높아진다(Higgins et al., 2010; Reissing et al., 2012).

또 다른 연구에 따르면 조사 대상 여성의 약 3분의 1이 첫 성교 시 신체적 통증을 경험했으며 28%는 통증을 경험하지 않았다고 말했다(Weis, 1985). 긍정적인 경험과 최소한의 통증을 가진 여성은 일반적으로 성행위(키스, 쓰다듬기, 자위행위, 종종 구강성교)에 대한 광범위한 아동기 및 청소년기 이력을 갖고 있으며, 자신의 성행위에 대해 긍정적인 태도를 가지며 안전한 환경에서 첫 성교를 했다. 그리고 보살핌을 받는 상대와 안전한 환경(발견에 대한 두려움 없음)에서 첫 성관계를 가졌다. 부정적인 반응과 고통을 겪은 사람들은 이전에 섹스 플레이 경험이 거의 없었고 계획도 없었고 남성의 압력에 "포기"했다.

대부분의 십대들은 성적 후회를 경험했으며 더 나이가 들어서 성교를 시작했으면 하는 바람이 있다(Martino et

그림 10-6
청소년기에 일어나는 생물학적 변화는 성적 행동과 성적 정체성에 대한 관심과 발달로 이어진다. 많은 십대들은 또래의 압력 때문에 섹스를 한다.

출처: Exactostock/SuperStock

al., 2009; Oswalt et al., 2005). 첫 성교 후 죄책감을 느끼는 여성은 성인이 되어서도 다른 사람들보다 성적으로 만족하지 못할 가능성이 더 높다(예: 즐거움이 덜함)(Moore & Davidson, 1997). 대조적으로, 초기 성 경험에 대해 긍정적인 감정을 가진 개인은 성인이 되어 섹스를 더 많이 즐긴다(Smith & Shaffer, 2013).

혼전 성교를 하지 않기로 선택한 십대들이 다른 사람들과 다른 점은 무엇인가? 성교를 미루는 많은 십대들은 결혼할 때까지 기다리고 싶어 그렇게 한다(Forste & Haas, 2002). 십대의 종교가 많을수록 성교를 연기할 가능성이 높아진다(Sprecher & Treger, 2015). 부모의 참여도 중요한 역할을 한다(Browning et al., 2005; Parkes et al., 2011). 부모와 십대 자녀 간의 의사 소통의 질은 성적 금욕에 대한 십대의 가치와 긍정적인 관련이 있다(장 끝에 있는 부록 참조).

개인적인 생각 Personal Reflections

십대 청소년에게 섹스에 대해 무엇이라고 말하겠는가? 왜? 성행위를 고려하고 있다고 말한 사춘기 자녀가 있다고 가정해 보시오. 당신의 반응은 어떤가? 아이의 성별에 따라 답이 달라지나? 왜?

또래 압력 Peer Pressure

많은 십대들이 긍정적인 감정을 가지고 있기 때문에 섹스에 참여하지만, 성적으로 활발한 다른 많은 사람들은 수용과 사회적 지위에 대한 욕구에 의해 동기가 부여된다(Ott et al., 2006). 대부분의 십대에게는 성관계에 대한 엄청난 또래의 압력이 있다(Gillmore et al., 2002). **또래 압력(peer pressure)**이란 무엇인가? 그것은 당신이 어떻게 행동해야 하는지에 대한 동료 그룹의 기대이다. 십대에 성적 경험이 있는 친구가 많을수록 성관계를 가질 가능성이 높아진다(Coley et al., 2013). 한 연구원이 말했듯이 "또래의 영향은 조기 성숙 아동의 정신 건강 문제에 대한 주요 위험 요소인 것 같다. '위험한 행동을 하는 동료들과 어울리면 같은 종류의 행동을 하게 될 가능성이 더 크다'"(Weir와 Carter, Weir 인용, 2016).

대부분의 젊은 사람들은 실제로 얼마나 많은 동료들이 섹스를 하고 있는지 과대평가한다(Whitley, 1998). 십대 소년의 약 1/3은 "얼마나 멀리 갔는지"에 대해 거짓말을 했다(Jayson, 2010). 아직 성생활을 하고 싶지 않은 젊은이들은 어떤가?

또래 압력(Peer pressure) 자신이 어떻게 행동해야 하는지에 대한 동료 집단의 기대.

"섹스에 참여해야 한다는 큰 압력이 있다는 사실에 대한 당신의 말이 옳았다. 나는 22살에 결혼할 때까지 섹스를 하지 않았다. 친구들은 내가 기다리는 게 어리석은 일이라고 생각해서 그들에게 거짓말을 하고 내가 섹스를 했다고 말하고 그것에 대해 많은 거짓말을 했다. 내가 어리석은 짓이었다는 것을 이제 깨달았다. 그들이 정말로 내 친구였다면 기다리기로 한 내 결정을 이해했을 것이다."

"나는 19세의 2학년이고 아직 성관계를 한 적이 없다. 나는 결혼할 때까지 섹스를 하지 않겠다고 오래전에 나 자신과 약속했다. 나는 내 자신의 도덕적 신념 때문에 이 약속을 했고 그것에 만족한다. 이번 결정으로 많은 웃음과 조롱의 대상이 됐다."

(모든 예제는 작성자의 파일에서 가져옴)

많은 십대 소녀들은 또한 섹스에 참여해야 한다는 압박감을 느낀다.

"나는 3학년 때 17살에 성관계를 가졌다. 많은 여자친구들이 남자친구와 함께 그리고 남자친구를 위해 섹스를 하는 것에 대해 이야기하고 내 경험에 대해 묻곤 했다. 평생 아무것도 하지 않은 것이 너무 부끄럽다. "

"첫 섹스 경험은 15살 때였어. 남들도 다 하고 있으니까 나도 그래야 한다고 생각했어. 끝났을 때 나는 울었다. 기다렸더라면 좋았을 텐데. 결혼하기 전까지가 아니라 더 성숙해질 때까지."

"나는 14살에 첫 성관계를 가졌다. 이제 나는 이러한 관계에 대한 나의 이유가 받아들여지고, 원하고, 남자친구를 사귀고, 그를 기쁘게 해주기 위해서라는 것임을 깨달았다."

(모든 예제는 작성자의 파일에서 가져옴)

많은 소녀들에게 정서적 친밀감의 필요성은 자기 정체성을 찾는 데 중요한 부분이다. 불행히도 많은 사람들이 성적 친밀감을 정서적 친밀함으로 착각한다. 많은 또래 집단에는 많은 소녀들에게 부정적인 성적 경험을 낳는 이중 잣대가 있다.

"나는 내가 그들에게서 받은 관심 때문에 학교 남자들 중 몇 명이 제 가슴을 만지게 했다. 대신 나쁜 평판만 받았을 뿐이라고 말했다."

"여성이라는 꼬리표에 대해 이야기해 줘. 내가 15살이었을 때, 나는 17살쯤 된 나이 많은 남자들과 몇 가지 경험을 했다. 글쎄, 나는 후회되는 일들을 했다. 내가 여자만 있는 가톨릭계 고등학교에서 내가 창녀라는 소문이 돌았다. 복도를 걸어다니면서 여자들이 널 창녀라고 부르는 것이 어떤 건지 넌 몰라. 남자들은 단 한 가지 일로 나와 사귀고 싶어했다."

(모든 예제는 작성자의 파일에서 가져옴)

개인적인 생각 Personal Reflections

성관계에 대한 어떤 종류의 압력을 경험했는가(데이트, 친구, 미디어 등으로부터)? 당신은 압력 때문에(남자친구나 여자친구를 기쁘게 하기 위해, 나이가 들어 보인다고 느끼기 위해, "다른 사람들처럼" 되기 위해 등) 섹스를 한 적이 있는가? 그 압력에 어떻게 대처했는가? 어떻게 하면 압력에 더 잘 대처할 수 있는가?

성인 진입기

Emerging Adulthood (Ages 18-25)

10.5 성인의 성행위가 젊은 연령층과 노년층의 성행위와 어떻게 다른지 설명한다.

평균 결혼 연령은 최근 수십 년 동안 극적으로 증가했다. 오늘날 사람들이 처음 결혼하는 평균 연령은 여성의 경우 거의 26세, 남성의 경우 거의 28세이다(U.S. Census Bureau, 2008). 이는 1980년 이후 2년 이상, 1960년 이후 4년 이상 증가된 것이다. 결과적으로 심리학자 Jeffrey Arnett(2000)은 오늘날 사회에서 삶의 새로운 발달 단계인 **성인 진입기(emerging adulthood)**가 등장했다고 제안했다. 이것은 청소년기와 청년기 사이에 발생하는 독신 성인의 연장된 기간이다. 부모와 18세에서 25세 사이의 자녀는 이 나이에 사람들이 아직 "성인"이 아니라는 데 동의한다(Nelson et al., 2007).

성년은 과거보다 부모의 구속으로부터 더 많은 자유와 사생활을 누릴 기회가 더 많다. 이 연령대는 일반적으로 개인이 사랑, 일 및 세계관에서 자신의 정체성을 탐색함에 따라 빈번한 변화를 포함한다. 종종 위험 행동도 증가한다. 이 발달 단계는 모든 문화권에서 발견되는 것은 아니지만 젊은이들에게 장기간의 독립성과 역할 탐색이 허용되는 선진 문화권에서는 일반적이다.

오늘날 젊은이들은 혼전 성관계에 대해 과거 세대보다 훨씬 더 관대한 태도를 가지고 있다(Elias et al., 2015; Twenge et al., 2015). 20세에 성년의 75% 이상이 성적 경험이 있고 정기적으로 성관계를 가진다. 젊은 성인의 경우 성적 파트너의 수는 개인이 성적으로 경험한 기간이 길어질수록 꾸준히 증가하며 거의 1/3이 20세에 여러 파트너를 가졌다(Liu et al., 2015; Vasilenko & Lanza, 2014). 전국적으로 대표되는 설문조사에 따르면 18세에서 26세

성인 진입기(Emerging adulthood) 삶의 발달 단계; 청소년기와 청년기 사이에 발생하는 독신 성인의 장기간.

그림 10-7

성년기는 성인이 되는 연장선에 있다. 성년기의 대다수는 성적 경험이 있고 정기적으로 성관계를 갖는다.

출처: Marco Scisetti/Fotolia

사이의 미혼 남성과 여성의 약 80%가 질 성교와 구강 성교를 모두 경험했으며 최소 25%는 항문 성교에 참여했다(Herbenick et al. ., 2010c; Kaestle & Halpern, 2007).

이 기간 동안 몇 가지 성적 패턴이 발견된다. 일부 젊은 성인에게 이것은 성적인 실험의 기간이다.

> "올해 나는 성적으로 매우 활발해졌다. 안정적인 남자친구가 있다. 우리는 죽도록 서로 사랑하지만 3인조, 때로는 4인조 관계를 맺기도 한다. 우리는 섹스를 즐기고 상상할 수 있는 모든 것을 시도했다. 우리의 '파티'에 관련된 사람들은 그의 룸메이트이다. 우리는 스스로를 '행복한 대가족'이라고 생각한다."
>
> (저자의 파일에서)

일부 젊은이들은 온라인이나 문자 메시지로 자신의 성적 사진을 공유하는 "섹스팅"에 참여한다. 18세 미만의 십대 중 약 7%만이 이 작업을 수행했지만(Ybarra & Mitchell, 2014), 더 많은 성년이 자신의 사진을 다른 사람에게 보냈다(Gordon-Messer et al., 2013). 십대 소녀와 젊은 여성들은 십대 소년이나 젊은 남성들보다 이것을 할 가능성이 더 크다.

최근 몇 년 동안 점점 더 인기를 얻고 있는 성생활 방식은 **후킹 업(hooking up)**이다. 즉, 아무런 약속도 없이 관계가 없는 섹스를 하는 것이다(Garcia et al., 2013). 혜택이 있는 친구라고 불리는 밀접하게 관련된 행동은 낭만적인 약속 없이 친구와의 섹스를 의미한다(Mongeau et al., 2013). 일부 연구에서는 성년의 약 2/3가 데이트하지 않은 사람과 성관계를 가졌음을 발견했지만(Garcia et al., 2013 참조), 다른 연구에서는 1980년대와 1990년대보다 오늘날 더 흔하지 않다는 것을 발견했다(Monto & Carey , 2014). 한 가지 확실한 것은 캐주얼 섹스 파트너를 보고하는 사람들의 수가 청소년기부터 성인이 될 때까지 나이가 들수록 증가한다는 것이다(Lyons et al., 2015). 교육 수준이 낮은 사람들에게 더 많이 발생한다.

대부분의 성년이 이러한 유형의 성적 관계에 참여하는 이유는 낭만적인 헌신을 피하기 위함이다(Bisson & Levine 2009). 그러나 음주는 종종 캐주얼 섹스에 참여하는 요소이다(Lam & Lefkowitz, 2013).

많은 성년이 연결 경험에 대해 긍정적인 감정을 표현하는 반면, 많은 사람들은 후회를 포함한 부정적인 감정을 표현한다(Bersamin et al., 2014; Garcia et al., 2013). 남성은 여성보다 혜택 관계가 있는 친구에 대해 긍정적인 태도를 가질 가능성이 더 높으며, 많은 여성은 연인 관계로 전환되기를 희망한다(Lehmiller et al., 2011). 성교를 시작한 대학생 10명 중 1명은 나중에 이차적 금욕을 선택한다(Rasberry & Goodsen, 2009).

많은 성년들은 **일련의 일부일처제(serial monogamy)**

후킹 업(Hooking up) 어떤 약속도 없는 관계 없는 섹스.

일련의 일부일처제(Serial monogamy) 일련의 일부일처의 성적 관계를 갖는 관행.

라고 하는 성적 생활 방식에 참여한다. 섹스는 오직 한 사람만을 위한 것이다. 성년들이 따르기로 선택하는 성생활 스타일의 유형은 그들의 종교성 수준에 크게 영향을 받는다(Lefkowitz et al., 2004).

성인기의 출현 시기는 대부분의 사람들이 점차적으로 또래의 압력에 덜 영향을 받고 자신의 성적 동기에 대해 더 잘 이해하게 되는 시기이기도 한다.

> "이제는 다른 사람이 어떻게 생각할지 겁내지 않고 스스로 선택하고 의견을 제시한다. 그러나 무엇보다도 나는 내가 애쓰던 관심을 끌기 위해 혼란스러운 섹스를 중단했다. 예를 들어, 나는 그에게 섹스를 하면 그가 나를 좋아하거나 내 친구가 되어야 한다고 생각했다."
>
> (저자의 파일에서)

청년기 Young Adulthood (Ages 26-39)

10.6 결혼, 동거, 혼외 성관계를 포함한 성인의 성생활 방식에 대해 논의한다.

전국 조사에 따르면 44세까지 미국인의 95%가 혼전 성관계를 가졌다(Finer, 2007). 그러나 상대적으로 오래 지속되는 일부일처제는 25세 이상의 대부분의 성인에게 일반적이다(Gotta et al., 2011; Seidman & Rieder, 1994). 이 연령대의 사람들의 경우, 성적으로 활발한 이성애 남성의 약 80%와 성적으로 활발한 이성애 여성의 90%가 지난 1년 동안 단 한 명의 섹스 파트너가 있다고 보고한다. 거의 동일한 결과가 라우만의 그룹(1994)에 의해 보고되었다. 그러나 이 연령대에도 다양한 성생활 및 관계 생활 방식이 있다.

결혼 Marriage

오늘날 사람들은 결혼을 미루고 있을지 모르지만 40세 이전에 결혼하는 남자의 가능성은 81%, 여자의 경우 86%이다(National Center for Health Statistics, 2009).

결혼 1년차의 성교 빈도는 보통 높은 편으로, 1년차에는 한 달에 평균 15회 정도이다. 실제로 전체 인구에서 성관계의 빈도는 20대 중반에서 30대 중반의 기혼 부부에서 가장 높다(Clements, 1994; Herbenick et al., 2010c; Laumann et al., 1994).

성관계의 빈도는 일반적으로 결혼 1~2년 후에 감소한다. 왜? 섹스는 경력 발전과 같은 다른 시간적 요구와 경쟁해야 한다. 부모가 된다는 것은 사생활이 덜하고 요구가 더 많다는 것을 의미하며, 종종 하루가 끝날 때 지치고 결혼생활 만족도가 떨어지는 결과를 낳는다(Ahlborg et al., 2008; Wendorf et al., 2011 참조). 의사 소통의 친밀감과

그림 10-8
상대적으로 오래 지속되는 일부일처제는 25세 이상 대부분의 성인이다.
출처: Creatas Images/Thinkstock/Getty Images

그림 10-9
자녀가 생기면 성관계의 패턴을 바꿀 수 있지만 반드시 빈도가 바뀌는 것은 아니다. 20대 중반에서 30대 중반의 부부들은 다른 어떤 그룹보다 더 자주 성관계를 갖는다.
출처: Roberto Westbrook/Image Source/Alamy Stock Photo

그림 10-10
15~44세 여성의 현재 결혼 및 동거 상태.
출처: Copen et al (2013) National Health Statistics Reports, No. 64, Figure 1.

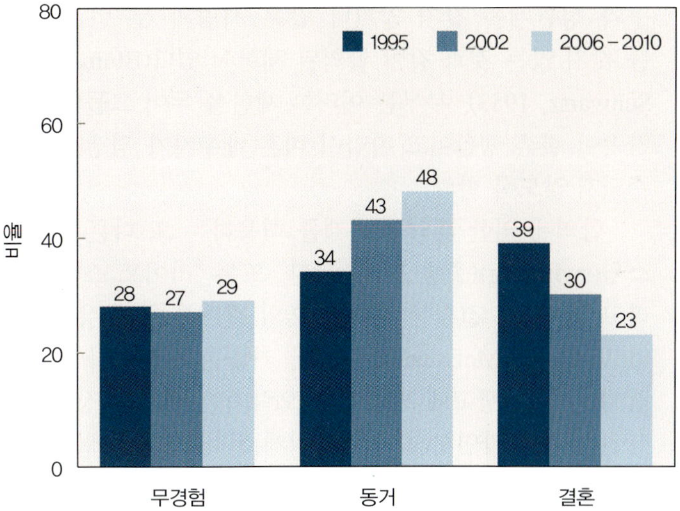

갈등 스타일은 관계에 큰 영향을 미친다(Schmiedeberg & Schröder, 2016). 요컨대, 성적 만족도는 전반적인 관계 만족도와 크게 얽혀 있다(McNulty et al., 2016).

연구에 따르면 오늘날의 부부는 과거보다 다양한 성 행위를 할 가능성이 더 높다(Jayson, 2012a, b 참조). 이것은 성교의 위치와 구강 성교의 경우에 해당된다. 남성과 여성 모두의 대다수가 싱글보다 결혼 생활이 매우 만족스럽다고 보고한다(Clements, 1994; Laumann et al., 1994; Jayson, 2012a, b). 더욱이 수많은 연구에 따르면 결혼을 하고 결혼을 유지하는 성인은 독신으로 지내는 개인보다 심리적 웰빙 수준이 더 높고 신체적 건강이 훨씬 더 좋다(예: Horwitz et al., 1996; National Center for Health Statistics, 2005).

동거/함께 살기 Living Together (Cohabitation)

혼전 성관계에 대한 태도와 마찬가지로 오늘날 더 많은 사람들이 혼전 동거에 대해 과거 세대보다 호의적인 태도를 보인다(Copen et al., 2013; Daugherty & Copen, 2016). 전체 여성의 거의 절반과 고등학교를 졸업하지 않은 여성의 70%가 "첫 번째 결합"은 결혼이 아니라 **동거**(*cohabitation*)이다(그림 10-10 참조). 이는 1970년 인구조사 이후 동거 비율이 700% 이상 증가했음을 나타낸다. 동거기간도 길어지고 있다. 어린이의 40%가 동거 가족에서 일정 기간 동안 산다. 동거 부부의 증가는 오늘날 처음 결혼하는 부부의 나이가 많은 이유 중 하나일 수 있다.

오늘날 동거인은 다양한 그룹이다(Jayson, 2012b). 거의 63%는 결혼한 적이 없고 절반 이상이 대학 교육을 받았으며 41%는 자녀가 있다. 1/3 이상이 50세 이상이다(Brown & Kawamura, 2010). 연속 동거(다중 혼전 관계)는 2000년 이후 거의 40% 증가했다(Lichter et al., 2010).

사람들은 동거에 대한 다양한 이유를 제시한다(Rhoades et al., 2009). 약 절반은 결국 파트너와 결혼하기를 희망한다(Guzzo, 2009). 동거는 결혼 전 시험이나 시험 기간이 될 수 있지만(단순히 섹스를 즐기는 것보다 행복하고 성공적으로 동거하는 것이 훨씬 더 많다) 결혼의 대안이 될 수도 있다(King & Scott, 2005). 동거가 허용되면서 일시적인 편의를 위해 동거하는 커플이 늘어나고 있다(Bumpass & Lu, 2000).

결혼 전에 동거하면 나중에 성공적인 결혼 생활을 할 가능성이 높아지는가? 흥미롭게도 오래된 연구에서는 결혼하기 전에 동거한 커플이 다른 커플보다 결혼 생활의 불안정을 경험하고 이혼할 가능성이 더 높다는 사실을 발견했다(Bumpass & Lu, 2000; Dush et al., 2003). 그러나 이러한 데이터는 동거가 비정상적으로 간주되는 시기에 수집되었다. 오늘날 동거하는 이성애 커플의 거의 50%가 미혼이므로 결혼 전 동거가 일반적이다. 그렇다면 최근 연구에서는 무엇을 찾는가? 남편과만 동거한 여성의 이혼율은 동거하지 않은 여성보다 높지 않다(Teachman, 2003; Tach & Halpern-Meekin, 2009). 1인 이상 동거한 사람과 동거 중 아이를 낳은 부부의 경우 더 높다.

혼외 성교 – 일부일처제 결혼
Extramarital Sex—In Supposedly Monogamous Marriages

전국적으로 대표되는 표본에서 라우만의 그룹(1994)은 50대 사람들의 경우 남성의 37%와 여성의 12.4%가 적어도 한 번 이상 바람을 피운 적이 있다는 것을 발견했다. 30대 남성은 27.6%, 여성은 26.2%가 불륜을 인정했다. 많은 다른 연구에서도 미국인들 사이에서 혼외 성관계의 유병률이 여성보다 남성이 상대적으로 높고 더 높다는 것을 발견했다(Petersen & Hyde, 2011). 그러나 1970년대 중반 이후 이성애 커플과 동성애 커플 모두에서 관계 외 섹스는 극적으로 감소했다(Gotta et al., 2011).

간통에 대한 이러한 통계는 혼외 성관계를 나타낸다. 그러나 심리학자 셜리 글라스(Shirley Glass)에 따르면 "[간통에 대한] 남성의 정의이다. 감정적 참여와 성교가 부족한 성적 참여를 보면 20%가 더 추가된다"(Mehren, 1991에서 인용). 남성은 성적인 관계만 가질 수 있는 반면, 여성의 일은 거의 항상 감정적이거나 성적 및 정서적인 결합이다(Banfield & McCabe, 2001). 많은 기혼자들, 특히 아내는 전화나 인터넷을 통해 감정적인 정사를 한다(Smith, 2011).

전 세계적으로 거의 90%의 사람들이 혼외 성관계가 "항상" 또는 "거의 항상" 잘못된 것이라고 믿는다(Widmer et al., 1998). 남자들은 감정적 애착보다는 파트너가 다른 사람과 성행위를 한다는 생각에 더 화가 난다. 반면에 여성은 배우자의 정서적 외도에 대해 더 걱정하고 남성보다 파트너의 성적 외도를 용서할 가능성이 훨씬 더 높다(Buss et al., 1992; Wiederman & Kendall, 1999).

왜 그렇게 많은 사람들이 혼외 성관계(또는 일부일처제 관계가 아닌 외부의 성관계)에 참여하는가? 남성과 여성 모두 성적 및 감정적 동기, 즉 현재 관계가 이러한 측면 중 하나 또는 둘 모두에서 불만족스럽다고 말한다(Mark et al., 2011; Omarzu et al., 2012). 물론 존 개그논(John Gagnon, 1977)이 지적한 것처럼 흥분 요인도 있다.

> 대부분의 사람들은 특히 초기 단계에서 혼외 관계를 매우 흥미롭게 여긴다. 이것은 심리적 압박의 결과이다. 부부는 함께 모인다. 그들은 둘 다 매우 흥분한다(욕망, 죄책감, 기대). 함께 있는 시간은 단 3시간뿐이다. 또 다른 매력은 상대방이 항상 잘 생겼고 행동이 좋을 때만 보이고, 피곤하거나 초라해 보일 때, 아이를 돌볼 때, 저녁을 요리할 때 절대 보이지 않는다는 것이다. 매번, 부부가 함께하는 모든 시간은 다른 모든 관계에서 빼앗겼기 때문에 특별하다. 죄책감과 흥분의 결과 조합은 고조 효과가 있다.
>
> (**존 개그논**, 1977)

정치적 성향(극단주의 대 초자유주의)을 포함한 사회적 배경과 종교 또는 종교의 결여를 포함한 사회적 배경과 혼외정사에 관여하는지 여부 사이에는 연관성이 거의 없다(Janus & Janus, 1993). Whitehurst(1972)는 두 가지가 "외부 섹스"에 기여한다고 지적한다. 하나는 단순히 기회이다. 일하는 여성은 하루 종일 집에 있는 여성보다 다른 남성을 만나고 바람을 피울 기회가 더 많다. 두 번째 기여자는 소외감이다. 사람들은 시간이 지남에 따라 성장하고 다양한 관심사를 발전시킬 수 있다. 따라서 당신이 당신과 관심사를 공유하고, 매력적으로 보이고, 당신에게 끌리는 것처럼 보이는 다른 사람을 만난다면, 이것은 당신의 삶의 다른 부분을 공유하는 것으로 이어질 수도 있다.

혼외 성교 – 합의 하

Extramarital Sex—Consensual Arrangements

일부 커플은 부부 관계 밖에서 섹스를 하기로 동의한다. 그러한 합의 중 하나는 **공개 결혼(open marriage)**으로, 두 파트너 모두 다른 사람과 성관계를 갖는 것이 괜찮다는 데 동의한다. 그러나 여기에서도 일반적으로 상호 친구와 성관계를 갖지 않거나 같은 사람과 두 번 성관계를 갖지 않는 것과 같이 합의된 제한이 있다(Blumstein & Schwartz, 1983). 부부는 이러한 제한을 두어 그들의 주된 약속이 결혼 생활이고 따라서 비혼 배우자가 경쟁자로 간주되지 않도록 한다.

합의에 의한 혼외 성관계를 허용하는 또 다른 방식은 **스윙(swinging)**(종종 "아내 교환" 또는 "라이프 스타일"이라고 함)으로, 결혼한 부부가 혼외 관계를 함께 유지한다(deVisser & McDonald, 2007). 커플은 신문이나 스윙어 잡지에 실린 광고에 답하거나 오락적인 섹스를 장려하는 상업 클럽에 가면서 함께 어울리게 된다. 성행위에는 종종 남편이 지켜보는 동안 여성 간의 섹스가 포함되지만 남성의 동성 행위는 훨씬 덜 일반적이며 많은 경우 금지된다. 다음은 뉴올리언스의 스윙어 클럽에서 커플이 경험한 몇 가지이다.

> "내가 여성에게 관심이 있을 수 있다는 것을 알고 있었기 때문에 우리는 그것을 탐구하는 것으로 시작했다. 우리가 그렇게 하기 시작하자 그도 어떤 조치를 취하기를 원했다. . . 집에 데려온 여자들과 섹스를 했다. . . 성적으로 지루해서 서로 바람 피우기보다는 함께 즐겁게 지낸다. . . 그리고 당신은 섹스를 하지 않아도 된다." (남자 35, 여자 26, 결혼 3년)
>
> "기만하지 않고 실험하고 수행할 수 있는 자유. 두 파트너가 성에 대해 공개적으로 의사 소통하는 관계를 경험할 수 있는 유일한 시간일 것이다. 숨기지 않고, 바라지 않고, 환상에 휘둘리지 않고, 부정 행위도, 죄책감도 없다. 말하자면 모든 것이 '탁자 위에 있다'. 멋지다." (남자 37, 여자 32, 결혼 12년)
>
> (모든 예제는 작성자의 파일에서 가져옴)

스윙은 1970년대에 인기가 절정에 이르렀다가 1980년대에 쇠퇴했다. 전국적으로 스윙 클럽의 수가 증가했지만 전반적인 유행을 확립하기 위한 최근 연구는 수행되지 않았다. 그들이 백인 경향이 있고, 다른 사람들보다 덜 종교적이며, 혼전 성 경험이 더 많다는 사실을 제외하고 스윙어는 심리적 건강과 관계의 질에서 다른 커플과 다르지 않다(Rubel & Bogaert, 2015).

공개 결혼(Open marriage) 부부 생활 밖에서 성관계를 갖는 것이 허용된다는 데 부부가 동의하는 결혼 관계.

스윙(Swinging) 부부가 다른 부부와 혼외 관계를 맺는 공개 결혼 관계의 한 유형.

중년 Middle Age (Ages 40-59)

10.7 중년 개인의 성행위와 노화에 따른 신체적 변화에 대해 설명한다.

성에 대한 기독교와 빅토리아 시대의 견해는 결혼 생활에서의 성은 출산만을 위한 것이며 쾌락을 위한 성행위는 배제한다고 강조했다. 따라서 서구 문화는 더 이상 무성애자로 생각할 수 없는 나이든 사람들을 보게 되었다. 예를 들어, 많은 학생들이 자신의 부모와 조부모가 서로를 사랑한다고 믿지만, 부모와 조부모가 성생활을 한다고 생각하는 학생은 얼마나 될까? 다음은 우리 과정에서 학생들의 다양한 답변이다.

> "엄마가 아빠와 섹스를 한다고 했을 때 나는 14살이었다. 나는 충격을 받았고 역겹다고 생각했다. 더 이상 듣고 싶지 않았다."
>
> "부모님은 섹스를 하지 않는다. 그들은 다른 할 일이 있다."
>
> "부모님이 실제로 섹슈얼리티를 갖고 있다고 생각하거나 섹스를 한다는 생각이 나를 괴롭혔다."
>
> "게다가 40대 후반과 50대 초반인데, 섹스를 한다는 건 상상도 할 수 없어."
>
> "내가 십대였을 때 그들이 무엇을 할 것인지 알고 있었기 때문에 그들이 방에 들어가 문을 닫고 잠그는 것이 불편할 것 같았다. 20대가 된 지금, 부모님이 여전히 서로를 사랑하고 아끼고 있다는 것을 알게 되어 기분이 좋고, 40, 50대에도 긍정적인 성적인 태도를 가질 수 있다는 믿음이 생긴다."
>
> "때때로 나는 아버지가 섹스를 할 수 있도록 집에 머물렀다는 것을 알기 때문에 아버지가 아침에 늦게 집에 오시는 것을 볼 때 그들을 약간 놀리곤 한다. 결혼 25년차에도 여전히 서로 사랑하고 성적인 표현을 하는 모습이 멋있는 것 같다."
>
> (모든 예제는 작성자의 파일에서 가져옴)

다음과 같이 자문해 보시오. "부모님은 성교를 즐기는가? 얼마나 자주? 그들은 다른 위치를 사용하는 것을 즐기는가? 조부모님은 섹스를 즐기는가? 얼마나 자주? 그들은 다른 위치를 사용하는 것을 즐기는가?"

이 질문에 어떻게 답했는지 생각해 보고 다음과 같이 자문해 보시오. "성에 대한 나의 태도는 무엇인가?" **당신이 지금 섹스에 대해 느끼는 방식은 미래에 섹스에 대해 어떻게 느낄지에 대한 가장 좋은 추정치이다**(Bretschneider & McCoy, 1988). 지금 섹스를 즐긴다면 나중에 왜 섹스를 그만둬야 하는가? 이전 사례에서 어떤 학생이 성에 대해 더 긍정적인 태도를 갖고 부모가 될 것이라고 생각하는가? 부모와 조부모가 무성애자라고 믿는 것은 스스로 부모가 되었을 때 부정적인 결과를 초래할 수 있다. 그러면 파트너를 어떻게 생각하고 그 반대도 마찬가지인가?

그림 10-11

45세에서 54세 사이의 배우자가 있는 사람들 중 절반 이상이 적어도 일주일에 한 번은 성관계를 갖는다. 당신은 당신의 부모님이 여전히 섹스를 즐긴다고 믿는가? 여러분이 부모가 되었을 때, 만약 여러분의 아이들이 여러분과 여러분의 파트너가 성적인 관계를 즐긴다는 것을 안다면, 여러분은 당황하겠는가?

출처: B2M Productions/Photodisc/Getty Images

> "남편과 나는 이상적인 결혼 생활을 하고 있었다. 우리의 커플은 훌륭했을 뿐만 아니라 극도로 격렬한 성적 관계도 공유했다. 결혼한 지 2년이 되었을 때 우리는 부모가 될 것이라는 소식을 들었다. 남편은 훌륭했다. 그는 내가 우리 아이를 안고 있는 동안 매우 세심하고 힘이 되었다. . . ."
>
> "그는 자랑스러운 아버지였다. 그러나 딸을 낳은 후 우리 사이는 결코 같지 않았다. 아기가 태어난 이후로 우리 사이에는 거의 섹스가 없었지만, 나는 그것이 그의 오랜 시간 때문이라고 생각했다. . . ."
>
> "남편이 멀리 있다는 것을 느끼기 시작했다. 나는 그에게 그가 우리와 함께가 아니라 우리에게서 멀어지고 있다고 말했다. 나는 그에게 무슨 일인지 물었고 그는 내가 엄마가 된 이후로 더 이상 나를 성적 파트너로 볼 수 없다고 말했다. 나는 엄마였고 그것은 받침대 위에 올려 놓아야 할 성스러운 것이었다. 더 이상 나를 성적으로 생각하는 것은 불가능하다고 했다."
>
> (저자의 파일에서)

나이든 사람들은 젊은 사람들이 성관계를 갖는 것에 대해 부정적인 고정 관념을 가지고 있다는 것을 알고 있다. 이러한 부정적인 태도를 **연령차별**(*ageism*)이라고 한다(Nelson, 2016 참조). 비극이 없다면 우리 모두는 언젠가 늙게 될 것이다. 오늘날의 젊은이들이 나이가 들어도 제대로 된 대우를 받으려면 이러한 부정적인 태도가 바뀌어야 한다.

"사실, 아빠는 자기 나이 또래의 남자치고는 성에 대해 꽤 잘 알고 계셔."

Rex May

개인적인 생각 Personal Reflections

부모가 성관계를 즐기는 것을 생각하면 편안한가, 아니면 불편한가? 왜? 부모를 성적인 인간으로 보는 것이 어렵다면 어떤 영향을 미칠 것 같은가? 당신과 당신의 파트너가 부모가 되었을 때(그리고 서로를 부모로 볼 때) 당신 자신의 성적 관계에 어떤 영향을 미칠까? 당신이 부모가 되었을 때 당신과 당신의 파트너가 성관계를 즐긴다는 것을 자녀가 알면 창피할 것인가? 왜?

성교 빈도 Frequency of Sex

앞서 언급했듯이 국가 횡단면 조사에 따르면 20대 중반에서 30대 중반 사이의 사람들이 성행위를 가장 많이 하는 것으로 나타났다(Clements, 1994; Herbenick et al., 2010c Laumann et al., 1994). 그 후 급격한 하락이 있는가? 적어도 60년대까지는 그렇지 않았다. 대부분의 설문조사에서 40대의 성행위 감소와 50대의 추가 감소를 보여주지만, 감소는 매우 점진적이며, 젊었을 때보다 한 달에 1~2배 정도 적다(Clements, 1994; Herbenick et al., 2010a; Schick et al., 2010; Segraves & Segraves, 1995; Seidman & Rieder, 1994). 최근 전국적으로 대표되는 설문조사에 따르면 50~70세 남성의 약 56%와 여성의 70%가 전년도에 성교를 한 적이 있다(Schick et al., 2010). 미국 은퇴자협회(American Association of Retired Persons, AARP)의 조사에 따르면 파트너와 함께하는 50세 이상 인구의 절반이 일주일에 한 번 이상 성교를 하고 있는 것으로 나타났다(Jacoby, 2005). 섹스가 그들에게 중요한지 물었을 때, 30대, 40대, 50대 초반의 사람들이 10대 후반이나 20대 초반의 사람들보다 그렇다고 대답했다(Clements, 1994).

관계 내에서 성교 빈도는 관계 및 성적 만족도와 긍정적인 관련이 있다(Costa & Brody, 2012). 전국 조사에서 라우만 등(2006)은 40세에서 80세 사이의 남성과 여성의 성적 웰빙이 파트너에 대한 신체적, 정서적 만족과 좋은 동반자 관계와 강한 관련이 있음을 발견했다.

그러나 50대의 모든 사람이 규칙적으로 성관계를 갖는 것은 아니다. 50대 이상의 사람들에게 성관계 여부를 결정하는 두 가지 주요 요소는 건강과 파트너의 가용성이다(Lindau & Gavrilova, 2010; Schick et al., 2010). 사람들이 40대 초반이 되면 미혼 남성보다 미혼 여성이 더 많다. 우리 사회에도 이중잣대가 있다. 많은 사람들이 여성이 자신보다 훨씬 어린 남성과 성관계를 갖는 것에 대해 눈살을 찌푸리지만, 대부분은 남성이 더 어린 여성과 관계를 갖는 것이 괜찮다고 생각한다. 따라서 40세 이상의 여성은 일반적으로 나이든 남성보다 새로운 파트너를 찾는 데 더 어려움을 겪는다(Carpenter et al., 2006). AARP의 조사에 따르면 55세에서 59세 사이의 사람들 중 약 90%의 남성이 성 파트너가 있지만 여성의 약 70%만이 성 파트너가 있는 것으로 나타났다(Jacoby, 1999). 즉, 40세 이상의 모든 사람(특히 여성)에게 성 파트너를 가질 기회가 있었다면 방금 읽은 섹스 빈도에 대한 통계 수치가 훨씬 더 높을 것이다.

여성의 성: 나이에 따른 물리적인 변화
Female Sexuality: Physical Changes with Age

3장에서 소녀들은 태어날 때 수십만 개의 난포(난포)를 갖고 태어나고 매달 수백 개가 성숙하기 시작한다는 것을 상기하시오(McGee & Hsueh, 2000). 여성이 40대가 되면 공급되는 난자가 거의 고갈된다. 그녀의 난소는 뇌하수체 호르몬 FSH와 LH에도 잘 반응하지 않기 때문에(그림 10-12 참조) 월경 주기 불규칙은 35세 이후에 흔하다. 주기는 일반적으로 이전보다 덜 빈번해지고 월경은 단조로워진다(Mackey, 2009). 결국 그녀의 난소는 위축되고(위축) 월경 주기를 완전히 중단하여 자녀를 가질 수 있는 능력을 상실한다. 마지막 월경을 **폐경(menopause)**이라고 한다. 폐경 전 몇 년과 폐경 후 첫해에 발생하는 변화를 **갱년기(climacteric)**라고 한다(Sowers, 2000 참조).

여성의 5분의 4는 평균 연령이 51세인 44세에서 55세 사이에 폐경을 경험하지만(Al-Azzawi & Palacios, 2009),

폐경/완경(Menopause) 여성의 마지막 월경 기간을 나타내는 용어.
갱년기(Climacteric) 폐경 전 몇 년과 폐경 후 첫해에 여성에게 나타나는 변화이다.

그림 10-12

여성의 일생 동안 뇌하수체 호르몬의 분비 패턴. 폐경 후 FSH와 LH의 큰 증가는 난소에서 에스트로겐과 프로게스테론의 손실 때문이다.

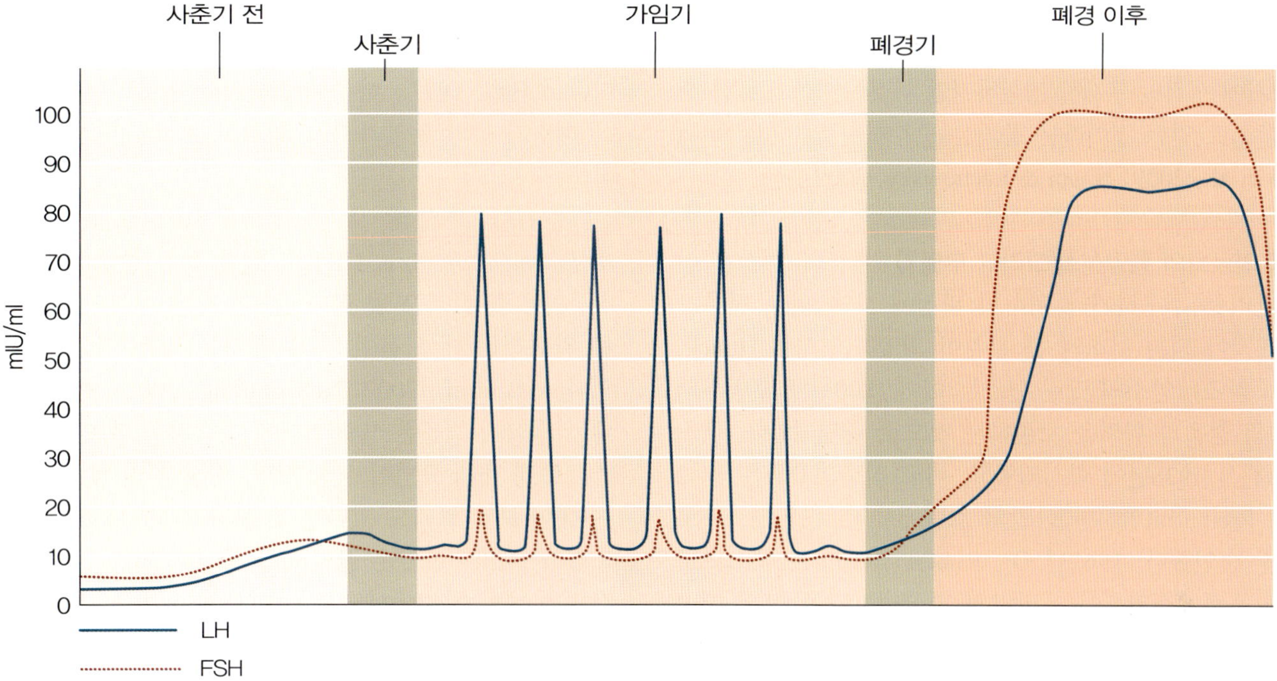

최대 10%가 40세 이전에 폐경을 경험하기도 한다(Bruno, 2005). 폐경은 노화의 자연스러운 결과일 뿐이다.

난소가 위축되면 생식선 호르몬이 점점 더 적게 생성되고 결국에는 프로게스테론이 생성되지 않고 소량의 에스트로겐만 생성된다. 테스토스테론 수치도 종종 감소한다. 대부분의 여성은 이러한 호르몬 변화의 결과로 몇 가지 증상을 경험한다.

에스트로겐과 프로게스테론은 뇌하수체에서 FSH와 LH의 방출을 억제한다. 폐경이 되면 뇌하수체 호르몬이 더 이상 억제되지 않고 다량으로 분비된다. 생식 역할 외에도 이러한 호르몬은 혈관의 직경에 영향을 주어 혈관을 확장시킨다. 주관적으로, 이 생리학적 변화는 **일과성**(*hot flash*), 즉 상체, 얼굴 및 머리에 퍼지는 갑작스러운 온기 또는 강렬한 열 감각으로 인식된다(Kronenberg, 1994 참조). 감각은 몇 초에서 15분 이상 지속되며 밤에 매우 흔하여 수면을 방해한다. 이것은 피로, 과민성 및 우울증으로 이어질 수 있다. 안면 홍조는 폐경 후 평균 약 5년 동안 지속되지만 여성의 1/3은 10년 후에도 여전히 안면 홍조를 경험한다(Freeman, 2014).

에스트로겐의 손실은 또한 질이 얇아지고 덜 탄력 있게 하여 성적 흥분 동안 **질 윤활의 양이 현저하게 감소하게** 한다. 폐경 후 여성은 일반적으로 질 건조(윤활 감소의 결과)와 **폐경의 비뇨생식기 증후군**(*genitourinary syndrome of menopause*)이라고 하는 음순의 변화를 경험한다(Portman et al., 2014). 질이 제대로 윤활되지 않으면 성교가 고통스러워 일부 폐경기 여성은 성관계를 피하기 시작할 수 있다. 그러나 여성과 파트너가 폐경 후 질 건조를 욕망 부족의 표시가 아니라 정상적인 생리학적 반응으로 받아들이는 경우에는 이것이 불필요하다. 건조함은 질내 에스트로겐 제제(정제, 크림, 링; Santoro et al., 2016 참조) 또는 K-Y Jelly와 같은 윤활제로 상쇄될 수 있다(Herbenick et al., 2011).

나이가 들수록 뼈가 더 부서지기 쉬운 상태인 **골다공증**(*osteoporosis*)에서 감소된 에스트로겐 수치의 역할에 많은 관심이 주어졌다(Rozenberg et al., 1994 참조). 골다공증으로 인한 고관절 골절은 연간 250,000건 이상 발생하며 여성의 조기 사망은 50,000건에 이른다.

성적 욕망은 어떤가? 많은 학생들은 여성이 폐경기 이후에 더 이상 섹스에 관심이 없다고 생각한다.

> "여성이 폐경 후에도 여전히 성욕이 있다는 사실에 놀랐다. 나는 항상 그것이 우울하고 섹스가 없는 시간이라고 믿었다. 글쎄, 당신은 매일 새로운 것을 배운다."
>
> (저자의 파일에서)

많은 여성에게 폐경(자연적 또는 자궁적출술 관련)은 성에 대한 관심에 변화를 일으키지 않으며(Hallstrom & Samuelsson,

1990; Kokcu et al., 2015; Segraves & Segraves, 1995) 일부 여성은 실제로 성에 대한 관심 증가를 보인다. 폐경 후(Dillaway, 2005), 아마도 그들이 더 이상 임신에 대해 걱정할 필요가 없기 때문일 것이다. 일부 여성은 갱년기 및 폐경기에 성적인 문제를 경험하지만 이것이 에스트로겐 수치 감소로 인한 것이라는 증거는 충분하지 않다(da Silva Lara et al., 2009; Nappi & Lachowsky, 2009).

폐경 의료화의 흥망성쇠(그리고 부활?) 폐경 후 여성은 건강 관리를 추구하거나 귀하의 관점에 따라 의료 전문가의 표적이 되는 사회의 큰 부분이 되었다(역사는 Houck, 2006 참조). 암소의 말린 난소는 이미 1800년대 후반부터 여성의 젊음과 활력을 보존하는 것으로 판명되었다. 에스트로겐은 1928년에 합성되었고, 미국 식품의약국은 1942년에 Premarin(임신한 암말의 소변에서 추출한 에스트로겐)을 승인했다. 1962년 Dr. Robert Wilson은 에스트로겐과 프로게스테론이 유방암과 자궁내막암을 함께 예방한다는 연구결과를 유력 의학저널에 발표했다. *Feminine Forever*라는 제목의 1966년 책에서 Wilson은 에스트로겐이 "여성을 성적으로 매력적이고 유능하게 유지하는 것 외에는 따로 있다. . . 여성의 뼈의 힘, 피부의 광채, 머리카락의 광택을 보존한다. . . 에스트로겐은 여성이 적응력이 있고 성미가 좋으며 일반적으로 함께 살기 쉽게 만든다." 갱년기의 의료화가 시작되었다.

의료화(*medicalization*)는 "임신, 출산, 월경 및 폐경의 정상적인 과정이 의학에 의해 주장되고 재정의되는 과정"을 의미한다(Kaufert & Lock, 1997). 갱년기의 의료화를 반대하는 사람들은 건강 악화에 대한 부정적인 기대가 문화적으로 결정된 태도, 제약 회사의 판촉 및 언론 압력의 결과라고 주장하고 (정확하게) 우리나라의 나이든 여성이 이미 나이든 남성보다 더 건강하며 더 오래 산다고 지적한다(van Hall, 1997). 다른 문화권이나 인종 그룹의 여성들은 폐경기 동안 문제가 거의 없다고 보고한다(상자 10-A 참조).

증거를 조사해 보자. 호르몬 대체 요법(*hormone replacement therapy*, HRT)이 혈관 운동 증상(안면 홍조, 식은땀), 질 건조증 및 골다공증과 같은 폐경의 일부 증상을 완화하는 데 도움이 될 수 있다는 것은 의심의 여지가 없다(Avis et al., 2002; Nelson et al., 2002). 폐경 치료에 대한 의학적 접근은 1990년대에 수행된 일부 연구에서 에스트로겐 대체 요법이 심장 질환, 결장암 및 알츠하이머병에 대한 보호 효과도 있다는 것을 나타내면서 실제로 확대되었다. 제약회사들은 골치 아픈 증상의 치료제는 물론 심장병의 예방 차원에서도 호르몬 대체 요법을 추진하기 시작했다.

여러 연구에서 장기간 사용하면 유방암의 위험이 증가하고 프로게스틴을 추가하면 위험이 더 높아진다고 보고하면서 문제가 시작되었다. 여러 연구에서도 호르몬 대체 요법과 관련된 심장 질환의 유의한 예방을 찾지 못했다. 그래서 1997년에 대규모 연구(여성 건강 이니셔티브라고 함)에서 프렘프로(프리마린과 프로게스테론)의 장기 효과를 위약과 비교하기 시작했다. 연구는 8년 동안 진행되어야 했지만 5년 후인 2002년에 중단되었다. 이유는 무엇일까? 프렘프로를 투여받은 여성은 고관절 골절과 결장암이 적었지만 심장마비, 뇌졸중, 혈전 및 유방암을 더 많이 경험했다(Manson et al., 2003). 나쁜 결과가 좋은 결과보다 훨씬 많았다. 13년 후에 수행된 후속 연구에서 이러한 결과가 확인되었다(Manson et al., 2013). 이후의 연구에서는 난소암(Mørch et al., 2009)과 유방암(Chlebowski et al., 2010; Heiss et al., 2008; Million Women Study Collaborators, 2003) 모두에 대한 위험이 증가하는 것으로 나타났다.

이러한 발견의 결과로 2002년 이후 전신 호르몬 요법의 사용이 80% 감소했다. 그러나 최근 연구에 따르면 많은 여성이 호르몬 대체 요법의 일부 사용으로 이점을 얻을 수 있다. 자궁 적출술을 받은 여성의 경우 에스트로겐 단독 요법(프로게스테론 없음)이 안전하다(Faubion & Kaunitz, 2016). 여성이 폐경 직후에 호르몬을 복용하기 시작한 경

그림 10-13
대부분의 커플에게 성적 동기는 관계의 질과 밀접한 관련이 있다.
출처: Wavebreak Media ltd/Alamy Stock Photo

우 호르몬 대체 요법은 심장 질환의 위험을 높이지 않는다(Manson et al., 2007). 알약 대신 에스트로겐 패치나 질 젤을 사용하여 위험을 줄일 수도 있다(Roberts & Hickey, 2016).

최종 결론: 만능 정답은 없다. 오늘날 대부분의 전문가들은 폐경 후 몇 년 이내에 단기 호르몬 대체 요법을 시작하고 암의 가족력이 없다면 위험보다 이점이 더 클 수 있다고 말한다(예: Manson & Kaunitz, 2016; Roberts & Hickey, 2016). 여성은 의사와 상의해야 한다. 그건 그렇고, 식물성 에스트로겐(비처방 "천연"콩과 같은 식품에서 발견되는 에스트로겐)은 갱년기 증상을 치료하는 데 효과적이라는 좋은 과학적 증거가 없다(Eden, 2012; This et al., 2011).

또 다른 논란이 되는 의학적 주제는 성욕이 낮은 여성을 위한 테스토스테론 대체 요법이다. 프록터 앤 갬블(P & G)은 난소 절제술을 받은 여성을 위한 테스토스테론 패치(Intrinsa)를 판매하고 모든 폐경기 여성에게 승인되기를 원했지만 FDA는 거부했다. 패치는 일부 폐경기 여성의 욕구를 증가시키는 것으로 나타났다(Davis & Braunstein, 2012 참조). 그러나 많은 전문가들은 여성의 낮은 성욕의 대부분이 관계 및 심리적 요인 때문이라고 믿고 있다(Basson, 2009; 4장과 13장 참조).

남성의 성: 나이에 따른 물리적인 변화

Male Sexuality: Physical Changes with Age

남성은 일반적으로 여성이 경험하는 호르몬의 갑작스러운 손실을 경험하지 않는다. **남성 갱년기**(*male menopause*)라는 용어가 일반적으로 사용되지만 이것은 일반적으로 일부 남성이 변화하는 가족 관계 및/또는 초기 경력 목표를 달성할 수 없는 것에 대한 반응으로 나타나는 중년의 심리적, 정서적 반응을 나타낸다.

남성은 10대 후반에 시작되는 테스토스테론 수치의 점진적인 감소를 보여준다(Buvat et al., 2013). 55세가 되면 남성의 20~50%가 젊은 성인 남성의 정상 범위보다 낮은 테스토스테론 수치를 보인다. 이러한 테스토스테론의 감소는 남성의 나이에 따라 약간의 생리학적 변화를 초래할 것이다. 이것은 때때로 **남성 갱년기**(*andropause*)라고 한다. 변화에는 음경의 감수성 감소, 발기가 되는 시간이 길어지

상자 10-A 다문화적 관점

다른 문화의 폐경

생물학적 사건으로서의 폐경은 보편적이다. 전 세계의 모든 여성은 결국 월경 주기를 멈추고 에스트로겐 수치가 감소한다. 그러나 폐경기의 경험은 어떠한가? 서양의 의료 종사자들은 폐경기를 의학적으로 규정하고 폐경기 이후를 신체가 망가지는 시기로 부정적으로 묘사한다(그러나 호르몬 대체 요법으로 고칠 수 있음). 반면에 서구의 페미니스트들은 갱년기를 질병이 아니라 해방과 기쁨을 가져다줄 수 있는 노화의 정상적인 부분으로 여긴다. 다음 중 어느 것이 더 현실적인가?

폐경 경험은 삶의 사건에 의해 영향을 받는다(Pimenta et al., 2012). Richters(1997)는 폐경에 대한 문화 간 연구를 검토하고 많은 차이점을 발견했다. 예를 들어, 대다수의 미국 및 유럽 여성이 폐경 후 안면 홍조를 경험하지만, 일본(및 아시아의 다른 많은 지역) 또는 멕시코의 마야인에서는 폐경 후 여성에게 흔하지 않다(Avis et al., 2001; Beyne & Martin , 2001; Chim et al., 2002; Lock, 1994). 마야인들은 이에 대한 단어조차 없지만 일반적으로 다른 라틴 아메리카 문화에는 매우 부정적인 태도가 있다(Dulón-Pérez et al., 2013). 그리스의 일부 지역에서 여성들은 안면 홍조를 경험하지만 이를 의사에게 가야 하는 의학적 증상으로 생각하지 않는다(Beyne, 1989).

이러한 차이의 전부는 아니지만 일부는 다른 문화에서 여성의 사회적 위치로 설명될 수 있다(Avis et al., 2001; Richters, 1997). 여성이 중년에 명성과 권력을 획득하는 문화에서 폐경기는 노인을 부담으로 여기는 미국과 달리 긍정적으로 볼 수 있다. 예를 들어, 카메룬 북서부에서는 여성이 폐경 후에 지혜를 얻어 사회적 지위가 상승한다고 믿어지는 반면, 나이지리아의 일부 지역에서는 폐경 후 여성에게 더 많은 권력을 부여한다(Best, 2002). 전통적인 나바호족 여성은 폐경을 삶의 상태의 긍정적인 변화(예: 월경 금기가 없음)로 보고(아마도 결과적으로) 서양 여성과 동일한 증상을 경험하지 않는다(Wright, 1983). 한 국가에서 다른 국가로의 이주는 폐경에 대한 인식을 빠르게 바꿀 수 있다. 이탈리아 여성은 일반적으로 폐경에 대해 긍정적인 역할과 긍정적인 태도를 가지고 있지만(Donati et al., 2009), 호주로 이주한 이탈리아 여성은 폐경이 더 이상 유효하지 않을 때 폐경을 부정적으로 보게 되었다(Gifford, 1994).

미국의 폐경기 경험에는 인종적 차이가 있다. 아프리카계 미국인 여성은 백인이나 히스패닉계 여성보다 안면홍조를 경험할 가능성이 훨씬 더 높으며(Painter, 2010 참조) 아시아계 미국인 여성은 일반적으로 더 적은 증상을 경험한다(De Angelis, 1997 참조). 이것은 노년 여성의 사회적 지위에서 인종적 차이를 반영할 수 있지만 식이 요법 때문일 수도 있다(Adlercreutz et al., 1992). 모든 인종 그룹의 흡연자는 더 큰 증상을 경험했다(Avis et al., 2002 참조).

한 가지 결론을 내릴 수 있다. 폐경 경험은 문화 전반에 걸쳐 또는 문화 내에서 모든 여성에게 동일하지 않다(리뷰는 Anderson et al., 2011; Melby et al., 2011 참조). 폐경(및 월경), 여성의 역할, 건강 문제(예: 다이어트 및 흡연)에 대한 태도는 모두 문화적으로 특정한 폐경 경험에 기여한다.

고 발기가 덜 단단해짐, 고환의 수축, 사정의 강도가 약해짐(종종 방울소리와 유사), 오르가즘 후 더 긴 불응 기간(남자가 또 다른 오르가즘을 가질 수 있기까지의 시간), 근육량 감소 및 골밀도 감소(허약함 유발), 드문드문 수염과 약간 높은 목소리(Buvat et al., 2013)가 포함된다. 테스토스테론의 감소가 충분히 크면 섹스에 대한 남성의 관심에도 영향을 미친다. 정자 생산은 노년기까지 계속되지만 40세 이후에는 감소한다.

남자가 앞서 언급한 변화가 정상이라는 사실을 인지하지 못하면 그에 과잉 반응하고 자신의 섹슈얼리티를 의심하기 시작할 수 있으며, 이러한 수행 불안은 심각한 문제로 이어질 수 있다. 미 국립노화연구소(National Institute on Aging)의 폴 코스타 주니어(Paul Costa, Jr.)는 "일부 노인들은 발기가 예전 기억만큼 크지 않다고 말할 수 있다. 그러나 그들의 파트너는 '글쎄, 자기야, 당신도 그때 그들을 과대 평가했다'라고 말한다"(Angier, 1992에서 인용). 나이가 들면서 발기 문제가 발생하는 남성의 경우 발기 촉진제(비아그라, 시알리스, 레비트라—13장 참조)가 있다.

오늘날 일부 의사들은 남성 갱년기에 대한 테스토스테론 대체 요법을 옹호하고 있다(예: Dimopoulou et al., 2016; Snyder et al., 2016 참조). 그러나 테스토스테론이 혈전의 위험을 증가시킨다는 증거가 있다(심장마비 및 뇌졸중으로 이어짐)(Vigen et al., 2013). 2015년에 FDA는 테스토스테론의 정상적인 연령 관련 감소에 테스토스테론 요법을 사용해서는 안 된다고 결론지었다(Nguyen et al., 2015). 그것은 확실한 성선기능저하증이 있는 남성에게만 예약되어야 한다(Garnick, 2015 참조). 그럼에도 불구하고 아마도 다른 남자들도 그것을 요구하기 시작할 것이다. 우리는 여성에게 일어난 것과 유사한 남성 "갱년기"의 의료화 직전에 있을지도 모른다. 미 국립노화연구소(National Institute on Aging) 소장인 Richard Hodis 박사는 "테스토스테론 대체의 역할을 이해하는 데 있어서, 우리는 수십 년 전에 여성에 대한 에스트로겐 대체와 함께 했던 많은 부분에 있다. 호르몬 대체의 잠재적 이점과 위험에 대해 남성과 의사들에게 충분히 알리지 않는다는 것은 명백하다"(Kolata 인용, 2002).

개인적인 생각 Personal Reflections

노인들이 성관계를 즐긴다는 생각이 당신을 편안하게 하는가, 아니면 불편하게 하는가? 왜? 50대 이상이 되어도 여전히 성관계를 즐기고 싶은가? 그렇지 않다면 몇 살에 섹스를 즐기지 않을 것이라고 생각하는가? 왜?

노인기 The Elderly Years (Age 60+)

10.8 노인의 섹슈얼리티에 직접적인 영향을 미칠 수 있는 노화의 현실을 설명하고 건강한 노인 부부 사이의 성 관계의 만연에 대해 논의한다.

> "나이 든 사람들이 섹스에 대해 생각한다고는 생각하지 않았다. 나이가 들면 흥미를 잃은 줄 알았다."
>
> (저자의 파일에서)

우리 문화에서 노인은 무성 인간, 즉 중성자로 간주된다. 섹스는 젊고 건강한 사람들만이 누릴 수 있는 것이다. 로즈와 소아레스(1993)에 따르면, "나이 든 사람들 사이의 섹슈얼리티에 대한 증거는 종종 농담을 하거나, 무시하거나, 골치 아픈 행동으로 정의한다. 성적으로 활발한 나이 든 남자는 '더러운 늙은이'로 간주되고 성적으로 활발한 나이 든 여성은 터무니없고 창피한 것으로 간주된다. 이러한 문화적으로 내재된 부정은 사람들이 자신의 부모의 섹슈얼리티를 받아들이는 데 어려움을 겪는 데 뿌리를 두고 있을 수 있다."

진실은 무엇인가? 노인들이 섹스에 관심을 갖는 것은 정말 이례적인 일인가? 최근 몇 년간 전국적인 조사가 있었다(Dunn & Cutler, 2000; Fisher et al., 2010; Jacoby, 2005; Lindau et al., 2007; Laumann et al., 2005, 2009; Schick et al.). , 2010; Waite et al., 2009; 검토는 DeLamater, 2012 참조). 그들이 무엇을 찾았는지 보자.

파트너가 있는 60대 초반의 사람들 중 70% 이상이 정기적으로 성관계를 갖고 있다. 그들 중 50% 이상이 일주일에 한 번 이상 성교를 한다. 60대 후반과 70대 초반에 미국인의 약 50%가 성생활을 한다. 70대 후반과 80대 초반

King Features Syndicate

에 약 25%에서 40%의 사람들이 여전히 성생활을 하고 있다(Hyde et al., 2010 참조). 나이가 들어감에 따라 성행위의 유병률이 감소한다는 점에 유의하시오. 또한 노인 여성이 노인 남성보다 성적으로 활발하다고 보고할 가능성이 적은 것도 사실이다(예: Fisher et al., 2010; Kontula & Haavio-Mannila, 2009; Lindau et al., 2007).

가장 나이가 많은 그룹에도 정기적으로 성관계를 갖는 상당한 소수의 사람들이 있었음을 주목하시오. 노년의 새로운 파트너는 종종 성욕을 다시 불러일으킬 수 있다.

> "두 번째 남편과 우리 둘 모두에게 놀라운 화학 반응이 일어났다. 진화하는 첫 번째 결혼과는 사뭇 다르다. . . 이것은 절대적인 클릭이었다. 절대적으로 놀라운! 그 나이에 말이다. 마치 10대 부부 같았다. 나는 당신에게 말할 수 없다. Um, oh, 우리는 아주 재미있었다. 우리는 정말로 했다. 그리고, 아, 매우 낭만적이다. 물론 지금은 없어졌지만 처음에는 정말 대단했다. 정말 그랬다. 순간적인 매력이 굉장했다. 핑(ping). 알지? 용이함. 엄청나게 쉬웠다. 그것이 섹스의 위대한 측면이다. 쉬워야 한다." (78세 여성 기혼, 72세에 재혼)
>
> "한 번 의사에게 말했더니 의사가 말했어. '맙소사! 당신은 일주일 동안 나보다 더 많은 섹스를 해!' 우리는 좋은 성생활을 했다. 정말 너무 좋아서 놀랐다." (81세 과부, 63세에 재혼)
>
> (2006년 **클라크**에서)

성행위가 중단되는 나이가 있는가? 대표적인 표본은 아니지만 80~102세의 건강한 남녀 202명을 대상으로 한 연구에서 4분의 3이 여전히 성관계에 대한 환상을 가지고 있으며 파트너를 만지고 애무하는 것을 즐기는 것으로 나타났다. 거의 절반이 성교를 했고 3분의 1은 구강 성교를 하고 있었다(Bretschneider & McCoy, 1988). 일부의 경우 성적 활동은 관심 부족이 아니라 생활 방식과 파트너의 이용 가능성으로 인해 제한되었다. 보다 최근의 연구에 따르면 90세에서 95세 사이의 호주 남성의 11%가 지난 1년 동안 섹스를 한 적이 있다(Hyde et al., 2010). 75세 이상 남성의 절반은 여전히 그들에게 성이 중요하다고 말했다.

이제 노인들 사이의 성관계 빈도에 대해 알지만 질은 어떤가? 약 3분의 2는 자신의 성적 관계가 젊었을 때와 같거나 더 나았을 때 매우 또는 매우 만족스러웠다고 말한다(Dunn & Cutler, 2000; Jacoby, 1999, 2005; Heiman et al., 2011 참조). 여성들은 남성 파트너를 젊었을 때보다 더 "로맨틱"하다고 묘사하며, 아마도 결과적으로 더 많은 여성이 오르가즘에 정기적으로 도달하고 있을 것이다. 4장에서 많은 여성의 섹슈얼리티는 관계에서 얼마나 행복한가와

그림 10-14

태어날 때부터 죽는 날까지 우리는 모두 성적인 존재이다.

출처: RosalreneBetancourt 14/Alamy Stock Photo; BUSSY/A.L.LEHEUTRE/BSIP SA/Alamy Stock Photo

직접적인 관련이 있음을 상기하시오. 이것은 노년기에 여전히 사실이다(Karraker et al., 2011; Trudel, 2002).

우리는 노년기의 섹슈얼리티, 특히 건강과 파트너의 이용 가능성에 부정적인 영향을 미칠 수 있는 몇 가지 요인이 있음을 무시해서는 안 된다(Fisher et al., 2010; Karraker et al., 2011; Lindau & Gavrilova, 2010; Schick et al., 2010). 예를 들어, 중년 섹션에서 논의한 독신 여성과 독신 남성의 비율은 60세 이상의 여성에게 훨씬 더 불리하다. 미국에서 여성은 남성보다 평균 7년 더 오래 산다. 65~74세 인구의 경우 남성 100명당 여성 123명, 미혼 남성 27명당 미혼 여성 100명이 있다. 75~84세에는 남성 100명당 여성이 151명, 85세 이상에서는 남성 100명당 여성이 241명이다(Guralnik et al., 2000; Weg, 1996). 57~64세 여성의 약 26%, 65~74세 여성의 39%, 75~85세 여성의 60%는 성 파트너가 없다(Waite et al., 2009). 따라서 여성에게는 진정한 "파트너 갭"이 있다. 많은 여성들이

성에 관심이 있을 수 있지만 기회가 없다(Karraker et al., 2011; Lutfey et al., 2009).

80세에서 102세 사이의 사람들을 대상으로 한 설문조사에서 사람들은 건강 상태가 양호했다(Bretschneider & McCoy, 1988). 그러나 많은 노인들이 의학적 문제와 성생활 기간을 상당히 단축시키는 장애를 경험한다(Hyde et al., 2012; Karraker et al., 2011; Lindau & Gavrilova, 2010; Minkin, 2016). 심장병, 뇌졸중, 관절염, 당뇨병, 전립선 수술 및 알코올, 흡연 및 과식으로 인한 문제가 일반적이다(Laumann et al., 2007; Lindau et al., 2007). 한 설문조사에서 여성들은 성생활을 가장 향상시킬 수 있는 항목으로 "파트너의 더 나은 건강"을 1위로 꼽았다(Jacoby, 1999). 또 다른 사례(Dunn & Cutler, 2000)에서는 노인 남성의 47%가 "나는 성관계를 가질 수 없는 질병이 있다"라고 말했고, 여성의 43%는 "상대방이 성관계를 할 수 없는 의학적 질환이 있다"고 말했다.

노인들 사이의 성 문제도 흔하다(종종 의학적 문제와 관련됨). 라우만 등(1999)의 전국 대표 설문조사에 따르면 40~49세 남성의 11%와 50~59세 남성의 18%가 발기 장애가 있는 것으로 나타났다. 발기 문제가 있는 남성의 비율은 57~64세에 30.7%, 65~85세에 약 44%로 증가한다(Waite et al., 2009). 57~74세 남성의 약 20%는 오르가슴에 도달할 수 없었고 28%는 섹스에 거의 또는 전혀 관심이 없었으며 75세 이상 남성의 비율은 약간 더 높다(Hyde et al., 2012). 57세에서 74세 사이의 여성 중 약 40%는 섹스에 거의 또는 전혀 관심이 없었고, 1/3은 성교 중 통증을 경험하거나 오르가슴에 도달할 수 없었다. 57~74세 여성의 약 1/3과 남성의 1/4이 이러한 성적인 문제 때문에 성관계를 피한다고 말했다.

약 14%에서 17%의 노인 남성이 비아그라, 테스토스테론 패치 또는 기타 성기능 증진 약물을 사용해 보았다(Lindau et al., 2007; Schick et al., 2010). 그러나 이 남자들의 파트너는 어떤가? 그들 중 절반 이상이 파트너의 치료가 그들에게도 즐거움을 가져다주었다고 말한다(Jacoby, 2005). 그러나 발기부전에 대한 의학적 치료는 또한 관계의 성적 균형을 갑자기 바꿀 수도 있다(Kingsberg, 2000). 몇몇 여성들은 남성 파트너의 치료로 인해 쾌감이 감소했다고 보고한다. 대부분의 여성에게 성적 즐거움은 전반적인 관계의 질과 직접적인 관련이 있으며 관계의 불행은 많은 나이든 여성이 성에 관심을 갖지 않는 원인이라는 것을 기억하시오(Jacoby, 1999; Kingsberg, 2000; Laumann & Waite, 2008; 4장 참조).

일부 노인들이 성적인 관계를 즐기는 것을 방해하는 세 번째 주요 요인은 보살핌을 위해 다른 사람에게 의존할 때 사생활을 보호할 수 있는 기회이다. 이것은 특히 매우 고령자에게 영향을 미친다. 성과 노인에 대한 우리 문화의 부정적인 태도가 요양원보다 더 분명한 곳은 없다(Clay, 2012). 많은 요양원의 관리자와 직원은 성관계에 참여하는 노인 환자에 대해 부정적이거나 비호감적인 태도를 보이는 경향이 있다(리뷰는 Villar et al., 2015 참조).

그렇다면 노년의 성에 관해 어떤 결론을 내릴 수 있는가? 라우만과 웨이트(2008)는 다음과 같이 결론지었다.

> 노인들 사이의 성 문제는 노화의 불가피한 결과가 아니라 다양한 삶의 영역에서 스트레스 요인의 존재에 대한 반응이다(나쁜 신체적 또는 정신적 건강, 관계 문제).

미혼 여성의 경우 성적인 기회가 제한적이지만 건강한 남성과 여성이 건강한 파트너와 함께 젊었을 때 성에 대해 긍정적인 태도를 가졌다면 성행위는 평생 계속될 것이다(DeLamater, 2012). 사실, **노년의 성욕을 가장 잘 예측하는 요인은 생의학적 요인이 아니라 성에 대한 긍정적인 태도이다**(Bretschneider & McCoy, 1988; DeLamater & Sill, 2005).

성 조사는 성행위를 다음과 같이 측정하는 경향이 있다. 성교 및 자위와 같은 육체적 행위, 그러나 섹슈얼리티에는 이것보다 더 많은 것이 있다. 노인들은 종종 정서적으로 에로틱한 경험에 대한 큰 성적 만족을 보고한다(Shaw, 1994). 예를 들어, 성적 쾌락에는 만지기, 애무, 육체적 친밀감, 친밀감이 포함된다. 다음은 가장 극단적인 경우에도 종종 달성할 수 있다.

> N 씨는 최근 후두절제술로 귀가 멀고 눈이 멀었으며 말을 할 수 없었다. 그는 관절염이 심했고 몇 년 전에 유방 절제술을 받은 N 부인에게 상당히 의존하고 있었다. 그들은 일반적으로 N 씨의 장애로 인한 의사 소통을 돕기 위해 부분적으로 가깝게 앉았다. 그러나 그들이 손을 잡는 방식은 큰 부드러움과 애정을 드러냈다. 그들은 트윈침대에서 잤고 더 이상 성교를 하지 않는다고 말했다. 다만 이들은 밤마다 N 씨가 아내의 목욕을 돕고 침대에서 안마를 해주는 의식을 치렀는데, 이 의식이 다소 당황스럽고 얼굴을 붉히며 묘사했다. 흥미롭게도 이 관능적인 일상을 통해, 보통 두 사람 중 더 의존적인 N 씨는 그의 아내에게 무언가 가치 있는 것을 제공할 수 있었다.
>
> (**로즈와 소아레스**, 1993)

아마도 우리 문화에서 육체적 관계에 관심이 있는 노인들에게 가장 큰 문제는 나이 차별주의일 것이다. 많은 사람들이 자신과 다른 사람들을 놀리거나 차별하는데, 여기에는 노인들도 포함되는 경우가 많다. 다시 말하지만, 비극이 없다면 우리 모두는 언젠가는 늙게 될 것이다. 지금 성관계를 즐기는가? 섹스를 포기하고 싶은 적이 있는가? 그렇지 않다면 언젠가 젊은 사람들이 당신을 어리석고 터무니없거나 심지어는 음탕하거나 변태적이라고 생각하면 다른 사람의 만지는 즐거움을 원하는 당신의 기분이 어떨 것 같은가? 이러한 태도를 다룰 때는 나중이 아니라 지금이다. 우리는 태어날 때부터 죽을 때까지 모두 성적인 인간이다.

부록: 자녀와 성에 대해 이야기하기 Addendum: Talking with Your Children About Sex

10.9 성에 관해 자녀와 대화를 시작한다.

마크 트웨인은 어디서 교육을 받았느냐는 질문에 "학교에 다녔던 기간을 제외하고 평생"이라고 답했다. 이것은 성에 대해 배울 때 대부분의 사람들에게 일반적으로 해당된다. **성교육(sexual learning)**은 유아기에 시작되어 아동기와 청소년기를 통해 계속된다. 비공식적이며 가족, 친구, 미디어 및 기타 일반 환경에서 수신된다.

청소년기 이전에 아이의 부모는 신념과 행동에 가장 강력한 영향을 미친다. 부모가 자녀의 행동과 태도로 성에 대해 논의하지 않고 대부분의 경우 그렇게 하지 않더라도 여전히 자녀가 배우는 역할 모델이 된다.

아이들이 10대가 되면 또래 집단과 미디어(주로 텔레비전)가 성적 정보의 주요 출처가 된다(American Academy of Pediatrics, 2010; Sprecher et al., 2008). 평균적인 어린이는 매일 몇 시간의 TV를 시청하고 1년에 수백 건의 성에 관한 언급에 노출된다(Eyal et al., 2007; Kaiser Family Foundation, 2005). 자녀가 또래와 보내는 시간과 TV 시청 시간 사이에 부모가 성적 지식과 가치의 원천으로 경쟁하는 데 어려움을 겪는 것은 당연하다. 그러나 AIDS 및 기타 성적 관련 문제에 대한 모든 공개 토론에도 불구하고 많은 부모들은 계속 침묵하고 있다(Beckett et al., 2010; King, 2012; Sprecher et al., 2008).

> "제가 어렸을 때 집에서 섹스는 결코 주제가 아니었다. 마침내 질문을 해야 했을 때 당황스러웠지만 부모님에게는 절대 묻지 않고 친구들에게만 질문할 수 있었다. 이러면 안 되고 창피하지도 않고 부모님과 이야기를 나눌 수 있어야 한다."
>
> (저자의 파일에서)

설문조사에 따르면 대다수의 미국인이 학교에서 성교육을 선호하는 것으로 나타났다(Constantine, 2008 참조). 그렇다면 집에서 가르치는 것을 꺼리는 이유는 무엇일까? 아마도 대부분의 부모가 스스로 성교육을 받은 적이 없기 때문에 자신의 성적 지식과 감정에 불편함을 느끼기 때문일 것이다(Wilson et al., 2010).

Planned Parenthood, Hawaii

> "항상 아이들과 그런 주제를 다룰 수 있기를 바랐지만 실제로 논의되지 않았기 때문에 그럴 수 없었다."
>
> "만약 내가 9살이나 10살에 시작하는 교육을 더 일찍 받았더라면 나 자신과 아이들에게 삶의 사실을 훨씬 더 빨리 그리고 훨씬 더 잘 도울 수 있었을 것이다."
>
> (**예: 킹과 로루소**, 1997)

이 책을 완성하면 부모와 새로운 세대의 자녀 사이에 존재하는 소통의 고리를 끊을 준비가 되어 있어야 한다. 이 장의 이 부분은 자녀와 함께 성에 관한 토론을 시작하여 자녀도 사실에 입각한 정보를 얻을 수 있도록 돕기 위한 것이다. 우리는 종종 부모와 관련된 몇 가지 질문에 답하려고 노력할 것이다.

성교육(Sexual learning) 가족, 친구, 미디어 및 사회 전반에서 (보통 비공식적으로) 받는 성에 대한 지식.

어떤 부모가 아이들과 이야기해야 할까?
Which Parent Should Talk with the Children?

대부분의 아이들은 성에 대한 정보를 얻기 위해 부모에게 의지하고 싶어한다. 불행히도, 소수만이 그들의 부모를 주요 정보 출처로 나열한다(American Academy of Pediatrics, 2010; King, 2012; Sprecher et al., 2008). 부모가 성에 관한 의사소통을 시작하려고 할 때 거의 항상 어머니이다(예: K. S. Miller et al., 1998; Ogle et al., 2008). 이것은 아들뿐만 아니라 딸에게도 해당된다. 아버지는 악명 높은 침묵이다! 당연히 십대들은 그들의 아버지보다 성교육자로서 어머니에 대해 더 긍정적인 태도를 가지고 있다(Feldman & Rosenthal, 2000).

성에 관한 부모와 자녀 간의 토론을 방해하는 한 가지는 가정의 방어적인 분위기이다(Rozema, 1986). 부모 중 한 쪽 또는 양쪽 모두가 과거에 성에 관한 주제에 대해 부정적인 반응을 보였을 때, 아이들은 질문을 던지거나 질문을 하려고 접근할 가능성이 적다. 성에 관한 가족의 의사소통은 의사소통 과정이 열린 가정과 부모가 자녀에게 다른 개인적인 주제에 대해서도 이야기했을 때 가장 많이 발생한다(KS Miller et al., 1998; Raffaelli et al. , 1998). 어머니는 종종 더 감정적으로 표현하고 친밀감에 대한 질문에 답할 가능성이 더 높으며 결과적으로 더 접근하기 쉬운 것으로 간주되기 때문에 어린이는 아버지보다 어머니와 성에 대해 논의할 가능성이 더 높을 수 있다.

아버지들은 감정적으로 거리를 유지하고 (자녀들에게) 그 주제에 대해 접근할 수 없는 것처럼 보임으로써 자녀들에게 해를 끼치고 있다. 두 부모 모두 의사소통의 통로를 열려고 노력해야 하며 곧 알게 되겠지만 빠르면 빠를수록 좋다.

아이들에게 성에 대해 이야기하면 아이들이 그렇게 하게 될까?
Does Telling Children About Sex Lead Them to Do It?

여러분 중 일부는 자녀에게 성에 대해 이야기하면 자녀가 성관계를 가질 가능성이 높아질 것이라고 걱정할 수 있다(Jaccard et al., 2000). 연구에 따르면 성교육을 받은 어린이는 성교육을 받지 않은 어린이보다 성관계를 가지거나, 임신하거나, 성병에 걸릴 가능성이 더 높지 않다(아마도 더 낮다) (Grunseit et al., 1997). 부모가 자녀에게 많은 긍정적인 관심(의사소통의 질 포함)을 주는 강한 사랑의 관계를 발전시킨 가정에서, 자녀는 어린 나이에 성교를 시작하거나 성적으로 위험한 행동을 할 가능성이 적다(Clawson & Reese-Weber, 2003; BC Miller et al., 1998; Resnick et al., 1997). 자녀에게 성에 대해 이야기하는 데 더 나은 이유가 필요한가?

왜 아이에게 성에 대해 이야기해야 하는가? Why Should I Talk to My Child About Sex?

자녀가 성인이 될 때까지 벽장에 가두어 두지 않는 한, 자녀가 성에 대해 배우는 것을 피할 수 없다. 그들이 항상 집에 있고 TV를 보고 라디오를 듣는 것 외에는 아무것도 하지 않는다 해도, 당신의 자녀들은 여전히 매년 수천 건의 성에 관한 언급을 보고 듣게 될 것이다. 이 중요한 주제에 대해 자녀를 교육하기 위해 드라마와 "충격 운동"에 맡기겠는가? 그들이 어떤 종류의 가치를 배울 것이라고 생각하는가? 또한 자신을 속이지 마시오. 아이들(아마도 당신의 아이들도 마찬가지일 것이다)은 친구들과 성에 대해 이야기한다. 자녀의 친구들이 잘못된 정보를 받을 수 있을 뿐만 아니라 성적 가치를 가르치는 또래 집단에 맡기고 싶은가? 자녀의 성교육에 대한 일차적 책임을 맡음으로써 자녀가 사실에 입각한 정보를 얻도록 할 수 있을 뿐만 아니라 성의 사회적, 정서적 측면을 강조하고 중요하다고 생각하는 가치를 가르칠 수 있다. 부모가 자녀에게 성행위와 피임법에 대해 가르칠 때, 자녀는 성관계를 시작했을 때 성행위를 미루고 피임법을 사용할 가능성이 훨씬 더 높다(Aspy et al., 2007; Parkes et al., 2011; van de Bongardt et al., 2014, Cox et al., 2015 참조). Kinsey Institute의 전 이사인 June Reinisch는 "부모가 편안하고 좋은 정보를 가지고 있다면 훌륭한 성교육자가 될 수 있다. 그들은 성적 정보를 가족 가치, 윤리, 도덕 및 종교적 신념의 구조로 맥락화할 수 있다. 이 모든 것에는 성이 포함되어 있다"(Henderson 인용, 1990).

개인적인 생각 Personal Reflections

언젠가는 아마도 부모가 될 것이다(아직 부모가 아닌 경우). 자녀에게 성에 대해 교육할 계획인가? 그렇다면 어떻게? 언제 시작하나?

그림 10-15
미국 대통령의 반려견 Millie가 출산하는 것을 보고 있는 손녀와 영부인 Barbara Bush. 이러한 순간은 부모가 자녀에게 성에 관해 가르칠 수 있는 좋은 기회를 제공한다.

출처: Time Life Pictures/White House/The LIFE Picture Collection/Getty Images

단지 "새와 벌의 이야기=성교육"*이 말하는 것으로 충분한가? Will a Single "Birds and Bees" Talk Suffice?

당신은 한 번의 대화로 자녀가 평생의 성적 관계와 문제에 대비할 수 있다고 정말로 믿는가? 대답은 '아니오! 전문가들은 성에 대해 이야기하는 것이 길고 진지한 대화를 나누는 것이라고 생각하는 것은 실수라고 말한다. 필요한 모든 정보와 가치를 하나의 대화에 담을 수 있다 하더라도, 그 대화는 자녀가 자라면서 받게 될 성 관련 문제에 수백 시간 동안 노출되는 것과 거의 경쟁할 수 없다. 마크 트웨인이 말했듯이 교육은 평생의 과정이다. 성에 관한 부모와 자녀 사이의 의사소통도 평생 지속되어야 한다. 자녀가 특정 연령이 될 때까지 기다리지 말고 "많은 이야기"를 하시오. 연구원인 캐롤 포드는 "[나이] 10살이나 11살 때까지 '많은 이야기'를 하는 것은 일상 대화 과정에 섹슈얼리티라는 주제를 포함시키는 것보다 덜 효과적이다. TV에 나오는 내용에 대해 이야기하고 그것이 용납될 수 있는지 또는 용납될 수 없는 행동이라고 생각하는지 표시하시오. 토론은 쉽지 않지만 원하는 대로 진행되지 않으면 며칠 후에 대화를 다시 해볼 수 있다"(quoted in Critchell, 2006).

* "Birds and Bees"; 아이들에게 말해지는 '생명의 법칙'인 성과 생식에 관한 기본적인 사실들.

언제부터 성에 관해 자녀와 이야기를 시작해야 하나? When Should I Start Talking with My Child About Sexuality?

13세 딸과 아직 성에 대해 이야기하기 시작하지 않은 이유를 묻자 어머니는 "나는 계속해서 적절한 때를 기다렸다. 그러나 나는 그것을 꺼내기가 너무 두렵다. 무슨 말을 해야 할지 모르겠다"(Roan, 1993). 많은 부모가 너무 오래 기다리며, 대화를 시작할 때 자녀는 이미 성행위를 시작했다(Beckett et al., 2010; Liddon et al., 2013).

지금까지 배웠으면 하는 바와 같이 성교육은 단순히 성교를 설명하는 것 이상이다. 아이들은 자신의 신체에 대해 제대로 교육을 받아야 한다. 많은 부모들이 소년의 경우 신체 부위에 유치한 이름을 사용하고 소녀의 경우 "private"와 같은 모호한 단어를 사용한다(Martin et al., 2011). 신체의 다른 부분의 이름을 가르치는 동시에 생식기에 대한 정확한 해부학적 용어를 가르쳐주시오. "Penis"와 "vagina"는 어린아이들이 발음하기에 그리 어렵지 않다. 미국 부모들은 이에 대해 침묵하기로 악명이 높다. 남학생에게는 성기가 있고 여학생에게는 질이 있다고 가르치는 것은 정직하며 성에 대한 건강한 태도를 갖도록 도와준다.

> "우리 엄마는 섹스에 대해 이야기한 적이 없어. 이러한 무지는 십대 시절에 많은 오해를 불러일으켰다. 그래서 젊고 결혼한 성인이 되자 태도를 바꿨다. 나는 더 이상 어머니의 발자취를 따르지 않을 것이다. 지금은 4살, 5살 아들이 있다. 그들은 신체의 모든 부분에 대한 고유한 이름을 알고 있다. 그들은 자신의 몸을 탐색하는 것과 누군가가 자신을 만지는 것이 적절하지 않은 때를 알고 있다. 엄마는 '위위'('wee wee'), '쁘띠'('petie')같은 말을 한다. 나에게 그런 말은 '거시기'('dick')라고 하는 것만큼이나 역겹다. 내가 시정하면 화를 내지만 이해해준다."
>
> (저자의 파일에서)

자녀가 실제로 사춘기를 시작하기 전에 사춘기에 시작되는 생리적 변화에 대해 자녀와 논의하는 것도 중요하다. 일부 부모는 월경 주기에 대해 딸에게 이야기하거나 월경 주기에 대해 아들에게 "꿈꾸는 꿈"이 일어날 때까지 이야기하지 않는다. 이러한 변화는 자신이 아프거나 죽어가고 있다고 생각할 수 있는 어린이에게 두려운 일일 수 있다.

> "[책에서] 개인적으로 더 강조하고 싶은 것이 하나 있다. 월경을 미리 설명하는 것이 중요하다. 개인적인 경험으로 볼 때 이것이 중요하다고 생각한다. 처음 월경을 시작했을 때 나에게 무슨 일이 일어나고 있는지 전혀 몰랐다. 피를 멈출 수 없었고 무서워 죽을 지경이었고 누구에게도 말하기가 두렵고 창피했던 기억이 난다. 나는 마침내 나처럼 어둠 속에 있던 친구에게 말했다. 그런 다음 그녀는 어머니에게 말했다. 그녀의 어머니는 나에게 패드를 줬고 이것은 매달 일어날 것이라고 말했다. 그것이 주제에 대한 의사 소통의 정도였다."
>
> (저자의 파일에서)

소녀에서 소년으로 사춘기와 관련된 변화와 소년에서 소녀로의 변화를 반드시 설명하시오. 남성은 공감과 이해로 여성과 관계를 맺을 수 있어야 하며 그 반대의 경우도 마찬가지이다. 이성이 경험하는 생리적, 정서적 변화에 대한 무지는 관계를 구축하는 좋은 기반이 아니다.

특정 주제에 대한 대화를 시작할 때 어린이 자신이 가장 좋은 안내자가 되는 경우가 많다. 예를 들어, 어린아이들이 아기가 어디에서 왔는지 묻는 것이 일반적이다. 그들이 성적인 문제에 대해 질문할 만큼 호기심이 많다면, 그것에 대해 토론하는 것을 피하지 마시오. 절대 털어내지 마시오. 그렇게 한다면, 그들은 미래에 당신에게 오는 것을 피하고 대신 다른 곳에서 정보를 얻는 데 의존할 수 있다.

AIDS 및 기타 성병에 대해 자녀에게 무엇을 알려야 하는가?
What Should I Tell My Children About AIDS and Other STIs?

오늘날 미디어가 AIDS에 대한 모든 관심을 기울이면서 아이들은 자연스럽게 AIDS에 대해 궁금해할 것이다. 자녀가 AIDS에 대해 언급하는 것을 듣게 된다면, 자녀가 그것에 대해 무엇을 알고 있는지 물어볼 기회를 갖도록 하시오. 모든 오해(myth)나 오해(misunderstanding)를 정리하시오. 그러나 자녀가 이해할 수 있는 수준에서 성에 대해 가르쳐야 한다는 것을 기억하시오.

대부분의 부모는 AIDS에 대해 설명하기 위해 항문 및 구강 성교와 같은 행동을 설명해야 한다고 두려워한다. 이것은 미취학 아동과 초등학생에게 실제로 필요하지 않다. 어린아이들은 항문 섹스가 무엇인지 듣지 않고도 자신의 몸(성적 책임)을 담당하도록 가르칠 수 있다.

귀하의 자녀는 어떤 종류의 질문을 할 것 같은가? 9세에서 12세 사이의 어린이는 AIDS가 전염되는 방식(예: 손 잡기, 포옹, 키스, 성교, AIDS 감염자와 같은 교실에서 AIDS에 감염될 수 있는지 여부)과 감염 경로에 대해 알고 싶어할 것이다. 누군가 가지고 있는지 말하시오. 이 연령의 어린이는 임질, 클라미디아, 매독, 헤르페스와 같은 성병에 대해서도 가르칠 수 있다(또한 이것이 박테리아와 바이러스에 의해 유발된다고 말함)(SIECUS National Guidelines Task Force, 1996). 십대들은 아마도 전염(예: 프렌치 키스, 성기 만지기 또는 성교를 통해 에이즈에 감염될 수 있는지 여부) 및 예방(콘돔의 사용 및 신뢰성 포함)에 대한 보다 명확한 질문에 대한 답변을 원할 것이다.

귀하는 자녀에게 연령에 적합한 전염 수단, 예방 및 치료에 대한 사실적 정보를 제공할 수 있도록 이와 같은 질문에 대비해야 한다. 질문에 답할 때 자녀와 가치에 대해 논의할 수도 있다. 자녀의 나이와 상관없이 섹스의 즐거움을 부정하거나 겁을 주는 전술에 의존해서는 안 된다. 아이들에게 성은 좋고 즐거운 것이라는 것을 가르치는 것은 책임감 있게 다루어야 한다고 가르치는 것만큼 중요하다.

섹스에 대한 논의는 얼마나 상세해야 하는가? How Detailed Should Sex Discussions Be?

귀하의 토론은 솔직하고 명시적이어야 한다. 아이들은 "새와 벌" 비유를 원하지 않는다. 그들은 실제 용어를 사용하여 사실 정보를 원한다. 사실, 완곡어법과 유추는 그들을 혼란스럽게 할 뿐이다. 동시에 자녀의 연령 수준에 대해 너무 자세하게 설명하지 마시오. 많은 부모들이 과도하게 대답하는 경향이 있다. 답변을 간단하고 연령에 맞게 유지하시오. 귀하의 자녀가 귀하의 말을 이해하는지 항상 확인하시오. 답변을 명확하게 하기 위해 다시 말해야 할 수도 있다. 때때로 우리는 훌륭한 대답을 하지만, 아이가 하는 질문에는 그렇지 않다. 아이는 무엇을 물어야 할지, 어떻게 물어야 할지 모를 수 있음을 기억하시오. 예를 들어, 6살짜리 아이가 아기가 어디에서 왔는지 물으면 많은 부모들이 성관계에 대해 자세히 설명해야 한다고 걱정한다. 10세 미만

"매우 흥미로웠어요 아빠, 하지만 우리 생물학 선생님은 성에 대한 보고서를 원해요."

의 어린이들이 "성"에 관해 묻는 대부분의 질문은 실제로 생물학에 관한 것이다(Snegroff, 2000). 당신의 대답은 복잡하지 않게 유지하고 아이가 알고 싶어하는 것만 이야기하시오. 이 경우, 아기는 엄마의 자궁이라고 하는 특별한 부분에 있으며("배"라고 말함으로써 명시적 표현을 피하지 마시오. 이것은 어쨌든 옳지 않다) 태어날 준비가 되었을 때 질이라고 불리는 구멍을 통해 나온다고 설명할 수 있다.

십대 자녀와의 토론은 확실히 솔직하고 명시적이어야 한다. 성에 대한 부모 대 십대 대화는 사실보다는 가치와 신념에 초점을 맞추는 경향이 있다. 한 연구에서 우리는 학생과 학부모에게 서로 성에 대해 "의미 있는" 토론을 한 적이 있는지 물었다(King & LoRusso, 1997). 학생의 절반 이상이 "아니오"라고 응답했지만, 60%의 경우 부모 중 한 쪽 또는 양쪽 모두가 의미 있는 토론이 있었다고 말했다. 다음은 의미 있는 토론을 했다고 믿는 부모의 답변이다(그러나 자녀는 동의하지 않음).

> "나는 아이들에게 완전한 금욕이 가장 좋은 방법이라는 것을 가르쳐야 한다고 믿는다. 이것은 하나님의 법과 완전한 내적 평화와 기쁨을 위한 계획 때문이다."

> "_______님과의 토론은 사람의 영혼을 다뤘다. 영혼은 파편화되어서는 안 된다. 조각조각 나누어져서는 안 된다. 영혼은 신성하다. 섹스는 신성하다."

> "그들은 [아이들]이 기대하는 바를 알았고 그에 따라 행동했다. 제 아이들에게 도덕을 가르치는 것에 대해 묻는다면 대답은 '예'이며, 당신이 훌륭하고 건강하며 도덕적인 삶을 가르치고 생활한다면 대개 효과가 있다."

자녀에게 가치를 가르치는 것은 잘못된 것이 아니다. 그러나 사실 정보를 도덕으로 대체하지 마시오.

부끄럽다면? What If I Feel Embarrassed?

많은 부모들은 자녀가 창피하거나 불편하기 때문에 자녀와 성에 대해 이야기하는 것을 피한다(Elliott, 2010; Jaccard et al., 2000). 자녀도 당황할 가능성이 있다(Ogle et al., 2008). 부모가 자녀와 성에 대해 이야기하는 것은 부모가 개방적이고 능숙하며 편안할 때 가장 효과적이다. 많은 사람들이 때때로 당혹감을 피할 수 없을 것이다. 그러나 그 결과, 즉 자녀의 교육은 실제 용어와 직접적인 언어를 사용하는 처음의 불편함을 감수할 가치가 있다. 정직해. 당신이 조금 창피하지만 그들이 당신과 대화를 요청한 것이 기쁘고 그들의 모든 질문에 기꺼이 대답할 것이며 그 주제에 대해 이야기해도 괜찮다는 것을 자녀에게 알리시오. 자녀에게 하는 말도 중요하지만 **그것을 어떻게 말하는지도 중요하다.**

아이와 어떻게 대화해야 하나?

How Should I Talk with My Child?

가장 중요한 것은 **토론하고 강의하지 마시오.** 또한 자녀의 행동이나 태도에 대해 아이를 화나게 하지 마시오. 자신을 지배하고 주장하려고 하는 부모는 아마도 수동적일 것이고(예: Lefkowitz et al., 2000), 개방적이고 협력적인 접근을 취하는 부모는 아마도 자녀가 토론에 적극적으로 참여한다는 것을 알게 될 것이다(KS Miller et al., 1998). 다시 말해, 자녀가 자신의 의견을 말할 수 있도록 하시오. 두 가지 핵심은 자녀가 귀하를 **"물어볼 수 있는(askable)" "수락(accepting)"** 것으로 간주한다는 것이다(Snegroff, 2000). "받아들이는 부모는 아이의 타고난 호기심이 질문이나 논평으로 이어질 때 부정적인 태도를 나타내거나 부정적인 행동을 나타내지 않는다. 그들은 모든 질문이 좋은 질문이고 모든 의견이 논의될 수 있다는 인상을 전달한다"(Snegroff, 2000). 당신의 목소리 톤은 특히 중요하다. 왜냐하면 당신의 아이는 당신의 목소리에서 태도를 배우기 때문이다. 항상 차분하고 편안한 소리를 내도록 노력하시오.

항상 형식적인 대화를 할 필요는 없다는 것을 기억하시오. 긴장을 유발할 수 있다. 자녀가 TV에서 보거나 라디오에서 듣는 성적 관련 문제를 간략하게 설명하고 토론하여 얼음을 깨뜨릴 수 있다. 또한 부모가 다른 개인적인 주제에 대해 자녀와 이야기한 이력이 있을 때 부모-자녀가 성에 대해 이야기하는 것이 더 쉽다는 것을 기억하시오(Raffaelli et al., 1998).

겁주는 전술을 피하시오. 자녀가 성을 두려워하지 않으면서 성적인 책임을 가르쳐야 한다. 자녀는 성은 선하고 긍정적인 것이며 부끄럽거나 죄책감을 느낄 일이 아님을 배워야 한다. 겁주는 전술은 아마도 효과가 없을 것이며 감정적, 심리적 문제를 일으킬 수 있다.

물어볼 수 있는(Askable) 수용적, 좋은 경청자, 수용자로 인식된다.

수락(Accepting) 자녀에게 모든 질문은 괜찮으며 부정적인 태도를 취하지 않을 것임을 알린다.

그림 10-16
자녀들과 성에 대해 이야기할 때는 토론하라. 절대 강의하지 말라. 그들의 의견을 듣도록 하라. "물어볼 수 있고" "받아들이는" 것을 기억하라.

출처: Jack Hollingsworth/Photodisc/Getty Images

이러한 상황에 대한 귀하의 반응은 귀하의 자녀가 장래에 귀하에게 와서 성에 대해 이야기하는 것을 의욕적으로 만들 것인가?

도덕은 어떤가? 그것들이 중요하지 않은가? What About Morals? Aren't They Important Too?

섹스는 생물학적 기능 이상이다. 자녀가 성에 대한 여러분의 믿음과 가치를 공유하기를 원한다면 그에 대해 이야기해야 한다. 부모가 십대의 성관계를 승인하지 않는다는 것을 알고 있는 어린이는 성관계를 연기할 가능성이 더 높다(Ford et al., 2005). 그러나 자녀에게 가치를 부여하는 성공 여부는 대부분 자녀와의 전반적인 관계에 달려 있다. 일반적으로 자녀와 사랑의 상호 작용이 좋은 부모는 일반적으로 자녀와 상호 작용이 좋지 않은 부모보다 가치 전달에 더 성공적이다(Resnick et al., 1997; Taris & Semin, 1997; Wilson et al., 2010).

자녀와 도덕적 가치에 대해 논의할 때 따라야 할 몇 가지 중요한 지침이 있다. 가장 중요한 것은 **자신의 가치를 강조할 수는 있지만 설교하거나 지배하려고 해서는 안 된다는 것이다.** 당신이 어떻게 느끼는지 말하는 것은 잘못이 아니지만, 자녀가 당신과 다른 가치관을 발달시켰다면, 지시하기보다는 당신의 차이점에 대해 토론하는 법을 배워야 한다. 자녀가 궁금한 점이 있으면 언제든지 찾아올 수 있도록 자녀가 편안하게 지낼 수 있는 분위기를 조성해야 함을 기억하시오. 당신이 항상 설교하고 판단한다면, 당신의 아이는 당신과 성에 대해 이야기하는 것을 전혀 꺼려할 것이고 당신은 아무런 의견도 듣지 못할 것이다.

자녀와 섹슈얼리티를 논의할 때 부모가 직면하는 가장 큰 딜레마 중 하나는 **글로벌 도덕(global moralities)**을 강조할지 아니면 상황 윤리를 강조할지이다. 글로벌 도덕은 모든 상황에서 모든 사람에게 적용되어야 하는 가치이다. 예를 들어, 부모가 자녀에게 성관계는 결혼을 전제로 해야 한다고 말할 때이다. 하지만 기억하겠지만 설문조사에 따르면 전체 청소년의 절반 이상이 혼전 성교를 하고 있다. 자녀가 혼전 성관계를 갖지 않을 것이며 따라서 피임 문제를 피할 수 있다고 안전하게 가정할 수 있는가? 그러나 그것에 대해 말하지 않을 경우의 결과는 치명적일 수 있다(예: 원치 않는 임신 및/또는 성병).

상황 윤리(situational ethics)는 특정 상황에서 해야

글로벌 도덕(Global moralities) 모든 상황에서 모든 사람에게 적용되어야 하는 가치.

개인적인 생각 Personal Reflections

다음과 같은 경우에 어떻게 대응할 것 같은가?

1. 5살짜리 아이가 아기가 어디에서 왔는지 물었다.
2. 9살짜리 아이가 섹스가 뭐냐고 물었다.
3. 10살짜리 아이가 "프렌치 키스"가 뭐냐고 물었다.
4. 당신의 12살짜리 아들이 학교에서 집으로 돌아왔는데 여자아이들이 생리를 하는 것에 관한 "거친" 영화를 봐야 한다고 말했는가?
5. 15살짜리 아들이 피임법에 대해 물었는가?
6. 15세 딸이 피임에 대해 물었는가?

할 적절한 일을 강조한다(예: "우리는 당신이 하지 않는 것을 선호하지만, 어쨌든 당신이 하려고 한다면..."). 이 경우, 예를 들어 콘돔이 원치 않는 임신과 성병 모두의 위험을 크게 줄이는 것으로 청소년기에 설명될 수 있다.

2002년 이후 성에 대한 부모-자녀 의사 소통이 증가했지만 많은 부모는 여전히 콘돔(29%)보다 금욕(60%)을 더 강조한다(Stidham-Hall et al., 2012). 이 두 가지 접근 방식 중 어떤 것을 사용해야 하는지 알려드릴 수 없다. 너만이 그 선택을 할 수 있다.

내 행동이 내 아이의 태도와 행동에 영향을 미칠 수 있는가?

Can My Behavior Affect My Child's Attitudes and Behavior?

또한 **자신의 행동이** 자녀의 성행위와 도덕적 가치에 **영향을 미칠 수 있다**는 점을 인식해야 한다. 부모가 서로에 대한 애정을 공유한다는 것을 자녀들이 배우는 것은 중요하다. 부모 사이, 부모와 자녀 사이의 포옹은 공개적으로 애정을 표현하는 것이 적절하고 감사한 일임을 어린이들에게 가르친다.

> "남편과 저는 애정 표현에 대해 항상 매우 사적인 경향이 있다. 저희 부모님이 그러셨기 때문인 것 같다. 그러나 이 수업에서 배운 결과로 우리는 둘 다 십대인 우리 아이들 앞에서 포옹과 키스를 했다. 그들은 변화를 알아차렸고 심지어 우리에게 그것에 대해 질문하기도 했다. 이는 우리에게 그들과 공개적이고 솔직한 토론을 할 수 있는 멋진 기회를 제공했다. 바라건대, 너무 늦지 않았길."
>
> (저자의 파일에서)

동시에 우리는 많은 부모들이 이혼하고 각자의 남자친구와 여자친구가 있는 시대에 살고 있다. 위선적으로 보이는 것을 피해야 한다. 예를 들어, 자녀가 혼전 성관계를 삼가도록 하려면 혼전 성관계를 피하거나 매우 신중해야 한다. 당신이 자녀에게 성관계를 맺는 것이 잘못이라고 말하면서 자녀가 당신이 혼전 성관계를 갖고 있다는 것을 알고 있다면 어떤 메시지를 보내고 있다고 생각하는가?

자녀와 섹슈얼리티에 대해 논의한 적이 없더라도 당신의 행동은 여전히 롤 모델이 될 것이다. 불행히도 많은 아이들은 부모의 말을 듣고 성에 대해 부정적인 태도를 갖게 된다. 예를 들어, 많은 성인들은 "더러운" 농담을 즐긴다. 부모가 섹스나 신체 일부를 포함하는 농담에 웃거나 킥킥대는 소리를 들을 때 아이들이 어떤 태도를 보일 것이라고 생각하는가? "깨끗한" 농담과 "더러운" 농담이 있다는 것을 알게 되면 특히 성에 관한 다른 정보 출처를 사용할 수 없는 경우 성이 더럽다는 믿음이 생길 수 있다. 또한 아이의 외설적인 행동을 비웃거나 그것에 대해 농담을 하는 것은 행동을 강화시켜 빈도를 증가시킬 뿐이다(당신이 롤 모델임을 기억하시오). 자녀가 음란물을 사용하는 경우 너무 지나치지 마시오. 단어의 의미를 침착하게 설명하시오. 종종 아이는 알지 못할 것이다. 침착하게 반응하는 것은 아이들이 당신과 무엇이든 토론할 수 있다고 말한다.

성공했는지 어떻게 알 수 있는가?

How Do I Know If I Have Succeeded?

자녀에게 성에 관해 교육하려는 시도의 성공 여부는 자녀가 질문과 문제가 있을 때 부모에게 기꺼이 다가가는 것만으로 판단할 수 있다.

> "나는 세 자녀를 둔 성인 대학생이다. 나는 그렇게 어린 나이의 아이들과 성에 대해 이야기를 시작해야 하는지 몰랐다. 아들은 7살, 9살, 딸은 5살이다. 그들은 우리의 대화를 매우 잘 받아들인다. 그리고 이제 그들은 항상 나에게 무엇이든 이야기하기를 원한다. '소통의 문을 여시오.' 감사하라."
>
> (저자의 파일에서)

모든 청소년은 섹스에 관심이 있을 것이다. 그들은 데이트, 구애, 결혼, 동거, 가정, 그리고 삶의 여러 시기에 대해 알고 싶어할 것이다. 그들은 다양한 출처에서 이러한 문제와 기타 문제에 대한 정보를 찾을 것이며 귀하도 그들 중 하나가 되기를 원할 것이다. 그러나 이것은 자녀와 부모 간의 의사 소통이 개방적이고 지속적일 때만 가능하다.

상황 윤리(Situational ethics) 특정 상황에서 해야 할 적절한 일을 강조하는 가치 또는 윤리.

스터디 가이드

핵심용어 Key Terms

갱년기(climacteric), p. 268
공개 결혼(open marriage), p. 266
글로벌 도덕(global moralities), p. 280
네킹(necking), p. 259
또래 압력(peer pressure), p. 261
몽정 (nocturnal emission), p. 256
물어볼 수 있는(askable), p. 279
사춘기(puberty), p. 255
상황 윤리(situational ethics), p. 280
성교육(sexual learning), p. 275
성인 진입기(emerging adulthood), p. 262
성조숙증(precocious puberty), p. 257
수락(accepting), p. 279
스윙 (swinging), p. 266
애무(petting), p. 259
여성형 유방(gynecomastia), p. 257
연령차별(ageism), p. 267
이차 성징(secondary sex characteristics), p. 255
일련의 일부일처제(serial monogamy), p. 263
지연된 사춘기(delayed puberty), p. 257
청소년기(adolescence), p. 258
초경(menarche), p. 255
폐경/완경(menopause), p. 268
후킹 업(hooking up), p. 263

상호검토 Interactive Review

뒤의 정답 참조.

사람은 태어날 때부터 성적 존재이다. 영아기에 생식기의 자기 자극은 신체를 탐색하고 쾌락을 추구하려는 일반적인 시도에 의해 동기가 부여된다. 아이들은 성장하면서 자신의 신체에 대한 호기심이 계속되고 유아기에는 (1) ______________세에 정점에 달한다. "집" 또는 "의사"와 같은 유아기 게임을 통해 동성 및 이성 개인을 탐색할 수 있다. 학령기 초기에 아이들은 (2) ______________ 에 대한 감각을 발달시킨다. 노골적인 성행위는 줄어들 수 있지만 인체와 섹슈얼리티에 대한 호기심은 줄어들지 않는다. (3) ______________는/은 개인이 처음으로 (4) ______________할 수 있게 되고 다른 사람에게 성적 매력을 보이는 인생의 시간이다. (5) ______________ 수준의 변화로 인해 많은 신체적 변화가 발생하며 이러한 신체적 변화는 어린 청소년에게 많은 조정이 필요하다. 섹스에 대한 관심은 사춘기에 극적으로 증가하고 초기 아동기 게임은 더 에로틱하고 의식적으로 성적인 게임으로 진화한다. 대부분의 청소년의 삶에서 가장 중요한 문제는 (6) ______________이며, 이 기간 동안 신체 이미지와 신체적 특성에 중점을 둔다. 거의 모든 10대 소년들과 대다수의 소녀들이 자위를 하며, 이는 대개 성적 환상을 동반한다. 섹스 치료사는 자위 행위가 십대를 위한 안전하고 건강한 성적 배출구라고 생각한다. 설문조사에 따르면 (7) 미국 고등학생의 ______________가/이 성교에 참여했다. 그러나 일부 십대의 경우 성 관계를 갖는 것이 긍정적인 경험이 아니지만 많은 사람들이 (8) ______________ 때문에 성 관계에 참여한다.

사람들이 20대 중반이 되었을 때, 대부분의 사람들의 성생활 방식은 결혼 또는 동거 중 하나인 (9) ______________(으)로 특징지어진다. 대부분의 젊은이들은 노인들이 행하는 성행위의 빈도를 과소평가한다. 성적 활동은 (10) ______________에 가장 높으며 50대 후반까지 서서히 감소한다. 설문조사에 따르면 기혼자는 미혼자보다 더 자주 성관계를 가지며 미혼자보다 성생활에 더 만족한다.

여성은 나이가 들어감에 따라 월경 주기가 불규칙해지고 결국 완전히 멈춘다. 이를 (11) ______________(이)라고 한다. 이것은 일반적으로 여성의 40대 후반 또는 50대 초반에 발생하며 호르몬의 변화는 안면 홍조, (12) ______________ 감소, 골다공증을 유발할 수 있다. 남성은 십대 후반부터 (13) ______________에서 점진적인 감소를 보인다. 이것은 또한 근육량과 힘의 감소, 덜 단단한 발기, 덜 강력한 사정, 더 긴 (14) ______________ 기간과 같은 일부 신체적 변화를 초래한다. 그러나 대부분의 노인들은 건강을 유지하고 파트너가 있는 한 계속해서 성관계를 즐긴다. 건강한 커플의 경우 노년에 섹스를 즐길지 여부를 가장 잘 예측할 수 있는 지표는 (15) ______________이다.

부모가 긍정적인 방식으로 성에 대해 자녀와 의사 소통하는 방법을 배우는 것이 중요하다. 자녀는 부모가 성에 대해 이야기하는지 여부와 상관없이 성에 대해 배울 것이다. (16) ______________는/은 유아기에 시작되며 아이들은 또래, 대중매체, 그리고 당신의 행동으로부터 그것을 받는다. 하나의 긴 "새와 벌이 이야기하는" 접근 방식을 피하시오. 성에 관한 부모와 자녀 간의 의사 소통은 (17) ______________ 시작되어야 하고 계속되어야 한다. 자녀와 성에 관한 토론은 솔직하고 명시적이어야 한다. 자녀에게 성에 관해 이야기할 때 (18) ______________는/은 당신이 말하는 것만큼 중요하다. 당신은 사랑과 보살핌의 분위기를 조성하기 위해 노력해야 하므로 (19) ______________를/을 피하고 그들에게 강의하지 마시오. 또한 자녀가 귀하를 수용하고 (20) ______________ 것이 중요하다. 자신의 성적 가치를 강조할 수 있지만, 자신의 행동이 자녀의 태도와 도덕적 가치에 영향을 미친다는 점을 기억하시오. 자녀에게 성에 대해 교육하려는 시도가 성공적인지 여부를 알 수 있는 유일한 방법은 자녀의 (21) ______________이다.

자기진단 Self-Test

뒤의 정답 참조.

A. 참(T) 혹은 거짓(F)

T F 22. 초음파 검사에 따르면 남성 태아는 여전히 자궁 안에 있는 동안 발기한다.

T F 23. 아이들은 사춘기가 될 때까지 오르가즘을 느끼기 위해 자위를 할 수 없다.

T F 24. 여아의 음모가 자라는 것은 테스토스테론 수치가 높아진 결과이다.

T F 25. 아동이 7세 이전에 동성의 다른 아동과 성탐구 게임에 참여하는 것이 발견된다면, 이는 아동이 아마도 동성애자임을 의미한다.

T F 26. 결혼 전에 동거한 커플은 다른 커플보다 이혼할 가능성이 적다.

T F 27. 80세에서 102세 사이의 남녀 202명을 대상으로 한 연구에서 거의 절반이 여전히 성교를 하고 있는 것으로 나타났다.

T F 28. 폐경을 겪은 여성의 질 윤활 부족은 성욕이 감소했다는 지표이다.

T F 29. 20~30대 평균 기혼 부부는 젊은 싱글보다 성관계를 더 자주한다.

T F 30. 여아가 첫 월경 주기를 갖는 평균 연령은 지난 2세기 동안 감소하고 있다.

T F 31. "안면 홍조"는 부분적으로 뇌하수체 호르몬 수치의 증가로 인한 것이다.

T F 32. 나이든 여성의 성행위를 가장 잘 예측할 수 있는 지표는 그들이 어렸을 때 질 윤활의 양이다.

T F 33. 소년들은 사춘기에 종종 유방이 커진다.

T F 34. 유아기에 어린이가 성인을 모방하는 성행위를 하는 것은 정상이다.

T F 35. 부모가 자녀의 섹슈얼리티에 반응하는 방식은 일반적으로 자녀가 자신의 섹슈얼리티에 대해 느끼는 방식을 나타낸다.

T F 36. 노화에 따른 호르몬 변화 측면에서 남성과 여성은 매우 유사하다.

T F 37. 남성의 경우 정자 생산은 일반적으로 50대 초반에 멈춘다.

T F 38. 대부분의 여성은 폐경 후 섹스에 대한 관심이 감소한다.

T F 39. 일부 문화권에서는 일과성 홍조가 폐경 후 여성에게 흔하지 않다.

T F 40. 남아의 사춘기 발달은 여아의 발달보다 약 2년 뒤처진다.

T F 41. 성인 남성이 거세되면 목소리가 상당히 높아진다.

T F 42. 6~7세의 소녀들이 출산을 했다.

T F 43. 대부분의 십대 소녀들은 첫 성교 시 심한 통증을 경험한다.

T F 44. 사회적 배경(종교적, 정치적 견해)과 혼외정사 여부 사이에는 강한 관계가 있다.

T F 45. 아이들의 첫 성적인 끌림은 10세경에 나타난다.

B. 짝짓기

다음 신체적 또는 행동적 변화와 가장 관련이 있는 호르몬 변화는 무엇일까?

_____ 46. 여아의 유방 발달
_____ 47. 폐경기의 질 건조증
_____ 48. 여성의 안면 홍조
_____ 49. 땀샘의 발달(체취, 여드름)
_____ 50. 여성형 유방
_____ 51. 음모와 체모
_____ 52. 초경
_____ 53. 미약 발기와 긴 불응기
_____ 54. 폐경 효과의 역전
_____ 55. 여성의 성욕 감소(3장 검토)
_____ 56. 남성의 성욕 감소(3장 검토)
_____ 57. 아이들의 첫 성적 매력

a. 에스트로겐의 증가
b. 에스트로겐 감소
c. 테스토스테론의 증가
d. 테스토스테론 감소
e. FSH와 LH의 증가
f. 부신에서 DHEA 증가

C. 빈칸 채우기

58. 나이든 미혼 여성의 성행위 감소는 대부분 ____________때문이다.
59. 폐경 전후 몇 년 동안 여성에게 일어나는 변화를 ____________(이)라고 한다.
60. 2세 이전에 신체 탐색은 일반적으로 ____________에 국한된다.
61. 프로이트는 이 장에서 초기 학령기를 심리성적 발달의 ____________ 단계라고 불렀다.
62. 유방의 발달과 수염의 성장은____________의 예이다.
63. 많은 십대 소녀들에게 ____________의 필요성은 자신의 정체성을 찾는 데 중요한 부분이다.
64. 화이트허스트(Whitehurst)는 혼외 성관계로 이어질 가능성이 가장 높은 두 가지가 ____________과/와 ____________이라고 믿었다.
65. 사춘기는 적어도 두 단계의 성숙 과정입니다. 두 부분은 ____________ 및 ____________이다.

11장
성인의 성 행동과 태도
Adult Sexual Behaviors and Attitudes

. . . 역사상 처음으로 사회에서 에로티시즘을 공개적으로 표시하는 것과 사적인 성행위에 대해 말하는 것을 꺼리는 사회 사이에 이렇게 큰 격차가 있었던 적이 없다.

– 로버트 마이클, 존 개그논, 에드워드 라우만, 지나 콜라타, 1994

학습목표

이 장의 학습을 마치면 다음을 할 수 있어야 합니다.

11.1 "정상적인" 성적 행동이 의미하는 바를 한다.

11.2 자위에 대한 부정적인 태도의 주요 역사적 원인을 확인하고 이 성행위에 대한 최근 발견에 대해 토론한다.

11.3 일부 성행위의 빈도가 나이, 민족, 성별 및 기타 인구통계학적 변수에 따라 종종 다른 이유를 설명한다.

11.4 성적 표현을 향상시키는 성적 환상의 빈도, 품질 및 역할에 대한 연구 결과를 요약한다.

11.5 성교 빈도와 기간에 대한 연구를 설명하고 문화권 내의 개인뿐만 아니라 문화권이 다른 위치에 있는 성교를 사용하는 이유를 설명한다.

11.6 구강 및 쿤닐링구스를 정의하고 이러한 활동에 대한 현재 연구 결과를 설명한다.

11.7 항문 성교에 대해 알려진 것(유형, 유병률 및 선호도)을 설명한다.

11.8 "성적으로 건강한" 사람이 의미하는 바를 정의한다.

11.9 음행, 간통, 남색법을 설명하고 미국과 전 세계의 다른 국가에 살고 있는 이성애자 및 동성애자에게 미치는 영향에 대해 논의한다.

인류가 생존하기 위해서는 남성과 여성이 성교를 해야 한다. 우리는 이것이 드문 성행위가 아니라는 것을 알기 위해 세계의 많은 사람들을 관찰할 필요가 있다. 그러나 다른 성행위, 즉 출산에 필요하지 않은 행위는 어떤가? 얼마나 많은 사람들이 구강 성교를 하는가? 당신이나 당신의 파트너가 성교 중에 다른 자세를 시도하는 것이 "이상한" 것인가? 성적 환상을 갖는 것이 정상인가? 자위는 부자연스럽고 건강에 해로운가? 많은 사람들이 이러한 질문에 대한 답을 확신하지 못하기 때문에 자신이나 파트너가 관여하기를 원하는 성행위가 "정상"인지 여부에 대해 불안을 가질 수 있다.

표 11-1 사람들은 섹스를 하는 동안 얼마나 많은 다른 행위들을 할까?

행위의 횟수	여성의 비율	남성의 비율
한 가지 행동만 가능(예: 파트너 자위, 질 성교, 구강-생식기, 항문)	46%	43%
두 가지 행동만 가능(예: 자위 + 구강, 구강 + 질 성교)	24%	22%
세 가지 이상의 행동(예: 자위 + 구강 + 질 성교)	26%	33%

참가자 중 일부는 설문조사에 나열되지 않은 마지막 성행위 중 행동을 했기 때문에 이 비율의 합계가 100%가 되지는 않는다. 따라서 우리는 그들이 파트너와 어떤(또는 얼마나 많은) 행위를 했는지 모른다.

출처: Herbenick, D., et al. (2010). An event–level analysis of the sexual characteristics and composition among adults ages 18 to 59: Results from a national probability sample in the United States. *Journal of Sexual* Medicine, 7 (Suppl 5), 346–361.

정상은? What Is Normal?

11.1 "정상적인" 성적 행동이 의미하는 바를 설명한다.

"정상적인" 성적 행동이란 무엇인가? 솔직한 대답은 그것에 달려 있다는 것이다. "정상성"을 결정하는 데에는 역사적 시간과 개인이 살고 있는 문화적 또는 사회적 맥락을 포함하여 많은 요인이 관련된다. 예를 들어 빅토리아 시대에 도덕주의자와 학자들은 진정으로 정상적인 성행위는 남성 위의 "선교사" 위치에서 이성 간의 질 성교뿐이라고 주장했다. 전희를 포함한 다른 형태의 성적 표현은 병리학적이거나 매우 특정한 상황에서만 허용되는 것으로 간주되었다. 키스를 예로 들어보자. 1900년대 초, 프로이트(1905/1938)는 키스가 단지 "정확한 성적 목표를 달성하는 과정에서 일반적으로 신속하게 통과되어야 하는"(p. 564) 성교의 예비 성행위일 뿐이라고 제안했다. 그는 이 예비 단계에서 너무 오래 머문 사람, 키스를 현저하게 즐기거나 성교보다 키스를 선호하는 사람은 비정상적이며 즉각적인 임상 개입이 필요하다고 느꼈다.

오늘날, 키스를 즐기는 것이 기저에 깔린 정신병리학을 암시하거나 선교사 스타일의 질 성교가 성적 표현의 유일한 형식이라는 개념에 동의하는 과학자나 학자는 거의 없다. 실제로 사람들(적어도 서구 문화에서는)은 다양한 행동을 정상으로 간주한다. 2010년 미국 성건강 및 행동에 대한 전국 조사 연구에 따르면 미국 남성과 여성의 약 절반이 성관계를 가질 때 한 가지 이상의 성적 행동을 하는 것으로 나타났다(Herbenick et al., 2010a; **표 11-1** 참조). 이 연구는 또한 그러한 행동이 얼마나 다양한지 보여주었다. 연구원들은 참가자들이 마지막 성교 동안 보고한 놀라운 41가지 행동 조합을 발견했다!

물론 우리는 자민족 중심적이지 않도록 주의해야 한다(1장 참조). 우리 문화에서 정상적인 성행위로 간주되는 것이 다른 문화에서는 정상으로 간주되지 않을 수 있으며 그 반대의 경우도 마찬가지이다. 상자 11-A에 앞서 정점을 찍으면 미국에서도 일부 성적 행동의 유병률에서 인종 그룹 간에 큰 차이가 있음을 알 수 있다. 정상으로 간주되는 것도 개인의 수명에 따라 변한다. 우리는 14장의 시작 부분에서 "정상"에 대한 논의로 돌아갈 것이다.

이 장에서는 통계적 관점에서 (서구 문화에서) 정상으로 간주될 수 있는 몇 가지 성행위에 대해 읽을 것이다. 행동이 **통계적으로 정상**(*statistically normal*)이라면 많은 사람들이 그 행동에 관여하고 있음을 의미한다(즉, 상대적으로 흔한 행동). 그러나 행동이 "정상"으로 간주될 수 있다고 해서 모든 사람이 그 행동에 참여(또는 심지어 승인)한다는 의미는 아니다. 따라서 여기에서 논의된 행동의 일부 또는 전부에 관여하지 않은 경우 자신(또는 그 문제에 대해 다른 사람)을 "비정상적"이라고 생각해서는 안 된다. 정상적인 행동을 **행동의 범위**(*range of behaviors*)로 생각하는 것이 가장 좋다.

특정 행동의 경우 사람들이 그 행동에 얼마나 자주 참여하는지에 대한 질문도 있다. 얼마나 자주 정상인가? 평균은 계산할 수 있지만 계산할 수 있지만 "정상"을 평균값만 의미하는 것으로 해석해서는 안 된다. 다시 말하지만, 정상은 **값 범위**(*range of values*)를 포함한다. 예를 들어, 기혼 여성이 자위하는 정상적인 횟수는 한 달에 몇 번인가? 답은 범위(0에서 더 높은 숫자까지)이다.

이 장에서 읽을 다양한 성행위의 빈도와 빈도는 연구자들에 의해 선정되고 자발적으로 성 조사에 동의한 참가자들로부터 얻은 것이다. 1장의 설문조사 및 샘플링 절차에 대한 섹션을 검토하시오.

개인적인 생각 Personal Reflections

상당한 비율의 미국 성인이 성관계 중 여러 활동에 참여한다는 사실을 알았을 때 감정적 반응은 어떠했는가? 이 장의 그림을 처음 보았을 때는 어떠한가? 귀하의 반응은 주로 긍정적이었는가, 주로 부정적이었는가, 아니면 중립이었는가? 왜 그렇게 답했다고 생각하는가? 논의된(및 예시된) 행동을 "정상"으로 간주하는가?

자위행위 Masturbation

11.2 자위에 대한 부정적인 태도의 주요 역사적 원인을 확인하고 이 성행위에 대한 최근 발견에 대해 토론한다.

"파트너와 성생활을 하기 전까지 매일 자위를 했어요. 결혼 후에도 계속 자위를 하고 있다." (남성)

"자위를 하고 나서 느끼는 죄책감이 너무 아파서 가끔 울어요." (남성)

"내 성적 욕구를 충족시켜주는 꾸준한 여자 친구가 있다. 그러나 때때로 나는 그녀를 만족시킬 수 없다. 이것이 내가 자위를 즐기는 주된 이유이다. 왜냐하면 나는 나 이외의 다른 사람을 만족시키려는 것에 대해 걱정할 필요가 없기 때문이다." (남성)

"나는 믿음이 있는 사람이며 영적, 문화적 교육을 통해 자해는 죄라고 가르친다. 해보았지만 나 자신의 나약함이 역겹다. 자위행위는 하느님과 당신 자신의 몸과 영혼에 대한 범죄이다." (남성)

"잭 오프는 훌륭하다. 나는 거의 매일 그것을 한다. 때로는 더. 그것은 정상적이고 자연스럽고 나를 제정신으로 유지시켜 준다. 못 내리면 미쳐버릴 텐데. 스트레스 해소에 좋다." (남성)

"저는 대학 다닐 때 성생활을 할 때까지 자위를 하지 않았어요. 남자친구와 섹스를 하는 사이에, 파트너 없이도 섹스를 통해 자신을 '즐거울' 수 있는 방법이 있는지 몰랐어요. 이제 찾은 후에 정말 즐거워요." (여성)

"저는 성생활을 하기 훨씬 전에 자위를 했고, 그것을 혼자 간직하고 있는 한 문제가 된 것 같지는 않았다. 지금은 남자친구가 자위를 한 적이 있느냐고 물으면 죄책감이 들지 않을 수 없다." (여성)

"저는 14살 때부터 자위를 해왔다. 남편이 있든 없든 여전히 그렇게 했다. 어린 시절에도 그것에 대해 죄책감은 없었다. 사랑을 하기보다 자위를 하고 싶을 때가 있다. 성관계를 포기한 것은 아니다. 가끔은 더 좋을 때가 있다." (여성)

"어린 시절 내내 자위는 남자들만 할 수 있는 일이라고 생각했다. 그런데 코스모에서 여성에게 자위행위를 하라고 하는 온갖 기사를 실어 파트너에게 어떻게 해야 하는지 보여주기 시작했고 나는 혼란스러웠다. 내 몸을 부끄럽게 여겨서는 안 된다는 걸 알지만, 그래도 스스로 할 수는 없다." (여성)

"저는 36세이고 제가 자위를 하게 될 것이라고는 꿈에도 생각해본 적이 없다. 하지만 저는 그랬고, 남성 파트너가 조금도 생각하지 못한 부분을 자극할 수 있기 때문에 훌륭하다고 생각한다." (여성)

(모든 예제는 작성자의 파일에서 가져옴)

자위행위에 대한 태도 Attitudes About Masturbation

이 예에서 볼 수 있듯이 자위에 대한 태도와 감정은 다양하다(Bowman, 2014; Kaestle & Allen, 2011 참조). 어떤 사람들은 그 행위를 분명히 즐기고 그것을 받아들일 수 있고 즐겁다고 생각한다. 축하하는 태도는 클림트의 그림에 반영되어 있다(그림 11-1 참조). 다른 사람들은 그것을 귀찮게 하고, 당황하게 하고, 심지어 혐오스러워 한다. 사람들이 그렇게 다양한 태도를 가지고 있다는 것이 놀라운가? 자랄 때 자위에 대해 어떤 종류의 말을 들었는가? 우리 중 일부는 (친구, 지인, 때로는 부모로부터) 생식기의 **자위행위(masturbation)**나 자기 자극이 우리를 장님이나

그림 11-1

구스타프 클림트가 쓴 허벅지를 벌리고 앉아 있는 여성은 자위와 여성의 신체에 대해 긍정적인 태도를 전달한다.

출처: Art Collection 3/Alamy Stock Photo.

자위행위(Masturbation) 생식기의 자기 자극.

귀머거리로 만들 수 있고, 코피, 심장 잡음, 여드름 또는 고통스러운 월경을 유발할 수 있으며, 손바닥에 털이 자라게 하고, 멈추지 않으면, 결국, 정신착란을 일으킬 수 있다고 들었다. 우리 중 다른 사람들은 단지 우리가 그것을 과도하게 하지 않는 것이 낫다는 말을 들었다. 우리는 얼마나 많은 것이 과도한지 또는 우리가 "한계"를 넘으면 어떻게 되는지에 대해 말하지 않았지만 항상 우리에게 나쁜 일이 일어날 것이라는 의미를 내포했다. 그리고 여전히 우리 중 다른 사람들은 그렇게 하는 것은 괜찮지만 그것에 대해 이야기해서는 안 된다는 말을 들었다. 요컨대, 우리는 거의 모두 자위행위가 토론 주제로든 개인적인 활동으로든 적절하지 않다는 메시지를 받았다.

역사적 관점 이 메시지는 어디에서 왔는가? 자위행위가 왜 그렇게 나쁜 평판을 받는가? 사실 자위행위에 대한 부정적인 태도는 수세기 동안 대대로 이어져 왔다. 그리스 의사 히포크라테스는 자위행위(및 야간 배출과 같은 생식 기능이 없는 정액 손실의 다른 형태)가 남성의 신체적 건강에 해로워 척추 약화를 초래하고 결국 사망에 이를 것이라고 믿었다. 고대 중국 문화에서는 남성의 자위를 양(남성 본질)의 낭비로 정죄한 반면, 성서의 히브리인들은 이를 "씨앗의 유출"로 간주하여 사형에 처할 수 있다고 여겼다. 초기 로마 카톨릭 교회는 출산을 성의 유일한 합법적인 목적으로 여겼고, 출산으로 이어지지 않는 수음 및 기타 성행위는 부도덕한 것으로 간주했다. 수음에 대한 교회의 부정적인 견해는 1200년대에 토마스 아퀴나스에 의해 공식화되었으며, 그는 그것을 4가지 부자연스러운 행위의 범주 중 하나로 포함했다(Aquinas, 1265~1274/1968). 많은 학자들은 자위(*masturbation*)라는 단어가 라틴어 *manus*("손")와 *sturpore*("더럽게 하다") 또는 *tubare*("방해하다")에서 파생되었다고 믿는다.

1741년에 S. 티쏘(S. Tissot)라는 이름의 스위스 의사는 "*Onania, or a Treatise on Disorders Produced by masturbation*"이라는 책을 출판하여 히포크라테스의 의학적 견해를 확장했다. 티쏘는 그의 책에서 정자의 부자연스러운 손실과 자위행위와 관련된 신경계의 과로가 정신 질환을 유발한다고 주장했다. 이에 대한 증거로 정신병원에 앉아 공공연하게 자위행위를 하고 있는 많은 남성들을 바라보기만 하면 된다고 그는 말했다. 티쏘는 또한 1온스의 정액 손실이 40온스의 혈액보다 "쇠약해진다"고 주장했다. 이러한 견해는 19세기와 20세기 초반의 많은 티쏘의 동시대 의사들과 다음 세대의 의사들에 의해 받아들여졌다. 예를 들어, 1858년에 필라델피아 외과의사인 조지 칼훈(George Calhoun)은 자선단체인 하워드 협회로부터 자위의 "악덕"에 대한 보고서를 작성하라는 의뢰를 받았다. 그는 정액이 인체의 다른 어떤 체액보다 더 느리게 생성되고 그 "과도한 손실"(예: 자위 중 발생)이 개인의 전반적인 건강에 재앙적인 결과를 초래한다고 결론지었다(Wong, 2002 참조).

저명한 미국 의사 조세프 하우(Joseph Howe)도 1889년에 비슷한 결론을 내렸고, "자위는 문명 국가에서 보편적인 악덕"(p. 62)이며 자위하는 남성(그리고 그 정도는 덜하지만, 여성)을 괴롭히는 수많은 신체적 질병을 공들여 기록했다. 여기에는 다음이 포함된다.

- 기형 생식기(남성에서는 작고 한쪽으로 치우친 고환과 만졌을 때 차갑고 정맥류로 덮여 있고 한쪽으로 구부러진 얇고 짧은 성기; 여성의 경우 음핵이 길어지고 질 입구가 붉어지며 건조함, 끝이 검은 음순)
- 척수 종양, 뇌출혈 및 뇌성 빈혈 또는 "뇌의 만성 연화"
- 쇠약함, 연약한 근육, 나쁜 자세, 질질 끄는 발
- 피부 상태(여드름, 창백함, 눈 아래 다크 서클)
- 위장 문제(변비, 위산 소화 불량, 팽만감, 가스)
- 심장 두근거림 및 확대
- 현기증, 두통 및 기억력 문제
- 간질 및 발작

하우에 따르면, 대부분의 자위행위자는 또한 불임 상태가 될 것이다. 그러나 그들이 번식에 성공한다면 자위행위의 해로운 영향은 거의 확실하게 그들의 자녀들에게 전가될 것이다(p. 93). 1800년대 후반에 출판된 건강 매뉴얼의 한 페이지에서 볼 수 있듯이, 자위행위가 그것을 실천한 사람들뿐만 아니라 그들의 자녀들에게도 질병을 유발할 수 있다는 개념은 일반적이었다(그림 11–2 참조).

이러한 널리 통용되는 믿음을 감안할 때, 많은 빅토리아 시대 부모가 의료 전문가로부터 자녀에게 자위행위에 대해 경고하고 어떤 대가를 치르더라도 자위행위를 하지 못하도록 명시적으로 지시한 것은 놀라운 일이 아니다. 다음은 메리 멜렌디(Mary Melendy) 박사가 1903년 그녀의 책 "*Perfect Womanhood*"에서 아들에게 무엇을 말해야 하는지에 대해 어머니에게 한 조언이다.

> 이 기관이 남용되거나 하나님이 만드신 목적 외에 다른 용도로 사용된다면 ... [그들을] 남용하는 사람들에게 질병과 파멸을 가져올 것이라는 점을 그에게 강조하시오. 그는 행복하고 건강하며 강하게 자라지 않을 것이다.

그림 11-2
1800년대 후반에 일반적으로 묘사된 자가 오염의 해악에 대한 삽화.
출처: Rick Grunder Books.

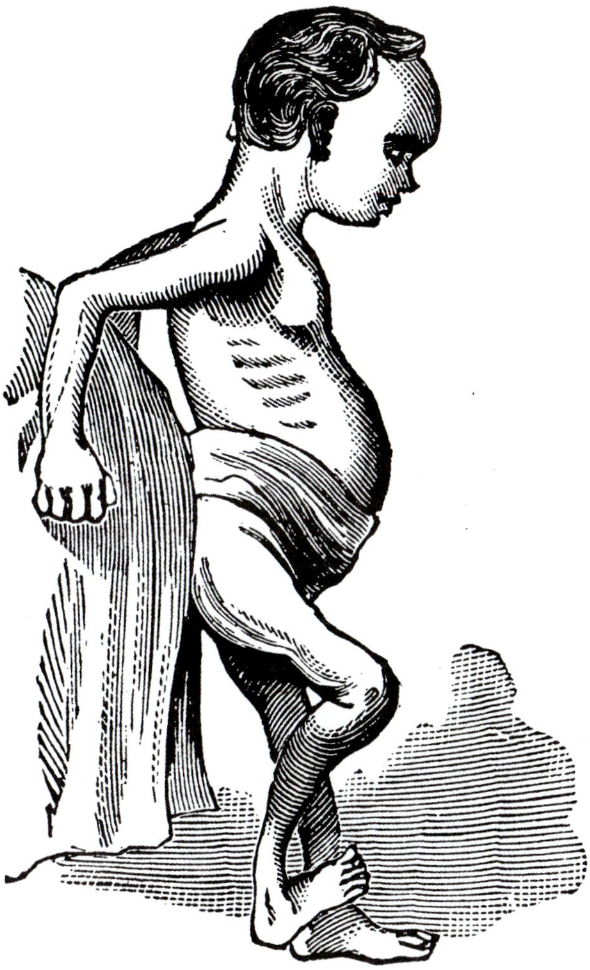

Fig 10. 자위행위자에게서 태어난 기형아

> 그가 성기를 다루거나 흥분시킬 때 신체의 모든 부분이 고통을 받는데, 그 이유는 신체의 모든 부분이 시스템 전체를 흐르는 신경에 의해 연결되어 있기 때문이며 이것이 "자학"이라고 불리는 이유이다. … 죄는 끔찍하며 사실 거짓말이나 도둑질보다 더 나쁜 것이다!
>
> 성기를 다루면 이 부위에 너무 많은 피가 흐르게 되어 병이 생기고 신체의 다른 기관에도 질병을 일으킨다. 왜냐하면 그들이 있어야 할 것보다 더 적은 양의 피가 남아 있기 때문이다…
>
> 그것은 소비, 마비 및 심장병의 토대를 마련한다. 그것은 기억력을 약화시키고, 소년을 부주의하고 태만하고 무기력하게 만든다.
>
> 많은 사람들이 정신을 잃기까지 한다. 다른 사람들은 커서 자살한다.

G. B. 제프리스(G. B. Jefferis) 교수는 1896년에 어머니들에게 비슷한 조언을 하여 딸들에게 수음에 관한 다음 사실을 명백하고 공개적으로 말하라고 권고했다.

> 소년을 배신하는 동일한 징후가 이 악덕에 중독된 소녀를 알게 될 것임을 아시오. 피 없는 입술, 검은 고리로 둘러싸인 둔하고 무거운 눈, 초조한 손, 창백한 뺨, 짧은 숨소리, 늙고 바랜 표정, 약해진 기억력과 어리석은 초조함이 이야기를 너무나 명백하게 말해준다. 똑같은 사악한 결과가 뒤따르며 아마도 죽음으로, 더 나쁘게는 정신 이상으로 끝날 것이다. 이 습관에 굴복함으로써 소녀가 스스로에게 해를 입히는 것 외에도, 양심에 호소하는 또 다른 이유가 있다. 즉, 자학은 도덕법을 위반하는 것이다. 높고 신성한 목적을 위해 주어졌다.
>
> 보살핌이 필요할 때 그들을 돌보는 것을 제외하고는 그대로 두시오. 그러면 그들은 여러분이 이제까지 알고 있는 가장 큰 축복이 될 것이다. 그것들은 당신이 어머니가 될 수 있도록 주어졌으며, 하나님께서 당신의 피조물 중 한 사람을 부르신 가장 높은 직분이다. 자신을 낮추지 말고 들짐승보다 낮아지지 마시오. …
>
> 그리고 이 위급한 시기에 딸들을 괴롭히는 위험을 아시고 계시는 어머니께서 침묵하시는 것이 정당한가? 당신이 너무 겸손해서 그녀의 존재 법칙을 말하지 못해서 당신의 딸이 몸과 마음을 망친다면 당신은 무죄가 될 수 있는가? 당신의 딸에게 당신의 것보다 더 소중한 사랑은 없으며, 당신의 것보다 더 존경받는 조언은 없으며, 그 경고가 더 강력할 사람은 없다. 당신의 의무에 실패하지 마시오.
>
> (**제프리스와 니콜스**, 1896, p. 389)

그러나 자녀가 계속 자위를 한다면 그 시대의 부모는 어떻게 해야 하는가? 하우를 포함한 대부분의 의사들은 자위에 대한 최선의 치료법은 영양가 있는 음식, 매일의 운동, 적절한 수면, 적절한 위생, 좋은 교제 및 금욕을 포함하고 필요에 따라 적절한 약을 복용하는 건강한 생활 방식이라고 믿었다. 실제로 J. H. 켈로그(J. H. Kellogg) 박사(1887)와 실베스터 그레이엄(Sylvester Graham) 목사(1834)는 모두 순하고 소화가 잘 되는 식품(각각 콘플레이크와 그레이엄 크래커)을 발명했는데, 이는 과도한 성욕을 억제하고 자가 오염을 방지하는 데 도움이 된다고 믿었다. 물론 일부 의료 전문가들은 강철 페니스 링과 순결 벨트를 포함한 더 극단적인 조치를 옹호했다(그림 1-4 참조). 어린이의 경우 켈로그(1887)는 성기에 붕대를 감고 손을 묶고 소년의 경우 할례를 제안했다(이후의 통증이 자위행위를 방해할 수 있기 때문). 성인의 경우 발기를 방지하기 위해 음경을 통해 강철 봉합사를 삽입하고 음핵에 탄산을 바

이제 자위가 우릴 죽이지 않는다고!

르는 것이 좋다. 그 기간 동안의 다른 관행에는 감전, 침술, 극단적인 경우 완전한 거세(성기의 완전한 제거)가 포함되었다.

현대적 관점 시대가 바뀌었다. 예를 들어, 21세기 미국의 어떤 현대 의사도 자위행위의 치료법으로 거세를 옹호하지 않을 것이다(적어도 우리는 그렇지 않기를 바란다!). 그러나 부정적인 태도는 여전히 전 세계적으로 널리 퍼져 있다. 예를 들어, 로마 가톨릭 교회의 성 윤리에 관한 공식 교리인 *Persona Humana*에서는 자위행위가 "본질적으로 심각하게 방해받는 행위"라고 명시한다(Congregation for Doctrine of the Faith, 1975). 이 공식 견해는 1993년 교황 요한 바오로 2세와 2011년 교황 베네딕토 16세에 의해 재확인되었다. 다른 종교 단체에서도 비슷한 견해를 지지한다. 유대 종교 율법(*Halakha*)에 따르면, 자위는 살인만큼 심각한 범죄이며 "배꼽 아래"를 만지는 남자는 손을 잘라내야 한다(*Mishneh Torah* 21:18; *Shulchan Aruch* Even Ha'ezer 23: 1, *Talmud* Niddah 13a 참조). 일부 유대교 종파(예: 보수파, 개혁파)는 자위행위에 대해 보다 유연하거나 관대한 견해를 채택했지만, 다른 종파(예: 정교회)는 수음을 할 수 있는 최악의 죄 중 하나로 계속 정죄한다. 자위는 또한 샤리아(이슬람) 법에 따라 일반적으로 금지되어 있다.

그러나 세속적(비종교적) 상황에서는 어떤가? 다음 상황을 고려하시오. 1994년 미국 군의관 조이슬린 엘더스(Joycelyn Elders)는 유엔 세계 에이즈의 날 회의에 참석하여 학교 성교육 수업에서 자위를 에이즈 예방의 잠재적인 방법으로 가르칠 수 있는지에 대한 질문을 받았다. 그녀는 자위행위가 "인간의 성의 일부이며 아마도 가르쳐야 할 부분"이라고 대답했다. (그녀는 나중에 그녀가 자위행위 자체를 학교에서 가르치는 것이 아니라 자위가 인간의 섹슈얼리티의 정상적인 일부라는 생각을 제안한 것이라고 분명히 밝혔다.) 일주일 후, 그녀는 당시 빌 클린턴 대통령에게 반대되는 가치를 가졌다는 이유로 해고되었다. 엘더스의 해고와 관련해 사회학자 존 개그논(John Gagnon)은 "왜 비교적 무해한 행동이 다른 방식으로 잘 적응한 사람들에게 불안과 공포의 물결을 불러일으키는지 아직도 수수께끼로 남아 있다"고 말했다. 자위에 대해 어떻게 생각하는가? 당신은 어디에 서 있는가?

자위행위의 발생비율
Incidence of Masturbation

부정적인 홍보와 노골적인 겁주기 전술의 오랜 역사로 인해 자위행위를 하는 사람은 극소수일 것이다. 그러나 실제로 대다수의 사람들은 자위를 한다. 이것은 당신의 증조부모가 젊었을 때 사실이었다. 킨제이와 동료들(1948, 1953)은 그들이 조사한 남성의 92%가 20세까지 자위를 했다는 사실을 발견했다. 일반적으로 사춘기 소년의 오르가즘은 첫 번째 성적인 경험이었다. 킨제이의 연구에 따르면 여성의 3분의 1만이 20세까지 자위를 했다고 보고했지만 3분의 1은 40세까지 자위를 했다(총 62%). 즉, 남성은 성교를 경험하기 전에 자위를 시작할 가능성이 더 높았지만 많은 여성은 성교를 시작한 후에야 자위를 시작했다.

자위는 일생에 걸쳐 대부분의 사람들의 성행위의 중요한 구성 요소로 남아 있다. 대규모 전국 조사에서 라우만과 동료들(1994)은 남성의 약 60%와 여성의 40%(18~59세)가 지난 1년 동안 자위를 한 적이 있다고 말했다(그리고 남성의 약 25%, 여성의 10%가 적어도 일주일에 한 번 자위를했다고 보고했다). 유사한 결과가 2010년 미국 성 건강 및 행동에 대한 전국 조사 연구에서 최근에 보고되었다(Herbenick et al., 2010c). 대부분의 참가자는 평생 동안 자위행위를 했다(그림 11-3 참조). 또한 비교적 높은 숫자가 지난 30일 이내에 그렇게 했다고 말했다(연구에서 가장 나이가 많은 참가자의 비율은 낮았지만): 십대 소년의 52%, 십대 소녀의 25%(14~19세), 20대 남성 66% 여성 50%, 30대 남성 66%, 여성 39%, 40대 남성 60%, 여성 39%, 50대 남성 56%, 여성 28%, 60대 남성 42%, 여성 22%, 70세 이상 남성은 28%, 여성은 12%가 지난 한 달간 자위행위를 한 적이 있다. 이 비율에서 알 수 있듯이 평

그림 11-3

누가 자위해요? 이 수치는 자위행위를 한 적이 있다고 보고한 다른 연령대의 남성과 여성의 비율을 보여준다.

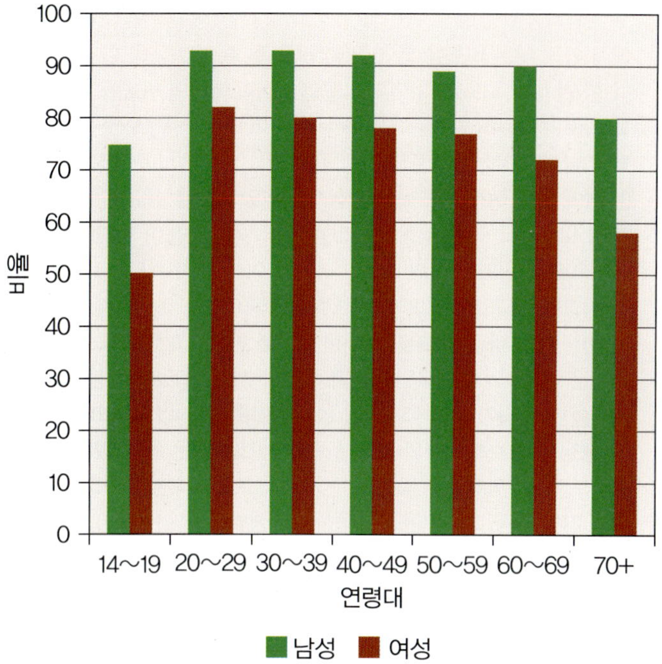

생 또는 월간 자위율이 0%인 연령대는 없다. 분명히, 많은 사람들이 그것을 하고 있다(또는 적어도 시도했다)! 미국(Dodge et al., 2016) 및 기타 세계 지역(서유럽, 오세아니아, 중동; Richters et al., 2003a; Shaeer et al., 2012)에서 다른 대규모 성인 표본을 대상으로 수행한 최근 연구에 따르면 유사한 결과를 찾았다. 무성 남성과 여성(어떤 유형의 파트너에게도 성적 끌림을 경험하지 않음; 9장 참조)도 자위를 하며, 무성애자만큼 자주 자위한다(Yule et al., 2014).

자위는 가장 일반적으로 경험되는 성행위 중 하나이지만 2010년과 2016년 미국 성건강 및 행동에 대한 전국 조사 연구에서도 사람들이 자위행위에 참여하는 빈도가 매우 다양하다는 사실이 밝혀졌다(Dodge et al., 2016; Herbenick et al., 2010d; Reece et al., 2010e; Schick et al., 2010 참조). 일부(여성의 약 1/3, 남성의 1/5)는 지난 1년 동안 전혀 자위를 하지 않았다. 다른 사람들은 몇 번 그렇게 했다. 일부는 매달, 다른 일부는 매주 자위했다. 그리고 또 다른 사람들은 거의 매일 자위한다고 말했다(18~29세 여성의 약 11%, 남성의 26%). 분명한 나이차도 있다. 10대, 20대, 30대를 지나면서 남성과 여성 모두 월간 자위행위를 하는 비율은 증가하는 경향이 있다가 40대에 떨어지기 시작하여 50대와 60대를 거치면서 계속 감소하다가 70대 이후 최저점에 도달한다. 성별 차이도 존재한다. 남성은 여성보다 자위행위를 할 가능성이 더 높으며, 자위하는 남성은 자위하는 여성보다 더 자주 한다. 흥미롭게도, 섹슈얼리티의 젠더 차이에 대한 연구에 대한 자주 인용되는 검토에서는 여성이 남성보다 자위행위의 빈도가 낮다고 보고하지만 자위에 대한 태도는 남성과 다르지 않다고 결론지었다(Petersen & Hyde, 2011). 인종 및 교육 수준을 포함한 다른 인구 통계학적 변수도 자위행위의 가능성과 관련이 있다(상자 11-A 참조).

그렇다면 이 자위행위를 하는 사람들은 모두 건강이나 제정신을 위험에 빠뜨리고 있는가? 아니다. 1년에 한 번, 한 달에 한 번 또는 하루에 여러 번 수행되는 자위행위는 앞에서 언급한 문제를 일으키지 않으며 오늘날에도 그러한 주장을 하는 의사는 거의 없다. (자위 중 질식하는 것에 대한 논의는 14장에 있다.) **그것은 지극히 정상적인 인간의 행동이다.** 역사적으로 그렇게 비난받아 온 것을 정상이라고 할 만큼 우리가 어떻게 그렇게 자신할 수 있는가? 통계를 보시오. 대다수의 사람들이 특정 행동을 했다면 이는 정상적인 것으로 간주되어야 한다. 그럼에도 불구하고 라우만 등에 따르면 자위를 하는 모든 사람들의 거의 절반이 이에 대해 계속 죄책감이나 잘못을 느끼는 사람들이 있다(1994; Kaestle & Allen, 2011 참조).

자위행위의 방법 Methods of Masturbation

사람들은 자위하는 방식에 차이가 있지만 남성은 여성보다 편차가 적다. 거의 모든 남성은 리드미컬하게 한 손으로 음경의 몸과 귀두를 위아래로 쓰다듬어 자위한다. 자극하는 음경의 정도와 리듬과 압력이 다를 수 있지만 일반적으로 쓰다듬어주는 동작을 사용한다. 각성을 높이기 위해 많은 남성이 자위를 하는 동안 성적으로 노골적인 사진을 상상하고/보거나 본다. 이성애 남성은 일반적으로 자위 중에 진동기나 딜도를 사용하지 않지만(파트너에게 사용할 수 있지만), 동성애 및 양성애 남성의 약 40%는 자위하는 동안 바이브레이터나 딜도를 사용한 적이 있다고 보고한다(Reece et al., 2010b; 또한 Rosenberger et al., 2012 참조).

자위를 하는 대부분의 여성들은 음핵, 소음순 및/또는 외음부 전체를 자극하여 그렇게 하며, 남성과 마찬가지로 많은 사람들이 이 행위에 참여하는 동안 공상을 한다. 킨제이의 그룹(1953)은 자위하는 동안 질에 손가락(또는 어떤 물체)을 삽입하는 여성은 거의 없지만 약 11%의 여성이 유방을 자극한다는 사실을 발견했다. 최근 조사에 따르면 여성의 약 50%가 진동기를 사용하고 약 30%가 자위하는 동안 한 번 이상 진동이 없는 딜도를 사용한 것으로 나타났다(Herbenick et al., 2009, 2010e). 실제로 많은 여성이

상자 11-A 다문화적 관점

성적 행동의 인종적 차이

11.3 일부 성행위의 빈도가 나이, 민족, 성별 및 기타 인구 통계학적 변수에 따라 종종 다른 이유를 설명한다.

이 장에서는 오늘날 미국 문화에서 정상으로 간주되는 몇 가지 행동에 대해 읽을 것이다. 그러나 각 행동에 대한 통계는 일반적으로 연령, 민족, 교육 수준 또는 기타 그룹 차이를 고려하지 않는다. 논의된 행동이 인종 그룹 전반에 걸쳐 정상, 즉 일반적으로 행해지고 있는가?

자위행위에 대해 생각해 보자. 전국적으로 대표되는 표본에서 Laumann과 동료들(1994)은 백인과 라틴계 남성의 2/3와 약간 더 적은 비율의 아시아계 미국인 남성이 지난 1년 동안 자위행위를 한 것으로 나타났다. 아프리카계 미국인 남성의 40%만이 지난 1년 동안 자위를 했다. 여성의 경우 백인이 아프리카계 미국인이나 라틴계보다 자위행위를 할 가능성이 더 크다(표 11-2 참조). 흥미롭게도, 수음 비율의 인종적 차이는 오늘날에도 여전히 존재하지만 이러한 차이의 크기는 시간이 지남에 따라 줄어들었다. 예를 들어, 2010년 NSSHB 연구에 따르면 라틴계와 아프리카계 미국인의 비율이 증가했다. 라틴계 남성의 72%(및 라틴계 여성의 56%)와 아프리카계 미국인 남성의 62%(및 아프리카계 미국인 여성의 54%)가 지난해에 자위를 했다(Dodge et al., 2010).

인종적 차이는 구강-성기 섹스에서도 자주 발견되었다. 아프리카계 미국인, 특히 여성은 다른 사람들보다 이러한 유형의 성행위를 할 가능성이 적다. 표 11-2는 지난 12개월 동안 구강 성교의 비율에 초점을 맞춘 이 패턴을 보여준다. 우리는 아프리카계 미국인 남성과 여성 사이에서 가장 낮은 비율을 본다. 평생 비율(즉, 특정 행동을 한 적이 있거나 한 번 이상 시도한 각 민족 그룹의 남성과 여성의 비율)을 조사할 때도 비슷한 패턴이 발견된다. Laumann과 그의 동료들(1994)은 대부분의 백인 남성과 여성이 그들의 일생 동안 어느 시점에서 구강성기를 주고(남성의 81%, 여성의 75%) 구강성기를 받았다고(남성의 81%와 여성의 78%) 보고했다. 라틴계 참가자의 경우 더 낮은 비율이 발견되었다. 구체적으로, 라틴계 남성의 66%와 라틴계 여성의 56%가 파트너에게 구강 성교를 했다고 말했으며, 라틴계 남성의 67%와 라틴계 여성의 62%는 평생 동안 파트너로부터 이러한 행위를 받았다고 말했다. 가장 낮은 비율은 아프리카계 미국인 참가자들에 의해 보고되었으며, 남성의 51%와 여성의 34%가 파트너와 구강 성기 성교를 한 적이 있다고 보고했으며 남성의 66%와 여성의 49%가 구강 성기를 받은 적이 있다고 했다. 적어도 한 번 파트너와 섹스. 보다 최근의 조사에서는 아프리카계 미국인이 다른 인종 그룹보다 구강 생식기 성행위를 할 가능성이 적다는 유사한 패턴이 밝혀졌다(Dodge et al., 2010).

유사하게, 아프리카계 미국인은 적어도 미국에서 다른 인종 그룹의 사람들보다 항문 성교를 할 가능성이 적다(Carter et al., 2010; Champion & Roye, 2014; Laumann et al., 1994). 예를 들어, 2010년 NSSHB 연구에 따르면 아프리카계 미국인의 12%가 라틴계의 19%에 비해 지난 1년 동안 항문 성교를 한 적이 있는 것으로 나타났다(Dodge et al., 2010). 그러나 이러한 인종적 차이는 젠더에 의해 조절될 수 있다.

표 11-2 미국의 인종 그룹 및 교육 그룹 간의 성행위(지난 연도) 발생률

성행위	백인	흑인	남미인	동양계 미국인
자위(지난해)				
남성	67%	40%	67%	61%
여성	44	32	35	데이터 없음
구강-생식기 성교				
남성	81	50	71	64
여성	75	34	60	데이터 없음
항문 성교				
남성	26	23	34	15
여성	23	10	17	데이터 없음

성행위	고졸 이하	고졸	전문대학	대학졸	대학원 이상
자위(지난해)					
남성	45%	55%	67%	76%	81%
여성	25	32	49	52	59
구강-생식기 성교					
남성	59	75	80	84	80
여성	41	60	78	79	79
항문 성교					
남성	21	23	26	30	29
여성	13	17	25	22	29

출처: From *The Social Organization of Sexuality*, by Edward O. Laumann. Copyright © 1994 University of Chicago Press. Reprinted by permission of the University of Chicago Press.

즉, 인종과 성행위 간의 연관성은 우리가 남성 또는 여성을 보느냐에 따라 다를 수 있다. 미국에 거주하는 13,000명 이상의 남성과 여성이 포함된 2006–2008년 전국 가족 성장 조사(Chandra et al., 2011)의 데이터에 따르면 아프리카계 미국인 남성의 27%가 평생 동안 한 번 이상 항문 성교를 한 적이 있다. 이전 연구 결과와 일관되게 이 비율은 다른 남성 그룹에서 보고한 평생 비율보다 낮았다. 거의 같은 수의 라틴계 남성과 백인 남성이 적어도 한 번은 항문 성교를 시도했다(각각 39% 및 38%). 따라서 남성을 고려할 때 항문 성교 경험은 다른 인종 그룹보다 아프리카계 미국인 사이에서 낮다. 그러나 여성에서는 동일한 패턴이 발견되지 않았다. 백인 여성이 평생 항문 성교를 경험한 비율(34%)이 가장 높았고 라틴계 여성(25%)과 아프리카계 미국인(25%)이 그 뒤를 이었다.

우리가 볼 수 있는 성적 행동의 인종적 차이 중 일부는 관계에서 남성과 여성 사이의 권력 격차와 그 결과 발생하는 의사 소통 패턴 및 성적 의사 결정의 차이에 기인할 수 있다(Quadagno et al., 1998 참조). 예를 들어, 많은 전통적인 라틴계 문화에서 남성은 생식 및 성적인 결정을 내려야 한다. 그러한 문화에서 부부의 성행위는 일반적으로 여성 파트너가 원하는 것보다 남성 파트너가 원하는 것을 더 많이 반영한다. 실제로 한 연구에 따르면 항문 성교를 경험한 라틴계 여성의 16%만이 실제로 그것이 즐겁다고 생각했지만 80%는 항문 성교를 하기로 한 결정이 항상 또는 거의 항상 남성 파트너에 의해 내려졌다고 말했다(Halperin, 1999). 다른 연구자들은 또한 성 평등이 더 큰 문화에서 남성과 여성의 성적 태도와 성적 행동 비율의 차이가 일반적으로 더 작다고 지적했다(Petersen & Hyde, 2010 참조).

인종과 성별 외에 연령, 교육, 결혼 여부, 경제적 지위, 문화 적응 정도 등 성행위의 차이와 관련된 많은 요인이 있다. 예를 들어, 구강 생식기 섹스에 대한 비율이 일반적으로 아프리카계 미국인 여성에서 가장 낮은 반면, 나이가 많은 아프리카계 미국인 여성의 비율은 특히 낮다(Dodge et al., 2010; Quadagno et al., 1998). 민족적 차이도 사람들이 더 문화에 익숙해지면 덜 분명해진다(Meston & Ahrold, 2010; Okazaki, 2002). 교육 수준은 성행위와도 관련이 있다. 표 11–2의 아래쪽 절반을 보시오. 보시다시피, 수음과 구강 성교는 교육 수준이 높은 그룹에서 더 일반적이다. 보다 최근의 조사에서는 적어도 미국에서 교육 수준이 증가함에 따라 자위행위와 구강 생식기 성행위의 비율이 증가하는 것으로 나타났다(Chandra et al., 2011 참조).

연구자들이 이러한 다른 요소(예: 백인, 아프리카계 미국인, 라틴계 및 같은 연령의 아시아계 미국인, 결혼 여부, 교육, 소득 수준 등)를 통제할 때 인종적 차이가 여전히 나타나는가? 여기서 약간의 의견차이가 있다. 일부 연구는 다른 요인에 관계없이 인종적 차이를 발견하지만(Laumann et al., 1994), 다른 연구에서는 그렇지 않다(Quadagno et al., 1998). 더 많은 연구가 필요하지만 같은 사회경제적 지위를 가진 사람들을 비교할 때 인종적 차이가 크지 않다는 결론을 내리는 것이 안전할 것이다. 또 다른 안전한 결론은 성행위와 관련하여 시간이 지남에 따라 상황이 계속 변할 것이라는 것이다.

정기적으로 자위행위에 진동기를 사용한다. 한 연구에 따르면 이성애 여성의 19%, 레즈비언의 38%, 양성애 여성의 53%가 지난달에 바이브레이터를 사용한 적이 있다고 말했다(Herbenick et al., 2010e). 다양한 유형의 자위 보조기구(섹스 토이)의 예는 그림 11–4에서 볼 수 있다.

"자위 섹션에서 여성을 위한 바이브레이터의 중요성을 강조해야 한다고 생각한다. 자위 방법은 남성에게 명백해 보이지만 여성은 이 분야에서 더 많은 지도가 필요하다고 생각한다. 내 경험상 바이브레이터는 자위를 하는 가장 즐거운 방법이다."

"저는 자위를 하기 위해 바이브레이터를 사용하는 경향이 있다. 때로는 파트너가 없거나 파트너가 있지만 만날 수 없다. 그런 상황에서 나는 작은 전기 친구와 손과 상상력을 사용한다. 매번 작동한다!"

"저는 몇 가지 다른 진동기를 가지고 있다. 하나는 일반적으로 좋은 음핵 자극을 제공하는 개인용 마사지기이지만 정말 강력하다. 수건을 사용해야 하고 그렇지 않으면 다칠 것이다. 다른 하나는 사실적인 페니스, 음핵 자극기 및 항문 삽입기/자극기가 있는 풀온 바이브레이터이다(하지만 나는 그 부분을 사용하지 않는다. 너무 고통스러워서 [눈물]을 한 번 냈다). 그것은 내 진동기이다. 음핵을 자극하는 외부 부분은 항상 사용하지만, 음경 부분은 더 많은 노력이 필요하기 때문에 항상 삽입하지는 않는다(윤활제가 필요할 수도 있고, 청소가 더 철저해야 할 수도 있다). 저는 자위하거나 진동기를 사용하는 것에 대해 전혀 죄책감을 느끼지 않는다. 오히려 그것이 제 몸과 성에 대해 더 편안하고 편안해졌다."

(모든 예제는 작성자의 파일에서 가져옴)

그림 11-4

자위 장치의 종류, 흔히 섹스 장난감으로 알려져 있다. 오른쪽 아래에서 시계 방향으로 항문 구슬, "토끼 스타일" 진동자[(그림은 거꾸로), "토끼" 음핵 자극기는 실제 사용 시 위에 위치], "여행용/휴대용 크기" 안마기/음핵/항문 자극기, 음경 또는 성기 링, 딜도, 자위 슬리브, GG 스팟/음핵 자극기(또한 거꾸로 찍힌 사진—음핵 자극기가 위쪽으로 배치된 상태에서 장치가 삽입된다).

출처: Bruce M King

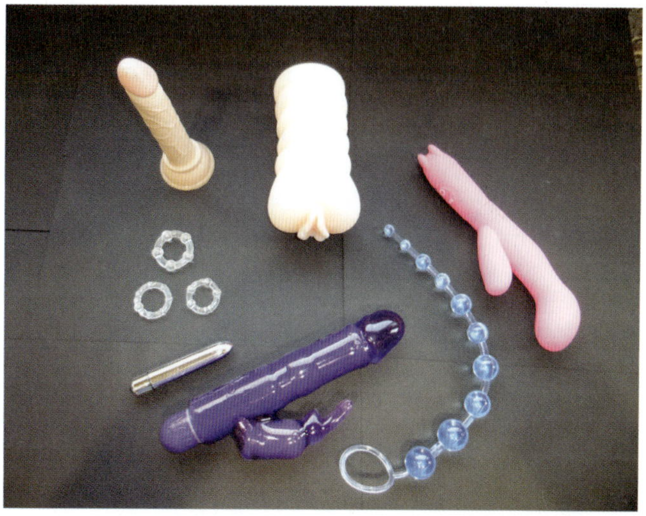

자위의 기능 Functions of Masturbation

사람들은 왜 자위를 할까? 간단히 말해서, 우리는 기분이 좋기 때문에 그렇게 한다. 자위는 파트너가 없을 때 확실히 성적 해방을 허용하지만 누군가와 성적 관계를 형성할 때 반드시 중단되는 것은 아니다. 사무엘 야누스와 신시아 야누스(1993)는 그들이 조사한 남성의 66%와 여성의 67%가 "자위는 삶의 자연스러운 일부이며 결혼 생활에서도 계속된다"는 데 동의하거나 강하게 동의했다고 보고했다. 사실, 자위행위의 비율은 파트너가 있는 사람들 사이에서 종종 높게 유지된다(일반적으로 독신인 비율과 같거나 더 높음). 예를 들어, 2010년 미국 성건강 및 행동에 대한 전국 조사 연구에서 파트너가 있는 여성의 69%가 지난 1년 동안 자위행위를 한 적이 있다고 답한 반면, 독신 여성의 경우 54%였다(Herbenick et al., 2010d). 2012년 미국 성건강 및 행동에 대한 전국 조사 연구(Dodge et al., 2016)에서 배우자(77%)와 독신(84%) 남성 모두에서 높고 상대적으로 동일한 비율이 발견되었다. 따라서 파트너가 있다는 것은 자위행위의 감소와 관련이 있는 것으로 보이지 않는다. 게다가, 섹스를 많이 할수록 자위를 할 가능성이 커진다(Laumann et al., 1994). 다시 말해, 자위는 사람들이 파트너와 성교할 수 없을 때 사용하는 대체 활동일 뿐만 아니라 파트너가 포함되고 규칙적인 성교를 포함하는 성적으로 활발한 생활 방식을 반영하는 경우가 많다.

성 파트너가 있는 사람들이 자위를 하는 이유는 무엇인가? 그것은 다양성과 관련이 있을 수 있다. 자위는 파트너와의 섹스와 다른(반드시 더 나은 것은 아님) 성적인 경험이다.

> "파트너가 없을 때 자위를 많이 했는데, 지금도 해요. 오르가즘은 성교 중에 얻는 오르가즘과 너무 다르다. 내 남자 친구는 이해하지 못하지만 ... 나는 그와 사랑을 나누는 것을 좋아한다." (여성)
>
> "몇 주 동안 더 자주하지만 꽤 규칙적으로 자위한다. 일상의 한 부분인데 여자친구와 내가 함께 하는 것과는 다른 느낌이 들어 기분이 좋다. 불만이 있어서 하지 않는다. 사실 그녀, 그녀의 몸, 그녀에 대한 나의 매력, 그리고 우리의 성생활에 대해 생각하는 것은 나를 자위하게 만드는 부분이다." (남성)
>
> (모든 예제는 작성자의 파일에서 가져옴)

어떤 사람들은 수음이 습관성인지, 아니면 "정상적인" 성인 성관계의 발달을 방해하는지 궁금해 할 수 있다. 연구에 따르면 이러한 두려움에 대한 정당성은 거의 없다. 청소년기의 자위는 청년기의 성적 적응에 해롭지 않을 뿐만 아니라 결혼 중 자위는 종종 더 높은 결혼 생활 및 성적 만족과 관련이 있다(Hurlbert & Whittaker, 1991; Leitenberg et al., 1993). 따라서 파트너가 이따금 자위하는 것이 의심되는 경우(또는 파트너가 있을 때 자위하는 것이 걱정되는 경우), 둘 중 하나 또는 관계에 문제가 있다고 가정하지 마시오. 파트너가 있는 사람이 자위를 한다고 해서 성생활에 불만이 있는 것은 아니다. 파트너의 자위행위가 당신의 성적 만족이나 전반적인 관계의 건강을 방해하는 경우에만 잠재적인 문제가 있다(예: 파트너가 당신과 성적 활동에 참여하는 것보다 혼자 자위하는 것을 선호하거나 자위를 많이 하지만 당신에게 성적인 관심을 거의 나타내지 않으며, 이것은 당신을 고통스럽게 한다). 그런 다음 두 사람은 상황에 대해 이야기하거나 전문가의 도움을 받아야 할 수도 있다.

오늘날 일부 치료사들은 여성의 오르가즘 장애와 남성의 사정 조절을 위한 치료의 일환으로 자위를 처방한다(13장 참조). 따라서 한때 금기였던 것이 이제는 종종 성 치료의 일부로 사용된다. 그러나 이것이 모든 사람들이 특히 자신의 섹슈얼리티에 편안함을 느끼는 경우 자위를 해야 한다는 의미는 아니다. 자위행위를 해서 기분 나쁘게 하는 것이 한때 잘못이었던 것처럼, 자위를 하지 않으면 이상하게 느끼는 것도 마찬가지로 잘못이다. 중요한 점은 자위를 하고 싶은 마음이 있는 사람이 죄책감이나 건강에 대한 걱정 없이 할 수 있어야 한다는 것이다.

개인적인 생각 Personal Reflections

자위행위에 대한 일반적인 느낌은 무엇인가? 주로 긍정적인가, 주로 부정적인가, 아니면 둘 다인가? 당신이 자위행위를 한 적이 있다면 그것이 즐거운 경험이라고 생각했는가? 아니면 그것에 대해 죄책감이나 창피함을 느꼈는가? 신체의 다른 부분(예: 발, 팔, 목)을 문지르거나 만지거나 마사지하는 것에 대해 부정적인 느낌이 있는가? 더 큰 질문의 맥락에서 자위를 고려하시오. 생식기는 출산(아이를 낳기 위해)만을 위해 남겨둔 것인가, 아니면 쾌락의 원천이기도 한가?

성적 환상 Sexual Fantasies

11.4 성적 표현을 향상시키는 성적 환상의 빈도, 품질 및 역할에 대한 연구 결과를 요약한다.

> "나보다 훨씬 나이가 많은 누나는 항상 친구들이 있고 나는 자위하면서 그들과 사랑을 나누는 상상을 하곤 했다." (남성)
>
> "제 성적 판타지는 대부분 여자친구나 슈퍼모델이나 유명인에 관한 것이다. 보통 환상은 혼자 있을 때 일어난다. 여자친구와 있을 때 나는 순간에 더 몰두하기 때문에 판타지를 잘 안 하는 편이다." (남성)

"한 번에 한 명 이상의 여성과 섹스를 하는 기분이 어떨지 상상해요. 속박에 대해서도 생각해봤어. 현실에서 즐길 수 있을지는 모르겠지만 가끔 그런 생각이 들 때가 있다." (남성)

"나는 남자가 되는 것을 즐기지만, 때때로 연애를 하는 동안 여자가 되는 것이 어떤 것인지에 대한 환상을 가지고 있다." (남성)

"섹스하는 동안 나는 여성과 사랑에 빠지는 성적 환상을 가지고 있다. … 남편을 여자로 보겠다." (여성)

"나의 성적 환상은 16살 때부터 똑같았다. 그 남자는 나를 이용하고, 때로 나를 때리고, 다른 여자 파트너를 내 주위로 데려온다. 이런 환상이 나를 괴롭힌다." (여성)

"나는 다양한 섹스에 대한 환상을 가지고 있다. 그들 중 일부는 유명인이나 TV 쇼의 등장인물, 운동선수 또는 내가 아는 사람들과 관련되어 있다. 나는 우리가 무엇을 하고 그들이 나를 만지면 어떤 느낌일지 생각한다. 나는 일종의 낭만적이지만 항상 오르가즘 섹스가 일어나는 작은 이야기를 만든다. 나는 이러한 환상을 즐긴다." (여성)

"남편과 사랑을 나누면서 성적 환상을 갖게 되는데, 주로 직장에서 끌리는 남자들에 대한 것이다. 어떨지 생각하고 오면 평소보다 더 강하고 단단할 것 같다." (여성)

(모든 예제는 작성자의 파일에서 가져옴)

1장에서 기독교 내에는 비록 생각에 성행위가 수반되지 않더라도 (심지어 남편이나 아내에 대한 생각일지라도) 성적인 생각에 대한 정죄의 오랜 역사가 있음을 상기하시오. 빅토리아 시대에는 남성만이 성적 환상을 가지고 있다고 생각했다. 여성은 상대적으로 무성애자로 간주되었다. 물론 이것은 사실이 아니다. 남성이 여성보다 더 자주 성에 대해 공상하고 공상하고 생각하는 경향이 있지만 대부분의 여성도 성에 대해 생각하는 데 상당한 시간을 보낸다(King et al., 2009; Regan & Atkins, 2006). 사실, 여성의 90% 이상이 성적 환상을 가지고 있다(Leitenberg & Henning, 1995; Pelletier & Harold, 1988).

거의 모든 사람들이 환상을 가지고 있다는 점을 감안할 때 사람들은 무엇에 대해 환상을 가지는가? 누군가에게는 환상이 부드럽고 낭만적일 수 있다. 아마도 특별한 사람과 연령제한 없는 일반적인 간주/막간일 것이다. 다른 사람들에게 환상은 매우 성적이고 노골적일 수 있다. 이는 매우 바람직한 다른 사람과의 X-등급 상호 작용이다. 성적 환상의 구체적인 내용은 거의 무한하다(Kahr, 2008 참조). 그럼에도 불구하고, 연구자들은 사람들의 성적 환상을 네 가지 일반적인 범주로 분류하는데, (1) 성적 친밀감 환상(알려진 특정 파트너와의 성적 활동을 포함하는 환상), (2) 성적 탐색 환상(집단 성행위나 동성 행위와 같은 시도되지 않은 행동에 대한 실험을 수반하는 환상), (3) 비인간적이거나 "금지된" 섹스에 대한 환상(예: 낯선 사람 또는 의심스러운 파트너와의 섹스, 다른 사람들이 섹스, 페티쉬를 갖는 것을 지켜보는 것), (4) 복종-지배를 주제로 한 환상(Leitenberg & Henning, 1995)이다.

남성과 여성 모두에게 알려진 특정 사람과의 성적 친밀감에 대한 환상이 가장 일반적이다. 사람들은 일반적으로 현재 파트너에 대해 환상을 갖지만, 연구자들은 상당한 수의 남성과 여성이 실제로 파트너와 성교를 할 때 다른 사람에 대해 환상을 갖고 있음을 발견했다. 한 연구에 따르면 이성애 관계에 있는 남성의 98%와 여성의 80%가 지난 2개월 이내에 **대체 환상(replacement fantasy**, 현재 파트너가 아닌 다른 사람과 섹스를 한다고 상상하는 환상)이 있다고 보고했다(Hicks & Leitenberg, 2001). 교체 파트너는 친구, 이웃, 이전 파트너, 현재 좋아하는 사람, 유명인 또는 완전히 다른 사람이 될 수 있다. 이제 우리 중 일부는 파트너와 섹스를 하는 동안 다른 사람에 대해 생각하는 자신을 발견하는 것에 대해 죄책감이나 부끄러움을 느낄 수 있다. 그러나 우리 파트너들이 같은 일을 했을 가능성은 매우 높다. 그것은 매우 일반적이다.

성적 판타지 콘텐츠에는 약간의 성별 차이가 있다(Boegart et al., 2015; Joyal et al., 2015; Leitenberg & Henning, 1995 참조). 예를 들어, 여성의 성적 판타지는 남성의 것보다 로맨스, 헌신, 애정의 요소를 더 많이 포함하는 경향이 있고, 남성의 성적 판타지는 여성의 것보다 더 노골적이고 시각적인 이미지를 포함하는 경향이 있다. 또한 지배적 복종적 주제를 가진 환상은 남성과 여성 모두의 상대적으로 높은 비율에 의해 보고되지만 지배적 환상은 여성보다 남성들 사이에서 더 흔하며, 반면 복종적 환상은 남성들 사이에서 남성들보다 여성들 사이에서 지배적 복종적 환상은 여성들 사이에서 더 흔하다. 이러한 특별한 발견을 고려할 때, 매우 분명하게 말해 두자. 일부 여성(과 남성)이 성적 굴복이나 복종이라는 주제에 대한 환상을 즐긴다는 사실이 그들이 실제로 강간을 받기를 원한다는 것을 의미하지는 않는다(Bond & Mosher, 1986 참조; 15장 참조). 사실, 대부분의 여성에게 전형적인 복종 환상은 여성이 저항할 수 없다는 것을 깨닫고 그녀의 초기 거부감을 극복하고 결국에는 그녀를 깨우기에 충분한 힘을 사용하는 매우 매력적인 남성을 포함한다(환상은 대개 상호 만족스러운 성교에서 절정에 달한다)(Binova & Critelli, 2009; Critelli & Binova, 2008). 마찬가지로, 일부 남성(및 여성)

대체 환상(Replacement fantasy) 현재의 파트너가 아닌 다른 사람과 섹스를 하는 자신의 모습을 상상하는 성적 환상.

이 성적 지배에 대한 환상을 즐긴다는 사실이 그들이 강간을 원한다는 것을 의미하지는 않는다. 여성의 복종 환상과 마찬가지로 남성의 전형적인 지배 환상에는 바람직하지만 처음에는 꺼려하는 여성의 저항을 극복하는 강하고 강력한 남성이 포함된다. 그의 남성다움과 강압적인 주장에 맞서 그녀는 성적으로 흥분하게 되고 결국 양보하게 된다(이 환상도 대개 상호 만족스러운 성교로 절정에 달한다)(Leitenberg & Henning, 1995 참조). 남성과 여성이 상상하는 것은 실제 생활에서 그들이 하고 있거나 하고 싶어하는 것과 거의 관련이 없을 수 있다.

성적 환상은 언제 어디서나 일어날 수 있으며, 의도적으로 외부 사건(예: 보거나 읽은 무언가의 성적 이미지)에 의해 생성되거나 촉발될 수 있다. 조사에 따르면 상당수의 남성과 여성이 자위하는 동안, 파트너와 성관계를 가지는 동안, 심지어 일, 공부 또는 다른 비성적인 활동을 하는 동안에도 공상을 하는 것으로 나타났다(**표 11-3** 참조).

대부분의 사람들은 성적 감정을 탐색하고 표현하고 성적 경험을 향상시키기 위해 의도적으로 성적 환상을 만든다. 따라서 성적 환상이 종종 쾌락, 행복, 만족과 같은 긍정적인 감정을 불러일으킨다는 사실은 놀라운 일이 아니다. 그러나 성적 환상은 또한 제작자에게 강력한 고통의 근원이 될 수 있다. 공상적인 사람들의 약 1/4은 그것에 대해 죄책감을 느낀다(Leitenberg & Henning, 1995). 또한, 대다수의 남성과 여성은 **성적으로 거슬리는 사고(sexually intrusive thoughts, SIT)**를 경험한다. 즉, 갑작스럽고 비자발적이며 원치 않는 파괴적인 성적인 생각이다(Byers et al., 1998; Wetterneck et al., 2011). 예를 들어, 한 연구(Smith et al., 2011)에 따르면 대학생의 62%가 적어도 한 번은 괴롭고 거슬리는 성적인 생각을 경험했다고 보고했다(나머지는 한 번도 경험한 적이 없거나 파괴적이지만 즐거운 성적인 생각을 경험한 적이 있음). 가장 흔한 침입적이고 고통스러운 생각은 고통이나 해를 끼치는 강제 성행위를 경험하는 것(44%) 또는 파트너가 아닌 다른 사람 또는 "부적절한" 사람(예: 부하직원, 권위자, 친구)과 성행위를 하는 것이다; 20%). 성적으로 침해하는 생각이 야기하는 고통의 정도를 결정하는 것으로 보이는 것은 그것이 현실에 기반을 두고 있는지 여부이다. 연구에 따르면 이전에 실제로 성행위를 경험한 남성과 여성 사이에서 성적인 생각에 포함된 고통의 수준이 더 높은 것으로 나타났다.

표 11-3 사람들은 언제 성적 환상을 가지는가?

행위	여성 비율	남성 비율
혼자 자위하면서	69%	86%
파트너와 성관계를 가질 때	76%	70%
비성적 활동(예: 공부, 일, 공상)에 참여하는 동안	85%	93%

출처: Based on Leitenberg, H., & Henning, K. (1995). Sexual fantasy. *Psychological Bulletin*, 117, 469–496.

성적으로 거슬리는 사고(Sexually intrusive thoughts) 갑작스럽고, 무의식적이고, 원치 않는 성적인 생각들.

자신의 성적 환상과 생각(침입적이든 아니든)의 빈도와 내용이 성기능 장애를 나타내거나 어떤 종류의 성격 장애 또는 심리적 문제를 나타내지 않는다는 것을 인식하는 것이 중요하다(Leitenberg & Henning, 1995; Renaud & Byers, 2001). 성적인 환상이나 생각이 강렬하거나 만성적인 고통을 유발할 때만 개입이 필요할 수 있다(이 경우 가장 좋은 치료법은 이러한 문제를 다루도록 훈련된 치료사를 만나는 것이다). 사실, 환상은 병적인 것과는 거리가 멀고 실제로 관련되어 있는 경우 불법적이거나 개인적으로 또는 대인 관계에 해롭거나 사회적으로 부적절할 수 있는 생각을 위한 안전하고 사적인 배출구를 제공할 수 있다. 요약하자면, 백일몽, 생각, 환상은 개인의 성적 레퍼토리에서 정상적이고 건강한 부분이다.

개인적인 생각 Personal Reflections

성적 환상이 있는가? 만약 그렇다면, 당신은 당신의 환상이 편안한가 아니면 불편한가? 파트너와 환상을 공유한 적이 있는가? 당신의 파트너가 자신의 성적 환상에 대해 이야기한다면 당신의 기분은 어떠한가? 좋아하는 환상에 대해 생각해보시오. 당신은 그것을 연기 한 적이 있는가? 현실은 환상에 부응하거나 그 이상이었는가, 아니면 실망스러웠는가?

성교 Sexual Intercourse

11.5 성교 빈도와 기간에 대한 연구를 설명하고 문화권 내의 개인뿐만 아니라 문화권이 다른 위치에 있는 성교를 사용하는 이유를 설명한다.

섹스를 하는 미국인 중 약 95%는 성행위가 항상 또는 일반적으로 질 성교를 포함한다고 말한다(Laumann et al., 1994). 10장(중년 참조)에서 성교의 빈도가 나이가 들면서 감소한다는 것을 배웠지만 일반적으로 사람들은 얼마나 자주 섹스를 하는가?

빈도와 기간 Frequency and Duration

전국 조사 결과에 따르면 대부분의 기혼 부부(적어도 젊은 부부)는 일주일에 약 1~3회 성교를 한다(Herbenick et al.,

2010d; Michael et al., 1994; Reece et al, 2010e).

물론 개별 커플 내부와 커플 사이에 엄청난 다양성이 존재한다. 일부 부부는 다양한 생활 사건(예: 직업 스트레스, 재정적 걱정, 건강 문제, 임신 또는 육아)의 결과로 일시적으로 성교를 줄이는 데 관심을 가질 수 있다. 너무 아프거나 피곤할 수 있다. 다른 때에는 서로 성행위를 하려는 성향과 에너지를 모두 가지고 있음을 알게 될 수도 있다. 따라서 한 쌍의 질 성교(또는 모든 성행위) 비율은 시간이 지남에 따라 변동하기 쉽다. 부부 간에도 차이가 있다. 일부 부부는 성행위를 아주 자주 하는 반면, 어떤 부부는 성관계를 거의 갖지 않는다(Donnelly, 1993; Karraker & DeLamater, 2013). 예를 들어, 한 연구(Greenblat, 1983)에서 기혼 남성과 여성에게 결혼 첫해에 매달 얼마나 자주 성교를 했는지 기억하도록 요청받았다. 보고에 따르면 1(또는 첫 해에 평균 12회)에서 45(또는 첫 해에 540회)까지로 다양했다. 꽤 넓은 범위! 마찬가지로, 2010년 NSSHB 연구에 따르면 파트너가 된 이성애 남성과 여성의 약 20%가 지난 12개월 동안 파트너와 질 성교를 전혀 한 적이 없는 반면, 약 10%는 일주일에 4번 이상 성교를 한 것으로 나타났다(Herbenick et al., 2010d; Michael et al., 1994; Reece et al., 2010e). 부부는 성관계를 갖는 빈도에서 분명히 다르다.

성 빈도에 대한 대부분의 연구는 이성애 커플 간의 질 성교에 초점을 맞추었지만 동성애 커플도 성교 빈도(여기서 생식기 접촉으로 정의됨)에서 크게 다르다는 점을 지적하고자 한다. 예를 들어, 한 네덜란드 연구원 그룹(Deenen et al., 1994)은 현재 헌신적인 관계에 있는 300명 이상의 게이 남성에게 성교 빈도에 대해 질문했다. 대부분의 남성(43%)은 일주일에 1~2회 섹스를 하고, 4분의 1(25%)은 일주일에 3~5회 섹스를 하고, 소수(2%)는 일주일에 6번 이상 섹스를 한다고 보고했다. 나머지 남성(30%)은 일주일에 한 번 미만(하지만 한 달에 최대 세 번) 섹스를 한다고 말했다. 레즈비언 커플은 또한 성적인 빈도에서 상당한 양의 변화를 보인다(Blair & Pukall, 2014; Peplau et al., 1997 참조). 한 조사에서(Cohen & Byers, 2014), 헌신적인 관계에 있는 동성애 여성의 34%가 하루에 한 번 이상 섹스를 했다고 보고했으며, 40%는 일주일에 1~3번 섹스를 했으며, 26%는 성행위를 일주일에 한 번 미만으로 했다고 말했다. 따라서 성적인 빈도는 확립된 관계에 있는 모든 커플 간에 상당히 다르다.

독신자들은 어떤가? 그들은 결혼했거나 파트너가 된 상대방만큼 많은 섹스를 하고 있는가? 언론은 확실히 그렇게 생각하는 것 같다. 잡지, TV 쇼, 영화, 음악은 모두 성적으로 활력이 넘치고 모험심이 강하고 활동적인 독신 남자 또는 여자의 아이디어를 과장한다. 그 묘사가 얼마나 정확한가? 사실인가? 정답은 그렇지 않다. 일반적으로 설문조사에 따르면 이성애자이든 동성애자이든, 기혼이든 동거이든 관계없이 모든 커플이 독신자보다 더 자주 성관계를 가진다(Michael et al., 1994). 예를 들어, 2010년 NSSHB 설문조사에 참여한 18~49세 참가자 중 파트너가 된 여성(85%)과 남성(75%)의 대다수가 지난 12개월 동안 한 달에 한 번 이상 성교를 했다—그러나 독신 여성의 63%와 독신 남성의 49%는 한 번도 성교를 해본 적이 없다(Herbenick et al., 2010d; Reece et al., 2010e). 미디어가 우리에게 말하는 것에도 불구하고, 독신은 결혼이나 헌신적인 관계에서만큼 많은 섹스를 일으키지 않는다.

> 우리는 가장 성적인 활동을 하는 결정적인 요인이 결혼이든 동거이든 부부의 일부라는 사실을 알게 되었다. 결혼 생활이 매우 성적인 것으로 보이지는 않지만 실제로 가장 높은 비율의 파트너 성행위를 생성하는 것은 사회적 합의이다. 파트너 섹스 비율이 가장 높은 것처럼 보이는 것은 쉽게 접근할 수 있는 파트너이다.
>
> **(마이클 등,** 1994, p. 118)

사람들은 얼마나 자주 성교를 하느냐에 따라 다르지만, 얼마나 오래 지속되는지에 대해서도 차이가 있는가? 연구에 따르면 대부분의 이성애 및 동성애 커플의 경우 전체 공유 이벤트(성행위 전후의 접촉 및 기타 형태의 친밀함 포함)가 일반적으로 15분에서 60분 정도 지속된다(Blair & Pukall, 2014). 그러나 성교 자체는 일반적으로 3~13분 동안 지속된다(Corty & Guardiani, 2008). 당연히 파트너가 만남 중에 하는 개별 성행위의 수 및/또는 다양성이 클수록 성관계를 갖는 데 보내는 시간이 더 많아진다. 예를 들어, 혼자 질 성교를 하는 파트너는 전희 활동(키스, 껴안기, 파트너의 몸 쓰다듬어주기) 및/또는 구강 성교를 포함하는 사람들보다 섹스를 하는 시간이 적다(Smith et al., 2012).

빈도와 마찬가지로 성교 시간은 나이가 들수록 감소한다. 나이가 많은 남성과 여성은 젊은 남성보다 평균 기간이 더 짧다고 보고한다(그림 11-5 참조). 예를 들어, 한 대규모 조사에 따르면 젊은 남녀(16~44세)는 가장 최근의 성행위가 약 22분 동안 지속되었다고 보고했다. 나이든 남성과 여성(45~65세)은 가장 최근의 성행위가 약 16분 지속되었다고 말했다(Smith et al., 2012). 빈도와 기간에 대한 자세한 내용은 13장에서 읽을 것이다.

그림 11-5
섹스는 얼마나 오래 지속되나?

출처: Based on Smith, A. M. A., et al. (2012). Sexual practices and the duration of last heterosexual encounter: Findings from the Australian Study of Health and Relationships. *Journal of Sex Research*, 49, 487–494.

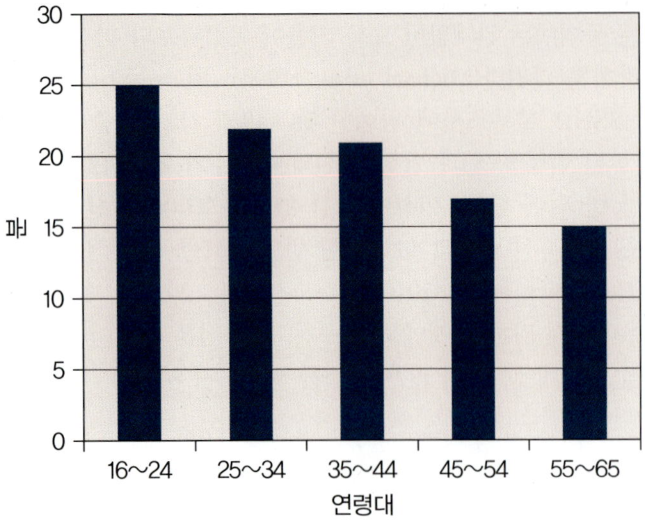

성교 자세와 위치 Coital Positions and Locations

"내가 성생활을 하기 전에는 성행위를 하는 모든 사람이 선교사 위치에서 자기 침실에서 사생활을 유지한다고 믿었다. 이제 새로운 포지션이 기대된다." (여성)

"[우리의 섹스]는 나를 지루하게 만들었다. 우리는 항상 같은 포지션, 그가 가장 좋아하는 포지션을 사용했다." (여성)

"남자친구는 남자가 섹스를 통제해야 한다는 개념을 가지고 있다. 글쎄, 나는 '내 즐거움은 어쩌지?'라고 말한다. 오르가즘을 보장받기 때문에 내가 가장 좋아하는 위치는 '탑 탑'이다." (여성)

"나는 성숙하고 책임감 있는 중년 여성이다. 나는 또한 수중에서도 똑같이 편안한 동료와 함께한 경험 많은 다이버이다. 내 생각에, 지구상에서 가장 자극적이고 흥미롭고 특별한 섹스는 수면 아래에서 일어난다. 조용하고 감각적이며 낯선 세계에서 중력의 손아귀를 넘어서는 완전한 섹스는 우리의 제한된 언어로 설명할 수 없다." (여성)

"저는 축구 선수이고 부상을 많이 입었다. 내 여자친구가 정상에 오르면 섹스가 더 쉬워진다. 평소대로 하면 허리가 아파오기 시작하고, 집중이 안 돼서 둘 다 잘 지내지 못한다." (남성)

"제 목표는 모든 것을 한 번 이상 시도하는 것이다. 지금까지 저는 평소 스타일(선교사), 강아지 스타일, 일어서기, 앉기, 나란히 하기를 했다. 실내에서도, 실외에서도, 차 안에서도, 비행기와 기차에서도 했다. 버스에서는 그것을 하지 않을 것이다. 왜냐하면 그것은 정말 불쾌하기 때문이다. 나는 가능한 모든 방법과 장소에서 그것을 해보겠다." (남성)

"나는 정상에 있는 것을 좋아하지만, 내가 그녀 앞에 무릎을 꿇고 있을 때 그녀의 엉덩이를 베개에 올려놓고 그녀를 앞으로 끌어당기면 오르가즘을 느끼는 데 도움이 된다는 것을 아내로부터 배웠다. 그래서 나는 여전히 정상이지만 그녀도 좋은 시간을 보내고 있다. 섹스가 우리 둘 모두에게 재미있는 것이 중요하다." (남성)

"제 마지막 여자친구는 항상 거실에서 하고 싶어했다. 문제는 그녀에게 세 명의 룸메이트가 있었고 그들은 항상 우리에게 다가왔다는 것이다. 그게 날 너무 불편하게 만들었다. 섹스는 사적인 것이라고 배웠다. 그녀는 또한 계속해서 다른 자세를 취하기를 원했고 음식과 수갑과 같은 모든 이상한 것들을 사용했다. 마치 포르노에 출연하는 기분이었다. 그녀는 항상 나를 놀리고 섹스에 관해서는 내가 너무 "바닐라" 같다고 말하곤 했다." (남성)

(모든 예제는 작성자의 파일에서 가져옴)

현대의 여러 섹스 매뉴얼에 따르면 커플이 **성교(coitus**, 성관계)를 할 수 있는 위치가 100가지가 넘는다. 이러한 다양성에도 불구하고 대부분의 미국인이 처음으로 (이성애자) 성교를 경험하는 것은 맨-온-탑(man-on-top) **선교사 자세(missionary position)**, 즉 여자는 등을 대고 누워 있고 남자는 다리를 사이에 두고 맨 위에 누운 자세이다. 외국의 기독교 선교사들이 원주민들에게 이것이 성교를 하는 유일한 "올바른" 방법이라고 가르쳤기 때문에 선교사 자세라고 한다. 성 바울은 여성이 성교 중에 남성에게 종속되어야 한다고 믿었고(즉, 바닥에서), 성 아우구스티누스는 다른 모든 위치는 부자연스럽고 자연에 반하는 죄라고 말했다(1장 참조). 1200년대에 이러한 태도는 토마스 아퀴나스에 의해 그의 "*Summa theologiae*"(1265~1274/1968)에서 공식화되었으며 기독교 내에서 승인된 표준이 되었다(Brundage, 1984).

많은 부부, 특히 30대, 40대, 50대에 성인이 된 부부의 경우 맨 위에 있는 선교사 자세는 성교 중에 사용한 유일한 위치일 수 있다(Kinsey et al., 1948). 하지만 오늘날 사람들은 더 다양한 위치를 실험하고 즐기는 것 같다. 예를 들어, 대학생을 대상으로 한 한 설문조사에서는 남성의 45%가 실제로 여성 위의 위치를 선호하는 것으로 나타났다(25%는 맨 위의 남성을 선호하고 25%는 뒤에서 남성을 선호함). 남성보다 여성이 더 많은 남성 위(48%)를 선호했지만 상당한 수의 여성이 위 여성(30%)과 남성 뒤(15%) 위치도 선호했다(Elliott & Brantley, 1997).

성교 위치에 대한 선호는 문화에 따라 다르며 의심할 여지 없이 성 역할, 사회문화적 규범 및 성과 관계에 대한 기대, 그리고 특정 사회를 특징짓는 기타 요인에 의해 영

성교(Coitus) 성교.
선교사 위치(Missionary position) 여자는 등을 대고 누워 있고 남자는 다리 사이에 다리를 대고 눕는 면대면 성교 자세. 기독교 선교사들이 사람들에게 다른 직위는 부자연스럽다고 가르쳤기 때문에 그렇게 불렀다.

그림 11-6
남성 상위, 대면("선교사") 위치.

향을 받는다. 예를 들어, 남성과 여성 사이에 더 큰 평등이 존재하는 문화에서는 여성 위의 위치가 강력하게 선호된다(상자 11-B 참조).

커플은 다양한 이유로 다양한 자세를 시도한다. 예를 들어, 선교사 위치는 부부가 대면하기 때문에 성교 중 정서적 친밀감을 허용하지만 다른 위치에 비해 몇 가지 단점이 있다. 만성 요통이나 기타 신체를 쇠약하게 하는 신체적 문제가 있는 사람들은 종종 장기간 선교사 위치를 유지

상자 11-B 다문화적 관점

성교

미국인들은 다른 문화권의 사람들보다 섹스를 더 많이 또는 덜 자주 하는가? 다른 문화에 따라 다르다. 예를 들어, 그리스와 크로아티아 사람들은 1년에 134~138번 섹스를 한다고 보고하는데 미국인은 113번이다. 반면 중국인은 1년에 96번, 인도인은 75번, 일본인은 45번만 성관계를 한다고 보고한다(Pfizer Global Study of Sexual Attitudes and Behaviors 데이터, Laumann et al., 2006).

성교의 위치는 어떠한가? 알려진 모든 문화권에서 대면 접촉이 선호되는 성교 방식이다. 많은 아프리카 문화권에서 가장 일반적인 위치는 파트너가 나란히 누워 있는 반면, 폴리네시아 및 많은 아시아 문화권에서 가장 일반적인 위치는 여자가 등을 대고 누워 있고 남자가 쪼그리고 앉거나 다리 사이에 무릎을 꿇는 것이다(Gregersen, 1982). [참고로 폴리네시아인들은 원래 유럽 선교사들이 가르친 맨-온-탑(man-on-top) 자세를 "선교사 자세"라고 불렀다.] 사실, 대부분의 문화권에서 남성과 여성은 성교를 위해 한 가지 이상의 위치를 사용한다. 예를 들어, Mangaians는 맨-온-탑 위치의 다양한 종류를 선호하지만 파트너가 임신했을 때 맨 뒤 위치를 더 자주 사용한다(Marshall, 1971). 보다 최근의 연구에 따르면 대만인과 브라질인 커플도 맨 위, 여성 위, 나란히, 앉기 등 다양한 자세를 취하는 것으로 나타났다(Lee et al., 2010; Sacomori & Cardoso, 2010).

일부 연구자들은 문화에서 선호하는 성교 위치가 여성의 사회적 지위를 반영한다고 믿는다(Goldstein, 1976). 여성의 성적 만족이 남성의 성적 만족만큼 중요하다고 여겨지는 문화에서는 여성 위주의 방식이 일반적으로 선호된다. 고대 로마인들은 이 위치를 선호했다. 그러나 가부장적이고 남성이 지배적인 문화에서는 그 반대가 사실이다(Langmyhr, 1976). 여성의 사회적 지위와 성관계 위치 사이의 관계를 우리 문화보다 더 잘 반영한 것은 없을 것이다. 여기에서 여성의 성 역할은 제2차 세계대전 이후 극적으로 바뀌었다. 1940년대에 킨제이 등(1948) 연구된 커플의 3분의 2 이상이 맨-온-탑(man-on-top) 이외의 다른 위치를 시도한 적이 없다는 것을 발견했다. 이후 점점 더 많은 여성들이 노동시장에 진출하기 시작했고, 여성의 권리는 모든 분야에서 빠르게 발전했다. 오늘날, 미국의 대부분의 커플은 우먼-온-탑 위치를 시도했다(예: Elliott & Brantley, 1997).

그림 11-7
여성 상위.

하는 데 어려움을 겪는다(Sidorkewicz & McGill, 2014). 유사하게, 많은 이성애 커플에서 남자는 여자보다 상당히 무겁다. 즉, 남자 위의 위치에서 많은 체중을 지지해야 한다(남자가 지칠수록 더 많이). 일부 여성은 이 자세에서 호흡 곤란을 겪을 수도 있다. 일화에 따르면, 우리 학급의 여성들은 남성 파트너가 스스로를 부양하느라 너무 바빠서 이 위치에서 만지거나 애무를 거의 받지 못한다고 지적했다. 여성의 엉덩이가 "매트에 고정"되어 있기 때문에 성교 중 움직임이나 템포를 거의 제어하지 못하는 경우가 많다. 이것은 경험을 완전히 즐기기 어렵게 만들 수 있다. 우리 반의 남성들은 선교사 위치에서 파트너가 서로의 성기나 다른 신체 부위(예: 가슴)에 접근하는 것이 어렵다고 말하면서 종종 같은 말을 한다.

눈을 마주보는 위치가 선호되지만 여성에게 더 자유로운 상태와 관계에 몰두할 수 있게 하는 다른 자세가 있다. 뒷장에서 보게 되겠지만, 성적 파트너 모두에게 최적의 성적 흥분을 일으키기 위해 많은 의사들이 여성 상위자세를 권장한다. 일반적으로 남성이 여성의 체중을 지탱하는 것이 훨씬 쉬울 뿐만 아니라 남성이나 여성이 성교 중에 음핵(및 파트너 신체의 다른 대부분의 부분)을 수동으로 자극하는 것도 더 쉽다.

아마도 대부분의 커플이 서로 다른 자세로 성교를 하는 주된 이유는 성생활에 다양성을 가져오기 위함일 것이다. 많은 성관계가 의식화되도록 함으로써, 즉 하루 중 같은 시간, 같은 장소, 같은 위치에서만 섹스를 함으로써 진부하고 지루해졌다. 그렇다면 부부는 성생활이 "목요일 밤이므로 성생활을 해야 한다"는 의식이 표준화되지 않도록 하려면 어떻게 해야 할까? 그 비결은 가능한 한 자발적이고 창의적이며 재미있는 성관계를 맺도록 하는 것이다. 어떤 사람들은 밤에 자기 직전까지 섹스를 하지 않는 습관에 사로잡혀 있다. 당신과 당신의 파트너가 아침이나 오후에 기분이 좋다면 그때 섹스를 하십시오. 피곤할 수 있는 나중으로 미루지 마시오.

다양한 자세를 시험해 보면 커플이 성생활을 흥미롭고 신선하고 재미있게 유지할 수 있다. 많은 섹스 매뉴얼이 수백 가지 다른 위치에 있는 것처럼 보이는 커플의 그림을 보여주지만 실제로 커플이 시도할 수 있는 몇 가지 주요 변형이 있다. 서로 마주하거나 한 파트너가 돌아서서 누울 수 있다. 앉거나 일어서십시오. 물론 부부가 다른 자세를 취해야 한다는 압박감이 있어서가 아니라 원하기 때문에 다른 자세를 취해야 한다는 것은 말할 필요도 없다.

사람들은 다른 위치에서뿐만 아니라 다른 위치에서도 성관계를 한다. 커플들이 다양한 장소, 예를 들어 소파 위, 양탄자 위, 다른 방 또는 다른 장소에서 섹스를 하는 것은

그림 11-8
남성 후위.

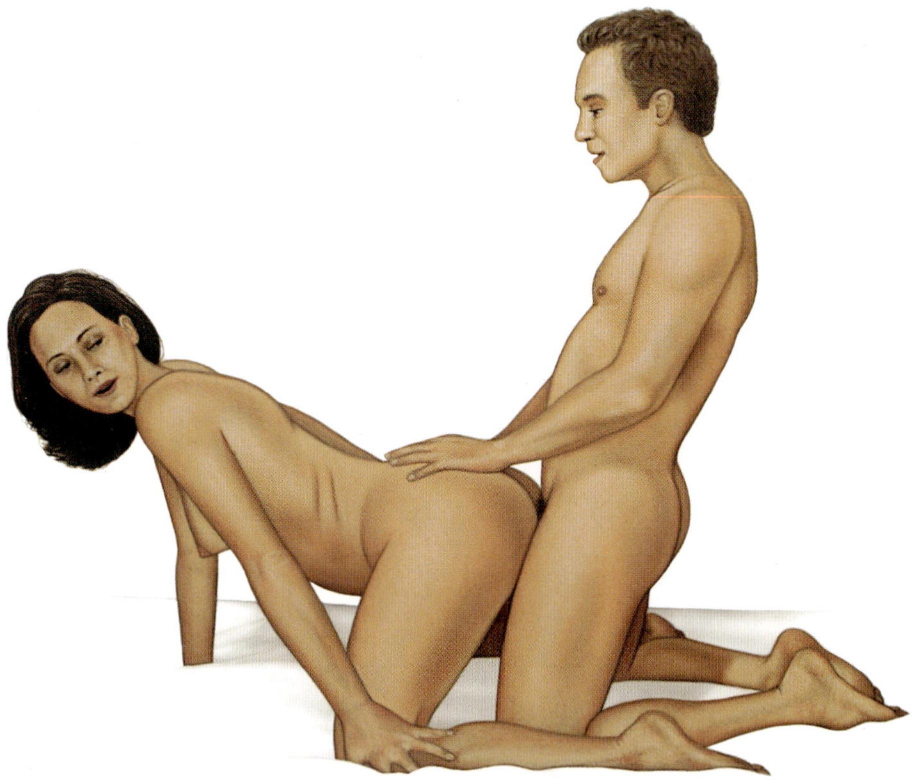

그림 11-9
앉은 자세의 변형.

지극히 정상이다. 침대에서만 섹스를 할 수 있다는 규칙은 없다. 최근 남성과 여성(18~59세)에게 가장 최근에 성관계를 한 장소를 묻는 최근 설문조사에 따르면, 대부분(90%)이 자신 또는 파트너의 집에서 했다고 답했지만, 약 10%는 호텔/모텔 또는 외부, 자동차 또는 기타 공공 장소에서 성관계를 가졌다고 보고했다(Herbenick et al., 2010a).

> 친애하는 앤 랜더스:
>
> 아내와 저는 결혼한 지 20년이 되었다. 우리에게는 두 명의 귀여운 자녀가 있으며 스스로를 매우 운이 좋다고 생각한다. 문제는 우리 장관과 논의할 수 없는 것이다.
>
> 제 아내는 성경에 따르면 침실을 제외한 모든 곳에서 섹스를 하는 것은 죄라고 믿는다. 나는 설정의 변화가 또 다른 즐거움을 더할 수 있다고 말하고, 완전한 사생활이 있는 한, 그것은 완벽하게 도덕적이다.
>
> 내가 생각하는 장소는 자동차이다. 문에 튼튼한 자물쇠가 달린 차고가 있다. 아무도 들어갈 수 없었다.
>
> 우리는 훌륭한 그리스도인이며 성경이 이에 대해 무엇이라고 말하는지 알고 싶다. 종교학자에게 연락할 수 있는가?
>
> (켄터키에서는 엄격히 기밀이다)
>
> 엄밀히 말하면, 성경이 자동차보다 몇 천년 앞서 있기 때문에 기독교 학자를 괴롭히는 것은 아무 소용이 없다.
>
> 제 의견에 만족하신다면 여기 있다. 결혼한 부부가 사적이고, 안전하고, 합리적으로 편안한 곳이라면 어디에서나 사랑을 나누는 것이 좋다.
>
> (앤 랜더스 칼럼. Esther P. Lederer Trust and Creators Syndicate, Inc. 허가를 받아 재인쇄됨.)

당신과 당신의 파트너가 집에 있는 소파에 앉아 섹스를 하고 싶은 기분이 든다면, 그곳에서 자발적으로 섹스를 하는 것은 부도덕하거나 죄가 있거나 음란한 것이 아니다.

개인적인 생각 Personal Reflections

6개월, 6년, 20년, 60년 후에 어떻게 하면 성적인 관계가 의식화되는 것을 막을 수 있다고 생각하는가? 뇌는 가장 큰 성기이다. 계속해서 유리하게 사용하시기 바란다.

구강 성교 Oral-Genital Sex

11.6 구강 및 쿤닐링구스를 정의하고 이러한 활동에 대한 현재 연구 결과를 설명한다.

> "나는 구강 성교가 너무 더럽고 모욕적이라고 생각했기 때문에 구강 성교를 매우 반대했다. 하지만 경험하고 나니 태도가 달라졌다. 내가 반대하는 것이 그렇게 기분이 좋을 수 있는지 몰랐다." (여성)
>
> "… 나를 놀라게 한 것은 받는 것보다 주는 것을 더 즐겼다는 사실이었다. 두 사람이 아주 친밀한 순간을 공유할 수 있는 좋은 방법이라고 생각한다." (남성)
>
> "나는 구강 성교에 참여하지만 전희로 그것을 선호한다. 난 남자가 내 입으로 들어온다는 생각이 마음에 안 들어. 정말 구역질이 나!" (여성)
>
> "그것은 긴장을 풀고 스트레스를 받지 않고 임신이나 당신의 수행 능력에 대해 걱정할 필요가 없는 좋은 방법이다." (남성)
>
> "구강 성교는 지금까지 내가 경험한 것 중 가장 즐거운 성적인 경험이다. 특히 69번 위치에서 내가 경험한 것 중 가장 강렬한 오르가즘을 일으켰다. 나 자신을 자극하는 것 못지않게 구두로 상대방을 개별적으로 자극하는 것도 매우 좋아한다." (여성)
>
> "첫 번째 아내는 우리가 섹스를 할 때마다 그녀에게 구강 성교를 하도록 했다. 나는 그것을 좋아하지 않았지만 나는 그녀를 사랑했기 때문에 그것을 했다. 나는 결국 그것을 싫어하게 되었다. 두 번째 아내와 결혼했을 때 나는 그녀에게 매우 솔직했다. 그녀가 원하는 것 외에는 무엇이든 할 것이다." (남성)
>
> (모든 예제는 작성자의 파일에서 가져옴)

성관계에는 일반적으로 많은 양의 구강 자극이 포함된다. 대부분의 사람들이 가장 먼저 하는 성행위 중 하나는 입에서 입으로의 자극을 수반하는 키스이다. 이것은 보통 짧은 시간 내에 "건조한" 키스(입술에서 입술로)에서 "젖은" 키스(혀를 포함하는 "프렌치" 또는 "소울" 키스라고도 함)로 진행된다. 섹스를 하는 동안 파트너의 다른 신체 부위(예: 목)에 키스하고 핥는 것도 정상이다. 많은 사람들에게 여기에는 파트너의 성기가 포함된다.

음경의 구강 자극은 **펠라티오(felatio)**(라틴어로 '빨다'를 의미하는 *fellare*에서 유래)라고 하며, 외음부(클리토리스, 음순, 질 개방)의 구강 자극은 **쿤닐링구스(cunnilingus)**(라틴어로 '외음부' 및 "핥아")이다. 이것은 한 번에 한 파트너 또는 두 파트너가 동시에(후자는 때때로 "69"라고도 함) 전희의 일부로 또는 선호하는 성적 행동으로 수행될 수 있다. 많은 여성들이 음핵 주변 영역의 구강 자극이 성교보다 더 즐겁고(질벽은 신경 종말이 거의

펠라티오(Fellatio) 남성 생식기의 구강 자극.

쿤닐링구스(Cunnilingus) 여성 생식기의 구강 자극.

그림 11-10
외음핥기(cunnilingus).

그림 11-11
음경빨기(fallatio).

없음을 기억한다) 성교에 비해 오르가슴에 도달하는 더 쉬운 방법이라고 보고한다(Richters et al., 2006). 많은 남성들은 성교보다 구강 성교(특히 구강 성교 중 오르가즘)가 더 강렬하다고 생각한다(Janus & Janus, 1993). 그러나 그 기쁨이 항상 받는 사람에게만 주어지는 것은 아니다.

대부분의 사람들이 구강 성교를 하는 것보다 받는 것을 더 선호하는 것은 사실이지만(Brewster & Tillman, 2008; Laumann et al., 1994), 많은 사람들이 구강 성교를 하는 것만큼 파트너를 자극하는 것(그리고 파트너의 반응을 관찰하는 것)을 즐긴다. 많은 사람들에게 구강 성교는 극도의 친밀감의 순간을 의미한다.

이러한 행동은 얼마나 흔한가? 믿거나 말거나, 증조부모가 젊었을 때 (적어도 백인 사이에서는) 매우 일반적이었다. Kinsey의 그룹(1948, 1953)은 그들이 연구한 결혼한 사람들의 약 50%에서 60%가 구강 성교에 참여했다는 것을 발견했다. 오늘날 젊은 남성과 여성의 약 70~90%는 20대 중반이 될 때까지 한 번 이상 구강-성기 관계에 참여했다(예: Chandra et al., 2011; Dodge et al., 2016; Herbenick et al., 2010c), 그것은 많은 사람들의 노년기까지의 성행위의 주요 구성요소로 남아 있다(Schick et al., 2010). 그러나 몇 가지 그룹 차이가 있다. 예를 들어, 2010년 NSSHB 연구에 따르면 여성(31%)보다 훨씬 더 많은 남성(44%)이 마지막 성행위 중에 파트너로부터 구강 성교를 받은 적이 있다고 보고했다(Herbenick et al., 2010c). 이 특정 행동에 참여할 가능성은 인종 및 교육 수준과도 관련이 있다(상자 11-A 참조).

일부 개인은 구강 성교를 불쾌하게 생각하며, 다른 사람이 하거나 파트너가 원한다고 해서 그 행동에 참여해야 한다는 압박감을 느껴서는 안 된다. 반면에, 당신의 파트너가 당신을 위해 그것을 해주기를 기대한다면, 당신은 그 또는 그녀를 위해 그것을 하는 것에 대해 이중 잣대를 가지고 있어서는 안 된다. 성관계의 이중 잣대는 관계의 다른 측면에서 심각한 문제로 이어질 수 있다.

> "내 여자친구는 나와 구강 성교를 하기를 거부하지만 내가 그녀에게 하는 것이 괜찮다고 생각한다! 내가 그녀에게 하는 것을 좋아하는데도 그녀가 시도조차 하지 않는 것이 공평하지 않다고 생각한다." (남성)
>
> "남자친구와 저는 감정적으로, 신체적으로, 지적으로 궁합이 잘 맞는다. 그러나 매일 저를 괴롭히는 한 가지 결점이 있다. 바로 지금까지 우리의 구강 성교 관계가 매우 일방적이었고 저는 당혹스러웠다. 내 개인 위생은 훌륭하지만 마침내 내가 그에게 쿤닐링구스를 주도록 요청할 용기를 얻었을 때 그는 속상해했다. 그러나 처음부터 나는 그가 요청할 때 그에게 펠라티오를 주는 것을 주저하지 않았다. 나는 그의 기쁨이 나의 보상이라고 느꼈다. 그가 나를 거부했을 때 나는 모욕감을 느꼈고 나는 한 시간 동안 울었다. 나는 매우 깊고 매우 개인적인 굴욕감을 잊을 수 없다." (여성)
>
> (모든 예제는 작성자의 파일에서 가져옴)

어떤 사람들은 청결 문제 때문에 구강 성교를 꺼릴 수 있다. 확실히, 파트너가 구강 생식기 자극을 주기를 기대한다면 사람들은 정기적으로 목욕을 해야 한다. 그러나 파트너가 좋은 위생 습관을 실천하더라도 생식기 분비물의 청결에 대해 약간의 유념이 있을 수 있다. 사실, 구강-성기 접촉은 구강-대-구강 접촉보다 덜 위생적이다. 입에는 생식기 구멍만큼 많은 세균이 있다. 물론 이것은 어느 누구도 성병에 감염되지 않았다고 가정한다. 성병은 성교 중에 뿐만 아니라 구강 성기 자극 중에도 전염될 수 있기 때문이다. 반면에 일부 개인이 잘못 믿고 있는 것처럼(그리고 대중 언론에서 주장하는 것처럼) 생식기 분비물을 삼키는 것(여드름 치료, 우울증 감소, 심장 건강 증진 등)에는 건강상의 이점이 없다.

개인적인 생각 Personal Reflections

누군가가 프렌치 키스("wet kissing" 및 "soul kissing"라고도 함)에 대해 처음 말했을 때의 반응을 회상해 보시오. 당신의 반응은 긍정적이었는가, 부정적이었는가? 다른 사람이 자신의 혀를 당신의 입에 넣는 것을 상상하는 것이 어려웠는가? 대부분의 사람들이 이러한 행동을 한다는 사실을 깨달았을 때 태도가 바뀌었는가? 이 동일한 과정을 통해 이 장에서 현재 부정적인 반응을 보이는 행동에 대한 태도가 결국 바뀔 수 있는가?

항문 성교 Anal Sex

11.7 항문 성교에 대해 알려진 것(유형, 유병률 및 선호도)을 설명한다.

> "포르노에서는 여성이 항문 성교를 통해 이러한 훌륭한 오르가즘 경험을 하는 것을 항상 볼 수 있지만, 저를 믿으시오. 그것은 (모든 포르노와 마찬가지로) 완전히 가짜이다. 항문 성교는 실제로 아프다. 한 번은 진동기로, 한 번은 남자친구와 두 번 했다. 다시는 그런 실수를 하지 않겠다." (여성)
>
> "지난 여름 내 남자친구는 다양한 종류의 것들을 시도해보고 싶다고 했다. 너무 고통스러웠기 때문에 다시는 항문으로 섹스를 시도하지 않을 것이다." (여성)
>
> "제대로 하면 나는 항문 자극을 매우 즐긴다. 나에게 구강 성교 중 항문 자극은 '궁극의' 오르가즘을 만들어 냈다. … 만약 그것이 부드럽게 그리고 강압적으로 행해지지 않는다면 말이다." (여성)

"저는 항문 성교 좋아한다. 아마도 대부분의 여성보다 훨씬 더 많을 것이다. 처음 항문 성교를 했을 때 저는 그게 싫었는데… 다른 점은 그 남자가 삽입하는 속도가 얼마나 빠르고 느리냐는 것과 그가 들어가기 전에 제가 얼마나 흥분했는지이다" (여성)

"남자친구와 저는 가끔 사랑을 나누는 동안 미니 진동기를 사용한다. 선교사 위치에 있는 동안 항문을 통해 진동기를 삽입한다. 동시에 그는 계속해서 삽입한다. 성적 쾌락의 궁극적인 느낌을 받는다." (여성)

"항문 성교는 더럽다고 생각해. 나는 내 몸의 어떤 부분도 다른 사람의 배설물에 넣는 것을 거부한다. 비위생적이고 절대적으로 역겹다." (남성)

"이상하게 들릴지 모르지만 사실 나는 여자친구에게 핥아주고 마사지 받는 걸 좋아한다. 그녀는 그것을 하는 것을 신경 쓰지 않고 나는 그것을 편안하게 생각한다. 그것이 나를 정확히 흥분시키지는 않지만 기분이 좋고 시간이 있다면 우리가 사랑을 나눈 후에 그녀가 그것을 한다." (남성)

"게이 남자로서 이것은 내가 파트너와 함께 한 일이다. 주로 만지거나 깔깔거리는데 관계가 심각하면 그런 식으로 교제를 하게 될 것이다." (남성)

"나는 그것을 많이 좋아하지만 내 여자친구는 그렇지 않는다. 너무 아프다고 하고 우리가 하면 창녀처럼 느껴진다고 말했다." (남성)

"보던 여자랑 한 번 해봤다(그녀의 생각). 그것은 포르노 영화에서 보던 것과 같지 않았다. 일단 하는 게 더 힘들었다. 그 안에 거의 들어갈 수 없었고 발기력이 떨어지고 상처를 줄까봐 내내 걱정했다." (남성)

(모든 예제는 작성자의 파일에서 가져옴)

구강 성교(*anal sex*)는 **항문 성교(anal intercourse**, 항문에 음경 삽입), 항문에 다른 물건 또는 신체 일부 삽입[예: 손가락, 손(주먹이라고도 함), 딜도, 진동기, 항문 구슬], felching(파트너의 항문에서 정액을 빠는 것), **아닐링구스(anilingus)**[항문에 대한 구강 자극, 리밍(rimming)이라고도 함]을 포함한 다양한 행동을 말한다. 항문에는 수많은 신경 종말이 있으며 접촉에 매우 민감하다. 항문 괄약근은 남성과 여성 모두 오르가즘 동안 리드미컬한 근육 수축을 일으키므로 항문 자극을 통해 쾌감을 더욱 높일 수 있다.

항문 성교는 동성애 남성과 양성애 남성 사이에서 흔한 경험이다(표 11-4 참조). 미국에서는 게이 남성의 50% 이상과 양성애자 남성의 약 30%가 지난 1년 이내에 항문 성교를 한 적이 있다(Dodge et al., 2016). 그러나 이성애 커플 사이에서 얼마나 흔한가? 많은 이성애 남성과 여성은 항문 성교가 비정상적이고 변태적이며 동성애를 암시하는 것을 포함하여 항문 성교에 대한 부정적인 견해를 가지고 있다(수용 파트너가 여성인 경우에도, Carter et al., 2010; Janus & Janus, 1993 참조). 그러나 이러한 광범위한 부정적인 태도에도 불구하고 최근 몇 년 동안 젊은 사람들 사이에서 항문 성교의 유병률이 급격히 증가한 것으로 보인다(McBride & Fortenberry, 2010). 예를 들어, 전국 조사에 따르면 1990년대에 젊은 이성애 남성과 여성(18~29세)의 약 19%가 파트너와 적어도 한 번 항문 성교를 경험했다고 보고했다(Michael et al., 1994). 오늘날 설문조사에 따르면 평생 경험률이 증가했으며 젊은 성인(18~29세)의 30~40%가 항문 성교를 시도했다고 말했다(Benson et al., 2015; Chandra et al., 2011; Herbenick et al., 2010c). 연구에 동성애 여성 및/또는 레즈비언 커플을 포함시킨 연구자가 거의 없기 때문에 우리는 이 인구 집단에서 항문 성교에 대한 최근 또는 평생 경험에 대해 거의 알지 못한다.

표 11-4 항문 성교는 얼마나 흔한가? 남성의 일생 경험

	삽입형 항문 성교	수용형 항문 성교
동성애 남성	84%	90%
양성애 남성	75%	66%
이성애 남성	33%	3%

참고: 이 표는 삽입(파트너의 항문에 페니스) 또는 수용(파트너의 항문에 페니스) 항문 성교를 한 남성의 평생(최소 1회) 경험을 보여준다.

출처: Based on Dodge, B., et al. (2016). Sexual behaviors of U.S. men by self-identified sexual orientation: Results from the 2012 National Survey of Sexual Health and Behavior. *Journal of Sexual Medicine, 13,* 637–649.

물론 사람들이 일생에 한 번은 항문 성교를 한 적이 있다고 해서 섹스를 할 때마다 또는 모든 파트너와 함께 항문 성교를 하는 것은 아니다. 사실, 라우만 등(1994)의 전국 조사에서 많은 젊은 남성과 여성이 항문 성교를 경험했지만, 그들 중 1%만이 마지막으로 파트너와 성관계를 가질 때 그렇게 했다. 또한 연구자들이 참가자들에게 성적 선호도에 대해 물었을 때 항문 성교를 "매우 매력적"이라고 평가한 사람은 거의 없었다(약 3%).

사람의 관계 상태는 항문 성교를 할 가능성이 있는지 여부를 결정하는 데 중요한 역할을 하는 것 같다. 연구에 따르면 진지하거나 헌신적인 관계에 있는 사람들은 독신이나 캐주얼한 관계에 있는 사람들보다 항문 성교에 적극적으로 참여할 가능성이 훨씬 더 높다(Carter et al., 2010; Dodge et al., 2016). 예를 들어, 2010년 NSSBH 설문조사에서 결혼한 18~29세의 26%가 지난 1년 동안 적어도 몇 번 항문 성교를 했다고 보고했지만, 같은 연령의 미혼 남녀 중 8%만이 항문 성교를 한 적이 있다 (Herbenick et al., 2010d; Reece et al., 2010e). 모든 성행위는 독신(없는 사람)보다 짝을 이룬 사람(성 파트너와 쉽게 접근할 수 있는

항문 성교(Anal intercourse) 항문 섹스의 남근.
아닐링구스(Anilingus) 항문의 구강 자극.

사람) 사이에서 발생할 가능성이 더 높다는 점을 기억하라. 흥미롭게도, 짝을 이루는 사람들은 항문 성교를 하기로 한 결정을 설명할 때 파트너를 기쁘게 하고, 정서적 친밀감을 높이고, 관계의 "진지함"을 알리고, 상호 성적 실험에 참여하려는 욕망을 포함하여 대인 관계에 대한 이유도 제시한다(Carter et al., 2010; Maynard et al., 2009). 불행하게도 사람들은 때때로 (남성의 경우) 파트너를 지배하려는 욕망과 (여성의 경우) 파트너가 다른 성 파트너를 찾거나 폭력을 저지르는 것을 방지하려는 욕구를 포함하여 부정적인 대인 관계 이유로 항문 성교를 한다(Billy et al., 2009; Carter et al., 2010; Maynard et al., 2009 참조). 따라서 많은 이성애 남성과 여성에게 항문 성교는 특히 그들이 사랑하고 신뢰하는 사람과 헌신적인 관계에 있을 때 기꺼이 시도할 수 있는 활동이지만 자주 원하거나 정기적으로 하는 활동은 아니다.

이 행동에 참여하기로 선택한 사람들에게는 몇 가지 주의가 필요하다. 첫째, 항문 괄약근은 삽입 시도에 대한 반응으로 수축하고 음경(또는 모든 물체)을 항문으로 밀어 넣으려는 시도는 부상을 초래할 수 있다. 이 행동에 관여하는 경우 수용성 윤활제(K-Y Jelly와 같은)를 사용해야 한다. 근육 경련은 삽입 후 30~60초까지 이완되지 않으므로 삽입 파트너가 천천히 부드럽게 진행하더라도 수용 파트너는 종종 초기 불편함을 경험한다. 교차 성 항문 성교(즉, 삽입 남성, 수용 여성)에 참여하는 성인 중 여성의 약 70%(남성의 약 15%)가 사건 중 통증을 경험했다고 보고한다(Herbenick et al., 2015). 더욱이, 항문 성교는 거의 확실하게 작은 모세혈관의 파열을 초래할 것이다(질과 달리 직장은 이러한 종류의 자극을 쉽게 수용하지 못한다)(Agnew, 1986). 항문 성교 자체는 AIDS를 유발하지 않지만 파열된 모세혈관은 HIV에 감염된 파트너로부터 HIV(AIDS를 유발하는 바이러스)에 감염될 가능성을 최대화한다. 당신이 배타적인 관계에 있지 않다면(그렇더라도) 콘돔을 사용하는 것이 현명하다. 그러나 콘돔은 질 성교보다 항문 성교 중에 더 자주 찢어진다(Silverman & Gross, 1997). 또한 일반적으로 항문에서 발견되는 박테리아가 질로 유입되면 쉽게 감염될 수 있다. 따라서 항문 자극을 하는 부부는 항문에 닿은 질 내부에 손가락, 성기, 물건 등을 먼저 씻지 않은 상태로 삽입해서는 안 된다.

선호하는 성행위

Preferred Sexual Behaviors

지금쯤이면 사람들이 스스로 그리고 파트너와 함께 성적으로 무엇을 하는지 잘 알 수 있을 것이다. 우리는 이 장에서 자위, 질 성교, 구강 성교 및 기타 행동과 같은 성행위의 만연을 정의하고 조사했다. 그러나 사람들이 파트너와 성적으로 하는 것이 그들이 하고 싶은 것과 같은가?

이 질문에 답하기 위해 라우만과 동료들(1994)은 국가를 대표하는 연구 참가자들에게 마지막으로 성관계를 가졌던 특정 활동을 보고하도록 요청했다. 그들은 또한 참가자들에게 가능한 성행위 목록을 제공하고 각각이 얼마나 매력적이라고 생각하는지 표시하도록 요청했다(활동에는 다른 사람들이 성행위를 하는 것을 보는 것, 파트너가 옷을 벗는 것을 지켜보는 것, 질 성교, 구강 성교를 받기, 구강 성교를 하기, 수동적 항문 성교, 능동적 항문 성교[남성 전용] 및 기타 다양한 경험 등이 포함된다).

결과는 질 및 항문 성교에 있어서 사람들이 하는 것이 그들이 하고 싶은 것을 반영한다는 것을 보여주었다. 이 장의 앞부분에서 언급했듯이 라우만 등(1994) 조사한 사람들의 95%가 마지막으로 성관계를 가질 때 질 성교를 한 적이 있음을 발견했다. 그리고 그것은 가장 선호되는 행동으로 젊은 여성의 96%와 젊은 남성의 95%(18~44세)가 매우 또는 다소 매력적으로 평가했다. 반면에 항문 성교는 가장 선호하지 않는 행동 중 하나였으며(젊은 남성의 5%와 젊은 여성의 1%만이 매우 매력적이라고 평가했다), 또한 가장 적게 수행된 행동 중 하나였다(가장 최근의 성적 상호 작용 중에 2% 미만이 그것에 참여). 따라서 질 및 항문 성교에 대한 사람들의 선호는 궁극적으로 파트너와 하는 일에 반영된다.

그러나 구강 성교를 고려할 때 그것은 완전히 다른 이야기이다. 여기에서 사람들은 얻는 것보다 더 많은 것을 원하는 것 같다. 예를 들어, 젊은 여성의 33%가 구강 성교를 받는 것이 매우 매력적이라고 생각했지만 마지막으로 성관계를 가질 때 파트너로부터 실제로 받은 구강 성교는 약 24%에 불과했다. 마찬가지로, 젊은 남성의 50%가 구강 성교를 받는 것이 매우 매력적이라고 평가했지만 마지막 성행위 중에 이것을 경험한 사람은 3분의 1 미만이었다.

흥미롭게도, 파트너가 옷을 벗는 것을 지켜보는 것이 전반적으로 두 번째로 가장 선호되는 활동이었지만, 이 특정 이벤트는 젊은 연령대(50% 대 30%)와 나이든 연령대(40% 대 18%) 모두에서 여성보다 남성에 의해 매우 매력적이라고 평가되었다. 그러니 다음에 상대방을 흥분시키고 싶을 때는 조금 더 천천히, 그리고 유혹적으로 옷을 벗도록 해보자.

개인적인 생각 Personal Reflections

어떤 성적 행동을 가장 좋아하는가? 최소? 왜? 어떤 것을 시도하겠는가? 현재 성관계를 하고 있다면 성적으로 하고 있는 것과 하고 싶은 것이 잘 일치하는가?

성적으로 건강한 사람

The Sexually Healthy Person

11.8 "성적으로 건강한" 사람이 의미하는 바를 정의한다.

당신은 이제 상대적으로 많은 사람들이 참여하는 몇 가지 성행위에 대해 읽었다. 이는 통계적 관점에서 볼 때 정상이다. 이것은 다른 사람들이 그러한 행동을 하기 때문에 이 모든 행동을 시도해야 한다는 것을 의미하는가? 우리는 다양한 성 경험이나 파트너의 수로 성적 정상을 판단하는가? 아니오, 전혀. 성 건강은 여러 방식으로 정의될 수 있지만(Edwards & Coleman, 2004; Elders, 2010 참조) 한 가지는 올림픽에서 10종 경기처럼 평가되어서는 안 된다는 것이다. 우리는 **성적으로 건강한 사람(sexually healthy person)**을 (a) 자신의 섹슈얼리티에 대해 긍정적으로 생각하는(즉, 성을 음탕하거나, 나쁘거나, 부적절하거나, 죄로 여기지 않고 죄책감이나 불안함 없이 참여할 수 있는) 사람으로 정의한다. (b) 특정한 성적 행동에 참여하기를 원하는지 여부를 자유롭게 선택할 수 있다. "자유롭다"는 말은 동료의 압력, 파트너의 압력 및 사회적 압력이 없음을 의미한다. 성병이 유행하는 오늘날의 세계에서 성 건강은 또한 생명을 위협하는 감염으로부터의 자유를 의미한다. 개인은 단순히 동료나 파트너로부터 압력을 받고 있다는 이유로 성관계에 참여해서는 안 된다. 사람은 "아니오"라고 말할 수 있으며 여전히 성적으로 건강하다. 마찬가지로, "예"라고 말하는 것이 성적으로 건강하다는 것을 증명하지 않는다.

우리의 정의에 따르면, 많은 파트너와 다양한 행동을 하였지만 자신의 성적 관계에서 약간의 성취감을 얻거나 섹스를 수치스럽거나 더럽다고 여기는 사람은 성적으로 건강한 것으로 간주되지 않는다. 반대로, 성적으로 경험이 없지만 성을 선하고 긍정적인 것으로 여기는 (그리고 아마도 자신이 사랑하거나 돌보는 누군가를 위해 저축할 가치가 있는) 사람은 성적으로 건강한 것으로 간주된다.

때때로 우리는 그 사람이 자신의 파트너를 대하는 방식으로 성에 대한 실제 태도를 알 수 있다. 예를 들어, 어떤 사람들은 성에 대해 긍정적이고 건전한 태도를 가지고 있다고 주장하지만, 파트너가 원하지 않는 일을 하도록 파트너에게 압력을 가하거나 특정한 성적 행위를 시도하기를 원하거나 또는 과거에 시도했던 것에 대해 그들의 파트너를 가혹하게 판단한다. 그러한 행동은 성 건강을 반영하지 않는다.

부부가 할 수 있는 많은 행동이 있다. 이 장에서는 가장 일반적인 행동만 다루었다. (우리는 Ruth Westheimer [*Playboy*, 1986] 박사에게 그들이 가장 좋아하는 관행 중 하나가 여성이 다양한 거리에서 파트너의 발기된 음경 위에 양파 링을 던지는 것이라고 말한 부부가 생각난다.) 만약 파트너가 그들의 성관계를 긍정적이고 만족스럽게 보고 다른 기술들로 실험하기를 원한다면, 그들 혹은 다른 누군가가 걱정해야 하는가? 대부분의 치료사는 동의한 성인 사이에서 개인적으로 행해진 모든 행동이 관련된 사람에게 신체적, 정서적 또는 심리적 피해를 입히지 않는 것은 괜찮다는 견해를 취한다.

성적으로 건강한 사람(Sexually healthy person) 자신의 섹슈얼리티에 대해 긍정적으로 느끼고 다양한 성적 행동을 시도할지 여부를 자유롭게 선택하는 사람.

합의된 성관계에 대한 법률

Laws Against Consensual Sex

11.9 음행, 간통, 남색법을 설명하고 미국과 전 세계 다른 국가에 살고 있는 이성애자 및 동성애자에게 미치는 영향에 대해 논의한다.

한 가지 질문해 보겠다. 집이나 아파트의 닫히고 잠긴 문 뒤에서 성적으로 무엇을 하는가? 지금 이것이 우리의 일이 아니라고 생각한다면, 당신의 생각이 절대적으로 옳다. 남의 일인가? 글쎄, 당신은 많은 주에서 성인의 사적인 동의에 의해 이루어지더라도 특정 성행위를 금지하는 법이 있다는 사실을 알고 놀랄 것이다.

2016년 현재 소수의 주에서는 여전히 간음(*fornication*, 미혼 간의 성관계) 및/또는 동거(*cohabitation*, 성적인 관계로 동거하는 두 미혼 개인)를 범죄로 규정하는 법을 시행하고 있다. 최대 형벌은 일반적으로 3~6개월의 징역 및/또는 벌금형이다. 간통(*adultery*, 결혼한 사람과 혼외 파트너 간의 성행위)은 현재 21개 주와 군대에서 범죄이며 역사적으로 가족의 신성함을 침해하기 때문에 더 심각한 범죄로 간주되었다. 다른 국가에서는 매우 심각한 범죄로 간주된다(상자 11-C 참조). 아주 최근까지 많은 주에

상자 11-C 다문화적 관점

전 세계의 불법 섹스

이 장의 마지막 부분에서 여러분은 많은 주에서 간음, 동거, 간통과 같은 성행위를 금지하고 처벌한다는 것을 배웠다(그리고 동의한 성인들 사이의 구강 성교와 항문 성교를 범죄로 처벌한 전력이 있지만, 오늘날에는 더 이상 그렇지 않다). 그렇다면, 우리가 더 관대한 나라 중 하나라는 사실을 알게 되면 놀랄지도 모른다. 실제로 많은 국가에서 이러한 성행위를 금지하는 법률이 있다. 남색을 고려하시오. 2016년 기준으로 북아메리카(캐나다, 미국, 멕시코), 중앙아메리카, 남아메리카(벨리즈, 가이아나, 카리브제도의 약 30%를 제외), 유럽 전역에서 이성애 및 동성애를 범죄로 규정하는 법률이 폐지되거나 뒤집혔다. 그러나 아프리카 국가의 약 80%와 아시아 국가의 약 40%에서 남성(경우에 따라서는 여성) 간의 합의된 성적 활동은 범죄이다(주목할만한 예외는 동성 결혼을 인정하는 남아프리카공화국과 중국, 일본, 몽골을 포함한 모든 동아시아 국가들이다). 유죄 판결을 받으면 벌금, 투옥, 노동, 채찍질, 때로는 죽음에 이르기까지 한다. 예를 들어, 남성 동성애 행위는 시에라리온에서 종신형에 처해질 수 있으며(여성 간의 구강 성교는 불법은 아니지만) 모리타니, 나이지리아와 소말리아 일부, 수단, 예멘, 사우디아라비아, 이란, 아랍에미리트에서는 사형에 처해질 수 있다. 2011년에는 3명의 이란 남성이 남색을 저질렀다는 이유로 교수형을 당했다. 각각은 이란 이슬람 형법 제108조(남성 간 성관계로 정의)와 110조(남색법에 대한 처벌로 "살인"을 의무화함)에 따라 사형을 선고받았다("6명이 교수형에 처했다", 9월 5일자, 2011). 다른 4명의 남성도 2012년에 비슷한 판결을 받았다("4명의 이란 남성에게 사형 선고," 2012년 5월 14일).

간음죄(미혼 간의 섹스로 정의됨)는 많은 국가에서 처벌된다. 나이지리아에서는 혼전 성관계를 하는 여성(및 남성도 포함)은 일반적으로 간통죄로 기소된다. 유죄가 선고되면 일반적인 형은 채찍질(때로는 공개적으로)이다. 예를 들어, 2002년에 19세의 Adama Yunusa는 처벌을 받지 않은 약혼자와 혼전 성관계를 가졌다는 이유로 100대의 태형을 선고받았다(Onishi, 2002). 혼전 성관계는 성폭행의 경우에도 처벌 가능한 범죄로 간주된다. 2013년 몰디브에서 한 남성이 15세 의붓딸을 강간하고 그녀가 낳은 아기를 살해한 혐의로 기소됐다. 경찰은 수사 과정에서 십대가 다른 남성과 합의하에 성관계를 맺었다는 증거를 발견했다고 주장했다. 그녀는 간음 혐의로 기소되어 소년 법원에서 100대형을 선고받았다(이 형은 국제적 항의에 따라 고등법원에서 번복되었다; Whiteman, 2013). 다른 국가에서는 혼전 성관계(또는 모든 종류의 혼전 관계)에 대해 더 가혹한 처벌을 부과한다. 2013년 3월, 27세의 파키스탄 군인은 미혼 지역 여성(두 사람은 사랑에 빠졌고 도피할 계획)과 관계를 맺었다는 이유로 부족 법원에서 유죄 판결을 받았다. 그와 그의 19세 여자친구 모두에게 사형이 선고되었다. 남자는 돌에 맞아 죽고 여자는 총에 맞았다("Pak soldier publicly stoned", 2013년 3월 13일).

그리고 간음을 잊지 말자. 범죄화될 수 있고 범죄화된 모든 성행위 중에서 간통은 가장 가혹한 제재를 유발하는 것으로 보인다. 간통은 아프리카(예: 수단, 소말리아, 말리)와 아시아(예: 사우디아라비아, 이란, 아프가니스탄, 파키스탄, 인도, 필리핀, 북한, 한국) 전역에서 범죄이다. 아마도 이러한 많은 국가의 특징인 성 불평등을 반영하여 여성 간통은 일반적으로 남성 간통보다 더 가혹한 처벌을 받는다. (인도는 이 일반적인 패턴에 대한 흥미로운 예외를 제공한다. 그곳에서는 기혼 남성만 간통죄로 기소될 수 있다). 남색 및 음행과 마찬가지로 처벌에는 벌금, 투옥, 채찍 및 사형이 포함될 수 있다. 국제앰네스티와 휴먼라이츠워치와 같은 인권단체들이 간통 및 기타 범죄에 대한 사형법의 폐지를 촉구했지만, 세계 뉴스 보도에 따르면 소말리아, 수단, 나이지리아, 말리, 사우디아라비아, 이란, 아프가니스탄, 파키스탄은 유죄 판결을 받은 간통자(특히 여성)에게 정기적으로 투석형으로 사형을 선고했다(Mullen & Popalzai, 2015 참조).

분명히, 전 세계 많은 국가의 사람들은 성 건강을 달성하는 과정에서 여러 도전에 직면해 있다.

서 바이브레이터 및 기타 "성인용 성기"의 판매를 금지하는 법률이 있었다. (앨라배마주는 현재 성 장난감 판매를 계속 금지하는 유일한 주이다).

미국 사람들이 이 법에 따라 기소된 적이 있는가? 예. 일부 주에서는 십대 청소년을 혼전 성관계로 성공적으로 기소했다. 이러한 사건들 중 가장 널리 알려진 것 중 하나는 1996년 아이다호주 에밋에서 발생했다. 당시 16세의 아만다 스미젝과 그녀의 남자친구 크리스(및 다른 여러 십대들)는 "음행 범죄"로 기소되었다. 당시 임신 중이었던 아만다는 무죄를 주장했지만 1921년 주정부의 음행법에 따라 유죄 판결을 받았다. 그녀는 정학 처분을 받았고 고등학교를 졸업하고 육아 수업에 참석하라는 명령을 받았다. 그녀의 남자친구는 경범죄에 대해 유죄를 인정했다. 그는 3년의 보호 관찰, 40시간의 사회 봉사 및 10달러의 벌금을 받았다. 더 최근인 2002년에는 조지아에서 16세 소년이 그 주의 음행법에 따라 유죄 판결을 받았다. 그와 그의 여자친구는 그녀의 방에서 성관계를 하다가 적발되어 그 소년을 기소했다. 그러나 조지아 대법원은 이듬해 혐의(및 법률)를 뒤집었다.

간통법은 간음법보다 훨씬 더 자주 사용되며 여러 주의 정치인은 심지어 특정 행동에 대한 법을 강화하려고 시도하고 있다(Turley, 2010). 현재 간통법을 적용하는 대부분의 사건은 합의나 이혼 문제와 관련되어 있다. 예를 들어, 켄터키주 법원은 2012년에 한 여성이 남편이 죽기 전에 한 번 간통을 저질렀기 때문에 남편의 유산에 대한 권리를 박탈당했다고 판결했다(그러나 그 판결은 나중에 번복되었다; *Griffin* 대 *Rice*). 간통법이 있는 주에서 다투는 부부 중 한 사람이 간통을 이유로 이혼 소송을 제기하거나

"당신 부하들이 내 부하들에게 전화를 걸었을 때가 더 좋았어."

이혼 및 합의 과정에서 재정적 또는 양육권 이점을 얻기 위해 상대방을 고소하는 것도 드문 일이 아니다.

남색법(sodomy laws)은 동의하는 성인 사이의 특정 행동(보통 비음경/질 성교)을 금지한다. 한때 거의 모든 주에 구강 성교 또는 항문 성교를 금지하는 법률이 있었는데, 이를 종종 "자연에 대한 범죄"라고 불렀다(Eskridge, 1999 참조). 이 법은 생식을 초래할 수 있는 유일한 성적 행동이기 때문에 이성애적 성행위만이 유일한 자연적 성행위라는 초기의 유대-기독교적 태도를 반영했다(이 법의 역사에 대해서는 Eskridge, 1999년 참조).

2003년에는 13개 주가 여전히 남색법을 시행하고 있었다. 그 중 4개 주(캔자스, 미주리, 오클라호마, 텍사스)에서는 남색법이 특별히 동성애자를 대상으로 했지만 나머지 9개 주(알라바마, 플로리다, 아이다호, 루이지애나, 미시시피, 노스캐롤라이나, 사우스캐롤라이나, 유타, 버지니아)에서는 이성애 커플과 동성애 커플을 구분하지 않았다. 물론 남색법의 존재는 수백만 명의 미국 기혼 부부가 잠재적으로 감옥에 수감될 수 있는 범죄를 저지르고 있다는 것을 의미했다(일부 주에서는 최대 5년 이상). 루이지애나 주법에 대해 소송을 제기한 뉴올리언스의 변호사 존 롤스(John Rawls)의 말에 따르면 "구강 성교가 5년 중범죄로 집행된다면 대통령에서 하원의장, 이웃집에 이르기까지 모든 사람이 감옥에 가야 할 것"이다(Bell, 1998). 그러나 법이 시행될 당시에는 일반적으로 동성애자에 대해서만 시행되었다.

미국 헌법은 우리에게 사생활에 대한 권리를 보장하는가? 이 문제에 대한 최근 법적 기록을 검토해 보겠다. 미국 대법원은 원래 1986년 자신의 침실에서 다른 남성과 구강 성교를 한 혐의로 체포된 조지아 남성과 관련된 유명한 사건에서 남색법을 지지했다(*Bowers* v. *Hardwick*). 그러나 1992년 켄터키주 대법원은 동성애자를 특별히 겨냥한 주의 남색법을 폐지했으며, 나중에 메릴랜드, 테네시, 몬태나 주 법원은 해당 주의 동성 남색법을 폐지했다.

1998년에 두 명의 텍사스 남성이 체포되었는데, 그 중 한 명의 아파트에서 성관계를 가진 것을 보안관의 대리인이 발견했을 때였다. 그들은 텍사스 남색법에 따라 유죄 판결을 받았으며 주 법원에서 항소를 기각했다. 미국 대법원은 2003년 이 사건에 대해 판결했다(로렌스 대 텍사스). 1986년 대법원의 결정을 뒤집은 6대 3의 투표에서 대법원은 전국의 모든 남색법을 근본적으로 무효화하는 광범위한 결정을 내렸다. 다수를 대변하는 앤서니 케네디 대법관은 게이와 레즈비언(그리고 다른 모든 사람들)은 "사생활을 존중받을 권리가 있습니다... 국가는 그들의 사적인 성행위를 범죄로 만들어 그들의 존재를 폄하하거나 그들의 운명을 통제할 수 없습니다.... 성인은 가정과 사생활의 범위 내에서 이러한 관계를 맺으면서도 여전히 자유인으로서의 존엄성을 유지할 수 있습니다." 그럼에도 불구하고, 2003년 판결 이전에 남색법이 시행되었던 13개 주 대부분은 그러한 법률이 위헌으로 판결되어 법적으로 집행될 수 없다는 사실에도 불구하고 해당 법률을 "기록상"으로 유지하기로 결정했다(Frizell, 2014).

개인적인 생각 Personal Reflections

당신은 부부가 어떤 성적 행동을 하는지 스스로 결정할 권리가 있어야 한다고 생각하는가(물론 그것이 상호 동의하에 이루어지며 어느 쪽에게도 신체적 또는 정서적 해를 끼치지 않는다는 가정 하에)? 아니면 국가가 더 높은 도덕적 권위의 역할을 하고 시민들의 합의된 사적 성행위를 규제해야 하는가?

두 번째 질문에 "아니오"라고 답한 경우 귀하 또는 다른 개인이 사적인 합의에 따른 성적 행동에 대해 다른 사람을 판단해야 한다고 생각하는가?

남색법(Sodomy laws) 구강 및/또는 항문 성교를 금지하는 법률.

스터디 가이드

핵심용어 Key Terms

남색법(sodomy laws), p. 309
대체 환상(replacement fantasy), p. 295
선교사 자세(missionary position), p. 298
성교/교미/성행위(coitus), p. 298
성적으로 거슬리는 사고(sexually intrusive thoughts), p. 296
성적으로 건강한 사람(sexually healthy person), p. 307
아닐링구스(anilingus), p. 305
자위행위(masturbation), p. 287
쿤닐링구스(cunnilingus), p. 302
통계적으로 정상[statistically normal (behavior or attitude)], p. 286
펠라티오(fellatio), p. 302
항문 성교(anal intercourse), p. 305

상호검토 Interactive Review

뒤의 정답 참조.

이 장에서는 몇 가지 정상적인 성인 성적 행동을 제시한다. "보통"은 통계적 관점에서 정의되며, 행동이나 값의 (1) ______________(으)로 생각되는 것이 가장 좋다. 그러므로 만약 여러분이 여기서 논의된 모든 행동들에 관여하지 않았다면, 여러분은 스스로를 비정상적이라고 여기지 말아야 한다.

역사적으로 자위행위는 부자연스럽고, 부도덕하며, 신체적, 정신적 건강에 나쁜 것으로 보여져 왔다. 1948년과 1953년의 그의 획기적인 조사에서, (2) ______________는/은 (3) ______________%를 발견했다. 조사 대상 여성의 (4) ______________%가 자위행위를 했으며, 따라서 자위행위는 사실 매우 정상적인 인간의 성적 행동임을 입증했다. 더 최근의 연구에 따르면 10대, 20대, 30대를 거치면서 남성과 여성 모두 월 자위율이 (5) ______________한 후 감소하기 시작하고, 사람들이 (6) ______________세 이후에 이르면 최저점에 도달하는 경향이 있다. 자위 비율의 인종적 차이가 발견되었지만 시간이 지남에 따라 감소하고 있다. 특히, 연구에 따르면 비율이 둘 다(7) ______________에서 증가했다. 대부분의 여성들은 (8) ______________를/을 자극하여 자위를 하고, 약 절반은 적어도 한 번은 (9) ______________를/을 사용했다. 이성애 남성은 (10) ______________ 남성은 자위하는 동안 진동기를 사용했다고 보고할 가능성이 적다. 현대 의학은 또한 자위행위가 의학적 결과에 부정적인 영향을 미치지 않는다는 것을 보여주었다. 대부분의 남성과 여성은 성관계 중에도 자위를 한다. 사실, 연구에 따르면 사람이 더 많이 (11) ______________ 가질수록 자위행위를 할 가능성이 더 높아진다.

남성과 여성 모두에게 (12) ______________ 환상이 가장 일반적이다. 또한 대부분의 사람들은 현재 파트너와 섹스를 하는 동안 다른 사람에 대한 환상을 가지고 있다. 이것을 (13) ______________ 환상이라고 한다. 남성에 비해 여성의 성적 환상은 더 많이 포함하는 경향이 있다(14) ______________. 또한 (15) ______________환상은 여성보다 남성에게 더 흔하며, (16) ______________환상은 남성보다 여성에게서 더 흔하다. 물론, 어떤 사람이 어떤 것에 대해 공상한다고 해서 그 사람이 그것을 정말로 경험하고 싶어 한다는 것을 의미하지는 않는다. 환상은 보통 성적 불행이나 성격, 심리적 장애의 징후가 아니다.

성교 빈도에 대한 연구는 대부분의 젊은 부부들이 일주일에 대략 (17) ______________번의 성관계를 갖는다는 것을 보여준다. 조사 결과 또한 (18) ______________가/이 부부보다 덜 자주 성관계를 갖는 것으로 나타났다. 우리가 성관계가 얼마나 오래 지속되는지 고려할 때, 연구원들은 전체 공유된 사건이 전형적으로 (19) ______________분 동안 지속된다. 빈도와 마찬가지로, 성교 기간은 일반적으로 연령에 따라 (20) ______________한다.

미국에서 가장 흔한 성관계 자세는 (21) ______________ 이며, (22) ______________(이)라고 불리기도 한다. 그러나 상당수의 남성과 여성은 (23) ______________ 위치를 포함한 다른 위치를 선호한다. 당신과 당신의 파트너에게 맞는 것 외에는 성교를 하는 "올바른" 방법은 없다.

당신의 성적 만남을 자발적이고, 흥분되고, 성취감이 있고, 의식화되지 않은 것으로 만드는 것은 다양한 시간, 장소, 위치를 탐색하는 것을 의미할 수 있다. (24) ______________ 및 (25) ______________(으)로 적절히 지칭되는 구강-성기 성교는 모집단의 많은 집단에서 흔하다. 게다가, 상당수의 이성애 커플들이 적어도 한 번은 항문 성교를 시도한 적이 있다. 그러나 이러한 행동의 유행은 미국의 다양한 그룹들 사이에 차이가 있다. 예를 들어, (26) ______________ 미국인은 구강-성기 및 항문 성교에 관여할 가능성이 다른 그룹보다 낮다. 마찬가지로 자위나 구강 성교는 교육수준이 (27) ______________ 사람들이 더 흔하게 경험한다. 그리고 (28) 이성애자보다는 ______________ 남성이 항문 성교를 할 가능성이 더 높다.

건강하고 만족스러운 성적 관계는 사람의 전반적인 신체적, 정서적 행복에 기여할 수 있다. (29) ______________ 개인은 성을 긍정적이고 좋은 것으로 여기고, 특정 성행위를 언제, 어디서, 누구와 함께 할 것인지를 자유롭게 선택한다. 많은 사람들이 특정한 형태의 표현을 탐구한다고 해서 그것이 모든 사람들의 마음에 맞는다는 것을 의미하지는 않는다.

최근까지, 몇몇 주들은 동의한 성인들 사이의 성관계를 (30) ______________ 및/또는 (31) ______________ 금지하는 남색법을 가지고 있었다. 대부분의 사람들은 사생활에서 무엇을 해야 할지 스스로 결정할 권리를 가져야 한다고 믿으며 2003년 미국 대법원은 이에 동의했다. 그러나 남색과 다른 성적인 행동이 엄하게 처벌되는 세계의 많은 다른 지역에서는 같은 말을 할 수 없다.

자기진단 Self-Test

뒤의 정답 참조.

A. 참(T) 혹은 거짓(F)

T F 32. 성적 환상을 가진 여성은 거의 없다.

T F 33. 사람은 성적으로 건강할 수 있으며 구강 생식기(또는 모든 유형의) 성교를 하지 않기로 선택할 수 있다.

T F 34. 맨-온-탑(선교사)은 모든 문화권에서 선호하는 성교 위치이다.

T F 35. 자위행위는 건강에 심각하고 부정적인 결과를 초래한다.

T F 36. 어느 누구도 성병에 감염되지 않았다고 가정할 때 구강 성교는 키스보다 덜 위생적이다.

T F 37. 자위를 하는 대부분의 기혼 사람들은 성적 관계에서 불행하기 때문에 그렇게 한다.

T F 38. 성적 판타지의 내용은 일반적으로 성적 불행이나 성격 또는 심리적 문제를 나타내지 않는다.

T F 39. 파트너와 섹스를 하면서 다른 사람에 대한 환상을 갖는 것은 일반적으로 심각한 관계 문제의 표시이다.

T F 40. 독신은 기혼 또는 동거 커플보다 훨씬 더 자주 성관계를 갖는다.

T F 41. 커플이 얼마나 자주 성관계를 갖는지에 대해서는 시간이 지남에 따라 달라질 수 있다.

T F 42. 조사에 따르면 오늘날 많은 사람들이 성교의 한 가지 이상의 자세를 시도했다는 것을 발견했다.

T F 43. 여성의 성적 환상은 남성과 마찬가지로 시각적이고 노골적이다.

T F 44. 항문 성교를 시도한 사람보다 구강 성교를 시도한 사람이 더 많다.

T F 45. 일반적으로, 남자들은 여자들보다 성에 대해 더 자주 생각하고, 공상하고, 공상한다.

T F 46. 동성애자 남성만이 항문 성교를 할 수 있다.

T F 47. 대부분의 사람들은 누군가와 성관계를 갖자마자 자위행위를 중단한다.

T F 48. 구강 성교에 관한 한, 남성과 여성 모두 그들이 받는 것보다 더 많은 성교를 그들의 파트너로부터 받기를 원한다.

T F 49. 2003년까지, 많은 주에서, 그들의 집안의 사생활에서 구강 성교를 하다가 적발된 결혼한 커플은 감옥에 보내질 수 있었다.

T F 50. 미국에서는 여전히 간통죄로 사람들을 기소하는 것이 가능하다.

C. 빈칸 채우기

51. 부부는 ____________ 때문에 항문이나 질 성교 중 씻지 않고 성교를 해서는 안 된다.
52. 성관계 중 가장 흔한 유형의 환상은 ____________이다.
53. 많은 사람들이 성관계를 맺은 후에도 계속해서 자위하는 주된 이유는 ____________이다.
54. 항상 같은 장소에서 같은 방식으로 섹스를 하는 커플들은 그들의 성생활을 ____________가/이 되도록 내버려 둘 위험을 무릅쓴다.
55. 라우만과 그의 동료들(1994)은 미국인들이 가장 선호하는 두 가지 성적 행동은 ____________과/와 ____________(이)라는 것을 발견했다.
56. 라우만과 그의 동료들은 또한 자위행위가 대부분 ____________의 반영이라는 것을 발견했다.
57. 알려진 모든 문화에서 선호하는 성관계 방식은 ____________이다.
58. ____________는/은 여성의 성적 만족이 남성의 성적 만족만큼 중요하다고 여겨지는 문화에서 일반적으로 선호되는 성교의 위치이다.
59. 성적으로 건강한 사람은 (a) ____________과/와 (b) ____________ 사람이다.
60. 구강 성교는 ____교육을 받은 사람들 사이에서 가장 흔하다.

12장
사랑과 인간관계
Love and Relationships

모든 위대한 극 작품과 마찬가지로 각 개인의 삶에 대한 이야기는 많은 경우에 하나의 근본적인 주제, 즉 누가 우리를 사랑하고 누가 사랑하지 않는지, 그리고 언제, 어디서, 어떻게 사랑이 일어나는지에 대한 질문으로 요약될 수 있다.

– 엘렌 베르샤이트 & 파멜라 리건, 2005

학습목표

이 장의 학습을 마치면 다음을 할 수 있어야 한다.

12.1 사랑의 역사와 초기 이론가들이 사랑을 연구한 방식에 대해 토론한다.

12.2 스턴버그의 사랑의 삼각 이론과 세 가지 구성 요소의 다른 조합이 어떻게 다른 종류의 사랑 경험으로 이어지는지 설명한다.

12.3 리의 다양한 사랑 스타일과 만족스럽고 건강한 사랑 관계를 찾는 방법에 대한 그의 조언을 설명한다.

12.4 열정적인 사랑을 정의하고 그 특징을 논의한다.

12.5 미국과 다른 문화권에서 사랑과 결혼 사이의 연관성에 대해 토론한다.

12.6 동반자적 사랑을 정의하고 그 특징과 열정적 사랑과 어떻게 다른지 논의한다.

12.7 열정적이고 동반자적인 사랑의 생화학적 기초에 대한 연구에 대해 토론한다.

12.8 바람직한 파트너 특성, 성적 경험 수준, 신체적 매력, 유사성 및 수용성을 포함하여 매력에 중요한 요소를 식별하고 토론한다.

12.9 자기 공개/커뮤니케이션 및 형평성이 관계 개발에 관여하는 방식을 설명한다.

12.10 성공적인 사랑 관계의 전제 조건과 "더 나은" 파트너가 되는 방법을 확인한다. 습관화, 이탈, 질투를 포함하여 사랑 관계를 탈선시킬 수 있는 몇 가지 주요 문제에 대해 논의하고 이러한 문제에 효과적으로 대처하는 방법을 설명한다.

12.11 사람들이 사랑 관계의 이별에 대처하는 방법을 설명한다.

시인은 운율에 따라 단어를 쓴다. 소설가들은 그것을 산문으로 찬미한다. 작사가는 그것을 노래로 칭찬한다. 철학자들은 그 의미에 대해 궁금해하고 정치인들은 모두 그것을 지지한다.

이 유비쿼터스 주제는 무엇인가? 왜, 그것은 물론 사랑이다. 우리가 과장했나? 잠시 생각해 보시오. 사랑에 관한 대중적인 노래(첫사랑, 새로운 사랑, 잃어버린 사랑)를 얼마나 많이 듣는가? 사실, 사랑에 관한 것이 아닌 것을 찾기까지 꽤 오랜 시간 동안 들어야 할 수도 있다. 당신이 마지막으로 적어도 하나의 낭만적인 서브플롯이 포함되지 않은 소설을 읽거나 영화를 본 것이 언제였는가?

사랑은 우리 대부분이 삶의 질에 매우 중요하다고 생각하는 감정이나 경험이다. 그러나 **사랑**(*love*)이 무엇인가? 사랑에 대해 쓴 철학자, 신학자, 과학자 수만큼 사랑에 대한 정의가 많았을 것이다(Berscheid, 2006; Reis & Aron, 2008). 사실, 학자들은 다양한 유형의 사랑이 존재하는지 여부와 존재한다면 어떤 특징이 이러한 유형의 사랑을 서로 구별하는지에 대해 수세기 동안 주장해 왔다. 저명한 정신분석가 에리히 프롬은 그의 고전 저서인 사랑의 기술에서 이 문제를 다음과 같이 분명히 밝혔다.

> 대인 관계의 결합에 대한 이러한 열망은 인간의 가장 강력한 노력이다. 가장 근본적인 열정이며 인류, 씨족, 가족, 사회를 하나로 묶는 힘이다. 그것을 달성하지 못한다는 것은 광기나 파괴-자기 파괴 또는 타인의 파괴를 의미한다. 사랑이 없으면 인류는 하루도 존재할 수 없다. 그러나 인간관계의 성취를 '사랑'이라고 하면 심각한 난관에 봉착하게 된다. 융합은 다양한 방식으로 달성될 수 있으며, 그 차이는 다양한 형태의 사랑에 공통적인 것보다 덜 중요하지 않는다. 모두 사랑이라고 해야 할까? 아니면 특정한 종류의 결합에 대해서만 "사랑"이라는 단어를 예약해야 하는가...?
>
> (**에리히 프롬**, 1956, p. 18)

학자들은 사랑을 인간의 최악의 경험들 - 광기(Plato, in *Phaedrus*), 신경증(Askew, 1965), 중독(Peele, 1988), 질병(Burton, 1951/1963), 고통(de Rougement, 1969)과 동일시했다. 다른 사람들은 애정(H. Ellis, 1933/1963), 부드러움(Freud, 1912/1963), 욕망(Tennov, 1979), 이상화(Reik, 1944), 존경(Fromm, 1956) , 그리고 연민(Berscheid, 2010)을 최고의 것으로 동일시했다.

이러한 견해 중 옳은 것은? 앞으로 보게 되겠지만, 이러한 정의는 사람들이 사랑에 대해 생각할 때 의미하는 것의 일부만 포함하거나 전혀 포함하지 않을 수 있다.

사랑의 역사 A Brief History of Love

12.1 사랑의 역사와 초기 이론가들이 사랑을 연구한 방식에 대해 토론한다.

사랑을 이해하기 위한 첫 번째 노력을 살펴보자. 대부분의 초기 이론가들은 자신의 개인적인 관찰, 기존 문헌, 이전의 철학적 또는 신학적 담론을 기반으로 사랑 모델을 구축했다. 사랑의 본성에 관한 가장 초기에 알려진 논문 중 하나인 "*The Art of Courtly Love*"는 안드레아스 카펠라누스(Andreas Capellanus)(Capellanus, 1184/1960)가 12세기 후반에 작성했다. 그의 논문에서 카펠라누스는 사랑의 두 가지 변종, 즉 애정에 기반을 두고 시간이 지남에 따라 더 강해지는 영구적인 사랑인 "순수한 사랑"과 주로 성적 행위에 기반을 둔 연약한 변종인 "공통의 사랑"을 식별했다. 매력과 정신적 집착은 빠르게 사라지고 종종 연인을 후회로 가득 채운다.

다른 초기 학자들도 각각 특정한 특징을 포함하는 다양한 종류의 사랑이 존재한다고 제안했다(**표 12-1**). 예를 들어, 미국 심리학의 창시자인 윌리엄 제임스(William James, 1890/1950)는 모성애, "열정적인 헌신", 맹렬한 보호, 이타주의에 기반을 둔 사랑, 섹슈얼리티와 배타성을 특징으로 하는(무명의) 사랑의 형태(다른 모든 사람들의 배제에 대해 특정 개인이 일반적으로 느끼는 것을 의미함)로 구분한다. 그의 동시대 독일 의사이자 선구적인 성학자인 리하르트 폰크라프트에빙(Richard von Krafft-Ebing, 1886/1945)은 사랑의 네 가지 유형을 식별했다. 첫 번째, 진정한 사랑은 이타주의, 친밀감 및 섹슈얼리티의 강한 혼합으로 구성된다. 두 번째, 플라토닉한 사랑은 호환성에 기반한다. 세 번째로 관능적 사랑이라고 하는 것은 성적 욕망과 낭만적 이상화로 구성된 일시적인 다양한 사랑이다. 그리고 네 번째, 감상적 사랑은 크라프트에빙이 명백히 거의 고려하지 않은 유쾌하고 방종한 유형의 사랑이다(그는 그것이 "메스꺼움"이라고 썼다[p. 12]).

수십 년 후, 심리치료사 알버트 엘리스(Albert Ellis, 1954)는 "사랑 그 자체는 부부 사랑, 부모 사랑, 가족 사랑, 종교적 사랑, 인간애, 동물에 대한 사랑, 자기 사랑, 성적 사랑, 강박적 사랑 등과 같은 많은 다양한 종류의 애정을 포함한다"고 말하면서 추가적인 사랑의 변종을 제안했다(p. 101). 그의 수많은 유형의 사랑 중에는 낭만적인 사랑도 포함되었는데, 그는 사랑에 대한 이상주의적(그리고 종종 매우 부정확한) 관점, 성적 욕망의 감정, 강렬하고 종종 폭력적인 감정, 배타성이라는 네 가지 기본 요소가 혼합되어 있다고 믿었다. 당연히 엘리스는 이러한 종류의 사

표 12-1 사랑에 대한 역사적인 견해

학자	사랑에는 몇 가지 유형이 있나?	어떤 유형의 사랑이 존재하나?
카펠라누스(1184)	2	순수한 사랑(지속성, 애정)
		일반적 사랑(취약함, 성욕)
크라프트에빙(1886)	4	진정한 사랑 (지속성, 이타주의, 친밀감, 성)
		정신적 사랑(궁합)
		관능적 사랑 (취약함, 이상주의, 섹슈얼리티)
		감상적 사랑(방종)
제임스(1890)	2	사랑(배타성, 감정적 강도, 성적)
		모성애적 사랑(헌신, 이타주의)
엘리스(1954)	10 +	낭만적 사랑 (배타성, 이상주의, 감정적 강도, 성)
		부부 사랑, 부모 사랑, 가족 사랑, 종교 사랑, 성 사랑, 자기 사랑 등
프롬(1956)	8 +	진정한 사랑(형제, 어머니, 아버지, 에로틱, 자아, 신)
		사이비 사랑(우상적, 감성적 등)
루이스(1960)	4	애정(느린 시작/성장, 내구성, 따뜻함, 편안함, 존경)
		우정(유사성, 내구성, 존경, 감탄)
		에로스(취약성, 배타성, 성적, 이상화, 인지적 선점)
		자선(관용, 이타주의)

랑은 삶의 현실 앞에서 지속할 수 없으므로 상대적으로 빠른 죽음을 맞이하게 될 것이라고 결론지었다.

정신 분석가 프롬(1956)은 사랑의 다양성이 존재하며 각 사람이 일생 동안 경험할 수 있다는 엘리스의 의견에 동의했다. 그는 사랑을 실제(또는 성숙한) 사랑과 가짜 사랑의 두 가지 기본 범주로 나누었다. 진정한 사랑의 종류에는 형제애, 어머니 사랑, 아버지 사랑, 성애, 자기 사랑, 하나님 사랑이 있다. 각각의 진정한 사랑의 다양성은 고유한 특징과 함께 보살핌, 책임, 존중, 지식의 4가지 기본 요소를 포함한다. 예를 들어, 어머니의 사랑은 무조건적이고 이타적인 반면, 에로틱한 사랑은 연약하고 성적이다. 사이비 사랑 유형은 실제 사랑의 일부 특징을 공유하지만, 프롬은 이러한 유형이 일반적으로 강한 정체성 감각이 부족하고 "동등한 사랑"에 참여할 수 없는 다양한 성격 장애를 가진 사람들이 경험한다고 주장했다.

동시대 사람들과 달리 종교학자인 C. S. 루이스는 네 가지 유형의 사랑만을 옹호했으며, 각각은 그리스 철학자들이 초기에 구별한 것에 근거했다. 그의 매력적인 책 *The Four Loves*(1960/1988)에서 그는 애정(그리스에서는 *storge*라고 부름)이 친숙함과 반복적인 접촉에 기반을 두고 있으며 부모와 자녀 사이에서 흔히 볼 수 있는 강한 애착과 유사하다고 제안했다. 이러한 유형의 사랑은 가족, 애완동물, 지인, 연인을 포함하여 다양한 사람들이 경험하고 있다. 루이스에 따르면 애정 어린 사랑은 "편안하고 조용한 본성"(p. 34)이며 따뜻함, 대인 관계의 편안함 및 함께 있다는 만족감으로 구성된다. 우정(또는 필리아)은 협력, 상호 존중 및 이해와 결합된 공통 관심사, 통찰력 또는 취향을 기반으로 하는 사랑 유형이다. 루이스는 단순한 동반자 이상으로 두 사람이 "같은 은밀한 길에 있다는 것을 발견"(p. 67)하고 친족이 될 때 우정이 발전한다고 주장했다. 사랑의 세 번째 변종인 에로스(Eros)는 "달콤함"과 "공포"가 혼합된 것으로 성욕, 애정, 사랑하는 사람에 대한 이상화 및 집착, 매우 짧은 수명이 특징이다. 마지막 사랑 유형은 관용(tolerance), 관용(forbearance) 및 용서를 기반으로 한다. 자선이라고 불리는 이 사심 없는 사랑은 보상에 대한 기대를 포함하지 않으며 "사랑받는 사람에게 가장 좋은 것"(p. 128)만을 원한다.

그림 12-1
프랑수아 제라르(François Gérard)의 *Psyche and Cupid*는 초기 이론가들이 에로틱, 로맨틱 또는 관능적이라고 불렀던 사랑의 유형을 표현한다.

출처: RMN–Grand Palais / Art Resource, NY

이 초기 이론가들은 모두 사랑은 복잡한 경험이며 한 가지 이상의 다양한 사랑이 존재한다는 데 동의했다. 그러나 그들은 존재하는 사랑의 종류의 수에 대해 동의하지 않았으며, 더 중요한 것은 그들 중 소수가 과학적 데이터에 대한 아이디어를 기반으로 했다는 것이다. 결과적으로 우리는 사랑에 대한 이러한 이론적 관찰(본성, 다양성, 특징)이 실제로 사람들의 일상적 현실을 반영하는지 여부를 알 수 있는 방법이 없다.

이 초기 작업의 한계를 인식하면서, 현대 관계 학자들은 지속적인 관계에 있는 사람들로부터 많은 양의 정보를 수집한 다음 다양한 통계적 기법을 사용하여 그 개인들이 경험하고 있는 다양한 유형의 사랑을 식별하는 **심리학적 접근(psychometric approach)** 방식을 점점 더 많이 채택하고 있다. 가장 중요한 심리학적으로 파생된 사랑 이론 중 두 가지는 심리학자 로버트 스턴버그(Robert Sternberg)(예: 1986, 1988, 1998)와 사회학자 존 리(John Lee)(예: 1973, 1988)에 의해 개발되었다. 이제 이러한 흥미로운 모델에 대한 논의로 넘어가겠다.

그림 12-2

스턴버그(Sternberg)의 삼각형의 사랑 모형. 사람들이 다른 사람들을 사랑할 수 있는 모든 다른 방법들은 친밀감, 열정, 그리고 결정/헌신의 조합에 의해 이해된다.

출처: From *The Psychology of Love*, Editor: Michael Sternberg, Editor: Michael Barnes, © 1988. Reprinted by permission of the author.

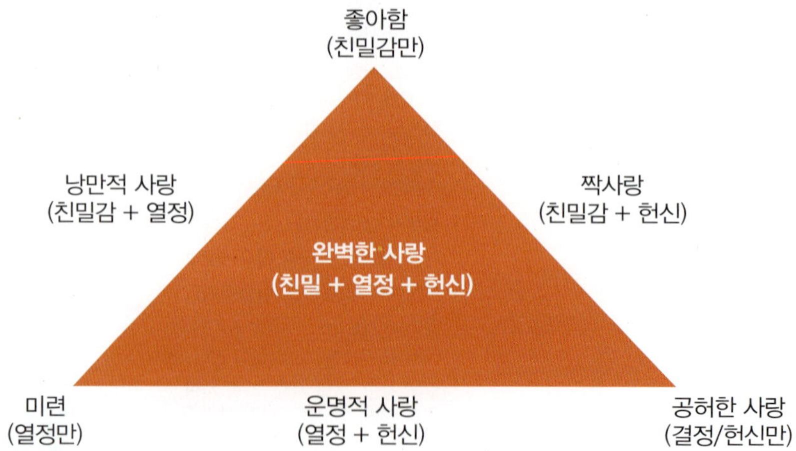

로버트 스턴버그의 삼각 연애론

Robert Sternberg's Triangular Theory of Love

12.2 스턴버그의 사랑의 삼각 이론과 세 가지 구성 요소의 다른 조합이 어떻게 다른 종류의 사랑 경험으로 이어지는지 설명한다.

로버트 스턴버그(Robert Sternberg, 1986, 1987)는 사랑에 관한 기존의 심리학 이론(*triangular theory of love*)과 연구뿐만 아니라 데이트 관계에서 남녀가 스스로 보고한 경험에 대한 통계적 분석을 바탕으로 **사랑의 삼각 이론**(*triangular theory of love*)을 제안했다. 그는 사람들이 다른 개인에 대해 가질 수 있는 모든 다른 긍정적인 감정(특히 사랑과 관련된 감정)이 그림 12-2에서와 같이 삼각형의 꼭짓점을 형성하는 세 가지 기본 구성 요소의 조합으로 이해될 수 있다고 제안한다. 삼각형은 기하학적 모델이 아니라 세 가지 구성 요소가 관련되어 있는 방식을 시각화하는 데 유용한 은유로 간주해야 한다.

사랑에 대한 심리적 접근(Psychometric approach to love) 존재하는 사랑의 유형을 식별하는 방법; 통계적 방법을 사용하여 사람들이 사랑에 관련된 생각, 행동 및 사건을 분석하여 경험하는 사랑의 유형을 결정한다.

첫 번째 구성 요소(삼각형의 맨 위 꼭짓점)는 **친밀감(intimacy)**이다. 친밀감은 따뜻함, 친밀감, 유대감, 기타 긍정적인 감정을 반영하는 관계의 감정을 말한다. 다른 사람의 복지를 증진하려는 욕망, 다른 사람과 함께 행복을 경험하고 높은 존경심을 갖기, 정서적 지원을 받고 제공하기, 상호 이해하기, 삶에서 다른 사람의 가치를 평가하는 것을 포함하여 친밀감의 많은 징후가 있다(Sternberg & Grajek, 1984). 두 번째 구성 요소(그림 12-2의 왼쪽 정점)는 **열정(passion)**의 경험 또는 육체적 매력, 성적 욕망 및 활동, 로맨스와 관련된 충동을 나타낸다. 세 번째 구성 요소(오른쪽 꼭짓점)는 다른 사람을 사랑하기로 한 결정과 시간이 지남에 따라 관계를 유지하겠다는 약속을 포함하는 **결정/헌신(decision/commitment)**이다.

스턴버그는 이 세 가지 구성 요소의 다른 수준과 조합이 여덟 가지 다른 종류의 사랑 경험을 낳는다고 믿는다. 세 가지 구성 요소가 모두 없거나 매우 낮은 수준으로 존재할 때 결과는 **사랑이 아니다**(*nonlove*). 이것은 의미 있는 방식으로 사랑이나 우정이 없는 대부분의 우연한 관계의

친밀감(Intimacy) 스턴버그의 사랑 이론의 세 가지 기본 구성 요소 중 하나. 친밀감이나 유대감, 따뜻함 및 기타 긍정적인 감정 경험을 촉진하는 관계의 감정.

열정(Passion) 스턴버그의 사랑 이론의 세 가지 기본 구성 요소 중 하나. 육체적 매력, 성적 욕망과 활동, 로맨스와 관련된 충동.

결정/헌신(Decision/commitment) 스턴버그의 사랑 이론의 세 가지 기본 구성 요소 중 하나. 한 사람이 다른 사람을 사랑한다는 결정과 시간이 지남에 따라 그 관계를 유지하겠다는 약속.

특징이다. 열정이나 결정/헌신 없이 친밀감 요소만을 표현하면 호감이 생긴다. **좋아한다**(*liking*)는 단어는 평범한 지인을 지칭하기 위해 사소한 호감으로 사용되는 것이 아니라 진정한 우정에서 발생하는 친밀감, 유대감, 따뜻함의 감정을 나타낸다. 다른 두 가지 요소가 없는 상태에서 열정을 느낄 때 그 결과는 **열광적인 사랑**(*infatuated love*), 즉 우리가 "첫눈에 반한 사랑"이라고 부르는 것이다. 혼자 열정을 느끼는 사람은 현실 속의 개인이 아닌 이상으로 타인에게 집착한다. 친밀함도 열정도 없이 다른 사람을 사랑하겠다는 결심과 헌신은 공허한 사랑으로 경험된다. 우리 서구 사회에서 **공허한 사랑**(*empty love*)은 침체된 장기 관계의 끝에 종종 발생하지만 결혼이 정해지는 다른 문화에서는 장기 관계의 첫 번째 단계일 수 있다.

삼각형을 보면 네 가지 가능한 구성 요소 조합이 있음을 알 수 있다. 열정과 친밀감을 결합하면 두 사람이 육체적으로나 정서적으로 함께 끌리는 **낭만적인 사랑**(*romantic love*) 경험이 생긴다. 강한 헌신이 아직 발달하지 않았을 수도 있으며 연인들은 "여름 사랑"처럼 영구적인 관계가 불가능하다는 것을 알고 있을 수도 있다. 이것이 시인, 극작가, 소설가들이 즐겨 쓰는 로미오와 줄리엣의 사랑이다.

높은 수준의 열정이 없는 친밀감과 결단/헌신의 결합은 **동반자적 사랑**(*companionate love*), 본질적으로 장기적으로 헌신된 우정을 형성한다. 스턴버그(1988)는 살아남은 대부분의 낭만적인 사랑 관계가 결국에는 동반자적 사랑 관계로 변함으로써 그렇게 된다고 믿는다.

친밀함을 발전시키지 않고 열정을 바탕으로 헌신하면 결과는 **운명적인 사랑**(*fatuous love*)이다. 이 조합은 회오리바람 로맨스를 보여주는데, 우리가 흔히 읽는 할리우드 유명인사들에 관한 것이다. 친밀감이 없으면, 열정적인 매력이 사라지면 관계가 끝날 위험이 높다(이러한 로맨스는 종종 너무 빨리 끝나서 친밀감 구성 요소가 발전할 기회가 없었다).

스턴버그는 완벽한 사랑 또는 **완전한 사랑**(*consummate love*)은 열정, 친밀감 및 헌신이라는 세 가지 구성 요소 모두의 높은 수준을 포함하는 관계에서만 발견된다고 믿는다. 이것이 우리 대부분이 낭만적인 관계에서 추구하는 유형의 사랑이라는 것이 그의 믿음이다. 따라서 다른 유형의 사랑 관계(예: 그의 모델이 "낭만적인 사랑" 또는 "동반자 사랑"으로 부르는 관계)는 무언가가 부족한 것으로 간주된다(즉, 세 가지 구성 요소 중 하나 이상). 동의하는가?

개인적인 생각 Personal Reflections

스턴버그가 식별한 친밀감, 열정 및 결정/헌신의 다양한 조합을 고려하시오. 여덟 가지 사랑의 관계 중 당신이 개인적으로 경험한 것은 무엇인가? 어떤 것이 개인적으로 가장 만족스러웠는가?

존 리의 "사랑의 색깔" 이론

John Lee's "Colors of Love" Theory

12.3 리의 다양한 사랑 스타일과 만족스럽고 건강한 사랑 관계를 찾는 방법에 대한 그의 조언을 설명한다.

스턴버그(1988)와 마찬가지로 사회학자 존 리(1974, 1976, 1988)도 분류 체계를 개발할 때 초기 문헌과 사랑에 대한 철학적 담론에 크게 의존했으며 스턴버그와 마찬가지로 심리 측정 기법(이 경우, 사람들이 보고한 사건, 행동 및 감정에 대한 분석, 자신의 개인적인 "사랑 이야기"를 설명하도록 요청했다)도 사용했다. 리의 분석 결과는 결국 6가지 주요 사랑의 유형을 포함하고 있으며, 각각 특징적인 특징을 가지고 있다(**표 12–2** 참조). 이 새로운 접근 방식에서 다양한 사랑(또는 사랑의 스타일)은 원색 또는 2차색상에 비유된다. 3원색인 빨강, 노랑, 파랑을 섞으면 다른 색이 나오는 것처럼, 에로스(eros), 스토르게(storge), 루두스(ludus)의 3가지 사랑 스타일을 섞으면 사랑의 다른 스타일이 나온다고 한다. 이들 각각과 다양한 조합을 살펴보고 무엇이 잘 어울리는지 살펴보겠다.

원초적인 색깔 The Primary Colors

에로스(**eros**, 그리스 신화 속 인물의 이름을 따서 명명되

표 12–2 다양한 사랑의 스타일

유형	독특한 특징
Eros(에로틱한 사랑)	열정적이고, 감정적으로 강렬하고, 성적인
Ludus(유희적 사랑)	감정적으로 통제되고, 헌신적으로 행동하며, 게임을 즐기는 것
Storge(가족적 사랑)	안정적이고, 견고하며, 우정을 기반함 *부연설명; 부모의 애정; 동물이 새끼에 대해 갖는 본능적 애정
Pragma(실용적 사랑)	실용적이고 합리적이며 호환성에 집중
Mania(광적 사랑)	질투심 많고 강박적이며 궁핍한 매니아
Agape(아가페적 사랑)	사심 없고 무조건적이며 파트너 중심

에로스(Eros) 열정적인 사랑; 즉각적인 성적 끌림이나 육체적인 "화학", 정서적 강렬함, 친밀한 연결감을 특징으로 하는 사랑 유형.

었으며 C. S. 루이스 유형의 다양한 사랑 유형과 유사함)는 육체적 매력에 강하게 기반을 둔 매우 열정적이고 강렬한 감정적 형태의 사랑이다. 리에 따르면, 에로틱한 연인은 일반적으로 그를 흥분시키는 특정한 신체적 유형을 가지고 있다. 에로틱한 연인은 육체적인 완벽함이 드물다는 것을 알고 추구하며, 자신의 이상을 구현하는 사람을 찾았을 때 강한 육체적 끌림과 사랑으로 인식하는 강렬한 감정을 빠르게 느낀다. 그들은 마치 그들이 방금 만난 이 사람, 즉 그들의 낭만적인 이상을 항상 알고 있었던 것 같다. 따라서 에로틱한 연인은 "첫눈에 반한 사랑"을 느끼는 경향이 있으며 즉시 감정적으로(그리고 성적으로) 친밀한 관계를 갖기를 원한다. 육체적인 끌림에 너무 강하게 근거하고 있기 때문에 이것은 리가 제안한 사랑 스타일 중 가장 성적인 것이다(실제로 그는 에로틱한 연인은 "사랑하는 사람을 빨리, 강렬하게, 그리고 옷을 벗고 알아가는 것을 열망한다"고 썼다[1988, p. 50]). 에로틱한 연인들은 매우 다정하고 파트너와 공개적으로 소통한다. 그러나 그들은 일반적으로 새로운 파트너의 결점과 단점을 빨리 찾아내고, 파트너가 비현실적인 이상에 부응할 수 없기 때문에 많은 관계가 빨리 무너진다. 따라서 에로틱한 사랑은 일반적으로 매우 일시적이며, 에로틱한 연인은 자주 사랑에 빠지는 경향이 있다. 에로틱한 연인은 파트너와 독점적인 관계를 갖고 싶어하지만 질투하지 않으며 소유하려고 하지 않는다.

루두스(**ludus**, 라틴어로 "게임" 또는 "오락"을 의미하며 "loo'-dus"로 발음됨)는 자기 중심적인 유형의 사랑이다. 어리석은 연인은 감정적 통제를 중요시하고 헌신을 피하며 사랑을 게임처럼 취급한다. 그리고 그 또는 그녀는 파트너(또는 파트너!)가 동일한 일을 하기를 기대한다. 즉, 좋은 스포츠가 되고, 규칙을 따르고, 게임 자체를 위해서 경기를 하고(약속이나 결혼과 같은 "상"을 위해서라기보다는), 게임이 끝나면 차분하게 떠날 것이다. 어리석은 연인들은 다양한 신체적 "유형"에 매력을 느끼고 친밀감이나 감정적 연결을 표현하기보다는 오락과 쾌락을 위해 성을 사용한다. 그들은 그 또는 그녀에게 의존하게 될 만큼 충분히 자주 파트너를 보지 않으려고 노력하거나 그 반대의 경우도 마찬가지이며, 재미를 망칠지도 모르는 질투심 많은 파트너들을 피하려고 한다. 어리석은 연인들은 종종 여러 파트너를 갖는 것이 문제가 되지 않는다고 생각한다. 어떤 사람들은 속임수를 사용하여 파트너가 서로의 존재를 알지 못하도록 막을 수 있지만 다른 사람들은 게임을 정직하게 플레이하기로 선택한다(따라서 파트너는 낭만적인 상황이 무엇인지 정확히 알고 있다). 이러한 헌신적 사랑 유형은 다른 사랑 스타일을 가진 사람들에게 공허하게 보일 수 있지만 대부분의 어리석은 연인은 기쁨으로 관계를 되돌아 본다.

루두스(Ludus) 자기 중심적인 사랑 유형. 어리석은 연인들은 헌신을 피하고 사랑을 게임으로 여기며 종종 추격전을 상금보다 더 즐거운 것으로 여긴다.

그림 12-3
존 리의 연애 스타일의 색깔 바퀴(표 12-2 참조)

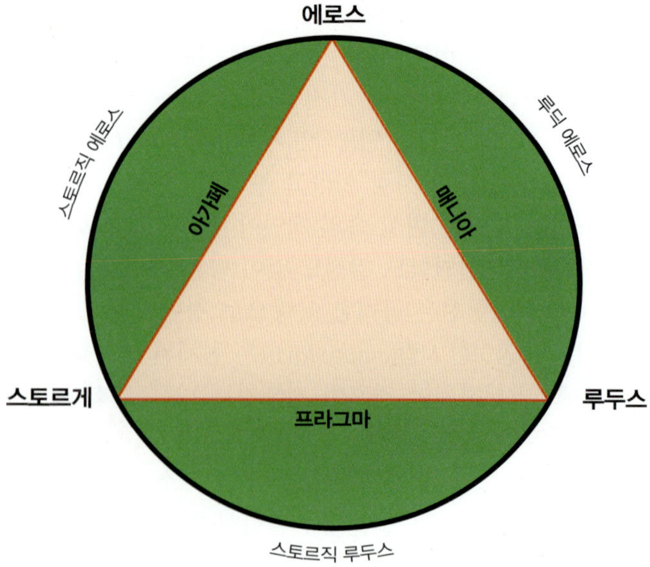

스토르게(**storge**, 그리스어에서 "stor'-gay"로 발음됨)는 시간이 지남에 따라 우정에서 서서히 발전하는 애정 어린 유형의 사랑이다. 그것은 본질적으로 스턴버그의 동반자 사랑과 동일하다. 완고한 애인은 이상형이 없고 사랑을 찾아 헤매지 않고 두 사람이 함께 즐기는 활동을 경험함으로써 애정과 헌신의 감정을 키운다. 성욕이 강한 연인은 일반적으로 사랑에 빠진 특정 시점을 기억하지 못하며, 일반적으로 이미 지인들 중 누군가와 사랑에 빠진다(일반적으로 낯선 사람과 사랑에 빠지는 전형적인 에로틱 연인과 달리). 그들은 감정적인 것보다 더 실용적이고, 그들의 관계에는 더 열정적인 결합의 열정적인 감정적 고조가 결여되어 있다(그러나 극적인 침체를 피할 수도 있음). 사실, 폭풍우를 좋아하는 사람들은 파트너의 과도한 감정 표현에 당황하고 일반적으로 자신의 감정을 공개적으로 표현하는 것을 꺼린다. 그들은 또한 성에 대해 상당히 수줍어하는 경향이 있으며 깊은 대화나 육체적인 친밀감을 통해 상호 사랑을 탐구하는 것보다 공통 관심사에 대해 이야기하는 데 더 관심이 있다. 진정한 열렬한 애호가라면 아마

스토르게(Storge) 우정에서 자라는 애정 어린 사랑.

도 이 장의 많은 내용(실제로 이 책 전체)이 다소 혐오스러울 것이다.

이차적인 색깔 The Secondary Colors

얼마나 다양한 사랑 스타일이 있는가? 빨강, 노랑, 파랑을 섞으면 다양한 색상을 얻을 수 있으며, 기본 러브 스타일을 섞어도 마찬가지이다. 그림 12-3의 색상환을 보시오. 원 안에 있는 큰 삼각형의 꼭짓점은 삼원색을 나타낸다. 각 쌍은 원 주위 또는 삼각형의 가장자리를 따라 이동하여 결합할 수 있다. 두 가지를 결합하면 새로운 속성이 나타날 수 있고 다른 속성이 손실될 수 있다. 예를 들어, 그 누구도 수소와 산소의 개별적인 특성을 보고 물의 특성을 예측할 수 없었다. 이제 1차적인 사랑 스타일을 혼합하여 발생할 수 있는 세 가지 조합을 살펴보겠다(다른 조합에 대해서는 Lee, 1988 참조). 이러한 각 2차 사랑 스타일에는 고유한 기능뿐만 아니라 이를 생성하는 1차 스타일의 속성이 포함되어 있다.

프라그마(pragma, 그리스어에서 "실용주의적"을 의미)는 루두스와 스토르게를 결합하여 발생하는 합리적이거나 실용적인 사랑 스타일이다. 실용주의적인 연인은 어리석은 연인의 자신감과 감정적 통제력을 가지고 있다. 그들은 원하는 파트너의 종류를 알고 있으며 그러한 자질을 갖춘 사람을 찾을 때까지 기다릴 것이다. 그들은 흥미진진한 로맨스나 열정적인 불륜을 추구하지 않고 대신 (폭풍적인 연인처럼) 파트너를 먼저 알고 친구가 되고 사랑이 이 우정에서 자라기를 원한다. 그러나 엄격한 애인과 달리 실용적인 사랑 스타일을 가진 사람은 배우자에게서 찾고 있는 자질을 쇼핑 목록에 넣고 의식적이고 신중하게 후보자를 분류하여 원하는 자질을 모두 갖추고 있는지 확인한다. 직장이나 지역 사회에서 적절한 배우자를 찾을 수 없는 경우, 실용적인 연인은 조직(예: 교회, 클럽)에 가입하거나 적합한 파트너를 찾기 위해 온라인 데이트 서비스를 시도할 수 있다. 실용적인 연인은 파트너가 사려 깊은 마음과 헌신의 표시를 보답하기를 원하지만 감정이나 질투의 과도한 표시를 좋아하지 않는다. 성적인 궁합은 중요하지 않은 것이 아니라 화학의 결과라기보다는 필요하다면 향상될 수 있는 기술로 더 많이 취급된다. 이 사랑 스타일을 가진 사람은 자신이나 자신을 "사랑에 빠졌다"고 생각하고 파트너가 계속 좋은 짝을 유지하는 한 충성스럽고 충실한 상태를 유지하는 경향이 있다.

프라그마(Pragma) 합리적이거나 실용적인 유형의 사랑. 실용주의 애호가는 "좋은 짝"을 적극적으로 찾는다.

매니아(mania, 그리스어에서 번개처럼 치는 사랑을 의미)는 파트너의 관심과 애정에 대한 강렬하고 강박적인 정서적 의존을 특징으로 하는 사랑 스타일이다. 조증적인 사랑 스타일을 가진 사람들은 "사랑에 빠져 있다"(그들은 사랑에 빠지기를 열망하고 심지어 절망적이기까지 하다). 이것은 사랑하는 사람에게 집착하는 "머리 위의" 사랑이다(즉, 배타성에 대한 극도의 집착과 심한 갈망). 매니아는 스턴버그(1987)의 열렬한 사랑과 유사하다. 조증 애호가는 질투가 심하고 반복적으로 사랑받고 있다는 확신이 필요하다. 결과적으로 조증 애호가는 감정적인 롤러 코스터를 타게 된다. 파트너가 관심을 보일 때 극단적으로 높고 그렇지 않을 때는 극단적으로 낮다.

이 사랑 스타일은 에로스와 루두스를 섞은 데서 비롯된다. 조증적인 연인은 열정적으로 사랑에 빠지지만 자신의 감정의 강도를 다룰 자신감이 부족하다. 그 또는 그녀는 관계의 분위기를 조작하려고 시도할 수 있지만(예를 들어, 뒤로 물러나고 파트너에게 전화하지 않음) 동시에 그 어리석은 연인(결국 누가 먼저 끊고 전화를 걸게 되는가?)처럼 자신감 있게 초연한 상태를 유지하기에는 파트너의 사랑에 너무 의존한다. 조증 애인은 관계를 끊을 수 없기 때문에 일반적으로 파트너가 그렇게 하여 조증 애인을 황폐하게 만든다. 조증과 유사한 감정은 파트너가 서로의 감정과 결합 상태에 대해 여전히 불확실할 때 싹트는 낭만적인 관계에서 드문 일이 아니다. 그러나 진정한 조증 연인에게는 이러한 감정이 결코 가라앉지 않는다. Lee가 확인한 모든 유형의 사랑 중에서 이것이 (양자에게) 불행을 낳을 가능성이 가장 높다고 그가 믿는 것이다.

아가페(agape, 그리스어에서 ah-gah'-pay로 발음됨)는 큰 희생을 의미하더라도 연인의 이익보다 사랑하는 사람의 이익을 우선시하는 이타적인 사랑 스타일이다. 이것은 C. S. 루이스(1960/1988)의 자선 개념과 유사하며 성 아우구스티누스(Saint Augustine)("사랑은 당신이 되기를 원한다")에 의한 모든 기독교인의 목표로 제안한 사랑의 스타일이다. 이는 에로스와 스토르게를 결합한 결과이다. 아가픽 연인은 완벽한 파트너를 찾기보다는 자신의 사랑이 필요한 사람들의 헌신적인 친구가 된다. 아가픽 연인은 사랑하는 것이 자신의 의무라고 믿으며 이러한 감정은 종종 파트너와 사랑이 필요한 다른 사람 모두에게 전달된다.

매니아(Mania) 사랑하는 사람의 관심과 애정에 대한 강렬한 정서적 의존을 특징으로 하는 질투, 강박적인 사랑의 한 유형.

아가페(Agape) 큰 희생을 치르더라도 자신의 이익보다 사랑하는 사람의 이익을 우선시하는 이타적이고 이타적인 사랑의 일종.

리는 건강한 성인 관계를 특징짓는 주고받기가 한 파트너가 진정으로 "이기심 없는" 사람이 되지 못하게 하기 때문에 아가페가 가장 흔한 사랑 스타일이라고 믿는다. 그는 아마도 맞을 것이다. 만족스럽고 건강한 관계를 유지하려면 파트너와 우리 자신에게 특정 조건과 기대(예: 충성도, 충실도, 상호 존중, 관용, 신체적 또는 정서적 학대로부터의 자유)를 두어야 한다. 따라서 진정한 아가페는 성인의 사랑 관계에 대한 현실적인 접근이 아니다. (당신이 진정한 아가픽 연인인지 궁금하다면 스스로에게 이 질문을 해보자. 당신의 파트너에게 당신보다 더 잘 어울리는 사람, 즉 당신보다 더 잘 생기고, 더 똑똑하고, 더 웃기고, 기본적으로 과격한 버전의 사람을 찾았다면 당신은 옆으로 물러나겠는가? 당신의 파트너가 이 다른 짝과 더 잘 지내는 것을 알면서도 놓아주겠는가? 아가픽 애인은 그렇게 할 것이다.)

리는 이러한 사랑의 방식은 다른 종류의 결합, 즉 부모와 자녀 간의 결합에서 발견될 가능성이 더 높다고 말한다. 또한 그는 많은 남성과 여성이 낭만적인 관계에서 달성하기 위해 노력하는 이상으로 사심 없는 사랑을 지지한다는 것을 관찰했다. 우리는 자신의 이익을 완전히 버릴 수는 없지만 대부분의 사람들은 가능한 한 무조건적이고 수용하려고 노력한다.

상자 12-A 당신의 사랑 스타일 찾기

사랑의 태도 척도

연구원 Clyde와 Susan Hendrick은 학생 및 동료(예: Hendrick et al., 1998)와 함께 Lee의 사랑 스타일을 측정하는 방법을 만드는 데 중요한 역할을 했다. 다음은 사랑 태도 척도의 샘플 항목이다. 당신의 연애 스타일을 알아보려면 먼저 아래의 응답 척도를 사용하여 항목에 답해야 한다. 각 항목을 개별적으로 고려하여 가능한 한 정직하고 정확하게 응답하시오. 가능하다면 현재의 데이트로 대답하시오. 파트너를 염두에 두고 있다. 현재 데이트 중인 사람이 없다면 가장 최근의 파트너를 염두에 두고 질문에 답하시오. 그렇지 않으면, 당신이 누군가와 관련되어 있을 때 당신의 응답이 가장 가능성이 있다고 생각하는 관점에서 대답하시오. 항목에 대한 답변을 마치면 다음 단계는 각 스타일에 대한 평가를 추가하는 것이다. 세 가지 기본 사랑 스타일과 세 가지 이차 사랑 스타일에 대한 점수를 받게 된다. 당신의 관계는 한 가지 특정한 스타일의 사랑으로 특징지어지나? 아니면 그보다 더 복잡한가?

응답 척도
1: 강하게 동의
2: 약간 동의
3: 중립
4: 적당히 동의
5: 적극 동의

에로스

_______ 내 파트너와 나는 우리 사이에 올바른 물리적 "화학"이 있다.
_______ 나는 내 파트너와 내가 서로에게 의미가 있다고 느낀다.
_______ 내 파트너와 나는 감정적으로 비교적 빨리 관련되었다.

루두스

_______ 나는 때때로 파트너가 다른 연인에 대해 알아내지 못하게 해야 했다.
_______ 파트너가 나에게 너무 의존하면 나는 조금 물러서고 싶다.
_______ 나는 내 파트너 및 다른 여러 파트너와 "사랑의 게임"을 하는 것을 즐긴다.

스토르게

_______ 우리의 우정이 언제 사랑으로 변했는지 정확히 말하기는 어렵다.
_______ 우리의 사랑이 진정되기 위해서는 먼저 한동안 보살핌이 필요했다.
_______ 우리의 사랑은 신비롭고 신비로운 감정이 아니라 정말 깊은 우정이다.

프라그마

_______ 나는 그/그녀에게 헌신하기 전에 내 파트너가 인생에서 어떻게 될 것인지 생각했다.
_______ 나는 배우자를 선택하기 전에 내 인생을 신중하게 계획하려고 노력했다.
_______ 파트너를 선택할 때 비슷한 배경을 가진 사람을 사랑하는 것이 최선이라고 믿었다.

매니아

_______ 파트너와 헤어지면 너무 우울해서 자살까지 생각했을 것이다.
_______ 파트너가 나에게 관심을 기울이지 않을 때, 나는 온통 아프다.
_______ 파트너를 사랑하게 된 이후로 다른 일에 집중하기가 어려웠다.

아가페

_______ 파트너가 고통을 받도록 내버려두느니 차라리 나 자신이 고통받겠다.
_______ 내 행복보다 파트너의 행복을 우선시하지 않으면 나는 행복할 수 없다.
_______ 나는 파트너를 위해 모든 것을 견딜 것이다.

출처: Hendrick, C., & Hendrick, S. (1990). A relationship-specific version of the Love Attitudes Scale. *Journal of Social Behavior and Personality*, 5, 239–254.

좋은 짝을 찾다 Finding a Good Match

리의 이론은 대규모 연구(Hendrick & Hendrick, 1986)의 결과로부터 지지를 받았다. 1,300명이 넘는 학생들에게 사랑에 관한 다양한 진술에 동의하거나 동의하지 않는 질문을 받았다. 그들의 응답은 방금 검토한 6가지 사랑 스타일에 꼭 맞는 6가지 다른 그룹으로 묶였다. 또한 후속 연구에서는 사랑 스타일에 있어 몇 가지 흥미로운 성별 및 민족적 차이가 밝혀졌다. 여성은 남성보다 더 격렬하고 실용적인 경향이 있으며, 더 어리석은 경향이 있으며(이 사실이 놀랍다는 것을 알 수 있다) 이타적이다(Hendrick & Hendrick, 1987, 1988, 1995; Hendrick et al., 1984, 1998; Le, 2005; Regan, 2016).

미국 내에서 아시아계 미국인은 다른 그룹보다 덜 에로틱하고 더 실용적이고 격렬한 경향이 있다(예: Dion & Dion, 1993; Hendrick & Hendrick, 1986). 반면에 라틴계는 종종 다른 그룹보다 루두스에서 더 높은 점수를 받는다(예: Contreras et al., 1996). 그리고 문화 간 비교는 중국 성인이 미국인보다 사랑에 대해 더 실용적인 접근 방식을 지지한다는 것을 보여준다(Sprecher & Toro-Morn, 2002).

당신의 연애 스타일은? 앞의 토론에서 사랑에 대한 접근 방식을 인식했는가? 당신의 사랑 스타일을 결정하기 위해 할 수 있는 테스트가 있다(Hendrick & Hendrick, 1986, 2003). 사랑 태도 척도라고 하는 가장 일반적으로 사용되는 척도의 샘플 항목이 상자 12-A에 포함되어 있다.

리(1988)에 따르면 자신의 낭만적인 경험을 검토할 수도 있다. 이렇게 할 때 모든 사람이 하나의 사랑 스타일을 가지고 있는 것은 아니며 한 사람의 사랑 스타일은 평생 동안, 심지어 특정 관계를 진행하는 동안에도 바뀔 수 있음을 명심하시오. 예를 들어, 조증적인 사랑 스타일과 관련된 집착과 강렬한 욕구는 파트너가 자신의 감정과 결합의 미래에 대해 불확실할 때 낭만적인 관계의 초기 단계에서 더 자주 발생할 수 있다. 나중에 이러한 감정은 더 격렬하거나 에로틱한 감정으로 대체될 수 있다.

리는 서로가 만족하는 사랑을 찾는 비결은 사랑의 양에 있지 않고 사랑의 스타일에 좋은 짝을 찾는 것이라고 믿는다. 예를 들어, 조증적인 연인과 우스꽝스러운 연인 사이에 분명히 나쁜 짝이 있다. 어리석은 연인의 초라함과 감정적 통제는 친밀함에 대한 강박적인 욕구와 파트너의 애정에 대한 "증거"에 부채질하고, 조울증 연인의 강렬한 소유욕과 감정은 어리석은 연인이 언덕을 향해 달리고

우리 관계는 "라자냐(lasagna*)" 같아.
사랑 층, 분노 층, 기쁨 층, 그리 나쁜 조합이 아니야!

***부연설명**: 네모난 용기에 얇게 민 밀가루 반죽을 직사각형으로 잘라서 만든 이탈리아식 국수와 토마토소스, 고기, 치즈 따위를 겹겹이 쌓아서 오븐에 구워 낸 요리.

싶게 만들 것이다. 다행히 대부분의 사람들은 사랑에 대한 특별한 접근 방식을 공유하는 파트너와 짝을 이루게 된다. 즉, 에로틱한 연인은 비슷한 열정적인 파트너와 연결되고, 실용적인 사람들은 똑같이 실용적인 파트너를 선택하는 식이다(Davis & Latty-Mann, 1987; Gana et al., 2013; Morrow et al., 1995).

매니아와 루더스를 제외하고 좋은 일치는 일반적으로 리의 차트에 가까운 두 가지 스타일에서 비롯된다(그림 12-3 참조). 예를 들어, 실용적인 사랑 스타일과 격렬한 사랑 스타일은 잘 어울린다. 두 사랑 스타일이 더 멀리 떨어져 있을수록 그들이 좋은 짝을 이룰 가능성은 낮아진다. 예를 들어, 에로틱하거나 조울증을 좋아하는 연인은 격렬한 접근 방식을 가진 사람을 둔하고 흥미롭지 않게 여길 가능성이 높다. 격렬한 애인은 마찬가지로 에로틱하거나 조증적인 애인의 행동이 지나치게 감정적이며 불편할 정도로 과시적이라는 것을 알게 될 것이다. 스타일이 맞지 않는 두 사람의 관계는 지속하기 어렵고 끝이 날 가능성이 높다. 서로 사랑하지 않았기 때문이 아니라 서로 다른 방식으로 사랑했기 때문이다.

연구에 따르면 특정 사랑 스타일은 다른 스타일보다 관계 만족도와 관련될 가능성이 더 높다. 특히, 관계 웰빙은 파트너가 사랑에 대해 에로틱하고, 격정적이거나 아가피적인 성향을 가질 때 더 높게 나타나고 파트너가 어리석은 사랑 스타일을 채택할 때 더 낮은 것으로 나타난다 (Fricker & Moore, 2002; Gana et al., 2013; Hendrick). et al., 1988; Meeks et al., 1998).

그러므로 다음에 당신이 누군가에게 낭만적인 관심을 갖거나 엮여 있다는 것을 알게 된다면, 그 사람이 당신을 얼마나 사랑하는지 스스로에게 묻지 말고 그 대신 그가 당신을 어떻게 (어떤 스타일의 사랑으로) 사랑하는지 그리고 당신의 색깔이 당신의 색깔을 매력적으로 만드는지 물어보시오.

개인적인 생각 Personal Reflections

사랑에 대한 일반적인 접근 방식은 무엇인가? 리의 사랑 스타일 중 현재 또는 마지막 관계에서 당신을 가장 잘 설명하는 것은 무엇인가? 시간이 지남에 따라 사랑 스타일이 바뀌었는가? 그렇다면 어떻게? 그렇지 않다면, 당신은 미래의 관계를 위해 이 사랑 스타일에 갇혀 있다고 생각하는가? 그 이유는 무엇?

어떤 이론이 옳은가? Which Theory Is Correct?

이 시점에서 당신은 약간 혼란스러울 수 있다. 우리가 이 장에서 고려한 각각의 이론(초기 이론가들이 제안한 이론과 스턴버그와 리가 창안한 현대 이론)은 다르다. 각 이론가는 다른 유형의 사랑에 대해 다른 라벨을 사용하고, 각 이론가는 존재하는 다른 수의 사랑을 제안한다. 카펠라누스(1184/1960)와 제임스(1890/1950)는 두 종류의 사랑이 존재한다고 주장했다. 크라프트에빙(1886/1945)과 C. S. 루이스(1960)는 4가지를 제안했다. 리(1973)와 스턴버그(1988)는 더 많은 것을 확인했다. 그렇다면 어떤 이론이 맞는가? 이것은 대답하기 어려운 질문이다. 그리고 아마도 그것은 궁극적으로 중요하지 않을 것이다. 일부 학자들은 우리가 사랑이 무엇인지 분석하는 데 너무 많은 시간을 할애한다고 제안한다.

> 확실히 사랑에는 이유가 있지만, 우리 철학자들이 그것을 지나치게 분석하고 지나치게 이성적인 감정으로 만드는 것을 삼가야 할 충분한 이유가 있다.
>
> (**로버트 솔로몬**, 2002)

우리는 어떤 사랑 이론이 옳은지 어느 정도 확실하게 알지 못할 수도 있다. 하지만 우리가 그릴 수 있는 사랑에 대한 몇 가지 결론이 있다. 첫째, 사랑의 본질에 대해 글을 쓴 모든 이론가들은 사랑이 중요하고 인간 개개인의 삶의 질과 밀접하게 관련되어 있다는 데 동의한다. 둘째, 모든 이론가들은 다양한 유형의 사랑이 존재한다는 데 동의한다. 사람들은 관계와 파트너에 대해 한 가지 유형의 사랑을 경험하지 않는다. 셋째, 모든 이론가들은 성인의 **낭만적인 사랑**(**romantic love**, 사람들이 낭만적인 파트너에 대해 경험하는 사랑의 유형)이 두 가지 종류로 나눌 수 있다—강렬하고, 감정적이고, 덧없고, 성적으로 충만한 버전(그리고 보통 **열정적인 사랑**이라고 불린다)과 지속적이고, 발달이 느리고, 따뜻함과 친밀함으로 가득 찬 버전(그리고 그것은 보통 **동반자 사랑**이라고 불린다). 이제 우리는 이 두 가지 특별한 유형의 사랑에 대해 생각해 볼 것이다.

열정적인 사랑—사랑에 빠진다는 것의 의미 Passionate Love—What It Means to Be in Love

12.4 열정적인 사랑을 정의하고 그 특징을 논의한다.

> 나는 적도의 태양처럼 타오르는 백만 번의 입맞춤을 당신에게 아낌없이 베풀게 될 때 머지않아 당신을 내 팔에 안고 있기를 바란다.
>
> 나폴레옹 보나파르트가 조세핀에게 쓴 편지에서, 1797년 봄(1901년 홀)

> 마리! 마리! 오, 그 이름을 백 번, 천 번을 되풀이하겠다. 그것이 사흘 동안 내 속에 살면서 나를 억누르며 나를 불태웠다. 나는 당신에게 편지를 쓰는 것이 아니다. 아니오, 나는 당신 옆에 있다. 나는 당신을 보고, 당신을 듣고 .... 당신의 품에 영원을.... 천국, 지옥, 모든 것이 당신 안에 있으며 그 이상이다.
>
> 프란츠 리스트가 마리 다굴에게 보낸 편지, 1834년 12월. (프란 리스트 1811–86).

지금까지 밝혀진 다양한 사랑 중에서 **열정적인 사랑**(**passionate love**, 누군가와 사랑에 빠진 상태)이 학자들로부터 가장 많은 관심을 받았다. 열정적인 사랑은 보편적인 인간 경험인 것 같기 때문에 이것은 확실히 이해할 수 있다. 대학생이 되거나 그 직후에 대부분의 젊은 성인은 한 번 이상 사랑에 빠졌고(Regan et al., 2004), 거의 모든 문화권에 사는 사람들이 열정적인 사랑을 경험한다는 분명한 인류학적 증거가 있다(Jankowiak, 1995; Jankowiak & Fischer, 1992; Sprecher et al., 1994a).

열정적인 사랑은 다른 이유로도 중요하다. 그것은 현

낭만적인 사랑(Romantic love) 로맨틱한 파트너에게 경험되는 사랑의 유형; 일반적으로 열정적인 사랑과 동반적인 사랑이라고 불리는 두 가지 하위 유형으로 나뉜다.

열정적인 사랑(Passionate love) 다른 사람과 사랑에 빠진 상태; 강렬한 감정, 성적 매력, 인지적 선입견, 그리고 상대방의 이상화로 특징지어지는 보통 짧은 유형의 로맨틱한 사랑.

대 사회에서 결혼 계약의 필수적인 부분이 되었다. 오늘날 대부분의 사람들은 그것 없이는 결혼하지 않을 것이라고 말하며 많은 사람들이 관계가 흐려지면 관계를 해산한다(상자 12-B 참조).

그렇다면 우리가 "사랑에 빠진 것"이라고 부르는 것은 정확히 무엇인가? 이론가와 연구자들은 열정적인 사랑에는 다음을 포함하여 여러 가지 특징이 있음을 발견했다.

- 빠르고 상당히 갑작스러운 발병
- 비교적 짧은 수명
- 강렬하고 자주 변동하는 감정
- 생리적 각성과 그와 관련된 신체 감각
- 사랑하는 사람 및/또는 관계의 이상화
- 사랑하는 사람 및/또는 관계에 대한 정신적 집착
- 성적 매력
- 배타성 또는 특정 개인에 대한 집중

예를 들어, 열정적인 사랑은 **시작하는 것이 빠르며 종종 똑같이 빨리 사라진다**. 사랑에 대한 논의에서 C. S. 루이스(1960/1988)는 에로틱한 사랑(열정적인 사랑에 대한 그의 라벨)을 "우리 사랑의 가장 치명적인 것"이라고 불렀고 독자들에게 "세상은 그의 변덕스러움에 대한 불평으로 울린다"(p. 113)라고 상기시켰다. 프롬(1956)도 누군가와 사랑에 빠지는 "폭발적인" 경험은 "본질상 오래가지 않는다"(p. 48)고 유사하게 언급했다. 데이트 및 결혼한 커플을 대상으로 한 연구에 따르면 열정적인 사랑의 감정은 시간이 지남에 따라 감소한다. 많은 사람들이 파트너와 사랑에 빠진 느낌을 계속 보고하지만, 그러한 감정은 관계가 나이가 들면서 덜 강렬해진다(Hatfield et al., 1984; Sprecher & Regan, 1998).

열정적인 사랑은 왜 시들까? 스턴버그(1988)는 습관화 또는 새로움의 상실을 원인으로 지적한다. 그는 열정적인 사랑을 물질 중독에 비유하면서 "높은" 열정을 가진 사람은 필연적으로 이러한 감정에 익숙해져 시간이 지나면서 파트너가 예전만큼 자극적이지 않게 될 것이라고 주장한다. 습관화가 발생하면 스턴버그는 사랑하는 사람과 더 많은 시간을 보내더라도 초기에 열정적인 반응을 얻을 수 없다고 믿는다.

열렬한 사랑의 취약성은 또한 **그것이 강렬한 감정적 경험**이고 강렬한 감정이 극단적인 생리적 각성과 함께 온다는 사실 때문일 수도 있다(Berscheid & Walster, 1974). 당신이 처음으로 미친 듯이 사랑에 빠졌을 때 어떤 느낌이 들었는지 상상해 보시오. 다른 사람들이 일반적으로 보고하는 것과 같은 감정과 신체 감각(예: 빠른 호흡, 두근거리는 심장, 땀에 젖은 손바닥, 구강 건조, 뱃속의 나른함 및 현기증)을 경험했을 가능성이 있다(Regan et al., 1998). 인체는 단순히 그러한 높은 각성 상태를 영원히 유지할 수 없으며 결국에는 이전의 각성 상태로 돌아가야 한다. 사실, 아마도 사랑에 빠진 경험을 특별하게 만드는 것 중 하나는 그 무상함이다. 어떤 사람들은 관계를 이리저리 옮겨 다니며 지속되는 열정을 헛되이 찾지만, 우리 대부분은 할 수 있을 때 편히 앉아서 사랑에 빠지는 황홀하고 멋진 경험을 즐겨야 한다는 것을 알고 있다.

사랑에 빠진 사람들은 강렬한 감정으로 가득 차 있을 뿐만 아니라 **낭만적인 관계와 파트너를 이상화하는 경향**이 있다(Barelds & Dijkstra, 2009; Murray & Holmes, 1999; Murray et al., 1996). 특히, 연인들은 종종 자신의 관계를 다른 사람들의 관계보다 우월하다고 생각하고("우리 결혼 생활은 그들보다 훨씬 낫습니다"), 다른 가능한 파트너보다 파트너를 더 긍정적으로 본다("내 남자친구/여자친구는 너무 다른 남자/여자보다 훨씬 더 흥미롭고 매력적이다"). 연인들은 또한 파트너를 미덕으로 재창조함으로써 파트너가 가질 수 있는 결점을 최소화하는 경우가 많다("그는 무례하지 않다. 그는 믿을 수 없을 정도로 솔직하고 정직하다"). 동시에 그들은 그러한 속성이 관계에 어떻게 도움이 되는지 강조함으로써 긍정적인 파트너 특성을 강조한다("그는 매우 직설적이기 때문에 그가 어떻게 느끼는지 짐작할 필요가 없으며 이러한 종류의 열린 의사 소통은 실제로 우리 관계를 정상 궤도에 유지한다").

열정적인 사랑은 **또한 고도로 성적인 경험**이다. 매우 사랑에 빠진 파트너는 서로의 신체적 특성을 강조하고, 서로의 성적 매력을 발견하며, 서로에 대해 생각할 때 상당한 성적 흥분을 보고한다(Hatfield & Sprecher, 1986; Regan, 2000; Sprecher & Regan, 1998).

> 그는 입술, 팔, 몸 등 모든 면에서 완벽하다. 그를 만나리라는 것을 알면 너무 흥분되고, 그를 보면 숨이 막힐 정도로 욕망으로 가득 찬다. 우리가 함께 있을 때 나는 그가 나를 만지고, 키스하고, 안아주기를 기다릴 수 없다. 그리고 그가 그렇게 할 때, 나는 순간 내 자신을 잃는 것과 같다. 내 몸은 단지 전기적이고 살아 있을 뿐이고 나는 전혀 생각하지 않는다. 키스, 터치, 내 몸에 그의 몸을 느끼는 것. 이것이 내가 정말로 사랑하고 있다는 것을 아는 방법이다.
>
> (저자의 파일에서)

서로 사랑에 빠진 사람들은 덜 사랑한 사람들보다 더 자주 성행위에 참여한다(Aron & Henkemeyer, 1995). 사실, 섹스는 커플이 열정적인 사랑의 감정을 표현하고 전달하는 주요 방법 중 하나이다. 그들은 키스하고, 껴안고, 껴안고, 만지고, 안고, 마사지하고, "바보(fool around)"하고,

섹스를 한다—간단히 말해서 그들은 사랑에 빠졌다는 것을 보여주기 위해 "사랑을 한다"(Buss, 1988; Marston et al., 1998).

성적 욕망이나 정욕은 열정적인 사랑의 가장 중요한 특성 중 하나인 것 같다. 사랑을 연구한 최초의 사회과학자 중 한 사람인 엘렌 베르샤이트(Ellen Berscheid)는 수십 년 전에 열정적인 사랑이 "아직 채워지지 않은 약 90%의 성적 욕망"이라고 관찰했다(1988, p. 373). 오늘날 대부분의 사랑 이론가들은 동의한다(Regan, 2006 참조).

나머지 우리도 마찬가지이다. 누군가와 사랑에 빠진다는 것이 무엇을 의미하는지 물어보면 대부분의 남성과 여성은 성적 욕망을 경험의 본질적인 특징으로 언급한다(Regan et al., 1998). 사실, 성적 매력은 열정적인 사랑을 다른 유형의 사랑과 구별하는 것일 수 있다. 메이어스와 베르샤이트(1997)는 대학생 표본에게 사랑에 빠진 경험과 다른 사람을 사랑하는 경험 사이에 차이가 있는지 물었다. 명백한 대다수는 거기에 있었고 그것이 성적 매력으로 귀결되었다고 말했다. 거의 모든 참가자는 누군가가 "나는 당신을 사랑하지만 당신을 사랑하지 않는다."라고 말하면 그것이 무엇을 의미하는지 알고 있었다. 그들에게 그것은 "나는 당신을 좋아한다, 나는 당신을 걱정하고 당신은 훌륭한 자질을 가진 놀라운 사람이라고 생각하지만 나는 당신에게 성적으로 끌리지 않는다."

그림 12-4

열렬히 사랑하는 사람들은 서로에게 강렬한 감정적, 육체적 연결을 느낀다. 그들은 그들의 관계에 대해 생각하는 데 많은 시간을 보내고 "장밋빛 안경"을 통해 서로와 그들의 사랑을 보는 경향이 있다.

출처: Flashon Studio/Shutterstock

열정적인 사랑의 또 다른 특징은 **배타성 또는 다른 모든 사람을 배제하고 한 특정 사람을 향한 경향**이다. C. S. 루이스(1960/1988)의 애정 어린 사랑이나 Sternberg의 호감(우정) 및 동반자 사랑과 같은 일부 유형의 사랑은 포괄적이며 여러 파트너에게 경험할 수 있다. 주어진 시간에 대부분의 사람들은 가까운 친구, 가족, 이전의 연인에 이르기까지 현재 자신이 사랑하는 많은 사람들을 식별할 수 있다. 그러나 그들은 일반적으로 오직 한 사람만을 사랑한다(Meyers & Berscheid, 1997). 동시에 두 사람을 열정적으로 사랑하는 것은 확실히 가능하다. 그것은 아주 흔한 일이 아니다.

개인적인 생각 Personal Reflections

당신이나 당신이 아는 누군가가 동시에 두 사람을 사랑한 적이 있는가? 그렇다면 이 경험이 당신(또는 당신의 지인)에게 어떤 느낌을 주었는가? "좋은" 경험이었는가? 경험은 궁극적으로 어떻게 해결되었는가? 다른 사람 중 한 사람 또는 두 사람 모두와 사랑에 빠졌는가?

내가 정말로 사랑에 빠졌는지 어떻게 알 수 있을까? How Do I Know If I'm Really in Love?

낭만적인 관계의 어느 시점에서 우리 대부분은 바로 이 질문을 스스로에게 던질 것이다. 이 사람이 우리를 위한 사람인가? 우리는 정말 사랑에 빠졌나?

수년에 걸쳐 다양한 사랑 척도가 개발되었다. 이들은 참가자 그룹의 사랑 수준을 측정하는 신뢰할 수 있는 방법이 필요한 연구자들에 의해 사용된다(예: 결혼한 부부가 보고한 평균 열정적인 사랑의 양을 결정하거나 남편과 아내를 비교할 수 있도록). 열정적인 사랑의 가장 일반적으로 사용되는 척도는 일레인 햇필드(Elaine Hatfield)와 수잔 스프레처(Susan Sprecher, 1986)가 개발한 **열정적인 사랑 척도**(*Passionate Love Scale*)이다. 척도 항목은 열정적

상자 12-B 다문화적 관점

사랑과 결혼

12.5 미국과 다른 문화권에서 사랑과 결혼 사이의 연관성에 대해 토론한다.

열정적인 사랑은 아주 새롭고 현대적인 현상이 아니다. 역사 전반에 걸쳐 그것에 대한 언급이 있다. 그러나 최근에야 결혼과 연결되었다. 식민지 시대에 미국인들은 경제적, 사회적 성공을 강화하고 유산을 이어갈 자녀를 낳을 파트너를 얻기 위해 약혼식으로 어느 정도 결혼하기로 동의했다(Rothman, 1984). 1800년대까지는 사랑에 빠진다는 것이 결혼을 해야 하는 진정한 이유로 간주되지 않았다.

사실, 1960년대 초중반에 미국에서 수행된 연구에서 설문에 응한 남성의 약 1/3과 여성의 3/4이 사랑에 빠지는 것이 결혼의 필수 조건이 아니라고 밝혔다(Kehart, 1967). 1980년대 중반에 이르러 상황이 바뀌었다. 이제 약 15%의 남성과 여성을 제외하고는 모두 열정적인 사랑이 결혼의 필수 전제 조건이라고 말했다(Simpson et al., 1986). 이러한 태도의 변화는 주로 여성들이 더 나은 경제적 지위에 기인한 것이다. 재정적 독립으로 인해 사람들은 로맨스를 기반으로 관계 결정을 내릴 수 있었다.

인류학자들은 처음에 사랑과 결혼의 연결이 미국 특유의 현상이라고 믿었다. 린튼(1936)이 말했듯이 "우리의 현재 미국 문화는 ... [정서적 애착] ...을 결혼의 기초로 만들려고 시도한 사실상 유일한 문화이다."(p. 175).

인류학자들은 결혼에 관한 규칙이 사실 문화에 따라 크게 다르다는 것을 발견했다. 예를 들어, 결혼은 **일부일처제**(*monogamy*, 한 남편과 한 아내가 짝지음)에서 **일부다처제**(*polygyny*, 한 남편과 여러 아내가 있음), **일처다부제**(*polyandry*,, 한 아내와 여러 남편이 있음)에 이르기까지 전 세계적으로 다양한 형태를 띤다(Fisher, 1989; Frayser, 1985). 흥미롭게도, 이처럼 다양한 결혼 옵션에도 불구하고 대부분의 여성들은 일부일처제 결혼을 하고 있다. 마찬가지로, 많은 문화권에서는 일부다처제를 허용하고 있지만(Murdock, 1967), 해당 문화권의 남성들 중 약 10%만이 실제로 두 명 이상의 아내를 두고 있다(Fisher, 1989). 이것은 대부분의 현대 사회에서 결혼 가능한 남성과 여성의 수가 거의 동일하기 때문에 일부다처제 결혼을 원하는 남성이 이용할 수 있는 "추가적인" 여성이 거의 없기 때문일 수 있다. 또한 여러 명의 아내(및 자손)를 갖는 데 따른 재정적, 사회적 책임의 증가로 인해 대부분의 남성이 일부다처제 관계를 성공적으로 유지하기가 어렵다. 진화과학자인 마틴 데일리와 마르고 윌슨(1983)은 다음과 같이 언급했다:

> 일부다처제 결합은 일부일처제 결합보다 ... 심지어 그것을 허용하는 사회 내에서도 여전히 드물다. 이것은 아내를 두고 남성과 남성이 경쟁하고 상당수의 남성이 비자발적 독신 생활을 할 때 발생하는 압력을 고려할 때 놀라운 일이 아니다. 따라서 다수의 아내를 얻고 유지할 수 있는 수단은 대개 소수의 부유하고 유력한 남성일 뿐이다.
>
> (**데일리 & 윌슨**, 1983, pp. 282–283)

또한 결혼 상대를 선택하는 방식에도 문화적 차이가 있다. 집단주의 문화에 사는 사람들은 배우자가 부모, 다른 친척 또는 중매인에 의해 선택되는 중매결혼을 하는 경향이 있다. 이러한 문화에서는 그룹의 화합, 가족의 (개인이 아닌) 목표와 욕구의 성취, 잠재적인 파트너의 사회적 및 인구학적 적합성에 중점을 둔다. 예를 들어, 인도의 잠재적 배우자는 종종 카스트, 종교, 교육 상태 및 기타 인구 통계학적 요인에 따라 선택되며 가족은 결혼에 "청신호"를 주기 전에 미래의 배우자가 그들의 기대에 얼마나 잘 충족시키고 사회적, 경제적 성공에 기여할 것인지를 고려한다. 중매결혼은 다른 아시아 국가와 중동 사회에서도 흔히 볼 수 있다. 이러한 문화권에서 사랑은 결혼 계약의 필수 요소가 아니다. 당신이 얻을 수만 있다면 좋은 특권일 수도 있지만, 적합한 배우자를 선택하는 데 필요한 조건은 아니다.

그렇다면, 사랑에 기반한 결혼은 미국과 다른 서구, 개인주의적인 문화에만 국한된 것일까? 대답은 '아니오'이다. 사랑과 결혼은 전통적으로 집단주의 문화에서 연결되지 않았지만, 전 세계적으로 일어나고 있는 태도의 점점 더 많은 변화가 있다는 증거가 있다. 1990년대 중반에 연구자 그룹(Levine et al., 1995)은 11개국의 많은 성인 표본에게 케파트(1967)가 처음 제기한 질문에 답하도록 요청했다. "만약 한 남자/여자가 당신이 원하는 모든 자질을 가지고 있다면, 당신이 그/그녀를 사랑하지 않아도 당신은 그 사람과 결혼할 것인가?" 개인주의 국가(예: 미국, 영국)보다 집단주의 국가(예: 인도, 파키스탄)의 사람들이 "예"라고 답한 사람이 더 많았지만, 사랑이 없는 상황에서 사람들이 완전히 결혼하기를 원하는 나라는 없었다. 사실, 모든 나라에서 상당한 수의 남녀가 사랑 없는 결혼을 하지 않을 것이라고 보고했다. 예를 들어, 질문에 "아니오"라고 응답한 참가자의 비율은 다음과 같다: 미국(86%), 영국(84%), 멕시코(81%), 호주(80%), 필리핀(64%), 일본(62%), 파키스탄(39%), 태국(34%), 인도(24%) 등이 그 뒤를 이었다.

결혼의 기초로서 사랑에 대한 강조가 늘어남에 따라 전 세계적으로 결혼에 있어서 다른 변화들이 생겨났다. 특히, 태도 조사와 인터뷰에 따르면 중매결혼의 전통이 있는 문화권의 젊은 성인이 점점 더 자신의 파트너를 선택하고 낭만적인 선택에서 가족의 참여를 제한하기를 원한다(Harris, 2015; Schvaneveldt et al., 2005; Zaidi &Shuraydi, 2002; 리뷰는 Lieberman & Hatfield, 2006 참조). 이러한 문화권 중 상당수는 중매결혼의 수가 감소하고 있다(그리고 그에 상응하는 "사랑의 짝짓기" 횟수의 증가). 예를 들어, 제2차 세계대전 중에 일본에서 새로 결혼하는 경우의 약 70%가 부모에 의해 주선되었다; 그러나 1988년까지, 새로운 결혼의 23%만이 중매였다(Kumagai, 1995). 최근에 수집된 데이터에 따르면 중매결혼의 비율이 훨씬 더 크게 감소한 것으로 나타났다. 2005년에 결혼한 일본 부부 중 중매결혼을 보고한 비율은 6.4%에 불과했다(National Institute of Population and Social Security Research, 2005, Farrer et al., 2008에서 인용). 다른 국가에서도 유사한 변화가 기록되었다(예: 중국, 네팔; Ghimire et al., 2006; Xu & Whyte, 1990). 분명히, 전 세계 사람들은 그들의 결혼에서 사랑뿐만 아니라 그들 자신의 배우자를 선택할 자유도 원한다.

인 사랑의 많은 필수 요소를 반영하도록 설계되었다: 강렬한 생리적 각성("가끔 내 몸이__________를/을 보면 흥분으로 떨린다"), 감정적 기복("나는 __________과/와 관계를 맺은 이후로 내 감정은 롤러코스터를 탄다.", "만약__________가/이 나를 떠났다면 깊은 절망을 느꼈을 것이다"), 성적 매력("나는 ________에 대한 강력한 매력을 가지고 있다"), 정신적 집착(" __________는/은 항상 내 마음속에 있는 것 같다."), 이상화("나에게 __________는/은 완벽한 로맨틱 파트너이다"), 그리고 배타성("나는 다른 누구보다 __________과/와 함께 있는 것을 더 좋아한다").

열정적인 사랑 척도는 연구를 수행하는 데 유용하지만 진단 도구로 사용되는 것은 아니다. 높거나 낮은 점수 자체는 한 사람이 다른 사람을 사랑하고 있는지 여부를 결정하는 데 그다지 유용하지 않다. 이를 위해서는 Lee(1988)가 사람들이 자신의 사랑 스타일을 식별하기 위해 권장한 대로 하는 것이 가장 좋을 것이다. 즉, 현재 경험하고 있는 것이 위에 제시된 열렬한 사랑의 특성과 얼마나 잘 일치하는지 고려하시오.

예를 들어, 파트너를 생각할 때 심장이 뛰는가? 뱃속에 "나비"가 있는가? 집중이 잘 안되고 때로는 감정의 롤러코스터를 타는 것 같은가? 파트너와의 미래 생활이 어떨지 상상하고 다음 만남에 대해 공상을 하고 있는가? 당신은 당신의 파트너에게 매력을 느낀다. 두 사람은 많은 "열"을 발생하는가 아니면 많은 "물리적 화학"을 공유하는가? 당신의 눈에는 파트너가 완벽함의 전형인가? 당신이 당신의 파트너를 만난 지금 다른 남성이나 여성이 당신에게 덜 매력적으로 보이는가? 이 질문에 예라고 답하면 사랑에 빠진 모든 징후를 보여준다.

개인적인 생각 Personal Reflections

당신은 다른 사람과 "사랑에 빠진" 적이 있는가? 그렇다면 열정적인 사랑의 특징 중 어떤 것을 경험했는가?

동반자적 사랑—사랑하는 것의 의미 Companionate Love—What It Means to Love

12.6 동반자적 사랑을 정의하고 그 특징과 열정적 사랑과 어떻게 다른지 논의한다.

> … 보스턴 캠프에 도착할 때까지 다시 편지를 쓸 수 있을지 모르겠다. 나는 내가 마땅히 받아야 할 것보다 더 많은 은혜를 베풀어 주신 하느님을 전적으로 신뢰하며, 가을에 당신과 행복한 만남을 가질 수 있을 것이라고 굳게 믿는다. 나는 더 이상 덧붙일 시간이 없다. 왜냐하면 나는 나를 떠나려고 컴퍼니에 둘러싸여 있기 때문이다. 나는 당신에 대한 변함없는 애정을 간직하고 있다. 그것은 시간과 거리 모두 바꿀 수 없다.
>
> 1775년 6월 23일 미국 독립 전쟁 중 미래의 대통령 조지 워싱턴이 그의 아내 마사에게 쓴 편지에서

> 당신은 항상 나와 함께했다, 자기. Kangerdlooksoah에서 나는 Ptarmigan 섬을 반복해서 보고 우리가 거기에서 야영을 했던 시간을 생각했다. Nuuatoksoah에서 나는 우리가 있었던 곳에 착륙했다. 그리고 11일 우리는 화창한 날씨에 Bowdoin Bay의 입구를 지날 수 있었고 나는 할 수 있는 한 Anniversary Lodge를 주시했다. 우리는 훌륭한 친구였다. 나는 당신의 사랑하는 눈과 입술과 뺨에 키스를 하고, 당신과 나의 아이들, 그리고 내가 다시 올 때까지 나의 집을 꿈꾸고 있다. 나를 위해 내 아기들에게 키스해 줘.
>
> 1908년 8월 17일 북극 탐험가 로버트 피어리가 아내 조세핀에게 보낸 편지에서.

성인의 낭만적인 사랑의 동등하게 중요한 또 다른 종류는 동반자적 사랑이다(Reis & Aron, 2008). 애정 어린 사랑, 우정에 기초한 사랑, 폭풍우라고도 불리는 **동반자 사랑(companionate love)**은 "우리 삶이 깊이 얽혀 있는 사람들에 대해 느끼는 애정과 부드러움"으로 정의된다(Hatfield & Rapson, 1993, p. 9). 베르샤이트(1985)는 동반자적 사랑이 이타적 사랑, 애착, 우정의 조합으로 이해될 수 있다고 관찰했다. 이 개념화는 다른 현대 이론가들이 제안한 정의(예: Sternberg, 1988)뿐만 아니라 루이스(1960/1988)의 애정 정의와 유사하다.

동반자적 사랑에는 상대적으로 느린 시작, 지속성 또는 영속성, 친밀감 또는 상호의존성, 애정, 친밀감 및 헌신의 감정을 포함하는 몇 가지 기본 특징이 있다. 그것은 또한 **포괄적인**(*inclusive*) 종류의 사랑이다. 한 번에 한 사람에게만 느껴지는 열정적인 사랑과 달리, 동반자 사랑은 주어진 시간에 다양한 파트너(연인, 친구, 가족, 심지어 애완동물까지 포함)에 대해 종종 느끼는 경우가 많다. 메이어스와 베르샤이트(1996)는 대학생들에게 현재 사랑하는 사람과 현재 사랑하고 있는 사람을 나열하도록 요청했을 때 평균적으로 학생들은 9명의 "사랑하는" 파트너와 한 명의 "사랑하는" 파트너를 나열했음을 발견했다. 우리는 많은 사람을 동시에 사랑할 수 있다.

동반자 사랑(Companionate love) 다른 사람을 사랑하는 상태; 시간이 지남에 따라 발전하고 친밀감, 친밀감 및 헌신을 기반으로 하는 견고하고 애정 어린 사랑.

동반자 사랑은 또한 열정적인 사랑보다 훨씬 힘든 경험이다. 사실, 그것은 성숙하고 완전히 성숙하는 데 시간이 걸리는 친밀한 과정(돌봄, 이해, 헌신, 애착 포함)에 기초하기 때문에 시간이 지남에 따라 더 강해질 수 있다(Hatfield & Rapson, 1993).

> 젊은 사랑은 불꽃이다. 매우 예쁘고 종종 매우 뜨겁고 치열하지만 여전히 가볍고 깜박인다. 연로하고 단련된 마음의 사랑은 숯불 같아서 꺼지지 아니한다.
>
> (헨리 워드 비처)

일부 과학자들은 낭만적인 관계가 열정적인 사랑에서 동반자적인 사랑으로 선형 방식으로 발전할 수도 있다고 믿는다. 예를 들어, 스턴버그(1988)는 다음과 같이 제안했다. "열정은 시간이 지남에 따라 장기적이고 깊이 느끼는 헌신으로 대체될 수 있다"(p. 127). 잘 알려진 결혼 학자인 버나드 머스타인(Bernard Murstein, 1988)도 이와 유사하게 다음과 같이 관찰했다.

> 서로에 대한 방해받지 않는 접근과 습관화의 결과로 조금씩 일반화되고 압도적인 열정과 갈망이 증발하고 호감이나 신뢰로 대체되지만 좋은 결혼 생활에서는 열정이 특정한 경우에 돌아올 수 있다… 자녀, 가족, 결혼 생활 등 부부로서 공유하는 경험의 진화하는 네트워크에서 낭만적인 사랑보다 덜 일시적이고 더 영구적인 것이 나온다.
>
> (p. 30)

연구는 동반자적 사랑이 견고하고 내구성이 있다는 생각을 뒷받침한다. 많은 기혼 및 데이트 커플이 함께 있을수록 열정적인 사랑의 수준은 떨어지지만 동반자 사랑의 감정은 높게 유지되거나 더 강해진다고 보고한다(Sprecher & Regan, 1998).

사랑에 빠지는 경험에 비해 동반자적 사랑은 감정적으로 덜 변덕스럽다. 이것은 서로를 사랑하는 사람들이 깊은 감정을 느끼지 않는다는 것을 의미하는 것이 아니라, 단순히 그들이 열정적인 연인들이 하는 종류의 어지러운 감정적 롤러코스터를 타는 자신을 발견하지 못한다는 것을 의미한다. 대신 동료 연인은 신뢰, 친밀감, 애정과 우정, 배려, 상호 존중과 관용, 충성도, 지지와 관심, 기타 긍정적인 감정의 따뜻한 감정을 보고한다(Castañeda, 1993; Fehr, 1988; Lamm & Wiesmann, 1997).

친밀감 또는 상호 연결성은 동반자 사랑의 또 다른 중요한 특징이다. 서로를 깊이 동반자로 사랑하는 파트너는 생각, 감정, 행동, 목표 및 결과가 서로 연결되어 있는 삶의 많은 측면이 연결되어 있음을 발견한다. **친밀한 관계(close relationship)**는 파트너의 생각, 감정, 행동, 즉 그들의 삶이 강하게 상호의존적인 관계로 정의된다(Kelley et al., 1983). 동반자 사랑은 그 핵심에 가까운 사랑이다. 한 파트너가 말하고, 느끼고, 행동하고, 생각하는 것이 다른 파트너에게 직접적인 영향을 미친다.

동반자 사랑이 열정적인 사랑만큼 성적인 경험은 아니지만 동반자 사랑에 기초한 낭만적인 관계에는 종종 따뜻하고 만족스러운 성적 요소도 포함된다는 것을 인식하는 것이 중요하다. 사실, 서로에 대한 동반자적 사랑이 많은 파트너는 종종 동등하게 높은 수준의 성적 친밀감을 보고한다.

그림 12-5

동반자적 사랑은 친구, 연인, 가족을 포함한 많은 유형의 사람들이 경험할 수 있는 깊고, 따뜻하고, 애정에 기반한 종류의 사랑이다.

출처: Bill Aron/PhotoEdit, Inc.

개인적인 생각 Personal Reflections

당신의 인생에서 당신이 깊이 사랑하는 모든 파트너(가족, 친구, 연인, 애완동물 등)의 목록을 만드시오. 그 파트너에 대한 당신의 감정은 연구자들이 확인한 동반자적 사랑의 특성과 일치하는가?

사랑의 생화학 The Biochemistry of Love

12.7 열정적이고 동반자적인 사랑의 생화학적 기초에 대한 연구에 대해 토론한다.

최근 사랑의 생물학적 또는 신경화학적 기초를 밝히는 데 많은 과학적 관심이 있어 왔다. 열정적인 사랑에 관심이 있는 연구자들은 기분 및 각성과 관련하여 세로토닌, 도파민 및 노르에피네프린이라는 세 가지 특정 신경전달물질

친밀한 관계(Close relationship) 파트너가 매우 상호 의존적인 관계이다.

(*neurotransmitters*, 뉴런 또는 신경계 세포에서 방출되는 전기화학적 메시지)에 집중했다.

사랑에 빠지는 경험과 이러한 신경전달물질의 효과 사이에는 확실히 몇 가지 놀라운 유사점이 있다(Fisher, 2000, 2006). 예를 들어, 열정적으로 사랑에 빠진 사람들은 사랑하는 사람에 대해 강박적으로 생각하는 경우가 많으며 낮은 세로토닌 수치는 강박 장애에서 흔히 볼 수 있는 침입적 사고와 관련이 있다. 열렬한 연인들은 또한 고조된 에너지, 식욕 감퇴 및 불면증과 함께 행복감과 들뜬 느낌을 보고한다. 이러한 동일한 경험은 뇌의 도파민 농도 증가와 관련이 있다. 마지막으로, 열렬한 사랑의 고통에 깊이 빠져 있는 사람들은 파트너와 관련된 특정 사건이나 사물에 초점을 맞추고 파트너가 말하거나 한 행동을 기억하고 묵상하는 경향이 있다. 증가된 수준의 도파민은 높은 주의력과 연관되고, 증가된 수준의 노르에피네프린은 새로운 자극에 대한 향상된 기억력과 연관된다.

이러한 유사성에 기초하여 과학자들은 열정적인 사랑이 높은 수준의 도파민 및 노르에피네프린 및 낮은 수준의 세로토닌과 관련이 있다고 의심한다(Acevedo & Aron, 2014; Ortigue et al., 2010 참조). 이 가설을 뒷받침하는 몇 가지 예비 증거가 있다. 한 연구에 따르면 깊은 사랑에 빠진 사람들이 파트너의 사진을 응시할 때 도파민이 풍부한 뇌의 두 영역(복측 피개 영역과 미상 핵)이 활성화된다(Aron et al., 2005). 또 다른 연구에 따르면 "사랑에 빠지는" 초기 단계의 사람들은 강박 장애가 있는 사람들과 세로토닌 수치가 동일했다(두 그룹 모두 강박 장애가 없는 건강한 성인의 대조군보다 세로토닌 수치가 낮았다. 무질서하고 사랑에 빠지지 않았다; Marazziti et al., 1999).

동반자 사랑은 두 가지 신경 펩티드인 옥시토신과 바소프레신과 관련이 있는 것으로 생각된다(Fisher et al., 2002 참조). 신체에서 바소프레신은 수분 보유를 조절하는 역할을 한다. 뇌에서는 기억 형성, 체온 조절, (여성의 경우) 임신과 수유 중 부신 코르티코스테로이드의 방출과 관련이 있다. 옥시토신은 평활근 세포에 작용한다. 성적 흥분과 오르가즘 동안 남성과 여성 모두에서 수치가 상승하고 여성의 경우 모유 수유와 분만 중에 옥시토신이 방출된다. 옥시토신은 인간과 인간이 아닌 포유류 모두에서 모자 결합에 중요한 역할을 하는 것으로 보이기 때문에(Hiller, 2004; Insel, 2000) "포옹 호르몬"으로 널리 알려지게 되었다. 그러나 많은 연구자들은 옥시토신이 더 미묘하고 복잡한 효과가 있다고 주장하면서 이 라벨을 승인하지 않는다(van Anders et al., 2013 참조).

일부 과학자들은 옥시토신과 바소프레신이 사회적 애착을 형성하고 동반자 사랑의 기초를 형성하는 친밀감, 애정 및 친밀한 연결의 깊은 감정을 경험하는 능력에 관여한다고 믿는다(Carter, 2014; Fisher, 2000; Young & Flanagan-Cato, 2012). 이 가설을 뒷받침하기 위해 한 연구에서 자폐증(심각한 사회적 손상과 대인 관계 형성의 어려움 및 지속적인 정서적 애착 형성의 어려움을 특징으로 하는 발달 장애)이 있는 어린이는 내분비 옥시토신 및 바소프레신 시스템의 변화뿐만 아니라 감소된 옥시토신 수치를 나타냈다는 것을 발견했다(Green et al., 2001). 그러나 적어도 하나의 다른 연구(Taylor et al., 2010)는 대인 관계의 어려움과 옥시토신(여성의 경우) 및 바소프레신(남성의 경우) 상승 사이의 연관성을 발견했다.

따라서 동료(또는 모든 유형의) 사랑의 신경화학적 토대를 명확하게 이해하려면 훨씬 더 많은 연구가 필요하다. 현실은 동반자적 사랑과 열정적 사랑 모두 생화학적이든 아니든 하나의 특정 원인으로 환원될 수 없는 복잡한 경험이다.

처음에는 무엇이 우리를 누군가에게 끌리는가?

What Initially Attracts Us to Someone?

12.8 바람직한 파트너 특성, 성적 경험 수준, 신체적 매력, 유사성 및 수용성을 포함하여 매력에 중요한 요소를 식별하고 토론한다.

사랑 관계가 시작되기 전에 두 사람은 먼저 서로를 알아차려야 한다(Regan, 2011). 일단 그렇게 하면, 그들의 상호 인식이 매력을 일으키고 희망적으로 지속적인 관계로 발전할지 여부를 결정하는 데 여러 가지 요인이 작용한다.

바람직한 특성 Desirable Characteristics

잠재적인 관계를 위해 파트너를 고려할 때 사람들이 특히 매력적으로 느끼는 속성은 무엇인가? 사랑과 로맨스와 관련하여 연구에 따르면 남성과 여성은 지적이고 정서적으로 안정적이며 정직하고 신뢰할 수 있고 신체적으로 매력적인 흥미로운 성격을 가진 사람을 압도적으로 선호한다.

낭만적인 파트너 선호도에 대한 최초의 조사는 1930년대 후반과 1940년대 초반에 수행되었다(Christensen, 1947; Hill, 1945). 이 연구에서 대학생들에게 특성 목록을 제공한 다음 데이트 파트너에서 자신이 얼마나 중요한지 순위를 매기도록 요청했다. 가장 중요한 두 가지 특성은 "신뢰할 수 있는 성품"과 "정서적 안정성"이었다. 덜 중요한 특징으로는 "유사한 정치적 배경"(남성과 여성 모두에게 중요하지 않음), "훌륭한 요리사/가정부"(여성에게 중요하지 않음), "좋은 재정 전망"(남성에게 중요하지 않음)이 포함되었다.

보다 최근의 조사에서 이러한 결과가 확인되었다. 오늘날 남성과 여성은 전반적으로 좋은 성격과 신뢰할 수 있는 성품과 관련된 특성(예: 표현력과 개방성, 친근감과 사교성, 정서적 안정, 정직과 신뢰성, 유머 감각)을 계속해서 강조한다. 그들은 또한 건전한 지성(지능, 교육 수준)을 반영하는 속성을 갖고 육체적으로 매력적인(즉, 신체적으로 매력적이고 건강해 보이는) 사람을 원한다(Regan et al., 2000).

당연히 사람들이 낭만적인 파트너에게서 매력을 느끼는 것은 문화에 따라 다르다. 데이비드 버스(David Buss, 1989)가 이끄는 연구원 팀은 전 세계(아프리카, 아시아, 동유럽, 북미, 서유럽 및 남미 포함)의 10,000명 이상의 남녀를 대상으로 배우자에 대한 선호도를 조사했다. 모든 문화권의 남성과 여성이 위에서 언급한 긍정적인 기질적 특성(예: 신뢰할 수 있는 성격 및 정서적 안정)을 강조했지만 일부 문화 간 차이가 있었다. 예를 들어, "훌륭한 가사도우미"와 "가정과 자녀에 대한 열망"이라는 특성은 아프리카와 남아메리카 사람들 사이에서 높이 평가되었지만 북미(미국과 캐나다)와 대부분의 서유럽 사람들에게는 중요하지 않은 것으로 간주되었다.

우정과 관련하여 사람들은 낭만적인 파트너에게서 하는 것과 동일한 기본적인 기질적 속성을 강조한다. 연구에 따르면 남성과 여성 모두 유머 감각, 표현력과 개방성, 따뜻함과 친절함, 흥미진진한 성격, 지성 순으로 다음과 같은 특성을 많이 가진 친구를 원한다(Sprecher & Regan, 2002). 우리가 사랑의 관계를 위한 파트너를 찾을 때(그 관계가 본질적으로 우호적이든 낭만적이든 관계없이), 우리는 반응성과 사회적, 정서적 지원을 제공할 수 있는 능력을 반영하는 속성에 초점을 맞추는 것 같다. 그리고 이것은 완벽한 의미가 있다. 서로의 필요에 반응하고 관심을 갖는 따뜻하고 친절한 파트너 없이는 어떤 관계도 오래 지속되지 않을 것이다(Berscheid & Regan, 2005; Fehr, 2008).

적당한 성적 경험 Moderate Sexual Experience

개인의 성 이력은 다른 사람들이 자신을 평가하는 방식에 영향을 미치는 또 다른 특성이다. 일반적으로 남성과 여성은 잠재적인 데이트 상대나 배우자가 이전의 성 경험 수준이 높기보다는 낮기를 선호한다. 연구자들은 "성적으로 쉽게" 또는 "성적으로 이용 가능한", "난잡한", "성적 경험이 있는"과 같은 속성이 잠재적인 로맨틱 파트너를 평가하는 사람들로부터 매우 낮은 바람직함 등급을 받는다는 것을 일관되게 발견했다(Buss & Schmitt, 1993; Regan & Berscheid, 1997; Sprecher et al., 1997).

그렇다고 해서 사람들이 성적 경험이 전혀 없는 파트너를 원하는 것은 아니다. 누군가를 낭만적인 관계로 고려할 때 순결 또는 순결(성적 경험이 전혀 없음)은 점점 더 중요하지 않게 되었다(일부 문화는 다른 문화보다 순결을 더 중요시하지만; Buss, 1989 참조). 사람들은 "충분한" 성 경험이 있는 사람을 원하는 것 같다.

육체적 매력 Physical Appeal

전 세계적으로 사람들은 적당한 정도의 성 지식과 다양한 기질을 갖춘 낭만적인 파트너를 찾을 수 있지만 연구에 따르면 적어도 처음에는 그 파트너의 외모에 가장 관심을 기울이는 것으로 나타났다. 예를 들어, 스피드 데이트 행사에 참석하는 남성과 여성은 처음에 잠재적인 데이트 상대의 내적 특성보다 신체적 특성에 훨씬 더 많은 관심을 기울인다(Fletcher et al., 2014; Walster et al., 1966 참조). 이것은 아마도 누군가의 외모가 우리가 처음 만났을 때 잠재적인 파트너에 대해 갖는 주요 정보라는 사실 때문일 것이다. 누군가가 훌륭한 성격과 정직하고 신뢰할 수 있는 성향을 가지고 있는지 여부를 결정하는 데 시간이 걸리지만 외모는 즉시 평가할 수 있다. (물론 사람들이 서로의 첫 번째 상호 작용을 넘어 관계를 수립하고 나면 신체적 외모 요인은 훨씬 덜 중요해진다[Eastwick et al., 2014 참조].)

특정 신체 유형과 얼굴 특징이 특히 바람직한 것으로 보인다. 일반적으로 사람들은 평균적인 신체 크기를 가진 사람에게 끌린다(극도로 말랐거나 매우 과체중인 크기와는 대조적으로). 그들은 또한 생물학적 성에 대한 전형적인 허리 대 엉덩이 비율(체지방 분포 측정)을 가진 사람, 즉 여성의 경우 "모래시계" 모양, 남성의 경우 "테이퍼링되는 V" 체격을 가진 사람을 선호한다(Singh, 1993, 1995). 얼굴 외모에 있어서, 사람들은 일반적으로 "아기 같은" 특징들(비교적으로 크고 넓은 눈과 작은 코), 성적으로 성숙한 특징들(주목한 광대뼈와 더 얇은 뺨, 그리고 남성의 경우, 강한 턱)과 표현적인 특징(넓은 미소와 높은 눈썹과 같은) 들의 매력적인 조합뿐만 아니라 대칭성을 가진 얼굴을 가장 매력적으로 평가한다(Cunningham, 1986;

Cunningham et al., 1990; Grammer & Thornhill, 1994).

유사성과 수용성 Similarity and Receptivity

유사성(*similarity*)은 초기 매력의 또 다른 핵심 요소이다. "상반되는 것이 끌린다"는 오래된 속담을 뒷받침하는 증거는 거의 없다(Arrindell & Luteijn, 2000; Byrne, 1997). 낯선 사람이나 잠재적인 파트너를 평가할 때, 우리는 "우리와 같은" 사람, 즉 인구 통계학적 특성(나이, 인종 또는 민족, 종교 및 교육적 지위), 성격 특성, 가치관과 태도, 관심과 취미가 비슷한 사람을 강력하게 선호하는 것 같다(Markey & Markey, 2007; Sprecher & Regan, 2002). 유사성은 또한 기존 관계에서 매력을 촉진하는 것으로 보인다. 친구, 데이트 상대 또는 배우자 간의 유사성이 클수록 서로에 대한 호감이 더 커진다(Fehr, 2008; Montoya et al., 2008 참조).

마지막으로 **수용성**(*receptivity*)이 있다. 우리는 상호 작용이나 관계를 시작하려는 시도에 긍정적으로 반응할 것이라고 믿는 사람들에게 매력을 느끼고 좋아하는 경향이 있다(Bredow et al., 2008; Huston & Levinger, 1978). 아무도 거절을 좋아하지 않는다. 사실 거절에 대한 두려움은 사람들이 매력적이라고 생각하는 사람과 관계를 시작하지 않는 주된 이유 중 하나이다(Vorauer & Ratner, 1996; Vorauer et al., 2003).

따라서 우리가 우리를 끌어당기고 우리에게 관심이 있어 보이는 사람을 만난다고 가정할 때, 우리의 신진 관계가 계속 성장하고 발전할지 아니면 시들고 죽을지 결정하는 것은 무엇일까?

개인적인 생각 Personal Reflections

다음은 연구자들이 조사한 10가지 파트너 특성 목록이다: 정서적 안정, 친절과 연민, 정직과 신뢰, 지성, 유머 감각, 신체적 매력, 재정적 전망, 친절과 사교성, 교육, 자신감. "완벽한 짝"을 만들 수 있다면 이러한 기능의 순위를 매길 수 있는가? 그 중 어느 것이 가장 중요할까? 어느 것이 가장 덜 중요할까? 가장 친한 친구를 고려하고 있다면 주문이 변경되는가?

관계는 어떻게 발전하고 무엇이 관계를 유지하는가?

How Do Relationships Develop, and What Keeps Them Alive?

12.9 자기 공개/커뮤니케이션 및 형평성이 관계 개발에 관여하는 방식을 설명한다.

관계의 발전과 지속적인 건강을 촉진하는 가장 중요한 요소 중 하나는 파트너가 서로 의사 소통하는 방법이다. 연구자들은 **자기 공개**(**self-disclosure**, 파트너 간의 상호 관련 정보의 상호 반응적인 교환)가 긴밀한 관계의 형성 및 유지에 중추적인 역할을 한다는 것을 발견했다(Altman & Taylor, 1973; Reis et al., 2004).

가장 친한 친구나 현재의 연인을 처음 만났을 때를 생각해 보시오. 아마도 당신의 초기 대화는 아주 평범하고 피상적인 주제에 관한 것이었다. 아마도 당신은 취미, 둘 다 듣고 있던 수업 또는 방금 본 영화에 대해 이야기했을 것이다. 그러나 시간이 지남에 따라 서로에게 더 편안해지고 더 많은 시간을 함께 보내면서 더 깊고 개인적으로 관련된 정보(가장 깊은 감정, 희망, 꿈, 두려움 또는 미래 계획)를 공유했을 것이다.

자기 공개를 연구하는 과학자들은 사건의 진행을 뒷받침하는 많은 증거를 발견한다. 두 사람이 서로 가까워지고 관계에 더욱 전념하게 되면, 상호 공시의 깊이(*depth*, 친밀도 정도)와 폭(*breadth*, 지역 수 또는 다양성)이 점차 증가한다(Collins & Miller, 1994; Derlega et al., 2008). 또한 연구는 일관되게 자기 공개를 하고, 서로를 자기 공개로 간주하며, 자신의 공개와 신뢰가 서로 이해, 검증 및 수용된다고 믿는 파트너가 높은 수준의 만족, 친밀감, 사랑 및 헌신을 경험한다는 것을 보여준다(Lambert et al., 2013; Sprecher & Hendrick, 2004). 분명히, 친밀감의 감정에 기여하는 상호적이고 반응적인 공개—이해, 배려, 그리고 검증에 대한 상호 인식—는 관계의 성장을 격려하고 지속시키는 데 도움을 준다.

관계의 전반적인 건전성과 밀접하게 연결된 자기 공개의 또 다른 측면은 갈등 상황에서 파트너가 의사 소통하는 방식에 관한 것이다. 갈등은 모든 사랑의 관계에서 발생하며 대부분의 우정과 결혼에서 자연스럽게(일반적인) 발생한다(Burk & Laursen, 2005; Cramer, 2004). 두 사람이 자주 교류하고 서로에게 큰 영향력을 행사할 때, 서로 동

자기 공개(Self-disclosure) 자신과 관련된 정보(자신의 생각, 느낌, 감정)를 다른 사람에게 공개한다.

의하지 않는 것, 싫어하는 습관, 공유하지 않는 선호도 및 기타 비호환성을 발견할 기회가 많다.

중요한 것처럼 보이는 것은 갈등이 생긴다는 사실이 아니라 일단 갈등이 발전하면 부부들이 이를 어떻게 관리하느냐 하는 것이다. "긍정적인" 갈등 해결 전략은 좋은 결과와 관련이 있다. 이성(*reason*, 대안 제시와 문제 해결 방안 모색), 주장(*assertion*, 자신의 입장을 분명히 밝히고 주제 유지를 위해 대화를 유도), 파트너 지원(*partner support*, 타협을 하고 적극적으로 경청)으로 의견 차이를 해결하는 파트너는 이러한 전략을 사용하지 않는 사람보다 더 행복한 관계를 유지한다(Cupach & Canary, 2003). "부정적" 전략을 사용하는 파트너는 고통과 불만을 경험한다. 부정적인 전략으로는 강제성(*coercion*, 협박, 공격성, 빈정거림 또는 비난을 통해 통제력을 얻는 것), 조작성(*manipulation*, 상대방이 죄책감을 느끼도록 만드는 것, 진실한 척하는 것 또는 더 화가 나는 것) 및 회피성(*avoidance*, 주제를 바꾸거나 피하는 것, 눈을 마주치는 것을 피하는 것, 농담으로 상황을 최소화함)이 있다(Noller et al., 1994).

당신은 당신의 파트너보다 더 많은 것을 주고 있다고 느끼는 관계에 있었던 적이 있는가? 아니면 관계에서 얻는 것보다 더 많은 것을 관계에 투입했는가? 만약 그렇다면, 당신은 그것에 대해 상당히 불만을 느꼈을 것이다(그리고 당신의 관계가 끝났을 수도 있다). 자기 공개와 마찬가지로 형평성(*equity*)은 모든 관계의 복지에 매우 중요하다. **공평한 관계(equitable relationship)**는 파트너가 상대적으로 동일한 비율의 긍정적인 결과와 부정적인 결과를 경험하는 관계이다. 즉, 각 파트너가 관계에서 받는 혜택(*benefits*)(예: 교제, 사랑, 섹스, 사회적 지원, 자녀, 재정적 안정, 취미를 공유할 사람 및 기타 "좋은"결과) 사이의 비율이 형평성이다. 그리고 그 사람이 관계에 기여(*contributions*)하는 바(다른 사람들과 데이트/사교의 자유 상실, 갈등, 가사, 육아 집안일 및 보상이 없거나 시간, 노력 또는 약속을 포함하는 기타 모든 것 포함)는 대략 동일하다:

$$\frac{\text{귀하의 혜택}}{\text{귀하의 기여}} = \frac{\text{파트너의 혜택}}{\text{파트너의 기여}}$$

평등한 관계에 있는 커플은 불평등한 관계에 있는 사람들보다 일반적으로 관계와 성생활에 대해 더 행복하고 만족하는 경향이 있다(Galinsky & Sonenstein, 2013; Sprecher et al., 2006).

공평한 관계(Equitable relationship) 파트너가 긍정적인 결과와 부정적인 결과의 비율이 동일한 관계; 균형 잡힌 관계.

그러나 한 가지 중요한(그리고 이기적인!) 예외가 있다. 파트너에 비해 과도한 혜택을 받는 사람들(즉, 자신에게 이익이 되는 불공평한 관계에 있는 사람들)은 종종 이러한 상태로 인해 과도하게 신경 쓰지 않는다(Kamo, 1993). 그러나 혜택이 부족한 파트너는 일반적으로 어느 정도의 고통을 경험하며 이는 관계의 미래에 좋은 징조가 아니다. 모든 관계가 불평등한 기간을 경험한다는 것을 인식하는 것이 중요하다. 두 파트너가 항상 동일한 결과를 경험하는 것은 불가능하다. 문제가 발생하는 것은 불평등이 극도로 및/또는 일정하게 될 때이다.

이것은 우리의 관계에 형평성, 의사 소통 및 이러한 모든 긍정적인 특징이 있음을 어떻게 보장하는지에 대한 질문으로 이어진다. 간단히 말해서 더 나은 파트너가 되고 오래 지속되는 건강하고 행복한 관계를 유지하기 위해 어떤 조치를 취할 수 있는가?

개인적인 생각 Personal Reflections

당신은 불평등한 관계에 있었던 적이 있는가? 그렇다면 어떤 종류의 불평등이 있었는가? 당신은 당신의 파트너에 비해 과대 혜택을 받았는가, 아니면 과소 혜택을 받았는가? 상황에 어떻게 대처했는가? 형평성을 회복했는가, 아니면 관계가 끝났는가?

사랑의 전제 조건: 더 나은 파트너가 되기 Prerequisites for Love: Becoming a Better Partner

12.10 성공적인 사랑 관계의 전제 조건과 "더 나은" 파트너가 되는 방법을 확인한다. 습관화, 이탈, 질투를 포함하여 사랑 관계를 탈선시킬 수 있는 몇 가지 주요 문제에 대해 논의하고 이러한 문제에 효과적으로 대처하는 방법을 설명한다.

> 개인이 생산적으로 사랑할 수 있다면 그는 자신도 사랑한다. 그가 다른 사람들만을 사랑할 수 있다면 그는 전혀 사랑할 수 없다.
>
> (**에리히 프롬**, 1956, p. 60)

자신을 받아들이기 Accept Yourself

놀랍겠지만 좋은 파트너가 되기 위한 가장 중요한 전제 조건 중 하나는 자기 수용(*self-acceptance*, 긍정적인 자기 개념)이다. 다른 사람을 사랑하려면 먼저 자신을 사랑할 수 있어야 한다.

긍정적인 자아 개념이 왜 그렇게 중요한가? 코미디언 그루초 마르크스는 "나는 나를 회원으로 삼는 어떤 클럽에도 속하고 싶지 않다"고 말했다. 자신을 받아들이고 사랑할 수 없다면 다른 사람이 당신을 사랑할 수도 있다는 사실을 받아들이는 것도 불가능하다. 그리고 개그맨처럼 자신을 받아들이지 못하는 사람들은 일반적으로 다른 사람들을 거부한다.

자신에 대해 긍정적인 감정을 느끼는 사람들은 자신감이 넘치고 자급자족한다. 지속적인 외부 검증이 필요하지 않는다. 긍정적인 자아 개념은 누군가가 자기 중심적이거나 자신이 항상 옳고 선하며 도덕적이며 잘못을 저지를 수 없다고 믿는 것을 의미하지 않는다. 자신을 수용한다는 것은 자신의 장점뿐만 아니라 단점도 수용하는 것, 즉 "있는 그대로의 나 자신을 수용하는 것"(Coutts, 1973)이다. 긍정적인 자아 개념을 얻기 위해서는 어떻게 키우느냐가 중요하다.

> "내가 내 자신이 싫은 이유는 내가 과거에 겪었던 모든 문제들 때문인 것 같다. 엄마 아빠의 부재와 곁에 있을 때는 학대가 있었기 때문이다. 부모님이 저를 받아주지 않으시는데, 제가 왜 받아야 하는 걸까? 나는 실패자, 살아 있는 가장 못생긴 사람, 그리고 기본적으로 쓰레기처럼 느껴졌다. 스스로 목숨을 끊으려 했다."
>
> (저자의 파일에서)

방치되거나 학대를 받은 아동이 성인이 되어서도 부정적인 자아 개념을 갖고 때때로 다른 사람을 사랑할 수 없는 경우가 드문 일이 아니다(사실 학대를 받은 아동은 종종 학대를 가하는 부모가 됨). 유아기와 어린 시절에 사랑스럽고 자상한 부모나 다른 돌보는 사람이 있다는 것은 다른 사람들이 우리를 기분 좋게 만드는 좋은 일을 할 뿐만 아니라(따라서 그들이 좋은 사람이라는 것을) 다른 사람이 우리를 돌봐줄 가치가 있다는 것을 가르쳐준다. 이 경험을 통해 얻은 신뢰는 우리가 나이가 들면서 다른 사람들에게 일반화된다(Collins & Feeney, 2004; Edelstein & Shaver, 2004).

개인적인 생각 Personal Reflections

당신은 긍정적인 자아 개념을 가지고 있는가? 그 이유는 무엇? 당신의 자아 개념이 긍정적이지 않다면 이것이 사랑하는 관계에 완전히 참여할 수 있는 능력에 어떤 영향을 미친다고 생각하는가?

파트너를 받아들이기 Accept Your Partner

파트너를 있는 그대로 받아들이는 것도 마찬가지로 중요하다. 키스 데이비스(Keith Davis, 1985)의 연구에 따르면 서로를 받아들이고 서로의 행동을 이해하는 것이 사랑 관계의 필수 특성이다. 저명한 사랑 이론가인 일레인 햇필드(1988)도 마찬가지로 관계에 있는 각 사람이 자신의 파트너를 그 사람이 누구이며 무엇인지 인정해야 한다고 관찰

그림 12-6
사랑하는 관계가 발전하기 위해서는, 파트너들이 자신과 서로를 받아들이고, 공통점과 차이점을 인정하고 포용해야 한다.

출처: P. Broze/ONOKY – Photononstop/Alamy Stock Photo

했다. 우리가 때때로 자신에게 가혹한 것처럼 우리는 파트너가 우리가 원하는 모든 것이 아니기 때문에 종종 파트너에게 더 가혹하다. 햇필드는 상상의 "완벽한" 파트너와 진정한 친밀감을 가질 수 없다고 상기시킨다. 파트너의 진정한 성격을 인식할 때만 가능하다.

물론 이러한 파트너의 인정과 이해를 얻는 것이 항상 쉬운 것은 아니다. 일반적으로 사람들은 처음 낭만적인 관계를 시작할 때 최선을 다하는 모습과 행동을 하려고 하며, 새로운 파트너에게 이별이 될 수 있다는 인식된 결점을 숨기기 위해 매우 열심히 노력한다. 내면의 필요, 감정, 감정, 가치를 공유하는 것이 편안해지기까지는 시간이 걸린다.

또한 사람들이 사랑에 빠졌을 때 연인과 관계 모두를 이상화하고 모든 것을 "장미색 안경"으로 바라보는 경향에 대해 이미 논의했다. 이것은 파트너가 우리에게 자신의 "진정한" 자아를 드러낸다 해도 우리는 실제로 그것을 보지 못할 수도 있음을 의미한다(Felmlee, 1995, 2001).

우리가 파트너 주위에 엮는 이상주의적 환상은 정상이며 매우 긍정적인 결과를 가져올 수 있다. 실제로 일부 학자들은 파트너에 대한 긍정적인 환상이 파트너가 좋은 사람이고 그 관계가 지속되어야 한다는 믿음을 조장하기 때문에 어려울 때 관계를 계속 유지할 수 있다고 믿는다(Murray et al., 2003 참조).

그러나 다른 학자들은 그 반대를 주장한다. 그들은 파트너, 사마귀 등에 대한 정확하고 편견이 없는 관점을 갖는 것이 행복하고 건강한 관계를 갖는 열쇠라고 믿는다(De La Ronde & Swann, 1998 참조). 어떤 관점이 옳은가?

둘 다 그렇다는 것이 밝혀졌다. 현재의 증거는 **현실적인 이상주의(realistic idealism)**, 즉 그 또는 그녀가 실제로 누구인지에 대한 파트너의 수용, 그리고 이상적인 관계에 대한 전반적인 관점이 가장 중요하다는 것을 보여준다(Regan, 2011). 우리는 상대의 가장 중요한 속성(좋은 것과 좋지 않은 것)에 대한 현실적인 지식을 가지고 있지만, 상대의 전반적인 성격과 우리의 사랑에 대한 매우 긍정적이고 이상적인 관점을 유지할 때 가장 행복하고 우리의 관계는 가장 건강하다.

> 나는 그녀의 말을 듣는 것을 좋아하지만 음악에는 훨씬 더 즐거운 소리가 있다는 것을 잘 알고 있다. 나는 여신이 가는 것을 본 적이 없다.
>
> 내 여주인은 걸을 때 땅을 밟는다. 그러나 천국에서는 내 사랑이 그녀가 거짓 비교로 믿었던 것만큼 희귀하다고 생각한다.
>
> **(셰익스피어, 소네트** 130)

현실적인 이상주의(Realistic idealism) 관계 자체에 대해 지나치게 긍정적이고 이상적인 관점을 가지면서 파트너의 강점과 약점을 수용한다.

그림 12-7

시간이 지남에 따라, 많은 커플들은 궁극적으로 깊고 지속적인 우정의 발달로 이어지는 친밀감의 성장을 경험한다.

출처: Laura Doss/Getty Images

긍정적 의사 소통 Communicate Positively

수용(자신과 파트너 모두)은 우리에게 다른 사람을 신뢰하고 사랑할 수 있는 잠재력을 제공하지만, 친밀감이 진정으로 발전하려면 양 당사자가 적절하고 반응이 빠르며 상호 자기 공개가 있어야 한다. 앞서 논의한 바와 같이, 관계는 두 사람이 거의 동시에, 거의 동일한 깊이, 유사한 주제 및 상호 반응을 가지고 서로에게 자기를 공개할 때 가장 잘 발전한다(Derlega et al., 2008; Dindia, 2000). 예를 들어, 제프가 코니에게 자신의 진정한 생각과 감정을 일부 공개하면 그녀는 주의 깊게 듣고 배려와 이해를 전달하고 시기적절하고 적절한 방식으로 보답할 것으로 기대된다.

유사하게, 갈등이 발생하면(그리고 그렇게 될 것이다), 파트너는 이를 해결하기 위해 긍정적인 의사 소통 전략을 사용하려고 노력해야 한다(Cupach & Canary, 2003). 성공적인 해결을 위해서는 먼저 각 파트너가 상대방과 공개적이고 정직하게 의사 소통해야 한다. 어려워 보일 수 있지만 두 파트너 모두 자신의 입장과 요구 사항을 명확하게 공개하는 것이 중요하다(Gottman, 1999). 파트너가 원하는 것이 무엇인지 이해하지 못한다면 어떻게 해결을 원할 수 있는가? 둘째, 파트너는 당면한 문제에 계속 집중해야 한다는 것을 기억해야 한다. 특히 감정이 고조될 때 주제에서 벗어나거나 방어적이 되기 쉽다(Gottman, 1998). 셋째, 각 파트너는 상대방의 관점을 이해하려고 노력해야 한다(가능한 경우 서로의 입장이 되어 보자). 넷째, 파트너는 대화에 참여하고 있음을 보여주기 위해 눈을 마주치고 적극적으로 경청해야 하며, 가능하면 긍정적인 감정을 표현하려고 노력해야 한다(부정적인 감정은 억제). 마지막으로 파트너는 현실적이고 공정해야 하며 승패가 아닌 공평한 솔루션을 목표로 해야 한다. 우리는 기꺼이 타협해야 한다. 다음 장(13장) 끝에 있는 부록에서 어려운 문제나 갈등 중에 효과적이고 긍정적으로 의사 소통하는 구체적인 방법에 대해 논의한다. 부록에서 우리의 초점은 성적 의사 소통에 있지만, 우리가 제공하는 많은 정보는 관계의 비성적인 영역에도 유용하게 적용될 수 있다.

변화를 수용하라 Embrace Change

> 이혼율이 높은 것은 어리석은 선택을 해서가 아니라 시간이 지날수록 중요하지 않은 이유로 뭉쳤기 때문이다.
>
> **(로버트 스턴버그**, 1986)

인생에서 피할 수 없는 것이 있다면 그것은 변화이다. 모든 부부는 주택 소유, 휴가 시간, 부모 역할, 재정, 경력 관련 문제 및 불가피한 노화를 포함하여 삶의 다양한 새로운 도전에 직면하게 될 것이다. 헌신적인 관계를 시작하고 함께 인생을 시작할 때 완전한 조화를 이루는 것처럼 보이는 두 사람은 이러한 문제를 처리하는 방법에 대해 의견이 일치하지 않는다는 사실에 종종 놀라곤 한다. 예를 들어, 많은 부부는 자녀 양육 기간이 결혼 생활에서 가장 스트레스를 많이 받고 가장 만족스럽지 않다고 보고한다(Ahlborg et al., 2008; Hendrick & Hendrick, 1983). 고정된 성역할(또는 반대로 성역할 변경)이 이에 기여할 수 있다(8장 참조). 오늘날, 투잡 가족들의 추가적인 도전과 가족과 친구들로부터 멀리 떨어진 직업 관련 이동들이 있다.

파트너 자체도 시간이 지남에 따라 변경된다. 많은 커플이 경험하는 가장 일반적인 것 중 하나는 **습관화(habituation)**라는 과정이다. 좋아하는 음식을 생각해 보시오. 가장 좋아하는 음식은 무엇인가? 맛과 냄새는 의심할 여지 없이 중요하지만, 우리는 또 다른 요인으로 당신이 그것을 자주 가지고 있지 않다는 점을 기꺼이 감수한다. 한 달 동안 매일 좋아하는 음식이 제공된다면 계속 좋아할 것 같은가? 매주 칠면조를 먹으면 추수감사절 칠면조가 기대되겠는가? 의심스럽다. 이것이 인기 주간 TV 프로그램이 결국 방송을 중단하고 히트곡이 결국 빌보드 "Hot 100" 목록에서 빠지는 이유이다. 우리는 그것들을 보고 듣는 것에 지쳐간다. 사회적으로, 감정적으로, 지적으로, 그리고 슬프게도 성적으로 우리를 자극하는 다른 사람들의 능력도 마찬가지이다. 부부가 관계에서 직면하는 모든 문제 중에서 습관화는 확실히 가장 큰 문제 중 하나이다(Byrne & Murnen, 1988).

열정적인 사랑에 대한 섹션의 앞부분에서 논의한 것처럼 열정의 큰 구성 요소는 참신과 환상이기 때문에 열정의 쇠퇴는 거의 불가피하다. 새로운 파트너는 계속해서 강한 감정을 불러일으킬 수 없으며, 시간이 지남에 따라 한 번 쳐다보거나 만졌을 때와 동일한 반응을 일으키기 위해서는 점점 더 큰 자극이 필요하다. 열정이 가라앉고 환상이 현실로 바뀌면서 결과는 종종 실망이다. 부부가 이혼하는 일반적인 이유는 "(열정적인) 사랑이 떨어져서" 지루하기 때문이다(Roberts, 1992 참조).

열정은 익숙함과 습관으로 인해 시간이 지남에 따라 쇠퇴하지만 친밀감(*intimacy*, 가까움과 유대감을 조장하는 감정과 경험)이 쇠퇴할 필요는 없다. 관계를 유지하는 열쇠는 일어나고 있는 변화를 인정하고 받아들이고 열정을

습관화(Habituation) 자극에 반복적으로 노출되면 자극에 덜 긍정적으로 반응한다.

"내가 당신과 사랑에 빠졌을 때, 갑자기 당신의 눈이 가까워 보이지 않았어요. 이제 그들은 다시 가까워진 것 같다."

William Hamilton/The New Yorker Collection/The Cartoon Bank.

동반자 사랑으로 이끄는 것들로 대체하기 위해 노력하는 것이다. 커플들이 관계를 유지하기 위해 사용하는 성공적인 전략에는 상대방에 대한 관심(예: 파트너에 대한 생각, 활동 공유), 개방성, 긍정적인 태도, 서로를 확신하기, 소셜 네트워크를 구축하기 위해 노력하는 것들을 포함한다(Canary & Stafford, 1994).

관계를 구축하는 데 매우 중요한 유사성은 함께 새로운 활동을 시작함으로써 유지될 수 있고 습관화를 최소화할 수 있다(Byrne & Murnen, 1988). 예를 들어, 커플은 새로운 스포츠와 게임에 함께 참여하고, 새로운 취미를 공유하고, 새로운 성적 경험을 함께 시도하고(11장 참조), 사교 모임에 참여하고/하거나 함께 휴가를 계획하는 것이 자극적이라고 생각할 수 있다.

요컨대, 행복하고 오래 지속되는 관계에 있는 커플들은 최고의 우정을 공유하는 모든 특징을 나타낸다—그들은 변화를 포용하고 친밀감을 발전시키기 위해 노력한다. 슈바르츠(1994, p. 28)가 말했듯이 "배우자와 깊은 우정을 이룰 가능성은 결혼의 가장 흥미로운 목표이다."

개인적인 생각 Personal Reflections

현재 오래 지속되는 관계에 있는 사람들을 위해: 처음 데이트를 시작한 이후로 파트너와 공유하는 활동이 변경되었는가? 새로운 공유 활동이 이전 활동을 대체했는가? 당신은 함께 성장하고 있는가, 아니면 떨어져 성장하고 있는가? 당신이 점점 멀어지고 있다고 느낀다면 이것을 바꾸기 위해 무엇을 할 수 있는가?

결혼 유지 Stay Engaged

물론 때때로 부부는 더 큰 이해, 친밀감 및 헌신을 위해 함께 성장하지 않고 오히려 멀어진다. **단절(disengagement)**은 부부가 서로에게 관심을 기울이고 반응하지 않을 때 발생한다(본질적으로 서로의 삶에 관여하지 않게 됨).

> "결혼은 했지만 남편이 없는 것 같다. 주말마다 사냥 시즌이 되면 사냥을 가는데, 낚시도 많이 간다. 그의 소프트볼 리그와 클럽에서의 포커 게임 사이에는 대부분의 평일 밤도 함께 한다. 내 시간의 대부분은 아이들의 활동과 다른 아내들과 보내는 사회 생활에 사용된다. 남편이 기분이 좋지 않을 때 나는 너무 피곤해서 사랑을 하기 힘든 경우가 대부분이다. 최근 한 친구가 우리의 결혼 생활을 '미혼 싱글'이라고 표현했다."
>
> (저자의 파일에서)

부부가 서로와 관계에서 멀어지고 있다는 세 가지 주요 신호가 있다. 첫 번째는 **감정적 무관심**(*emotional indifference*)으로, 파트너가 서로에 대해 강한 긍정적(예: 사랑) 또는 부정적(예: 분노, 질투) 감정을 더 이상 느끼지 않을 때 발생한다. 두 번째 징후는 **인지 단절**(*cognitive disconnection*)로, 파트너가 서로를 반응이 없고 분리된 것으로 보고, 서로에게 덜 주의를 기울이기 시작하며, 심리적으로 서로 거리를 둔다. 세 번째 징후는 **행동적 거리두기**(*behavioral distancing*)로, 파트너가 의사 소통을 덜 하고, 서로의 삶과 활동에 덜 관여하게 되며, 피상적인(덜 친밀한) 방식으로 서로 상호 작용하게 된다(Barry et al., 2008; Gottman, 1999; Kayser & Rao, 2006).

파트너는 일반적으로 매우 느리게 성장하며, 깨닫기 전에는 공통점이 거의 남지 않을 수 있다. 이 시점에서 어떤 사람들은 현재의 관계에서 일하는 것보다 새로운 관계를 형성하는 것이 더 쉽다고 생각할 수 있다. 무관심은 인간관계의 주요 킬러이다(Barry et al., 2008).

서로 신뢰하기 Trust Each Other

질투도 마찬가지다. 오셀로에서 셰익스피어는 질투의 파괴적인 힘을 "먹는 고기를 조롱하는 녹색 눈의 괴물"로 묘사함으로써 질투의 파괴적인 힘에 고개를 끄덕였다. 당신의 파트너가 동료에게 감정적 애착을 형성하고 있는 것처럼 보이고 그와 많은 시간을 보내기 시작한다면 어떤 느낌이 들겠는가? 파트너와 다른 사람이 서로에게 성적 관심을 보인다면 어떤 느낌이 드는가? 이것은 일반적으로 많은 사람들이 질투를 느끼게 하는 상황이다.

단절(Disengagement) 파트너가 서로의 삶에 덜 관여하고 관계에서 멀어지는 과정.

질투(jealousy)는 "가치 있는 관계나 지위에 대한 위협으로 인식되고 위협에 대응하기 위한 행동을 유발하는" 불쾌한 감정 상태로 정의된다(Daly et al., 1982; Harris, 2009 참조). 인지된 위협은 파트너의 실제 손실보다 더 많은 것을 포함할 수 있다. 그것은 또한 얼굴의 상실, 자존감의 상실, 그리고 특별한 느낌의 상실을 포함할 수 있다(Cano & O'Leary, 1997). 질투는 감정으로 설명하기 어렵지만 일반적으로 분노, 적대감, 불안 및 걱정을 포함한 분노와 두려움을 수반한다(Guerrero et al., 2005).

질투는 만성적인 낮은 자존감을 포함한 일부 기질적 특성과 관련이 있다(Knox et al., 2007; Pines & Aronson, 1983). 자신을 받아들일 수 없고 자신의 삶에 만족하지 못하는 사람들은 다른 사람들보다 질투를 경험할 가능성이 더 크다. 또한 앞에서 논의한 바와 같이 조증적인 사랑 스타일을 가진 사람들은 파트너에 대해 강한 소유욕을 느끼고 극도로(그리고 종종 부적절하게) 질투를 느끼기 쉽다(Lee, 1988).

그러나 이러한 차이점은 제쳐두고 거의 모든 사람이 파트너의 불충실에 직면했을 때 질투를 느낀다. 그것이 어떤 종류의 불신앙인지가 중요한가? 연구에 따르면 그렇다. 심리학자 마르짓 버만(Margit Berman)과 패트리샤 프레이저(Patricia Frazier, 2005)는 불충실한 파트너를 가진 남성과 여성의 표본에게 불륜에 대해 생각하고 성적 행동이나 정서적 애착이 가장 화가 났는지 여부를 나타내도록 요청했다. 같은 수의 남성과 여성(53%)은 파트너의 불륜의 성적 측면이 가장 고통스럽다고 말했고, 동일한 수(47%)는 파트너가 제3자에 대해 형성한 정서적 애착이 가장 속상하다고 말했다. 분명히 어떤 사람들은 성적 불충실 때문에 더 괴로워하는 반면, 다른 사람들은 정서적 불충실을 더 걱정한다.

연구자들은 질투에 성별 차이가 있다고 생각했는데, 남자는 상대방의 성적인 불륜에 대해 질투할 가능성이 더 높고 여성은 상대방의 감정적인 불륜에 대해 질투할 가능성이 더 높다고 생각했다(Buss et al., 1992, 1999; Harris, 2002). 그러나 더 최근의 연구에서는 그렇지 않다는것을 발견했다. 남녀 모두 두 가지 유형의 불륜으로 인해 질투를 느끼고 상당히(그리고 동등하게) 괴로워한다(Cann & Baucom, 2004; Harris, 2003; Leeker & Carlozzi, 2014).

역설적이게도 질투는 인지된 관계 위협에 대한 감정적 반응이지만 질투의 표현은 관계를 더욱 손상시킬 수 있다 (Cano & O'Leary, 1997). 예를 들어, 파트너로부터 물러나거나 공격하는 것은 그로 하여금 물러나거나 공격하게 하여 상실에 대한 두려움을 증가시키며, 이는 차례로 질투심을 증가시키거나 연장할 수 있다.

그러면 이따금 질투가 날 때 어떻게 대처해야 하는가? 먼저 파트너에게 자신의 감정을 인정하고 그 원인을 설명하시오(Anderson et al., 1995). 상담을 받기로 결정했다면 (아마도 좋은 생각일 것이다), 함께 가시오. 부부가 함께 치료를 받으시오(Cano & O'Leary, 1997). 둘째, 파트너를 신뢰하고 파트너의 신뢰를 유지하기 위해 노력하시오. 충실하고 주의를 끌기 위해 의도적으로 파트너를 질투하게 만들지 마시오(Sheets et al., 1997; White, 1980). 상호 신뢰를 구축하는 동시에 개인의 자유에 대한 파트너의 필요를 존중하시오. 당신이 이것을 할 수 있다면, 당신의 기회는 그 녹색 눈의 괴물을 궁지에 몰아넣을 수 있는 좋은 기회이다.

> **개인적인 생각** Personal Reflections
>
> 질투심을 느낀 적이 있는가? 그들이 당신의 관계를 방해한 적이 있는가? 과거에 당신을 질투하게 만든 조건은 무엇인가? 당신의 파트너가 당신을 질투하게 만들려고 한 적이 있는가? 이러한 감정이나 상황을 처리하기 위해 무엇을 하는가?

관계종료 Ending a Relationship

12.11 사람들이 사랑 관계의 이별에 대처하는 방법을 설명한다.

> 그런 엄청난 희망과 기대로 시작했지만 사랑만큼 정기적으로 실패하는 활동, 사업은 거의 없다.
>
> (**에리히 프롬**, 1956)

우리가 관계를 유지하기 위해 이 모든 일을 한다고 해도 보장은 없다. 연구에 따르면 대다수의 성인이 지난 5년 이내에 친밀한 우정을 끝냈으며(Rose, 1984) 미국에서 모든 초혼의 약 45%(모든 재혼의 36%)가 이혼 또는 영구적인 별거(Aughinbaugh et al., 2013)로 끝난다고 한다. 사랑 관계의 상실은 우리 모두에게 공통적인 삶의 경험이다.

이별에 대처하기 Coping with Breakups

> 당신을 떠나게 만든 그 전날로 내가 돌아올 때까지 그것을 취소하고, 되찾고, 매일 이전의 것으로 만드시오.
>
> (**라포포트**, 1994, p. 24)

질투(Jealousy) 소중한 관계나 지위에 대한 위협으로 인식된 감정 상태.

우리는 그것이 끝날 것이라는 기대를 가지고 낭만적인 관계(또는 그 문제에 관한 어떤 관계)에 들어가지 않는다. 따라서 이별은 인생에서 가장 고통스러운 경험 중 하나이다. 이별 과정에서 많은 일들이 발생한다. 그 중 세 가지를 살펴보자(Weber, 1998; Weiss, 1975).

이별 중에 거의 모든 사람이 참여하는 한 가지는 "결론을 받아들이기를 거부하는 [상대방과 상황에 대한] 지속적이고, 흡수적이며, 때로는 미치도록 몰두하는 것"인 **강박적 비평**(*obsessive review*)이다(Weiss, 1975, p. 79). 우리는 관계와 이별을 반복해서 검토하고 이유를 찾는다. "왜?" "내가 무엇을 해서 이런 일이 일어났는가?" 이 과정은 다른 모든 노력을 방해할 수 있지만 미래의 관계에서 이별을 예방하는 데 도움이 된다면 유용할 수 있다.

헤어짐에는 거의 항상 **정서적, 사회적 외로움**(*emotional and social loneliness*)도 포함된다. 감정적으로, 당신은 당신의 전 파트너와 그 또는 그녀가 당신의 삶에 가져온 모든 것을 그리워하고 고립감을 느낀다. 하지만 결국 사회적으로 고립될 수도 있다. 전 파트너와 공통점이 있었던 친구는 편을 선택해야 할 수도 있고, 어색함을 느끼기 때문에 둘 다 피할 수도 있다. 당신은 당신의 친구가 누구이며 어디에 속하는지 궁금해 할 수 있다.

세 번째, 사람들이 종종 처리해야 하는 일반적인 경험은 **전 파트너가 여전히 주변에 있다**(*ex-partner is still around*)는 것이다. 당신이 남겨진 사람이라면 그 사람은 거절을 끊임없이 상기시키는 사람이다(그리고 아마도 당신이 거절당할 수 있다는 것을 다른 사람들에게 상기시킬 수 있다). 반면에 당신이 관계를 끊은 사람이라면 전 애인이 모든 사람에게 당신이 얼마나 책임이 있는지 말할 수 있다. 따라서 과정의 일부는 "체면을 유지"하려는 것이다(Weber, 1998).

설상가상으로 이별은 일반적으로 한 시점의 완전한 휴식에 국한되지 않는 과정이며 심리적 여파를 처리하려고 할 때 계속해서 끌리는 것처럼 보일 수 있다.

심리학자 앤 웨버(Ann Weber, 1998)는 마음이 상한 사람들이 상실에 대처하는 데 도움이 되는 몇 가지 제안을 했다.

(1) 공감하는 사람에게 당신의 감정(슬픔, 분노)을 표현하거나 당신의 생각을 적는다. (2) 무슨 일이 일어났는지 알아내려고 노력하고 다시 기록하는 것이 도움이 될 수 있다. (3) 전 애인을 이상화하지 말고 그 사람의 결점과 결점을 포함하여 실제 사람에 초점을 맞춘다. (4) 기분이 나아질 준비를 하고(예: 경험에서 웃기거나 아이러니한 것을 찾음) 치유되기를 기대한다(인생의 다른 신체적 또는 정서적 상처를 다시 생각하고 항상 치유되었음을 깨닫는다). (5) 다른 사람들로부터 자신을 차단하지 말고 지금 그들에게 필요한 것이 무엇인지 알려준다. (6) 당신의 인생이 곧 바뀔 것이라는 관점을 가지고 그것을 새로운 시작으로 바라보시오. 여행, 글쓰기, 오락 등 항상 해보고 싶었던 새로운 일을 해보시오!

> 그래서 우리는 교훈을 마음에 새긴다. 우리는 희망, 유머, 아이러니로 가득 찬 이 마음, 이 새로운 마음과 자아를 가지고 세상, 미지의 가능성과 위험이 있는 새로운 세상을 마주한다. 아마도 우리는 다시 한 번 시도하고 새로운 사랑을 탐색할 것이다. 비록 같지는 않겠지만. 그리고 다시, 고통은 우리가 그것이 똑같은 것을 원하지 않는다는 것을 상기시켜준다. 우리에게는 소중히 여겨야 할 기억과 환상, 어렵게 얻은 의미, 이야기의 교훈이 있다. 이것들은 함께 약속의식을 형성하는 데 도움이 된다. 따라서 위험을 무릅쓰는 것은 어리석은 일이지만 그렇게 하지 않는 것은 미친 짓이다. 우리는 다시 시도하고 용기를 얻는다.
>
> (**웨버**, 1998, p. 304)

스터디 가이드

핵심용어 Key Terms

결정/헌신(decision/commitment), p. 316
공평한 관계(equitable relationship), p. 331
공허한 사랑(empty love), p. 317
낭만적인 사랑(romantic love), p. 322
단절(disengagement), p. 335
동반자 사랑(companionate love), p. 326
루두스/유희적 사랑(ludus), p. 318
매니아/광적 사랑(mania), p. 319
사랑에 대한 심리적 접근(psychometric approach to love), p. 316
사랑의 삼각 이론(triangular theory of love), p. 316
사랑이 아니다(nonlove), p. 316
수용성(매력의 역할)[receptivity (role in attraction)], p. 330
스토르게/가족적 사랑(storge), p. 318
습관화(habituation), p. 334
아가페(agape), p. 319
에로스(eros), p. 317
열광적인 사랑(infatuated love), p. 317
열정(passion), p. 316
열정적인 사랑(passionate love), p. 322
완전한 사랑(consummate love), p. 317
운명적인 사랑(fatuous love), p. 317
유사성(매력에 있어서의 역할)[similarity (role in attraction)], p. 330
이상화(idealization), p. 314
일부다처제(polygyny), p. 325
일부일처제(monogamy,), p. 325
일처다부제(polyandry), p. 325
자기 수용(self-acceptance), p. 331
자기 공개(self-disclosure), p. 330
좋아한다(liking), p. 317
중매결혼(arranged marriage), p. 325
질투(jealousy), p. 336
친밀감(intimacy), p. 316
친밀한 관계(close relationship), p. 327
프라그마/실용적 사랑(pragma), p. 319
현실적인 이상주의(realistic idealism), p. 333
형평성(equity), p. 331

상호검토 Interactive Review

뒤의 정답 참조.

사랑을 연구하는 시인, 철학자, 과학자만큼 사랑에 대한 정의와 설명이 많았을 것이다. 초기 이론가들은 사랑의 모델을 (1) ______________, 기존 문헌, 이전의 철학적 또는 신학적 담론에 기초했다. 예를 들어, C. S. 루이스는 네 가지 유형의 사랑을 확인했다. 그 중 (2) ______________는/은 친숙함과 반복적인 접촉을 기반으로 하는 유형으로 부모와 자녀 사이에서 보이는 강한 애착을 닮는다. 초기 이론가들은 모두 사랑이 복잡한 경험이라는 데 동의했지만, 존재하는 사랑의 종류의 (3) ______________에 대해서는 동의하지 않았다.

현대의 사랑 이론가들은 (6) ______________의 사람들로부터 많은 양의 (5) ______________를/을 수집한 다음 통계 기법을 사용하여 그 사람들이 경험하고 있는 다양한 사랑 유형을 식별하는 것을 포함하는 (4) ______________를/을 채택했다. 이 접근 방식을 사용하여 심리학자 로버트 스턴버그는 호감, 사랑, 그리고 우리가 다른 개인에 대해 느끼는 다른 모든 긍정적인 감정을 친밀감, 열정, 결정/헌신이라는 세 가지 구성 요소의 조합으로 이해할 수 있다고 제안했다. 이 삼각형 이론에 따르면, (7) ______________는/은 열정이나 헌신이 없는 친밀감 단독이다. (8) ______________는/은 헌신 없는 열정의 감정과 호감이고, (9) ______________는/은 열정이 없는 친밀감과 헌신이다. 스턴버그가 진정한 사랑이라고 믿는 (10) ______________는/은 세 가지 구성 요소가 모두 함께 존재해야 한다.

사회학자 존 리는 또한 많은 사랑 유형이나 사랑 스타일이 있다고 제안한다. (11) ______________는/은 강렬한 감정과 끌림에 기반한다. (12) ______________는/은 우정에서 성장한다. (13) ______________는/은 합리적이고 실용적이다. (14) ______________는/은 소유욕이 강하고 질투가 많으며 강박적이다. (15) ______________는 감정적으로 통제되고 헌신하기를 꺼린다. (16) ______________ 사랑하는 사람의 이익을 최우선으로 생각한다. 리에 따르면 사랑의 관계에서 개인이 느끼는 행복의 정도는 자신의 사랑 스타일이 사랑하는 사람의 사랑 스타일 (17) ______________에 크게 좌우된다.

오늘날 모든 사랑 이론가들은 성인의 낭만적인 사랑이 (최소한) 두 가지 기본 유형으로 나눌 수 있다는 데 동의한다. (18) ______________(이)라고 불리는 첫 번째는 다른 사람을 "사랑에 빠진" 상태를 나타낸다. 이러한 유형의 사랑은 빠르게 시작되고 빠르게 사라지며 강렬하고 자주 변동하는 (19) ______________과/와 관련이 있다. 그것은 또한 고도로 성적인 성향을 띠고 정신적 집착과 파트너를 (20) ______________하거나 파트너의 긍정적인 자질만 보는 경향과 관련이 있다. 반면에 동반자적 사랑은 (21) ______________의 지속성, 친밀감 및 감정을 특징으로 한다. 그것은 열정적인 사랑보다 덜 (22) ______________하며 시간이 지남에 따라 더 강해지는 경향이 있다.

많은 것들이 처음에는 다른 사람에게 끌린다. 연구에 따르면 대부분의 사람들은 낭만적인 관계를 위해 누군가를 고려할 때 광범위한 성적 경험과 반대되는 특정한 바람직한 특성(예: 신뢰할 수 있는 성격), (23) ______________, 멋진 외모를 선호한다. 그들은 또한 다양한 차원에서 그들에게 (24) ______________하고 수용적으로 보이는 다른 사람들을 좋아하는 경향이 있다.

관계는 긍정적인 의사 소통과 자기 공개, 그리고 파트너가 상대적으로 동일한 비율의 긍정적인 결과와 부정적인 결과를 경험할 때 발생하는 (25) ______________에 의해 발전하고 유지된다.

더 나은 파트너가 되고 사랑의 관계의 건강과 웰빙을 증진하기 위해 우리가 할 수 있는 몇 가지 일이 있다. 좋은 파트너가 되기 위한 가장 중요한 전제 조건 중 하나는 (26) ______________이다. 우리는 또한 파트너를 있는 그대로 받아들여야 하는데 이것이 항상 쉽지는 않다. 현재 증거에 따르면 (27) ______________는/은 파트너의 가장 중요한 속성에 대한 정확한 견해와 그의 전반적인 성격에 대한 매우 긍정적이고 이상적인 견해와 함께 행복한 관계를 유지하는 데 필수적인 요소일 수 있다.

변화는 삶과 관계에서 피할 수 없다. 많은 커플이 직면하는 가장 일반적인 문제 중 하나는 (28) ______________(이)라는 프로세스이다. 이 과정의 영향에 대응하는 한 가지 방법은 일어나고 있는 변화를 인정하고 (29) ______________를/을 포함하여 동반자적 사랑으로 이끄는 것들로 열정을 대체하기 위해 노력하는 것이다.

신뢰는 관계를 유지하는 또 다른 중요한 부분이다. 우리에 대한 파트너의 헌신이 의심스러울 때, 우리는 (30) ______________를/을 경험할 수 있다. 이것은 소중한 관계에 대한 지각된 위협에 의해 유발되는 불쾌한 감정 상태이다. 모든 성공적인 관계에서 상호 신뢰를 구축하기 위해 노력하는 것이 중요하다.

자기진단 Self-Test

뒤의 정답 참조.

A. 참(T) 혹은 거짓(F)

T F 31. 사랑은 최근에야 학자들에게 관심 주제가 되었다.

T F 32. 모든 사랑 이론은 사람들이 경험할 수 있는 사랑에는 두 가지 유형만 있다고 제안한다.

T F 33. 스턴버그에 따르면 친밀감이나 열정 없이 다른 사람을 사랑하기로 한 결정과 헌신은 공허한 사랑으로 경험된다.

T F 34. 리에 따르면 사랑 스타일은 고정되어 있으며 변하지 않는다.

T F 35. 우스꽝스러운 사랑 스타일은 관계 만족도에 대한 강력한 부정적인 예측 변수이다.

T F 36. 열정적인 사랑은 거의 모든 문화권에서 결혼의 기초이다.

T F 37. 성적 욕망은 열정적인 사랑의 본질적 특성 중 하나이다.

T F 38. 한 번에 한 명 이상의 사람을 열정적으로 사랑하는 것은 비교적 드문 일이다.

T F 39. 동반자적 사랑은 깊은 애정과 부드러움의 감정이 특징이다.

T F 40. 동반자적 사랑은 섹슈얼리티와 관련이 없다.

T F 41. 열정적인 사랑은 신경전달물질인 세로토닌과 도파민의 작용과 관련이 있을 수 있다.

T F 42. 사람들이 낭만적인 파트너에게서 매력을 느끼는 것은 문화에 따라 다르다.

T F 43. 사람들은 낭만적인 파트너에서 하는 것과 같은 기본 성향의 속성을 가까운 친구에게서 선호한다.

T F 44. 연구에 따르면 낭만적인 파트너를 고려할 때 순결(완전한 성적 경험 없음)이 사람들에게 점점 더 중요해졌다.

T F 45. 거절에 대한 두려움은 사람들이 좋아하는 사람과 관계를 시작하지 않는 주된 이유이다.

T F 46. 일반적으로 사람들은 반대되는 것에 가장 끌린다.

T F 47. 자기 공개는 관계에서 중요하지만 두 개인이 모두 자기 공개할 필요는 없다.

T F 48. 건강한 관계를 유지하기 위해서는 갈등 상황에서 파트너가 긍정적으로 의사 소통하는 것이 중요하다.

T F 49. 단절은 파트너가 서로 덜 반응하고 서로의 삶에 덜 관여하게 되는 과정이다.

T F 50. 남성과 여성 모두 파트너가 성적으로 불충실하다고 생각하면 질투하게 된다.

B. 짝짓기

_____ 51. 아가페 사랑(agapic love)
_____ 52. 동반자적 사랑(companionate love)
_____ 53. 완전한 사랑(consummate love)
_____ 54. 공허한 사랑(empty love)
_____ 55. 에로틱한 사랑(erotic love)
_____ 56. 운명적인 사랑(fatuous love)
_____ 57. 열광적인 사랑(infatuated love)
_____ 58. 좋아하는 것(liking)
_____ 59. 어리석은 사랑(ludic love)
_____ 60. 광적 사랑(manic love)
_____ 61. 비사랑(nonlove)
_____ 62. 열정적인 사랑(passionate lov)
_____ 63. 실용적인 사랑(pragmatic love)
_____ 64. 낭만적인 사랑(romantic love)
_____ 65. 성스러운 사랑(storgic love)

a. 육체적 매력, 강한 감정, 친밀한 유대감에 기반한 고도로 이상적인 사랑; 이러한 유형의 연인은 일반적으로 특정 신체적 유형에 의해 흥분되며 "첫눈에 반하는" 경향이 있다(그러나 그들의 감정은 오래 지속되지 않음).

b. 일반적으로 누군가와 "사랑에 빠지는" 것으로 알려져 있다. 이론가들은 이것을 강렬하고, 감정적이며, 성적으로 충전되고, 일반적으로 덧없는 유형의 사랑으로 특징짓는다.

c. 시간이 지남에 따라 우정에서 서서히 발전하는 애정 어린 유형의 사랑

d. 친밀감의 경험 없이 열정을 기반으로 헌신할 때 생기는 일종의 사랑의 관계; 일반적으로 열정이 시들기 시작할 때 끝나는 회오리바람 로맨스로 이어진다.

e.비록 큰 희생이 있더라도 사랑하는 사람의 이익보다 사랑하는 사람의 이익을 우선시하는 이타적인 사랑 스타일

f. 친밀감이나 열정이 없는 헌신; 종종 중매 결혼의 첫 번째 단계

g. 연인이 헌신을 피하고 사랑을 게임처럼 취급하는 자기 중심적이고 감정적으로 통제된 사랑 접근 방식

h. 열정이나 결정/헌신이 없는 친밀감을 특징으로 하는 관계 유형

i. 친밀함과 헌신이 없는 상태에서 열정을 느낄 때 생기는 사랑으로, 상대방을 이상으로 집착하는 연인

j. 파트너의 관심과 애정에 대한 강렬한 정서적 의존을 특징으로 하는 사랑; 사랑하는 사람에게 집착하는 질투, 소유욕

k. 친밀감, 열정, 헌신을 포함하는 관계에서만 찾을 수 있는 사랑

l. 높은 수준의 열정 없이 친밀감과 헌신의 조합; 화합, 신뢰, 나눔, 애정을 바탕으로

m. 합리적이거나 실용적인 스타일의 사랑; 이런 유형의 연인은 의식적으로 궁합이 맞는 짝을 찾는다("좋은 짝").

n. 친밀감, 열정, 결정/헌신 수준이 낮은 대부분의 우연한 관계를 특징짓는 사랑 유형

o. 두 사람이 육체적으로나 감정적으로 엮이는 사랑의 경험; 이러한 유형의 사랑은 친밀감과 열정이 높지만 헌신이 아직 발달하지 않았다.

C. 빈칸 채우기

66. 스턴버그의 모델에서 낭만적인 사랑은 리의 이론적인 모델에서 ____________과/와 가장 유사하다.
67. 스턴버그의 모델에서 동반자적 사랑은 리의 이론적 모델에서 ____________과/와 가장 유사하다.
68. 스턴버그의 모델에서 열렬한 사랑은 리의 이론 모델에서 ____________과/와 가장 유사하다.
69. C. S. 루이스의 자선 개념은 리의 이론적 모델에서 아마도 ____________에 가장 가깝다.
70. 오늘날 모든 사랑 이론가들은 성인의 낭만적 사랑에는 최소한 두 가지 종류가 있다는 데 동의한다. ____________ 사랑과 ____________ 사랑이다.
71. 전 세계적으로 남녀 모두가 행하는 가장 일반적인 결혼 형태는 ____________이다.
72. ____________는/은 "우리 삶이 깊이 얽혀 있는 사람들에 대해 느끼는 애정과 부드러움"으로 정의된다.
73. 많은 연구에 따르면 우리가 잠재적인 파트너를 만날 때 가장 먼저 초점을 맞추는 것은 ____________이다.
74. 부부가 서로와 그들의 관계에서 멀어지고 있다는 주요 징후는 (a) ____________, (b) ____________ 및 (c) ____________이다
75. 이별할 때 흔히 일어나는 세 가지는 ______________, ______________, 그리고 ______________를/을 처리해야 하는 것이다.

13장
성 문제와 치료

Sexual Problems and Therapy

섹스라는 환상의 세계에서는 어떤 것도 아프지 않고, 문지르거나 마찰이 없고, 아무도 불안해하지 않으며, 피곤하지 않고, 생리통, 이상한 바이러스 또는 임신에 대한 두려움이 없으며, 나쁜 일이 전혀 일어나지 않고 모든 것이 완벽하다. 섹스의 판타지 세계에서는 발기 기능, 오르가즘이 쉽고, 욕망이 급증하고, 피임 방법으로 방해받지 않으며 몸이 누구러진다. 현실 세계에서는 항상 이런 식으로 발생하지 않는다.

– 스티븐 카터 & 줄리아 소콜, 1989, M. Evans and Company, Inc.의 침대에서 실제로 일어나는 일에서 발췌

학습목표

이 장의 학습을 마치면 다음을 할 수 있어야 한다.

13.1 성적인 문제가 젊은이를 포함한 모든 연령대에서 흔하다는 사실에 대해 토론한다.

13.2 개별 요인(다양한 신념, 가정, 선호도 포함)과 관계 요인(커뮤니케이션 및 전반적인 웰빙 포함)이 부부의 성생활에 어떤 영향을 미칠 수 있는지 설명한다.

13.3 성 치료의 기본 구성요소와 특정 성기능 장애를 치료하는 데 사용되는 방법을 식별한다. 성 문제의 "의료화"의 장단점에 대해 토론한다.

13.4 성 문제와 성 장애의 차이점을 설명한다.

13.5 남성에서 발생하는 주요 성 장애를 식별한다.

13.6 여성에게 발생하는 주요 성 장애를 식별한다.

13.7 성교 후 불쾌감에 대해 논의한다.

13.8 성욕 과잉을 정의하고 "성 중독"의 개념에 대한 논쟁을 설명한다.

13.9 성 문제에 대한 부부의 전반적인 관계의 중요성을 설명한다.

13.10 성적 차이와 문제에 대해 파트너와 대화하는 방법에 대해 토론한다.

이 장에서 당신은 남성과 여성이 경험할 수 있는 성적인 어려움과 기능 장애의 유형에 대해 배우게 될 것이다. 연구에 따르면 성생활을 하는 모든 사람들의 적어도 절반은 일생의 어느 시점에서 성적인 문제를 경험하게 될 것이다.

성적인 문제는 흔하다

Sexual Problems Are Common

13.1 성적인 문제가 젊은이를 포함한 모든 연령대에서 흔하다는 사실에 대해 토론한다.

전국적으로 대표되는 한 조사에서 라우만, 백(Paik), 로젠(1999)은 전년도에만 18세에서 59세 사이의 상당한 수의 미국인이 몇 달 동안 지속되는 성 문제를 겪고 있다고 보고했음을 발견했다. 구체적으로, 여성의 32%와 남성의 15%가 섹스에 대한 흥미를 잃었다고 말했고, 여성의 26%와 남성의 8%가 오르가즘을 느끼는 데 어려움을 겪었고, 여성의 16%가 섹스 중 통증을 경험했다고 밝혔으며, 남성의 10%는 발기 곤란, 남성의 31%가 조루와 관련된 규칙적인 문제를 보고했다. 미국에서는 모든 연령과 민족의 사람들이 성적 문제를 보고한다(**표 13-1** 참조). 그들은 유럽, 아시아 및 오세아니아를 포함한 다른 세계 지역에 사는 성인들 사이에서도 똑같이 일반적이다(Hendrickx et al., 2014; Lo & Kok, 2014; Mialon et al., 2012; Nicolosi et al., 2006; Peixoto & Nobre , 2015). 이것은 무엇을 의미하는가? 라우만은 “모든 사람이 조만간 위험에 처해 있다. 젊고 건강한 사람들이 성적인 문제를 겪지 않을 것이라는 것은 신화이다”(Leland, 1999, p. 47에서 인용).

어떤 경우에는 파트너가 누구인지에 관계없이 개인에게 성적인 문제가 있다. 그러나 관계 내에서 성적인 문제는 관계의 다른 어려움 때문에 또는 단순히 개인의 차이로 인해 자주 발생한다. 사람들은 원하는 것과 원하는 빈도가 다르다. 우리는 관계 내에서 성적인 문제를 일으킬 수 있는 개인의 차이와 대인 관계 문제에 대한 논의로 시작할 것이다.

개인차와 대인관계의 어려움

Individual Differences and Interpersonal Difficulties

13.2 개별 요인(다양한 신념, 가정, 선호도 포함)과 관계 요인(커뮤니케이션 및 전반적인 웰빙 포함)이 부부의 성생활에 어떤 영향을 미칠 수 있는지 설명한다.

연구자와 임상의는 부부의 성생활의 전반적인 질과 관련된 다양한 개인 및 관계 요인을 확인했다.

성적 상호작용에 대한 다른 기대

Different Expectations About Sexual Interactions

각 파트너가 부부의 성적 상호작용에 가져오는 기대는 성 문제의 발전에 기여할 수 있다. 예를 들어, 남성과 여성은 파트너가 있는 섹스와 관계에서 섹스가 수행해야 하는 역할에 대해 서로 다른 생각을 하는 경우가 많다.

표 13-1 지난해 연령별, 인종별/민족별로 몇 달 동안 지속된 성적 문제를 경험한 미국 남성과 여성의 비율

	섹스에 대한 관심 부족		오르가즘에 도달하지 못함		발기가 안되거나 지속할 수 없음	조기 사정/조루	질 윤활 곤란	성교 중 통증
응답자	여성	남성	여성	남성	남성	남성	여성	여성
나이								
18~29	32%	14%	26%	7%	7%	30%	19%	21%
30~39	32	13	28	7	7	32	18	15
40~49	30	15	22	9	9	28	21	13
50~59	27	17	23	12	9	31	27	8
65~74	38	29	33	23	45	28	43	19
75~85	49	24	38	33	44	21	44	12
인종/민족								
백인	29%	14%	24%	7%	10%	29%	22%	16%
흑인	44	19	32	9	13	34	15	13
라틴계	30	13	22	9	5	27	12	14
기타	42	24	34	19	12	40	17	19

참고: 국가적으로 대표되는 미국 샘플의 결과이다. 60~64세 연령 그룹에 대한 정보는 제공되지 않는다.

출처: Laumann et al., 1999, 2008; Lindau et al., 2007; Waite et al., 2009.

여성은 남성보다 성이 발생하는 맥락에 더 관심을 갖고 파트너 중심의 성향을 채택하는 반면, 남성은 여성보다 성의 물리적 측면에 더 관심을 갖고 목표 중심(오르가즘 중심) 성향을 채택한다(Basson, 2000; McNulty & Fisher, 2008 참조). 실제로 우리 강좌에서 설문조사를 위해 "개인적으로 성적인 파트너에게서 가장 좋아하는 점은 무엇인가?"라는 질문에 6가지 대답을 하라고 했을 때, 대부분의 남성들은 특정 해부학적 특징(예: "멋진 엉덩이", "섹시한 다리") 또는 성적인 특성(예: 아무런 제약없이 구강 성교를 할 것이며)을 나열했다. 반면에 여성들은 해부학에 대해 덜 신경을 썼고 본질적으로 애정이 있고 존중받고 보살핌을 받을 수 있는 파트너 행동(예: 안고, 포옹, 애무하는 파트너)에 훨씬 더 집중했다. 거의 모든 여성이 성적으로 시간을 끄는 남자 파트너를 선호한다고 표현했다. 사실, 이것은 종종 불평으로 들리는데, 남성 파트너가 여성의 성적(그리고 비성적) 요구에 충분한 시간을 들이거나 주의를 기울이지 않았다는 것이다.

> "나는 시간을 내주는 파트너를 선호한다. 내가 가진 가장 즐겁고 즐거운 섹스는 우리가 실제로 "해냈는지"에 대해 전혀 개의치 않는 남자와의 섹스였다. 우리는 서로의 몸을 탐험하면서 몇 시간을 보낼 것이다. 정말 재미있다. 내가 가진 최악의, 가장 만족스럽지 못한 섹스는 기본적으로 내 기분에 대해 걱정하지 않고 자신의 성기를 내 안에 넣고 싶어하는 파트너와의 섹스였다. 이기적인 연인들."

> "시간이 더 필요해! 그는 성행위에 너무 집중하고 있다. 솔직히 말하면 나는 덜 신경 쓸 수 있다. 키스하고, 만지고, 느끼고 싶다. 전후 모두. 그게 나에게 중요하다. 내 오르가즘은 내가 알아서 할 수 있어, 정말 고마워. 나 자신에게 줄 수 없는 것은 껴안는 것이다. 키스나 포옹도. 나는 내 남자를 사랑하지만, 그는 섹스에 관한 모든 것에 대해 너무 '엄청나게 감사하다'. 자기에게 좋다면 나에게도 좋다고 생각하는 것 같아. 글쎄, 그렇지 않다."

> "남자친구는 우리가 하는 모든 것이 섹스로 끝나야 한다고 생각한다. 키스는 섹스로 이어진다. 포옹은 섹스로 이어진다. 손을 잡는 것은 섹스로 이어진다. 가끔은 키스를 하고 싶은데 꼭 성관계를 가질 필요는 없다."
>
> (모든 예제는 작성자의 파일에서 가져옴)

성에 대한 이러한 서로 다른 선호도와 기대는 확실히 파트너 사이에 긴장을 일으키고 관계에 갈등을 일으킬 수 있다. 흥미롭게도 남성과 여성은 전희와 성교가 더 오래 지속되기를 바라는 한 가지에 동의하는 것 같다(Miller & Byers, 2004).

남성과 여성의 성에 대한 다른 가정

Different Assumptions About Male and Female Sexuality

남성과 여성은 종종 초기 성경험이 다르기 때문에 이성에 대한 잘못된 가정이 생길 수 있다. 많은 남성과 여성이 오르가즘을 느끼는 첫 번째 성적 경험은 자위행위이다. 11장에서 대부분의 남성은 오르가즘에 도달함에 따라 지속

그림 13-1

연구에 따르면 전체 커플 중 절반 이상이 관계 중 언젠가는 성적인 문제를 겪었거나 겪을 것이다.

출처: Asiaselects/Alamy Stock Photo

적으로 가속되는 속도로 손을 페니스 위아래로 단단히 움직여 자위를 한다는 것을 상기하시오. 여성은 자위 기술이 더 다양하지만 대부분은 음핵을 간접적으로 자극하는 방식을 선호한다. 상대적으로 소수의 여성이 자위하는 동안 질에 손가락을 삽입한다(질 삽입과 음핵 자극을 제공하는 진동기를 사용할 수 있지만). 더욱이, 일반적으로 여성이 남성보다 오르가즘을 느끼기 위해 자위하는 데 더 오래 걸린다. 반대되는 증거 없이, 사람들은 자신에게 가장 좋은 것이 다른 사람들에게도 가장 좋은 것이어야 한다고 생각하는 것이 논리적이다. 따라서 남성은 종종 여성이 전희 동안(손가락을 질 안팎으로 빠르게 밀어내는 것과 같이) 생식기를 격렬하게 자극하는 것을 매우 좋아한다고 가정하지만 실제로는 그렇지 않을 수 있다. 유사하게, 여성은 남성 파트너가 부드러운 간접 자극을 선호한다고 가정할 수 있지만 실제로는 그렇지 않을 수 있다.

> "우리가 처음 섹스를 했을 때, 내 여자친구는 내 성기를 다치는 것에 대해 매우 긴장했다. 나는 그녀가 그것을 꼭 잡고 꽤 세게 손을 움직이면 나를 다치게 하지 않을 것이라고 그녀를 안심시켜야 했다." (남성)
>
> "드디어 너무 아파서 파트너에게 더 천천히 삽입하고 더 부드럽게 만져달라고 말해야 했다. 내가 할 때까지 그는 내 음핵을 자신의 엄지손가락으로 만지고 계속해서 두드리는 것이 나를 만족시키는 가장 좋은 방법이라고 생각했다. 웃긴 건 내가 한 마디 하면 안심이 된다는 거다. 알고 보니 그도 그다지 즐기고 있지 않았다." (여성)
>
> (모든 예제는 작성자의 파일에서 가져옴)

원하는 섹스 빈도의 차이
Differences in Desired Frequency of Sex

관계에 있는 사람들이 직면하는 가장 흔한 성 문제 중 하나는 자신과 파트너가 성관계를 원하는 빈도의 차이이다(Muise et al., 2016).

> "내 남자친구는 내가 원하는 것보다 훨씬 더 자주 성관계를 갖기를 원한다. 어떻게 하면 우리 둘을 더 즐겁게 만들 수 있을까?"
>
> "남자친구는 섹스를 하루에 한 번만 좋아해. 훨씬 더 하고 싶어. 그는 항상 그것을 원해야 하지 않겠는가?"
>
> (모든 예제는 작성자의 파일에서 가져옴)

원하는 섹스 수준과 실제 빈도의 차이가 충분히 크면 성적 및 관계 불만으로 이어질 수 있다(Willoughby et al., 2014b). 하지만 관계에서 사람들은 일반적으로 파트너의 욕구에 비해 과도하거나 과소 섹스된다는 것을 기억하는 것이 중요하다. **문제가 있는 것은 부부이지 개인이 아니다.**

성적 욕망은 남성과 여성 모두에게 정상적으로 변하며 고정된 수준이 아니다. 즉, 섹스에 대한 욕망은 삶의 상황에 따라 달라질 수 있다(Regan, 2015 참조). 예를 들어, 질병, 스트레스, 피로는 성욕에 큰 영향을 미칠 수 있다. 파트너가 이전보다 섹스에 대한 관심이 줄어들었다면 이는 파트너의 삶에서 일어나는 다른 일 때문일 수 있다.

> "내가 집에 있고 남편이 일할 때, 나는 남편이 욕망이 없어 보이는 것을 이해하지 못했다. 그가 그것을 즐기지 않은 것은 아니지만 우선 순위 목록에서 낮게 놓일 수 있다. 그는 직장에서 자신의 문제에 대해 말해 주었고, 나는 그때 정말 사랑을 나누는 것에 관심이 있었다. 나는 그의 상사가 얼마나 불쾌하고 무례하고 지능이 없는지 듣고 싶지 않았다. 나는 이 모든 '변명'을 개인적인 비난으로 받아들였다."
>
> "...25년 동안 직장을 그만두기로 한 그의 결정. 그가 마침내 이것을 하기로 결정했을 때 나는 일하러 나가겠다고 말했고 Kelly Girl이 되었다. 나는 한 번도 임무를 거절하지 않고 내 모든 것을 바쳤다. 지금 나는 긴장과 상사와의 문제, 그리고 육체적으로나 정신적으로 피곤함을 느끼고 있다."
>
> "내가 퇴근하고 집에 오면 그는 꼭 안아주고 키스할 준비가 되어 있을 것이다. 나는 그에게 하루 동안 겪었던 문제에 대해 말하기 시작했다. 마침내 나는 그에게 '당신이 나에게 한 것과 똑같은 행동을 하고 말하고 있다는 것이 믿을 수 없어'라고 말했다. 그러자 그도 그 기분을 알았고 나도 마찬가지였다. 글쎄, 이 같은 태도가 침실로 흘러갔다."
>
> (저자의 파일에서)

개인적인 생각 Personal Reflections

당신의 파트너가 섹스를 원하는데 당신이 기분이 좋지 않을 때 당신은 어떻게 하는가? 당신이 섹스를 원하는데 상대방이 기분이 좋지 않다면 파트너가 무엇을 해 주기를 기대하겠는가? 왜? 파트너와의 성관계를 피하기 위해 피곤하거나 아픈 척 한 적이 있는가? 그렇다면 왜? 이러한 응답이 성적 욕구에 대해 파트너와 의사 소통하는 가장 좋은 방법이라고 생각하는가?

선호하는 성행위의 차이
Differences in Preferred Sexual Behaviors

각 사람이 하고 싶어하는 성행위 유형의 차이도 문제를 일으킬 수 있다. 예를 들어, A라는 사람이 선교사 위치에서만 섹스를 하고 싶어하고 다양한 위치와 위치에서 성교하기를 원하는 B와 관계를 맺고 있다고 가정해 보겠다.

> "여자친구와 나는 성생활을 한다. 나는 똑같은 오래된 선교사 위치를 하는 것에 지쳤다. 내가 새로운 자세를 언급할 때마다 그녀는 그것을 하고 싶어하지 않는다. 나는 똑같은 오래된 위치에 너무 지쳐서 섹스에 대한 관심을 잃었다. 가끔은 섹스도 하고 싶지 않아."

> "최근에 두 가지 성적인 즐거움을 모두 높일 수 있는 일을 해보고 싶었지만 남자친구가 하고 싶어하지 않았어. 그는 섹스에 관해서는 구식이고, 내가 새로운 위치에 도전하거나 우리가 사랑을 나누는 동안 성적 환상을 공유하는 것에 대해 언급하면 화를 낸다. 나는 등을 대고 조용히 섹스하는 것이 지겹다."
>
> (모든 예제는 작성자의 파일에서 가져옴)

여기서 문제의 책임은 누구에게 있는가? A가 억제되어 있는가, 아니면 B가 비정상인가? B가 A와 관계를 갖는 대신 속박과 항문 성교(B는 시도하고 싶지 않은)를 시도하고 싶어하는 C와 관계에 있다고 가정한다. 이제 B를 금지된 것으로 간주해야 하는가? 다시 한번 말하지만, 그것은 모두 상대적이다. 손가락질하고 한 파트너에게 책임을 전가하는 것은 좋지 않다. 사실, 일반적으로 어떤 책임도 묻지 않고 문제를 공유하는 것으로 보고 함께 해결하기 위해 협력하는 것이 가장 좋다. 가장 효과적인 방법 중 하나는 파트너가 자신의 성적 취향을 공개적으로 공개하고 토론하는 것이다. 섹스에 대한 이러한 직접적이고 개방적인 의사 소통은 각 파트너가 상대방의 관점을 이해하는 데 도움이 되며 침실 안팎에서 더 강력하고 행복한 관계로 이어질 수 있다(Muise et al., 2016).

대인 갈등과 관계의 고통
Interpersonal Conflict and Relationship Distress

비록 성 관계가 부부의 전반적인 관계의 일부일 뿐이지만, 파트너쉽의 성적인 영역에서 일어나는 일이 비성적인 영역에서 일어나는 일에 큰 영향을 미칠 수 있다는 것은 분명한 사실이다. 그 반대도 사실이다. 부부 관계의 비성적인 측면은 성생활에 엄청난 영향을 미칠 수 있다. 연구자들은 사실 관계의 웰빙이 성적 만족과 상관관계가 있다는 것을 일관되게 발견했다. 즉, 갈등을 경험하고 있거나 전반적인 관계의 질에 불만족하는 파트너도 성생활의 질에 만족하지 못하는 경향이 있다는 것이다(Sprecher et al., 2018).

> "전 남편은 알코올 중독자이다. 음주는 그를 무기력하게 만들고, 외출에 관심이 없고, 대화하기 힘들고, 매우 부정적으로 만들었다. 결혼 생활이 끝날 무렵, 나는 그와 같은 방에 있는 것을 간신히 참을 수 있었다. 이것은 우리의 성생활을 포함하여 우리 관계의 모든 부분에 영향을 미쳤다. 그는 섹스에 관심이 없었고, 나도 똑같이 느꼈다. 미워하는 사람에게 매력을 느끼기 힘들다."
>
> "여자친구와 나는 평소와 같은 기복이 있었다. 나는 우리가 다운 단계에 있을 때 우리 중 누구도 매우 성적인 사람이 아니라고 말할 수 있다. 누가 화난 사람과 섹스를 하고 싶어하겠는가? 이것은 내가 모든 성욕을 잃는다는 것을 의미하지는 않는다. 하지만 그런 경우에는 자위를 할 것이다. 우리가 싸움 중에 있다면 그녀를 상대하는 것보다 쉽다. 나는 그녀가 똑같이 할 것이라고 확신한다."
>
> (모든 예제는 작성자의 파일에서 가져옴)

대인 관계 갈등, 기타 관계 문제 및 스트레스 요인을 성공적으로 해결하려면 부부가 자신의 차이점에 대해 이야기할 수 있어야 한다. 이 장의 부록은 파트너(특히 성에 관한)와 효과적으로 의사 소통하는 방법에 대한 몇 가지 지침을 제공한다. 부부가 스스로 문제를 해결할 수 없을 때 카운슬러의 도움이 필요할 수 있다. 적절하게 훈련되고 인증된 사람을 선택해야 한다. 귀하 지역의 공인된 결혼 및 가족 치료사의 이름과 주소는 미국 결혼 및 가족 치료 협회(*AAMFT*)에 연락하여 얻을 수 있다: www.aamft.org.

때때로 파트너는 성 치료를 전문으로 하는 상담가에게 도움을 청해야 할 수도 있다. 이것은 부부(또는 개인)가 직면한 문제가 (일반적인 관계와 반대되는) 성적 기능과 구체적으로 관련되어 있고, 한쪽 또는 양쪽 파트너에게 큰 고통과 불안을 일으키고 관계의 전반적인 건강과 안녕을 방해할 때 발생할 수 있다.

개인적인 생각 Personal Reflections

당신은 당신의 성적인 가치와 욕구를 당신의 성 파트너나 잠재적 파트너에게 편안하게 전달할 수 있는가? 그렇지 않다면 어떤 장애물이 그렇게 하는 것을 방해하는가? 당신의 파트너가 자신의 성적 가치와 욕구를 당신에게 편안하게 전달하는 것을 방해하는 장벽을 만들 수 있는가? 당신과 당신의 파트너가 침실 "밖에서" 가지고 있던 문제가 당신에게 성적인 긴장이나 문제를 일으키는 상황을 경험한 적이 있는가? 상황을 어떻게 해결했는가?

성 치료 Sexual Therapy

13.3 성 치료의 기본 구성요소와 특정 성기능 장애를 치료하는 데 사용되는 방법을 식별한다. 성 문제의 "의료화"의 장단점에 대해 토론한다.

다른 유형의 치료와 비교할 때, 성 치료는 비교적 새롭고 여전히 발전하는 분야이다. 마스터스와 존슨이 1970년에 그들의 선구적인 저서인 "*Human Sexual Inadequacy*"를 출판할 때까지 성적인 문제가 있는 대부분의 사람들은 가정의, 비뇨기과 의사 또는 정신 분석가(당시 실행되었던 지배적인 형태의 심리 상담)를 찾았다. 그러나 대부분의 의사들은 그러한 문제를 다룰 준비가 되어 있지 않았으며(아직도 그렇게 하지 않고 있다), 정신분석학은 일반적으로 수년 동안 지속된 장기간의 치료와 관련되어 있으며(그리고 여전히 포함된다) 성적인 문제를 그 자체의 문제라기보다는 깊은 유년기 갈등의 표현으로 보았다(Berry, 2013).

마스터스와 존슨(1970)은 원래 대부분의 성 문제가 잘못된 학습의 결과이므로 **인지 행동 치료(cognitive-behavioral therapy)**를 사용하면 비교적 짧은 시간에 해결할 수 있다고 믿었다. 이러한 종류의 치료는 사람들이 부적응적 반응을 적응적 반응으로 대체하도록 돕기 위해 인지 재구성 및 행동 수정을 사용하여 특정 성 행동과 사람들이 그것에 대해 생각하고 느끼는 방식에 중점을 둔다. 예를 들어, 마스터스와 존슨은 과거 사건이나 해결되지 않은 어린 시절 갈등을 뒤돌아보기보다는 성에 대해 커플을 교육하고, 부정적인 성 관련 태도와 신념에 도전하고 변화시키며, 파트너 간의 성적인 의사 소통을 개선하고, 특정 성 기술을 구축하는 데 중점을 둔다. 문제적인 생각과 행동이 문제이고, 이러한 생각과 행동이 바뀔 수 있다면 클라이언트의 성적인 문제도 해결된다는 그들의 견해. 인지 행동 접근 방식은 1970년대부터 1990년대 후반까지 이 분야를 지배했으며 마스터스와 존슨이 개발한 독창적인 기술은 오늘날 대부분의 성 요법의 핵심 구성요소로 남아 있다(Atwood, 2015).

1998년 비아그라가 도입되면서 성 문제가 의학적 문제로 인식되기 시작했고 그에 따라 치료되었다(Berry, 2013). **의료 모델(medical model)**에서 의사는 의료 기술(예: 약물 요법, 수술)로 성 문제를 치료한다(Cacchioni & Tiefer, 2012 참조). 발기 장애가 있는 남성은 성 문제가 인지 행동 및/또는 부부 치료가 필요한 심리적 또는 대인적 요인에서 비롯된 가능성을 고려하기보다는 알약으로 "치료"할 수 있는 "합법적인" 의학적 문제가 있다고 생각할 수 있다. 제약회사의 경우 의료 접근 방식이 너무 수익성이 좋아서 약물로 여성의 성 문제를 해결하려고 시도하기 시작했다. 실제로 Addyi(flibanserin)라는 약물은 결국 여성의 성욕을 향상시키기 위해 개발되었다[2015년 미국 연방의약국(FDA) 승인]. 롤랜드(2007)는 성 문제에 대한 이러한 접근 방식의 인기가 "성적 문제에 대한 의학적 해결책이 성적인 치료와 과학을 쓸모없게 만들까?"라고 질문했다.

성적 문제에 대해 독점적인 의학적 접근 방식을 채택하는 데는 몇 가지 잘못된 점이 있다(Tiefer, 2015 참조). 첫째, 대부분의 의사는 이러한 특정 문제를 처리하는 방법에 대해 필요한 교육을 받지 못했다(Coleman, 2012). 둘째, 이 장의 앞부분에서 논의한 것처럼 많은 성 문제는 의학적 원인이 아닌 개인의 성 관련 신념과 가정, 파트너의 성적 선호도 및 의사 소통 스타일, 부부 관계의 질에서 비롯된다. 한 사람의 신체 기능의 특정 측면에 영향을 미치는 약물(예: 다양한 생리학적 반응을 대상으로 함)은 이러한 문제 또는 기타 비신체적 문제를 "고칠" 수 없으므로 성 문제를 효과적이고 영구적으로 "치료"할 수 없다. 예를 들어, 연구에 따르면 발기부전으로 약물만 단독으로 치료받는 대부분의 남성은 결국 불만족하게 되고 어려움이 다시 발생한다(Berry, 2013). 비슷하게, Addyi(여성의 낮은 성욕을 치료하기 위해 개발된 약물)는 원래 "여성 비아그라"로 환영받았지만 심각한 부작용을 수반하고 여성의 성기능 개선에 상대적으로 효과가 없다(Tavernise, 2016 참조). 많은 전문가들이 의료적 접근 방식에 대해 윤리적인 문제를 제기해 왔으며, 제약업계는 질병을 '마케팅'하고 의료 전문가와 일반 대중의 마음에 '질병 상태'를 설정하여 매출 증대와 이윤 창출을 꾀하고 있다(Meixel et al., 2015 참조). 이것은 타당한 비판이다. 요컨대, 성 문제를 경험하는 일부 개인은 약물 치료의 혜택을 받을 수 있지만 일반적으로 의학적 치료는 성 문제에 대한 단독 솔루션으로 충분하지 않다(Althof, 2006; Tiefer, 2008).

오늘날, 치료사와 의사가 성적인 문제에는 종종 여러 원인이 있기 때문에 효과적인 치료가 다면적이어야 한다는 점을 점점 더 인식하게 되면서 진자는 뒤로 물러나기 시작했다(예: Brotto et al., 2016). **생물심리사회적 접근(biopsychosocial approach)**에서 "기능 장애의 원인과 증상 구조는 생물학적, 심리적, 사회적 요인의 일부 조합을 수반한다"(Berry, 2013).

부부의 경우, 성 치료는 파트너가 헌신적인 관계에 있고, 중대한 비성적 갈등을 겪지 않으며, 의사 소통 능력이 좋으며, 성적 문제(그리고 전체적 관계에서)를 서로 돕도록 동기부여가 되어 있을 때에만 효과가 있을 것이다. 이러한 요소 중 하나라도 빠진 경우에는 의사 소통을 개선하고 갈등을 해결하기 위한 **부부 치료(couples therapy)**도 포함될 것이다(Metz & Epstein, 2002).

성 치료사의 도움이 필요하다고 생각되면 먼저 치료

인지 행동 치료(Cognitive-behavioral therapy) 문제를 잘못된 학습의 결과로 보고 특정 성행위와 그에 대해 우리가 생각하고 느끼는 방식에 중점을 둔 치료이다. 과거 사건에 초점을 맞추지 않는다.

의료 모델(Medical model) 성 문제를 의학적 원인으로 보고 의료 기술로 치료한다.

생물심리사회적 치료(Biopsychosocial therapy) 성 문제는 종종 여러 요인에 의해 발생하며 효과적인 치료는 종종 생물학적, 심리적, 대인/사회적 요인의 조합을 목표로 해야 한다는 것을 인식하는 성 치료.

부부 치료(Couples therapy) 두 사람 간의 전반적인 관계 및 의사 소통 기술에 중점을 둔 치료이다.

사의 자격을 확인하시오. 어떤 곳에서는 거의 모든 사람이 "상담자"라고 광고할 수 있다. 해당 지역의 인증된 성 상담사와 치료사의 이름과 주소는 **미국 성교육자, 상담자 및 치료사 협회**(*AASECT*): www.aasect.org에 연락하여 얻을 수 있다.

성 치료의 구성요소
Components of Sexual Therapy

표 13-2에 나와 있는 것처럼 성 치료에는 세 가지 일반적인 목표가 있다(Stephenson et al., 2013): 첫째, 개인의 성기능을 향상시키기 위해; 둘째, 성적 만족도를 높이기 위해; 셋째, 성적 고통을 줄이거나 없애기 위해. 이러한 목표를 달성하기 위해 치료 과정에는 일반적으로 다음 구성요소가 포함된다.

병력 Medical History

일부 성적인 문제는 적어도 부분적으로 근본적인 신체적 또는 의학적 문제로 인해 발생할 수 있다. 순환기 문제(예: 동맥경화증), 호르몬 이상(예: 낮은 테스토스테론 수치) 또는 중추신경계 손상을 유발하는 모든 것(예: 당뇨병, 척수 손상)은 성 문제가 발생할 가능성을 높인다(McCabe & Connaughton, 2014). 알코올과 약물은 주요 기분 및 불안 장애와 마찬가지로 종종 성 장애를 유발한다. 따라서 치료를 시작하기 전에 환자의 완전한 **병력**(*medical history*)(및 신체 검사를 위해 의사에게 의뢰할 수 있음)을 포함하는 것이 중요하다. 성 문제의 유형에 따라 인지-행동 치료(예: 항불안제, 질 윤활을 증가시키거나 발기력을 향상시키기 위한 약물) 동안 상담자를 돕기 위해 약물 요법이 이 시점에 시작될 수 있다.

표 13-2 성 치료의 세 가지 목표

목표 1: 성기능 향상	성적 반응의 특정 측면을 목표로 하고 개선한다 (예: 성욕 수준, 주관적 및 생리적 각성, 오르가즘 또는 사정 달성 용이성, 성행위 중 또는 후의 통증).
목표 2: 성적 만족도 증가	의뢰자의 성생활의 질에 대한 주관적인 평가 개선 (성생활의 좋은 측면과 좋지 않은 측면 모두)
목표 3: 성적인 고통 감소	의뢰자의 스트레스, 불안, 걱정, 좌절, 죄책감, 수치심 및 성적 활동에 대한 반응으로 경험되는 기타 부정적인 감정을 제거하거나 감소시킨다.

출처: Based on Stephenson, K. R., et al. (2013). Relationship satisfaction as a predictor of treatment response during cognitive-behavioral sex therapy. *Archives of Sexual Behavior*, 42, 143-152.

> "나이가 들면서 섹스가 점점 불편해져서 완전히 멈춰버렸다. 남편은 내가 그에게 관심을 잃어가고 있다고 생각했지만 사실은 그와 아무 상관이 없었다. 고통이 보장된 섹스는 원하지 않았다. 우리는 이것에 대해 여러 번 논쟁했고 그것은 우리 관계의 다른 영역에 영향을 미쳤다. 치료의 일부는 서로 더 효과적으로 의사 소통하는 방법을 배우는 것이고, 일부는 성적인 문제로 우리 둘이 타협하고, 일부는 내 신체적 문제를 치료할 방법을 찾는 것이었다. 결국 우리는 섹스를 더 편안하게 하는 데 도움이 되는 처방전, 특히 질 크림의 일종을 찾았다."
>
> (저자의 파일에서)

성 역사 Sexual History

거의 모든 성 치료사는 치료가 시작되기 전에 상담자의 완전한 **성 역사**(*sexual history*)를 기록할 것이다. 이러한 역사는 매우 철저하며 역사에 할애된 시간의 길이는 상담자가 자신의 과거 경험에 대해 얼마나 솔직한가에 달려 있다. 일부 치료사들은 "연관되지 않은 파트너 같은 것은 없기 때문에" 커플과 함께 일하는 것을 선호한다(Masters & Johnson, 1970). 현재의 관계 이전에 개인의 성적 문제가 발생하더라도 해당 문제가 이제 그들의 결합의 일부이기 때문에 파트너가 관련된다. 사실, 한 파트너에게 성적인 문제가 있으면 다른 파트너도 함께 문제를 일으키는 것이 일반적이다(McCabe & Connaughton, 2014).

> "내 아내는 섬유근육통으로 고통받고 있으며, 특히 내가 처음으로 내 페니스를 질에 삽입할 때 성교가 매우 고통스럽다고 느낄 때가 있다. 나는 항상 그녀를 다치게 할까봐 너무 걱정해서 나 자신에게 문제가 생기기 시작했다. 그녀가 괜찮다고 느끼며 우리가 성교를 하길 원하는 데도 힘들게 할 수 없다."
>
> (저자의 파일에서)

교육 정보 Educational Information

치료사는 또한 성에 대해 교육하고, 해부학 및 남성과 여성의 성 반응에 대한 지식을 늘리고, 그들이 가지고 있을 수 있는 모든 오해나 부정확한 정보를 바로잡기 위해 고안된 적절한 정보를 상담자에게 제공할 것이다. 이러한 부정확한 믿음 중 일부에는 음핵 오르가즘이 질 오르가즘보다 "유효하다"거나 "실제적"이지 않다는 생각, 남성은 단숨에 발기가 가능해야 하며 "좋은 섹스"는 항상 자발적이라는 상호적이고 동시적인 오르가즘을 생성하고 완전한 성적 만족을 낳는다(Dune & Shuttleworth, 2009 참조).

"성관계로 절정에 이르지 못하고 자위를 하거나 파트너가 구강 성교를 했을 때만 성관계로 절정에 달할 수 있는 나에게 문제가 있다고 생각했다. 이것이 많은 여성들에게 해당되며 나와 내 몸에 아무 이상이 없다는 것을 알게 되어 정말 안심이 되었다. 그때까지 죄책감과 부끄러움을 느꼈다." (여성)

"아내는 내가 남자이기 때문에 항상 섹스에 관심을 가져야 한다고 생각했다. 때때로 그녀는 시작했지만 나는 관심이 없었다. 특히 내가 피곤하거나 직장에서 일을 처리하는 경우에는 더욱 그렇다. 나는 핑계를 대고 그녀를 좋게 실망시키려고 노력했지만, 내가 원하지 않으면 그녀가 아무리 화를 내더라도 상관없다. 치료는 그녀가 남자가 된다는 것이 당신이 일종의 슈퍼 차지 섹스 로봇이라는 것을 의미하지 않는다는 것을 이해하도록 도왔다. 우리 둘 다 섹스를 거부할 권리가 있다는 것을 배웠고, 그렇다고 해서 우리가 나쁜 성생활을 하고 있거나 서로 사랑하지 않는다는 의미는 아니다." (남성)

(모든 예제는 작성자의 파일에서 가져옴)

감각 초점 Sensate Focus

많은 사람들이 성적 관계에서 목표나 성과 지향적이다. 침투적인 성교 행위와 오르가즘의 성취에 많이 집중함으로써, 그들은 결코 애정 있고, 상호적이며, 침투적이지 않은 방식으로 육체적인 쾌락을 주고받는 방법을 배우지 않는다. 따라서 대부분의 치료사는 부부에게 서로를 만질 때 **요구하지 않는 상호 쾌락 기술**(*non-demand mutual pleasuring techniques*)을 사용하도록 지시한다. 구체적으로 부부는 삽입성교나 오르가즘의 목적에 대해 생각하지 않고 집에 가서 옷을 벗고 교대로 서로 만지도록 지시한다. 처음에는 유방과 생식기를 만지는 것이 금지되어 있지만 신체의 다른 모든 부위를 조사해야 한다(그림 13-2 참조). 받는 사람은 주는 사람이 만들어내는 감각에 초점을 맞추고 어떤 것이 좋고 어떤 것이 좋지 않은지에 대한 피드백을 제공하도록 지시받는다. 주는 사람은 파트너를 기분 좋게 만드는 동시에 만지는 즐거움을 배운다. 본질적으로, 부부는 요구하지 않는 상황에서 관능적이 되는 법을 배운다. 치료 세션 동안 파트너는 필요에 따라 기술과 위치에 대한 추가 지침을 제공할 수 있는 치료사와 경험에 대한 그들의 감정에 대해 논의한다.

이러한 **감각 집중 운동(sensate focus exercises)**을 만든 마스터스와 존슨은 종종 환자들이 이 비성기 지향적인 접촉을 하는 데 며칠을 보내도록 했다. 목적은 성행위에 대한 불안을 줄이고 비언어적(언어적) 의사 소통 기술을 가르치는 것이다(De Villers & Turgeon, 2005). 결국 부부는 만질 때 유방과 성기 자극을 포함하되 오르가즘을 유발하는 만지는 것은 피하라는 지시를 받는다. 성 문제 치료의 성공적인 결과는 종종 치료 중 완료되는 감각 집중의 양과 직접적으로 관련된다. 흥미롭게도 연구에 따르면 껴안고 애무하는 것과 같은 상호적이고 애정 어린 비침투적

감각 집중 운동(Sensate focus exercises) 요구하지 않는 상황에서 비성기 접촉을 통해 불안을 줄이고 상호 쾌락을 가르치기 위해 고안된 운동.

그림 13-2

감각초점법/성감대찾기(sensate focus)는 커플이 수행이나 목표 달성에 대해 걱정하지 않고 만지고 감동받는 방법을 배우는 비요구 상호 쾌감기법이다.

행동은 성적 만족도를 높이는 것과 관련이 있다(Muise et al., 2016 참조). 이것은 성적인 문제를 겪고 있는 커플뿐만 아니라 모든 커플이 감각 집중 기술의 이점을 누릴 수 있음을 시사한다.

> **개인적인 생각** Personal Reflections
> 파트너와의 신체적 상호작용을 멈추고 생각해보시오. 대부분의 상호작용에서 파트너를 성기가 아닌 방식으로 만지거나 애무할 수 있는가? 아니면 평소에 즉각적인 생식기 또는 유방 만지기를 서두르는가? 당신의 파트너가 당신의 팔, 다리, 목 등을 애무할 수 있는가? 그 이유는 무엇?

특정 운동 Specific Exercises

감각 집중 운동이 성공적으로 완료된 후 치료사는 일반적으로 환자(및 파트너)가 치료를 찾게 만든 문제를 돕기 위해 특정 운동을 할당한다. 이것들은 우리가 가장 일반적인 유형의 문제에 대해 논의할 때 설명될 것이다. 치료사가 성교를 허용할 때, 그것은 거의 항상 여성 위 또는 나란히 있는 위치에 있으며, 어느 파트너도 완전히 통제할 수 없다. 치료사들은 이러한 자세가 많은 커플이 자주 사용하는 선교사 위치보다 훨씬 더 성적인 잠재력을 가지고 있다고 믿는다.

성 장애의 분류
Classification of Sexual Disorders

13.4 성 문제와 성 장애의 차이점을 설명한다.

우리가 논의한 바와 같이, 모든 합의된 성적 상호작용이 원활하게 진행되거나 파트너에게 높은 수준의 쾌락과 만족을 주는 것은 아니며, 대부분의 남성과 여성은 때때로 성적 반응의 혼란을 경험한다(Tambling & Reckert, 2014 참조). 이러한 혼란과 문제가 반드시 근본적인 **성 장애(sexual disorder)**의 존재를 반영하는 것은 아니다. 세계보건기구(WHO)의 **국제질병분류-10**(*ICD-10*)은 성 장애를 "고통 및 개인 기능의 방해와 관련하여 임상적으로 인식 가능한 일련의 증상 또는 행동"으로 정의한다(WHO, 2016b). 미국 정신과학 협회(American Psychiatric Association)의 **정신 장애 진단 및 통계 편람**(*DSM-5*)은 성적 장애를 "성적으로 반응하거나 성적 쾌락을 경험하는 개인의 능력에 임상적으로 유의한 장애가 특징인 이질적인 장애 집단"(APA, 2013)으로 정의한다. 두 분류 체계의 중요한 기준은 주관적인 고통이다—성적 문제는 개인이 그것을 하나로 간주하는 경우에만 "장애"가 된다. 이것이 의미하는 바는 두 사람이 동일한 성기능 장애(예: 성교 중 발기 상태를 유지할 수 없거나 성욕이 없음)를 나타낼 수 있지만, 오직 한사람(또는 둘 다)만이 장애가 있는 것으로 간주된다는 것을 의미한다. 마찬가지로, 특정 성적 반응 패턴은 개인의 관련된 고통 수준에 따라 한 상황에서는 문제가 있거나 무질서한 것으로 간주될 수 있지만 다른 상황에서는 그렇지 않을 수 있다.

> "내 상황이 당신에게 이상하게 보일 수도 있다. 나는 두 번 결혼했다. [이름 삭제]에서는 조루가 있었지만 [이름 삭제]에서는 그렇지 않다. 여기 이상한 것이 있다. 나는 변하지 않았다. 나는 보통 들어가자마자 빨리 사정한다. 차이점은 [이름 삭제]가 내가 더 오래 버틸 수 있어야 한다는 점과 내가 (그리고 그녀를) 비참하게 만들 수 없다는 사실이다. 우리의 성생활은 지옥이었다. 이제 내 성생활은 천국이다. [이름 삭제]는 자위와 구강 성교를 좋아하는데, 내가 하는 것이 행복하고 그녀는 내가 얼마나 오래 자기 안에 있는지 신경 쓰지 않는다."
>
> (저자의 파일에서)

다른 두 가지 기준도 충족되어야 한다. 진정한 장애로 분류되기 위해서는 성적인 문제가 상당한 시간(보통 최소 6개월) 동안 지속되어야 하고, 다른 개인적 또는 대인 관계적 문제(예: 우울증 또는 기타 정신 장애, 가정 학대 또는 기타 심각한 관계 외상, 주요 재정적 또는 직업적 스트레스, 약물 또는 약물 남용, 파킨슨병, 당뇨병 또는 심장 질환과 같은 의학적 상태)의 결과가 아니어야 한다.

성 장애는 일반적으로 **일차**(선천적; 성생활이 활성화된 때부터 존재) 또는 **이차**(후천적; 비교적 정상적인 기능 기간 이후 시작), 그리고 **전체적**(일반화; 다양한 유형의 자극, 상황 또는 파트너의 유형에 걸쳐 발생) 또는 **상황적**(일부 유형의 자극, 상황 또는 파트너에서만 발생)으로 특징지어진다.

표 13-3과 같이 성 장애는 마스터스와 존슨(1966, 1970)과 헬렌 싱어 카플란(1979)이 처음 기술한 바와 같이 성 반응 주기에 따라 크게 분류된다. 이러한 장애의 유병률은 **표 13-4**에 나와 있다. 따라서 네 가지 주요 범주는 욕망 장애, 각성(흥분 단계) 장애, 오르가즘 및 사정 장애, 성통 장애이다. 다음 섹션을 읽기 전에 4장의 성적 반응 주기 섹션을 검토하시오. 남성과 여성의 성적 반응 주기(결과적으로 남성과 여성이 겪을 가능성이 높은 장애의 종류)

성 장애(Sexual disorder) 심각한 고통을 유발하고, 최소한의 시간 동안 존재했으며, 쉽게 식별할 수 있는 다른 비성적 원인(예: 의학적 상태, 정신 장애, 관계 고통, 외부 스트레스 요인, 약물, 약물 사용)으로 인한 것이 아닌 성적인 문제.

표 13-3 성 장애 항목

	욕구 장애	각성(성기 반응) 장애	오르가즘과 사정 장애	통증 장애
여성	여성의 성적 관심/각성 장애(DSM-5) 성욕 저하 장애(ICD-10)	여성의 성적 관심/각성 장애(DSM-5) 여성 성적 각성 장애(ICD-10) *지속적인 생식기 각성 증후군*	여성 오르가즘 장애(DSM-5) 오르가즘 장애(ICD-10)	성교통(ICD-10) 질염(ICD-10) 생식기-골반 통증/관통 장애(DSM-5) *비 성교 성 통증 장애* *양성 성교 두통*
남성	남성 성욕 저하 장애(DSM-5 및 ICD-10)	발기 장애(DSM-5 및 ICD-10)	조루(조기) 사정(DSM-5) 지연된 사정(DSM-5) 오르가즘 장애(ICD-10)	성교통(ICD-10) *양성 성교 두통* *지속발기증*

참고: 이탤릭체의 장애는 아직 *DSM-5* 또는 *ICD-10* 분류 시스템에 의해 인식되지 않지만 성 장애 및 성 치료 분야의 전문가에 의해 식별되었다(예: McCabe et al., 2016a).

표 13-4 성 장애의 유병률: 전 세계적으로 대표되는 인구 조사 결과

성 장애 형태	남성	여성	국가
성욕저하			
	2%	10%	벨기에
	11	11	중국(홍콩)
	–	7	한국
	6	14	스웨덴
	–	6	미국(1)
	–	7	미국(2)
발기 장애			
	5%	–	벨기에
	5	–	중국(홍콩)
	5	–	덴마크
	3	–	스웨덴
조루			
	6%	–	벨기에
	4	–	중국(홍콩)
	7	–	덴마크
	4	–	스웨덴
	11	–	스위스
오르가즘 장애			
	1%	7%	벨기에
	–	9	중국(홍콩)
	2	6	덴마크
	–	10	스웨덴
	–	3	미국(1)
성교통			
	< 1%	3%	벨기에
	–	8%	중국(홍콩)
	< 1%	3	덴마크
	–	2	한국
	< 1	4	스웨덴

출처: Akre et al., 2014 (Switzerland); Christensen et al., 2011 (Denmark); Fugl–Meyer & Sjögren Fugl–Meyer, 1999 (Sweden); Hendrickx et al., 2014 (Belgium); Johannes et al., 2009 (United States 1); Park et al., 2015 (Korea); Rosen et al., 2012 (United States 2); Zhang et al., 2013, 2015 (China).

사이에 중요한 차이가 있기 때문에 우리는 토론을 성별로 구성했다. 먼저 남성 성 장애에 대해 논의한 다음 여성 성 장애에 대해 논의한다.

남성 성 장애 Male Sexual Disorders

13.5 남성에서 발생하는 주요 성 장애를 식별한다.

다음 섹션에서는 성욕 저하, 발기부전, 조루 및 성교통과 같은 남성에서 발생하는 주요 성 장애에 대해 논의한다.

성욕 저하 Hypoactive Sexual Desire

당신은 4장에서 성욕이라는 용어에 대해 소개받았다. 국제 성 의학 학회(International Society for Sexual Medicine)는 낮은 성욕을 "성적 관심이나 욕망에 대한 감정이 감소하거나 결여되어 있고, 성적 생각이나 환상이 없고 반응하는 욕망이 결핍된 상태"로 정의한다. 성적 흥분을 시도하는 동기(이유/인센티브로 정의됨)가 거의 없거나 없다"(Rubio-Aurioles & Bivalacqua, 2013 참조). **성욕 저하(hypoactive sexual desire)**(APA, 2013; WHO, 2016)라고 불리는 성 장애로 분류되기 위해서는 낮은 성적 욕구가 최소 6개월 동안 존재하고 개인에게 임상적으로 심각한 고통을 야기해야 하며 기존의 신체적, 의학적 원인 또는 심각한 관계 또는 삶의 스트레스에 기인하지 않아야 한다.

성욕 저하(Hypoactive sexual desire) 성적 관심, 생각, 환상이 지속적이고 만연하게 결여되어 있는 성적인 문제. 문제는 심각한 고통을 야기해야 하며 다른 비성적 문제(예: 정신 장애, 파트너 폭력, 약물 치료, 의학적 상태)에 더 쉽게 기인해서는 안 된다.

남성(및 여성)의 경우 성욕은 나이가 들면서 감소하고 규칙적인 욕구 변동도 일반적이다(Regan, 2015). 결과적으로 상당한 비율의 남성이 일생의 어느 시점에서 성적 관심 부족이나 성적 욕망 문제를 경험한다고 보고하는 것은 놀라운 일이 아니다. 미국에서 실시된 설문조사에 따르면 청년 및 중년 남성(18~59세)의 약 15%와 노인 남성(65~85세)의 약 27%가 전년도에 적어도 몇 달 동안 섹스에 관심이 없었다고 답했다(Laumann et al., 1999, 2008; Lindau et al., 2007; Waite et al., 2009). 연구에 따르면 이러한 남성 중 일부의 경우(연구에 따르면 약 2~11%) 이러한 욕구 감소는 개인적인 고통을 동반하므로 적절하게 성욕 저하 장애로 분류된다.

일차적(평생) 성욕 저하[*primary*(*lifelong*) *hypoactive sexual desire*](성적 감정을 가지거나 성적 흥미를 느껴 본 적이 없는)은 남성에서 여성보다 덜 흔하다(McCarthy & McDonald, 2009a). **이차적이거나 후천적인 성욕 저하**(*secondary or acquired hypoactive sexual desire*)(현재 성적 관심을 경험하지 않지만 과거에는 경험한 적이 있음)는 낮은 테스토스테론 수치(Buvat et al., 2013) 또는 항우울제(Werneke et al., 2006 참조)와 같은 유기적 요인에 의해 때때로 생성되기도 한다. 그러나 성욕이 저하된 소수의 남성만이 비정상적으로 낮은 테스토스테론를 가지고 있으며(Wespes & Schulman, 2002), 대부분의 경우 심리적 또는 대인 관계 요인으로 인한 것으로 여겨진다(McCabe et al., 2016c).

성욕 부진은 종종 우울증, 파트너와의 갈등, 심한 스트레스(재정, 직장) 또는 성적으로 억압적인 양육과 관련이 있다. 성욕 문제로 치료를 받는 커플의 절반 이상이 아마도 한 파트너 또는 다른 파트너에게 공존하는 성 문제가 있다. 예를 들어, 낮은 성욕은 발기 문제가 있는 남성에게 매우 일반적이다. 많은 경우 성욕 저하가 다른 성 문제로 인한 성기능 장애를 피하는 방법이다(DeRogatis et al., 2012; Rubio-Aurioles & Bivalacqua, 2013). 성욕 장애는 과거의 외상으로 인해 발생할 수도 있다.

> "15살 때 매춘부와 섹스를 했다. 친구들은 그렇게 하도록 격려했다. 일주일 후 나는 내 성기에 두 개의 상처를 발견했다. 나는 부모님에게 말할 수 없었다. 그들은 나를 죽일 것이다. 나는 잠을 잘 수가 없었다. 친구에게 도움을 요청했다. 그가 나를 어떻게 보았던 것을 기억한다. 나는 거부감을 느꼈다. . . . 나는 겁에 질렸다. 그의 아버지는 의사였고 나를 치료해 주었다. 그가 나에게 연성 결막염이 있다고 말했을 때의 불안을 기억한다. 치료가 가능한지 몰랐다. . . . 오늘은 누구와 섹스하기가 두렵다. 거의 5년 동안 여자와 관계를 맺지 못했다."
>
> (저자의 파일에서)

가장 극단적인 형태의 섹스 회피는 본질적으로 공포증이 되며 **성적 혐오감(sexual aversion)**이라고 한다(Kaplan, 1987; WHO, 2016). 모든 종류의 성적 상호작용(성에 대한 대화조차도)에 대한 기대는 큰 불안을 유발하므로 성적 혐오감을 가진 사람들은 아주 초기 단계에서 단순히 "끄기"만 한다.

물론, 성적 관심의 상실이 심각한 개인적 또는 대인적 고통을 야기하는 경우에만 임상 개입이 필요하다. 낮은 성욕은 커플이 성 치료를 받는 가장 흔한 이유 중 하나이지만 가장 치료하기 어려운 장애이기도 하다(Brotto & Luria, 2014; McCarthy & 맥도날드, 2009a). 실제로 많은 치료사들이 전통적인 성 치료 기술의 성공률은 10%에서 20%에 불과하다고 보고한다. 그 이유 중 하나는 커뮤니케이션 스타일이 좋지 않고 대인관계 갈등이 많고 관계에 불만이 많은 커플에게 성욕 저하가 자주 발생하기 때문이다. 결과적으로 많은 치료사들은 욕망 장애를 "개인적인 문제"가 아닌 "부부 문제"로 보고 치료에 대한 다면적 접근 방식을 채택한다(Leiblum, 2010 참조). 예를 들어, 그들은 즐거움과 의사 소통을 증가시키고 불안을 감소시키기 위해 고안된 행동과 인지 기법으로 시작한 다음, 부부 치료(더 깊은 관계 문제를 해결하고 친밀감을 회복하기 위해)와 개별적인 심리 성 치료(불안을 일으키는 것이 무엇인지 이해하는 것을 돕기 위해)를 모두 통합한다(예: McCarthy & McDonald, 2009a).

발기 장애 Erectile Disorder

특히 나이가 들어감에 따라 일생에 적어도 한 번은 발기 문제를 겪지 않을 사람은 드물다. 전국 조사에 따르면 청년 및 중년 남성(18~59세)의 7~10%와 노인(65~85세)의 40% 이상은 전년도에 발기부전이 수개월 이상 지속되는 것으로 나타났다(예: Laumann et al., 1999, 2008; Lindau et al., 2007; Waite et al., 2009). 피로, 스트레스, 알코올 및 약물 등을 포함한 많은 것들이 기능을 저해하고 발기하기를 어렵게 할 수 있다(McCabe & Connaughton, 2014). 또한 남성들이 처음으로 성관계를 하거나 새로운 파트너와 처음 성관계를 맺었을 때, 아마도 긴장이나 수행 불안 때문에 완전한 발기를 이루거나 유지하는 데 어려움을 겪는 것은 매우 흔한 일이다.

성적 혐오감(Sexual aversion) 개인이 성을 기피하는 것이 공포증이 되는 극단적인 형태의 성욕 저하.

"약혼자와 내가 처음 섹스를 했을 때 나는 참을 수가 없었다. 나는 내 모든 섬유에서 일어나기를 원했지만 내 페니스는 협조를 거부했다. 믿을 수 없었다. 우리는 그것에 대해 웃으면서 끝났고 다음에 모든 것이 제대로 작동했을 때 무엇을 알 수 있는가?" (남성)

"남자친구와 내가 처음으로 섹스를 하려고 했을 때 그는 그렇게 하기 힘들만큼 세게 하지 못했다. 그는 동정남이었고 처음이었다. 우리는 섹스할 계획이 없었기 때문에 늦게까지 이야기를 나눴고 둘 다 지쳤다. 아침에 비행기를 타고 대학원으로 돌아가려고 하는데 '지금 하든지 아니면 여름까지 기다리든지' 하는 상황이었다. 압박감이 그에게 온 것 같다. 기분 나쁘지도 않았고, 그 또한 그렇게 하지 않았음을 확실히 했다." (여성)

(모든 예제는 작성자의 파일에서 가져옴)

이것은 대부분의 남성이 결국 발기 장애를 앓게 될 것임을 의미하는가? 별말씀을. 성적 문제는 개인에게 높고 지속적인 고통을 야기할 때만 임상 장애가 된다는 것을 기억하시오(APA, 2013; WHO, 2016). 구체적으로, **발기 장애(erectile disorder)**라는 용어는 적어도 6개월 동안 "만족스러운 성행위"에 적합한 발기를 얻거나 유지할 수 없는 것을 의미한다. 이 상태는 때때로 **발기부전**(*impotence*)이라고 불리지만, 대부분의 치료사는 이 용어가 남성의 남성성에 대한 부정적인 의미를 내포하고 있기 때문에 이 용어를 사용하지 않는다. 다른 성 장애와 마찬가지로 발기 장애는 **일차성**(즉, 남성은 항상 어려움을 겪음) 또는 **이차성**(즉, 남성은 과거에는 발기 문제가 없었지만 지금은 있음)일 수 있다; 그리고 **전체적**(즉, 문제는 모든 상황에서 발생) 또는 **상황적**(예: 남자는 파트너와 발기할 수 없지만 자위 중에는 발기할 수 있음). 이 장애의 유병률에 대한 확실한 추정은 다양한 진단 기준과 도구를 사용하기 때문에 얻기 어렵지만(McCabe et al., 2016b 참조), 전국 확률 연구에 따르면 성인 남성의 3~5%가 발기 장애가 있다.

많은 발기 문제는 실제 장애로 바뀌기 전에 결국 해결된다. 아마도 많은 발기 문제가 신체적 기반을 가지고 있기 때문일 것이다(Porst et al., 2013 참조). 순환기 문제(예: 동맥경화증, 고혈압, 겸상적혈구빈혈), 신경학적 장애(예: 사고 또는 골반 수술로 인한), 전립샘 수술, 낮은 테스토스테론 수치 및 사타구니 손상은 종종 발기부전을 초래한다(Laumann et al., 2007). 상당한 수의 발기 문제는 혈압 및 심장병 치료에 사용되는 항우울제 및 베타 차단 약물과 같은 다른 상태에 대해 처방된 약물로 인해 발생한다(예: McCabe et al., 2016c). 비만(및 당뇨병), 흡연, 만성 약물 및 알코올 사용 또한 주요 기여 요인이다(Karadag, 2014; McCabe et al., 2016c). 따라서 발기 문제가 있는 사람은 치료를 시작하기 전에 완전한 건강 검진을 받는 것이 중요하다. 약물 및 생활 습관의 변화는 종종 발기 기능을 향상시킨다(Porst et al., 2013).

발기부전은 일반적으로 의학적으로 치료된다. 발기부전에 대한 최초의 의학적 치료에는 진공 장치(음경에 혈액을 강제 주입)와 음경에 약물을 자가 주입하는 방법이 포함되었다(Porst et al., 2013). 영구적인 신경이나 혈관 손상을 입은 남성의 경우 **음경 보형물**(*penile implants*)을 사용할 수 있다. 그러나 대부분의 의학적 치료에는 비아그라(실데나필), 시알리스(타다라필), 레비트라(바데나필)와 같은 경구 약물이 포함된다. 그들은 음경의 평활근을 이완시켜 동맥이 확장되고 혈액이 음경으로 유입되도록 한다. 알약은 음경(뇌가 아님)에 직접 작용하며 남성이 성적으로 자극을 받을 때만 작용한다. 발기 장애에 대한 도움을 구하는 남성의 약 90%가 경구 약물로 치료를 받고(Althof, 2006), 45세 이상 남성의 상당한 수(14%~22%)가 적어도 한 번은 이 알약을 사용한 적이 있다(Jacoby, 2005; Lindau et al.,

그림 13-3
경제적 또는 직업 관련 문제와 같은 심각한 스트레스 요인은 발기 문제 또는 성에 대한 관심 상실로 이어질 수 있다.

출처: SuperStock / SuperStock

발기 장애(Erectile disorder) 남성이 발기를 하고 유지하는 데 지속적 또는 반복적으로 어려움을 겪는 성적인 문제이다. 문제는 상당한 고통을 야기해야 하며 쉽게 식별할 수 있는 다른 비성적 원인(예: 정신 장애, 약물, 의학적 상태, 심각한 삶의 스트레스 요인)으로 인한 것이 아니어야 한다.

2007; Schick et al., 2010). 불행히도, 많은 젊은이들이 이러한 약물을 오락용으로 사용하고 있으며, 이는 알약 없이 성관계를 시도할 때 자신감에 부정적인 영향을 미칠 수 있다(Harte & Meston, 2012).

발기 장애 치료를 위해 널리 채택된 의료 모델은 몇 가지 중요한 문제를 해결하는 데 실패했다(Berry, 2013 참조). 첫째, 두통, 소화불량, 시야흐림 등의 경구용 약물 사용과 관련된 주요 부작용이 있다. 아마도 그 결과 약 60~70%의 남성이 불만족스러워서 사용을 중단한다(Berry, 2013). 둘째, 신체적 또는 기질적 원인에서 비롯된 경우에도 많은 발기 문제가 남성(및 그의 파트너)에게 심리적 의미를 갖게 되므로 문제를 치료하는 데 알약 이상의 것이 필요할 것이다. 예를 들어, 신체적 원인(또는 약물로 인한 일시적인 문제)으로 인해 문제가 있는 남자는 성에 대해 너무 두려워하여 완전히 장애가 될 수 있다. 모든 발기 문제와 관련된 심리적 및/또는 관계 문제가 있을 수 있다. 심지어 신체적 문제에서 비롯된 것이 분명하다. 이제 발기부전에 기여(또는 유발)할 수 있는 몇 가지 심리적 요인에 대해 논의해 보겠다.

원발성 발기부전이 있는 남성은 섹스가 죄와 죄책감으로 동일시하는 성적으로 제한적인 가정 환경에서 자랐을 수 있다(Masters & Johnson, 1970). 문화적, 종교적 요인이 모두 영향을 미쳤을 수 있다.

> "나는 평생 동안 자랐다. . . . 7, 9학년 때 아버지와 나는 성에 대해 이야기를 나누었고 아버지는 내가 결혼하기 전까지는 섹스를 하지 말라고 하셨고, 그렇지 않으면 지옥에 갈 것이라고 말했던 것을 기억한다. 나는 가장 오랫동안 그렇게 생각했다. 그러다가 자위행위를 발견했을 때 죄책감이 너무 커서 신부님과 이야기를 나누러 갔다. 신부님은 그것이 얼마나 잘못된 일인지 말해주었고 나에게 말할 수 있는 기도를 해주었다. 그 이후로 나는 그것을 할 때마다 매우 죄책감을 느꼈다. 나는 10년 동안 완전한 발기를 하지 못했다."
>
> (저자의 파일에서)

초기 외상 경험은 또한 다음과 같은 주요 발기 문제를 유발할 수 있다.

> "16살에 . . . 내 가장 친한 친구는 내가 아직 처녀인 것이 부끄럽다고 생각했다. 나는 술에 취해 친구와 함께 창녀를 데리러 시내로 향하게 되었다. 다음 날 나는 키가 크고 자랑스러운 걸음걸이를 했다(나도 별반 다르지 않았지만). 일주일 후에야 나는 내 속옷에 녹색을 띤 노란색의 분비물이 묻어 있다는 것을 알아차렸다. 의사가 임질을 진단했다. 화를 내시는 아버지와 함께 이야기를 꺼냈다. 형은 나를 비웃었다. 3년 동안 누구와도 데이트하지 않았다. 일단 섹스를 하기까지 3~4년이 걸렸다. 성교할 때쯤이면 발기력이 떨어지곤 했다."
>
> (저자의 파일에서)

그 약이 효과가 있는 것 같나요, 자기?

상황적 발기 장애는 분명히 심리적인 원인이 있다.

> "남편은 사랑을 할 때 가만히 있지 않는다. 처음에는 모든 것이 괜찮지만 1~2분 안에 부드러워진다. 내가 구강 성교를 하거나 자위를 하면 그는 꼼짝도 하지 않는다."
>
> (저자의 파일에서)

이 남성의 발기 문제가 신체적 문제로 인해 발생했다면 어떤 유형의 성행위로도 발기를 유지할 수 없었을 것이다.

심리적 요인으로 인해 이차성 발기 장애를 얻은 남성의 경우 가장 흔한 원인은 수행 불안이다(Bancroft et al., 2005). **수행 불안(performance anxiety)**은 실패에 대한 두려움이다.

> "여자친구와 나는 성생활을 한다. 처음 섹스를 시작했을 때 나는 오르가즘을 느꼈지만 그녀는 그렇지 않았다. 그녀는 아직 섹스를 한 적이 없으며 우리는 섹스를 많이 했다. 나는 내가 남자로서 내 일을 하고 있지 않다고 느낀다. 부끄럽기도 하다. 섹스에 대해 잘 모른다는 생각이 들게 만든다. 최근에 . . . 발기하는데 문제가 있어."
>
> (저자의 파일에서)

수행 불안(Performance anxiety) 남성의 발기부전과 여성의 오르가즘 억제(및 기타 성적 문제)로 이어질 수 있는 성 관계 중 실패에 대한 두려움.

그림 13-4
남성에게 일반적으로 사용되는 치료 기술.

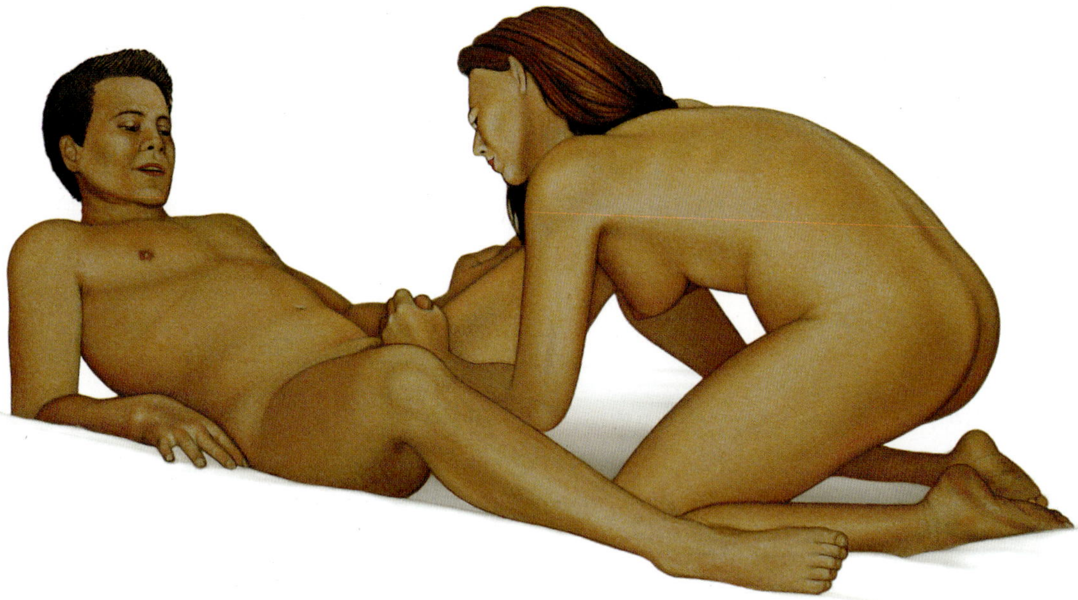

이 장의 시작 부분에 있는 인용문이 증명하듯이 남자가 첫 성교 중에 발기부전을 경험하는 것도 드문 일이 아니다.

만성 불안, 우울증 및 기타 기분 장애는 발기 장애의 발병에 기여할 수 있다(McCabe et al., 2016c 참조). 또한 삶의 스트레스 요인(실업 등)과 파트너 및 가족과의 갈등도 마찬가지이다(예: Boddi et al., 2016). 레빈과 알도프(1991)에 따르면, "일반적으로 남자는 이러한 삶의 변화에 대한 자신의 반응을 충분히 이해하지 못한다. 그는 이러한 감정적인 사건들이 자신에게 어떤 의미인지를 인식하는 것을 피하고 성적 자신감 상실에만 초점을 맞춘다. . . 그는 어떻게 그가 기능하지 못하게 되었는지에 대해 여전히 곤혹스러워하고 있다.

앞서 언급한 상황에서 발기 문제는 정상이지만 많은 남성이 이를 인식하지 못하고 "발기부전"에 대해 걱정하기 시작한다. 다음에 성관계를 가질 때 실패에 대한 두려움으로 인한 불안은 순간에 집중하고 성적 쾌감을 경험하기보다 자신의 반응을 관찰하고 평가하는 **방관자되기 (spectatoring)**라는 결과를 초래할 수 있다. 방관자되기는 주의를 산만하게 하여 각성을 상실하게 하고, 발기부전으로 이어질 수 있으며, 이는 다음에 더 큰 불안을 야기할 수 있다. 행동은 악순환이 되며 피로, 알코올, 약물 또는 기타 요인에 대한 정상적인 반응으로 시작된 것이 만성 심리적 장애가 될 수 있다.

성 치료의 전통적인 마스터스와 존슨 모델에서 발기부전이 있는 남성에게는 일반적으로 감각 집중 운동이 할당된다. 많은 남성들이 이러한 초기 세션 동안 완전한 발기를 얻을 수 있다는 사실에 놀랐다. 물론 그 이유는 감각 집중 훈련에서 만지는 것은 요구하지 않는 쾌락을 포함하기 때문이다. 남자는 수행할 필요가 없고 대신 쾌락을 경험하는 방법을 배운다(또는 다시 배운다). 생식기를 만지는 것이 허용되면 여성 파트너는 남성이 발기한 후 음경을 만지지 말라고 지시한다(그림 13-4 참조). 이것은 남성에게 즉시 발기를 사용할 필요가 없다는 것을 가르치기 위한 것이다(발기 문제가 있는 많은 남성은 발기를 잃을까봐 서둘러 수행을 서두른다). 이 "놀림" 절차("*teasing*" *procedure*)를 통해 남성의 발기가 왔다 갔다 하며, 따라서 발기 상실이 자신이 실패한 것을 의미하지 않는다는 것도 알게 된다. 다시 돌아올 것이기 때문이다. 마침내 성교가 허용되면 항상 위의 여성 또는 나란히 여성의 위치에 있으며 여성은 음경을 질에 삽입하는 사람이다. 따라서 그 남자는 그가 수행해야 한다고 느끼는 위치에 있지 않는다.

행동 수정 기법(혼자 사용하는 경우)의 장기적인 성공률은 종종 좋지 않다. 다른 한편으로, 발기부전의 기전을 고치는 데 초점을 맞추면서 발기부전의 원인이 될 수 있는 개인 및 관계 문제를 무시하는 약물 치료(예: 비아그라)에 대해서도 같은 말을 할 수 있다. 따라서 많은 치료

방관자되기(Spectatoring) 자신의 성적 반응을 관찰하고 평가한다. 이것은 일반적으로 주의를 산만하게 하고 이후 발기 및/또는 오르가즘 문제를 야기한다.

사들이 이제 치료의 조합을 활용하는 **생물심리사회적 접근법**(*biopsychosocial approach*)을 채택하고 있다(Aubin et al., 2009; Berry, 2013; McCabe et al., 2010; McCarthy & McDonald, 2009b; Rowland & Burnett, 2000). 여기에는 아마도 약리학 및 일부 행동 수정 기술뿐만 아니라 대인 문제 및 의사 소통에 중점을 둔 부부 치료가 포함될 것이다.

(남성 참고 사항: 발기부전을 경험한 적이 있다면 일반 의사가 의학적 접근을 조언할 것이다. 다면적 접근이 더 나을 수 있다.)

개인적인 생각 Personal Reflections

성관계 중 수행 불안(예: 파트너를 기쁘게 하는 것에 대한 불안, 발기 유지, 오르가즘 도달)을 경험한 적이 있는가? 그렇다면 불안의 원인은 무엇이라고 생각하는가?

조루 Premature Ejaculation

"조루에 문제가 있다. 나는 섹스를 시작하자마자 사정한다. 온 세상이 나를 비웃는 것 같아. 다른 친구들은 모두 섹스를 하고 제대로 하고 있어."

(저자의 파일에서)

전국 조사에 따르면 미국의 청년 및 중년 남성의 약 30%(및 노인 남성의 20% 이상)가 주기적으로 조루를 경험한다(Laumann et al., 1999, 2008; Lindau et al., 2007; Waite et al., 2009). 다른 국가에서도 유사한 비율이 발견되었다(Montorsi, 2005). 이것은 가장 일반적으로 보고되는 남성의 성 문제이다(McCabe et al., 2016b).

조루(premature ejaculation)를 어떻게 정의하는가? 남성이 조루로 분류되지 않고 삽입 성교를 얼마나 오래 지속해야 하는가? 평생 조루를 하는 남성의 경우 다른 남성의 평균 3~13분에 비해(11장 참조) 80~90%가 파트너와 성행위를 하는 동안 60초 이내에 사정하고 나머지는 2분 이내에 사정한다(McMahon et al., 2013). 따라서 국제 성의학 학회(*DSM-5* 포함)는 조루의 정의의 일부로 파트너가 있는 성행위 중 "항상 또는 거의 항상 약 1분 전에 또는 거의 항상 발생하는 사정"을 포함한다(McMahon et al., 2013 참조). 그러나 짧은 사정 시간은 장애를 진단하기에 충분하지 않다. 음경 삽입 후 오르가즘에 대한 짧은 잠복기는 남성에게 임상적으로 심각한 고통을 야기해야 하고(*DSM-5*), 성적 상호작용을 즐기는 두 파트너의 능력을 방해해야 한다(*ICD-10*). 이러한 추가 기준은 중요하다. 2015년 국제 성의학 상담 참가자들이 언급했듯이 "원하기 전에 사정하는 남성과 ... 치료를 받을 만큼 성가시게 여기는 남성" 사이에는 상당한 차이가 있을 수 있다(McMahon et al., 2016b, p. 148). 빨리 사정하지만 이것에 신경쓰지 않는(그리고 파트너가 이것으로 인해 방해받지 않는) 남성은 성 장애가 있는 것으로 간주되지 않는다. 그는 단순히 빠른 사정을 하는 사람일 뿐이다.

조루(장애)[Premature ejaculation (disorder)] 반복적이고 지속적인(최소 6개월) 사정까지의 시간이 짧고(1분 이내) 고통을 수반하는 파트너의 성행위 동안 사정에 대한 합리적인 자발적 통제의 부재(남성과 그의 파트너의 경우) 그리고 그것은 기존의 비성적 원인(예: 약물, 정신 장애, 의학적 상태, 심각한 생활 스트레스 요인)에 쉽게 기인할 수 없다.

"섹스 중에 여자 친구에게 실제로 들어갈 정도로 오래 참지 못했다. 나는 그녀가 좋아하는 것은 얼마든지 할 수 있지만, 내가 들어가기만 하면 모든 것이 끝날 것이라는 것을 알고 있다. 나에게는 항상 이런 식이었다. 여자친구는 나를 '전희왕'이라고 부른다. 그녀가 행복하면 나도 행복해. 나는 사회가 어쨌든 질 섹스를 너무 강조한다고 생각한다. 섹스는 그 이상이다."

(저자의 파일에서)

치료사들은 종종 조루를 일차적으로 사정에 대한 **합리적인 자발적 통제의 결여**(*absence of reasonable voluntary control*)는 관점에서 본다. 이 관점에 따르면 오르가즘은 완전히 비자발적인 사건이 되어서는 안 되며 남성은 언제 발생하는지 어느 정도 통제할 수 있어야 한다. 전 세계에서 실시한 인구 조사 결과에 따르면 4%에서 11%의 남성이 조루 장애에 대한 임상 기준을 충족한다. 그들은 신속하고 합리적인 통제 없이 사정하고 이로 인해 상당한 개인적 고통을 경험한다(표 13-4 참조).

조루를 경험하는 많은 남성들은 자신의 문제로 인해 고민하고 파트너의 고통을 걱정한다(Kempeneers et al., 2012). 실제로, 조기 사정은 파트너를 성적으로 만족시키지 못하고 관계의 어려움에 기여할 수 있다(Graziottin & Althof, 2011). 사정 시기를 통제할 수 없다는 자신의 무능력으로 인해 불안해하는 남성은 낮은 자존감과 수행 불안을 유발할 수 있다(McCabe & Connaughton, 2014; Symonds et al., 2003). 이것은 차례로 발기 문제로 이어질 수 있다(일반적으로 그렇다). 다른 사람들은 당혹감이나 거절에 대한 두려움 때문에 새로운 파트너와의 데이트를 기피할 수 있다.

일부 남성이 자신(및 파트너)이 원하는 것보다 더 빨리 사정하는 이유는 무엇인가? 조루는 일반적으로 평생(일차)과 후기 획득(이차)의 두 가지 유형으로 나뉜다. 어떤 경우는 주로 심리적 요인에 기인하고 다른 경우에는 유기적 요인에 기인한다(Waldinger & Schweitzer, 2006). 일부 유형의 부상 및 질병은 일부 약물 및 비처방 또는 불법 약물과 마찬가지로 조루를 유발하는 것으로 알려져 있다(Mialon et al., 2012). 또한 일부 남성이 "신경학적 체질" 조루[생리학적(그리고 아마도 유전적)]가 빨리 사정하는 경향이 있다는 증거가 증가하고 있다(Santtila et al., 2009). 획득된 조루는 종종 발기 문제와 관련이 있다(McMahon et al., 2013).

조루가 평생 지속되고 기질적 원인이 있는 경우 치료에는 약리학적 치료가 포함될 것이다. 사정을 지연시키는 몇 가지 약리학적 제제(예: dapoxetine 및 기타 세로토닌 재흡수 억제제 및/또는 국소 마취제)가 있다(McMahon et al., 2013; Portst, 2011).

원인이 심리적 또는 관계적 요인에 의한 경우에는 약물치료와 인지행동치료를 병행한다. **짜기 기법**(*squeeze technique*)은 마스터스와 존슨(1970)에 의해 개발되었으며 여전히 가장 효과적인 행동 치료로 간주된다. 부부가 앞에서 설명한 감각 집중 운동을 완료한 후, 남성의 파트너는 오르가즘에 가까워질 때까지 남성의 성기를 수동으로 자극하라는 지시를 받는다. 그런 다음 파트너는 남성의 성기를 그녀(또는 그의) 엄지와 첫 번째 및 두 번째 손가락 사이에 3~5초 동안 꽉 쥐고 남성이 진정되고 흥분이 줄어들 때까지 자극을 중단한다. 파트너는 이를 3~4회 반복하여 마침내 남자를 오르가즘에 이르게 한다. 이것은 남자에게 사정을 지연시키는 능력이 있음을 가르쳐준다.

마스터스와 존슨(1970)은 95%의 성공률을 보고했다. 그러나 단독으로 사용된 행동 요법에 대한 장기 추적 연구는 실망스러운 결과를 보여주었으며, 성공적으로 치료를 마친 대부분의 남성은 나중에 치료 전 수준의 반응으로 회귀했다(Schover & Leiblum, 1994).

치료사와 다른 의료 종사자들 사이의 현재 합의는 "인지 및 성 치료와 쉽게 따를 수 있는 요법이 입증된 효능의 약리학적 약제"를 결합하는 최선의 접근법이 다면적이라는 것이다(Barnes & Eardley, 2007; McMahon et al., 2013 참조).

남성 오르가즘 장애 Male Orgasmic Disorder

> "내 여자친구와 나는 아직 완전히 갈 준비가 되지 않았지만 우리는 손과 입으로 일을 한다. 유감스럽게도 이대로 절정을 이룰 수는 없다. 잘해요. 내가 그녀를 너무 좋아하고 죄책감을 느끼기 때문인 것 같다."
>
> (저자의 파일에서)

대부분의 남성에게 자위, 성교 및 기타 성행위는 일반적으로 오르가즘과 사정을 초래한다. 실제로 한 연구에 따르면 남성의 약 95%가 마지막 성행위 중에 오르가즘에 도달했다(Richters et al., 2006). 이것은 때때로 사정하거나 오르가즘을 느끼는 데 어려움을 겪는 남성이 "비정상적"이라는 의미가 아니다. 반대로, 표 13-1에 나와 있는 것처럼 남성(특히 나이가 들면서)이 한 번 이상 오르가즘에 도달할 수 없음을 발견하는 것은 매우 일반적이다(예: Laumann et al., 1999, 2008; Lindau et al., 2007; Waite et al., 2009). 문제가 시간이 지남에 따라(최소 6개월 동안) 지속되고 임상적으로 심각한 고통이 동반되는 경우에만 이를 장애로 간주한다.

남성 오르가즘 장애(male orgasmic disorder)[*ICD-10*에서는 **오르가즘 장애**(*orgasmic dysfunction*)라고 하고 *DSM-5*에서는 **사정 지연**(*delayed ejaculation*)이라고 함]는 파트너와 성행위를 하는 동안 오르가즘과 사정을 달성하는 데 현저한 어려움(또는 달성할 수 없는 완전한 불능)을 나타낸다. **일차적**(*primary*)이거나 **이차적**(*secondary*)일 수 있고 **전역적**(*global*)이거나 **상황적**(*situational*)일 수 있다. 최근 조사에 따르면 남성의 1~2%가 이 장애로 고통받고 있다(표 13-4 참조). 어떤 경우에는 문제가 유기적 원인(예: 약물, 알코올 또는 신경 질환)으로 추적될 수 있지만 이 장애가 있는 대부분의 남성은 자위 중이나 파트너의 손이나 구강 자극으로 오르가즘/사정에 도달할 수 있다. 일반적인 원인은 육체적인 것이 아니라 심리적인 것임을 나타낸다(McMahon et al., 2013).

마스터스와 존슨(1970)은 일차적 오르가즘 장애가 종종 엄격한 종교 교육, 여성을 임신시키는 것에 대한 두려움, 파트너에 대한 부정적인 태도와 적개심과 관련이 있다고 보고했다. 이차적 오르가즘 장애는 덜 일반적이며 종종 이전의 심리적 외상과 관련이 있다. 아펠바움(Apfelbaum, 1989)은 오르가즘 장애가 있는 남성이 성과에 지나치게 집중하고 파트너를 기쁘게 하기 때문에 결과적으로 주관적으로 흥분하지 않는다는 것을 발견했다(예: 자위를 하는 동안).

오르가즘 장애는 효과적으로 치료하기 어렵다(McMahon et al., 2013 참조). 많은 치료사들은 **브리지 기동**(*bridge maneuver*)이라고 하는 것을 권장한다. 남자는

남성 오르가즘 장애(Male orgasmic disorder) 파트너가 성행위를 하는 동안 남성이 오르가즘에 도달하고 사정하는 데 어려움이 있다(또는 전혀 할 수 없는 상태). 문제는 심각한 고통을 야기해야 하며 쉽게 식별할 수 있는 비성적(예: 약물 치료, 정신적 또는 신체적 장애, 심각한 생활 스트레스 요인) 문제의 결과가 아니어야 한다.

처음에 혼자 있을 때 오르가즘을 느끼기 위해 자위하는 법을 배운 다음 파트너가 있는 곳에서 자위하는 법을 배운다. 이것이 성공적으로 완료되면 파트너는 수동으로 남자를 자극하여 오르가즘을 느끼게 된다. 이것이 지속적으로 성공하면 파트너는 남성이 오르가슴에 매우 가까워질 때까지 남성을 자극한 다음 신속하게 남성의 페니스를 여성의 질에 삽입한다(파트너가 여성이라고 가정). 이 생각은 이것을 여러 번 할 수 있다면 남자는 파트너의 질 내부에서 사정하는 것에 대한 두려움을 극복할 수 있다는 것이다. 아펠바움(1989)은 또한 남성이 파트너에게 더 적극적으로 자신이 발견한 흥분되는 것을 알도록 권장한다. 한 파트너에게 오르가즘 장애가 있는 경우 동성 남성 커플도 브리지 조작을 사용할 수 있다.

성적 통증 장애 Sexual Pain Disorders

고통스러운 성교를 **성교통(dyspareunia)**이라고 한다(McCabe et al., 2016a). 남성의 경우 항상 그런 것은 아니지만 일반적으로 신체적 문제로 인해 발생하는 드문 상태이다(표 13-4 참조). 가장 흔한 원인은 전립샘, 방광 또는 요도 감염(Davis et al., 2009), 음경암(Skeppner & Fugl-Meyer, 2015) 또는 음경 포피가 너무 조이는 것[**포경(phimosis)**이라고 하는 상태]이다. 몇몇 경우에, 음경의 해면체 주위에 침착된 섬유질 조직이 음경의 만곡 또는 기형을 유발하고 발기 시 통증을 유발한다. 이를 **페이로니병(Peyronie's disease)**이라고 하며, 이는 환자에게 정서적 고통과 우울증을 유발할 수 있다(Nelson & Mulhall, 2013).

성교통을 유발하는 신체적 요인을 신속하게 치료하지 않으면 성교통은 다른 성 문제로 이어질 수 있다. 예를 들어, 고통에 대한 기대가 너무 커서 발기 문제나 성욕 상실로 이어질 수 있다. 그로 인한 심리적 스트레스는 또한 관계를 손상시킬 수 있다. 성교 중 통증은 일반적으로 신체적으로 문제가 있다는 표시이므로 추가적인(그리고 종종 더 큰) 문제가 발생하기 직전에 의사의 진찰을 받으시오.

참고: 다음 두 가지 문제는 일반적으로 성적 통증 장애에 포함되지 않지만 실제로는 둘 다 통증을 수반하기 때문에 여기에 포함시켰다.

많은 남성들에게는 발기가 오래 지속된다는 생각은 매력적으로 보일 수 있다. **지속발기(priapism)**는 음경이 장기간, 때로는 며칠 동안 발기된 상태를 유지하는 드문 상태이다(Burnett & Sharlip, 2013). 그것은 대부분 음경에서 멀어지는 혈류를 조절하는 판막의 손상으로 인해 발생하며 종양, 감염, 화학적 자극제(스페인 파리 또는 일부 항우울제 등), 발기 치료제(비아그라 등), 또는 회음부에 둔기 외상으로 인해 발생할 수 있다. 지속발기는 불편함은 말할 것도 없고 종종 고통스럽고 이 상태를 가진 남성은 기꺼이 정상적인 발기를 위해 그것을 교환할 것이다. 어떤 경우에는 지속발기가 저절로 해결되고 재발하지 않는다. 그러나 혈류를 제한하고 조직에 산소가 결핍되는 상태는 잠재적으로 심각하며 지속발작도 다르지 않다. 이를 경험한 남성은 즉각적인 의료 지원을 받는 것이 좋다. 치료에는 음경에서 혈액 배출, 혈류를 표적으로 하는 약물(예: 페닐에프린) 주사, 또는 극단적인 경우 혈류를 재지정하는 수술이 포함될 수 있다(Salonia et al., 2014).

robert_s/Shutterstock

일부 남성(및 소수의 여성)은 오르가즘 직전, 도중 또는 직후에 시작되는 심한 두통을 경험한다(Diamond & Maliszewski, 1992 참조). 이 상태를 **양성 성교 두부통(benign coital cephalalgia)**("양성 오르가즘/성두통", 대

성교통(남성)[Dyspareunia (male)] 성교 중 반복적이거나 지속적인 생식기 통증.

포경(Phimosis) 포경수술을 하지 않은 남성이 음경 포피가 너무 조여서 발기 시 통증을 유발하는 질환이다.

페이로니병(Peyronie's disease) 해면체 주위의 섬유조직 침착으로 인한 음경의 만곡.

지속발기(Priapism) 음경이 장기간, 때로는 며칠 동안 발기된 상태를 유지하는 고통스러운 상태이다.

양성 성교 두부통(Benign coital cephalalgia) 보통 남성에서 오르가즘 중 또는 약간 후에 시작되는 심한 두통.

체 철자: 두부통)이라고 한다. 이것은 새로운 문제가 아니며 실제로 기원전 5세기에 현대 의학의 창시자인 히포크라테스에 의해 처음 보고되었다. 현재 250,000명의 미국인이 이 문제로 고통받고 있는 것으로 추정된다. 대부분은 중년의 남성으로 약간 비만하며 고혈압이 있다. 심한 두통은 몇 분 또는 몇 시간 동안 지속될 수 있으며 편두통으로 고통받는 남성에게 가장 흔하지만 일반적으로 다른 심각한 장애와 관련이 없다. 두통은 "운동성 두통"의 일반적인 범주에 속하며 일반적으로 두피 근육의 수축과 성교 중 머리, 목 또는 상체로의 혈류 증가로 인해 발생한다. 치료에는 이완 기술, 고혈압 치료제 또는 항염증제에 대한 교육이 포함될 수 있다(Domitrz, 2005).

여성 성 장애 Female Sexual Disorders

13.6 여성에게 발생하는 주요 성 장애를 식별한다.

다음 섹션에서는 성욕 저하 또는 성욕/각성 장애, 오르가즘 장애 및 성교통과 같은 여성에서 발생하는 주요 성 장애에 대해 논의한다.

여성의 성적 관심/각성 장애
Female Sexual Interest/Arousal Disorder

낮은 성욕은 파트너 여성이 가장 흔히 보고하는 성적 문제이다(임상 실습에서 독신 여성은 성욕 결핍에 대한 치료를 거의 찾지 않는다; Both et al., 2010 참조). 전국 확률 조사에 따르면 미국 여성의 30%에서 거의 50%가 지난 1년 동안 몇 달 이상 지속되는 섹스에 대한 관심 부족을 보고했으며 그 비율은 나이든 여성에서 가장 높았다. 많은 여성(약 20%~40%)이 질 건조와 윤활 부족을 포함하여 생식기 각성과 관련된 반복적인 문제를 보고했다(Laumann et al., 1999, 2008; Lindau et al., 2007; Waite et al., 2009).

이 두 가지 문제(성적 관심 부족 및 생식기 각성 장애)는 종종 여성에게 동시에 발생한다(Maserejian et al., 2012; Peixoto & Nobre, 2015). 또한 4장에서 많은 여성이 욕망과 각성을 분리하지 않는다는 것과 (Basson, 2002c; Tiefer, 2000) 상당한 소수의 여성(약 25%)의 성적 반응 주기가 남성의 성적 반응 주기만큼 선형적이지 않다는 점을 상기하시오(욕망과 각성이 일반적으로 별개의 사건으로 경험되고 욕망이 일반적으로 각성에 선행하는 사람). 이 때문에 *DSM-5*는 **여성의 성적 관심/각성 장애(female sexual interest/arousal disorder)**라는 포괄적인 용어로 성적 각성 문제와 성적 욕망 문제를 결합한다. 그러나 이것이 임상적으로 적절한지에 대한 논쟁이 계속되고 있으며 (Meana, 2010; Basson, 2014 참조), 미국 정신과학협회의 정신장애진단 및 통계편람(*DSM-5*) 자체는 "여성마다 다른 증상 프로파일"(p. 433)이 있을 수 있다고 경고한다. 어떤 여성은 주로 성욕 부족을 느낄 수 있는 반면(예:) 생식기 각성과 관련된 문제를 주로 경험할 수 있다.

세계보건기구의 국제질병분류-10(*ICD-10*)은 각성과 욕망의 구분을 유지하며, 여성 각성 장애(*female sexual arousal disorder*)(생식기 반응의 실패, 이 경우 질 건조 또는 윤활 부족)와 저능성 성욕 장애(*hypoactive sexual desire disorder*)(성욕 상실로 정의됨)를 별개의 장애로 규정한다.

물론 두 시스템 모두에서 장애로 분류되기 위해서는 성 문제가 지속적이어야 하고(시간이 지남에 따라 지속되어야 함) 상당한 고통 및/또는 개인 기능 방해를 초래해야 한다(APA, 2013; WHO, 2016). 성에 대한 관심이 거의 또는 전혀 없다고 말하는 모든 여성의 약 절반이 이것을 문제로 간주하지 않으며 결과적으로 장애가 있는 것으로 간주되지 않는다는 점에 유의하는 것이 중요하다(Fugl-Meyer & Fugl-Meyer 참조, 1999). 실제로, 욕망은 일반적으로 대부분의 관계에서 시간이 지남에 따라 증가하고 약해지며(Regan, 2015), 많은 여성(및 파트너)은 이 성적 "사실"을 인식하고 그것에 대해 신경 쓰지 않는다(Herbenick et al., 2014).

더욱이, 많은 커플이 일상적으로 경험하는 파트너 간의 욕구 불일치(이 장의 시작 부분에 있는 논의 참조)는 성적 관심/각성 장애를 진단하기에 충분하지 않다(APA, 2013). 섹스를 덜 원하고/하거나 파트너보다 덜 흥분하는 여성은 다른 증상이 없는 경우 장애가 없다. 이 모든 것을 염두에 두고 전 세계에서 실시된 인구 조사에 따르면 여성의 6~14%가 성욕 장애에 대한 임상 기준을 충족한다(표 13-4 참조).

낮은 욕망/각성에는 많은 원인이 있을 수 있다. 예를 들어, 다른 성적 문제(예: 성교 중 통증) 또는 파트너의 성적 문제와 자주 연관된다(Bitzer et al., 2013; Connor et al., 2011; McCabe & Goldhammer, 2012). 피로, 스트레스, 급성 및 만성 정신 및 신체 건강 문제도 욕망 장애와 관련이 있다(Regan, 2015 참조). 흥미롭게도 성욕은 호르

여성의 성적 관심/각성 장애(Female sexual interest/arousal disorder) 성행위에 대한 지속적인 관심의 부재 또는 감소, 성적인 생각/환상, 성행위의 개시 또는 수용, 성행위 중 성적 흥분/쾌락 및 성기/비성기 감각. 증상은 식별 가능한 비성적 원인(예: 정신 장애, 파트너 폭력, 약물 치료, 의학적 상태)으로 인한 것이 아니라 단순히 파트너 간의 욕구 불일치를 반영하는 것이 아니라 심각한 고통을 야기해야 한다.

몬 수치(남성과 여성 모두)와 관련이 있지만 성욕이 낮은 대부분의 여성은 테스토스테론 수치가 낮거나 기타 신체적 문제를 나타내지 않는다(Brotto et al., 2011).

성적 관심/흥분 장애의 가장 흔한 원인은 대인 관계이다(Regan, 2015). 4장에서 논의한 바와 같이 성적 욕망은 단독으로 존재하는 것이 아니라 관계적 맥락에 크게 의존한다. 이것은 특히 여성의 경우이다(Bitzer et al., 2013; Maserejian et al., 2012): "여성의 성적 억제, 회피 또는 고통은 배신, 혐오 또는 파트너에 대한 두려움에서 발생할 수 있다. 파트너의 학대 또는 부부의 불평등한 권력; 또는 성 파트너의 부정적인 의사 소통 패턴에서 비롯된 다"(Tiefer et al., 2002, p. 229).

> "남편은 결혼식 날 술에 취해 있었다. 그는 거의 걷지도 못하고 거의 내 옷을 찢어버렸다. 키스하고 껴안고 사랑받는 기분으로 살고 싶었지만 그가 원한 건 섹스뿐이었다. 나는 준비가 안 돼서 너무 아팠다. 그는 내가 하기 싫은 일을 하게 했다. 이후 그는 화장실에서 토하고 기절했다. 나는 밤새 울었다. 이제 나는 여전히 그가 나를 만지는 것을 원하지 않는다."
>
> "남편은 섹스를 위해 끊임없이 나를 쫓지만 우리가 시도하면 그는 수행하지 못한다. 그는 침대에서 그를 기쁘게 할 만큼 좋지 못한 것에 대해 나를 탓한다. 나는 지금 섹스를 하고 싶지 않으며 섹스로 이어질 수 있는 모든 상황을 피한다. 나 때문에 우리 결혼은 기본적으로 섹스가 없다."
>
> (모든 예제는 작성자의 파일에서 가져옴)

위 인용문에 나오는 여성들은 성적 장애가 없다. 일부 치료사는 저활동적인 욕구/각성으로 진단하고 싶은 유혹을 받을 수 있지만 진실은 "기능 장애"가 파트너와 그의 행동에 있다는 것이다(Basson, 2001b; Tiefer et al., 2002). 성욕이 낮다고 언급된 여성에 대한 한 연구에서 주요 기여 요인 중 하나는 파트너가 제공하는 적절한 성적 자극의 부족이었고 "가장 일반적인 요구는 침실 밖에서의 욕구였다. 적절한 분위기, 파트너의 배려, 존중 , 그리고 따뜻함과 육체적 애정. . ." (Basson, 2001c, p. 400).

> "나는 파트너와 사랑을 나누는 것이 훨씬 더 즐겁고 보람 있는 일이라고 생각한다. 우리는 섹스를 할 때도 있지만 사랑을 나누는 것을 훨씬 더 즐긴다. 내 파트너는 나를 애무하고 나를 더 특별하고 사랑받는다고 느끼게 해준다."
>
> (저자의 파일에서)

남성 성욕 저하 장애 섹션에서 언급했듯이 낮은 성욕은 치료하기가 매우 어려운 장애이다. 약물 및 행동 요법은 효과가 없을 것이다. 대신 치료는 다차원적이고 고도로 개별화되어야 하며, 파트너가 의사 소통 및 문제 해결 기술을 향상시키고, 친밀감과 신뢰를 구축하고, 관계의 성 및 비성적 영역 모두에서 근본적인 갈등과 문제를 해결하는 데 도움이 되는 기술을 통합해야 한다(Bitzer et al. ., 2013; Leiblum, 2010).

아직 *DSM-5* 또는 *ICD-10*에서 장애로 인식되지는 않았지만 일부 여성은 **지속적 생식기 각성 증후군(persistent genital arousal syndrome)**[이전에는 지속적인 성적 각성 증후군(*persistent sexual arousal syndrome*)으로 알려짐]을 앓고 있다. 이 상태에서 신체적으로 정상인 여성은 성적 자극이 없고 성적 욕망의 감정도 동반되지 않은 상태에서 지속적인 생식기 각성(예: 질 충혈, 윤활)을 보인다(Facelle et al., 2013; Leiblum & Nathan, 2001; McCabe et al., 2016a). 성기의 각성은 원치 않고 방해가 되며 일반적으로 고통을 유발한다. 우리는 이 증후군의 원인이 무엇인지 모르지만 아마도 많은 신체적(신경학적, 혈관성), 심리적, 약리학적 원인과 관련이 있을 것이다. 효과적인 치료법은 아직 조사 중이지만 의학적 중재(신경 차단 약물 및 마취제)와 인지 행동 기법(대처 전략, 스트레스 관리)의 조합이 포함될 수 있다(Jackowich et al., 2016).

여성 오르가즘 장애 Female Orgasmic Disorder

오르가즘 도달의 어려움은 여성에서 두 번째로 가장 일반적으로 보고되는 성적 문제이지만(낮은 성적 관심/각성이 먼저임), 여성이 성 치료를 찾는 가장 흔한 문제이다(Laan et al., 2013). 대규모 조사에 따르면 18~59세 사이의 성적으로 활발한 미국 여성의 약 25%와 60세 이상의 여성의 약 35%가 전년도의 최소 몇 달 동안 오르가즘에 도달할 수 없었다고 말했다(Laumann et al., 1999, 2008; Lindau et al., 2007; Waite et al., 2009). 미국에서 비율은 인종 및 민족 그룹에 걸쳐 유사하게 나타난다(표 13-1 참조). 유사하게, 기존 연구에 대한 최근 검토는 오르가즘 장애의 비율이 국가마다 상당히 다르지만 이 성적인 반응에 대한 어려움은 모든 여성 인구에서 공통적이며 (일반적으로 연령이 증가함에 따라 증가한다는) 있다고 결론지었다(McCabe et al., 2016b). 그러나 성적으로 활발하지만 오르가즘을 느끼지 않는 여성의 약 절반만이 정기적인 오르가즘의 부족이 개인적인 고통을 유발한다고 말한다(Laan et al., 2013).

지속적인 생식기 각성 증후군(Persistent genital arousal syndrome) 주관적인 욕망의 감정이 없고 성적 자극이 없는 상태에서 지속적이고 관입적이며 대개 고통스러운 생식기 각성.

여성 오르가즘 장애(female orgasmic disorder)는 "개인적인 고통을 유발하는 충분한 성적 자극과 각성 후 오르가즘에 도달하는 지속적 또는 반복적 어려움, 지연 또는 부재"로 정의된다(Basson et al., 2000; APA, 2013; WHO, 2016 참조). 또한 성적 장애는 비성적 정신 장애, 약물 치료, 심각한 관계나 삶의 스트레스 요인(예: 파트너 폭력)으로 더 잘 설명되어서는 안 된다(APA, 2013). 미국 및 기타 국가의 여성 중 약 3~10%가 오르가즘 장애에 대한 임상 기준을 충족한다(표 13-4 참조).

여성 오르가즘 장애는 **일차**(평생, 여성이 성적으로 활동한 이후로 오르가즘을 느끼지 않음) 또는 **이차**(후천적, 여성이 현재 오르가즘을 느끼지 않지만 과거에 있었음)일 수 있으며, **전체적**(일반화됨; 자극의 유형, 상황 또는 파트너) 또는 **상황적**(특정, 여성은 어떤 상황에서는 오르가즘을 느끼지만 다른 상황에서는 그렇지 않음)일 수 있다. 많은 여성의 오르가즘 문제는 상황에 따라 달라진다. 성교 중에는 오르가즘에 도달하는 데 큰 어려움이 있을 수 있지만, 자위 중에는 어려움이 없다(Fugl-Meyer et al., 2006).

> "나는 섹스 중에 오르가즘을 느껴본 적이 없지만 혼자서는 쉽게 도달할 수 있다. 내가 (또는 그가) 무엇을 잘못하고 있는가?"
>
> (저자의 파일에서)

여성 오르가즘 장애의 정의는 "충분한 성적 자극과 각성"이 있었다고 가정한다. 따라서 첫 번째 질문 중 하나는 성교 중 오르가즘에 도달하는 데 문제가 있는 여성이 파트너로부터 충분한 자극을 받고 있는지 여부이다. 예를 들어, 전희가 충분히 있었는가?

> "내 문제는 내 친구들 중 일부가 가지고 있는 짧은 전희와 같은 것이다. 오르가즘에 도달하는 데 오랜 시간이 걸린다. 오랜 시간을 들여 천천히 연애를 하다 보면 강렬한 오르가즘을 느낀다. 그것은 우리 모두에게 훌륭하다. 그러나 이것은 매우 드물게 발생한다. '존'은 하루 9시간 일하고 보통 지쳐서 집에 오기 때문에 우리의 사랑은 짧고 핵심이 있다. 그는 만족해했고 나는 아무 느낌 없이 누워 거기에 누워 있었다."
>
> (저자의 파일에서)

저희 강좌에서 "성적인 파트너 중에서 개인적으로 어떤 것을 가장 좋아하는가?"라는 설문 질문에 성적인 경험이 있다고 응답한 여성 중 절반 이상이 "파트너가 천천히 해줬으면 좋겠다"고 답했다. 다음은 몇 가지 예이다.

> "애인은 천천히 시간을 들여서 그가 성교하는 것만큼이나 애무와 전희에 관심을 갖는다."
>
> "전희로 시간을 보내고 성교를 서두르지 않는 것을 좋아하는 파트너."

또한 대부분의 여성은 질 자극의 유무에 관계없이 오르가즘에 도달하기 위해 음핵 자극이 필요하다.

> "당신의 수업은 또한 제 남자 친구와 섹스에 대해 이야기하는 방법을 가르쳐주었다. 손으로 음핵을 자극하는 것은 내 성생활에 큰 기쁨을 가져다주었다. 이제는 섹스를 하는 동안 오르가즘에 도달하기도 한다."
>
> (저자의 파일에서)

질의 안쪽 2/3에는 신경 종말이 비교적 적다는 것을 기억하시오. (이성애) 성교 중, 음경은 음핵 후드가 음핵 귀두를 앞뒤로 문지르게 하여 음핵을 간접적으로만 자극한다. 많은 여성들에게 이것은 오르가즘에 도달하기에 충분한 음핵 자극이 아니다. 여성 파트너가 오르가즘에 도달하기 위해 성교 중 음핵을 수동으로 자극해야 하는 경우 남성은 부적절하다고 느껴서는 안 된다. **치료사들은 성교 중 음핵 자극이 여성이 성적 쾌락을 받는(그리고 파트너가 제공하는) 완벽하게 허용되고 정상적인 방법이며 "속임수"를 구성하지 않는다는 데 동의한다.**

파트너가 전희에 참여하고 다른 유형의 성적 및 비성적 관심을 제공할 때 여성은 오르가즘을 느낄 가능성이 훨씬 더 높다(Witting et al., 2008). 리히터스 등(2006)은 여성의 50%만이 가장 최근의 성관계에서 질 성교만 포함된 경우 오르가즘에 도달했지만 성교 외에 음핵 및/또는 쿤닐링구스에 대한 수동 자극이 포함된 경우 여성의 70%가 오르가즘에 도달했다고 밝혔다.

그러나 여성 오르가즘 문제의 모든 경우가 불충분한 신체 자극 때문이라고 할 수는 없다. 오르가슴에 도달하는 능력은 일반적으로 성격 특성 및 기타 개인 특성과 관련이 없지만(Zietsch et al., 2011), 종종 다른 성 문제의 존재와 관련이 있다(Laan et al., 2013). 예를 들어, 오르가즘에 어려움을 겪는 상당한 수의 여성도 낮은 성욕(61%), 윤활 및 기타 생식기 각성의 문제(57%), 통증(21%)을 경험한다(Peixoto & Nobre, 2015). 고통 또는 그에 대한 예상은 확실히 오르가즘의 기회를 감소시킬 것이며, 이러한 경우에는 별도의 문제로 다루어야 한다(다음 섹션 참조).

섹스는 단순히 조직을 물리적으로 문지르는 것 이상이다. 섹스와 쾌락에 대한 건강하고 긍정적인 태도 또한 매우 중요하다. 흥미롭게도 라우만 등(1999)은 여성의 오르가즘 문제의 유병률은 교육 수준이 높을수록 감소하고 교육은 성에 대한 보다 긍정적인 태도와 관련이 있음을 발견

여성 오르가즘 장애(Female orgasmic disorder) 정상적인 성적 흥분 단계 이후 오르가즘이 지속적으로 또는 반복적으로 지연되거나 부재하여 심각한 개인적 고통을 야기하고 비성적 정신 장애, 약물 치료, 심각한 관계나 삶의 스트레스 요인(예: 파트너 폭력)으로 더 잘 설명할 수 없다.

했다. 일차적 오르가즘 장애의 많은 경우는 성에 대한 부정적인 태도 또는 성에 대한 죄책감(종종 성애가 긍정적이라기보다는 수치스러운 것으로 보이는 성적 제한적 양육으로 인해 발생함)과 관련이 있다(리뷰는 Laan et al., 2013 참조).

> "저는 결혼 생활에서 성적으로 자랐다. 그 당시에는 아무도 성에 대해 이야기하지 않았고 남편과 나는 둘 다 단편적인 것만 알았다. 여성이 오르가즘을 느끼지 않는 것은 지극히 자연스러운 일이라는 것을 이해했다. 그래서 그렇게 하면 천주교 사립 여학교 교육을 받으면서 타고난 욕망과 쾌락이 부끄럽게 느껴졌다."
>
> "나는 어린 시절과 청소년 시절 내내 내가 여성이기 때문에 성적인 감정이나 성적인 감정을 느껴서는 안 된다는 말을 들었다. 아빠는 남자에게 사랑받고 싶은 좋은 여자는 성적인 감정을 느끼지 않는다고 하셨다. 좋은 남자는 성적인 여자를 찾지 않았다."
>
> (모든 예제는 작성자의 파일에서 가져옴)

단순히 젊은 여성에게 이제 섹스는 괜찮다고 말하는 것만으로는 이러한 태도가 하루 아침에 바뀌지 않을 것이다. 성에 대한 억제를 극복하는 데 몇 년이 걸릴 수 있다.

> "난 착한 여자들처럼 자랐고, 만약 그렇다면 넌 쓸모없는 재산이야. 결혼 후에 도덕은 바뀌어야 했다. 결혼 후 지금은 왜 괜찮은지 전환하는데 큰 어려움을 겪었다. 나는 지금 이혼했다. 결혼 전에 수업을 들었더라면 좋았을 텐데. 그러면 훨씬 더 쉽게 전환할 수 있었을 것이다."
>
> (저자의 파일에서)

수행 불안은 또한 오르가즘 문제에 기여할 수 있다. 이것은 여성의 파트너가 섹스 중 오르가즘을 기대하거나 요구하는 경우 쉽게 발생할 수 있다. 이후의 관중은 문제를 더욱 악화시킨다.

> "남편과 나는 정말 좋은 성생활을 하고 있지만 매번 절정에 이르지는 못한다. 이것은 나를 귀찮게 하지 않지만 그는 정말로 귀찮게 한다. 나는 그것에 대해 너무 많이 걱정하기 시작해서 이제는 오르가즘이 줄어들고 더 많은 척을 하기 시작했다."
>
> (저자의 파일에서)

많은 여성들은 "파트너의 자존심을 상하게 하는" 것을 피하기 위해 오르가즘을 느끼는 척 한다(Muehlenhard & Shippee, 2010).

최근에는 여성의 오르가즘 문제를 "치료"하고 약물로 치료하려는 시도가 있었지만 이러한 접근 방식은 성공하지 못했다. 효과적인 치료에는 일반적으로 다양한 인지 및 행동 기술이 포함된다(Laan et al., 2013). 많은 치료사는 감각 집중 운동으로 시작한다. 이러한 비요구 운동은 커플에게 시간을 내어 각 파트너에게 최대의 즐거움을 주는 것이 무엇인지 배우도록 가르친다. 며칠 후에 치료사는 여성의 파트너에게 일반적으로 그림 13-5에 표시된 위치에 앉아 있는 동안 수동으로 성기를 탐색하도록 지시할 것이다. 치료사들은 또한 일반적으로 여성이 자신의 신체와 반응에 대해 더 잘 알 수 있도록 하는 자위 요법을 포함한다(Laan et al., 2013; Meston et al., 2004).

부부가 마침내 성행위를 재개할 수 있다는 말을 들었을 때, 그들은 거의 항상 여성 위의 여성과 같이 여성에게 많은 통제를 허용하는 위치를 사용하라는 말을 듣게 될 것이다. 그녀는 삽입이 시작되는 시기를 결정하고 일단 시작되면 골반 운동을 시작한다. 치료의 이 시점에서 그녀와 그녀의 파트너는 성교 중 음핵을 손으로 자극하는 데 편안함을 느낄 것이다. 부부는 다른 기술을 시도해야 한다. 예

그림 13-5
여성에게 일반적으로 사용되는 치료 기술.

를 들어, 일부 연습을 통해 여성은 음핵을 파트너의 치골에 문질러 손으로 자극하지 않고도 오르가즘에 도달할 수 있다. 치료의 목표 중 하나는 여성의 성적 자율성 감각, 즉 자신의 행동이 자기 결정적이라는 감각을 높이는 것이다(Laan & Rellini, 2011).

이 시점에서 여성의 오르가즘 문제가 오히려 기계적으로 다루어졌다고 생각하고 있다면, 올바른 물리적 자극 방법을 찾는 것 외에 다른 해결책이 없는 것처럼 생각한다면 당신이 옳다. 많은 여성(및 남성)에게 성적 만족도는 파트너와 얼마나 감정적으로 관련되어 있는지, 전반적인 관계에서 얼마나 행복한지와 밀접한 관련이 있음을 상기하시오(Regan, 2015; Regan & Berscheid, 1999; Sprecher et al. , 2018). 이차적 오르가즘 장애는 종종 관계 악화로 인해 발생한다(성 관계가 발생하는 맥락이 부정적이 되었다; McCabe et al., 2016c). 이 경우 전반적인 관계를 개선하기 위한 부부 요법은 모든 치료 프로그램의 중요한 부분이다(Laan et al., 2013; Meston et al., 2004).

개인적인 생각 Personal Reflections

성관계 중에 완전히 "손을 놓을" 수 있는가(즉, 나체, 땀, 냄새, 소음, 표정 등에 대한 걱정이 없음)? 당신이 어떻게 대답하든("예" 또는 "아니오"), 그렇게 할 수 있는 능력(또는 무능력)에 기여한 것은 무엇이라고 생각하는가?

성교 통증 장애 Sexual Pain Disorders

> "섹스의 고통은 얼마나 정신적인가? 상처가 될 것이라는 예상에서 벗어나려면 어떻게 해야 하는가?"
>
> (저자의 파일에서)

여성의 성 통증 문제를 가장 잘 특성화하는 방법에 대해 전문가들 사이에 여전히 논쟁이 있다(Fugl-Meyer et al., 2013 참조). 그러나 현재 주요 분류 시스템에는 적어도 두 가지의 성 통증 장애가 포함된다. 첫 번째는 성교 중 지속적이거나 반복적인 통증으로 정의되는 **성교통(dyspareunia)**이다(*ICD-10*; McCabe et al., 2016a). 각성에는 문제가 없고 성교가 시작될 때 윤활이 충분하다고 가정한다. 성교통의 진단은 다른 원발성 성기능 장애가 없는 경우에만 내려진다.

일반 인구에서 성교통은 얼마나 흔한가? 미국에서 18세에서 59세 사이의 여성에 대한 추정치는 8%에서 21%로 다양하며(예: Laumann et al., 1999), 전 세계 여성의 2%에서 8%가 고통과 개인적인 고통 모두에서 임상적으로 유의한 수준을 보고한다(표 13-4 참조). 문화 간 차이가 있으며 일부 연구에서는 폐경 후 여성의 노년층에서 더 높은 비율을 발견했지만(검토는 McCabe et al., 2016b 참조), 이는 질 건조 및 기타 호르몬 관련 신체적 변화 때문일 수 있다(Krychman , 2011). 성교통을 "통증을 특징으로 하는

성교통(여성)[Dyspareunia (female)] 질 성교 전 또는 도중에 통증이 경험되는(또는 두려워할 정도로 예상되는) 여성의 반복적이거나 지속적인 성 문제; 이것은 충분한 생식기 각성(예: 윤활)에도 불구하고 발생한다.

그림 13-6

어떤 성적인 문제에 대해 치료사가 부부 성관계를 다시 시작해 보라고 하면 항상 대부분 여성은 상위자세를 한다. 오르가즘 문제가 있는 여성은 성교 중에 음핵을 만지도록(또는 파트너가 만지도록) 권장한다.

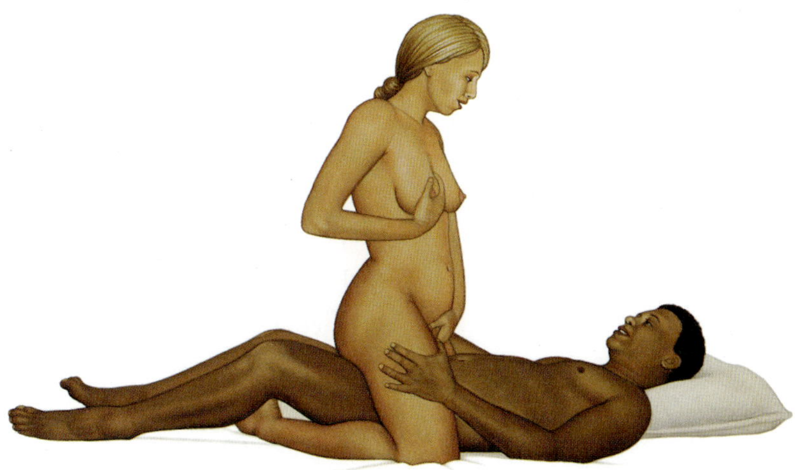

성 장애라기보다는 성을 방해하는 통증 장애"로 간주하는 것에 대한 지지가 증가하고 있다(Binik, 2005; Fugl-Meyer et al., 2013 참조).

> "너무 아팠어! 경험이 쌓이면 없어질 거라 생각했는데 점점 더 심해져만 갔다. 섹스 중 오르가즘을 느낄 수 없을 정도로 기분이 나빴다."
>
> (저자의 파일에서)

성교통에는 다양한 원인이 있다(Fugl-Meyer et al., 2013; McCabe et al., 2016c). 이들 중 많은 것들은 본질적으로 물리적이거나 생물학적이다. 예를 들어, 만성 외음부 통증[**외음부통**(*vulvodynia*)이라고 함]은 일반적으로 전정 구의 염증으로 인해 발생한다. 이것은 때때로 약물이나 수술로 완화될 수 있다. 여성의 성교통은 또한 자궁내막증(자궁 밖에서 자궁내막의 성장), 골반 염증성 질환, 효모 및 기타 질 감염, 바르톨린선 감염 및 요로 감염으로 인해 발생할 수 있다. 생식기 절단 또는 절단(일부 문화에서는 여전히 시행됨; 4장 참조)은 이러한 절차를 거친 여성의 성교통에 기여한다. 기분이나 불안 장애, 과거 성적 학대, 관계 불만족, 재정적 스트레스, 낮은 교육 수준을 포함한 심리사회적 요인이 지속적인 고통스러운 성교를 경험할 가능성과 관련이 있다는 증거도 있다(Landry & Bergeron, 2011; McCabe et al., 2016c).

성교통은 여성의 삶의 다른 성적(비섹슈얼) 측면에 부정적인 영향을 미칠 수 있다. 예를 들어, 성교 중 반복적으로 통증을 경험하는 여성은 이후에 파트너와의 정서적 친밀감이 감소하고 성적 욕망이 상실되고 개인의 수치심이나 죄책감이 느껴질 수 있다(Ayling & Ussher, 2008).

> "내가 아무리 화를 내도, 그가 아무리 상냥해도 아파. 어떤 때는 바로 아팠고, 어떤 때는 들어간 후에, 어떤 때는 1~2분 후에 아팠다. 그러나 그것은 항상 상처로 끝난다. 나는 완전한 성적 실패처럼 느껴진다. 파트너와 섹스를 즐길 수 없다면 나는 어떤 여자인가? 기분 나쁘게 들리지만, 그 사람인지도 궁금하다. 그가 하는 방식에 문제가 있는지 여부도. 내가 그를 속이거나 떠나지 않는 한, 나는 결코 알지 못할 것이다. 완전 꽝이야."
>
> (저자의 파일에서)

따라서 성교통의 치료는 이완 운동, 골반저 운동, 인지 행동 기법, 부부 상담을 포함하여 다면적이다.

질염(vaginismus)은 두 번째로 인정되는 통증 장애이다(*ICD-10*; McCabe et al., 2016a). 질염은 여성의 질을 둘러싼 근육의 비자발적 경련으로 인해 질 입구가 완전히 또는 부분적으로 닫힐 때 발생한다. 이것은 여성이 원함에도 불구하고 어떤 물건(음경, 손가락, 탐폰, 진동기 등)을 삽입하는 것을 어렵게 만들고 종종 극도로 고통스럽게 만든다. 이 상태의 여성에게는 골반 검사가 불가능할 수 있다. 따라서 여성의 신체 건강에 영향을 미친다. 성교를 시도하는 남성에게는 성기가 벽에 부딪히는 것처럼 느껴지며 강제로 삽입을 시도하면 여성에게 상당한 고통이 될 수 있다. 따라서 성교통과 질염이 종종 함께 발생한다는 사실은 놀라운 일이 아니다(Crowley et al., 2009; Peixoto & Nobre, 2015). 실제로 *DSM-5*는 이 두 가지 조건을 모두 **genito-pelvic 통증/침투 장애**(*genito-pelvic pain/penetration disorder*) 범주에 포함시키고 질 침투와 그에 따른 통증에 대한 신체적 어려움 외에도 여성은 "질 침투에 대한 예상, 도중 또는 그 결과로 인한 통증에 대한 명백한 두려움 또는 불안"을 나타낼 수 있다고 명시하고 있다(p. 437).

> "교과서에서 이 주제를 다루고 있고 실제로 이름이 있다는 것을 알게 되어 기뻤다. 나는 20살까지 처녀였고 성교를 시도했을 때 심한 통증을 겪었다. 당시 내 남자친구는 이해하려고 노력했지만 결국 우리를 갈라 놓았다. 아무리 시도를 해도 제대로 되지 않았다."
>
> (저자의 파일에서)

모든 여성의 최대 5%가 질염을 가지고 있다(Fugl-Meyer et al., 2013). 종종(항상 그런 것은 아니지만) 신체적 원인이 있는 성교통과 달리, 질염의 원인은 대개 **심리적**(*psychological*)이다(Borg et al., 2011; Fugl-Meyer et al., 2013). 성적으로 경험이 없는 여성이 성교 전에 어느 정도 비자발적 근육 수축을 유발할 수 있는 불안을 갖는 것은 정상이지만 대다수의 여성은 곧 이완하는 법을 배운다(심지어 이러한 근육을 자발적으로 제어할 수도 있음). 질염은 종종 성에 대한 매우 부정적인 견해, 성적으로 제한적인 양육(여기에서 성은 죄와 동일시됨), 남성에 대한 적개심 또는 두려움과 관련이 있다(Borg et al., 2011). 치료는 일반적으로 **질의 점진적 확장**(확장기 세트 사용)**에 의한 체계적인 둔감화**(*systematic desensitization by gradual dilation of the vagina*)를 포함하는 인지 행동 요법으로 구성된다. 성적 요구가 없는 분위기에서 확장기를 사용하여 수행 불안이 없도록 하면 여성이 질 안에 물건을 넣는 것에 대한 불안을 천천히 극복할 수 있다. 성공률은 100%에 가깝다(Jeng et al., 2006).

일부 전문가들은 분류 체계에 세 번째 여성 성통 장애인 **비성교 성 통증 장애(non-coital sexual pain disorder)**를 포함할 것을 권장한다. 이것은 성교 이외의 성적 자극

질염(Vaginismus) 질 주변 근육의 비자발적 경련으로 인해 질 입구가 막히는 여성의 반복적이거나 지속적인 성 문제. 이것은 여성이 원함에도 불구하고 어떤 물건(음경, 손가락, 탐폰)을 삽입하는 것을 어렵거나 고통스럽게 만든다.

에 의해 유발되는 반복적이거나 지속적인 생식기 통증을 의미한다(Basson et al., 2000). 통증은 성적 흥분이나 오르가즘 중에 경험할 수 있다.

성교 후 불쾌감 Postcoital Dysphoria

13.7 성교 후 불쾌감에 대해 논의한다.

성교가 신체적으로 만족스럽고 문제 없이 원활하게 진행되는 경우에도 일부 사람들은 일반적으로 "성교 후 우울증"을 경험한다(Bird et al., 2011; Schweitzer et al., 2015). 특히, 그들이 방금 즐겼던 즐거운 성적 상호작용에도 불구하고, 그들은 눈물, 슬픔 또는 우울, 외로움, 죄책감 또는 후회, 과민성 또는 분노를 포함할 수 있는 부정적인 감정의 감정을 경험한다. 남성과 여성의 약 30~40%가 때때로 **성교 후 불쾌감(postcoital dysphoria)**을 경험했다. 현재, 이것은 가장 적게 연구된 성 문제 중 하나이며 사람들이 섹스 후 때때로 이러한 부정적인 감정을 경험하는 이유에 대해서는 거의 알려져 있지 않다.

출처: tommaso altamura / Alamy Stock Photo

성욕 과잉: 중독, 강박 또는 미신? Hypersexuality: Addiction, Compulsion, or Myth?

13.8 성욕 과잉을 정의하고 "성 중독"의 개념에 대한 논쟁을 설명한다.

이 장의 시작 부분에서 당신은 관계에 있는 두 사람이 종종 성관계를 원하는 빈도에 차이가 있지만, 일반적으로 어느 쪽도 저성애자(성욕이 약한) 또는 초성애자(성욕이 지나친)로 간주되어서는 안 된다는 것을 배웠다. 우리 모두는 성적 욕구(성적 충동과 그 욕구를 충족시키기 위해 고안된 행동을 모두 포함)가 연속적으로 떨어진다는 것을 알고 있다. 우리들 대부분은 아마도 중간 어딘가에 살고 있을 것이다. 그렇다면 성욕이 "비정상적"이거나 "비정상적"(따라서 문제로 간주됨)으로 간주되는 정도는 얼마인가? 물론 대답은 이것이 주관적인 판단의 문제이며 개인, 사회, 문화 및 역사적 시대에 따라 크게 다를 것이라는 것이다. 성 반응은 개인이 그것을 문제로 볼 때만 문제가 되고 임상 기준(예: 시간이 지남에 따라 지속됨, 개인적 고통을 유발함, 일상 기능 방해)을 충족할 때만 장애가 된다는 것을 기억하는 것이 중요하다.

앞에서 논의한 바와 같이, **저능성 성욕**(*hypoactive sexual desire*)은 일반적으로 식욕 연속체의 낮은 끝에서 일어나는 성적 기능 장애, 즉 사람에게 상당한 고통을 주고 정상적인 기능을 방해하는 습관적인 성적 관심의 결여를 설명하기 위해 사용되는 용어이다. 그러나 **과성애**(*hypersexuality*) 또는 식욕 연속체의 상한에서의 성기능 장애를 설명하는 데 다양한 용어가 사용되었다(Kafka, 2010 참조). 대중 언론과 일반 대중(및 일부 치료사)이 널리 채택한 것은 **성적 중독 또는 성 중독**(*sexual addiction or sex addiction*)이다(Carnes, 1983, 1991; Goodman, 1992). 그러나 많은 학자들은 과성애가 진정한 중독의 생리적, 심리적 요구 사항(예: 의존성, 내성, 금단 현상)을 충족하지 않는다는 이유로 이 꼬리표에 반대한다. 예를 들어, 다른 중독(알코올 또는 약물 중독)과 달리 성욕 과잉의 인지 및 행동 증상은 일반적으로 시간이 지남에 따라 감소하며 "대부분의 사람들에게 상당히 일시적인 경향이 있다"(Konkolÿge et al., 2015, p. 1).

결과적으로, 대부분의 과학자와 정신 건강 전문가들은 성적 중독보다는 **충동적인 성적 행동**(*compulsive sexual behavior*)(Coleman, 1991), **성적 충동성**(*sexual impulsivity*)(Barth & Kinder, 1987) 또는 **충동적인/강제적인 성적 행동**(*impulsive/compulsive sexual behavior*)(Coleman, 2011)과 같은 용어를 사용하는 것을 선호한다. 세계보건기구(WHO)는 *ICD-10*(2016)에서 과잉성애를 **과도한 성적 충동**(*excessive sexual drive*)으로 규정하고 있다. 흥미롭게도 미국 정신의학 협회(American Psychiatric Association)는 **진단 및 통계 매뉴얼**(DSM-5, 2013)의 최신 버전에 이러한 구성을 포함하지 않기로 결정했다. 이러한 결정은 전문가들이 정의 기준과 선천적으로 높은 수준의 성욕을 가진 사람들이부적절하게 "장애"로 분류되고 낙인이 찍힐 가능성에 대한 우려를 제기한 후 내려졌다(Halpern, 2011; Moser,

---

비성교 성 통증 장애(Non-coital sexual pain disorder) 성교 이외의 성적 자극에 의해 발생하는 반복적이거나 지속적인 생식기 통증.

성교 후 불쾌감(Postcoital dysphoria) 성관계 후 신체적으로 만족스러웠던 부정적인 감정(예: 슬픔, 외로움, 불안 및/또는 과민성).

2011; Winters, 2011 참조). 당분간 *DSM-5*를 사용하는 임상의와 치료사는 성욕 과잉을 나타내는 상담자에 대해 "기타 특정 성기능 장애"라는 종합진단를 사용해야 한다.

사용된 특정 라벨에 관계 없이, **성욕 과잉(hypersexuality)**은 지속적이고, 과도하고, 충동적이며, 통제할 수 없는 성적 욕구(충동, 생각 및/또는 행동을 의미함)를 나타낸다. 과성애가 있는 사람들은 성적 충동에 저항할 수 없으며 포르노 보기, 사이버 섹스 또는 파트너(때로는 캐주얼한) 섹스 또는 자위행위를 포함하여 충동을 충족시키기 위해 고안된 행동에 강박적으로 참여한다(Kafka, 2010; Kaplan & Krueger, 2010). 이러한 지속적이고 통제할 수 없는 충동과 행동은 삶의 많은 영역에서 정상적인 기능을 방해한다. 예를 들어, 친밀한 관계를 수립 및 유지하고, 업무 의무를 이행하고, 중요한 비성적 활동과 목표를 완료하는 능력을 방해한다(Spenhoff et al., 2013). 당연하게도, 과성애자들은 성욕을 억제하기 위해 반복적으로 노력하지만 성공하지 못한다.

과잉 성욕은 "높은 성욕"을 갖는 것과 같지 않다는 것을 인식하는 것이 중요하다. 사람은 성욕이 강하고 성욕이 강하지 않을 수 있다. 하이퍼섹슈얼 개인은 압도적인 충동의 성격과 섹스에 참여하는 강박성에 의해 높은 수준의 성욕을 가진 다른 사람들과 구별된다. 중요한 것은 성욕의 양이 아니라 질이다. 예를 들어, 교과서 저자 중 한 사람은 아침에 한 번, 밤에 한 번 하루에 두 번 성교를 하는 부부를 개인적으로 알고 있다. 그들은 결혼 생활의 전체 기간(30년 이상) 동안 그렇게 해왔고 멈출 기미를 보이지 않는다. 그들은 하이퍼섹슈얼인가? 아니오. 두 파트너 모두 높은 수준의 성적 욕망을 가지고 있고, 성적 상호작용이 서로 즐겁다고 생각하며, 섹스를 서로 연결하고, 건강을 유지하고, 스트레스를 해소하는 중요한 방법으로 생각한다. 그들이 보통의 부부보다 더 자주 성관계를 가지지만(아마도 성관계를 갖고 싶어할 것이다)(11장 참조), 이것은 그들에게 문제가 되거나 괴로운 것이 아니다.

마찬가지로, 성욕 과잉을 단순히 "무분별한 성적 행위와 무단 결석에 대한 편리한 핑계"로 치부해서는 안 된다(Lee, 2011). 혼외정사를 경험한 대다수의 사람들은 성전환증이 없다(그들은 단지 불충실하다). 진정한 하이퍼섹슈얼 개인은 "가족, 친구, 가치, 건강, 안전, 직장을 포함하여 다른 모든 것이 희생될 수 있는 일차 관계 또는 필요로 성을 변형"한다.

예를 들어, *Newsweek* 잡지는 2011년에 성욕 과잉으로 고생하는 여러 개인의 실생활 이야기를 실은 기사를 실었다(Lee, 2011). 그러한 사람 중 한 명인 "Valerie"라는 기혼 여성은 식당 화장실에서 익명의 만남, 남편의 직장 동료와의 일, "수를 셀 수 없을 정도로 많은" 원나잇을 했다고 보고했다(p. 50). 또한 그녀는 폰섹스 채팅에 전화를 걸고, 온라인 음란물을 강박적으로 시청하고, 자위행위를 너무 자주 해서 며칠 동안은 일하러 갈 수 없었다. 당신이 상상할 수 있듯이 이러한 행동은 그녀 자신의 건강에 막대한 부담을 줄 뿐만 아니라 그녀의 가까운 관계의 건강과 복지를 위험에 빠뜨리다.

인구의 약 3~5%가 성욕 과잉을 나타내는 것으로 추정된다(Kaplan & Krueger, 2010; Lee, 2011). 비율은 여성보다 남성에서 더 높다(Carvalho et al., 2015). 예를 들어, 한 대규모 전국 조사(Hendrickx et al., 2014)는 표본의 6%에서 성욕 과잉의 증거를 발견했다. 이 중 85%는 남성이고 15%는 여성이다.

성욕 과잉은 다양한 성격 특성(낮은 친화성, 높은 신경증 또는 부정적인 감정과 같은)을 포함한 여러 요인과 관련이 있다(Miner et al., 2016; Pinto et al., 2013). 성적으로 강박적인 남성과 여성은 또한 비-하이퍼섹슈얼 상대방보다 어린 시절에 외설물과 부모의 과성애에 노출되었을 뿐만 아니라 정서적 학대나 방치를 경험했다고 보고할 가능성이 더 높다(Griffiths, 2001; McPherson et al., 2013). 이런 사람들은 종종 자존감이 낮고 성인이 되어서도 부적절하고 무가치하다는 느낌을 받는다. 그들은 종종 매우 외롭고 감정적 고통으로 인해 내적 불편함을 회피하는 데 도움이 되는 행동(예: 알코올, 약물, 음식, 섹스)을 하게 될 수 있다고 믿어진다(Bancroft & Vukadinovic, 2004). 성욕 과잉이 있는 많은 사람들은 기분 및 물질 사용 장애가 있다(리뷰는 Campbell & Stein, 2016; Kafka, 2010 참조).

온라인 성욕 과잉[때때로 인터넷 섹스 중독(*Internet sex addiction*)이라고도 함]은 과학자들로부터 점점 더 많은 관심을 받고 있는 특정한 형태의 강박적인 성행위이다(Griffiths, 2001; Ross et al., 2012; Young, 2004). 강박적인 온라인 성행위와 다른 성욕 과잉 행위를 구별하는 것은 인터넷의 접근성, 경제성, 익명성이다(Cooper, 1998).

> "A씨는 42세의 유부남으로 학계 사회학자였다." 그는 특정한 포르노 이미지를 찾는데 하루에 몇 시간을 보내면서 인터넷 사용을 늘렸다. 그는 이 행동이 자신을 대변하는 통제력

성욕 과잉(Hypersexuality) 지속적이고 과도하며 충동적이고 통제할 수 없는 성욕. 과성애가 있는 개인은 종종 불안을 줄이기 위해 강박적으로 성에 대한 환상을 갖고 성에 참여하지만 감정적 만족은 거의 또는 전혀 경험하지 못합니다. 때때로 성적 중독 또는 성적 강박증이라고 한다.

그림 13-7
타이거 우즈(Tiger Woods)와 전 부인 엘린 노르데그렌(Elin Nordegren) (왼쪽), 제시 제임스(Jesse James)와 전 부인 샌드라 블록(Sandra Bullock) (오른쪽). 재능있고 남편을 지지하며 매력적인 아내와 결혼했음에도 불구하고 두 남자는 혼외정사를 많이 가졌고 나중에 성욕 과잉에 대한 치료를 받았다고 한다.

출처: Hans Deryk/Reuters/Alamy Stock Photo, Featureflash Photo Agency/Shutterstock

상실에 대한 스트레스를 분명히 표현했고 또한 그가 감당할 수 있는 것보다 인터넷 다운로드에 더 많은 시간을 보내고 있다고 언급했다. 그의 행동은 또한 연구 생산성의 현저한 저하를 초래했다...그가 낮에(때로는 세 번 이상) 오르가즘을 느끼기 위해 자위했을 때, 그는 아내와 그날 밤 섹스를 하면 종종 오르가즘에 도달할 수 없었다."

(스타인 등, 2001)

하루에 4천만 명의 미국인이 포르노 웹사이트에 로그온한다(Lee, 2011). 그러나 강박적으로 그렇게 하는 사람은 극소수에 불과하다. 섹스를 위해 인터넷을 사용한 9,177명의 성인을 대상으로 한 대규모 연구에 따르면 약 3%가 온라인 성행위에 일주일에 20시간 이상을 보내는 것으로 나타났다(Cooper et al., 1999). 인터넷 사용자에 대한 또 다른 연구에서는 남성의 5%와 여성의 2%가 중독을 느낀다고 말했다(Ross et al., 2012). 흥미롭게도 성적으로 강박적인 인터넷 사용자 사이에는 성별 차이가 있다. 남성은 포르노 사이트를 목표로 하는 경향이 있는 반면, 여성은 온라인 관계에 참여하는 경향이 있다(Griffiths, 2001; Young et al., 2000). 물론, 성적 관심을 추구하는 온라인 시간이 많을수록 개인 및 직업 생활에 부정적인 영향을 미칠 가능성이 커진다. 연구에 따르면 인터넷 섹스를 많이 하는 사용자의 파트너는 일반적으로 진실을 발견했을 때 충격을 받지만 이 역시 행동을 거의 멈추지 않는 것으로 나타났다(Bergner & Bridges, 2002).

과잉 성욕에 대한 치료는 일반적으로 다면적이며 알코올과 약물 중독에 오랫동안 사용되어 온 접근 방식을 종종 포함한다(Kaplan & Krueger, 2010). 한 가지 차이점은 치료사들은 개인이 모든 성(다른 중독자들이 종종 취급되는 방식)을 완전히 금단시키는 대신, 특정한 원치 않는 문제가 있는 성적 행동(예: 낯선 사람과의 성, 매춘부와의 성, 포르노 웹사이트 방문; Lee, 2011)을 목표로 하고 제거하려고 시도한다는 것이다. 또한 치료에는 부적응 행동을 대체하고 재발을 예방하는 방법을 배우는 데 도움이 되는 특정 인지 행동 전략을 가르치는 것뿐만 아니라 개인이 자신의 감정과 필요를 다루는 건강하고 적응적인 방법을 찾을 수 있도록 돕는 것이 포함될 수 있다(Coleman, 2011). 관계에 있는 사람들의 경우 이러한 접근 방식은 일반적으로 커플 치료로 이어진다(Bird, 2006).

상자 13-A 다문화적 관점

성 치료

이 장에서 제시하는 성 치료 모델은 주로 현대 서구의 중산층 가치에 기반을 두고 있다(Lavee, 1991). 모델에서 가장 중요한 두 가지 가정은 사람들이 주로 (신체적) 쾌락을 위해 성관계에 참여하고 남성과 여성을 동등한 파트너로 간주해야 한다는 것이다(Reiss, 1986). 이 모델은 또한 남성과 여성이 성에 대해 알고 싶어하며 더 나은 의사 소통이 더 나은 섹스를 만든다고 가정한다. 주관적인 성적 웰빙의 최고 수준은 사실 남성과 여성이 평등한 역할을 하는 문화에서 발견된다(Laumann et al., 2006).

모든 문화가 이러한 태도를 공유하는 것은 아니다. 전통적인 미국 성 치료는 많은 중국 문화에서 받아들여지지 않을 것이다(So & Cheung, 2005). 유사하게, 상자 4-A에서 북아프리카와 중동(주로 이슬람 인구가 많은)의 많은 부분이 제한적이고 가부장적인 성적 체제로 특징지어지며, 성적 쾌락을 남성과 여성의 쾌락으로 유보하는것은 음핵 할례와 생식기 절단과 같은 관행에 의해 의도적으로 억제되고 방해된다는 것을 상기한다. 많은 라틴 국가들도 여성의 섹슈얼리티가 엄격하게 통제되고 표현이 거부되는 남성 중심의 성 체제를 채택하고 있다(Guerrero Pavich, 1986). 이러한 문화에서 여성이 오르가즘에 도달하는 데 어려움을 겪는다는 것은 중요하지 않은 것으로 간주되며 확실히 치료의 근거가 되지 않는다. 고통스러운 성교(성교통, 질염)도 여성의 성 및 생식 능력을 방해하지 않는 한 중요하지 않은 것으로 간주된다(Aziz & Gurgen, 2009). 이 사회의 여성에게 성의 유일한 목적은 출산과 남편의 쾌락이다. 남성의 경우 조루는 문제로 간주되지 않는다. 실제로 "조기" 사정의 개념은 두 파트너가 성적인 상호작용에 동등하게 참여하고 여성이 섹스 중 쾌락을 경험하기에 충분한 자극(및 시간)을 받을 자격이 있다는 것을 전제로 한다(Reiss, 1986 참조). 흥미롭게도 남성은 발기 상태를 유지하고 유지하는 데 어려움이 있는 것으로 간주한다. 아마도 이것이 생식에 영향을 미치기 때문일 수 있으며 성교를 할 수 있게 되기 위해 치료를 받을 수도 있다(Osman & Al-Sawaf, 1995) . 그러나 남성과 여성 모두 감각 집중 운동을 해결책으로 삼는다는 생각 자체를 거부한다. 왜냐하면 이것은 상호 즐거움을 주는 기술이기 때문이다(Lavee, 1991).

이러한 가부장적, 제한적인 성적 태도 및 성적 치료에 대한 서구적 접근 방식과 극명한 대조를 이루는 것은 많은 힌두교와 불교 사회에서 채택한 방향이다(Turner et al., 2006; Voigt, 1991). 탄트라 경전은 사람들에게 초월적인 일치와 조화의 목표를 위해 노력할 것을 촉구하며 성은 영적 성장을 위한 기회로 간주된다. 제한적인 사회는 상호 성적 쾌락의 개념을 피하고 서양 치료사는 성의 상호 육체적 쾌락을 강조하지만 불교 사회는 영적 결합을 강조한다. 예를 들어, 이 장에서 오르가즘은 적절한 물리적 자극과 효과적인 기술의 결과로 나타난다. 반면에 탄트리즘을 따르는 사람들은 오르가즘을 파트너 간의 깊은 이완과 깊은 수준의 접촉의 산물로 이해한다(Voigt, 1991). 서구 문화는 행동, 자극, 활성화, 결과 중심을 강조하는 반면, 탄트리즘은 존재, 고요함, 명상, 과정 몰입을 강조한다. 좋은 섹스는 한 파트너 또는 다른 파트너에게 초점을 맞추는 것이 아니라 "사이"에 초점을 맞춤으로써 달성된다.

결론 Concluding Thoughts

13.9 성 문제에 대한 부부의 전반적인 관계의 중요성을 설명한다.

이 장을 읽으면 대부분의 사람들이 성 반응의 장애(성에 대한 관심 부족, 성행위 전이나 성행위 중에 성기를 자극하는 데 어려움, 불편함 또는 고통, 오르가즘에 도달할 수 없음, 성적 쾌락 또는 만족의 부족)를 경험할 것이라는 점을 분명히 해야 한다. 평생 동안(그리고 거의 모든 관계에서) 이러한 중단은 정상이며 대부분의 경우 경보의 원인이 되지 않는다. 대부분은 의학적 치료나 치료적 개입 없이 자연적으로 해결된다. 성적인 문제가 해결되지 않고 상당한 수준의 개인적(그리고 대인관계) 고통을 야기하는 경우에만 치료가 표시될 수 있다. 그렇더라도 사람들은 성은 파트너쉽의 한 부분일 뿐이며 관계는 성적인 표현의 기회 이상을 제공한다는 것을 기억하는 것이 중요하다(Sedikides et al., 1994 참조). 관계는 교제, 사랑, 친밀감, 안정, 사회적 지원, 그리고 자기 성장의 기회와 개인적인 목표와 가치를 성취할 수 있는 기회를 포함하여 훨씬 더 중요한 다른 이점을 제공한다(Regan, 2017).

귀하 및/또는 귀하의 파트너가 성적인 어려움을 겪고 있는 자신을 발견하면 12장의 말미에 제공된 일반적인 조언을 기억하시오. 먼저 귀하와 귀하의 파트너를 완전히 받아들이시오. 서로의 진정한 성격, 사마귀 및 모든 것(여기에는 성적 태도, 좋아하는 것과 싫어하는 것, 문제가 포함됨)을 인식하고 받아들이는 것이 침실 안팎에서 만족을 유지하는 데 큰 도움이 될 것이다.

둘째, 변화를 수용하시오. 사람과 관계가 늙어감에 따라 그들의 섹슈얼리티도 변할 것임을 인식하시오. 이것은 본질적으로 "나쁜" 것이 아니다. 때때로 새로운 파트너(그리고 새로운 관계)를 특징짓는 강렬하고 열정적인 섹스는 파트너가 서로의 몸에 익숙해지면서 더 친밀하고 애정 어린(그리고 덜 만족스러운) 섹스 유형으로 발전하고, 성적 쾌락을 일으키고 서로의 특정한 성적 욕구를 충족시키려는 동기가 커진다(McCarthy & Farr, 2012; Muise et al., 2013 참조).

그리고 셋째, 서로 대화하라! 섹스(또는 모든 관계 문제)에 대해 공개적으로 의사 소통하는 것은 쉬운 일이 아니지만 이 장의 부록에서 몇 가지 유용한 팁을 제공한다. 언제나 그렇듯이, 우리의 바람은 남성이든 여성이든, 나이가 많든 적든, 배우자가 있든 독신이든 모든 사람이 **성적으로 건강**(*sexually healthy*)해지고 유지하는 것이다.

개인적인 생각 Personal Reflections

거의 모든 사람들은 삶의 어느 시점에서 성적인 문제를 경험한다. 당신이 지속적인 관계에 있고 지속적으로 문제를 겪고 있다면, 당신은 성 치료사에게 가겠는가? 그 이유는 무엇? 당신의 대답이 "예"라면, 당신이 가기로 결정하기까지 얼마나 기다려야 하는가? 대부분의 치료사는 치료가 더 일찍 시작될수록 치료 가능성이 더 높아진다고 믿는다.

부록: 성적 차이와 문제에 대해 파트너와 대화하기

Addendum: Talking with Your Partner About Sexual Differences and Problems

13.10 성적 차이와 문제에 대해 파트너와 대화하는 방법에 대해 토론한다.

> 미국인들은 왜 섹스에 대해 이야기하는 것보다 섹스를 하는 것이 더 쉽다고 생각하는가? —(Peggy Clarke, 1996/1997)

의사 소통(communication)은 정보를 알리는 행위, 생각이나 아이디어의 교환이다(*American Heritage Dictionary*의 말을 그대로 옮겨 옮김). 이 장의 이 부분은 장기적인 관계를 약속한 두 사람 간의 의사 소통을 다룬다. 그것은 각 사람이 다른 사람을 진정으로 돌보고 신뢰와 친밀감이 있다고 가정한다. 방금 배운 것처럼 대부분의 커플은 관계에서 성적 차이나 문제를 경험한다(Laumann et al., 1999, 2009; Waite et al., 2009). 그들이 그 문제를 해결하는 방법, 즉 그들의 차이점과 문제에 대해 서로 의사 소통하는 방법은 성적 적응에 영향을 미친다. "많은 경우에 성기능 장애 문제는 의사 소통이 개선될 때까지 해결될 수 없다"(Wincze & Carey, 1991, p. 110). 좋은 의사 소통은 또한 더 나은 관계로 이어지며 더 나은 관계는 일반적으로 더 나은 섹스로 이어진다(Cupach & Metts, 1991; Laumann et al., 2006).

성에 대해 이야기하는 것이 왜 어려운가?

Why Is It Difficult to Talk About Sex?

> "나는 관계에서 상대방이 심령술사가 아니라는 것을 깨닫는 유일한 사람이 되는 경향이 있다. 상대방에게 내가 원하는 것을 얘기하지만 대개는 정확한 피드백을 받을 수 없다."
>
> (저자의 파일에서)

성교(intercourse)는 "소통"을 의미하지만 사람들이 섹스보다 이야기하기 어려운 주제는 거의 없다. 이에 대한 주요 이유 중 하나는 대부분의 사람들이 성에 대해 지적이고 성숙한 방식으로 이야기한 경험이 거의 없기 때문이다. 우리 과정의 설문조사에 따르면 학기마다 우리가 가르치는 학생의 1/3 미만이 성에 관해 부모와 진지한 토론을 한 적이 있다고 일관되게 나타낸다(King, 2012). 중학교나 고등학교에서 성교육을 받은 사람은 거의 없다. 청소년들은 종종 이성에게 성에 대해 이야기하는 것을 피한다. 왜냐하면 이것이 초대나 암시로 해석될 것을 두려워하기 때문이다. 따라서 남성은 일반적으로 다른 남성과 성에 대해 이야기한 경험이 있고 여성은 다른 여성과 성에 대해 이야기한 경험이 있지만 많은 성인은 다른 성별의 구성원과 성에 대해 이야기하는 데 큰 어려움을 겪는다(Athenstaedt et al., 2004).

이성애 관계에서 의사 소통의 어려움에 기여할 수 있는 성별 차이가 있는가? 오래되었지만 여전히 인기 있는 책인 *Men Are from Mars, Women Are from Venus*(Gray, 1992)에서 "남성과 여성은 서로 다르게 의사 소통할 뿐만 아니라 생각하고 느끼고 인식하고 반응하고 반응하고 사랑하고 필요로 하며, 그리고 다르게 평가한다. 그들은 거의 다른 행성에서 왔고 다른 언어를 사용하는 것 같다"(p. 5). 그러나 연구에 따르면 의사 소통에 성별 차이가 존재하지만 그 차이는 인기있는 책만큼 크지 않으며 미디어에서 우리가 믿도록 한다(리뷰는 Aries, 1998 및 Burleson & Kunkel, 2006 참조; Petersen & Hyde, 2011 참조).

그럼에도 불구하고 의사 소통 방식에는 약간의 성별 차이가 있다. 어린 시절부터 시작하는 남성의 의사 소통은 일반적으로 자기 주장, 지배력, 과제 완수에 더 관심이 있는 반면, 여성의 의사 소통은 더 따뜻하고 협력적이며 다른 사람 지향적이다(Carli & Bukatko, 2000). 남성은 또한 대화 중 눈맞춤을 유지하지 않을 가능성이 적고, 응답에서 덜 명확하거나 중립적이며, 물러날 가능성이 더 높을 수 있다(Klinetrob & Smith, 1996). 논쟁을 하는 동안 여성

의사 소통(Communication) 정보, 생각, 아이디어 또는 감정의 교환.

성교(Intercourse) 이 단어는 의사 소통을 의미한다.

은 감정적 어조를 설정하는 경향이 더 크다. 많은 사람들은 남자가 자신의 감정과 감정을 표현하는 것이 남성적이지 않다고 생각한다(섹스 중 포함).

> "최근에 나는 매우 '섹스 타입'인 남자와 관계를 맺었다. 내 감정적 필요가 어떻게 채워지지 않는지 알려준다면 그는 주제를 바꾸거나 전체 토론을 '시제화'된 것으로 치부할 것이다."
>
> (저자의 파일에서)

두 성별의 모든 사람들은 자신의 감정과 감정을 표현하고 전달할 수 있어야 한다. "강하고 과묵한" 사람이라는 이미지는 인간성의 근본적인 부분을 빼앗고 파트너에게서 진정한 동반자를 빼앗는다. "감정적이고 표현력이 풍부한" 여성의 이미지는 의사 소통에 대한 모든 책임을 그녀에게 부여한다.

마지막으로, 관계의 권력 차이는 의사 소통에 영향을 미칠 수 있다(Blanc, 2001; Quadagno et al., 1998). 우리는 동등한 지위에 있다고 생각하는 사람들에게 의견, 특히 의견의 차이를 표현할 가능성이 가장 크다. 어떤 관계에는 힘의 불균형이 있다. 이성애 관계에서는 일반적으로 남자에게 유리하다. 의사 소통을 개선하기 위한 다음 제안은 모든 사람에게 도움이 되어야 하지만 평등한 관계에 있는 개인에게 가장 유용할 것이다. (관계에서 큰 힘의 불균형을 해결하려면 전문적인 상담이 필요할 수 있다.)

파트너와 나는 섹스에 대해 이야기하는 데 어떻게 익숙해질 수 있는가?

How Can My Partner and I Get Used to Talking About Sex?

파트너와 성에 대해 이야기하는 데 익숙해지는 가장 좋은 방법 중 하나는 일상 뉴스에서 섹슈얼리티 관련 주제를 함께 토론하는 것이다. 인쇄 또는 온라인 뉴스 포럼에 성에 관한 기사(예: 피임 및 성 조사 결과)가 하나라도 없는 날은 거의 없다. 파트너에게 이 책에서 선택한 주제를 보여주고 "나는 이것을 몰랐다" 또는 "이것은 정말 흥미롭다"와 같은 말로 시작할 수 있다.

둘 다 성 관련 주제에 대해 함께 이야기하는 것이 더 편해지면 자신의 성적 관계에 대해 더 안전하게 이야기할 수 있다. 종종 좋은 출발점은 둘 다 성에 대해 이야기하는 것이 왜 어려운지에 대해 이야기하는 것이다. 예를 들어, 부모가 성에 대해 이야기하는 것에 대해 부정적인 태도를 가졌다면 그에 대해 이야기하고 당신이 어떻게 달라졌으면 하는지에 대해 이야기하시오. 다음으로 섹슈얼리티와 관련된 정상적인 신체 기능과 그것이 당신의 성 관계에 미치는 영향에 대해 이야기할 수 있다. 예를 들어, 월경에 대해 이야기해 보시오. 많은 사람들이 그것에 대해 부정적인 태도를 배웠다(따라서 배우지 않을 수 있다)(3장 참조). 당신과 당신의 파트너가 성적인 차이(태도, 선호하는 행동 등)에 대해 이야기할 수 있을 만큼 편안할 때, 미래에 그러한 문제에 대해 언제 어떻게 이야기할지에 대해 논의하고 싶을 수도 있다.

성의 언어가 불편하면 어떻게 해야 하는가? 어떤 단어를 사용해야 하는가?

What If I Am Uncomfortable with the Language of Sex—What Words Should I Use?

우리의 성적인 해부학과 기능에 대해 일반적으로 사용되는 많은 단어들은 우리 문화에서 흔히 볼 수 있는 성에 대한 부정성을 반영한다. *Prick, cock, cunt, pussy, screw, fuck*와 같은 단어는 남성들 사이의 대화에서 흔하지만(Braun & Kitzinger, 2001; Fischer, 1989), 많은 여성(그리고 남성)은 특히 긍정적인 감정을 표현하고 싶을 때, 이러한 단어를 그들의 파트너와 함께 사용하는 것을 불편하게 느낄 수 있다(Geer & Bellard, 1996). **남근**, **질**, **성교**와 같은 의학적으로 올바른 용어는 부정적인 의미가 없을 수 있지만 너무 야하므로 깊은 감정적 관계에 있는 두 사람 사이의 대화에서 부적절해 보일 수 있다. "같이 자다", "같이 자다", "사랑을 나누다"와 같은 완곡어법은 어떤 사람들에게는 더 에로틱하게 보일 수 있지만 종종 부적절하기도 한다. 우리는 섹스를 할 때 항상 "사랑을 나누는가"? 일부 커플은 신체 부위와 성행위에 대한 사적인 어휘를 개발하여 그들 사이의 대화에서만 사용한다.

성에 관해 이야기할 때 파트너와 함께 어떤 단어를 사용해야 하는지 알려주는 것은 우리가 할 일이 아니다. 그러나 둘 다 편안하게 성어를 개발하고 사용하는 것이 중요하다(Hess & Coffelt, 2012). 그러므로 성에 대해 이야기하는 데 익숙해지는 과정의 일부로, 당신의 감정과 욕구를 전달할 수 있을 만큼 충분히 명확하고 구체적인 어휘에 동의할 때까지 파트너와 이 문제에 대해 논의하시오(아직도 에로틱하다).

언제(어디서) 파트너와 대화를 시도해야 하는가?

When (and Where) Should I Try to Talk to My Partner?

당신이 다른 행동을 선호하거나 다른 방식(또는 다른 선호도)으로 만지거나 사랑받기를 원한다고 파트너에게 언제 말해야 하는가? 섹스 직후에 그것을 한다면, 당신의 코멘트가 성적표나 성과 평가처럼 들리게 될 위험이 있으며 아마도 그다지 좋지 않을 것이다. 섹스 중에 하면 상대방의 주의를 산만하게 하거나 좌절시킬 수 있고, 시작하기 전에 불만을 표시하면 수행 불안을 유발할 수 있다.

아마도 중립적인 시간이 가장 좋을 것이다. 이전 섹션에서 귀하와 귀하의 파트너가 처음으로 논의할 수 있는 일반적인 주제 중 하나는 언제 성차에 대해 이야기해야 하는지에 대한 것임을 상기하시오. 그것을 할 때마다 그 당시에 좌절하거나 화를 내거나 매우 감정적이지 않은지 확인하시오. 당신이 당신의 차이점에 대해 논의할 때 그렇게 많이 하는 것이 아니라 그것에 대해 어떻게 가느냐가 중요하며, 부정적인 감정 상태에서 시작한다면 당신의 우려가 잘 받아들여지지 않을 수 있다.

마지막으로, 침실에서 대부분의 성관계를 갖는다면 침대에서 성적인 문제에 대해 걱정하거나 논의하지 마시오. 너무 자주 하면 침대가 성적 긴장과 불안의 자극제가 될 수 있다. 즉, 침대에 누워 있는 것만으로도 걱정이 시작될 수 있다. 쾌적한 경험을 위해 침대를 남겨두고 문제를 제기하고 문제를 해결하기 위해 거실과 같은 중립적인 장소를 선택하시오.

성관계에 대한 우려가 있는 파트너에게 어떻게 접근해야 하는가?

How Should I Approach My Partner with Concerns About Our Sexual Relationship?

섹스, 특히 성적인 문제에 대해 이야기하는 경험이 없기 때문에 많은 사람들이 아무 말도 하지 않고 문제가 계속되도록 내버려 두며, 그 결과 종종 점점 더 큰 좌절 및/또는 분노가 생긴다. 마침내 그들이 무언가를 말하게 되었을 때 많은 사람들은 다음과 같은 말로 시작한다.

"나는 당신이 . . ."

"당신은 절대. . ."

이러한 유형의 진술은 부정적인 것을 강조하며 종종 방어적 반응과 반격에 직면한다. 이것은 전면적인 논쟁으로 빠르게 확대될 수 있다.

성적인 표현이나 상호작용을 비판하는 것만큼 사람의 자존심을 쉽게 모욕할 수 있는 일은 거의 없다. 거의 모든 사람은 자신이 좋은 성적 파트너라고 믿고 싶어한다. 따라서 파트너를 비판하여 자신의 좌절감을 해결하려는 것은 문제를 요구하는 것이다. 때때로 사람들은 성에 대한 피드백을 요청한 다음 응답에 화를 낸다. 예를 들어, 어떤 사람들은 "어땠어?"와 같은 질문을 한다. "좋아했어?" 또는 "굉장하지 않니?" 섹스 후에. 때론 솔직한 대답보다는 정말로 칭찬이나 자아 강화를 찾고 있기 때문에, 지금은 부정적인 반응을 표현하기에 좋은 시기가 아니다. 가능하면 **부정적인 것보다 긍정적인 것을 강조하시오.** 이것이 우리가 당신에게 줄 수 있는 가장 중요한 조언이다. 대화를 "당신이 싫어..."로 시작하는 대신, 다음을 시도해 보시오:

"나는 당신이 . . ."

"당신이 할 때 정말 기분이 좋다. . ."

당신의 파트너, 그렇게 그나 그녀에게 **긍정적 강화(positive reinforcement)**를 하도록 도울 수 있는 동안 당신은 섹스처럼 무언가를 해야 한다. 수천 건의 연구에 따르면 행동이 강화될 때 행동이 증가하며 칭찬은 일반적으로 인간에게 강력한 강화물이다.

개인적인 생각 Personal Reflections

당신이 파트너의 성적 욕망과 선호도, 그리고 상대방이 당신을 완전히 알고 있는지 여부에 대해 확신이 서지 않는다고 가정해 보시오. 어떻게 서로 의사 소통할 수 있는가? 당신의 욕망과 선호가 정확히 같지 않다고 가정해 보자.

파트너가 잘못이라고 생각하면 어떻게 될까? 불평할 수 있을까?

What If I Think That My Partner Is to Blame—Can I Ever Complain?

파트너에게 명확하고 구체적인 방식으로 우려 사항을 표현하지 않은 경우(성에 대해 이야기하는 것이 불편하거나 다른 이유로 인해) 파트너에게 전적으로 책임을 돌리지 마시오. 당신이 그것을 허용했기 때문에 문제는 적어도 부분적으로 계속되었다. 당신의 파트너는 당신이 말하지 않는 한 당신이 무엇을 원하는지 알 수 없다. 당신이 원하는 것이 무엇인지, 어떻게 하면 당신을 기쁘게 할 수 있는지 파트너가 알아야 한다고 생각하거나 기대하는 것은 잘못된 것이다. **당신은 당신 자신의 즐거움에 대한 책임을 져야 하며,** 당신의 필요와 욕구를 파트너에게 말할 때만 이것을 할 수 있다.

긍정적 강화(Positive reinforcement) 반응을 따르고 반응이 다시 일어날 확률을 높이는 긍정적 자극.

> "남편과 나는 성적인 생각과 감정에 대해 매우 개방적이다. 그가 하는 것이 마음에 들지 않을 때 나는 그에게 말하고 그는 똑같이 한다. 우리는 성적 정점에 도달했고 공개적으로 의사 소통하는 것이 매우 중요하다."
>
> (저자의 파일에서)

앞 절에서 긍정적 강화의 사용을 강조했지만, 그렇다고 해서 결코 불평하거나 분노를 표출할 수 없다는 의미는 아니다. 그러나 화가 났을 때 화를 다스리는 법을 배우시오. 진정된 후에만 표현하시오. 불만을 표현하는 동기가 무엇인지 자문해 보시오. 파트너를 다치게 하거나 조롱하기 위한 것인가, 아니면 건설적인 변화를 위한 것인가? 좋은 관계를 가진 부부는 차이가 있고 때로는 갈등이 있기도 하지만 그러한 차이와 갈등을 파괴적이 아닌 건설적인 방식으로 해결한다. 당신의 파트너를 비판한다면, 그의 성격이 아니라 그의 행동을 비판하도록 하세요.라고 말하는 것과 큰 차이가 있다.

> "넌 배려가 없는 사람이야." 그리고 말하는
>
> "당신은 당신이 얼마나 관심을 가지고 있는지 충분히 자주 보여주지 않는다."

파트너의 행동을 비판해야 하는 경우 다음과 같이 파트너 행동의 다른 측면도 칭찬해야 한다.

> "당신이 나에게 키스하는 데 더 많은 시간을 할애했으면 좋겠지만, 당신이 나에게 키스할 때의 느낌이 좋아요..."

나의 필요와 욕구를 어떻게 표현해야 하는가? How Should I Express My Needs and Desires?

대부분의 커뮤니케이션 전문가는 개인이 파트너에게 욕구를 표현할 때 **"나"라는 언어("I" language)**를 사용한다고 제안한다. 이는 "I"로 문장을 시작하고 그 뒤에 감정, 욕망 또는 생각을 표현하는 것을 의미한다(Simmons et al., 2005 참조). 여기에는 몇 가지 중요한 이점이 있다. 자신의 감정을 직접적으로 표현함으로써 자신의 웰빙에 대한 책임을 지게 된다. 또한 "I" 문장은 "You"로 시작하는 문장에서 흔히 볼 수 있는 비난이나 비난 어조를 피한다. "너는 나를 더 이상 안아주는 것을 좋아하지 않는다" 또는 "너는 나를 사랑하지 않는다"와 같은 말은 상대방의 성격을 공격하고 방어적인 반응으로 만날 수 있다. "나를 더 자주 안아줬으면 해"라는 말은 당신의 감정과 욕망을 보다 직접적으로 표현하고 방어적인 부정적인 반응을 유발할 가능성이 적다.

"Why"("Why not you? . . .")로 시작하는 질문은 파트너를 비판할 때도 자주 사용된다. 그것들도 피하시오. "We"로 시작하는 문장도 파트너의 욕망, 기분, 생각 또는 감정에 대해 가정하기 때문에 문제를 일으킬 수 있다. 파트너를 위해 말하지 마시오.

"나"의 언어로 당신의 욕망을 표현할 때, 가능한 한 구체적으로 노력하시오. "나는 당신이 나와 다르게 사랑해줬으면 해"와 같은 모호한 말은 아마도 당신의 파트너가 이해하지 못할 것이다. 반면에 다음과 같은 진술은 쉽게 이해할 것이다.

> "우리가 사랑을 할 때 당신이 내 가슴에 더 부드럽게 키스를 원한다."
>
> "내 성기를 세게 쓰다듬어주는 게 좋아."
>
> "나는 위에서 당신과 섹스하고 싶다."

파트너의 욕구와 요구 사항을 어떻게 알 수 있는가? How Can I Find Out About My Partner's Desires and Needs?

예, 파트너의 성적 욕구와 욕구를 알고 이해하는 것이 중요하지만, 예비 단계로 자신의 성적 욕구와 욕구를 알고 있어야 한다. 일단 확신이 서면 **자기 공개(self-disclosure)**를 시

그림 13-8
파트너와 이야기할 때 긍정적이고 (이 커플처럼) 눈을 마주치며 "나"라는 언어를 사용하여 자신의 감정과 욕망을 드러내시오.

출처: Wavebreak Media ltd/Alamy Stock Photo

"나" 언어("I" language) "나"로 문장을 시작하고 그 뒤에 당신의 감정, 욕망 또는 생각을 씀으로써 당신의 욕망을 다른 사람에게 한다.

자기 공개(Self-disclosure) 자신의 생각, 감정(feelings), 감정(emotions)을 다른 사람에게 공개한다.

작하는 것이 좋다. 연구에 따르면 관계에 성적 자기 노출이 많을수록 파트너는 일반적으로 더 많은 성적 및 관계 만족을 경험한다(MacNeil & Byers, 2009; Rehman et al., 2011a).

> "결혼한 지 2년이 지난 지금 우리의 관계는 급속도로 나빠졌다. 섹스는 지루해지기 시작했고 다른 잡일처럼 느껴졌다. 마침내 우리는 서로에게 성적으로 원하는 것에 대해 공개적으로 이야기하기 시작했다. 많은 토론 후에 우리는 서로의 성적 욕구에 더 주의를 기울인다. 우리의 '불황' 시절을 돌이켜보면, 우리가 더 일찍 터놓고 이야기하지 못한 것에 대해 유감스럽게 생각한다. 섹스는 다시 한 번 즐겁다."
>
> "2년 사귄 남자친구와 나는 섹스에 대해 진지하게 이야기한 적이 한 번도 없었다. . . 그날 밤 우리는 둘 다 정말 마음이 열려 있다고 느꼈기 때문에 20개의 질문 게임을 했다. 모든 질문은 섹슈얼리티를 다루어야 했다. 예를 들어, 우리가 즐겼던 것, 그가 그에게 하는 것을 좋아했던 것, 내가 좋아했던 것, 환상 등. 어느 날 밤 우리는 우리의 성적 관계에 대해 진지하게 이야기할 수 있는 문이 열렸다. 우리가 하는 일과 이유에 대해 더 편안하게 느꼈다. 그것은 또한 우리를 부부로 더 가깝게 만들었다. 그날 밤 대화를 나눈 후 그 어느 때보다 저와 더 가깝게 느껴진다고 말했다."
>
> (모든 예제는 작성자의 파일에서 가져옴)

당신의 생각, 감정, 욕구, 필요를 파트너에게 ("I" 언어를 사용하여) 공개하시오. 이것은 신뢰와 이해의 환경을 조성하며, 대부분의 사람들은 그 대가로 자신을 드러낼 것이다. 각자 다른 행동에 대해 어떻게 느끼는지 비교하고 토론하시오.

물론 파트너에게 선호도에 대해 물어볼 수도 있지만 **예 또는 아니오 질문(yes-or-no questions)**과 같이 한 단어로 대답할 수 있는 질문은 피하시오. 그것에 대해 생각해 보시오. 당신이 이런 질문을 한다면 당신의 파트너는 어떤 기회에 자신의 감정을 표현해야 하는가?

"좋았어?"

"내가 네 목에 키스하는 게 좋아?"

"다양한 성교 자세를 시도하고 싶어?"

이런 식으로 표현된 질문은 "예" 또는 "아니오"라는 한 단어의 대답을 요구한다. 대신 **개방형 질문(open-ended questions)**을 하시오. 예를 들어, 이전 질문을 다음과 같이 바꿀 수 있다.

"당신이 가장 좋아하는 섹스 중 내가 하는 일은 뭐야?"

"우리가 사랑을 나눌 때 당신은 내가 어디에 키스하는 것을 좋아해?"

"다양한 성교 자세를 시도하는 것에 대해 어떻게 생각해?"

이와 같은 질문이 제기되면 파트너의 응답에 제한을 두지 않는다. 파트너는 중요하다고 생각하는 모든 감정과 신념을 자유롭게 공개할 수 있다.

또한 파트너가 자신의 감정이나 욕구를 표현하는 것이 불편할 수도 있다는 사실을 기억하시오. 아마도 귀하가 부정적인 반응을 보일 것이라는 우려 때문일 수 있다. 이 장애를 극복하기 위해 **파트너에게 특정 주제에 대해 이야기할 수 있는 권한을 부여하시오.** 다시 말해서, 당신이 화를 내지 않고 어떤 것에 대해 이야기하는 것이 괜찮다는 것을 그 또는 그녀에게 알리시오(예를 들어, 당신이 어떻게 만지는 것을 좋아하는지).

듣기가 중요한가? 그렇다면 어떻게 더 나은 청취자가 될 수 있는가?

Is Listening Important? If So, How Can I Become a Better Listener?

효과적인 의사 소통은 긴밀한 관계를 함께 유지하고 성장할 수 있도록 한다. 그러나 많은 사람들이 의사 소통에는 말하는 것뿐만 아니라 경청도 필요하다는 사실을 잊고 있다. 이것은 다른 모든 행동과 마찬가지로 성적 관계에서도 마찬가지이다. 얼마나 잘 듣는가?

우리는 귀로 들을 수 있지만 **신체 언어, 즉 신체 위치**(당신은 파트너가 당신에게 말할 때 얼굴을 보니?), **눈 맞춤, 표정에 얼마나 주의를 기울이고 있는지 보여준다.** 당신과 의사 소통하려는 파트너의 시도를 지원하시오. 긍정적인 신체 언어와 더불어 건설적인 방식으로 그 사람과 상호작용하시오. 모든 사람이 메시지를 명확하게 전달하는 것은 아니다. 상대방이 말하려는 내용을 모두 확실히 알 수 있도록 파트너의 말을 논평하거나 **바꾸어 말하시오(paraphrase).** 예를 들어 파트너가 다음과 같이 말한다.

파트너: "당신이 더 애정을 가지고 있다면 섹스를 더 잘할 것 같아."

당신: "섹스할 때 좀 더 부드럽게 만지기를 원한다는 뜻이야."

파트너: "아니. 당신이 나를 만지는 방식은 괜찮지만 섹스하

예 또는 아니오 질문(Yes-or-no questions) "예" 또는 "아니오"라는 한 단어의 간단한 응답을 요구하는 질문이다. 의사 소통을 위해 노력할 때 이러한 것은 피해야 한다.

개방형 질문(Open-ended questions) 파트너의 응답에 제한을 두지 않는 방식으로 질문을 한다.

의역(Paraphrase) 다른 사람이 표현한 의미를 다시 쓰는 것.

기 전에 당신이 나를 얼마나 사랑하는지 말해주기를 바래."

파트너의 첫 번째 진술을 바꿔서 당신이 이해하지 못했다는 것이 그에게 분명했기 때문에 파트너는 자신의 바램을 다시 표현했다. 때로는 파트너의 진정한 의미를 이해했다고 확신할 때까지 파트너의 메시지를 여러 번 바꾸어 말해야 할 수도 있다.

듣기 능력을 향상시키려면 파트너에게 마사지를 해보시오. 마사지를 서로에게 주는 것은 더 나은 의사 소통을 촉진하여 관계를 강화한다(Comiskey, 1989). 마사지를 시작할 때 자신에게 가장 좋은 느낌이 다른 사람들에게도 가장 좋은 느낌을 줄 것이라고 가정하는 것이 정상이다. 예를 들어, 어깨와 목에 많은 압력을 가하는 마사지를 좋아한다면 이러한 방식으로 파트너를 기쁘게 하려고 시도하는 것은 자연스러운 일이다. 그러나 모든 사람이 당신이 하는 것과 같은 일을 좋아하는 것은 아니다. 파트너는 허리를 부드럽게 마사지하는 것을 선호할 수 있다. 그 또는 그녀는 이것을 어떻게 당신에게 전달할 것인가? 그 또는 그녀는 당신에게 말할 수 있지만, 의사 소통을 위해 말을 사용할 필요가 없다는 것을 깨닫는 것이 중요하다. 마사지가 정말 기분이 좋을 때 대부분의 사람들은 "우", "아"와 같은 작은 소리를 낸다. 이러한 반응은 당신이 하고 있는 일이 기분이 좋다는 것을 알려주는 말만큼 효과적이어야 한다. 마사지를 하는 동안 파트너의 반응에 귀를 기울이시오. 당신의 말을 잘 듣고 파트너를 배려한다면, 당신만 기쁘게 하는 마사지를 하는 대신 행동을 수정하고 그 또는 그녀를 기쁘게 하는 마사지를 해줄 수 있다.

당신이 파트너를 기쁘게 하기 위해 마사지를 조절할 수 있을 만큼 충분히 잘 듣는다면, 섹스를 하는 동안에도 쉽게 똑같이 할 수 있다. 우리 모두는 자신이 좋은 성 파트너(또는 그렇게 될 것)라고 믿고 싶어하지만, 파트너가 되기 위해서는 먼저 좋은 경청자가 되어야 한다.

개인적인 생각 Personal Reflections

당신이 성적 관계를 포함하는 장기간의 일부일처 관계에 있다고 가정해 보시오. 또한 당신의 파트너가 종종 당신이 원하는 만큼 전희 동안 시간을 보내지 않고 나중에 당신을 안고 만지는 데 많은 시간을 소비하지 않는다고 가정해 보시오. 이것은 종종 당신을 성적으로 만족시키지 못하고 좌절하게 만든다. 이 상황을 바로 잡으려면 어떻게 하겠는가? 가능한 한 구체적으로 작성하시오.

비언어적 의사 소통이 가능한가?

Is It Possible to Communicate Nonverbally?

대답은 물론 예이다. 사실, 우리는 이미 마지막 질문에 대한 답변에서 이 질문에 부분적으로 답했다. 눈맞춤, 표정, 대인 관계 거리(누군가 옆에 얼마나 가까이 서 있거나 앉았는지)와 같은 모든 것이 메시지를 표현한다. 관계에 있는 개인은 일반적으로 성에 대한 관심을 전달하기 위해 이러한 유형의 메시지를 사용한다(Vannier & O'Sullivan, 2011). 특히 촉각은 **비언어적 의사 소통**(*nonverbal communication*)의 매우 강력한 수단이다. 의사 소통과 친밀함을 연구한 한 사람이 말했듯이 "친밀함이 근접성이라면 다른 사람에 대한 가장 친밀한 지식인 접촉보다 더 가까운 것은 없다"(Thayer, 1986).

두 사람이 구두로 의사 소통할 때 의사 소통의 언어적 측면과 비언어적 측면 사이에 합의가 있어야 한다. 당신이 얼마나 관심을 갖고 있는지 말하면서 당신이 부주의하고 외면하고 눈을 거의 마주치지 않거나 아예 하지 않는다면 당신의 파트너는 어떻게 느낄 것 같은가?

분노와 갈등에 대처하기: 예

Dealing with Anger and Conflict: An Example

현실 세계에서 부부는 분노와 갈등의 순간을 겪게 될 것이다. 우리 자신과 파트너의 분노를 다루는 방법에 대한 조언 없이는 의사 소통에 관한 섹션이 완전하지 않을 것이다. 사실, 관계의 장기적 성공을 가장 잘 예측하는 요인 중 하나는 부부가 의견 불일치를 처리하는 방식이다(Rehman et al., 2011b; Metz & Epstein, 2002). 의견이 일치하지 않는 동안 부부는 서로 **건설적인 의사 소통**, **상호 파괴적인 의사 소통**, **의사 소통의 상호 회피** 또는 **요구/철회**와 같은 다양한 의사 소통 패턴을 나타낼 수 있다. 한 파트너는 비판하거나 잔소리하고 다른 파트너는 회피하는 요구/철회 패턴은 특히 해로울 수 있다. 이는 높은 수준의 관계 불만족과 관련이 있으며(Metz & Epstein, 2002) 고민하는 커플에게서 자주 관찰된다(Eldridge et al., 2007; Gottman & Levenson, 2000). 일반적으로 현상에 불만을 갖고 갈등을 촉발하고 수요자의 역할을 맡는 것은 권력이 적은 사람이다(Baucom et al., 2010).

"전 여자친구가 화를 내며 혼자 있게 해달라고 요구했고, 제가 그녀를 괴롭히는 것이 무엇인지 물어보고 이해하려고 하면 저를 차단할 것이다. 그녀는 며칠 동안이나 다시 마음을 터놓았고, 저는 무엇이 잘못되었는지, 제가 도울 수 있는지 몰랐기 때문에 이 행동은 저에게 스트레스를 주었다. 며칠 후 그녀는 마음을 열었지만 무엇이 그녀가 화를 냈

> 는지에 대해서는 이야기하지 않았다. 그녀는 아무 일도 없었던 것처럼 우리가 중단한 부분부터 다시 시작하려고 했다. 이것은 우리 관계에서 여러 번 발생했다. 내가 그녀를 내 전 여자친구라고 부르는 것에 주목하라."
>
> (저자의 파일에서)

철회 또는 **요구/철회(demand/withdraw)** 대신에 우리는 무엇을 할 수 있는가? 노타리우스, 래숼리, 설리번(1997)은 커플이 분노를 더 잘 다룰 수 있도록 다음과 같은 은유를 제공한다.

> 우리는 파트너가 큰 싸움을 벌이고 서로 말을 하지 않은 직후 한 사람이 부엌에서 저녁 식사를 위해 야채를 자르고 있는 시나리오를 상상해 보라고 요청한다. 관계의 분노가 느껴진다. 한 파트너가 부엌에 우연히 들어온 것처럼 야채를 자르는 사람이 미끄러져 손가락을 심하게 베었다. 여기저기서 피가 솟구친다. 이 시점에서 우리는 두 파트너에게 무슨 일이 일어날지 말해줄 것을 요청한다. 현재까지 예외 없이 모든 커플은 보살핌이 있을 것이라고 보고한다. 부상당한 파트너를 돌보는 데 필요한 모든 노력을 다할 것이다. 이 시나리오에서는 신체적 상처가 있고 부상당한 파트너의 몸이 다른 사람에게 주의가 필요함을 알리고 있다. 한 파트너가 피를 흘리면 다른 파트너가 그를 돌본다. 다른 사람이 옆에 서서 돌보지 않고 그가 피를 흘리는 것을 지켜본다면 이것은 참으로 강력한 메시지가 될 것이다.
>
> 이제 우리는 부부에게 파트너가 "내부 출혈"을 유발하는 심리적 상처를 겪는 유사한 시나리오를 고려해 줄 것을 요청한다. 그 상처는 세상에 보이지 않으므로 지원이 즉시 이루어지지 않을 것이다. 대신, 부상당한 당사자는 지원을 받기 위해 "감정적으로 피를 흘려야" 한다. 이 시나리오에서 지원을 받을 가능성은 "정서적 출혈"의 명확성과 직접적인 관련이 있다. 부상당한 사람이 일부 부상당한 동물처럼 이빨을 드러내기로 결정하면 잠재적인 보호자를 멀리할 수 있다. 반면에 부상당한 사람이 다른 사람에게 상처를 명백히 보여 "피가 나도록" 결정하면 보살핌이 뒤따를 가능성이 크다. 따라서 우리가 커플에게 제공하는 조언은 파트너가 심리적으로 상처를 받았을 때 "피를 흘리는" 것이다. "상처를 파트너에게 보여주면 피를 흘리는 것처럼 종종 원하는 케어를 받을 수 있다."
>
> 야채를 자르는 동안 자신을 베는 것과 감정적인 상처를 받는 것의 주요 차이점은 후자의 경우 일반적으로 다른 파트너가 부상에 대한 책임을 진다는 것이다. 그리고 이 경우 우리가 권장하는 "감정적 출혈"은 잠재적인 간병인이기도 한 부상의 책임이 있는 사람에게 향하게 된다. 우리는 "피를 흘리는" 파트너가 부상에 대해 다른 사람을 비난하는 것보다 주로 자신의 상처에 초점을 맞추는 것이 유용하다는 것을 알게 된다. 우리는 부부들에게 목표가 보살핌이고 그것을 방해하는 것은 무엇이든 자기 파괴적일 것이라는 점을 상기시킨다.
>
> 친밀한 관계에서의 만족도, Notarius et al., pp. 236–237. Copyright 1997 by Guilford Publications, Inc. Guil-ford Publications, Inc.의 허가를 받아 복제했다.

요구/철회(Demand/withdraw) 일반적으로 관계 고통과 관련된 문제가 있는 유형의 의사 소통 패턴이다. 한 파트너(일반적으로 변화를 원하고 힘이 적은 파트너)는 변화를 요구하고 다른 파트너는 문제를 피하고 참여를 중단한다.

갈등과 분노를 해결하기 위해 그 부부는 당신이 배운 몇 가지 좋은 의사 소통 도구를 사용할 것이라는 점에 유의하시오. 여기에는 "나" 언어, 자기 공개, 듣기 및 주의가 포함된다.

어떤 관계에서든 긍정적인 상호작용과 부정적인 상호작용이 모두 있을 것이다. 존 가트맨(John Gottman, 1994)은 **비율이 이러한 긍정적이고 부정적인 감정적 상호작용 중 관계가 지속될지 여부를 가장 잘 예측할 수 있는 지표가 된다.** 비율이 최소한 5개의 긍정적인 상호작용과 1개의 부정적인 상호작용이면 성공적인 장기적 관계의 가능성이 매우 높다. 부부는 여러 가지 다른 방법으로 이 비율을 달성할 수 있다(예: 부정적인 상호작용은 많지만 긍정적인 상호작용은 더 많고 대부분 긍정적인 경우에는 몇 가지 부정적인 상호작용만 있는 경우 등). 중요한 점은 긍정적인 상호작용이 부정적인 상호작용보다 많을 때 만족이 나타날 가능성이 높다는 것이다. 가트맨의 그룹(1998)은 부부들이 다음과 같은 경우 문제를 해결할 때 부정적인 상호작용을 피할 가능성이 더 높다는 것을 발견했다. (1) 변화를 원하는 사람(일반적으로 상호작용의 시작자)은 "신속한 스타트업 접근"(요구하거나 대립적이기보다는 냉철하고 외교적 접근)을 취하며 (2) 이 커뮤니케이션의 수신자는 영향력을 받아들이고 관여(권력 공유를 피하고, 철회 및 거부하는 행위)한다.

개인적인 생각 Personal Reflections

당신은 파트너에게 화를 낼 때 어떤 의사 소통 방식을 사용하는가? 상대방에게 자신의 감정을 명확하게 전달하는 것이 가장 좋은 스타일인가?

동의할 수 없으면 어떻게 하는가?

What If We Cannot Agree?

한 사람이 항상 다른 사람의 모든 필요와 욕구를 만족시킬 수는 없다. 가장 좋은 관계에서도 마찬가지이다. 사람들은 단순히 의견의 차이와 선호도가 다르다. 이런 일이 일어날 때, 좋은 의사 소통은 두 사람이 동의하지 않는 것들에 대한 이해로 이어질 수 있다. 동의하지 않는다는 데 동의하는 것이 종종 도움이 된다. 그러나 당신이나 당신의 파트너가 당신의 필요와 욕구가 충족되지 않아 크게 괴롭힌다면 전문적인 상담을 받는 것이 현명할 것이다. 이 장의 끝에서 귀하의 지역에서 자격을 갖춘 전문가를 찾는 데 도움이 될 두 조직의 이름과 주소를 찾을 수 있다.

스터디 가이드

핵심용어 Key Terms

"나" 언어("I" language), p. 372
감각 집중 운동(sensate focus exercises), p. 349
개방형 질문(open-ended questions), p. 373
긍정적 강화(positive reinforcement), p. 371
남성 오르가즘 장애(male orgasmic disorder), p. 357
발기 장애(erectile disorder), p. 353
방관자되기(spectatoring), p. 355
병력(medical history), p. 348
부부 치료(couples therapy), p. 347
비성교 성 통증 장애(non-coital sexual pain disorder), p. 364
생물심리사회적 치료(biopsychosocial therapy), p. 347
성 역사(sexual history), p. 348
성 장애(sexual disorder), p. 350
성 중독(sexual addiction), p. 365
성교 후 불쾌감(postcoital dysphoria), p. 365
성교(intercourse), p. 369
성교통(남성)[dyspareunia (male)], p. 358
성교통(여성)[dyspareunia (female)], p. 363
성욕 과잉(hypersexuality), p. 365
성욕 저하(hypoactive sexual desire), p. 351
성적 혐오감(sexual aversion), p. 352
수행 불안(performance anxiety), p. 354
양성 성교 두부통(benign coital cephalalgia), p. 358
여성 오르가즘 장애(female orgasmic disorder), p. 360
여성의 성적 관심/각성 장애(female sexual interest/arousal disorder), p. 359
예 또는 아니오 질문(yes-or-no questions), p. 373
요구/철회(demand/withdraw), p. 374
의료 모델(medical model), p. 347
의사 소통(communication), p. 369
의역(paraphrase), p. 373
인지 행동 치료(cognitive-behavioral therapy), p. 347
자기 공개(self-disclosure), p. 372
조루(premature ejaculation), p. 356
지속발기(priapism), p. 358
지속적인 생식기 각성 증후군(persistent genital arousal syndrome), p. 360
질염(vaginismus), p. 364
페이로니병(Peyronie's disease), p. 358
포경(phimosis), p. 358

상호검토 Interactive Review

뒤의 정답 참조.

연구에 따르면 미국의 모든 커플 중 (1)__________가/이 결국 성적인 문제를 겪을 것이다. 관계에 있는 두 사람이 섹스의 빈도와 유형에 대한 선호도가 다른 것은 흔한 일이다. 이것은 종종 성에 대한 다른 기대와 가정에서 비롯된다. 이런 일이 발생하면 문제를 (2)_______ 문제로 간주하는 것이 가장 좋다. 문제가 지속되어 스트레스와 불안을 유발한다면 전문가의 도움을 받는 것이 좋다.

성 치료 분야는 실제로 (3)_____ 기술에 크게 의존한 마스터스와 존슨(1970)과 함께 시작되었다. 오늘날 대부분의 성 문제는 (4) _____ 문제로 취급되지만 이 접근 방식은 많은 성 문제에 대한 단독 요법으로 잘 작동하지 않는다. 성적 행동의 대인 관계 및 심리적 측면을 인식하는 더 나은 다학문 접근 방식은 (5)_______ 접근 방식이다. 대부분의 치료사는 아마도 (6)__________ 및 (7)_______ 역사를 먼저 살펴볼 것이다. 그들은 또한 파트너에게 (8)_______를/을 제공할 수 있다. 대부분의 커플에게 일반적인 운동의 첫 번째 세트는 (9)_______(이)라고 하는 비요구 상호 즐거움 기술이 될 것이다. 이 작업을 완료한 후 부부는 특정 운동을 배정받게 된다. 많은 성 문제는 관계의 다른 측면에서 갈등을 해결하지 못하기 때문에 발생하므로 성 치료에도 (10)__________ 치료가 필요할 수 있다.

성 장애는 일반적으로 일차 또는 (11)__________(으)로 분류되고 전체적 또는 (12)_________(으)로 분류된다. 성적 환상, 생각 및/또는 욕망의 지속적이고 반복적인 부재는 일반적으로 (13)_______(으)로 알려져 있다. 정반대로 정욕 과잉인 사람은 섹스에 참여하는 (14)_______(으)로 구별된다. 고통스러운 성교 또는 (15) __________는/은 남성이나 여성에게 발생할 수 있으며 다양한 원인이 있을 수 있다.

60세 미만 남성의 가장 흔한 성 문제는 아마도 (16) ____일 것이다. 이는 종종 (17) ______의 반복적이고 지속적인 부재로 정의된다. 아마도 가장 심리적으로 파괴적인 남성 문제는 (18)______이며, 이는 유기적 및/또는 심리적 원인을 가질 수 있다. 가장 흔한 심리적 원인은 (19)______이다. 파트너와 성행위를 하는 동안 오르가즘에 도달하고 사정하는 데 어려움이 있는 것을 (20) _______(이)라고 하며 일반적으로 심리적 원인이 있다. 일부 남성은 양성 성교 두부통 또는 (21)_________(으)로 고통받는다.

많은 여성들에게 성적 관심/흥분의 부족은 (22) __________ 때문이다. 일부 여성은 성교를 시도할 때 질 입구 주변 근육의 비자발적 수축을 경험하여 통증을 유발한다. (23) ______(이)라고 하는 것은 대개 심리적인 원인이 있다. 성 치료를 받는 대다수의 여성은 (24) ________ 문제 때문에 그렇게 한다. 이것은 파트너의 서투른 기술, 여성 양육 중 성적 억압 및 일반적인 관계 문제를 포함하여 다양한 원인이 될 수 있다. 부부 중 한 사람에게 성적인 문제가 있을 때 파트너가 그에 상응하는 성적인 문제를 일으키는 것은 드문 일이 아니다.

의사 소통은 정보의 교환이다. 우리 문화의 부정적인 태도 때문에 많은 사람들이 성 파트너와도 성에 대해 이야기하는 것을 불편하게 느낀다. (25) ____ 및 _____ 관계의 차이도 이러한 어려움에 기여한다. 당신과 당신의 파트너는 신문, 책, 잡지에서 섹슈얼리티 관련 기사를 토론함으로써 성에 대해 함께 이야기하는 데 익숙해질 수 있다. 가장 먼저 해야 할 일 중 하나는 성에 관해 이야기할 때 사용하기에 편안한 (26) _____에 동의하는 것이다. 성적 차이나 문제에 대해 이야기할 때 파트너가 하는 (28) ______ 것보다 (27) ______것을 강조하시오. 그렇다고 불평할 수 없다는 것은 아니지만 불평할 때 상대방의 성격보다는 행동에 집중하시오.

파트너에게 명확하고 구체적인 방식으로 자신의 감정과 욕구를 표현함으로써 자신의 즐거움에 대해 책임을 져야 한다. 가능하면 문장을 (29) ___________ 대신 "나"로 시작하시오. 당신이 먼저 (30) ________하면 파트너의 성적 욕망과 필요를 찾는 것이 종종 더 쉽다. 그러나 좋은 의사 소통은 양방향 거리이다. 그것은 당신도 좋은 (31)_____가/이 될 것을 요구한다. 구두로 의사 소통하는 것 외에도 (4가지 예를 들어보시오) (32) _______(으)로 비언어적으로 의사 소통한다. 의사 소통 능력이 뛰어나더라도 사람들이 항상 동의하는 것은 아니지만 동의하지 않는다는 데는 동의할 수 있다.

자기진단 Self-Test

뒤의 정답 참조.

A. 참(T) 혹은 거짓(F)

T F 33. "장애"가 되려면 성 문제가 일반적으로 개인에게 상당한 고통을 야기해야 한다.

T F 34. 척은 일주일에 두 번 섹스를 하고 싶어하지만 매일 섹스를 하고 싶어하는 수와 교제 중이다. 이 예에서 수는 성욕이 과잉인 것이 분명하다.

T F 35. 성 치료를 원하는 여성에게 가장 흔한 성 문제는 오르가즘에 도달하는 데 어려움이 있다는 것이다.

T F 36. 성교 중 음핵의 자극은 필요하지 않으며 여성은 성교만으로 오르가즘을 느낄 수 있어야 한다.

T F 37. 수행 불안은 남성에게는 성적인 문제를 일으킬 수 있지만 여성에게는 그렇지 않다.

T F 38. 사정이 "조루"로 간주되려면 일반적으로 성교 시작 후 1분 이내에 합리적인 자발적 통제 없이 발생해야 한다(무엇보다도).

T F 39. 오르가즘에 도달하는 데 어려움을 겪는 대부분의 여성들은 섹스를 즐기지 않는다.

T F 40. 약물 요법(예: 비아그라)은 발기부전에 대한 효과적인 단독 요법으로 입증되었다.

T F 41. 성교통은 일반적으로 신체적 문제로 인해 발생한다.

T F 42. 심리적으로 인한 발기 문제가 있는 많은 남성은 감각 집중 운동을 하는 동안 완전히 발기된다.

T F 43. 대부분의 여성들은 성적 욕망과 성적 흥분을 분리하지 않는다.

T F 44. 어떤 경우에는 여성의 오르가즘 문제가 불충분한 신체 자극의 결과이다.

T F 45. 여성의 낮은 성욕은 일반적으로 낮은 테스토스테론 수치 때문이다.

T F 46. 치료사들은 성욕 과잉이 알코올 중독과 유사한 중독의 한 형태라는 데 동의한다.

T F 47. 발기 장애는 남성의 노화 과정에서 피할 수 없는 부분이다.

T F 48. 낮은 성적 관심/흥분을 가진 대부분의 여성들은 그것 때문에 괴로워한다.

T F 49. 오르가즘 중 두통은 주로 남성에게 발생한다.

T F 50. 이 장에서 제시하는 성 치료 모델은 전 세계 대부분의 사람들에게 적용할 수 있다.

C. 빈칸 채우기

51. 대부분의 여성은 성교 중에도 오르가즘에 도달하기 위해 ______의 자극이 필요하다.
52. 대부분의 치료사는 __________ 자세가 성교 중 두 사람 모두에게 가장 에로틱한 잠재력을 가지고 있다고 믿는다.
53. 섹스 중 자신의 성적 반응을 관찰하고 평가하기 시작하면 이를 __________(이)라고 하며 성 문제의 원인이 될 수 있다.
54. 감각 집중 운동은 __________ 기술이다.
55. 남성의 경우 성기 포피가 너무 조여서 성교 시 통증이 발생할 수 있다. 이를 _____(이)라고 한다.
56. 아마도 성공적으로 치료하기 가장 어려운 성 문제는 __________일 것이다.
57. 성교라는 단어는 ____________를/을 의미한다.
58. 다른 사람과 의사 소통을 할 때 의사 소통의 __________과/와 _______ 측면 사이에 합의가 있는 것이 중요하다.
59. 관계의 장기적 성공을 가장 잘 예측하는 요인 중 하나는 부부가 ____________를/을 다루는 방식이다.
60. 신체적으로 만족스러운 성교 후에 느끼는 슬픔이나 불안을 _______________(이)라고 한다.

14장

성애증과 성적 변이 Paraphilias and Sexual Variants

인간의 행동에 대한 한 가지 사실은 너무 명백해서 그 진실을 입증하기 위한 연구 프로그램이 필요하지 않다는 것이다. 인간은 일부 성행위를 바람직하지 않고 변화시킬 가치가 있다고 판단한다. 어떤 성적 관행에 대해 정신 건강 전문가들이 내린 이러한 부정적인 판단을 둘러싼 세부 사항들은, 불행하게도, 그렇게 명확하지 않다. 예를 들어, 일반적으로 인간, 특히 정신 건강 전문가들은 성 관행을 평가하거나 평가해야 하는 근거가 명확하지 않다. 즉, 성적 관행이 타인에게 해를 끼치는지의 여부(만약 그렇다면, 어떤 종류의 위해와 얼마나 많은 위해가 정신 장애로 간주되기 위해 필요한가?) 또는 성적 관행이 건강하지 않은가(이 기준을 활용하는 것은 문제를 얼마나 적절하게 제기하는 것일 뿐이므로 분명히 문제가 있다)를 근거로 평가되어야 한다. 건강한 관행은 건강하지 못한 행위와 구별될 수 있다), 또는 그 행동이 통계적 규범에서 벗어나는가, 또는 그 행동이 진화적인 의미에서 부적응하는 것처럼 보이는가?

– D. 리처드 로스 & 윌리엄 오도너휴, 1997

학습목표

이 장의 학습을 마치면 다음을 할 수 있어야 한다.

14.1 성행위를 비정상적이거나 비정상적이거나 비정상적인 것으로 정의할 수 있는 다양한 방법을 설명한다.

14.2 문화가 성적 "(비)정상"과 어떻게 연관되어 있는지 토론한다.

14.3 성적 변이, 성도착증, 성도착 장애의 차이점을 설명한다.

14.4 성도착증과 성도착 장애의 유병률과 동시발생에 대해 논의한다.

14.5 구애 장애: 관음증, 노출증, 전화외설증 및 마찰성욕도착증을 정의하고 토론한다.

14.6 소아성애를 정의하고 구애 장애와의 관계에 대해 논의한다.

14.7 성적 흥분을 위해 인간이 아닌 물건에 초점을 맞추는 성애증을 식별하고 설명한다.

14.8 가학피학성 성애에 대해 토론하고 설명한다. "가벼운" 새도마조히즘적 활동 또는 환상, 성적 가학증 및 성적 마조히즘(성애자 및 장애), BDSM 하위 문화에 속하는 사람들의 활동을 구분한다.

14.9 성도착증이 어떻게 발달하고 성도착증과 관련된 요인에 대한 다양한 이론에 대해 토론한다.

14.10 거의 모든 성도착증이 남성인 이유를 설명한다.

14.11 성애 장애가 있는 개인을 위한 치료(치료법)에 대해 논의한다.

저명한 성 연구원인 존 머니(John Money)는 편집된 고전 책인 *Handbook of Sexology*(1977)에서 "인간의 섹슈얼리티의 문제는 ... 너무 적거나, 너무 많고, 너무 특이한 것으로 분류될 수 있다"(p. 920)라고 예리하게 관찰했다. 13장에서 우리는 처음 두 가지 성 문제를 다루었다. 즉, "너무 적은" 범주에 속하는 인간의 성 반응 장애(예: 낮은 성욕, 발기 기능 부족, 불충분한 윤활, 오르가즘 달성 불가능) 및 "너무 많은" 범주에 속하는 인간의 성 반응 장애(예: 지속발기증, 성욕 과잉). 이 장에서 우리는 머니가 언급한 세 번째 성 문제, 즉 "특이한" 성적 선호와 관행에 초점을 맞춘다. 물론 이것은 성적 충동, 선호, 욕망 또는 활동이 어떤 기준으로 비정상적이거나, 이상하고, 기이하거나, 다르거나, 비정상적이라고 간주되는가에 대한 질문을 던진다.

성적 행동이 "비정상적"이거나 "비정상적"인 이유는 무엇인가?

What Makes a Sexual Behavior "Unusual" or "Abnormal"?

14.1 성행위를 비정상적이거나 비정상적이거나 비정상적인 것으로 정의할 수 있는 다양한 방법을 설명한다.

성에 관해서 연구자들은 일반적으로 세 가지 방식으로 "정상"과 "비정상"(즉, 비정상적이거나 비정상적임)을 구별한다는 점을 기억하시오. 정규성에 대한 **통계적 접근**(*statistical approach*) 방식(11장에서 논의)은 유병률에 의존하는 것과 관련이 있다. 많은 사람들이 하는 행동은 통계적으로 정상이다(상대적으로 흔한 행동이나 선호). 이 기준에 따르면 비정상적인 행동은 드문 행동이다(몇 사람만 참여). 그러나 소수의 사람들만이 어떤 행동에 관여한다는 사실이 반드시 그 행동을 나쁘게, 부도덕하거나, 잘못하거나, 이상하게 만드는 것은 아니다. 예를 들어, 미국에서 밤에 야외에서 섹스를 하는 커플은 거의 없을 것이다. 그러나 우리 대부분은 이러한 행동이 건강에 해롭거나 정신 질환의 징후가 아니라는 데 동의할 것이다. 따라서 통계만으로는 성적 정상 또는 비정상을 판단하는 데 사용할 수 없다.

사회문화적 접근(*sociocultural approach*)은 행동이 주어진 사회나 문화 내에서 관습적이거나 규범적인 정도에 의존한다. 사회문화적 관점에서 볼 때 성행위나 선호는 관습적이거나 널리 받아들여지면 정상으로 간주되고, 사회적 관습, 규범 및 관습을 위반하는 경우 비정상("특이한")으로 간주된다. 이것은 한 문화나 역사적 시대에 정상으로 여겨졌던 성행위가 다른 문화권에서는 비정상적으로 여겨질 수 있음을 의미한다(상자 14-A 참조). 예를 들어, 우리는 11장에서 자위가 21세기 이전의 미국(및 다른 많은 사회)에서 건강에 해롭고 비정상적인 행동으로 널리 간주되었지만 오늘날에는 더 이상 비정상적인 것으로 간주되지 않는다고 논의했다. 더욱이 같은 문화의 같은 시점에서도 '정상'으로 간주되는 것은 맥락의 문제일 수 있다. 누군가가 지역 공공 수영장에서 나체로 일광욕을 하려고 하면 아마 체포될 것이다. 반면에 서부 해안이나 동부 해안을 따라 있는 특정 해변에서는 같은 사람이 다른 많은 나체 사람들과 함께 목욕을 하거나 알몸의 찬란한 햇볕을 쬐고 있을 수 있다. 요점은 "정상"이 절대적인 명칭이 아니라 사회적으로 정의된다는 것이다(따라서 사회가 변화함에 따라 변할 것이다).

그림 14-1

알몸으로 해변을 걷는 것은 비정상적이거나 용납할 수 없는 성행위로 보일 수 있지만, 원치 않는 관찰자 앞에서 행하지 않으면 성도착증이 아니라 성적 변이로 간주된다.

출처: camera lucida lifestyle/Alamy Stock Photo

상자 14-A 다문화적 관점

전 세계의 성적 '정상'과 '비정상'

14.2 문화가 성적 "(비)정상"과 어떻게 연관되어 있는지 토론한다.

1장과 11장에서 당신은 문화마다 성행위가 다르고 "정상" 또는 "비정상적"이라고 생각하는 것이 다르다는 것을 배웠다. 예를 들어, 일부 문화권에서는 역사적으로 어린이들이 서로 또는 나이가 많은 사람들과 성적 관계를 맺는 것을 허용했다. 여기에는 뉴기니 파푸아의 Sambian 소년(상자 9-A 참조), Melville Islands의 Tiwi 문화권의 소녀(Goodall, 1971), 수단의 Azande 문화권 소년(상자 9-A 참조)이 포함된다. 성 역사학자 포드, 비치(1965)와 벌로우(1976)도 야수성(동물과의 성행위)을 허용한 네 가지 문화를 기록했다. 이러한 관행이 이상하게 느껴진다면, 1장과 11장에서도 세계의 많은 지역(특히 비서구 사회)에서 키스가 변태나 성적으로 비정상적인 행위로 간주되어 왔다는 것을 기억하라(그리고 지금도 여전히 그렇다)(Ford & Beach, 1965; Gregor, 1985). 여기에서 비교적 흔한 구강 성교는 많은 아프리카 국가에서 거의 전례가 없으며 많은 문화권에서 동성 구성원과 성행위를 하는 개인을 성적으로 일탈적인 행위로 간주하여 처벌한다. 분명히, 한 사람이 살고 있는 문화와 역사적 시간은 특정 행동이 얼마나 만연해 있는지뿐만 아니라 그것이 "정상적"으로 간주되는지 "비정상적"으로 간주되는지를 결정하는 중요한 요소이다(Bhugra et al., 2010).

세계화와 산업화가 증가함에 따라 전 세계의 인간 사회가 빠르게 변화하고 있으며, 이에 따라 성적 선호도 및 관행에 대한 문화 간의 차이가 감소하고 있다(Ventriglio et al., 2016 참조). 그러나 흥미롭게도 일부 문화별 성 증후군은 계속 존재한다. 예를 들어, 오늘날 중국과 동남아시아의 일부에서는 남성들 사이에서 코로(*koro*)라고 불리는 음경 축소 증후군에 대한 불안의 전염병에 가까운 발병이 이따금 발생한다(Bhugra et al., 2010). 유사하게, 정액 손실에 대한 불안(*dhat*이라고 하는 증후군)은 인도 일부 지역의 남성들 사이에서 여전히 발견된다(Bhugra et al., 2007 참조). Dhat은 정액이 음식이 혈액, 골수, 살, 최종적으로 정액으로 변하는 길고 복잡한 과정의 최종 산물이라는 아유르베다 신앙에서 비롯된 것으로 믿어진다. 이 과정에서 많은 에너지가 필요하기 때문에 정액은 특히 귀중한 제품으로 간주된다. 이 증후군이 있는 남성은 자위 중이나 몽상 중 정액을 잃은 후 지나치게 허약하거나 우울하다고 보고하며 일부는 임상적 도움을 요청한다. 이상해 보이나? 그렇다면, 빅토리아 시대의 서구 문화에서 의사들은 정액 손실이 혈액 손실보다 소년이나 남성에게 더 해로우며 과도한 자위행위는 정신 이상과 죽음으로 이어질 수 있다고 믿었다는 점을 기억하시오(11장 참조). 또한 남근 크기에 대한 우려는 현대 미국 사회의 많은 남성들 사이에서 일반적이라는 것을 기억하시오(4장 참조).

문화는 분명히 성적으로 "정상적"이고 "비정상적"인 것에 대한 우리의 태도에 영향을 미치는 중요한 요소이며, 성적 선호도, 관행 및 문제의 만연(및 유형)은 세계화와 산업화의 지속적인 변화에 따라 의심할 여지 없이 변할 것이다.

심리학적 접근(*psychological approach*)은 개인의 심리적 건강과 개인의 행동이 자신의 건강(또한 그 사람의 파트너와 같은 다른 사람)에 미치는 영향에 중점을 둔다. 이러한 관점에서 성적 선호나 활동이 개인에게 고통이나 죄책감을 느끼게 하고, 일상적인 대인관계, 사회적, 직업적 역할에서 효과적으로 기능하는 능력을 방해하고/하거나 다른 사람에게 해를 입히는 경우 비정상적인 것으로 간주된다. 우리는 이전에 정상/비정상성에 대한 이 접근 방식에 대해 논의했다. 13장에서 성적 반응의 장애(예: 조루)는 그것을 경험하는 남성(및/또는 그의 파트너)이 문제가 있고 고통의 원인이라고 생각하는 경우에만 성 장애가 된다는 것을 상기하시오.

이 장에서 읽게 될 성적 취향과 행동은 통계적으로 일반적이지 않고 사회적으로 관습에 얽매이지 않으며 모두 심리적으로 문제가 될 가능성이 있다.

성적 변이, 성도착증 및 성도착 장애: 중요한 구별

Sexual Variants, Paraphilias, and Paraphilic Disorders: An Important Distinction

14.3 성적 변이, 성도착증, 성도착 장애의 차이점을 설명한다.

미국정신과학협회의 정신장애 진단 및 통계 매뉴얼(*DSM-5*, 2013)과 세계보건기구(WHO)의 국제질병분류-10(*ICD-10*, 2016)은 특이한(그리고 잠재적으로 심리적으로 문제가 있는) 성적 선호, 충동 또는 행동을 성도착증으로 지칭한다. 파라필리아(*parphilia*)라는 단어는 그리스어 파라(*para*)와 필리아(*pilia*)에서 유래했다.—말 그대로, 패러필리아(parphilia)는 정상적인 것의 바깥 또는 그 너머에 있는 것에 대한 사랑 또는 친화력이다.

성도착증/성애자(Paraphilias) 인간이 아니거나, 성숙하지 않거나, 동의하지 않는 파트너와 성적 활동에 대해 반복적으로 환상 및/또는 참여하는 것이 성적 흥분과 만족을 얻는 데 선호되는 방법인 흔하지 않은 성적 선호도 그룹에 대한 일반적인 용어이다.

표 14-1 성도착증, 성도착 장애 및 성적 변이는 무엇인가?

개념	주요 특징들
성적 변이	비정상적(통계적으로나 사회문화적으로 흔하지 않음) 성적 충동, 선호, 행동
성도착증	성적 변이 + 재발성 및 지속성(보통 6개월 이상) 성숙하고 동의하는 인간 파트너 이외의 모든 것을 포함 성적 흥분 및 만족의 선호 수단
성도착 장애	성도착 장애 주요 특징은: 성도착증 +
이 중 적어도 하나	임상적으로 심각한 고통 사회적, 직업적 또는 기타 기능 영역의 손상 동의하지 않는 파트너와의 충동에 따라 행동/ 타인에게 해를 끼치거나 해를 끼칠 위험이 있는 행위

성도착증(paraphilias)은 네 가지 특징이 있다(**표 14-1** 참조). 첫째, 앞서 언급한 바와 같이 통계적 및 사회문화적 관점 모두에서 흔하지 않거나 비정형적이다. 둘째, 신체적으로 성숙하고 동의하는 인간 파트너가 포함되지 않은 성적 활동에 대한 강렬한 관심을 수반한다. 셋째, 반복적이고 지속적이다(대부분의 임상의와 의료 전문가는 최소 6개월의 기간 기준을 사용한다). 따라서 어느 정도는 성애가 아닌 것으로 정의된다. 즉, 인간이 아닌 대상, 성인이 아닌(미성숙한) 파트너 및/또는 동의하지 않는 다른 사람과 관련된 반복적이고 강렬한 성적 선호도, 충동 또는 행동을 나타낸다. 넷째, 이러한 활동에 참여하거나 이에 대해 생각(환상)하는 것이 성적 흥분과 만족을 얻기 위해 개인이 선호하는 주요 방법이다.

성애가 정의상 비정상적이지만 이것이 반드시 문제가 있거나 건강에 해롭다는 의미는 아니다. 성애증이 다음 세 가지 상태 중 적어도 하나를 동반할 때만 **성애 장애(paraphilic disorder)**로 분류된다: (1) 비정상적인 성적 충동이나 선호로 인해 심각한 고통을 경험한다; (2) 일상적인 상황이나 역할(예: 사회적, 직업적)에서 기능하는 개인의 능력이 성적 충동, 선호 또는 행위에 의해 손상됨; (3) 그 사람이 동의하지 않은 파트너와 자신의 충동에 따라 행동했거나 다른 사람에게 해를 입히거나 해를 끼칠 위험이 있다. 이러한 기준에 추가하여 일부 유사성애 장애에는 연령 요건이 있다. 예를 들어, 관음증 행동은 사춘기 소년들 사이에서 매우 흔하기 때문에 관음증 장애의 진단을 받으려면 그 사람이 최소한 18세 이상이어야 한다.

성도착증(paraphilia)와 성도착 장애(paraphilic disorder)의 구별은 중요한 것이다. 예를 들어, 파트너에게 소변을 보는 상상을 하고, 다른 모든 것보다 이 활동을 선호하며, 그 일에 참여함으로써 큰 성적 만족을 얻는 남자를 생각해 보시오. 이것이 그에게 개인적인 고통을 일으키지 않고, 그의 가정, 직장 또는 사회 생활을 방해하지 않으며, 그것이 다른 사람(자신의 욕망에 매우 충실한 파트너 포함)에게 고통이나 고통을 주지 않는다면 그는 성도착 장애가 없다. 그는 성애증[사실상 요로성애(*urophilia*)라고 하는 비정형적인 성적 취향]이 있지만 정신 장애는 없다. 그러나 그의 충동으로 인해 심한 정서적 고통을 경험하거나 환상이 너무 끈질기고 방해가 되어 작업 마감일을 맞출 수 없거나 파트너가 자신의 성적 요구를 따르도록 강요하거나 강요하려고 한다면 그는 성도착 장애가 있다고 말할 것이다. 요약하면, "성도착증은 성도착 장애를 갖기 위한 필요조건이지만 충분조건은 아니며, 성애중독 자체가 반드시 임상적 개입을 정당화하거나 요구하지 않는다"(APA, 2013, p. 686).

이 장을 읽으면서 때때로 자신에 대해 환상을 가졌거나 관여한 행동이 하나 이상 있을 것이다. 이것은 당신에게 성애가 있다는 것을 의미하지 않는다. 사실, 설문조사에 따르면 대부분의 사람들(50% 이상)이 때때로 "성애자 같은" 환상에 빠져본 적이 있다(Ahlers et al., 2011 참조; 11장 참조). 성적으로 특이한 일을 하는 것에 대한 환상은 성애(또는 성적 문제 또는 장애)의 징후로 간주되지 않는다. 또한 설문조사에 따르면 2~8%의 사람들이 여장을 하거나 낯선 사람에게 성기를 노출하거나 성관계를 갖는 다른 사람을 염탐하는 등 적어도 한 번 이상 비정상적인 성적 행동을 한 것으로 나타났다(Långström & Seto, 2006 참조; Långström & Zucker, 2005). 이따금씩 발생하는 비정상적인 성적 환상과 같은 이러한 고립된 사건은 "비정상적"으로 간주될 수 없으며 간주되어서도 안 된다. 오히려 우리는 그러한 행동이나 환상을 **성적 변이(sexual variants)**으로 설명할 것이다(Stoller, 1977). 그들은 규범을 벗어나지만 진정한 성애의 정의(지속적이고 선호되는 각성/만족 방법 등)에 부합하지 않는다.

성애 장애/성도착 장애(Paraphilic disorder) 심각한 개인적 고통을 동반하고 정상적인 기능(사회적, 직업적 등)을 손상시키고/하거나 동의하지 않은 파트너와 함께 행동했거나 다른 사람에게 해를 입히거나 해를 끼칠 위험이 있는 성애증.

성적 변이(Sexual variant) 드물게, 아마도 다양성을 위해 참여하는 비정상적인 성적 행동, 충동 또는 환상이며 성적으로 흥분되는 데 선호되는 방식이 아니다.

다음 예는 성적 변이와 성애자 사이의 구별을 더욱 명확히 하는 데 도움이 될 수 있다. TV 시리즈 Sex and the City(1998~2004)에서 캐릭터 미란다(Miranda)는 어느 날 밤 창문 밖을 내다보고 길 건너편 아파트에서 수건 외에는 아무것도 걸치지 않은 매력적인 남자를 보게 된다. 그는 그녀가 지켜보고 있는 것을 알아차렸을 때 수건을 떨어뜨렸다. 그 대가로 그녀는 그녀의 가슴 중 하나를 그에게 노출시킨다. 미란다는 (그녀의 이웃이 그러하듯이) 노출 행위를 하고 있다. 캐릭터가 낯선 사람에게 자신을 노출하는 스릴을 즐기는 것처럼 보이지만 그녀는 성애증이 없다. 다른 사람들에게 자신을 공개적으로 노출하는 것은 일반적으로 그녀에게 성적으로 흥미롭지 않으며 그녀가 성적 만족을 달성하는 데 선호되는 방법이 아니다.

이 장에서 다루는 일부 성애증은 자신에게 신체적 상해(예: 마조히즘) 또는 다른 사람에게 신체적 또는 심리적 상해(예: 가학증, 노출증, 관음증, 소아성애)를 초래할 수 있다. 일부는 불법적이며 체포 및 기소로 이어질 수 있는 활동을 포함한다. 해로운 결과를 초래하는 모든 성도착증은 임상적으로 말해서 장애로 지정된다. 그러나 다른 성애자들은 예를 들어 자신의 집에서 사생활을 보호하는 복장을 하는 등 상당히 무해한 것처럼 보일 것이다. 일부 연구자와 임상의는 이러한 성적인 선호도와 관행을 성애자로 식별해서는 안 된다고 주장한다. 왜냐하면 그러한 레이블과 관련된 부정적인 의미가 있기 때문이다(McManus et al., 2013 참조). 다른 사람들은 성적 만족의 선호되는 원천으로서 개인이 다른 사람과 신체적으로 애정 어린 관계를 맺지 못하게 하기 때문에 성애가 해롭지 않다고 말한다(토론은 De Block & Adriaens, 2013 참조). 어떻게 생각해?

표 14-2 각 장의 발표 순서에 따른 성도착증 목록

성도착증 Paraphilia	성적 흥분과 만족의 근본 원인
관음증 Voyeurism	알몸, 옷을 벗는 행위, 동의나 인지 없이 성관계를 하는 사람을 관찰하는 행위
노출증 Exhibitionism	부적절한 장소(예: 공공 장소)에서 다른 사람에게 자신의 성기를 노출시키는 행위
전화외설증 Telephone scatologia	외설적인 전화 걸기(예: 성기 묘사, 성행위)
마찰성욕도착증 Frotteurism	공공장소에서 타인에게 자신의 성기를 문지르는 행위
소아성애 Pedophilia	사춘기 전 아동(13세 이하)
물품음란증 Fetishism	무생물(예: 팬티, 신발) 또는 일반적으로 성감대라고 여겨지지 않는 신체 일부(예: 발, 발가락, 머리카락) 참고: 각성이 신체 일부인 경우 "국소부 편애증(partialism)"이라고 함
의상도착증 Transvestism	다른 성별의 옷을 입는 것
오줌성애증 Urophilia	소변 및/또는 배뇨 행위
분변음욕증 Coprophilia	대변 및/또는 배변 행위
불결기호증 Mysophilia	오물, 더러운 물건 및/또는 주변 환경
관장애증 Klismaphilia	관장을 받거나, 주거나, 관찰하는 경우
동물성애증 Zoophilia	동물들
성적 가학증 (Sexual) Sadism	타인에게 고통을 주거나 모욕감을 주는 행위
성적 피학증 (Sexual) Masochism	다른 사람으로부터 고통이나 굴욕을 받는 것
질식도착증 Asphyxiophilia	자신의 호흡 제한
사체성애 Necrophilia	시체(죽은 사람의 신체)
수면기호증 Somnophilia	의식이 없거나 잠자는 사람
흡혈 Vampirism	피를 빨거나 빼는 행위
외설기호증 Narratophilia	"더러운 얘기"
구토기호증 Vomerophilia	구토 또는 구토의 과정 또는 행위
상처기호증 Stigmatophilia	문신이나 흉터
자기여성애 Autogynephilia	(남성) 여성으로서의 자기 환상
성반전기호증 Autoandrophilia	(남성) 자신이 더 매력적인 몸매를 가졌다는 환상

성도착증의 유병률과 동시 발생

Prevalence and Co- Occurrence of Paraphilias

14.4 성도착증과 성도착 장애의 유병률과 동시 발생에 대해 논의한다.

2008년, 뉴저지 경찰과 그의 여자친구는 세 명의 어린 소녀를 성폭행한 혐의로 체포되었다. 수사 과정에서 경찰관이 5명의 어리석은 젊은이들과 구강 성교를 하는 비디오 테이프가 발견됐다.

성도착증 및 관련 장애의 유병률 추정치는 얻기 어렵다. 사회적 바람직성에 대한 우려는 사람들이 성적으로 변이된 충동이나 행동에 대해 정직하게 보고하는 것을 방해할 수 있다. 더욱이 기존 연구는 다양한 심각한 방법론적 결함으로 어려움을 겪고 있다(검토는 Johnson et al., 2014 참조). 시간이 지남에 따라 정의 기준이 변경되었다는 사실은 물을 더욱 흐릿하게 만들고 보고할 신뢰할 수 있는 비율을 찾기 어렵게 만든다. 예를 들어, *DSM-5*에서 보고된 대부분의 유병률은 남성과 여성의 소규모 비임상 표본 사이에서 단일 성 변이 행위에 대한 기존 보고서에서 추정되었다(따라서 일반 인구에서 성애증이 얼마나 흔한지에 대해서는 거의 알려주지 않을 수 있다).

또한 얼마나 많은 성애자가 존재하는지에 대해 연구자와 임상의 사이에 여전히 의견 불일치가 있다. 예를 들어, *DSM-5*는 8명의 성애자를 나열하고 있지만 "수십 가지의 별개의 성애자가 확인되고 명명되었으며, 그들 중 거

의 모든 사람들이 개인이나 다른 사람들에게 부정적인 결과를 가져오기 때문에, 성도착 장애의 수준으로 올라갈 수 있다"(p. 685). *ICD-10*은 7개의 특정 성애착증과 가장 흔하지 않은 성애자(예: 동물성애, 사체성애)를 포함하는 "기타" 범주와 "너무 희귀하거나 특이해서 각각에 대해 별도의 용어를 정당화할 수 없는" 범주를 포함한다(p. 172). 다른 연구자들은 30명 이상의 개인 성애자들을 확인했다(예: Money, 1977). 표 14-2에는 이 장에서 소개하는 성애자 목록이 포함되어 있다.

우리가 어느 정도 확실하게 결론을 내릴 수 있는 것은 모든 성도착증과 성도착 장애는 흔하지 않지만 여성보다 남성에게서 발생할 가능성이 더 높다는 것이다(APA, 2013; Money, 1977; WHO, 2016). 이러한 이유로 이 장에서 우리가 제시하는 많은 예가 남성의 행동(여성이 아닌)과 관련되어 있다. 우리는 이 장의 뒷부분에서 이러한 활발한 성별 차이에 대한 가능한 이유를 고려할 것이다. 성도착증이 동시에 발생한다는 믿을 만한 증거도 있다. 예를 들어, 외래 환자와 수감된 성범죄자를 대상으로 수행한 두 가지 조사에서 절반 이상이 여러 유형의 성애착 성행위에 관여한 것으로 나타났다(Abel et al., 1987; Chan et al., 2015). 다른 연구자들은 유사하게 한 유형의 성도착증에 대한 치료를 받는 개인이 종종 다른 성도착증에 대한 진단 기준을 충족한다는 것을 발견했다(Heil & Simons, 2008 참조). 사실, 일부 유형의 성애자는 다른 유형보다 더 자주 함께 모여드는 경향이 있다(APA, 2013; WHO, 2016). 다른 성애자들은 성격상 관련이 있다. 예를 들어, 몇몇 성애자들의 경우 각성의 초점은 인간이 아닌 대상에 있기 때문에 특정 유형의 물신 숭배로 간주될 수 있다. 이 장에서 우리는 *DSM-5*의 분류 체계에 따라 느슨하게 구성된 성도착증(및 그 장애)을 살펴본다.

구애 장애 The Courtship Disorders

14.5 구애 장애: 관음증, 노출증, 전화외설증 및 마찰성욕도착증을 정의하고 토론한다.

종종 집합적으로 함께 볼 수 있는 성애/성애 장애의 한 그룹은 구애 장애(*courtship disorders*)(관음증, 노출증, 열성애, 전화 음란 전화)라고 한다(Abel et al., 1987, 1988a; Bradford et al., 1992; Freund et al., 1997). 이러한 성애자들은 일반적으로 본질적으로 비폭력적인 것으로 간주되지만(예: Krueger & Kaplan, 2000), 충동에 따라 행동하는 남성의 적어도 절반은 소아성애(어린아이에 대한 성적 흥분)의 기준도 충족한다. 그리고 상당한 소수의 사람들이 성적으로 강압적인 행동과 강간에도 가담했다(Abel et al., 1988a; Baur et al., 2016; Freund & Seto, 1998).

이러한 성도착증은 정상적인 구애 행동의 왜곡된 측면과 유사하기 때문에 **구애 장애(courtship disorders)**라고 한다(Freund & Watson, 1990). Freund와 동료들은 인간이 성적으로 상호작용할 때 일반적으로 4단계 순서를 거친다고 제안한다.

1. **찾기 단계**(*Finding phase*) - 이 단계에서 우리는 잠재적인 성 파트너를 찾고 평가한다.
2. **친화 단계**(*Affiliative phase*) - 이 단계에서 우리는 잠재적인 파트너에게 언어적 및 비언어적 서곡(예: 보기, 미소 짓기, 말하기)을 한다.
3. **촉각 단계**(*Tactile phase*) - 여기서 신체 접촉(예: 만지기, 포옹, 쓰다듬기)이 발생한다.
4. **교미 단계**(*Copulatory phase*) - 성교가 발생한다.

Freund에 따르면 구애 장애의 공통점은 "이 네 단계 중 하나가 극도로 강화되거나 왜곡되어 나머지 단계가 완전히 생략되거나 흔적 방식으로 유지됨"이 있다는 것이다(Freund et al., 1997). 이러한 구애 장애가 있는 개인은 거의 대부분 남성이며 "선호도가 있다. . . 각성에서 오르가즘으로의 거의 즉각적인 전환을 위해"(일반적으로 자위행위에 의해 달성됨). 이러한 특정 성애자에 대해 자세히 살펴보겠다.

관음증 Voyeurism

"지난 달에 침대에 앉아 있었는데 창문 너머로 그림자가 움직이는 것을 보았다. 나는 마지 못해 블라인드를 통해 훔쳐보니 이 남자가 자신의 성기를 쓰다듬고 있었다. 어젯밤 이웃집에서 누군가 내 창문을 보고 있다는 전화를 받았다. 나는 신고했다. 분명히, 그들은 잠시 동안이 사람을 잡으려고 노력했다. 나 지금 너무 두렵다."

"내가 자랄 때 부모님은 우리 집의 아래층 방을 두 명의 여성에게 임대했다. 자세히는 기억나지 않지만 한 젊은 남자가 창문을 통해 그들을 염탐하고 있었다. 그는 그들을 지켜보는 동안 자위하고 있었고 이것은 아버지가 그를 잡을 때까지 반복적으로 일어났다."

(모든 예제는 작성자의 파일에서 가져옴)

관음증이란 무엇인가(프랑스어 *voir*, "보다"를 의미)? 잡지나 스트립 클럽에서 벌거벗은 여성을 보는 것을 좋아하는 남성은 모두 관음증인가? 나체주의자 집단에 가는 사람들이나 해변에서 수영복을 드러내고 여성(또는 다른

구애 장애(Courtship disorders) 성애자 집단(관음증, 과시증, 탐욕, 전화 scatophilia)은 종종 함께 나타난다.

남성)을 바라보는 것을 즐기는 남성은 어떠한가? 한 남자가 여자가 앉아 있는 치마를 슬쩍 들여다보거나, 거리를 걷다가 창가에서 옷을 벗고 있는 여자(또는 남자)를 보고 멈춰 서서 지켜본다면 어떻게 될까? **관음증**이라는 단어가 그러한 행동을 설명하는 데 자주 사용되지만, 그러한 성적인 "보기" 행동은 미국 및 기타 사회에서 일반적이고 규범적이며 이러한 특정 예는 성적 변종으로 분류조차 되지 않는다.

관음증(voyeurism)이 이러한 사회적으로 용인되는 관점과 다른 점은 관음증이 벌거벗은 사람, 옷을 벗는 행위 또는 **동의나 인지 없이** 성행위를 하는 것을 관찰함으로써 성적 흥분과 만족을 **반복적이고 우선적으로** 추구한다는 것이다(Lavin, 2008 참조). 관음증은 다른 사람의 사생활 침해와 발각될 위험에 흥분하여 누드 해변, 스트립 클럽 또는 사람들이 자신이 감시당하고 있다는 것을 알고 있는 다른 장소에 가는 데 관심이 없다(Tollison & Adams, 1979). 앞으로 보게 되겠지만 많은 성애 중독자들은 잠재적으로 불법적인 활동을 하고 있으며 관음증 행위도 예외는 아니다.

관음증은 정상적인 구애 순서(Freund et al., 1997)의 첫 번째 단계인 **찾기 단계**(*finding phase*)의 붕괴를 나타내며 종종 다른 구애 유형의 성도착증(노출주의가 가장 흔한 다른 유형임)과 함께 발생한다(Abel & Rouleau, 1990; APA, 2013). 관음증의 대다수는 남성이므로 *Peeping Tom*이라는 용어가 실제로 적용된다. (전설에 따르면 이 용어는 남편이 부과한 세금에 항의하기 위해 벌거벗은 상태로 말을 타고 그녀의 마을을 통과한 고디바 부인의 이야기에서 따왔다. 사람들은 내부에 머물면서 보지 말라는 명령을 받았지만 톰은 저항할 수 없었다.) 관음 행위(예: 토플리스로 일광욕을 하고 있는 이웃을 엿보는 행위)는 십대 소년들 사이에서 일반적이며, 따라서 *DSM-5*에는 이 성애광인에 대한 최소 연령 요건이 18세 이상이라는 것을 기억하는 것이 중요하다.

관음증자는 종종 낮은 자존감, 부적절함과 불안정감, 수줍음과 빈약한 사회적 기술, 긍정적인 대인 관계 형성에 어려움을 겪는다(Kaplan & Krueger, 1997; Tollison & Adams, 1979). 관음증자는 목표물을 관찰하면서 자위를 하거나 사건에 대해 상상하면서 나중에 자위를 할 수 있다. 관음증이 개인적인 고통을 일으키거나 타인에게 해를 끼치는 불법적인 활동이나 활동(성기를 공개적으로 노출, 다른 사람을 팔로우 또는 염탐하는 행위, 사유 재산에 침입하는 행위 등)에 가담하게 하는 것은 **관음증**(*voyeuristic disorder*)이 있는 것으로 지정된다.

> "나는 종종 여성들이 보이는 곳에 주차를 하고 차 안에서 '해('do it') 자위행위를 한다. 사회성이 약하고 사람들과 잘 어울리지 못한다고 말했다."
>
> "약 2년 전쯤 고향에 사는 한 남자가 자기가 일하던 모텔에서 손님을 염탐하다가 곤경에 처했다. 그는 두 개의 방을 연결하는 벽에 구멍을 뚫었고, 커플이 한 방에 체크인하면 다른 방으로 가서 그들이 옷을 갈아입거나 섹스를 하는 것을 포착하려고 했다. 그는 그들을 보면서 자위를 할 것이다. 어떻게 잡았는지 모르겠지만 실직했고 감옥에 갔을 수도 있다."
>
> (모든 예제는 작성자의 파일에서 가져옴)

관음증은 가장 흔한 성애자 중 하나이다(Abdullahi et al., 2015). 대다수의 관음증은 위험하지 않고 거리를 유지하는 것을 선호하지만 예외가 있다(Kaplan & Krueger, 1997). 관음증의 표적이 된 적이 있다면 그(또는 관음증)를 잠재적으로 위험한 사람으로 간주해야 한다. 즉시 그 지역을 떠나 도움을 요청하고 자신을 보호하기 위해 필요한 추가 조치를 취하고 당국에 사건을 보고하시오.

노출증 Exhibitionism

> "어느 날 해가 질 무렵, 나는 주차장에 있는 내 차로 돌아오고 있었다. 내가 차 문을 열면서 나는 내 차와 마주보고 있는 차를 쳐다보았다... 이 남자는 거의 전속력으로 자위를 하며 운전석을 뒤로 젖힐 뻔했다. 순간 나는 기가 막히고 충격을 받았다. 그냥 차를 타고 출발했다."
>
> (저자의 파일에서)

노출증(exhibitionism, "out"을 의미하는 라틴어 *ex*-와 "hold"를 의미하는 *habere*에서 유래)은 성적 흥분과 만족을 얻기 위해 의심하지 않는(동의하지 않는) 낯선 사람에게 자신의 생식기를 반복적으로 노출시키는 것으로 정의된다(Murphy & Page, 2008 참조). 그것은 구애의 **친화 단계**(*affiliative phase*)를 방해하는 것으로 간주된다.

많은 남성과 여성(일부는 유명하고 일부는 덜 유명함)이 잡지를 위해 알몸으로 포즈를 취하고 음란한 영화나 포르노에 출연했으며 X등급 무대 쇼에 참여했다. 여러분 중

관음증(Voyeurism) 알몸, 옷을 벗거나, 본인이 알지 못하거나 동의하지 않은 상태에서 성행위를 하는 것을 관찰하여 성적 흥분을 반복적으로 추구한다. 이것은 고통, 정상적인 기능 장애를 동반하고/하거나 다른 사람에게 해를 입히거나 해를 끼칠 위험이 있는 경우 장애가 된다(또한 개인은 최소 18세 이상이어야 함).

노출증(Exhibitionism) 성적 만족을 얻기 위해 부적절한 환경에서 타인에게 반복적이고 지속적으로 자신의 성기를 상상하거나 실제로 노출시키는 것. 사람이 충동에 따라 행동하고, 고통을 경험하고, 정상적인 기능의 손상을 경험하고/하거나 다른 사람에게 해를 입히거나 해를 끼칠 위험이 있는 경우 장애가 된다.

그림 14-2
관음증은 사람들이 옷을 벗는 것을 은밀히 지켜보며 성적 흥분을 반복적으로 추구한다.

출처: Michaela Begsteiger/Getty Images

그림 14-3
노출증 환자는 원치 않는 관찰자에게 자신을 노출시켜 성적 흥분을 반복적으로 추구한다.

출처: Molotok289/Shutterstock

일부는 파트너에게 "섹스팅"(성기의 노골적인 사진을 전송)하거나, 몸을 담그고, 누드 해변에서 일광욕을 하거나, 파트너나 친구가 있는 곳에서 알몸으로 집에서 돌아다녔을 수 있다. 이러한 활동 중 어느 것도 자발적인 관찰자를 포함하기 때문에 노출증의 예가 아니다. 여러분 중 다른 사람들은 때때로 누군가를 "달달"했거나 "스트리킹"에 참여했거나 뉴올리언스의 마디 그라(Mardi Gras)와 같은 행사에서 플래싱에 참여했을 수 있다. 이러한 "장난스러운 일탈"(Redmon, 2003) 행위는 종종 비자발적 관찰자를 포함하지만 일반적으로 노출증으로 간주되지 않는다. 이것은 노출증 환자가 자신의 행동에 **강박적으로**(*compulsively*) 참여하기 때문이다. 이는 그들이 **선호하는**(*preferred*) 성적 흥분 수단이며 **동의하지 않는**(*nonconsenting*) 관찰자가 필요하다. 따라서 섹스팅과 같은 행동은 강박적인 행동을 반영하고 비자발적 참가자를 포함하는 경우에만 노출증을 반영한다(**그림 14-4** 참조).

노출증은 종종 다른 "구애 장애" 성애자와 함께 발생한다. 예를 들어, 외래 성범죄자에 대한 한 연구에서(Abel et al., 1987, 1988a), 노출증으로 확인된 사람들의 93%가 관음증, 전화외설증(telephone scatologia) 및 마찰성욕도착증(frotteurism)을 포함하여 다른 성적으로 비정형적인 행동에 관여했다(Bradford et al., 1992 참조).

노출증 환자 또는 "성 노출증"의 대부분의 피해자는 여성이나 어린이이다(Murphy & Page, 2008). 일부 연구에 따르면 여성의 33~48%가 적어도 한 번은 노출증의 희생자가 된 것으로 나타났다(Cox, 1988; Riordan, 1999). 희생자의 5분의 1은 그 경험이 매우 고통스럽다고 느꼈고, 또 다른 4분의 1은 남성이나 성에 대한 태도가 영향을 받았다고 말했다. 대부분의 피해자들은 그 경험으로 인해 혼자 갈 장소나 지역의 수가 제한되었다고 말한다.

여성들이 노출 행동을 할 수 있고 참여할 수 있지만(Långström & Seto, 2006), 기존 데이터에 따르면 노출증(성애자)의 기준을 충족하는 거의 모든 개인이 남성임을 시사한다(APA, 2013). 실제로 *ICD-10*은 "노출주의는 거의 전적으로 여성에게 노출되는 이성애 남성에게만 국한된다"고 지적한다(p. 171). 대부분의 남성 노출증 환자는 10대 중반 또는 20대에 자신을 드러내기 시작했으며 절반 이상이 결혼했거나 결혼했다(Murphy & Page, 2008). 이 남성의 대다수는 수줍음이 많고 개인적으로 미성숙하지만 심각한 감정적 또는 정신적 장애가 없는 것으로 설명된다. 그들은 일반적으로 자존감이 매우 낮고, 부적절하고 불안정하다고 느끼며, 거절을 두려워하고, 친밀하고 친밀한 (성적 관계를 포함하여) 관계를 형성하는 데 문제가 있다

(Blair & Lanyon, 1981; Marshall et al., 1991). 이 성애증은 일반적으로 폭력이나 공격성과 관련이 없지만 노출증과 성적으로 강압적인 행동을 연결하는 몇 가지 증거가 있다(Baur et al., 2016).

> 랜스 렌첼(Lance Rentzel)은 달라스 카우보이 프로 미식축구팀의 스타 와이드 리시버였으며 최근에 할리우드 최고의 젊은 여배우 중 한 명과 결혼했다. 카우보이는 1970년 슈퍼볼로 향했지만, 11월 19일 슬럼프의 한가운데서 Lance는 10세 소녀에게 자신을 노출시켰다. 언론은 곧 그가 4년 전 미네소타 바이킹스에서 뛰는 동안 그리고 또 다른 개인적인 슬럼프 속에서 같은 일로 체포되었다는 것을 알게 되었다. 랜스 렌첼은 항상 축구장에서 영웅이었고 가족을 기쁘게 하기 위해서는 성공해야 한다고 생각했다. 자서전과 그의 노출증에 대한 설명인 When All Laughter Died in Sorrow(1972)에서 그는 자신의 남성성을 계속해서 증명해야 한다는 압박감을 느꼈고 그 일환으로 친밀하고 친밀한 관계를 피했다고 말한다. 대신 성적 정복으로 자신의 남성성을 입증했다. 스트레스를 받을 때, 그가 "승자"가 아니었을 때, 랜스 렌첼은 자신의 남성성을 증명하는 방법으로 자신을 노출하는 데 의존했다.

대부분의 노출증 환자는 정상 또는 정상 이상의 지능을 가지고 있지만, 일부 노출증은 태어날 때부터 또는 신경 장애 또는 연령의 결과로 지적 장애가 있는 사람들 사이에서 발생한다. 이러한 경우, 그 원인은 일반적으로 사회가 생각하는 것(또는 이전에 개인이 이전에 생각했던 것)이 옳고 그름이 아니라 옳다고 여기는 것을 이해할 수 없기 때문이다(Zeiss et al., 1996).

모든 노출증 환자의 약 절반만이 자신을 노출시키면서 발기를 하고 행동하는 동안 자위를 할 수도 있고 하지 않을 수도 있다(Langevin et al., 1979). 그러나 그들은 대개 그 경험에 대해 공상하면서 잠시 후에 자위를 하며, 그들의 에로틱한 흥분은 충격, 혐오감, 두려움에 대한 피해자의 반응과 직접적으로 관련이 있다(Blair & Lanyon, 1981).

> "저는 노출증 환자이다. 이 활동보다 더 즐거운 일은 없다. 내가 선호하는 것은 2개의 차선이 있는 교차로에서 내 차를 타는 것이다. 바지 지퍼를 풀고 성기를 빼겠다. 적당한 순간까지 재킷으로 몸을 가린다. 나는 밴, 미니밴 또는 트럭과 같은 큰 차를 탄 여성이 내 옆으로 운전할 때까지 기다린다. 그녀가 혼자이고 그녀가 내 차를 볼 수 있다는 것이 중요하다. 나는 재킷을 벗고 그녀가 돌아볼 때까지 그녀를 쳐다본 다음 내 성기를 쓰다듬기 시작할 것이다. 할 수 있는 한 그녀와 계속 눈을 마주치겠다. 그녀를 다치게 하고 싶은 생각은 없고 그저 충격을 주고 싶을 뿐이다. 그녀가 놀라거나 겁에 질린 것처럼 보이면 이것은 나의 각성을 증가시킨다."
>
> (저자의 파일에서)

노출증 환자는 피해자를 성추행하려는 경우가 거의 없다(APA, 2013). 따라서 가장 좋은 반응(당신이 표적이라면)은 얼굴이나 언어로 반응하지 않고 현장을 떠나 즉시 사건을 보고하는 것이다. 흥미롭게도 많은 노출증 환자는 같은 장소에 강박적으로 자신을 노출시킨다. 아마도 잡히는 위험은 각성을 증가시킨다(Stoller, 1977). 그 결과, 그들은 성범죄로 체포된 전체의 약 3분의 1을 차지하는 가장 자주 적발되는 성애범죄자이다.

그림 14-4

2011년 섹스 스캔들로 의회 경력이 끝난 뉴욕 시장 후보 앤서니 와이너(Anthony Weiner)는 사임 후에도 여러 여성들에게 노골적인 메시지와 이미지를 계속 보냈다고 시인했다.

출처: Bryan Smith/ZUMA Press, Inc./Alamy Stock Photo

전화외설증 Telephone Scatologia

> "밤에 서너 번 전화가 왔다. 전화를 건 사람은 자신의 성기, 구강 성교, 속박에 대해 음란한 제안을 하며, '내 목소리와 내 음부에 대한 생각에 자위를 하고 있다'고 말했다. 그런 다음 그는 신음하기 시작했다. 너무 충격적이고 역겨웠다."
>
> "어느 날 모르는 번호로 휴대폰으로 전화가 왔다. 어쨌든 대답을 했더니 '커다랗고 두꺼운 수탉'을 보여주고 싶다는 남자의 목소리가 들려서 전화를 끊었다. 그는 즉시 다시 전화를 걸어 그의 수탉이 얼마나 크고 뚱뚱하고 육즙이 많은지 자세히 설명하는 메시지를 남겼다. 그 번호를 차단했고 그 이후로 전화를 받지 않았다."
>
> (모든 예제는 작성자의 파일에서 가져옴)

청소년기에 장난으로 외설적인 전화를 한 적이 있을 것이다. 부적절하긴 하지만 이 행동은 성적 흥분과 만족의 주요 원천으로 외설적인 전화를 반복적으로 하는 성애자 사람의 행동과 다르다. **전화외설증(telephone scatologia)**("분변"을 의미하는 그리스어 *skato*와 "말"을 의미하는 *logos*, *scatophilia*라고도 함)은 종종 일종의 언어적 노출증으로 간주되며(Price et al., 2001a, 2001b), 노출증과 마찬가지로, 그것은 구애의 친밀한 단계(*affiliative phase*)의 중단을 구성한다(Freund et al., 1997).

노출증 환자와 마찬가지로 성도착의 각성은 혐오감, 충격 및 두려움에 대한 피해자의 반응과 피해자에게 제공하는 통제감에 비례한다(역시 대부분이 남성입니다)(Briken et al., 2005). 전화외설증과 노출증 사이의 한 가지 차이점은 많은 scatophiliacs가 완전한 익명을 원한다는 것이다. 그들은 목표를 대면하는 것을 원하지 않는다(Milner et al., 2008).

일부 성도착은 통화 중에 아무 말도하지 않는 반면, 다른 사람들은 생식기를 설명하거나 성적으로 노골적인 언급을 한다. 일부는 성적 정보를 공개하거나 확장된 성적 지향적인 대화에 참여하도록 목표를 조작하려고 할 수도 있다. 종종 전화를 걸면서 자위를 한다. 2016년에 교과서 저자 중 한 사람의 친한 친구가 "킨제이 연구소에서 후원하는 전국 성 조사"를 수행하고 있다고 주장하는 한 남성으로부터 전화를 받았다. 그는 말을 잘하고 믿음직스러워 보였고(킨제이 연구소는 합법적인 조직임) 그녀는 참여하기로 동의했다. 그러나 발신자는 성적 태도에 대한 몇 가지 일반적인 질문에 답한 후 그녀에게 "남자가 구강 성교 중에 여자를 기쁘게 하기 위해 혀를 사용하는" 가장 좋은 방법을 구체적으로 설명하도록 요청했다. 이때까지 그는 헐떡거리고 거칠게 숨을 쉬고 있었고 그녀는 그가 자위하고 있다는 것을 깨달았다. 그녀는 전화를 끊었다.

> 1990년 4월, 경찰이 그의 사무실 전화로 걸려온 음란 전화를 추적한 후 American University의 총장은 사임했다. 그의 희생자는 지역 신문에 가정 보육 서비스를 광고한 여성들이었다. 그는 아이비 리그 학교에서 학위를 받았고 고등 교육 대변인으로 텔레비전에 수백 번 출연한 유명한 시민 운동가였다.
>
> **(겔만,** 1990)

지적으로 보이는(이 경우에는 탁월한) 개인의 이와 같은 행동을 무엇으로 설명할 수 있는가? 노출증 환자와 마찬가지로 전화 성애증 환자는 종종 자존감이 부족하다(Price et al., 2001a). 그들은 부적절하고 불안해하며 노출증처럼 정상적인 성관계를 유지하는 데 어려움을 겪을 수 있다. 그들은 (피해자에게 충격과 공포를 유발함으로써) 그들의 존경심을 높일 필요가 있을 때 성적 상호작용을 위해 강박적으로 전화를 사용한다. 전화는 안전하고 멀리 떨어져 있으며 친밀감을 피한다. 그들은 익명이지만 피해자와 구두로 상호작용하고 동시에 시각적으로 환상을 가질 수 있다.

전화외설증은 개인에 의해 표시되는 유일한 성애증인 것은 드문 일이다(Abel et al., 1988a; Bradford et al., 1992). 대부분은 다른 성적으로 비정형적인 행동(가장 일반적으로 관음증과 같은 다른 구애 장애와 관련된 행동)에 관여했다.

설문조사에 따르면 성인 여성의 절반 이상이 음란 전화를 받았고 남성의 6~14%가 그러한 전화를 걸었다고 인정하여 가장 흔한 성범죄 중 하나가 되는 것으로 나타났다(Price et al., 2001a, b) (이 남성의 대다수에게 이것은 반복적인 행동도 아니고 선호하는 각성 수단도 아니므로 진정한 성애를 나타내지 않는다). 외설적인 전화를 건 사람들은 자신이 부르는 사람들의 이름을 알고 있기 때문에 피해자가 특히 두려워하는 경험을 할 수 있다. 그러나 성애자가 희생자를 성추행(또는 심지어 접근)하는 경우는 드물다.

당신이 표적이 되어야 한다면 가장 좋은 조언은 아무 말도 하지 않고 즉시 전화를 끊고 전화기에서 해당 번호를 차단하는 것이다. 전화가 계속되면 전화 또는 무선 네트워크 회사에서 경찰이 전화를 추적하는 데 협력할 수 있다. 발신자가 확인되었을 때 그가 당신이 알고 있거나 만난 적이 있는 사람으로 밝혀져도 놀라지 마십시오. 종종 그렇다.

마찰성욕도착증 Frotteurism

> "1년 전 저는 고등학교에서 런던으로 작은 그룹의 친구들과 함께 갔다. 글쎄, 우리는 매우 붐비는 지하철에 있었고 거의 움직일 수 없을 정도로 꽉 찼다. 하지만 내 뒤에 있던 녀석은 움직일 수 있었다. 그는 타는 내내 나를 이리저리 비볐다. 누가 자꾸 나한테 밀치는 것 같아서요. 내 친구들은 그가 그렇게 함으로써 '내리는' 것처럼 보인다고 말했다. 나는 그 바지를 다시는 입지 않았다. 낡고 지저분하다고 느꼈기 때문이다."
>
> "나는 시내에 있는 클럽에 있었고 그곳은 매우 붐볐다. 내 친구들과 나는 춤을 추고 있었는데 한 남자가 내 뒤로 다가왔다. 나는 군중 속에서 처음에 그를 알아차리지 못했다. 스트로보 라이트가 작동하고 있었고 우리는 손을 허공에 들고 모두 함께 움직이고 있었다. 그러나 그때 나는 그가 나를 문지르는 것을 느꼈다. 나는 그의 길을 비켜주려고 노력했지만 그는 바로 나를 따라올 것이다. 나는 그가 심하게 대했다는 것을 알 수 있었고 어느 순간 나는 그의 손이 내 허리 양쪽에 있는 것을

전화외설증(Telephone scatologia) 때때로 전화 스카토필리아라고 불린다. 외설적인 전화를 반복적이고 지속적으로 함으로써(또는 만드는 것에 대한 환상을 가짐) 성적 흥분을 얻는 상태. 충동/행동이 다른 사람이나 개인에게 해를 입히고/하거나 정상적인 기능을 손상시킬 때 성도착 장애가 된다.

> 느꼈다. 나는 돌아서서 그에게 물러서라고 말하려고 했지만 너무 붐벼서 그럴 수가 없었다. 마침내 내 친구 중 한 명이 눈치채고 내게서 떨어지라고 소리치기 시작했고, 그는 실제로 클럽에서 뛰쳐나오는 몇몇 사람들을 쓰러뜨렸다."
>
> (모든 예제는 작성자의 파일에서 가져옴)

마찰성욕도착증(frotteurism)(프랑스어 *frottage*, "문지르는"을 의미함)은 완전히 옷을 입은 상태에서 공공 장소에서 다른 사람들에게 자신의 성기를 문지르는 행위를 포함한다(Lussier & Piché, 2008 참조). 이것은 정상적인 구애 과정의 세 번째 단계인 촉각 단계(*tactile phase*)의 중단으로 간주된다(Freund et al., 1997). 대부분의 프로테우리스트들은 관음증, 노출증, 전화외설증 및 소아성애와 같은 다른 성애증도 나타낸다(Abel et al., 1988a; Bradford et al., 1992). 그들은 또한 다양한 비성적 반사회적 행동을 했을 가능성이 높다(Lussier & Piché, 2008).

초대받지 않은 성적 접촉은 일반 남성 인구 사이에서 비교적 흔한 행동으로 보인다(APA, 2013 참조). 예를 들어, 대학생 남성을 대상으로 한 연구에서 약 30%가 붐비는 장소에서 여성을 문지른 적이 있다고 시인했다(Templeman & Stinnett, 1991). 물론, 이러한 남성의 대부분은 과식주의자가 아니다. 왜냐하면 이것이 그들이 선호하는 각성 수단이 아니며 행동이 한 번 또는 두 번만 발생했을 수 있기 때문이다. 유병률 연구에 따르면 비임상 샘플에서 남성의 8~10%가 성애병 진단 기준을 충족한다고 한다(Johnson et al., 2014). 우리는 관련된 paraphilic 장애와 관련하여 신뢰할 수 있는 유병률 추정치를 가지고 있지 않다.

감옥에 갇히지 않은 성애자들에 대한 한 연구에 따르면 프로타주 행위의 중앙값은 29건이었지만 많은 프로테우리스트들은 그 행위를 수백 번이나 저질렀다(Abel et al., 1987). 이것이 어떻게 가능한지? 글쎄, 프로테우리스트는 일반적으로 붐비는 버스 또는 낯선 사람과 부딪치는 것이 눈에 띄지 않거나 체포될 가능성이 적은 다른 장소를 찾는다. 그리고 물론, 혼잡한 환경에서 그들은 항상 자신의 행동이 의도하지 않은 척 할 수 있다("아, 실례한다. 그곳에서 당신을 보지 못했다.").

> "오늘 수업 시간에 토론한 내용에 따르면, 나는 다른 어떤 것보다 '정상적인' 성적 환상과 활동에 흥분하기 때문에 성애증이 있다고 생각하지 않는다. 그러나 나는 과거에 frotteur 행동을 했고 나는 그것을 즐겼다는 것을 인정할 것이다. 나는 춤이나 파티에 참석하기 위해 줄을 서 있는 동안 버스에서 제 음경을 여자에게 문지른 적이 있다. 나는 또한 여성의 가슴과 젖꼭지를 만지기 위해 여성의 앞을 가로질러 팔을 뻗었다. 저를 놀라게 하는 것은 제가 매번 그것으로부터 벗어날 수 있다는 것이다. 대부분의 여성들은 당신이 의도적으로 그들을 만지려고 하지 않거나 너무 창피해서 아무 말도 하지 못한다고 생각한다. 제게 가장 많이 일어난 일은 대학 파티에서 한 여성이 돌아서서 저를 쳐다보아서 바로 사과하고 '죄송하다, 실례한다'라고 했더니 문제없다고 하더군요. 나는 그녀를 거의 사정할 정도로 계속 만질 수 있었다. 더 이상 이런 일을 하지 않지만, 그 당시에는 내가 얼마나 멀리 갈 수 있는지 보는 것이 짜릿했다."
>
> (저자의 파일에서)

이런 식으로 표적이 되고 있다는 사실을 알게 되면 즉시 대피하고 주변 사람들과 당국에 알린다.

소아성애 Pedophilia

14.6 소아성애를 정의하고 구애 장애와의 관계에 대해 논의한다.

2008년에는 어린이날 파티와 교환모임에서 "광대 자르기"로 정기적으로 공연을 펼쳤던 한 남자가 여러 명의 소녀들을 성추행한 혐의로 체포되었다. 뉴스 보도에 따르면 51세의 데이비드 레무스(David Lemus)는 자신의 직업을 이용해 어린이들에게 접근하고 종종 광대 복장을 하고 폭행을 저질렀다. **소아성애(pedophilia)**("어린이 사랑"을 의미하는 그리스어에서 유래)는 사람이 반복적이고 강렬한 성적 자극이나 환상을 경험하고/하거나 어린이와 성행위를 포함하는 행동에 지속적으로 관여하는 질환이다. 법적 동의 연령은 주마다 다르지만(16~18세 범위), 연구자와 임상의는 일반적으로 아동을 13세 이하로 정의한다. 따라서 우리는 성인과 사춘기 전 아동 간의 성적 관계와 관련된 충동, 환상 또는 행동에 대해 논의하고 있다(Seto, 2008 참조). 추가 기준이 있다. 소아성애로 간주되려면 성인이 최소 16세 이상이고 아동보다 최소 5세 이상이어야 한다(*DSM-5*, 2013). 이 추가 기준은 더 어린 십대(예: 13세와 데이트하는 15세)와 지속적으로 합의된 성적 관계를 맺고 있는 나이든 십대를 성적으로 "일탈"로 분류되고 성범죄자로 분류

마찰성욕도착증(Frotteurism) 성적 흥분과 만족이 반복적으로 그리고 주로 공공 장소에서 다른 사람에 대해 자신의 성기를 문지름으로써(또는 그렇게 하는 것에 대한 환상) 상태이다. 이러한 행위에 가담하려는 충동이 불법적인 행동을 일으키고, 다른 사람에게 해를 입히고, 심리적 고통을 일으키고 및/또는 정상적인 기능을 손상시키는 경우 장애가 됩된다.

소아성애(Pedophilia) 사춘기에 이르지 않은 아동에 대한 환상이나 성행위에 참여함으로써 성적 흥분이 일차적으로 반복적으로 달성되는 상태. 개인이 자신의 충동에 따라 행동하면(어린이는 법적으로 동의할 수 없기 때문에), 충동이 고통을 유발하고/하거나 충동이 정상적인 기능을 손상시키는 경우 장애가 된다.

되지 않도록 하기 위해 고안되었다.

아동을 대상으로 한 성행위[**아동 성추행**(*child molestation*) 또는 **아동 성적 학대**(*child sexual abuse*)라고 함]의 단독 사례는 비난받을 수 있는 동시에 불법이다. 그러나 그러한 행위가 반드시 소아성애에 해당하는 것은 아니다. 소아성애로 지정되기 위해서는 아동과의 성적 관계가 성적 흥분과 만족의 일차적이고 선호되는 원천이어야 한다. 일부 소아성애자는 충동에 따라 행동하지 않는다. 그러나 그렇게 하는 사람들은 **소아성애 장애**(*pedophilic disorder*)로 진단될 것이다(그리고 적발될 경우 아동 성적 학대 또는 성추행으로 기소될 것이다).

소아성애는 구애 장애 진단을 받은 개인에게서 자주 발견되기 때문에 여기에서 소개한다. 관음증, 노골적 노출증, 전화외설증 또는 프로테우리스트로 진단된 남성의 절반 이상이 소아성애의 기준도 충족한다(Abel et al., 1988a; Bradford et al., 1992). 다른 많은 성애병에 비해 흔하지는 않지만 소아성애는 가장 심각한 질환 중 하나이다. 자신의 충동에 따라 행동하는 소아성애 성인의 희생자는 종종 장기적인 정서적 및 대인 관계 손상을 입는다. 우리는 15장에서 이 성애착증(그리고 일반적으로 아동 성적 학대)을 더 깊이 다룰 것이다.

페티시즘, 의상도착증 및 관련 패러필리어스

Fetishism, Transvestism, and Related Paraphilias

14.7 성적 흥분을 위해 인간이 아닌 물건에 초점을 맞추는 성애증을 식별하고 설명한다.

다음 섹션에서는 성적인 각성을 위해 인간이 아닌 대상에 초점을 맞추는 성애증에 대해 설명한다: 페티시즘, 의상도착증, 요로애호증, 동성애, 근친화증, 클라스마필리아, 동물애호증.

페티시즘 Fetishism

존의 여동생들은 그가 옷장 서랍을 뒤진다고 불평하기 시작했다. 그는 그것을 부인했지만 그의 어머니는 그의 베개 밑에서 그들의 팬티를 발견했다. 이 패턴은 계속되었고 존은 베개 밑에서 속옷이 발견될 때마다 이를 부인했다. 개인적으로 존은 여성 속옷을 가지고 노는 동안 자위를 했다. 학업은 악화되고 반복되는 싸움으로 인해 18세에 교화학교에 보내졌다. 그곳에서 그는 계속해서 여장을 하고 도둑질을 하고 자위를 했다.

(사례 기록 제공: 데이비드 슈나르크)

그림 14-5
이것은 발 페티쉬 또는 정상적인 성적 변이의 예인가? 사정에 따라 다르다. 이 젊은이에게 있어서, 그의 행동은 성적 각성을 추구하는 데 있어 그가 선호하는 방식인 경우에만 성애자이다.

출처: PhotoMediaGroup/Shutterstock

인류학에서 *fetigo*(포르투갈어)는 (보통 강력한 영혼을 포착하거나 구현함으로써) 마법의 힘이 있다고 믿어지는 조각된 나무 또는 돌 물체이다. 에로틱 **페티시즘**(*erotic **fetishism***)이라는 용어는 1887년 Alfred Binet(최초의 표준화된 지능 검사의 발명가)에 의해 만들어졌다. 일반적으로 무생물을 다루거나 상상함으로써 성적 흥분과 만족을 반복적으로 달성하는 것을 말한다. **부분주의**(*partialism*)라고 하는 페티시즘의 변형은 일반적으로 성감대 영역으로 간주되지 않는 신체의 특정 부분(예: 발, 발가락, 머리카락)에 대한 강력하고 반복적인 성적 흥분이다. 페티시즘을 일차 성애증으로 가지고 있는 남성의 경우 이차 성애자도 갖는 경우가 드물지 않다. 가장 일반적으로 소아성애, 마조히즘, 복장 도착주의이다(Abel & Osborn, 1992).

페티시즘/맹목적 숭배(Fetishism) 성적 흥분과 만족이 무생물이나 신체 일부(신체 일부인 경우 종종 부분주의라고 함)를 사용하거나 상상하는 데 의존하는 상태. 충동이나 행동이 개인이나 다른 사람에게 해를 입히거나 정상적인 기능을 손상시키는 경우 장애가 된다.

보다 일반적인 페티쉬 중 일부는 여성의 속옷(팬티, 브래지어 또는 스타킹), 신발(보통 하이힐) 또는 부츠, 신체 일부, 가죽이나 고무로 만든 물건을 포함한다(Darcangelo, 2008). 장화, 가죽 또는 고무 물체와 같은 단단한 물체와 관련된 주물은 종종 가학피학성 성애적 관행 및 환상과 관련이 있다. 이성애 남성 페티시스트는 선호하는 대상의 "여성성"이라는 주제에 자극을 받는 반면, 동성애 남성 페티시스트는 선호하는 대상의 "남성성"이라는 주제에 자극을 받는다(Weinberg et al., 1994).

페티시스트는 거의 전적으로 남성이다(Darcangelo, 2008). 그들의 주물이 의복이나 신발과 관련되어 있을 때, 이 남자들은 사용하고 냄새가 나는 물건을 매우 선호한다. 예를 들어, 팬티 페티쉬가 있는 남자는 질 냄새가 남아 있는 사용한 팬티에 크게 흥분할 것이지만 새 팬티이거나 깨끗한 팬티라면 아마 그다지 흥분하지 않을 것이다.

> "나는 백화점에서 일한다. 어느 날 밤 나는 수건을 접고 있는데 한 남자가 다가와 '얼마나 자주 러그를 세일하나요?'와 같은 어리석은 질문을 하기 시작했다. 나는 그가 말하는 동안 그가 계속 내 발을 쳐다보는 것을 알아차렸다. 그는 나에게 내 신발을 어디에서 얻었고 내부가 부드럽냐고 물었다. 그는 또한 그것들이 냄새를 풍기는지 물었다. 아무 생각 없이 '아니오'라고 말하고 신발을 벗었다. 이때쯤 그는 무릎을 꿇고 신발을 집어들고 냄새를 여러 번 맡았다. 그러고는 그것을 돌려주고 즉시 가게를 떠났다."
>
> "페티쉬가 있는 20대 후반 기혼 남성을 알고 있다. 그는 여자들(불륜 관계가 있는 사람들)에게 더러운 속옷 하나를 요구하며 돌아다녔다."
>
> "좋아, 이것으로 나를 판단하지 마라. 그러나 나는 실제로 내 중고 팬티를 온라인으로 팔았다. 이에 대한 전문 사이트가 있으며 팬티에 자신의 사진을 게시하려는 경우 상당한 돈을 벌 수 있다. 문제는 시간이 지나면 포르노 같은 느낌이 들기 시작한다는 점이다. 또한 일부 고객은 더 노골적인 사진이나 직접 만나는 것과 같은 다른 것을 원할 것이다. 너무 추하고 추잡해져서 그만둬야 했다."
>
> (모든 예제는 작성자의 파일에서 가져옴)

성애자와 변종 사이의 차이점을 기억하시오. 대부분의 이성애 남성은 여성용 팬티에 흥분하며, 많은 남성이 파트너를 위해 투명하고 레이스가 있는 란제리를 구매한다. 여러분 중 일부는 평생 한 번쯤 팬티 냄새를 맡아본 적이 있을 것이다. 대다수 남성의 경우 이러한 활동 중 어느 것도 최종 목표가 아니다. 그들은 단지 파트너와의 성적 활동을 향상시키는 역할을 한다. 많은 여성들도 자신의 각성을 높이거나 파트너의 성적 쾌감을 높이는 데 사용하는 좋아하는 옷이나 의상을 가지고 있다. 이러한 선호는 물신 숭배를 구성하지 않는다. 주물 숭배자는 대상(예: 팬티, 부츠, 스타킹)에만 집중한다. 파트너의 성격이나 신체는 스스로 각성을 유지할 수 없다. 그녀(또는 그의) 유일한 역할은 환상을 구현하는 매개체 역할을 하는 것이다. 가장 극단적인 형태의 물신 숭배자는 파트너를 전혀 필요로 하지 않거나 원하지 않는다.

특정 대상이나 신체 부위에 대한 성적 각성은 고전적 조건화와 조작적 조건화를 모두 포함하는 2단계 학습 과정의 관점에서 설명되었다(Darcangelo, 2008 참조). 다른 설명은 나중에 고려된다. 예를 들어, 이성애 남성이 여성 팬티를 보고 흥분하는 경우를 생각해 보시오. 대부분의 남성이 여성용 팬티를 처음 접하는 것은 초기에 넥킹(necking)을 하거나 쓰다듬는 경험을 할 때 이루어지며, 이때 성적으로 매우 흥분된다. 팬티가 이러한 성적 흥분 상태와 충분한 횟수 짝을 이루면 팬티 자체가 어느 정도 성적 흥분을 이끌어내기 시작하는 연결이 생성된다. 이것은 고전적 조건화의 한 예이다. 팬티는 조건화 자극이 되었다(남자는 팬티에 노출되면 각성을 경험하도록 조건화됨). 이 과정의 시연은 몇 년 전에 제공되었다(Rachman, 1966). 실험실 조건에서 남성들은 누드 여성 사진과 짝을 이루는 여성 부츠 사진을 보여주었다. 많은 짝을 이룬 후, 부츠의 사진만으로도 성적 흥분을 불러일으켰다(음경 혈액량으로 측정). 남성의 성적 흥분은 다른 대상에도 고전적으로 조건화될 수 있다(Lalumière & Quinsey, 1998).

페티시즘은 조작적 조건 메커니즘을 통해 발전할 수도 있다. 예를 들어, 십대 소년이 화장실에서 자위를 하고 성적 환상을 즐기고 있다고 생각해 보시오. 그렇게 약혼하는 동안 그는 우연히 바구니에서 어머니 또는 자매의 팬티 한 쌍을 집어들고 사용한다. 그가 이후에 경험하는 성적 만족(예: 오르가즘)은 그가 즐기고 있는 환상뿐만 아니라 그가 사용한 대상과도 연관될 수 있다(조작적 조건화 용어에서 팬티는 강화물이 될 수 있음). 페티쉬를 가진 많은 남성들은 상대적으로 어린 나이에(16세 정도, Abel & Rouleau, 1990 참조) 원하는 대상에 처음 매력을 느끼며, 아마도 그 대상이 성적 흥분과 활동의 첫 경험(고전적이고 조작적인 조건화를 통해)과 연관되어 있기 때문일 것이다.

> "오늘 수업 시간에 토론을 해보니 내가 페티쉬가 있는 것 같다. 내가 12살쯤이었을 때, 나는 신부가 질 근처에 구멍이 뚫린 시트로 몸 전체를 덮는 결혼식 밤 의식에 대해 파티에서 성인 몇 명이 말하는 것을 우연히 들었다. 신랑은 그녀의 위에 누워서 구멍을 통해 그녀의 몸에 그의 성기를 삽입한다. 나는 이 이미지에 자극을 받아 마음에서 지울 수 없었다. 같은 주 후반에 나는 자위를 하고 처음으로 진정한 오르가즘을 경험했다. 그 이후로 계속 이런 식으로 섹스하는 커플의 모습을 상상하며 자위를 했고, 상상했던 것과 같은 시트를 만들기도 했다. 나는 연애 경험이 있고 여자와 성적인 기능을 할 수 있지만, 나는 내 환상 선호

> 한다. 시트로 자위하는 것이 다른 성행위보다 더 만족스럽다."
>
> (저자의 파일에서)

페티시즘은 얼마나 흔한가? 우리는 잘 모르지만 남성에게는 비교적 드물고 여성에게는 거의 존재하지 않는 것으로 보인다(APA, 2013; Darcangelo, 2008). 주물 숭배자들은 거의 치료를 구하지 않는데, 아마도 그들이 일반적으로 성애증의 결과로 일상적인 기능에 약간의 장애가 있기 때문일 것이다(성적 관계가 영향을 받을 수 있지만). 물론 특정 물신 숭배 대상에 대한 욕망이 개인으로 하여금 범죄 행위(예: 무단 침입 또는 절도)를 하게 하거나 심각한 고통을 겪도록 하는 경우 **물신 장애**(*fetishistic disorder*) 진단이 적절할 것이다.

의상도착증 Transvestism

> "그는 (동료 장교들과 부하들에게 존경받는) 군대의 장교이자 헌신적인 남편이자 아버지였다. 그는 또한 집에서도 여성복을 입고 다녔는데, 여자 친척으로 자주 지나갔으며, 여성 역할을 맡았을 때 자녀에게 '이모'로 불렸다."
>
> (Hirschfeld, 1948, pp. 174–78에서 인용)

의상도착증(transvestism)은 성적 흥분과 만족을 얻기 위해 이성의 일원으로 반복적으로 옷을 입는 것을 말한다. 사실, 트랜스젠더는 옷을 갈아입는 동안 오르가즘을 경험한다(Docter & Prince, 1997). 대부분의 연구자들은 복장을 입고 바라보는 것보다 옷을 입는다는 점을 제외하고 복장을 하는 것을 옷의 주물과 매우 유사하다고 간주한다[따라서 복장을 하는 것을 종종 **성전환자의 페티시즘(transvestic fetishism)**이라고 한다]. 복장 착용은 마조히즘, 관음증, 노출증과 함께 자주 발생한다(Långström & Zucker, 2005).

다른 옷을 입는 것은 복장이 패션 표현("남성용" 옷을 입는 여성의 경우), 오락, 연극의 목적(예를 들어, 여성 또는 남성 모방자, 드래그 퀸, 드래그 킹과 같은) 또는 성별 확인 과정의 일부로 착용되는 경우 트랜스베스티즘의 한 예로 간주되지 않는다(성전환자들은 성적 흥분 때문이 아니라 자신의 진정한 성 정체성을 주장하고 확인하기 위한 방법으로 여장을 한다). 또한 4~5세의 어린아이들(6~7세에 성별 항상성 개념을 습득하기 전)이 엄마와 아빠로 분장하는 것도 일반적이다. 그리고 세계의 일부 지역(예: 스

의상도착증(Transvestism) 이성의 일원으로 옷을 입음으로써 성적 흥분이 반복적으로 달성되는 상태.

성전환자 페티시즘(Transvestic fetishism) 트랜스젠더와 같은 의미이다.

그림 14-6

의상도착증이 있는 사람은 일반적으로 성적 흥분과 만족을 위해 여장을 하는 이성애 남성이다.

출처: Karen Struthers/Fotolia; Zoonar GmbH/Alamy Stock Photo

"가끔 내 옷 때문에 결혼한 것 같아!"

페인의 무르시아, 아프리카의 가나)에서는 젊은 남녀가 다양한 문화 행사와 축제에서 이성의 옷을 입는다(Cano-López, 2011; Geoffrion, 2013 참조).

성전화자의 대다수는 이성애자이고 대부분은 기혼이다(Docter & Prince, 1997; Långström & Zucker, 2005). 대부분이 대학을 졸업하고 전문직 종사자이다. 약 절반은 트랜스젠더 활동으로 인해 고통을 받지만[따라서 **트랜스젠더 장애**(*transvestic disorder*)가 있는 것으로 분류됨] 절반은 그렇지 않다(Långström & Zucker, 2005).

몇몇 남자들은 완전히 여자로 여장을 하고 짧은 시간 동안 공공장소에서 걸어 다니지만, 대부분의 성전환자들은 자기 집에서 비밀리에 여장을 한다. 많은 사람들이 여장을 할 때 남성복 안에 여성용 속옷을 입는다. 복장 도착자는 여장을 하는 동안이나 여장을 하는 환상 중에 자위를 하거나 파트너와 성적 활동에 참여할 만큼 흥분하기 위해 옷을 사용할 수 있다. 트랜스젠더 아내의 약 1/4은 남편의 행동을 받아들이지만 대부분은 남편의 행동을 용인하며, 특히 결혼한 후에야 남편의 행동을 발견한 경우 많은 사람들이 괴로워하고 분개한다(Brown, 1994; Docter & Prince, 1997).

성인 남성의 3% 미만이 여성복을 입고 성적으로 흥분한 적이 있다고 보고한다(APA, 2013 참조). 따라서 복장 도착이 극도로 드문 성애성애자라는 것은 놀라운 일이 아니다(초기 연구에 따르면 성인 남성 인구의 1~3% 이하 비율)(Bullough & Bullough, 1993; Långström & Zucker, 2005). 그러나 클럽, 잡지, 뉴스레터, 웹사이트 및 기타 온라인 포럼과 함께 트랜스젠더(TV) 하위 문화를 형성하기에 충분한 숫자가 있다.

일부 남성들은 성적 만족을 위해 여성복을 입는 이유는 무엇인가? Bullough(1991)는 복장 도착을 "남성 역할의 좁은 범위에서 벗어나려는 남성의 시도"로 볼 수 있다고 제안한다. 이 성도착증은 어떻게 발달하는가? 대부분의 복장 도착자는 사춘기 이전 또는 사춘기 동안에 여장을 시작했으며(Wheeler et al., 2008), 일부 임상의는 선호도가 이성 복장과 성적 흥분의 학습된 연관성을 통해 발전한다고 믿는다(페티쉬를 획득하는 것과 같은 방식으로).

개인적인 생각 Personal Reflections

신체적 및/또는 정서적 상해를 일으키지 않고 정상적인 사회적 및 직업적 활동을 방해하지 않는 한 성인이 사적으로 성행위를 하는 데 동의하는 것이 괜찮다고 생각하는가? 그 이유는 무엇?

관련 페티쉬 유사 성애자

Related Fetish-Like Paraphilias

덜 흔한 성애자들이 많이 있으며(전체 목록은 Milner et al., 2008 참조), 그 중 일부는 성적인 각성과 인간이 아닌 대상으로부터의 만족을 포함하기 때문에 물신 숭배의 한 형태로 간주될 수 있다(예: Money, 1986; Stoller, 1986). 이러한 주물과 유사한 성애착증은 개인에게 심각한 고통을 일으키고, (대부분은 남성임) 기능 능력을 손상시키고/거나 다른 사람에게 해를 입히는 경우 장애로 분류된다. 이러한 흔하지 않은 성도착증 중 일부는 특정 신체 분비물 또는 신체 기능과 관련된 활동(요로성애, 동성애, 근친화증, 관장애증)로 인한 성적 흥분을 수반한다. 이러한 흔하지 않은 선호 사항 중 몇 가지를 살펴보겠다.

오줌성애증(urophiliacs)("소변"을 의미하는 그리스어 *ouron*에서 유래)은 소변 및/또는 배뇨 행위에 의해 성적으로 흥분한다. 그들은 다른 사람들이 소변을 보는 것을 즐기며, 많은 사람들이 파트너에게 소변을 보거나 파트너가 그들에게 소변을 보게 함으로써 성적으로 흥분한다(일부 서클에서는 "골든 샤워"라고 함). 일부는 심지어 소변을 마시거나, 소변으로 목욕을 하거나, 소변에 흠뻑 젖은 속옷 냄새를 맡는다. 그들은 또한 방광을 가득 채운 상태를 유지하거나 사람들이 바지를 적시는 것을 즐긴다. 배뇨는 일반적으로 가학피학성 성애적 활동의 일부로 포함된다.

> "저는 개인적으로 유성애자였던 사람을 안다. 그는 내 친구 중 한 명과 이야기하곤 했다. 그녀는 그들이 함께 있을 때마다 그가 배에 소변을 봐도 되냐고 묻곤 했다고 말했다."
>
> "남자친구는 내가 소변을 보는 걸 좋아해. 한 번 맛보게 해주기도 했어."
>
> (모든 예제는 작성자의 파일에서 가져옴)

분변음욕증(coprophiliacs)("똥"을 의미하는 그리스어 *kropos*에서)는 배설물 및/또는 배변 행위("똥")에 의해 성적으로 자극된다. 대변을 가지고 놀거나 자위를 할 수 있다. 전 세계의 일부 매춘 업소에서는 호감 애호가가 돈을 지불하고 매춘부가 배변하는 모습을 유리 아래에서 지켜볼 수 있다. 요로성애와 동성애는 모두 극히 드물지만 사람들이 소변이나 대변과 관련된 배설 행동이나 성행위를 하는 것을 보여주는 비디오 시장이 있다.

오줌성애증 및 분변음욕증과 밀접한 관련이 있는 **불결기호증(mysophilia)**("더러움"을 의미하는 그리스어 *mysos*에서 유래)는 오물이나 더러운 제품 또는 주변 환경에 의해 유발되는 성적 흥분을 나타낸다. 예를 들어, 땀에 젖은 옷이나 생리용품(예: 탐폰)을 사용하여 성적으로 흥분하는 사람들의 사례가 기록되어 있다.

또 다른 성애는 **관장애증(klismaphilia)**("관장"을 의미하는 그리스어 *klisma*에서 유래)로, 관장을 받거나 제공하거나 다른 사람이 관장하는 것을 관찰함으로써 성적 흥분과 만족을 얻는다(Milner et al., 2008). 이에 자극을 받은 개인은 종종 가학피학성 성애적 활동에도 관심을 갖는다. 많은 관장애증은 관장을 스스로 관리하지만 많은 다른 사람들은 파트너와 관장을 주고 받는다. 일부는 따뜻한 물을 사용하고 다른 일부는 알코올 용액이나 커피를 사용한다. 특수 섹스 제품(예: 알루미늄 노즐)과 포르노 매체(종종 "수상 스포츠"라고 불림)는 이러한 행위에 대한 공상을 즐기거나 이에 참여하는 사람들이 사용할 수 있도록 인터넷과 소매점에서 구할 수 있다. 남성과 여성 모두 성행위의 일부로 관장기를 사용하는 것으로 알려져 있지만, 대부분의 다른 성애증과 마찬가지로 관장애증이 있는 대부분의 사람들은 남성이다.

> "나는 대기업에서 매우 높은 지위에 있는 사람을 알고 있다. 그가 성적으로 가장 좋아하는 것은 타바스코 소스가 포함된 관장을 받는 것이다. 그는 체액을 넣고 자위를 할 것이다."
>
> (저자의 파일에서)

수간(bestiality)은 동물과 성적 접촉을 하는 행위이다. 이러한 접촉에는 동물이 사람의 성기를 만지거나 핥거나 문지르는 것이 포함된다. 동물의 성기를 만지거나 핥거나 문지르는 행위 동물에게 구강, 항문 또는 질 성교를 수행하는 것. 소수의 연구만이 동물과의 성적 접촉의 유병률을 추정하려고 시도했다. 킨제이와 그의 동료들(1948, 1953)은 전체 표본에서 남성의 약 8%와 여성의 4%가 적어도 한 번은 동물과 성적 접촉을 했다고 보고했다. 농장에서 자란 소년의 17%가 그러한 경험을 인정했다. 보다 최근의 연구에 따르면 상당수의 사람들이 적어도 한 번은 동물과 어떤 형태로든 성적인 접촉을 한 적이 있다(Alvarez & Freinhar, 1991). 수간을 한 적이 있는 대다수의 사람들은 종종 청소년기에 한 번 또는 몇 번만 그렇게 했다(Tollison & Adams, 1979). 그것은 감히, 개시 묘기로, 또는 호기심에서 일어났을 수 있다.

> "십대 초반에 사촌들과 나는 말에 구멍을 뚫었다. 용기가 있어서 해봤다. 나는 이제 어른이 되었고 세 자녀와 아내가 있다. 그때마다 내가 한 짓을 생각하면 토하고 싶어진다."
>
> "몇 년 전 어느 날 밤 저와 몇몇 지인들이 대학 경험을 공유하고 있었다. 그룹 중 한 명은 __________의 회원이 되려면 염소와 성관계를 가져야 한다고 말했다."
>
> "나는 바이브레이터로 자위를 하고 가끔 내가 이 일을 하는 동안 내 개가 내 성기를 핥게 한다."
>
> (모든 예제는 작성자의 파일에서 가져옴)

오줌성애증(Urophilia) 소변이나 배뇨 행위로 인한 반복적이고 지속적인 성적 흥분.

분변음욕증(Coprophilia) 대변에 대한 반복적이고 지속적인 성적 흥분 또는 배변 행위.

불결기호증(Mysophilia) 불결하거나 더러운 환경이나 물건으로 인해 성적 흥분이 지속적이고 우선적으로 유발되는 상태이다.

관장애증(Klismaphilia) 관장에 대한 반복적이고 지속적인 성적 흥분(받기, 주기, 보기).

수간(Bestiality) 동물과 성적 접촉을 하는 행위.

동물은 동의할 수 없으므로 모든 수간 행위는 윤리적, 도덕적 문제를 제기한다. 더욱이, 수간 행위가 동물에게 상해를 입히거나 죽음을 초래할 경우 법적 처벌을 받는다. 예를 들어, 2011년 오하이오 주의 한 남성은 최근 입양한 개를 강간하는 동영상이 포함된 웹사이트에 대한 정보를 경찰이 받았을 때 동물 학대 및 동물 폭행 혐의로 수감되었다. 후속 조사에서 그는 이전에 여러 개를 공격한 것으로 나타났으며 그 중 두 마리는 부상으로 인해 안락사되어야 했다(Vice, 2011). 2013년에 캘리포니아 남성은 가정 감시 비디오에서 이웃의 마당에 들어가 이웃의 (암컷) 개에게 약을 먹이고 강간하는 것을 포착하여 동물 학대 및 동물 성폭행 혐의로 체포되어 기소되었다(Altman, 2013). 보다 최근인 2016년에는 워싱턴의 한 남성이 8세 소년의 안내견을 강간(및 살해)한 혐의로 1급 동물 학대 혐의로 기소되었다(Rose, 2016). 성인에 의한 동물에 대한 관통적이고 공격적인 성폭행과 관련된 이와 같은 경우, 가해자는 종종 폭력 및 범죄 행동의 과거력뿐만 아니라 더 깊은 심리적 문제를 가지고 있다. 가해자가 젊을 때 그러한 행동은 미래에 폭력적인 대인 관계 행동의 위험이 증가한다는 경고 신호로 작용할 수 있다. 예를 들어, 성폭행으로 수감된 청소년 남성들 사이에서 특히 동물에게 고통과 해를 끼치는 수간 행위, 특히 동물에 대한 고통과 관련된 반복적인 이전의 수간 행위가 기록되었다(Schenk et al., 2014 참조).

수간은 성적 흥분이나 만족을 위해 선호되는 수단일 때 **동물성애증(zoophilia)**(동물을 의미하는 그리스어 *zoon*에서 유래)이라고 하는 성애자가 된다. 114명의 남성 동물 애호가를 대상으로 한 연구에서 대다수가 성 파트너로 개나 말을 선호했다. "그들이 경험한 가장 흔한 성행위는 구강 성교(81%), 암컷 동물과 질 성교(75%), 동물 자위(68%), 항문 성교(68%)였다. 수컷 동물로부터 항문 성교였다(52%)"(Williams & Weinberg, 2003). 남성들이 꼽은 가장 흔한 두 가지 이유는 "즐거운 성관계"와 "동물의 사랑은 무조건적"이었다.

> "동물과의 관계는 인간과 마찬가지로 섹스가 그 사랑의 연장선인 사랑스러운 관계이며, 동의하지 않는 한 나는 말과 섹스를 하지 않는다. . ."
>
> (2003년 윌리엄스 & 와인버그에서 인용)

동물학대 혐의로 기소된 오하이오주 남성에 대한 위의 예에서 경찰은 그가 동물애호가임을 분명히 나타내는 증거를 집에서 회수했다. 수간에 관한 책, 풍선 동물 섹스 인형(양), 수간 사이트 방문, 수간 활동을 기록한 사진, 저널 및 비디오. 그는 또한 그가 원하는 동물과의 접촉을 얻기 위해 도시 곳곳에서 애완동물 돌보기와 반려견 산책 서비스를 제공한다고 광고했다.

동물성애증은 매우 드물며 일반적으로 심각한 정신 병리학의 존재를 나타낸다. 동물애호가는 종종 철수하고, 대인관계 기술이 좋지 않으며, 다른 성애애착증을 갖고 있는 경우가 많다(Milner et al., 2008). 그들은 또한 다양한 신경인지 질환으로 고통받을 수 있다(예: 치매, Almeida et al., 2013; Othman et al., 2014 참조).

가학피학성 성애 Sadomasochism

14.8 가학피학성 성애에 대해 토론하고 설명한다. "가벼운" 새도마조히즘적 활동 또는 환상, 성적 가학증 및 성적 마조히즘(성애자 및 장애), BDSM 하위 문화에 속하는 사람들의 활동을 구분한다.

새디즘(sadism)[*DSM-5*에서는 **성적 새디즘**(*sexual sadism*)이라고 함]은 성적 흥분과 만족을 위해 다른 사람에게 신체적 또는 심리적 고통을 가하는 것을 말한다. 이 용어는 프랑스 귀족이자 소설가인 마르키 드 사드(Marquis de Sade, 1740~1814)의 이름을 따서 명명되었다. 그는 자신의 경험을 바탕으로 자신에게 성적 자극을 받으면서 여성을 구타하고 고문하는 이야기를 저술했다(그의 작품에는 소설 *Justine*과 *120 Days of Sodom*이 포함된다). **마조히즘(masochism)**[또는 **성적 마조히즘**(*sexual masochism*)]은 고통을 받거나 신체적, 정신적 고통이나 굴욕을 겪음으로써 성적 흥분과 만족을 얻는 것을 의미한다. 그것은 다른 사람들이 그들에게 가한 고통, 복종으로부터 성적 쾌락을 받는 사람들에 관한 소설(예: *Venus in Furs*)을 쓴 실제 마조히스트인 레오폴트 폰 자허마조흐(Leopold von Sacher-Masoch, 1835~1895)의 이름을 따서 명명되었다. 새디스트의 파트너가 기꺼이 참여한다면, 일반적으로 그러하듯

동물성애증(Zoophilia) 성적 만족을 달성하기 위한 주요 수단으로 동물과의 성적 접촉을 사용한다.

(성적) 사디즘[(Sexual) Sadism] 성적 흥분과 만족을 얻기 위해 반복적이고 의도적으로 다른 사람에게 고통을 주거나 가하고 싶어하는 성애. 개인이 임상적으로 심각한 고통이나 기능 장애를 경험하고 동의하지 않은 사람과 충동에 따라 행동할 때 장애(성적 사디즘 장애)가 된다.

(성적) 마조히즘[(Sexual) Masochism] 개인이 주로 자신에게 가해지는 고통 및/또는 굴욕을 상상하거나 실제로 겪음으로써 성적 쾌락을 얻는 성애자. 개인이 임상적으로 심각한 고통이나 기능 장애를 경험하고 동의하지 않은 사람과 충동에 따라 행동할 때 장애(성적 마조히즘 장애)가 된다.

이, 그 또는 그녀는 당연히 마조히스트이고 두 행동의 연결은 **새도마조히즘(sadomasochism, S&M)**이라는 용어로 표시된다.

새디즘과 **마조히즘**이라는 용어는 원래 이러한 성애착증의 임상 사례를 보고한 최초의 사람 중 한 명인 리처드 본 크라프트에빙에 의해 만들어졌다.

> 거리에서 상습적으로 어린 소녀들을 칼로 공격해 팔뚝에 상처를 내는 한 남자가 있었다. 체포 당시 그는 자르는 순간 사정을 할 것 같아서 그렇게 한 것이라고 말했다.
>
> (크라프트에빙, 1951, p. 223에서 **인용**)

> 28세의 남자는 여자가 그를 위해 가져온 끈으로 그를 묶었다. 그런 다음 그는 그 여자가 (그가 가져온) 채찍으로 그의 발바닥과 종아리와 엉덩이를 사정할 때까지 때리도록 했다.
>
> (크라프트에빙, 1951, p. 261에서 **인용**)

가학피학성 성애적 행위는 언어적 굴욕과 고통을 암시하는 것에서부터 짓밟기, 채찍질, 구타, 목을 조르는 등의 더 위험한 행위에 이르기까지 다양하다. 예를 들어, **질식증(asphyxiophilia)**(저산소증이라고도 함)은 개인이 호흡을 제한함으로써(따라서 그 과정에서 산소를 박탈함으로써) 성적 흥분을 달성하는 성적 마조히즘의 하위 유형이다 (Hucker, 2011). 이것은 종종 로프, 올가미, 벨트 또는 비닐 봉지를 사용하여 수행된다.

> "내 친구는 콜걸의 보디가드였다. 그는 그녀가 벌거벗고 그의 얼굴 위에 쪼그리고 앉아 있는 동안 고객이 그의 머리에 비닐(랩)을 두르고 있는 것을 좋아한 적이 있는 그녀와 통화를 했다. 그는 그 남자가 숨을 헐떡이는 동안 내는 소리 때문에 속이 메스꺼워졌다고 말했다."
>
> (저자의 파일에서)

질식성애가 있는 사람들은 종종 추가적인 마조히즘적 행위(예: 속박)에 참여하고 복장도착증 및 물신 숭배를 포함한 다른 성애증이 있는 경향이 있다(Hucker, 2011). 이것은 쉽게 사망에 이를 수 있는 위험한 행동이다. 혼자 자위하는 남성은 거의 모든 알려진 치명적인 질식증 사례를 구성한다(Milner et al., 2008). 당신은 배우 데이빗 캐러딘(*Kill Bill*을 포함한 많은 TV 쇼와 영화에 출연)이 이러한 방식으로 사망했다고 주장하는 것을 기억할 것이다.

오늘날 가학피학성 성애적 이미지는 패션, 예술, 음악, 영화, 문학, 광고 및 기타 대중 문화 측면에서 흔히 볼 수 있다. 11장에서 많은 사람들이 자신의 성적 환상에 가학피학성 성애적 주제를 포함한다는 것을 배웠다. 상당한 수의 남성과 여성이 성관계 중 파트너와 가벼운 가학 행위를 하는 것을 즐긴다. 예를 들어, 한 파트너가 가볍게 물거나, 뺨을 때리거나(예: 엉덩이를), 꼬집거나, 긁거나, 핀으로 묶는 것이다.

> "나는 내 자신을 정상적인 성적인 사람이라고 생각한다 ... 나는 때리는 것을 좋아한다." (여성)
>
> "섹스 중 물린 걸 좋아한다면 '정상'인지 물어봐도 될까? 제 각성은 물기만 해서 생기는 것도 아니고, 남자친구가 저를 세게 깨물어도 되는 것도 아니고, 그냥 좋아." (여성)
>
> "저는 오랫동안 헌신적인 관계에 있는 동성애자이다. 파트너가 내 손목을 잡고 나를 관통할 때 내 팔을 내 머리 위로 올리면 믿을 수 없을 정도로 흥분된다." (남성)
>
> "여자친구가 성교 중에 손톱으로 내 등을 긁는 게 좋아. 웬일인지 그녀가 이것을 할 때 나는 정말 흥분된다. 한 번 이상 그녀는 흔적을 남겼다." (남성)
>
> (모든 예제는 작성자의 파일에서 가져옴)

어떤 커플은 역할극, 의상 차려입기, 다양한 소품(예: 수갑, 눈가리개, 밧줄) 사용을 포함할 수 있는 "모의" 가학피학성 성애적 환상을 연기하는 것을 즐긴다.

> "남편과 나는 때때로 그가 해적이고 나는 그가 납치한 후 그의 방식대로 하는 술집 하녀인 환상을 연기한다. 우리는 둘 다 의상을 입고 있고 그는 나를 (내 발목) 침대에 플라스틱 사슬로 묶어서 내가 탈출할 수 없도록 한다. 그리고는 내가 항의하고 도망치려고 하는 동안 천천히 내 블라우스를 푼다. 우리가 반쯤 알몸으로 깨어나 성관계를 가질 때까지 이런 일이 계속된다. 상상할 수 있듯이 시간과 노력이 필요하기 때문에 자주 하지는 않지만, 우리가 할 때 와우–완전히 만족스럽고 둘 다 가장 강렬한 오르가즘을 경험한다." (여성)
>
> "한번은 여자친구가 침대에 수갑을 채웠어. 그런 다음 그녀는 나에게 걸터앉았고 우리는 섹스를 했다. 처음에는 하고 싶지 않았지만 결과적으로 놀라운 일이 되었다. 어떤 이유에서인지 그녀가 전적으로 책임을 지고 있다는 느낌이 나를 흥분시켰다." (남성)
>
> (모든 예제는 작성자의 파일에서 가져옴)

가벼운 가학피학성 섹스 플레이와 가학성 또는 피학대를 구별하기 Differentiating Between Mild Sadomasochistic Sex Play and Sadism or Masochism

그렇다면 이러한 유형의 온화한 가학피학성 성애적 "섹스 플레이"를 성적 가학증 및 성적 마조히즘의 성애증과 구별하는 것은 무엇인가? 성애 중독자가 되려면 선호도나 활

새도마조히즘(S&M) (Sadomasochism, S&M) 사디즘과 마조히즘의 연관성을 나타내는 용어.

질식증(Asphyxiophilia) Asphyxiophilia호흡을 제한함으로써 성적 흥분을 일으키는 성적 마조히즘의 하위 유형.

동이 성적 흥분과 만족을 위한 기본적이고 반복적인 수단이어야 함을 기억하시오.

> "제가 가장 좋아하는 성행위는 속박이다. 이것은 일반적으로 내가 신뢰감을 가질 수 있을 만큼 충분히 섹스를 한 파트너와 함께 한다. 나는 그녀를 침대에 묶고 내가 원하는 모든 것을 그녀에게 할 것이라고 설명한다. 하고 나면 소통이 활발해지고 즐거움을 주는 일만 하게 된다. 두려움이나 신체적 학대는 결코 암시되지 않는다. 이 모험을 하는 동안 저나 제 파트너에게 나쁜 경험은 한 번도 없었다."
>
> "지배인이 나에게 화장실을 청소하라고 명령한 다음 그녀의 더러운 양말 중 하나를 씹게 함으로써 나에게 '보상'을 준다."
>
> "콜걸과 약속이 있다. 장난꾸러기 꼬맹이인 척하다가 나쁜 짓을 하면 엄하게 꾸짖고 벌을 주겠다고 한다. 그녀는 강제로 내 바지를 내리고 침대에 누우라고 강요한다. 그런 다음 그녀는 내가 사정할 때까지 내 맨 엉덩이를 때린다."
>
> (모든 예제는 작성자의 파일에서 가져옴)

성애 장애로 분류되기 위해서는 충동이 상당한 개인적 고통을 일으키고, 정상적인 기능을 손상시키고, 다른 사람에게 해를 입히고, 동의하지 않은 파트너와 함께 행동해야 한다.

> "내 기숙사에 어떤 사람이 있었다. 그는 항상 나와 다른 남자들에게 폭력적인 포르노 동영상을 보여주려고 했다. 그는 여성에게 그런 일을 어떻게 하고 싶은지 말할 것이다. 그의 거시기에 질식시키고, 젖꼭지를 비틀고, 그런 역겨운 것들을. 그것은 나를 아프게 했다. 저에게는 여자 친구와 여자 형제가 있다, 알지? 나는 약 2년 전에 그와 모든 관계를 끊었다. 글쎄, 나는 그가 지난달에 성폭행으로 체포되었다는 소식을 들었기 때문에 그가 몇 가지 일을 하려고 했던 것 같다. 다행이다. 그는 정상이 아니었다."
>
> (저자의 파일에서)

극소수의 사람들(1% 미만)이 더 강한 형태의 가학피학성 성애적 활동이 성적으로 매력적이라고 생각하고(Laumann et al., 1994), 극소수의 사람들이 성애증(및 관련 장애)에 대한 진단 기준을 충족한다. 이러한 희귀 질환은 여성보다 남성에게 더 잘 나타나며(APA, 2013; Hucker, 2008), 일반 인구보다 법의학 및 임상 환경(예: 수감된 성범죄자)에서 더 많이 나타난다. 그러나 이러한 환경에서도 유병률은 낮다(즉, 약 2%에서 5%로; Yates et al., 2008). 성 가학 장애는 두 가지 유형의 성범죄자(Yates et al., 2008)에서 가장 잘 관찰된다. 즉, 희생자를 살해하는 사람(때로는 "욕정 살인자"라고 함)과 공격이 특정한 동기에 의해 유발된 사람이다. 피해자를 다치게 하고 비하한다("가학적 강간범"이라고 함, 15장 참조). 정욕 살인범은 살인 행위에서 성적 쾌감을 얻으며 연쇄 살인범인 경우가 많다. 가학적 강간범은 피해자를 제압하기 위해 필요한 것보다 훨씬 더 많은 힘을 사용하며 이 불필요한 폭력에 성적으로 흥분한다. 이러한 유형의 성범죄자의 예로는 테드 번디, 제프리 다머 및 존 웨인 게이시가 있다.

자신의 충동에 따라 행동하는 성 사디스트가 다른 성폭행 가해자와 많은 특징을 공유한다는 것은 놀라운 일이 아니다(Langevin et al., 1988). 이러한 공유된 특성 중 일부는 알코올 및 약물 남용, 열악한 사회화, 빈번한 아동학대 이력, 성범죄뿐만 아니라 비성범죄를 저지르는 경향, 반사회적 행동의 오랜 이력을 포함한다. 사디스트들은 종종 물신 숭배와 복장 도착주의에도 관여한다(Hucker, 2008 참조).

BDSM 하위문화 The BDSM Subculture

정기적으로 가학피학성 성애적 활동에 참여하고 성적 가학증 및 성적 마조히즘 장애가 있는 개인과 중요한 면에서 다른 남성과 여성의 작지만 활동적인 커뮤니티가 있다(Holt, 2016). **BDSM**은 속박과 규율(BD), 지배와 복종(DS) 및/또는 가학피학성 성애(SM)와 관련된 성적 선호도, 활동 및 판타지 기반 역할 놀이를 나타낸다. 이 하위 문화 내에서 BDSM 활동은 에로틱(즉, 긍정적이고 즐거운), 자발적이고 합의적, 협력 및 대본(상호 생성 및 특정 에피소드에만 국한됨), 장난 및 레크리에이션(Weinberg 참조)으로 명시적으로 정의 및 구성된다(Weinberg, 2006; Weinberg et al., 1984 참조). 참가자를 흥분시키는 것은 고통, 굴욕, 복종 또는 지배, 규율, 강압의 실제 경험이 아니라 고통/복종의 출현(*appearance*)과 지배/통제의 환상(*illusion*)(Weinberg, 1987)이다.

> 초기 관찰자에게는 자발적인 행동으로 보일 수 있는 것이 종종 신중하게 계획된다. 이처럼 일상생활에서 마주하는 불확실성은 존재하지 않는다. 상호작용의 모든 당사자는 참여에 동의해야 한다. 강제 참여는 하위 문화 내에서 허용되지 않는다. 사도마조히스트들이 인정하는 것은 개인들이 강요받는다는 착각일 뿐이다. 참가자는 장면에서 일어날 일에 동의하고 상호작용의 한계에 대해 신중하게 논의하여 둘 다 참여에서 즐거움을 얻을 수 있도록 해야 한다. (와인버그, 2006, p. 34)

BDSM 속박(Bondage)과 규율(Discipline), 지배(Dominance)와 복종(Submission), 가학(Sadism)피학성(Masochism) 성애와 관련된 관행. 또한 이러한 활동을 정기적으로 수행하는 하위 문화 또는 사람들의 커뮤니티이다. 종종 역할극을 하고 항상 상호, 합의 및 레크리에이션 방식으로 수행한다.

BDSM은 일반적으로 특징적인 역할(예: 복종적인 "노예" 또는 "하위"를 지배하는 "주인", "여주인" 또는 "상위")의 채택과 특정 소품, 의상 및 참가자가 이러한 역할을 완전히 수행할 수 있도록 하는 언어적 및 비언어적 행동을 포함한다(그림 14-7 참조). 부부가 제정하는 일반적인 환상 주제에는 상사와 비서, 왕/여왕 또는 주인/여주인과 노예, 고용주와 하인, 교사와 학생, 부모와 자녀가 포함된다(Sandnabba et al., 1999; Weinberg, 2006 참조).

BDSM 참가자는 상처(*hurt*, 때리기를 받을 때와 같이 즐거운 고통)와 피해(*harm*, 신체적 또는 심리적 손상 또는 부상과 관련된 고통)를 구별하며 일반적으로 후자에 관심이 없다(Holt, 2016). 상처는 그것이 합의된 의식의 일부일 때만 에로틱하게 각성된다. (흥미롭게도, 동성애 남성 파트너 간의 BDSM 활동은 이성애 파트너 간의 BDSM 활동보다 더 많은 피해[극도의 폭력]를 수반하는 경향이 있다[Breslow et al., 1986].)

또한 BDSM 커뮤니티 내에서 합의된 행동 규칙 위반은 심각한 것으로 간주되며 때로는 참가자를 보호하고 정의를 실현하도록 특별히 임명된 구성원이 처리한다(Holt, 2016 참조).

> "제 파트너와 저는 던전 게임을 즐기는 마음이 비슷한 사람들로 구성된 매우 독점적인 클럽에 속해 있다. 매우 구체적인 규칙이 있으며 우리는 우리 자신과 클럽의 다른 사람들과 함께 규칙을 매우 조심스럽게 따른다. 예를 들어, 우리는 우리가 무엇을 허용하고 허용하지 않을 것인지, 그리고 정확히 무슨 일이 일어날 것인지 서로 이야기한다. 우리는 안전한 단어를 사용하고 지속적으로 의사 소통한다. 하지만 한 놀이 파티에서 우리는 한 남자가 여자를 '진짜'로 구타하는 것을 보았다. 그녀의 머리카락을 잡고 뺨을 때리고 발로 차고 때렸다. 그녀는 피를 흘리며 그에게 그만하라고 소리쳤다. 던전 마스터가 끼어들어 강제로 막아야 했다. 그렇지 않으면 그가 그녀를 죽였을 것이라고 확신한다. 그것은 끔찍했다. 그 사람은 더 이상 우리 클럽의 회원이 아니다. 불행히도, 우리의 활동은 세계의 다른 사람들에게 일탈 행위로 간주되기 때문에 우리는 자기 통제에 의존해야 한다. 당국에 가면 너무 많은 위험을 감수한다. 우리 클럽은 운이 좋아서 우리 던전 마스터가 전직 군인이어서 물리적으로 개입할 수 있다. 또한 조심스럽고 존경스러워서 저와 파트너가 안심이 된다."
>
> (저자의 파일에서)

남성은 여성보다 BDSM 활동에 참여할 가능성이 더 높으며(2:1 비율), 참여하는 많은 이성애 여성은 남성 파트너를 기쁘게 하기 위해 참여한다(Breslow et al., 1985). BDSM 참가자는 이성애자이고 교육을 많이 받은(종종 저명한 직업을 가짐) 경향이 있으며 일반적으로 "평범한"(BDSM이 아닌) 합의된 섹스에도 참여한다(Breslow et al., 1985; Hucker, 2011; Moser & Levitt, 1987; Sandnabba et al., 1999). 특정 역할(예: 지배적 또는 복종적)을 제정하는 것을 가장 강력하게 선호하지만 많은 사람들이 역할 간에 전환하고 일부는 시간이 지남에 따라 선호도를 변경할 수 있다(Sandnabba et al., 1999). BDSM에 참여하는 대부분의 사람들은 정신병이 없이 사회적으로나 정서적으로 잘 적응한다(Hucker, 2011; Weinberg, 2006). 흥미롭게도 남성(여성은 아님) 마조히즘은 종종 복장도착

그림 14-7

BDSM* 활동 참가자 및 BDSM 커뮤니티 구성원은 종종 가죽 옷과 부츠를 신고 고도로 구조화된 시나리오에서 채찍, 사슬, 가죽끈 및 목걸이를 사용한다.
***부연설명**; 속박과 규율(BD), 지배와 복종(DS) 및/또는 가학피학증(SM)

출처: Alexander Cherepanov/Alamy Stock Photo; Monika Habicher/Zoonar GmbH/Alamy Stock Photo

페티시즘과 공존한다(APA, 2013).

가학피학성 성애적 성행위에 대한 선호도와 성애증 발병을 설명하기 위해 몇 가지 설명이 제안되었다(Hucker, 2008; Yates et al., 2008 참조). 사디즘에 대한 정신분석학적 설명은 종종 자신의 어머니를 향한 무의식적인 분노에 초점을 맞추는 반면, 마조히즘은 때때로 자신을 향한 사디즘으로 설명된다. 반면에 행동 치료사들은 새도마조히즘이 오르가즘과 고통이나 공격성의 초기 연관성에서 비롯된다고 주장한다. 한 연구에서는 남성의 80%와 여성의 사도마조히스트의 40%가 S&M에 대한 관심을 어린 시절이나 청소년의 경험 때문이라고 밝혔다(Breslow et al., 1985). 다른 설명도 제안되었다(Cross & Matheson, 2006). 모든 성적 취향과 성애착증과 마찬가지로 아마도 여러 가지 원인이 있을 것이다.

기타 성애증 Other Paraphilias

목록은 길고(Milner et al., 2008 참조) 여기에는 몇 가지만 포함되어 있다. 아마도 가장 기이한 성애증은 **사체성애(necrophilia)**("죽은"을 의미하는 그리스어 *necros*에서 유래)일 것이다. 시체와 성관계를 가짐으로써 성적 흥분과 만족을 얻는 것이다. 거의 모든 알려진 사례는 남성과 관련이 있지만 소수의 여성 성애증 사례가 보고되었다(Rosman & Resnick, 1989). 대부분의 전문가들은 이러한 사람들을 심각한 정서적 장애 또는 정신병자로 간주한다. 사체성애는 종종 "파트너"에 접근하기 위해 영안실이나 시체안치소에서 일자리를 찾는다. 일부 사체성애는 시체를 얻기 위해 살인하므로 성적 가학 주의자이자 사체성애로 간주될 수 있다(Milner et al., 2008).

다른 변증법으로는 수면성애(*somnophilia*)(잠든 사람이나 무의식적인 사람과의 성적인 활동에서 오는 성적 흥분과 만족감; 이것은 사체성애로 발전할 수 있음)와 흡혈성애(*vampirism*)(혈액을 추출하여 얻는 성적 각성); *narratophilia*(파트너와 더러운 언어를 사용하여 성적 각성); 구토기호증(*vomerophilia*)(구토 과정에 집중하여 성적 각성); *stigmatophilia*(문신이나 흉터가 있는 파트너에 의한 성적 각성), 남성이 여성으로서의 자신에 대한 환상에 의해 크게 흥분하는 *autogynephilia*(트랜스베스티즘의 일종으로 간주됨)(Blankard, 2005; APA, 2013); 그리고 남자가 더 매력적인 남성의 몸을 갖는 환상에 의해 매우 흥분하는 *autoandrophilia*(Lawrence, 2009)가 있다.

사체성애(Necrophilia) 시체에 의한 성적 각성.

성도착증의 원인은?

What Causes Paraphilias?

14.9 성도착증이 어떻게 발달하고 성도착증과 관련된 요인에 대한 다양한 이론에 대해 토론한다.

> 성애는 진공 상태에서 저절로 생기는 것이 아니다. (머니, 1977, p. 927)

한 연구원은 성애가 "현상학에서는 현저하게 일관성이 있지만 표현에서는 매우 다양하다"고 결론지었다(Fedoroff, 2011). 그러나 수십 년에 걸친 연구 후에도 사람들이 성애착증에 빠지게 만드는 원인에 대한 이해는 여전히 거의 없다(Laws & O'Donohue, 2008 참조). Paraphiliacs는 사회의 모든 영역에서 왔다. 많은 사람들이 교육을 잘 받고, 파트너가 되며, 경력에서 성공한다(아래에서 논의하겠지만 그렇지 않은 사람도 있다). 다양한 설명은 때때로 유전적 소인, 비정상적인 뇌 기능, 발달 중 부정적인 경험, 심리적 특성, 사회적/학습 과정에 초점을 맞추었다. 성도착증의 원인은 아마도 다인성인 경우일 것이다(Ward & Beech, 2008).

프로이트식(정신분석학적) 이론가들(*Freudian theorists*)은 성애증이 종종 감정적 갈등을 해결하지 못하기 때문에 정신성적 발달이 정지된 결과라고 믿는다. 이 이론에서 성도착증은 불안을 줄이는 방어기제 역할을 한다. 비록 프로이트의 이론은 매우 유연하다는 장점이 있지만, 정신분석이 성애중독자에 대한 치료로서의 효과는 매우 논쟁의 여지가 있으며, 오늘날에는 거의 사용되지 않는다.

학습 이론가(*learning theorists*)(행동주의자)는 (보통 초기에) 학습된 연상에 성범죄자를 돌린다. 특정 자극에 대한 남성의 성적 반응을 조절하는 것은 실험실에서 입증되었다(Lalumière & Quinsey, 1998). 또한 부츠에 대한 "주물"의 획득에 관한 라흐만(1966)의 연구를 상기하시오. 일부 개별 사례 연구는 학습 이론 설명에 신빙성을 부여하기도 한다. 예를 들어, 석고 깁스에 대한 남자의 주물은 11세 때 다리가 부러진 후 경험한 것으로 추적된다(Tollison & Adams, 1979). 그는 간호사가 다리를 잡고 나중에 그것에 대해 상상하면서 자위하는 동안 발기를 얻었다. 그의 반복된 환상/자위 에피소드는 주물을 양육하고 유지하는 데 도움이 되었다. 환상이 많은 성도착증의 발달사에서 중요한 역할을 하는 것은 확실히 사실이다. 성애 중독자의 약 절반은 행동을 실행하기 훨씬 전에 십대에 "일탈적인" 성적 환상을 가졌던 것을 기억한다(Abel et al., 1987; Marshall et al., 1991).

일부 성도착증 및 성도착 장애, 특히 구애 관련 성도착증(관음증, 노출증, 전화외설증 및 마찰성욕도착증), 소아성애, 동물성애, 성적 가학증은 특정 발달 이력 및 심리적 프로필과 관련이 있다(APA, 2013; Freund et al., 1997; Seto et al., 2014). 특히, 이러한 선호를 가진 남성은 일반적으로 낮은 사회적 기술, 낮은 자존감, 현재의 기분, 약물 남용 및 성격 장애, 어린 시절 학대 또는 방치의 이력을 가지고 있고(또는 성이 사악하고 정상적인 성적 발달이 억제된 가정에서 자랐다), 여성에 대한 분노와 적대감이 컸다. 결과적으로 그들은 특히 성적 및/또는 낭만적인 관계를 형성하려고 할 때 친밀감을 얻는 데 어려움을 겪는 경우가 많다.

전통적인 성 관계(즉, 동의한 성인 파트너 포함)는 너무 복잡하고 일반적인 성애증 환자에게 심리적, 대인 관계에 위협이 될 수 있다. 알려져 있고, 친숙하며, 위협적이지 않은 대상(예: 페티쉬, 동물, 어린이)에 대한 환상(또는 성행위 참여)은 낯설고 알려지지 않은 성인과 관계를 형성하려고 시도하는 것보다 훨씬 덜 스트레스를 받고 불안을 유발한다(Kaplan, 2006). 성애 중독자는 성적으로 흥분하기 위해 많은 통제를 해야 하며 성인 인간 "동등한" 사이의 성적 상호작용은 종종 예측할 수 없으며 만족을 보장하지 않는다. 이것에 대해 잠시 생각해보시오. 팬티, 시체, 동물, 자신이 감시당하고 있다는 것을 모르는 사람, 그리고 어린 아이(모두 성애자 환상의 대상)의 공통점은 무엇일까? 이러한 대상은 거부할 수 없으므로 심리적으로 "안전"하다. 예를 들어, 다음과 같은 괴사증 사례를 생각해 보시오.

> "두 명의 남성이 ______ 에서 나와 함께 일했다. 그곳에서 우리는 영안실에서 일했고 그들은 항상 내가 한 영안실을 보고 다른 영안실을 보기를 원했다. 글쎄, 어느 날 나는 젊은 푸에르토리코 여성의 시신이 약물 과다 복용으로 죽은 후 시신을 수습했다는 소식을 듣고 그들의 영안실에 갔다. 그녀의 위에 한 남자가 있었고 다른 한 남자는 그의 차례를 기다리고 있었다. 그들과 이야기를 나눈 후 나는 그들이 전에도 이런 일을 여러 번 했다는 것을 알게 되었다. 그들은 나에게 그것을 시키려고 노력했지만 나는 그들이 미쳤다고 거절했다. '아니, 이게 최고니까 미쳤구나. 우리는 우리가 원하는 방식으로, 원하는 방식으로 그들을 갖고 있고, 어떤 뒷말도 없이 그들에게 우리가 원하는 모든 것을 한다!'"
>
> (저자의 파일에서)

일부 연구자들은 성애증과 다른 강박 장애 사이의 유사성을 관찰했다(예: Bradford, 1999). 13장에서 과성애자(또는 섹스 중독자, 일부 사람들은 그러한 사람들을 선호하는 경우)를 유발하는 사건의 순환을 상기하시오. 개인은 먼저 강박적인 생각에 사로잡혀 의식적인 행동을 하게 되며, 이는 성적 흥분을 더 불러일으키고 결국에는 성행위로 이어진다. 그러나 그 행위는 지속적인 구호를 가져오지 않는다. 그리고 거의 즉시 발생하는 불안을 줄이기 위해 개인은 다시 몰두하고 다시 행동한다(Carnes, 1991). 사실, 성욕 과잉과 일부 성애 장애 사이에는 밀접한 관련이 있다(Kafka, 2008; Långström & Hanson, 2006). 많은 성도착자들이 자신의 행동에 강박적으로 참여한다는 사실을 부인할 수 없다. 성애증이 있는 남성은 대부분의 사람들보다 훨씬 더 자주 성행위에 참여한다(Kafka, 1997). 여기에는 종종 강박적인 자위행위, 장기간의 난잡함, 과도한 음란물 사용이 포함된다(Kafka & Hennen, 1999). 성 학자 Eli Coleman이 설명했듯이, 성애 중독자의 행동은 "처음에는 성적 흥분에 의해 주도될 수 있다. . . . 그러나 주된 동기는 스트레스와 불안의 감소이다. 일반적으로 일시적인 안도감이 있다가 불안이 재발한다"(Thompson, 1991 인용; Coleman, 1991 참조).

최근 몇 년 동안의 연구에 따르면 성애착증이 있는 남성은 비정상적인 뇌 화학 작용(Kafka, 1997), 비정상적인 태아기 신경 발달(Rahman & Symeonides, 2008) 및/또는 비정상적인 전두엽-측두엽 기능(Joyal et al., 2007)이 있을 수 있다. 뇌 발달 및 기능 장애는 성애증 발병 경향과 관련이 있을 수 있지만 "성적 충동의 특정 징후가 개인마다 다른 이유"(즉, 일부 개인은 과시가 되고 다른 개인은 관음증이 되는 이유)를 설명하지 못한다. 그럼에도 불구하고 앞으로 보게 되겠지만, 뇌의 화학적 성질을 바꾸기 위해 고안된 약리학적 개입은 성애증 치료에서 점점 더 큰 역할을 하고 있다.

물론, 성애증은 개인의 사회적, 일 또는 대인 관계 기능을 방해하고 고통을 겪게 하거나 다른 사람에게 해를 입힐 때에만 문제가 되고 치료가 필요하다는 것을 기억하는 것이 중요하다(강제적 또는 비합의적 활동 포함).

왜 남성들 사이에서 성애착증/성애착 장애가 더 흔한가?

Why Are Paraphilias/ Paraphilic Disorders More Common Among Men?

14.10 거의 모든 성도착증이 남성인 이유를 설명한다.

여전히 흥미로운 질문이 남아 있다. 왜 대부분의 성애 중독자는 남성인가? 여성 성애자는 마조히즘(masochism)과 아마도 관장애증(klismaphilia)을 제외하고는 극히 드물다(Hunter & Mathews, 1997). [아동 성추행에 연루된 여성들(일부는 소아성애증이 있을 수 있음)도 한 번 이상 믿어졌던 것보다 더 많다. 이에 대해서는 다음 장에서 읽게 될 것이다.] 이 상황을 무엇으로 설명할 수 있는가? 한 가지 가능한 이유는 남성이 여성보다 자발적인 성적 충동을 더 자주 경험하고(4장과 10장 참조), 아마도 상대적으로 더 높은 수준의 성적 관심이 새롭고 특이한 성적 활동에 대한 경험(그리고 지속적인 관심의 발전)에 기여하기 때문일 것이다.

보다 가능성 있는 기여 요인은 남성과 여성을 차별적으로 대상으로 하는 사회화 과정과 관련이 있다. 섹슈얼리티 관련 젠더 규범과 기대의 사회문화적 변화에도 불구하고(8장 참조), 남성은 성적 충동을 표현하고, 적극적으로 성적 기회를 찾고, 성적 경험을 얻기 위해 계속해서 강화되는 반면, 여성은 자신의 성적 욕구를 억제하도록 기대되고 교육된다. 성적 욕구, 성적 친밀감에 대한 제한 설정, 성적 활동을 헌신적이고 낭만적인 파트너 및 관계로 제한한다(Regan, 2015; Tiefer, 2004 참조). 이러한 사회화 과정은 남성이 여성과 달리 다양하고 다양한(그리고 특이한) 성적 선호도에 관심을 가질 가능성을 높일 수 있다.

유사하게, 많은 성도착증은 위험하고 비관습적이며 잠재적으로 위험하고 불법적인 활동(예: 사람들을 염탐하거나 낯선 사람에게 성기를 노출시키는 것 등)에 참여하는 것과 관련이 있다. 자라면서, 남학생들은 일반적으로 적극적이고, 대담하고, 겁이 없고, 모험심이 강하며, (남성과 남성성에 대한 고정관념의 일부) 연구에 따르면 남성들은 감각 추구, 위험 감수성, 충동성의 척도에서 여성들보다 더 높은 점수를 받는다는 것이 일관되게 밝혀졌다. 처벌 민감도(위험하고 범죄적인 활동의 잠재적인 부정적인 결과에 대한 인식) 측정에서 여성보다 점수가 낮고 실제로 범죄 행위에 가담할 가능성이 여성보다 높다(Byrnes et al., 1999; Cross et al., 2011 참조). 이러한 성 사회화 과정은 남성이 성애착증을 앓거나 자신의 성적 관심을 위한 행동을 할 가능성을 높일 수 있다.

또한 점점 더 온라인화되는 세상에서 점점 더 많은 사람들이 다른 방법으로는 상상할 수 없는(또는 시도하려고 생각한) "금기" 또는 "일탈적인" 성행위에 노출되고 있다. 연구자들은 인터넷이 섹슈얼리티(폭력뿐 아니라)와 관련된 한계와 경계를 극적으로 변화시켰다고 지적했다. 가능한 모든 성적 취향이나 성향에 맞는 전문 대화방, 웹사이트, 포럼 및 포르노 미디어를 쉽게 이용할 수 있다. 비디오 게임과 온라인 게임의 세계도 형식과 내용에서 빠르고 극적인 변화를 경험했다. 예를 들어 Young(2014)은 "가상 놀이의 세계에서 점점 더 폭행, 살인, 고문, 강간, 식인 풍습, 수간과 같은 활동이 가능한 한 코딩되고 허용되고 있다"고 관찰했다. 남성과 소년은 여성과 소녀보다 폭력적인 비디오 게임과 온라인 역할 놀이 게임(음란물 보기)을 할 가능성이 더 높으며, 그 중 다수는 여성 캐릭터를 객관적이고 고정관념적인 방식으로 제시하고 폭력적이고 성적으로 폭력적인 행동을 "정상적인" 것으로 표현한다(Desai et al., 2010; Hartmann, 2015; Ivory, 2006). 소녀와 여성보다 소년과 남성이 이러한 관행에 더 많이 노출되고 자극을 받고 성적 환상과 자위행위에 이를 통합하는 정도까지, 그들은 궁극적으로 성애자가 되는 성적 선호를 발전시킬 수 있다.

함께, 이러한 요인들은 (적어도 부분적으로) 왜 여성보다 남성 사이에서 성애착증과 성애착 장애의 유병률이 더 높은지를 설명할 수 있다.

치료법 Therapy

14.11 성애 장애가 있는 개인을 위한 치료(치료법)에 대해 논의한다.

우리가 여전히 성애착증의 원인을 이해하지 못한다면, 그것이 장애로 발전했을 때 이를 치료할 효과적인 치료법을 찾기 위해 여전히 노력하고 있다는 것은 놀라운 일이 아니다. 이 분야의 선도적인 전문가들은 일반적으로 장기적인 변화를 일으키는 치료법은 거의 없다고 결론지었다(예: Laws & O'Donohue, 1997).

왜 그럴까? 우선, 가장 큰 문제 중 하나는 성애 장애를 가진 개인의 대다수가 변화를 원하지 않는다는 것이다. 한 연구원의 말:

> 평가 및 치료 과정 전반에 걸쳐 임상의는 내담자가 비정형적인 성행위를 포기하고 싶지 않고 치료자로부터 중요한 정보를 숨기고 변화에 저항하기 위해 가능한 모든 일을 할 것이라는 가정에서 시작해야 한다. (*Paul Schewe*, 1997)

다른 사람들은 자신의 성애착 충동이나 행동을 치료하기 위해 치료를 받는 많은 사람들이 "정보를 완전하고 정직하게 보고하지 않는다"는 데 동의한다(Laws & O'Donohue, 1997).

시도된 치료 유형 중 인지 행동 치료는 어느 정도 성공했다(Laws & O'Donohue, 2008). 그러나 문제는 개인이 변화를 원하지 않는 한 어떤 문제(단지 성애증뿐만 아니라)에 대한 치료도 성공률이 높다는 것이다. 이것이 형사법원에서 명령한 치료가 종종 실패하는 한 가지 이유이다. 개인은 스스로 치료를 받으러 오지 않는다. 많은 유사성애자들에게 있어서 그 행동에 참여하려는 충동이 너무 강해서 중단하려는 시도를 심각하게 생각하지 않는다(Money, 1986). 재범률(치료를 받은 개인이 자신의 행동으로 돌아가는 비율)은 매우 높다(Feierman & Feierman, 2000; Laws & O'Donohue, 2008).

오늘날, 성애 중독자들은 성욕 과잉(강박) 장애에 대한 치료를 점점 더 많이 받고 있다(Kafka, 2008). 과성애로 간주되는 성애 중독자 및/또는 다른 사람에게 해를 끼치는 행동(예: 소아성애, 수간, 가학성)에 관여하는 사람들의 경우 성욕을 줄이기 위한 의학적(약리학적) 접근이 일반적으로 사용된다(Balon , 2013; Grubin, 2008). 성도착증의 테스토스테론 수치를 낮추는 것도 한 가지 방법이다. 외과적 거세는 미국에서 허용되지 않는다. 대신 치료사는 테스토스테론 수치를 낮추기 위해 항안드로겐 약물(예: cyproterone acetate 또는 medroxyprogesterone acetate)을 사용한다(Grubin, 2008). 가장 유망한 발전은 세로토닌이라고 하는 뇌 화학물질을 조절하는 약물을 사용한 약리학적 치료이다(Grubin, 2008 참조). 세로토닌은 성행위를 포함한 많은 행동을 억제한다. 이러한 세로토닌성 항우울제(예: 플루옥세틴, 세르트랄린)는 강박 장애 치료에도 자주 사용되며, 이는 다시 이 두 유형의 장애 사이의 관계를 암시한다.

이러한 약물은 치료제가 아님을 강조해야 한다. 그들은 "성적 충동의 강도를 감소시킬 수 있지만 [하지만] 충동의 방향에 영향을 미치지 않는다"(예: 관음증, 노출증 등)(Grubin & Mason, 1997; Grubin, 2008 참조). 그 대신에 성욕을 억제하기 위해 약물을 사용하고 다른 치료법을 시도할 수 있다.

성도착증과 성도착 장애에 대한 의학적 치료는 많은 윤리적 문제를 제기한다. 사용되는 많은 약물에는 극도로 불쾌한 부작용이 있으며 때때로 사람들은 복용을 중단한다. 그 사람의 성적 취향이 그 사람(또는 그녀)에게만 영향을 미치는 경우 이것은 우려할 만한 원인으로 보이지 않을 수 있다. 하지만 자신의 충동에 따라 행동하여 범죄를 저지르거나 다른 사람에게 해를 끼치는 성도착자들은 어떠한가? 사회가 개인에게 치료를 받거나 약물을 복용하도록 강요할 권리가 있어야 하는가? 이것은 우리 중 많은 사람들이 대답하기 쉬운 질문이 아니다. 그러나 미국의 여러 주(호주 및 유럽 연합 국가 포함)에서는 대답이 "예"이다. 마약 치료(및 기타 형태의 치료)는 유죄 판결을 받은 성범죄자의 가석방 조건이 될 수 있다. 우리는 **성범죄자 법률**(*sexual predator laws*)을 논의할 때 15장에서 관련 문제를 고려할 것이다. 이는 정신 질환(종종 소아성애 또는 다른 성애) 진단을 받고 향후 재범 가능성이 높은 것으로 추정되는 성범죄자로 형을 마친 유죄 판결을 받은 성범죄자를 주에서 계속 구금할 수 있도록 하는 법률이다. 미국 대법원이 이러한 법률을 지지했지만 적법 절차의 권리를 침해한다는 우려가 있다. 감옥에 수감된 사람을 무기한 구금할 수 있어야 하는가? 다시 말하지만 쉬운 대답은 없으며 연구자, 임상의 및 법률 전문가는 이 문제에 대해 계속해서 논쟁을 벌이고 있다(Wakefield, 2012 참조).

모든 사람이 동의하는 한 가지는 성공의 기회가 있으려면 성도착증이나 성도착 장애에 대한 치료적 개입이 장기적이어야 한다는 것이다(Balon, 2013). 가벼운 성애증 환자는 최소 2년의 치료 기간을, 중증 성성애자(예: 성폭력 및/또는 장애 수준에 도달한 환자)의 경우 최소 3~5년의 치료 기간을 권장한다(Garcia & Thibaut, 2011).

현재의 합의는 로스와 오도너휴(1997)가 그들의 책 *Sexual Deviance*의 초판에서 요약했다.

> 우리 자신의 성향을 바꾸는 것에 대한 우리의 회의론과 성도착 성향이 더 수정할 수 있다는 증거가 없기 때문에 우리는 이러한 문제가 "치료 가능"하지 않다고 믿는다. 즉, 성도착 성향이 정상 방향으로 안정적이고 영구적으로 대체될 수 있다는 증거가 거의 없다. 오히려 우리는 재발 방지 모델과 관련된 가정이 가장 타당하다고 믿는다. 내담자는 평생 동안 주변에 성향을 가질 수 있지만 목표는 이러한 관심의 강도를 낮추고 가장 중요한 것은 그가 이 성향에 따라 행동할 가능성을 줄이는 기술을 배우는 것이다. 따라서 치료의 목표는 "치료"가 아니라 관심에 따라 행동하지 않도록 금욕을 유지하는 것이다. (p. 7)

그 이후로 진전이 있었나? 2008년 두 번째 판에서 그들은 다음과 같이 결론지었다.

> 이제 우리는 50년의 역사를 가지고 있다. . . 우리가 그것에 대해 무엇을 보여줄 수 있는가? 슬프게도 그 대답은 매우 적다. (p. 13)

개인적인 생각 Personal Reflections

자신이나 타인에게 신체적 또는 정신적으로 해로울 수 있는 성행위(예: 노출증, 음란 전화, 관음증, 가학피학성 성애, 소아성애)에 참여하는가? 그렇다면, 당신의 행동에 도움이 되는 치료를 받았는가? 치료를 받지 않았다면 그 이유는 무엇인가?

스터디 가이드

핵심용어 Key Terms

BDSM, p. 397
관음증(voyeurism), p. 385
관장애증(klismaphilia), p. 394
구애 장애(courtship disorders), p. 384
노출증(exhibitionism), p. 385
동물성애증(zoophilia), p. 395
마조히즘(masochism), p. 395
마찰성욕도착증(frotteurism), p. 389
물품음란증(fetishism), p. 390
분변음욕증(coprophilia), p. 394
불결기호증(mysophilia), p. 394
사디즘(sadism), p. 395
사체성애(necrophilia), p. 399
새도마조히즘(S&M)(sadomasochism, S&M), p. 396
성도착증/성애자(paraphilias), p. 381
성애 장애(paraphilic disorder), p. 382
성적 변이(sexual variant), p. 382
성전환자 페티시즘(transvestic fetishism), p. 392
소아성애(pedophilia), p. 389
수간(bestiality), p. 394
오줌성애증(urophilia), p. 394
의상도착증(transvestism), p. 392
전화외설증(telephone scatophilia), p. 388
질식증(asphyxiophilia), p. 396

상호검토 Interactive Review

뒤의 정답 참조.

이 장에서는 성적 취향이나 행동을 비정상적이거나 비정상적인 것으로 정의하는 세 가지 다른 방법을 고려한다. (1) ______________ 접근 방식은 대부분의 사람들이 참여하는 경우 행동을 “정상”으로 정의한다. 이 정의에 따르면 비정상적인 행동은 상대적으로 소수의 사람들이 관여하는 행동이다. (2) ______________ 접근 방식은 특정 사회나 문화 내에서 행동이나 선호도가 관례로 간주되는지 또는 수용되는지 여부에 중점을 둔다. (3) ______________ 접근은 성적 선호나 행동이 개인으로 하여금 괴로움이나 죄책감을 느끼게 하고, 일상적인 사회적 및 직업적 역할에서 효율적으로 기능하는 데 문제를 경험하고/하거나 다른 사람에게 해를 입히는 경우 비정상적인 것으로 정의한다. 그리고 물론 비관습적이거나 관습적, 정상적이거나 비정상적, 일반적이거나 비정상적으로 간주되는 것은 역사적 시간과 행동이 나타나는 (4) ______________에 따라 다르다.

성도착증은 (5) ______________, (6) ______________ 및/또는 (7) ______________ 파트너가 포함되지 않은 흔하지 않거나 비정상적인 성적 활동에 참여하려는 지속적이고 강렬한 충동을 반영한다. 성애증이 상당한 수준의 고통을 동반하고, 일상 환경에서 기능을 수행하는 능력을 손상시키며 및/또는 다른 사람에게 해를 입히거나 해를 끼칠 위험을 유발하는 경우, (8) ______________(으)로 분류된다. 파트너와의 성적 활동을 향상시키기 위해 이따금씩 하는 비정상적인 성행위를 (9) ______________(이)라고 한다. 연구에 따르면 성도착증과 성도착 장애는 흔하지 않지만 그럼에도 불구하고 (10) ______________에서 발생할 가능성이 더 높다. 흥미롭게도 한 개인에게 여러 명의 성애자가 공존하는 것은 드문 일이 아니다. 일반적으로 함께 볼 수 있는 성애자 그룹을 (11) ______________(이)라고 한다. 이는 사람들이 성적으로 상호 작용할 때 종종 발생하는 4단계 구애 순서의 혼란을 반영하기 때문이다. 이 순서는 찾기 단계, (12) ______________ 단계, (13) ______________ 단계 및 교미 단계를 포함한다. (14) ______________ 발견 단계의 혼란을 경험하고 사람들이 알지 못하거나 동의 없이 옷을 벗는 것을 지켜봄으로써 성적 만족을 추구하는 것을 선호한다. 친애 단계의 붕괴를 나타내는 두 가지 성애착증은 (15) ______________, 부적절한 환경에서 자신의 성기를 강박적으로 노출시켜 성적 만족을 얻는 것, (16) ______________, 성적 흥분과 만족을 위해 반복적으로 외설적인 전화를 거는 것이다. (17) ______________는/은 촉각 단계의 장애를 반영하는 성애증이며 공공 장소에서 다른 사람에게 성기를 문질러 성적 흥분/만족을 반복적으로 달성하는 것을 말한다. 이러한 성애증은 종종 (18) ______________과/와 관련이 있으며, 이는 (19) ______________아동과의 성적 활동과 관련된 지속적인 성적 흥분, 충동 또는 행동을 경험하는 것으로 정의된다.

(20) ______________는/은 무생물이나 신체의 특정 부분을 사용하거나 상상할 때 성적 흥분을 얻는 것을 말한다. (21) ______________, 복장도착의 (22) ______________는/은 이성의 일원으로 옷을 입음으로써 성적 흥분과 만족감을 나타낸다. 성적 흥분을 위해 인간이 아닌 물건에 초점을 맞

추는 기타 페티쉬 유사 성애증에는 (23) ______________ (소변 및/또는 배뇨 행위로 인한 성적 흥분), (24) ______________(대변 및/또는 배변 행위로 인한 각성), (25) ______________(불결하거나 더러운 제품 또는 주변 환경에 대한 각성), (26) ______________(관장품을 받거나, 주거나, 관찰하여 각성), (27) ______________(동물과의 성행위로 인한 각성)이 포함된다. 동물과의 성행위, 특히 동물에게 고통과 해를 끼치는 일부 경우는 정신병리와 관련이 있으며 (28) ______________의 가능성이 높아진다.

(29) ______________는/은 성적 흥분과 만족을 위해 의도적으로 다른 사람에게 고통 및/또는 굴욕을 가하는 반면, (30) ______________는/은 고통 및/또는 굴욕을 가함으로써 성적 쾌락을 얻는다. 사도마조히즘적 이미지는 현대 미국 문화에서 흔히 볼 수 있으며 일부 사람들은 성 파트너와의 역할극, 분장, 소품과 같은 "조롱"환상을 연기하는 것을 즐긴다. 성애로 간주되기 위해서는 이러한 활동이 그 사람의 (31) ______________성적 흥분과 만족을 위한 수단이어야 한다. 정기적으로 사도마조히즘적 활동에 참여하는 사람들은 (32) ______________ 커뮤니티 또는 하위 문화의 구성원이다. 이 커뮤니티 내에서 활동은 (33) ______________, (34) ______________, (35) ______________ 및 (36) ______________(으)로 명시적으로 보고 구성된다. (37) ______________는/은 시체에서 성적 흥분을 일으키거나 시체와 성관계를 갖는 것을 말한다.

앞서 언급했듯이 대부분의 성애주의자는 (38) ______________이다. 대부분은 자신을 이성애자로 묘사하지만 친밀한(특히 애정 어린) 관계를 유지하는 데 어려움을 겪는다. 성애자의 행동은 성적 흥분의 대상을 통제할 수 있게 해준다. 종종 개인이 그것을 포기하고 싶어하지 않기 때문에 치료는 일반적으로 성도착증을 제거하는 데 실패한다. 그러나 테스토스테론 수치를 낮추고 성욕을 감소시키는 (39) ______________ 약물을 투여하여 성애 중독자를 관리하는 것이 때때로 가능하다.

자기진단 Self-Test

뒤의 정답 참조.

A. 참(T) 혹은 거짓(F)

T F 40. 비정상적인 성행위를 성애라고 한다.

T F 41. 여성 파트너를 위해 섹시한 란제리를 사는 대부분의 이성애 남성은 페티쉬를 가지고 있다.

T F 42. 때때로 이성의 옷을 입는 어린아이들은 대개 복장 도착자까지 자란다.

T F 43. 대부분의 트랜스젠더는 이성애 남성이며 기혼자이다.

T F 44. 노출증 환자는 종종 붙잡히고 싶은 것처럼 행동한다.

T F 45. "노출증"의 전형적인 예는 스트립 클럽에서 일하는 사람이다.

T F 46. 노출증에 대처하는 가장 좋은 방법은 충격, 두려움 또는 혐오감을 나타내는 것이다.

T F 47. 여자 이웃이 상의 없이 일광욕을 할 때마다 울타리 너머로 엿보는 14세 소년은 관음증을 앓고 있다.

T F 48. 사람은 수간을 저질렀고 성애가 없을 수 있다.

T F 49. BDSM에 관련된 대부분의 개인은 고통을 유발하는 행동이 실제보다 더 상징적인 고도로 구조화된 시나리오를 연기한다.

T F 50. 대부분의 성도착증 환자는 친밀감에 어려움을 겪는다.

T F 51. 대부분의 성애자들은 치료받기를 원한다.

T F 52. 성도착증과 성도착 장애를 치료하기 위한 몇 가지 성공적인 치료법이 있다.

B. 짝짓기

(행동을 가장 잘 맞는 성애자의 이름과 연결하시오.)

_____ 53. 질식증(asphyxiophilia)
_____ 54. 자가성애증(autogynephilia)
_____ 55. 수간(bestiality)
_____ 56. 동성애(coprophilia)
_____ 57. 노출증(exhibitionism)
_____ 58. 주물주의(fetishism)
_____ 59. 조롱(frotteurism)
_____ 60. 관장애증(klismaphilia)
_____ 61. 마조히즘(masochism)
_____ 62. 근친화증(mysophilia)
_____ 63. 사체성애(necrophilia)
_____ 64. 소아성애(pedophilia)
_____ 65. 사디즘(sadism)
_____ 66. 성적 변형(sexual variant)
_____ 67. 솜노필리아(somnophilia)
_____ 68. 전화외설증(telephone scatologia)
_____ 69. 트랜스젠더(transvestism)
_____ 70. 오줌성애증(urophilia)
_____ 71. 관음증(voyeurism)
_____ 72. 동물성애증(zoophilia)

a. 빌리는 이 성도착증을 없애기 위해 붐비는 장소를 찾아야 한다.
b. 헨리는 자신의 변태적인 환상을 실행하기 위해 시체 안치소에서 일자리를 찾으려고 노력하고 있다.
c. 조는 성적 흥분의 대상에 접근하기 위해 초등학교 여름 캠프에서 카운슬러로 봉사하기로 자원했다.
d. 존은 파트너가 배변하는 것을 보고 크게 흥분한다.
e. 15세의 잭은 가족의 소 엉덩이에 자위를 하기 위해 헛간으로 몰래 들어갔다.
f. 앨런은 흥을 돋우기 위해 계속해서 창문을 들여다본다.
g. Bert는 세탁하지 않은 바구니에서 성적 욕망의 대상을 훔치기 위해 세탁소 주변을 어슬렁거리고 있다.
h. 칼은 성적으로 흥분하기 위해 손과 무릎으로 기어 다니고 가죽 끈으로 당겨진다.
i. 스탠은 파트너에게 섹스를 할 때마다 그에게 소변을 보라고 요청한다.
j. 그렉은 양복과 넥타이 아래에 주름 장식이 있는 팬티와 브래지어를 착용하는 것이 흥분된다.
k. 월터는 식료품 주차장에서 차 안에서 가장 먼저 지나가는 여성에게 자신의 성기를 보여주기 위해 기다리고 있다.
l. 수잔은 파트너를 묶고 발을 핥으라고 명령할 때마다 크게 흥분한다.
m. 샘은 아내가 네글리제나 테디를 입으면 크게 흥분한다.
n. 데이비드는 자신의 반에서 전화를 걸었지만 개인적으로 알지 못하는 여성에게 자신의 발기된 성기를 설명하고 있다.
o. 젠은 양에 대해 생각할 때 성적으로 흥분하고 오르가즘을 느낄 수 있는 유일한 방법은 해부학적으로 올바른 "양(sheep)" 섹스 토이를 관통하는 것이다.
p. 레니는 파트너의 코 점액 때문에 크게 흥분하고 있다.
q. 폴은 그에게 관장을 주기 위해 매춘부에게 돈을 지불했다.
r. 래리는 성적으로 매우 흥분하면 머리 위에 비닐 봉지를 씌운다.
s. 밥은 자위하는 동안 자신이 여성이라는 환상을 반복했다.
t. 에디는 아내가 수면제를 먹고 잠든 후에 성관계를 허용할 때만 성적 만족을 얻을 수 있다.

C. 빈칸 채우기

73. 복장은 ____________과/와 가장 밀접한 관련이 있다.
74. 가장 자주 적발되는 성애 범죄자는 ____________이다.
75. 전화외설증은 ____________과/와 가장 밀접한 관련이 있다.
76. 소아성애의 경우, 성 연구자들은 일반적으로 아동을 ____________ 세 이하의 사람으로 정의한다.
77. 오줌성애자, 분변음욕증, 불결기호증, 관장애증은 ________________에 의한 성적 각성을 포함하므로 ____________의 특정 유형으로 간주될 수 있다.
78. 성애 중독자의 성적 흥분의 대상(예: 사용한 팬티 한 장, 시체, 동물, 어린아이)은 ____________(이)라는 공통점이 있다.
79. 오늘날, 많은 성애 중독자들이 ____________ 장애로 치료를 받고 있다.
80. 성공하기 위해 임상의들은 일반적으로 주변성애 장애에 대한 치료가 ____________ 지속해야 한다는 데 동의한다.

15장
성적 피해: 아동에 대한 강간, 강요, 괴롭힘, 학대 Sexual Victimization: Rape, Coercion, Harassment, and Abuse of Children

강간은 그녀를 아끼는 사람들, 그리고 그녀의 강간으로 인해 강간에 대한 두려움이 증가하는 종속 피해자들에게 해를 끼칠 뿐만 아니라, 그들의 행동을 두려움의 함수로 바꾸는 여성들의 완전한 참여를 잃게 한 사회에 해를 끼친다.

– 오웬 D. 존스, 1999

학습목표

이 장의 학습을 마치면 다음을 할 수 있어야 한다.

15.1 성폭행의 개념을 정의하고 성폭행이 발생하는 경우를 설명한다(즉, 성폭행이 발생했다고 이해하는 세 가지 방법).

15.2 강간을 정의하고 미국의 법적 정의가 시간이 지남에 따라 어떻게 변했는지 논의한다.

15.3 강간 유병률을 결정하는 두 가지 방법에 대해 논의한다. 미국에서 강간의 "사실"(유병률, 위치, 피해자와 가해자 사이의 관계)을 고려한다.

15.4 낯선 사람 강간, 지인 강간, 데이트 강간, 성적 강간, 부부 강간, 집단 강간, 법정 강간을 포함한 다양한 유형의 강간을 설명하고 구분한다.

15.5 동성 성폭행에 대한 주제에 대해 토론한다. 이러한 유형의 폭행이 널리 퍼져 있는지에 대한 신뢰할 수 있는 추정치를 찾기 어려운 이유를 설명한다. 남성 강간의 특징에 대해 토론한다.

15.6 전 세계의 성폭행과 관련된 법률 및 만연한 상황에 대해 논의한다. 특정 문화에 존재하는 성폭력의 양을 예측하는 데 중요해 보이는 요인과 성폭력을 줄이는 가장 좋은 방법을 설명한다.

15.7 강간과 관련된 다양한 요인을 확인하고 설명한다.

15.8 강간에 관한 몇 가지 미신을 확인하고 그것이 사실이 아닌 이유를 설명한다.

15.9 강간 후 외상 후 스트레스 장애와 강간에 대한 기타 반응을 설명한다.

15.10 직장과 교실에서의 성희롱과 이에 대처하는 방법을 설명한다.

15.11 소아성애와 아동 성추행의 차이점에 대해 논의하고 소아성애 아동 성범죄자를 분류하는 다양한 방법(및 특성)을 설명한다.

15.12 아동의 성적 학대로 인해 초래될 수 있는 파괴적인 장기적 영향을 설명한다.

15.13 성범죄자의 기소 및 치료 옵션에 대해 논의한다.

사라는 자정에 파티를 떠났다. 비록 늦었고 그녀는 멀리 떨어져 살았지만 그녀는 도시를 통해 혼자 집으로 걸어가는 것이 완벽하게 안전하다고 느꼈다. 결국, 그녀는 젊고 힘이 세며 호신술을 배웠었다. 날씨가 춥고 산책이 오래 걸릴 것 같았기 때문에 Sara는 큰길을 떠나 자신이 알고 있는 지름길로 가기로 했다. 그녀가 어두운 골목을 돌아서는데 뒤에서 발소리가 들렸다. 그녀는 뒤를 돌아보았고 그녀를 따라오는 이상한 남자를 보았다. 사라는 걸음을 재촉했지만 골목 끝에 다다르기도 전에 세게 부딪혀 땅에 쓰러졌다. 그녀는 비명을 지르며 일어서려 안간힘을 썼지만, 남자는 그녀의 얼굴을 수차례 때리고 다시 넘어뜨렸다. 그는 그녀의 옷을 찢고 강간했다.

우리 학급의 학생들에게 성폭행을 정의하라고 요청할 때 많은 사람들이 위와 유사한 **이방인 강간(stranger rape)** 시나리오를 제공한다. 즉, 그들은 여성이 낯선 남성에 의해 물리적으로 강제로 그와 질식 관계를 갖는 폭력적인 성적 공격을 묘사한다. 이 공격은 일반적으로 여성이 잠재적으로 위험한 상황에 혼자 있을 때 발생한다(예: 도시의 "나쁜" 지역이나 밤에 어두운 골목길).

이방인 강간은 확실히 발생할 수 있고 발생하는 성폭행의 한 유형이지만 유일한(또는 가장 흔한) 것은 결코 아니다. 남성이 성폭력의 피해자가 될 수 있고 여성이 가해자가 될 수 있다는 사실을 알게 되면 놀랄 수 있다. 가해자와 피해자는 위의 시나리오와 같이 낯선 사람일 수 있지만 지인, 친구 또는 데이트 파트너일 수도 있다. 그들은 동거하거나 결혼할 수도 있다. 그들은 관련이 있을 수 있다. 강제 성행위에는 질 성교가 포함될 수 있으며, 키스, 구강 성교 또는 항문 성교, 애무를 포함하는 기타 여러 성행위가 포함될 수 있다. 그리고 물리적인 힘은 전혀 사용하지 않을 수 있다. 이 장에서 보게 되겠지만 성폭행은 강간, 강압, 희롱, 아동학대 등 다양한 형태로 나타난다. 먼저 성폭력의 개념을 명확히 정의하는 것부터 시작하겠다.

성폭행 Sexual Assault

15.1 성폭행의 개념을 정의하고 성폭행이 발생한 경우를 설명한다(즉, 성폭행이 발생했다고 이해하는 세 가지 방법).

광범위하게 말하면 **성폭행(sexual assault)**은 원치 않거나 동의하지 않은 성적 접촉을 의미한다(Christopher, 2001; Muehlenhard et al., 1991). 보다 구체적으로, 성폭행은 사람이 (1) 물리적인 힘 또는 위협적인 물리적 힘의 사용의 결과로, (2) 강제(예: 조작, 압력)의 결과로, 또는 (3) 동의하거나 저항할 수 없는 경우(예: 약물 또는 알코올에 취한 상태, 수면 상태, 의식불명 상태, 법적 동의 연령 미만). 또한 원치 않거나 동의하지 않은 성행위는 성교(질, 구강-생식기 또는 항문)뿐만 아니라 이물질(예: 손가락, 병)에 의한 삽입 및 사람의 가슴, 엉덩이 또는 성기를 만지거나 애무하는 것을 의미한다. 미국에서 성폭행은 범죄이다(다른 많은 국가에서는 그렇지 않지만, 상자 15-A 참조). 이 장에서 고려할 첫 번째 유형의 성폭행은 강간이다.

이방인 강간(Stranger rape) 피해자가 알지 못하는 사람이 저지른 강간(강제 성 삽입).

성폭행(Sexual assault) 강제의 결과로, 강제의 결과로, 또는 상대방이 동의하거나 저항할 수 없을 때 발생하는 원치 않거나 동의하지 않은 성적 접촉(예: 만취, 수면, 무의식, 법적 동의 연령 미만).

강간 Rape

15.2 강간을 정의하고 미국의 법적 정의가 시간이 지남에 따라 어떻게 변했는지 논의한다.

미국에서는 "강간"을 구성하는 것에 대한 정의가 시간이 지남에 따라 극적으로 변경되었다. 예를 들어, 1929년에 강간은 법적으로 연방 당국에 의해 "여성에 대한 육체적 지식, 강제로 그리고 그녀의 의지에 반하는 것"으로 정의되었다. 즉, 남성이 성기로 여성의 질을 강제로 관통하는 경우만 강간으로 간주된다는 의미이다. 구강 및 항문 삽입, 성기 이외의 이물질이나 신체 부위 삽입, 남성 강간, 여성에 의한 여성 강간, 비강제 강간은 모두 제외되었으며 범죄로 "산정"되지 않았다. 이러한 지나치게 좁은 정의는 많은 피해자들이 자신의 폭행을 신고하는 것을 막았고, 전국적으로 성범죄가 만연해 있는지를 정확하게 추정하기 어렵게 만들었다. 그 결과 많은 법 집행 기관과 피해자 권리 기관에서 강간에 대한 더 넓은 정의를 요구하기 시작했다. 마침내 2011년 말에 연방 정부는 이에 동의했다. 오늘날 **강간(rape)**은 피해자의 동의 없이 또는 피해자가 동의할 수 없을 때 신체 일부나 물건을 항문 또는 질 삽입(아무리 경미하더라도) 또는 다른 사람의 성기를 구강 삽입하는 것으로 정의된다(미국 법무부, 2012). 강간이 발생했는지 여부를 결정하는 데 더 이상 가해자의 힘이나 피해자의 물리적 저항이 필요하지 않는다. 이 공식 정의는 이전의 정의보다 확실히 더 포괄적이기는 하지만 여전히 피해자의 침투에 초점을 맞추고 있다는 점에 유의하시오(따라서 피해자가 다른 사람을 관통하도록 만든 경우는 제외한다. Stemple & Meyer, 2014 참조).

강간(Rape) 개인의 동의 없이 또는 개인이 동의할 수 없는 경우 구강, 항문 또는 질 삽입.

강간의 발생률 Prevalence of Rape

15.3 강간 유병률을 결정하는 두 가지 방법에 대해 논의하시오. 미국에서 강간의 "사실"(유병률, 위치, 피해자와 가해자 사이의 관계)을 고려한다.

강간은 얼마나 만연한가? 이 질문에 대답하는 두 가지 기본 방법이 있다. 첫 번째는 법 집행 기관에 보고된 **범죄 데이터**(*crime data*) 또는 사건을 분석하는 것이다. 1930년부터 매년 FBI(연방수사국)는 전국의 법 집행 기관에서 범죄 데이터를 수집했다. 이러한 데이터는 강간을 포함한 다양한 유형의 폭력적(및 비폭력적) 범죄의 만연에 대한 정보를 제공하는 연례 보고서에 게시된다. 수치를 고려할 때 2013년 1월 이전에 발생한 강간에 대한 모든 FBI 보고서는 1929년 정의를 기반으로 한다는 점을 기억하는 것이 중요하다(따라서 강제적인 음경-질 성교만 참조). 이 연례 범죄 보고서에 따르면, 미국의 강제 강간 비율은 1960년부터 꾸준히 증가하여 1992년에 109,062건의 보고된 사건으로 정점에 도달했다(U.S. Department of Justice, 2010). 그 이후로 강간 비율은 급격히 감소했다. 예를 들어, 2015년에는 1992년보다 6,700만 명이 더 많았지만 보고된 사례 수는 90,185명(22,863명 체포)으로 떨어졌다(U.S. Department of Justice/Federal Bureau of Investigation, 2016). 그림 15-1은 이 변경 사항을 보여준다. 그 감소는 고무적이지만, 그 숫자는 여전히 너무 많다. 2015년에는 6분마다 한 여성이 강제로 강간당했다.

그림 15-1

이 수치는 법 집행 기관에 보고된 지난 45년 동안 여성 100,000명당 강제 성기-질 강간 사건의 수(2013년 이전 정의)를 보여준다. FBI(미국 법무부, 2010, 2012, 2015)와 미국 인구조사국(2012)에서 보고한 국가 범죄 데이터에 따르면 강간 비율은 1990년대에 최고치를 기록했지만 이후 감소하기 시작했다. 2015년 강제 강간 비율은 여성 10만 명당 약 28명이었다.

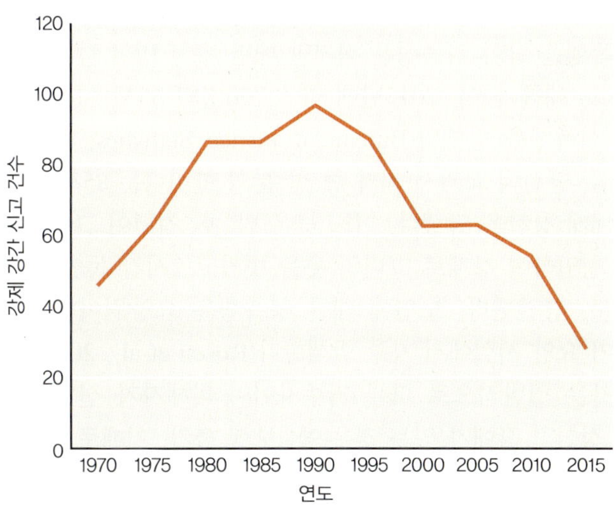

미국의 일부 주는 다른 주보다 폭행에 취약하다(그림 15-2 참조). 예를 들어, 2015년 FBI 범죄 통계에 따르면 알래스카, 콜로라도, 아칸소, 미시간, 뉴멕시코(및 컬럼비아 특별구)가 주민 100,000명당 보고된 성폭행 건수가 가장 많았다. 가장 낮은 비율은 코네티컷, 버몬트, 뉴저지, 메릴랜드, 버지니아 및 노스캐롤라이나에서 보고되었다(미국 법무부/연방 수사국, 2016).

많은 전문가들은 FBI가 제공한 것과 같은 국가 범죄 보고서가 여성(및 남성)이 경험하는 성폭력의 양을 심각하게 과소평가한다고 믿는다(Kilpatrick & McCauley, 2009; Stemple & Meyer, 2014 참조). 법 집행 기관에 신고된 강간만 포함되기 때문이다. 그러나 우리는 강간이 가장 적게 보고되는 범죄 중 하나라는 것을 알고 있다. 강간 피해자의 약 2/3는 경찰이나 기타 당국에 폭행 사실을 신고하지 않는다(Bureau of Justice Statistics, 2016a).

강간 유병률을 결정하는 보다 정확한 두 번째 방법은 여성(및 남성)에게 그들이 경험했을 수 있는 다양한 유형의 성폭력 및 비성폭력에 대해 직접 질문을 받는 **피해 조사**(*victimization surveys*)의 데이터를 사용하는 것과 관련이 있다. 현재 진행 중인 가장 큰 설문조사 중 두 가지는 미국 법무부/법무부 통계국에서 실시한 전국 범죄 피해자 조사(NCVS)와 질병통제예방센터에서 실시한 NISVS(전국 친밀한 파트너 및 성폭력 조사)이다. 이 설문조사에서 다수의 미국 거주자들에게 연락하여 다양한 유형의 성폭행(강간, 강제적인 성적 접촉, 성적 강압 등 포함) 경험에 대해 질문한다. 결과는 법 집행 기록에서 제공한 것보다 훨씬 더 많은 숫자를 산출한다. 예를 들어, 2015년 NCVS 데이터에 따르면 미국에서 약 369,000명의 여성(거의 63,000명의 남성)이 강간, 강간 시도 또는 강제 성적 접촉을 경험했다고 보고했다(Bureau of Justice Statistics, 2016c). 이는 여성 100,000명당 226건의 성폭행 발생률을 산출하며, 이는 같은 해 법 집행 기관에서 보고한 39건의 성폭행 발생률보다 훨씬 높은 수치이다.

우리가 제시한 통계는 1년 동안의 것이다. 평생 유병률은 어떤가? 가장 최근의 NISVS 설문조사에 따르면 모든 여성의 약 5분의 1(또는 20%)과 모든 남성의 50분의 1(또는 2%)이 일생 동안 강간 또는 강간 시도의 피해자인 것으로 나타났다(Breiding et al., 2014). 유사하게, 대학에 다니는 여성의 약 20%와 고등학생의 12%가 원하지 않을 때 강제로 성관계를 가졌다(Eaton et al., 2012; Gavin et al., 2009; Gray, 2014).

그림 15-2

어느 주에서 가장 강간이 발생하기 쉽고 가장 적게 발생하는가? 2015년 FBI가 수집한 데이터에 따르면 (보고된) 성폭행의 비율이 가장 높은 곳은 알래스카(가장 높음), 뉴멕시코, 콜로라도, 아칸소, 미시간, 콜롬비아 특별구이다. (보고된) 성폭행의 비율이 가장 낮은 주에는 버몬트, 코네티컷, 뉴저지(가장 낮음), 메릴랜드, 버지니아, 노스캐롤라이나가 포함되었다.

출처: U.S. Department of Justice/Federal Bureau of Investigation (2016, September). Crime in the United States, 2015. Retrieved from https://ucr.fbi.gov/crime-in-the-u.s/2015/crime-in-the-u.s.-2015/.

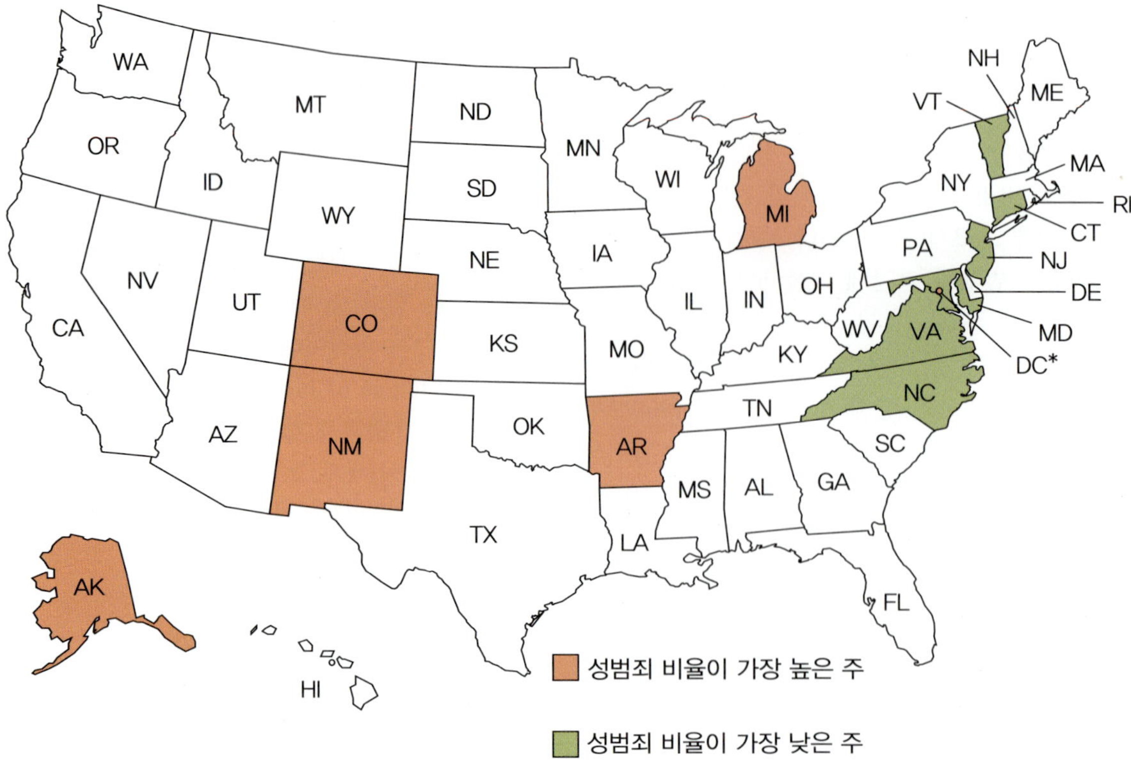

기타 통계 Other Statistics

12세에서 34세 사이의 여성이 가장 빈번하게 보고되는 강간 피해자이다(Bureau of Justice Statistics, 2016b). 그러나 남성(이 장에서 나중에 논의할 주제), 어린이, 노인 및 장애인을 포함하여 **누구나 강간 피해자가 될 수 있다.** 예를 들어, 2013년에 약 66,000명의 비시설 신체 및/또는 정신 장애 남성과 여성이 성폭행을 당했다(Harrell, 2015). 아이들도 폭행에 취약하다. 보고된 강간과 보고되지 않은 강간을 모두 포함하는 국립 피해자 센터(National Victims Center)의 연구에 따르면 피해자의 29%가 11세 미만이었다. 국립 피해자 센터(National Victims Center)의 Karen Hanna는 "가장 어린 시절 반격할 가능성이 가장 낮고 자신이 희생되었다는 사실을 깨닫지 못하는 경우가 많다"(Sniffen, 1994에서 인용). 유아도 성폭행의 피해자가 될 수 있다. 2012년, 캘리포니아 남성은 여자친구의 5개월 된 딸을 성폭행한 혐의로 37년형을 선고받았다. 그는 온라인으로 그 여성을 만났고 몇 달에 걸쳐 학대가 발생한 미주리주에서 그녀를 방문하기 시작했다(Cheever, 2012). 영아의 어머니는 폭행에 가담한 혐의로 종신형을 선고받았다(Mann, 2012). 그리고 2013년에는 오하이오주 한 남성이 여자친구의 6개월 된 딸(폭행 중 사망)을 강간한 혐의로 독극물 주사를 맞아 처형됐다(Associated Press, 2013).

마찬가지로, 65세 이상의 사람들이 다른 연령대보다 성폭행을 당할 가능성은 적지만 매년 수천 명이 강간을 당한다. 예를 들어, 2015년에 약 9,700명의 65세 이상 여성이 성폭행을 당했다(Bureau of Justice Statistics, 2016b). 사실, 당신의 교과서 저자 중 한 분의 할머니는 85세 때 십대에게 강간을 당했다. 어느 늦은 밤, 한 청년이 그녀의 집에 침입하여 강제로 그녀의 옷을 벗기고 2시간 동안 구타, 고문, 강간했다. 노인에 대한 성폭행은 요양원이나 기타 주거 요양 시설에서 자주 발생한다(Rosen et al., 2010). 가해자는 일반적으로 다른 거주자이며 피해자가 신체적 또는 정신적 장애가 있는 경우(예: 보행 불가, 치매로 고통받는 경우) 폭행이 발생할 가능성이 더 높다. 이러한 사례 및

표 15-1 성도착증, 성도착 장애 및 성적 변이는 무엇인가?

장소	비율
집	67%
피해자 자택	55%
피해자의 친구, 친척, 지인의 집	12%
개방된 장소 또는 대중 교통(예: 공원, 들판, 운동장, 거리, 버스, 기차역, 공항 또는 버스 정류장)	15%
상업용 건물, 주차장 또는 차고	10%
학교	8%

출처: Planty, M. et al. (2013). *Special report: Female victims of sexual violence, 1994–2010*. Bureau of Justice Statistics. Retrieved from http://bjs.gov/index.cfm?ty%3Dpb detail%26iid%3D4594

기타 사례는 누구나 피해자가 될 수 있다는 강력하고 가슴 아픈 것을 일깨워주는 역할을 한다. 따라서 이러한 유형의 범죄로부터 자신을 보호할 뿐만 아니라 취약한 다른 사람들이 피해를 입지 않도록 조치를 취하는 것이 매우 중요하다. 우리는 이 장의 뒷부분에서 강간을 방지하는 방법을 고려할 것이다.

지금은 강간에 관한 몇 가지 통계적 "사실"에 대해 더 논의해 보겠다. 첫째, 이 장의 시작 부분에 제공된 이방인 강간 시나리오와 달리 대부분의 강간은 마을의 "나쁜" 지역에 위치한 어두운 골목에서 발생하지 않는다. **표 15-1**에서 볼 수 있듯이 대부분의(2/3 이상) 성폭행은 피해자의 집이나 친구, 친척 또는 지인의 집에서 발생한다(Planty et al., 2013; Sinozich & Langton, 2014). 강간은 학교나 다른 공공 장소에서 일어날 가능성이 적다.

낯선 사람에게 강간당한 여성은 강간을 신고할 가능성이 훨씬 더 높다. 따라서 일반적으로 강간으로 유죄 판결을 받은 대부분의 남성은 피해자에게 낯선 사람이다. 그러나 대부분의 강간은 피해자가 아는 사람에 의해 저질러진다. 2010~2015년 NCVS 데이터에 따르면 여성의 21%만이 낯선 사람에게 폭행을 당했다. 나머지(79%)는 아는 사람에게 강간을 당했다(Bureau of Justice Statistics, 2016d). 구체적으로, 약 44%는 지인에게, 34%는 배우자나 연인에게, 약 1%는 친척에게 피해를 입었다(**그림 15-3** 참조). 질병통제예방센터(Centers for Disease Control and Prevention)에서 수행한 국가 연구에서는 유사한 패턴을 발견했다(Black et al., 2011). 강간 피해자의 대다수는 아는 사람(친구, 지인, 연인 또는 가족)에게 폭행을 당했다. 사실, 14%만이 낯선 사람에게 강간을 당했다.

그림 15-3

2010~2015년 NCVS 데이터에 따른 강간범과 피해자 사이의 관계(미 법무부 Bureau of Justice Statistics, 2016d).

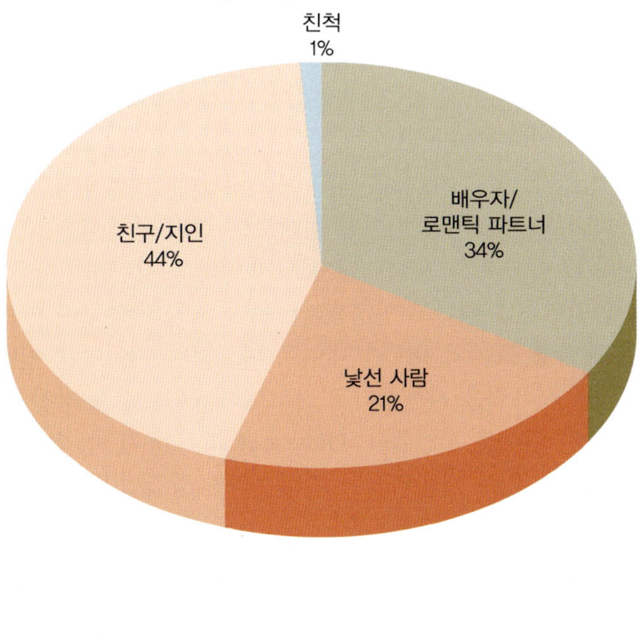

개인적인 생각 Personal Reflections

성추행의 피해자가 된 적이 있는가? (우리는 이것이 대답하기 어렵거나 생각조차 하기 어려운 질문일 수 있음을 알고 있다.) 귀하의 대답이 '예'인 경우 폭행을 경찰이나 다른 사람에게 신고했는가? 그 이유는 무엇? 당신은 당신 자신이나 당신의 공격자에 대한 결과나, 당신이 당국으로부터 받을 수 있는 반응에 대해 걱정했는가? 당신의 대답이 '아니오'라면, 성폭행을 당한 적이 있는 사람을 알고 있는가? 그 사람이 폭행을 신고했는가?

강간의 형태 Types of Rape

15.4 낯선 사람 강간, 지인 강간, 데이트 강간, 성적 강간, 부부 강간, 집단 강간, 법정 강간을 포함한 다양한 유형의 강간을 설명하고 구분한다.

연구자들은 종종 강간범의 동기 및/또는 강간범과 피해자 사이에 존재하는 관계(예: 낯선 사람, 지인, 배우자), 피해자의 연령(예: 법적으로 연 또는 미성년자), 그리고 가해자의 수를 포함한 다양한 구조적 특성에 따라 강간을 분류한다. 이 장의 이 섹션에서는 다양한 유형의 강간을 논의한다.

이방인, 지인, 데이트 강간

Stranger, Acquaintance, and Date Rape

우리는 이미 낯선 사람 강간(*stranger rape*)을 피해자가 모르는 사람이 저지른 강간으로 정의했다. 그러나 대부분의 강간은 피해자가 아는 사람에 의해 저질러지며 많은 경우 사회적 만남 중이나 후에 발생한다(예: 데이트). 이러한 유형의 강간은 종종 **지인 또는 데이트 강간(acquaintance or date rape)**이라고 한다. 미국 법무부가 후원하는 9개 대학 캠퍼스에 대한 최근 설문조사에 따르면 캠퍼스에서 성폭행을 당한 학부 여성의 약 90%가 가해자를 알고 있었으며 그는 현재 또는 이전의 친구, 룸메이트, 데이트 파트너 또는 가벼운 지인이었다. (Krebs et al., 2016; 또한 Sinozich & Langton, 2014 참조).

다음은 몇 가지 예이다.

> "대학 수업에서 이 사람을 만났다. 우리는 네 번의 아주 재미있는 데이트를 했다. 우리는 영화, 춤, 파티에 갔고 그는 항상 완벽한 신사처럼 행동했다. 다섯 번째 데이트에서 그는 술을 너무 많이 마셨다. 그가 운전을 하고 싶지 않았기 때문에 친구들은 우리를 그의 아파트에 내려주었다. 나는 내가 밤 동안 거기에 있다는 것을 알고 있었다. 항상 그런 존경심으로 저를 대해주셨기 때문에 저는 걱정하지 않았다. 그러나 그것은 곧 바뀔 것이다. 그는 나에게 매우 공격적이 되었다. 그는 나를 너무 사랑하기 때문에 나와 섹스하고 싶다고 말했다. 나는 그에게 나를 내버려 두라고 애원했다. 나는 그를 물리치려고 했지만 충분히 강하지 않았다. … 강간당했다."
>
> "내가 자랄 때 Robby는 모퉁이에 살았다. 나는 그를 형제처럼 생각했고, 그래서 내가 17살이었을 때 그가 나에게 아직 처녀인지 물었을 때 나는 그에게 내가 그렇다고 말하는 것이 부끄럽지 않았다. 약 한 달 후 우리 중 많은 사람들이 밖에 나갔고, 술을 너무 많이 마신 후에, 나는 기절했다. 친구들과 함께여서 안전하다고 생각했는데 친구들을 떠나게 했고 270파운드의 뚱뚱한 몸이 내 위에 얹혀 있었다. 그것은 끔찍했고 나는 또 기절했다. 5년 반의 우정과 신뢰가 갔다."
>
> "이 사람과 이제 막 연애를 시작했어. 우리는 천천히, 또는 그렇게 생각했다. 어느 날 오후, 우리는 그의 아파트 소파에서 장난을 치고 있었는데 그가 갑자기 나를 일으켜 침실로 데려가기 시작했다. 우리는 여전히 키스하고 있었고 나는 '여기에 무슨 일이 일어나고 있는가'라고 생각하고 우리는 침대에 있었고 그는 내 위로 치마를 끌어올렸다. 나는 '아, 이런 일이 일어나면 안 돼'라고 생각했고 그를 밀어내고 나를 쳐다보게 하려고 했지만 그는 너무 집중했다. 나는 그를 막을 수 있는 어떤 것도 할 수 없었다. 잠시 후 나는 고군분투를 멈추고 그가 끝나기를 기다렸다."
>
> (모든 예제는 작성자의 파일에서 가져옴)

데이트 강간(*date rape*)이라는 표현은 의도가 순전히 설명적이지만 사람들이 낯선 사람에 의한 강간보다 덜 해롭다고 종종 가정하기 때문에 불행한 것으로 판명되었다(Krahé, 2000 참조). 사람들은 낯선 사람 강간 피해자보다 데이트 강간 피해자에게 더 많은 비난을 돌리고 덜 동정하는 경향이 있다(Bridges & McGrail, 1989; Cowan, 2000).

지인 또는 데이트 강간(Acquaintance or date rape) 피해자가 알고 있거나 데이트 중인 사람이 저지른 강간.

피해자들 스스로도 폭행을 어떻게 해석해야 할지 혼란스러워하는 경우가 많다. 한 전국 조사에 따르면 강제로 강간당한 여대생의 절반 이상이 자신의 폭행을 강간이라고 생각하지 않았거나 강간을 당했는지 확신이 서지 않는 것으로 나타났다(Fisher et al., 2000). 우리 학급의 학생들은 때때로 같은 혼란을 나타낸다.

> "나는 이 남자와 데이트를 했고 그는 나한테 구강 성교를 하게 했다. 나는 그러고 싶지 않았고 아니라고 대답했지만 그는 내가 할 때까지 그냥 내 머리를 거기에 누르고 있었다. 그는 나를 해치지 않았다. 그건 강간이 아니잖아?"
>
> "나는 더 이상 내 남자 친구를 사랑하지 않는다. 나는 우리의 섹스를 좋아하지 않았고 지금은 그에게 그런 감정이 없다. 그러나 그를 볼 때마다 그는 그것을 기대한다. 강간하는 건 아니지만 그만했으면 좋겠다."
>
> "약혼하면 강간인가? 평소에는 성관계를 하면 하고 싶지만, 안 해줘도 우리는 한다. 그는 나를 만든다. 성폭행은 아닌 것 같아."
>
> "대학 1학년 때 크리스마스 방학을 맞아 집에 있었다. 저와 제 고등학교 친구들은 모두 새해를 축하하기 위해 모였다. 우리는 호텔 방을 빌렸고 술을 마시며 정말 좋은 시간을 보냈다. 나는 내 가장 친한 남자 친구 중 한 명과 단둘이 있게 되었다. 우리는 소파에서 이야기를 나누었고 그는 기본적으로 내 위에 올라타 내 드레스를 끌어올리고 내 안으로 밀어넣었다. 하지 말라고 하면서도 그만하라고 해서 정말 강간은 아닌 것 같다."
>
> (모든 예제는 작성자의 파일에서 가져옴)

많은 여성들은 가해자가 낯선 사람이거나 높은 수준의 폭력이 있지 않는 한 성폭행을 강간으로 간주하지 않는다(Bondurant, 2001; Kahn et al., 2003; Krahé, 2000). **물리적인 힘이 있든 없든 데이트나 지인에 의한 강간은 낯선 사람에 의한 강간만큼 현실적이라는 점을 충분히 강조할 수 없다.**

데이트 중에 여성이 원치 않는 성행위를 강요받는 경우가 얼마나 자주 있는가? 대학생들을 대상으로 한 초기 조사에서는 26%가 데이트 중에 파트너가 싸우고, 울고, 소리를 지르게 한 강제적인 성교 시도를 한 적이 있다고 시인했다(Kanin, 1967). 비슷한 결과가 20년 후 코스 등(Koss et al., 1987)에 의해 보고되었다. 대학생의 25%가 데이트 파트너에게 어떤 형태로든 성적 공격성을 사용했다고 말했다(약 8%는 실제로 파트너를 강간하거나 강간하려고 시도했다고 인정했다). 보다 최근의 연구에 따르면 대학생 표본의 18%가 데이트 파트너나 지인에게 어떤 형태의 성폭력을 자행했다고 보고했다(6%는 강제 강간 또는 강간 미수를 시인했다; Gidycz et al., 2007). 이 연구를 기반으로, 일부 과학자들은 기회주의적 강간범(Prentky et al., 1988)의 개념을 제안했다. 즉, 폭력을 저지르는 주요 동기는 (피해자를 다치게 하거나 지배하려는 충동과 반대되는) 성이고 기회가 왔을 때 충동적으로 강간하는 사람이다. **기회주의적 강간범(opportunistic rapist)**은 정상적인 사회적 억제를 부정하는 성역할과 여성(그리고 남성) 행동에 대한 왜곡된 태도와 믿음을 가질 수 있으며 아마도 데이트 강간의 대부분을 설명할 것이다.

데이트 또는 지인의 강간은 경찰에 신고된 적이 거의 없으며(약 5%만) 피해자의 거의 절반이 아무에게도 말한 적이 없다(Koss et al., 1988). 강간 피해자는 종종 자신을 탓하는데(이 장의 뒷부분에서 더 자세히 논의할 현상), 이것은 피해자가 알고 있는 사람에 의해 강간이 저질러졌을 때 특히 그러하다.

> "제가 16살 때 대학 동창회에서 네 명의 남자에게 강간을 당했다. 어떤 면에서 나는 아직도 그 위치에 놓이는 나 자신을 비난한다. . . . 취한 건 내 잘못이었다. 특히 16세 때. 남자들은 16세 소녀들을 이용한다."
>
> "정확히 6개월 전 오늘, 나는 '데이트 강간'을 당했다. 당신의 코스를 밟기 전에는 나 자신을 탓했지만 지금은 내가 잘못한 것이 아니라 그 사람이라는 것을 알았다. 사실 내가 도발한 것 같은 책임감이 들었다."
>
> "이런 일이 일어난 것은 아마도 내 잘못이라고 생각한다. 나는 그가 나를 좋아한다는 것을 알았지만 나는 가장 친한 친구를 좋아했고 우리가 그(내가 정말 좋아하는 사람)에 대해 이야기하는 내내 시간을 보낼 것이라는 것을 알았기 때문에 그와 사귀기로 동의했다. 바보야, 난 결국 이 남자랑 차 앞좌석에 혼자 앉게 된다. 전적으로 내 잘못이다. 절대로 그를 이끌지 말았어야 했다."
>
> "캠프에서 일어난 일이다. 내가 아는 이 소년이 내가 낮잠을 자고 있을 때 내 오두막에 들어왔다. 잠에서 깼는데 그는 이미 내 안에 있었다. 그는 내 입을 막았고 그가 나에게 너무 섹시해서 어쩔 수 없다고 말한 후에야. 돌이켜보면 그가 옳았을지도 모른다는 생각이 든다. 나는 나보다 더 나이 든 척 많이 했다."
>
> "엄마가 착한 여자는 강간당하지 않는다고 했다. 당신이 여자처럼 행동하면 남자들은 당신을 여자처럼 대할 것이다. 엄마는 내가 무도회에서 남자친구에게 강간을 당했다는 사실을 모른다. 그는 그것이 우리의 특별한 밤이라고 말했다. 그는 술에 취해 나를 호텔 뒤로 데려가 강간했다. 나는 처녀였고 그 사람이 나를 그렇게 대하는 것이 내가 한 일이라고 생각했기 때문에 아무에게도 말하지 않았다."
>
> (모든 예제는 작성자의 파일에서 가져왔다.)

성적 강요 Sexual Coercion

대부분의 사람들은 행위에 물리적인 힘, 폭력 또는 무기 사용이 포함된 경우 파트너의 동의 없이 성을 강간으로 정의하는 데 어려움이 없다. 하지만 강압의 결과로 발생하는 섹스는 어떠한가? **성적 강요(sexual coercion)**는 다른 사람으로부터 성적 순응을 얻기 위해 신체적 또는 언어적으로 강압적인 전술이 사용되는 상황을 말한다(Christopher, 2001; Muehlenhard et al., 1991). 위의 사례 중 일부는 자고 있거나 의식이 없는 파트너를 이용하거나 섹스를 위해 파트너를 심하게 취하게 하는 것과 같은 물리적 강압 전술(*physically coercive tactics*)의 사용을 보여준다. 2006년에 거의 50만 명의 여성이 의식이 없거나 깨어 있는 동안 강간을 당했지만 약물이나 알코올로 인해 무력화되었다고 보고했다(Kilpatrick & McCauley, 2009). 실제로 대학생을 대상으로 한 한 설문조사에 따르면 여성 5명 중 1명(20%)이 알코올 관련 성폭행을 경험한 것으로 나타났다(Howard et al., 2008). 불행히도 피해자는 알코올(또는 마약) 사용과 관련된 폭행을 당국에 신고할 가능성이 적다(Wolitzky-Taylor et al., 2011).

1990년대 이후로 몇몇 약물은 "데이트 강간 약물"로 악명이 높아져 피해자가 의식을 잃고 무력해지며 일반적으로 약물의 영향을 받는 동안 발생한 사건(강간 포함)에 대한 기억이 거의 또는 전혀 없게 만든다. 이 무취, 무미, 강력한 진정제에는 플루니트라제팜 또는 로히프놀("루피"—현재 미국에서 불법), 감마 하이드록시부티레이트(GHB 또는 "액체 엑스터시") 및 케타민("스페셜 K")이 포함된다. 일부 강간범은 자신의 처방약(일반적으로 수면 보조제 또는 항불안제)을 사용하여 폭행을 가하는 데 도움을 주기도 한다. 예를 들어, 2016년 8월, 전 NFL 선수이자 방송인인 대런 샤퍼(Darren Sharper)는 여러 건의 강간(및 다양한 마약 혐의)으로 20년형을 선고받았다. 그는 여성을 집에서 파티에 초대하고 수면 보조제 졸피뎀(Ambien, "신형 강간 약물"으로 알려짐)을 들이마시며 성폭행했다. 졸피뎀은 효과가 빠르게 나타나고 체내에서 빠르게 빠져나가기 때문에 약물 검사로 그 존재를 감지하기 어렵다. 이것은 마약의 기억상실과 같은 효과와 결합되어 범죄자를 기소하기 어렵게 만든다.

우리의 사례 중 일부는 간청으로 누군가에게 성관계를 맺게 하거나, 화를 내거나, 관계를 끝내겠다고 구두로 위협하거나, 거절한 것에 대해 다른 사람이 죄책감을 느끼게 하거나, 상대방의 반대에도 불구하고 계속 고집을 부리는

기회주의적 강간범(Opportunistic rapists) 기회가 있을 때 충동적으로 강간하는 성욕에 의해 동기가 부여된 강간범.

성적 강요(Sexual coercion) 신체적 또는 언어적 강압(압력, 조종, 약물 또는 알코올 사용)으로 다른 사람을 원치 않는 성행위를 하게 하는 행위.

그림 15-4

전 미식축구 NFL 선수인 대런 샤퍼(Darren Sharper)는 2016년 여성을 성폭행하기 전, 처방약을 사용하여 의식을 잃게 한 혐의로 유죄 판결을 받았다.

출처: Southcreek Global/ZUMA Press, Inc./Alamy Stock Photo

것과 같은 언어적 강압적 전술(*verbally coercive tactics*)의 사용을 보여준다. 젊은 성인을 대상으로 한 설문조사에 따르면 남성과 여성이 성적 강압을 경험할 가능성이 동등하게 나타난다. 약 8%의 여성과 7%의 남성이 파트너가 언어적 강압을 사용했기 때문에 원치 않는 성행위(예: 구강, 항문, 음경-질 성교)에 참여했다고 보고한다(Kaestle, 2009).

> "남자친구가 내가 원하지 않는데 섹스를 강요한 경우가 많았어. 키스는 항상 섹스로 이어진다고 생각하고 내가 싫다고 하면 그는 매우 화가 나곤 했다."
>
> "때로는 내가 기분이 좋지 않을 때 그는 내가 그를 허락하지 않으면 그의 공이 폭발하거나 그가 나를 떠나 더 나은 여자친구를 찾을 거라고 말하곤 했다. 보통은 계속 논쟁하는 것보다 쉽기 때문에 그냥 포기한다."
>
> "내가 신입생이었을 때 좋아했던 이 남자가 나에게 등을 문지르라고 했다. 내가 하는 것에 대해 너무 순진하고 긴장했음에도 불구하고, 그러고는 나에게 손짓을 해 달라고 부탁했다. 난 그러고 싶지 않았어. 나는 실생활에서 성기를 본 적이 없었어. 하지만 나는 그가 너무 좋아서 그렇게 했어. 그 주 후 어느 날 밤 그는 내 기숙사 방에 와서 나와 섹스를 하고 싶다고 말했다. 그는 내가 그를 돌본다면 그렇게 할 것이고 우리는 더 가까워질 것이라고 말했다. 그가 나를 좋아해 주기를 원했고, 나는 굴복했다."
>
> (모든 예제는 작성자의 파일에서 가져옴)

일부 연구자들은 이러한 경험을 "강간"이라고 부르며 비판을 받기는 했지만 이것은 실제 문제가 아니다. 진짜 문제는 상호적이고 완전한(비강제적, 비강제적) 동의 없이 사람들과 성관계를 갖는 것이 허용되는지 여부이며 이에 대한 대답은 항상 "아니오"이다.

그림 15-5

루벤스의 레우키포스의 딸들의 강간(1617)은 훌륭한 예술 작품이지만 강간을 미화한다는 비판을 받아왔다.

출처: The Abduction of the Daughters of Leucippus by Castor and Pollux. Ca. 1618. Oil on canvas, 224 x 210.5 cm, Alte Pinakothek, Bayerische Staatsgemaeldesammlungen, Munich, G/Erich Lessing/Art Resource, New York

개인적인 생각 Personal Reflections

상대방이 원하지 않을 때 성관계를 갖기 위해 성적 강압을 사용한 적이 있는가? 여기에는 의도적으로 누군가를 술에 취해 섹스를 하게 하는 것이 포함된다(단, 이에 국한되지 않음). 잠들어 있거나 의식이 없거나 신체적으로나 정신적으로 무능력한 사람을 이용하는 행위 그리고 화를 내고/하거나 헤어지겠다는 위협을 가하고, 깔아뭉개고, 성관계를 갖기 위한 기타 언어적 전술을 사용한다. 그렇다면 왜 당신은 이런 식으로 행동했다고 가정하는가? 당신의 행동은 당신이 강요한 사람들에게 어떤 영향을 주었는가?

때때로 성적인 상황이 완전히 합의된 것인지 판단하기 어렵다. 우선, 남자와 여자는 데이트 및 기타 사회적 상황에서 발생하는 많은 신호와 행동을 해석하는 방법이 다르다. 남성은 여성보다 다양한 대인 관계 행동이 성에 대한 욕구를 나타낸다고 가정할 가능성이 훨씬 높다(Abbey, 1982; Abbey & Melby, 1986; Zellman & Goodchilds, 1983 참조). 한 연구(Kowalski, 1993)에 따르면 남자는 남자와 데이트하기 전이나 데이트 중에 다음 행동 중 하나를 수행한 여자가 그와 성교를 원한다고 믿었다. 데이트 중에도 계속 눈을 마주쳤고, 데이트 중에도 미소를 지으며 식사비를 내주고 칭찬을 아끼지 않았다. 그러나 여성들은 같은 행동이 섹스에 대한 관심을 나타내는 것이라고 생각하지 않았다. 그들은 여성이 단지 우호적이라고 생각했다. 분명히, 남자와 여자는 일반적인 데이트 행동의 의미나 중요성에 대해 항상 동의하지 않는다. 이러한 공유된 이해의 부족은 일부 남성이 데이트 파트너에게 성관계를 강요하거나 강요하는 이유를 부분적으로 설명할 수 있다.

> "때때로 여성분을 기분 좋게 만들기 위해 조금 더 노력해야 했지만 그건 강간이 아니다. 그것이 유혹이다. 나를 믿어. 만약 여자가 당신을 데리고 나가게 하고, 시시덕거리고, 가까이에 앉고, 당신이 그녀를 문까지 데려다 준다면, 그녀는 원한다. 여자들이 바로 나와서 인정할 수 없는 건, 그들이 나빠 보일까 봐 두려워하기 때문이야. 하지만 난 항상 알 수 있어. 내가 그녀를 문까지 바래다 준다면, 나는 내가 좀 얻을 수 있다는 것을 안다."
>
> "저는 여성에게 원하지 않는 일을 강요한 적이 없다. 한때 좀 이상한 상황이 있었는데 강간은 아니었어. 일어난 일은 내가 아는 이 여자친구와 파티에 갔을 때 그녀가 정말로 내게 다가와서 내가 말하는 모든 것에 웃고, 킥킥거리고, 내 팔을 만지는 등의 일이었다. 모든 일이 잘 진행되어 마침내 그녀를 혼자 있게 만들었다. 나는 그녀에게 키스했고 우리는 섹스를 시작했다. 제 생각에 그녀는 한때 저와 좀 싸워서 다른 생각을 했던 것 같다. 하지만 그녀는 그런 뜻이 아니었다. 내가 그녀를 진정시키기 위해 그녀를 안았을 때 그녀는 정말 조용해졌고 그리고 나서 우리가 다시 시작하자 그녀는 그것을 즐겼다. 그녀가 섹스를 원하지 않았다면 애초부터 나와 함께 가지 않았을 것이다."
>
> "나는 대학에서 여학생을 강간했다. 당시 나는 내가 한 일을 깨닫지 못했다. 합의된 일이라고 생각했다. 우리는 술을 마시고 나는 술에 취했다. 나는 그녀가 섹시하다고 생각했던 것을 기억한다. 나는 그녀를 내 방으로 데려와서 그녀를 공격했다. 옷을 벗고 섹스를 했다. 기절했다. 1년을 빨리 넘기고 동창회에서 그녀를 만난다. 그녀는 그날 밤이 그녀의 인생을 바꿨다고 말했다. 그녀는 나와 함께 있고 싶어하지 않았지만 나는 그녀를 붙잡고 옷을 벗고 강간했다. 그녀는 치료를 받아야 했고 여전히 엉망이다. 정말 합의된 일이라고 생각했다고 말했다."
>
> (모든 예제는 작성자의 파일에서 가져옴)

의사 소통의 중요성 물론, 오해를 푸는 가장 쉬운 방법은 공개적이고 정직하게 서로 의사 소통하는 것이다. 그러나 이것은 또한 남성과 여성이 성에 관해서 제대로 의사 소통을 하지 못하고 부적절하기 때문에 문제가 된다. 때때로 그들은 의도나 욕망에 대해 전혀 의사 소통하지 못한다. 연구에 따르면 극소수의 남성과 여성이 파트너에게 명시적이고 직접적으로 성관계를 요청하는 대신 파트너가 잘못 해석하거나 알아차리지 못할 수 있는 간접적이고 비언어적인 방법을 사용하는 경향이 있다(Regan, 2017 참조). 예를 들어, 데이트 후 여자를 그녀의 집까지 데려다 주고 잘 자라고 키스하는 남자는 그가 섹스에 관심이 있다는 신호라고 믿을 수 있다. 그러나 그의 데이트 상대는 단순히 그가 그녀에게 좋은 저녁을 보내줘서 고맙고 그녀를 다시 만나고 싶다고 생각할 수 있다.

또한 사람들은 때때로 자신의 진정한 의도나 바람을 정확하게 전달하지 못한다. Muehlenhard와 그녀의 동료들은 그들이 조사한 여대생의 3분의 1 이상이 성적인 만남 중에 **명백한 저항(token resistance)**("예"를 의미할 때 "아니오"라고 대답함)에 관여했다고 인정했음을 발견했다(Muehlenhard & Hollabaugh, 1989; Muehlenhard et al., 1996). 모호한 의사 소통의 또 다른 형태는 **순응(compliance)**이다. 원하지 않을 때 성행위에 동의하는 것이다(Vannier & O'Sullivan, 2010). 일부 연구에 따르면 여성의 30%에서 50% 사이가 원하지 않을 때 파트너의 성적 요구에 응했다고 말한다(Shotland & Hunter, 1995; Sprecher et al., 1994b). 명백한 저항을 제안하거나 준수에

명백한 저항 (성에 대한) [Token resistance (to sex)] "예"를 의미할 때 섹스에 "아니오"라고 말하는 것.

순응(Compliance) 당신이 정말로 참여하고 싶지 않을 때 성행위에 동의하는 것.

참여하는 여성과 경험이 있는 남성은 그녀가 "아니오"라고 말할 때 다른 파트너를 밀어붙일 가능성이 높다. 분명히, 데이트 강간으로 이어질 수 있는 상황을 피하기 위해 남성과 여성 모두 자신의 진정한 의도를 서로에게 직접적이고 정직하게 전달하는 것이 매우 중요하다.

개인적인 생각 Personal Reflections

남자: 데이트 상대나 지인이 자신의 성적 접근에 "아니오"라고 말하면서 무시해 본 적이 있는가? 왜?

여자: 데이트 상대나 파트너의 성적인 접근을 의도하지 않았는데 "아니오"라고 말한 적이 있는가? 왜? "예"라고 대답했다면, 당신의 행동에 어떤 영향을 미칠 수 있는가? 당신의 성적 욕망에 대해 다른 사람들과 의사소통하는 더 좋은 방법이 있는가?

모두: 당신의 진정한 성적 의도나 욕망에 대해 파트너와 직접 의사 소통하지 않은 상황에 처한 적이 있는가? 왜 그렇게 했다고 생각하는가? 무엇이 당신을 개방적이고 직접적이지 못하게 막았는가? 파트너와 더 직접적인 관계를 맺기 위해 앞으로 무엇을 할 수 있다고 생각하는가?

알코올의 사용은 성적 의도에 대한 대인 커뮤니케이션을 더욱 복잡하게 만들 수 있다(Abbey et al., 1998; Bernat et al., 1998). 이 섹션의 앞부분에서 언급했듯이 알코올과 약물은 데이트 강간의 많은 사례와 관련되어 있으며 일부 조사에서는 데이트 강간범과 피해자의 약 절반이 공격 전에 술을 마셨다고 했다(Ullman et al., 1999; Noel et al. 2009 참조). 사교 행사를 위한 성행위에 대해 단호한 결정을 내리기 전(그리고 술을 마시기 전) 파트너에게 명확하고 구두로 성적인 의도를 전달하는 것이 가장 좋다. 이것은 원치 않는 성적 경험을 방지한다. 물론 성관계를 갖기 위해 무력을 사용하거나 무방비 상태(예: 만취)를 이용하는 사람을 막지는 않을 것이다. 이런 일이 발생하면 그것은 강간이며 다른 어떤 유형의 강간보다 덜 현실적이다.

부부(친밀한 파트너) 강간
Marital (Intimate Partner) Rape

"결혼 5년 차에 남편에게 폭력적인 신체 공격을 당한 후 강간을 당했다. 그는 공격에 대해 나를 비난하고 그가 원할 때마다 섹스를 제공하는 것이 나의 의무라고 말했다. . . . 내 결혼은 꽤 비참하게 끝났다. 지난 3년 반 동안 나는 일어난 일에 대해 나 자신을 비난했다."

"저는 정말 어렸을 때 결혼했고 학대적인 관계였다. 남편은 나를 때릴 뿐만 아니라 강간도 했다. 저녁 식사가 그의 입맛에 맞지 않거나 그가 나에게 질문을 하면 내가 그에게 충분히 빨리 대답하지 않는 것처럼 아주 사소한 것이 그를 화나게 만들었다. 그는 주먹으로 나를 때리거나 발로 차곤 했다. 그런 다음 그는 여러 번 내 옷을 찢고 강간했다. 부모님이 타박상에서 무슨 일이 일어나고 있는지 알아내고 그에게서 벗어나도록 도와주었을 때만 멈췄다."

"전 남편이 내 동의 없이 수차례 성관계를 가졌다. 돌이켜보면 우리 결혼은 그런 부분만 빼면 전반적으로 좋은 결혼이었다고 생각한다. 그는 나보다 섹스를 더 원했고 내가 좋아하지 않는 일을 하고 싶어했다. 나는 결코 구타당한 아내가 아니었다. 그가 나에게 손을 댄 유일한 시간은 섹스였다. 우리가 처음 결혼했을 때 갔던 캠핑 여행을 기억한다. 그는 오럴 섹스를 원했고 나는 거절했지만 그는 내 머리를 잡고 내 입 안에 억지로 넣었다. 우리의 성생활은 기본적으로 이렇다. 그가 원하는 건 뭐든, 그가 원할 때마다 우린 했고, 내가 거절하면 그가 날 만들었다. 시간이 지남에 따라 나는 굴복하는 것이 최선이라는 것을 배웠다."

"그는 보는 동안 친구들과 섹스를 하게 했어. 그는 나에게 그들을 위해 옷을 벗고, 랩 댄스를 추고, 그들 위에 내려가서 섹스를 하도록 강요했다. 때로는 동시에 둘 이상이었다. 지금 쓰는 것은 비현실적이다. 어떻게 나에게 이런 일이 일어날 수 있었을까? 저는 똑똑하고 교육을 많이 받았으며 강한 여성이다. 그러나 그것은 일어났다. 처음에는 그가 농담하는 줄 알고 웃었다. 그는 나를 너무 세게 때렸고 나는 실제로 벽에서 튕겨져 나왔다. 그때부터 상황이 더 나빠졌다. 내가 더 많이 울수록 그는 더 흥분되는 것 같았다. 마치 내가 나 자신을 모욕하는 모습을 보며 즐거워했던 것 같다. 그것은 끔찍했다. 나는 치료를 받고 있지만 그가 나에게 시킨 일에 대해 여전히 악몽을 꾼다."

(모든 예제는 작성자의 파일에서 가져옴)

17세기에 매튜 헤일 경(Sir Matthew Hale)이라는 영국의 대법관은 이렇게 썼다. "남편은 자신의 합법적인 아내에게 강간을 저질러서 유죄가 될 수 없다. 그들은 서로 동의하고 계약을 맺었기 때문에, 아내는 이런 식으로 자신을 포기했다." 이 사상은 1950년대에 형법의 일부가 된 미국 사법 제도(영국 관습법에 기초함)에 도입되었다. **부부 강간 면제**(*marital rape exemption*)라고 하는 이 교리는 결혼이 남편의 성적 요구에 대한 아내의 "일종의 일반화된 동의"를 의미하며 따라서 강간을 닮은 남편의 행동은 실제 강간 범죄와 다르다고 명시했다. 이 교리는 모든 주에서 채택되었으며, 대부분의 주에서는 남편이 아내를 강간한 혐의로 기소될 수 없다는 의미로 해석했다. 1970년대에 네브래스카주가 결혼 강간 면제를 폐지한 최초의 주가 되었고 다른 주들도 결국 뒤따랐다. 마지막으로 1993년에 **부부 강간(marital rape)**(가해자가 피해자의 배우자인 동의 없이 성관계)이 50개 주 전체와 컬럼비아 특별구에서 범죄가 되었

부부(친밀한 파트너) 강간[Marital(intimate partner) rape] 가해자가 피해자의 배우자(또는 기타 장기 파트너)인 합의되지 않은 섹스.

다. 그러나 그것은 부분적으로 많은 주들이 배우자 강간 혐의의 제기에 엄격한 제한을 가하기 때문에 기소하기 가장 어려운 범죄들 중 하나로 남아 있다(예: 아내가 공격을 받았을 때 남편에 대해 기존 접근 금지 명령을 요구하거나 비정상적인 폭력의 증거를 요구하는 등).

결혼 생활에서의 성폭력(및 기타 장기간의 헌신적인 연인 관계)을 연구하는 연구자들은 각각 고유한 특징을 지닌 세 가지 유형의 부부 또는 친밀한 파트너 강간을 확인했다(Finkelhor & Yllö, 1985; Groth, 1979; Monson & Langhinrichsen-Rohling, 1998; 또한 Marshall & Holtzworth-Munroe, 2002 참조). 첫 번째, **구타 강간**(*battering rape*)[**분노 강간**(*anger rape*)이라고도 함]은 가정 폭력의 맥락에서 발생한다. 피해자는 배우자로부터 신체적 폭력과 강압적 통제뿐만 아니라 강제 성관계를 경험한다. 이러한 관계에서 가해자는 다양한 형태의 공격을 가하고 종종 성을 표현하는 수단으로 섹스를 사용하여 파트너에게 상처를 준다. 이러한 유형의 부부 강간은 위의 첫 번째 및 두 번째 사례에 나와 있다.

부부간 성폭행의 두 번째 유형은 **강제 강간**(*force-only rape*)[또는 **권력 강간**(*power rape*)]이다. 강제 강간은 일반적으로 심각한 신체적 폭력을 수반하지 않는다. 가해자는 일반적으로 신체적 학대를 하지 않지만 원하지 않는 파트너로부터 성관계를 얻기 위해 강제 또는 강압을 사용한다. 이러한 유형의 부부 강간은 세 번째 사례에서 설명된다. 여기서 가해자의 의도는 해를 입히는 것이 아니라(공격으로 인해 부상이 발생할 수 있음) 부부의 성적 상호작용을 통제하고 파트너를 지배하려는 것이다.

가학적 강간(*sadistic rape*)[**강박 강간**(*obsessive rape*)이라고도 함]은 다른 두 가지 형태의 부부 강간보다 훨씬 덜 일반적이며 파트너를 성적으로 괴롭히고 학대하려는 가학적 욕망에 의해 동기가 부여된다. 가해자는 파트너에게 굴욕적이고 일탈적이며 고통스러운 성행위를 하도록 강요하는 데 집착한다. 강박적인 강간범은 파트너의 굴욕으로부터 많은 즐거움을 얻고 이러한 성적 목표를 달성하기 위해 기꺼이 신체적 폭력을 사용한다. 위에서 제공한 마지막 사례는 이러한 유형의 친밀한 파트너 강간을 보여준다. 이러한 유형의 강간범을 이해하는 데 14장의 성적 가학적 장애에 대한 섹션이 도움이 될 수 있다.

흥미롭게도, 유죄 판결을 받은(종종 연속적인) 강간범에 대한 연구에서도 이러한 세 가지 유형의 폭행 패턴이 존재한다는 증거를 제공했다. 비록 피해자는 일반적으로 낭만적인 파트너와 달리 낯선 사람이다(Groth et al., 1977 참조). 이러한 강간범 중 다수는 성폭행을 저지르는 근본적인 동기가 분노, 권력 또는 사디즘에서 비롯되었는지 여부에 따라 분류될 수 있다(McCabe & Wauchope, 2005; Pardue & Arrigo, 2008 참조).

개인적인 생각 Personal Reflections

낯선 사람이나 친밀한 파트너에게 권력, 지배, 통제 또는 분노를 표현하기 위해 성을 사용한 적이 있는가? 그렇다면 어떤 상황에서? 왜 섹스를 이러한 욕망과 감정의 출구로 사용한다고 생각하는가?

결혼/친밀한 파트너 강간의 유병률에 대해 신뢰할 수 있는 추정치를 얻기는 어렵지만 조사에 따르면 미국에서 기혼 여성의 약 10%에서 14%(그리고 구타를 당한 아내의 약 절반)가 피해자였다(Martin et al. 2007). 이러한 강간은 지인에 의한 강간보다 물리적으로 더 폭력적인 경향이 있으며(Finkelhor & Yllö, 1985; Stermac et al., 2001), 종종 가해자가 약물이나 알코올을 사용하는 것과 관련이 있다(Coker et al., 2000). 다른 나라에서는 추정치를 얻기가 훨씬 더 어렵다. 부분적으로는 많은 사람들이 부부 강간을 범죄로 인식하지 않고 따라서 그러한 폭행이 당국에 의해 문서화되지 않기 때문이다(상자 15-A 참조).

집단 강간 Gang Rape

2012년 12월, 인도의 뉴델리에서 23세 물리치료 학생을 잔인하게 강간했다는 보고가 전 세계를 경악하게 했다. 영화를 본 후, 젊은 여성과 그녀의 남자 동반자는 집으로 돌아가는 버스를 탔다. 이 과정에서 남성은 구타를 당하고 부상을 당했고, 젊은 여성은 다른 승객 6명(운전자 포함)에게 각각 강간당하고 쇠창살로 관통됐다. 이후 두 사람은 버스에서 내동댕이쳐져 도로에 방치됐다. 여러 번의 수술에도 불구하고 강간으로 인한 내부 부상은 너무 심각하여 피해자는 12일 후에 사망했다(2012년 12월 28일 "Delhi 집단 성폭행 피해자 사망" 참조). (2013년 4월 2일 광범위한 대중의 압력에 대응하여 인도 정부는 집단 강간 가해자에 대해 더 가혹한 형을 부과하는 법률을 통과시켰다. 불행히도 이러한 조치는 집단 강간 및 기타 형태의 성폭력을 막는 데 효과적인 것으로 보이지 않는다; Perry & Pokharel, 2016 참조).

집단 강간(gang rape)은 피해자가 한 명 이상의 공격자에게 폭행을 당하는 경우를 말한다. 슬프게도 여성에 대한 이러한 유형의 성폭력은 세계 여러 지역에서 흔히 발

집단 강간(Gang rape) 피해자가 한 명 이상의 공격자에게 폭행을 당하는 강간.

그림 15-6
뉴델리 학생들이 모여 성폭력에 항의하고 최근 성폭행 피해자들에 대한 정의를 요구하고 있다.

출처: Sajjad Hussain /AAFP/Getty Images

생한다(상자 15-A 참조). 미국에서는 강간 피해자의 약 10%가 여러 명(2명 이상)의 가해자에게 폭행을 당한다(Planty et al., 2013). 일부 집단 강간은 대학 캠퍼스에서 친목회 회원들에 의해 자행된다[여기에는 종종 과음과 남성주의가 강조되고 강간 미신이 받아들여질 가능성이 더 높다(나중에 섹션 참조); Sandy, 1990; McMahon, 2010].

> "16살 때 저는 매우 매력적이고 반항적인 십대였다. 어느 금요일 밤에 친구들과 나는 친목회 파티에 가기로 결정했다. 나는 약을 좀 먹었고 술을 많이 마셨다. 많은 남자들과 춤을 추다가 얼마 전부터 좋아하던 남자가 춤을 추자고 했다. 우리는 얼마 동안 춤을 추었고 마침내 그는 나에게 뒷방에서 열리는 작은 사적인 파티에 가자고 했다. 우리가 방에 들어갔을 때 나는 그의 친구 네 명이 침대 주위에 서 있는 것을 보았다. 친구가 내 옷을 벗기 시작하는 동안 나와 함께 있던 남자가 나에게 키스를 시작했다. 저항해 보았지만 다섯 쌍의 손이 나를 잡아도 소용이 없었다. 각자 차례를 지킨 후 저를 그냥 남겨두고 누군가에게 말하면 저를 죽일 것이라고 말했다."
>
> "친구 파티에서 세 남자에게 강간을 당했다. 룸메이트와 나는 자매 모임에 가입하도록 초대를 받았고 우리 둘 다 첫 번째 큰 파티에 참석하게 되어 기뻤다. 우리는 모두 술을 마시고 춤을 추며 즐거운 시간을 보냈다. 나는 결국 이 귀여운 녀석과 함께 집 뒤편에 있는 오락실로 가서 당구를 치게 되었다. 우리가 거기에 도착했을 때 다른 두 사람이 거기 있었고 그 중 한 명이 우리가 다른 게임을 하자고 말했다. 같이 있던 남자가 나를 안아 당구대 위에 올려놓고 키스를 시작했다. 나는 내리려고 했지만 그가 나를 밀고 있었고 내 다리가 갇혔다. 그는 내 치마를 밀어 올리고 내 위로 올라탔고 그것은 끔찍했다. 그런 다음 그의 두 친구가 그것을 했다. 나는 울면서 그들이 사라질 때까지 거기에 누워 있었다."
>
> (모든 예제는 작성자의 파일에서 가져옴)

집단 강간에는 종종 고유한 역동성이 있다. 혼자 행동하는 개인은 성폭행을 할 수 없지만 그룹의 구성원이 되는 것은 종종 개인의 책임과 자신의 행동에 대한 책임을 상실하는 특별한 상황을 만든다(O'Sullivan, 1991). 다른 가해자의 협조와 연루로 강간을 저지르는 사람은 책임을 회피하거나 분산시킬 수 있으며("결국 나 혼자만 하는 것은 아니다") 심지어 자신의 행동을 정당화할 수도 있다("그들이 다 하고 있다. 그래, 그러니 괜찮아야 해."). 또한 집단 강간에 참여하는 것은 집단에 대한 충성심을 나타내는 방법일 수 있으며, 주저하는 개인은 겁쟁이로 보이지 않기 위해 참여하기로 결정할 수 있다(Sanday, 1990).

"내가 한 일이 자랑스럽지 않고 돌이켜 보면 설명할 수 없다. 축구 장학금으로 대학에 입학했다. 작은 학교라 경력를 쌓을 수 있는 건 아무것도 없지만 그래도 그 친구들은 여전히 캠퍼스의 거물들이었어, 알지? 모든 사람들이 그들을 사랑했고, 저는 새로운 아이였고 그들이 나를 좋아해주기를 바랐다. 첫 경기가 끝난 후 집에서 파티가 열렸다. 거기에 이 동네 사람이 있었다. 귀엽고 완전히 별이 되었고 거기에 흥분했다. 내가 친해진 한 남자가 나에게 보여줄 것이 있다고 말했을 때 나는 놀고 있었다. 그가 나를 침실로 데려갔을 때, 그곳에는 다른 선수와 함께 침대에 누워 있는 동네 사람이 있었다. 나는 그녀가 우는 것을 볼 수 있었고 화장이 얼굴 전체를 뒤덮고 있었다. 나는 거기에 서 있었고, 내 친구가 그녀를 괴롭혔을 때 아무것도 하지 않았기 때문에 충격을 받은 것 같다. 그러자 그는 내 차례라고 말했다. 나는 떠났어야 했는데 그러지 못했다. 왜 그런지는 모르겠지만, 그들과 어울리고 싶었기 때문일 것이다."

(저자의 파일에서)

집단 강간 가해자는 단독 강간 가해자보다 피해자에게 더 낯선 사람일 가능성이 높으며 집단 강간은 개인이 저지른 강간보다 더 폭력적이고 피해자에게 더 많은 부상을 입히는 경향이 있다(Morgan et al., 2012). 이것은 부분적으로 그룹 내에서 발전하는 역학 때문일 수 있다. 특히, 각 구성원은 억제력을 상실하고 다른 구성원을 능가하는 도전을 느낄 수 있다(Gidycz & Koss, 1990). 이 섹션의 서두에서 언급한 야만적인 강간이 보여주듯이 그들은 서로를 미끼로 끔찍하게 충격적인 행동을 할 수도 있다.

법정 강간 Statutory Rape

미국의 모든 주에는 미성년자(아동)와 관련된 성행위를 다루는 법률이 있다. 또한 많은 주에는 **법정 강간(statutory rape)** 범죄를 구체적으로 다루는 법률이 있으며, 이를 때때로 **청소년에 대한 육체적 지식**(*carnal knowledge of a juvenile*)이라고도 한다. 이 법은 성인이 **법적 동의 연령**(*legal age of consent*) 미만인 사람과 성관계를 갖는 것을 불법으로 규정한다. 미국의 여러 주에서 섹스에 동의할 법적 자격이 있는 사람으로 간주되는 연령은 16세에서 18세 사이이다. (전 세계적으로, 동의 연령은 일부 국가에서는 12세에서 다른 국가에서는 20세까지 다양하다.) 이러한 법률의 근거는 미성년자들이 성관계의 의미와 결과를 아직 완전히 이해할 수 없기 때문에 성에 대한 정보에 근거한 동의를 할 수 없다는 것이다. 그러므로 이 법들은 어린이와 청소년이 나이 든 사람들에 의해 이용되는 것을 보호하기 위해 마련되었다.

법정 강간(Statutory rape) 성인과 아직 법적 "동의 연령"이 아닌 파트너 간의 성교(그 파트너가 성행위에 동의하더라도). 때때로 "청소년의 육신적 지식"이라고도 한다.

성적으로 활발한 청소년의 수가 증가함에 따라, 많은 주에서도 **로미오와 줄리엣 법**(*Romeo and Juliet laws*)을 시행하고 있다. 이 법은 약간 어린 다른 십대와 합의한 성관계를 한 십대 청소년이 특정 연령 차이 내에 있는 한 법정 강간으로 기소되지 않도록 보호한다. 따라서 15세 여자 친구와 성관계를 가진 17세 소년은 법적 강간을 저지르지 않았지만, 15세 여자 친구와 성관계를 가진 25세 남자는 법적 강간을 저질렀다.

남성과 여성 모두 법정 강간을 저지를 수 있다. 그러나 사회가 남성 대 여성 가해자를 대하는 방식에 대해서는 이중 잣대가 있는 것 같다. 미성년자와 성행위를 하는 성인 남성이 관련된 상황은 일반적으로 사회적 분노를 불러일으키며 가해자는 종종 기소된다(나중에 "아동에 대한 성적 학대" 섹션 참조). 그러나 가해자가 청소년 소년을 희생시키는 성인 여성인 경우 법은 다른 입장을 취한다. 십대 소년을 성추행한 여성이 임신하여 자녀를 가졌을 때 십대 소년에게 양육비를 지불하라는 명령을 받은 여러 문서화된 사례(예: 아리조나, 캘리포니아, 캔자스, 오하이오)가 있다(Smith, 2014 참조). 이 이중 잣대는 본질적으로 이 젊은이들을 재희생시킨다.

법정 강간법은 청소년뿐만 아니라 정신장애인에게도 종종 적용된다. 획기적인 사건은 글렌 리지 갱단 강간 사건이었다. 1989년에는 뉴저지주 글렌 릿지에서 7명의 십대들이 정신 장애가 있는 17세 소녀에게 성관계를 갖도록 유인한 혐의로 체포되었다. 성교 외에도 막대기, 빗자루 손잡이, 소형 야구 방망이로 폭행을 당했다. 피해자는 성관계에 동의했고 12세부터 성생활을 했다고 주장하지만, 피고인은 검찰에서 그녀의 IQ가 64이고 사회성이 8세에 불과하다는 사실이 밝혀져 유죄가 선고됐다. 그녀의 행동을 완전히 이해하지 못한다. 법적으로 동의(또는 저항)할 수 없는 사람과의 성행위(나이, 신체 무능력, 인지 또는 정신장애로 인해)는 폭행이라는 사실을 기억하시오.

동성 강간과 강제
Same-Sex Rape and Coercion

15.5 동성 성폭행에 대한 주제에 대해 토론한다. 이러한 유형의 폭행이 널리 퍼져 있는지에 대한 신뢰할 수 있는 추정치를 찾기 어려운 이유를 설명한다. 남성 강간의 특징에 대해 토론한다.

"남자는 강간할 수 없다. 잘 알려진 사실이다."

"여자만 강간당할 수 있다."

"여성 강간범 같은 건 없어.

> "강간당한 남자는 아마도 게이일 것이다. 그가 이성애자라고 생각하더라도 아마 아닐 것이다."
>
> "동성애자만이 다른 남자를 강간할 수 있다. 진지하게."
>
> (모든 예제는 작성자의 파일에서 가져옴)

우리 학급의 몇몇 학생들이 한 이러한 논평은 여성만이 강간당할 수 있고, 남성은 강간될 수 없으며, 게이 남성만이 남성 강간의 피해자 및/또는 가해자가 될 수 있다는 개념을 포함하여 강간과 관련된 일반적인(그리고 부정확한) 믿음을 드러낸다(McGee et al., 2011; Turchik & Edwards, 2012 참조). 대부분의 성폭력은 남성 가해자와 여성 피해자가 관련된 경우가 대부분이다. 그러나 강간과 강압은 동성 개인의 성적 취향에 관계없이 동성 사이에서 발생할 수 있고 실제로 발생할 수 있다. 따라서 여성은 다른 여성에게 폭행을 당할 수 있고 남성은 다른 남성(또한 여성에게)에 의해 폭행을 당할 수 있다. 그리고 동성애자(또는 이성애자)는 동성애자(또는 이성애자)에게 폭행을 당할 수 있다.

동성 폭행에 대한 범죄 데이터는 제한적이다. 왜냐하면 우리가 논의한 바와 같이 FBI가 최근에야 강간에 대한 정의를 남성 간 강제적인 질 성교 이상으로 확장했기 때문이다. 그러나 전국적인 조사에 따르면 여성이 다른 여성에게 강간을 당하는 사례는 일반 인구에서 비교적 드문 것으로 나타났다. 예를 들어, Laumann et al.(1994)의 조사에서 여성 응답자 1,000명 중 6명만이 원치 않는 성행위를 다른 여성에게 강요받은 적이 있다고 보고했다. 여성 동성 성폭행의 비율은 수감자들 사이에서 더 높으며, 여성 교도소 재소자의 약 7%가 다른 수감자에게 성폭행을 당했다고 보고하고 추가로 2%가 교도소 직원에게 피해를 입었다고 보고했다(Beck et al., 2013).

남성 강간(male rape)(피해자가 남성인 강간)에 대한 추정치는 특히 얻기 어렵다. 부분적으로는 당국에 자신의 폭행을 신고하려는 남성이 거의 없기 때문이다. 그러나 전국적인 피해자 조사에 따르면 남성의 거의 2%(또는 거의 200만 남성)가 일생 동안 강간 또는 강간 미수를 경험했다고 보고했다(Black et al., 2011; Breiding et al., 2014). 2015년에 미국에서 약 63,000명의 남성이 성폭행의 피해자라고 보고했다(Bureau of Justice Statistics, 2016c). 이는 남성 10만 명당 40건의 성폭력 발생률을 의미한다.

남성 강간은 남성 간 강간과 몇 가지 공통점을 공유한다. 첫째, 여성과 마찬가지로 남성도 남성에게 강간당하는 경향이 있다. 둘째, 여성과 마찬가지로 남성도 낯선 사람보다 아는 사람에게 폭행을 당할 가능성이 더 크다. 2015년에는 남성 강간 피해자의 22%만이 낯선 사람에게 폭행을 당했다. 나머지(78%)는 친구나 지인에게 강간을 당했다(Bureau of Justice Statistics, 2016d). 그러나 남성 강간 피해자는 여성 강간 피해자보다 어린 시절에 강간을 당했을 가능성이 더 높다. 사실, 남성 피해자의 대다수는 폭행 당시 19세 미만이었다(Choudhary et al., 2012).

> "저는 24살의 남자이다. 내 상황에 있는 다른 사람들에게 도움이 될 수 있을 것 같아서 이 글을 쓴다. 9살 때 3명의 친구에게 강간을 당했다. 그들은 나를 집에 초대해 '스트립 포커'를 했다. 게임을 할 줄 몰라서 셔츠를 벗었다. 마지막으로 속옷이 벗겨졌다. 이때 16세의 맏형이 자기 성기를 가지고 놀라고 했다. 나는 거절했고 그는 내 얼굴을 때렸다. 나는 울기 시작했고 그는 나를 계속 때렸다. 나는 아직도 그의 표정을 기억한다. 어쨌든 그들은 모두 자신의 성기를 빼앗고 계속해서 저를 강간했다. 나는 아직도 그것에 대해 악몽을 꾼다. 나는 아직도 그 피와 고통과 수치를 기억한다. 그들에게 무슨 일이? 아무것도. 올해까지만 해도 아무에게도 말하지 않았다."
>
> "초등학교 6학년 때 가장 친한 친구(2학년 연상)와 함께 자위를 했다. 우리는 게이가 아니었고 여자를 좋아했지만 우리의 몸과 변화가 궁금했다. 누구의 생각이었는지 기억나지 않지만 어느 날 우리는 서로 자위를 했다. 우리는 잠시 동안 그렇게 했다. 그러던 어느 날 그는 어른들이 했다고 들어본 다른 것을 시도해야 한다고 말했다. 자기 성기를 빨라고 하더군. 나는 원하지 않았지만 그는 내가 하지 않으면 나를 납작하게 만들겠다고 말했다. 그 후로는 거의 매번 해야만 했다. 어느 날 그가 나를 시키지 않았다는 것을 제외하고, 대신 그는 나를 강간했다. 우리는 알몸이었고 그는 나와 씨름하고 침대에서 나를 밀쳤다. 나는 그의 밑에 있었고, 마주보고 있었고, 나는 그가 나를 밀고 있는 것을 느꼈다. 당시만 해도 성폭행을 당했다는 사실을 몰랐지만 얼마나 마음이 아팠고 잘못됐다고 생각했는지 기억한다."
>
> (모든 예제는 작성자의 파일에서 가져옴)

성인 남성 중 성폭행은 다른 집단보다 일부 집단에서 더 흔하다. 예를 들어, 자신을 게이 또는 양성애자로 식별하는 남성은 특히 높은 비율의 성희롱을 경험하는 경향이 있다. 게이 또는 양성애자 남성의 약 12%에서 40%가 신체적으로 원치 않는 성교를 강요당했다고 보고하며, 대부분은 파트너에 의해 이루어진다(Peterson et al., 2011 참조). 죄수들 사이에서도 높은 비율이 발견된다. 대부분의 남성 수감자는 강간당하지 않지만(Turchik & Edwards, 2012), 감옥은 성인 남성이 다른 남성의 손에 성폭행을 당할 가능성이 더 높은 환경으로 남아 있다. 최근 국가 범죄 통계에 따르면 교도소 또는 교도소에 있는 남성의 13%가 지난 12개월 동안 다른 수감자에게 한 번 이상 성폭행을 당했다고 보고했다. 이 남성의 대부분(92%)은 비 이성애자(즉, 동성애자 또는 양성애자)였다(Beck et al., 2013). 자신의 성적 취향에 관계없이 감옥에서 강간당한 남성은 종종 여러 명의 가해자(즉, 집단 강간을 경험함)가 있으며, 가해자는 대

남성 강간(Male rape) 피해자가 남성인 강간.

상자 15-A 다문화적 관점

전 세계의 성폭행

15.6 전 세계의 성폭행과 관련된 법률 및 만연한 상황에 대해 논의한다. 특정 문화에 존재하는 성폭력의 양을 예측하는 데 중요해 보이는 요인과 성폭력을 줄이는 가장 좋은 방법을 설명한다.

우리는 이 장에 포함된 주제에 대한 대부분의 논의를 미국에 집중했다. 그러나 성폭행은 미국에만 국한되지 않는다. 실제로 여성에 대한 성폭력은 세계의 다른 많은 지역에서 훨씬 더 자주 발생한다. 이것은 엄격한 성 역할을 강조하고 남성의 지배와 공격성을 미화하며 여성의 복종적인 지위를 조장하는 가부장적 문화 지향을 가진 국가에서 특히 그렇다. 이러한 국가들은 일반적으로 여성의 섹슈얼리티에 대해 매우 제한적인 태도를 취하는 동시에(11장, 상자 11-C 참조) 남성의 성희롱과 여성의 착취를 조장한다. 당연히 그들은 가장 높은 성범죄율을 보이는 경향이 있다. 예를 들어, 남아프리카 공화국은 연간 약 600,000건의 강간이 발생하는 "세계의 강간 수도"로 알려져 있다는 모호한 구별이 있다. 인터폴에 따르면 여성은 17초마다 강간을 당하며 전체 여성의 약 절반이 일생에 한 번 이상 강간을 당한다. 이것은 남아프리카에 사는 여성이 글을 배우는 것보다 강간을 당할 확률이 더 높다는 것을 의미한다. 남아프리카 공화국 의료 연구 위원회의 레이첼 주크스(Rachel Jewkes)가 실시한 대규모 커뮤니티 설문조사(Jewkes et al., 2009)에 따르면 남성의 거의 30%가 강간을 저질렀으며 약 10%는 집단 강간에 가담했다고 밝혔다. 대부분의 강간범(73%)은 20세 이전에 첫 성폭행을 했으며, 약 절반(46%)은 여러 여성을 강간했다고 보고했다.

많은 국가, 특히 가부장적이고 성적으로 전통적인 국가에서 성폭력의 만연에 대한 정확한 정보를 얻는 것이 불가능하지는 않더라도 어렵다는 것을 인식하는 것이 중요하다. 일부 형태의 여성에 대한 성폭력은 범죄로 간주되지 않기 때문이다. 예를 들어, 부부 강간은 북미, 남미 및 서유럽에서 범죄이다. 그러나 아프리카(예: 케냐, 우간다, 나이지리아), 중동(예: 이란, 요르단, 사우디아라비아), 아시아(예: 파키스탄, 아프가니스탄, 중국)의 약 40개 국가에서 남성은 아내를 강간할 법적 권리가 있다. 중국의 1,100명 이상의 기혼 여성을 대상으로 한 커뮤니티 설문조사에 따르면 거의 1/3(32%)이 남편에 의해 5년 이상 반복적으로 성관계를 강요당했다고 밝혔다. 이러한 여성들 중 40%는 강간으로 인한 신체적 상해를 경험했다(Parish et al., 2007). 더 높은 추정치가 다른 연구자에 의해 보고되었다. 짐바브웨에서 실시한 전국 조사에 따르면 기혼 여성의 78%가 남편에게 강제로 성관계를 맺은 것으로 나타났다(Feldman & Maposherre, 2003). 일부 국가에서는 아내가 특정 연령 미만인 경우에만 부부 강간이 불법이다(예: 싱가포르에서는 13세 미만, 인도에서는 15세 미만). 그리고 다른 국가(예: 레바논, 몰타)에서는 남성이 나중에 여성 피해자와 결혼할 경우 강간으로 기소될 수 없다.

강간은 심지어 세계의 일부 지역에서 처벌로 사용된다. 2002년 파키스탄의 한 마을 의회는 30세의 무크타르 마이(Mukhtar Mai)가 라이벌 가문의 소녀와 관계를 가졌다는 의혹을 이유로 집단 강간을 명령했다. 마이는 자신의 폭행에 대해 침묵하기를 거부했으며 이후 파키스탄과 전 세계의 여성 인권 운동가가 되었다(Moreau & Hussain, 2005). 유감스럽게도 마이가 겪었던 것과 같은 폭행이 계속 발생하고 있다. 2014년에 인도의 한 커뮤니티의 마을 장로들은 젊은 여성(폭행 중 중상을 입었음)이 다른 커뮤니티의 남자와 관계를 맺고 있다는 이유로 집단 강간을 명령했다(Smith, 2014).

(비혼) 강간이 기소될 수 있는 곳에서도 많은 강간 피해자들은 공격에 대한 비난을 받을까 두려워 앞으로 나서는 것을 두려워한다. 그러한 두려움은 정당하다. 이슬람 국가와 세계의 다른 지역에서 강간 피해자는 "불명예스러운" 것으로 간주되어 지역 사회에서 쫓겨난다. 소말리아에서는 13세 Aisha Duhulow가 할머니를 만나러 도보로 여행하던 중 세 명의 남성에게 성폭행을 당했다. 그녀는 지방 당국에 보호를 요청했지만 대신 그녀를 간통죄로 기소하고 샤리아(이슬람) 법에 따라 사형을 선고했다. Aisha는 축구 경기장으로 끌려가 그라운드 한가운데에 목까지 묻힌 후 관중 앞에서 50명의 남성에게 돌로 맞아 사망했다("강간 피해자 돌에 맞아 사망", 2008년 11월 4일). 피해자 비난은 성 평등과 성폭력 예방에 높은 가치를 두지 않는 문화에서 특히 흔하고 가혹하다. 많은 강간 피해자들이 침묵하는 것이 이상한 일이겠는가?

연구원, 인권 옹호자, 많은 정책 입안자들은 여성에 대한 성희롱이 폭력과 성적 권리를 중심으로 하는 남성다움의 개념과 엄격한 젠더 위계질서를 특징으로 하는 모든 국가에서 만연할 것이라고 믿는다. 우리는 여성의 기여에 높은 가치를 두고 남성과 여성의 협력과 평등을 강조하며 남성을 공격적이지 않게 키우려고 하는 문화에서는 성폭력이 훨씬 덜 발생한다는 것을 알고 있다(Watson-Frank, 2002). 섹슈얼리티, 타인에 대한 윤리적 대우(성적이든 비성적이든), 성 평등에 관한 교육은 우리나라와 전 세계에서 성희롱을 줄이는 최선의 희망일 수 있다. 그러한 교육은 일찍 시작되어야 한다. 자녀에게 어떤 유형의 가치를 가르칠 것인가?

개 이성애자이다(Cotton & Groth, 1982).

남자가 여자에게 성폭력을 당할 수 있을까?

Can a Man Be Raped (Sexually Assaulted) by a Woman?

"남자는 여자에게 강간을 당할 수 없다. 강간은 여성에 대한 남성의 행위이지 남성에 대한 여성의 행위가 아니다."

"여자가 남자를 강간하는 것은 물리적으로 불가능하다. 그건 그냥 안 될 거야."

"남자가 여자에게 강간을 당할 수 있다고 생각하지 않는다. 그가 남몰래 그렇게 되고 싶어 하지 않는 한 말이야. 그가 정말로 그녀와 섹스를 원하지 않는 한 그의 음경은 반응하지 않을 것이다."

(모든 예제는 작성자의 파일에서 가져옴)

우리 학생들의 의견에 표현된 신념에도 불구하고 위에 제기된 질문에 대한 대답은 "예"이다. 사실 남자가 여자에게 성폭행을 당할 수 있는 방법은 여러 가지가 있다. 그는 손가락이나 다른 물건으로 여성의 항문을 관통할 수 있고, 구강성교를 주거나 받도록 강요당하거나 강요받을 수 있으며, 여성을 질 또는 항문으로 삽입하도록 강요할 수 있다.

많은 사람들은 특히 두려움, 공포, 혐오감, 욕구 부족 및 기타 불쾌한 감정을 경험할 때 남성이 발기될 수 있다는 것을 믿기 어려워하지만 실제로 발생한다. 사렐과 마스터스(1982)는 남성이 여성 또는 여성 그룹에 의해 납치된 후 강제로(종종 무기를 사용하여) 성교를 한 여러 사례를 보고했다. 실제로, 최근 전국 조사에 참여한 남성의 거의 4%가 여성에게 성적으로 삽입하도록 강요당했다고 보고했다. 추가로 5%는 여성과 원치 않는 성관계를 강요받았다고 말했다(Black et al., 2011; Breiding et al., 2014 참조). 고등학생들 사이에서도 비슷한 비율이 발견되었으며, 5%의 남학생이 원하지 않을 때 강제로 성교를 했다고 보고했다(Eaton et al., 2012).

"내 기숙사에서 일어난 일이야. 우리는 파티를 하고 있었고 나는 친구였던 이 여자를 만났다. 우리는 파티에 가기 전에 내 방에서 음악을 들으며 촬영을 하고 있었다. 그녀는 나에게 몸을 기대고 키스했고 내가 그녀를 그렇게 좋아하지는 않았지만 술에 취해 한 가지 일이 다른 일로 이어졌다. 그런 다음 그녀는 내 벨트 버클을 풀기 시작했다. 이 일로 저는 갑자기 정신을 잃었고, 저는 그녀를 밀어내고 우리의 우정을 망치지 말라고 말했다. 그녀는 멈춰 서서 농담을 했고 우리는 더 많은 샷을 했다. 그 다음에 기억나는 건 바지를 내리고 누워서 섹스하는 거였다. 나는 이런 일이 일어나길 원하지 않았다. 오랫동안 성병에 걸릴까 봐 걱정했다"고 말했다.

"나는 당신이 너무 취해서 동의할 수 없다면 누군가를 이용하거나 이용해서는 안 된다고 굳게 믿는다. 나는 개인적으로 너무 만취해서 동의하지 못하는 상황에 처한 적이 있다. 내가 아는 한 여자가 내가 파티에 참석하는 동안 나를 이용했다. 나는 알몸으로 일어났고, 화장실에서 기절했다. 사람들에게 내 이야기를 하면 엇갈린 메시지를 받게 된다. 어떤 사람들은 내 배신을 정당화하고 대부분의 다른 사람들은 비웃을 것이다. 대부분의 경우 사람들은 내가 '원하지 않으면' 내 페니스가 어떻게 기능하는지 혼란스러워했다. 저는 아주 어린 나이에 남성도 여성만큼 성차별적 고정 관념으로 고통받는다는 것을 깨달았다. 남성이 성을 통제할 것으로 기대되지만 비난의 대상은 평등해야 한다. 의식을 잃어서는 안 되며, 자신을 통제할 수 없는 사람을 이용해서는 안 된다. 성별에 관계없이 합의하지 않은 성관계의 위험성에 대해 인식을 심어줄 필요가 있다."

"아내에게 성폭행을 당했다. 그녀는 좋은 사람이지만 많은 정신적 문제가 있다. 그녀는 두 번이나 내 항문 안에 나무 숟가락 손잡이를 넣어 나를 다치게 했다. 두 번 다 내가 잠들었을 때이다. 아무에게도 말하고 싶지 않다. 부끄럽다고 말했다."

"저는 정말 오랜 시간 일하고 전일제 학생이다. 나는 섹스에 너무 지쳤다. 여자친구에게 이 사실을 말하지만, 그녀는 내가 '내 의무를 다하고' 해야 한다고 생각한다. 그녀는 내가 동의할 때까지 계속 나에게 잔소리를 할 것이다. 내가 발기하지 못하면, 그녀는 내가 성교를 할 수 있을 만큼 충분히 단단해질 때까지 그녀의 입이나 손으로 나를 다룰 것이다. 그녀가 올 때까지 하다가 그만둔다. 보통 나는 내 스스로 끝내지도 않는다. 나는 분명히 내 자신을 즐기지 않으며, 그것을 하지 않는 것이 더 낫다."

(모든 예제는 작성자의 파일에서 가져옴)

여성 자신은 파트너가 성적 요구를 따르도록 하기 위해 때때로 강압과 힘을 사용했다고 보고한다(Anderson & Struckman-Johnson, 1998; Muehlenhard & Cook, 1988; Struckman-Johnson et al., 2003 참조). 사실, Muehlenhard(1998)는 거의 많은 남성이 여성만큼 성적인 강압의 희생자임을 발견했다. 그러나 다음과 같은 중요한 차이점이 있다. 남성들에 의해 사용되는 강요는 종종 육체적인 반면, 여성들에 의해 사용되는 강요는 일반적으로 언어적인 것이다(Larimer et al., 1999; Próspero & Fawson, 2010 참조).

강간의 남성 피해자는 종종 여성 강간 피해자와 유사한 장기적 문제를 겪는다("강간에 대한 반응" 참조). 또한 많은 남성 피해자들은 성적으로 강압적인 상황에서 신체적으로 대응할 수 있었기 때문에 죄책감을 느끼거나 자신에게 문제가 있다고 보고한다(Masters, 1986; Sarrel & Masters, 1982). 그러나 연구에 따르면 발기 및 사정은 부분적으로만 자발적인 통제 하에 있으며 극도의 압박을 받을 때 욕망이나 육체적 쾌락이 없을 때 발생할 수 있다(Bullock & Beckson, 2011). **우리는 이 섹션에서 누구나 성희롱을 당할 수 있으며 피해자가 자신의 공격에 대해 책임을 지지 않는다는 점을 다시 한 번 강조하고 싶다.** 단순히 남성이 육체적으로 발기가 가능하고 사정할 정도로 성교를 할 수 있다고 해서 그가 이 활동에 참여하고 싶어하거나 동의한다는 의미는 아니다.

강간과 관련된 요인
Factors Associated with Rape

15.7 강간과 관련된 다양한 요인을 확인하고 설명한다.

강간은 의심할 여지 없이 많은 변수와 연관되고 여러 출처에서 비롯되는 복잡한 현상이다. 성폭행 문헌과 대규모 실증적 조사에 대한 포괄적인 검토는 강간 가능성을 조장하거나 억제하는 데 도움이 될 수 있는 여러 요인을 확인했다(Gannon & Ward, 2008 참조). 일반적으로 이러한 요인

표 15-2 성폭행과 관련된 변수

범주	개별 변수
개인적 요인	•생물학적 섹스 •하이퍼젠더 •태도와 신념 o 이질적 신념과 태도 o 강간 신화 수용 o 여성에 대한 적대감 o 여성의 대상화 o 여성에 대한 폭력을 수용할 수 있다는 믿음 o 행동에 대한 개인적 책임의 부인 o 공감과 관점 수용의 부족 •강간 관련 자극에 대한 성적 흥분 •알코올 또는 약물 사용 또는 남용
대인관계 요인	•파트너 간의 권력 차이 또는 불평등 •가정 폭력 •성적인(잘못된) 의사소통 o 간접적, 비언어적, 모호한 공개 또는 행동 o 변변찮은 저항 o 규정 준수 •가족/발달 병력 o 성폭력에 노출 o 방치 또는 신체적 학대에 대한 노출 o 부모 간 학대에 노출
환경적 요인	•또래의 압력 •하이퍼젠더 "남성 전용" 그룹의 회원 자격 (예: 미국 대학 남학생 사교클럽) •미디어(성적으로 착취적이고 공격적인 이미지에 노출) •성 불평등, 남성의 성적 우위와 특권, 남성의 공격성을 조장하는 사회적 또는 문화적 규범, 관습 및 법률 •(가능한 부산물) 옛 환경에서 번식 성공과 관련된 진화 과정

은 개인 요인, 대인 관계 요인 및 환경(사회/문화/진화) 요인의 세 가지 범주 또는 범주로 나눌 수 있다(**표 15-2** 참조).

개인적 요인 Personal Factors

개인적인 요인과 관련하여 우리는 생물학적 성이 강간과 관련이 있다는 사실을 이미 논의했다. 대부분의 가해자는 남성이고 대부분의 피해자는 여성이다. 또한 남성과 여성은 강간에 대한 인식과 신념도 다르다. 예를 들어, 데이트 강간을 묘사하는 시나리오를 평가하라는 요청을 받았을 때, 남성은 일반적으로 여성 피해자를 여성보다 성적으로 더 기꺼이 여기는 것으로 본다. 게다가 남성들은 또한 여성 피해자가 강간에 더 책임이 있으며 남성 가해자의 행동이 여성보다 더 정당하다고 믿는다(리뷰는 van der Bruggen & Grubb, 2014 참조).

사람들이 전통적인 성역할에 동의하고 제정하는 정도를 포함하여 다른 개인 또는 성향 특성도 성적 강제 및 강간과 관련이 있다. **하이퍼젠더(hypergender)**는 과장된 성 역할 고정 관념을 지지하고 완고하게 고수하는 성향으로 정의된다. 남성성 과잉(*hypermasculinity*)을 지닌 남성은 폭력이 남성적이며, 위험하고 위험한 행동이 흥미진진하며, 지배와 경쟁이 다른 사람들과 상호작용하는 적절한 방법이며, 감정과 협력(및 기타 "여성적" 속성)이 부적절하며, 남성적이지 않고 여성은 성적인 대상이다(Burk et al., 2004; Corprew et al., 2014; Mosher & Sirkin, 1984). 여성성 과잉(*hyperfemininity*)을 지닌 여성은 남성을 끌어당기는 능력으로 자신을 정의하고, 여성을 사회적으로나 경제적으로 남성에게 종속시키는 전통적인 관점을 갖고, 자신을 성적 대상으로 간주하고, 남성의 고정 관념적인 "남성적" 행동을 가치 있게 여긴다. 그리고 남성에게 영향을 미치기 위해 자신의 섹슈얼리티, 신체적 속성 및 "여성성"의 사용을 지지한다(Murnen & Byrne, 1991; Nowatzki & Morry, 2009). **표 15-3**은 하이퍼젠더를 측정하기 위해 일반적으로 사용되는 척도 항목의 몇 가지 예를 제공한다. 과남성 남성과 과여성성 여성은 일반적으로 이러한(및 기타) 진술에 동의한다.

이러한 항목의 특성을 감안할 때, 연구에 따르면 초남

하이퍼젠더(Hypergender) 과장되고 극단적인 성역할 고정관념을 지지하고 엄격하게 고수하는 경향; 높은 수준은 (남성들 사이에서) 성적 강압과 폭행을 가할 가능성(여성들 사이에서)과 관련이 있다.

표 15-3 하이퍼젠더와 관련된 성적 신념을 측정하는 일부 항목(극단적이고 과장된 성 역할 고정관념에 대한 집착)

출처: (1) Mosher, D. L., & Sirkin, M. (1984). Measuring a macho personality constellation. *Journal of Research in Personality*, 18, 150–163. (2) Murnen, S. K., & Byrne, D. (1991). Hyperfemininity: Measurement and initial validation of the construct. *The Journal of Sex Research*, 28, 479–489.

하이퍼젠더	샘플 항목(성적 신념)
초남성성	• 여자가 술이 취하거나 마약에 취하거나 흥분했을 때, 그녀는 당신이 원하는 대로 놔둘 것이다. • 몸만 달아오르게 하는 여자(prick-teaser=cock teaser)는 강간해야 한다. • 남자라면 누구나 정기적으로 섹스를 해야 한다. • 누가 주도권을 가진 사람인지 알기 전에 여자와 섹스를 해야 한다. • 어떤 여자는 한 가지만 좋다 • 나는 섹스를 할 때 내 전술에 대해 절대 나쁘게 생각하지 않는다. • 레즈비언이 필요로 하는 유일한 것은 훌륭하고 딱딱한 성기이다.
초여성성	• 내가 원하는 것을 하게 할 수 있다고 생각한다면 그 남자와 섹스를 하는 데 동의할 것이다. • 나는 때때로 "아니오"라고 말하지만 실제로는 "예"를 의미한다. • 남성은 여성보다 섹스를 더 필요로 한다. • "진짜" 남자는 어떤 여자라도 그와 섹스를 하도록 할 수 있는 남자이다. • 나는 때때로 남자가 나에게 계속 관심을 갖도록 하기 위해 그 남자와 섹스를 하겠다고 약속한다. • 남자가 섹스를 하는 데 조금 힘이 들더라도 괜찮다. • 나와 함께 있는 남자가 성적으로 흥분하면 그가 원하는 것을 얻지 못하도록 막으려 해도 소용없다.

성적인 남성이 강간 묘사에 긍정적으로 반응하고, 미래에 강간을 저지를 가능성이 더 높다고 보고하며, 실제로 성폭행을 당할 가능성이 더 높다는 연구 결과가 일관되게 발견되면 놀라지 않을 것이다. 남성이 아닌 남성보다 파트너이다. 유사하게, 초여성적인 여성은 강간 묘사에 덜 부정적인 반응을 보였고 초여성적이지 않은 여성보다 더 많은 성적 강압을 경험했다고 보고한다(리뷰는 Regan, 2017 참조).

인구통계학적 요인(예: 생물학적 성)과 기질적 요인(예: 하이퍼젠더)에 더하여, 성범죄나 강압 행위를 보고하는 남성들의 지역사회 및 대학 표본뿐만 아니라 유죄 판결을 받은 강간범들과 함께 수행된 연구는 대부분의 사람들이 특정한 태도 및 인지적 특성을 가지고 있음을 보여준다. 여기에는 성 역할과 남성과 여성의 행동에 대한 "이질적" 태도와 신념(예: 남성은 성을 가질 자격이 있고, 남성은 여성을 성적으로 지배해야 함), 강간 미신에 대한 강한 수용(이 장의 뒷부분 참조), 여성에 대한 폭력을 수용하고 자신의 행동에 대한 개인적인 책임을 부인한다(예: Eaton & Matamala, 2014; Polaschek & Gannon, 2004; Ryan, 2004; Ward et al., 2007). 여성에게 육체적으로 성관계를 강요하는 남성들 역시 여성을 객관화하고(그들을 단지 물체나 신체 부위로만 보는) 적대적인 태도를 갖는 경향이 있다(DeGue et al., 2010; Hipp et al., 2015; Murnen et al., 2002 참조). 더욱이 대부분의 강간범은 공감 능력, 즉 피해자의 관점에서 사물을 보는 능력이 부족하다(Abbey, 2005; Marshall, 1996). 그 대신 많은 사람들은 자신의 왜곡된 관점에서만 사물을 볼 수 있다. 예를 들어, 피해자가 자신과 성관계를 갖기를 원하거나 강간을 당할 자격이 있다고 믿는다(Blumenthal et al., 1999).

강간을 저지를 가능성과 관련된 다른 개인적 요인은 무엇일까? 연구에 따르면 대부분의 강간범은 사회경제적 지위가 낮은 젊은 남성이다. 그들 중 대다수는 IQ, 정신 질환 및 기타 성격 변수 측면에서 다른 범죄로 유죄 판결을 받은 남성과 다르지 않다(Gannon & Ward, 2008 참조).

또한 강간범이 일반적으로 과도하거나 성적으로 박탈되었다는 강력한 증거도 없다. 몇몇 연구에서 성범죄자의 테스토스테론 수치가 정상보다 높다는 것이 밝혀졌지만, 이것은 가장 공격적인 범죄자에게만 해당되는 것으로 보인다(Studer et al., 2005). 그리고 다른 연구에 따르면 많은 강간범이 함께 살고 있는 성 파트너(아내 또는 여자 친구)와 정기적으로 접근한다(Groth & Burgess, 1977).

그러나 강간을 저지르는 남성은 강간 관련 자극에 의해 비강간범보다 성적으로 더 흥분된다. 초기 남근 측정 연구(성적 자극에 대한 발기 반응이 측정됨)는 다른 남성과 비교하여 강간범이 강간 녹음 테이프를 들을 때 성적으로 더 흥분되고 합의된 섹스 테이프를 들으면 덜 성적인 것으로 나타났다(Abel et al. , 1977; Barbaree et al., 1979; Quinsey et al., 1984). 더 최근의 연구에 따르면 대부분의 강간범이 흥분하는 것은 폭력이나 피해자의 부상이 아니라 성행위에 대한 피해자의 적극적인 동의가 없다는 것이다(Harris et al., 2012 참조). **성적 가학자**(*sexual sadists*)로 알려진 강간범들 중 일부(결혼 강간에 대한 섹션 및 성적 가학성에 대한 14장의 논의 참조)만이 폭력과 피해자 상해를 수반하는 강간 자극에 의해 유발된다(Lalumière & Quinsey, 1994; Seto et al., 2012). 현실 세계에서, 이 남성들은 특히 음주 중에 폭력적인 음란물을 보고 흥분할 가능성이 높다(Davis et al., 2006). 실제로 많은 강간범(성적 가학적인 사람뿐만 아니라)은 약물이나 알코올 남용의 이력이 있으며 폭행 전에 음주를 했다고 보고한다(Davis et al., 2008; Looman et al., 2004; Seto & Barbaree, 1995).

대인관계 요인 Interpersonal Factors

지인 및 데이트 강간 섹션에서 우리는 성적 강압과 폭행에 기여할 수 있는 몇 가지 대인 관계 요인에 대해 논의했다. 사람들은 종종 성행위에 대한 자신의 의도와 바람을 명확하고 직접적으로 전달하는 데 실패하고, 남성과 여성 모두 성적(또는 잠재적인 성적) 상황에서 종종 서로의 행동을 잘못 해석한다는 점을 기억하시오(예: 그러한 관심이 없을 때 성적 관심을 가정하고, 또는 실제로 관심이 있을 때 성적 관심이 없다고 가정함). 잘못된 해석, 명백한 저항, 순응, 기타 간접적이고 모호한 형태의 성적 의사 소통은 성희롱의 가능성을 높인다(Krahé et al., 2000 참조).

기존 관계 내에서 권력 차이나 불평등도 성적 강압과 강간의 위험 요소로 작용할 수 있다. 예를 들어, 일부 낭만적인 관계는 영향력의 현저한 비대칭이 특징이며, 여기서 한 파트너가 다른 파트너에게 훨씬 더 많은 영향력(사회적, 재정적, 행동적 등)을 가진다. 그러한 관계에서 권력은 고르게 분배되지 않으며, 이것은 한 사람이 (다른 것들뿐만 아니라) 섹스를 할 자격이 더 있다고 느끼는 상황을 만들 수 있다. 따라서 강압적, 비합의적 또는 강제적인 성관계가 발생할 수 있다. 왜냐하면 덜 강력한 파트너가 거부하거나 저항할 수 없다고 느끼기 때문이다.

강간범의 가족 관계와 발달 이력은 어떠한가? 성인

및 청소년 성범죄자와 비 성범죄자를 비교하면 부모의 방치와 성적(및 기타 형태의) 학대를 포함하여 여러 주요 대인/발달 요인에서 그룹이 다르다는 것을 일관되게 발견했다(Latzman et al., 2011; Prentky et al. , 1989; Seto & Lalumière, 2010). 특히, 비정상적으로 많은 수의 성범죄자들은 어렸을 때 자신이 정서적, 신체적 또는 성적으로 학대를 받았고, 돌보는 사람에게 방치되거나, 어머니에 대한 아버지의 학대가 포함된 가족 환경에서 자랐다. 또한 그들은 종종 조기에 성폭력에 노출되었다고 보고한다(직접 가족 간에 또는 폭력적인 음란물 시청을 통해 간접적으로 [Kjellgren et al., 2010; Seto & Lalumière, 2010]). 이러한 유형의 발달 역사를 가진 어린이나 청소년은 여성(또는 남성)에 대한 공격성과 강압적이거나 강제적인 성행위를 "정상"으로 간주하게 될 수 있다.

환경(사회 문화적) 요인
Environmental (Social and Cultural) Factors

우리는 이미 성폭행과 관련된 몇 가지 환경적(사회문화적) 요인을 확인했다. 예를 들어, 대학에서 성적인 경험을 하고, 과음하고, 캠퍼스 "파티 문화"에 참여하라는 또래의 압박은 남성이 성추행이나 강간을 저지를 가능성과 성희롱에 대한 여성의 취약성을 증가시킬 수 있다. 대학 캠퍼스에서 강간(특히 집단 강간)은 과음과 남성다움의 성역할을 고수하는 "남성 전용" 그룹(예: 친목회, 조직 운동회)에 속한 남성들에 의해 저질러질 가능성이 더 높다는 것을 기억하라.

성폭행이 꽤 흔한 대학 경험으로 보인다는 사실로 인해 많은 기관에서 정책을 재검토하고 안전한 캠퍼스 환경을 제공하겠다는 약속을 재확인했다. 2014년에 미줄라의 몬태나 대학교는 캠퍼스 관리자가 성폭행 사건을 처리한 방식에 대해 연방 조사(54개 대학과 함께)를 받았다. 남성다움과 그룹 충성도를 강조한다(Gray, 2014). 보다 최근인 2016년에는 하버드 대학교의 남자 축구 대표팀 멤버들이 조사에서 그들이 신입생 멤버들의 성적 순위를 매기는 연례 의식(이메일을 통해 공유되고 공개적으로 보관됨)에 참여했다는 것이 밝혀지면서 대회 출전이 정지되었다. 번호와 잠재적인 성적 위치를 할당하여 여자 축구 대표팀에 대한 정보를 제공한다(Pearce, 2016). 이와 같은 집단 의식은 남성이 여성에 대한 대상화와 성적 강압을 용인할 수 있는 것으로 간주하고 그러한 신념에 따라 행동할 가능성을 높일 수 있다.

그림 15-7
강간은 종종 피해자에게 즉각적인 영향을 미칠 뿐만 아니라 장기적으로 영향을 미친다. 성폭행을 당한 적이 있다면 그 주제에 대한 강의를 듣는 것만으로도 좋지 않은 기억이 떠오른다.

출처: Science source

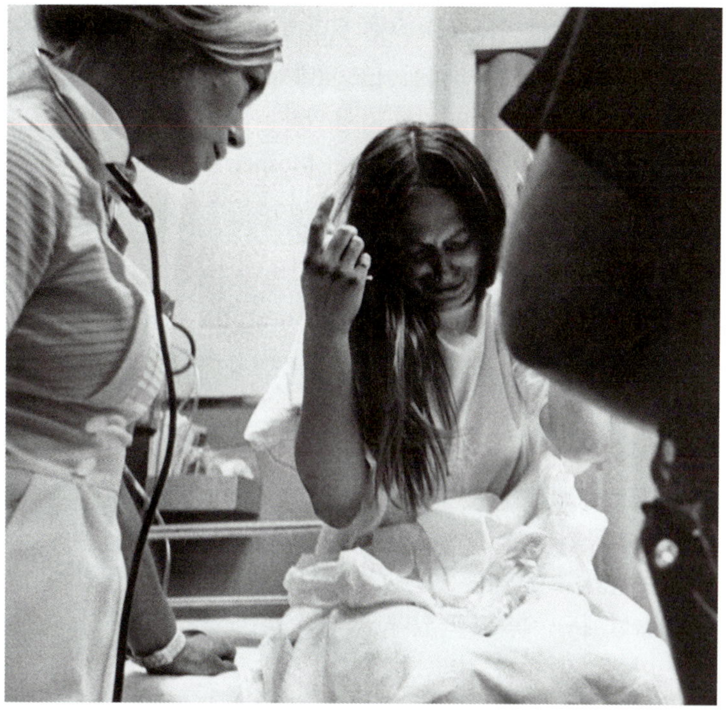

강간과 관련된 또 다른 강력한 사회문화적 요인은 미디어와 관련이 있다. 텔레비전 쇼, 영화 및 광고는 일반적으로 성적으로 강압적이거나 폭력적인 이미지를 사용한다(16장에서 더 자세히 살펴볼 주제). 그러한 이미지에 노출되면 합의되지 않은 성행위 및 기타 형태의 부적절한 성행위를 수용하는 사회적 또는 문화적 분위기를 조장할 수 있다. 실제로 연구자들은 여성을 성적으로 대상화하는 짧은 뮤직 비디오 클립을 보는 것이 성희롱의 여성 피해자를 비난하는 남성과 여성 모두의 경향을 증가시킨다는 것을 발견했다(Bernard et al., 2016).

유사하게, 상자 15-A와 결혼 강간에 대한 앞부분을 다시 살펴보시오. 일부 국가에서 다른 국가보다 강간 발생률이 훨씬 높은 이유는 무엇일까? 일부 문화권에서는 왜 강간을 범죄화하는 것을 전혀 거부하고, 남편이 아내를 강간하는 것을 허용하거나, 여성을 처벌하는 방법으로 강간을 사용하는가? 연구에 따르면 강간은 남성에 의한 폭력을 미화하는 사회, 특히 사회가 성적으로 억압적일 때 가장 흔하다는 사실이 밝혀졌다(Baron et al., 1987; Sanday, 1981). 이러한 사회는 소년들이 공격적으로 행동하도록 부추길 뿐만 아니라 남성과 여성에게 뚜렷한 성 역할을 하며 남성은 여성의 역할을 열등한 것으로 간주한다. 많은 세계 문화(우리 문화 포함)에서 성에 관한 남성의 고정 관념적 성 역할은 “능동적이고, 공격적이며, 추진력 있고 강력하다.” 반면에 성에 관한 여성의 고정관념은 “수동적 무력하고 순종적이며 수용적이다”(Moore, 1994). 많은 이론가들은 소년과 소녀, 남성과 여성이 사회화되어 이러한 전통적인 성적 스크립트를 받아들이고 채택하는 방식이 여성에 대한 남성의 성폭력을 지지하고 용인하는 문화를 만든다고 믿는다(Burt, 1980; Byers, 1996; Mosher & Anderson, 1986, Mugweni et al., 2012 참조).

전쟁 강간 **전쟁 강간(war rape)**(전쟁, 무력 충돌 또는 군사 점령 기간 동안 군인, 전투원 또는 민간인에 의해 자행된 강간)의 사례는 사회적 요인이 성폭행에 연루되는 방식에 대한 특히 소름 끼치는 예를 제공한다. 역사를 통틀어 승리한 군대의 남성들은 패배한 국가의 여성들을 강간했다(Gottschall, 2004 참조). 예를 들어, 일본군이 1937년 중국을 침공했을 때, 군인들은 전시 수도인 난징에서 거의 모든 여성과 소녀들을 강간했다. 안타깝게도 그러한 행위는 오늘날에도 계속되고 있다. 국제 뉴스 매체와 인권 단체는 아프리카 분쟁 지역(예: 수단, 콩고 민주 공화국)과 정치적 불안을 겪고 있는 다른 세계 지역(예: 콜롬비아, 아프가니스탄, 체첸)에서 발생한 최근 전쟁 강간 사례를 기록했다. 예를 들어, 2014년에 거의 300명의 소녀(일부 12세)가 테러 조직 보코하람의 일원에 의해 나이지리아 치복의 한 학교에서 납치되었다(Human Rights Watch, 2014 참조). 이유는? 나이지리아 정부를 불안정하게 만들고 소위 전통적인 이슬람 가치로의 복귀를 강요하는 것(보코하람 지도자에 따르면 여성 교육을 금지함). 포로로 잡혀간 몇 달과 몇 년 동안 소녀들은 노예로 팔려 매춘을 당했고(평균 $10), 납치범과 강제로 결혼했으며, 정기적으로 성폭행을 당했다[한 (실패한) 인질 협상에서 유괴범들이 제공한 “생명의 증거(Proof of Life)”는 여러 소녀들이 강간당하는 영상이었다.] 일부는 살해되었고 대부분은 구조되지 않았다.

이론가들은 한 집단의 남성이 다른 집단의 남성과 관련된 소녀와 여성을 조직적으로 희생시키는 행위와 같은 행위들이 부분적으로 가부장적 문화에서 일어나는데, 이는 이들이 권력을 과시하고 패망한 집단의 국가, 지역 또는 민족적 자존심, 남성다움, 명예를 파괴하는 역할을 하기 때문이다(Brownmiller, 1993). 학자들은 여성들이 (생식을 통해) 가족과 공동체의 창시자이자 양육자이기 때문에, 침략군에 의한 여성의 희생은 특히 지역 사회를 불안정하게 하고, 사회적 통제를 행사하며, 특히 남성의 명예와 자부심을 중시하는 사회에서 대상 집단을 대체하는 강력한 수단이라고 본다.

전쟁 강간(War rape) 전쟁, 무력충돌 또는 군사점령 중에 군인, 전투원 또는 민간인이 행하는 강간. 표적 커뮤니티를 불안정하게 만들고, 옮기고, 공포에 떨게 하는 데 사용된다.

기타 환경(진화) 요인 일부 이론가들은 강간을 설명하려고 시도할 때 다른 유형의 환경 요인, 특히 우리의 초기 인간 조상의 정신(및 신체)이 진화한 물리적, 사회적 환경에 초점을 맞추었다(예: Thornhill & Thornhill, 1992; Thornhill & Palmer,, 2000). 기본적으로 이러한 진화론적 이론가들은 성적 기회를 적극적으로 추구하고 많은 파트너와 성관계를 가진 조상 남성이 그렇지 않은 남성보다 번식 성공(성적 성숙까지 살아남은 자손을 더 많이 낳음)을 했다고 가정한다. 결과적으로 성적 기회를 추구하는 경향(때로는 지속적으로, 강압적으로, 공격적으로)은 남성의 진화된 짝짓기 심리학의 일부가 되었다. 이러한 견해는 부분적으로 과거로 돌아가서 조상들의 환경을 조사하고 이러한 진화적 생각을 시험하는 것이 불가능하기 때문이기도 하고, 또 일부는 너무 많은 사람들이 그 생각 자체를 잘못 해석하기 때문이기도 하다(예를 들어, 남성은 “유전자”, 강간은 “자연스럽다”, 또는 남성은 강간을 저지르도록 “프로그램되어 있다”고 말한다).

신중한 검토에서 존스(1999)는 진화론이 강간 특유의 직접적으로 유전되는 특징에 책임이 있는 유전자가 있다거나, 남성은 천성적으로 강간범이거나, 성적 공격성이 우리 “유산”의 일부라고 주장하지 않는다는 점을 지적했다. 오히려 이 이론은 강간이 조상 환경에서 인간에게 적응했던 다른 선호와 행동의 부산물일 가능성이 있음을 시사한다. 예를 들어, “평균적으로 가능한 성 파트너를 열성적으로 추구하는 것이 번식 성공을 증가시키고 그러한 추구가 때때로 동의하지 않은 섹스로 이어진다면 강간 행동은 직접 선택에 의해 진화된 심리학의 부산물일 수 있다. 가능한 성 파트너 얻기(p. 857)” 이러한 관점을 평가할 때 진화 이론가들은 인간이 근본적으로 사회적 동물이며 인간의 마음은 무엇보다도 다른 인간과의 협력적이고 상호적이며 긍정적인 상호작용과 관계를 선호하고 추구하도록 설계되었다는 것을 기억하는 것이 중요하다(Cosmides & Tooby, 1997; Regan, 2002 참조). 사실, 이것은 왜 대부분의 남성(또는 여성)이 성적(또는 다른 형태의) 폭행을 저지르지 않는지, 그리고 왜 모든 형태의 폭행이 피해자에게 심각하고 해로운 심리적 결과를 초래하는 경향이 있는지 설명할 수 있다.

모든 요인 통합 Putting All the Factors Together

여러분이 보았듯이 과학자들은 강간이 어디서 왔는지, 왜 강간범이 범죄를 저지르는지를 이해하기 위해 다양한 요인을 목표로 삼았다. 오늘날, 한 가지 요인이 반드시 성폭행을 유발한다고 말할 수 없으며 성적 공격에 이르는 여러 경로가 있다는 것이 일반적으로 인정되고 있다.

일부 이론가들은 이러한 다양한 요인들을 종합하여 강간에 대한 포괄적인 이론을 제시하려고 시도했다. 말라무스와 동료들은 그렇게 한 최초의 사람들 중 하나이다(Malamuth, 1986; Malamuth et al., 1993; Malamuth & Malamuth, 1999). 그들은 성적 공격성 또는 "강간 경향"이 몇 가지 수렴 요인에서 비롯된다고 제안했다: 즉 진화(위에서 논의한 바와 같이 남성과 여성의 짝짓기 전략이 다름), 환경 및 발달 변수(예: 문화, 초기 사회화, 가족 환경, 및 동료 영향), 현재 성향 경향 및 상황 역학. 이 모델에 따르면 이러한 각 요인은 성적 공격성을 억제하거나 조장하는 역할을 할 수 있다. 예를 들어, 성적 공격성의 가능성은 가정에서 가혹하고 착취적인 상호작용을 수반하는 발달 역사를 가진 남성과 성에 대한 문란하고 비개인적인 성향을 가진 또래(예: 학대, 폭력), 반사회적이고 지배적인 성격 특성을 가지고 있는 남성에서 가장 높으며, 여성에 대해 적대적이고 방어적인 태도를 유지하고(여성을 지배하고 통제함으로써 만족감을 얻음) 알코올 및 음란물을 자주 사용한 이력이 있다.

마셜과 바르바리(1990)는 공격적 행동을 억제할 수 없게 만드는 초기 발달 요인(예: 학대, 가정 폭력)에 더 큰 중요성을 부여한다는 점을 제외하고는 매우 유사한 또 다른 통합 모델을 제공했다. 두 이론 모두 상황적 단서와 사회적으로 만들어진 억제제의 중요성을 인정한다. 이러한 요소는 얼마나 중요할까? 강간범은 아니지만 강간범이 아닌 (확정된) 강간범이 강간 장면을 보거나 테이프를 들음으로써 성적으로 흥분했다는 연구를 기억하시오(강간범의 특성 섹션 참조). "정상적인" 남성도 강간 장면에 반응하여 강간범처럼 흥분할 수 있는 상황이 있는가? 바르바리와 마셜(1991)은 많은 남성이 술을 마셨을 때 강간 장면에 흥분할 수 있다는 것을 발견했다. 대부분의 데이트 강간은 남자 또는 두 사람이 술을 마셨을 때 발생한다는 것을 기억하시오(Ullman et al., 1999). 바르바리의 팀은 또한 여성이 테스트 직전에 그들을 화나게 한 경우 강간 장면에 대한 정상적인 남성의 반응이 강간범의 반응과 더 비슷하다는 것을 발견했다(이것은 연구의 일부로 의도적으로 수행됨). 이 남성들은 여성이 "그들을 이끌었다"고 잘못 믿었다면 어떻게 행동할 수 있었을까? 바르바리가 결론지

은 바와 같이, "요인의 올바른 조합으로 대부분의 남성은 폭력적인 섹스에 의해 흥분될 수 있다"(Goleman, 1992에서 인용).

최근에 워드와 비치(2008)는 세 가지 인과 요인을 통합하는 강간 이론을 제안했다: 뇌 발달(진화 및 유전학); 사회적/문화적 환경 및 개인적 상황; 그리고 "세 가지 핵심 신경심리학적 요인(즉, 동기/감정, 행동 선택/제어, 지각/기억 시스템)". 이러한 통합된 이론은 몇 가지 측면에서 다르지만 중요한 점은 과학자들이 이제 강간 및 기타 형태의 성폭행에는 여러 원인이 있다는 데 동의한다는 것이다.

강간 미신 Rape Myths

15.8 강간에 관한 몇 가지 미신을 확인하고 그것이 사실이 아닌 이유를 설명한다.

이 장의 이 시점에서 당신은 코스에 등록하기 전에 가지고 있던 신념에 도전한 강간 및 강간범에 대한 몇 가지 사실을 배웠을 것이다. 강간에 대한 잘못된 믿음은 너무 널리 퍼져 있어서 종종 **강간 미신(rape myths)**이라고 불린다(Burt, 1980; Chapleau et al., 2008). 이러한 미신은 피해자에게 책임을 돌리고 가해자의 행동을 정당화하는 기능을 한다. 일반적으로 남성은 여성보다 강간 미신을 더 많이 수용한다(Johnson et al., 1997; Jones et al., 1998; McGee et al., 2011; 리뷰는 Edwards et al., 2011 참조). 이것은 특히 보수적인 성역할 고정관념을 받아들이는 남성과 권력을 성에 연관시키는 남성의 경우에 해당된다(Chapleau & Oswald, 2010). 강간에 대한 이러한 잘못된 믿음 몇 가지를 살펴보겠다.

미신 1: 강간당한 여성들은 그들의 옷차림과 행동으로 공격을 유발한다.

Myth 1: Women Who Are Raped Usually Provoked the Attack by Their Dress and Behavior.

일부 여성을 포함한 많은 사람들은 여성이 특정 행동을 하는 경우 데이트 강간을 용인할 수 있다고 믿는다(Gibbs, 1991; Monroe et al., 1990). 지난 30년 동안 수행된 연구에 따르면 응답자의 약 1/3에서 1/2이 여성이 짧은 치마나 타이트한 상의를 입거나 브래지어를 착용하지 않고 남성의 집이나 방에 가거나, 술을 마신 경우, 적어도 부분적으로는 강간 책임이 있다고 생각한다(Burt, 1980; Goodchilds & Zellman, 1984; McGee et al., 2011; Monroe et al., 1990; 리뷰는 Thomas et al., 2015 참조). 그 결과 많은 강간 피해자들이 자신을 탓한다.

> "아직도 누구를 탓하는지 정확히 모른다. 일부 책임은 그 일을 한 사람들에게 돌아가는 것으로 알고 있지만(강간) 술을 마셨기 때문에 일부 책임은 나에게 전가되어야 한다고 생각한다."
>
> "그가 마음에 들지 않을 때도 함께 가기로 동의했기 때문에 내 잘못이거나 적어도 부분적으로는 내 잘못이라고 생각한다. 내가 처음에 그의 아파트에 가지 않았다면 그는 나를 강간할 기회도 없었을 것이다."
>
> "어머니께 무슨 일이 있었는지 말씀드렸더니 죄송하다고 말씀하시지만 앞으로 더 은폐하는 법을 배울 수 있을 것 같아. 남학생들이 볼 수 있게 내놓으면 만지고 싶어하지 않을 수 없다고 하더군."
>
> (모든 예제는 작성자의 파일에서 가져옴)

이러한 태도는 인생의 초기에 학습된다. 예를 들어, 7~9학년 학생 1,700명을 대상으로 설문조사를 실시했다(Kikuchi, 1988). 데이트 중 여성에 대한 남성의 행동에 대한 의견은 다음과 같다.

- 남학생의 29%와 여학생의 20%는 남자가 다른 남자와 성관계를 가졌다면 데이트 상대에게 강제로 성관계를 가질 권리가 있다고 말했다.
- 남자는 22%, 여자는 10%가 남자가 여자에게 많은 돈을 썼다면 여자의 동의 없이 성관계를 가질 권리가 있다고 말했다.
- 남자의 48%는 남자가 데이트 상대에게 그녀의 허리 위를 만지게 하면 강제로 성관계를 갖는 것이 괜찮다고 믿었다.

강간 미신 수용은 중요한 결과를 낳는다. 강간 사건이 재판에 회부될 때 강간 미신을 믿는 배심원단은 유죄 판결에 투표할 가능성이 다른 배심원보다 낮다(Gray, 2006; Schutte & Hosch, 1997). Ft.의 배심원 플로리다주 로더데일에서는 피해자가 당시 레이스 미니스커트를 입고 있었다는 이유로 강간 혐의로 재판을 받은 노숙자에게 무죄를 선고했다. 심사위원은 "그녀가 그것을 요구했다"고 말했다고 한다. 그 남자는 연쇄 강간범이었고 나중에 또 다른 강간으로 유죄 판결을 받았다.

강간 피해자를 자신의 폭행에 대해 비난하는 이러한 경향은 우리가 그들의 상황에 대해 다른 범죄의 피해자를 비난하는 경향이 없다는 점을 고려할 때 특히 이상해 보인다. 가게 강도 사건을 들은 후 가장 먼저 드는 생각은 대개 "가게 주인이 무슨 짓을 해서 이런 일이 벌어졌는지"가 아니다. 자동차 절도나 아동 유괴에 대해 들었을 때 우리는 자동으로 차량 소유자가 범죄를 유발하기 위해 무언가

강간 미신(Rape myths) 강간에 대한 잘못된 믿음이 널리 퍼져 있다.

를 하고 있다고 가정하거나 납치의 책임이 아동에게 있다고 가정하는가? 2013년 4월 보스턴 마라톤에서 폭탄이 폭발하여 부상당한 사람들이 "요청"했는가? 2016년 9월 뉴욕 폭탄 테러로 다친 사람들은 어떤가?

강간은 피해자가 아니라 가해자의 행동에 관한 것이다. 따라서 강간으로 이어지는 것은 여성의 행동이라고 생각한 적이 있다면 잠시 멈추고 태도를 재검토하시오.

개인적인 생각 Personal Reflections

여자가 그와 데이트하기로 동의했을 때, 그가 그녀에게 돈을 썼기 때문에, 그녀가 그의 집이나 아파트에 갔기 때문에, 또는 그녀가 그에게 키스하거나 그와 교제했기 때문에 남자가 성관계를 가질 자격이 있는가? 남자: "예"라고 답했다면 데이트 전에 이러한 기대치를 데이트 상대에게 전달할까?

미신 2와 3: 여성은 잠재의식적으로 강간당하고 싶어한다; 그녀가 진정으로 되고 싶지 않다면 어떤 여성도 강간당할 수 없다. **Myths 2 and 3**: Women Subconsciously Want to Be Raped; No Woman Can Be Raped if She Truly Does Not Want to Be.

밀접하게 관련된 이 두 가지 생각도 널리 믿어지고 있다(Burt, 1980; Holcomb et al., 1991). 많은 여성들이 복종에 대한 환상을 가지고 있지만 이것이 그들이 실제로 강간을 원한다는 것을 의미하지는 않는다(11장, 성적인 환상 참조). 사실, 전형적인 여성 복종 환상에는 여성이 저항할 수 없다는 것을 알게 된 매력적인 남성이 관련되어 있으며, 그녀를 자극하여 처음의 거부감을 능숙하게 극복한 다음 그녀에게 열정적이고 오르가즘적인 사랑을 하는 것을 기억하시오. 대부분의 여성은 현실적인 강간 시나리오에 대해 환상을 갖지 않는다(대부분의 남성도 하지 않는다). 그리고 그렇다고 해서 그들이 이것을 실제로 경험하고 싶은 은밀한 욕망을 품고 있다는 의미는 아니다. 우리 대부분은 현실에서는 절대하지 않을 일에 대해 환상을 가지고 있다. 환상과 현실의 차이점은 우리가 환상을 통제할 수 있다는 것이다. 진짜 강간은 다른 사람이 당신의 모든 통제권을 빼앗는 것과 관련이 있다.

여성이 무의식적으로 강간을 원한다는 미신과 관련하여 남성은 여성이 협조하고 가만히 있지 않는 한 여성을 관통할 수 없다는 개념이 있다(따라서 강간을 당하는 여성은 협조해야 함). 이 개념은 일반적으로 성폭행에 적용되는 "움직이는 바늘에 실을 꿰면 안 된다"라는 문구에 요약되어 있다. 슬프게도, 판사들조차 이 잘못된 가정에서 자유롭지 못한다. 2014년 캐나다에서 열린 강간 재판에서 로빈 캠프 판사는 19세의 피해자에게 "왜 무릎을 맞대고 있을 수 없었습니까… 그래서 그는 당신을 뚫을 수 없었습니까?"라고 물었다. 그리고 나서 그는 피고에게 무죄를 선고했다. (이 판결은 나중에 뒤집히고 새로운 재판이 예정되어 있었고, 캠프는 그의 논평과 사건 처리에 대해 캐나다 사법 위원회의 검토를 받았다.)

강제는 성폭행의 필수 조건이 아님을 기억하시오. 여성은 의식이 없고 무력한 상태에서 강간당할 수 있으며/또는 겁을 먹거나 수동태를 강요할 수 있다. 더욱이, 대부분의 강간범은 피해자보다 더 크고 강하며, 일부는 무기를 사용하며, 많은 수의 폭행에는 한 명 이상의 가해자가 관련된다(Planty et al., 2013 참조). 마지막으로, 우리 문화(다른 많은 문화에서와 같이)에서 남성은 일반적으로 성장하는 동안 적극적이고 경쟁적이며 독단적이라는 점에서 강화되는 반면, 여성은 일반적으로 협조적이고 수동적이라는 점에서 강화된다. 최종 결과는 대부분의 여성이 폭행을 당할 경우 반격하는 방법조차 알지 못한다는 것이다. 요컨대 여성은 강간을 하고 싶어하지 않으며, 가해자 측의 물리적인 힘의 유무와 피해자 측의 물리적 저항으로 성폭행이 '진짜' 발생했는지 판단할 수 없다.

미신 4: 여성들은 종종 강간을 거짓으로 고발한다. **Myth 4**: Women Frequently Make False Accusations of Rape.

2006년에 스트리퍼가 듀크 대학교 라크로스 팀의 일부 구성원을 강간했다는 거짓 비난은 여성들이 강간당하는 것에 대해 자주 거짓말을 한다는 많은 사람들의 믿음을 강

그림 15-8

대부분의 지역사회는 현재 성폭력 상담을 제공한다.

출처: Dana White Productions/PhotoEdit, Inc.

화시켰다. 그러나 국가 및 지역(예: 대학) 범죄 통계를 분석한 결과 허위로 보고된 강간 비율이 다른 대부분의 범죄보다 실제로 낮다(약 2%~6%)(Lisak et al., 2010 참조). 우리는 사람들이 다른 유형의 범죄의 희생자라고 주장할 때 자동으로 의심하지 않는다. 그렇다면 왜 어떤 사람들은 한 여성의 강간 혐의를 그렇게 빨리 의심한다고 생각하나? 많은 연구자들은 여성이 강간당했다고 거짓말을 한다는 개념을 영속화한 오랜 역사를 가진 법률 시스템과 미디어(뉴스, 텔레비전, 영화)를 비난한다(Edwards et al., 2011 참조).

강간에 대한 반응 Reactions to Rape

15.9 강간 후 외상 후 스트레스 장애와 강간에 대한 기타 반응을 설명한다.

이 장의 첫 인용문은 성폭력이 피해자뿐만 아니라 그녀(또는 피해자)를 돌보는 모든 사람과 사회 전체에 해를 끼친다는 점을 지적한다. 이 섹션에서는 성폭력의 영향을 받는 모든 개인이 같은 방식으로 반응하지 않는다는 점을 항상 염두에 두고 강간에 대한 일반적인 반응을 조사한다.

피해자에 의한 By the Victim

초기 반응과 장기적인 대처 전략에서 많은 강간 피해자는 외상 후 스트레스 장애의 한 형태를 겪는다(Boeschen et al., 1998; Foa & Riggs, 1995; van der Walt et al., 2014). 이전에 강간 외상 증후군(*rape trauma syndrome*)(Burgess & Holmstrom, 1974)이라고 불렸던 이 임상 증상 그룹은 이제 **강간 후 스트레스 장애(post-rape posttraumatic stress disorder)**(또는 단순히 외상 후 스트레스 장애[PTSD])라고 한다. 첫째, 피해자는 강간 직후에 시작하여 일반적으로 몇 주 동안 지속되는 급성기(*acute phase*)를 경험한다. 이 단계에서 피해자의 몸은 강간으로 인한 신체적 손상을 회복해야 한다. 모든 강제 강간 피해자의 약 절반은 베인 상처와 타박상에서 내부 부상, 부러진 뼈, 총상 또는 생식기 외상에 이르기까지 경미하거나 중상을 입는다(Planty et al., 2013; Thomas et al., 2015). 또한 피해자는 정신적 피해로부터 회복하기 시작해야 한다(Arata & Burkhart, 1996; Rynd, 1987). 일부 피해자는 자신의 감정에 대해 매우 표현력이 강해져서 울고 심한 우울증을 경험하고, 화를 내거나 두려워하며, 그리고/또는 큰 불안을 경험할 수 있다. 다른 사람들은 강간이 자신에게 어떤 식으로든 영향을 미쳤음을 부인하려는 것처럼 통제된 반응이라고 하는 반응을 보일 수 있다. 그러나 이러한 희생자들은 또한 많은 고뇌를 겪어야 하며 나중에 표현이 될 수 있다. 많은 강간 피해자들은 해리 증상(제한된 감정, 다른 사람과의 분리, 집중력 문제)을 경험한다(Foa & Riggs, 1995). 더욱이, 강간 이전에 강간 미신을 믿었던 피해자들은 이후에 죄책감과 자책을 경험할 수 있으며, 이는 우울증을 더욱 악화시킨다(Weiss, 2009). 많은 피해자의 트라우마가 장기적이기 때문에 강간 피해자는 강간 생존자라고 할 수 있다.

> "강간에 대한 강의는 모든 것을 너무 생생하게 기억할 수 있었기 때문에 나에게 트라우마였다. 그러나 나는 그것이 내 잘못인지 알아낼 수 있도록 강의를 고수했다. 이제 더럽게 느껴지지 않는다."
>
> "육체적으로 나는 치유되었다. 정신적으로 나는 그렇지 않다. 저는 여전히 우울증과 씨름하고 있다. 나는 뚜렷한 이유 없이 울고 잠을 잘 자지 못한다. 전에는 두렵지 않았던 상황이 두렵다. 나는 살아남았지만 아직 온전하지 않다. 내가 언젠가 그렇게 될지는 모르겠지만."
>
> (모든 예제는 작성자의 파일에서 가져옴)

다음으로 피해자는 장기 재편 기간(*period of long-term reorganization*)에 들어간다. 이 단계에서 강간 피해자는 자신의 삶에 대한 통제력을 되찾기 위해 시도하고(강간이 다시 발생하지 않도록 조치를 취하는 것을 포함하여) 이사를 하거나 직장을 변경할 수 있다. 우리 각자는 세상이 비교적 안전하고 안전하며 예측 가능한 곳이라고 믿고 싶어하며 우리의 삶과 우리에게 일어나는 일을 통제할 수 있다고 느끼기를 원한다. 이 믿음을 통해 우리는 세상에 대한 두려움과 불안을 줄여서 세상에서 효율적이고 효과적으로 기능할 수 있다. 그러나 강간과 같은 강력범죄가 발생하면 우리의 신념체계가 흔들리고 우리의 안전이 위협받게 된다. 강간 피해자는 자신에게 일어날 일을 더 이상 통제할 수 없는 것처럼 느끼는 경우가 많다. 강간에 대한 많은 반응은 피해자가 자신의 삶에 대한 통제권을 다시 주장하려는 시도이다.

> "저에게 일어난 일의 초기 트라우마를 극복한 후 저는 제 삶을 바꾸기 위해 무엇인가 해야 한다는 것을 깨달았다. 나는 보안 시스템을 갖추고 있었고, 직장에 카풀을 하기 위해 친구와 약속을 잡았다. 나는 호신술 수업을 듣고 후추 스프레이를 가지고 다닌다. 나는 강아지와 함께하지 않는 한 밤에 혼자 외출하지 않는다. 나는 의도적으로 움직인다. 나는 주위를 둘러보고 경계한다. 나는 피해자를 거부한다. 이것은 내 인생이고 아무도 다시는 그것을 망치지 않을 것이다."
>
> (저자의 파일에서)

강간 후 스트레스 장애(Post-rape posttraumatic stress disorder) 많은 강간 피해자가 나타내는 일련의 임상 증상. 이전에는 강간 외상 증후군이라고 불렀다. 여기에는 급성기(공격으로부터의 초기 신체적, 심리적 회복 포함)와 장기적인 심리적 재구성(공격의 장기적인 영향을 처리하고 미래의 강간을 방지하려는 시도 포함)이 포함된다.

많은 희생자들이 성에 대한 욕구를 잃고 성적으로 흥분하는 데 어려움을 겪는다(Burgess & Holmstrom, 1979; Gilbert & Cunningham, 1987). 그들은 다른 사람을 신뢰하고 낭만적인/성적인 관계를 맺는 데 어려움을 겪을 수 있다. 집단 성폭행을 당한 두 젊은 여성의 이야기를 다시 읽으시오. 그들이 경험한 폭행에 대한 장기적인 반응은 다음과 같다.

> "나는 다른 강간 피해자들과 이야기를 나눴고 내 죄책감과 비난을 극복했다. 아직까지도 성관계에 대한 두려움이 많고 성폭행을 당한 후 성관계를 한 번도 해본 적이 없다."
>
> "그 뒤로는 누구와도 친해지는 게 어려웠어. 마침내 누군가를 만났을 때 우리 관계의 성적인 부분에 대해 괜찮아지기까지 오랜 시간이 걸렸다. 우리는 친밀해지기 시작했고 내 생각은 당구대에 다시 떠오르고 내 몸은 멈췄다."
>
> (모든 예제는 작성자의 파일에서 가져옴)

다른 피해자들은 장기적인 심리적 문제를 가지고 있거나 여러 성 파트너를 갖는 것을 포함하여 고위험 행동에 참여하기 시작한다(Howard & Wang, 2005; Lang et al., 2011; Ullman, 1996). 처음에 자신의 감정을 억누른 강간 피해자의 경우 사건이 발생한 지 몇 달 또는 몇 년 후에 증상이 나타나는 것은 드문 일이 아니다.

> "오늘 수업 끝나고 제일 먼저 가서 한 일은 차에 달려가서 30분 동안 우는 거였어. 14년 전에 나는 강간을 당했다."
>
> (저자의 파일에서)

불행히도, 성적 학대의 일부 피해자는 나중에 재희생된다. 연구에 따르면 강간 피해자의 상당수가 이전에 성폭행을 당한 적이 있음이 밝혀졌다(Acierno et al., 1999; Cohen & Roth, 1987; Ellis et al., 1982; Turchik et al., 2009).

> "저는 어렸을 때 동네에서 다섯 명의 남성에게 강간을 당했다.... 연사님과 교수님의 강의 덕분에 제 잘못이 아니라는 것을 깨닫게 되었다.... 최근에 나는 다시 강간을 당했고 ... 그것은 나에게 매우 충격적이었다. 내가 친한 친구에게 말하자 그녀는 마치 내가 한 것처럼 반응했다. 그녀는 어떻게 나에게 그런 일이 두 번 일어날 수 있는지 이해할 수 없었고 솔직히 나도 이해할 수 없었다."
>
> (저자의 파일에서)

연구에 따르면 일부(전부는 아니지만) 사람들은 처음 피해자보다 반복 피해자에게 더 큰 책임을 돌리고 그녀를 강간 상황에 빠지는 유형의 사람으로 간주한다(Schult & Schneider, 1991). 따라서 자책을 제거하기 위한 상담은 반복되는 피해자에게 매우 중요하다.

여성 피해자와 마찬가지로 남성 강간 피해자도 장기적인 심리적 결과를 겪는다(Peterson et al., 2011; Walker et al., 2005; Weiss, 2010). 가해자가 다른 남성이라면 남성 피해자도 자신의 성적 정체성에 대해 약간의 의심을 경험할 가능성이 있다(Peterson et al., 2011).

> "남성성에 대한 고민을 많이 했어. 어떤 남자가 강간을 당하니? 이것은 제가 스스로에게 던진 질문이다. 나에게 다른 남자를 끌어들이는 무언가가 있었나? 강간이 내가 동성애적이거나 여성적인 느낌을 주는 것이 아니라는 것을 깨닫는 데 오랜 시간이 걸렸고 아내와 친구들의 지지가 필요했다."
>
> (저자의 파일에서)

남성 피해자는 여성 피해자보다 다른 사람에게 말할 가능성이 훨씬 적고 상담을 받을 가능성이 적기 때문에 회복이 훨씬 더 어렵다. 자신의 폭행을 신고한 남성은 여성 피해자를 돕기 위해 고안된 시스템에 의한 재희생이라는 또 다른 부정적인 결과를 초래할 위험이 있다. 남성도 성폭행을 당할 수 있다는 사실을 인식하지 못하는 경우가 많다.

> "클럽을 나간 후 주차장에서 성폭행을 당했다. 그 공격보다 더 나쁜 것은 내가 경찰에 전화를 걸고 나서 경찰이 대하는 방식이었다. 그들은 나를 믿지 않았다. 두 사람이 있었고 그들은 서로를 계속 쳐다보며 "이건 오해가 아닐까, 술을 너무 많이 마셨고, 남자친구와 일이 잘 풀리지 않았다"는 말을 했다. 나는 그들에게 내가 게이가 아니고 여자친구가 있고 공격을 받았다고 말했지만 그들은 그래 맞아 웃었다. 나는 상처를 받았고, 나는 겁에 질렸고, 그들이 한 것은 나를 모욕하는 것뿐이었다. 신고하지 않았으면 좋았을 텐데."
>
> (저자의 파일에서)

성폭행은 즉각적이고 지속적인 결과를 가져오며 피해자가 누구인지에 관계없이 피해자의 삶의 모든 영역에 부정적인 영향을 미칠 수 있다.

개인적인 생각 Personal Reflections

강간이나 성적 강압의 피해자가 된 적이 있는가? 그렇다면 그것이 당신 자신과 다른 사람들과의 관계에 대해 어떻게 느끼는지에 영향을 미쳤는가? 그것이 당신에게 어떤 식으로든 영향을 미쳤다면(자책감을 느끼게 하는 것을 포함하여) 상담을 구한 적이 있는가? 상담을 받지 않았다면 그 이유는 무엇인가?

중요 인물에 의한 By Significant Others

강간 피해자의 중요한 타인(파트너, 친구, 가족)도 그들의 반응과 감정을 다루어야 한다. 그들이 폭행에 대한 피해자의 반응의 정당성을 인식하고 지지하고 공감하는 방식으로 대응하는 것이 매우 중요하다. 어떤 유형의 지원이 가장 도움이 될까? 연구에 따르면, 우리가 도움이 필요한 파트너에게 제공할 수 있는 다양한 유형의 지원 중 **정서적 지원**(*emotional support*)(공감, 따뜻함, 이해, 걱정 및 양육을 전달하는 지원)이 고통을 완화시킬 가능성이 가장 높다(Regan, 2017 참조). 우리는 다양한 방법으로 정서적 지원을 제공할 수 있다: 피해자에 대한 관심과 걱정을 구두로 표현하거나, 피해자가 감정을 표현할 수 있는 기회를 제공하거나, (우리가 필요할 때 그곳에 있음으로써) 지원적인 우정을 제공한다. 우리가 사랑하는 누군가가 피해를 입었을 때 우리 자신의 감정을 제쳐두기 어려울 수 있지만, 도움이 필요한 사람의 감정과 반응보다 우리 자신과 우리 자신의 감정과 반응에 초점을 맞추는 것은 유익하지 않다.

아마도 공격 후 강간 피해자에게 일어날 수 있는 가장 파괴적인 일은 그녀의 파트너, 친구 및/또는 가족이 그녀를 비난하는 것이다. 아마도 그들이 강간 미신을 믿기 때문일 것이다. 이것은 회복을 더욱 어렵게 만든다(Davis et al., 1991).

"제 여자친구는 … 약 1년 전(연애 3년) 전에 대학 캠퍼스를 혼자 걷고 있었는데 폭력적인 강간을 당했다. 나는 그녀에게 이런 일이 일어나도록 '허락'한 것에 대해 어떻게든 그녀에게 책임을 물었다. 그녀의 부모도 그녀를 비난했다. 나는 이 일이 일어난 후에 내가 그녀를 조금 덜 존중해 줬다는 것을 안다. 이제 나는 완전한 바보가 된 기분이다. 나는 그녀가 일어난 일을 통제할 수 없다는 것을 깨달았다. 다행히 치료사는 그것이 그녀의 잘못이 아니라고 확신시켰다."

"여자친구가 친구들과 휴가를 갔다가 성폭행을 당했다는 말을 듣고 헤어졌다는 사실을 인정하기가 부끄럽다. 그 당시 나는 그녀에게 그녀를 믿는다고 말했지만 나는 거짓말을 했다. 나는 그녀가 그런 상황에 처하게 하기 위해 뭔가를 했다고 생각하거나 누군가와 엮인 것이라고 생각했고 내가 알아차릴까 두려워서 이야기를 꾸며냈다. 나는 그녀의 편인 척 했지만 최대한 빨리 그녀와 헤어졌다. 이것이 잘못된 행동이었다는 것을 이제 안다."

(모든 예제는 작성자의 파일에서 가져옴)

당신이 사랑하는 누군가가 강간 피해자라면 "왜 거기에 가야만 했는가?"와 같은 질문을 하지 말라. 또는 "왜 이렇게 늦게 나왔어?" 또는 "무엇을 입고 있었어?" 이러한 질문은 강간이 어떻게든 피해자의 잘못임에 틀림없다는 것을 암시한다. 그 대신, 당신이 할 수 있는 모든 방법으로 당신이 도울 수 있다는 것을 피해자에게 보여줄 수 있

상자 15-B 성과 건강

성적 피해, 임신, 성병

강간 피해자의 대다수는 공격 후에 의료 서비스를 찾지 않는다(Resnick et al., 2000; Tjaden & Thoennes, 1998; Zinzow et al., 2012). 그러나 그들은 해야 한다. 강간 중에 발생할 수 있는 즉각적인 신체적 외상 외에도 성적 학대의 피해자는 임신 및/또는 성병 감염의 위험에 직면해 있다. 한 초기 전국 조사에 따르면 강간 피해자의 5%가 공격의 결과로 임신하게 되었다(Holmes et al., 1996). 연간 약 32,000건의 임신이 18세 이상의 여성에 대한 강간으로 인해 발생하며, 그보다 더 어린 소녀를 강간한 사례가 더 많다. 이러한 임신의 절반은 낙태로 종결된다. 불행히도 의료 기관은 일반적으로 강간 피해자에게 응급 피임약에 대한 상담 및 제공을 권장하지만 많은 병원에서 이러한 지침을 따르지 않는다(Patel et al., 2008, 2012 참조).

임신 외에도 성폭행 피해자는 성병에 걸릴 위험이 있다. 아마도 당연하게도 성병 발병률은 일반 인구보다 강간 피해자의 비율이 더 높다. 일부 연구에서는 치료를 원하는 피해자의 감염률이 33% 이상임을 발견했다. 이는 강간 피해자의 3분의 1 이상이 적어도 하나의 성병에 양성 반응을 보인다는 것을 의미한다(Beck-Sagué & Solomon, 1999; Glaser et al., 1991; Jenny et al., 1990; Jo et al., 2011). 남성 성폭행 피해자 중 성병 발병률은 약 18%이다(Peterson et al., 2011 참조).

성병은 매우 흔하므로 이 연구에서 감염된 모든 희생자가 강간 중에 감염되지 않았을 가능성이 크다. 폭행 후 처음 24시간 이내에 발견된 성병은 기존 상태를 나타낼 수 있다. 그럼에도 불구하고 연구에 따르면 많은 강간 피해자가 실제로 강간 당시 성병에 걸렸다(Glaser et al., 1991; Jenny et al., 1990). 예를 들어, 한 연구원 그룹은 공격 당시 처녀였던 여성 성폭행 피해자의 표본에서 전체 성병 유병률이 27%임을 발견했다. 그 중 20%는 클라미디아, 5%는 임질, 2%는 거대 세포 바이러스(헤르페스 바이러스) 양성 반응을 보였다(Jo et al., 2011). 결과적으로 의료 기관은 모든 강간 피해자에게 강간 직후 다양한 약물로 치료할 것을 권장한다(예: Patel et al., 2008).

강간 중에 AIDS를 유발하는 바이러스인 HIV에 감염될 가능성은 어떠한가? 대다수의 강간 피해자는 HIV 감염에 대한 두려움을 가지고 있다(Resnick, 2002). 그러나 HIV를 사람에서 사람으로 전파하는 것은 어렵다는 것을 기억하시오. 대부분의 AIDS 전문가는 강간 중에 HIV에 감염될 가능성이 극히 낮다고 믿는다(Gostin et al., 1994). 생식기 손상이 발생하고 여러 명의 감염된 가해자 또는 반복적인 폭행이 있는 경우 가능성이 더 높다(성적으로 폭력적인 결혼 또는 데이트 관계에서 발생할 수 있음, Feldman & Maposhere, 2003; Watts et al., 2010 참조).

지금까지 우리는 강간의 즉각적인 영향만을 고려했다. 아동 강간 이후 30년 동안 피해자는 다른 사람보다 여러 번 성병에 감염될 가능성이 훨씬 더 높다(Wilson & Widom, 2009).

는 방법을 생각하고, 치료를 고려하시오. 피해자와 파트너 모두 강간에 대처하는 방법을 배우는 데 종종 상담이 매우 유용하다는 것을 알게 된다.

강간이 신고되면 어떻게 될까?
What Happens When a Rape Is Reported?

대부분의 대도시 지역에서 경찰서에는 강간 피해자를 다루는 전담 부서가 있다. 사건 조사는 강간수사대 형사가 맡는다. 대부분의 대도시에는 현재 **강간 피해자 옹호 프로그램**(*rape victim advocate programs*)도 있다. 이 프로그램은 초기 조사에서 기소에 이르기까지 피해자와 함께 특별히 훈련된 상담사를 제공한다. 초기 조사 후 피해자는 건강 검진을 위해 병원으로 이송된다.

우리가 논의한 바와 같이, 강간 피해자의 대다수는 폭행을 당한 후 치료를 받지 않는다(Resnick et al., 2000; Tjaden & Thoennes, 1998). 그러나 성공적인 기소의 기회를 최대화하기 위해서는 강간 후 가능한 한 빨리 건강 검진을 받는 것이 매우 중요하다. 강간을 당한 후에는 세탁, 세수 또는 옷을 갈아입지 않는 것이 중요하다. 그렇게 하면 경찰이 강간범을 잡아 범죄를 저질렀음을 증명하는 데 필요한 중요한 증거(예: 질 속의 정액)가 파괴될 수 있기 때문이다. DNA 증거의 사용은 강간범의 성공적인 기소를 상당히 증가시켰다(Leinwand, 2009). 일부 피해자는 처음에는 기소를 꺼리다가 나중에 마음을 바꾼다. 건강 검진을 받은 경우에도 이 옵션을 사용할 수 있다. 이러한 의료 조치가 없으면 성공적인 기소(또는 기소 시도) 가능성이 낮아진다.

강간 예방 Preventing Rape

일반적으로 강간 예방과 관련하여 세 가지 기본 관점 또는 접근 방식이 있다. **첫 번째 접근 방식은 강간범에 초점을 맞추며** 주로 강간을 방지하기 위한 법적 억제 수단으로 구성된다. 말라무스(1981)는 많은 남성들이 잡히지 않을 것이 확실하다면 강간을 저지를 것이라고 암시한다는 것을 발견했다. 강간범에 초점을 맞춘 접근 방식은 순찰에 더 많은 경찰관, 어두운 주차장에 더 많은 조명, 더 엄격하게 시행되는 더 강력한 법, 더 많은 체포, 더 긴 징역형을 요구할 것이다. 그러나 이 접근 방식은 증상(강간 행동)에만 너무 초점을 맞추고 근본적인 원인(강간 성향과 이러한 성향을 뒷받침하는 개별 요인)에는 충분하지 않다는 비판을 받아왔다. 특정 종류의 치료가 강간범이 다시 범죄할 가능성을 줄일 수 있다는 증거가 있다. 예를 들어, 여러 연구에 따르면 성적 각성 패턴 관리, 성적 선입견 감소, 자기 조절 능력 향상에 중점을 둔 인지 행동 치료 프로그램을 마친 남성 성범죄자들이 이런 치료를 받지 않은 범죄자보다 또 다른 강간을 저지를 가능성이 낮다는 연구결과가 여럿 나왔다(Pullman & Seto, 2012 참조). 불행히도, 대부분의 강간범은 이미 성폭행을 저질렀을 때까지 어떠한 임상적 도움도 받지 못한다. 따라서 예방 조치로 이 접근 방식에는 한계가 있다.

두 번째 접근 방식은 잠재적 피해자에 초점을 맞춘다. 이 접근 방식의 첫 번째 부분은 여성이 강간 대상이 될 가능성을 줄이는 것이다. 여성들은 종종 강간 가능성을 높일 수 있는 상황(예: 히치하이커를 태우지 않기, 파티에서 혼자 술을 마시게 하기, 밤에 혼자 걷기)을 피하도록 촉구받는다. 그들은 또한 문에 데드볼트를 유지하고, 혼자 살 수 있다는 사실을 광고하는 것을 피하는 등의 방법을 배운다. 이 접근 방식의 두 번째 부분은 여성이 강간 미수에 반응하여 이를 방지할 수 있는 능력을 향상시키는 것이다. 여성들은 자기 방어에 대해 최소한 조금이라도 배워야 한다. 강제적인 저항은 일반적으로 가해자의 폭력 수준을 증가시키지 않으며 일반적으로 그가 강간을 완료할 가능성을 감소시킨다(Brecklin & Ullman, 2005; Marchbanks et al., 1990; Ullman, 1998; Ullman & Knight, 1991). 결과적으로 여성은 저항하도록 권장된다. 언어적 자기 주장은 공격을 예방하는 데 도움이 될 수 있다. 특히 여성이 처음 접근했을 때 자기 주장이 강한 경우에는 더욱 그렇다. 브로드스키(1976)는 강간범이 처음에 예의 바르거나 주저하거나 공격에 앞서 대화로 공격할 때 독단적이고 반격하는 것이 가장 성공적일 가능성이 있다고 보고했다. 강간 예방에 대한 이러한 접근 방식의 문제점은 강간 방지에 대한 책임을 피해자의 손에 둠으로써 강간당한 여성(및 남성)이 자신이 어떻게든 실패했으며 강간이 자신의 잘못이라고 느낄 수 있다는 것이다. 이 접근법은 또한 강간의 근본적인 원인을 다루지 않는다.

마지막 접근 방식은 **사회 시스템 관점**을 기반으로 한다. 이러한 관점에서 강간은 성폭력을 조장하는 환경을 조성하는 주변 사회 문화적 맥락의 요인에 의해 발생한다. 그러한 요인에는 다음이 포함된다(단, 이에 국한되지 않음): (1) 강간 미신의 획득을 지원하는 사회화 과정; (2) 남성의 공격성과 여성의 수동성을 강조하는 엄격한 성역할; (3) 성적 이중 잣대(예: 남편은 성적인 결정을 내릴 자격이 있지만 아내는 그렇지 않다); (4) 여성에 대한 착취적 태도와 강압적인 성적 전략의 사용을 조장하는 또래 집단 규범. 이러한 요인이 높은 사회에서 강간이 더 흔하다는 분명한 증거가 있다(상자 15-A 참조). 이러한 관점에서 강간 예방은 학교, 가정, 교회, 미디어 등에서 유해한 사회적 태도와 신념을 목표로 하고 성적으로 건강한 태도와 행동을 장려함으로써 시작된다. 실제로, 대학 캠퍼스의 성폭행 교육 프로그램이 실제로 강간 미신에 대한 믿음과 강간을 지지하는 태도를 감소시킨다는 증거가 있다(Breitenbecher, 2000; Foubert et al., 2010).

개인적인 생각 Personal Reflections

어떻게 생각해? 강간에 대한 더 강력한 법과 질서 접근이 필요한가? 더 많은 여성들이 강간 미수에 대처할 준비를 해야 할까? 이것이 충분할까? 강간은 우리 사회에서 심각한 문제가 되지 않을 것인가? 그 이유는 무엇?

그림 15-9

폭스 뉴스 채널의 전-CEO Roger Ailes

출처: Fred Prouser/ REUTERS/Alamy Stock Photo

성희롱 Sexual Harassment

15.10 직장과 교실에서의 성희롱과 이에 대처하는 방법을 설명한다.

2016년 7월 Fox News Channel의 CEO인 로저 에일스(Roger Ailes)는 토크쇼 진행자 그래천 칼슨(Gretchen Carlson)에 의해 성희롱 혐의로 기소된 후 사임했다. 칼슨은 에일스의 성적인 접근을 거부한 후 경력에 어려움을 겪었다고 주장했다. (2016년 9월, 뉴욕 타임즈는 Fox News의 모회사인 21st Century Fox가 칼슨에게 공개적으로 사과했고 그녀와 적어도 두 명의 다른 여성과 합의했다고 보도했다. 에일스는 그 후 세상을 떠났다.) 1년 이후 2017년 4월, Fox News Channel의 최고 정치 평론가인 빌 오라일리(Bill O'Reilly)도 여러 성희롱 혐의를 받고 방송사를 떠났다.

그러한 경우는 드물지 않다. 실제로 지난 15년 동안 매년 12,000~16,000명의 사람들이 미국 평등고용기회위원회(EEOC)와 관련 주 및 전국 기관에 성희롱 혐의를 제기했다(U.S. EEOC, 2012). 남성(16%)보다 여성(84%)이 더 많은 청구를 제출하고, 평균적으로 약 20%의 청구가 가치 있는 해결에 도달한다(즉, 괴롭힘 혐의를 뒷받침할 충분한 증거가 있고 청구가 청구인에게 유리하게 해결됨). 물론 성희롱의 많은 피해자들이 자신의 경험을 당국에 보고하거나 공식적으로 고발하지 않기 때문에 실제 유병률은 훨씬 더 높을 가능성이 높다(McDonald et al., 2011 참조). 실제로 최근 설문조사에 따르면 여성의 40~50%와 남성의 약 30%가 일생에 한 번 이상 직장에서 성희롱을 경험한 것으로 나타났다(리뷰는 Das, 2009; McLaughlin et al., 2012; Quick & McFadyen, 2016 참조).

정의 Definition

성희롱이란? 1980년에 EEOC는 직장 내 **성희롱(sexual harassment)**에 대한 법적 정의를 수립했다.

> 원치 않는 성적 접근, 성적 호의 요청 및 기타 성적인 언어적 또는 신체적 행위는 (a) 그러한 행위에 대한 복종이 개인의 고용 조건으로 명시적 또는 묵시적으로 이루어진 경우, (b) 개인에 의한 그러한 행위에 대한 복종 또는 거부가 사용될 때 불법적인 성희롱에 해당한다. 개인에게 영향을 미치는 고용 결정의 근거로 사용되거나, 또는 (c) 이러한 행위는 개인의 업무 수행에 불합리하게 간섭하거나 위협적이거나 적대적이거나 공격적인 업무 환경을 조성하는 목적이나 효과를 갖는다.

받는 사람이 원하지 않는다고 표시한 후에도 행동이 지속되면 괴롭힘으로 간주된다. 지난 20년 동안, EEOC는 성희롱의 정의를 동성 성희롱(예: 남성 고용주와 남성 직원, 여성 고용주와 여성 직원)을 포함하도록 업데이트했으며, 성희롱은 고용주뿐만 아니라 동료들에 의해서도 자행될 수 있음을 분명히 했다.

성희롱(Sexual harassment) 원치 않는 성적 접근, 성적인 호의 요청 또는 받는 사람이 원하지 않는다고 표시한 후에도 지속되는 성적인 언어/신체적 행위. 확장된 정의는 텍스트를 참조하시오.

성희롱 형태 Types of Harassment

성희롱은 때때로 고용 또는 업무 관련 기회의 대가로 성 관계를 요구하는 것을 포함한다(예: 관리자가 구강 성교의 대가로 구직자를 고용하겠다고 제안하고 상사는 성교의 대가로 승진을 약속함). "quid pro quo"(라틴어로 "이것을 위해"를 의미함) 괴롭힘은 부적절한 것으로 더 쉽게 인식될 수 있다. 그러나 **피해자가 괴롭힘을 입증하기 위해 직업 혜택의 대가로 성적인 호의를 요구했다는 것을 보여줄 필요는 없다는 점**을 기억하시오. 적대적이거나 공격적인 작업 환경을 조성하는 성행위도 성희롱에 해당한다. 이러한 유형의 행위에는 다음이 포함된다(이에 국한되지 않음).

- 사람의 의복, 외모 또는 신체에 대한 언급을 포함한 구두 또는 서면 행동 성 관련 농담, 이야기 또는 풍자 사람의 성생활에 대한 소문을 말하는 것; 성적으로 암시하는 언어.
- 성적인 성격의 몸짓이나 표정을 포함한 비언어적 행동 사람을 따라가다; 사람의 이동의 자유를 방해하거나 사람의 공간을 침범하는 행위 사람이나 사람의 옷을 부적절하게 만지는 행위 키스, 포옹, 쓰다듬기, 쓰다듬기 또는 성폭행.
- 직장에 존재하는 이미지, 포스터, 그림, 그림, 화면 보호기, 달력 또는 기타 성적인 표현을 포함한 시각적 이미지.

법원은 적대적인 근무 환경이 있는지 여부를 어떻게 판단하는가? 1991년 판결(*Ellison* 대 *Brady*)에서 법원은 **"합리적인 여성"** 기준을 설정했다. 특정 작업장을 조사할 때 합리적인 여성이 성희롱이 있어 적대적인 작업 환경을 초래했다고 결론을 내리는가(Gutek et al., 1999)? 성희롱 혐의는 일반적으로 성에 근거한 고용 차별을 금지하는 1964년 민권법 Title VII에 따라 민사 소송(형사 사건이 아닌)으로 기소된다.

분명히 괴롭힘은 다양한 형태를 취할 수 있으며, 그 중 일부는 다른 것보다 더 심각하다. 그루버(1990)는 여성에 대한 괴롭힘을 다섯 가지 유형으로 세분화했다: 데이트/관계에 대한 압박(여성의 약 13%가 경험함), 성적 발언(28%), 성적 자세(24%), 성적 접촉(17%), 성폭행(1%). 오헤어와 오도너휴(1999)는 이러한 보다 제한적인 용어를 사용하여 직장 여성의 12%가 좋은 대우를 받기 위해 성적으로 협력해야 한다는 압력을 받았다는 것을 발견했다. 다음은 학생들이 우리에게 제공한 직장 내 성희롱의 세 가지 예이다.

> "상사가 험악한 농담을 하기 시작했어. 그런 다음 그는 농담을 자신의 개인적인 경험과 관련시키기 시작했다. 다음으로 그는 내 가슴이 얼마나 큰지 또는 청바지를 입은 내 엉덩이가 어떻게 보이는지에 대해 논평하기 시작했다. 이때 진짜 무서웠어."
>
> "[체인점]에서 아르바이트를 하곤 해요. 마지막 매니저가 항상 몸에 대해 칭찬을 하고, 쳐다보고, 가까이 하려고 하는 등의 행동을 해서 너무 불편했다. 그가 거기 있을 줄 알고 일하러 가는 것이 점점 더 어려워졌다. 어느 날 그는 내가 '너무 섹시하다'고 말했고 나는 아마도 내 남자친구를 '침대에서 미친듯이' 몰았다. 그것이 나를 위한 것이었다. 일이 필요했는데 그날 그만뒀다."
>
> "저는 뉴올리언스에서 두 번째로 큰 로펌에서 법률 보조원으로 일하기 시작했다. 나는 두 명의 젊은 동료에게 임명되었다. 동료 중 한 명은 28세의 약혼자였으며 재판 절차가 어떻게 진행되는지 알아보는 데 관심을 보였다. 나는 '리치'가 하는 사소한 일들이 나를 불편하게 하는 것을 알아차리기 시작했다. 첫째, 내 외모에 대한 칭찬이나 인신공격. 그런 다음 그는 우리가 전날 밤에 얼마나 늦게 일했는지, 우리가 얼마나 잘 협력했는지에 대해 다른 사람들 앞에서 암시하곤 했다. 이 모든 것이 나를 매우 불편하게 만드는 방식으로 말했다.
>
> 마지막 빨대는 처음에는 타이핑을 하거나 책을 읽을 때 등에 닿았지만 나중에는 허벅지와 종아리를 만졌다. 상사에게 갔더니 인사팀장과 법무팀장을 만났다. 나는 고소하거나 큰 소란을 피우지 않고 그냥 그만뒀다. 왜? 제가 근무했던 부서가 노동부였기 때문이다. '리치'가 성추행 사건을 변호해 승소했다. 그는 실제로 성희롱으로부터 직원들을 변호했다. 더 잘 알고 있었다."
>
> (모든 예제는 작성자의 파일에서 가져옴)

이러한 사례 기록을 보면 일부 남성 고용주가 단순히 "이해하지" 않는다는 것이 분명하다. 확실히 여성보다 남성이 성희롱 문제가 과장되었다고 생각하고, 많은 남성들도 남성이 여성에게 성적 관심을 보일 때 여성이 기분을 상하게 해서는 안 된다고 생각한다(Dietz-Uhler & Murrell, 1992). 이것은 전통적인 성 역할 고정 관념을 지지하는 남성들 사이에서 특히 그렇다. 남성은 또한 여성보다 성희롱의 여성 피해자를 비난하고 남성 가해자의 행위를 변명할 가능성이 더 높다(Bernard et al., 2016 참조). 남성은 특정 행동을 괴롭힘(예: 성에 대한 대가로 호의 제공)으로 인식하지만, 많은 사람들은 덜 명백한 행동(예: 성적인 농담 및 발언)을 괴롭힘으로 간주하지 않는다. 왜? 여성은 자신과 가해자 사이의 권력 관계에 초점을 맞추는 반면, 남성은 상황의 성적인 측면에 주의를 기울이며, 이는 그들이 매우 광범위하게 정의하는 경향이 있다(Perry et al., 1998). 따라서 남성은 일반적으로 여성보다 성희롱 문제를 덜 심각하게 여긴다. 미국 대법원이 적대적인 환경 사건에서 "합리적인 여성" 기준을 적용한 것은 법원이 많은 남성과 여성이 같은 행동을 다르게 본다는 것을 인식하고 있다는 분명

그림 15-10
많은 여성들은 남성 상사의 이러한 유형의 행동을 부적절하고 일종의 성희롱으로 간주한다. 이 남자가 남자 직원에게도 똑같이 행동할 거라고 생각하는가?

출처: Dmytro Zinkevych/Alamy Stock Photo

한 표시이다.

이것이 왜 여성에게 심각한 문제일까? 성희롱은 일반적으로 고용주-직원 또는 교사-학생 관계와 같이 **불평등한 권력이 있는 관계에서 발생한다**(MacKinnon, 1979). 이것은 특히 그들이 직업에 경제적으로 의존하는 경우 괴롭힘의 피해자를 매우 취약하게 만든다. 당연히 괴롭힘의 피해자는 수동적이거나 현장을 떠나는 것에서부터 대립하고 행동을 보고하는 것에 이르기까지 다양한 반응을 보인다(O'Donohue et al., 1998). 피해자는 구제 수단이 없다고 느낄 수 있다. 괴롭힘을 하는 것이 상사라면 누구에게 하소연하는가? 여성이 성적인 접근을 거부하거나 공격적인 작업 환경에 반대하는 경우 보복의 대상이 될 수 있다(예: 승진 및 승진을 위해 놓쳐지거나 낮은 평가를 받거나 심지어 해고될 수 있음). 그녀가 그만두면 실업 수당을 받을 자격이 없을 수도 있다. 그녀가 해고되든 그만두든, 그녀는 이 고용주에게 추천서를 요청할 수 없을 것이다. 왜냐하면 그는 의심할 여지 없이 낮은 성과와 관련된 그녀의 해고 이유를 만들어낼 것이기 때문이다. 최종 결과는 성희롱의 피해자가 종종 직업(예: 직업 만족도, 철수), 심리적 건강(예: 우울증 및 낮은 자존감), 신체적 건강과 관련하여 부정적인 결과를 낳는다는 것이다(Chan et al., 2008; Quick & McFadyen, 2016).

학생들의 성희롱 Sexual Harassment of Students

대학 내 괴롭힘 성희롱은 사람들 사이에 권력 차이가 있는 환경에서 발생할 가능성이 가장 크다. 대학 캠퍼스는 확실히 이것의 예이다. 연구에 따르면 여대생의 30% 이상과 남대생의 약 20%가 강사나 교직원에게 성희롱을 당한 적이 있는 것으로 나타났다(예: Dziech & Hawkins, 1998; Kalof et al., 2001; Rosenthal et al., 2016). 학생들은 또한 급우들의 표적이 되는 경우가 많다. 학부 및 대학원생을 대상으로 한 최근 설문조사에 따르면 여성의 약 34%, 남성의 약 20%가 다른 학생들로부터 성희롱을 경험한 것으로 나타났다(Krebs et al., 2016; Rosenthal et al., 2016).

괴롭힘은 직접적일 수도 있고(예: 성적이 좋은 강사, 과제를 도와주겠다고 약속하는 급우) 성희롱은 덜 명백할 수도 있다(예: 학생을 반복적으로 안아주는 교사나 교직원 또는 학생 혼자, 학생이 이미 침대에 있을 때 예기치 않게 "들르는" 급우를 보는 것). 급우들에게 희롱을 받은 대다수의 학생들은 원치 않는 성적 접근, 몸짓, 말, 농담을 경험했다고 보고했으며, 소수의 학생들은 음란한 성적 사진이나 비디오를 받았거나 급우가 자신의 성기를 노출했다고 말했다(Krebs et al., 2016 참조).

직장에서 일어날 수 있는 것처럼, 강사, 교직원 및 동료들은 직접적인 제안이나 위협이 없더라도 학생에게 불쾌한 환경을 조성할 수 있다.

"제가 강사로부터 성희롱의 대상이 된 것은 대학교 2학기 때였다. 그 시련은 그가 수업시간에 나를 오랫동안 응시하기 시작했을 때 시작되었다. 나는 점점 불편해졌고 더 중요한 것은 자의식이 강해졌다. 그가 나를 쳐다보는 이유를 알 수 없었다. 그러자 그는 나에게 다가와 잡담을 하기 시작했다. '안녕'과 '잘 지내?' 사이에 끼어들어 칭찬을 하곤 했다. 결국 그의 칭찬은 외설적이 되었고, 얼마 지나지 않아 그는 학급 앞에서 나에게 노골적인 성적인 욕설을 퍼부었다. '네가 그렇게 맨 앞줄에 앉아 있어서 내 강의에 집중할 수 없다', '너는 확실히 남자를 힘들게 만드네.'

한번은 내가 수업할 때 치마를 입고 갔을 때 그가 내 다리에 시선을 고정하며 '이거 입었니?'라고 물었다. 내가 책가방을 들고 있을 때 그는 내 어깨를 툭 치며 '그 청바지를 입고 허리를 굽히지 마'라고 말했다. 한번은 그가 나를 점심에 데리고 가서 디저트로 먹고 싶다고 말했다.'

제가 돌아온 날, 제 교수님은 제게 어디에 있었냐고 물으시고 '만약 제가 그가 무슨 생각을 하는지 안다면 저는 그를 성희롱으로 기소할 수 있습니다'라고 말씀하셨다. 그 다음 주에 나는 넥타이를 매고 수업에 들어갔는데, 그는 내 넥타이를 만지며 '너를 묶고 싶어'라고 말했다. 수업이 끝난 뒤 모르는 여학생이 다가와 정식으로 고소하려면 자신을 증인으로 내세웠다. 나는 바로 그것을 하고 싶었다. 하지만 저는 여전히 제 성적에 대해 매우 걱정한다; 만약 제가 그에게 이런 행동을 했다면, 그는 제 성적을 통해 저에게 불이익을 주었을 것이라고 확신한다."

(저자의 파일에서)

강사가 현재 자신의 수업에 등록했거나 그의 감독하에 있는 학생에게 성적 서곡이나 심지어 낭만적인 서곡을 하는 것은 결코 적절하지 않다. 또한 교직원이나 동료 학생이 앞에서 논의한 바와 같이 원치 않는 성적 접근이나 성접대 요청에 가담하는 것은 결코 적절하지 않다. 직장에서와 마찬가지로 성희롱을 당한 학생들은 어쩔 수 없다고 느낄 수 있으며, 이러한 경험은 종종 부정적인 감정적 영향을 초래한다. 미국 대법원은 1972년 교육 수정안의 Title IX에 따라 학교가 조치를 취하지 않은 것에 대해 책임을 질 수 있다고 판결했다(*Franklin v. Gwinnett County Public Schools, 1992; Fitzgerald 대 Barnstable 학교 위원회*, 2009 참조). 캠퍼스에서 성희롱에 대한 정책을 수립했는지 알고 있는가?

중학교 및 고등학교에서의 괴롭힘 성희롱은 일반적으로 대상과 괴롭히는 사람(예: 상사-교사, 학생-강사) 사이에 권력 격차가 있는 상황에서 발생하지만 성희롱은 동료 간에도 발생한다. 2011년에 미국대학여성협회(American Association of University Women, AAUW)는 7~12학년 학생들 사이에서 성희롱의 만연을 조사하기 위해 전국 조사를 의뢰했다(Hill & Kearl, 2011). 그 결과 성희롱은 슬프게도 중학교와 고등학교에서 '일상'의 일부인 것으로 드러났다. 설문조사 결과에 따르면, 전체 학생의 거의 절반(48%)이 이번 학년도 동안 대면 또는 온라인에서 어떤 형태의 성희롱을 경험했다고 보고했다. 남학생(40%)보다 여학생(56%)이 더 많은 괴롭힘을 당했다. 비슷한 비율이 최근 중서부 전역의 36개 학교에서 6학년 학생들을 대상으로 실시한 대규모 설문조사에서 보고되었다(Rinehart & Espelage, 2016).

학생들이 보고한 성희롱의 가장 흔한 형태는 달갑지 않은 성적인 댓글이나 농담, 몸짓(33%), 부정적인 방식으로 게이 또는 레즈비언이라고 부르는 것(18%), 보고 싶지 않은 성적 이미지를 보여주거나 보내짐(13%) 등이 가장 많았다. 또한 8%의 학생들이 반갑지 않은 성적 방법으로 만졌다고 보고했고, 7%는 누군가가 자신을 번쩍거리거나 노출시켰다고 응답했으며, 6%는 성적 방법으로 신체적으로 위협받았다고 응답했고, 2%는 그들이 원하지 않는 성적 행동을 하도록 강요받았다고 보고했다. 여학생들이 남학생들보다 이러한 형태의 성희롱을 더 많이 경험했다.

많은 성인들에게 이러한 사건은 상대적으로 "사소해" 보일 수 있다. 괴롭힘을 당한 사람들도 분명히 그렇게 생각하는 것 같았다. 왜 누군가를 괴롭혔는지 묻는 질문에 대다수(44%)가 "학교 생활의 일부일 뿐이며 별 문제가 아닙니다"라는 말에 동의했다. 또한 상당한 수의 사람들이 단지 웃기려고(39%) 또는 "바보"(34%)라고 말했다. 그러나 성희롱은 "바보같은 농담"의 형태로라도 경험하는 학생들에게 매우 심각한 결과를 초래한다. 거의 모든 남학생과 여학생(87%)이 괴롭힘이 그들에게 부정적인 영향을 미쳤다고 말했다. 구체적으로, 3분의 1(32%)은 그 결과 학교에 가기 싫다고 보고했고, 약 1/3(31%)은 괴롭힘의 결과로 배가 아프다고, 또 다른 3분의 1(30%)은 괴롭힘으로 인해 공부에 어려움을 겪었다고 밝혔다. 수면 장애도 일반적으로 보고된 문제였다(여아의 22%, 남아의 14%). 성희롱의 결과 상당한 수의 학생(12%)이 집에 머물렀고 일부(4%)는 학교를 옮기기까지 했다.

다른 형태의 성희롱과 마찬가지로 많은 대상 학생(50%)이 자신의 괴롭힘을 신고하지 않았다. 그렇게 한 사람들은 부모나 다른 가족(27%) 또는 친구(23%)에게 말할 가능성이 가장 컸다. 9%의 학생만이 사건을 교사, 지도 카운슬러 또는 학교의 다른 성인에게 보고했다. 괴롭힘을 신고하지 않은 이유를 묻는 질문에 학생들은 변화가 없을 것이라는 의구심, 신고로 인해 상황이 악화될 것이라는 두려움, 교직원의 반응에 대한 우려를 언급했다.

분명히, 중학교와 고등학교에서의 괴롭힘으로 인한 개인적 피해는 심각하다. 교육적 영향도 마찬가지다. 당연히 또래로부터 괴롭힘을 경험한 학생은 학교에 덜 몰입하고, 교사로부터 소외감을 느끼며, 학업 성취도가 감소한다(Gruber & Fineran, 2016). 교직원과 학부모는 이 불행하고 너무나 흔한 경험으로부터 어린이를 보호하기 위해 함께 노력해야 한다. 좋은 소식은 이를 가능하게 하는 방법이 있다는 것이다. 연구에 따르면 학교 분위기는 괴롭힘을 억제(또는 장려)하는 데 중요한 역할을 한다. 캠퍼스 분위기가 협력, 안전 및 상호 존중을 지원하는 규범으로 특징지어질 때, 교직원이 친사회적 행동과 양성 평등에 대한 헌신을 모범으로 삼을 때(괴롭힘의 경우에 개입하려는 의지를 보일 때), 교직원-학생이 상호작용은 긍정적이고 존중하며 동료 괴롭힘의 사례는 감소한다(Rinehart & Espelage, 2016 참조). 또한 학생 주도 중재 프로그램과 교사 주도 중재 프로그램(특히 공감과 문제 해결을 포함한 사회 정서적 학습 기술 개발에 중점을 둔 프로그램)이 성희롱 가해자와 피해를 감소시킨다는 증거가 있다(Connolly et al., 2015; Espelage et al, 2015).

미국대학여성협회 보고서는 학교 환경에서 성희롱에 효과적으로 대응하는 방법에 대한 권장 사항을 제공하며 www.aauw.org에서 온라인으로 볼 수 있다.

개인적인 생각 Personal Reflections

초등학교, 중학교, 고등학교, 대학교를 다녔던 학생 시절을 회상해 보시오. 성희롱을 경험하였는가? 그렇다면 괴롭힘은 어떤 형태로 이루어졌는가? 누구에게 말했는가? 그 이유는 무엇? 괴롭힘을 효과적으로 처리하고 그 발생을 줄이기 위해 학교에서 무엇을 할 수 있었고 오늘날 학교에서는 무엇을 할 수 있다고 생각하는가?

스토킹과 원치 않는 성적 관심

Stalking and Unwanted Sexual Attention

성희롱의 법적 정의를 충족하지는 않지만 원치 않는 성적 관심을 수반하고 잠재적으로 범죄 행위의 영역으로 들어갈 수 있는 몇 가지 행동이 있다. 예를 들어, 상당한 수의 남성과 여성(아마도 당신을 포함하여)이 강박적인 관계 침해(*obsessive relational intrusion*)를 경험했으며, 이는 "반복적으로 원치 않는 추구와 신체적 또는 상징적 사생활을 원하는 다른 사람에 의한 침해"로 정의된다(Spitzberg & Cupach, 2007). 일상적인 용어로 이 현상을 **스토킹(stalking)**[또는 온라인 형태의 커뮤니케이션 또는 접촉과 관련된 경우 사이버 스토킹(*cyberstalking*)]이라고 한다. 스토킹 행동은 세 가지 특징을 가지고 있다: (1) 스토커/추격자가 의도적으로 지속적으로 접촉(또는 접촉 시도)하여 (2) 원하지 않는 것, (3) 심리적으로 혐오(공격적이거나 불쾌한 것) 받는 사람/대상. 또한 법적 정의는 미국(및 전 세계)에서 다양하지만 스토킹 행동은 일반적으로 대상이 자신의 안전에 대해 합리적인 두려움을 갖게 하는 확실한 위협이 될 때 범죄가 된다(Cupach & Spitzberg, 2004; 멜로이, 2007).

스토킹은 얼마나 흔한 일인가? 전국적인 피해 조사에 따르면 여성의 16%와 남성의 5%가 일생 중 어느 시점에서 스토킹의 대상이 된 것으로 나타났다(Black et al., 2011). 여러 스토킹 연구를 검토한 결과 여성의 경우 12~16%, 남성의 경우 4~7%로 유사한 추정치를 제공했다(Dressing et al., 2006). 많은 피해자들에게 스토커는 그들이 알고 있는 사람이며 이들 중 상당수는 전 파트너이다(Björklund et al., 2010; Buhi et al., 2009; Purcell et al., 2009). 예를 들어, 한 연구에서는 여성 스토킹 피해자의 2/3(66%)와 남성 피해자의 41%가 현재 또는 이전의 친밀한 파트너에게 스토킹을 당했다고 밝혔다(Black et al., 2011).

스토킹은 몇 달에서 몇 년까지 지속될 수 있다. 가장 흔히 경험하는 스토킹 행위는 원치 않는 전화, 메시지 또는 선물을 받는 것이다(McNamara & Marsil, 2012 참조). 그러나 많은 피해자들은 또한 스토커로부터 더 침략적이고 위협적인 행동을 경험했다고 보고한다. 예를 들어, 스토킹 사례의 10~40%에서 스토킹들이 다음과 같은 행동을 하는 것을 발견했다: 피해자나 피해자의 가족이나 애완동물에게 신체적으로 해를 입히겠다고 협박하거나, 동의 없이 피해자를 촬영하거나, 이곳저곳을 따라다니거나, 피해자의 재산을 훼손하거나, 무단 침입하거나, 피해자의 집에 침입하고, 피해자에게 자신을 노출하고, 성적 행동을 강요하는 행위다.(Brewster, 2003; Cupach & Spitzberg, 2004 참조). 어떤 스토커들은 그들의 희생자들을 죽인다. 당신의 교과서 집필자 중 한 명의 교수 동료가 2004년에 전직 대학원생에게 스토킹을 당했다. 어느 날, 몇 달 동안 부적절하고 괴롭히는 행동을 한 후, 그 남자는 피해자를 따라 그녀의 집으로 가서 침입한 다음 칼로 찌르고 참수했다(살해 1시간 후에 고속도로로 걸어 들어가 자살했다).

스토킹 피해자의 약 절반만이 도움을 구하고, 대개 경찰이나 다른 당국보다는 친구의 도움을 받는다(Buhi et al., 2009). 불행히도 연구자들은 스토킹 상황을 관리하거나 대처하는 가장 효과적인 방법을 아직 확인하지 못했다. 그러나 일부 전문가는 스토킹의 대상이 관심을 받는 것이 바람직하지 않고 원치 않는다는 것을 분명히 전달하고 모든 추가 접촉을 중단할 것을 권장한다(가능한 경우). 다른 사람(친구, 가족, 동료, 강사 등)에게 상황을 알린다. 모든 스토킹 관련 사건을 문서화한다. 상황이 멈추지 않으면 당국에 가시오. 가정, 캠퍼스 및 직장에서 보안을 강화한다. 위협이 발생할 경우 탈출 계획을 세운다(Regan, 2017 참조).

성희롱에 대처하는 방법

How to Deal with Sexual Harassment

미국 고용평등기회위원회에 보고된 성희롱 사건의 수는 1980년대에 2배, 1990년대에 다시 2배 이상 증가했다(그 이후로 거의 일정함). 그러나 상대적으로 소수의 피해자가 공식적인 조치를 취하기로 결정한다.

성희롱(및 스토킹과 같은 다른 형태의 원치 않는 성적 관심)은 수신자가 부적절한 행동의 첫 징후에 즉각적인 조치를 취하면 종종 예방할 수 있다. 그러한 행동에는 개인의 주장뿐 아니라 명확하고 직접적인 의사 소통이 필요하

스토킹(Stalking) 관계를 원하지 않는 다른 사람을 반복적으로 추구한다.

다. 불행히도 일부 여성(및 남성)은 자신이 "비우호적"이거나 "무례한" 것처럼 보일까봐 자기 주장을 하는 것을 꺼려한다. 이런 상황에 처한 적이 있다면 **자신이 부적절하게 행동한 것이 아니라는 점을 명심하시오.** 괴롭히는 사람에게 단호하게 "아니오"라고 말하는 것(또는 그런 말을 하는 것을 용납하지 않겠다고 말하는 것)은 개인의 존엄성에 대한 귀하의 권리를 표현하는 것이다.

괴롭힘을 당한 사람이 감사할 수 없다는 분명한 메시지를 전달한 후에도 괴롭힘을 계속하는 경우 다른 조치를 취하여 이에 대처해야 한다. 사례 기록의 대학 교수의 사례와 같이 괴롭힘이 노골적이고 지속적이며 매우 모욕적일 경우 강력한 조치가 필요하다. 괴롭히는 사람과 이야기하거나 편지를 써서 그 사실을 전달하고 다시 한 번 행동을 중단해야 함을 분명하고 단호하게 표현한다. 모든 괴롭힘 에피소드(날짜, 장소)를 문서화하고 모든 목격자를 나열하시오. 바로 다음 행위가 발생했을 때 회사나 학교의 고충처리 절차에 따라 신고해 주시오. **고충처리 절차를 시행한 회사와 학교는 보복으로부터 귀하를 보호할 것이다.** 부당한 대우를 받아야 하는 경우 문제를 EEOC에 보고하거나 민사 소송을 제기하시오(회사와 학교는 이제 조치를 취하지 않은 것에 대해 책임을 질 수 있음을 기억하시오). 그리고 신체적 위험에 처해 있거나 자신이 위험에 처했다고 생각되면 당국에 알리시오(지역 경찰서 및/또는 캠퍼스 또는 직장 보안 사무소에 알리고 접근 금지 명령을 구함).

개인적인 생각 Personal Reflections

상사, 고용주, 강사에게 성희롱을 당한 적이 있는가? 동료, 동급생, 지인, 전 파트너로부터 스토킹 행위의 대상이 된 적이 있는가? 신고했나? 그렇지 않다면 그 이유는 무엇인가? 캠퍼스의 성희롱 처리 절차에 대해 알고 있는가? 절차에 대해 잘 모르면 어디로 가서 알 수 있는가?

아동 성적 학대 Sexual Abuse of Children

15.11 소아성애와 아동 성추행의 차이점에 대해 논의하고 소아성애 아동 성범죄자를 분류하는 다양한 방법(및 특성)을 설명한다.

1992년에 전 국가 "올해의 교사"가 자신의 오두막집에서 소년들을 성추행한 혐의로 1년형을 선고받았다. 2000년에 수상 경력에 빛나는 한 소아과 의사는 수십 건의 성적 학대 혐의로 면허가 취소되었다. 2002년에는 전직 신부가 30년 동안 150명 이상의 어린이를 성추행한 혐의로 기소됐다. 그리고 10년 후인 2012년에 우리 중 많은 사람들이 은퇴한 펜실베니아 주립대 미식축구 조감독인 제리 샌더스키의 재판을 따랐다. 그는 그 후 어린 소년들에 대한 45건의 성적 학대로 유죄 판결을 받았다.

아동에 대한 성적 학대는 얼마나 흔한가? 대답은 아동 성적 학대를 어떻게 정의하느냐에 따라 크게 달라진다(다음 섹션 참조). 전 세계에서 수행된 연구에 대한 한 검토에 따르면 미국에서는 대부분의 연구에서 소녀의 10~20%, 소년의 10% 미만이 아동 성적 학대의 피해자라고 보고했다(Pereda et al., 2009). 캐나다, 아시아 및 많은 유럽 국가에서 유사한 유병률이 발견되었다. 남아프리카 공화국은 놀라울 정도로 높은 비율을 보였다. 또 다른 리뷰에서는 미국에서 심각한 아동 성적 학대(적어도 성기를 만지는 행위 포함)의 유병률이 여성의 경우 17%, 남성의 경우 8%로 계산되었다(Putnam, 2003).

이 데이터에서 알 수 있듯이 소년보다 소녀가 거의 두 배나 많은 피해자가 표적이 된다. 1985년 초 로스앤젤레스 타임즈(*Los Angeles Times*) 여론 조사에 따르면 전체 피해자의 약 15%가 학대가 1년 이상 지속된다고 밝혔다. 다른 연구에서는 피해자의 최소 10%에서 15%가 한 명 이상의 성인에게 학대를 받는 것으로 나타났다(Conte et al., 1986; Tufts New England Medical Center, 1984).

라우만 등(1994)은 아동과의 성적 접촉은 일반적으로 성기를 애무하는 것과 관련이 있지만, 성희롱을 당한 소녀의 10%와 소년의 30%가 강제로 구강 성교를 수행한다는 사실을 발견했다. 여아 중 14%가 강제로 질 성교를 했으며 남아가 관련된 경우의 18%는 항문 성교를 포함했다.

피해자는 모든 연령이 될 수 있다. 강간에 관한 섹션에서 언급했듯이 어린 유아도 성추행을 당할 수 있다. 예를 들어, 2011년 아동 보호 서비스(Child Protective Services)에서 조사한 아동 성적 학대 사례 중 피해자의 3%는 3세 미만, 14%는 3~5세, 16%는 6~8세, 19 %는 9~11세, 26%는 12~14세, 22%는 15~17세였다(US Department of Health and Human Services, 2012).

미국에서는 1990년대 초반부터 입증된(보고된) 아동 성적 학대 사례의 수가 감소했다(Finkelhor & Jones, 2003; Jones et al., 2001). 이는 부분적으로 범죄자에 대한 보다 강력한 기소와 대중의 인식 제고 때문일 수 있다.

아동 성적 학대란? What Is Child Sexual Abuse?

아동 성적 학대와 관련된 피해자 결과에 대한 연구의 초기 검토는 피해자가 학대를 받지 않은 개인보다 평균적으로 "조금 덜 잘 적응"했다고 결론지었다(Rind et al., 1998). 저자들은 성적 학대와 유해한 영향 사이의 연관성이 거의 없음을 발견하여 "아동 성적 학대"라는 용어 사용을 중단하고 대신 단순히 "아동-성인 섹스"를 언급할 것을 제안했다. 당연히 이 기사는 항의의 폭풍(Garrison & Kobor, 2002 참조)과 많은 반박 기사(예: Dallam et al., 2001; Ondersma et al., 2001)에 직면했다. 미국 의회도 이 기사를 규탄하는 투표를 했다. 그러나 이전 검토에서는 많은 성적 학대 아동이 장기적인 부정적인 영향을 거의 경험하지 않았다는 사실도 발견했으며(Kendall-Tackett et al., 1993), 다른 연구에서는 일부 피해자가 자신의 경험을 긍정적이거나 즐거웠다고 회상한다고 보고하기도 했다(예: Haugaard & Emery, 1989; Okami, 1991; Rind, 2001). 논쟁은 오늘날에도 계속되고 있다(Rind & Tromovitch, 2007 vs. Najman et al., 2007 참조).

이 논쟁의 결과 중 하나는 "아동 성적 학대"라는 용어에 대한 재검토였다. 하우고르(2000)는 이 말의 각 단어가 여러 방식으로 정의되었다고 지적한다. 예를 들어 "어린이"라는 개념을 생각해 보시오. 이 장의 앞부분에서 논의한 바와 같이 동의 연령(어린이와 성인을 법적으로 구분하는 선)은 국가와 전 세계적으로 다르다. 따라서 미국의 일부 주에서는 법적으로 "어린이"가 16세 미만인 사람으로 정의되는 반면, 다른 주에서는 "어린이"가 18세 미만인 사람으로 정의된다. 심리학 및 정신의학에서 "어린이"라는 용어는 일반적으로 사춘기 이전의 어린이(13세 이하)를 의미한다. 법률 및 과학 커뮤니티는 일반적으로 성적 접촉(학대)이 성인(16세 이상)과 아동보다 5세 이상이어야 한다고 규정하고 있다. 라우만(1994) 조사에서는 이 정의를 사용했다.

성적 학대는 무엇인가? "성적"이라는 단어에는 성적 접근 또는 성적 방식으로 말하는 것에서부터 성적 노출(신체 접촉을 수반하지 않는 것), 부적절한 접촉이나 삽입 행위(구강, 질 및 항문)에 이르기까지 다양한 행위가 포함될 수 있다. 그 행동은 하나의 고립된 사건일 수도 있고 장기적일 수도 있다. 그리고 "학대"? 여기에는 획일적인 정의가 없다(사실 미국의 각 주는 아동학대를 구성하는 행위, 성적 또는 기타 행위에 대한 법적 정의를 가지고 있다).

다음은 미국 심리학회(American Psychological Association)에서 아동 성적 학대에 대해 말하는 내용이다.

> 아동 성적 학대에 대한 보편적인 정의는 없다. 그러나 모든 학대의 중심적인 특징은 성인이 아동에게 성적 활동을 강요하거나 강요할 수 있는 지배적인 위치에 있다는 것이다. 아동 성적 학대에는 아동의 성기를 만지는 것, 수음, 구강-성기 접촉, 디지털 삽입, 질 및 항문 성교가 포함될 수 있다. 아동 성적 학대는 신체적 접촉에만 국한되지 않는다. 그러한 학대에는 노출, 관음증, 아동 포르노와 같은 비접촉 학대가 포함될 수 있다.
>
> (http://www.apa.org/pubs/info/brochures/sex-abuse.aspx)

어린이와 성인 간의 성적 접촉에 대해 논의할 때 문화도 고려해야 함을 명심하시오(Nieto, 2004 참조). 9장(상자 9-A 참조)에서 성인과 어린이 간의 성 관계(일반적으로 남학생)가 일부 문화권에서는 규범이며 때때로 서구 문화권에서도 그러하다는 것을 읽었다. 그러나 그러한 접촉이 오늘날 서구 문화에서 정상적이지 않거나 용인되지 않는다는 데는 의문의 여지가 없다. 서구 문화에서 성인과 어린이 사이의 권력 차이는 그들 사이의 성적 동의를 불가능하고 용납할 수 없도록 만든다(Schmidt, 2002).

그 결과 '아동 성학대'라는 용어는 하나의 개념으로 현재 거의 차별적인 힘이 없는 포괄적인 표현이 되었다. 학대 **행위가 어떻게 정의되는지에 따라 유병률은 높거나 낮을 것이다. 학대의 영향은 학대의 유형이나 심각성뿐만 아니라 다른 피해자와 가해자의 특성에 따라 달라진다.**

누가 아이들을 성추행하는가?
Who Molests Children?

아동 성추행범에 대한 고정관념은 놀이터 주변을 어슬렁거리며 어린 소년 소녀들에게 사탕을 주고 부모가 보고 있지 않을 때 그들을 낚아채는 더러운 노인에 대한 고정관념이다. 그러나 이것은 일반적으로 그렇지 않다. 미국 및 기타 국가에서 수행된 연구에 따르면 대부분의 성추행 사건에서 성추행자는 피해자에게 알려진 성인이며 매우 종종 친척이라는 것을 발견했다(Aydin et al., 2015; Laumann et al., 1994 ; 미국 보건복지부, 2016, **표 15-4** 참조).

> "12살 때 여동생의 남자친구에게 성추행을 당했다. 그날 일찍 어머니와 여동생은 의사의 진료를 받았고 그들이 없는 동안 나를 지켜봐 주겠다고 제안했다....그는 감히 나에게 성적인 행동을 했다. 내가 거절하면 그는 나에게 강압적으로 다가가서 겁에 질려 따라갔다. 그는 나에게 구강 성관계를 하도록 강요했다."
>
> "어렸을 때(5~7세) 성추행을 당했다. 부모님은 일을 하셨지만 나는 연로한 이웃들과 함께 지내게 해주셨다. 그 노인이 나에게 그랬다. 그는 나에게 자신의 성기에 키스하고 만지는 법을 가르쳤다. 그는 아내가 가게에 가거나 방을 나갈 때 이렇게 했다. 나는 그것을 혐오해. 내가 이해할 수 없는 것은 왜: 왜 내가...."

표 15-4 12세 이하 어렸을 때 성추행을 당한 성인이 생각한 내용으로써 아동 성추행범과 피해자와의 관계

학대자	피해자[a]	
	여성(17%)	남성(12%)
낯선 사람	7%	4%
지인	29%	40%
가족 친구		
형	9	4
계부 또는 엄마의 남자 친구	9	2
아빠	7	1
다른 친척	29	13
교사	3	4
기타	20	21

*일부 피해자는 한 명 이상의 학대를 받았기 때문에 전체 비율이 100%를 초과한다.

출처: From *The Social Organization of Sexuality* by Edward O. Laumann. Copyright ©1994 by the University of Chicago Press. Reprinted by permission of the University of Chicago Press.

"초등학교 7학년 때 어머니의 남자친구에게 성추행을 당했다. 그는 우리와 함께 살았고, 엄마가 일할 때, 그는 내 방으로 와서 나와 함께 침대에 눕곤 했다. 그는 나를 만지고, 내 가슴과 생식기에 키스하곤 했다."

(모든 예제는 작성자의 파일에서 가져옴)

연구자들은 다양한 방식으로 성추행범을 분류하려고 시도했다. 일부는 성추행범이 소아성애를 갖고 있는지 여부에 초점을 맞춘다. 당신은 14장에서 **소아성애(pedophilia)**라는 주제에 대해 소개받았다. 소아성애는 사춘기 이전의 아이들이 성적 흥분과 만족의 우선적이거나 배타적인 원천인 성애(비정상적인 성적 선호)라는 것을 상기하시오. (미국 정신의학 협회는 이것을 성도착증으로 인정하지 않지만, 일부 과학자들은 사춘기 어린이에 대한 성적 매력을 *hebephilia*라고 부른다[Blanchard et al., 2009]). 추가 기준이 있음을 기억하시오. 소아성애로 간주되기 위해서는 개인이 최소 16세 이상이고 아동보다 최소 5세 이상이어야 한다(*DSM-5*, 2013).

모든 소아성애자가 자신의 충동에 따라 행동하는 것은 아니다. 모든 소아성애자들이 그들의 충동에 따라 행동하는 것은 아니다. 따라서 일부 연구자(Howells, 1981; Lanyon, 1986)는 **선호 성추행자(preference molesters)**[충동에 따라 행동하고 어린이를 성추행하는 소아성애자; *DSM-5*는 이러한 개인을 소아성애 장애(*pedophilic disorder*)를 가진 것으로 분류한다; 14장 참조]와 **상황적 성추행범(situational molesters)**(주로 성인에 대한 성적인 관심이 있지만 종종 충동적이고 스트레스를 받는 동안 아이들과 성관계를 가지며 자신의 행동을 비정상적으로 인식하는 비 소아성애자)을 구별한다. 소아성애와 아동 성추행의 구분은 혼란스러워 보일 수 있다. 아동 성추행은 행동과 관련된 범죄 행위인 반면, 소아성애는 성적 취향과 관련된 임상 진단임을 기억하라. 따라서 모든 아동 성범죄자가 소아성애자가 아니며 모든 소아성애자가 아동성범죄자가 아니다. 즉, 많은 소아성애자들이 아동을 성추행한다(Hall & Hall, 2007 참조). 최근 대규모 지역사회 조사 결과에 따르면 아동(소아성애자)과의 성적 활동에 대해 반복적으로 환상을 품은 남성이 아동에 대해 환상을 품지 않은 남성보다 실제로 충동에 따라 행동하고 아동과의 성적 행위(즉, 아동 추행)를 할 가능성이 더 높았다(Dombert et al., 2016).

결과적으로, 이 장의 이 부분에서는 소아성애 범죄자, 즉 아동에게 성적으로 끌리고 성폭행하는 성인 남성(또는 여성)에 초점을 맞춘다.

"나는 아이들에게 성적 흥분을 느낀다. 내가 특별히 선호하는 것은 금발에 아주 예쁜 6살에서 7살 사이의 소녀들이다. 나는 아이들의 옷이나 장난감 카탈로그를 수집하고 사진에 자위를 하지만 실제 아이와 함께 내 충동에 따라 행동한 적은 없다. 내 욕망이 정상이 아니라는 것을 알고 있고 아이를 다치게 하는 것을 거부한다." (소아성애자, 비성추행자의 예)

"익명이라서 쓰는 것뿐이다. 나는 아이들, 특히 어린 소년들에게 끌린다. 나는 포르노를 수집했고 내 환상은 이 소년들과의 구강 성교와 항문 성교를 하는 거다. 일단 나는 (여행에서) 내가 상상하는 것과 같은 소년과 섹스를 하기 위해 돈을 지불할 기회가 있었다. 네, 제가 성추행을 한 것 같아." (소아성애자, 성추행범의 예)

"어느 날 밤에 술에 취해 방문하는 동생과 장난을 쳤다. 그녀는 겨우 12살이었고 나는 그녀에게 자위를 하게 했다. 완전히 더럽고 잘못된 것이다. 그녀는 아직 가슴도 없었다. 술에 취해 흥분했다." (비소아성애자, 상황적 성추행범의 예)

(모든 예제는 작성자의 파일에서 가져옴)

소아성애(Pedophilia) 아동이 성적 흥분과 만족의 주요 대상인 성애자; 사춘기에 이르지 않은 아동과의 성적 활동과 관련된 반복적인 성적 자극 충동, 환상 또는 행동. 소아성애가 있는 데 활동이 필요한 것은 아니다. 따라서 성애자가 있고 그것에 대해 행동하지 않을 수 있다(따라서 아동 성추행이 아님).

선호 성추행자(소아성애자)[Preference molesters (pedophiles)] 아동에 대한 주요 성적 취향이 있고 성인 파트너에게 상대적으로 관심이 없는 아동 성추행자(성적 선호 패턴에 따른 소아성애, 행동에 따른 성추행자). *DSM-5*는 이러한 개인을 소아성애 장애가 있는 것으로 분류한다.

상황적 성추행범(Situational molesters) 성인을 주로 성적 지향하는 아동 성추행자이다(따라서 소아성애자가 아님). 충동적으로 아이들과 섹스를 하고 그들의 행동을 비정상적으로 여긴다.

소아성애와 아동 성추행에 관한 문헌을 철저히 검토하면서 홀과 홀(2007)은 소아성애 범죄자가 종종 몇 가지 기본 차원에 따라 분류된다는 점에 주목했다. 첫 번째 차원은 그들이 어린이에게만 끌리는지[**배타적 또는 "진정한" 소아성애**(*exclusive or "true" pedophilia*)라고 함] 또는 어린이와 신체적으로 성숙한 성인 모두에게 끌리는지[**비배타적 소아성애**(*non-exclusive pedophilia*)라고 함]에 관한 것이다.

두 번째 차원은 선호하는 아동 대상의 성별과 연령에 관한 것이다. 대부분의 소아성애 범죄자들은 분명한 선호 패턴을 가지고 있다. 남자아이에게만 성적으로 끌리는 남성을 **동성애 소아성애자**(*homosexual pedophiles*), 여자아이만 좋아하는 남성을 **이성애 소아성애자**(*heterosexual pedophiles*), 남녀 모두에게 끌리는 남성을 **양성애 소아성애자**(*bisexual pedophiles*)로 분류한다. 이 경우에 "동성애자", "이성애자", "양성애자"라는 용어는 남성 자신의 성적 취향을 지칭하는 것이 아니라 선호하는 아동 대상의 성별을 지칭한다는 점에 유의하는 것이 중요하다(따라서 소년을 선호하는 남자는 자신의 성적 정체성 등의 측면에서 "동성애자"일 수도 있고 아닐 수도 있다). 연구에 따르면 양성애자 소아성애는 동성애자 및 이성애자 소아성애보다 덜 일반적이다. 그러나 양성애자 및 동성애자 소아성애 범죄자는 일반적으로 이성애 소아성애 범죄자보다 더 많은 아동을 학대하고 더 많은 성추행 행위를 저질렀다. [이것은 동성애자나 양성애자 남성이 이성애자 남성보다 소아성애자가 될 가능성이 더 높다는 것을 의미하는 것이 아니라, 단순히 소년을 학대하는 남성(그리고 자신을 "동성애자"로 식별할 수도 있고 아닐 수도 있음)과 둘 모두를 학대하는 남성을 의미한다. 소년 소녀들(그리고 스스로 "양성애자"라고 스스로를 밝힐 수도 있고 그렇지 않을 수도 있음)은 평균적으로 여아를 학대하는 남성보다 더 많은 희생자를 낳는다.] 예를 들어, 치료를 받고 있는 남성 소아성애 범죄자에 대한 한 연구에서, 소녀(비친척)를 대상으로 한 남성들은 각각 평균 20명의 희생자를 낸 반면, 소년들(비친척)을 대상으로 한 남성들은 각각 평균 거의 200명의 희생자를 냈다(Abel et al., 1987).

> "나는 아동 성추행의 피해자이다. 나는 6살이었고 대모의 약혼자는 포식자였다.... 그는 나에게 질 삽입에서 구강 성교에 이르기까지 모든 것을 하게 만들었다. 나중에 그가 6명의 자녀 중 4명, 즉 저와 사촌 중 2명, 그리고 다른 6명의 자녀에게 이 일을 했다는 것이 밝혀졌다." (여성)
>
> "어렸을 때(10세쯤) 길 건너편 소년에게 피아노 레슨을 받았다. 그는 20대 초반으로 훨씬 더 나이가 많았다. 그는 수업 중에 내 다리 사이를 만지고 손가락을 내 안에 넣었다. 나는 마침내 내 친구에게 말했고 그녀는 그도 그녀에게 그렇게 했다고 말했다. 그녀는 우리 부모님께 말했고 조사가 있었다. 그는 이웃에 있는 다른 두 소녀에게도 그런 짓을 했다." (여성)
>
> "저는 유년기와 청소년기를 통틀어 기숙학교를 다니며 특이한 양육을 받았다. 성적 학대는 드문 일이 아니었고 대부분의 친구들과 마찬가지로 나 자신도 같은 남자에게 희생되었다. 매 학기가 시작될 때 그는 자신의 관심을 끌 특별한 소년 두세 명을 뽑았고, 이것이 제가 그곳에서 보내는 내내 계속되었다. 그는 은퇴할 때까지 그 학교에 있었다. 내 생각에 그는 100명 가까운 소년들을 성추행했다." (남성)
>
> (모든 예제는 작성자의 파일에서 가져옴)

소아성애자는 일반적으로 선호하는 성별뿐만 아니라 선호하는 연령대도 가지고 있다. 여자아이에게 끌리는 사람은 8세에서 10세 사이의 소녀를 선호하는 경향이 있고, 남자아이에게 끌리는 사람은 10세에서 13세 사이의 남자아이를 선호하는 경향이 있다.

그렇다면 아이들에게 성적 끌림을 유발하고 학대할 가능성이 있는 요인은 무엇일까? 소아성애적 아동 성추행범은 개인적으로, 발달적으로, 인구학적으로, 사회적으로 "어떻게 생겼는가"? 소아성애성 아동 성추행범(추정 30~90%)은 자신이 어린 시절 성적 학대의 피해자였다(Bailey et al., 2016; Hall & Hall, 2007; Jesperson et al., 2009; Putnam, 2003 참조). 연구에 따르면 이러한 남성은 일반적으로 자존감이 낮고 사회적 능력이 부족하며 충동 조절에 문제가 있는 것으로 나타났다(Dreznick, 2003; Miner et al., 2010; 리뷰는 Ward & Beech, 2006 참조). 많은 사람들이 존경받을 만하고 법을 준수하는 시민이다(Lanyon, 1986). 그들은 종종 자신의 행동에 대해 왜곡된 인식을 가지고 있다(즉, 자신의 행동을 합리화하고, 자신이 야기하는 피해를 최소화하며, 자신의 행동이 아동/아동에게 긍정적인 영향을 미친다고 믿는다)(Blumenthal et al., 1999; Bumby, 1996; Katsuta & Hazama, 2016). 그러나 소아성애 범죄와 일관되고 강하게 상관되는 다른 특성은 거의 없다(Lanyon, 1986; Okami & Goldberg, 1992). 요컨대, 단일 범죄자 "프로필"이 없다. 소아성애 아동 성추행범은 이질적인 그룹이다.

잘 정립된 한 가지는 아동에 대한 우선적인 성적 관심이 종종 청소년기에 시작되고 평생 동안 비교적 안정적으로 유지된다는 것이다(Grundmann et al., 2016; Tozdan & Briken, 2015). 마찬가지로, 일탈 행동(실제 아동 성추행)도 일반적으로 어릴 때 시작된다. 한 연구에 따르면 아동에 대한 첫 성범죄의 중간 연령은 16세였다(Groth et al., 1982). 청소년은 아동 성적 학대 사건의 약 1/3에 책임이 있다(Koch, 2010). 다른 아이들을 성적으로 학대하는 아주

그림 15-11

"아동 성추행범"의 고정 관념은 일반적으로 운동장이나 학교 운동장을 어슬렁거리며 어린아이들에게 사탕을 주고 유인하는 더러운 노인이다. 물론 현실은 아동 성추행범이 다양한 그룹이며 모든 계층에서 온다는 것이다.

출처: Angela Hampton Picture Library/Alamy Stock Photo

어린아이들(6~12세)은 종종 스스로 성적 학대를 당하거나 매우 혼란스러운 가정에서 태어났다(De Angelis, 1996; Elkovitch et al., 2009).

비극적이게도 진정한 소아성애 성추행범은 성적 충동을 충족시키기 위해 종종 아동과 접촉할 수 있는 위치를 찾는다(표 15-4의 교사 및 "기타" 범주).

소아성애자들은 교사, 스카우트 지도자, 캠프 카운슬러, 심지어 목사나 신부 같은 직책에서 발견되었다.

> "나는 소년들을 위한 수도원에 들어갔다.... 초보자로서 나는 매일 고해성사를 받으라는 말을 들었고 장상 신부는 기독교 교육과 개인 생활 모두에서 나에게 조언을 해주었다. 고백은 매우 비공식적이었다. 신부님은 오후 7시 30분부터 자정까지 그의 방에서 그 소리를 들었다.... 어느 날 밤 그는 '그들이 구약에서 어떻게 맹세했는지 아는가? 한 사람은 다른 사람의 성기에 손을 얹을 것이다. 하지만 성적인 의미는 없었어.' 나는 조금 어리둥절해서 아무 질문도 하지 않았다.
>
> 약 일주일 후에 나는 형제 중 한 명에게 고백을 받으러 갔지만 그는 신부님께서 나를 보고 싶어한다고 하였다.... '구약과 같은 맹세를 하겠는가?' 라고 물으시니 저는 기가 막혀 무슨 말인지 잘 몰랐다. 마침내 그는 내 손을 잡고 자신의 성기에 있는 가운 아래에 놓았다. 깜짝 놀라 바로 손을 떼는데 '두려워하지 마세요. 여기엔 성적 의도가 없어요. 당신은 아주 오래된 형태의 맹세를 유지하고 있다.' 그는 이 말을 하면서 다시 내 손을 잡아 자신의 성기에 갖다 댔다. 나는 물러서고 싶었지만 그가 또 다른 짜증을 낼까봐 두려웠다.... 그는 그날 밤 다른 일을 하지 않았지만 우리가 얼마나 순종적인 아이들이 되어야 하는지에 대해 나에게 말했다. 그는 종종 순종, 즉 완전한 순종을 강조했다. (이것이 그가 우리를 설정한 방법이다. 우리는 완전히 순종해야 한다.)
>
> 그런 일이 일어났다. 어느 날 밤 우리는 이야기를 나누었고 그는 '내 성기에 키스하고 싶니?'라고 말했다. 나는 너무 순진했다. 나는 그가 무슨 말을 하는지 몰랐다. 그는 '내가 네 음경에 키스하길 원하니? 그만큼 사랑한다'고 했더니 '내가 널 사랑하는 것 같지 않아? 성적인 의도는 없다. 순전히 플라토닉한 사랑의 행위이다.' 그런 다음 그는 나를 그에게 더 가까이 끌어당기고, 내 가운을 열고, 내 바지를 풀고, 내 속옷에 손을 넣고, 내 성기를 열어서 키스했다.
>
> 나중에 펠라티오로 변했다.... 그는 나에게 그가 하고 싶은 일을 가르쳤다. '고백하러 갔다'고 할 때마다 오르가즘을 느꼈다. 절대 오르가즘을 느끼지 말라는 지시를 받았다. 절대! '그것은 영적으로 나에게 좋지 않을 것이다.'
>
> 상처가 깊어서 지금 치료를 받고 있다."*
>
> (저자의 파일에서)

오늘날의 기술 세계에서 소아성애 성범죄자는 종종 온라인 대화방을 사용하여 희생자를 찾고 유혹한다. 아이들은 일반적으로 포식자가 성인이라는 것을 알고 있으므로 일부 연구자들은 이것이 법정 강간의 예라고 믿는다(Wolak et al., 2008). *Dateline NBC* 텔레비전 시리즈 "To Catch a Predator"(2004~2007)는 미국인들에게 문제가 얼마나 만연한지를 깨닫게 했다. 여러 도시에서 호스트 크리스 한슨과 그의 팀은 성인들이 아주 어린 청소년으로 가장한 온라인 채팅방을 방문하게 했다. 이 시리즈는 성적으로 노골적인 메시지(종종 자신의 노골적인 사진)를 보내고 어린아이로 생각되는 누군가와 만남을 주선한 수백 명의 남성을 폭로했다.

온라인 성범죄자의 약 절반이 오프라인에서도 아동 폭행을 저질렀다(Seto et al., 2011 참조). 연구자들은 일반적으로 컴퓨터 기반 소아성애에 관여하는 사람들을 4가지 일반적인 범주로 분류한다(Hall & Hall, 2007 참조). (1) 직접적인 신체적 접촉 없이 상호 성적 만족을 위해 인터넷을

*저자주: 이 청년은 나중에 많은 다른 소년들이 같은 남성에게 희생되었다는 사실을 알게 되었다.

사용하는 순양함(예: 대화방에서 사이버 섹스); (2) 수동적인 자기 만족을 위해 인터넷을 사용하는 자위 행위자(예: 아동 포르노 시청); (3) 아동에게 직접적인 신체적 접근을 시도하는 스토커; (4) 인터넷을 사용하여 다른 소아성애자와 거래 정보, 음란물 및 아동 피해자와 통신하는 네트워크 사용자 또는 교환자. 후자의 두 그룹은 접촉에 의해 주도되고 학대를 위해 아동을 적극적으로 찾을 가능성이 가장 높기 때문에 가장 잠재적으로 위험하다. 다른 두 그룹은 환상에 이끌려 어린이와 직접 접촉할 가능성이 적다(Briggs et al., 2011 참조).

개인적인 생각 Personal Reflections

아이들에게 성적으로 흥분한 적이 있는가? 그렇다면 상담을 받아본 적이 있는가? 상담을 받지 않았다면 그 이유는 무엇인가? 충동에 따라 행동하기 전에 상담을 받는 것이 좋을까, 아니면 나중에 상담을 받는 것이 더 좋을까?

아동 성적 학대의 여성 가해자

Female Perpetrators of Child Sexual Abuse

불과 수십 년 전만 해도 대부분의 전문가들은 여성에 의한 아동 성적 학대가 극히 드물다고 믿었다. 오늘날 전문가들은 이것이 사실이 아님을 알고 있다. 한 연구원이 말했듯이 "여성이 비폭력적이고 취약한 다른 사람, 특히 어린이의 보호자라는 전통적인 이미지는 점점 더 결함이 있고 일부 여성의 유해한 잠재력을 인식하는 데 장애가 되는 것으로 인식되고 있다"(Logan, 2008). 보다 최근에는 시애틀의 기혼(자녀가 있는) 교사인 메리 케이 르투어노가 10대 학생 중 한 명(그녀가 나중에 결혼함) 사이에서 두 명의 자녀를 낳은 사건으로 여성에 의한 학대가 전국적으로 주목을 받았다. 미국은 지난 몇 년 동안(예: Eversley, 2010) 이와 같은 수십 건의 사건을 목격했다. 여기에는 3명의 남학생과 성행위를 한 혐의로 유죄 판결을 받은 유타 고등학교 교사 브리앤 알티스가 2015년에 체포되었다. 흥미롭게도, 학생을 성희롱하는 여교사는 학생을 성희롱하는 남교사와 다른 요인에 의해 동기가 부여되는 것으로 보인다. 남성 포식자 교사는 성적으로 동기가 부여되고 기회주의적인 경향이 있는 반면(한 전문가의 말에 따르면 그들은 "성 관계를 추구한다"), 여성 포식자 교사는 관계 지향적이고 희생자를 낭만적으로 만드는 경향이 있다(그들은 "사랑을 위한 것")이다(LaRosa, 2014). 많은 사람들이 십대 소년들을 "피해자"로 보는 데 어려움을 겪고 있기 때문에 그들의 강간을 성희롱이 아닌 "성적 시작"으로 개념화할 가능성이 있기 때문에, 여교사들도 더 가벼운 처벌을 받는다. 물론 여교사와 10대 학생이 관련된 사건은 여성이 아동을 대상으로 하는 성적 학대의 일부에 불과하다.

남성에 의한 학대와 마찬가지로 여성에 의한 성적 학대에 대한 추정치는 매우 다양하다. 이전 연구에서는 여성 가해자가 아동 성적 학대 사례의 약 4~5%에 책임이 있다고 제안했다(Cortoni & Hanson, 2005 참조). 그러나 최근에 수집된 데이터에 따르면 여성이 자행하는 아동 성적 학대의 유병률은 실제로 훨씬 더 높다. 맥클로드(2015)는 아동 성적 학대에 대한 국가 통계를 조사한 결과 아동 보호 서비스에 보고된 입증된 사례의 20%가 여성 가해자와 관련되어 있음을 발견했다.

이 여성들은 누구일까? 문헌을 검토한 후 홀과 홀(2007)은 7가지 유형의 여성 성범죄자를 제안했다. (1) 호기심으로 추행하는 전형적인 청소년 또는 젊은 성인인 실험자(예: 호기심 많은 베이비시터); (2) 남성 파트너와 자발적으로 성추행에 가담한 남성 동반 성추행자; (3) (일반적으로 학대하는) 남성 파트너가 주도하는 성추행에 수동적으로 참여하는 남성 강압적 성추행자; (4) 어린아이들을 돌보는 책임(예: 청소, 옷 입히기)을 갖고 학대를 정당화하기 위해 그러한 책임을 이용하는 양육자 또는 돌보는 사람; (5) 어떤 형태의 급성 정신병을 앓고 있는 심리적으로 혼란스러운 성추행자; (6) 교사 또는 연인, 일반적으로 권위 있는 위치에 있는 성인이고 성을 자발적 파트너 간의 합의된 관계로 간주한다(이 섹션의 서두에서 논의한 대로). (7) (남성 성범죄자와 마찬가지로) 성적 만족을 위해 아동을 성추행하는 전통적 범죄자.

따라서 여성 성범죄자들 사이에는 상당한 이질성이 존재한다. 그러나 연구에 따르면 유형 간에 몇 가지 공통점이 있다. 평균적으로 "전형적인" 여성 범죄자는 젊고(20대와 30대), 어린 시절에 장기간 성적 및/또는 신체적 학대의 피해자였으며, 대처 기술이 부족하고 기존의 심리적 문제(대부분 우울증, 약물 남용 또는 성격 장애), 기능 장애 개인 생활(종종 가정 학대 포함)이 있고 다양한 인지, 학습 및/또는 신체 장애 또는 어려움이 있다(Grayston & DeLuca, 1999; Hall & Hall, 2007; Wijkman et al., 2010). 이러한 요인들이 함께 작용하여 아동과의 성적 접촉에 대한 정상적인 경계를 막는 상황을 만들 수 있다.

> 이러한 변수는 여성 성범죄자가 트라우마, 장애, 질병, 취약성 및 부적절한 경계와 불쾌한 행동 발달을 병적으로 악화시키는 개인 상황의 복잡한 층을 다루는 사람들의 그룹으로

나타나는 방법을 나타낸다.

(**맥클로드**, 2015, p. 110)

여성 범죄자는 일반적으로 아주 어린 희생자를 선호한다(Peter, 2009; Wijkman et al., 2010). 이 희생자들은 누구일까? 그들은 거의 항상 여성 성추행범에게 알려져 있으며 종종 자신의 자녀이다(McLeod, 2015 참조).

아동 포르노 Child Pornography

"고등학교 졸업 직후 사진 현상소에서 일했다. 어느 날 사진을 분류하는 동안 처음 6장의 사진은 10세 미만으로 보이는 소년들이 서로 펠라티오와 남색을 하고 있다는 사실을 알게 되었다. 마지막 8장의 사진에는 약 40세의 노인이 등장했다. 물론 저는 매니저에게 보여주었고 매니저는 경찰에 신고했다. 그 남자의 아내가 사진을 찾으러 왔을 때 그녀는 체포되었다. 그녀는 우리 가게를 통해 음란물을 전달한 혐의를 받았다. 그녀의 남편은 20년이라는 더 무거운 형을 선고받았다. 그는 업타운 학교의 명문 교사이자 직업 소아성애자였다. 그 해에만 그는 12명의 소년을 성추행했다."

(저자의 파일에서)

1990년대 중반까지 상업용 게시판에서 다운로드한 자료의 15% 이상이 소아성애적이었다. 오늘날에는 훨씬 더 흔하다(Jenkins, 2001). **그러한 자료를 생성, 배포 및 소유하는 것은 불법이다.** 미국 대법원은 1982년(뉴욕 대 퍼버 사건) 만장일치로 아동 포르노그라피의 발행인과 배급업자가 해당 자료가 외설적이라는 것을 검사에게 입증하지 않아도 아동 학대 혐의로 기소될 수 있다고 판결했다. 1990년 대법원은 18세 미만 아동을 보여주는 음란물을 소지하는 것조차 범죄로 규정한 오하이오주 법을 확정했다. 2008년 법원은 온라인으로 아동 음란물을 광고하고 홍보하는 것은 범죄라고 판결했다. Subway® 샌드위치 체인의 전 대변인인 자레드 포글의 사례에서 볼 수 있듯이 어떤 자격으로든 아동 포르노에 참여하는 성인은 기소될 수 있다. Fogle은 2015년에 아동 음란물을 소지 및 배포한 혐의(아동과의 성관계 비용 지불, 그림 15-12 참조)로 체포되었다. 그는 혐의에 대해 유죄를 인정하고 희생자들에게 배상하라는 명령을 받았으며 현재 연방 교도소에서 복역 중이다.

연구에 따르면 아동 포르노의 성격은 시간이 지남에 따라 변해 왔다. 특히, 아동 포르노를 보고 사용하는 남성은 점점 더 어린 나이(10대 후반 및 20대에 시작)에 그렇게 하고 있으며, 이미지는 점점 더 어린 아동의 이미지이며 묘사된 성행위는 점점 더 폭력적이고 가혹하다(Wolak et al., 2011).

아동 포르노를 보면 누군가가 아동을 성추행할 수 있을까? 전문가들은 아동 포르노그라피가 비정상적인 성적

그림 15-12

Subway® 샌드위치 체인의 전 대변인인 자레드 포글은 2015년 아동 포르노 혐의로 미 연방에 체포되었다.

출처: Nancy Kaszerman/ZUMA Press, Inc./Alamy Stock Photo

충동의 배출구를 제공하여 아동 성추행 가능성을 줄일 수 있다고 제안하는 데 동의하지 않으며, 아동 포르노그라피를 보는 것이 범죄자를 자극하고 자신의 욕망에 따라 행동하도록 부추길 수 있다고 주장하는 데 동의하지 않는다. 어떤 견해가 맞을까? 한편으로, 적어도 한 연구에서는 아동 포르노 범죄(음경의 혈류를 측정한 연구)로 기소된 남성이 성인보다 아동에게 훨씬 더 성적으로 흥분한다는 사실을 발견했다(Seto et al., 2006). 또 다른 연구에서는 아동 포르노그라피를 보는 것과 아동과 성행위를 할 가능성이 스스로 보고한 것과의 상관관계를 발견했다(Seto et al., 2015). 아동 음란물을 보고 아동에게 흥분한 남성은 실제로 아동을 성추행하려는 경향이 더 높을 수 있다. 반면에 상관관계는 인과관계가 아님을 기억해야 한다. 본 연구를 바탕으로 음란물을 보거나 아동에게 자극을 받는 행

위가 필연적으로 남성의 성범죄를 유발한다고 가정할 수는 없다. 실제로, 아동 포르노그라피 범죄자의 범죄 기록을 조사한 결과, 상대적으로 소수(2~4%)만이 이후에 아동에 대한 접촉 성범죄를 저지르는 것으로 나타났다(다른 아동 포르노 범죄를 저지를 수는 있지만; Seto et al., 2011 참조). 따라서 아동 포르노를 보는 것이 실제로 아동 성적 학대의 위험을 증가시키는지에 대한 결정적인 증거는 아직 없다. 그럼에도 불구하고 아동 음란물은 강제로 참여하는 아동에게 큰 피해를 입히는 중대한 범죄이다.

아동 성적 학대의 영향

Effects of Child Sexual Abuse

15.12 아동의 성적 학대로 인해 초래될 수 있는 파괴적인 장기적 영향을 설명한다.

문헌을 검토할 때 연구자 그룹이 아동 성적 학대가 일반적으로 장기적인 심리적 피해와 관련이 없다는 결론을 내린 보고서를 발표했음을 기억하시오(Rind et al., 1998). 그러나 다른 연구자들은 아동 성적 학대의 생존자들이 지속적이고 만연한 부정적인 결과를 경험한다고 주장하면서 반대 결론에 도달했다(리뷰는 Maniglio, 2009; Putnam, 2003; Wilson, 2010 참조). 누가 옳을까?

현재 상당한 연구 결과에 따르면 특정 과정이나 결과가 있는 단일 "성적 학대 후 증후군"은 없다(예: Beitchman et al., 1991, 1992; Ruiz, 2016). 대신, 성인-아동 성 관계의 효과는 경험의 연속체를 나타낸다. 결합된 많은 연구 결과에 따르면 성적 학대를 받은 아동은 다음 4가지 그룹 중 하나로 분류될 수 있다(Saywitz et al., 2000).

1. 감지할 수 있는 문제가 없는 아동[최대 1/3이 이 그룹에 포함될 수 있지만 초기 증상이 없는 아동의 약 10%~30%에서 나중에 문제가 발생한다(Finkelhor & Berliner, 1995; Gomes-Schwartz et al. , 1990; Kendall-Tackett et al., 1993)].
2. 임상적으로 무질서한 비율에 도달하지 않는 문제적 증상(예: 불안, 낮은 자존감)이 있는 아동.
3. 주요 임상/정신과 증상(예: 우울증)이 있는 아동.
4. 외상 후 스트레스 장애 및 기타 주요 정신 장애를 가진 아동(최소한 절반의 학대 아동이 이 마지막 두 그룹에 포함됨).

성추행당한 아동이 어떤 결과를 경험할 것 같은지를 결정하는 요소는 학대 성격, 아동 자신의 개인적 특성(나이, 성별, 민족성, 성격 및 기타 기질적 특성), 아동에 대한 기존의 사회적 지원 시스템 등이다. 어떤 아이들은 다른 아이들보다 더 회복력이 있고, 어떤 경우에는 학대가 덜 심하다. **장기간 지속되는 부정적인 영향의 측면에서 가장 큰 해악은 종종 학대가 빈번하거나 오래 지속되는 경우, 학대가 침투, 무력, 위협 또는 폭력을 수반하는 경우, 학대자가 아버지와 같은 인물인 경우(예: 아버지, 계부, 가까운 이웃, 교사, 코치, 사제 또는 목사)이고, 어머니나 다른 주요 간병인의 지원이 없는 경우에서 나타난다**(Beitchman et al., 1992; Hall & Hall, 2007; Kendall-Tackett et al., 1993; Molnar et al., 2001; Rind & Tromovitch, 1997; Tyler, 2002). 이런 상황에서 가장 흔한 폐해는 자존감 저하, 정서적 장애(공포감, 죄책감, 분노, 혼란감, 우울증 등 주요 기분장애), 불안장애(PTSD 증상, 공황발작, 일반화된 불안장애 포함), 신체 이미지 장애, 섭식장애(pa) 등이다. 약물 남용 문제 및/또는 장애, 성격 장애 및 자살 사고 및 행동을 포함한다(Cutajar et al., 2010; Hall & Hall, 2007; Leonard & Follette, 2003; Paolucci et al., 2001; Tyler, 2002).

이러한 임상 증상 외에도 어린 시절 성추행을 당한 개인은 성인이 되어서도 더 높은 수준의 성기능 장애와 더 많은 고위험 성행위(예: 보호되지 않은 성교, 여러 성 파트너)를 포함하여 성인이 되어서도 좋지 않은 성 건강을 보이는 경우가 많다(Homma et al., 2012; Lacelle et al., 2012; Mullen et al., 2000). 일부 피해자, 특히 소년들은 공격성과 폭력적인 행동을 보인다(Hornor, 2010 참조). 심리적 취약성 때문에 심각한 아동기 학대의 피해자들은 아동기(Finkelhor et al., 2007) 및/또는 나중에 성인이 되어서 다시 피해자를 경험한다(Noll et al., 2009).

강간 피해자와 마찬가지로 아동 성추행 피해자는 특히 자신이 10세 미만이고 학대가 가족 구성원인 경우 자신을 비난하는 경향이 있다(Barker-Collo, 2001). 자책은 성인기의 지속적인 부적응과 관련이 있기 때문에 학대의 특히 문제가 되는 결과이다.

> "어릴 때 형부에게 9년 동안 성추행을 당했어. 몇 년 동안 나는 나에게 문제가 있기 때문에 일어난 일이라고 믿었다."
>
> "나는 학대에 대해 나 자신을 비난했다. 오랫동안 나는 그가 나를 선택하게 만든 것이 나에 관한 것이라고 믿었다. 오랫동안 내 자신이 싫었고 더럽고 역겨웠다."
>
> (모든 예제는 작성자의 파일에서 가져옴)

많은 연구를 검토한 결과 아동 성적 학대 피해자의 약 2/3가 처음 12~18개월 동안 상당한 회복을 보인다고 결론지었다(Kendall-Tackett et al., 1993). 그러나 이러한 개인의 경우에도 성적 집착 및 공격성과 같은 일부 증상이

그림 15-13
아동 성학대 피해자의 이 자화상은 범죄 이후 오랜 시간 동안 흔히 겪는 정서적 고통을 보여준다.

출처: Anonymous

악화될 수 있다(Friedrich & Reams, 1987). 학대받는 모든 여아의 약 10%에서 24%는 시간이 지남에 따라 개선되지 않을 뿐만 아니라 실제로는 악화된다(Kendall-Tackett et al., 1993 참조). 성인이 되면서 이 여성들은 현재 학대를 받고 있는 여성에게서 관찰되는 것과 같은 심각한 문제(예: 정서적 고통, 약물 및 알코올 남용, 자살 시도)를 경험한다(McCauley et al., 1997).

일부 피해자가 경험하는 모든 문제가 성적 학대로 인한 것은 아니라는 점을 인식하는 것이 중요하다(Fassler et al., 2005; Friedrich, 1998; Kendall-Tackett et al., 1993; Saywitz et al., 2000). 많은 사람들이 성적 학대가 시작되기 전부터 존재했던 다른 심각한 스트레스가 많은 삶의 사건을 경험한다(예: 역기능 가족, 일반적으로 다른 방식으로 학대).

모든 아동 피해자의 약 절반은 부모나 다른 성인에게 학대에 대해 전혀 알리지 않으며(Paine & Hansen, 2002), 아동이 지지적이지 않다고 인식하는 반응은 경험에 대한 부정적인 영향을 크게 증가시킬 수 있다(Paine & Hansen, 2002). Jonzon & Lindblad, 2005). 예를 들어 다음 두 가지 경우를 고려하시오.

> "아홉 살 때 이웃집에서 한 남자에게 성추행을 당했다. 나는 엄마에게 무슨 일이 있었는지 말했다. 너무 마음이 아프고 무서웠지만 어머니는 저에게 말을 하기는커녕 제 잘못인양 대꾸도 하지 않았다. 몇 년 후 나는 그 남자가 다른 아이들에게 똑같은 일을 했다는 것을 알게 되었다. 그때는 너무 늦었고 이미 감정적으로 상처를 입었다." (여성)
>
> "저는 8살 때 아버지의 친구에게 성폭행을 당했다. 나는 거절했지만 그는 나를 구타하고 그와 성관계를 가졌다. 그날 밤 늦게 아버지께 말씀드렸지만 아버지는 생각대로 경찰서에 가지 않고 나무막대기로 나를 아주 세게 때렸다." (남성)
>
> (모든 예제는 작성자의 파일에서 가져옴)

많은 학대받은 아동들이 성추행 경험에서 회복하는 데 도움이 되는 것으로 보이는 몇 가지 요인이 있다. 여기에는 학교에 적극적으로 참여하고, 양육자의 적절한 지원을 받고, 상황이 개선될 것이라는 희망과 기대의 개인적 속성이 포함된다(Williams & Nelson-Gardell, 2012).

회복 기억 증후군 Recovered (False?) Memory Syndrome

> "내가 17살 때 처음으로 남자친구가 저에게 성적인 접촉을 하려고 손을 뻗었다. 그 순간 나는 9살 때 삼촌(결혼으로)이 나를 성추행하던 때를 회상했다. 그 순간까지 나는 그 사건에 대한 의식적인 기억이 없었다. 나는 비명을 지르며 울기 시작했고 그 불쌍한 남자는 나를 집으로 데려오는 것 외에는 무엇을 해야 할지 몰랐다. 이 남자가 내 사촌 7명 모두를 반복적으로 성추행했다는 사실을 최근에 알게 되었다."
>
> (저자의 파일에서)

어린 시절의 성적 학대가 트라우마가 아니고 아주 어렸을 때 발생했을 때 많은 사람들은 그것에 대해 생각하지 않고 몇 년을 보낸다. 어느 시점에서 그들은 무슨 일이 있었는지 기억할 수 있다. 일부는 어느 정도의 고통을 겪을 수 있지만 대부분은 그렇지 않다(McNally & Geraerts, 2009). 하지만 학대가 트라우마를 남겼을 때는 어떠할까? 오늘날 성적 학대 분야에서 가장 격렬한 논쟁 중 하나는 사람들이 성적으로 충격적인 과거 경험을 잊고 나중에 기억할 수 있는지 여부이다. 한편, 성적 학대가 너무 충격적이어서 개인이 대처하기 위해 종종 수년 동안 사건에 대한 기억을 잊거나 억누를 수 있다고 믿는 치료사들이 있다. 나중에 자발적으로 또는 치료를 받는 동안 개인은 과거 사건을 기억한다. 많은 연구에서 사람들이 비성적 외상 사건(예: 재난, 전투)에 대해 기억상실을 경험할 수 있다고 문서화했다(Arrigo & Pezdek, 1997). 많은 다른 사람들이 일정 기간 동안 사건에 대해 어느 정도 기억상실증을 경험했다고 말한 성적 학대 피해자의 사례를 보고했다(예: Feldman-Summers & Pope, 1994; Gold et al., 1994; Herman, 1992; Wilsnack et al., 2002). 이 연구에 따르면 평균적으로 모든 희생자의 약 50%가 약간의 기억상실을 보고한다(Kristiansen et al., 1996 참조). 억압된(그리고 진실한) 학대 기억의 지지자들은 기억상실증에 대한 주장이 거의 거짓이라는 증거를 인용한다(Hovdestad & Kristiansen, 1996). 한 연구에서 20년 전 아동기 성적 학대의 입증된 사례가 있는 여성을 인터뷰했습니다. 1/3 이상이 학대를 기억하지 못했다(Williams, 1994).

반면에 다음과 같이 주장하는 연구자들이 있다. 대부분의 "회복된" 기억은 사실 취약한 사람들과 함께 일하는 지나치게 열성적인 치료사가 만든 거짓 기억이다(예: Loftus, 1997a, 1997b; Ofshe & Watters, 1994). 이러한 주장은 사람들이 결코 발생하지 않은 사건을 "기억"하도록 유도할 수 있다는 것을 보여주는 실험실 연구에 의해 뒷받침된다(Brainerd & Reyna, 1998; Zaragoza et al., 2001). 예를 들어, 많은 어린이들이 실제로 발생한 적이 없는 심각한 동물 공격을 잘못 기억하게 될 수 있다(Porter et al., 1999). 외상 후 스트레스 장애가 있는 성적 학대 여성은 특히 실험실에서 이러한 효과를 나타낼 가능성이 높다(Bremner et al., 2000). 더욱이 나중에 자신의 "기억"을 철회한 학대 피해자에 대한 문서화된 설명이 있다(예: De Rivera, 1997).

오늘날 대부분의 사람들은 학대에 대한 기억이 어떤 경우에는 거짓이지만 어떤 경우에는 억압된 기억이 사실이라는 것을 받아들이면서 균형 잡힌 견해를 취한다. 기억해야 할 중요한 점은 아는 사람이 과거에 성적 학대와 관련된 사건을 기억한다면 적절한 대응은 그 기억을 무시하는 것이 아니라 지지하고 공감하는 것이다.

근친상간 Incest

근친상간이라는 용어는 "불순한"을 의미하는 라틴어(*incestus*)에서 유래했다. **근친상간(incest)**은 결혼하기에는 너무 가까운 친척 간의 성행위를 말한다. 알려진 모든 문화에는 근친상간을 금지하는 법이나 사회적 규칙이 있다(Fisher, 1992; Frayser, 1989 참조). 미국에서는 근친상간이 불법이다(일부 주에서는 개인이 65세 이상이거나 불임인 경우와 같은 특수한 상황에서 사촌 결혼을 허용하지만, 상자 15-C 참조). 근친상간이 불법인 한 가지 이유는 이러한 유형의 짝짓기가 심각한 유전적 결함을 가진 자손을 낳을 가능성이 가장 높기 때문이다(Thornhill, 1992). 최근까지 많은 사람들은 근친상간이 드물다고 생각했지만 사람들이 생각하는 것보다 훨씬 더 자주 발생한다. 표 15-2를 다시 보시오. 라우만 등(1994)의 전국 대표 설문조사에서 모든 여성의 약 8.5%와 모든 남성의 약 2.4%가 13세 이전에 가족 구성원에게 성적 학대를 받은 적이 있다고 말했다. 아동 근친상간 관계는 성인의 약 2%만이 당국에 보고되고(Russell, 1984), 일부 피해자는 자신에게 일어난 일이 학대라는 사실을 이해하지 못한다(Kikuchi, 1988).

그들은 연구자들의 관심을 거의 받지 못했지만, **다중 근친상간 가족(polyincestuous families)**은 드문 일이 아니다(Faller, 1991). 이러한 가족에는 여러 세대에 걸쳐 그리고 같은 세대 내에 여러 학대자와 여러 희생자가 있다. 피해자는 종종 학대자가 되며 많은 경우 그 활동을 수용 가능하거나 심지어 예상되는 것으로 간주한다. 여성도 참여하는 다근친상 가정에서 일반적이다(Faller, 1987; McCarty, 1986). 그러한 가족의 절반 이상이 가족 외부에서 온 학대자와 피해자도 있다(Faller, 1991).

특정 유형의 근친상간에 대해 훨씬 더 많이 알려져 있다. 이에 대해 읽은 후 근친상간 가족 역학에 대한 논의로 돌아간다.

형제자매 근친상간 Incest Between Siblings

형제자매 간의 성적 접촉[**형제자매 근친상간**(*brother-sister incest*), **형제간 근친상간**(*brother-brother incest*), **자매간 근친상간**(*sister-sister incest*) 포함)은 부모-자식 근친상간보다 더 일반적이다. 예를 들어, 설문조사에 따르면 약 2%의 남성과 5%의 여성이 어렸을 때 형제에게 성행위를 강요받거나 강요받았다(Beard et al., 2013; Stroebel et al., 2013a). 약 2%의 남성과 3%의 여성이 어린 시절 자매에게 성적 학대를 당했다고 보고한다(O'Keefe et al., 2014; Stroebel et al., 2013b). 형제자매 근친상간의 경우, 가족 역학은 종종 신체적 학대와 과도한 알코올 사용을 포함하여 기능 장애가 있는 것으로 밝혀졌다(Ballantine, 2012; Cyr et al., 2002; Tidefors et al., 2010 참조).

근친상간(Incest) 밀접하게 관련된 두 사람 간의 성적 접촉.

다중 근친상간 가족(Polyincestuous family) 여러 세대와 같은 세대 내에 근친상간 학대자와 피해자가 모두 있는 가족.

> "나는 4살부터 13살까지 피해자였다. 두 형제는 계속해서 저를 궁지에 몰아넣고 강요했다. 나의 어머니는 일을 했고 너무 바빠서 관찰할 수 없었다. 내가 그녀에게 말하려고 했을 때 그녀는 나를 믿지 않았다. 지금까지도 성적으로, 감정적으로, 정신적으로 문제가 있다. 그것을 해결하는 나의 방법은 멀리(1200마일 떨어진) 이동하는 것이었다."
>
> "오빠는 내 첫 섹스 파트너였다. 인정하기 위해 토하고 싶게 만든다. 처음에는 키스하고 만지는 정도였으나 나중에는 성교로 옮겨갔다. 그는 강압적이지는 않았지만 그것은 나에게 너무 역겨웠다. 아버지는 알코올 중독자였고 어머니는 주변에 한 번도 없었기 때문에 말할 사람이 없었다. 대학에 갈 때 멈췄다. 오늘날까지 우리는 그것에 대해 이야기하지 않았다. 가끔 오빠를 만나긴 하지만 한 번도 언급하지 않는다."
>
> (모든 예제는 작성자의 파일에서 가져옴)

전문가들은 형제자매 근친상간이 장기적으로 미치는 영향에 대해 계속해서 논쟁을 벌여왔다. 어떤 사람들은 경험이 거의 같은 나이의 형제 간에 발생하고 신뢰에 대한 배신이 없고 두 어린이가 상호 활동에 참여하고 활동이 발견 된 경우 어린이가 성인에게 트라우마를 주지 않으면 다음과 같이 생각한다. 그것은 "성 놀이"와 발달 과정의 일부로 볼 수 있다(Finkelhor, 1980; Steele & Alexander, 1981). 그러나 이전 사례 기록에서 알 수 있듯이 대부분의 경우 한 형제가 시작하고 다른 형제가 원하지 않는 성적 접촉이 포함된다. 여기에서 효과는 종종 매우 부정적이며 많은 생존자들이 불안, 우울, 적대감 및 낮은 자존감과 같은 장기적인 문제를 나타낸다(Beard et al., 2013; Carlson, 2011; Cyr et al., 2002; Stroebel et al., 2013). al., 2013a, 2013b; Thompson, 2009). 이것은 근친상간이 강압, 위협, 힘 또는 신뢰의 배신을 포함할 때 특히 그렇다(Canavan et al., 1992). 어린 시절 형제자매 근친상간 경험이 있는 모든 사람들의 약 12%만이 누구에게나 이야기한 적이 있으며 "비밀의 고통"이 부정적인 경험을 더한다(Finkelhor, 1980). 결과적으로 대부분의 전문가들은 형제자매 근친상간을 문제가 있는 것으로 보고 조기에 민감한 개입을 지지한다(Ballantine, 2012 참조).

부모자식 근친상간 Parent-Child Incest

> "5살 때, 나는 두 아이 중 맏이였다(내 여동생은 한 살이었다). 엄마는 교회에 가서 나를 아빠에게 맡겼다. 그는 자신의 성기를 꺼내서 내가 그것을 보고 만지게 했지만, 무슨 일이 일어나고 있는지 몰랐다. 잠시 멈췄지만, 그는 혀를 내 입에 넣으려고 했다. 8살이 되던 해, 엄마가 아이를 하나 더 낳은 후, 내 음부를 만지고 내 위에 눕곤 했다(전체 195파운드). 11살 때 그는 내 팬티를 벗기려고 내 침대에 들어왔다. 나는 싸움을 걸었지만 그들은 제거되었다. 그러고 나서 그는 자신의 성기를 빼냈다.... 나는 여기 UNO의 2학년인데 여전히 아프다. 아버지에 대한 미움을 극복하려고 노력하지만 아버지가 나를 어떻게 생각하는지 전혀 신경 쓰지 않는다." (여성)
>
> "내가 12살이었을 때 아버지는 어머니의 장례식이 끝난 다음 날 밤에 나를 성추행하기 시작했다. 나는 외동아이고 그는 어머니가 돌아가셨기 때문에 제가 그 집의 '여자' 역할을 해야 한다고 설명했다. 처음에 저는 저녁에만 여자 역할을 하도록 요구받았고, 제 어머니처럼 그의 침대를 함께 쓰도록 했다. 커가면서 요리와 청소와 같은 추가적인 집안일이 추가되었다. 내가 진정으로 그를 사랑한다면 구강 및 항문 섹스, 샤워, 옷 입히기 등 그의 명령을 따르는 것을 주저하지 않을 것이라고 항상 설명해주었다. 마침내 나는 아버지를 떠날 용기를 얻었다.... 나는 성인이 되어서도 성공적인 관계를 맺은 적이 없었다. 나는 게이는 아니지만 남자가 어떻게 행동해야 하는지 모르겠다. 집주인 역할밖에 할 줄 몰라요."(남성)
>
> "나는 12살이었다.... 아버지는 나를 많이 만졌다. 그해부터 가슴이 커지기 시작했다. 한밤중에 아버지가 내 가슴을 만져서 잠에서 깨곤 했다. 나는 마치 내가 아직 자고 있는 것처럼 행동할 것이다. 어느 날 엄마가 가게에 갔을 때 아빠는 내 질 주위를 면도할 수 있도록 나를 그의 방으로 데려갔다. 이러면서 알몸이 되어버렸어...남자들은 털이 싫으니까 면도를 배워야 한다고 계속 말했어..."
>
> (모든 예제는 작성자의 파일에서 가져옴)

모든 유형의 근친상간 중에서 부모-자식 근친상간은 아마도 사람들에게 가장 큰 감정적 반응을 불러일으킬 것이다. 이것은 우리 중 많은 사람들이 자신의 이기적인 필요를 위해 자녀를 성적인 대상으로 만드는 것이 아니라 양육하고, 제공하고, 보호하는 것이 부모의 역할이라는 데 동의하기 때문일 수 있다.

자녀와 근친상간을 하는 성인들은 각계각층의 사람들이다. 1991년 전 미스 아메리카 마릴린 밴 더버(Marilyn Van Derbur)는 5살 때부터 백만장자 사업가이자 사교계 명사이자 자선가인 아버지에게 반복적으로 성폭행을 당했다고 밝히면서 이 문제에 대해 대중의 관심을 불러일으켰다(그림 15-14).

부모-자식 근친상간은 비교적 드물며 유병률이 약 1%이고 모든 근친상간 사례의 10%만 차지한다(Finkelhor, 1979; Stroebel et al., 2012). 그러나 체포의 거의 80%는 **아버지(또는 의붓아버지)-딸 근친상간**[*father(or stepfather)-daughter incest*]과 관련이 있다. 계부는 생물학적 아버지보다 자녀를 희생시킬 가능성이 더 높지만(Finkelhor, 1979) 두 가지 유형의 경우가 모두 발생한다. 근친상간을 저지르는 아버지는 일반적으로 수줍음이 많고 공개적으로 헌신적인 가족으로서 상당히 평범해 보이지만, 자신의 집에서는 매우 지배적이고 권위주의적이며, "성곽의 왕"이라는 강한 권위와 자녀들을 "소유"한다는 느낌을 가지고 있다(Meiselman, 1978; Pemberton & Wakeling, 2009). 자녀들과의 관계에서, 그들은 종종 과잉 보호적이고, 이기적이며, 질투심이 많다. 근친상간 아버지들은 분명히 아이들

그림 15-14

1991년, 전 미스 아메리카 마릴린 밴 더버(Marilyn Van Derbur)는 그녀의 아버지(여기서 1958년에 그녀를 축하하는 모습)가 그녀가 어렸을 때 성적으로 학대했다고 발표했다.

출처: AP Images

에 의해 성적으로 흥분할 수 있는 능력을 가지고 있다(그리고 모든 근친상간 아버지들 중 거의 절반은 다른 아이들도 성추행한다; Abel et al., 1988b).

아버지-자녀 근친상간에서 어머니(또는 다른 주요 양육자)의 역할은 매우 중요하며, 어머니의 반응 또는 역할의 부재는 종종 성추행만큼 자녀에게 트라우마를 준다. 예를 들어, 다음 다섯 명의 희생자들의 반응을 생각해 보시오. 그 중 네 명은 어머니의 보호를 받지 않았고 한 명은 적절한 지원을 받았다.

> "어머니는 나를 믿지 않았다. 19살이 된 지금도 나를 지켜주지 않고 나를 믿지 않는 그녀에게 원망을 느낀다. 당시 그녀는 그(의붓아버지)에게 전적으로 의존했고 그를 잃는다는 것은 상상도 할 수 없는 일이었다."
>
> "나는 모든 아버지가 딸에게 그렇게 한다고 생각했다. 특히 엄마가 그걸 아셨기 때문에 그게 성장의 일부라고 생각했어."
>
> "결국 나는 어머니에게 말했고 어머니는 아무것도 아니라고 말씀하셨다. 그는 아마 어머니라고 생각했을 것이고 어머니는 그것을 다시 언급하지 않았다."
>
> "나는 그녀의 다리를 잡고 소리를 지르며 울었다. '제발 날 떠나지 마. 나는 그와 함께 여기 있고 싶지 않아!' 그녀는 내가 예의 바르게 행동해야 한다고 말하고는 나를 쳐다보지도 않고 떠났다. 이 순간부터 나는 그녀가 나를 보호하기는커녕 내 말을 듣지 않을 것이라는 것을 알았다. 그래서 오늘 화가 났어."
>
> "내가 13살이 되었을 때, 아버지는 제가 여자가 되는 법을 배울 때라고 말씀하셨어. 그는 나에게 키스하는 법을 가르쳐주겠다고 말했다. 레귤러 키스에서 프렌치 키스로 발전했다. 나는 그것이 마음에 들지 않았고 어느 날 엄마에게 무슨 일이 일어나고 있는지 말했다. 그녀는 그를 집에서 내쫓았고 나는 그것에 대해 매우 기분이 나빴지만 그녀는 내 잘못이 아니라 그에게 뭔가 문제가 있다고 말했다. 엄마는 저를 믿었고 이것이 내가 일어난 일에서 회복하는 데 도움이 되었다."
>
> (모든 예제는 작성자의 파일에서 가져옴)

안타깝게도 근친상간을 알게 된 일부 어머니들은 아무런 조치도 취하지 않는다. 무엇이 그들을 막는가? 연구자들은 개입에 실패한 사람들이 종종 자녀와 정서적으로 거리가 멀고 재정적 지원과 기타 지원을 남편에게 의존한다는 점에 주목한다(Finkelhor, 1984). 많은 사람들이 아동학대의 피해자였으며(Summit & Kryso, 1978) 결혼 생활 내에서 계속해서 신체적 학대를 겪고 있었다(Truesdell et al., 1986). 이러한 요인은 발생하는 학대를 인정하고 이를 끝내기 위한 결정적인 조치를 취하는 능력을 저해할 수 있다.

어떤 경우에는 어머니가 학대자이다(Wijkman et al., 2010). **모자 근친상간**(*mother-child incest*)은 일반적으로 드문 것으로 간주되어 왔지만 일부는 설문조사에서 이러한 유형의 근친상간에 대한 특정 질문을 거의 하지 않기 때문에 과소보고될 수 있다고 생각한다(Lawson, 1993). 어머니-아들 근친상간은 일반적으로 어머니가 다른 성인보다 아들에게서 정서적 지원과 신체적 친밀감을 추구하는 분열된 가정에서 발생한다(Krug, 1989). 자녀를 학대하는 어머니는 종종 성적 및/또는 신체적 피해를 입었다(Grayston & DeLuca, 1999).

연구에 따르면 조부모-손자 근친상간은 매우 드물지만(예: Cupoli & Sewell, 1988; Kendall-Tackett & Simon, 1987) 이러한 유형의 학대는 확실히 발생할 수 있고 실제로 발생한다.

> "여름에 방문했을 때만 그를 볼 수 있었다. 그는 나를 지하실에 혼자 내려보내곤 했다.... 그는 내 음부를 만질 것이고 나는 그것이 항상 아팠던 것을 기억한다. 그는 때때로 바지에서 성기를 꺼내곤 했다.... 나는 그것에 대해 누구와도 이야기한 적이 없다. 한번은 동생의 장례식에서 언니에게 간단히 이야기를 나눴다. 그녀는 나에게 왜 슬퍼 보이지 않느냐고 물었다.... 그녀도 그런 일이 있었다고 말했다."
>
> (저자의 파일에서)

아동에 대한 영향 아동 성적 학대와 형제자매 근친상간이 미치는 영향에 대해 앞서 배운 것을 감안할 때 부모-자녀 근친상간이 미치는 영향은 치명적일 수 있다. 이 분야의 많은 연구는 친자 근친상간의 영향에 초점을 맞추었다. 이것은 근친상간 형태가 일반적으로 빈번하고 장기적인 학대를 수반하고 많은 경우에 질 및/또는 항문 삽입이 있기 때문에 부분적으로 기인할 수 있다. 이것이 아동 성추행 사건에서 종종 장기적으로 가장 큰 피해를 입히는 요인이라는 사실을 상기하시오(Hall & Hall, 2007; Tyler, 2002).

아동 성적 학대(또는 모든 형태의 성폭행)의 많은 사례와 마찬가지로, 피해자들은 종종 그들 자신을 비난한다[흔히 아버지의 격려로 Barker-Colo, 2001)]. 예를 들어 다음 두 희생자의 감정을 생각해 보시오.

상자 15-C 다문화적 관점

근친상간—보편적인 금기인가?

이 장의 앞부분에서 언급했듯이 알려진 모든 인간 사회에는 성교를 금지하고 결과적으로 밀접하게 관련된 개인 간의 결혼을 금지하는 규칙이 있다(Fisher, 1992; Frayser, 1989). 사실 근친상간은 매우 눈살을 찌푸리게 하는(그리고 금지되어) 흔히 보편적인 금기라고 불려왔으며 많은 이론가들이 널리 금지된 이유를 제시한다. 주요 이론 중 하나는 대부분의 사람들이 실제로 가까운 친척을 짝짓기 파트너로 선호한다고 믿었던 Freud(1913)에서 나왔다.

> [그것은] 근친상간 사랑의 선택이 사실 첫 번째이자 일반적인 선택이라는 것은 의심의 여지가 없다.
>
> (**프로이트**, 1920/1953, pp. 220–221)

그러나 근친교배는 자손에게 심각한 유전적 결함을 초래할 수 있으며(Thornhill, 1992) 널리 시행된다면 결국 사회를 파멸시킬 것이다. 프로이트는 이러한 이유로 사회가 근친상간을 금지하는 규칙을 만든다고 믿었다.

두 번째, 훨씬 다른 이론이 1891년 에드워드 웨스터마크에 의해 제안되었다. 그는 어린 시절에 두 사람 사이의 긴밀한 신체 접촉이 자연스럽게 성적 매력의 상실을 초래한다고 믿었다. 여러 인류학 연구의 결과가 이 이론을 뒷받침하는 데 사용되었다(예: McCabe, 1983; Pastner, 1986; Shepher, 1971; Wolf, 1970). 그러나 Nancy Thornhill(1991)은 근친상간 규칙이 (웨스터마크 효과 때문에) 가까운 가족을 대상으로 하는 것이 아니라 더 먼 친척(사촌)과 특별한 종류의 간음(예: 남자와 그의 아버지의 아내)을 대상으로 한다고 제안했다. 그녀는 사촌간 근친 교배가 "가족 내 부와 권력을 집중시켜 계층화된 사회에서 (남성) 통치자의 강력한 위치를 손상시킬 수 있다"고 말한다. 따라서 그녀는 가족이 주어진 사회에서 너무 많은 통제력을 얻는 것을 방지하기 위해 근친상간을 금지하는 규칙이 유력한 남성에 의해 고안되었다고 제안한다.

클로드 레비스트로스(1969)는 네 번째 설명을 내놓았다. 그의 '동맹론'은 근친상간 금기가 가족 내에서 결혼을 금지하기 위해 존재하는 것이 아니라 '어머니, 자매, 딸을 타인에게 양도하도록 강요하는 규칙'이라고 말한다. 그것은 여성이 한 대가족에 집중되지 않고 그룹 간에 교환되도록 한다. Lévi-Strauss에 따르면, "근친상간 금기는 자연이 스스로를 초월하는 곳이다. 그것은 새로운 질서를 가져오고 도래하는 것이다."

근친상간을 세계의 많은 지역에서 매우 부정적으로 보는 데는 의문의 여지가 없다. 예를 들어, 미국에서는 부모와 생물학적 자녀, 형제자매 간, 삼촌과 조카 간, 이모와 조카 간의 결혼이 불법이다. 일부 문화권에서는 역사적으로 이러한 유형의 근친상간이 행해진 것으로 보이지만 부모와 자녀, 형제자매 간의 근친상간 결합도 전 세계적으로 금지되어 있다. 한때 이집트인, 잉카인, 하와이인 사이에서 형제자매는 왕족 내에서 결혼했다(Gregersen, 1982). 실제로 이집트의 파라오 람세스 2세는 여동생과 그의 딸 몇 명과 결혼했다.

첫째 사촌이나 둘째 사촌과 같이 혈연 관계가 덜한 개인 간의 결혼은 문화 간 다양성이 훨씬 더 크다. 일부 국가에서는 이를 전면 금지한다. 예를 들어, 사촌 결혼은 남한과 북한, 필리핀, 중국, 대만을 포함한 동아시아 대부분에서 불법이다. 이와 유사하게, 미국의 주 중 절반 이상이 사촌 간의 결혼을 금지한다. 나머지 주에서는 사촌 결혼을 허용하거나 매우 특정한 상황에서만 허용한다(예: 두 파트너가 유전 상담에 동의한 경우, 65세 이상인 경우, 불임인 경우 등). 다른 국가들은 덜 제한적이다. 영국 및 기타 서유럽 국가, 일본, 아프리카의 이슬람 지역, 많은 중동 국가(예: 사우디아라비아, 이란, 이라크)에서는 사촌 결혼이 허용된다. 실제로 아프가니스탄, 오만, 레바논, 시리아 및 터키에서 실시된 최근 조사에 따르면 모든 결혼의 약 20~40%가 사촌간이었다(Akbayram et al., 2009; El-Keshen & Saadat, 2013; 이슬람, 2012; Othman & Saadat, 2009; Saify & Saadat, 2012).

근친상간 근친교배의 수용과 관행을 예측할 수 있는 사회학적 또는 경제적 요인이 있는가? 예: 그것이 시행되는 세계의 지역에서는 가난하고 교육을 받지 못한 시골 사람들이나 매우 부유한 토지 소유 가족들 사이에서 가장 일반적이다(Bittles et al., 1991 참조). 또한 인종적 순수성에 높은 가치를 두거나 자신의 민족 또는 씨족 소속 내에서 배우자를 선택하는 고립된 그룹에서 발견될 가능성이 더 크다. 예를 들어, 유럽의 집시 인구와 중동의 베두인 씨족 사이에서 사촌 결혼의 비율이 높은 것으로 기록되어 있다(Martin & Gamella, 2005; Raz & Atar, 2005 참조).

결론적으로, 어머니와 아들의 근친상간은 거의 모든 문화권에서 들어본 적이 없으며 드문 예외를 제외하고는 모든 문화권에서 비슷하게 아버지와 딸, 형제자매 관계에 눈살을 찌푸린다. 그러나 사촌 사이의 결혼은 우리 중 많은 사람들이 추측했던 것보다 훨씬 더 흔하게 행해지고 있다.

> "나는 이제 18살이고 그것이 내 잘못이라고 생각한다. 아무리 봐도 막을 수 있었던 것 같다고 말했다."
>
> "[나는] 그것을 방지하기 위해 내가 할 수 있었던 일이 있었는지, 아니면 더 나쁜 방법으로든 그것을 야기하기 위해 내가 한 일이 있었다면 여전히 나 자신에게 의문을 제기한다."
>
> (모든 예제는 작성자의 파일에서 가져옴)

피해자가 학대 중에 어느 정도의 육체적 쾌락을 경험했다면 자책할 가능성이 특히 높다.

> "내 생각에 나는 그가 아니라 나를 비난했다. 설상가상으로 12살짜리 사춘기 몸이 처음으로 오르가즘을 느꼈다. 나는 그것이 싫었다, 나 자신이 싫었다, 그를 싫어했다.... 기분 좋은 게 싫은 걸 이해할 수가 없었다. 무겁고 무거운 죄책감 여행."
>
> (저자의 파일에서)

근친상간 피해 아동은 외상 후 스트레스 장애, 불안, 우울증, 기타 정서 장애, 낮은 자존감, 무력감 등 다른 성폭행 피해 아동과 동일한 증상을 자주 나타낸다(Lindberg & Distad, 1985; Stroebe et al, 2012). 일부는 섭식 장애 및/또는 물질 사용 장애가 발생한다(Hall et al., 1989; Snyder & Rubenstein, 2014). 그러나 다른 유형의 아동 성추행과 마찬가지로 명확하거나 전형적인 "근친상간 증후군"은 없다(Haesevoets, 1997).

> "나는 항상 외롭다, 분리되어 있다고 느꼈다. 친구들과 있어도 그룹에 속해 있다는 느낌이 들지 않는다. 수업 시간에 내가 소속되어 있다는 느낌을 받은 적이 한 번도 없어."
>
> ".... 하지만 마음 속으로는 내 몸에 대해 정말 역겹게 느껴져."
>
> "13살이 되었을 때, 나는 내 안의 엄청난 고통으로부터 안전한 피난처로 술과 마약을 찾았다. 17살이 되었을 때 나는 완전한 알코올 중독자가 되어 정전을 경험했다."
>
> (모든 예제는 작성자의 파일에서 가져옴)

아동 근친상간 피해자는 다양한 성적 문제로 고통받을 수도 있다(Easton et al., 2011). 학대를 받은 일부 아동은 고통스러운 사건을 "해결"하기 위해 다른 아동을 희생시킬 수도 있다(Johnson, 1989). 성인이 되면 배신당하고, 거부당하고, 더 많은 학대를 받을 것으로 예상하기 때문에 친밀하고 신뢰하는 관계를 형성하지 못할 수 있다(Cole & Putnam, 1992). 이것은 관계의 회피로 이어질 수 있으며, 다른 한편으로는 난잡함을 유발할 수 있다. 남성과 여성의 근친상간 생존자들은 근친상간을 경험하지 않은 또래보다 먼저 성적으로 활발해지는 경향이 있고, 성적 파트너가 더 많으며, 주요 관계 밖에서 캐주얼 섹스를 할 가능성이 더 높으며, 돈을 위해 섹스를 할 가능성이 더 높다(O'Keefe et al., 2014; Stroebel et al., 2012; Thompson, 2009 참조). 아동 근친상간 피해자들 또한 나중에 재범 대상이 될 가능성이 높다.

> "저는 남자들과 열린 관계를 가질 수 없다는 것을 알게 되었다. 나는 누군가를 신뢰하기 어렵다. 한 번은 남자에게 마음을 열었지만 더 상처를 받았다. 20살인데 키스도 못 하고, 안아주는 것도 못해."
>
> "남자들과의 관계는 모두 학대적이었다. 심지어 여러 차례 구타와 강간을 당하기도 했다.... 나는 아버지와 매우 유사한 남자를 선택한다.... 주로 그것이 내가 아는 전부이기 때문이다."
>
> (모든 예제는 작성자의 파일에서 가져옴)

개인적인 생각 Personal Reflections

아동 성추행의 피해자가 된 적이 있는가? 그렇다면 그것이 당신 자신이나 다른 사람들과의 관계에 대해 어떻게 느끼는지에 영향을 미쳤는가? 그것이 당신에게 어떤 식으로든 영향을 미쳤다면(자책감을 느끼게 하는 것을 포함하여), 상담을 받아본 적이 있는가? 상담을 받지 않았다면 그 이유는 무엇인가?

아동 성적 학대 예방 및 대처

Preventing and Dealing with Child Sexual Abuse

자녀가 성적 학대의 피해자가 될 가능성을 최소화하기 위해 가장 먼저 해야 할 일은 스스로 교육하는 것(*educate yourself*)이다. 자녀와 성적 학대를 포함한 성적인 문제에 대해 공개적이고 솔직하게 이야기할 수 있어야 한다. 사람들에게 성추행에 대해 이야기하는 어린아이들은 거의 이야기를 꾸며내지 않는다는 사실을 알아야 한다. 대부분의 성추행범은 피해자에게 알려져 있으므로 자녀가 성추행범이 여러분이 아는 사람이라고 말해도 의심하지 마시오.

다음으로 해야 할 일은 자녀를 교육하는 것(*educate your child*)이다. 이전 장에서 지적했듯이 어린이가 해부학적 부분의 정확한 이름을 아는 것이 중요하다. 아이들은 자신의 몸을 부끄러워해서는 안 되며, 자신의 신체 중 어느 부분이 사적인지, 다른 사람이 만지면 안 되는 부분인지도 알아야 한다. 참석한 모든 가족과 이것을 논의하시오. 공개적이고 정직한 의사 소통이 있고 비밀이 없는 가정에서는 근친상간 및 기타 형태의 학대가 발생하기 어렵다. 마지막으로, 자녀가 일반적으로 성적인 문제에 관해 부모와 의사소통할 수 있다는 것을 아는 것이 중요하다. 당신이 항상 성에 대해 이야기할 마음이 열려 있다면, 당신의 아이는 당

그림 15-15
여배우 테리 해처(왼쪽), 배우이자 게임 쇼 진행자 드루 케리(오른쪽), 여배우 애슐리 주드, 코미디언 로잔느 바와 빌리 코널리, 토크쇼 진행자 및 미디어 거물 오프라 윈프리를 포함하여 많은 유명인들이 아동 성학대의 피해자였다.

출처: Frank Trapper/Corbis/Getty Images; ZUMA Press, Inc./ Alamy Stock Photo

신에게 더 많은 것을 털어놓을 것이다.

자녀가 성추행을 당하거나 성추행을 당하는 경우 어떻게 해야 하는지 알아두시오. 당신에게 그것에 대해 이야기하는 것이 옳은 일임을 그 또는 그녀를 안심시키시오. 성희롱을 당하는 것은 자신의 잘못이 아니라는 것을 자녀에게 알리고 잘못한 것은 어른이라는 점을 강조하시오. 자녀 앞에서 성추행범과 대면하지 말고, 성추행범에게 피해를 입지 않을 것임을 자녀에게 알려주시오. 마지막으로, 고발할 생각이 없더라도 경찰에 연락하시오. 그렇게 함으로써 당신은 그들이 더 이상의 아동 학대를 예방하는 데 도움이 될 수 있다. [또한 아동 학대를 의심하는 교사, 교장, 의사 또는 간호사는 법에 따라 50개 주(및 컬럼비아 특별구) 모두에서 당국에 신고해야 한다. 그런 직업을 가질 생각을 하면, 당신은 당신이 돌보는 아이들에 대해 특별한 책임을 져야 한다.]

아동이 성적 학대의 희생자임을 나타낼 수 있는 특정 징후를 찾아야 한다. 피해자는 갑자기 우울증, 울음 또는 기타 성격이나 기분이나 성격의 변화를 보이기 시작할 수 있다. 혼자 있고 싶거나 특정 장소에 가는 것이 두렵거나 특정 사람을 보는 것이 두려워지기 시작할 수 있다. 피해자는 갑자기 학교나 징계에 문제가 생기기 시작할 수 있다. 학대가 발생하는 경우 피해자는 도움을 요청하는 것을 꺼리거나 두려워할 수 있음을 기억하시오(가해자는 종종 피해자를 위협함). 부모라면 이러한 유형의 행동을 단계로 기록하지 마시오. 자녀에게 심각한 일이 발생할 수 있다. 민감하고 친절하며 그 사람과 공개적이고 정직하게 이야기하시오.

성범죄자에 대한 기소 및 치료 옵션 Prosecution and Treatment Options for Sexual Offenders

15.13 성범죄자의 기소 및 치료 옵션에 대해 논의한다.

이 장의 마지막 섹션에서 우리는 성범죄자의 기소와 강간범, 아동 성추행범 및 그 피해자를 위한 치료 옵션을 살펴본다. 성범죄자(강간범, 아동 학대자, 성희롱자 등)에 대한 기소 및 치료 옵션은 부분적으로 "사실"에 대한 인식을 높인 법적, 정치적, 사회적/문화적 지형의 변화로 인해 더 보편화되었다. 성추행과 성희롱에 대한 내용이다. 그러나 이러한 변화에도 불구하고 미국(및 전 세계 국가)에서 많은 범죄자가 여전히 기소를 피하고 있으며 대부분은 치료를 받지 못한다는 사실을 인식하는 것이 중요하다.

강간죄 기소 Prosecution of Rape

과거에는 모든 강간 혐의의 거의 절반이 재판 전에 기각되었다. 그러나 (공공, 경찰 및 법원의) 교육이 증가함에 따라 법원에서 강간 피해자를 대우하는 방식에 극적인 변화가 있었다. 예를 들어, 미국 대법원은 기소를 용이하게 하고 피해자가 마치 재판을 받고 있는 것처럼 느끼지 않도록 하는 광범위한 **강간 보호법(rapeshield laws)**을 지지했다. 1991년에 법원은 피고인이 피해자와 합의하에 성관계를 가졌다는 증거를 제시하는 것을 금지하는 법률을 주에서 제정할 수 있다고 판결했다. 또한 재판 중에 피해자의 과거 성 이력이 더 이상 소개되지 않는다. 연방 증거 규칙(번호 413-415)은 강간범 및 아동 성추행범의 과거 성범죄를 법정에서 소개하는 것을 허용한다(Eads et al., 2000).

이전에는 폭행을 강간이라고 부르기 전에 정액 방출의 증거를 찾아야 했다. 오늘날 많은 주에서는 더 이상 강간 혐의에 대해 사정 증거를 요구하지 않는다(그러나 건강 검진 중에 정액이 발견되면 기소가 더 쉬워지지만 특히 DNA 검사가 있는 지금; Leinwand, 2009). 일부 주에서는 피해자를 보호하고 가해자를 처벌하기 위해 고안된 추가 법률을 시행했다. 예를 들어, 2016년 9월 캘리포니아 주지사는 의회 법안 2888(AB 2888)에 서명했다. 이 법안은 피해자가 의식을 잃거나 폭행 중 저항할 수 없을 정도로 술에 취해 있을 때 유죄 판결을 받은 강간범이 집행유예를 받을 수 있도록 하는 주법의 허점을 막았다. AB 2888은 부분적으로 스탠퍼드 대학교 학생이었던 브록 터너와 관련된 사례에서 영감을 받았다. 터너는 2015년 친목회 건물 뒤에서 의식을 잃은 여성을 성폭행한 혐의로 유죄 판결을 받았지만 3개월 형을 선고받고 집행유예로 풀려났다. 이 사건은 전국 헤드라인을 장식했는데, 부분적으로는 판결 중 정의를 향한 피해자의 열띤 탄원과 그 후 판사가 내린 극히 가벼운 형량 때문이었다(Baker, 2016 참조). (터너 자신은 자신의 행동이 "잘못된 결정과 과도한 음주"로 인한 "실수"라는 이유로 보호 관찰을 요청했다. 그의 부모도 그를 대신하여 간청했다. 판사에게 보낸 편지에서 그의 어머니 칼린은 다음과 같이 말했다. 브록은 평결에 "압박"되었고 감옥에서 단순히 "살아남지 못할 것"이었고 그의 아버지 단은 브록이 "20분의 행동"에 대해 부당한 처벌을 받아서는 안 된다고 주장했다; Samuels, 2016 참조).

AB 2888 및 기타 개혁의 결과로 오늘날 강간 피해자는 과거보다 범죄를 신고할 가능성이 더 높다(Clay-Warner & Burt, 2005). 불행히도, 브록 터너 사건이 보여주듯이, 일부 피해자들은 마치 결함이 있는 형사 사법 시스템에 의해 다시 피해자가 된 것처럼 느끼게 될 것이다.

그림 15-16
전 스탠퍼드대 학부생 브록 터너(Brock Turner)는 2016년 성폭행 혐의로 유죄 판결을 받았다.
출처: Stephen Lam/REUTERS/Alamy Stock Photo

아동 성적 학대에 대한 기소 Prosecution of Child Sexual Abuse

미국 대법원에 제출된 사건에서 법원은 "아동 학대는 피해자 외에는 증인이 없는 경우가 많기 때문에 적발하고 기소하기 가장 어려운 범죄 중 하나이다"라고 말했다(*Pennsylvania v. Ritchie*, 1987). 성공적인 기소를 가로막

강간 보호법(Rape-shield laws) 강간범에 대한 기소를 쉽게 하고 피해자가 마치 재판 중인 것처럼 느끼지 않도록 하기 위해 고안된 법률.

는 가장 큰 문제 중 하나는 미국 수정헌법 제6조가 형사 사건에서 피고인이 자신에 대한 모든 증인과 대면할 권리가 있다고 보장한다는 것이다. 대면-대면은 종종 어린이들에게 매우 충격적이었고, 게다가 영리하고 교활한 변호인에게는 상대가 되지 않았다. 그러나 1990년 대법원은 아동 학대로 기소된 개인이 결과적으로 아동이 정서적 트라우마를 겪을 경우 어린 고발자와 대면할 권리가 보장되지 않는다고 판결했다. 법원은 단방향 폐쇄 회로 텔레비전에서 녹화된 증언과 증언의 사용을 허용하는 주법을 지지했다. 법원은 또한 미성년자가 자신에게 일어난 일을 보여줄 수 있도록 해부학적으로 올바른 인형의 도움을 받아 증언할 수 있도록 허용하고 있다. 어린 소녀의 경우, 성기 외상과 처녀막의 찢어짐도 성적 학대의 발생을 확인하는 데 사용할 수 있다(Berkoff et al., 2008).

성범죄자 유죄 판결 Conviction of Sex Offenders

아동에 대한 성적 학대의 정도가 알려지면서 주정부와 연방 정부는 더욱 강경한 입장을 취하고 있다. 1990년, 워싱턴은 성폭행을 당한 소아성애자와 강간범이 유사한 범죄를 다시 저지를 가능성이 있다는 것이 입증될 경우 감옥에 가두어 둘 수 있도록 하는 "성범죄자 법"을 통과시킨 최초의 주가 되었다. 오늘날 20개 주가 유사한 시민 공약 법안을 제정했다. 현재 일반적으로 **성적 폭력적 약탈자법 (sexually violent predator laws)**이라고 불리는 이 법령에는 일반적으로 세 가지 요건이 있다: (1) 성폭력 범죄에 대한 유죄 판결, (2) 정신 이상 또는 정신 장애(종종 소아성애), (3) 안전한 시설에 감금되지 않는 한 재범할 가능성이 높은 것으로 추정된다.

이러한 법률은 합헌성을 이유로 이의를 제기했다(예: 형을 선고받은 사람을 계속 투옥하는 것이 적법 절차의 표준을 충족하는가?). 그러나 미국 대법원은 성인기 동안 아동을 성적으로 학대한 캔자스 남성(*Kansas* 대 *Hendricks*)이 관련된 1997년 판결에서 이러한 유형의 민사 약속이 합헌이라고 판결했다. 미국 대법원은 2000년 사건에서 이 법을 다시 지지했으며 2010년(*U.S. v. Comstock*) 유사한 2006년 연방법을 지지했다. 해마다 그 수가 늘어나고 있는 청소년 성범죄자를 고려할 때 문제는 더욱 논란이 된다. 학대적 경력의 초기에 중단되지 않으면 행동이 계속 확대될 수 있다. 그러나 나이 때문에 새로운 행동을 배우고 치료에 긍정적으로 반응할 가능성이 남아 있다. 사회는 투옥이나 치료에 초점을 맞춰야 하는가? 쉬운 답은 없다. (사려깊은 리뷰는 Martin & Pruett, 1998 참조, Wakefield, 2012 참조)

전국적으로 집행유예 선고를 받은 성범죄자는 약 25만 명에 이른다. 원래 뉴저지에서 불렸던 "메건의 법칙"은 칸카 가족과 길 건너편에 살고 있던 유죄 판결을 받은 소아성애자가 1994년 7세 메건 칸카를 강간하고 살해한 사건 이후의 대중화된 데서 비롯되었다. 이 법은 성범죄자가 지역 당국에 등록하고 해당 당국이 유죄 판결을 받은 성범죄자가 이웃으로 이사할 때 지역사회에 알릴 것을 요구한다. 모든 주에서는 이제 책에 메건의 법칙 버전이 있다(Scott & Gerbasi, 2003 참조). 연방법(Adam Walsh 아동 보호 및 안전법)이 1996년에 통과되었다. 이 법은 성범죄자를 추적하고 성범죄자 등록 및 커뮤니티 통지에 대한 통일된 기준을 설정하기 위해 전국적인 등록부를 설립했다. 그러나 일부 전문가들은 성범죄자가 성공적으로 지역사회로 재통합되는 것을 막음으로써 이러한 법률이 득보다 실이 더 많을 수 있다고 우려한다(Bonnar-Kidd, 2010).

개인적인 생각 Personal Reflections

당신이 배웠듯이, 몇몇 주에서는 직업 약탈자로 확인된 성추행범을 평생 구금하도록 요구하는 성적 폭력적인 약탈자법을 통과시켰다. 우리 사회는 앞으로 수년 동안 가해자의 권리와 피해자 및 미래의 피해자의 권리를 저울질하면서 이 민감한 문제에 대해 계속 토론할 것이라는 데 의심의 여지가 없다. 뭐가 제일 좋다고 생각하는가?

강간범을 위한 치료 Therapy for Rapists

성폭행에 대한 치료적 개입을 고려할 때 대부분의 연구가 유죄 판결을 받은 남성 강간범에 초점을 맞추었다는 점을 명심하는 것이 매우 중요하다. 이 남성들은 일반적으로 여러 피해자에 대해 강제로 낯선 사람 강간을 하기 때문에 성폭행을 저지르는 대다수의 남성을 대표하지 않는다는 것을 기억하시오. 그렇지만 임상의들은 강간으로 체포된 남성을 치료할 때 가장 큰 문제 중 하나는 범죄를 부인하거나 최소화하는 경향이 있다는 것을 관찰했다(Thakker et al., 2008). 대부분의 강간범은 인지적 신념과 태도가 왜곡되어 있으며 강간범이 피해자가 성관계를 원한다고 믿는 것은 드문 일이 아님을 상기하시오.

성적 폭력적 약탈자법(Sexually violent predator laws) 유죄 판결을 받은 폭력적인 성범죄자가 형을 선고받은 후 계속 위협을 가하는 것으로 입증될 경우(즉, 재범할 가능성이 있는 경우) 민사상 집행을 허용하는 법률.

프로그램은 일반적으로 인지 기술과 전통적인 행동 기술을 결합하고(Thakker et al., 2008 참조), 많은 프로그램에서 성욕을 줄이기 위해 항안드로겐 호르몬 치료를 사용한다(Grossman et al., 1999; Marshall et al., 1993; Polaschek et al. , 1997). 성공적인 결과는 부분적으로 치료사가 개별 강간범의 특정한 결핍과 필요에 맞게 치료 프로그램을 얼마나 잘 맞출 수 있는지에 달려 있다(Eccleston & Owen, 2007; Reid et al., 2011; Thakker et al., 2008; Thakker). & & Gannon, 2010).

물론 강간범이 변화를 원할 때만 치료가 가능하다. 치료 성공의 주요 걸림돌 중 하나는 많은 강간범이 치료에 참여하기를 꺼리고, 치료를 하는 사람들 사이에서도 중도 탈락률이 높다는 것이다(Polaschek et al., 1997 참조). 1990년대의 여러 연구에 따르면 재범률(치료를 완료한 범죄자 중 다시 강간한 사람의 비율)이 처음 5년 동안 약 20%였다(Greenberg et al., 2000; Hanson, 2000; Prentky et al., 1997). 보다 최근의 리뷰에서는 5년에서 10년 이내에 약 10%, 15년 이내에 약 20%의 낮은 재범률을 보고했다(Abracen et al., 2011; Harris & Hanson, 2004). 이 수치는 우리가 원하는 것보다 확실히 높지만, 현실은 대부분의 강간범들이 재범을 하지 않으며(Thakker et al., 2010 참조), 현대 치료 프로그램은 재범률을 약간 감소시키는 것으로 보인다(Thakker et al., 2008 참조).

아동 성추행자 치료법 Therapy for Child Molesters

비소아성애 근친상간 성추행범의 경우 가족 시스템 접근 방식이 치료 방법으로 선택되는 경우가 많다. 여기서 각 가족구성원에 대한 치료는 각 가족구성원에 대한 치료와 결합되고, 그 다음에는 모든 가족구성원에 대한 치료가 함께 이루어진다(Lanyon, 1986). 다른 가족과의 그룹 치료도 종종 포함된다. 친자 근친상간과 관련된 경우 아버지가 자신이 한 일에 대해 책임을 지고 어머니가 하지 않은 일에 대해 책임을 질 수 있다면 긍정적인 변화가 일어날 가능성이 가장 크다. 반면에 아이는 자신에게 책임이 없다는 것을 믿는 법을 배워야 한다. 아버지는 또한 완전한 권위주의적 통치를 포기해야 하며 각 가족구성원은 더 독립적이 되는 법을 배워야 한다. 강간범과 아동 성추행범 중에서 재범률은 근친상간 범죄자의 경우 가장 낮다(Greenberg et. al., 2000).

주로 성인에게 성적 매력을 느끼는 비소아성애(상황적) 성추행범에 대해 많은 전문가들은 사회가 치료를 받을 수 있도록 하는 것이 가장 좋다고 생각한다. 대부분의 치료사는 인지 행동 접근법을 사용한다. 특히 청소년 성범죄자의 경우 치료가 효과적인 경우가 많다(Reitzel & Carbonell, 2006). 여성 아동 학대자의 경우에도 마찬가지이다(Sandler & Freeman, 2009).

소아성애 아동 성추행범에 대한 치료의 결과는 덜 확실하다(Hall & Hall, 2007 참조). 이 남성들에게 성적 지향은 주로 그리고 반복적으로 아이들을 향하고 있으며, 그들은 성인에 대한 성적 관심이 거의 또는 전혀 없다. 당신이 이미 배웠듯이, 이 남자들 중 많은 사람들이 수십, 어떤 경우에는 수백 명의 아이들을 희생시켰지만(Abel et al., 1987), 그들은 일반적으로 상당한 부정과 방어를 나타낸다(Grossman et al., 1992). 일부 치료사는 소아성애 장애를 치료할 수 있다고 생각한다(Cloud, 2002). 항안드로겐 약물인 cyproterone acetate와 medroxyprogesterone acetate는 때때로 성욕을 낮추는 데 효과적이며, 이는 임상의가 치료를 시도할 수 있도록 하는 반면 피험자는 범죄를 저지르도록 그렇게 강렬하게 충동되지는 않는다(Bradford & Greenberg, 1997; 그러나 Jordan et al., 2011). 강간범과 마찬가지로 오늘날 포괄적인 인지/행동/사회 치료 접근 방식이 일반적으로 사용된다(Barbaree & Seto, 1997; Polaschek et al., 1997). 불행히도, 이용 가능한 연구에 대한 리뷰는 치료가 종종 효과가 없다고 제안한다(Grønnerød et al., 2015 참조). 실제로 사법 체계는 몇 번이고 붙잡혀 구금되어 치료를 받은 소아성애 범죄자의 예로 가득 차 있다. 한 연구에 따르면 아동 성추행범의 14%는 출소한 지 3년 후에, 30%는 10년 후에, 거의 절반은 20년 후에 다시 체포된 것으로 나타났다(Prentky et al., 1997; Beech et al., 2012; Hanson, 2000; Harris et al., 2011). 이러한 유형은 종종 직업 소아성애자 또는 최근에는 직업 성범죄자라고 한다. Prentky는 단순히 범죄자가 형기를 마치고 커뮤니티로 복귀하도록 허용하는 것은 위험하며 메건의 법칙과 같은 커뮤니티 통지법은 근시안적이라고 주장한다. 이것이 주 및 연방법에서 그러한 범죄자가 형기를 마친 후에 시설에 수감되도록 허용하는 이유이다(성범죄자의 유죄 판결 참조).

피해자 치료법 Therapy for Victims

많은 피해자들에게 초기 치료는 외상 후 스트레스에 맞춰져야 한다(Mueser & Taylor, 1997). 학대에 초점을 맞춘 인지 행동 치료가 입증되었다. 외상 사건을 회상할 때 경험하는 두려움과 고통을 줄이는 데 특히 효과적이다(Cohen et al., 2000; Saywitz et al., 2000). 그러나 결국 피해자는 자책을 극복해야 하며 피해자의 파트너와 가족의 참여는 여기에 매우 유익할 수 있다(Cohen & Mannarino, 2000; Grosz et al., 2000; Sims & Garrison, 2014).

상담을 원하시면 RAINN(강간, 학대, 근친상간 전국 네트워크, 온라인 www.rainn.org/index.php)에 연락하여 가장 가까운 강간 위기 센터에 대한 정보를 얻으시오. 서비스에는 24시간 강간 위기 전화, 성인 및 아동 성폭행 및 근친상간 피해자를 위한 프로그램, 피해자의 가족 및 친구를 위한 프로그램이 포함된다.

참고: **국내**
여성긴급전화 1366,
한국성폭력상담소 02-338-5801

스터디 가이드

핵심용어 Key Terms

(강박) 강간[(obsessive) rape], p. 417
강간(rape), p. 408
강간 미신(rape myths), p. 428
강간 보호법(rape-shield laws), p. 454
강간 후 스트레스 장애(post-rape posttraumatic stress disorder), p. 430
강제(권력) 강간[force-only (power) rape], p. 417
구타(분노) 강간[battering (anger) rape], p. 417
남성성 과잉(hypermasculinity), p. 423
근친상간(incest), p. 448
기회주의적 강간범(opportunistic rapists), p. 413
남성 강간(male rape), p. 420
이방인 강간(stranger rape), p. 408
다중 근친상간 가족(polyincestuous family), p. 448
데이트 강간(date rape), p. 412
명백한 저항(성에 대한)[token resistance (to sex)], p. 415
법정 강간(statutory rape), p. 419
부부(친밀한 파트너) 강간[marital (intimate partner) rape], p. 416
상황적 성추행범(situational molesters), p. 441
선호 성추행자(소아성애자)[preference molesters(pedophiles)], p. 441
성적 강요(sexual coercion), p. 413
성적 폭력적 약탈자법(sexually violent predator laws), p. 455
성폭행(sexual assault), p. 408
성희롱(sexual harassment), p. 434
소아성애(pedophilia), p. 441
순응(compliance), p. 415
스토킹(stalking), p. 438
여성성 과잉(hyperfemininity), p. 423
전쟁 강간(war rape), p. 426
지인(데이트) 강간[acquaintance (date) rape], p. 412
집단 강간(gang rape), p. 417
하이퍼젠더(hypergender), p. 423

상호검토 Interactive Review

뒤의 정답 참조.

성폭행은 (1) __________를/을 실제로 또는 위협적으로 사용한 결과, (2)_________의 결과로, 또는 (3)_________를/을 할 수 없을 때 섹스를 하고 싶지 않은 경우 발생한다.

미국에서는 강간을 구성하는 것에 대한 정의가 시간이 지남에 따라 극적으로 변화했다. 역사적으로 범죄로 "계산"된 유일한 유형의 강간은 (4) ______이다. 그러나 오늘날 연방 정부는 더 넓은 정의를 채택했으며 이제 강간은 (5) ________(으)로 정의된다.

강간 유병률을 추정하는 두 가지 기본 방법이 있다. 첫 번째는 (6) __________ 또는 법 집행 기관에 공식적으로 보고된 사건의 수를 분석하는 것이다. 이 보고서에 따르면, 강간 비율은 1992년 이후 꾸준히 (7) ______했지만 여전히 너무 높다. 많은 전문가들은 FBI가 제공한 것과 같은 국가 범죄 보고서가 여성(및 남성)이 경험하는 성폭력의 상당한 수를 심각하게 (8)_____ 믿는다. 강간 유병률을 결정하는 더 정확한 두 번째 방법은 (9)________의 데이터를 사용하는 것이다. 이러한 조사의 결과는 일반적으로 강간 유병률 측면에서 많고 (10) ____ 수치를 산출한다.

대부분의 강간은 (11) ___________에 의해 저질러지고 (12) ______에서 발생한다. 대부분의 피해자는 (13) __________ 세 사이의 여성이지만 아동, 노인, 장애인, 남성을 포함하여 누구나 강간 피해자가 될 수 있다.

데이트나 지인에 의한 강간은 낯선 사람에 의한 강간 못지않게 현실적이다. 강간은 강간이다. 연구에 따르면 대학생의 약 25%가 데이트 파트너에게 어떤 형태의 성적 공격성을 사용했다고 인정했으며 6%에서 8% 사이는 실제로 (14)______를/을 범했다고 인정했다. 때때로 원치 않는 섹스는 물리적인 힘의 결과가 아니라 (15) ________의 결과로 발생한다. 이는 섹스를 원하지 않는 다른 사람으로부터 성적 순응을 얻기 위해 신체적 또는 언어적으로 강압적인 전술을 사용하는 것으로 정의된다. 잠들어 있거나 의식이 없거나 술에 취한 사람을 이용하는 것은 (16) _________ 전술의 한 예인 반면, 누군가에게 간청하거나 그 사람이 따르지 않으면 관계를 끝내겠다고 위협하는 것은 (17) _______ 전술의 예이다. 데이트 강간의 일부 사례는 남성과 여성이 종종 (18) _____를/을 잘못 해석하기 때문에 발생할 수 있다. 또한 사람들은 때때로 자신의 진정한 의도나 바람을 정확하게 전달하지 못한다. 예를 들면 (19) _______는/은 누군가가 "아니오"라고 말했지만 실제로는 "예"를 의미할 때이고, (20)______는/은 정말로 원하지 않을 때 섹스에 동의하는 경우를 포함한다.

가해자가 피해자의 배우자인 강간을 (21) _______(이)라고 하며, 이는 1993년부터 미국에서 범죄가 되었다. 이러한 유형의 강간은 많은 피해자가 범죄를 신고하지 않기 때문에 추정하기 어렵다. 일부 강간에는 한 명 이상의 가해자가 관련되며 이러한 (22) __________ 강간은 일반적으로 개인이 저지르는 강간보다 더 폭력적이다(슬프게도 세계 여러 지역에서 매우 흔하다). 모든 주에는 미성년자와 관련된 성행위를 다루는 법률이 있다. 또한 많은 주에는 성인이 동의 연령 미만의 사람과 성관계를 갖는 것을 불법으로 규정하는 특정 법률이 있다. 이 범죄는 일반적으로 (23) __________ 강간이라고 한다. 정신 장애인도 종종 이러한 법률의 보호를 받는다.

남성 강간에 대한 연구에 따르면 남성은 여성과 마찬가지로 (24) __________에 의해 강간되는 경향이 있다. 그러나 여성과 달리 남성 강간 피해자는 (25)_________ 동안 강간을 당했을 가능성이 더 크다. 어떤 사람들은 남자가 여자에게 강간을 당할 수 있다는 것을 믿기 어려워하지만 실제로 일어난다. 실제로 남성 가해자와 마찬가지로 여성도 파트너에게 성적 요구를 따르게 하기 위해 강압과 힘을 사용한다고 보고한다. 그러나 사용되는 강제의 유형에는 차이가 있다. 여성이 사용하는 강제는 일반적으로 (26)_______이고 남성이 사용하는 강제는 일반적으로 (27)_______이다.

과장된 성역할 고정관념을 수용(그리고 따르려는) 성향인 (28)_______를/을 포함하여 여러 가지 개인적 요인이 강간 또는 강간을 저지를 가능성과 관련이 있다. 또한 연구에 따르면 대부분의 강간범은 성역할과 남성과 여성의 행동에 대한 (29) _____ 태도와 신념, (30) ______에 대한 강한 수용, 자신의 행동에 대한 (31) _______ 경향이 있음이 밝혀졌다. 이러한 왜곡된 태도와 신념 외에도 많은 강간범은 (32) __________의 부족을 보여준다.

대인관계 요인도 강간과 관련이 있다. 성폭행을 저지르는 많은 남성들은 부모의 (33) ______ 및 (34) _________에 대한 조기 노출을 특징으로 하는 발달 이력을 가지고 있다. 다양한 사회적, 문화적 요인도 강간과 관련이 있다. 강간은 (35) __________를/을 조장하고 미화하는 성적 억압적인 사회에서 훨씬 더 일반적이며 많은 사람들이 보수적인 고정 관념적인 성 역할에 순응하고 여성이 열등한 사회적, 경제적 지위를 차지하는 곳이다.

강간에 대한 많은 잘못된 믿음이 너무 널리 퍼져 있어서 신화라고 불린다. 이 장에서는 (36) ________, (37) ______, (38) ___, 그리고 여성이 자주 강간을 잘못 고발한다는 개념을 포함하여 네 가지 강간 미신을 고려했다. 이 미신 중 어느 것도 사실이 아니지만, 그것을 믿는 사람들은 강간당한 피해자를 비난하는 경향이 있다.

강간 피해자는 (39) __________(이)라고 하는 것에서 장단기 반응을 경험한다. 급성기에는 피해자의 반응이 표현력이 강하고 (40) ____________일 수 있다. (41) _______의 기간 동안 피해자는 자신의 삶에 대한 통제력을 회복하려고 시도한다. 장기적인 성 문제는 드문 일이 아니다. 피해자의 파트너와 가족의 반응은 회복 과정에서 중요하며 피해자의 책임을 전가하지 않는 것이 중요하다.

강간을 당했다면 즉시 범죄를 신고하고 가능한 한 빨리 건강검진을 받는 것이 중요하다. 검사가 완료될 때까지 씻거나, 세수를 하거나, 옷을 갈아입지 마시오. 오늘날 대부분의 경찰은 강간 피해자와 협력하기 위해 카운슬러를 포함하여 특별히 훈련된 부대를 보유하고 있으며, 미국 대법원은 피해자가 법원 절차 중에 재판을 받는 것처럼 느끼지 않도록 보호하기 위해 광범위한 (42) ________ 법률을 승인했다.

강간 예방에는 세 가지 기본 접근 방식이 있다. 하나는 강간범에 초점을 맞추고 더 안전한 물리적 환경과 더 강력한 법과 처벌의 조성을 옹호한다. 다른 하나는 잠재적 피해자에 초점을 맞추고 여성에게 폭행에 덜 취약하도록 교육하는 것을 제안한다. 세 번째, (43) ______ 관점은 사회의 가치와 남성과 여성이 서로 상호작용하는 방식에 대한 태도를 변화시키는 것을 옹호한다.

직장이나 교실에서 원치 않는 성적 접근, 성적 호의 요청 및 기타 원치 않는 언어적 또는 신체적 행위를 (44) ________ (이)라고 한다. 대법원은 여기에는 적대적이거나 공격적인 근무 환경 조성도 포함되며, 피해자가 직업 혜택의 대가로 성접대를 요구했다는 사실을 입증할 필요는 없다고 판결했다. 회사와 학교는 즉각적이고 적절한 시정 조치를 취하지 않을 경우 책임을 질 수 있다.

많은 사람들이 경험하는 원치 않는 성적 관심의 또 다른 형태는 스토킹이다. 스토킹 행위에는 (45)______의 세 가지 특징이 있다. 이러한 유형의 행동은 일반적으로 대상이 자신의 (46)______를/을 두려워하게 만드는 확실한 위협이 될 때 범죄가 된다.

이제 우리는 아동에 대한 성적 학대가 이전에 생각했던 것보다 더 널리 퍼져 있다는 것을 안다. 대부분의 피해자는 (47) __________에 의해 괴롭힘을 당한다. 아동 성추행범은 두 가지 분류로 나눌 수 있다. (48) ________ 성추행범 또는 "진정한" 소아성애 범죄자는 주요 성적 지향이 어린이이고, (49) ________ 성범죄자는 주요 성적 지향이 성인이다. 소아성애 성범죄자는 남성 아동, 여성 아동 또는 둘 다에게 성적으로 끌리는지 여부에 따라 추가로 분류된다. 예를 들어, 여성 및 남성 아동 모두에게 성적으로 끌리는 남성은 자신의 성적 취향에 관계없이 (50) ________(으)로 식별된다. 적발된 소아성애자 중 여학생을 대상으로 하는 피해자는 각각 평균 약 20명인 반면 남학생을 대상으로 하는 소아성애자는 각각 평균 거의 (51)________명의 피해자이다. 대부분의 소아성애 범죄자는 남성이지만 여성도 아동 성적 학대를 저지른다. 연구에 따르면 "전형적인" 여성 범죄자는 어리고 대처 기술이 부족하고 기존의 심리적 문제가 있으며 종종 자신이 장기간 어린 시절의 희생자가 된 것으로 나타났다. (52) ________ 아동에 대한 성적 학대의 영향은 종종 오래 지속되지만 단일 "성적 학대 후 증후군"은 없다.

결혼하기에 너무 가까운 친척 사이의 성적 관계를 근친상간이라고 한다. (53) __________ 근친상간은 부모-자녀 근친상간보다 더 일반적이지만 아버지-딸 및 계부-의붓딸 근친상간이 모든 체포의 80%를 차지한다. 근친상간 아버지는 공개적으로는 수줍음이 많고 가족 중심적인 것처럼 보이지만 가정에서는 지배적이고 권위적이다. 이러한 경우에, 어머니는 근친상간이 진행되고 있다는 것을 일반적으로 알고 있다. 성적 학대를 받은 아동은 성적 학대에 정통한 전문가 및 단체로부터 상담과 지원을 받는 것이 중요하다.

오늘날, 많은 주들이 (54)______법을 제정하여, 강력 성범죄로 유죄 판결을 받은 사람이 완전한 징역형을 선고 받은 후에 그 사람이 정신 장애를 가지고 있고 지역사회에 지속적인 위협을 가한다는 것을 증명할 수 있다면, 그 사람이 민사상 범죄를 저지를 수 있도록 허용하고 있다.

자기진단 Self-Test

뒤의 정답 참조.

A. 참(T) 혹은 거짓(F)

T F 55. 의식이 없는 사람과 성관계를 가진 남성 또는 여성이 성폭행을 저질렀다.

T F 56. 성인 여성이 진정으로 강간을 원하지 않는다면 강간할 수 없다.

T F 57. 강간은 원래 남성 간 강제로 질 삽입하는 것으로 정의되었다.

T F 58. 거짓으로 보고된 강간 비율은 대부분의 다른 범죄보다 낮다.

T F 59. 남성을 포함하여 누구나 강간 피해자가 될 수 있다.

T F 60. 여자가 남자와 기꺼이 교제를 했다면 그가 강요한다면 강간으로 기소할 수 없다. 그녀는 성관계를 갖는다.

T F 61. 누군가에게 성관계를 갖도록 언어적으로 압력을 가하는 것은 일종의 성적 강압이다.

T F 62. 많은 (수형된) 강간범들은 피해자가 자신과 성관계를 갖기를 원하거나 강간을 당할 자격이 있다고 생각한다.

T F 63. 거의 모든 강간범은 일종의 주요 심리적 기능 장애를 가지고 있는 것으로 밝혀졌다.

T F 64. 부부 강간은 미국에서 범죄이다.

T F 65. Muehlenhard와 동료들은 모든 여대생의 3분의 1 이상이 실제로 (섹스를 하는 것에 대해) "예"를 의미할 때 데이트에 "아니오"라고 대답했다는 것을 발견했다.

T F 66. 여성이 성교에 동의했다면 남성은 강간죄로 유죄 판결을 받을 수 없다.

T F 67. 남자는 여자에게 강간당할 수 없다.

T F 68. 남성과 여성 모두 법정 강간을 할 수 있다.

T F 69. 많은 강간 피해자들은 이후 어떤 감정적 반응도 보이지 않는다.

T F 70. 성적인 농담을 하거나, 성적인 언급을 하거나, 강박적으로 여성 동료를 쳐다보는 남성은 그가 성 접대를 요구하지 않는 한 성희롱으로 기소될 수 없다.

T F 71. 대부분의 아동 성추행범은 피해자에게 알려져 있다.

T F 72. 모든 소아성애자는 아동 성추행범이다.

T F 73. 형제자매 근친상간은 친자녀 근친상간보다 더 일반적이다.

T F 74. 모든 문화에는 일종의 근친상간 금기가 있다.

T F 75. 성적 학대의 피해자는 자신을 비난하는 경향이 있다.

B. 짝짓기

______ 76. 물리적 강제(physical coercion)
______ 77. 집단 성폭행(gang rape)
______ 78. 기회적 강간(opportunistic rape)
______ 79. 언어적 강압(verbal coercion)
______ 80. 토큰 저항(token resistance)
______ 81. 성추행 선호(preference molester)
______ 82. 강제(권력) 강간[force-only (power) rape]
______ 83. 순응(compliance)
______ 84. 성희롱(sexual harassment)
______ 85. 상황적 성추행(situational molester)
______ 86. 양성애적 소아성애자(bisexual pedophile)
______ 87. 스토킹(stalking)

a. 알버트는 피곤하고 정말로 성교하기를 원하지 않지만 아내가 그에게 성관계를 요구할 때 굴복한다.

b. 브래드는 자신을 이성애자라고 생각하지만 남성과 여성 모두에게 성적으로 끌린다.

c. 크리스는 성인들에게 성적 매력을 느끼지만 아이를 애무하고 아이가 자신의 성기를 만지게 했다. 그는 자신의 행동이 비정상적이라고 생각한다.

d. 덕은 조잡한 성적 농담을 하고 여직원들에게 성적 발언을 한다.

e. 케이티는 남자친구가 구강 성교를 거부하면 관계를 끝내겠다고 위협한다.

f. 프랭크는 성적으로 흥분되어 데이트 상대가 혼자 있을 때 충동적으로 그와 섹스를 하도록 강요한다.

g. 그랜트와 메이는 결혼했다. 그랜트는 일반적으로 메이에게 신체적 학대를 가하지 않지만, 메이가 섹스를 하고 싶지 않을 때 강압이나 강제를 사용한다.

h. 수잔은 처음에 "아니오"라고 말하고 그녀가 정말로 그와 섹스를 하고 싶어도 블라우스 단추를 풀기 시작할 때 데이트에서 멀어진다.

i. 이안은 성인을 성적 파트너로 보는 데 관심이 없다. 그는 아이들에게만 끌렸고 그의 이웃에 있는 몇몇 아이들과 성행위를 했다.

j. 성적인 접근을 하기 전에 도널드는 데이트 상대를 "완화"시키기 위해 몇 잔의 술을 사야 한다.

k. 대학에서 카렌은 동급생 두 명에게 사교 파티에서 성폭행을 당했다.

l. 헤어진 지 1년이 넘었고 만나고 싶지 않다고 분명히 밝혔지만, 자나의 전 남자친구는 계속해서 그녀를 따라 캠퍼스를 돌아다니며 직장에 나타나며 선물과 문자 메시지를 보낸다.

C. 빈칸 채우기

88. 정신 장애가 있는 사람들은 종종 ________를/을 보호하는 동일한 법률에 의해 성적 학대로부터 보호된다.
89. 성적으로 강압적인 행동의 네 가지 예를 들어 보시오: _____, ______, _____ 및 _______.
90. _________ 강간에서 사람이 한 일에 대한 개인적인 책임이 분산되거나 잊혀질 수 있다.
91. 데이트 강간의 대부분은 아마도 _________ 강간범에 의해 저질러질 것이다.
92. 강간 후 스트레스 장애의 ___________에서 피해자는 자신의 삶에 대한 통제력을 회복하려고 시도한다.
93. 성희롱 혐의는 일반적으로 1964년 _____의 Title VII에 따라 민사 소송으로 기소된다.
94. 성희롱은 일반적으로 ________가/이 있는 관계에서 발생한다.
95. 연구에 따르면 남자가 _______를/을 더 많이 믿을수록 자신이 성희롱을 더 많이 받아들이는 것으로 나타났다.
96. 다른 십대들과 성관계를 가진 십대들은 종종 ________ 법에 의해 법적 강간으로 기소되지 않는다.

16장
성매매: 사회적, 법적 문제
Selling Sex: Social and Legal Issues

도덕은 옳고 그름에 관한 것이며, 법은 법적인 형식을 취하려고 하는 것이다. 한 행동은 옳고 그 반대는 그르다고 선언하지 않는 법칙을 생각할 수 있나? 진실은 모든 법률이 도덕성을 법제화한다는 것이다 (속도 제한도 도로에서 안전에 대한 도덕적 권리를 의미한다). 보수주의자, 자유주의자, 진보주의자 등 정치권의 모든 사람들이 도덕성을 입법화하려고 노력하고 있다. 유일한 질문은 누구의 도덕성을 입법화해야 하나?

– 프랭크 투렉의 "Legislating Morality"에서 발췌, 1999년 7월/8월, New Man Magazine

학습목표

이 장의 학습을 마치면 다음을 할 수 있어야 한다.

16.1 고대와 현대 이전 인류 문명에서 성적으로 노골적인 자료(예술, 문학 등)의 역사를 설명한다.

16.2 현대 사회에서 성적으로 노골적인 미디어의 가용성 증가에 대해 논의한다.

16.3 성적으로 노골적인 자료에 대한 액세스를 증가시키는 데 인터넷이 한 역할을 설명하고 사용 가능한 다양한 유형의 콘텐츠(비디오, 웹캠, 팬 픽션)에 대해 논의한다.

16.4 에로티카와 포르노의 차이점(및 유사점)을 논의하고 외설의 법적 정의를 설명한다.

16.5 음란물 사용 경향, 태도 및 이유에 대해 토론한다.

16.6 음란물의 영향을 평가하기 위해 구성된 두 정부 위원회의 조사 결과와 권장 사항을 비교하고 대조한다. 음란물 사용과 성적 흥분, 위험한 성행위, 심리적 안녕, 관계 조정 사이의 연관성을 설명한다.

16.7 음란물 사용과 성폭력 사이의 연관성에 대해 논의한다.

16.8 합법화와 음란물 검열의 장단점을 확인하고 음란물(특히 어린이 및 청소년)의 유해한 영향을 줄일 수 있는 방법에 대해 논의한다.

16.9 미국과 전 세계에서 매춘의 역사적 유산과 당대의 법적 지위(및 만연)를 설명한다.

16.10 미국에서 매춘이 역사적으로 어떻게 정의되었고 현재 법적 정의에 대해 논의한다.

16.11 발생하는 다양한 유형의 매춘을 구별한다.

16.12 매춘 진입과 관련된 요인과 대다수 매춘 여성이 경험하는 결과를 설명한다.

16.13 성에 돈을 지불하는 사람들의 특성과 그 이유를 설명한다.

16.14 전 세계에서 발생하는 인신매매 유형에 대해 논의하고 이 글로벌 무역을 중단하기 위해 취할 수 있는 조치를 설명한다.

16.15 매춘을 개념화하는 방법(특히 합법화와 관련하여)에 대한 계속되는 논쟁에 대해 논의하고 이러한 유형의 상업적 성을 이해하는 데 사용된 다양한 관점을 비교한다.

섹스는 대부분의 사람들의 삶에서 중요한 부분이다. 그것은 성 정체성, 성적 취향 및 우리 자아 개념의 다른 측면의 핵심 구성 요소이다. 그것은 육체적 쾌락과 정서적 만족(고통과 불안뿐만 아니라)을 제공할 수 있다. 그리고 그것은 욕망, 애정, 사랑의 표현으로 주고 받을 수 있다. 섹스는 또한 시장성이 있는 상품이다. 사람들은 매춘에서처럼 직접적으로 성을 사고팔 수 있다. 또는 누군가가 X-등급 DVD를 구입하거나 온라인 콘텐츠(예: 비디오, 라이브 웹캠 피드, 성인 웹사이트)에 액세스하기 위해 비용을 지불할 때 발생하는 것처럼 간접적으로 매매할 수 있다.

전 세계적으로 섹스는 큰 사업이다. 예를 들어, 성 산업은 필리핀과 인도네시아와 같은 일부 아시아 국가에서 국내 총생산의 2~14%를 차지한다(Empel, 2012). 음란물에 대한 미국의 연간 수입은 100억에서 200억 달러 사이이다(Byassee, 2008). 이것은 미국인들이 모든 프로 스포츠를 관람하는 데 지출하는 것보다 많다. 할리우드는 연간 약 400편의 주류 영화를 만들지만 포르노 산업은 11,000편을 만든다(Paul, 2004). 매춘 수익은 전 세계적으로 연간 520억 달러 이상이다(Altman, 2001).

이 장에서 우리는 두 가지 유형의 상업화된 성(포르노그래피와 매춘)과 그들이 제기하는 법적, 윤리적 문제를 탐구할 것이다. 의심할 수 있듯이 이러한 주제는 논란의 여지가 있다. 음란물과 매춘에 관한 기존의 법률과 규정조차 논란의 여지가 있다. 어떤 사람들은 정부나 다른 당국이 사생활(시청하는 것, 사고 파는 것, 자신의 몸으로 하는 것 포함)을 규제하려는 모든 시도에 반대한다. 다른 사람들은 정부가 개인에게 해를 끼치거나 사회적 불의에 기여하는 활동이나 물질로부터 시민을 보호할 의무가 있다고 격렬하게 주장한다. 우리의 의도는 특정 관점을 채택하도록 설득하는 것이 아니다. 오히려 우리의 목표는 이러한 주제에 대한 자신의 생각을 자극하는 방법으로 역사적 맥락과 최신 과학 정보를 제공하는 것이다. 우리는 음란물에 특히 중점을 둔 성적으로 노골적인 미디어에 대한 논의로 시작한다.

성적 명시적 매체: 역사적 관점

Sexually Explicit Media: Historical Perspectives

16.1 고대와 현대 이전 인류 문명에서 성적으로 노골적인 자료(예술, 문학 등)의 역사를 설명한다.

음란매체(sexually explicit media)(그림, 그림, 조각, 문학 및 인간의 성적 해부학과 행동을 묘사하거나 설명하는

그림 16-1

빌렌도르프의 여인상은 1990년대 초에 발견되었으며 구석기 시대 후기에 조각된 것으로 추정된다. 이 작은 인형은 높이가 약 4.5인치이며 유방, 외음부 및 대음순을 포함하여 매우 상세히 외부 생식기 해부를 묘사했다.

출처: Hercules Milas/Alamy Stock Photo

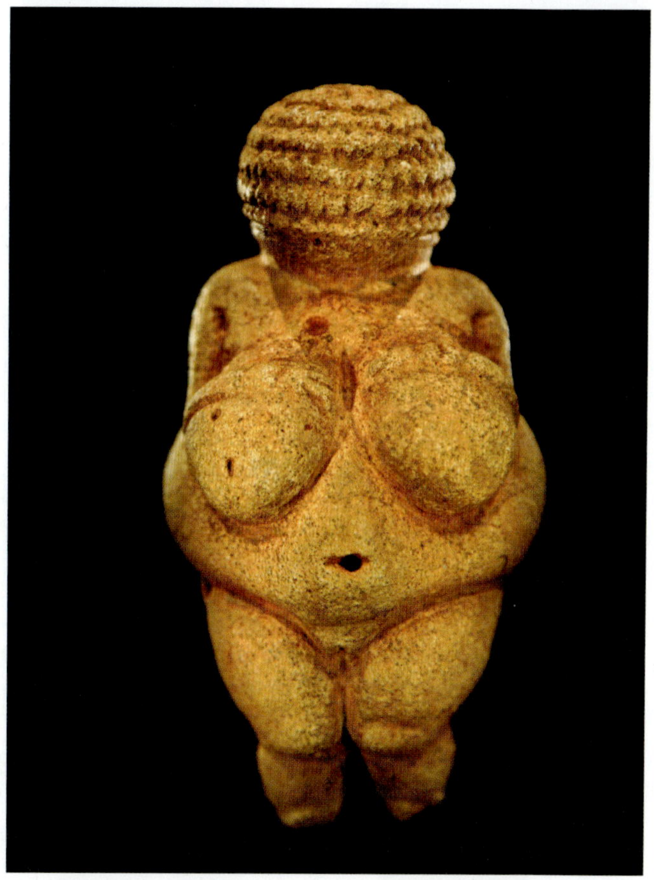

음란매체(Sexually explicit media) 그림, 회화, 조각, 문학 및 인간의 성적인 해부학과 행동을 묘사하거나 설명하는 기타 형태의 예술 또는 커뮤니케이션.

기타 형태의 예술 또는 커뮤니케이션)는 현대 사회에 새로운 것이 아니다. 고고학자들은 인간 선사 시대부터 시작된 상세한 동굴 에칭과 성행위 및 생식기에 대한 석조 조각을 발견했다. 예를 들어, 일반적으로 "빌렌도르프의 여인"으로 알려진 작은 돌 조각은 구석기 시대 후기(약 22,000~24,000년 전)에 만들어진 것으로 믿어진다. 그림 16-1에서 볼 수 있듯이 그녀는 큰 가슴, 명확하게 보이는 외음부, 대음순을 포함하여 뚜렷한 성적 특징을 가지고 있다.

그림 16-2

예술의 성적인 주제는 역사 전반에 걸쳐 공통적이었다. 고대 페루의 도자기(왼쪽). 고대 그리스의 꽃병(오른쪽).

출처: (left) Werner Foreman/Topham/The Image Works; (right) Polygnotos (5th b.c.). Red Figure Vase, Side A: Erotic Scene, 5th b.c. Height: 0.415 m. Photo: Christian Larrieu. Musee du Louvre/RMN Reunion des Musees Nationaux, France. SCALA/Art Resource, NY

그림 16-3

기원전 4세기 그리스의 남근 조각상(왼쪽). 16세기 인도 사원의 조각상(오른쪽).

출처: (left) Dionysos sanctuary, Delos, monumental phallus with a relief of the phallus-bird, a symbol of the God, carried in procession or drawn on a chariot during Dionysian rites. Inscription says monuments were donated by Karystos, son of Asbelos. Around 300 BCE, Delos, Greece, Erich Lessing/Art Resource, New York; (right) Dr. Suresh Vasant/ephotocorp/Alamy Stock Photo.

고대 그리스와 로마에서는 남근("남근"을 의미하는 그리스어 *phallus*에서 유래) 숭배가 일반적이었다.

그리스, 로마, 폼페이, 콜럼버스 이전의 멕시코와 페루의 폐허에서 성기의 기념물, 동상, 조각 및 도자기(때로는 크게 확대됨)가 발견되었다. 그리스와 로마의 예술은 일반적으로 인간이 성교, 구강 성교, 그룹 섹스에 종사하는 모습을 보여주었다. 16세기 인도의 사원 조각은 상상할 수 있는 모든 다양한 성적 행동에 참여하는 인간을 그래픽으로 묘사한다(그림 16-2 및 16-3 참조).

마찬가지로, 수세기에 걸쳐 전 세계적으로 성적으로 노골적인 원고, 인쇄물, 포트폴리오가 광범위하게 만들어지고 배포되었다. 아마도 가장 유명한 것은 인도 철학자 바차야나(Vatsyayana)에 기인한 사랑, 구애, 결혼 및 가족생활에 대한 5세기(또는 그 주변) 안내서인 카마수트라일 것이다. 본문의 약 20%는 (키스, 구강-성적 접촉, 상호 자위, 질적 성교 등) 성적 활동의 유형과 "성 의회"에 관여하기 위한 구체적인 위치에 대한 설명과 함께 설명된다(그림 16-4). 성적인 주제의 다른 초기 예로는 에도 시대에 절정에 달했던 춘가("봄의 그림"; 봄은 성행위에 대한 일반적인 완곡어법임)로 알려진 일본의 에로틱한 목판화와 이탈리아 판화가 마르칸토니오 라이몬디가 1524년에 출판한 다양한 성관계 포지션을 시도하는 커플들의 모습을 담은 팸플릿인 *I Modi*(길이라는 뜻)가 있다.

그림 16-4

성행위에 대한 정보와 커플이 성적인 쾌감을 높이는 방법이 소개된 인도 가정생활에 대한 5세기 안내서인 카마 수트라(Kama Sutra)의 한 예.

출처: Lovers in extravagantly open posture, not mentioned in the 'Kama Sutra', Mankot, Punjab, mid–18th century (gouache on paper), Indian School, (18th century)/Private Collection/Bridgeman Images

르네상스 이후 유럽의 예술과 문학에는 종종 성적인 주제가 있었다. 렘브란트의 *The Four-Poster Bed*와 프랑수아 부셰(François Boucher)의 헤라클레스와 옴팔레(그림 16-6 참조)가 이에 대한 고전적인 예이다. 오귀스트 로댕은 당대의 다른 많은 예술가들과 마찬가지로 드로잉과 조각(예: 키스)에서 인체를 찬양했다. 존 클리랜드(John Cleland)의 1748년 에로틱 소설 *Fanny Hill*(원래 제목은 Memoirs of Pleasure)은 솔로 및 상호 자위, 구강 성교 및 커닐링구스, 질 성교, 속박 및 징계와 같은 다양한 성행위에 대한 생생한 묘사를 포함한다.

분명히, 성적인 주제의 자료를 만들고 배포하고 향유하는 것은 "새로운" 인간의 경험이 아니다! 그러나 새로운 것은 그러한 자료가 현대 사회에서 얼마나 널리 이용 가능하게 되었는지이다.

현대 사회의 성적 명시적 미디어
Sexually Explicit Media in Contemporary Societies

16.2 현대 사회에서 성적으로 노골적인 미디어의 가용성 증가에 대해 논의한다.

겉보기에 섹스로 가득 찬 우리의 문화 역사에 대해 방금 읽은 것을 고려할 때 오늘날 우리가 즐기는 성적인 콘텐츠에 쉽게 접근할 수 있는 것이 비교적 최근의 현상이라는 사실이 당신을 놀라게 할 수도 있다(적어도 미국에서는). 예를 들어, 누드와 섹슈얼리티는 1910년대와 1920년대의 할리우드 "섹스 심볼"을 특징으로 하는 무성 영화(Theda Bara, Greta Garbo, Clara Bow, Rudolph Valentino)에서 일반적이었다. 그러나 1927년 "토키"(동기음이 있는 영화)가 개발되면서 주요 영화사들은 정부가 영화 산업을 규제하는 데 너무 관여하지 않을까 우려했다. 정부의 간섭을 막기 위해 스튜디오 경영진은 자발적으로 자체 제작(검열) 표준을 설정했다. 프로덕션 코드(초기에는 헤이스 코드로 불림)는 피해야 할 이미지와 주제를 명시했는데, 그 중 많은 부분이 성적인 것[나체, 선정적인 춤, 동성애(성전환이라고 함), "과도하고 음탕한 키스", "호색적인 포옹" 등]과 관련이 있다. 이러한 기준을 준수하는 영화에만 승인 공인이 부여되었다. 대공황기에는 법 집행이 상당히 느슨했지

그림 16-5

어부의 아내의 꿈, 카츠시카 호쿠사이(Katsushika Hokusai, 1814년경). 슌가(shunga)로 알려진 일본의 에로틱한 목판화는 1603년에서 1868년에 걸친 에도 시대에 스타일과 인기의 절정에 이르렀다. 문어 두 마리와 섹스 플레이(키스 및 커닐링구스)를 즐기는 여성을 묘사한 이 판화는 (당시 청중에게 잘 알려졌을 것) 타마토리 공주의 (에로틱하지 않은) 이야기에 다소 기초하고 있다. 이것은 Hokusai의 작품 중 가장 유명하며 TV 시리즈 *Mad Men*에 등장했다(큰 글씨는 등장인물 Bert Cooper과 이후 Peggy Olson의 사무실 벽에 눈에 띄게 표시되었다).

출처: ART Collection/Alamy Stock Photo

만 1930년대 후반에는 완전히 시행되었다. 결과적으로 그 기간 동안 제작된 대형 스튜디오 영화는 검열이 심했고 상대적으로 성적인 내용이 없었다. [쾌활한 섹슈얼리티와 도발적인 속담으로 유명한 영화 배우 매 웨스트는 ("나는 백설공주였으나 … 표류했다") 검열이 그 부분에 집중하고 간과하기를 바라며 의도적으로 대본에 노골적인 성적 대사를 추가했다.]

이러한 상황은 1950년대에 프로듀서와 스튜디오 경영진이 코드의 승인 없이 주류 영화를 출시해도 여전히 수익을 낼 수 있다는 것을 깨달았을 때 바뀌기 시작했다. 누드는 여전히 금기시되어 있지만 성 정체성, 성적 욕망, 혼전 성관계(심지어 근친상간 및 강간)에 관한 선정적인 장면과 대화가 드라마(예: *A Place in the Sun*, *Carmen Jones*, *A Streetcar Named Desire*, *Peyton Place*) 및 10년의 로맨틱 코미디(예: *Calamity Jane*, *Gentlemen Prefer Blondes*, *The Moon Is Blue*, *Some Like It Hot*)를 통해 일어난다. 그러한 영화는 종종 추잡한 것으로 간주되었지만 비평가와 관객 모두에게 좋은 평가를 받았다(오늘날 많은 영화가 "고전"으로 간주됨).

1950년대에는 남성을 위한 성인 엔터테인먼트로 특별히 판매된 최초의 미국 잡지인 플레이보이(*Playboy*)가 탄생했다. 휴 헤프너(Hugh Hefner)의 잡지는 최신 인터뷰 및 사회적 논평과 함께 여성의 누드 사진을 특집으로 다루었으며 1959년까지 백만 명 이상의 구독자를 확보했다. (*Playboy*의 성공으로 헤프너는 오늘날 다른 시장으로 진출한 출판 제국을 만들 수 있었다.)

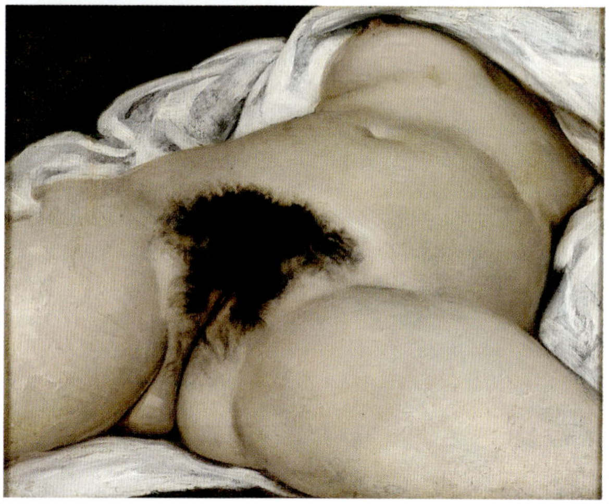

그림 16-6
르네상스 이후 서양 문화의 에로틱한 주제를 가진 예술. 렘브란트(Rembrandt)의 4주식 침대(1646)(왼쪽 위). 바우처(Boucher)의 헤라클레스(Hercules)와 옴팔레(Omphale)(1730년대)(오른쪽 상단). 귀스타브 쿠르베(Gustave Courbet)의 〈세계의 기원〉(1866)(아래).

출처: (top left) "Ledikant" or "Le Lit a la francaise". Etching, 1646. Inv. RvR 264 (B.186), The Pierpont Morgan Library, New York, NY, USA. The Morgan Library & Museum/Art Resource, New York; (top right) SuperStock; (bottom left) Gustave Courbet (1819–1877), "The Origin of the World." 1866. Oil on canvas. 46 X 55 cm. RF 1995–10. Musee d'Orsay, Paris, France. Reunion des Musees Nationaus/Art Resource, NY

1960년대에 상업적으로 개봉된 영화들은 간통과 유혹(졸업생), 혼전 성관계(밍크의 손길, 잔디 속의 화려함), 배우자 교환(밥 & 캐롤 & 테드 & 앨리스), 캐주얼 섹스(톰 존스, 제임스 본드 영화)를 포함한 성적인 주제를 점점 더 솔직하게 다루는 것이 특징이었다. 인쇄 매체 또한 더 명확해졌다. 예를 들어, 플레이보이와 경쟁하기 위한 노력으로 펜트하우스는 여성의 치발과 전면 나체를 보여주는 최초의 남성 잡지가 되었다.

우리는 위에서 언급한 영화나 잡지 중 극히 일부만이 현대 청중에게 과도하게 충격을 줄 것이라고 확신한다. 1980년대(*Body Heat*, *9½ Weeks*, *The Postman Always Rings Twice*)와 1990년대(*Wild at Heart*, *Basic Instinct*, *Body of Evidence*)에 개봉되었을 때 극도로 도발적이고 논쟁의 여지가 있는 것으로 간주되었던 영화라도 오늘날에는 특히 젊은 관객들 사이에서 크게 눈에 띄지 않을 것이다. 이것은 적어도 부분적으로 우리가 성적 이미지에 너무 빠져서 그것에 점점 둔감해지고 있다는 사실에 기인한다. 이제 노골적인 성적인 콘텐츠는 TV 프로그램과 영화, 책과 잡지 페이지, 특히 인터넷에 정기적으로 나타난다(Cooper et al., 2000).

성차별적 미디어와 인터넷의 역할
Sexually Explicit Media and the Role of the Internet

16.3 성적으로 노골적인 자료에 대한 액세스를 증가시키는 데 인터넷이 한 역할을 설명하고 사용 가능한 다양한 유형의 콘텐츠(비디오, 웹캠, 팬 픽션)에 대해 논의한다.

인터넷은 성적으로 노골적인 자료에 대한 액세스와 관련하여 진정한 게임 체인저였다. 과거에는 외설적이거나 에로한 책, 잡지, 만화, 비디오를 직접 구할 수 있는 유일한 방법은 상점이나 우편 주문을 통해서였다. 예를 들어, "더러운 영화"를 보고 싶어 하는 남자 또는 여자는 지역 비디

그림 16-7

노골적인 성적 자료는 한때 X등급 영화관이나 비디오 가게에서만 구할 수 있었지만 오늘날에는 인터넷에서 쉽게 구할 수 있다.

출처: Ulrich Baumgarten/Getty Images

오 가게로 차를 몰고 "특산품"이 보관되어 있는 뒷방에 들어가 테이프나 DVD를 계산대에 가지고 가야 했다. 영업사원의 주의 깊은 관심 하에 렌탈 프로세스를 완료하시오. 우리는 이 경험의 가능한 당혹감 때문에 많은 사람들이 멀어졌다는 것을 의심하지 않는다.

하지만 오늘날에는 인터넷 덕분에 성적인 자료를 집에서 사생활로 쉽게 구할 수 있다. 인터넷이 가능한 장치를 통해 우리는 상상할 수 있는 거의 모든 성적인 것을 사고, 팔고, 배포하고, 시청할 수 있게 해준다. 모든 방향, 연령 및 민족성을 가진 전문가와 아마추어, 혼자서 또는 가능한 모든 유형의 파트너(동성, 이성, 둘 다 또는 그룹, 배우자, 이웃, 낯선 사람 또는 친척)와 가능한 모든 종류의 섹스를 하고 가능한 모든 위치와 모든 유형의 소품을 사용한다. 채팅방, 게시판, 특정 성적 관심사를 다루는 포럼을 통해 개인은 서로 만나고 환상과 정보를 교환할 수 있다. 페티쉬가 있는가? 몇 개의 키를 누르면 선호도를 공유하는 다른 사람들을 찾을 수 있다. (그러나 조심하시오. 다크 웹을 멀리하고 온라인 포럼에 절대 신원 확인 정보를 제공하지 마시오. 또한 합법 및 불법 음란물의 차이를 이해하고 있는지 확인하시오. 아래 논의를 참조하시오.) 간단히 말해서 인터넷 우리 모두를 다음 "성적 혁명"으로 안내했다(Cooper et al., 2000).

인터넷 포르노 및 에로티시즘에 대한 신뢰할 수 있는 통계는 사이트 방문의 유동성과 많은 성인 웹사이트 운영자가 정보 남용 사용 또는 수익을 게시하지 않는다는 사실로 인해 얻기 어렵다. 그러나 연구자들은 현재 4백만 개 이상의 음란물 전용 웹사이트가 있으며(Young, 2008) 인터넷 음란물은 연간 수십억 달러의 글로벌 산업이라고 추정한다(Brown et al., 2007).

많은 웹사이트에서 사용자가 성적으로 노골적인 비디오를 다운로드하거나 볼 수 있다. 여기에는 *Playboy*, *Penthouse* 및 기타 성인 엔터테인먼트 회사에서 호스팅하는 구독 기반 사이트와 시청자가 직접 만든 비디오를 공유할 수 있는 무료 사이트가 포함된다. 가장 널리 알려진 무료 사이트 중 일부는 YouPorn, Pornhub, RedTube 및 XVideos이다. 당연히 무료 사이트는 구독 기반 사이트보다 더 많은 트래픽을 수신하며, 더 큰 사이트는 전 세계 사용자로부터 매월 평균 700만에서 1600만 뷰를 조회한다(Ruvolo, 2011). 포르노 웹사이트를 방문하는 대부분의 인터넷 사용자(약 80%)는 가끔 방문한다. 이러한 레크리에이션 사용자는 온라인에서 한 달에 평균 약 1시간을 사용한다(Paul, 2004). 남성의 약 5~6%만이 강박적인 사용자이며 주당 평균 11시간 이상을 사용한다(Cooper et al., 1999; Ross et al., 2012). (과성애에 관한 13장 참조)

성행위를 실시간으로 스트리밍(유료)하는 웹캠 사이트도 사용할 수 있다(Paasonen, 2010). 그중 가장 인기 있는 것은 가입자가 로그인하여 "모델"을 선택하고 요청할 수 있는 화상 채팅 사이트인 LiveJasmin이다. 매달 약 3,200만 명이 LiveJasmin을 방문한다. 거의 모든 고객은 남성이며, 거의 모든 모델은 동유럽 또는 동남아시아의 여성(작업에 대해 시급을 받으며 아무런 혜택도 받지 않음)이며, 고객이 보고 방향을 제시하는 동안 모델이 옷을 벗는 것이 가장 요구된다(Ruvolo, 2011).

또한 에로틱한 팬 픽션(또는 팬픽) 전용 웹사이트가 많이 있다. 이러한 사이트(예: Adult-fanfiction.org)에서 사람들은 성적으로 노골적인 삽화와 기존 책, 만화, 영화, 텔레비전 쇼 및 기타 출판된 작품의 등장인물이 등장하는 이야기를 공유한다(예: *Harry Potter*, *Twilight Saga*, *Lord* 반지, 스타 트렉, 셜록 홈즈). 팬 픽션은 로맨틱하고 약간 에로틱한 것부터 극단적으로 성적으로 노골적인 것까지 다양하며 이성애, "슬래시"(동성애, 일반적으로 남성-남성), 그룹 짝짓기 및 솔로 성적 활동을 포함한다(Driscoll, 2006; Kustritz, 2015 Tosenberger, 2008, Tresca, 2013). 남성과 소년이 온라인 비디오 및 웹캠 포르노의 주요 소비자인 반면, 여성과 소녀는 에로틱한 팬픽에 접근하고 이를 만들 가능성이 더 높은 것으로 보인다(MacDonald, 2006). 이것을 무엇으로 설명할 수 있는가? 일부 학자들은 에로틱 팬 픽션이 다른 온라인 성 포럼보다 청소년과 성인 여성에게 더 "환영적인 성적 공간"(Fallon, 2015)을 제공한다고 믿는다. 왜냐하면 그들이 정서적 연관성이 확립된 캐릭터를 통해 그들의 성적 욕구와 정체성을 간접적으로 탐구할 수 있기 때문이다(Day, 2014; Fallon, 2015).

포르노그래피와 에로티카: 뭐가 다른가?

Pornography and Erotica: What's the Difference?

16.4 에로티카와 포르노의 차이점(및 유사점)을 논의하고 외설의 법적 정의를 설명한다.

지금까지 이 장에서 우리는 "에로티카"와 "포르노그래피"라는 레이블을 사용하여 성적인 내용이 포함된 미디어를 설명했다. 이 용어들은 공통된 주제(성)를 공유하기 때문에 일상생활(솔직히 우리를 포함)에서 사람들이 종종 혼용하여 사용한다. 그러나 실제로는 사회적, 과학적, 법적 의미가 다르다. 잠시 그들의 차이점을 알아보도록 하겠다.

에로티카(erotica)(그리스어 *erotikos*는 "사랑의" 또는 "사랑으로 인한"를 의미함)는 고양적인 성적인 주제를 가진 예술, 문학 및 기타 매체에 대한 일반적인 용어이다. 그러한 작업은 예술적이며 섹슈얼리티와 인체에 대한 긍정적이고 친밀하며 축하적인 비전을 제시하기 위한 것이다. **포르노그래피(pornography)**("창녀"를 의미하는 그리스어 *porne*와 "묘사 또는 기록"을 의미하는 *graphos*)는 소비자에게 성적 흥분을 일으키도록 설계된 엔터테인먼트 미디어에 대한 일반적인 용어이며 상업적인 목적이 주 목적이다. 예술적이라기보다는 포르노는 종종 (항상 그런 것은 아니지만) 에로티카보다 성에 대한 묘사에서 더 생생하고 비인격적이며 노골적이며 덜 친밀하고 덜 경축적이다.

음란물은 다시 합법과 불법으로 나눌 수 있다. 미국에서 **법적 포르노**(*legal pornography*)는 수정헌법 제1조에 따라 보호되므로 소유, 제작 및 배포할 수 있는 노골적인 성적 자료를 말한다. 이것은 가장 흔한 유형의 외설물이며 사람들이 일생 동안 보거나 구매하거나 노출되었을 가능성이 가장 높은 유형이다. 플레이보이 잡지의 누드 센터폴드, 웹에서 돌고 있는 노골적인 성적 비디오 클립, Amazon, eBay 및 기타 수백 개의 온라인 및 오프라인 전문점에서 판매되는 X-등급 DVD가 모두 그 예이다. 합법적인 포르노 미디어의 법률 포르노는 이 장에서 다루는 연구의 초점이다.

불법 포르노(*illegal pornography*)는 **외설(obscenity)**로 분류되어 수정헌법 제1조에 따라 보호되지 않는 성적으로 노골적인 자료를 말한다. 아동 포르노는 이러한 종류의 자료의 한 예이다(아동 포르노에 대한 15장 섹션 참조). 이미지, 영화 또는 기타 형태의 미디어가 외설적인지 여부를 판단할 때 법원은 1973년 미국 대법원(*Miller v. California*)에서 제정한 세 부분으로 된 기준에 의존한다. Miller Test(일반적으로 Three-Part Obscenity Test 또는 TPOT이라고도 함)에 따르면 다음과 같은 경우 자료가 음란한 것으로 간주된다.

1. "현대 커뮤니티 표준을 적용하는 평범한 사람"은 작업이 "자주 관심"에 호소한다는 것을 알게 될 것이다.
   (저자 주: "prurient"는 "과도하거나 건전하지 못한 욕망"을 의미한다)
2. "명백한 공격적인" 방식으로 주법에 정의된 성행위를 묘사하거나 설명한다.
   (저자 주: "patently"는 "노골적으로, 명확하게 또는 가시적으로"를 의미한다)
3. "심각한 문학적, 예술적, 정치적 또는 과학적 가치"가 결여된 경우
   (저자 주: 이 표준은 종종 SLAPS 테스트라고 한다)

그들의 의견으로는 판사는 두 번째 기준에 언급된 "성행위"라는 용어가 광범위하며 주법에 따라 실제 또는 모의 성행위, 자위, 배설 기능 및 성기 노출을 포함할 수 있다고 명시했다.

에로티카(Erotica) 고양적인 성적인 주제를 가진 예술, 문학 및 기타 미디어. 예술적이고 섹슈얼리티와 인체를 기념하도록 설계되었다.

포르노그래피(Pornography) 성적 흥분과 흥분을 유발하도록 고안되었으며 상업적(수익 창출)이 주 목적인 엔터테인먼트 미디어이다. 법적 음란물은 수정헌법 제1조에 따라 보호된다. 불법 포르노는 수정헌법 제1조에 따라 보호되지 않는다.

외설(Obscenity) 법적 용어로, 동시대의 커뮤니티 표준에 따르면 명백히 모욕적인 성행위를 묘사하고 심각한 가치가 결여되어 있으며 음란한 이익에 호소하는 자료이다.

밀러 검사의 세 가지 표준을 읽으면서 이 표준이 특이성은 부족하고 주관성은 길다는 사실에 틀림없이 충격을 받을 것이다. 예를 들어, 첫 번째 표준에서 언급된 "보통 사람"은 누구인가? 너? 부모님? 거리의 세탁소에서 일하는 남자? 우리는 어떻게 현대 공동체의 기준을 정확하게 결정하는가? (그리고 우리 중 많은 사람들이 전자적으로 연결되어 글로벌 커뮤니티를 형성하고 있는데 시도하는 것이 의미가 있는가?). 이미지, 영화 또는 책이 심각한 가치가 없는지 또는 불건전한 관심을 유발하는지 어떻게 알 수 있는가? 이것은 대답하기 쉬운 질문이 아니다. 왜냐하면 모든 사람은 무엇이 불쾌하고 무엇이 용인되고 무엇이 금지되어야 하고 무엇이 허용되어야 하는지에 대한 주관적인 이해를 가지고 있기 때문이다. (우리는 이 장의 뒷부분에서 검열의 까다로운 문제에 대해 더 자세히 논의할 것이다.)

성적인 내용이 음란한지 여부를 판단할 때 법적 기준을 적용하기 어려울 뿐만 아니라 에로티카와 음란물 자체의 경계가 모호하다. 예를 들어, 어떤 사람들은 부셰의 18세기 헤라클레스와 옴팔레 그림(그림 16-6 참조)을 에로틱한 것으로 간주할 수 있다. 이는 두 연인의 열정적인 결합에 대한 예술적이고 세련된 축하이다. 다른 사람들은 그것을 음란물 - 가슴을 애무하고, 키스하고, 전희하는 노골적이고 자극적인 장면으로 볼 수 있다. 어떤 사람들은 그것이 개인적으로 외설적이라고 생각할 수도 있다(법적 기준에 부합하지는 않지만). 즉, 과도한 노출과 억제되지 않은 정욕의 부도덕하고 불필요한 표시이다. 많은 관점이 가능하며 일반적으로 성적으로 주제가 된 특정 자료를 보는 "올바른" 법적, 도덕적 또는 사회적 방법이 없다. (상자 16-A 참조)

개인적인 생각 Personal Reflections

친구나 가족에게 이 장의 시작 부분(또는 11장과 같은 다른 장)에 있는 이미지를 보도록 요청하시오. 그들의 반응을 물어보시오. 그들은 그 자료가 에로틱하거나 음란하다고 생각하는가? 그들 중 이미지가 외설적이라고 생각하는 사람이 있는가? 그들의 응답이 서로 다르면(또는 귀하의 응답과 다른 경우) 이를 탐색하시오. 무엇이 그들이 결론을 내리게 했는지 물어보시오. 예의를 기억하시오. 다양한 관점이 가능하고 "옳다" 또는 "그르다" 반응이 없다는 사실에 민감하다.

음란물 소비: 경향, 태도 및 동기
Pornography Consumption: Trends, Attitudes, and Motives

16.5 음란물 사용 경향, 태도 및 이유에 대해 토론한다.

위에서 언급했듯이 남성(특히 젊은 남성)은 온라인(예: 웹사이트, 웹캠) 및 오프라인(예: 잡지, DVD) 포르노의 주요 사용자이다(Petersen & Hyde, 2010; Wright & Bae, 2015 참조). 예를 들어, 2010년 대규모 국가 조사에서 18세에서 89세 사이의 남녀가 작년에 적어도 한 편의 포르노 영화를 봤는지 여부를 표시하도록 요청받았다(Wright, 2013a; Wright et al., 2013). 남성(36%)이 여성(17%)보다 두 배나 많은 긍정적인 반응을 보였다. 마찬가지로 십대들 사이에서 여아(1/3)보다 남아(약 2/3)가 성적으로 노골적인 웹사이트를 방문했다고 말한다(Braun-Courville & Rojas, 2009; Peter & Valkenburg, 2016 참조). 또한 남성은 여성보다 음란물을 더 자주 본다. 미국 대학생에 대한 한 설문조사에 따르면 남성은 평균적으로 일주일에 한 번 또는 두 번 음란 매체를 시청한 반면, 여성은 평균 한 달에 한 번 이하로 시청했다(Willoughby et al., 2014a).

흥미롭게도 뉴스와 대중 문화 평론가들은 최근 몇 년 동안 음란물 소비가 극적으로 증가했다고 자주 주장하지만 연구에서는 이러한 주장을 지지하지 않는다. 그림 16-9에서 볼 수 있듯이 2000년에서 2010년 사이에 지난 1년 동안 포르노를 한 번 이상 본 성인 남성과 여성의 비율은 상당히 안정적이었다(Wright, 2013b; Wright et al., 2013). 그러나 음란물 사용 비율은 일반적으로 미국 및 기타 국가에서 젊은 성인(노인에 비해)에서 더 높다는 점에 유의할 필요가 있다(Hald et al., 2013a; Wright et al., 2013).

물론 접근성이 높아졌음에도 불구하고 모든 사람이 음란물을 보기로 선택하는 것은 아니다. 게다가 상당수의 십대와 젊은 성인이 음란물에 대해 부정적인 태도를 갖고 있다(Price et al., 2016 참조). 보기 행동과 마찬가지로 여성과 남성은 태도가 다른 경향이 있으며 여성은 남성보다 음란물에 대해 더 부정적인 의견을 가지고 있다(Olmstead et al., 2013).

다음은 자체 과정에 등록한 학생들의 대표적인 견해이다. 남성들은 일반적으로 노골적인 성적 자료에 대해 긍정적이었다.

상자 16-A 개인적 관점

조각 외음부: 에로틱 또는 포르노, 예술적 또는 외설적?

마리나 산타나(그림 16-8a)는 인간의 섹슈얼리티 측면을 탐구하는 남가주 출신의 예술가이다. 그녀의 최근 프로젝트 중에는 여성의 외부 해부학의 다양성을 기념하기 위해 고안된 일련의 도자기 외음부가 있다. 각 조각을 만들기 위해 Santana는 사진으로 시작한다. 그런 다음 그녀는 그림을 손으로 성형하고 건조시킨 다음 불을 붙이고 광택을 낸다. 마지막으로 음모(실제로 친구가 기증한 사람의 머리털)가 적용된다. 그림 16-8b는 이러한 조각 중 일부를 보여준다.

당연히 Santana는 그녀의 작품을 보는 사람들로부터 다양한 반응을 받았다. 다음은 갤러리 전시회에 참석한 우리 학생들의 반응이다.

> "이 예술은 많은 인종/민족 그룹이 있는 것처럼 많은 질 모양이 있다는 것을 여성들에게 알려준다. 두 개의 질은 동일하지 않으며 우리는 이 아름다운 기관을 포옹해야 하며 주류 미디어에서 아름답다고 간주되는 것과 정확히 일치하지 않기 때문에 비정상적이라고 느끼지 않아야 한다."
>
> "처음 조각품을 보았을 때 너무 놀라웠어. 나는 예술가가 다양한 유형의 외음부 조각품을 여러 개 만들었다는 사실을 좋아했다. 나는 항상 내 성기가 어떻게 생겼는지 확신이 없었고, 이 경험을 통해 우리는 모두 다르며 이 독특함이 훌륭하다는 것을 깨달았다. 그녀의 조각품은 아마도 내가 본 것 중 가장 멋진 것이었을 것이다."
>
> "조각품이 복제품이기는 해도 어울리지 않아 가까이 갈 수가 없었어."
>
> "나는 이것을 보는 것이 매우 불편했고 솔직히 나는 그것들이 지나치게 노골적이며 일반 보기에 적합하지 않다는 것을 알았다. 우리가 그들을 '사적' 부품이라고 부르는 이유가 있다."
>
> (모든 예제는 작성자의 파일에서 가져옴)

이러한 엇갈린 반응에 직면했을 때 Santana는 어떻게 생각하는가? 그녀 자신의 말을 빌리자면, "서구 미디어는 사람들, 특히 여성과 그들이 자신과 신체, 성을 인식하는 방식에 심오한 영향을 미친다. 시청자와 소통하고 싶다. [내 작품]이 좋든 나쁘든 사람들의 이야기를 이끌어 낸다면 저는 만족한다."

이 조각품에 대한 자신의 생각과 느낌은 무엇일까?

Santana의 다른 작품을 보고 싶다면 그녀의 웹사이트가 https://marinasantana.jimdo.com/이다.

그림 16-8a
마리나 산타나(Marina Santana).
출처: Marina Santana © 2017.

그림 16-8b
아티스트 마리나 산타나의 외음부 조각.
출처: Isai Favela © 2017.

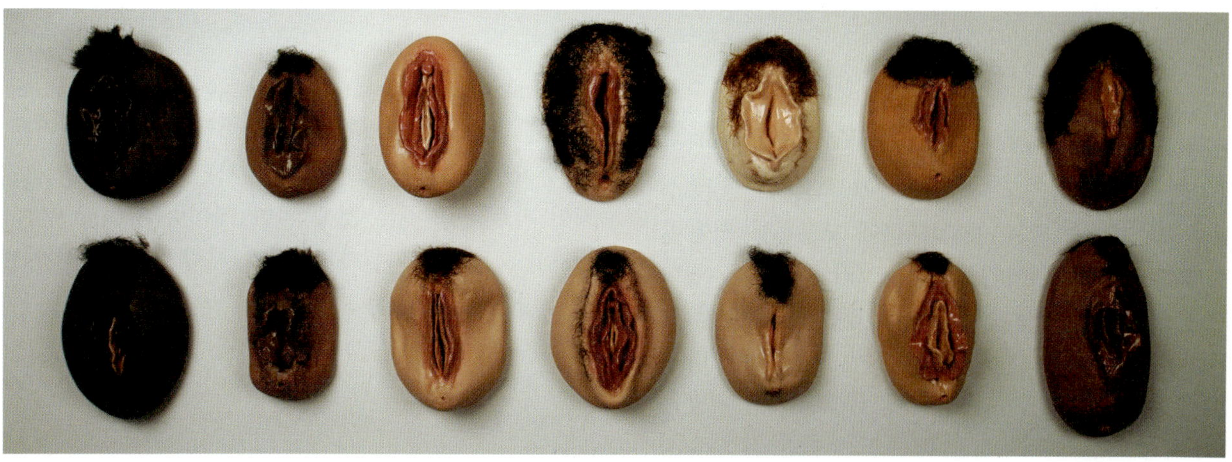

"*Spice, Playboy* 및 포르노 비디오를 사용할 수 있어야 한다고 생각한다. 부모님이 새와 벌에 대해 이야기하지 않았기 때문이다. 나는 거리, 친구, 포르노 비디오에서 배웠다."

"나는 포르노에 문제가 없다. 그것에 대한 거대한 시장이 있고 수많은 사람들이 그것을 즐긴다. 유일한 문제는 인터넷 덕분에 아이들이 쉽게 액세스할 수 있다는 것이다."

"노골적인 성적 자료에는 전혀 문제가 없다고 생각한다. 그것은 성공으로 입증된 바와 같이 우리 사회의 필요를 충족시킨다. 사람들이 원하지 않으면 사지 않을 것이고, 그것을 제공하는 회사는 파산하고 파산할 것이다."

"나는 개인적으로 포르노가 지루하다고 생각한다. 그것은 항상 똑같다. 그에게 구강, 때로는 그녀에게 구강, 앞에서의 성, 뒤에서의 성, 대개 그에게 구강, 그러고 나서 그는 그녀의 얼굴이나 배에 침을 묻힌다. 진짜 섹스는 더 흥미롭고 훨씬 더 즐겁다. 그렇다고 포르노가 나쁘다고 생각하는 건 아니야. 이래저래 강한 감정은 없는 것 같아."

여성의 견해는 더 다양했다.

"나는 일단 성적으로 노골적인 자료에 신경이 쓰인다. 여성은 착취당하는 반면, 남성은 거의 표시되지 않는다. TV 채널을 돌리다 벌거벗은 여성이 화면을 가로질러 튀는 것을 보는 것이 귀찮다."

"저는 개인적으로 노골적인 성적 잡지가 남성이 여성을 단순히 성적 대상으로 여기고 그들을 기쁘게 하기 위해 세상에 두는 감정을 강화한다는 점에서 여성을 모욕한다고 생각한다."

"남편과 나는 사랑을 나눌 때 가끔 음란물을 사용한다. 그것은 우리를 흥분시키고 공유된 경험이다. 우리는 요즘 찾기가 점점 더 어려워지고 있는 보다 관능적이고 스토리 기반의 포르노를 좋아한다. 우리는 구경하고 놀다가 섹스를 한다. 말하자면, 우리 섹스 트릭의 큰 부분이다!"

"나는 포르노 DVD를 몇 장 가지고 있으며 자위하기 전에 가끔 본다. 하지만 저는 저를 포함해서 포르노에서 보여지는 그런 종류의 섹스를 즐기는 여자는 단 한 명도 모른다. 어떤 여자도 음핵 자극도 없고, 온몸이 닿지도 않고, 쾅쾅쾅, 가장 우스꽝스러운 일그러진 자세로 그렇게 얻어맞는 것을 좋아하지 않는다. 그리고 어떤 여성도 즉각적인 오르가즘을 가지고 있지 않다. 포르노는 비현실적이고 아마도 수천 개의 관계를 망쳤을 것이다."

(모든 예제는 작성자의 파일에서 가져옴)

사람들은 음란물에 대한 다양한 태도를 가질 뿐만 아니라 음란물을 찾는 동기도 다르다. 대부분의 사람들은 성적 흥분을 일으킬 수 있는 능력 때문에 포르노를 사용한다(이에 대해 조금 더 이야기하겠다). 그러나 X 등급 영화를 보거나 포르노 사이트를 방문하는 많은 청소년 및 젊은 성인은 종종 호기심, 자신의 발전하는 성 정체성 탐구에 대한 관심, 정보에 대한 열망에 동기가 부여된다(많은 사람들이 나중에 알게 되겠지만, 포르노는 종종 잘못된 정보를 제공함)(Bryant & Brown, 1989; Hald & Malamuth, 2008; Peter & Valkenberg, 2010).

그림 16-9

지난 12개월 동안 포르노 비디오를 한 번 이상 보았다고 한 성인 남성과 여성(18~89세)의 비율. Wright(2013b) 및 Wright et al.(2013)의 자료에 기초.

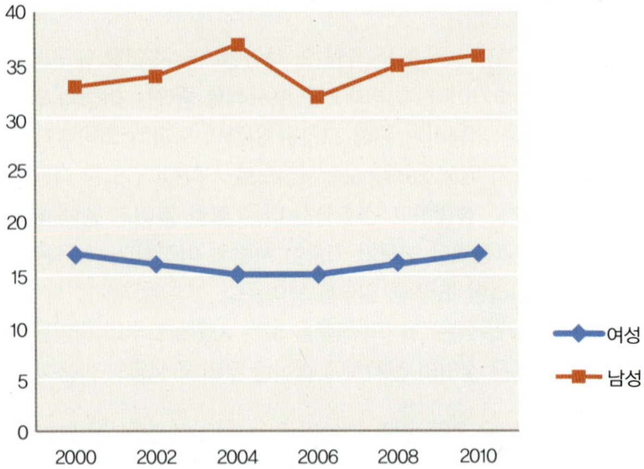

"남자친구는 내가 처음 데이트를 시작했을 때 여성에 대해 매우 잘못 알고 있었다. 그는 그들이 무엇을 좋아하는지/싫어하는지 또는 여성의 해부학이 어떻게 생겼는지 몰랐다. 그는 이제 사물에 대해 더 정확한 견해를 갖게 되었다. 그는 포르노 영화에서 정보를 얻었다."

"내 여동생과 나는 남자친구에게 구강 성교를 하는 법을 배우기 위해 포르노를 봤다. 쉬워보이고 하던 여자아이도 좋아할 것 같았다. 그러나 내가 만난 이 사람에게 그것을 하려고 했을 때 나는 거의 토할 뻔했다. 쉽지 않았고 마음에 들지 않았다."

"포르노그래피? 폭력적이지 않다면 나는 문제가 없다. 예전에는 징그럽다고 생각했는데 약혼자와 함께 보고 실제로 교육을 받았다. 우리 둘 다 꽤 경험이 없었고 우리가 시도하고 싶었지만 전에는 생각하지 못했던 많은 포지션을 배웠다."

"저는 처녀로서 섹스가 어떻게 작용하는지 확신하지 못했기 때문에 포르노를 보았다. 우리 중 누구도 섹스를 해본 적이 없기 때문에 내 친구 중 누구도 대답할 수 없는 질문이 있었다. 우리는 배우기 위해 포르노를 봤다."

(모든 예제는 작성자의 파일에서 가져옴)

포르노그래피는 또한 사람들이 성행위를 스스로 안전하게 "시도"하고 성적 지평을 넓힐 수 있는 방법을 제공할 수 있다(성적 환상과 매우 유사). 가능한 반응, 또는 심지어 파트너를 찾는 것에 관한 것이다(Bryant & Brown, 1989). 포르노 영화를 보는 많은 사람들은 또한 영화를 보면서 자위를 한다.

"내가 가장 좋아하는 환상은 구강 성교에 관한 것이다. 나는 현실에서 그것을 좋아하지 않는다. 왜냐하면 나는 너무 자의식이 강해서 즐길 수 없기 때문이다. 나는 포르노를 많이 보진 않지만, 내가 가장 좋아하는 포르노물은 구강 성관계이다. 파트너에게 직접 시키지 않고도 경험할 수 있다."

"나는 게이는 아니지만, 남자와 섹스를 하면 어떨지 궁금했어. 그 사람한테서 입막음 수술을 받으려면, 그 사람을 입력하라. 나는 정말로 이것을 하는 것에 전혀 관심이 없다. 근데 가끔 본다. 영상도 찍고 자위도 할 거야."

"어떤 이유에서인지 나는 집단 섹스에 대한 생각이 매우 자극적이라고 생각한다. 하기 싫고 징그럽긴 한데, 로마인들의 난교처럼 사람들이 함께 섹스를 한다는 생각이 들 정도로 흥분된다. 나는 포르노 팬은 아니지만 X 등급 버전의 칼리굴라가 있고 그런 장면이 있다. 어떤 모습일지 상상할 수 있는 방법인 것 같아."

(모든 예제는 작성자의 파일에서 가져옴)

외설물의 영향 The Effects of Pornography

16.6 음란물의 영향을 평가하기 위해 구성된 두 정부 위원회의 조사 결과와 권장 사항을 비교하고 대조한다. 음란물 사용과 성적 흥분, 위험한 성행위, 심리적 안녕, 관계 조정 사이의 연관성을 설명한다.

음란물에 대한 가장 지속적인 질문 중 하나는 음란물을 정기적으로 사용하는 사람들에게 미칠 수 있는(유해한) 영향에 관한 것이다. 실제로 미국 연방 정부는 노골적인 성적 미디어에 대한 노출이 반사회적 및 기타 부적응 행동에 기여하는지 여부를 결정하기 위해 설계된 두 가지 대규모 조사를 승인했다.

1968년에 린든 존슨 대통령은 18명으로 구성된 외설 및 포르노 위원회(과학자, 정신과 의사, 상원의원, 변호사, 성직자로 구성)를 임명하여 이 문제를 연구하는 데 2년을 보냈다. 기존 연구는 거의 없었지만 증거를 고려하고 자체 연구를 후원한 후 위원회는 성인에서 노골적인 성적 자료에 대한 노출과 성범죄 또는 기타 일탈 또는 해로운 행동 사이에 유의미한 연관성이 없다고 결론지었다. 그들은 성인(어린이 제외)이 음란물에 접근하는 것을 금지하는 모든 법률의 폐지를 권고하고 공립학교에서의 성교육 교육을 옹호했다.

> 성에 대해 공개적이고 직접적으로 이야기하지 않으면 여러 가지 결과를 초래할 수 있다. 그것은 성을 지나치게 강조하고 마법과도 같지 않은 비자연적 특성을 부여하여 더 매력적이고 매혹적으로 만든다. 성적 관심 표현을 보다 합법적인 채널에서 덜 합법적인 채널로 전환한다. . . 위원회는 성에 대한 관심이 정상적이고 건강하며 좋은 것이라고 믿는다.

리처드 닉슨은 위원회의 보고서가 1970년에 발표되었을 때 대통령이었다. 그는 즉시 이를 거부하며 다음과 같이 말했다.

> 나는 그 보고서를 평가했고 도덕적으로 파산한 결론과 주요 권장 사항을 단호히 거부한다.... 위원회는 더러운 책과 연극의 확산이 사람의 성품에 지속적인 해로운 영향을 미치지 않는다고 주장한다. 그것이 사실이라면 훌륭한 책, 훌륭한 그림, 훌륭한 연극이 인간의 행위에 고상한 영향을 미치지 않는다는 것 또한 사실임이 틀림없다. 수백 년의 문명과 10분의 상식이 우리에게 달리 말해준다.... 음란물은 사회와 문명을 타락시킬 수 있다. 국민이 선출한 대표는 그러한 부패를 방지할 권리와 의무가 있다.... 미국의 도덕성은 가볍게 여겨서는 안 된다. 음란물 위원회는 실례를 범했고 나는 그 보고서를 완전히 거부한다.

위원회의 조사는 인터뷰와 (과학적이 아닌) 일화적 데이터에 대한 의존도가 높으며, 음란물 매체의 가장 잠재적으로 문제가 될 수 있는 폭력적이고 굴욕적인 음란물에 대한 조사가 거의 없는 등 몇 가지 주요 결함으로 어려움을 겪었다.

결과적으로 1985년 로널드 레이건 대통령은 또 다른 위원회인 법무장관 음란물 위원회(Edwin Meese 법무장관의 이름을 따서 Meese 위원회라고 함)를 만들었다. 이전 패널과 마찬가지로 이 위원회는 변호사, 성직자, 심리학자, 정신과 의사, 사회 복지사 및 조사 기자로 구성되었다. 사용 가능한 증거를 고려한 후, 위원회 회원들은 1986년에 보고서를 발표했다(그림 16-10 참조).

보고서의 주요 기여 중 하나는 성적으로 노골적인 자료가 모두 동일한 것은 아니므로 음란물의 유형이 개인과 사회 전체에 다른 영향을 미칠 수 있다는 점을 인정한 것이다. 특히 위원회는 다음과 같이 결론지었다.

1. 과도한 노출은 어린이를 매우 노골적이고 도발적인 전시로부터 보호해야 하지만, 그 자체로 "큰 우려의 원인"이 되지는 않는다.
2. 비폭력적이고 비하적인 음란물(*nonviolent and non-degrading pornography*)과 반사회적 행동 사이에는 직접적인 연관성이 없다. 그러나 위원회는 이러한 유형의 음란물이 폭력적이고 굴욕적인 자료보다 덜 일반적이며 "일부 환경에서 어떤 목적으로 사용될 때" 해로울 수 있다고 경고했다.
3. 비폭력적이지만 품위를 떨어뜨리는 포르노(*nonviolent but degrading pornography*)와 여성에 대한 폭력을 지지하는 태도 사이에는 연관성이 있다(예: 강간 신화의

그림 16-10

미 법무장관 에드윈 미스(Edwin Meese)는 벌거벗은 가슴을 가진 정의의 정신 조각상을 배경으로 1986년 포르노 위원회 보고서를 수락하였다. 나중에 존 애쉬크로프트(John Ashcroft) 미 법무장관은 연설할 때 동상을 커튼으로 덮으라고 명령했다. 어떤 사람들에게는 예술적인 것이 다른 사람들에게는 외설이다.

출처: (left) Cynthia Johnson/The LIFE Images Collection/Getty Images; (right) Joe Marquette/AP Images.

수용; 15장 참조). 위원회는 성적 노골적인 소재의 저하는 "상업적으로 이용 가능한 포르노물의 지배적 비율"을 나타낸다고 언급했고, 그러한 소재에 대한 장기간 노출은 "그렇게 노출된 인구에서 성폭력, 성적 강요 또는 원치 않는 성적 공격"의 가능성을 증가시킬 수 있다고 관찰했다.

(저자 주: 음란물 비하란 "사람들, 보통 여자들, 오로지 다른 사람들, 보통 남자들의 성적 만족을 위해 존재하는 것"을 묘사하거나, 다른 사람들과의 성적 관계에서 결정적으로 종속적인 역할을 하는 사람들, 보통 여성들을 묘사하거나, 대부분의 사람들에게 굴욕적인 것으로 여겨질 수 있는 성행위를 하는 사람들을 묘사한다.

4. **폭력적인 음란물**(*violent pornography*)에 대한 노출과 강간을 지지하는 태도 및 여성에 대한 신체적 공격적 행동 사이에는 인과 관계가 있다. 위원회는 여성이 성폭행의 결과로 궁극적으로 각성, 오르가즘 및 만족을 경험하는 것으로 묘사될 때 이러한 효과가 더 뚜렷하다는 것을 관찰했으며 이 주제는 "불행하게도 우리가 조사했다." 마지막으로, 회원들은 성적 노골적인 정도와 반대로 문제가 되는 것은 성(性)과 폭력의 연계라고 결론지었다. 즉, 포르노가 아닌 주류 "슬래셔" 영화에서 발생하는 것처럼 "폭력이 부정할 수 없는 성적 맥락에서 제시되는 한" 해로운 효과가 지속된다.

이전 위원회와 달리 이 전문가 그룹은 음란물과 관련된 기존 법률의 폐지를 옹호하지 않았다. 오히려 그들은 외설법을 보다 일관되고 엄격하게 집행할 것을 촉구했다. 그러나 그들은 또한 법에 지나치게 의존하고 수정헌법 1조의 권리를 침해하지 말라고 명시적으로 경고했다. 또한 위원회는 정부와 대중에게 음란물 노출로 인한 유해한 영향에 대응하기 위해 사회 전반에 걸쳐 긍정적인 노력이 이루어져야 한다고 상기시켰다.

법으로든 사회적인 행동으로든 개인의 비난을 통해서든 유해한 음란물에 대한 조치는 결국 부정적인 접근 방식이다. 이는 유해한 메시지를 제거하려는 시도이며 그러한 시도는 종종 적절하다. 그러나 그들은 스스로 성공할 수 없다. 이러한 본질적으로 부정적이고 반응적인 노력에는 긍정적인 노력이 수반되어야 한다. 사람들이 가지지 말아야 할 특정한 태도가 있다면, 사람들은 어떤 태도를 가져야 하며, 그러한 태도를 어떻게 가장 잘 가르칠 수 있는가? 학교에서는 무엇을 가르칠 것인가? 어떤 형태의 행동이 공개적으로 존경받을 것인가? 대중매체는 무엇을 격려할 것인가? 대인 관계 행동에서 우리는 서로에게 무엇을 기대하는가?

위원회는 또한 노골적인 성적 매체에 대한 노출의 결과에 대한 추가 연구를 요청했다. 위원회 보고서 이후 30여 년 동안 과학자들은 이 요구에 가장 확실히 귀를 기울였다. 이제 우리는 이 크고 성장하는 연구 단체에 대한 논의를 시작한다.

음란물 및 성적 흥분 Pornography and Sexual Arousal

당연히 음란물에 노출되면 생기는 가장 흔한 효과 중 하나는 성적 흥분의 증가이다. 실험실 실험은 남성과 여성 모두 성적으로 노골적인 매체에 의해 흥분된다는 것을 결정적으로 보여준다. 예를 들어, 한 초기 연구(Heiman, 1977)에서 남성과 여성은 성적 내용이 다양한 일련의 오디오 테이프를 들었고 다양한 장치(남성용 음경 스트레인 게이지, 여성용 질 광혈류계; 4장 참조)가 생리적/성기 성적 각성의 수준을 기록했다. 결과는 분명했다—남성과 여성 모두 비성애적 테이프보다 성적인 테이프에 의해 생리학적으로 훨씬 더 자극을 받았다. 다른 연구자들도 동일한 결과를 발견했다(예: Heiman & Hatch, 1980; Henson et al., 1979; Morokoff & Heiman, 1980).

물론 이 연구는 성적으로 노골적인 콘텐츠에 대한 단기 노출의 영향에 초점을 맞췄다. 음란물에 장기간 또는 지속적으로 노출되면 실제로 성적 관심과 각성이 감소한다(Lipton, 1983). 이러한 현상을 **성적 습관화**(*sexual habituation*)라고 한다. 시간이 지남에 따라 재료의 참신함이 사라지고 성적 흥분을 자극하는 능력을 잃는다.

흥미롭게도 연구에 따르면 여성은 남성보다 더 다양한 성적 자극에 성적으로(성기적으로) 각성될 수 있다. 여러 연구에 따르면 남성의 음란물에 대한 각성은 범주별로 다르다. 이것은 무엇을 의미하는가? 음, 이성애 남성은 여성이 관련된 성적으로 노골적인 이미지(예: 혼자 자위하는 여성, 다른 여성과 성행위를 하는 여성, 남성과 성교하는 여성)에 대해 성적 흥분을 보이는 것보다 더 큰 성적 흥분을 보인다. 남성에 대한 노골적인 이미지(예: 혼자 자위하는 남성 또는 다른 남성과 성행위를 하는 남성)와 동성애 남성은 반대 패턴(즉, 여성보다 남성의 이미지에 더 큰 각성)을 보인다. 그러나 여성의 성적 흥분은 범주에 국한되지 않는다. 예를 들어, 동성애 여성과 이성애 여성 모두 남성-여성, 여성-여성, 남성-남성 성적 활동의 묘사와 심지어 동물(영장류) 교미에 의해 성적으로 흥분된다(Chivers, 2010; Chivers et al. , 2004, 2007). 여성은 적어도 생리학적으로 볼 때 음란물에 대한 성적인 반응이 조금 더 유연해 보인다!

성적 반응에는 인지적 요소와 정서적 요소도 있다는 것을 기억하는 것이 중요하다(4장 참조). 사람들이 외설물에 의해 생리적으로 각성될 수 있고 실제로 일어날 수 있다는 사실은 그들이 그들의 반응에 부여하는 의미에 대해 거의 말해주지 않는다. 동일한 성적으로 노골적인 자료를 보는 두 사람은 성기에 자극을 받을 수 있지만 각성에 대한 주관적인 반응은 매우 다를 수 있다(Chivers et al., 2010). 한 사람은 흥분을 느끼는 반면, 다른 사람은 그렇지 않을 수 있다. 한 사람은 부정적인 감정을 보고할 수 있는 반면 다른 사람은 긍정적인 감정을 보고하거나 감정을 전혀 보고하지 않을 수 있다. 실제로 연구에 따르면 남성과 여성 모두 음란물에 의해 생리학적으로 각성되지만(즉, 혈관 울혈 및 기타 생식기 반응을 경험함) 남성은 일반적으로 여성보다 더 긍정적인 감정 반응을 보이며 주관적인 성적 흥분 수준이 더 높다고 보고한다(Allen et al., 2007, Murnen & Stockton, 1997, Petersen & Hyde, 2011 참조). 다른 연구에 따르면 성적으로 노골적인 자료에 대한 여성의 주관적인 각성은 종종 주제가 여성 주도적/여성 중심적이며 "로맨틱"일 때 남성 주도적/남성 중심적이며 로맨틱하지 않은 것과 대조적으로 더 크다는 것을 발견했다(Laan et al. , 1994, Quackenbush et al., 1995, Rupp & Wallen, 2008 참조).

음란물 및 위험한 성행위
Pornography and Risky Sexual Behavior

연구에 따르면 음란물 사용은 청소년과 성인의 성적으로 더 관대한 태도의 발달과 관련이 있다(예: 캐주얼 섹스 및 혼외 섹스에 대한 긍정적인 태도; Owens et al., 2012; Wright, 2013a; Wright et al., 2013, 2014). 또한 특정 유형의 위험하거나 허용적인 성행위에 참여할 가능성 증가와 관련이 있다(리뷰는 Harkness et al., 2015; Owens et al., 2012 참조). 예를 들어, 어느 정도 규칙적으로(예: 지난 1년 동안 적어도 한 번) 음란물을 보는 남성과 여성은 전반적으로 더 많은 수의 섹스 파트너, 더 많은 수의 캐주얼 섹스 파트너 및 더 어린 나이를 가졌다고 보고한다. 음란물을 덜 자주 사용하거나 전혀 사용하지 않는 사람들보다 성교가 더 많다(Morgan, 2011; Wright, 2013b; Wright & Arroyo, 2013; Wright et al., 2013). 그들은 또한 매춘(돈을 위해 섹스를 교환함)과 혼외 성관계에 참여했다고 보고할 가능성이 더 높다(Wright, 2013b; Wright & Arroyo,

2013; Wright & Randall, 2012). 한 최근 연구에 따르면 대학생들 사이에서 음란물 사용은 가장 위험한 성적 만남 중 하나인 술에 취한 상태에서 콘돔 없이 삽입 성교를 포함하는 우연한 연결을 경험할 가능성 증가와 관련이 있음을 발견했다(Braithwaite et al., 2015a; 또한 Braithwaite et al., 2015b 참조).

남성과 섹스를 하는 남성(MSM) 표본 중에서 "맨발의" 포르노(남성 간의 보호되지 않은 항문 성교를 묘사하는 성적으로 노골적인 미디어)를 본 사람들은 스스로 항문 섹스를 할 때 콘돔을 사용한다고 보고할 가능성이 적다(Nelson et al., 2014; Stein et al., 2012 참조). 흥미로운 최근 실험에서 연구자들은 MSM 클럽의 남성을 두 가지 유형의 포르노에 선택적으로 노출시켰다: 남성이 콘돔 없이 항문 성교를 하는 것을 보여주는 "보호되지 않은 섹스" 비디오와 항문 성교 중에 콘돔을 사용하는 남성을 보여주는 "보호된 섹스" 비디오(Jonas et al., 2014). 설문조사에서 보호되지 않은 항문 섹스가 포함된 이미지에 노출된 남성은 안전한 섹스 이미지에 노출된 남성보다 스스로 보호 장치를 사용할 가능성이 더 낮다고 보고했다. 우리가 보는 것이 성적으로 말하는 것에 영향을 미칠 수 있는 것 같다.

음란물과 심리적 웰빙

Pornography and Psychological Well-Being

음란물 사용은 부정적인 신체적 건강 결과를 초래할 수 있는 위험한 성적 행동(보호되지 않은 성, 일상적인 성, 술에 취하거나 취한 상태의 성 등)을 예측하는 것 외에도, 더 많은 수의 우울증 증상, 높은 불안과 스트레스 수준, 그리고 전반적으로 더 낮은 삶의 질을 포함한 부정적인 정신적, 심리적 결과와 관련이 있다(Levin et al., 2012; Weaver et al., 2011 참조).

남성의 경우 음란물 시청 빈도도 부정적인 신체 이미지와 관련이 있다. 특히, 상위 사용자는 하위 사용자보다 자신의 외모에 대해 더 많이 걱정하고 근육질 및 체지방 정도를 포함한 체형 및 크기에 대해 더 큰 불만을 표명한다(Tylka, 2015). 이것은 배우가 포르노 영상 매체에서 촬영되는 객관화 방식의 반영일 수 있다. 비인간화된 생식기 모음으로, 종종 완전한 개인이 아니라 극단적으로 클로즈업되어 보인다(Klaassen & Peter, 2015 참조). 4장에서 많은 남성들이 남근 크기에 대해 걱정하고 자신의 남근이 더 컸으면 하는 바람을 상기하시오. 단숨에 딱딱하게 굳어버릴 수 있는(그리고 오랫동안 그 상태를 유지하는) 거대한 페니스의 클로즈업을 보여주는 외설물은 이러한 상황을 악화시킬 수 있다. 실제로 음경확대수술을 받고자 하는 남성의 약 40%는 음란물에 처음 노출되었을 때 청소년기에 걱정이 생겼다고 말한다(Mondaini et al., 2002). 실제로 남성이 인터넷 포르노를 많이 볼수록 자신의 성기 크기에 대한 불만이 커진다(Cranney, 2015).

> "제가 다른 남자의 성기를 처음 본 것은 포르노 영화에서였다. 그것은 거대했다! 그때쯤 되면 확실히 비교가 부족해서 제 사이즈에 대한 고민이 생기기 시작했다."
>
> "나는 포르노 잡지와 비디오에서만 다른 남자들의 '장비'를 봤다. 하나하나가 내 팔뚝만한 크기다. 오랫동안 나는 나에게 뭔가 문제가 있다고 생각했다."
>
> "포르노에서 남자들은 절대 실패하지 않는다. 그들은 많은 여성과 성기가 작동할 때마다 있을 수 있다. 힘들어, 떨어져, 다시 힘들어. 여자친구와 제가 처음 섹스를 시작했을 때 제 성기가 제대로 작동하지 않아서 문제가 있다고 생각했다."
>
> (모든 예제는 작성자의 파일에서 가져옴)

남성과 여성 십대와 신흥 성인들도 비슷한 우려를 표명하고 있다. 상당한 수의 사람들이 음란물이 외모와 성행위와 관련하여 과도한 압력을 가한다고 보고한다(Löfren-Mårtenson & Månsson, 2010; Mattebo et al., 2012; 리뷰는 Owens et al., 2012 참조).

포르노그래피와 관계 웰빙

Pornography and Relationship Well-Being

2013년 영화 *Don Jon*(Joseph Gordon-Levitt 주연)에서 주인공의 온라인 음란물을 사용하여 여자친구에게 숨기려고 시도하는 것은 둘 사이에 긴장감을 조성하고 결국 관계의 파탄으로 이어진다. 연구에 따르면 두 사람이 헌신적인 낭만적인 관계에 있으면 여성이 남성보다 음란물 사용을 용납할 수 없는 것으로 간주할 가능성이 더 크다(Olmstead et al., 2013).

음란물 사용(한 파트너 또는 두 파트너에 의한)과 웰빙 관계 사이에 관계가 있을까? 연구는 그 답이 '그렇다'라고 한다. 음란물을 많이 소비하는 남성과 여성은 현재 관계에 대한 만족도와 파트너에 대한 헌신이 적다고 보고하고, 더 많은 양의 인신공격적인 바람둥이 행동을 하며, 혼외정도에 대해 더 긍정적인 태도를 가지고 있으며, 실제로 불륜을 저지르기 더 쉽다(Lambert et al., 2012; Morgan, 2011; Wright et al., 2014).

더욱이 그들의 파트너는 관계의 질에 덜 만족한다(적어도 이성애 남성의 여성 파트너). 임상 연구원들은 배우자가 성적으로 노골적인 미디어를 과도하게 사용한다고 믿는 여성이 높은 수준의 고통을 경험하고 일반적으로 배신감, 성적 대상화, 바람직하지 않음, 부적절함을 느낀다고 보고한다(Bergner & Bridges, 2002; Zitzman & Butler, 2005, 2009). 대학생 표본에서도 비슷한 결과가 나타났다. 남성 파트너가 포르노를 사용하는 여성은 파트너가 포르노를 사용하지 않는 여성보다 낮은 수준의 관계 만족도와 자부심을 나타낸다(예: Stewart & Szymanski, 2012; Szymanski et al., 2015). 한 연구에서는 학부 여성의 현재 심리적 건강과 이전 파트너의 음란물 소비 사이의 연관성을 조사했다(Tylka & Kroon Van Dest, 2015). 결과는 여성의 이전 파트너가 더 많은 포르노그래피를 사용할수록 이후의 관계 불안, 신체 수치심, 섭식 장애 증상이 더 커지고 현재의 자존감과 신체 감사 수준이 낮아진다는 것을 보여주었다(Albright, 2008 참조).

포르노그래피와 성폭행
Pornography and Sexual Assault

16.7 음란물 사용과 성폭력 사이의 연관성에 대해 논의한다.

정책 입안자들과 과학자들이 음란물에 대해 가지고 있는 가장 지속적인 우려 중 하나는 음란물이 성적 강압과 폭력에 기여할 수 있다는 점이다. 이 질문을 조사하는 연구는 세 가지 범주로 나눌 수 있다: (1) 음란물 노출과 성폭행을 지지하는 태도(예: 강간 신화의 수용) 사이의 연관성을 탐구하는 연구, (2) 음란물 노출과 자아실현 사이의 관계를 조사하는 연구 보고된 성폭행, 또는 (3) 음란물 노출 및 실제(관찰된) 신체적 공격(예: 실험실 환경에서 여성에게 전기 충격을 가하는 것)에 초점을 맞춘 연구.

포르노그래피와 강간을 지지하는 태도
Pornography and Rape-Supportive Attitudes

이전 토론에서 미스 위원회(Meese Commission, 1986; 미국 법무장관 "Edwin Meese"의 음란물위원회)의 결론에 따르면 굴욕적이지만 비폭력적인 포르노그래피(가장 일반적인 유형의 포르노)와 폭력적인 포르노그래피에 노출되면 시청자가 여성에 대한 폭력을 지지하는 태도를 갖게 된다. 후속 연구는 이러한 유형의 음란물과 강간을 지지하는 태도 사이의 연관성을 확인했다.

남성의 경우 일반적으로 음란물 소비의 양이나 수준(유형에 관계없이)은 여성에 대한 폭력을 지지하는 태도(Hald & Malamuth, 2014), 여성이 성 대상에 불과하다는 인식("성적인 장난감", Peter & Valkenburg, 2007, 2009), 성차별주의(여성이 남성을 통제하려고 하고, 개인적 및 직업적 상황에서 부당하게 요구하고, 성적으로 조종하는 것으로 간주되는 남성-여성 관계에 대한 적대적 관점)(Hald et al., 2013b), 강간 신화의 수용(Allen et al., 1995b; Foubert et al., 2011)과 여성을 장려하는 우대 조치 정책에 반대(Wright & Funk, 2014)와 상관관계가 있다. 예를 들어, 한 조사에서 연구원들은 남성의 음란물 사용이 강제 섹스에 대한 동료의 승인(예: 친구가 "술에 취하거나 만취한" 여성이 섹스를 하는 것을 승인한다는 믿음), 여성에 대한 성적 공격이 처벌되지 않을 것이라는 인식, 여성에 대한 적대감, 강간을 지지하는 마음과 관련이 있다는 것을 발견했다(예: "여자가 섹시하게 말하고 행동하면 강간을 부추기는 것이다")(Thompson & Morrison, 2013).

대부분의 연구자들은 포르노 사용이 남성의 강간을 지지하는 태도에 미치는 영향에 초점을 맞추고 있다(아마도 남성이 성적으로 노골적인 미디어의 주요 소비자이자 성폭행의 주요 가해자이기 때문일 것이다). 그러나 음란물은 유사한 방식으로 여성 시청자에게도 영향을 미친다. 십대와 성인 여성들 사이에서 음란물 소비의 양이나 수준은 여성을 촉진하는 긍정 행동 정책에 대한 반대(Wright & Funk, 2014), 여성을 성 대상으로의 인식(Peter & Valkenburg, 2007, 2009), 강간 신화의 수용(Allen et al., 1995b)과 긍정적으로 연관되어 있다.

포르노그래피와 자진 신고된 성폭행
Pornography and Self-Reported Sexual Assault

연구에 따르면 포르노 사용은 남성들이 스스로 보고한 성폭행을 저지를 가능성과 관련이 있다고 한다. 이것의 첫 번째 경험적 증명은 1980년대에 일어났다. 그 10년 동안, 연구자들은 서로 동의한 성적 활동의 장면, (b) 여성에 대한 비성적 공격적 장면, (c) 여성에 대한 성적 노골적이고 공격적인 장면이 포함된 영화나 오디오 테이프에 "정상적인" 남성 지원자들을 노출시키는 실험 실험을 하기 시작했다. 이러한 연구의 결과는 남성들이 폭력적인 성적 노골적인 소재를 포함하는 장면들에 의해 흥분할 수 있다는 것을 보여주었다(Malamuth & Donnerstein, 1984). 사실, 그들은 종종 섹스를 즐기는 여성의 장면보다 폭력적인 성적으로 노골적인 장면(예: 벌거벗은 여성이 묶인 채로 괴로워하는 것처럼 보이는 장면)에 더 흥분했다(Heilbrun & Seif, 1988; Malamuth, 1981). (후속 연구에 따르면 IQ가 낮고 공격성이 높으며 기존에 강간을 지지하는 태도를 가진 남성은 특히 폭력적인 포르노그래피에 자극을 받을 가능성이 높다(Bogaert et al., 1999; Davis & Bauserman, 1993; Linz, 1989; Kingston et al., 2009 참조), 알코올은 폭력적인 포르노에 대한 각성을 증가시킨다(Davis et al., 2006; Noel et al., 2009).

이 연구는 또한 폭력적인 성적으로 노골적인 장면에 노출된 남성 참가자가 여성 강간 피해자에 대해 덜 동정적이 되었고, 강간 신화(강간 피해자가 자신의 폭행에 더 많은 책임이 있다고 보는 것)에 대한 믿음을 더 많이 보여주었고, 잡히지 않을 것이라고 확신한다면 스스로 강간을 저지른다(리뷰는 Linz, 1989 또는 Malamuth & Donnerstein, 1984 참조). 흥미롭게도 동일한 결과 패턴이 비폭력적이지만 굴욕적인 포르노그래피(즉, 여성이 성적 대상으로 묘사되고 명백하게 불평등한 권력 균형)에 노출된 남성에게서 관찰되었다(Zillmann & Bryant, 1982).

1980년대와 1990년대에 작업한 연구원들은 폭력과 모욕의 유무에 따라 음란물 유형을 구분했다(미스 위원회도 그렇게 기억할 것이다). 당시에는 이것이 의미가 있었다. 남성이 자행한 성폭력 및/또는 여성에 대한 굴욕 장면은 기존 X 등급 영화와 잡지에서 상대적으로 드물었다(Barron & Kimmel, 2000). 그러나 수년에 걸쳐 음란물 유형 간의 경계가 모호해졌다. 성적으로 노골적인 자료는 점점 더 공격적이고 "강력한 핵심"이며 여성을 비하하고 있다(Bridges et al., 2010; Dines, 2010 참조). 따라서 더 최근의 연구에서 "일반" 포르노를 보는 남성이 포르노를 보지 않는 남성에 비해 강간하려는 행동 의도가 증가했다고 보고한 것은 놀라운 일이 아니다(Foubert et al., 2011).

특히 중요한 것은 노출 지형도가 남성이 할 수 있다고 말하는 것뿐만 아니라 실제로 하는 일도 예측한다는 사실이다. 시간이 지남에 따라 참가자를 추적하는 전향적 조사는 한 시점에서 포르노를 사용하는 남성이 나중에 성적 강압 및 강간 시도 또는 완료를 포함하여 성적으로 공격적인 행동에 참여할 가능성이 더 높다는 것을 보여준다(D'Abreu & Krahé, 2014; Thompson & Morrison, 2013). 유사하게, 22개의 개별 연구 결과에 대한 최근 분석에 따르면 음란물 사용은 신체적 및 언어적 성적 공격에 대한 실제 보고를 예측했다(Wright et al., 2016). 특히, 상대적으로 더 많은 양의 음란물을 소비하는 남성(그리고 흥미롭게도 여성)은 더 적은 양의 포르노를 소비한 남성에 비해 성관계를 갖기 위해 신체적 힘, 신체적 폭력 위협 또는 언어적 강압을 사용했다고 보고할 가능성이 더 높았다.

포르노그래피와 실제 신체적 공격

Pornography and Actual Physical Aggression

윤리적이고 실제적인 이유 때문에, 노골적인 성적 자료(폭력적이든 아니든)에 대한 체계적인 노출이 남성이 여성을 성폭행하게 만드는지 여부를 결정하기 위한 실험을 수행하는 것은 불가능할 것이다. 그러나 연구원들은 통제된 실험실 상황에서 음란물에 노출되면 신체적으로 공격적인 행동이 나타나는지 여부를 조사할 수 있었다.

이러한 종류의 일반적인 실험실 실험에서 남성 참가자는 다양한 유형의 음란물을 보기 위해 무작위로 할당된다(또는 음란물이 없는 통제 조건). 그런 다음 다른 사람에게 물리적으로 공격할 기회가 주어진다(예: 학습 패러다임의 일부로 전기 충격을 가함으로써). 참가자들은 충격이 실제이며 "학습자"에게 신체적 고통을 유발한다고 믿는다(그러나 실제로 충격을 받는 것은 없음). 이 패러다임을 사용하는 연구는 폭력적이고 비폭력적인 성적으로 노골적인 미디어에 노출되면 공격적인 행동(전기적인 "충격")을 일으키며, 폭력적인 성적으로 노골적인 미디어에 노출될 때 더 강한 효과가 나타난다(리뷰는 Allen et al., 1995a 참조). 흥미롭게도 그 효과는 여성 대상에만 해당된다. 남성은 일반적으로 폭력적인(또는 다른 유형의) 포르노를 본 후 다른 남성에게 공격하지 않는다(예: Donnerstein & Berkowitz, 1981).

이 세 가지 연구 분야를 기반으로, 연구자들이 특히 성폭행의 위험 요소에 대해 높은 점수를 받은 남성들 사이에서 음란물의 빈번한 사용에 대해 계속해서 우려를 제기하는 것은 놀라운 일이 아니다(예: Kingston et al., 2009; Malamuth et al., al., 2012; 15장 참조).

일부 연구자들은 실제 관심의 초점은 성적 노골적인 정도가 아니라 미디어에서 폭력의 수준이어야 한다고 믿는다(Linz et al., 1987).

> 가장 분명하고 현존하는 위험. . . 노골적인 성적이든 아니든 우리 사회에서 여성에 대한 폭력을 조장하는 폭력적인 자료이다.
>
> (도너스타인 & 린츠, 1986)

이 연구자들은 성적 자료가 본질적으로 해롭지 않지만 폭력적이거나 비하적인 주제가 도입되면 그렇게 될 수 있다고 주장한다(Anderson et al., 2003; Linz, 1989). 이 주장을 뒷받침하는 확실한 증거가 있다. 예를 들어, 여성을 성적으로 대상화하는 비포르노 라이프스타일 잡지나 TV 쇼를 자주 보는 남성은 그러한 미디어를 덜 자주 보는 남성보다 강간 지지 태도를 더 강하게 유지한다(예: Wright

& Tokunaga, 2016). 성적 및 폭력적 내용을 모두 포함하는 비포르노 R 등급 "슬래셔" 영화에 노출된 남성은 폭력적이고 품위를 떨어뜨리는 포르노에 노출된 남성에서 관찰된 것과 유사한 태도 변화를 보인다(예: Linz et al., 1984, 1988). 요점은 성적 맥락에서 폭력을 제시하거나, 여성을 객관화하고 비하하거나, 성적 내용과 공격적인 내용을 모두 포함하는 모든 종류의 미디어가 잠재적으로 문제가 있다는 것이다(Linz & Donnerstein, 1994 참조).

불행히도 이것은 오늘날 R 등급 영화, TV 프로그램 및 리얼리티 쇼, 잡지 및 비디오 게임에서 흔히 볼 수 있는 종류의 자료이다(Beck et al., 2012; Bleakley et al., 2012). 그렇다면 개인으로서, 사회로서 우리는 무엇을 해야 할까? 많은 과학자들은 더 엄격한 법률과 규정이 해결책이 아니라고 제안한다. 오히려 그들은 음란물 및 기타 문제가 있는 콘텐츠를 보는 것의 영향에 대한 교육이 사람들이 자신(및 자녀)을 노출시키기로 선택한 프로그램, 영화 및 책에 대해 더 나은 선택을 하도록 돕는 가장 좋은 방법이라고 제안한다. 우리는 이 장의 다음 섹션에서 이 문제를 더 자세히 고려할 것이다.

개인적인 생각 Personal Reflections

당신이 외설물에 노출되었다고 가정할 때, 그것이 당신에게 어떤 영향을 미쳤다고 생각하는가? 당신은 그것을 자극을 찾았는가? 그것이 섹슈얼리티, 성역할, 성적 강압 및 폭행 등에 대한 당신의 태도를 바꾸었다고 생각하는가?

포르노에 대한 계속되는 논란

Continuing Controversies About Pornography

16.8 합법화와 음란물 검열의 장단점을 확인하고 음란물(특히 어린이 및 청소년)의 유해한 영향을 줄일 수 있는 방법에 대해 논의한다.

성적으로 노골적인 자료에 대해 어떻게 해야 하는가? 성인에 대한 하드코어 자료의 판매 및 배포에 대한 모든 제한을 제거해야 하는가(즉, 완전히 합법화해야 하는가), 아니면 그러한 자료를 모두 금지해야 하는가? 두 경우 모두 좋은 주장이 있다.

한편으로, 대다수의 미국 젊은이들은 이제 대중 매체에서 노골적인 성적 콘텐츠를 받아들이고 성인이 그것을 얻을 권리가 있어야 한다고 믿는다(Carroll et al., 2008). 상당수의 여성과 함께 대부분의 젊은 남성은 포르노가 자신의 삶에 긍정적인 영향을 미쳤다고 믿는다(Hald & Malamuth, 2008; Weinberg et al., 2010 참조). 일부 성치료사는 개인과 커플의 성기능을 향상시키는 방법으로 음란물 사용을 권장하기도 한다(Kohut & Fisher, 2013; Robinson et al., 1999 참조).

반면에 우리는 평생(인터넷을 통해) 성적으로 노골적인 자료에 쉽게 접근할 수 있었던 미국인의 1세대에 불과하다. 앞서 발표된 연구에 따르면 음란물에 자주 노출되면 남성과 여성에게 심리적, 대인 관계에 해로운 영향을 미칠 수 있다. 조기 노출(유아기 및 청소년기)은 특히 문제가 될 수 있다. 설문조사에 따르면 음란물은 어린이가 인터넷에 대해 갖는 가장 큰 관심사이다(폭력은 또 다른 주요 관심사임). 그들은 성적으로 노골적이며 폭력적인 온라인 콘텐츠를 목격하는 것에 충격을 받고, 두렵고, 혼란스럽고, 혐오감을 느낀다고 보고한다(예: Livingstone et al., 2014 참조). 십대들은 어린 친구들의 걱정거리를 공유한다. 그들은 일반적으로 포르노가 보내는 성적인 메시지에 대해 불안하고 혼란스러워한다고 보고한다(Mattebo et al., 2012; Owens et al., 2012 참조).

게다가, 포르노 산업 내에는 명백한 성별 격차가 있다. 포르노 업계에서 일하는 여성들은 불균형적인 양의 신체적, 정신적 타락과 학대를 받고 있다(Dines, 2010 참조). 많은 학자들은 이제 음란물을 본질적으로 여성을 위한 또 다른 형태의 매춘으로 간주한다(MacKinnon, 1996; Tyler, 2015 참조). 곧 논의하겠지만, 매춘은 성매매에 참여하는 여성들에게 많은 부정적인 결과와 관련이 있다. 따라서 포르노를 보는 사람들과 업계에서 일하는 사람들에게 미치는 포르노의 영향에 대해 우려해야 할 많은 이유가 있다.

불행히도 포르노 미디어에 관해서는 쉬운 대답이 없다. 논의한 바와 같이 외설법은 연령에 관계없이 우리 모두를 "외설적"이거나 잠재적으로 손상을 줄 수 있는 자료에 노출되는 것을 방지하기 위해 마련되었다. 실제로 시민, 교육청, 지방 정부에서 불쾌감을 주는 성적 관련 자료를 금지하려는 수많은 시도가 있었다(여전히 미국 도서관 협회 지적 자유 사무실 www.ala.org/bbooks/frequentlychallengedbooks를 방문하여 매년 성적 및 기타 유형의 콘텐츠에 대해 이의를 제기하는 책 목록을 확인해야 한다). 마찬가지로 의회는 인터넷을 통한 음란물 전송을 범죄화하기 위해 여러 번 시도했다. 자료의 생산자 또는 유통업자는 다른 사람들과 함께 수정헌법 제1조의 권리를 근거로 이러한 노력에 변함없이 항의한다. 수정헌법 제1조는 무엇보다도 의회가 "법을 제정하지 않을 것을 보장한다.... 언론이나 언론의 자유를 제한하는 것"이라고 말했다. 우리나라의 건국자들이 진정으로 오늘날 우리 각자가 쉽게 접근할 수 있는 성적으로 노골적인(종종 비하적이고 폭력적인) 자료 유형을 다루려는 의도였는가? 아마 아닐 것 같지만, 어디에서 선을 긋느냐가 문제이다. 아동 포르노그래피(인터넷 또는 오프라인을 통해 소유, 제작 또는 배포하는 범죄)를 제외하고 미국 대법원은 수정헌법 제1조에 찬성하는 판결을 여러 번 내렸다.

오늘날 많은 전문가들은 음란물에 대처하는 가장 좋은 방법(모든 미디어가 그렇듯이)은 검열보다는 교육을 통하는 것이라고 믿는다(Linz et al., 1992 참조). 사실, 이것이 노골적인 성적 및/또는 폭력적인 자료에 대한 노출의 부정적인 영향을 줄이기 위한 최선의 방법일 수 있다는 확실한 증거가 있다. 예를 들어, 연구에 따르면 남성과 여성이 성적으로 폭력적인 미디어에 노출되기 전이나 후에 섹스, 강간 신화, 미디어 묘사의 허구적 특성에 대한 교육 정보를 받고 적극적으로 생각할 때 해당 미디어의 영향이 감소된다(예: Allen et al., 1996).

진실은 음란물이 사회화의 강력한 매개체라는 것이다. 음란물 시청을 통해 어린이, 청소년 및 신흥 성인은 성적 상호작용 중에 남성과 여성이 보고, 행동하고, 느끼고, 의사 소통하는 방법을 포함하여 성에 대해 배운다(Tylka, 2015 참조). 오늘날 이용 가능한 음란물 매체의 대부분은 사람들(특히 여성)을 비인격화되고 엄격하게 정형화된 방식으로 묘사하고 있으며, 정서적, 인지적, 대인관계적 측면("의미")은 무시하면서 성의 신체적, 생식적 측면("행동")을 강조한다. 전형적인 음란물에서 남성과 여성은 항상 작동하는 신체 부위의 집합체일 뿐이며, 섹스는 친밀감과 애정이 결여된 우연한 활동이다. 이 대본에 대응하는 가장 좋은 방법은 성에 대해 개방적이고 반응이 빠른 의사소통을 하는 것이다(이를 수행하는 방법에 대한 제안은 10장과 13장의 부록 참조). 부모, 교사 및 기타(성적 매체를 만들고 배포하는 사람 포함)는 대안적이고 보다 총체적이며 평등하고 "성적 긍정적인" 대본을 제시할 능력과 의무가 있다. 아동이 노골적인 성적 및 폭력적인 매체에 노출되는 것을 제한하고, 십대와 젊은 성인이 그러한 자료에 대한 노출을 제한하도록 장려하고, 보이는 어떤 이미지라도 해석할 수 있는 맥락을 제공함으로써, 부모님들은 아마도 우리가 이 장에서 논의한 부정적인 결과에 대항할 수 있을 것이다. 요컨대, 우리 모두는 미디어의 책임 있는 소비자가 되어야 하고 정보에 입각한 소비자가 될 수 있는 도구를 젊은 세대에게 제공해야 한다.

우리는 사람들에게 진정한 표현의 자유가 있는 세계에서 몇 안 되는 국가 중 하나라는 점을 언급하면서 결론을 맺는다. 우리 중 많은 사람들이 오늘날 주변에 있는 적어도 일부 성적으로 노골적인 자료에 기분이 상하지만, 다른 사람들이 그러한 자료를 금지할 권한을 갖도록 허용하는 것이 결국 현재 우리가 누리고 있는 표현의 자유를 침해할 수도 있다고 걱정한다. 결국 주홍글씨, 분노의 포도, 위대한 개츠비, 미국의 비극, 그들의 눈은 하나님을 보고 있었다, 보라색, 안개 속의 고릴라와 같은 미국 문학 고전과 함께 성적 내용을 기반으로 하는 성경의 구절을 금지하려는 사람들이 있다. 어떤 조치를 취해야 한다고 생각하는가?

"성에 대해 이야기해 줄 필요없어. 방금 검색해 봤어."

개인적인 생각 Personal Reflections

그렇게 할 수 있는 권한이 있다면 음란물을 금지하거나 무제한 액세스를 허용하겠는가? 허용할 특정 유형의 음란물과 금지할 유형이 있는가? 연령 제한을 지정하겠는가? 당신의 이유는 무엇인가?

매춘 Prostitution

16.9 미국과 전 세계에서 매춘의 역사적 유산과 당대의 법적 지위(및 만연)를 설명한다.

오늘날 **성 노동(sex work)**이라는 용어는 모든 종류의 성 서비스를 돈이나 상품과 교환하는 것을 지칭하는 데 자주 사용된다. 예를 들면, 옷을 벗거나 에로틱한 춤을 추거나; 에로틱한 마사지("해피엔딩"), 전화 또는 인터넷 섹스, 라이브(시설 기반 또는 온라인) 섹스 쇼, 음란물, 그리고 물론 매춘이 있다. 존재하는 모든 형태의 성 노동 중에서 매춘은 법 집행 요원, 정부 관리 및 정책 입안자, 공중 보건 종사자 및 인권 옹호자, 연구자들로부터 가장 지속적인 관심을 받아온 것이다.

매춘의 간략한 역사 A Brief History of Prostitution

매춘은 종종 "세계에서 가장 오래된 직업"이라고 한다. 이것이 사실이 아닐 수도 있지만(요리사, 이발사, 서기관은 그 이상으로 존재해 왔다), 돈과 성을 교환하는 것은 기록된 인간의 역사만큼 오래전부터 존재해 왔다(Lerner, 1986; Parsons, 2005). 고대 히브리 문화에서는 아버지가 딸을 매춘시키는 것이 범죄가 아니었고, 고대 중동 문화에서는 종종 전쟁 중에 포로가 된 여성들을 매춘업소에서 일하도록 강요했다(사실 매춘업소는 노예 제도와 오랜 관련이 있다). 역사적으로 매춘은 정부에서 수입을 창출하는 수단으로 사용되었다. 예를 들어, 중국, 로마, 그리스를 비롯한 고대 세계의 관리들은 국가 수입을 늘리기 위해 매춘업을 공식적으로 제정했다.

성 노동(Sex work) 돈이나 물건에 대한 성 서비스의 교환을 설명하는 데 일반적으로 사용되는 용어.

성경에서 예수님은 막달라 마리아에게 "가서 다시는 죄를 범하지 말라"고 말씀하셨지만 중세 유럽에서는 매춘이 성행했고 교회는 이에 대해 다소 관대한 태도를 보였다. 성 아우구스티누스는 성매매가 필요하다고 믿었고 성 토마스 아퀴나스는 성매매를 추악한 악이라고 생각했지만 하수도가 없으면 궁전이 오염되듯이 세상은 매춘이 없으면 정욕에 빠지게 될 것이라고 생각했다(Bullough & Bullough, 1997 참조). 파리의 매춘부들은 막달라 마리아를 수호성인으로 받아들이기까지 했다.

그림 16-11
네바다 주 사창가.
출처: Stephen Saks Photography/Alamy Stock Photo

빅토리아 시대(19세기 중반에서 20세기 초반)에 상류층은 순결하고 검소한 대중적 태도를 유지했지만 매춘은 남편의 흔한 성적 배출구였다. 하층 계급의 빈곤과 열악한 생활은 많은 젊은 여성들을 매춘으로 내몰았고, 한때 런던에는 80,000명이나 되는 매춘부가 있었던 것으로 추산된다. 매춘은 1860년 영국 의회에서 합법화되고 규제되었다.

식민 미국과 미국 초기에 북부의 청교도주의와 남부의 노예 여성의 이용 가능성은 매춘을 최소한으로 유지했다. 그러나 이민과 산업화로 인해 더 큰 도시 지역이 생겨났고 19세기 후반에 매춘이 번성했다. 매춘의 집(매춘업소)은 특히 서구에서 흔했으며, 그곳에서는 남성이 여성보다 훨씬 많았다. 선장들은 동양과 중남미에서 수천 명의 여성을 강제로 매춘에 종사하게 했다. 샌프란시스코의 인구는 1850년대 초에 25,000명에 이르렀고 여기에는 3,000명의 매춘부가 포함되었다(Tannahill, 1980). 1897년부터 1907년까지 뉴올리언스에서 합법화된 매춘의 16블록 구역인 스토리빌은 한 번에 최대 2,000명의 매춘부를 고용했다(Warner, 1997).

미국에서 매춘에 대한 반대는 20세기 초반에 증가하기 시작했다. 일리노이주는 1908년에 매춘을 금지하는 법률을 통과시킨 최초의 주가 되었다. 제1차 세계대전이 시작될 때 통과된 연방법은 서비스 기지 근처에 존재했던 많은 매춘업소를 폐쇄했다(당시에는 임질이나 매독에 대한 치료법이 없었고, 많은 남성들이 감염 때문에 복무를 거부당했다.) 오늘날 네바다주는 미국에서 어떤 형태의 매춘을 허용하는 유일한 주이다(Brents & Hausbeck, 2000). 주민이 700,000명 미만인 지역은 매춘업소 주인에게 사업 허가증을 발급할 수 있다. 그러나 이러한 카운티 중 많은 수가 선택하지 않는다. 2017년 현재 8개 카운티만이 매춘업소 매춘을 허용했다. 다른 모든 형태의 매춘(예: 거리 매춘, 에스코트 및 아웃콜 서비스)은 여전히 불법이다.

나머지 세계의 매춘은 어떠한가? 사회 과학자와 공중 보건 종사자는 매춘이 모든 국가에서 발생할 수 있다고 지적하지만 매춘의 모든 측면(예: 판매, 구매, 유랑)은 현재 대부분의 아프리카, 아시아, 중동 및 동유럽 국가에서 불법이다. 매춘은 몇몇 유럽 국가(예: 독일, 네덜란드)와 뉴질랜드에서만 완전히 합법이다. 이러한 국가에서는 성을 광고, 판매 또는 구매하고 성을 판매하는 매춘업소 또는 기타 시설을 유지하는 것이 합법이며 매춘부는 등록하고 세금을 납부해야 한다. 일부 국가에서는 개인(예: 매춘부와 고객) 간의 매매 및 구매가 허용되는 **제한된 합법성 접근 방식**(*limited legality approach*)을 채택했지만 매춘업소 유지, 포주 및 기타 형태의 매춘 조달 또는 촉진은 불법이다(예: 오스트리아, 벨기에, 아르헨티나, 칠레, 볼리비아, 호주). 그리고 또 다른 사람들은 개인이 자신 또는 자신의 성 서비스를 판매하는 것은 불법이 아니지만 누군가가 성 서비스를 구매하거나, 매춘업소를 운영하거나, 성매매에 종사하는 개인에게 방이나 아파트를 임대하거나, 또는 다른 사람들은 성 노동, 또는 성적인 일을 위해 광고, 포주 또는 조달하는 것은 불법이라는 **비범죄화 정책**(*decriminalization policy*)을 채택했다. 스웨덴, 노르웨이, 아이슬란드, 캐나다를 포함한 이들 국가에서 매춘 여성은 기소로부터 안전하지만 고객, 포주, 매춘업소 키퍼, 에스코트 기관 소유주 또는 관리자는 벌금 및 기타 형사 제재를 받는다. 흥미롭게도 매춘을 합법화하거나 비범죄화한 국가들조차 거리 매춘으로 알려진 유형(예: 특정 시간 동안 특정 지역으로)을 금지하거나 제한한다(아래의 매춘 유형 참조). 우리는 이 장의 마지막 부분에서 매춘의 합법화와 범죄화에 관한 문제와 계속되는 논쟁을 고려할 것이다.

법적 지위에 관계없이 매춘은 큰 사업으로 연간 1,860억~3,000억 달러의 전 세계 수익을 창출하는 것으로 추산된다(Fondation Scelles, 2016; Havocscope, 2015). (그러나 나중에 논의하겠지만 실제로 이 돈의 극소수만이 실제로 매춘부의 손에 들어가게 된다.) 매춘은 얼마나 흔한 일인가? 추정치는 매우 다양하며, 아마도 부분적으로 사회적으로 오명을 쓴(그리고 거주 지역에 따라 불법 또는 범죄 행위) 활동에 연루된 것을 인정하는 것에 대한 사람들의 우려 때문일 것이다. 더욱이, 많은 수의 매춘부가 소외된 집단 및/또는 인신매매 피해자의 미성년자들이다. 결과적으로 많은 매춘 여성은 연구자와 통계학자가 쉽게 볼 수 있거나 접근할 수 없기 때문에 유병률 추정치에 표시되지 않는다. 그럼에도 불구하고 매춘에 종사하는 전 세계 인구(주로 여성과 소녀)는 대략 3천만 명으로 추산된다(Fondation Scelles, 2016). 서구 국가 전체에서 개인의 약 1%가 성을 돈으로 교환했다(Vanwesenbeeck, 2013). 미국에서는 어떠한가? 한 연구에 따르면 미국 십대 중 3.5%가 마약이나 돈으로 성을 교환했다(Edwards et al., 2006). 2015년에 약 20,000명의 여성과 11,000명의 남성이 매춘 및 상업화된 악행으로 체포되었으며, 이는 "미수를 포함하여 영리를 목적으로 성행위를 불법적으로 조장하거나 가담하는 행위"로 정의된다(연방수사국, 2015).

개인적인 생각 Personal Reflections

당신이나 당신이 아는 누군가가 성을 돈으로(또는 성을 위해) 교환한 적이 있는가? 그렇다면 이것은 어떤 느낌을 주었는가? 의사나 연구원을 포함하여 다른 사람에게 이 활동에 참여했음을 인정하는 것이 편안한가? 그 이유는 무엇인가?

매춘의 정의 Defining Prostitution

16.10 미국에서 매춘이 역사적으로 어떻게 정의되었고 현재 법적 정의에 대해 논의한다.

역사적으로 매춘은 부패한 남성에게 자발적이고 고의적으로 자신의 섹슈얼리티를 사용하고 그들의 부도덕한 악행을 행하는 데 선택적이지 않은 문란한 여성들에 의해 행해지는 활동으로 여겨졌다(Flowers, 1994 참조). 이 시대에 뒤떨어진 개념화의 메아리는 1968년 오리건주 대법원이 "불법적인 성관계를 하는 다른 여성들과 매춘부를 구별하는 특징은 그녀가 남성들에게 고용을 위해 자신을 제공하는 무차별"이라고 판결했을 때 볼 수 있다.

오늘날 **매춘(prostitution)**은 법적으로 (미국 및 전 세계에서) 단순히 고용을 위한 섹스로 정의된다. 즉, 매춘은 돈이나 일부 가치 있는 물품 또는 서비스를 위해 고의로 성행위에 참여하는 행위 또는 직업으로 간주된다. 예를 들어, 오리건주 법은 이제 매춘을 "수수료를 대가로 성적 행위 또는 성적 접촉에 가담하거나 가담하거나 제안하거나 하기로 동의하는" 범죄로 정의한다(OR Stat. § 167.001 [2015]). (매춘이 특정 여성의 행위라는 언급이나 무차별적인 성적 접근을 언급하는 언어에 대한 언급은 더 이상 없다.)

어떤 주에서는 돈과 바꿀 수 없는 성행위의 정확한 성격을 명시하기도 한다. 뉴멕시코주 법은 매춘을 "성교, 커닐링구스, 페라티오, 타인의 자위, 항문 성교 또는 타인의 생식기 또는 항문 개구의 어떤 대상과도 어느 정도 침투의 원인"으로 정의한다(NM Stat. § 30-9-2 [2015]). 노스캐롤라이나 법은 훨씬 더 구체적이다. 그 주에서 질적 성교, 다른 성행위(쿠닐링구스, 펠라티오, 항문성교, 성기나 항문 성관통 등)및 성적 접촉(다른 사람 또는 자신의 "성 기관, 항문, 유방, 사타구니 또는 엉덩이"와 "정액, 소변 또는 대변을 사정, 방출 또는 타인에게 배치"하는 것 포함)을 수행하거나 수행하겠다고 제안하거나 동의한 대가로 "의도적으로" 돈을 받는 것은 불법이다(NC Gen .Stat. § 14-204[a] & § 14-203[5] [2013]).

매춘(Prostitution) 고용을 위한 성행위 또는 성행위를 알면서도 교환하거나 금전이나 유가 물품에 대한 접촉.

그림 16-12

길거리 매춘부(streetwalkers)는 공개적으로 구걸하고 가장 낮은 급여를 받는 유형의 매춘부이다. 그들은 일반적으로 하루에 4~5명의 남성과 섹스를 한다.

출처: Barry Lewis/Alamy Stock Photo

이러한 법적 정의는 매춘의 본질에 대한 몇 가지 흥미로운 질문을 제기한다. 예를 들어, 직업이나 승진을 위해 자신의 섹슈얼리티를 사용하거나 선물, 고급 레스토랑에서 식사 또는 값비싼 휴가를 받는 대가로 데이트 상대에게 성관계를 허용하는 사람을 생각해 보시오. 이것이 성매매 사례인가? 실제로 일부 매춘 여성은 자신이 하는 일이 결혼을 유지하고 더 이상 끌리지 않는 파트너와 성관계를 갖는 여성(또는 남성)이 경제적 안정이나 금전적 이득의 이유로 하는 일과 다르지 않다고 생각한다. 어떻게 생각하는가? 차이점이 있는가? 그렇다면 그 차이는 1968년 오리건 대법원 판결에서 제안한 바와 같이 성을 제공하는 사람과 파트너 사이의 관계에 따라 달라진다. 매춘부가 아닌 사람들은 유료로 누구와도 섹스를 할 것이다. (아마도) 파트너를 선택할 때 더 선택적인가? 아니면 매춘 행위가 "계약"의 명시성과 직접성에 의해 다른 성적 교환 행위와 구별되는 정도의 차이인가? 우리는 당신에게 쉽거나 간단한 답을 가지고 있지 않지만 매춘에 대한 우리의 이해가 역사적, 사회적, 경제적, 정치적 지형의 변화에 의해 어떻게 형성되어 왔는지(그리고 의심할 여지 없이 계속해서) 고려해 볼 것을 권장한다.

매춘의 유형 Types of Prostitution

16.11 발생하는 다양한 유형의 매춘을 구별한다.

매춘에는 몇 가지 유형이 있는데, 이 모든 것은 일반적으

표 16-1 매춘의 유형

기본 설정	예
외부	• 거리, 공원 [흔히 길거리 매춘부(streetwalking) 또는 허슬링(hustling)이라 함]
내부-시설	• 바, 호텔, 카지노, 클럽 • 마사지실 • 매춘업소 • 홍등가(네덜란드 window room) • 목욕탕
내부-출장-호텔이나 개인 거주지	• 에스코트(Escort) 업체 • 개인 광고

로 외부(예: 거리, 공원 또는 기타 공공 장소) 또는 내부(예: 술집, 호텔, 클럽, 안마시술소, 위안소 또는 개인 주택과 같은 위치 또는 환경)에 따라 구분될 수 있다(Munk, 2009; Weitzer, 2012; 표 16-1 참조). 당연히 일부 환경들은 매춘부에게 더 큰 위험(및 더 낮은 이윤)과 관련이 있다.

거리 매춘 Street Prostitution

거리 매춘(street prostitution, 길거리 걷기)은 외부에서 발생하며 고용을 위한 가장 위험하고 가장 수익성이 낮은 형태의 섹스이다. 또한 세계 대부분의 지역에서 불법이다. 매춘을 허용하는 국가에서도 일반적으로 매춘 여성의 공개 권유 또는 고객의 커브 크롤링(북유럽에서 "커브 크롤링", 매춘 여성을 찾기 위해 공공 도로를 천천히 운전하는 것으로 정의됨)을 허용하지 않는다. 거리 매춘 여성은 전체 여성 매춘 여성의 약 10%에서 20%를 차지하며 거의 모든 체포(90% 이상)를 차지한다. 이는 아마도 법 집행관과 지역 사회 구성원(당국에 전화를 걸 수 있음)이 그들의 활동을 볼 수 있기 때문일 것이다(Lucas, 2005). 대부분의 여성 길거리 매춘부는 일반적으로 수입의 많은 부분을 차지하는 포주에 의해 "보호"된다(Williamson & Cluse-Tolar, 2002). 길을 걷는 사람과 고객 사이의 성행위는 일반적으로 고객의 차 안에서, 골목이나 상업용 건물 뒤에서, 또는 관리자가 무슨 일이 일어나고 있는지 알고 있는 값싼 호텔이나 아파트의 방에서 발생한다. 전형적인 길거리 매춘부는 하루에 4~5명의 남성과 섹스를 하며 성행위에는 종종 구강 성교를 포함한다(Freund et al., 1989; Monto, 2001).

길거리 매춘/거리 산책[Street prostitution (streetwalking)] 공공 장소에서 발생하는 매춘; 거리나 도로에서 고객을 유인하고 자동차, 건물 밖, 호텔 객실이나 아파트에서 성행위를 하는 경우.

그림 16-13
일부 마사지 업소는 매춘을 위한 활동무대이다.
출처: Victor W. Adams/Alamy Stock Photo

기성 매춘 Establishment-Based Prostitution

시설 기반 매춘은 전 세계적으로 흔하다(예: Taylor, 2006). **비걸(B-girls** 또는 바 걸스)은 술집, 호텔 로비, 카지노, 클럽의 고객을 식별하며, 일반적으로 소유주나 매니저의 승인을 받는다. 그러나 공개 청탁은 일반적으로 눈살을 찌푸리게 하므로 비언어적 메시지를 사용하여 거래를 하는 경우가 많다. 가격은 일반적으로 길거리 매춘 서비스보다 높으며 성행위는 일반적으로 고객의 방이나 매춘부가 임대한 방에서 발생한다. 일부 비걸 매춘 여성은 포주를 가지고 있으며 이들도 수입을 삭감한다. 예를 들어, 교과서 저자에게 알려진 33세 여성인 "캔디"는 뉴올리언스의 프렌치 쿼터에 있는 여러 거리에 있는 바에서 일한다. 그녀는 하룻밤에 50달러에서 200달러 사이의 수입을 올리고 그녀가 번 돈을 모두 포주에게 넘긴다.

시설 기반 매춘(Establishment-based prostitution) 특정 시설과 관련된 매춘; 바, 호텔 로비, 카지노, 클럽, 마사지 업소 또는 매춘업소에서 고객을 유치한다.

비걸(B-girls) 일반적으로 소유권의 승인을 받아 술집, 호텔, 카지노 또는 클럽에서 일하는 여성 매춘부.

그림 16-14

매춘부들이 네바다 매춘업소의 응접실에서 고객 앞에 줄 서 있다.

출처: John van Hasselt/Sygma/Getty Images

마사지실 최근에는 안마시술소(*massage parlors*)와 같은 얄팍한 위장 매장들을 통해 성 서비스가 점점 더 많이 제공되고 있다(그러나 이러한 휴게실 중 많은 수가 합법적이라는 점에 유의해야 한다). 마사지가 끝날 무렵에는 고객의 허벅지와 사타구니 부위를 문지르고 "팁"을 위해 성기를 마사지하거나 다른 성행위를 한다는 것을 알리기 위해 종종 "손 창녀"라고 불린다. 미국에서는 안마시술소 성매매가 불법이기 때문에 손님들이 메뉴판에 성관계가 있는지를 판단하기 위해 특별한 용어를 사용하는 경우가 드문 일이 아니다. 예를 들면, 안마사가 "전신"이나 "완전한 서비스" 마사지를 제공하는지, "해피엔딩"을 제공하는지를 묻는 것이다. 비걸과 마찬가지로, 안마시술소 매춘부들은 종종 아주 적은 돈을 번다. 마사지 요금 자체가 주인에게 직접 지급되기 때문에 고객으로부터 받는 팁에 전적으로 의존하고 있다.

매춘업소 매춘업소(**brothel prostitution**) 매춘은 또 다른 시설 기반 매춘 유형을 나타낸다. 앞에서 언급했듯이 이러한 유형의 매춘은 현재 미국에서 합법적인 유일한 유형의 매춘이다(네바다 일부에서만). 여성들은 일반적으로 매춘업소에 몇 주 동안 머물며 가능한 한 지속적으로 일하고 집에 돌아와 휴식을 취하고 다음 "교대"를 위해 매춘업소로 돌아간다. 대부분의 매춘업소는 그림 16-14에 나와 있는 표준 스크립트를 따른다. 특히, 고객은 구내에 들어가 프론트 룸 또는 "팔러"에서 기다린다. 다음으로 현재 일하고 있는 여성들이 들어와 줄을 서서 자신을 소개한다. 일단 특정 매춘부를 선택하면 그는 그녀의 방으로 가서 가격을 협상한다(일부 매춘업소는 요금을 책정했지만 대부분은 그렇지 않으며 경영진이 가격 협상을 들을 수 있도록 방은 일반적으로 "도청"됨). 모든 유형의 매춘이 그렇듯이 매춘업 종사자는 수입의 일부만 받는다. 일반적으로 경영진이 절반을 차지하며 매춘업소를 왕복하는 택시 기사도 해당 직원이 번 돈의 일부를 받는다. 따라서 여성이 총 수입의 20%만 집으로 가져가는 것은 드문 일이 아니다. 세계의 다른 지역에서는 많은 매춘업 종사자(특히 인신매매 피해자)가 훨씬 적은 수입을 올리고 있다.

창가 매춘 매춘업소 매춘의 변형 중 하나는 암스테르담의 유명한 홍등가에서 흔히 볼 수 있는 **창가 매춘**(*window prostitution*)이다(Seals, 2015). 여기에서 여성들은 행인이 쉽게 볼 수 있는 천장부터 바닥까지 내려오는 유리창이 있는 작은 방인 작고 분리된 "창가 방"에 앉거나 서 있

그림 16-15
암스테르담 홍등가의 창녀들.
출처: Graham Prentice/Alamy Stock Photo

다(Weitzer, 2012; 그림 16-15 참조). 창녀가 손님을 끌면 그녀는 커튼을 닫아 약혼을 알리고 방 뒤 칸막이 뒤로 그를 데려가 섹스를 한다. 역사적으로 이러한 유형의 매춘은 다른 유형보다 여성에게 더 나은 근로 조건과 수입을 제공했지만(Seals, 2015), 2000년대 초반 조직범죄(마약, 자금세탁, 인신매매)가 비즈니스에 침투하면서 변화하기 시작했다. 그 결과 암스테르담 정부는 홍등가를 청소하기 위해 고안된 정책을 시행했고 평판이 좋지 않은 많은 시설이 현재 문을 닫았다(Associate Press, 2007 참조).

아웃콜 매춘 Outcall Prostitution

또 다른 유형의 "내부" 매춘에는 **외주(outcall)** 노동이 포함된다. 여기에서 매춘 여성은 에이전시, 브로커, 소셜 네트워킹 사이트 또는 광고 목록 서비스(예: Craigslist)를 통해 서비스를 광고한 다음 지정된 실내 위치(일반적으로 호텔 방 또는 개인 거주지)에서 고객을 만날 준비를 한다. 대부분의 사람들은 **에스코트(escorts)**와 **콜걸(call girls)**이라는 용어를 같은 의미로 사용하지만 몇 가지 차이점이 있다. 에스코트는 일반적으로 각 여성의 사진과 설명이 포함된 웹사이트를 유지 관리하는 대행사와 독점 계약을 맺고 고객을 선별하고 일정을 잡는 일을 담당한다(Castle & Lee, 2008; Logan, 2016). 그들은 종종 고객을 만나 저녁을 먹거나 사업 행사나 파티에 동행하는 등 사교적이고 성적인 서비스를 제공하기 때문에, "내부" 성매매에 종사하는 다른 여성들(예: 비걸, 매춘부)보다 에스코트 비용이 더 많이 든다. 예를 들어, 당신의 저자 대학원생 중 한 명이 에스코트로 일하면서 학교를 졸업했다. 그녀는 로스앤젤레스의 연예계에서 몇몇 단골손님들을 두었고, 14개월 동안 매달 약 10,000 달러를 벌었다. 특히 외국 성 관광 산업은 무조건적인 수용, 재미와 휴식을 보장하고 물론 "이질적" 성교를 보장받는 매력적인 여성에 대한 "총체적인 여자친구 경험"을 약속하며 전 세계 남성 고객을 유치하면서 에스코트 사업을 자본화했다(Gezinski et al., 2016 참조).

에스코트와 같은 **콜걸**은 일반적으로 매춘업소, 바 또는 클럽 매춘부보다 더 많은 비용을 청구한다. 에스코트와 달리 특정 기관에 배정되지 않고 브로커나 인증 서비스 에이전트를 이용하는 경우가 많다. 중개인과 검증 대리인은 고객 정보 데이터베이스를 유지하고 유료로 콜걸을 대신하여 해당 정보에 액세스하고 새 고객의 직장, 이름 및 다른 매춘 여성과의 문제 이력을 확인한다. 많은 콜걸이 자신의 웹사이트를 유지하고 다양한 광고 목록이나 소셜 네트워킹 사이트를 통해 온라인으로 광고한다(Empel, 2012). "성인용" 광고 목록에 대해 전 세계에서 가장 크고 가장 많이 사용되는 사이트 중 하나는 Backpage.com이다. 그러나 이 사이트는 2016년 1월 9일 미국 고객을 대상으로 한 성인 광고 섹션을 폐쇄했다. 의회 패널이 회사 직원이 매춘 및 아동 성매매의 증거를 제거하기 위해 의도적으로 광고를 변경했다는 보고서를 발표한 후였다(Hawkins, 2016). 서비스를 광고하는 방법에 관계없이 콜걸은 일반적으로 전화, 이메일 또는 문자로 약속을 잡는다. 많은 사람들이 단골 고객을 보유하고 있으며 대부분은 자신의 거주지에서 일한다(Lucas, 2005).

남성 매춘 Male Prostitution

음란물 사용과 같은 매춘은 성비대칭으로 특징지어진다. 구체적으로 성접대를 판매하는 사람들은 대부분 여성이고, 성접대를 구매하는 사람들은 대부분 남성이다. 그러나 남성 매춘은 실제로 일어난다(그리고 남자와 소년은 성매매를 당할 수 있다; 아래 논의를 참조하라.)

허슬러(hustlers)나 **렌탈 보이(rent boys)**는 거리나 공원, 종종 기차역이나 버스 정류장, 공중 화장실, 게이 바

아웃콜 매춘(Outcall prostitution) 에이전시, 브로커 또는 개인 광고를 통해 성 서비스를 광고하고 고객을 지정된 실내 장소에서 만나는 성매매.

에스코트(Escorts) 일반적으로 에이전시와 계약을 맺고 사회적 및 성적인 서비스를 제공할 수 있는 매춘부.

콜걸(Call girls) 일반적으로 자영업이지만 중개인이나 확인 서비스를 이용할 수 있고 성 서비스만 제공하며 집에서 자주 일하는 매춘부.

허슬러(Hustler) Streetwalker 또는 임대 소년; 거리에서 일하는 남성 매춘부로 일반적으로 남성에게 서비스를 제공한다.

그림 16-16

여성 매춘부와 마찬가지로, 남성 매춘부(husler)들은 공개적으로 호객행위를 하고, 일반적으로 서비스 남성이며, 가장 낮은 급여를 받는 유형의 매춘부이다.

출처: t-lorien/E+/Getty Images

근처에서 일한다(Munk, 2009). 그들은 성 서비스에 대해 가장 낮은 수수료를 받고 가장 높은 체포 위험에 직면하며 거의 항상 남성 고객에게 서비스를 제공한다는 점에서 여성 길거리 매춘부와 유사하다(Earls & David, 1989). 비걸처럼 그들은 특정 바, 클럽 또는 극장 근처에서 일할 수 있다. 많은 사람들이 노숙자 및/또는 가출한 십대 또는 젊은 성인이며 단순히 생존을 위해 매춘에 참여한다(Finkelhor & Ormrod, 2004). 허슬러와 여성 길거리 매춘부를 구별하는 한 가지는 대부분이 포주를 위해 일하지 않는다는 것이다(Logan, 2016).

미국에서는 남성 매춘업소가 거의 존재하지 않는다. 네바다주(합법적으로 매춘을 허용하는 유일한 주)에는 남성 전용 매춘업소가 없으며 현재 남성 노동자를 고용하는 기존 매춘업소도 없다. Shady Lady Ranch(2010년)와 Kit Kat Guest Ranch(2012년)라는 2개의 매춘업소에서 최초로 남성 매춘 여성을 고용했지만, 이들은 충분한 이자와 수입을 창출하지 못하고 얼마 지나지 않아 사업을 그만두었다.

그림 16-17

"Markus"는 네바다주 최초의 공식 남성 매춘부이다. 매춘부보다 자신을 "대리 애인(surrogate lover)"이라고 부르는 것을 선호한 Markus는 2개월 동안만 일했으며 10명 미만의 고객에게 서비스를 제공했다.

출처: Shady Lady/Splash News/Newscom

세계의 다른 지역(예: 체코, 브라질)에서는 젊은 남성이 전문 술집과 클럽, 사우나 또는 매춘업소와 유사한 기능을 하는 목욕탕에서 성 서비스를 판매한다(Bar-Johnson & Weiss, 2015; Logan, 2016; Mitchell , 2015). 예를 들어, 브라질 목욕탕에서 남성 고객은 입장료를 지불하여 음악과 춤을 즐기고, 음식과 음료를 구매하고, 많은 가로토(*garotos*)(말 그대로 "소년"을 의미하지만 목욕탕에서 사용되는 용어—젊은 남성 매춘 여성을 지칭하기 위해 지역 주민들이 비하적으로 말함)를 만날 수 있는 입장료를 지불한다. 이 젊은이들 중 한 사람과 상호 수용 가능한 재정적 합의가 이루어지면 고객은 방이나 스위트룸을 임대하여 목욕탕 주인에게 추가 수입을 제공한다. 가로토는 종종 자신과 가족을 부양하면서 받는 팁으로 생활한다(Mitchell,

2015). 일부 고객은 좋아하는 매춘부에게 추가적인 재정적 지원을 기꺼이 제공하지만, 이러한 협정은 불가피하게 종료된다(각 가로토가 자신의 직업에서 "늙어가고" 더 젊고 더 바람직한 남성으로 대체됨에 따라).

여성과 마찬가지로 남성에게 가장 안전하고 잠재적으로 가장 수익성이 높은 매춘 범주는 외주 노동이다. 일반적으로 에이전시와 계약을 맺거나 중개 또는 검증 서비스를 이용하는 여성과 달리 아웃콜 남성 매춘부는 거의 항상 자영업이다(Logan, 2016; McLean, 2015). 자신이나 친구의 개인 웹사이트나 상업적인 소셜 네트워킹 사이트 및 광고 목록 서비스를 통해 온라인으로 서비스를 광고하는 것이 일반적이다. 최근까지 이러한 사이트 중 가장 인기 있고 성공적인 사이트는 뉴욕에 기반을 둔 Rentboy.com이었다. Rentboy.com은 월 회비 59.95달러를 부과하고 고객이 성 서비스나 수수료에 대해 직접 언급하는 것을 금지함으로써 미국 매춘법을 피했다. 그러나 2015년 Rentboy.com의 맨해튼 사무실을 급습한 후 연방 및 지역 요원은 마침내 CEO Jeffrey Hurant를 성매매 혐의로 기소할 충분한 증거를 수집했다. 2016년 10월 7일 Hurant는 매춘을 조장한 혐의를 인정했고 Rentboy.com 사이트는 폐쇄되었다(Grindley, 2016).

사회 활동(예: 저녁 식사, 연극, 회사 행사)을 동반하거나 동반하지 않고 성관계가 가능한 남성을 여성과 같은 방식으로 **에스코트(escorts)**라고 한다. 에스코트에는 일반 고객이 있을 수 있지만 일반적으로 고객과 독점 계약을 체결하지는 않는다. **지골로(gigolos)**("남성 동반자" 또는 "간호자"라고도 함)는 그렇게 한다. 이 남성들은 파트너(보통 부유하고 나이가 많고 독신 여성)와 상대적으로 배타적이고 장기적인 관계를 맺고 성적 및 사회적 교제의 일관된 원천으로 작용한다. "Gigolo"라는 용어는 최근 몇 년 동안 스타일이 바뀌었고 사람들은 모든 유형의 아웃콜 작업에 참여하는 남성을 지칭하기 위해 "남성 에스코트"라는 용어를 점점 더 많이 사용한다.

에스코트를 고용하는 많은 여성들은 섹스 이상에 관심이 있다. 예를 들어, 다음 계정은 남성 에스코트로 일하는 22세 학생의 계정이다. 그는 여성 고객이 대부분 30~40대이고 80%가 미혼이라고 말했다.

> "남성 에스코트가 되는 것은 사람들이 인식하는 전부가 아니다. 이 시대에 성공한 여성들이 있고, 그들이 그 상태를 유지하려면 경쟁하는 어떤 남성보다 끊임없이 더 열심히 일해야 한다. 이로 인해 여성은 오랜 시간 일하고 일에 몰두하게 되어 사생활을 할 시간이 전혀 없다. 관계를 시도할 때마다 일이나 파트너를 소홀히 하게 된다. 그것이 내가 개입하는 지점이다. 나는 친구 또는 연인으로 누군가가 필요할 때 그들을 위해 있을 수 있는 사람이다. 남성 에스코트에 대한 오해 중 하나는 고객과만 섹스를 한다는 것이다. 여성의 경우 그럴 수도 있지만 남성의 경우 여성 10명 중 5명만이 섹스를 원한다. 그들 중 3명은 영화를 보거나 음악을 들으면서 안아주고 싶다. 그리고 나머지 두 사람은 행사장에 같이 갈 수 있는 사람, 지적인 대화를 나눌 수 있는 사람, 그리고 자신의 곁을 지켜줄 수 있는 사람을 원한다."
>
> (저자의 파일에서)

그들의 여성 동료들처럼, 남성 에스코트를 고용하는 남성들 또한 종종 섹스 이상의 것을 얻는 데 관심이 있다. 예를 들어, 남성 에스코트를 고용한 미국, 캐나다, 영국의 남성들을 대상으로 한 최근 조사에 따르면, 그들은 성적 활동에 참여하는 것 외에도 포옹하고, 쇼를 보고, 식사를 나누고, 산책을 하고, 돈을 받는 동료들과 쇼핑을 하는 것으로 나타났다(Wolff et al., 2014).

매춘과 관련된 요인 및 결과

Contributing Factors and Outcomes Associated with Prostitution

16.12 매춘 진입과 관련된 요인과 대다수 매춘 여성이 경험하는 결과를 설명한다.

성별(여성이 남성보다 매춘부로 일할 가능성이 더 높음)을 제외하고 매춘에 대한 일관된 인구 통계학적 예측 변수는 거의 없다. 연구에 따르면 매춘부(및 기타 상업적인 성노동자)는 각계각층의 사람들이다. 그들은 시스젠더 또는 트랜스젠더, 이성애자 또는 동성애자(또는 양성애자), 젊거나 늙거나 모든 인종 또는 민족적 배경을 가질 수 있다.

그러면 여성(또는 남성)이 매춘을 하는 데 영향을 미치는 요인은 무엇인가? 당연히 연구 결과에 따르면 주된 이유는 경제적 어려움이다(표 16-2 참조). 대부분의 매춘 여성은 만성 빈곤의 배경에서 왔으며 재정 지원을 위해 그들에게 의존하는 다른 사람들(자녀, 파트너, 부모)이 있으며 교육을 거의 받지 못했고 다른 실행 가능한 직업 전망도 거의 없다(Farley, 2004; Karamouzian et al., 2016; Nerlander et al., 2016). 일부는 노숙자이다(Reilly et al., 2014). 따라서 몸을 파는 것이 경제적 생존의 유일한 수단인 경우가 많다. 이것은 특히 미국과 전 세계의 거리 및 시설 기반(예: 술집, 매춘업소, 목욕탕) 매춘부에게 해

남성 에스코트/지골로[Male escort (gigolo)] 아웃콜 섹스에 종사하는 매춘부; 에이전시에서 일하거나 자영업자이다(더 일반적임). 성적 서비스뿐만 아니라 사회적 서비스를 제공할 수 있으며 일반적으로 거리나 시설에 기반을 둔 매춘부보다 더 많은 비용을 청구한다.

표 16-2 매춘: 일반적인 위험 요소 및 결과

위험요소	결과
경제적 어려움 • 만성 빈곤 • 현재 재정적 필요 • 노숙자 • 대체 고용 기회의 부족	계속되는 경제적 어려움 만성 물질 사용 및 중독 • 술 • 마약
	남용 • 성폭행 • 물리적 폭행
만성 물질 사용 및 중독 • 술 • 마약	신체 건강 문제 • 성병 및 성병 • 원치 않는/의도하지 않은 임신
학대의 경험 • 성적 학대 • 신체적 학대 • 정서적 학대	정신 건강 문제 • 우울증과 불안 • PTSD 증상 • 수치심과 낙인찍기 • 외로움과 고립감 • 낮은 자존감
	사회 및 대인 문제 • 사회적 지원에 대한 접근성 부족 • 우정과 낭만적인 관계를 발전시키고 유지하는 데 어려움

당된다(예: Bar-Johnson & Weiss, 2015; Kiernan, 2016; Onyango et al. , 2015). 흥미롭게도 성매매를 알선하는 여성과 남성이 시간제로 매춘을 하는 경우에도 주로 기존 수입을 보충하기 위해 성매매를 하고 있다. 돈이 충분해지면 바로 나온다(Johnson, 2016; Lucas, 2005).

거리 및 시설에 기반을 둔 매춘 여성의 대다수는 알코올 및 기타 중독성 약물을 습관적으로 사용한다(예: 헤로인, 크랙 코카인; Nerlander et al., 2016; Potterat et al., 1998). 어떤 사람들에게는 마약 사용과 중독이 매춘에 들어가기 전에, 즉 마약에 접근하기 위한 수단으로 성을 팔거나 거래하기 시작한다. 예를 들어, 미국과 아일랜드의 도시에서 일하는 거리 매춘 여성의 경험을 조사한 최근 연구에 따르면 두 국가 모두에서 매춘에 빠지기 쉬운 주요 조건은 약물 중독이었다(McCabe et al., 2014). 어떤 사람들에게는, 매춘이 마약과 알코올 사용 및 남용보다 앞선다. 즉, 그들은 매춘의 (흔히 암울한) 현실에 대처하기 위한 수단으로 마약을 사용하기 시작한다(Courture et al., 2016; DeRiviere, 2006; Farley, 2004). 불행하게도, 마약과 알코올 남용과 중독은 매춘부의 경제적 상황을 더욱 악화시킨다. 많은 사람들이 번 돈의 절반 이상을 마약 습관을 유지하는 데 사용한다(DeRiviere, 2006 참조).

또 다른 소인 요인은 아동 학대이다. 많은 매춘 여성, 특히 거리에서 일하는 사람들은 어린 시절의 신체적, 정서적, 성적 학대의 이력이 있다(McCabe et al., 2014; Vanwesenbeeck, 2013). 그 결과 많은 사람들이 심각한 자존감과 자아정체감 문제를 경험하고 다른 사람들보다 전반적인 심리적 건강 수준이 낮다. 이러한 가족 및 심리학적 역사를 고려할 때, 거리의 많은 매춘부가 가출한 십대나 젊은 성인, 즉 거의 돈도 없고 직업도 없는 상태로 집을 떠나 생존을 위해 몸을 팔아야 하는 것은 놀라운 일이 아니다(Dittmann, 2005, Nixon et al., 2002).

많은 매춘부들이 어린 시절에 경험한 학대는 집을 떠난 후에도 그들의 삶에 계속 스며들어 있다. 미국에서 대부분의 아웃콜 및 합법 매춘 여성은 신체적으로 안전한 작업 조건을 보고한다(O'Doherty, 2011). 그러나 폭력은 여기 미국과 다른 국가에서 거리와 술집 또는 클럽에서 일하는 여성(및 남성)에게 흔히 발생한다. 거의 모든 매춘 여성은 고객, 포주, 업소 소유주 및 관리자, 심지어 경찰에 의한 신체적, 성적 폭행 사례를 여러 차례 보고한다(예: Bar-Johnson & Weiss, 2015; Kiernan et al., 2016; Monto, 2004; Sherman et al., 2015).

슬프게도 연구에 따르면 매춘 여성이 고객의 신체적 폭력을 더 많이 두려워하고 재정적 필요가 클수록 콘돔 사용을 요구하거나 고집하거나 성공적으로 협상할 가능성이 낮아진다(예: Fehrenbacher et al., 2016; Onyango et al., 2015; Robertson et al., 2014). 남성 매춘부도 마찬가지이다. 유일한 수입원이 성 노동인(따라서 재정적으로 완전히 고객에게 의존하는) 사람들은 다른 수입원이 있는 사람들보다 콘돔 없는 항문 섹스에 동의할 가능성이 더 높다(Biello et al., 2017). 결과적으로 가장 위태로운 신체적, 재정적 상황에 처한 매춘부 그룹인 거리 및 술집 매춘부는 종종 안전한 성 전략을 사용하지 않으며 성병 및 원치 않는 임신의 위험이 특히 높다(예: Dong et al., 2015). 사실, 최근 미국 여성 성노동자들의 HIV 양성 상태를 조사한 여러 연구에 대한 조사에 따르면 평균 유병률이 17%로 전국 평균보다 훨씬 높은 것으로 나타났다(Paz-Bailey et al., 2016).

많은 매춘 여성들은 절망감, 외로움, 수치심, 낙인 찍힘, 사회적 소외에 대한 깊은 감정과 함께 우울증, 불안 및 외상 후 스트레스 장애의 증상을 포함한 정신 건강 문제로 고통받고 있다(Chudakov et al., 2002; Farley et al., 1998, 2003, Sardana et al., 2016, Simon et al., 1992, 검토는 Love, 2015 참조). 대부분은 긍정적인 연인 관계를 형성하고 유지하는 데 어려움을 겪으며 친구와 가족으로부터 사회적 지원을 구할 수 없다고 느낀다(주로 성 노동을 공개할 경우 낙인 찍힐까 두려워)(Bellhouse et al., 2015; Smith et al., 2015). 거의 모든 사람들이 매춘을 떠날 수 있기를 바란다(Farley et al., 2003). 요컨대, 매춘부로 일하는 것은 "전쟁에 나가는 것만큼 트라우마가 될 수 있다"(Farley et al., 1998).

누가 섹스 비용을 지불하고 그 이유는 무엇인가?

Who Pays for Sex—and Why?

16.13 성에 돈을 지불하는 사람들의 특성과 그 이유를 설명한다.

성을 사는 사람들보다 성을 파는 사람들에 대한 연구가 더 많다. 이것은 의심할 여지 없이, 우리가 논의한 바와 같이, 매춘에 들어가는 여성과 남성들은 많은 극도로 불리한 결과들의 위험에 처해 있고, 과학자들과 의료 전문가들은 이러한 생활 환경에 효과적으로 개입하고 개선할 수 있는 방법들을 찾아내기를 열망하고 있기 때문이다.

그렇긴 하지만 성을 구매하는 고객에 대한 과학적 연구는 작지만 성장하고 있다. 예를 들어, 미국에서 실시된 전국 설문조사에 따르면 대부분의 구매자가 남성(종종 매춘부가 *johns*, **속임수** 또는 **점수**라고 함)인 것으로 나타났다. Laumann et al.(1994)의 전국 조사에서 18세 이상 남성의 17%(그러나 여성의 2%만)는 성에 대한 대가를 지불했다고 말했다. 보다 최근의 전국 설문조사에 따르면 비슷한 유병률이 나타났다. 남성의 약 14%는 성행위를 한 적이 있다고 보고하고 1%는 지난 1년 이내에 그렇게 한 적이 있다고 말했다(Monto & Milrod, 2014). 아주 적은 비율의 미국 남성만이 정기적으로 성매매를 한다고 한다(Monto, 2004). 유병률은 전 세계적으로 다르다. 예를 들어, 일부 아시아 국가에서는 40%에 달하는 남성이 성에 대한 비용을 지불했다(Empel, 2012).

당연히 여성에게서 성을 구매하는 거의 모든 남성이 이성애자라고 보고한다(Milrod & Monto, 2012). 그 외에는 상당히 다양한 집단으로 보인다. 예를 들어, 그들의 민족성은 구매가 발생한 지역을 반영하는 경향이 있으며, 다양한 연령, 연간 소득, 직업, 고용 이력, 교육 성과, 관계 상태 및 기타 인구 통계학적 속성을 보여준다(예: Busch et al., 2002; Milrod & Monto, 2012; Monto, 2004; Monto & McRee, 2005; Pitts et al., 2004). 그러므로 많은 면에서, 성을 사는 남자들은 그렇지 않은 남자들과 비슷해 보인다.

아웃콜 매춘부(호위 또는 콜걸)의 서비스를 이용하는 남성과 거리 매춘부를 자주 이용하는 남성 사이에는 몇 가지 주요 인구 통계학적 차이가 있다(Milrod & Monto, 2012; Monto & McRee, 2005 참조). 특히, 길거리에게서 성을 사는 남성과 비교할 때, 에스코트로부터 성을 사는 남성은 나이가 많고 교육을 많이 받았으며 백인이며, 기혼자일 가능성이 더 높으며, 연간 수입도 더 높다(또한 거래의 "내부" 특성으로 인해 체포될 가능성이 적다).

그렇다면 왜 일부 남성들은 여성에게 성에 대한 대가를 지불하기로 결정하는가? 연구원이 물었을 때 남성이 말하는 주된 이유는 성적 흥분, 스릴, 또는 새로움에 대한 욕구, "정말 성을 좋아하는" 여성과 성관계를 가질 수 있는 기회, 감정적인 투자를 하지 않고도 자유롭게 성을 즐길 수 있는 기회, 기존의 성적 파트너의 부족, 그리고 여성 주변의 수줍음이나 사회적 부적응의 감정 등이다(Busch et al., 2002; Pitts et al., 2004; Monto, 2004; Milrod & Monto, 2012 참조). 거리 매춘부와 섹스를 위해 돈을 지불하는 남성들은 섹스만 원하고 섹스 외에는 아무것도 원하지 않는 경향이 있다. 만남은 짧고 일반적으로 구강 성기 섹스(다른 활동과 달리)와 관련이 있으며, 그들은 성관계 구매 경험이 제공하는 성적 권력과 권리를 즐기고 있다고 보고한다(Busch et al., 2002; Monto, 2001). 그러나 에스코트 및 콜걸 서비스에 대한 비용을 지불하는 남성은 단순한 섹스 이상을 원하는 경향이 있다. 그들의 세션은 더 오래 지속되고 더 다양한 성행위(키스, 질 성교, 구강 성교, 커닐링구스 등)를 수반하며 종종 감정적, 성적 만족을 추구한다(예: Empel, 2012). 예를 들어, 한 연구(Milrod & Monto, 2012)에서 발신 서비스를 사용하는 남성에게 에스코트에서 가장 좋아하는 특성과 가장 좋아하지 않는 특성이 무엇인지 질문했다. 남성들이 가장 매력적이라고 보고한 두 가지 속성은 "행복하고 쾌활한 성격"과 "창녀가 아닌 여자친구처럼 행동한다"였다. 그들이 가장 적게 좋아했던 것은? "감정적으로 차갑다", "세션을 서두르다", "비즈니스 같은 태도". (후자는 모든 의도와 목적을 위한 비즈니스 거래인 실제로 성에 대한 대가를 지불했다는 점을 고려할 때 특히 아이러니하다.) 연구자들은 아웃콜 서비스를 사용하는 남성이 "여자친구 경험"을 찾고 있다고 결론지었다.

돈을 지불하고 여성과 성관계를 갖는 남성과 마찬가지로 다른 남성과 성관계를 맺기 위해 돈을 지불하는 남성도 각계각층의 사람들이다(Morse et al., 1992). 길거리 사기꾼을 찾는 사람들은 결혼했거나 헌신적인 관계에 있는 경우가 많으며 일반적으로 자신을 이성애자 또는 양성애자로 묘사한다. 그들은 주로 성적 욕망에 의해 동기가 부여되고, 동성 간의 성적 관심을 숨기고 싶어하며, 일반적으로 구강 성교를 원하고, 종종 콘돔을 사용하지 않는다(Morse et al., 1992). 그러나 남성 에스코트를 고용하는 대부분의 남성은 동성애자 또는 양성애자로 식별하며 인구 통계학적 특성과 성 구매를 선택한 이유에서 여성 에스코트를 고용한 남성과 매우 유사하다(Grov et al., 2014, 2016). 즉, 그들은 주로 백인이며, 정규직으로 고용

그림 16-18

벽돌 공장에서 일하는 젊은 페루 소녀. 노예 노동은 전 세계적으로 인신매매의 주요 형태 중 하나이며, 아이들은 종종 가족에 의해 노예로 팔리거나 인신매매업자에게 납치된다.

출처: Jan Sochor/Alamy Stock Photo

되어 있고, 경제적으로 안정적이며, 그들이 여러 번의 성행위를 하는 동안 상대적으로 긴 시간(평균 1~2시간)의 비용을 지불한다. 게다가, 그들은 일반적으로 성적 만족뿐만 아니라 에스코트로부터 친밀감과 정서적 연결을 추구한다. (Teuksbury & Lapsey, 2016 참조)

성매매 Sex Trafficking

16.14 전 세계에서 발생하는 인신매매 유형에 대해 논의하고 이 글로벌 무역을 중단하기 위해 취할 수 있는 조치를 설명한다.

성 서비스에 대한 비용을 지불하기로 선택한 사람들의 대다수(아마도 모두)가 완전히 동의한다는 결론을 내리는 것이 합리적으로 안전하다(Monto, 2004). 그러나 성 서비스를 제공하는 사람들을 고려할 때 동일한 결론을 내릴 수 없다. 대부분의 거리 및 시설 기반 매춘부는 만성 빈곤, 폭력 및 약물 중독이 특징인 배경에서 왔으며 스스로를 부양할 다른 방법을 찾을 수 없음을 기억하시오(Farley, 2004). 그들은 매춘부가 되는 것을 선택하지 않는다. 오히려, 매춘은 생존을 위한 유일한 선택으로 그들에게 강요된다(따라서 그들의 거래는 "생존 성 노동"으로 적절하게 특징지어진다). 사실, 많은 국가에서 거리 어린이의 10%에서 15%가 단순히 먹을 수 있기 위해 성관계를 돈으로 교환해 왔다(Marshall & Wood, 2009).

또한 많은 사람들(어린이, 십대, 청년 포함)이 매춘을 강요당하고 있다. 강제 노동, 부채 속박, 비자발적 가사 노동, 아동 군인과 함께 **성매매(sex trafficking)**는 오늘날 전 세계적으로 존재하는 다양한 형태의 인신매매 또는 현대 노예 중 하나이다(미국 국무부, 2016). 인신매매 산업은

성매매(Sex trafficking) 아동 또는 성인이 매춘 또는 기타 유형의 성 노동을 하도록 강요, 강요 또는 속이는 인신매매 또는 현대판 노예의 한 형태.

그림 16-19

앙골라 소년병. 일부 국가의 민병대(정부의 지원을 받는 민병대 포함)는 어린이를 이용해 검문소를 지키고 최전선에서 복무하며 군인의 하인 및 성노예로 일한다.

출처: Jack Picone/Alamy Stock Photo

세계에서 두 번째로 크고(마약 밀매가 첫 번째) 가장 빠르게 성장하는 범죄 기업으로 연간 320억 달러 이상의 수익을 창출하고 2,700만 명이 넘는 사람들을 노예로 삼고 있다(미국 보건복지부, 2017). 이들 중 약 20%(500만 명 이상)는 상업적인 성 노동에 강제로 참여하거나 사적인 성노예로 팔린다. 아동 및 기타 특수 인구(이주 노동자, 미등록 이민자, 실향민 또는 노숙자, 장애가 있는 개인 또는 성/민족/종교적 소수자 신분 포함)는 특히 착취에 취약하다. 예를 들어, 미국에서는 매년 약 300,000명의 어린이가 성매매의 위험에 처해 있다(U.S. Department of Health and Human Services, 2017). 실제로 2017년 1월 텍사스에서 3명의 남성이 5명의 십대 소녀를 성매매한 혐의로 수감되었다(Contreras & Buch, 2017). 남자들은 소셜 네트워킹 사이트를 사용하여 가출한 미성년자를 식별하고 연락했다. 그런 다음 그들은 소녀들을 집으로 데려가 Backpage.com에 서비스를 광고했다. 2주 동안 남자들은 여자아이들과 240번의 "데이트"를 계획했고 48,000달러를 벌었다. 불행히도 이것은 고립된 사건이 아니다(예: Rosenberg, 2016 참조).

전 세계적으로 성매매 상황은 더욱 심각하다. 예를 들어, 2014년에 이슬람 국가(IS) 전사들이 이라크의 Sinjar 산 지역을 장악했을 때 그곳에 사는 소수 종교 공동체(주로 야지디족과 기독교인)의 여성과 소녀들을 노예로 삼았다. 그런 다음 이 소녀와 여성은 평화 유지 및 수입 창출 노력의 일환으로 군인에게 선물되거나 다른 지역 사회의 남성에게 첩 노예로 팔렸다(Fondation Scelles, 2016). IS가 만든 노예 가격 목록(지역 활동가들이 UN 안전보장이사회에 제공)에는 터키, 시리아, 걸프 국가의 남성들은 이 제한이 적용되지 않았지만 고객은 "세 품목만 구매할 수

그림 16-20

인도에서 구걸하는 아이. 많은 국가에서 어린이들은 인신매매업자에게 납치되어 강제로 구걸을 강요당한다. 많은 경우, 그들의 잠재적인 수입을 늘리기 위해 의도적으로 굶주리게 하거나 불구를 만들기도 한다.

출처: Tim Gainey/Alamy Stock Photo

있다"고 명시되어 있다. 성노예의 비용은 나이에 따라 결정되었다. 가장 어린 포로가 비용이 가장 많이 들며(9세 이하 유아 또는 소녀의 경우 172달러, 10~20세의 경우 130달러), 나이든 여성의 비용은 더 적다(20대 여성 86달러, 30대 여성 75달러, 40~50대 여성 43달러). 소녀와 여성을 사고팔 수 있는 "품목"으로 취급하는 이와 같은 현대판 노예 사건은 너무나 흔하다.

대부분의 성매매 피해자는 소녀와 여성이지만, 소년과 남성도 대상이 되어 매춘 및 기타 형태의 상업적 성 노동(예: 포르노, 라이브 섹스 쇼, 성 관광, 불법 마사지 업소)을 강요받을 수 있다. 일단 그들이 인신매매되고 조련사에게 노예가 되면 대부분의 피해자는 탈출이 불가능하다는 것을 알게 된다. 성적 학대 외에도, 그들은 일상적으로 신체적, 정서적 트라우마를 겪으며(Varma et al., 2015), 생존할 수 있는 겨우 충분한 자원을 제공하고(Skinner, 2010), 외부 도움에 제한적이거나 접근할 수 없다. 많은 국가(미국을 포함)가 인신매매 방지법을 제정하고 취약한 인구를 보호하고 피해자를 돕기 위해 고안된 정책을 시행했지만, 다른 많은 국가에서는 그렇지 않다(Orme & Ross-Sheriff, 2015; 미국 국무부, 2016 참조). 전 세계(예: 베네수엘라, 알제리, 수단, 짐바브웨, 시리아, 이란, 투르크메니스탄, 러시아, 북한, 파푸아뉴기니)의 정부는 인신매매 범죄를 기소하지 않으며 인신매매를 방지하기 위해 노력하지 않는다. 또는 성 관광 또는 상업적 성행위에 대한 수요를 줄이고 인신매매 피해자를 위한 서비스를 제공하지 않는다. 보호 장치가 없으면 인신매매범의 노예가 된 어린이와 성인은 탈출할 기회가 거의 없다. 많은 사람들이 질병, 영양실조, 과다복용, 부상, 자살 또는 살인에 굴복하여 시련에서 살아남지 못할 것이다.

그림 16-21

인도 서부 벵골의 실리구리(Siliguri, West Bengal, India)에서 젊은 매춘부가 그날의 첫 고객을 상대할 준비를 하고 있다.

출처: Jonathan Alpeyrie/Getty Images

그림 16-22

바차 바지("소년 놀이")[bacha bazi("boy play")]에 강제로 투입된 아프가니스탄 소년. 이 오래되고 제도화된 형태의 아동 성추행은 나이든 남자와 어린 소년 사이에서 발생한다. 소년들은 소녀처럼 옷을 입고 그들의 후원자들을 위해 춤을 추고 성행위를 할 것으로 예상된다.

출처: Aref Karimi/AFP/Getty Images

현대 성(및 기타 형태의) 노예 제도를 종식시키기 위해 개인으로서 우리는 무엇을 할 수 있을까? 미국 보건복지부가 우리에게 몇 가지 조언을 제공한다. 첫째, 우리는 인신매매와 관련된 기본적인 "사실"에 대해 정보를 제공하고 다른 사람들에게 알리는 조치를 취할 수 있다(유인물은 www.acf.hhs.gov/sites/default/files/otip/trafficking_infographic508.pdf에서 구할 수 있다). 둘째, 정부가 인신매매 방지법과 정책에 대한 확실한 기록을 갖고 있는 국가에서만 여행하고 상품과 서비스를 구매하도록 할 수 있다(이 "계층 1" 국가 목록은 https://www.state.gov/j/tip/rls/tiprpt/2016/258696.htm에서 찾을 수 있다). 셋째, 우리는 인신매매가 그러한 국가(미국 포함)에서 여전히 발생하고 있으며 상업적인 성산업 또는 비숙련 노동과 관련된 모든 유형의 직업(예: 이주, 가사 노동, 공장 또는 식당 일)이 강요, 강제 또는 사기의 결과로 그렇게 할 수 있다. 그리고 넷째, 누군가가 이런 식으로 희생되고 있다고 의심되면 우리는 행동할 수 있다! 이메일(help@humantraffickinghotline.org) 또는 전화(1-888-373-7888)

그림 16-23

매춘에 대한 법적 접근의 연속.

매춘과 관련된 법률은 완전 합법(모든 형태의 성매매-구매, 판매, 촉진-은 법률에 따라 허용됨)에서 완전 불법(성매매를 판매, 구매 또는 촉진하는 범죄임). 많은 국가의 정부에는 매춘과 관련된 공식 법률, 규칙 또는 규정이 없다. 따라서 우리는 그들이 그것을 어떻게 처리하는지 알 방법이 없다.

출처: Go Sign: Dawn Hudson/Shutterstock; Exclamation Sign: alexwhite/Shutterstock; Red Exclamation Traffic Sign:123RF; Stop Sign: Creation/Shutterstock

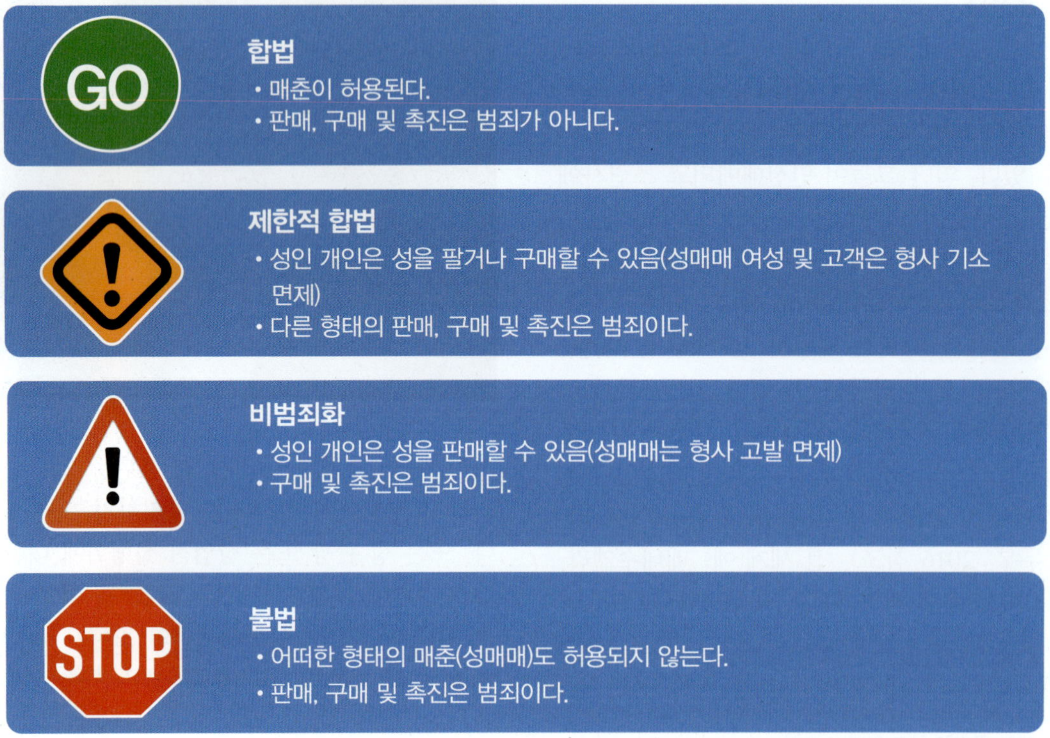

를 통해 전국 인신매매 핫라인에 연락할 수 있다.

참고: **국내**
인신매매방지법-여성가족부 02-2100-6457

매춘에 대한 계속되는 논쟁

Continuing Controversies About Prostitution

16.15 매춘을 개념화하는 방법(특히 합법화와 관련하여)에 대한 계속되는 논쟁에 대해 논의하고 이러한 유형의 상업적 성을 이해하는 데 사용된 다양한 관점을 비교한다.

연구에 따르면 매춘에 대한 태도는 전 세계적으로 다소 엇갈린다. 예를 들어, 한 대규모 설문조사에서 6개 대륙에 거주하는 약 48,000명의 성인에게 해당 주제에 대한 의견을 요청했다(Chon, 2015). 절반 이상(54%)은 매춘이 "절대 정당화될 수 없다"고 동의한 반면, 나머지 46%는 상황에 따라 "다소 정당화할 수 있다"고 응답했다. 사람들은 의견이 분분하며 한 개인이라도 이 특정 주제에 대해 여러 가지 상반된 견해를 가질 수 있다.

법적 지위 Legal Status

매춘에 관한 가장 큰 논쟁 중 하나는 그 법적 지위에 관한 것이다. 이 장의 앞부분("매춘의 간략한 역사")에서 우리는 미국과 다른 세계 국가들이 매춘에 대해 취한 다양한 법적 접근 방식을 고려했다(그림 16-23 참조). 많은 국가에서 매춘은 불법이며 성 서비스를 판매 또는 구매하거나 어떤 방식으로든 성을 교환하도록 조장하는 사람들은 체포 및 형사 기소될 수 있음을 기억하시오. 독일과 뉴질랜드와 같은 소수의 국가에서는 면허 및 기타 규정이 충족되는 한 성인이라면 누구나 성을 사고 팔거나 매춘업소나 상업적인 성매매 업소를 운영하는 것을 허용하는 반대 법적 입장을 취하고 있다. 그러나 매춘은 여전히 불법이거나 하루 중 특정 지역과 시간으로 제한된다.

미국을 포함한 다른 나라들은 이 두 극단 사이에서 어느 정도 떨어져 있다. 호주와 벨기에와 같은 일부 국가들은 매춘부와 의뢰인이 체포될 염려 없이 성관계와 돈을 교환할 수 있도록 하는 제한된 합법적 접근 방식을 채택하고 있지만, 다른 모든 매춘 관련 활동(포경, 매춘부 보관, 호송 서비스 운영 등)은 금지하고 있다. 스웨덴, 캐나다, 프랑스와 같은 일부 국가들은 매춘을 처벌하지 않기로 선택했는데, 여기서 성매매를 직접하는 사람(성매매를 하는 사람)만이 기소에서 면제된다. 매춘의 다른 모든 측면은 불법이며, 따라서 고객, 포주, 대리점, 매춘부, 조달업자 등이 체포되어 기소될 수 있다.

이러한 법적 접근 방식(있는 경우) 중 "올바른" 접근 방식은 무엇일까? 그 질문에 대한 답이 많은(종종 열띤) 토론의 주제라는 사실을 알고 크게 놀라지 않을 것이다. 거의 모든 사람이 성매매에 관한 법적 정책이 어떠해야 하는지에 대한 의견을 가지고 있는 것 같다. 심지어 성의 판매와 구매에 직접 관여하는 여성과 남성도 포함된다.

"직업"으로서의 매춘 Prostitution as "Work"

어떤 사람들은 매춘이 노동의 한 형태로 가장 잘 이해되기 때문에 다른 합법적인 사업체처럼 존중되고 취급되어야 한다고 주장하면서 합법화 편에 선다(Barry, 1995; Bullough & Bullough, 1997). 학계, 성매매를 하는 여성, 성매매를 하는 여성을 묘사하기 위해 "서비스 제공자"와 "성노동자"라는 용어를 사용하고, 성매매를 하는 남성을 묘사하기 위해 "클라이언트" 또는 "고객"이라는 용어를 사용한 것에서 증명되었듯이, 특히 이러한 관점을 지지할 가능성이 높다(Coy, 2012; Niemi, 2010 참조). 이러한 개인들의 눈에는, 매춘은 "자신들 스스로 독립적으로 매춘을 하는 권한을 부여받은 기업가들의 형태를 취한다"(Jeffreys, 2012, p 75).

매춘에 대해 이러한 비즈니스 모델 접근 방식을 채택한 정부 관리와 국회의원은 일반적으로 (철학적이 아닌) 실용적인 고려 사항을 인용한다(Seals, 2015 참조). 그들은 일반적으로 합법화가 표면적으로 제공하는 개인 및 공공 복지에 대한 이점에 중점을 둔다. 예를 들어, 1971년 네바다주의 매춘업 합법화는 부분적으로는 기존 매춘업소 소유주에게 해당 시설의 노동 조건에 대한 책임을 묻도록 하고(그리고 의심할 여지 없이 세금과 라이선스 비용을 징수하려는) 바람에 의해 주도되었다. "합법적인" 사업주로서 네바다의 매춘업소 주인은 다른 사업주와 동일한 건강 및 안전 규정의 적용을 받았고 지금도 계속 적용된다. 주에서 통과된 후속 법률은 매춘 여성이 정기적인 건강 검진을 받고 고객이 콘돔을 사용하도록 하는 것을 포함하여 근로자 안전과 공공 복지 개선에 중점을 두었다(Brents & Hausbeck, 2005).

이와 유사하게, 스웨덴 정부가 1999년에 통과시킨 성구매법(exköpslagen)은 여성에 대한 폭력을 줄이고, 남성이 성매매를 하지 못하게 하고, 매춘과 조직범죄 사이의 관계를 교란하는 것을 포함한 다양한 유익한 사회적 결과를 증진시키기 위해 특별히 고안되었다. 마약과 인신매매로 인해 매춘에 연루된 여성의 수가 감소하였다(Levy & Jakobsson, 2014 참조).

요컨대, 합법화/비범죄화 관점은 매춘에 따른 합법적 상업 기업의 지위는 철학적 관점(여성을 자신의 신체에 대한 접근을 자유롭게 선택할 수 있는 권한을 부여받은 개인으로 보는 것)과 실용적인 관점 모두에서 긍정적인 영향을 미친다는 것을 시사한다(당국에 매춘을 더 효과적으로 규제하고 매춘의 더 문제적인 측면을 줄이거나 제거할 수 있는 수단을 제공함).

반대편에는 이러한 주장에 동의하지 않고 광범위한 합법화의 가치에 의문을 제기하는 사람들이 있다. 예를 들어, 많은 연구자와 활동가는 매춘 여성이 범죄자로 취급되어서는 안 된다는 데 동의한다(Coy, 2012 참조). 그러나 그들은 매춘 그 자체가 전통적인 영리 기업의 특성이 결여되어 있기 때문에 합법화되어 사업으로 취급되어서는 안 된다고 생각한다(Miriam, 2005 참조). 예를 들어, 판매되는 "제품"(성기와 신체 구멍에 대한 접근 및 신체 명령)은 다른 비즈니스 또는 서비스 산업에서 판매되는 제품과 질적으로 다르다. 마찬가지로 매춘 여성의 "제품" 판매는 다른 서비스 전문가가 일반적으로 경험하지 않는 신체적 위험(예: 찢어짐, 찰과상, 생명을 위협하는 질병, 임신 및 폭력)에 노출된다.

기타 사회적 고려 사항 Other Social Considerations

게다가, 많은 과학자들과 학자들은 매춘을 단지 다른 형태의 일로서 개념화하는 것은 그것이 발생하는 더 큰 사회적 맥락을 무시한다고 주장한다(Dines, 2010; Jeffreys, 2012 참조). 예를 들어, 매춘은 매우 성적인 현상(남성은 수요를 제공하고 여성은 공급을 제공하는 현상)이며, 특히 사회적 및 경제적 성 불평등이 특징인 환경에서 번창할 가능성이 높다(Coy, 2012, 2016; Coy et al., 2011 참조). 이 개인들은 "무역으로서의 성" 모델은 수요측(즉, 남성이 여성의 신체에 대한 접근권을 구매할 권리가 있는지 여부)을 무시한 채 매춘의 "사업"의 공급측(즉, 여성이 그들의 몸을 팔 권리가 있는지에)에 너무 많이 초점을 맞춘다고 주장한다. 이러한 관점에서 남성이 성관계를 요구하고 여성이 이를 제공하는 직업의 설립 또는 인정은 남성이 성 서비스를 받을 수 있는 합법적인 권리를 갖는 것을 전제로 한다(Coy, 2012; Miriam, 2005).

> 대리인의 "성 노동" 모델은 애초에 여성의 생존 수단으로서 매춘을 이해하고 합법화하는 것이 남성의 요구라는 현실을 가리고 있다.
>
> (**미리암**, 2005, p. 9)

이 학자들은 여성의 신체를 (합법적으로 사고 팔 수 있는) 상품화하는 것이 모든 여성에 대한 억압에 기여하고 성평등을 향한 사회의 진보를 방해한다고 주장한다. 따라서 매춘은 남성과 여성(및 기타 집단) 사이의 사회 경제적, 정치적, 성적 평등을 특징으로 하는 사회에서 발생하고 유상 섹스에 대한 수요가 남성들에 의해 독점적으로 생성되지 않고 지배되는 사회에서 일어날 때에만 진정으로 비즈니스 모델에 적합할 수 있다.

합법화는 효과가 있는가? Does Legalization Work?

또 다른 연구자들은 매춘에 대한 비즈니스 접근 방식이 단순히 효과가 없다는 실용적인 근거에서 비판했다. 예를 들어, 성매매 합법화를 찬성하는 주장은 성노동자들을 자신의 생계를 통제하는 기업가로 간주하고 시장에서 자유 대리인으로 간주한다. 그러나 현실은 대부분의 합법 매춘 여성이 다른 사람을 위해 일하거나 남성 파트너를 부양하기 위해 일하는 것이다. 결과적으로 합법적인 성 노동 수익의 상당 부분이 포주, 매춘업소 소유주 또는 대리인에게 돌아가고 실제 성행위를 제공하는 여성에게는 거의 없다. 실제로 드리비에르(DeRiviere, 2006)가 수행한 경제 분석에 따르면 캐나다에서 합법적으로 일하는 매춘 여성은 평균적으로 연간 약 27,000달러를 벌었지만 이 수입의 3분의 1 이상(10,000달러 이상)을 포주나 에이전트에게 지불했고, 이로 인해 연간 소득이 17,000달러 미만(평균 연간 소득 41,000달러 보다 훨씬 낮음)이었다. 이 "남은" 수입 중 약 14,000달러가 마약, 알코올 및 고객이 입은 부상에 대한 치료에 사용되었다는 점은 주목할 가치가 있다.

유사하게, 합법화는 매춘 여성에게 급여를 받는 직원이 되고, 연금을 지불하고, 건강 보험에 가입할 수 있는 권리를 부여한다. 그러나 대부분의 고용주는 성노동자를 "에이전트", "독립 계약자" 또는 "파트 타임 노동자"로 분류하여 이러한 혜택 및 기타 혜택을 제공하지 않아도 된다(Sullivan, 2007 참조). 이처럼 매춘 여성은 일반적으로 노동 조건에 대한 통제력이 거의 없고 주인이나 관리자의 변덕에 종속되어 휴식, 병가, 휴가를 받지 못하고 의료 서비스를 받을 수 없으며 고객 트래픽이 느리면 급여를 받지 못한다. 게다가 매춘은 대개 임시직이지만 여성의 잠재적인 수입과 직업 전망에 영구적이고 장기적인 영향을 미치는 경우가 많다. 매춘을 하는 대부분의 여성들은 아주 어릴 때 그렇게 하고, 그들은 그들 또래의 다른 사람들이 일반적으로 받는 정규 교육과 직업과 관련된 기회를 놓친다(예: 경력 상담, 업무 경험, 현장 교육, 네트워킹) (DeRiviere, 2006; Sullivan, 2012).

성매매를 없애고 성매매에 들어가는 여성의 수를 줄이는 등 합법화가 의도했던 긍정적인 사회적 이익을 낳지 못한 것으로 보인다. 사실, 많은 경우에 그것은 반대의 효과를 가져온 것으로 보인다. 매춘을 합법화한 후, 호주의 빅토리아주는 (합법적이고 불법적인) 매춘의 수가 극적으로 증가했고, "이 새로운 수요를 충족시키기 위해 빅토리아로 소녀와 여성을 대량으로 밀매하는 산업"을 경험했다(Sullivan & Jeffreys, 2002). 게다가, 빅토리아에 있는 대부분의 매춘부들은 계속해서 법 밖에서 일한다. 많은 이들이 조직 범죄(성매매 및 마약 밀매 및 돈세탁 포함)와 관련이 있으며 인허가 시 수반되는 규제 감독을 피하고자 한다. 다른 이들은 인허가 수수료를 지불하기를 원하지 않거나 지역 보건 및 안전 법규를 준수하기 위해 시설을 업그레이드해야 한다(Sullivan, 2012 참조). 요컨대 매춘을 업으로 취급한다고 해서 성매매 여성의 근로조건이나 생활환경이 한결같이 개선되거나 국민건강과 복지에 큰 긍정적 영향을 준 것으로는 보이지 않는다(Cho, 2016).

그렇다면 매춘에 관한 해답은 무엇일까? 진실은 이것이나 어떤 종류의 상업화된 성을 둘러싼 많은 복잡한 법적(그리고 도덕적) 질문들에 접근할 수 있는 "올바른" 방법이 없다는 것이다(Carline, 2011). 아마도 더 미묘한 접근이 필요하다. 예를 들어, 일부 지지자들은 (1) 비범죄화(성매매 여성을 더 이상 처벌하지 않기 위해), (2) 대중과 성매매를 하는 남성들에 대한 교육(성매매 여성에 대한 일반적인 오해와 매춘과 관련된 사회적 낙인과 싸우기 위해), (3) 성노동 관련자들을 위한 보다 전문적이고 효과적인 지원 및 퇴출 서비스(Coy, 2012 참조).

우리의 견해는 성교육과 성 건강을 우선시한다(11장 참조). 성 노동의 윤리, 합법성 또는 합법성에 대한 우리의 개인적인 의견을 공유하지 않고, 우리는 매춘, 포르노, 그리고 다른 형태의 상업적인 성의 현실에 대해 아는 것의 중요성을 단언한다. 그리고 우리는 각 개인이 성적으로 건강한 삶을 사는 것, 즉 그녀나 그의 성에 대해 긍정적으로 느끼고 어떠한 압력(사회적, 경제적 압력 포함)으로부터도 성적인 활동에 참여하거나 관여하지 않는 것을 선택할 수 있는 권리라는 우리의 확신을 유지한다. 이 장에서 소개된 다른 주제들뿐만 아니라 매춘에 대해 어떻게 느끼는지는 물론 여러분에게 달려 있다.

개인적인 생각 Personal Reflections

이 나라에서 매춘에 대해 어떻게 생각하는가? 그것이 불법으로 남아 있어야 할까(일부 네바다 카운티를 제외한 모든 카운티에서 그러하듯이), 아니면 합법화를 시도해야 할까? 그리고 그것을 규제? 왜? 매춘이 선택의 여지가 없는 기업이나 해로운 사회적 관행으로 가장 잘 특징지어진다고 생각하는가? 자신에게 물어보시오. 매춘업소에서 일하거나 운영하거나 주식을 소유하는 것이 편안한가? 당신의 연인이나 형제자매 중 한 명이 에스코트가 되기로 결정했다면 어떤 기분이 들겠는가? 아니면 자녀 중 한 명이 매춘부가 되기를 열망했다면? 이것은 종종 대답하기 쉬운 질문이 아니다.

스터디 가이드

핵심용어 Key Terms

길거리 매춘/거리 산책 [street prostitution(streetwalking)], p. 484
렌탈 보이(rent boy), p. 486
매춘(prostitution), p. 483
매춘업소(brothel prostitution), p. 485
비걸(B-girls), p. 484
성 노동(sex work), p. 481
성매매(sex trafficking), p. 491
시설 기반 매춘(establishment-based prostitution), p. 484
아웃콜 매춘(outcall prostitution), p. 486
음란매체(sexually explicit media), p. 463
에로티카(erotica), p. 469
에스코트(escort), p. 486
외설(obscenity), p. 469
지골로(gigolo), p. 488
콜걸(call girl), p. 486
포르노그래피(pornography), p. 469
허슬러(hustler), p. 486

상호검토 Interactive Review

뒤의 정답 참조.

섹스는 연간 수십억 달러의 사업이다. 성적으로 노골적인 미디어는 우리 현대 사회에 새로운 것이 아니다. 상세한 동굴 에칭과 돌 조각은 (1) _______에서 발견되었다. 사랑, 구애, 결혼, 가족 생활에 대한 5세기 인도 안내서를 포함하여 기록된 자료도 발견되었다. 이 안내서는 (2) _______(이)라고 한다.

미국에서 상업적으로 출시된 영화는 종종 영화 산업이 (4) _______를/을 방지하기 위한 노력의 일환으로 1927년 자발적으로 (3)______를/을 개발할 때까지 성적인 내용을 포함했다. 영화에서 상영이 금지된 주제 중 일부는 (5) ______, (6) _______ 및 (7) ______이다. 물론 오늘날 영화와 기타 상업 매체에는 일상적으로 성적인 주제와 내용이 포함되어 있다.

(8) ______는/은 특히 컴퓨터, 휴대전화 또는 기타 웹 지원 장치에 액세스할 수 있는 거의 모든 사람이 음란물에 액세스할 수 있도록 했다. 신뢰할 수 있는 통계를 얻기는 어렵지만 웹 포르노는 (9) ______달러의 산업으로 추정된다. 인터넷 사용자는 성인 웹사이트에서 음란물을 다운로드하거나 볼 수 있고, 성행위를 라이브 스트리밍으로 제공하는 (10) ______ 사이트를 방문하거나, 에로틱 팬 픽션 전용 사이트를 방문할 수 있다. 연구에 따르면 (11) ______는/은 온라인 비디오 및 웹캠 포르노의 주요 소비자인 반면 (12) ________는/은 에로틱한 팬 픽션 사이트에 액세스할 가능성이 더 높다.

(13) __________는/은 섹슈얼리티에 대한 친밀하고 축하하는 비전을 제시하고 예술적으로 고양되는 성적인 주제

를 가진 미디어를 가리키는 일반적인 용어이다. 각성을 유발하도록 특별히 설계된 노골적인 상업적 매체는 일반적으로 (14) _______(이)라고 한다. 성적으로 노골적인 미디어가 수정헌법 제1조에 의해 보호되는지 여부를 결정할 때 법원은 (15) _______에 의존한다. 이 테스트의 세 가지 조항은 (a) (16)______를/을 적용하는 평범한 사람이 물질이 음탕한(불건전한) 욕망이나 이익에 호소한다는 것을 발견하는 경우 해당 자료가 외설적인(따라서 수정헌법 제1조에 의해 보호되지 않음) 지정한다. (b) 주법에 정의된 대로 명백하게 또는 노골적으로 성적 행위를 묘사하는 자료 (17)________; 그리고 (c) 자료 부족 (18)_____.

미국에서 음란물 사용에 대한 연구에 따르면 지난 1년 동안 약 (19) ______명의 남성이 여성과 마찬가지로 최소한 한 편의 음란물 영화를 본 것으로 나타났다. 흥미롭게도, 사회 평론가들이 자주 주장하는 것에도 불구하고, 최근 몇 년 동안 음란물 소비 비율은 (20) ______ 것으로 보인다. 그러나 음란물 사용 비율은 일반적으로 노인보다 젊은 사람들 사이에서 (21) __________(이)다. 남성은 일반적으로 여성보다 음란물에 대해 더 많은 (22) ____ 태도를 가지고 있다. 대부분의 사람들은 성적 흥분을 유발하기 때문에 포르노를 사용하지만 십대와 젊은 성인은 종종 (23) _______ 및 (24) _______에 의해 동기가 부여된다.

음란물이 음란물을 사용하는 사람들에게 미칠 수 있는 유해한 영향에 대한 우려 때문에 연방 정부는 두 차례의 대규모 조사를 승인했다. 존슨 대통령이 1968년에 설립한 위원회는 (성인의 경우) 음란물에 대한 노출은 성범죄 및 기타 일탈/해로운 행동으로 인해 (25)_______(이)라고 결론지었다. 그러나 레이건 대통령이 1985년에 설립한 위원회는 누드가 해롭지 않지만 (26) _______ 및 (27) ______ 포르노에 대한 노출은 강간 신화 수용 및 여성에 대한 폭력을 지지하는 기타 태도와 관련이 있다고 결론지었다. 마지막으로 위원회는 한 유형의 음란물, 특히 (28) _____ 음란물이 여성에 대해 신체적으로 공격적인 행동을 유발한다고 결론지었다.

후속 연구에 따르면 남성과 여성 모두 성적으로 노골적인 자료에 의해 생리학적으로 각성되는 것으로 나타났다. 그러나 지속적으로 노출되면 일반적으로 성적 관심이 감소한다. 이 현상은 (29) _______(으)로 알려져 있다. 연구에 따르면 남성의 각성은 범주별로 다르다. 즉, 이성애 남성은 섹스를 하는 (30) ______의 이미지에 가장 흥분되는 반면, 동성애 남성은 (31) _______ 섹스를 하는 이미지에 가장 자극을 받는다. 반면에 여성은 성적 활동에 참여하는 다양한 유형의 사람들에게 생리학적으로 각성될 수 있다. 흥미롭게도 남성과 여성 모두 음란물에 의해 성기 자극을 받기는 하지만 남성은 일반적으로 여성보다 (32) _______ 감정적 반응을 보이며 더 높은 수준 (33) _______를/을 보고한다.

음란물 사용은 (34) _______, (35) _______ 및 (36) _______를/을 포함하여 특정 유형의 위험한 성행위에 참여할 가능성 증가와 관련이 있다. 대학생들 사이에서 음란물 사용은 가장 위험한 섹스 유형 중 하나를 경험할 가능성이 더 높은 것과 관련이 있다: (37) __________. 음란물 사용 빈도는 (38) _____, 특히 남성의 경우 (39) _______를/을 포함한 여러 심리적 결과와 관련이 있다. 사실, 남성이 포르노를 많이 볼수록 (40) __________에 덜 만족한다. 마지막으로, 연구에 따르면 음란물을 보는 남성과 여성은 현재 관계에 대해 덜 (41)_____, 파트너에게 더 적게 (42) ________ 보고하는 경향이 있다. 그들은 또한 다른 사람들과 바람을 피우고 불륜을 저지를 가능성이 더 크다.

연구는 일반적으로 음란물과 강간을 지지하는 태도 사이의 연관성에 대한 Meese 위원회의 결론을 확인했다. 남성과 여성 모두 음란물 소비의 양이나 수준은 (43) _______과/와 관련이 있다. 또한 폭력적인 주제가 포함된 노골적인 성적 자료에 노출되면 남성이 강간 피해자에 대해 (44) ___________ 되고, (45) ______에 대한 믿음이 커지고, (46) ______할 것이라고 말할 가능성이 더 높아진다. 시간이 지남에 따라 참가자를 추적하는 전향적 조사는 한 시점에서 포르노를 사용하는 남성이 나중 시점에서 (47) ______에 참여할 가능성이 더 높다는 것을 보여준다. 사실, 더 많은 양의 포르노를 보는 남성과 여성 모두 더 적은 양의 포르노를 보는 사람들에 비해 섹스를 얻기 위해 (48) ______를/을 사용했다고 보고할 가능성이 더 크다. 마지막으로 남성 참가자를 대상으로 한 실험실 실험에서 폭력적 및 비폭력적 음란물에 노출되면 실제로 여성(남성은 아님)에 대해 (49)_____가/이 발생한다는 사실이 밝혀졌다.

과학자들과 정부 관리들이 음란물에 노출되는 것을 우려하는 것은 놀라운 일이 아니다. 그러나 많은 행동 과학자들은 성적으로 노골적인 자료 자체는 해롭지 않지만 (50) _____ 및/또는 (51) ______의 주제/장면을 포함할 때 해로울 수 있다고 믿는다. 이 주장을 뒷받침하는 확실한 증거가 있다.

음란물을 금지하거나 허용해야 하는가? 대부분의 사람들은 일부 유형의 성적으로 노골적인 자료가 공격적이라고 생각하지만 이 자료를 검열하거나 금지하려는 시도는 수정헌법 제1

조의 권리에 대한 의문을 제기한다. 우리는 어린이와 청소년이 온라인에서 노출되는 성적(또한 폭력적인) 이미지에 대해 우려한다는 것을 알고 있다. 우리는 또한 대부분의 포르노가 여성(그리고 남성은 덜하지만)을 비하하는 방식으로 묘사하고 성의 (53) ______ 측면을 무시하면서 (52) ________ 측면을 강조한다는 것을 안다. 많은 전문가들은 아동, 청소년, 그리고 서로의 섹슈얼리티에 대한 (54) ______의 중요성을 강조하고 부모, 교사 및 포르노 미디어를 만드는 사람들이 이 장에서 논의한 해로운 결과에 대응하기 위해 보다 총체적이고 개인적이며 친밀하고 "성적 긍정적" 스크립트를 제시하도록 권장한다. 결론은 수정헌법 제1조의 권리와 공익을 보호하려는 욕구 사이에 항상 긴장이 있을 수 있다는 것이다. 어디에서 선을 그어야 할지 결정하기가 쉽지 않다.

매춘은 (55) ______의 일부 카운티를 제외하고 미국의 모든 지역에서 불법이다. 많은 국가에서 매춘은 불법이다; 그러나 일부 국가에서는 (56)______ 접근 방식을 채택하여 개별 매춘 여성과 고객이 섹스와 돈을 교환할 수 있지만 매춘업소 유지, 포주 및 기타 형태의 매춘을 조장하는 것은 불법이다. 다른 국가에서는 (57) ______ 성별이 체포 및 기소에서 면제되는 개인만 비범죄화 접근 방식을 채택했다.

전 세계적으로 매춘에 종사하는 사람들(대부분 소녀와 여성)의 수는 약 (58) ________명으로 추정된다. 서구 국가에서 개인의 약 (59)______%가 돈을 위해 성을 교환했다(미국에서는 십대의 약 3.5%가 그렇게 했다).

매춘에는 여러 유형이 있으며 모두 외부에서 발생하는지 내부에서 발생하는지에 따라 구별될 수 있다. 여성 매춘부 중에서 (60) __________는/은 외부에서 발생하며 고용을 위한 가장 위험하고 수익성이 가장 낮은 형태의 섹스이다(이에 종사하는 여성의 경우). 바, 호텔, 카지노 또는 클럽에서 청탁을 하는 여성을 (61) _______(이)라고 한다; 거리의 매춘부처럼 그들 중 많은 사람들이 수입의 대부분을 차지하는 포주가 있다. 또 다른 시설 기반 매춘 유형은 (62) ___________(으)로, 현재 미국에서 합법화된 유일한 유형의 매춘이다. "내부" 매춘의 또 다른 유형에는 매춘부가 에이전시, 브로커, 광고 목록 서비스 또는 개인 웹사이트를 통해 서비스를 광고하는 아웃콜 작업이 포함된다. (63) ______ 및 (64) __________(으)로 일하는 여성은 일반적으로 매춘업소, 바 또는 클럽 매춘부보다 더 많은 비용을 청구한다. 남성 매춘부는 종종 (65) ____________________(이)라고 하며, 여성 파트너와 마찬가지로 일반적으로 남성에게 서비스를 제공한다. 그러나 에스코트와 지골로에는 (66) ______ 고객도 있을 수 있다.

대부분의 개인이 매춘에 참여하는 주된 이유는 (67) __________이다. 많은 매춘부들도 어린 시절 학대를 받았으며 (68) __________의 역사를 가지고 있다. 불행히도 매춘 자체가 이러한 문제에 더 기여할 가능성이 있다. 많은 매춘 여성들이 계속해서 재정적으로 고통을 받고 있으며, 고객의 손에 폭력을 가할 가능성이 높으며, (69) __________를/을 포함한 다양한 정신 건강 문제로 고통받고 있다. 대부분은 긍정적인 낭만적 관계를 형성하는 데 어려움을 겪으며 친구와 가족에게서 (70) __________를/을 찾을 수 없다고 느낀다.

성을 구매하는 고객에 대한 연구에 따르면 오직 (71) ______ 미국 남성만이 정기적으로 성매매를 하러 가는 것으로 나타났다. 여성에게서 성을 구매하는 사람들은 거의 모두 (72) __________이지만 상당히 다양한 그룹이다. 에스코트를 통해 성을 구매하는 남성은 길거리 서비스를 이용하는 남성에 비해 백인, 기혼, 교육수준 및 (73) _________가/이 높을 가능성이 더 많다. 길거리에서 성행위를 하는 남성들은 (74) ______를/을 원하는 경향이 있는 반면, 에스코트를 하러 가서 여자에게 전화하는 남성은 (75) _______(성적 및 정서적 만족 모두)(으)로 설명된 것을 원하는 것 같다.

성매매는 세계적인 문제이다. 매년 (76) _______ 백만 명이 넘는 사람들이 노예가 되며, 약 (77) _______%가 강제로 상업적 성 노동에 참여하거나 개인 성노예로 팔린다.

매춘에 대한 태도는 전 세계적으로 혼합되어 있으며 많은 사람들이 매춘에 완전히 반대하고 다른 사람들은 어떤 상황에서는 적어도 어느 정도 수용 가능하다고 생각한다. 합법화를 믿는 사람들은 종종 매춘을 (n) (78) ______(으)로 이해하고 취급해야 한다고 주장한다. 합법화에 반대하는 사람들은 매춘이 전통적인 상업 기업의 특성이 결여되어 있으며 매춘을 그렇게 보는 것은 그것이 발생하는 (79) ______를/을 무시한다고 주장한다. 사람들이 어떤 관점을 채택하든지 연구에 따르면 합법화는 일반적으로 매춘 여성 자신이나 (80) _____의 생활 환경에 긍정적인 영향을 미치지 않았다.

자기진단 Self-Test

뒤의 정답 참조.

A. 참(T) 혹은 거짓(F)

T F 81. 매년 미국인들은 프로 스포츠보다 섹스에 더 많은 돈을 쓰고 있다.

T F 82. 성적으로 노골적인 매체는 최근 인간이 발명한 것이다.

T F 83. 초기(1910년대~1920년대) 미국 영화는 1930년대와 1940년대 영화보다 누드와 섹슈얼리티가 더 많이 등장했다.

T F 84. 대부분의 성인 웹사이트 운영자가 사이트 방문 및 수익에 대한 통계를 게시하기 때문에 인터넷 포르노 및 에로티카에 대한 신뢰할 수 있는 정보를 쉽게 얻을 수 있다.

T F 85. 라이브 스트리밍(웹캠) 포르노 사이트를 방문하는 거의 모든 고객은 남성이다.

T F 86. 일부 학자들은 에로틱한 팬 픽션 사이트가 여성과 소녀들을 위한 더 "환영적인 성적 공간"을 만든다고 믿는다.

T F 87. 에로티카와 포르노의 주요 차이점은 에로티카는 예술적이며 포르노는 외설적이라는 것이다.

T F 88. 미국에서 법적 포르노그래피는 수정헌법 제1조에 따라 보호되는 성적으로 노골적이고 자극적인 상업적 자료를 말한다.

T F 89. 남성이 여성보다 약 2배 더 많은 음란물을 시청한다.

T F 90. 지난 몇 년 동안 음란물 사용이 급격히 증가했다.

T F 91. 음란물의 영향을 조사하기 위해 구성된 두 대통령 위원회는 음란물이 부정적인 영향을 미치지 않으며 완전히 합법화되어야 한다고 결론지었다.

T F 92. 연구에 따르면 음란물을 많이 보는 사람들은 결국 그것에 익숙해진다(덜 자극적임).

T F 93. 음란물을 사용하는 사람들은 그렇지 않은 사람들보다 성적으로 더 관대한 태도를 보이는 경향이 있다.

T F 94. 외설물을 많이 보는 사람들은 연인과 바람을 피울 가능성이 적다.

T F 95. 음란물을 보는 남성은 보지 않는 남성보다 친구가 강제 성관계를 승인한다고 믿을 가능성이 더 크다.

T F 96. 매춘업소 매춘은 노예 제도와 오랜 역사적 연관성을 가지고 있다.

T F 97. 미국에서 매춘은 네바다와 뉴멕시코에서만 합법이다.

T F 98. 매춘을 하는 대부분의 여성과 남성은 섹스를 정말 즐기기 때문에 그렇게 한다.

T F 99. 많은 매춘 여성들은 어린 시절 학대와 현재 약물 및 알코올 사용/남용을 특징으로 하는 배경을 가지고 있다.

T F 100. 매춘을 합법화하기로 선택한 국가들은 성매매를 줄이고 매춘에 참여하는 여성의 수를 줄이는 등 많은 사회적 혜택을 가져온 것으로 보인다.

B. 짝짓기

_______ 101. 비걸(B-girl)
_______ 102. 매춘업소(Brothel)
_______ 103. 콜걸(Call girl)
_______ 104. 지골로(Gigolo)
_______ 105. 허슬러(Hustler)
_______ 106. 커브 크롤러(Curb crawler)
_______ 107. 포주(Pimp)
_______ 108. 스트리트 워커(Streetwalker)
_______ 109. 창녀(Window prostitute)
_______ 110. 에스코트(Escort)

a. 네바다(Nevada)에 있는 합법적이고 허가된 시설로 고객이 돈을 지불하고 그곳에서 일하는 여성과 섹스를 할 수 있다.

b. 모니카는 저녁 시간에 어울리는 바에서 손님들을 초대한다.

c. 조이는 인터넷에서 자신의 서비스를 광고하고 나이든 여성들이 돈을 받고 섹스를 하고 사교 행사에 동행한다.

d. 포이베는 자신의 아파트에서 일하며 그녀의 고객은 그녀와 섹스를 하기 위해 약속을 해야 한다.

e. 로스는 마을 서쪽에서 트릭을 하는 6명의 여성이 번 돈의 75%를 가져간다.

f. 챈들러는 구강 성교에 대한 비용을 지불할 여성을 찾기 위해 밤에 거리를 운전한다.

g. 샘은 자신과 섹스를 하고 싶어하는 거리의 남자들로부터 돈을 받는다.

h. 라헬은 암스테르담에서 일한다. 그녀는 매일 밤 거리의 창가에 서서 손님을 모신다.

i. 보니는 재정적으로 안정적인 사업가들과 "데이트"를 하는 독점 대행사에서 일한다. 그런 다음 유료로 추가 성 서비스를 제공하기 위한 조치를 취한다.

j. 리디아는 밤에 거리를 걸어다니며 그녀에게 섹스에 대한 대가를 지불할 용의가 있는 고객을 찾는다.

정답

Chapter 1

1. 그들의 친구
2. 미디어(예: TV)
3. 85
4. 섹슈얼리티
5. 성경의 히브리서
6. 기독교인
7. 성 아우구스티누스
8. 빅토리아 여왕
9. 페니실린
10. 피임약과 IUD
11. 사회화
12. 미디어
13. 신분증
14. 지그문트 프로이트
15. 헨리 해블록 엘리스
16. 알프레드 킨지
17. 마스터스와 존슨
18. 참(T)
19. 거짓(F)
20. 거짓(F)
21. 거짓(F)
22. 거짓(F)
23. 거짓(F)
24. 거짓(F)
25. 참(T)
26. 참(T)
27. 거짓(F)
28. 거짓(F)
29. 거짓(F)
30. 참(T)
31. 참(T)
32. 참(T)
33. 참(T)
34. 거짓(F)
35. 거짓(F)
36. e
37. m
38. f
39. g
40. c
41. i
42.a
43. i
44. n
45. 이니스 백(Inis Baeg)
46. 여가, 이동, 피임, 항생제
47. 해당 크기의 각 가능한 샘플
48. 몸, 영혼
49. 정액루
50. "성기 접촉을 포함하는 다른 사람과의 상호 자발적인 활동..."
51. TV

Chapter 2

1. 외음부
2. 치구
3. 대음순
4. 소음순
5. 음핵
6. 질 개구부
7. 요도 개구부
8. 치구
9. 대음순의 외부 표면
10. 음핵
11. 페니스(음경)
12. 소음순
13. 전정 영역
14. 처녀막
15. 18
16. 질
17. 자궁
18. 나팔관
19. 난소
20. 질
21. 질
22. 그라펜베르그(G) 스팟
23. 난소
24. 나팔관
25. 자궁
26. 자궁내막
27. 자궁경부암
28. 음낭
29. 고환
30. 음경해면체
31. 요도해면체
32. 귀두
33. 포피
34. 할례
35. 고환
36. 테스토스테론
37. 부고환
38. 정관
39. 사정관
40. 요도
41. 전립선
42. 정낭
43. 정액
44. 쿠퍼샘
45. 고환
46. 전립선
47. 참(T)
48. 참(T)
49. 참(T)
50. 거짓(F)
51. 거짓(F)
52. 참(T)
53. 거짓(F)
54. 참(T)
55. 거짓(F)
56. 참(T)
57. 거짓(F)
58. 거짓(F)
59. 거짓(F)
60. 거짓(F)
61. 거짓(F)
62. b
63. e
64. c
65. a
66. f
67. l
68. h
69. i
70. j
71. k
72. d
73. g
74. m
75. n
76. 전립선
77. 대음순
78. 자궁내막
79. 혈액
80. 쿠퍼의 땀샘
81. 지방 조직의 양
82. 월경 직후
83. 사정관
84. 정낭
85. 따뜻한 목욕이나 샤워 후
86. 바르톨린샘
87. 정세관
88. 음핵

89. 치골(PC)
90. 앞
91. 프로락틴

Chapter 3

1. 내분비
2. 테스토스테론
3. 에스트로겐
4. 프로게스테론
5. 뇌하수체
6. 28
7. 난포 자극 호르몬(FSH)
8. 난포
9. 여포(또는 증식)
10. 자궁내막
11. FSH
12. 황체 형성 호르몬(LH)
13. LH
14. 배란
15. 복강
16. 나팔관
17. 황체(또는 분비)
18. 황체
19. 자궁내막
20. 자궁내막
21. 월경
22. 최소 7일
23. 발정
24. 발정(배란)
25. 정자 생산
26. 황체 형성 호르몬
27. 남성 호르몬(예: 테스토스테론)
28. 금기
29. 자궁내막 조직이 벗겨짐
30. 자궁경부 점액
31. 혈액
32. 무월경
33. 3~14
34. 월경전 증후군(PMS)
35. 월경 시작과 함께
36. 월경통
37. 프로스타글란딘
38. 자궁내막 조직이 자궁 밖에서 자람
39. 독성 쇼크 증후군
40. 테스토스테론
41. 에스트로겐
42. 프로게스테론(및 옥시토신)
43. 테스토스테론
44. 고혈압; 간, 전립선 및 유방 종양; 생식 기능 장애; 남성화 여성; 정서적 또는 심리적 문제
45. 거짓(F)
46. 거짓(F)
47. 거짓(F)
48. 거짓(F)(28일은 평균)
49. 참(T)
50. 참(T)
51. 거짓(F)(이에 대한 강력한 증거가 없음)
52. 거짓(F)
53. 거짓(F)
54. 참(T)
55. 거짓(F)
56. 거짓(F)
57. h
58. d
59. n
60. j
61. l
62. k
63. b
64. m
65. f
66. o
67. e
68. p
69. i
70. a
71. c
72. g
73. 뇌하수체
74. 페로몬
75. 난포
76. 황체
77. 월경기
78. 인간 융모막 생식샘 자극 호르몬(HCG)
79. 생식샘자극호르몬 방출 호르몬(GnRH)
80. 프로게스테론
81. 테스토스테론
82. 인히빈
83. 옥시토신
84. 배란, 5, 1
85. 월경 시작

Chapter 4

1. 성적 욕망
2. 성적 흥분
3. 성행위
4. 성적 감정과 인지
5. 마스터스와 존슨
6. 흥분기
7. 고원기
8. 오르가즘기
9. 해소기
10. 성적 반응 주기
11. 헬렌 싱어 카플란
12. 성적 욕망
13. 로즈마리 바슨
14. 원형
15. 혈관 울혈
16. 음경 발기
17. 질 윤활
18. 주관적 각성
19. 고원기
20. 오르가즘 플랫폼
21. 치골을 뒤로 당겨 음핵 후드 아래에서 사라진다
22. 50~75%
23. 섹스 텐션 플러시 또는 섹스 플러시
24. 리드미컬한 근육 수축
25. 두뇌 또는 마음
26. 유사
27. 배출(emission)
28. 방출(expulsion)
29. 사정
30. 불응기
31. 다중 오르가즘
32. 해소기
33. 75
34. 60(기술적으로 62%, 국가 조사에 따르면)
35. 음핵
36. 음핵
37. 질
38. 음핵
39. 앞
40. G 스팟
41. 체액의 배출(또는 사정)
42. 전립선
43. 중요하지 않다고
44. 최음제
45. 참(T)
46. 거짓(F)
47. 참(T)
48. 거짓(F)
49. 참(T)
50. 참(T)
51. 거짓(F)(윤활이 반드시 "준비"를 의미하지는 않음)
52. 참(T)
53. 거짓(F)
54. 참(T)
55. 거짓(F)
56. 거짓(F)
57. 거짓(F)
58. 참(T)
59. 참(T)
60. 거짓(F)
61. 참(T)

62. 거짓(F)
63. 거짓(F)
64. 거짓(F)
65. 참(T)
66. 거짓(F)
67. 참(T)
68. 거짓(F)(남성만)
69. d
70. b, g, j, k, l, n, s
71. a, c, f, i, q, r, t
72. e, p, u
73. h, m, o
74. b, c, g, i, k, q, t
75. 혈관 울혈, 근긴장도 및 심폐 변화
76. 혈관 울혈
77. 요도(또는 스키네샘)
78. 섹스 텐션 플러시 또는 섹스 플러시
79. 오르가즘 플랫폼
80. 불응기

Chapter 5

1. 2
2. 박테리아
3. 바이러스
4. 기생충
5. 임질
6. 클라미디아
7. 매독
8. 임질
9. 클라미디아
10. 골반염증성질환(PID)
11. 매독
12. 항생제
13. 피부, 피부
14. 재발
15. 간
16. 대변
17. 혈액 및 기타 체액
18. 인유두종
19. 인간면역결핍바이러스 (HIV)
20. CD4+
21. 면역
22. 기회주의적
23. 11
24. 친밀한 성행위
25. 피
26. 우연한 접촉
27. 남자와 여자
28. 기생충의 침입
29. 트리코모나스증
30. 모니알
31. 세균성 질염
32. 거짓(F)
33. 참(T)
34. 거짓(F)
35. 거짓(F)
36. 거짓(F)
37. 참(T)
38. 거짓(F)
39. 참(T)
40. 거짓(F)
41. 참(T)
42. 거짓(F)
43. 거짓(F)
44. 거짓(F)
45. 참(T)
46. 거짓(F)
47. 참(T)
48. 거짓(F)
49. 거짓(F)
50. 거짓(F)
51. 거짓(F)
52. 참(T)
53. 거짓(F)
54. 참(T)
55. 참(T)
56. 참(T)
57. 참(T)
58. 거짓(F)
59. 참(T)
60. 거짓(F)
61. a
62. l
63. c
64. q
65. h
66. f
67. o
68. i
69. m
70. j
71. e
72. n
73. g
74. b
75. d
76. p
77. k
78. 기생충
79. 골반 염증성 질환
80. 인유두종바이러스 감염
81. 인간면역결핍바이러스 (HIV) 감염
82. 질 감염의 유형
83. A형과 B형 간염
84. 자궁외 임신, 불임
85. 매독, 인간면역결핍바이러스, 간염
86. 스트레스
87. 점막
88. 비임균성(또는 비특이적) 요도염
89. 효모(모니알)
90. 요충
91. 클라미디아
92. CD4+
93. 처음 60일 동안 및 감염 후기(AIDS)
94. HIV 항체
95. 임질, 클라미디아, 매독(찬크레는 종종 내부에 있음), HPV 감염, HIV 감염
96. HPV 감염, HIV 감염, 트리코모나스증
97. 항상 콘돔을 사용하고, 장기간의 일부일처제 관계가 될 때까지 성관계를 삼가한다.
98. HPV 감염

Chapter 6

1. 9
2. 45%
3. 성생활 자제, 금욕
4. 달력
5. 빌링스법(점액관찰법)
6. 증상발열법
7. 배란
8. 수유성 무월경
9. 살정제
10. 다이어프램
11. 자궁경부 캡
12. 콘돔
13. 피임 스펀지
14. 질 또는 자궁
15. 성병에 대한 보호 제공
16. 에스트로겐
17. 프로게스테론
18. 패치
19. 누바링
20. 데포-프로베라
21. 3~5 (종류에 따라 다름)
22. IUD
23. 넥스플라논
24. 정관
25. 난관 불임술
26. 참(T)
27. 참(T)
28. 거짓(F)
29. 참(T)
30. 거짓(F)
31. 거짓(F)
32. 참(T)
33. 참(T)

34. 거짓(F)
35. 거짓(F)
36. 거짓(F)
37. 거짓(F)
38. 거짓(F)
39. 거짓(F)
40. 참(T)
41. 참(T)
42. 참(T)
43. 거짓(F)
44. 거짓(F)
45. 참(T)
46. 참(T)
47. 참(T)
48. 참(T)
49. 참(T)
50. 참(T)
51. 참(T)
52. 거짓(F)
53. n
54. i
55. k, d
56. d
57. 주로 b, 이차적으로 e
58. h
59. h
60. e
61. e
62. 주로 e, 이차적으로 b, g
63. j, a
64. c, j
65. a, m
66. c, j
67. c, j
68. l
69. f
70. c, j
71. c, j
72. 많은 남자들이 제때 질외사정하지 못하기
73. 그는 20번의 사정을 할 때
74. 7, 20
75. 약간 상승
76. 맑고 미끄럽게
77. 유성
78. 남성용 콘돔, 여성용 콘돔, 피임용 스펀지
79. 응급 피임법 사용
80. 5일
81. 금욕

Chapter 7

1. 배란
2. 5
3. 1
4. 나팔관
5. 자궁내막
6. 이소성
7. 클라미디아 및/또는 임질
8. 인간 융모막 성선 자극 호르몬(HCG)
9. 삼분기
10. 배아
11. 2
12. 태아
13. 7
14. 태동
15. 4 또는 5
16. 기형 유발 물질
17. 양수천자
18. 공포-긴장-고통
19. 조산사
20. 수축
21. 팽창
22. 분만 시작 단계
23. 양막
24. 전환 단계
25. 완전히 확장됨
26. 머리
27. 탯줄
28. 태반
29. 제왕절개
30. 단백질
31. 산후 우울 또는 우울증
32. 4~6
33. 1년
34. 40
35. 40
36. 20
37. 낮은 정자 수
38. 인공 수정
39. 나팔관
40. 배란
41. 시험관 수정
42. 거짓(F)
43. 참(T)
44. 거짓(F)
45. 참(T)
46. 거짓(F)
47. 거짓(F)
48. 거짓(F)
49. 거짓(F)
50. 참(T)
51. 거짓(F)
52. 거짓(F)
53. 참(T)
54. 거짓(F)
55. 거짓(F)
56. 거짓(F)
57. 거짓(F)
58. c
59. d
60. h
61. b
62. g
63. f
64. a
65. e
66. c
67. 상실배, 배반포
68. 탯줄
69. 자간전증
70. 하강감(lightening)
71. 수축이 정기적으로 10분 간격으로(또는 더 빨리) 오는지 여부; 수축이 규칙적으로 최소 30초 이상 지속되는지 여부; 자궁경부가 2~3센티미터 이상 확장되었는지 여부; 자궁경부가 70% 이상 제거되었는지 여부
72. 첫 번째
73. 나팔관
74. 25~35(11~15 kg)
75. 배반포
76. 머리
77. 24시간
78. 양막
79. 회음절개술, 제왕절개술
80. 22~23주
81. 1년
82. 최소 11개월

Chapter 8

1. 성 정체성
2. 성 역할
3. XX
4. XY
5. 클라인펠터
6. 터너
7. 테스토스테론
8. 소녀
9. 선천성 부신 과형성
10. 성별위화감
11. 트랜스젠더
12. 프로이드
13. 사회적 학습
14. 성 불변성
15. 6 또는 7
16. 진화론적(사회생물학적)
17. 사회문화적
18. 독립
19. 양성애
20. 스키마
21. 성적 욕망
22. 사회성

23. 거짓(F)
24. 참(T)
25. 참(T)
26. 참(T)
27. 참(T)
28. 거짓(F)
29. 참(T)
30. 참(T)
31. 참(T)
32. 참(T)
33. 참(T)
34. 거짓(F)
35. 거짓(F)
36. 참(T)
37. 참(T)
38. f, k
39. e
40. g
41. m, h
42. n
43. b, h
44. b, d, h
45. c
46. f, k, l
47. a, h
48. j
49. i, h
50. h
51. 성 불변성
52. 1800년대(미국과 다른 나라들이 산업화되었을 때)
53. 사회문화적
54. 신분증
55. 사회화
56. 고정 관념
57. 미분화
58. 남근
59. 양성
60. 테스토스테론
61. 복장 도착자 트랜스젠더 개인
62. 모방
63. 남성성과 여성성의 사회적 구성
64. 표현력
65. 2
66. 성 스키마
67. 테스토스테론
68. 두 영혼(two-spirit)

Chapter 9

1. 뚜렷한 선호도
2. 2.5~7%
3. 2, 3, 4
4. 성 정체성
5. 역할
6. 오이디푸스
7. 사회학습이론
8. 삼비안
9. 유전
10. 두뇌
11. 호르몬
12. 상호작용
13. 고대 그리스인
14. 로마서
15. 토마스 아퀴나스
16. 커밍아웃
17. 동성애 성향이 있음을 스스로 인정하는 것
18. 성적 편견
19. 변경하지 말아야
20. 참(T)
21. 거짓(F)
22. 거짓(F)
23. 거짓(F)
24. 거짓(F)
25. 거짓(F)
26. 거짓(F)
27. 참(T)
28. 참(T)
29. 거짓(F)
30. 거짓(F)
31. 거짓(F)
32. 거짓(F)
33. 거짓(F)
34. 거짓(F)
35. 거짓(F)
36. 참(T)
37. 거짓(F)
38. a
39. b
40. e
41. d
42. b
43. e
44. c
45. a
46. e
47. d
48. b
49. 청소년기
50. 출생 전 또는 직후
51. 영향을 끼친다
52. 동성애 성향을 인정하는 것; 다른 동성애자들을 알게 됨; 가족과 친구들에게 자신의 성적 취향을 이야기하는 것; 동성애에 대한 완전한 개방
53. 소크라테스, 레오나르도 다빈치, 미켈란젤로, 거트루드 스타인, 월트 휘트먼 등

Chapter 10

1. 3~5
2. 겸손(공개적으로 자신의 신체를 노출하는 것에 대한 억제)
3. 사춘기
4. 재생산
5. 호르몬
6. 자기 정체성
7. 절반 이상
8. 또래의 압력
9. 일부일처제
10. 20대 중반 ~ 30대 중반
11. 폐경
12. 질 윤활
13. 테스토스테론
14. 불응기
15. 어렸을 때 성에 대한 태도
16. 성 교육
17. 유아기(미취학 아동)
18. 당신이 그것을 말하는 방법
19. 겁주는 전술
20. 물어볼 수 있는
21. 질문이나 문제가 있을 때 기꺼이 당신에게 다가가는 것
22. 참(T)
23. 거짓(F)
24. 참(T)
25. 거짓(F)
26. 거짓(F)
27. 참(T)
28. 거짓(F)
29. 참(T)
30. 참(T)
31. 참(T)
32. 거짓(F)
33. 참(T)
34. 거짓(F)
35. 참(T)
36. 거짓(F)
37. 거짓(F)
38. 거짓(F)
39. 참(T)
40. 참(T)
41. 거짓(F)
42. 참(T)
43. 거짓(F)
44. 거짓(F)
45. 참(T)
46. a

47. b
48. e (caused by b)
49. c
50. a
51. c
52. e
53. d
54. a
55. d (sometimes)
56. d
57. f, c (from DHEA)
58. 파트너의 부족
59. 갱년기
60. 자기 탐색
61. 잠복기
62. 2차 성징
63. 정서적 친밀감
64. 기회, 소외
65. 성증발생(adrenarche), 성선 호르몬 분비(gonadarche)

Chapter 11

1. 범위
2. 킨제이
3. 92
4. 62
5. 증가
6. 70
7. 라틴계와 아프리카계 미국인
8. 음핵, 소음순 및/또는 외음부 전체
9. 바이브레이터
10. 동성애자 또는 양성애자
11. 섹스(또는 성교)
12. 성적 친밀감
13. 대체
14. 로맨스, 헌신, 애정
15. 지배
16. 제출
17. 1~3
18. 독신자
19. 15~60
20. 감소
21. 남성 상위
22. 선교사 자세
23. 여성 상위, 남성 후위
24. 구강 성교
25. 커닐링구스
26. 아프리카
27. 더 높은
28. 동성애자
29. 성적으로 건강한
30. 구강 성교
31. 항문 성교
32. 거짓(F)
33. 참(T)
34. 거짓(F)
35. 거짓(F)
36. 참(T)
37. 거짓(F)
38. 참(T)
39. 거짓(F)
40. 거짓(F)
41. 참(T)
42. 참(T)
43. 거짓(F)
44. 참(T)
45. 참(T)
46. 거짓(F)
47. 거짓(F)
48. 참(T)
49. 참(T)
50. 참(T)
51. (항문직장) 세균
52. 대체 환상
53. 다양성
54. 의식화
55. 성교, 파트너의 옷 벗는 것을 지켜보는 것
56. 성적으로 활동적인 생활 방식
57. 선교사 자세
58. 여성 상위
59. 자신의 섹슈얼리티에 편안함을 느끼는 것. 다양한 성적 행동을 시도할지 여부를 자유롭게 선택할 수 있는
60. 더 높은

Chapter 12

1. 개인적인 관찰
2. 애정
3. 수
4. 심리측정적 접근
5. 정보/데이터
6. 지속적인/실제 관계
7. 좋아하는 것(liking)
8. 낭만적인 사랑/로맨틱 사랑
9. 동반자적 사랑 (companionate love)
10. 완전한 사랑 (consummate love)
11. 에로스/에로틱한 사랑
12. 스토게/스토리지 러브
13. 실용주의/실용주의적 사랑
14. 조증/조울증 사랑
15. 루두스/루디크 러브
16. 아가페/아가피 사랑
17. 경기
18. 열정적인 사랑
19. 감정
20. 이상화하다
21. 애정/친밀감/헌신
22. 감정적으로 변덕스럽다
23. 보통
24. 유사
25. 자기자본
26. 자기 수용
27. 현실적인 이상주의
28. 습관화
29. 파트너 돌보기/활동나누기/개방성/긍정적 태도/소셜네트워크 공유/함께 새로운 활동에 도전하기
30. 질투
31. 거짓(F)
32. 거짓(F)
33. 참(T)
34. 거짓(F)
35. 참(T)
36. 거짓(F)
37. 참(T)
38. 참(T)
39. 참(T)
40. 거짓(F)
41. 참(T)
42. 참(T)
43. 참(T)
44. 거짓(F)
45. 참(T)
46. 거짓(F)
47. 거짓(F)
48. 참(T)
49. 참(T)
50. 참(T)
51. e
52. l
53. k
54. f
55. a
56. d
57. i
58. h
59. g
60. j
61. n
62. b
63. m
64. o
65. c
66. 에로틱한 사랑
67. 스토게/스토리지 러브
68. 조증/조울증

69. 아가페/아가피 사랑
70. 열정적인, 동반자
71. 일부일처제
72. 동반자적 사랑
73. 외모
74. 정서적 무관심, 인지적 단절, 행동적 거리두기
75. 강박적인 비평, 정서적/사회적 외로움

Chapter 13

1. 적어도 절반
2. 부부의
3. 인지 행동
4. 의료
5. 생물심리사회적
6. 의료
7. 성적
8. 교육
9. 감각 집중 운동
10. 커플
11. 이차
12. 상황적
13. 성욕 저하
14. 강박성
15. 성교통
16. 조루
17. 합리적인 자발적 통제(사정)
18. 발기 장애
19. 수행 불안
20. 오르가즘 장애
21. 오르가즘 후 두통
22. 관계 문제
23. 질염
24. 오르가즘 도달
25. 고정 관념의 성 역할, 권력
26. 어휘
27. 긍정적
28. 부정적인
29. "너"
30. 자기 공개
31. 청취자
32. 눈맞춤, 표정, 대인거리, 촉각
33. 참(T)
34. 거짓(F)
35. 참(T)
36. 거짓(F)
37. 거짓(F)
38. 참(T)
39. 거짓(F)
40. 거짓(F)
41. 참(T)
42. 참(T)
43. 참(T)
44. 참(T)
45. 거짓(F)
46. 거짓(F)
47. 거짓(F)
48. 거짓(F)
49. 참(T)
50. 거짓(F)
51. 음핵
52. 우먼 온 탑
53. 관중
54. 상호 쾌락을 요구하지 않는
55. 포경
56. 성욕 저하
57. 커뮤니케이션
58. 언어적, 비언어적
59. 불일치
60. 성교 후 불쾌감

Chapter 14

1. 통계
2. 사회학적
3. 심리적
4. 장소, 전후사정, 문화(이 중 하나)
5. 성인
6. 타인의 동의
7. 인간
8. 성애 장애
9. 성적 변이
10. 남성
11. 구애 장애
12. 친화
13. 촉각
14. 관음증
15. 노출증
16. 전화외설증
17. 마찰성욕도착증
18. 소아성애
19. 사춘기 전
20. 페티시즘(물품음란증)
21. 의상도착증
22. 물품음란증
23. 오줌성애증/유로필리아
24. 분변음욕증
25. 불결기호증
26. 관장애증
27. 동물성애증/수간
28. 범죄 행위, 폭력/폭력 행위, 성폭행(이 중 일부 또는 전부)
29. 사디스트
30. 마조히스트
31. 기본 및 선호
32. BDSM
33. 에로틱한, 긍정적인, 즐거운(일부 또는 모두)
34. 자발적, 합의적(둘 중 하나 또는 둘 다)
35. 협력, 스크립트, 상호 생성(모든) 주문
36. 장난기 많은, 레크리에이션(둘 중 하나 또는 둘 다)
37. 사체성애/네크로필리아
38. 남자
39. 항안드로겐
40. 거짓(F)
41. 거짓(F)
42. 거짓(F)
43. 참(T)
44. 참(T)
45. 거짓(F)
46. 거짓(F)
47. 거짓(F)
48. 참(T)
49. 참(T)
50. 참(T)
51. 거짓(F)
52. 거짓(F)
53. r
54. s
55. e
56. d
57. k
58. g
59. a
60. q
61. h
62. p
63. b
64. c
65. l
66. m
67. n
68. t
69. j
70. i
71. f
72. o
73. 페티시즘(물품음란증)
74. 노출증
75. 노출증
76. 13
77. 신체 분비물, 페티쉬
78. 거부하지 않는 것
79. 성욕과잉
80. 장기간

Chapter 15

1. 물리적인 힘

2. 강압(조작 또는 압력)
3. 동의 또는 저항
4. 강제적인 음경-질 성교; "여자에 대한 육체적 지식, 강제로 그리고 그녀의 의지에 반하는 것"
5. 동의 없이 또는 피해자가 동의할 수 없는 경우 신체 일부 또는 물건을 구강, 항문 또는 질 삽입
6. 범죄 신고
7. 감소
8. 과소평가한다고
9. 피해자 조사
10. 높은
11. 피해자가 아는 사람/지인
12. 집
13. 12~34
14. 강간 또는 강간미수
15. 성적 강제
16. 신체적 강압
17. 언어적 강압
18. 데이트에 일어나는 많은 신호와 행동, 서로의 의도 또는 행동
19. 토큰 저항
20. 순응
21. 부부 강간
22. 집단
23. 법정
24. 남자, 아는 사람
25. 어린 시절
26. 구두적
27. 물리적
28. 하이퍼젠더
29. 이종 규범적
30. 강간 미신
31. 거부하거나 최소화하는
32. 공감
33. 방치 및/또는 학대
34. 성폭력
35. 남성 폭력
36. 강간당한 여성들은 대개 옷차림과 행동으로 강간을 도발한다.
37. 여성은 무의식적으로 강간을 원한다
38. 진정으로 원하지 않는 여성은 강간될 수 없다.
39. 강간 후 외상 후 스트레스 장애
40. 통제된 반응
41. 장기 개편
42. 강간 보호
43. 사회 시스템
44. 성희롱
45. 스토커/추적자가 의도적으로 지속적으로 접촉하거나, 접촉을 시도하여 대상이 원하지 않고, 심리적으로 혐오감을 느끼는 행위
46. 안전
47. 아는 사람/지인
48. 선호
49. 상황적
50. 양성애적 소아성애자
51. 200
52. 성적 및/또는 신체적 학대
53. 형제자매
54. 성적으로 폭력적인 포식자/성적 포식자
55. 참(T)
56. 거짓(F)
57. 참(T)
58. 참(T)
59. 참(T)
60. 거짓(F)
61. 참(T)
62. 참(T)
63. 거짓(F)
64. 참(T)
65. 참(T)
66. 거짓(F)
67. 거짓(F)
68. 참(T)
69. 참(T)
70. 거짓(F)
71. 참(T)
72. 거짓(F)
73. 참(T)
74. 참(T)
75. 참(T)
76. j
77. k
78. f
79. e
80. h
81. i
82. g
83. a
84. d
85. c
86. b
87. l
88. 청소년(법적 "동의 연령" 미만인 자)
89. 섹스를 위해 파트너를 술에 취하게 하는 것, 잠들어 있거나 의식이 없는 사람과 섹스를 하는 것, 죄책감, 화를 내는 것, 누군가에게 따르게 해달라고 애원하는 것, 관계를 끝내겠다고 구두로 위협하는 것, 상대방의 반대를 계속 주장하는 것(이 중 4개)
90. 집단
91. 기회주의적
92. 장기 개편 기간
93. 민권법
94. 불평등한 권력/권력 차등
95. 전통적인 고정 관념의 성 역할
96. 로미오와 줄리엣

Chapter 16

1. 인간 선사 시대(구석기 시대)
2. 카마수트라
3. 프로덕션 코드(Hays 코드)
4. 정부 규제(감독, 간섭, 개입)
5. 다음 중 하나: 과도한 노출, 선정적인 춤, 음탕한 포옹, 동성애(변태), 음탕한 키스
6. 다음 중 하나: 누드, 선정적인 춤, 음탕한 포옹, 동성애(변태), 음탕한 키스
7. 다음 중 하나: 과도한 노출, 선정적인 춤, 음탕한 포옹, 동성애(변태), 음탕한 키스
8. 인터넷
9. 수십억
10. 웹캠
11. 남자와 소년(남성)
12. 여자와 소녀(여성)
13. 에로티시즘
14. 음란물
15. 밀러 검사(또는 3부분 외설 테스트)
16. 현대 커뮤니티 표준
17. 공격적인 방식
18. "심각한 문학적, 예술적, 정치적 또는 과학적 가치"
19. 2
20. 안정적으로 유지된(안정적으로 유지된, 동일하게 유지된)

21. 더 높
22. 긍정적
23. 다음 중 하나: 호기심, 정보에 대한 열망, 성 정체성 탐구에 대한 관심
24. 다음 중 하나: 호기심, 정보에 대한 열망, 성 정체성 탐구에 대한 관심
25. 관련이 없는 것
26. 비폭력적, 굴욕적
27. 폭력적인
28. 폭력적인
29. 성적 습관화
30. 여성
31. 남자
32. 더 긍정적
33. 주관적인 성적 흥분
34. 다음 중 하나: 전반적으로 더 많은 수의 섹스 파트너, 더 많은 수의 캐주얼 섹스 파트너, 더 어린 첫 성교 연령, 매춘, 혼외 성관계
35. 34 참조(목록에서 두 번째 항목)
36. 34 참조(목록에서 세 번째 항목)
37. 만취 상태에서 콘돔 없이 삽입된 가벼운 성행위
38. 우울증, 불안, 스트레스, 전반적인 삶의 질 저하
39. 부정적인 신체 이미지
40. 자신의 성기 크기
41. 만족
42. 헌신
43. 강간 미신 수용
44. 털 동정
45. 강간 미신
46. 강간
47. 성적 강제
48. 다음 중 하나: 물리적인 힘, 물리적인 힘의 위협, 언어적 강제
49. 신체적 공격
50. 폭력적(또는 비하하는)
51. 비하하는(또는 폭력적인)
52. 신체적, 생식기(하나 또는 둘 다)
53. 감정적, 인지적, 대인관계(일부 또는 모두)
54. 열린 소통
55. 네바다
56. 제한된 합법성
57. 섹스를 판다
58. 3천만
59. 1%
60. 거리 매춘 또는 거리 산책
61. 비걸(B-girl)
62. 매춘업소
63. 에스코트(또는 콜걸)
64. 콜걸(또는 에스코트)
65. 허슬러/렌탈 보이즈
66. 여성
67. 경제적 어려움
68. 약물 사용, 남용 또는 중독
69. 우울증, 불안, PTSD 증상(이 중 하나)
70. 사회적 지원
71. 낮은 비율
72. 이성애자
73. 연간 소득
74. 섹스
75. "여자친구 경험"
76. 27
77. 20
78. 합법적인 사업, 영리 기업, 산업, 무역(이 중 하나)
79. 사회적 맥락
80. 공중 보건, 공공 복지
81. 참(T)
82. 거짓(F)
83. 참(T)
84. 거짓(F)
85. 참(T)
86. 참(T)
87. 거짓(F)
88. 참(T)
89. 참(T)
90. 거짓(F)
91. 거짓(F)
92. 참(T)
93. 참(T)
94. 거짓(F)
95. 참(T)
96. 참(T)
97. 거짓(F)
98. 거짓(F)
99. 참(T)
100. 거짓(F)
101. b
102. a
103. d
104. c
105. g
106. f
107. e
108. j
109. h
110. i

찾아보기

한글찾아보기

영문찾아보기

T

U

V

W

Y

Z

기타